한번에 합격하기 합격플래너

산업안전기사 기출문제집 필기

		Plan1 한달	Plan2
제1편 과목별 필수이론	제1과목. 산업재해 예방 및 안전보건교육	☐ DAY 1	☐ DAY 1
	제2과목. 인간공학 및 위험성 평가·관리	☐ DAY 2	
	제3과목. 기계·기구 및 설비 안전관리	☐ DAY 3	☐ DAY 2
	제4과목. 전기설비 안전관리	☐ DAY 4	
	제5과목. 화학설비 안전관리	☐ DAY 5	☐ DAY 3
	제6과목. 건설공사 안전관리	☐ DAY 6	
제2편 과년도 기출문제	2020년 1·2회 통합 기출문제	☐ DAY 7	☐ DAY 4
	2020년 3회 기출문제	☐ DAY 8	
	2020년 4회 기출문제	☐ DAY 9	
	2021년 1회 기출문제	☐ DAY 10	☐ DAY 5
	2021년 2회 기출문제	☐ DAY 11	
	2021년 3회 기출문제	☐ DAY 12	
	2022년 1회 기출문제	☐ DAY 13	☐ DAY 6
	2022년 2회 기출문제	☐ DAY 14	
	2022년 3회 기출문제	☐ DAY 15	
	2023년 1회 기출문제	☐ DAY 16	☐ DAY 7
	2023년 2회 기출문제	☐ DAY 17	
	2023년 3회 기출문제	☐ DAY 18	
	2024년 1회 기출문제 + **문제풀이 특강**	☐ DAY 19	☐ DAY 8
	2024년 2회 기출문제 + **문제풀이 특강**	☐ DAY 20	☐ DAY 9
	2024년 3회 기출문제 + **문제풀이 특강**	☐ DAY 21	☐ DAY 10
별책부록 계산문제 공략집	FOMULA 1~25	☐ DAY 22	☐ DAY 11
	FOMULA 26~50	☐ DAY 23	
쿠폰 2012~2019년 기출문제	2012년 1/2/3회 기출문제	☐ DAY 24	☐ DAY 12
	2013년 1/2/3회 기출문제	☐ DAY 25	
	2014년 1/2/3회 기출문제	☐ DAY 26	☐ DAY 13
	2015년 1/2/3회 기출문제	☐ DAY 27	
	2016년 1/2/3회 기출문제	☐ DAY 28	☐ DAY 14
	2017년 1/2/3회 기출문제	☐ DAY 29	
	2018~2019년 1/2/3회 기출문제	☐ DAY 30	

한번에 합격하기 합격플래너

산업안전기사 기출문제집 필기

Plan3 나만의 합격코스

구분	내용	날짜	1회독	2회독	3회독	MEMO
제1편 과목별 필수이론	제1과목. 산업재해 예방 및 안전보건교육	월 일	☐	☐	☐	
	제2과목. 인간공학 및 위험성 평가·관리	월 일	☐	☐	☐	
	제3과목. 기계·기구 및 설비 안전관리	월 일	☐	☐	☐	
	제4과목. 전기설비 안전관리	월 일	☐	☐	☐	
	제5과목. 화학설비 안전관리	월 일	☐	☐	☐	
	제6과목. 건설공사 안전관리	월 일	☐	☐	☐	
제2편 과년도 기출문제	2020년 1·2회 통합 기출문제	월 일	☐	☐	☐	
	2020년 3회 기출문제	월 일	☐	☐	☐	
	2020년 4회 기출문제	월 일	☐	☐	☐	
	2021년 1회 기출문제	월 일	☐	☐	☐	
	2021년 2회 기출문제	월 일	☐	☐	☐	
	2021년 3회 기출문제	월 일	☐	☐	☐	
	2022년 1회 기출문제	월 일	☐	☐	☐	
	2022년 2회 기출문제	월 일	☐	☐	☐	
	2022년 3회 기출문제	월 일	☐	☐	☐	
	2023년 1회 기출문제	월 일	☐	☐	☐	
	2023년 2회 기출문제	월 일	☐	☐	☐	
	2023년 3회 기출문제	월 일	☐	☐	☐	
	2024년 1회 기출문제 + **문제풀이 특강**	월 일	☐	☐	☐	
	2023년 2회 기출문제 + **문제풀이 특강**	월 일	☐	☐	☐	
	2023년 3회 기출문제 + **문제풀이 특강**	월 일	☐	☐	☐	
별책부록 계산문제 공략집	FOMULA 1~25	월 일	☐	☐	☐	
	FOMULA 26~50	월 일	☐	☐	☐	
쿠폰 2012~2019년 기출문제	2012년 1/2/3회 기출문제	월 일	☐	☐	☐	
	2013년 1/2/3회 기출문제	월 일	☐	☐	☐	
	2014년 1/2/3회 기출문제	월 일	☐	☐	☐	
	2015년 1/2/3회 기출문제	월 일	☐	☐	☐	
	2016년 1/2/3회 기출문제	월 일	☐	☐	☐	
	2017년 1/2/3회 기출문제	월 일	☐	☐	☐	
	2018~2019년 1/2/3회 기출문제	월 일	☐	☐	☐	

한번에 합격하는 산업안전기사 기출문제집 필기

강윤진 지음

과목별 필수이론 + 13개년 기출(5개년+8개년 PDF 제공)

BM (주)도서출판 성안당

독자 여러분께 알려드립니다!

산업안전보건법이 자주 개정되어 본 도서에 미처 반영하지 못한 부분이 있을 수 있습니다. 책 발행 이후의 개정된 법규 내용 및 이로 인한 변경 및 오류사항은 **성안당 홈페이지(www.cyber.co.kr)의 [자료실]-[정오표]에 게시**하오니 확인 후 학습하시기 바랍니다.

수험생 여러분이 믿고 공부할 수 있도록 항상 최선을 다하겠습니다.

■ 도서 A/S 안내

성안당에서 발행하는 모든 도서는 저자와 출판사, 그리고 독자가 함께 만들어 나갑니다.

좋은 책을 펴내기 위해 많은 노력을 기울이고 있습니다. 혹시라도 내용상의 오류나 오탈자 등이 발견되면 **"좋은 책은 나라의 보배"**로서 우리 모두가 함께 만들어 간다는 마음으로 연락주시기 바랍니다. 수정 보완하여 더 나은 책이 되도록 최선을 다하겠습니다.

성안당은 늘 독자 여러분들의 소중한 의견을 기다리고 있습니다. 좋은 의견을 보내주시는 분께는 성안당 쇼핑몰의 포인트(3,000포인트)를 적립해 드립니다.

잘못 만들어진 책이나 부록 등이 파손된 경우에는 교환해 드립니다.

본서 기획자 e-mail : coh@cyber.co.kr(최옥현)
홈페이지 : http://www.cyber.co.kr
전화 : 031) 950-6300

머리말

최근 산업현장에서의 안전사고가 점차 증가함에 따라, 사업장에서 일어나는 여러 가지 안전사고와 관리방법을 이해하고 재해 방지기술을 습득하여 건설 사고에 대한 규제대책과 제반시설의 검사 등 안전관리를 담당할 전문인력의 양성이 요구되고 있습니다.

이러한 사회적 요구에 따라, 산업현장에서 근로자의 생명과 안전 보호를 위해 체계적인 안전교육 및 감독을 담당함으로써 산업재해를 예방하고 현장의 생산성을 높이는 역할을 하는 산업안전기사의 가치는 더욱 증대되고 있으며, 국가에서도 산업안전기사의 채용을 법적으로 규정하여 안전관리자의 권한을 강화하도록 하였습니다.

이러한 움직임은 앞으로 더욱 빠르게 진행되면서 산업안전기사의 수요는 점점 늘어날 것이고, 지금도 산업안전기사는 많은 자격증 중에서도 취업, 승진, 수당혜택 등 자격증 활용 폭이 가장 넓은 자격증입니다.

이 책은 가장 최근에 개정된 산업안전보건법을 중심으로, 최신 출제기준에 맞추어 다음과 같이 구성하였습니다.

첫째, 출제과목별 필수이론만을 정리하여 단기간에 효율적으로 이론을 정리할 수 있도록 하였습니다.
둘째, 독학이 가능하도록 모든 기출문제에 해설을 추가하고, 이해하기 쉽게 풀이하였습니다.
셋째, 최근 5개년 기출문제는 도서에 수록하고, 이전 8년간의 기출문제는 홈페이지에 탑재하여 많은 문제를 풀어보면서 시험에 자신감을 가질 수 있도록 하였습니다.
넷째, 가장 최근에 시행된 2024년도 기출문제에 대한 문제풀이 강의를 무료로 제공합니다.
다섯째, 도서 전체에 대한 저자 직강 동영상강의도 준비되어 있습니다.
여섯째, 실기시험에도 충분히 대비할 수 있도록 하였습니다.

산업안전 기사 및 산업기사 시험을 준비하시는 여러분! 산업현장의 안전사고를 방지하기 위해서는 현장에 전문 인력을 배치하여 재해를 근본적으로 감소시키는 것이 절대적으로 필요하며, 지금 여러분의 노력이 사회의 안전에 큰 힘이 될 것입니다.

마지막으로 본서가 출간되기까지 성안당 출판사 관계자 여러분들의 노고에 진심으로 감사드리며, 이 책을 선택하여 열심히 공부하신 수험생들에게 산업안전기사 자격 취득의 영광이 있기를 기원합니다.

저자 **강윤진**

NCS 안내

1 국가직무능력표준의 의미

(1) 국가직무능력표준의 개념

국가직무능력표준(NCS ; National Competency Standards)은 산업현장에서 직무를 행하기 위해 요구되는 지식 · 기술 · 태도 등의 내용을 국가가 체계화한 것이다.

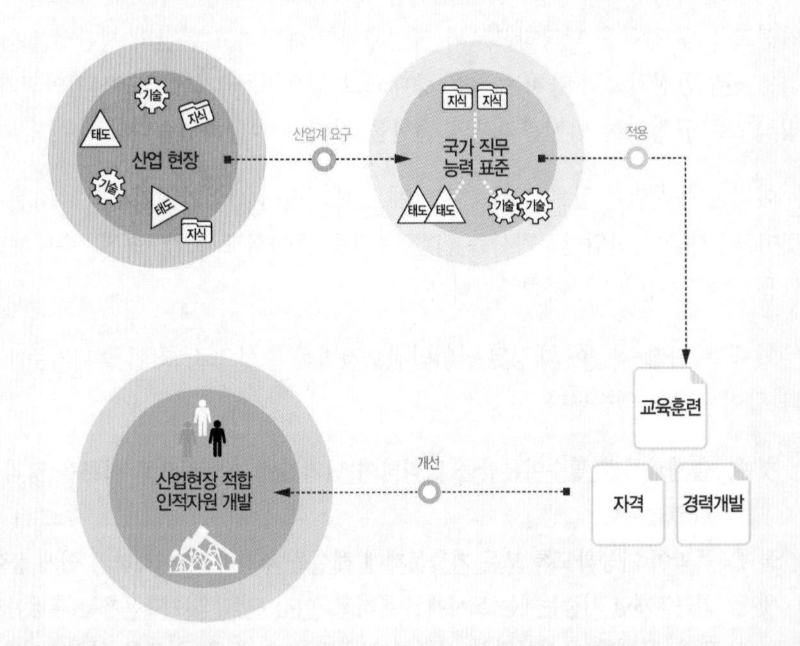

〈직무능력〉	〈보다 효율적이고 현실적인 대안 마련〉
능력=직업기초능력+직무수행능력 - **직업기초능력** : 직업인으로서 기본적으로 갖추어야 할 공통능력 - **직무수행능력** : 해당 직무를 수행하는 데 필요한 역량(지식, 기술, 태도)	- 실무중심의 교육 · 훈련 과정 개편 - 국가자격의 종목 신설 및 재설계 - 산업현장 직무에 맞게 자격시험 전면 개편 - NCS 채용을 통한 기업의 능력중심 인사관리 및 근로자의 평생 경력 개발 · 관리 · 지원

(2) NSC와 NCS 학습모듈

국가직무능력표준(NCS)이 현장의 '직무 요구서'라고 한다면, NCS 학습모듈은 NCS 능력단위를 교육훈련에서 학습할 수 있도록 구성한 '교수 · 학습 자료'이다. NCS 학습모듈은 구체적 직무를 학습할 수 있도록 이론 및 실습과 관련된 내용을 상세하게 제시하고 있다.

2 국가직무능력표준의 필요성

능력 있는 인재를 개발해 핵심 인프라를 구축하고, 나아가 국가경쟁력을 향상시키기 위해 국가직무능력표준이 필요하다.

(1) 국가직무능력표준(NCS)의 적용

지금은

- 직업 교육 · 훈련 및 자격제도가 산업현장과 불일치
- 인적자원의 비효율적 관리 운용

이렇게 바뀝니다.

- 각각 따로 운영되었던 교육 · 훈련, 국가직무능력표준 중심 시스템으로 전환 (일-교육 · 훈련-자격 연계)
- 산업현장 직무중심의 인적자원 개발
- 능력중심사회 구현을 위한 핵심 인프라 구축
- 고용과 평생직업능력 개발 연계를 통한 국가경쟁력 향상

(2) 국가직무능력표준(NCS)의 활용범위

교육훈련기관
Education and training

기업체	교육훈련기관	자격시험기관
- 현장 수요 기반의 인력채용 및 인사관리 기준 - 근로자 경력 개발 - 직무 기술서	- 직업교육 훈련과정 개발 - 교수계획 및 매체, 교재 개발 - 훈련기준 개발	- 자격종목의 신설 · 통합 · 폐지 - 출제기준 개발 및 개정 - 시험문항 및 평가방법

자격 안내

1 자격 기본정보

- 자격명 : 산업안전기사(Engineer Industrial Safety)
- 관련부처 : 고용노동부
- 시행기관 : 한국산업인력공단

(1) 자격 개요

생산관리에서 안전을 제외하고는 생산성 향상이 불가능하다는 인식 속에서 산업현장의 근로자를 보호하고 근로자들이 안심하고 생산성 향상에 주력할 수 있는 작업환경을 만들기 위하여 전문적인 지식을 가진 기술인력을 양성하고자 자격제도를 제정하였다.

(2) 수행직무

제조 및 서비스업 등 각 산업현장에 배속되어 산업재해 예방계획의 수립에 관한 사항을 수행하며, 작업환경의 점검 및 개선에 관한 사항, 유해 및 위험 방지에 관한 사항, 사고사례 분석 및 개선에 관한 사항, 근로자의 안전 교육 및 훈련에 관한 업무를 수행한다.

(3) 진로 및 전망

산업안전기사는 기계, 금속, 전기, 화학, 목재 등 모든 제조업체, 안전관리 대행업체, 산업안전관리 정부기관, 한국산업안전공단 등에 진출할 수 있다. 최근에는 안전인증대상을 확대하여 프레스, 용접기 등 기계 · 기구의 각종 방호장치까지 안전인증을 취득하도록 하였고, 이러한 산업안전보건법 시행규칙 개정에 따른 고용창출 효과가 기대되고 있다.

(4) 연도별 검정현황 및 합격률

연 도	필 기			실 기		
	응시	합격	합격률	응시	합격	합격률
2023년	80,253명	41,014명	51.1%	52,776명	28,636명	54.3%
2022년	54,500명	26,032명	47.8%	32,473명	15,681명	48.3%
2021년	41,704명	20,205명	48.5%	29,571명	15,310명	51.8%
2020년	33,732명	19,655명	58.3%	26,012명	14,824명	57%
2019년	33,287명	15,076명	45.3%	20,704명	9,765명	47.2%
2018년	27,018명	11,641명	43.1%	15,755명	7,600명	48.2%
2017년	25,088명	11,138명	44.4%	16,019명	7,886명	49.2%
2016년	23,322명	9,780명	41.9%	12,135명	6,882명	56.7%

산업안전기사 자격시험은 한국산업인력공단에서 시행합니다.
원서접수 및 시험일정 등 기타 자세한 사항은 한국산업인력공단에서 운영하는 사이트인 큐넷(q-net.or.kr)에서 확인하시기 바랍니다.

2 자격증 취득정보

(1) 산업안전기사 응시자격

다음 중 어느 하나에 해당하는 사람은 기사 시험을 응시할 수 있다.

① 산업기사 등급 이상의 자격을 취득한 후 응시하려는 종목이 속하는 동일 및 유사 직무분야에서 1년 이상 실무에 종사한 사람
② 기능사 자격을 취득한 후 응시하려는 종목이 속하는 동일 및 유사 직무분야에서 3년 이상 실무에 종사한 사람
③ 응시하려는 종목이 속하는 동일 및 유사 직무분야의 다른 종목 기사 등급 이상의 자격을 취득한 사람
④ 관련학과의 대학 졸업자 등 또는 그 졸업예정자
⑤ 3년제 전문대학 관련학과 졸업자 등으로서 졸업 후 응시하려는 종목이 속하는 동일 및 유사 직무분야에서 1년 이상 실무에 종사한 사람
⑥ 2년제 전문대학 관련학과 졸업자 등으로서 졸업 후 응시하려는 종목이 속하는 동일 및 유사 직무분야에서 2년 이상 실무에 종사한 사람
⑦ 동일 및 유사 직무분야의 기사 수준 기술훈련과정 이수자 또는 그 이수예정자
⑧ 동일 및 유사 직무분야의 산업기사 수준 기술훈련과정 이수자로서 이수 후 응시하려는 종목이 속하는 동일 및 유사 직무분야에서 2년 이상 실무에 종사한 사람
⑨ 응시하려는 종목이 속하는 동일 및 유사 직무분야에서 4년 이상 실무에 종사한 사람
⑩ 외국에서 동일한 종목에 해당하는 자격을 취득한 사람
※ 산업안전기사 관련학과 : 대학 및 전문대학의 안전공학, 산업안전공학, 보건안전학 관련학과

(2) 응시자격서류 제출

① 응시자격을 응시 전 또는 응시 회별 별도 지정된 기간 내에 제출하여야 필기시험 합격자로 실기시험에 접수할 수 있으며, 지정된 기간 내에 제출하지 아니할 경우에는 필기시험 합격예정이 무효 처리된다.
② 국가기술시험 응시자격은 국가기술자격법에 따라 등급별 정해진 학력 또는 경력 등 응시자격을 충족하여야 필기 합격이 가능하다.
※ 응시자격서류 심사의 기준일 : 수험자가 응시하는 회별 필기 시험일을 기준으로 요건 충족

자격증 취득과정

1 원서 접수 유의사항

① 원서 접수는 온라인(인터넷, 모바일앱)에서만 가능하다.
스마트폰, 태블릿 PC 사용자는 모바일앱 프로그램을 설치한 후 접수 및 취소/환불 서비스를 이용할 수 있다.

② 원서 접수 확인 및 수험표 출력기간은 접수 당일부터 시험 시행일까지이다.
이외 기간에는 조회가 불가하며, 출력장애 등을 대비하여 사전에 출력하여 보관하여야 한다.

③ 원서 접수 시 반명함 사진 등록이 필요하다.
사진은 6개월 이내 촬영한 3.5cm×4.5cm 컬러사진으로, 상반신 정면, 탈모, 무 배경을 원칙으로 한다.

※ 접수 불가능 사진 : 스냅사진, 스티커사진, 측면사진, 모자 및 선글라스 착용 사진, 혼란한 배경사진, 기타 신분확인이 불가한 사진

STEP 01 필기시험 원서접수

- Q-net(q-net.or.kr) 사이트 회원가입 후 접수 가능
- 반명함 사진 등록 필요 (6개월 이내 촬영본, 3.5cm×4.5cm)

STEP 02 필기시험 응시

- 입실시간 미준수 시 시험 응시 불가 (시험 시작 20분 전까지 입실)
- 수험표, 신분증, 필기구 지참 (공학용 계산기 지참 시 반드시 포맷)

STEP 03 필기시험 합격자 확인

- CBT 시험 종료 후 즉시 합격여부 확인 가능
- Q-net 사이트에 게시된 공고로 확인 가능

STEP 04 실기시험 원서접수

- Q-net 사이트에서 원서접수
- 실기시험 시험일자 및 시험장은 접수 시 수험자 본인이 선택 (먼저 접수하는 수험자가 선택의 폭이 넓음)

2 시험문제와 가답안 비공개

2022년 마지막 시험부터 기사 필기는 CBT(Computer Based Test)로 시행되고 있으므로 시험문제와 가답안은 공개되지 않습니다.

★ 필기/실기 시험 시 허용되는 공학용 계산기 기종

1. 카시오(CASIO) FX-901~999
2. 카시오(CASIO) FX-501~599
3. 카시오(CASIO) FX-301~399
4. 카시오(CASIO) FX-80~120
5. 샤프(SHARP) EL-501~599
6. 샤프(SHARP) EL-5100, EL-5230, EL-5250, EL-5500
7. 캐논(CANON) F-715SG, F-788SG, F-792SGA
8. 유니원(UNIONE) UC-400M, UC-600E, UC-800X
9. 모닝글로리(MORNING GLORY) ECS-101

※ 1. 직접 초기화가 불가능한 계산기는 사용 불가
2. 사칙연산만 가능한 일반 계산기는 기종 상관없이 사용 가능
3. 허용군 내 기종 번호 말미의 영어 표기(ES, MS, EX 등)는 무관

STEP 05 실기시험 응시

- 수험표, 신분증, 필기구, 공학용 계산기, 종목별 수험자 준비물 지참 (공학용 계산기는 허용된 종류에 한하여 사용 가능하며, 수험자 지참 준비물은 실기시험 접수기간에 확인 가능)

STEP 06 실기시험 합격자 확인

- 문자메시지, SNS 메신저를 통해 합격 통보 (합격자만 통보)
- Q-net 사이트 및 ARS (1666-0100)를 통해서 확인 가능

STEP 07 자격증 교부 신청

- Q-net 사이트에서 신청 가능
- 상장형 자격증, 수첩형 자격증 형식 신청 가능

STEP 08 자격증 수령

- 상장형 자격증은 합격자 발표 당일부터 인터넷으로 발급 가능 (직접 출력하여 사용)
- 수첩형 자격증은 인터넷 신청 후 우편 수령만 가능

검정방법 / 출제기준

1 필기

- 시험과목 : 총 6개 과목 – 산업재해 예방 및 안전보건교육, 인간공학 및 위험성 평가·관리, 기계·기구 및 설비 안전관리, 전기설비 안전관리, 화학설비 안전관리, 건설공사 안전관리
- 검정방법 : 객관식(4지 택일형), 총 120문제(과목당 20문항)
- 시험시간 : 총 180분(과목당 30분)
- 합격기준 : 100점을 만점으로 하여 과목당 40점 이상, 전 과목 평균 60점 이상

제1과목 산업재해 예방 및 안전보건교육

주요 항목	세부 항목	세세 항목
1. 산업재해 예방 계획 수립	(1) 안전관리	① 안전과 위험의 개념 ② 안전보건관리 제이론 ③ 생산성과 경제적 안전도 ④ 재해예방활동 기법 ⑤ KOSHA GUIDE ⑥ 안전보건 예산 편성 및 계상
	(2) 안전보건관리 체제 및 운용	① 안전보건관리조직 구성 ② 산업안전보건위원회 운영 ③ 안전보건경영 시스템 ④ 안전보건관리 규정
2. 안전보호구 관리	(1) 보호구 및 안전장구 관리	① 보호구의 개요 ② 보호구의 종류별 특성 ③ 보호구의 성능기준 및 시험방법 ④ 안전보건표지의 종류·용도 및 적용 ⑤ 안전보건표지의 색채 및 색도 기준
3. 산업안전심리	(1) 산업심리와 심리검사	① 심리검사의 종류 ② 심리학적 요인 ③ 지각과 정서 ④ 동기·좌절·갈등 ⑤ 불안과 스트레스
	(2) 직업적성과 배치	① 직업적성의 분류 ② 적성검사의 종류 ③ 직무분석 및 직무평가 ④ 선발 및 배치 ⑤ 인사관리의 기초
	(3) 인간의 특성과 안전과의 관계	① 안전사고 요인 ② 산업안전심리의 요소 ③ 착상심리 ④ 착오 ⑤ 착시 ⑥ 착각현상
4. 인간의 행동과학	(1) 조직과 인간행동	① 인간관계 ② 사회행동의 기초 ③ 인간관계 메커니즘 ④ 집단행동 ⑤ 인간의 일반적인 행동특성
	(2) 재해 빈발성 및 행동과학	① 사고경향 ② 성격의 유형 ③ 재해 빈발성 ④ 동기부여 ⑤ 주의와 부주의
	(3) 집단관리와 리더십	① 리더십의 유형 ② 리더십과 헤드십 ③ 사기와 집단역학
	(4) 생체리듬과 피로	① 피로의 증상 및 대책 ② 피로의 측정법 ③ 작업강도와 피로 ④ 생체리듬 ⑤ 위험일

주요 항목	세부 항목	세세 항목
5. 안전보건교육의 내용 및 방법	(1) 교육의 필요성과 목적	① 교육목적 ② 교육의 개념 ③ 학습지도 이론 ④ 교육심리학의 이해
	(2) 교육방법	① 교육훈련기법 ② 안전보건교육방법(TWI, O.J.T, OFF.J.T 등) ③ 학습목적의 3요소 ④ 교육법의 4단계 ⑤ 교육훈련의 평가방법
	(3) 교육실시 방법	① 강의법 ② 토의법 ③ 실연법 ④ 프로그램학습법 ⑤ 모의법 ⑥ 시청각교육법 등
	(4) 안전보건교육계획 수립 및 실시	① 안전보건교육의 기본방향 ② 안전보건교육의 단계별 교육과정 ③ 안전보건교육 계획
	(5) 교육내용	① 근로자 정기안전보건 교육내용 ② 관리감독자 정기안전보건 교육내용 ③ 신규채용 시와 작업내용변경 시 안전보건 교육내용 ④ 특별교육대상 작업별 교육내용
6. 산업안전 관계법규	(1) 산업안전보건법령	① 산업안전보건법 ② 산업안전보건법 시행령 ③ 산업안전보건법 시행규칙 ④ 산업안전보건기준에 관한 규칙 ⑤ 관련 고시 및 지침에 관한 사항

제2과목 인간공학 및 위험성 평가 · 관리

주요 항목	세부 항목	세세 항목
1. 안전과 인간공학	(1) 인간공학의 정의	① 정의 및 목적 ② 배경 및 필요성 ③ 작업관리와 인간공학 ④ 사업장에서의 인간공학 적용분야
	(2) 인간-기계체계	① 인간-기계 시스템의 정의 및 유형 ② 시스템의 특성
	(3) 체계 설계와 인간요소	① 목표 및 성능명세의 결정 ② 기본 설계 ③ 계면 설계 ④ 촉진물 설계 ⑤ 시험 및 평가 ⑥ 감성공학
	(4) 인간요소와 휴먼에러	① 인간실수의 분류 ② 형태적 특성 ③ 인간실수 확률에 대한 추정기법 ④ 인간실수 예방기법

주요 항목	세부 항목	세세 항목
2. 위험성 파악 · 결정	(1) 위험성 평가	① 위험성 평가의 정의 및 개요 ② 평가대상 선정 ③ 평가항목 ④ 관련법에 관한 사항
	(2) 시스템 위험성 추정 및 결정	① 시스템 위험성 분석 및 관리 ② 위험분석 기법 ③ 결함수 분석 ④ 정성적, 정량적 분석 ⑤ 신뢰도 계산
3. 위험성 감소대책 수립 · 실행	(1) 위험성 감소대책 수립 및 실행	① 위험성 개선대책(공학적 · 관리적)의 종류 ② 허용가능한 위험수준 분석 ③ 감소대책에 따른 효과 분석능력
4. 근골격계 질환 예방 관리	(1) 근골격계 유해요인	① 근골격계 질환의 정의 및 유형 ② 근골격계 부담작업의 범위
	(2) 인간공학적 유해요인 평가	① OWAS ② RULA ③ REBA 등
	(3) 근골격계 유해요인 관리	① 작업관리의 목적 ② 방법 연구 및 작업 측정 ③ 문제해결 절차 ④ 작업 개선안의 원리 및 도출방법
5. 유해요인 관리	(1) 물리적 유해요인 관리	① 물리적 유해요인 파악 ② 물리적 유해요인 노출기준 ③ 물리적 유해요인 관리대책 수립
	(2) 화학적 유해요인 관리	① 화학적 유해요인 파악 ② 화학적 유해요인 노출기준 ③ 화학적 유해요인 관리대책 수립
	(3) 생물학적 유해요인 관리	① 생물학적 유해요인 파악 ② 생물학적 유해요인 노출기준 ③ 생물학적 유해요인 관리대책 수립
6. 작업환경 관리	(1) 인체 계측 및 체계 제어	① 인체 계측 및 응용 원칙 ② 신체반응의 측정 ③ 표시장치 및 제어장치 ④ 통제표시비 ⑤ 양립성 ⑥ 수공구
	(2) 신체활동의 생리학적 측정법	① 신체반응의 측정 ② 신체역학 ③ 신체활동의 에너지 소비 ④ 동작의 속도와 정확성
	(3) 작업공간 및 작업자세	① 부품배치의 원칙 ② 활동분석 ③ 개별 작업공간 설계지침
	(4) 작업 측정	① 표준시간 및 연구 ② Work sampling의 원리 및 절차 ③ 표준자료(MTM, Work factor 등)
	(5) 작업환경과 인간공학	① 빛과 소음의 특성 ② 열교환과정과 열압박 ③ 진동과 가속도 ④ 실효온도와 Oxford 지수 ⑤ 이상환경 I(고열, 한랭, 기압, 고도 등) 및 노출에 따른 사고와 부상 ⑥ 사무/VDT 작업 설계 및 관리
	(6) 중량물 취급 작업	① 중량물 취급방법 ② NIOSH Lifting Equation

제3과목 기계 · 기구 및 설비 안전관리

주요 항목	세부 항목	세세 항목
1. 기계 공정의 안전	(1) 기계 공정의 특수성 분석	① 설계도(설비 도면, 장비 사양서 등) 검토 ② 파레토도, 특성요인도, 클로즈 분석, 관리도 ③ 공정의 특수성에 따른 위험요인 ④ 설계도에 따른 안전지침 ⑤ 특수작업의 조건 ⑥ 표준안전작업절차서 ⑦ 공정도를 활용한 공정 분석 기술
	(2) 기계의 위험 안전조건 분석	① 기계의 위험요인 ② 본질적 안전 ③ 기계의 일반적인 안전사항과 안전조건 ④ 유해위험기계 · 기구의 종류, 기능과 작동원리 ⑤ 기계 위험성 ⑥ 기계 방호장치 ⑦ 유해위험기계 · 기구의 종류와 기능 ⑧ 설비보전의 개념 ⑨ 기계의 위험점 조사능력 ⑩ 기계 작동원리 분석기술
2. 기계분야 산업재해 조사 및 관리	(1) 재해조사	① 재해조사의 목적 ② 재해조사 시 유의사항 ③ 재해발생 시 조치사항 ④ 재해의 원인 분석 및 조사기법
	(2) 산재 분류 및 통계 분석	① 산재 분류의 이해 ② 재해관련 통계의 정의 ③ 재해관련 통계의 종류 및 계산 ④ 재해손실비의 종류 및 계산
	(3) 안전점검 · 검사 · 인증 및 진단	① 안전점검의 정의 및 목적 ② 안전점검의 종류 ③ 안전점검표의 작성 ④ 안전검사 및 안전인증 ⑤ 안전진단
3. 기계설비 위험요인 분석	(1) 공작기계의 안전	① 절삭가공기계의 종류 및 방호장치 ② 소성가공 및 방호장치
	(2) 프레스 및 전단기의 안전	① 프레스 재해방지의 근본적인 대책 ② 금형의 안전화
	(3) 기타 산업용 기계 · 기구	① 롤러기 ② 원심기 ③ 아세틸렌 용접장치 및 가스집합 용접장치 ④ 보일러 및 압력용기 ⑤ 산업용 로봇 ⑥ 목재 가공용 기계 ⑦ 고속회전체 ⑧ 사출성형기
	(4) 운반기계 및 양중기	① 지게차 ② 컨베이어 ③ 양중기(건설용은 제외) ④ 운반기계

주요 항목	세부 항목	세세 항목
4. 기계 안전시설 관리	(1) 안전시설 관리 계획하기	① 기계 방호장치 ② 안전작업 절차 ③ 공정도를 활용한 공정 분석 ④ Fool Proof ⑤ Fail Safe
	(2) 안전시설 설치하기	① 안전시설물 설치기준 ② 안전보건표지 설치기준 ③ 기계 종류별[지게차, 컨베이어, 양중기(건설용은 제외), 운반기계] 안전장치 설치기준 ④ 기계의 위험점 분석
	(3) 안전시설 유지 · 관리하기	① KS B 규격과 ISO 규격 통칙에 대한 지식 ② 유해위험기계 · 기구의 종류 및 특성
5. 설비 진단 및 검사	(1) 비파괴검사의 종류 및 특징	① 육안검사 ② 누설검사 ③ 침투검사 ④ 초음파검사 ⑤ 자기탐상검사 ⑥ 음향검사 ⑦ 방사선투과검사
	(2) 소음 · 진동 방지 기술	① 소음 방지 방법 ② 진동 방지 방법

제4과목 전기설비 안전관리

주요 항목	세부 항목	세세 항목
1. 전기 안전관리 업무 수행	(1) 전기 안전관리	① 배(분)전반 ② 개폐기 ③ 보호계전기 ④ 과전류 및 누전 차단기 ⑤ 정격차단용량(kA) ⑥ 전기 안전관련 법령
2. 감전재해 및 방지대책	(1) 감전재해 예방 및 조치	① 안전전압 ② 허용접촉 및 보폭 전압 ③ 인체의 저항
	(2) 감전재해의 요인	① 감전요소 ② 감전사고의 형태 ③ 전압의 구분 ④ 통전전류의 세기 및 그에 따른 영향
	(3) 절연용 안전장구	① 절연용 안전보호구 ② 절연용 안전방호구
3. 정전기 장 · 재해 관리	(1) 정전기 위험요소 파악	① 정전기 발생원리 ② 정전기의 발생현상 ③ 방전의 형태 및 영향 ④ 정전기의 장해
	(2) 정전기 위험요소 제거	① 접지 ② 유속의 제한 ③ 보호구의 착용 ④ 대전방지제 ⑤ 가습 ⑥ 제전기 ⑦ 본딩
4. 전기방폭 관리	(1) 전기방폭 설비	① 방폭 구조의 종류 및 특징 ② 방폭 구조 선정 및 유의사항 ③ 방폭형 전기기기
	(2) 전기방폭 사고예방 및 대응	① 전기 폭발등급 ② 위험장소 선정 ③ 정전기 방지대책 ④ 절연저항, 접지저항, 정전용량 측정

주요 항목	세부 항목	세세 항목
5. 전기설비 위험요인 관리	(1) 전기설비 위험요인 파악	① 단락 ② 누전 ③ 과전류 ④ 스파크 ⑤ 접촉부 과열 ⑥ 절연열화에 의한 발열 ⑦ 지락 ⑧ 낙뢰 ⑨ 정전기
	(2) 전기설비 위험요인 점검 및 개선	① 유해위험기계 · 기구의 종류 및 특성 ② 안전보건표지 설치기준 ③ 접지 및 피뢰 설비 점검

제5과목 화학설비 안전관리

주요 항목	세부 항목	세세 항목
1. 화재 · 폭발 검토	(1) 화재 · 폭발 이론 및 발생 이해	① 연소의 정의 및 요소 ② 인화점 및 발화점 ③ 연소 · 폭발의 형태 및 종류 ④ 연소(폭발) 범위 및 위험도 ⑤ 완전연소 조성 농도 ⑥ 화재의 종류 및 예방대책 ⑦ 연소파와 폭굉파 ⑧ 폭발의 원리
	(2) 소화원리 이해	① 소화의 정의 ② 소화의 종류 ③ 소화기의 종류
	(3) 폭발방지대책 수립	① 폭발방지대책 ② 폭발하한계 및 폭발상한계의 계산
2. 화학물질 안전관리 실행	(1) 화학물질(위험물, 유해화학물질) 확인	① 위험물의 기초화학 ② 위험물의 정의 ③ 위험물의 종류 ④ 노출기준 ⑤ 유해화학물질의 유해요인
	(2) 화학물질(위험물, 유해화학물질) 유해 위험성 확인	① 위험물의 성질 및 위험성 ② 위험물의 저장 및 취급 방법 ③ 인화성 가스 취급 시 주의사항 ④ 유해화학물질 취급 시 주의사항 ⑤ 물질안전보건자료(MSDS)
	(3) 화학물질 취급설비 개념 확인	① 각종 장치(고정, 회전 및 안전장치 등) 종류 ② 화학장치(반응기, 정류탑, 열교환기 등) 특성 ③ 화학설비(건조설비 등)의 취급 시 주의사항 ④ 전기설비(계측설비 포함)
3. 화공안전 비상조치 계획 · 대응	(1) 비상조치 계획 및 평가	① 비상조치 계획 ② 비상대응 교육훈련 ③ 자체매뉴얼 개발

주요 항목	세부 항목	세세 항목
4. 화공안전 운전 · 점검	(1) 공정안전 기술	① 공정안전의 개요 ② 각종 장치(제어장치, 송풍기, 압축기, 배관 및 피팅류) ③ 안전장치의 종류
	(2) 안전점검 계획 수립	① 안전운전 계획
	(3) 공정안전보고서 작성 심사 · 확인	① 공정안전 자료 ② 위험성 평가

제6과목 건설공사 안전관리

주요 항목	세부 항목	세세 항목
1. 건설공사 특성 분석	(1) 건설공사 특수성 분석	① 안전관리 계획 수립 ② 공사장 작업환경 특수성 ③ 계약조건의 특수성
	(2) 안전관리 고려사항 확인	① 설계도서 검토 ② 안전관리 조직 ③ 시공 및 재해사례 검토
2. 건설공사 위험성	(1) 건설공사 유해 · 위험 요인 파악	① 유해 · 위험 요인 선정 ② 안전보건 자료 ③ 유해 · 위험방지계획서
	(2) 건설공사 위험성 추정 · 결정	① 위험성 추정 및 평가방법 ② 위험성 결정관련 지침 활용
3. 건설업 산업안전 보건관리비 관리	(1) 건설업 산업안전보건 관리비 규정	① 건설업 산업안전보건관리비의 계상 및 사용기준 ② 건설업 산업안전보건관리비 대상액 작성요령 ③ 건설업 산업안전보건관리비의 항목별 사용내역
4. 건설현장 안전시설 관리	(1) 안전시설 설치 및 관리	① 추락 방지용 안전시설 ② 붕괴 방지용 안전시설 ③ 낙하, 비래 방지용 안전시설 ④ 개인보호구
	(2) 건설 공구 및 장비 안전수칙	① 건설공구의 종류 및 안전수칙 ② 건설장비의 종류 및 안전수칙
5. 비계 · 거푸집 가시설 위험방지	(1) 건설 가시설물 설치 및 관리	① 비계 ② 작업통로 및 발판 ③ 거푸집 및 동바리 ④ 흙막이
6. 공사 및 작업 종류별 안전	(1) 양중 및 해체 공사	① 양중공사 시 안전수칙 ② 해체공사 시 안전수칙
	(2) 콘크리트 및 PC 공사	① 콘크리트공사 시 안전수칙 ② PC공사 시 안전수칙
	(3) 운반 및 하역 작업	① 운반작업 시 안전수칙 ② 하역작업 시 안전수칙

2 실기

- 검정방법 : 복합형(필답형+작업형)
- 시험시간 : 필답형 1시간 30분+작업형 1시간 정도
- 합격기준 : 100점을 만점으로 하여 60점 이상
- 수행준거

1. 사업장의 안전한 작업환경을 구성하기 위해 산업안전 계획과 재해예방 계획, 안전보건 관리규정을 수행할 수 있는 산업안전관리 매뉴얼을 개발할 수 있다.
2. 관련 공정의 특수성을 분석하여 안전관리상 고려사항을 조사하고, 관련 자료 및 기계위험에 대한 안전조건 분석 등을 수행할 수 있다.
3. 사업장 내 발생한 사고에 대한 신속한 조치를 통하여 추가 피해를 방지하고, 사고 원인에 대한 분석을 실시하여 향후 발생할 수 있는 산업재해를 예방할 수 있다.
4. 사업장 안전점검이란 안전점검 계획 수립과 점검표 작성을 통해 안전점검을 실행하고 이를 평가하는 능력이다.
5. 근로자 안전과 관련한 안전시설을 관련 법령과 기준, 지침에 따라 관리할 수 있다.
6. 근로자 안전과 관련한 보호구와 안전장구를 관련 법령, 기준, 지침에 따라 관리할 수 있다.
7. 정전기로 인해 발생할 수 있는 전기안전사고를 예방하기 위하여 정전기 위험요소를 파악하고 제거할 수 있다.
8. 전기로 인해 발생할 수 있는 폭발사고를 방지하기 위해 사고위험요소를 파악하고 대응할 수 있다.
9. 작업 중 발생할 수 있는 전기사고로부터 근로자를 보호하기 위해 안전하게 전기작업을 수행하도록 지원하고 예방할 수 있다.
10. 작업장에서 발생할 수 있는 관련 사고를 예방하기 위해 관련 요소를 파악하고 계획을 수립할 수 있다.
11. 화학물질에 대한 유해 · 위험성을 파악하고, MSDS를 활용하여 제반 안전활동을 수행할 수 있다.
12. 화학공정 시설에서 발생할 수 있는 안전사고를 방지하기 위해 안전점검 계획을 수립하고 안전점검표에 따라 안전점검을 실행하며 안전점검 결과를 평가할 수 있다.
13. 건설공사와 관련된 특수성을 분석하고 공사와 연관된 안전관리의 고려사항과 기존의 관련 공사 자료를 활용하여 안전관리 업무에 적용할 수 있다.
14. 근로자 안전과 관련한 건설현장 안전시설을 관련 법령과 기준, 지침에 따라 관리할 수 있다.
15. 건설작업 중 발생할 수 있는 유해 · 위험 요인을 파악하여 감소대책을 수립하고, 평가보고서 작성 후 평가 결과를 환류하여 건설현장 내 유해 · 위험 요인을 관리할 수 있다.

[실기 과목명] 산업안전관리 실무

주요 항목	세부 항목	세세 항목
1. 산업안전관리 계획 수립	(1) 산업안전 계획 수립하기	① 사업장의 안전보건 경영방침에 따라 안전관리 목표를 설정할 수 있다. ② 설정된 안전관리 목표를 기준으로 안전관리를 위한 대상을 설정할 수 있다. ③ 설정된 안전관리 대상별 인력, 예산, 시설 등의 사항을 계획할 수 있다. ④ 안전관리 대상별 안전점검 및 유지보수에 관한 사항을 계획할 수 있다. ⑤ 계획된 내용을 보고서로 작성하여 산업안전보건위원회에 심의를 받을 수 있다. ⑥ 산업안전보건위원회에서 심의된 안전보건 계획을 이사회 승인 후 안전관리 업무에 적용할 수 있다.
	(2) 산업재해 예방계획 수립하기	① 사업장에서 발생 가능한 유해 · 위험 요소를 선정할 수 있다. ② 유해 · 위험 요소별 재해 원인과 사례를 통해 재해 예방을 위한 방법을 결정할 수 있다. ③ 결정된 방법에 따라 세부적인 예방활동을 도출할 수 있다. ④ 산업재해 예방을 위한 소요예산을 계상할 수 있다. ⑤ 산업재해 예방을 위한 활동, 인력, 점검, 훈련 등이 포함된 계획서를 작성할 수 있다.
	(3) 안전보건 관리규정 작성하기	① 산업안전관리를 위한 사업장의 특성을 파악할 수 있다. ② 안전보건 관리규정 작성에 필요한 기초자료를 파악할 수 있다. ③ 안전보건 경영방침에 따라 안전보건 관리규정을 작성할 수 있다. ④ 산업안전보건 관련 법령에 따라 안전보건 관리규정을 관리할 수 있다.
	(4) 산업안전관리 매뉴얼 개발하기	① 사업장 내 설비와 유해 · 위험 요인을 파악할 수 있다. ② 안전보건 관리규정에 따라 산업안전관리에 필요 절차를 파악할 수 있다. ③ 사업장 내 안전관리를 위한 분야별 매뉴얼을 개발할 수 있다.
2. 기계 작업공정 특성 분석	(1) 안전관리상 고려사항 결정하기	① 기계 작업공정과 관련된 설계도를 검토하여 안전관리 운영 항목을 도출할 수 있다. ② 기계 작업공정에서 도출된 안전관리 요소를 검토하여 안전관리 업무의 핵심내용을 도출할 수 있다. ③ 유관 부서와 협의하고 협조 운영될 수 있는 방안을 검토할 수 있다. ④ 사전예방활동 또는 작업성과의 향상에 기여할 수 있도록 위험을 최소화할 수 있는 안전관리 방안을 결정할 수 있다.
	(2) 관련 공정 특성 분석하기	① 기계 작업공정 안전관리 요소를 도출하기 위하여 기계 작업공정의 설계도에 따라 세부적인 안전지침을 검토할 수 있다. ② 작업환경에 따라 안전관리에 적용해야 하는 위험요인을 도출할 수 있다. ③ 특수작업의 작업조건에 따라 안전관리에 적용해야 하는 위험요인을 도출할 수 있다. ④ 기계 작업공정별 특수성에 따라 위험요인을 도출하여 안전관리 방안을 도출할 수 있다.
	(3) 유사공정 안전관리 사례 분석하기	① 안전관리상 고려사항을 도출하기 위하여 유사공정 분석에 필요한 정보를 수집할 수 있다. ② 외부전문가가 필요한 경우 안전관리 분야 전문가를 위촉하여 활용할 수 있다. ③ 외부전문가를 활용한 기계작업 안전관리 사례 분석 결과에서 안전관리 요소를 도출할 수 있다.
	(4) 기계 위험 안전조건 분석하기	① 현장에서 사용되는 기계별 위험요인과 기계설비의 안전요소를 도출할 수 있다. ② 기계의 안전장치의 설치 등 기계의 방호장치에 대한 특성을 분석하고 활용할 수 있다. ③ 기계설비의 결함을 조사하여 구조적, 기능적 안전에 대응할 수 있다. ④ 유해위험기계 · 기구의 종류, 기능과 작동원리를 활용하여 안전조건을 검토할 수 있다.

주요 항목	세부 항목	세세 항목
3. 산업재해 대응	(1) 산업재해 처리절차 수립하기	① 비상조치 계획에 의거하여 사고 등 비상상황에 대비한 처리절차를 수립할 수 있다. ② 비상대응 매뉴얼에 따라 비상상황 전달 및 비상조직의 운영으로 피해를 최소화할 수 있다. ③ 비상사태 발생 시 신속한 대응을 위해 비상훈련 계획을 수립할 수 있다.
	(2) 산업재해자 응급조치하기	① 응급처치기술을 활용하여 재해자를 안정시키고 인근 병원으로 즉시 이송할 수 있다. ② 병력과 치료 현황이 포함된 재해자 건강검진 자료를 확인하여 사고대응에 활용할 수 있다. ③ 재해조사 조치요령에 근거하여 재해현장을 보존하여 증거자료를 확보할 수 있다.
	(3) 산업재해 원인 분석하기	① 작업 공정, 절차, 안전기준 및 시설 유지보수 등을 통하여 재해 원인을 분석할 수 있다. ② 사고 장소와 시설의 증거물, 관련자와의 면담 등을 통하여 사고와 관련된 기인물과 가해물을 규명할 수 있다. ③ 재해요인을 정량화하여 수치로 표시할 수 있다. ④ 재발 발생 가능성과 예상 피해를 감소시키기 위해 필요한 사항을 추가 조사할 수 있다. ⑤ 동일유형의 사고 재발을 방지하기 위해 사고조사보고서를 작성할 수 있다.
	(4) 산업재해 대책 수립하기	① 사고조사를 통해 근본적인 사고 원인을 규명하여 개선대책을 제시할 수 있다. ② 개선조치 사항을 사고 발생 설비와 유사 공정 · 작업에 반영할 수 있다. ③ 사고보고서에 따라 대책을 수립하고 평가하여 교육훈련 계획을 수립할 수 있다. ④ 사업장 내 근로자를 대상으로 비상대응 교육훈련을 실시할 수 있다.
4. 사업장 안전점검	(1) 산업안전 점검계획 수립하기	① 작업 공정에 맞는 점검방법을 선정할 수 있다. ② 안전점검 대상 기계 · 기구를 파악할 수 있다. ③ 위험에 따른 안전관리 중요도에 대한 우선순위를 결정할 수 있다. ④ 적용하는 기계 · 기구에 따라 안전장치와 관련된 지식을 활용하여 안전점검 계획을 수립할 수 있다.
	(2) 산업안전 점검표 작성하기	① 작업 공정이나 기계 · 기구에 따라 발생할 수 있는 위험요소를 포함한 점검항목을 도출할 수 있다. ② 안전점검 방법과 평가기준을 도출할 수 있다. ③ 안전점검 계획을 고려하여 안전점검표를 작성할 수 있다.
	(3) 산업안전 점검 실행하기	① 안전점검표의 점검항목을 파악할 수 있다. ② 해당 점검대상 기계 · 기구의 점검주기를 판단할 수 있다. ③ 안전점검표의 항목에 따라 위험요인을 점검할 수 있다. ④ 안전점검 결과를 분석하여 안전점검결과보고서를 작성할 수 있다.
	(4) 산업안전 점검 평가하기	① 안전기준에 따라 점검내용을 평가하여 위험요인을 도출할 수 있다. ② 안전점검 결과 발생한 위험요소를 감소하기 위한 개선방안을 도출할 수 있다. ③ 안전점검 결과를 바탕으로 사업장 내 안전관리 시스템을 개선할 수 있다.
5. 기계 안전시설 관리	(1) 안전시설 관리 계획하기	① 작업공정도와 작업표준서를 검토하여 작업장의 위험성에 따른 안전시설 설치계획을 작성할 수 있다. ② 기설치된 안전시설에 대해 측정장비를 이용하여 정기적인 안전점검을 실시할 수 있도록 관리 계획을 수립할 수 있다. ③ 공정진행에 의한 안전시설의 변경, 해체 계획을 작성할 수 있다.

주요 항목	세부 항목	세세 항목
	(2) 안전시설 설치하기	① 관련 법령, 기준, 지침에 따라 성능검정에 합격한 제품을 확인할 수 있다. ② 관련 법령, 기준, 지침에 따라 안전시설물 설치기준을 준수하여 설치할 수 있다. ③ 관련 법령, 기준, 지침에 따라 안전보건표지를 설치할 수 있다. ④ 안전시설을 모니터링하여 개선 또는 보수 여부를 판단하여 대응할 수 있다.
	(3) 안전시설 관리하기	① 안전시설을 모니터링하여 필요한 경우 교체 등 조치할 수 있다. ② 공정 변경 시 발생할 수 있는 위험을 사전에 분석하여 안전시설을 변경 · 설치할 수 있다. ③ 작업자가 시설에 위험요소를 발견하여 신고 시 즉각 대응할 수 있다. ④ 현장에 설치된 안전시설보다 우수하거나 선진기법 등이 개발되었을 경우 현장에 적용할 수 있다.
6. 산업안전 보호장비 관리	(1) 보호구 관리하기	① 산업안전보건법령에 기준한 보호구를 선정할 수 있다. ② 작업상황에 맞는 검정대상 보호구를 선정하고 착용상태를 확인할 수 있다. ③ 사용설명서에 따른 올바른 착용법을 확인하고, 작업자에게 착용 지도할 수 있다. ④ 보호구의 특성에 따라 적절하게 관리하도록 지도할 수 있다.
	(2) 안전장구 관리하기	① 산업안전보건법령에 기준한 안전장구를 선정할 수 있다. ② 작업상황에 맞는 검정대상 안전장구를 선정하고 착용상태를 확인할 수 있다. ③ 사용설명서에 따른 올바른 착용법을 확인하고, 작업자에게 착용 지도할 수 있다. ④ 안전장구의 특성에 따라 적절하게 관리하도록 지도할 수 있다.
7. 정전기 위험 관리	(1) 정전기 발생 방지 계획수립하기	① 정전기 발생 원인과 정전기 방전을 파악하여 정전기 위험장소 점검 계획을 수립할 수 있다. ② 정전기 방지를 위한 접지시설과 등전위본딩, 도전성 향상 계획을 수립할 수 있다. ③ 인화성 화학물질 취급 장치 · 시설과 취급 장소에서 발생할 수 있는 정전기 방지 대책을 수립할 수 있다. ④ 정전기 계측설비 운용 계획을 수립할 수 있다.
	(2) 정전기 위험요소 파악하기	① 정전기 발생이 전격, 화재, 폭발 등으로 이어질 수 있는 위험요소를 파악할 수 있다. ② 정전기가 발생될 수 있는 장치 · 시설에 절연저항, 표면저항, 접지저항, 대전전압, 정전용량 등을 측정하여 정전기의 위험성을 판단할 수 있다. ③ 정전기로 인한 재해를 예방하기 위하여 정전기가 발생되는 원인을 파악할 수 있다.
	(3) 정전기 위험요소 제거하기	① 정전기가 발생될 수 있는 장치 · 시설과 취급 장소에서 접지시설, 본딩시설을 구축하여 정전기 발생 원인을 제거할 수 있다. ② 정전기가 발생될 수 있는 장치 · 시설과 취급 장소에 도전성 향상과 제전기를 설치하여 정전기 위험요소를 제거할 수 있다. ③ 정전기가 발생될 수 있는 장치 · 시설의 취급 시 정전기 완화 환경을 구축할 수 있다. ④ 정전기가 발생할 수 있는 작업환경을 개선하여 정전기를 제거할 수 있다.

주요 항목	세부 항목	세세 항목
8. 전기방폭 관리	(1) 사고 예방 계획 수립하기	① 전기방폭에 영향을 미칠 수 있는 위험요소를 확인하고 점검 계획을 수립할 수 있다. ② 전기로 인해 발생할 수 있는 폭발사고의 사고 원인을 구분하여 전기방폭 방지 계획을 수립할 수 있다. ③ 사고 원인에 의해 폭발사고가 발생하는 위험물질의 관리방안을 수립할 수 있다. ④ 전기로 인해 발생할 수 있는 폭발사고를 예방하기 위해 계측설비 운용에 관한 계획을 수립할 수 있다. ⑤ 전기로 인해 발생할 수 있는 폭발사고 사례를 통한 사고 원인을 분석하고 전기설비 유지관리를 위한 체크리스트를 작성하여 전기방폭 관리계획을 수립할 수 있다.
	(2) 전기방폭 결함요소 파악하기	① 전기로 인해 발생할 수 있는 폭발사고 발생 메커니즘을 적용하여 관련사고의 위험성을 파악할 수 있다. ② 전기로 인해 발생할 수 있는 폭발사고가 발생할 수 있는 작업조건, 작업장소, 사용물질을 파악할 수 있다. ③ 전기적 과전류, 단락, 누전, 정전기 등 사고 원인을 점검, 파악할 수 있다. ④ 전기로 인해 발생할 수 있는 폭발사고가 발생할 수 있는 위험물질의 관리대상을 파악할 수 있다.
	(3) 전기방폭 결함요소 제거하기	① 전기로 인해 발생할 수 있는 폭발사고 형태별 원인을 분석하여 사고를 예방할 수 있다. ② 전기로 인해 발생할 수 있는 폭발사고의 사고 원인을 파악하여 사고를 예방할 수 있다. ③ 전기로 인해 발생할 수 있는 폭발사고를 방지하기 위하여 방폭형 전기설비를 도입하여 사고를 예방할 수 있다.
9. 전기작업 안전관리	(1) 전기작업 위험성 파악하기	① 전기 안전사고 발생 형태를 파악할 수 있다. ② 전기 안전사고 주요 발생장소를 파악할 수 있다. ③ 전기 안전사고 발생 시 피해 정도를 예측할 수 있다. ④ 전기 안전관련 법령에 따라 전기 안전사고를 예방할 목적으로 설치된 안전보호장치의 사용 여부를 확인할 수 있다. ⑤ 전기 안전사고 예방을 위한 안전조치 및 개인보호장구의 적합 여부를 확인할 수 있다.
	(2) 정전작업 지원하기	① 안전한 정전작업 수행을 위한 안전작업계획서를 수립할 수 있다. ② 정전작업 중 안전사고 우려 시 작업중지를 결정할 수 있다. ③ 정전작업 수행 시 필요한 보호구와 방호구, 작업용 기구와 장치, 표지를 선정하고 사용할 수 있다.
	(3) 활선작업 지원하기	① 안전한 활선작업 수행을 위한 안전작업계획서를 수립할 수 있다. ② 활선작업 중 안전사고 우려 시 작업중지를 결정할 수 있다. ③ 활선작업 수행 시 필요한 보호구와 방호구, 작업용 기구와 장치, 표지를 선정하고 사용할 수 있다.
	(4) 충전전로 근접작업 안전 지원하기	① 가공 송전선로에서 전압별로 발생하는 정전·전자유도 현상을 이해하고 안전대책을 제공할 수 있다. ② 가공 배전선로에서 필요한 작업 전 준비사항 및 작업 시 안전대책, 작업 후 안전점검 사항을 작성할 수 있다. ③ 전기설비의 작업 시 수행하는 고소작업 등에 의한 위험요인을 적용한 사고 예방대책을 제공할 수 있다. ④ 특고압 송전선 부근에서 작업 시 필요한 이격거리 및 접근한계거리, 정전유도 현상을 숙지하고 안전대책을 제공할 수 있다. ⑤ 크레인 등의 중기작업을 수행할 때 필요한 보호구, 안전장구, 각종 중장비 사용 시 주의사항을 파악할 수 있다.

주요 항목	세부 항목	세세 항목
10. 화재 · 폭발 · 누출사고 예방	(1) 화재 · 폭발 · 누출 요소 파악하기	① 화학공장 등에서 위험물질로 인한 화재 · 폭발 · 누출로 인한 사고를 예방하기 위하여 현장에서 취급 및 저장하고 있는 유해 · 위험물의 종류와 수량을 파악할 수 있다. ② 화학공장 등에서 위험물질로 인한 화재 · 폭발 · 누출로 인한 사고를 예방하기 위하여 현장에 설치된 유해 · 위험 설비를 파악할 수 있다. ③ 유해 · 위험 설비의 공정도면을 확인하여 유해 · 위험 설비의 운전방법에 의한 위험요인을 파악할 수 있다. ④ 유해 · 위험 설비, 폭발 위험이 있는 장소를 사전에 파악하여 사고예방활동용의 필요점을 파악할 수 있다.
	(2) 화재 · 폭발 · 누출 예방계획 수립하기	① 화학공장 내 잠재한 사고위험 요인을 발굴하여 위험등급을 결정할 수 있다. ② 유해 · 위험 설비의 운전을 위한 안전운전지침서를 개발할 수 있다. ③ 화재 · 폭발 · 누출 사고를 예방하기 위하여 설비에 관한 보수 및 유지 계획을 수립할 수 있다. ④ 유해 · 위험 설비의 도급 시 안전업무 수행실적 및 실행결과를 평가하기 위하여 도급업체 안전관리계획을 수립할 수 있다. ⑤ 유해 · 위험 설비에 대한 변경 시 변경요소 관리계획을 수립할 수 있다. ⑥ 산업사고 발생 시 공정 사고조사를 위하여 조사팀 및 방법 등이 포함된 공정 사고조사계획을 수립할 수 있다. ⑦ 비상상황 발생 시 대응할 수 있도록 장비, 인력, 비상연락망 및 수행내용을 포함한 비상조치계획을 수립할 수 있다.
	(3) 화재 · 폭발 · 누출 사고 예방활동 하기	① 유해 · 위험 설비 및 유해 · 위험 물질의 취급 시 개발된 안전지침 및 계획에 따라 작업이 이루어지는지 모니터링할 수 있다. ② 작업허가가 필요한 작업에 대하여 안적작업허가기준에 부합된 절차에 따라 작업허가를 할 수 있다. ③ 화재 · 폭발 · 누출 사고 예방을 위한 제조공정, 안전운전지침 및 절차 등을 근로자에게 교육을 할 수 있다. ④ 안전사고 예방활동에 대하여 자체감사를 실시하여 사고예방활동을 개선할 수 있다.
11. 화학물질 안전관리 실행	(1) 유해 · 위험성 확인하기	① 화학물질 및 독성가스 관련 정보와 법규를 확인할 수 있다. ② 화학공장에서 취급하거나 생산되는 화학물질에 대한 물질안전보건자료(MSDS ; Material Safety Data Sheet)를 확인할 수 있다. ③ MSDS의 유해 · 위험성에 따라 적합한 보호구 착용을 교육할 수 있다. ④ 화학물질의 안전관리를 위하여 안전보건자료(MSDS ; Material Safety Data Sheet)에 제공되는 유해 · 위험 요소 등을 파악할 수 있다.
	(2) MSDS 활용하기	① 화학공장에서 취합하는 화학물질에 대한 MSDS를 작업현장에 부착할 수 있다. ② MSDS 제도를 기준으로 취급하거나 생산한 화학물질의 MSDS의 내용을 교육을 실시할 수 있다. ③ MSDS의 정보를 표지판으로 제작 및 부착하여 근로자에게 화학물질의 유해성과 위험성 정보를 제공할 수 있다. ④ MSDS 내에 있는 정보를 활용하여 경고표지를 작성하여 작업현장에 부착할 수 있다.
12. 화공 안전점검	(1) 안전점검계획 수립하기	① 공정운전에 맞는 점검 주기와 방법을 파악할 수 있다. ② 산업안전보건법령에서 정하는 안전검사 기계 · 기구를 구분하여 안전점검 계획에 적용할 수 있다. ③ 사용하는 안전장치와 관련된 지식을 활용하여 안전점검계획을 수립할 수 있다.

주요 항목	세부 항목	세세 항목
	(2) 안전점검표 작성하기	① 공정운전이나 기계 · 기구에 따라 발생할 수 있는 위험요소를 포함하도록 점검항목을 작성할 수 있다. ② 공정운전이나 기계 · 기구에 따라 발생할 수 있는 위험요소를 포함하도록 점검항목을 작성할 수 있다. ③ 위험에 따른 안전관리 중요도 우선순위를 결정할 수 있다. ④ 객관적인 안전점검 실시를 위해서 안전점검 방법이나 평가기준을 작성할 수 있다. ⑤ 안전점검계획에 따라 공정별 안전점검표를 작성할 수 있다.
	(3) 안전점검 실행하기	① 공정순서에 따라 작성된 화학공정별 작업절차에 의해 운전할 수 있다. ② 측정장비를 사용하여 위험요인을 점검할 수 있다. ③ 점검주기와 강도를 고려하여 점검을 실시할 수 있다. ④ 안전점검표에 의하여 위험요인에 대한 구체적인 점검을 수행할 수 있다.
	(4) 안전점검 평가하기	① 안전기준에 따라 점검내용을 평가하고, 위험요인을 산출할 수 있다. ② 점검결과 지적사항을 즉시 조치가 필요 시 반영 조치하여 공사를 진행할 수 있다. ③ 점검결과에 의한 위험성을 기준으로 공정의 가동 중지, 설비의 사용 금지 등 위험요소에 대한 조치를 취할 수 있다. ④ 점검결과에 의한 지적사항이 반복되지 않도록 해당 시스템을 개선할 수 있다.
13. 건설공사 특성 분석	(1) 건설공사 특수성 분석하기	① 설계도서에서 요구하는 특수성을 확인하여 안전관리 계획 시 반영할 수 있다. ② 공정관리 계획 수립 시 해당 공사의 특수성에 따라 세부적인 안전지침을 검토할 수 있다. ③ 공사장 주변 작업환경이나 공법에 따라 안전관리에 적용해야 하는 특수성을 도출할 수 있다. ④ 공사의 계약 조건, 발주처 요청 등에 따라 안전관리상의 특수성을 도출할 수 있다.
	(2) 안전관리 고려사항 확인하기	① 설계도서 검토 후 안전관리를 위한 중요항목을 도출할 수 있다. ② 전체적인 공사현황을 검토하여 안전관리 업무의 주요항목을 도출할 수 있다. ③ 안전관리를 위한 조직을 효율적으로 운영할 수 있는 방안을 도출할 수 있다. ④ 외부전문가 인력풀을 활용하여 안전관리 사항을 검토할 수 있다. ⑤ 안전관리를 위한 구성원별 역할을 부여하고 활용할 수 있다.
	(3) 관련 공사자료 활용하기	① 시스템 운영에 필요한 정보를 수집하고 정리하여 문서화할 수 있다. ② 안전관리의 충분한 지식 확보를 위하여 안전관리에 관련한 자료를 수집하고 활용할 수 있다. ③ 기존의 시공사례나 재해사례 등을 활용하여 해당 현장에 맞는 안전자료를 작성할 수 있다. ④ 관련 공사자료를 확보하기 위하여 외부전문가 인력풀을 활용할 수 있다.
14. 건설현장 안전시설 관리	(1) 안전시설 관리 계획하기	① 공정관리계획서와 건설공사 표준안전지침을 검토하여 작업장의 위험성에 따른 안전시설 설치 계획을 작성할 수 있다. ② 현장점검 시 발견된 위험성을 바탕으로 안전시설을 관리할 수 있다. ③ 기설치된 안전시설에 대해 측정 장비를 이용하여 정기적인 안전점검을 실시할 수 있도록 관리계획을 수립할 수 있다. ④ 안전시설 설치방법과 종류의 장 · 단점을 분석할 수 있다. ⑤ 공정 진행에 따라 안전시설의 설치, 해체, 변경 계획을 작성할 수 있다.

주요 항목	세부 항목	세세 항목
	(2) 안전시설 설치하기	① 관련 법령, 기준, 지침에 따라 안전인증에 합격한 제품을 확인할 수 있다. ② 관련 법령, 기준, 지침에 따라 안전시설물 설치기준을 준수하여 설치할 수 있다. ③ 관련 법령, 기준, 지침에 따라 안전보건표지를 설치기준을 준수하여 설치할 수 있다. ④ 설치계획에 따른 건설현장의 배치계획을 재검토하고, 개선사항을 도출하여 기록할 수 있다. ⑤ 안전보호구를 유용하게 사용할 수 있는 필요 장치를 설치할 수 있다.
	(3) 안전시설 관리하기	① 기설치된 안전시설에 대해 관련 법령, 기준, 지침에 따라 확인하고, 수시로 개선할 수 있다. ② 측정장비를 이용하여 안전시설이 제대로 유지되고 있는지 확인하고, 필요한 경우 교체할 수 있다. ③ 공정의 변경 시 발생할 수 있는 위험을 사전에 분석하고, 안전시설을 변경 · 설치할 수 있다. ④ 설치계획에 의거하여 안전시설을 설치하고, 불안전 상태가 발생되는 경우 즉시 조치할 수 있다.
	(4) 안전시설 적용하기	① 선진기법이나 우수사례를 고려하여 안전시설을 건설현장에 맞게 도입할 수 있다. ② 근로자의 제안제도 등을 활용하여 안전시설을 건설현장에 적합하도록 자체개발 또는 적용할 수 있다. ③ 자체 개발된 안전시설이 관련 법령에 적합한지 판단할 수 있다. ④ 개발된 안전시설을 안전관계자 또는 외부전문가의 검증을 거쳐 건설현장에 사용할 수 있다.
15. 건설공사 위험성 평가	(1) 건설공사 위험성 평가 사전준비하기	① 관련 법령, 기준, 지침에 따라 위험성 평가를 효과적으로 실시하기 위하여 최초, 정기 또는 수시 위험성 평가 실시규정을 작성할 수 있다. ② 건설공사 작업과 관련하여 부상 또는 질병의 발생이 합리적으로 예견 가능한 유해 · 위험 요인을 위험성 평가 대상으로 선정할 수 있다. ③ 건설공사 위험성 평가와 관련하여 이의신청, 청렴의무를 파악할 수 있다. ④ 건설공사 위험성 평가와 관련하여 위험성 평가 인정기준 등 관련 지침을 파악할 수 있다. ⑤ 건설현장 안전보건 정보를 사전에 조사하여 위험성 평가에 활용할 수 있다.
	(2) 건설공사 유해 · 위험요인 파악하기	① 건설현장 순회점검 방법에 의한 유해 · 위험 요인 선정을 위험성 평가에 활용할 수 있다. ② 청취조사 방법에 의한 유해 · 위험 요인 선정을 위험성 평가에 활용할 수 있다. ③ 자료 방법에 의한 유해 · 위험 요인 선정을 위험성 평가에 활용할 수 있다. ④ 체크리스트 방법에 의한 유해 · 위험 요인 선정을 위험성 평가에 활용할 수 있다. ⑤ 건설현장의 특성에 적합한 방법으로 유해 · 위험 요인을 선정할 수 있다.
	(3) 건설공사 위험성 결정하기	① 건설현장 특성에 따라 부상 또는 질병으로 이어질 수 있는 가능성 및 중대성의 크기를 추정할 수 있다. ② 곱셈에 의한 방법으로 추정할 수 있다. ③ 조합(Matrix)에 의한 방법으로 추정할 수 있다. ④ 덧셈식에 의한 방법으로 추정할 수 있다. ⑤ 건설공사 위험성 추징 시 관련 지침에 따른 주의사항을 적용할 수 있다. ⑥ 건설공사 위험성 추정결과와 사업장 설정 허용 가능 위험성 기준을 비교하여 위험요인별 허용 여부를 판단할 수 있다. ⑦ 건설현장 특성에 위험성 판단 기준을 달리 결정할 수 있다.

주요 항목	세부 항목	세세 항목
	(4) 건설공사 위험성 평가 보고서 작성하기	① 관련 법령, 기준, 지침에 따라 위험성 평가를 실시한 내용과 결과를 기록할 수 있다. ② 위험성 평가와 관련한 위험성 평가 기록물을 관련 법령, 기준, 지침에서 정한 기간 동안 보존할 수 있다. ③ 유해·위험 요인을 목록화할 수 있다. ④ 위험성 평가와 관련해서 위험성 평가 인정 신청, 심사, 사후관리 등 필요한 위험성 평가 인정제도에 참여할 수 있다.
	(5) 건설공사 위험성 감소대책 수립하기	① 관련 법령, 기준, 지침에 따라 위험수준과 근로자수를 감안하여 감소대책을 수립할 수 있다. ② 건설공사 위험성 감소대책에 필요한 본질적 안전확보대책을 수립할 수 있다. ③ 건설공사 위험성 감소대책에 필요한 공학적 대책을 수립할 수 있다. ④ 건설공사 위험성 감소대책에 필요한 관리적 대책을 수립할 수 있다. ⑤ 건설공사 위험성 감소대책과 관련하여 최종적으로 작업에 적합한 개인보호구를 제시할 수 있다.
	(6) 건설공사 위험성 감소대책 타당성 검토하기	① 건설공사 위험성의 크기가 허용 가능한 위험성의 범위인지 확인할 수 있다. ② 허용 가능한 위험성 수준으로 지속적으로 감소시키는 대책을 수립할 수 있다. ③ 위험성 감소대책 실행에 장시간이 필요한 경우 등 건설현장 실정에 맞게 잠정적인 조치를 취하게 할 수 있다. ④ 근로자에게 위험성 평가 결과 남아 있는 유해·위험 정보의 게시, 주지 등 적절하게 정보를 제공할 수 있다.

위 산업안전기사 필기/실기 출제기준의 적용기간은
2024년 1월 1일 ~ 2026년 12월 31일까지입니다.

차례

제1편 과목별 필수이론

제1과목 ▸ 산업재해 예방 및 안전보건교육

제2과목 ▸ 인간공학 및 위험성 평가 · 관리

제3과목 ▸ 기계 · 기구 및 설비 안전관리

제4과목 ▸ 전기설비 안전관리

제5과목 ▸ 화학설비 안전관리

차례

제6과목 ▸ 건설공사 안전관리

과년도 기출문제

계산문제 공략집

■ 2012~2019년 기출문제는 PDF 파일로 제공됩니다.
■ 2024년 기출문제 풀이에 대한 동영상 강의는 무료로 수강하실 수 있습니다.
※ 기출문제 다운로드와 무료 동영상강의 **이용방법은 별책부록(계산문제 공략집) 표지 안쪽**에 자세하게 설명되어 있습니다.

Engineer
Industrial
Safety

www.cyber.co.kr

Engineer Industrial Safety

제 1 편 과목별 필수이론

제1과목 산업재해 예방 및 안전보건교육

제2과목 인간공학 및 위험성 평가 · 관리

제3과목 기계 · 기구 및 설비 안전관리

제4과목 전기설비 안전관리

제5과목 화학설비 안전관리

제6과목 건설공사 안전관리

ENGINEER
INDUSTRIAL
SAFETY

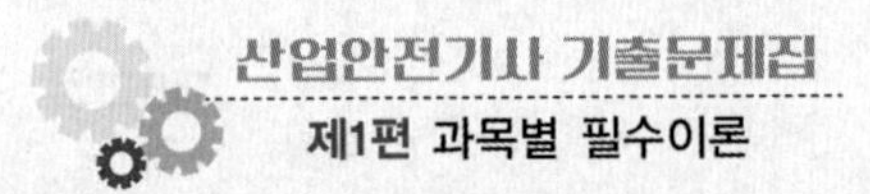
산업안전기사 기출문제집
제1편 과목별 필수이론

01 산업재해 예방 및 안전보건교육

01 안전보건관리조직

1 안전보건관리조직의 종류

종 류	라인형 조직 (line system) [직계식]	스태프형 조직 (staff system) [참모식]	라인-스태프형 조직 (line-staff system) [직계-참모식]
특 징	안전관리업무가 생산라인을 통하여 이루어지도록 편성된 조직	전문적인 스태프를 별도로 두고 안전보건업무를 주관하여 수행하는 조직	라인형과 스태프형의 장점을 절충한 이상적인 유형
	전문기술을 필요로 하지 않는 100명 미만의 소규모 사업장에 적용	근로자 100명 이상 1,000명 미만의 중규모 사업장에 적용	근로자 1,000명 이상의 대규모 사업장에 적용
	활성화를 위해서는 라인형 직제에 따른 체계적인 안전보건교육을 지속적으로 실시	활성화를 위해서는 스태프에 안전보건에 관한 인적 · 물적 사항을 조치할 수 있는 권한을 부여	활성화를 위해서는 라인과 스태프의 공조체제를 구축
장 점	• 안전보건관리와 생산을 동시에 수행하는 조직형태로, 명령과 보고의 상하관계로만 이루어져 간단명료함 • 명령이나 지시가 신속하게 전달되어 개선조치가 빠르게 진행	• 안전전문가가 안전계획을 세워서 전문적인 문제해결 방안을 모색하고 조치 가능 • 경영자에게 조언과 자문 역할을 함 • 안전정보의 수집이 빠름 • 안전업무가 표준화되어 직장에 정착됨	• 안전전문가에 의해 입안된 것을 경영자의 지침으로 명령하여 실시하게 함으로써 정확하고 신속함 • 안전입안계획 평가조사는 스태프에서 실천되고 생산기술의 안전대책은 라인에서 실천됨 • 안전활동이 생산과 떨어지지 않으므로 운용이 적절하면 이상적임
단 점	• 안전보건에 관한 전문지식이나 기술의 결여로 원만한 안전보건관리가 이루어지지 못함 • 일상 생산관계 업무에 쫓겨 안전보건관리가 소홀히 취급될 우려가 있음	• 생산 부분에 협력하여 안전명령을 전달 · 실시하기 때문에 안전과 생산을 별개로 취급하기 쉬움 • 생산 부문은 안전에 대한 책임과 권한이 없음 • 생산 부문과 안전 부문에는 권한 다툼이나 조정 때문에 마찰이 일어날 수 있음	• 명령계통과 조언 및 권고적 참여가 혼동되기 쉬움 • 스태프가 월권행위를 하는 경우가 있음 • 라인이 스태프에 의존하거나 활용치 않는 경우가 있음

빈출!

안전보건관리조직의 구조

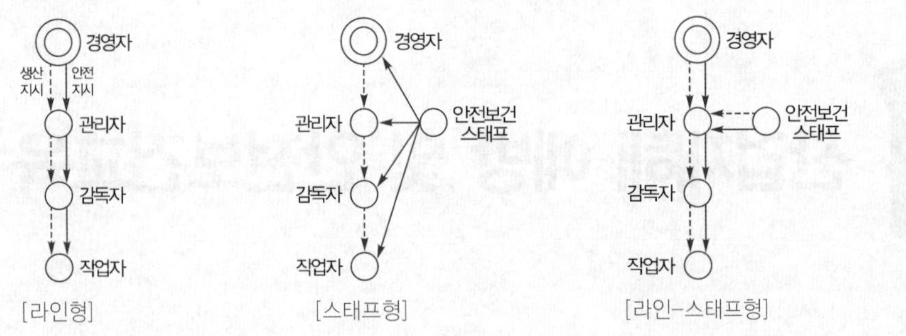

2 안전보건관리책임자

- 안전보건관리책임자의 업무 빈출!

① 사업장의 산업재해 예방계획 수립에 관한 사항
② 안전보건관리규정의 작성 및 변경에 관한 사항
③ 안전보건교육에 관한 사항
④ 작업환경 측정 등 작업환경의 점검 및 개선에 관한 사항
⑤ 근로자의 건강진단 등 건강관리에 관한 사항
⑥ 산업재해의 원인 조사 및 재발 방지대책 수립에 관한 사항
⑦ 산업재해에 관한 통계의 기록 및 유지에 관한 사항
⑧ 안전장치 및 보호구 구입 시 적격품 여부 확인에 관한 사항
⑨ 그 밖에 근로자의 유해 · 위험 방지조치에 관한 사항으로서 고용노동부령으로 정하는 사항

3 관리감독자

(1) 관리감독자의 업무 빈출!

① 사업장 내 관리감독자가 지휘 · 감독하는 작업(이하 "해당 작업")과 관련된 기계 · 기구 또는 설비의 안전 · 보건 점검 및 이상 유무의 확인
② 관리감독자에게 소속된 근로자의 작업복 · 보호구 및 방호장치의 점검과 그 착용 · 사용에 관한 교육 · 지도
③ 해당 작업에서 발생한 산업재해에 관한 보고 및 이에 대한 응급조치
④ 해당 작업의 작업장에 대한 정리정돈 및 통로 확보에 대한 확인 · 감독
⑤ 사업장의 다음 중 어느 하나에 해당하는 사람의 지도 · 조언에 대한 협조
㉠ 안전관리자 또는 안전관리자의 업무를 안전관리전문기관에 위탁한 사업장의 경우에는 그 안전관리전문기관의 해당 사업장 담당자
㉡ 보건관리자 또는 보건관리자의 업무를 보건관리전문기관에 위탁한 사업장의 경우에는 그 보건관리전문기관의 해당 사업장 담당자
㉢ 안전보건관리담당자 또는 안전보건관리담당자의 업무를 안전관리전문기관 또는 보건관리전문기관에 위탁한 사업장의 경우에는 그 안전관리전문기관 또는 보건관리전문기관의 해당 사업장 담당자
㉣ 산업보건의

⑥ 위험성평가를 위한 업무에 기인하는 유해 · 위험 요인의 파악 및 그 결과에 따른 개선조치의 시행에 대한 참여
⑦ 그 밖에 해당 작업의 안전 · 보건에 관한 사항으로서 고용노동부령으로 정하는 사항

(2) 관리감독자의 유해 · 위험 방지업무(19종)

작업의 종류	직무수행내용
① 프레스 등을 사용하는 작업	㉮ 프레스 등 및 그 방호장치를 점검하는 일 ㉯ 프레스 등 및 그 방호장치에 이상이 발견되면 즉시 필요한 조치를 하는 일 ㉰ 프레스 등 및 그 방호장치에 전환스위치를 설치했을 때 그 전환스위치의 열쇠를 관리하는 일 ㉱ 금형의 부착 · 해체 또는 조정 작업을 직접 지휘하는 일
② 목재가공용 기계를 취급하는 작업	㉮ 목재가공용 기계를 취급하는 작업을 지휘하는 일 ㉯ 목재가공용 기계 및 그 방호장치를 점검하는 일 ㉰ 목재가공용 기계 및 그 방호장치에 이상이 발견된 즉시 보고 및 필요한 조치를 하는 일 ㉱ 작업 중 지그(jig) 및 공구 등의 사용상황을 감독하는 일
③ 크레인을 사용하는 작업	㉮ 작업방법과 근로자 배치를 결정하고 그 작업을 지휘하는 일 ㉯ 재료의 결함 유무 또는 기구 및 공구의 기능을 점검하고 불량품을 제거하는 일 ㉰ 작업 중 안전대 또는 안전모의 착용상황을 감시하는 일
④ 위험물을 제조하거나 취급하는 작업	㉮ 작업을 지휘하는 일 ㉯ 위험물을 제조하거나 취급하는 설비 및 그 설비의 부속설비가 있는 장소의 온도 · 습도 · 차광 및 환기 상태 등을 수시로 점검하고 이상을 발견하면 즉시 필요한 조치를 하는 일 ㉰ ㉯에 따라 한 조치를 기록하고 보관하는 일
⑤ 건조설비를 사용하는 작업	㉮ 건조설비를 처음으로 사용하거나 건조방법 또는 건조물의 종류를 변경했을 때에는 근로자에게 미리 그 작업방법을 교육하고 작업을 직접 지휘하는 일 ㉯ 건조설비가 있는 장소를 항상 정리정돈하고 그 장소에 가연성 물질을 두지 않도록 하는 일
⑥ 아세틸렌 용접장치를 사용하는 금속의 용접 · 용단 또는 가열 작업	㉮ 작업방법을 결정하고 작업을 지휘하는 일 ㉯ 아세틸렌 용접장치의 취급에 종사하는 근로자로 하여금 다음의 작업요령을 준수하도록 하는 일 ㉠ 사용 중인 발생기에 불꽃을 발생시킬 우려가 있는 공구를 사용하거나 그 발생기에 충격을 가하지 않도록 할 것 ㉡ 아세틸렌 용접장치의 가스 누출을 점검할 때에는 비눗물을 사용하는 등 안전한 방법으로 할 것 ㉢ 발생기실의 출입구 문을 열어두지 않도록 할 것 ㉣ 이동식 아세틸렌 용접장치의 발생기에 카바이드를 교환할 때에는 옥외의 안전한 장소에서 할 것 ㉰ 아세틸렌 용접작업을 시작할 때에는 아세틸렌 용접장치를 점검하고 발생기 내부로부터 공기와 아세틸렌의 혼합가스를 배제하는 일 ㉱ 안전기는 작업 중 그 수위를 쉽게 확인할 수 있는 장소에 놓고 1일 1회 이상 점검하는 일 ㉲ 아세틸렌 용접장치 내의 물이 동결되는 것을 방지하기 위하여 아세틸렌 용접장치를 보온하거나 가열할 때에는 온수나 증기를 사용하는 등 안전한 방법으로 하도록 하는 일

작업의 종류	직무수행내용
	㉥ 발생기 사용을 중지하였을 때에는 물과 잔류 카바이드가 접촉하지 않은 상태로 유지하는 일 ㉦ 발생기를 수리 · 가공 · 운반 또는 보관할 때에는 아세틸렌 및 카바이드에 접촉하지 않은 상태로 유지하는 일 ㉧ 작업에 종사하는 근로자의 보안경 및 안전장갑의 착용상황을 감시하는 일
⑦ 가스집합 용접장치의 취급작업	㉮ 작업방법을 결정하고 작업을 직접 지휘하는 일 ㉯ 가스집합장치의 취급에 종사하는 근로자로 하여금 다음의 작업요령을 준수하도록 하는 일 ㉠ 부착할 가스용기의 마개 및 배관 연결부에 붙어 있는 유류 · 찌꺼기 등을 제거할 것 ㉡ 가스용기를 교환할 때에는 그 용기의 마개 및 배관 연결부 부분의 가스누출을 점검하고 배관 내의 가스가 공기와 혼합되지 않도록 할 것 ㉢ 가스 누출 점검은 비눗물을 사용하는 등 안전한 방법으로 할 것 ㉣ 밸브 또는 콕은 서서히 열고 닫을 것 ㉰ 가스용기의 교환작업을 감시하는 일 ㉱ 작업을 시작할 때에는 호스 · 취관 · 호스밴드 등의 기구를 점검하고 손상 · 마모 등으로 인하여 가스나 산소가 누출될 우려가 있다고 인정할 때에는 보수하거나 교환하는 일 ㉲ 안전기는 작업 중 그 기능을 쉽게 확인할 수 있는 장소에 두고 1일 1회 이상 점검하는 일 ㉳ 작업에 종사하는 근로자의 보안경 및 안전장갑의 착용상황을 감시하는 일
⑧ 거푸집 동바리의 고정 · 조립 또는 해체작업, 지반의 굴착작업, 흙막이 지보공의 고정 · 조립 또는 해체작업, 터널의 굴착작업, 건물 등의 해체작업	㉮ 안전한 작업방법을 결정하고 작업을 지휘하는 일 ㉯ 재료 · 기구의 결함 유무를 점검하고 불량품을 제거하는 일 ㉰ 작업 중 안전대 및 안전모 등 보호구의 착용상황을 감시하는 일
⑨ 달비계 또는 높이 5m 이상의 비계를 조립 · 해체하거나 변경하는 작업	㉮ 재료의 결함 유무를 점검하고 불량품을 제거하는 일 ㉯ 기구 · 공구 · 안전대 및 안전모 등의 기능을 점검하고 불량품을 제거하는 일 ㉰ 작업방법 및 근로자 배치를 결정하고 작업 진행상태를 감시하는 일 ㉱ 안전대와 안전모 등의 착용상황을 감시하는 일 ※ 해체작업의 경우 ㉮는 적용 제외
⑩ 발파작업	㉮ 점화 전에 점화작업에 종사하는 근로자가 아닌 사람에게 대피를 지시하는 일 ㉯ 점화작업에 종사하는 근로자에게 대피장소 및 경로를 지시하는 일 ㉰ 점화 전에 위험구역 내에서 근로자가 대피한 것을 확인하는 일 ㉱ 점화 순서 및 방법에 대하여 지시하는 일 ㉲ 점화신호를 하는 일 ㉳ 점화작업에 종사하는 근로자에게 대피신호를 하는 일 ㉴ 발파 후 터지지 않은 장약이나 남은 장약의 유무, 용수의 유무 및 암석 · 토사의 낙하 여부 등을 점검하는 일 ㉵ 점화하는 사람을 정하는 일 ㉶ 공기압축기의 안전밸브 작동 유무를 점검하는 일 ㉷ 안전모 등 보호구 착용상황을 감시하는 일

빈출!

빈출!

작업의 종류	직무수행내용
⑪ 채석을 위한 굴착작업	㉮ 대피방법을 미리 교육하는 일 ㉯ 작업을 시작하기 전 또는 폭우가 내린 후에는 암석 · 토사의 낙하 · 균열의 유무 또는 함수 · 용수 및 동결의 상태를 점검하는 일 ㉰ 발파한 후에 발파장소 및 그 주변의 암석 · 토사의 낙하 · 균열의 유무를 점검하는 일
⑫ 화물 취급작업	㉮ 작업방법 및 순서를 결정하고 작업을 지휘하는 일 ㉯ 기구 및 공구를 점검하고 불량품을 제거하는 일 ㉰ 그 작업장소에는 관계 근로자가 아닌 사람의 출입을 금지하는 일 ㉱ 로프 등의 해체작업을 할 때에는 하대 위 화물의 낙하위험 유무를 확인하고 작업의 착수를 지시하는 일
⑬ 부두와 선박에서의 하역작업	㉮ 작업방법을 결정하고 작업을 지휘하는 일 ㉯ 통행설비 · 하역기계 · 보호구 및 기구 · 공구를 점검 · 정비하고 이들의 사용 상황을 감시하는 일 ㉰ 주변 작업자 간의 연락을 조정하는 일
⑭ 전로 등 전기작업 또는 그 지지물의 설치, 점검, 수리 및 도장 등의 작업	㉮ 작업구간 내의 충전전로 등 모든 충전시설을 점검하는 일 ㉯ 작업방법 및 그 순서를 결정(근로자교육 포함)하고 작업을 지휘하는 일 ㉰ 작업근로자의 보호구 또는 절연용 보호구 착용상황을 감시하고 감전재해 요소를 제거하는 일 ㉱ 작업공구, 절연용 방호구 등의 결함 여부와 기능을 점검하고 불량품을 제거하는 일 ㉲ 작업장소에 관계 근로자 외에는 출입을 금지하고 주변 작업자와의 연락을 조정하며 도로작업 시 차량 및 통행인 등에 대한 교통통제 등 작업 전반에 대해 지휘 · 감시하는 일 ㉳ 활선작업용 기구를 사용하여 작업할 때 안전거리가 유지되는지 감시하는 일 ㉴ 감전재해를 비롯한 각종 산업재해에 따른 신속한 응급처치를 할 수 있도록 근로자들을 교육하는 일
⑮ 관리대상 유해물질을 취급하는 작업	㉮ 관리대상 유해물질을 취급하는 근로자가 물질에 오염되지 않도록 작업방법을 결정하고 작업을 지휘하는 업무 ㉯ 관리대상 유해물질을 취급하는 장소나 설비를 매월 1회 이상 순회점검하고 국소배기장치 등 환기설비에 대해서는 다음의 사항을 점검하여 필요한 조치를 하는 업무(단, 환기설비를 점검하는 경우에는 다음의 사항을 점검) ㉠ 후드(hood)나 덕트(duct)의 마모 · 부식, 그 밖의 손상 여부 및 정도 ㉡ 송풍기와 배풍기의 주유 및 청결상태 ㉢ 덕트 접속부가 헐거워졌는지 여부 ㉣ 전동기와 배풍기를 연결하는 벨트의 작동상태 ㉤ 흡기 및 배기 능력상태 ㉰ 보호구의 착용상황을 감시하는 업무 ㉱ 근로자가 탱크 내부에서 관리대상 유해물질을 취급하는 경우에 다음의 조치를 했는지 확인하는 업무 ㉠ 관리대상 유해물질에 관하여 필요한 지식을 가진 사람이 해당 작업을 지휘 ㉡ 관리대상 유해물질이 들어올 우려가 없는 경우에는 작업을 하는 설비의 개구부를 모두 개방 ㉢ 근로자의 신체가 관리대상 유해물질에 의하여 오염되었거나 작업이 끝난 경우에는 즉시 몸을 씻는 조치 ㉣ 비상시에 작업설비 내부의 근로자를 즉시 대피시키거나 구조하기 위한 기구와 그 밖의 설비를 갖추는 조치

작업의 종류	직무수행내용
	㉤ 작업을 하는 설비의 내부에 대하여 작업 전에 관리대상 유해물질의 농도를 측정하거나 그 밖의 방법으로 근로자가 건강에 장해를 입을 우려가 있는지를 확인하는 조치 ㉥ ㉤에 따른 설비 내부에 관리대상 유해물질이 있는 경우에는 설비 내부를 충분히 환기하는 조치 ㉦ 유기화합물을 넣었던 탱크에 대하여 ㉠부터 ㉥까지의 조치 외에 다음의 조치 • 유기화합물이 탱크로부터 배출된 후 탱크 내부에 재유입되지 않도록 조치 • 물이나 수증기 등으로 탱크 내부를 씻은 후 그 씻은 물이나 수증기 등을 탱크로부터 배출 • 탱크 용적의 3배 이상의 공기를 채웠다가 내보내거나, 탱크에 물을 가득 채웠다가 내보내거나, 탱크에 물을 가득 채웠다가 배출 ㉮ ㉯에 따른 점검 및 조치 결과를 기록 · 관리하는 업무
⑯ 허가대상 유해물질 취급작업	㉮ 근로자가 허가대상 유해물질을 들이마시거나 허가대상 유해물질에 오염되지 않도록 작업수칙을 정하고 지휘하는 업무 ㉯ 작업장에 설치되어 있는 국소배기장치나 그 밖에 근로자의 건강장해 예방을 위한 장치 등을 매월 1회 이상 점검하는 업무 ㉰ 근로자의 보호구 착용상황을 점검하는 업무
⑰ 석면 해체 · 제거작업	㉮ 근로자가 석면분진을 들이마시거나 석면분진에 오염되지 않도록 작업방법을 정하고 지휘하는 업무 ㉯ 작업장에 설치되어 있는 석면분진 포집장치, 음압기 등의 장비의 이상 유무를 점검하고 필요한 조치를 하는 업무 ㉰ 근로자의 보호구 착용상황을 점검하는 업무
⑱ 고압작업	㉮ 작업방법을 결정하여 고압작업자를 직접 지휘하는 업무 ㉯ 유해가스의 농도를 측정하는 기구를 점검하는 업무 ㉰ 고압작업자가 작업실에 입실하거나 퇴실하는 경우에 고압작업자의 수를 점검하는 업무 ㉱ 작업실에서 공기조절을 하기 위한 밸브나 콕을 조작하는 사람과 연락하여 작업실 내부의 압력을 적정한 상태로 유지하도록 하는 업무 ㉲ 공기를 기압조절실로 보내거나 기압조절실에서 내보내기 위한 밸브나 콕을 조작하는 사람과 연락하여 고압작업자에 대하여 가압이나 감압을 다음과 같이 따르도록 조치하는 업무 ㉠ 가압을 하는 경우 1분에 $0.8kg/m^2$ 이하의 속도로 함 ㉡ 감압을 하는 경우 고용노동부장관이 정하여 고시하는 기준에 맞도록 함 ㉳ 작업실 및 기압조절실 내 고압작업자의 건강에 이상이 발생한 경우 필요한 조치를 하는 업무
⑲ 밀폐공간 작업	㉮ 산소가 결핍된 공기나 유해가스에 노출되지 않도록 작업 시작 전에 해당 근로자의 작업을 지휘하는 업무 ㉯ 작업을 하는 장소의 공기가 적절한지를 작업 시작 전에 측정하는 업무 ㉰ 측정장비 · 환기장치 또는 공기호흡기 또는 송기마스크를 작업 시작 전에 점검하는 업무 ㉱ 근로자에게 공기호흡기 또는 송기마스크의 착용을 지도하고 착용상황을 점검하는 업무

빈출!

(3) 관리감독자의 작업시작 전 점검사항

작업의 종류	점검내용
① 프레스 등을 사용하여 작업을 할 때	㉮ 클러치 및 브레이크의 기능 ㉯ 크랭크축 · 플라이휠 · 슬라이드 · 연결봉 및 연결나사의 풀림 여부 ㉰ 1행정 1정지기구 · 급정지장치 및 비상정지장치의 기능 ㉱ 슬라이드 또는 칼날에 의한 위험방지기구의 기능 ㉲ 프레스의 금형 및 고정볼트 상태 ㉳ 방호장치의 기능 ㉴ 전단기의 칼날 및 테이블의 상태
② 로봇의 작동범위에서 그 로봇에 관하여 교시 등(로봇의 동력원을 차단하고 하는 것은 제외)의 작업을 할 때	㉮ 외부 전선의 피복 또는 외장의 손상 유무 ㉯ 매니퓰레이터(manipulator) 작동의 이상 유무 ㉰ 제동장치 및 비상정지장치의 기능
③ 공기압축기를 가동할 때	㉮ 공기저장 압력용기의 외관 상태 ㉯ 드레인밸브(drain valve)의 조작 및 배수 ㉰ 압력방출장치의 기능 ㉱ 언로드밸브(unloading valve)의 기능 ㉲ 윤활유의 상태 ㉳ 회전부의 덮개 또는 울 ㉴ 그 밖의 연결부위의 이상 유무
④ 크레인을 사용하여 작업을 하는 때	㉮ 권과방지장치 · 브레이크 · 클러치 및 운전장치의 기능 ㉯ 주행로의 상측 및 트롤리(trolley)가 횡행하는 레일의 상태 ㉰ 와이어로프가 통하고 있는 곳의 상태
⑤ 이동식 크레인을 사용하여 작업을 할 때	㉮ 권과방지장치나 그 밖의 경보장치의 기능 ㉯ 브레이크 · 클러치 및 조정장치의 기능 ㉰ 와이어로프가 통하고 있는 곳 및 작업장소의 지반 상태
⑥ 리프트(자동차정비용 리프트를 포함)를 사용하여 작업을 할 때	㉮ 방호장치 · 브레이크 및 클러치의 기능 ㉯ 와이어로프가 통하고 있는 곳의 상태
⑦ 곤돌라를 사용하여 작업을 할 때	㉮ 방호장치 · 브레이크의 기능 ㉯ 와이어로프 · 슬링와이어(sling wire) 등의 상태
⑧ 와이어로프 등을 사용하여 고리걸이 작업을 할 때	와이어로프 등의 이상 유무 ※ '와이어로프 등'이란 양중기의 와이어로프 · 달기체인 · 섬유로프 · 섬유벨트 또는 훅 · 새클 · 링 등의 철구를 말함
⑨ 지게차를 사용하여 작업을 하는 때	㉮ 제동장치 및 조종장치 기능의 이상 유무 ㉯ 하역장치 및 유압장치 기능의 이상 유무 ㉰ 바퀴의 이상 유무 ㉱ 전조등 · 후미등 · 방향지시기 및 경보장치 기능의 이상 유무
⑩ 구내운반차를 사용하여 작업을 할 때	㉮ 제동장치 및 조종장치 기능의 이상 유무 ㉯ 하역장치 및 유압장치 기능의 이상 유무 ㉰ 바퀴의 이상 유무 ㉱ 전조등 · 후미등 · 방향지시기 및 경음기 기능의 이상 유무 ㉲ 충전장치를 포함한 홀더 등의 결합상태의 이상 유무

빈출!

빈출!

작업의 종류	점검내용
⑪ 고소작업대를 사용하여 작업을 할 때	㉮ 비상정지장치 및 비상하강방지장치 기능의 이상 유무 ㉯ 과부하방지장치의 작동 유무(와이어로프 또는 체인 구동방식의 경우) ㉰ 아우트리거 또는 바퀴의 이상 유무 ㉱ 작업면의 기울기 또는 요철 유무 ㉲ 활선작업용 장치의 경우 홈 · 균열 · 파손 등 그 밖의 손상 유무
⑫ 화물자동차를 사용하는 작업을 하게 할 때	㉮ 제동장치 및 조종장치의 기능 ㉯ 하역장치 및 유압장치의 기능 ㉰ 바퀴의 이상 유무
⑬ 컨베이어 등을 사용하여 작업을 할 때	㉮ 원동기 및 풀리(pulley) 기능의 이상 유무 ㉯ 이탈 등의 방지장치 기능의 이상 유무 ㉰ 비상정지장치 기능의 이상 유무 ㉱ 원동기 · 회전축 · 기어 및 풀리 등의 덮개 또는 울 등의 이상 유무
⑭ 차량계 건설기계를 사용하여 작업을 할 때	브레이크 및 클러치 등의 기능
⑮ 이동식 방폭구조 전기기계 · 기구를 사용할 때	전선 및 접속부 상태
⑯ 근로자가 반복하여 계속적으로 중량물을 취급하는 작업을 할 때	㉮ 중량물 취급의 올바른 자세 및 복장 ㉯ 위험물이 날아 흩어짐에 따른 보호구의 착용 ㉰ 카바이드 · 생석회(산화칼슘) 등과 같이 온도상승이나 습기에 의하여 위험성이 존재하는 중량물의 취급방법 ㉱ 그 밖에 하역운반기계 등의 적절한 사용방법
⑰ 양화장치를 사용하여 화물을 싣고 내리는 작업을 할 때	㉮ 양화장치의 작동상태 ㉯ 양화장치에 제한하중을 초과하는 하중을 실었는지 여부
⑱ 슬링 등을 사용하여 작업을 할 때	㉮ 훅이 붙어 있는 슬링 · 와이어슬링 등이 매달린 상태 ㉯ 슬링 · 와이어슬링 등의 상태(작업시작 전 및 작업 중 수시로 점검)
⑲ 용접 · 용단 작업 등의 화재위험작업을 할 때	㉮ 작업 준비 및 작업절차 수립 여부 ㉯ 화기작업에 따른 인근 가연성 물질에 대한 방호조치 및 소화기구 비치 여부 ㉰ 용접불티 비산방지덮개 또는 용접방화포 등 불꽃 · 불티 등의 비산을 방지하기 위한 조치 여부 ㉱ 인화성 액체의 증기 또는 인화성 가스가 남아 있지 않도록 하는 환기 조치 여부 ㉲ 작업근로자에 대한 화재예방 및 피난교육 등 비상조치 여부

빈출! 빈출!

4 안전관리자

(1) 안전관리자의 업무 빈출!

① 산업안전보건위원회 또는 안전 및 보건에 관한 노사협의체에서 심의 · 의결한 업무와 해당 사업장의 안전보건관리규정 및 취업규칙에서 정한 업무

② 위험성평가에 관한 보좌 및 지도 · 조언

③ 안전인증대상 기계 등과 자율안전확인대상 기계 등 구입 시 적격품의 선정에 관한 보좌 및 지도 · 조언

④ 해당 사업장 안전교육계획의 수립 및 안전교육 실시에 관한 보좌 및 지도 · 조언
⑤ 사업장 순회점검, 지도 및 조치 건의
⑥ 산업재해 발생의 원인 조사 · 분석 및 재발 방지를 위한 기술적 보좌 및 지도 · 조언
⑦ 산업재해에 관한 통계의 유지 · 관리 · 분석을 위한 보좌 및 지도 · 조언
⑧ 법 또는 법에 따른 명령으로 정한 안전에 관한 사항의 이행에 관한 보좌 및 지도 · 조언
⑨ 업무수행내용의 기록 · 유지
⑩ 그 밖에 안전에 관한 사항으로서 고용노동부장관이 정하는 사항

(2) 안전관리자 등의 증원 · 교체 임명 명령

① 해당 사업장의 연간 재해율이 같은 업종 평균 재해율의 2배 이상인 경우
② 중대재해가 연간 2건 이상 발생한 경우. 다만, 해당 사업장의 전년도 사망만인율이 같은 업종의 평균 사망만인율 이하인 경우는 제외한다.
③ 관리자가 질병이나 그 밖의 사유로 3개월 이상 직무를 수행할 수 없게 된 경우
④ 화학적 인자로 인한 직업성 질병자가 연간 3명 이상 발생한 경우

5 보건관리자

– 보건관리자의 업무

① 산업안전보건위원회에서 심의 · 의결한 업무와 안전보건관리규정 및 취업규칙에서 정한 업무
② 안전인증대상 기계 · 기구 등과 자율안전확인대상 기계 · 기구 등 중에서 보건과 관련된 보호구 구입 시 적격품 선정에 관한 보좌 및 지도 · 조언
③ 위험성평가에 관한 보좌 및 지도 · 조언
④ 물질안전보건자료의 게시 또는 비치에 관한 보좌 및 지도 · 조언
⑤ 산업보건의의 직무(「의료법」에 따른 의사인 경우로 한정)
⑥ 해당 사업장 보건교육계획의 수립 및 보건교육 실시에 관한 보좌 및 지도 · 조언
⑦ 해당 사업장의 근로자 보호를 위한 다음 각 조치에 해당하는 의료행위(「의료법」에 따른 의사 또는 간호사인 경우로 한정)
　㉠ 자주 발생하는 가벼운 부상에 대한 치료
　㉡ 응급처치가 필요한 사람에 대한 처치
　㉢ 부상 · 질병의 악화를 방지하기 위한 처치
　㉣ 건강진단 결과 발견된 질병자의 요양 지도 및 관리
　㉤ ㉠~㉣의 의료행위에 따르는 의약품의 투여
⑧ 작업장 내에서 사용되는 전체환기장치 및 국소배기장치 등에 관한 설비의 점검과 작업방법의 공학적 개선에 관한 보좌 및 지도 · 조언
⑨ 사업장 순회점검, 지도 및 조치 건의
⑩ 산업재해 발생의 원인 조사 · 분석 및 재발 방지를 위한 기술적 보좌 및 지도 · 조언
⑪ 산업재해에 관한 통계의 유지 · 관리 · 분석을 위한 보좌 및 지도 · 조언
⑫ 법 또는 법에 따른 명령으로 정한 보건에 관한 사항의 이행에 관한 보좌 및 지도 · 조언
⑬ 업무수행내용의 기록 · 유지
⑭ 그 밖에 보건과 관련된 작업관리 및 작업환경관리에 관한 사항으로서 고용노동부장관이 정하는 사항

6 안전보건총괄책임자

(1) 안전보건총괄책임자의 업무 빈출!

① 작업의 중지
② 도급 시 산업재해 예방조치
③ 산업안전보건관리비의 관계수급인 간의 사용에 관한 협의 · 조정 및 그 집행의 감독
④ 안전인증대상 기계 · 기구 등과 자율안전확인대상 기계 · 기구 등의 사용 여부 확인
⑤ 위험성평가의 실시에 관한 사항

(2) 안전보건총괄책임자 지정대상 사업

안전보건총괄책임자를 지정해야 하는 사업의 종류 및 사업장의 상시근로자수는 관계수급인에게 고용된 근로자를 포함한 상시근로자가 100명(선박 및 보트 건조업, 1차 금속 제조업 및 토사석 광업의 경우에는 50명) 이상인 사업이나 수급인의 공사금액을 포함한 해당 공사의 총공사금액이 20억원 이상인 건설업으로 한다.

(3) 도급에 따른 산업재해 예방조치

① 도급인과 수급인을 구성원으로 하는 안전 및 보건에 관한 협의체의 구성 및 운영
② 작업장의 순회점검
㉠ 건설업, 제조업, 토사석 광업, 서적 · 잡지 및 기타 인쇄물 출판업, 음악 및 기타 오디오물 출판업, 금속 및 비금속 원료 재생업 : 2일에 1회 이상
㉡ ㉠의 사업을 제외한 사업의 경우 : 1주일에 1회 이상
③ 관계수급인이 근로자에게 하는 안전보건교육을 위한 장소 및 자료의 제공 등 지원
④ 관계수급인이 근로자에게 하는 안전보건교육의 실시 확인
⑤ 다음의 어느 하나의 경우에 대비한 경보체계 운영과 대피방법 등 훈련
㉠ 작업장소에서 발파작업을 하는 경우
㉡ 작업장소에서 화재 · 폭발, 토사 · 구축물 등의 붕괴 또는 지진 등이 발생한 경우
⑥ 위생시설 등 고용노동부령으로 정하는 시설의 설치 등을 위하여 필요한 장소의 제공 또는 도급인이 설치한 위생시설 이용의 협조

7 안전보건관리담당자

– 안전보건관리담당자의 업무

① 안전보건교육 실시에 관한 보좌 및 지도 · 조언
② 위험성평가에 관한 보좌 및 지도 · 조언
③ 작업환경 측정 및 개선에 관한 보좌 및 지도 · 조언
④ 건강진단에 관한 보좌 및 지도 · 조언
⑤ 산업재해 발생의 원인 조사, 산업재해 통계의 기록 및 유지를 위한 보좌 및 지도 · 조언
⑥ 산업안전 · 보건과 관련된 안전장치 및 보호구 구입 시 적격품 선정에 관한 보좌 및 지도 · 조언

8 산업안전보건위원회

(1) 산업안전보건위원회의 설치대상

① 상시근로자 100명 이상을 사용하는 사업장
② 건설업의 경우에는 공사금액이 120억원(토목공사업은 150억원) 이상인 사업장
③ 상시근로자 50명 이상 100명 미만을 사용하는 사업 중 다른 업종과 비교할 때 근로자수 대비 산업재해 발생빈도가 현저히 높은 유해·위험 업종으로서 고용노동부령이 정하는 사업장
㉠ 토사석 광업
㉡ 목재 및 나무제품 제조업(가구 제외)
㉢ 화학물질 및 화학제품 제조업[의약품 제외(세제, 화장품 및 광택제 제조업, 화학섬유 제조업은 제외)]
㉣ 비금속광물제품 제조업
㉤ 1차 금속 제조업
㉥ 금속가공제품 제조업(기계 및 가구 제외)
㉦ 자동차 및 트레일러 제조업
㉧ 기타 기계 및 장비 제조업(사무용 기계 및 장비 제조업은 제외)
㉨ 기타 운송장비 제조업(전투용 차량 제조업은 제외)

(2) 산업안전보건위원회의 구성 빈출!

① 근로자위원
㉠ 근로자대표
㉡ 명예산업안전감독관이 위촉되어 있는 사업장의 경우 근로자대표가 지명하는 1명 이상의 명예산업안전감독관
㉢ 근로자대표가 지명하는 9명 이내의 해당 사업장의 근로자(명예산업안전감독관이 근로자위원으로 지명되어 있는 경우에는 그 수를 제외한 수의 근로자)

② 사용자위원
㉠ 해당 사업의 대표자(같은 사업으로서 다른 지역에 사업장이 있는 경우에는 그 사업장의 안전보건관리책임자)
㉡ 안전관리자 1명(안전관리자를 두어야 하는 사업장으로 한정하되, 안전관리자의 업무를 안전관리전문기관에 위탁한 사업장의 경우에는 그 안전관리전문기관의 해당 사업장 담당자)
㉢ 보건관리자 1명(보건관리자를 두어야 하는 사업장으로 한정하되, 보건관리자의 업무를 보건관리전문기관에 위탁한 사업장의 경우에는 그 보건관리전문기관의 해당 사업장 담당자)
㉣ 산업보건의(해당 사업장에 선임되어 있는 경우로 한정)
㉤ 해당 사업의 대표자가 지명하는 9명 이내의 해당 사업장 부서의 장

※ 상시근로자 50명 이상 100명 미만을 사용하는 사업장에서는 ㉤에 해당하는 사람을 제외하고 구성할 수 있다.

(3) 산업안전보건위원회의 운영과 의결

① 운영 : 산업안전보건위원회의 회의는 정기회의와 임시회의로 구분하되, 정기회의는 분기(3개월)마다 산업안전보건위원회의 위원장이 소집하며, 임시회의는 위원장이 필요하다고 인정할 때 소집한다.

② 의결 : 근로자위원과 사용자위원 각 과반수 출석으로 개의하고, 출석위원 과반수의 찬성으로 의결한다.

③ 산업안전보건위원회의 심의 · 의결사항

㉠ 사업장의 산업재해 예방계획의 수립에 관한 사항
㉡ 안전보건관리규정의 작성 및 변경에 관한 사항
㉢ 근로자의 안전보건교육에 관한 사항
㉣ 작업환경측정 등 작업환경의 점검 및 개선에 관한 사항
㉤ 근로자의 건강진단 등 건강관리에 관한 사항
㉥ 중대재해의 원인조사 및 재발방지대책의 수립에 관한 사항
㉦ 유해하거나 위험한 기계 · 기구와 그 밖의 설비를 도입한 경우 안전보건조치에 관한 사항
㉧ 산업재해에 관한 통계의 기록 및 유지에 관한 사항

9 노사협의체

(1) 노사협의체의 의의

산업안전보건위원회의 일환으로, 건설업의 특성을 고려하여 같은 장소에서 행해지는 도급사업의 해당 근로자와 수급 근로자들이 같은 장소에서 작업 시 생기는 산업재해를 예방하기 위해 별도로 운영하는 조직이다.

(2) 노사협의체의 설치대상

공사금액이 120억원(토목공사업은 150억원) 이상인 건설공사

(3) 노사협의체의 구성 빈출!

① 근로자위원

㉠ 도급 또는 하도급 사업을 포함한 전체 사업의 근로자대표
㉡ 근로자대표가 지명하는 명예산업안전감독관 1명(단, 명예산업안전감독관이 위촉되어 있지 않은 경우에는 근로자대표가 지명하는 해당 사업장 근로자 1명)
㉢ 공사금액이 20억원 이상인 공사의 관계수급인의 각 근로자대표

② 사용자위원

㉠ 도급 또는 하도급 사업을 포함한 전체 사업의 대표자
㉡ 안전관리자 1명
㉢ 보건관리자 1명(보건관리자 선임대상 건설업으로 한정)
㉣ 공사금액이 20억원 이상인 공사의 관계수급인의 각 대표자

(4) 노사협의체의 운영

① 노사협의체의 회의는 정기회의와 임시회의로 구분하여 개최하되, 정기회의는 2개월마다 노사협의체의 위원장이 소집하며, 임시회의는 위원장이 필요하다고 인정할 때 소집한다.

② 그 결과를 회의록으로 작성하여 보존하여야 한다.

(5) 노사협의체 협의사항

① 작업의 시작시간
② 작업 및 작업장 간의 연락방법
③ 재해발생 위험이 있는 경우 대피방법
④ 작업장에서의 위험성평가의 실시에 관한 사항
⑤ 사업주와 수급인 또는 수급인 상호 간의 연락방법 및 작업공정의 조정

02 안전보건관리규정과 안전보건관리계획

1 안전보건관리규정

(1) 안전보건관리규정의 내용 빈출!

① 안전 및 보건에 관한 관리조직과 그 직무에 관한 사항
② 안전보건교육에 관한 사항
③ 작업장의 안전 및 보건 관리에 관한 사항
④ 사고조사 및 대책수립에 관한 사항
⑤ 그 밖에 안전보건에 관한 사항

(2) 안전보건관리규정 작성 시 유의사항 빈출!

① 규정된 안전기준은 법적 기준을 상회하도록 작성한다.
② 관리자층의 직무와 권한 및 근로자에게 강제 또는 요청한 부분을 명확히 한다.
③ 관계법령의 제정 · 개정에 따라 즉시 개정한다.
④ 작성 또는 개정 시에 현장의 의견을 충분히 반영한다.
⑤ 정상 시는 물론 이상 시, 즉 사고 및 재해 발생 시의 조치에 관해서도 규정한다.

2 안전보건관리계획

(1) 안전보건관리계획의 사이클

계획(Plan) – 실시(Do) – 검토(Check) – 조치(Action)

(2) 안전보건관리계획의 주요 평가척도 빈출!

① **절대척도** : 재해건수, 사고건수 등 수치로 나타난 실적
② **상대척도** : 도수율, 강도율, 연천인율 등 지수로 표현된 사항
③ **평정척도** : 양, 보통, 불가 등 단계적으로 평정하는 기법
④ **도수척도** : 중앙값, 백분율(%) 등 확률적 분포로 표현되는 방법

03 재해의 발생과 예방 및 조사

1 산업재해의 이해

(1) 산업재해의 형태별 분류

분류 항목	세부 항목
떨어짐(추락)	사람이 건축물, 비계, 기계, 사다리, 계단, 경사면, 나무 등에서 떨어지는 경우
넘어짐(전도)	사람이 평면상으로 넘어졌을 경우(과속, 미끄러짐 포함)
충돌	사람이 정지된 물체에 부딪힌 경우
날아옴(낙하, 비래)	물건이 주체가 되어 사람이 맞는 경우
끼임(협착)	물건에 끼워진 상태, 말려든 경우
감전	전기접촉이나 방전에 의해 사람이 충격을 받은 경우
폭발	압력의 급격한 발생 또는 개방으로 폭음을 수반한 팽창이 일어난 경우
붕괴(도괴)	적재물, 비계, 건축물 등이 무너진 경우
파열	용기 또는 장치가 물리적인 압력에 의해 파열한 경우
화재	화재로 인한 경우(관련 물체는 발화물을 기재)
무리한 동작	무거운 물건을 들다 허리를 삐거나 부자연스런 자세 또는 동작의 반동으로 상해를 입는 경우
이상온도 접촉	고온이나 저온에 접촉할 경우
유해물 접촉	유해물 접촉으로 중독되거나 질식된 경우
기타	구분 불능 시의 발생형태를 기재

(2) 상해의 종류

분류 항목	세부 항목
골절	뼈가 부러진 상해
동상	저온물 접촉으로 생긴 동상 상해
부종	국부의 혈액순환 이상으로 몸이 퉁퉁 부어오르는 상해
찔림(자상)	칼날 등 날카로운 물건에 찔린 상해
타박상(좌상)	타박, 충돌, 추락 등으로 피부 표면보다는 피하조직 또는 근육부를 다친 상해(삔 것 포함)
절단(절상)	신체 부위가 절단된 상해
중독, 질식	음식, 약물, 가스 등에 의한 중독이나 질식된 상해
찰과상	스치거나 문질러서 벗겨진 상해
베임(창상)	창, 칼 등에 베인 상해
화상	화재 또는 고온물 접촉으로 인한 상해
청력장해	청력이 감퇴 또는 난청이 된 상해
시력장해	시력이 감퇴 또는 실명된 상해
기타	뇌진탕, 익사, 피부병 등의 상해

(3) 산업재해와 중대재해의 구분

구 분	정 의
산업재해	노무를 제공하는 자가 업무에 관계되는 건설물, 설비, 원재료, 가스, 증기, 분진 등에 의하거나 작업 또는 그 밖의 업무로 인하여 사망 또는 부상하거나 질병에 걸리는 것
중대재해	• 사망자가 1명 이상 발생한 재해 • 3개월 이상의 요양이 필요한 부상자가 동시에 2명 이상 발생한 재해 • 부상자 또는 직업성 질병자가 동시에 10명 이상 발생한 재해

(4) 산업재해의 보고와 기록

① 산업재해의 보고

중대재해가 발생한 경우 지체 없이 고용노동부장관에게 보고한다.

※ 보고사항 : 발생 개요 및 피해상황, 조치 및 전망, 기타 중요한 사항

② 산업재해의 기록 · 보존 빈출!

㉠ 사업장의 개요 및 근로자의 인적사항

㉡ 재해발생의 일시 및 장소

㉢ 재해발생의 원인 및 과정

㉣ 재해 재발 방지계획

2 재해발생 메커니즘(연쇄성이론) 빈출!

(1) 재해발생이론의 구분

단 계	하인리히의 도미노이론	버드의 신도미노이론	아담스의 이론
제1단계	사회적 환경과 유전적 요소	통제부족(관리)	관리구조
제2단계	개인적 결함(성격 · 개성 결함)	기본원인(기원)	작전적 에러
제3단계	불안전 행동+불안전 상태 (제거 가능 요인)	직접원인(징후)	전술적 에러
제4단계	사고	사고(접촉)	사고
제5단계	상해(재해)	상해(손해, 손실)	상해 또는 손해

(2) 재해구성비율 빈출!

구 분	하인리히의 재해구성비율	버드의 재해구성비율
비 율	1 : 29 : 300	1 : 10 : 30 : 600
재해구성	• 중상 또는 사망 1회 • 경상 29회 • 무상해사고 300회	• 중상 또는 폐질 1회 • 경상(물적 · 인적 손실) 10회 • 무상해사고(물적 손실) 30회 • 무상해 · 무사고 고장(위험순간) 600회

3 재해발생의 형태와 원인

(1) 산업재해의 발생형태

① **단순자극형** : 상호 자극에 의하여 순간적으로 재해가 발생하는 유형(집중형)
② **연쇄형** : 하나의 사고 요인이 또 다른 요인을 발생시키면서 재해를 발생시키는 유형
③ **복합형** : 단순자극형과 연쇄형의 복합적인 발생유형

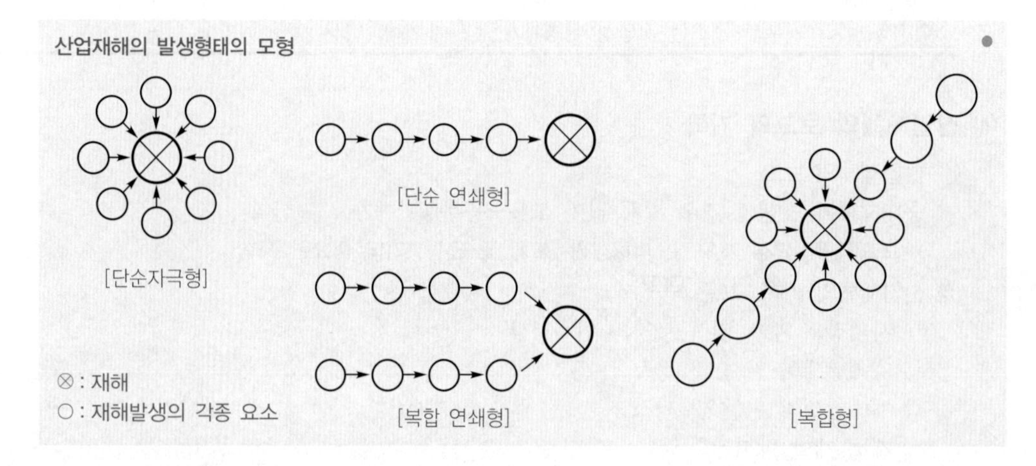

(2) 재해발생의 원인

구 분	원인 분류	주요 원인	
직접원인	불안전한 상태 (물적 원인)	• 물(物) 자체의 결함 • 복장, 보호구의 결함 • 작업환경의 결함 • 작업순서의 결함	• 안전 방호장치의 결함 • 물의 배치 및 작업장소 불량 • 생산공정의 결함
	불안전한 행동 (인적 원인)	• 위험장소로의 접근 • 안전장치 기능의 제거 • 복장, 보호구의 잘못된 사용 • 기계 · 기구의 잘못된 사용 • 운전 중인 기계장치 손질 • 불안전한 속도조작 • 위험물 취급 부주의 • 불안전한 상태 방치 • 불안전한 자세, 동작	**불안전한 행동의 원인** • 지식의 부족 • 기능의 미숙 • 태도의 불량 • 인적 실수
간접원인	기술적 원인	• 건물 · 기계장치의 설계 불량 • 생산방법의 부적당	• 구조 · 재료의 부적합 • 점검 · 정비 · 보존 불량
	교육적 원인	• 안전지식의 부족 • 경험훈련의 미숙 • 유해 · 위험 작업의 교육 불충분	• 안전수칙의 오해 • 작업방법의 교육 불충분
	작업관리상 원인	• 안전관리조직 결함 • 작업준비 불충분	• 안전수칙 미제정 • 인원배치 및 작업지시 부적당
	정신적 원인	• 안전의식 및 주의력의 부족 • 개성적 결함 요소	• 방심 및 공상 • 판단력 부족 또는 그릇된 판단
	신체적 원인	• 피로 • 근육운동의 부적합	• 시력 및 청각 기능 이상 • 육체적 능력 초과

4 재해발생 시 처리순서 빈출!

① 제1단계 : 재해발생
② 제2단계 : 긴급처리
③ 제3단계 : 재해조사(6하원칙)
④ 제4단계 : 원인강구(원인분석)
⑤ 제5단계 : 대책수립(동종 · 유사 재해 방지대책)
⑥ 제6단계 : 대책 실시계획
⑦ 제7단계 : 실시
⑧ 제8단계 : 평가

재해발생 시 '긴급처리'의 5단계

1. 피재기계의 정지 및 피해확산 방지
2. 피재자의 응급조치
3. 관계자에게 통보
4. 2차 재해 방지
5. 현장 보존

5 재해의 예방

(1) 재해예방의 4원칙 빈출!

① **예방가능의 원칙** : 재해는 원칙적으로 원인만 제거되면 예방이 가능하다.
② **손실우연의 원칙** : 재해손실은 사고가 발생할 때 사고대상의 조건에 따라 달라진다. 그러한 사고의 결과로서 생긴 재해손실은 우연성에 의하여 결정된다. 따라서 재해 방지대상의 우연성에 좌우되는 손실의 방지보다는 사고발생 자체의 방지가 이루어져야 한다.
③ **원인연계의 원칙** : 재해발생에는 반드시 원인이 있다. 즉, 사고와 손실과의 관계는 우연적이지만 사고와 원인과의 관계는 필연적이다.
④ **대책선정의 원칙** : 재해예방을 위한 안전대책은 반드시 존재한다.

(2) 안전사고 예방대책의 기본원리(5단계) 빈출!

① **조직(1단계 – 안전관리조직 구성)** : 경영층의 참여, 안전관리자의 임명 및 라인조직 구성, 안전활동방침 및 안전계획 수립, 조직을 통한 안전활동 등 안전관리에서 가장 기본적인 활동은 안전관리조직의 구성이다.
② **사실의 발견(2단계 – 현상파악)** : 각종 사고 및 안전활동의 기록 · 검토, 작업분석, 안전점검 및 안전진단, 사고조사, 안전회의 및 토의, 종업원의 건의 및 여론조사 등에 의하여 불안전요소를 발견한다.
③ **분석평가(3단계 – 사고분석)** : 사고보고서 및 현장조사, 사고기록, 인적 · 물적 조건의 분석, 작업공정의 분석, 교육과 훈련의 분석 등을 통하여 사고의 직접 및 간접 원인을 규명한다.
④ **시정방법의 선정(4단계 – 대책의 선정)** : 기술의 개선, 인사조정, 교육 및 훈련의 개선, 안전행정의 개선, 규정 및 수칙의 개선, 확인 및 통제체제 개선 등의 효과적인 개선방법을 선정한다.
⑤ **시정책의 적용(5단계 – 목표달성)** : 시정책은 3E를 완성함으로써 이루어진다.

3E와 3S

3E	3S
• 기술(Engineering) • 교육(Education) • 규제(Enforcement) ※ 환경(Enviroment)을 추가하면, 4E	• 표준화(Standardization) • 전문화(Specialization) • 단순화(Simplification) ※ 총합화(Synthesization)를 추가하면, 4S

6 재해사례 연구

(1) 재해사례 연구의 목적

① 재해요인을 체계적으로 규명하고, 이에 대한 대책을 수립
② 재해예방의 원칙을 습득하고, 이를 일상 안전보건활동에 실천
③ 참가자의 안전보건활동에 관한 깊은 사고력 제고

(2) 재해사례 연구의 순서 빈출!

① 전제조건 : 재해상황의 파악
② 제1단계 : 사실의 확인
③ 제2단계 : 문제점의 발견
④ 제3단계 : 근본적 문제점의 결정
⑤ 제4단계 : 대책 수립

'사실의 확인' 단계에서의 확인사항
• 사람에 관한 것
• 물건에 관한 것
• 관리에 관한 것
• 재해발생 경과에 관한 것

04 작업위험 분석

1 작업개선의 4단계

① 제1단계 : 작업분해
② 제2단계 : 세부내용 검토
③ 제3단계 : 작업분석
④ 제4단계 : 새로운 방법의 적용

작업분석방법(ECRS)
• 제거(Eliminate)
• 결합(Combine)
• 재조정(Rearrange)
• 단순화(Simplify)

2 동작경제의 3원칙 빈출!

(1) 작업량 절약의 원칙

① 적게 움직이도록 할 것
② 재료나 공구는 가까이에 정돈할 것
③ 동작의 수를 줄일 것
④ 동작의 양을 줄일 것
⑤ 물건을 장시간 취급할 경우에는 장구를 사용할 것

(2) 동작능력 활용의 원칙

① 발 또는 왼손으로 할 수 있는 것은 오른손을 사용하지 않는다.
② 양손으로 동시에 작업을 시작하고 동시에 끝낸다.
③ 양손이 동시에 쉬지 않도록 하는 것이 좋다.

(3) 동작개선의 원칙

① 동작이 자동적으로 이루어지는 순서로 할 것
② 양손은 동시에 반대의 방향으로, 좌우 대칭적으로 운동할 것
③ 관성, 중력, 기계력 등을 이용할 것
④ 작업장의 높이를 적당히 하여 피로를 줄일 것

05 무재해운동과 위험예지훈련

1 무재해운동

(1) 무재해의 정의

근로자가 업무에 기인하여 사망 또는 4일 이상의 요양을 요하는 부상 또는 질병에 이환되지 않는 것

(2) 재해의 범위

① **산업재해** : 사망 또는 4일 이상의 요양을 요하는 부상이나 질병에 이환되는 경우
② **산업사고** : 산업재해를 수반하지 아니한 경우라 할지라도 사고당 500만원 이상의 재산적 손실이 발생한 경우

(3) 무재해운동의 기본이념 3원칙 빈출!

① **무의 원칙** : 모든 잠재적 위험요인을 사전에 발견 · 파악 · 해결함으로써 근원적으로 산업재해를 없애자는 것이다.
② **참가의 원칙** : 참가란 작업에 따르는 잠재적인 위험요인을 발견 · 해결하기 위하여 전원이 협력하여 각각의 입장에서 문제해결행동을 실천하는 것이다.
③ **선취의 원칙** : 무재해운동에 있어서 선취란 궁극의 목표로서의 무재해 · 무질병의 직장을 실현하기 위하여 행동하기 전에 일체의 직장 내에서 위험요인을 발견 · 파악 · 해결하여 재해를 예방하거나 방지하는 것을 말한다.

(4) 무재해운동 추진의 3기둥(3요소)

① 최고경영자의 엄격한 경영자세 빈출!
② 관리감독자에 의한 안전보건의 추진(안전활동의 라인화)
③ 직장 소집단의 자주활동 활발화

(5) 무재해운동 추진의 3원칙(3기법) 빈출!

① 팀미팅 기법
② 선취 기법
③ 문제해결 기법

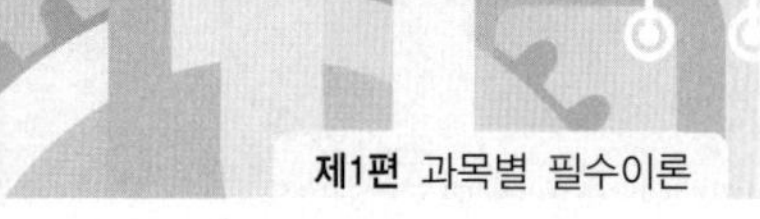

2 위험예지훈련

(1) 위험예지훈련의 4단계 빈출!

① 제1단계 – 현상 파악(사실의 파악) : 어떤 위험이 잠재하고 있는가?
② 제2단계 – 본질 추구(원인 파악) : 이것이 위험의 포인트이다.
③ 제3단계 – 대책 수립(대책 마련) : 당신이라면 어떻게 할 것인가?
④ 제4단계 – 목표 설정(행동계획 결정) : 우리들은 이렇게 하자.

(2) 위험예지훈련의 종류 빈출!

① 감수성 훈련
② 단시간 미팅 훈련(TBM)
③ 문제해결 훈련

(3) TBM(Tool Box Meeting) 빈출!

TBM은 단시간 미팅 훈련으로, 현장에서 그때 그 장소의 상황에 즉응하여 실시하는 위험예지활동으로서, 즉시즉응법이라고도 한다.

① 제1단계 – 도입 : 직장 체조, 무재해기 게양, 인사, 안전연설, 목표 제창
② 제2단계 – 점검 · 정비 : 건강, 복장, 공구, 보호구, 사용기기, 재료
③ 제3단계 – 작업지시 : 당일 작업에 대한 설명 및 지시를 받고 복창하여 확인
④ 제4단계 – 위험예측 : 당일 작업에 관한 위험예측활동 및 위험예지훈련
⑤ 제5단계 – 확인 : 위험에 대한 대책과 팀 목표의 확인(touch and call)

(4) 브레인스토밍의 4원칙 빈출!

① 비판금지 : 발표된 의견에 대하여 서로 비판하지 않도록 한다.
② 자유분방 : 누구나 자유롭게 발언하도록 한다.
③ 대량발언 : 가능한 무엇이든 많이 발언하도록 한다.
④ 수정발언 : 타인의 아이디어에 수정하거나 덧붙여 말해도 좋다.

(5) 지적확인

작업을 안전하게 오조작 없이 하기 위하여 작업공정의 요소에서 자신의 행동을 "… 좋아!"라고 대상을 지적하여 큰소리로 확인하는 것

06 보호구

1 보호구의 이해

(1) 보호구의 정의

외부의 각종 위험과 유해물로부터 차단하거나 또는 그 영향을 감소시키려는 목적을 가지고 작업자 자신의 신체 일부 또는 전부에 착용하는 것

(2) 보호구의 구분

① **안전 보호구** : 재해 방지의 목적(안전모, 안전대, 안전화, 보안면 등)
② **위생(보건) 보호구** : 재해 및 건강장해 방지의 목적(보안경, 보안면, 귀마개, 귀덮개, 방진 · 방독 · 송기 마스크, 보호복 등)

(3) 보호구의 구비조건

① 착용 후 작업이 쉬울 것
② 유해 · 위험 요소에 대한 방호성능이 충분할 것
③ 사용되는 재료의 품질이 우수할 것
④ 구조 및 표면가공이 우수할 것
⑤ 외관이나 디자인이 양호할 것

(4) 보호구 선정 시 유의사항

① 사용목적에 적합한 것
② 안전인증에 합격하고 보호성능이 우수한 것
③ 작업행동에 방해되지 않는 것
④ 착용이 용이하고 크기 등이 사용자에게 편리한 것

보호구 안전인증 시 표시사항
- 품목 및 형식
- 용량 · 등급
- 인증번호
- 인증연월일
- 제조(수입)회사명

(5) 보호구의 보관방법

① 햇볕을 피하고 통풍이 잘 되는 장소에 보관할 것
② 부식성 · 유해성 · 인화성 액체, 기름, 산 등과 혼합하여 보관하지 않을 것
③ 발열성 물질을 보관하는 주변에 가까이 두지 않을 것
④ 땀으로 오염된 경우에 세척한 후 완전히 건조시켜 보관할 것
⑤ 모래, 진흙 등이 묻은 경우는 깨끗이 씻고 그늘에서 건조할 것

(6) 작업에 따라 착용해야 하는 보호구

비계 조립 시	충전전로 작업 시
• 안전모 • 안전대 • 안전화	• 손 – 절연장갑 • 어깨, 팔 – 절연보호의 • 머리 – 안전모(AE · ABE형) • 다리 – 절연화(절연장화)

2 안전모

(1) 안전모의 사용

물체의 낙하 · 비래 또는 근로자가 감전되거나 추락할 위험이 있는 작업에서 착용

(2) 안전모의 구조와 재질

① 안전모는 모체, 착장체, 충격흡수재 및 턱끈을 가질 것
② 안전모의 모체, 충격흡수재 및 착장체를 포함한 질량은 0.44kg을 초과하지 않을 것
③ 착장체의 구조는 착용자의 머리에 균등한 힘이 분배되도록 할 것

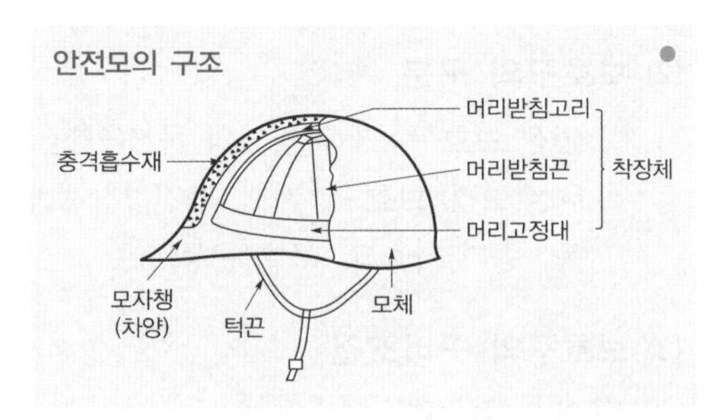

(3) 안전모의 종류 빈출!

종류 기호	사용 구분	모체의 재질	내전압성 여부
AB	물체의 낙하·비래 및 추락에 의한 위험을 방지·경감	합성수지	비내전압성
AE	물체의 낙하·비래에 의한 위험을 방지·경감하고 머리부위 감전을 방지	합성수지	내전압성
ABE	물체의 낙하·비래 및 추락에 의한 위험과 감전에 의한 위험을 방지	합성수지	내전압성

※ 내전압성 : 7,000V 이하의 전압에 견디는 성질

(4) 안전모의 성능시험 항목 빈출!

항 목	성 능
내관통성 시험	AE와 ABE종 안전모의 관통거리는 9.5mm 이하, AB종 안전모의 관통거리는 11.1mm 이하여야 한다.
충격흡수성 시험	최고전달충격력이 4,450N을 초과해서는 안 되며, 모체와 착장체의 기능이 상실되지 않아야 한다.
내전압성 시험	AE와 ABE종 안전모는 교류 20kV에서 1분 동안 절연파괴 없이 견뎌야 하고, 이때 누설되는 충전전류는 10mA 이내여야 한다.
내수성 시험	AE와 ABE종 안전모는 질량증가율이 1% 미만이어야 한다. **내수성 시험** 안전모의 모체를 20~25℃의 물에 24시간 담가 놓은 후, 대기 중에 꺼내서 마른 천 등으로 표면의 수분을 닦고 질량증가율을 산출하는 시험 $\text{질량증가율(\%)} = \frac{\text{담근 후의 질량} - \text{담그기 전의 질량}}{\text{담그기 전의 질량}} \times 100$
난연성 시험	불꽃을 내며 5초 이상 타지 않아야 한다.
턱끈풀림 시험	150N 이상 250N 이하에서 턱끈이 풀려야 한다.

3 보안경

(1) 보안경의 사용

물체가 날아 흩어질 위험이 있는 작업에서 착용

(2) 보안경의 종류 빈출!

종 류	사용 구분	렌즈 재질
차광 보안경	적외선, 자외선, 가시광선으로부터 눈을 보호하기 위한 것 **차광 보안경의 종류** • 자외선용 : 자외선이 발생하는 장소 • 적외선용 : 적외선이 발생하는 장소 • 복합용 : 자외선 및 적외선이 발생하는 장소 • 용접용 : 자외선, 적외선 및 강렬한 가시광선이 발생하는 장소 (산소용접작업 등)	유리 및 플라스틱
유리 보안경	미분, 칩, 기타 비산물로부터 눈을 보호하기 위한 것	유리
플라스틱 보안경	미분, 칩, 액체 약품 등 기타 비산물로부터 눈을 보호하기 위한 것 (고글형은 부유분진, 액체 약품 등의 비산물로부터 눈을 보호)	플라스틱
도수렌즈 보안경	근시, 원시 혹은 난시인 근로자가 차광 보안경, 유리 보안경을 착용해야 하는 장소에서 작업하는 경우, 빛이나 비산물 및 기타 유해물질로부터 눈을 보호함과 동시에 시력을 교정하기 위한 것	유리 및 플라스틱

(3) 보안경의 조건

① 모양에 따라 특정한 위험에 대해서 적절한 보호를 할 수 있을 것
② 착용했을 때 편안할 것
③ 내구성이 있을 것
④ 견고하게 고정되어 착용자가 움직이더라도 쉽게 탈착 또는 움직이지 않을 것
⑤ 충분히 소독되어 있을 것
⑥ 세척이 쉬울 것

(4) 보안경 구조의 조건

① 취급이 간단하고 쉽게 파손되지 않을 것
② 착용하였을 때에 심한 불쾌감을 주지 않을 것
③ 착용자의 행동을 심하게 저해하지 않을 것
④ 보안경의 각 부분은 사용자에게 절상이나 찰과상을 줄 우려가 있는 예리한 모서리나 요철 부분이 없을 것
⑤ 보안경의 각 부분은 쉽게 교환할 수 있는 것일 것

(5) 보안경 재료의 조건

① 강도 및 탄성 등이 용도에 대하여 적절할 것
② 피부에 접촉하는 부분에 사용하는 재료는 피부에 해로운 영향을 주지 않을 것
③ 금속부에는 적절한 방청 처리를 하고, 내식성이 있을 것
④ 내습성, 내열성 및 난연성이 있을 것

(6) 보안경 렌즈의 종류

① 필터렌즈 : 유해광선을 차단하는 원형 또는 변형 모양의 렌즈

② 커버렌즈 : 미분, 칩, 액체 약품 등 기타 비산물로부터 눈을 보호하기 위한 렌즈

4 보안면

(1) 보안면의 사용

용접 시 불꽃 또는 물체가 날아 흩어질 위험이 있는 작업에서 착용

(2) 보안면의 종류

종 류	사용 구분	종류별 기준 및 조건	
용접 보안면	아크 용접, 가스 용접, 절단작업 시	성능 기준	• 난연성 : 1분간 76mm 이상 연소되지 않을 것 • 전기절연성 : 500kΩ 이상 • 가열 후 인장강도 : 3.0kgf/mm^2(29.4N/mm^2) 이상 • 내열 비틀림 : 변형률 2% 이하 • 금속부품 내식성 : 스프링을 제외한 금속부품에 부식이 생기지 않을 것
일반 보안면	일반작업 및 점용접작업 시	재료 조건	• 구조적으로 충분한 강도를 가지며 가벼울 것 • 착용 시 피부에 해가 없을 것 • 수시로 세척 · 소독이 가능할 것 • 금속을 사용할 시에는 녹슬지 않을 것 • 플라스틱을 사용할 시에는 난연성의 것 • 투시부의 플라스틱은 광학적 성능을 가질 것

5 방음보호구(귀마개, 귀덮개)

(1) 귀마개(ear plug)

귓구멍을 막는 형태의 방음보호구

① EP-1(1종) : 저음부터 고음까지 전반적으로 차음하는 것

② EP-2(2종) : 고음만을 차음하는 것

(2) 귀덮개(ear muff)

귀 전체를 덮는 형태의 방음보호구로, 저음부터 고음까지를 차단하는 것

(3) 방음보호구의 구비조건

귀마개	귀덮개
• 귀에 잘 맞을 것 • 사용 중에 쉽게 탈락하지 않을 것 • 사용 중에 현저한 불쾌감이 없을 것 • 분실하지 않도록 적당한 곳에 끈으로 연결시킬 것	• 캡(cap)은 귀 전체를 덮어야 하며, 흡음제 등으로 감쌀 것 • 쿠션(cushion)은 귀 주위에 밀착시키는 구조일 것 • 헤드밴드는 길이조절이 가능하고, 스프링은 탄력성이 있어서 압박감을 주지 않을 것

6 방진마스크

(1) 방진마스크의 사용

분진이나 미스트 및 흄이 호흡기를 통해 체내에 유입되는 것을 방지하기 위해 착용

(2) 방진마스크의 성능시험 항목 빈출!

① 안면부 흡기저항 시험
② 여과재 분진포집효율 시험
③ 안면부 배기저항 시험
④ 안면부 누설률 시험
⑤ 배기밸브 작동 시험
⑥ 여과재 호흡저항 시험
⑦ 시야 시험
⑧ 강도, 신장률 및 영구변형률 시험
⑨ 불연성 시험

(2) 종류별 분진포집효율 빈출!

종 류	등 급	염화나트륨(NaCl) 및 파라핀오일(paraffin oil) 시험(%)
분리식	특급	99.95 이상
	1급	94.0 이상
	2급	80.0 이상
안면부 여과식	특급	99.0 이상
	1급	94.0 이상
	2급	80.0 이상

(3) 방진마스크의 등급별 사용장소

등 급	사용장소
특급	• 베릴륨 등과 같이 독성이 강한 물질들을 함유한 분진 등 발생장소 • 석면 취급장소
1급	• 특급 마스크 착용장소를 제외한 분진 등 발생장소 • 금속흄 등과 같이 열적으로 생기는 분진 등 발생장소 • 기계적으로 생기는 분진 등 발생장소(규소 등과 같이 2급 방진마스크를 착용하여도 무방한 경우는 제외)
2급	특급 및 1급 마스크 착용장소를 제외한 분진 등 발생장소

※ 배기밸브가 없는 안면부 여과식 마스크는 특급 및 1급 장소에 사용해서는 안 된다.

(4) 방진마스크의 구비조건 빈출!

① 여과효율이 좋을 것
② 흡·배기저항이 낮을 것
③ 사용적이 적을 것
④ 중량이 가벼울 것
⑤ 시야가 넓을 것(하방시야 60° 이상)
⑥ 안면밀착성이 좋을 것
⑦ 피부접촉부위의 고무질이 좋을 것

7 방독마스크

(1) 방독마스크의 사용

유기용제, 황산, 염산 등의 산이나 암모니아, 그 밖에 화학물질을 취급하는 작업자가 노출되는 것을 막기 위해 착용

(2) 방독마스크의 종류 및 사용범위

종 류	사용범위
격리식	가스 또는 증기의 농도가 2%(암모니아에 있어서는 3%) 이하의 대기 중 사용
직결식	가스 또는 증기의 농도가 1%(암모니아에 있어서는 1.5%) 이하의 대기 중 사용
직결식 소형	가스 또는 증기의 농도가 0.1% 이하의 대기 중 사용(긴급용이 아닌 것)

(3) 방독마스크의 성능시험 항목 빈출!

① 정화통 호흡저항 시험
② 안면부 흡기저항 시험
③ 안면부 배기저항 시험
④ 배기밸브 작동기밀 시험
⑤ 안면부 누설률 시험
⑥ 정화통의 제독능력 시험
⑦ 강도, 신장률 및 영구변형률 시험
⑧ 불연성 시험
⑨ 시야 시험

(4) 방독마스크 사용 시 주의사항

① 방독마스크를 과신하지 말 것
② 수명이 지난 것은 절대로 사용하지 말 것
③ 산소결핍 장소에서는 사용하지 말 것
④ 가스의 종류에 따라 용도 이외의 것을 사용하지 말 것

산소결핍의 기준
산소결핍 상태란 일반적으로 공기 중의 산소농도가 18% 미만인 상태를 의미한다.

(5) 방독마스크의 파과시간

$$\text{유효시간(파과시간)} = \frac{\text{표준유효시간} \times \text{시험가스 농도}}{\text{사용하는 작업장의 공기 중 유해가스 농도}}$$

(6) 방독마스크 흡수통(정화통)의 종류 빈출!

종 류	표 시		시험가스	주성분
	기호	색상		
유기화합물용	C	갈색	시클로헥산, 디메틸에테르, 이소부탄	활성탄
할로겐용	A	회색	염소가스 또는 증기	활성탄, 소다라임
황화수소용	K	회색	황화수소가스	금속염류, 알칼리제재
시안화수소용	J	회색	시안화수소가스	산화금속, 알칼리제재
아황산용	I	노란색	아황산가스	산화금속, 알칼리제재
암모니아용	H	녹색	암모니아가스	큐프라마이트
일산화탄소용	E	적색	일산화탄소가스	호프카라이트, 방습제

8 송기마스크

(1) 송기마스크의 사용

가스, 증기, 공기 중 부유하는 미립자상 물질 또는 산소결핍으로 인한 작업자의 건강장해를 예방하기 위해 착용

(2) 송기마스크의 종류

① 호스 마스크
대기압의 공기 이용한 송기마스크

② 에어라인 마스크
압축공기관, 고압공기용기 및 공기압축기 등으로부터 중압호스, 안면부 등을 통하여 압축공기를 이용한 송기마스크

③ 복합식 에어라인 마스크
디맨드형 또는 압력 디맨드형으로 사용할 수 있으며, 급기의 중단 등 긴급 시 또는 작업상 필요 시에는 보유한 고압공기용기에서 급기를 받아 공기호흡기로서 사용할 수 있는 구조의 송기마스크

산소결핍장소 착용 보호구

- 송기 마스크
- 공기호흡기
- 산소호흡기
- 안전대

9 안전장갑

(1) 안전장갑의 사용

감전의 위험이 있는 작업 시 착용

(2) 안전장갑의 종류

① 전기용 고무장갑

7,000V 이하의 전기회로 작업에서 감전을 방지하는 데 사용하며, 작업 전압에 따라 A · B · C종으로 구분

종 류	사용 구분
A종	• 300V를 초과하고 교류 600V 또는 직류 750V 이하의 작업에 사용 • 10,000V에서 1분간 견딜 수 있을 것
B종	• 교류 600V 또는 직류 750V를 초과하고 3,500V 이하의 작업에 사용 • 15,000V에서 1분간 견딜 수 있을 것
C종	• 3,500V를 초과하고 7,000V 이하의 작업에 사용 • 20,000V에서 1분간 견딜 수 있을 것

② 용접용 가죽제 보호장갑

불꽃이나 용융금속 등으로부터 손의 상해를 방지하는 데 사용

㉠ 1종 : 아크 용접

㉡ 2종 : 가스 용접 및 용단

③ 산업위생 보호장갑

유해한 화학약품으로부터 손을 보호하는 데 사용

④ 내열장갑

노 작업 등에서 복사열로부터 손을 보호하기 위해 사용되며, 석면포에 알루미늄 분말로 표면 처리되어 있는 것

⑤ 방진장갑

착암기를 사용하는 작업장에서 사용되며, 방진재료로 특수탄성 고무판과 네오프렌 발포제가 사용된 것

보호장갑의 구비조건

1. 용접용 가죽제 보호장갑의 구비조건
   - 손바닥이나 손가락의 부분은 두께가 거의 균일하고 허술하지 않을 것
   - 유연하고 탄력성과 일정한 인장력을 갖추고 있을 것
2. 산업위생 보호장갑의 구비조건
   - 천연 또는 합성 고무제로 바늘구멍 · 이물 · 피부자극성 등의 결점이 없을 것
   - 두께의 최대와 최소의 차가 두께 평균치의 20% 이하일 것
   - 일정한 인장강도를 갖추고 있을 것

10 안전대

(1) 안전대의 사용

고소작업 시 추락에 의한 위험을 방지하기 위해 사용하는 보호구로, 높이 또는 깊이 2m 이상의 추락할 위험이 있는 장소에서의 작업 시 착용

(2) 안전대의 종류 빈출!

종 류	사용 구분	비고
벨트식(B식), 안전그네식(H식)	1개 걸이 전용	※ 추락방지대와 안전블록은 안전대의 종류 중 안전그네식에만 적용함.
	U자 걸이 전용	
	추락방지대	
	안전블록	

(3) 안전대용 로프의 구비조건

① 충격 및 인장강도에 강할 것
② 부드럽고 되도록 매끄럽지 않을 것
③ 내마모성이 클 것
④ 완충성이 높을 것
⑤ 습기나 약품류에 잘 손상되지 않을 것
⑥ 내열성이 높을 것

(4) 안전대 착용대상 작업

① 2m 이상의 높은 곳에서의 작업
② 분쇄기 또는 혼합기를 사용하는 작업
③ 비계의 조립 및 해체 작업
④ 슬레이트 지붕에서의 작업
⑤ 채석 시에 비래 또는 낙하가 있는 작업
⑥ 거푸집과 지보공의 고정 · 조립 · 해체 작업

11 안전화

(1) 안전화의 사용

물체의 낙하 · 충격, 물체에의 끼임, 감전 또는 정전기의 대전에 의한 위험이 있는 작업에서 착용

(2) 안전화의 종류

① **가죽제 안전화** : 물체의 낙하, 충격 및 바닥의 날카로운 물체에 의한 찔림 위험으로부터 발을 보호하기 위한 것
② **고무제 안전화** : 물체의 낙하, 충격 및 바닥의 날카로운 물체에 의한 찔림 위험으로부터 발을 보호하고, 아울러 방수 또는 내화학성을 겸한 것

③ **정전기 안전화** : 물체의 낙하, 충격 및 바닥의 날카로운 물체에 의한 찔림 위험으로부터 발을 보호하고, 아울러 정전기의 인체대전을 방지하기 위한 것

④ **발등 안전화** : 물체의 낙하, 충격 및 바닥의 날카로운 물체에 의한 찔림 위험으로부터 발 및 발등을 보호하기 위한 것

⑤ **절연화** : 물체의 낙하, 충격 및 바닥의 날카로운 물체에 의한 찔림 위험으로부터 발을 보호하고, 아울러 전기에 의한 감전을 방지하기 위한 것

⑥ **절연장화** : 저압 · 고압에 의한 감전을 방지하고, 아울러 방수를 겸한 것

(3) 안전화의 등급

등 급	사용장소
중작업용	광업, 건설업 및 철광업 등에서의 원료 취급 · 가공, 강재 취급 및 운반, 건설업 등에서의 중량물 운반작업, 가공대상물의 중량이 큰 물체를 취급하는 작업장으로서 날카로운 물체에 의해 찔릴 우려가 있는 장소
보통작업용	기계공업, 금속가공업에서의 운반 · 건축업 등 공구 가공품을 손으로 취급하는 작업 및 차량 사업장, 기계 등을 운전 조작하는 일반 작업장으로서 날카로운 물체에 의해 찔릴 우려가 있는 장소
경작업용	금속 선별, 전기제품 조립, 화학제품 선별, 반응장치 운전, 식품가공업 등 비교적 경량의 물체를 취급하는 작업장으로서 날카로운 물체에 의해 찔릴 우려가 있는 장소

(4) 안전화의 종류별 성능시험 항목 빈출!

가죽제 안전화	고무제 안전화
• 내압박성 시험 • 내답발성 시험 • 내충격성 시험 • 박리저항 시험	• 인장 시험 • 내유성 시험 • 내화학성 시험 • 노화 시험

12 방열복

(1) 방열복의 사용

고열 작업에 의한 화상과 열중증을 방지하기 위하여 착용

(2) 방열복의 종류 빈출!

종 류	질 량
방열 상의	3.0kg
방열 하의	2.0kg
방열 일체복	4.3kg
방열 장갑	0.5kg
방열 두건	2.0kg

07 안전보건표지

1 안전보건표지의 기준 빈출!

– 안전보건표지의 색도기준 및 용도

색 채	색도기준	용 도	사용 예
빨간색	7.5R 4/14	금지	정지신호, 소화설비 및 그 장소, 유해행위의 금지
		경고	화학물질 취급장소에서의 유해 · 위험 경고
노란색	5Y 8.5/12	경고	화학물질 취급장소에서의 유해 · 위험 경고 이외의 위험경고, 주의표지 또는 기계방호물
파란색	2.5PB 4/10	지시	특정 행위의 지시 및 사실의 고지
녹색	2.5G 4/10	안내	비상구 및 피난소, 사람 또는 차량의 통행표지
흰색	N 9.5	–	파란색 또는 녹색에 대한 보조색
검은색	N 0.5	–	문자 및 빨간색 또는 노란색에 대한 보조색

2 안전보건표지의 종류와 형태

(1) 금지표지(8종)

바탕은 흰색, 기본모형은 빨간색, 관련 부호 및 그림은 검은색

101 출입금지	102 보행금지	103 차량통행금지	104 사용금지
105 탑승금지	106 금연	107 화기금지	108 물체이동금지

(2) 경고표지(15종)

바탕은 노란색, 기본모형과 관련 부호 및 그림은 검은색
다만, 인화성물질 경고, 산화성물질 경고, 폭발성물질 경고, 급성독성물질 경고, 부식성물질 경고 및 발암성 · 변이원성 · 생식독성 · 전신독성 · 호흡기과민성 물질 경고의 경우 바탕은 무색, 기본모형은 빨간색(검은색도 가능)

201 인화성물질 경고	202 산화성물질 경고	203 폭발성물질 경고	204 급성독성물질 경고	205 부식성물질 경고

206 방사성 물질 경고	207 고압전기 경고	208 매달린 물체 경고	209 낙하물 경고	210 고온 경고

211 저온 경고	212 몸균형상실 경고	213 레이저광선 경고	214 발암성 · 변이원성 · 생식독성 · 전신독성 · 호흡기과민성 물질 경고	215 위험장소 경고

(3) 지시표지(9종)

바탕은 파란색, 관련 그림은 흰색

301 보안경 착용	302 방독마스크 착용	303 방진마스크 착용	304 보안면 착용	305 안전모 착용

306 귀마개 착용	307 안전화 착용	308 안전장갑 착용	309 안전복 착용	

(4) 안내표지(8종)

바탕은 흰색, 기본모형과 관련 부호 및 바탕은 녹색, 관련 부호 및 그림은 흰색

401 녹십자표지	402 응급구호표지	403 들것	404 세안장치

405 비상용 기구	406 비상구	407 좌측 비상구	408 우측 비상구
 비상용 기구			

08 적성과 인사관리

1 적성

(1) 적성의 분류 빈출!

① 지능

② 직업적성

③ 흥미

④ 인간성(성격)

※ 적성 요인이 아닌 것 : 연령, 개인차 등

(2) 적성 발견의 방법

① 자기이해

② 계발적 경험

③ 적성검사

2 적응과 부적응

(1) 적응의 역할(Super D.E.의 역할이론) 빈출!

① **역할연기(role playing)**
자아탐색(self-exploration)인 동시에 자아실현(self-realization)의 수단이다.

② **역할기대(role expectation)**
자기의 역할을 기대하고 감수하는 사람은 그 직업에 충실할 것이다.

③ **역할조성(role shaping)**
개인에게 여러 개의 역할기대가 있을 경우 그 중의 어떤 역할기대는 불응 또는 거부할 수도 있으며, 다른 역할을 해내기 위해 다른 일을 구할 때도 있다.

④ **역할갈등(role conflict)**
직업 중에는 상반된 역할이 기대되는 경우가 있으며, 그럴 때 갈등이 생기게 된다.

(2) 부적응의 원인

① 개인의 소질

② 경험

③ 신체적 조건

④ 정신적 조건

⑤ 환경적 조건

3 카운슬링

(1) 카운슬링의 방법

① 직접 충고 ➠ 안전수칙을 지키지 않는 근로자에게 가장 효과적인 방법
② 설득적 방법
③ 설명적 방법

(2) 카운슬링의 효과

① 정신적 스트레스 해소
② 안전동기 부여
③ 안전태도 형성

4 인사관리의 주요 기능

① 조직과 리더십
② 선발
③ 배치
④ 직무분석
⑤ 업무평가
⑥ 상담 및 노사 간의 이해

09 안전사고와 사고심리

1 안전사고와 사고경향성

(1) 사고의 본질적 특성

① **사고발생의 시간성** : 사고의 본질은 공간적인 것이 아니라, 시간적이다.
② **우연성 중의 법칙성** : 모든 사고는 우연처럼 보이지만 엄연한 법칙에 따라 발생되기도 하고 미연에 방지되기도 한다.
③ **필연성 중의 우연성** : 인간 시스템은 복잡하고 행동의 자유성이 있기 때문에 오히려 인간이 착오를 일으켜 사고의 기회를 조성한다고 보며, 외적 조건 의지를 가진 자일 경우에는 우연성은 복합형태가 되어 기회는 더 많아진다.
④ **사고재현 불가능성** : 사고는 인간의 추이 속에서 돌연히 인간의 의지에 반하여 발생되는 사건이라고 할 수 있으며, 지나가 버린 시간을 되돌려 상황을 원상태로 재현할 수는 없다.

(2) 안전사고의 경향성

① 기업체에서 일어난 대부분의 사고는 소수의 근로자에 의해서 발생한다(심리학자 Greenwood).
② 소심한 사람은 사고를 유발하기 쉬우며, 이런 성격의 소유자는 도전적이다.
③ 사고경향성이 없는 사람은 침착숙고형이다.

(3) 사고경향성자(재해빈발자)의 유형 빈출!

재해빈발자	재해빈발의 원인
미숙성 누발자	• 기능미숙 때문에 • 환경에 익숙하지 않기 때문에
상황성 누발자	• 작업 자체가 어렵기 때문에 • 기계 · 설비에 결함이 있기 때문에 • 심신에 근심이 있기 때문에 • 환경상 주의력 집중이 곤란하기 때문에
습관성 누발자	• 재해의 경험으로 겁이 많거나 신경과민증상을 보이는 자 • 일종의 슬럼프(slump) 상태에 빠져서 재해를 유발할 수 있는 자
소질성 누발자	• 주의력 지속이 불가능한 자 • 주의력 범위가 협소(편중)한 자 • 저지능자 • 생활이 불규칙한 자 • 작업에 대한 경시나 지속성이 부족한 자 • 정직하지 못하고 쉽게 흥분하는 자 • 비협조적이며 도덕성이 결여된 자 • 소심한 성격으로 감각운동이 부적합한 자 소질적인 사고의 요인 • 지능 • 성격 • 감각운동기능(시각기능)

2 인간의 안전심리 특성

(1) 인간 심리의 일반적 특성

① 간결성의 원리
최소의 에너지로 목표에 도달하려는 심리 특성

② 주의의 일점집중현상
돌발사태에 직면하면 공포를 느끼게 되고 주의가 일점(주시점)에 집중되어 판단정지 및 멍청한 상태에 빠지게 되면서 유효한 대응을 하지 못하는 현상

③ 리스크테이킹
객관적인 위험을 자기 나름대로 판정해서 의지결정을 하고 행동에 옮기는 것

(2) 군화의 법칙(물건의 정리)

① **근접의 요인** : 동일한 속성을 지닌 자극들이 가까이 있을 때, 시간적으로나 공간적으로 근접한 자극끼리 한 군데 묶어서 지각한다.

② **동류의 요인** : 크기나 색채 또는 모양이 비슷한 대상들이 섞여 있을 때, 유사한 자극끼리 한 군데 묶어서 지각한다.

③ **폐합의 요인** : 감각정보의 불완전성을 무시하고 그 불완전한 부분을 메워서 하나의 동질적인 집단을 형성한다.

④ **연속의 요인** : 일관된 스타일로 이어지는 자극들은 하나의 형태로 조직화되어 지각한다.

군화의 법칙에 대한 예시

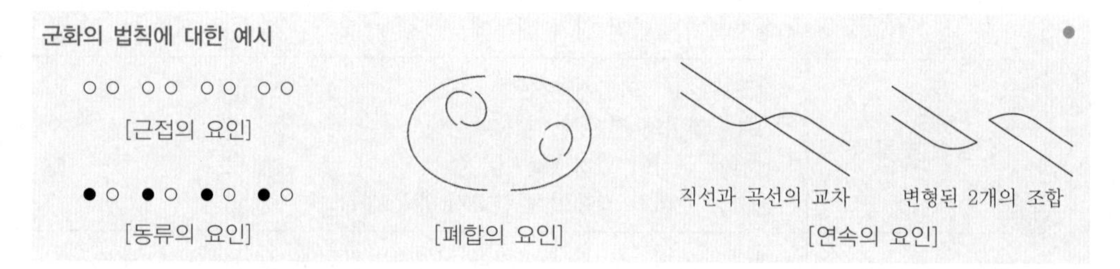

(3) 인간의 안전심리 5대 요소

① 동기
② 기질
③ 감정
④ 습성
⑤ 습관

3 동기부여

(1) 레빈의 법칙(K. Lewin)

$B = f(P \cdot E)$

여기서, B : Behavior(인간의 행동)
P : Person(연령, 경험, 심신상태, 성격, 지능 등)
E : Environment(심리적 환경 : 인간관계, 작업환경 등)
f : function(함수관계 : 동기부여, 기타 P와 E에 영향을 주는 조건)

(2) 동기부여이론 빈출

Maslow의 욕구단계이론	Alderfer의 ERG 이론
• [제1단계] 생리적 욕구 • [제2단계] 안전 · 안정의 욕구 • [제3단계] 사회적 욕구 • [제4단계] 인정받으려는 욕구(존경욕구) • [제5단계] 자아실현의 욕구(성취욕구)	• 생존 욕구(Existence) • 관계 욕구(Relation) • 성장 욕구(Growth)

Davis의 동기부여이론(등식)
• 인간의 성과×물질적 성과=경영의 성과 • 지식(knowledge)×기능(skill)=능력(ability) • 상황(situation)×태도(attitude)=동기유발(motivation) • 능력×동기유발=인간의 성과(human performance)

McGregor의 X · Y이론	
X이론	Y이론
인간 불신감	상호 신뢰감
성악설	성선설
인간은 게으르고 태만하여 남의 지배받기를 즐김	인간은 부지런하고 근면하며, 적극적이고 자주적임
물질 욕구(저차적 욕구)	정신 욕구(고차적 욕구)
명령통제에 의한 관리	목표통합과 자기통제에 의한 자율관리
저개발국형	선진국형

Herzberg의 동기-위생 2요인 이론	
동기요인(직무내용)	위생요인(직무환경)
• 성취감 • 책임감 • 인정 • 성장과 발전 • 도전감 • 일 그 자체	• 회사정책과 관리 • 개인 상호 간의 관계 • 감독 • 임금 • 보수 • 작업조건 • 지위 • 안전

4 착각현상

(1) 착각의 요인

① 인지과정의 착오 빈출!
- ㉠ 생리적 · 심리적 능력의 한계
- ㉡ 정보량 저장의 한계
- ㉢ 감각 차단현상
- ㉣ 정서 불안정(공포, 불안, 불만)

② 판단과정의 착오 빈출!
- ㉠ 능력 부족(적성, 지식, 기술)
- ㉡ 정보 부족
- ㉢ 합리화
- ㉣ 환경조건 불비(표준 불량)

③ 조치과정의 착오

감각 차단현상
단조로운 업무가 장시간 지속될 때, 작업자의 감각기능 및 판단능력이 둔화 또는 마비되는 현상

(2) 인간의 착각현상

① **자동운동** : 암실 내에서 정지된 소광점을 응시하고 있으면 보이는 그 광점의 움직임
② **유도운동** : 실제로는 움직이지 않는 것이 어느 기준의 이동에 유도되어 움직이는 것처럼 느껴지는 현상
③ **가현운동(β운동, 영화영상법)** : 객관적으로 정지하고 있는 대상물이 급속히 나타나거나 소멸하는 것으로 인하여 일어나는 운동으로, 마치 대상물이 운동하는 것처럼 인식되는 현상

자동운동이 생기기 쉬운 조건
- 광점이 작을 것
- 시야의 다른 부분이 어두울 것
- 광의 강도가 작을 것
- 대상이 단순할 것

5 인간의 동작실패

(1) 인간의 동작실패를 초래하는 조건

① 기상조건
② 피로도
③ 작업강도
④ 자세의 불균형
⑤ 환경조건

(2) 인간의 동작실패를 막기 위한 조건

① 착각을 일으킬 수 있는 외부조건이 없을 것
② 감각기의 기능이 정상적일 것
③ 올바른 판단을 내리기 위해 필요한 지식을 갖고 있을 것
④ 시간적 · 수량적으로 능력을 발휘할 수 있는 체력이 있을 것
⑤ 의식동작을 필요로 할 때 무의식동작을 행하지 않을 것

6 주의와 부주의

(1) 주의력의 특성 빈출!

① **선택성** : 여러 종류의 자극을 지각할 때 소수의 특정한 것에 한하여 선택하는 기능
② **변동성** : 주의에는 주기적으로 부주의적 리듬이 존재하는 기능
③ **방향성** : 주시점만 인지하는 기능

(2) 부주의 현상(심리적 특징) 빈출!

① **의식의 단절** : 지속적인 의식의 흐름에 단절이 생기고 공백의 상태가 나타나는 것으로서 특수한 질병이 있는 경우에 나타난다. ➠ **의식수준 : Phase 0 상태**
② **의식의 우회** : 의식의 흐름이 옆으로 빗나가 발생하는 경우로서 작업 도중의 걱정, 고뇌, 욕구불만 등에 대해 주의하는 것이 이에 속한다. ➠ **의식수준 : Phase 0 상태**
③ **의식수준 저하** : 혼미한 정신상태에서 심신이 피로한 경우나 단조로운 작업 등의 경우에 일어나기 쉽다. ➠ **의식수준 : Phase Ⅰ 상태**
④ **의식수준 과잉** : 지나친 의욕에 의해 생기는 부주의 현상으로, 돌발사태 및 긴급이상사태에 순간적으로 긴장되고 의식이 한 방향으로만 쏠리는 경우이다. ➠ **의식수준 : Phase Ⅳ 상태**

10 피로와 바이오리듬

1 피로의 구분과 특징

(1) 정신적 피로와 육체적 피로

① 정신적 피로 : 작업태도, 자세, 사고활동 등의 변화로 정신적 긴장에 의해서 일어나는 중추신경계의 피로

② 육체적 피로 : 감각기능, 순환기 기능, 반사기능, 대사기능 등의 변화로 육체적으로 근육에서 일어나는 피로(신체 피로)

(2) 피로의 3지표

① 주관적 피로 : 스스로 느끼는 '피곤하다'는 자각증상(대개의 경우, 권태감이나 단조감 또는 포화감이 뒤따름)

② 객관적 피로 : 생산된 제품의 양과 질의 저하를 지표로 하는 피로

③ 생리적(기능적) 피로 : 인체의 생리상태를 검사함으로써 생체의 각 기능이나 물질의 변화 등에 의해 알 수 있는 피로

(3) 피로의 3대 특징

① 능률의 저하

② 생체의 다각적인 기능의 변화

③ 피로의 지각 등의 변화

피로에 영향을 주는 기계의 인자

- 기계의 종류
- 기계의 색
- 조작 부분의 배치
- 조작 부분의 감촉

2 피로의 측정과 예방

(1) 피로의 측정방법 빈출!

구 분	측정방법
생리학적 방법	• 근전도(Electromyogram ; EMG) : 근육활동 전위차의 기록 • 뇌전도(Electroneurogram ; ENG) : 신경활동 전위차의 기록 • 심전도(Electrocardiogram ; ECG) : 심장근활동 전위차의 기록 • 안전도(Electrooculogram ; EOG) : 안구운동 전위차의 기록 • 산소소비량 및 에너지대사율(Relative Metabolic Rate ; RMR) • 피부전기반사(Galvanic Skin Reflex ; GSR) • 플리커값(점멸융합주파수) : 정신적 부담이 대뇌피질의 피로수준에 미치고 있는 영향을 측정하는 방법
화학적 방법	• 혈색소농도, 혈액수준, 혈단백, 응혈시간 등 • 요전해질, 요단백, 요교질 배설량 등
심리학적 방법	• 피부(전위) 저장, 동작분석, 연속반응시간, 행동기록 등 • 정신작업, 전신자각증상, 집중유지기능 등

플리커 테스트(점멸융합주파수)

빛을 일정 속도로 점멸시키면 처음에는 반짝반짝하게 보이지만 그 속도를 증가시키면 계속 켜져 있는 것처럼 보이는데, 이때의 값을 플리커값이라 한다. 이 값은 일정하지 않고 피로상태에 따라 바뀌며, 정신적 부담이 대뇌피질의 활동수준에 미치고 있는 영향을 측정하여 정신적 피로도의 측정지수로 이용된다.

(2) 휴식시간 산출방법 빈출!

$$R=\frac{60(E-4)}{E-1.5}$$

여기서, R : 휴식시간(분)

E : 작업 시의 평균 에너지소비량(kcal/분)

60 : 총작업시간(분)

1.5 : 휴식시간 중의 에너지소비량(kcal/분)

4 : 기초대사를 포함한 에너지 상한(kcal/분)

※ 기초대사를 포함한 에너지 상한값이 주어지면 4 대신에 주어진 값을 대입한다.

(3) 피로의 예방대책

① 충분한 수면 ➠ 가장 효과적인 방법

② 충분한 영양섭취

③ 산책 및 가벼운 운동

④ 음악감상 및 오락

⑤ 목욕, 마사지 등 물리적 요법

3 바이오리듬

(1) 바이오리듬의 유형 빈출!

유 형	주 기	관계요소
육체적 리듬(청색)	23일	식욕, 소화력, 활동력, 스테미너 및 지구력 등
지성적 리듬(녹색)	33일	상상력, 사고력, 기억력, 의지, 판단 및 비판력 등
감성적 리듬(적색)	28일	주의력, 창조력, 예감 및 통찰력 등

(2) 위험일(Critical Day) 빈출!

P · S · I 3개의 서로 다른 리듬은 안정기[Positive phase(+)]와 불안정기[Negative phase(−)]를 교대로 반복하여 사인(Sine) 곡선을 그려 나가는데, (+)리듬에서 (−)리듬으로, 또는 (−)리듬에서 (+)리듬으로 변화하는 점을 '영(Zero)' 또는 '위험일'이라고 하며, 이런 위험일은 한 달에 6일 정도 일어난다.

※ 위험일에는 평소보다 뇌졸중이 5.4배, 심장질환 발작이 5.1배, 그리고 자살은 무려 6.8배나 더 많이 발생한다고 한다.

(3) 하루 중 생체리듬과 피로

① 혈액의 수분과 염분량의 경우 주간에는 감소하고, 야간에는 증가한다.

② 체온 · 혈압 · 맥박수의 경우 주간에는 상승하고, 야간에는 저하된다.

③ 야간에는 소화분비액이 불량하고, 체중이 감소한다.

④ 야간에는 말초운동기능이 저하되고, 피로의 자각증상이 증대된다.

11 학습지도

1 학습의 목적과 지도

(1) 학습의 전개과정

① 주제를 미리 알려진 것에서 점차 미지의 것으로 배열한다.
② 주제를 과거에서 현재, 미래의 순으로 실시한다.
③ 주제를 많이 사용하는 것에서 적게 사용하는 순으로 실시한다.
④ 주제를 간단한 것에서 복잡한 것으로 실시한다.

(2) 학습목적의 3요소 빈출!

① 목표
② 주제
③ 학습정도

'③ 학습정도'의 4단계

1. 인지(to acquaint)
2. 지각(to know)
3. 이해(to understand)
4. 적용(to apply)

(3) 학습지도의 원리

① 자기활동의 원리(자발성의 원리)
② 개별화의 원리
③ 사회화의 원리
④ 통합의 원리
⑤ 직관의 원리

(4) 지도교육의 8원칙 빈출!

① 상대의 입장에서 지도교육한다(피교육자 중심 교육).
② 동기부여를 충실히 한다.
③ 쉬운 것에서 어려운 것으로 지도한다(level up).
④ 반복해서 교육한다.
⑤ 한 번에 하나씩 가르친다(step by step).
⑥ 5감을 활용한다.
⑦ 인상의 강화를 한다.
⑧ 기능적인 이해를 돕는다.

2 학습이론 빈출!

(1) 조건반사설(S-R 이론, 파블로프 ; Pavlov)에 의한 학습원리

① 일관성의 원리
② 계속성의 원리
③ 강도의 원리
④ 시간의 원리

(2) 시행착오설(손다이크 ; Thorndike)에 의한 학습원칙

① 연습의 원칙(반복의 원칙)
② 준비성의 원칙
③ 효과의 원칙

3 학습전이와 학습평가

(1) 학습전이의 조건 빈출!

① 학습정도
② 유의성
③ 학습자의 태도
④ 시간적 간격
⑤ 학습자의 지능

(2) 학습평가의 4단계

① 제1단계 : 반응단계
② 제2단계 : 학습단계
③ 제3단계 : 행동단계
④ 제4단계 : 결과단계

12 안전보건교육

1 안전보건교육의 이해

(1) 안전보건교육의 목적

① 의식의 안전화
② 행동의 안전화
③ 작업환경의 안전화
④ 물적 요인의 안전화

(2) 안전보건교육의 기본방향 빈출!

① 사고사례 중심의 안전교육
② 안전작업(표준작업)을 위한 안전교육
③ 안전의식 향상을 위한 안전교육

(3) 안전보건교육의 3요소 빈출!

① 주체 – 강사
② 객체 – 수강자, 학생
③ 매개체 – 교육내용, 교재

(4) 안전보건교육계획에 포함해야 할 사항 빈출!

① 교육 목표 ➠ 첫째 과제
② 교육의 종류 및 교육대상
③ 교육의 과목 및 교육내용
④ 교육의 기간 및 시간
⑤ 교육장소
⑥ 교육방법
⑦ 교육담당자 및 강사
⑧ 소요예산 책정

'① 교육 목표'의 내용
- 교육 및 훈련의 범위
- 교육 보조자료의 준비 및 사용지침
- 교육훈련 의무와 책임관계 명시

2 안전보건교육의 3단계

- 제1단계 : 지식교육
- 제2단계 : 기능교육
- 제3단계 : 태도교육

(1) 지식교육의 4단계 빈출!

① 제1단계 – 도입(준비) : 수강자에게 배우고자 하는 마음가짐을 일으키도록 도입한다. 교육의 주제와 목적 또는 중요성을 말하고 관심과 흥미를 가지도록 동기부여를 함과 동시에 심신의 여유를 갖도록 한다.
② 제2단계 – 제시(설명) : 상대의 능력에 따라 교육하고 내용을 확실하게 이해 · 납득시키는 단계이므로 주안점을 두어서 논리적 · 체계적으로 반복교육을 하여 확실하게 이해시킨다.
③ 제3단계 – 적용(응용) : 이해시킨 내용을 구체적인 문제 또는 실제 문제로 활용시키거나 응용시키도록 한다. 사례연구에 따라서 문제해결을 시키거나 실제로 습득시켜 본다.
④ 제4단계 – 확인(총괄, 평가) : 수강자가 교육내용을 정확하게 이해하고 납득하여 습득하였는가 아닌가를 확인한다. 확인하는 방법은 시험과 과제 연구 · 제출 등의 방법이 있다. 확인결과에 따라 보강을 하거나 교육방법을 개선한다.

(2) 기능교육의 3원칙

① 준비
② 위험작업의 규제
③ 안전작업의 표준화

(3) 태도교육의 4단계

① 청취한다(hearing).
② 이해 · 납득시킨다(understand).
③ 모범을 보인다(example).
④ 평가한다(evaluaion).

태도교육의 기본과정
1. 청취한다.
2. 이해 · 납득시킨다.
3. 모범을 보인다.
4. 권장한다.
5. 칭찬한다.
6. 벌을 준다.

13 산업안전보건교육

1 산업안전보건교육의 교육내용

(1) 근로자 안전보건교육

1) 정기교육 빈출!

① 산업안전 및 사고 예방에 관한 사항
② 산업보건 및 직업병 예방에 관한 사항
③ 위험성 평가에 관한 사항
④ 건강증진 및 질병 예방에 관한 사항
⑤ 유해 · 위험 작업환경 관리에 관한 사항
⑥ 산업안전보건법령 및 산업재해보상보험 제도에 관한 사항
⑦ 직무스트레스 예방 및 관리에 관한 사항
⑧ 직장 내 괴롭힘, 고객의 폭언 등으로 인한 건강장해 예방 및 관리에 관한 사항

2) 채용 시 및 작업내용 변경 시의 교육 빈출!

① 산업안전 및 사고 예방에 관한 사항
② 산업보건 및 직업병 예방에 관한 사항
③ 위험성 평가에 관한 사항
④ 산업안전보건법령 및 산업재해보상보험 제도에 관한 사항
⑤ 직무스트레스 예방 및 관리에 관한 사항
⑥ 직장 내 괴롭힘, 고객의 폭언 등으로 인한 건강장해 예방 및 관리에 관한 사항
⑦ 기계 · 기구의 위험성과 작업의 순서 및 동선에 관한 사항
⑧ 작업개시 전 점검에 관한 사항
⑨ 정리정돈 및 청소에 관한 사항
⑩ 사고발생 시 긴급조치에 관한 사항
⑪ 물질안전보건자료에 관한 사항

(2) 관리감독자 안전보건교육

1) 정기교육 빈출!

① 산업안전 및 사고 예방에 관한 사항
② 산업보건 및 직업병 예방에 관한 사항
③ 위험성 평가에 관한 사항
④ 유해 · 위험 작업환경 관리에 관한 사항
⑤ 산업안전보건법령 및 산업재해보상보험 제도에 관한 사항
⑥ 직무스트레스 예방 및 관리에 관한 사항
⑦ 직장 내 괴롭힘, 고객의 폭언 등으로 인한 건강장해 예방 및 관리에 관한 사항
⑧ 작업공정의 유해 · 위험과 재해 예방대책에 관한 사항

⑨ 사업장 내 안전보건관리체제 및 안전·보건조치 현황에 관한 사항
⑩ 표준안전 작업방법 결정 및 지도 · 감독 요령에 관한 사항
⑪ 현장 근로자와의 의사소통능력 및 강의능력 등 안전보건교육 능력 배양에 관한 사항
⑫ 비상시 또는 재해 발생 시 긴급조치에 관한 사항
⑬ 그 밖에 관리감독자의 직무에 관한 사항

2) 채용 시 작업내용 변경 시의 교육
① 산업안전 및 사고 예방에 관한 사항
② 산업보건 및 직업병 예방에 관한 사항
③ 위험성 평가에 관한 사항
④ 산업안전보건법령 및 산업재해보상보험 제도에 관한 사항
⑤ 직무스트레스 예방 및 관리에 관한 사항
⑥ 직장 내 괴롭힘, 고객의 폭언 등으로 인한 건강장해 예방 및 관리에 관한 사항
⑦ 기계 · 기구의 위험성과 작업의 순서 및 동선에 관한 사항
⑧ 작업 개시 전 점검에 관한 사항
⑨ 물질안전보건자료에 관한 사항
⑩ 사업장 내 안전보건관리체제 및 안전 · 보건조치 현황에 관한 사항
⑪ 표준안전 작업방법 결정 및 지도 · 감독 요령에 관한 사항
⑫ 비상시 또는 재해 발생 시 긴급조치에 관한 사항
⑬ 그 밖의 관리감독자의 직무에 관한 사항

2 산업안전보건교육의 교육시간 빈출!

(1) 근로자 안전보건교육

교육과정	교육대상		교육시간
정기교육	사무직 종사 근로자		매 반기 6시간 이상
	그 밖의 근로자	판매업무에 직접 종사하는 근로자	매 반기 6시간 이상
		판매업무에 직접 종사하는 근로자 외의 근로자	매 반기 12시간 이상
채용 시 교육	일용근로자 및 근로계약기간이 1주일 이하인 기간제근로자		1시간 이상
	근로계약기간이 1주일 초과 1개월 이하인 기간제근로자		4시간 이상
	그 밖의 근로자		8시간 이상
작업내용 변경 시 교육	일용근로자 및 근로계약기간이 1주일 이하인 기간제근로자		1시간 이상
	그 밖의 근로자		2시간 이상

교육과정	교육대상	교육시간
특별교육	일용근로자 및 근로계약기간이 1주일 이하인 기간제근로자(타워크레인 신호 작업 제외)	2시간 이상
	타워크레인 신호 작업에 종사하는 일용근로자 및 근로계약기간이 1주일 이하인 기간제근로자	8시간 이상
	일용근로자 및 근로계약기간이 1주일 이하인 기간제근로자를 제외한 근로자	• 16시간 이상(최초 작업에 종사하기 전 4시간 이상 실시하고, 12시간은 3개월 이내에서 분할하여 실시 가능) • 단기간 작업 또는 간헐적 작업인 경우에는 2시간 이상
건설업 기초 안전보건교육	건설 일용근로자	4시간 이상

(2) 관리감독자 안전보건교육

교육과정	교육시간
정기교육	연간 16시간 이상
채용 시 교육	8시간 이상
작업내용 변경 시 교육	2시간 이상
특별교육	• 16시간 이상(최초 작업에 종사하기 전 4시간 이상 실시하고, 12시간은 3개월 이내에서 분할하여 실시 가능) • 단기간 작업 또는 간헐적 작업인 경우에는 2시간 이상

(3) 안전보건관리책임자 등에 대한 교육 빈출!

교육대상	교육시간	
	신규교육	보수교육
안전보건관리책임자	6시간 이상	6시간 이상
안전관리자, 안전관리전문기관의 종사자	34시간 이상	24시간 이상
보건관리자, 보건관리전문기관의 종사자	34시간 이상	24시간 이상
건설재해예방전문지도기관의 종사자	34시간 이상	24시간 이상
석면조사기관의 종사자	34시간 이상	24시간 이상
안전보건관리 담당자	-	8시간 이상
안전검사기관, 자율안전검사기관의 종사자	34시간 이상	24시간 이상

(4) 검사원 성능검사교육

교육과정	교육시간
성능검사교육	28시간 이상

14 안전보건교육의 방법

1 하버드 학파의 5단계 교수법

① 준비(preparation)
② 교시(presentation)
③ 연합(association)
④ 총괄(generalization)
⑤ 응용(application)

2 듀이의 사고과정 5단계

① 시사를 받는다(suggestion).
② 머리로 생각한다(intellectualization).
③ 가설을 설정한다(hypothesis).
④ 추론한다(reasoning).
⑤ 행동에 의하여 가설을 검토한다.

3 O.J.T.와 Off J.T.

(1) 장소에 따른 교육훈련방법의 구분

① O.J.T.(On the Job Training) : 사업장 내에서 직속 상사가 강사가 되어 실시하는 개별교육의 형태로서, 일상 업무를 통해 지식과 기능, 문제해결능력 등을 배양시키는 교육방식
② Off J.T.(Off the Job Training) : 사업장 외에서 실시하는 교육으로서, 일정 장소에 다수의 근로자를 집합시켜 실시하는 보다 체계적인 집체 교육방식

(2) O.J.T.와 Off J.T.의 장단점 빈출!

구 분	장 점	단 점
O.J.T.	• 개개인에게 적절한 지도훈련이 가능하다. • 직장의 실정에 맞는 실제적 훈련이 가능하다. • 즉시 업무에 연결되는 몸과 관계가 있다. • 훈련에 필요한 계속성이 끊어지지 않는다. • 효과가 곧 업무에 나타나며, 결과에 따른 개선이 쉽다. • 훈련 효과를 보고 상호 신뢰 이해도가 높아지는 것이 가능하다.	• 훌륭한 상사가 꼭 훌륭한 교사는 아니다. • 일과 훈련의 양쪽이 반반이 될 가능성이 있다. • 다수의 종업원을 한 번에 훈련할 수 없다. • 통일된 내용과 동일 수준의 훈련이 될 수 없다. • 전문적인 고도의 지식 · 기능을 가르칠 수 없다.
Off J.T.	• 다수의 근로자에게 조직적 훈련이 가능하다. • 훈련에만 전념하게 된다. • 전문가를 강사로 초빙하는 것이 가능하다. • 특별한 설비나 기구의 이용이 가능하다. • 각 직장의 근로자가 많은 지식이나 경험을 교류할 수 있다.	• 개인에게 적절한 지도와 훈련이 불가능하다. • 실제적 · 현실적 훈련이 불가능하다. • 강사에 따라서 훈련의 효과가 없다. • 교육훈련 목표에 대하여 집단적 노력이 흐트러질 수도 있다.

4 강의법

(1) 강의법의 적용

많은 인원의 수강자(최적 인원 : 40~50명)를 단기간의 교육시간에 비교적 많은 교육내용을 전수하기 위한 방법으로, 다음의 경우에 적용한다.

① 수업의 도입이나 초기단계
② 학교의 수업이나 현장훈련
③ 시간은 부족한데, 가르칠 내용이 많은 경우
④ 강사의 수는 적고, 수강자는 많아서 한 강사가 많은 사람을 상대해야 할 경우
⑤ 비교적 모든 교과에 가능

(2) 강의식 교육의 장단점

장 점	단 점
• 사실, 사상을 시간과 장소의 제한 없이 어디서나 제시할 수 있다. • 교사가 임의로 시간을 조절할 수 있고 강조할 점을 수시로 강조할 수 있다. • 학생의 다소에 제한을 받지 않는다. • 학습자의 태도, 정서 등의 감화를 위한 학습에 효과적이다. • 여러 가지 수업매체를 동시에 다양하게 활용할 수 있다.	• 개인의 학습속도에 맞추어 수업이 불가능하다. • 대부분이 일방통행적인 지식의 배합형식으로, 학습자 개개인의 이해도(성취정도)를 점검하기 어렵다. • 학습자의 참여가 제한되고 흥미를 지속시키기 위한 기회가 없어 집중도가 낮다. • 학습과제에 제한이 있다.

5 토의법

(1) 토의법의 적용

① 수업의 중간이나 마지막 단계
② 학교 수업이나 직업훈련의 특정 분야
③ 알고 있는 지식을 심화시키거나 어떠한 자료에 대해 보다 명료한 생각을 갖도록 하는 경우
④ 수강자들에게 다양한 접근방법과 해석을 요구하는 경우

(2) 토의법의 종류

① **문제법(problem method)** : 학생 앞에 현실적인 문제를 제시하여 해결해 나가는 과정에서 지식, 기능, 태도, 기술 등을 종합적으로 획득하게 하는 방법
② **사례연구법(case study)** : 먼저 사례를 제시하고 문제적 사실들과 그의 상호관계에 대해서 검토하고 대책을 토의하는 방법
③ **포럼(forum)** : 새로운 자료나 교재를 제시하고 거기에서의 문제점을 피교육자로 하여금 제기하게 하거나, 의견을 여러 가지 방법으로 발표하게 하고 다시 깊이 파고들어서 토의를 행하는 방법
④ **심포지엄(symposium)** : 몇 사람의 전문가에 의하여 과제에 관한 견해를 발표한 뒤에 참가자로 하여금 의견이나 질문을 하게 하여 토의하는 방법
⑤ **패널 디스커션(panel discussion)** : 패널 멤버(교육과제에 정통한 전문가 4~5명)가 피교육자 앞에서 자유로이 토의를 한 뒤에 피교육자 전원이 참가하여 사회자의 사회에 따라 토의하는 방법

⑥ 버즈세션(buzz session) : 6－6회의라고도 하며, 먼저 사회자와 기록계를 선출한 후 나머지 사람을 6명씩 소집단으로 구분하고, 소집단별로 각각 사회자를 선발하여 6분씩 자유토의를 행하여 의견을 종합하는 방법

6 구안법(project method)

(1) 구안법의 정의

학생이 마음속으로 생각하고 있는 것을 외부에 구체적으로 실현하고 형상화하기 위하여 스스로가 계획을 세워서 수행하는 학습활동으로 이루어지는 형태이다.

(2) 구안법의 장점

① 동기유발을 할 수 있고, 자주성과 책임감을 훈련시킬 수 있다.
② 창조적, 연구적 태도를 기를 수 있다.
③ 학교생활과 실제생활을 결부시킬 수 있다.
④ 자발적으로 능동적인 학습활동을 촉구할 수 있다.
⑤ 협동성, 지도성, 희생정신 등을 기를 수 있다.

구안법의 4단계
목적 → 계획 → 수행 → 평가

7 역할연기법(role playing)

(1) 역할연기법의 정의

참석자에게 어떤 역할을 주어서 실제로 시켜봄으로써 훈련이나 평가에 사용하는 교육기법으로, 절충능력이나 협조성을 높여서 태도의 변용에도 도움을 준다.

(2) 역할연기법의 장단점

① 장점
㉠ 사람을 보는 눈이 신중하게 되고 관대해지며 자신의 능력을 알게 된다.
㉡ 역할을 맡으면 계속 말하고 듣는 입장이므로 자기 태도의 반성과 창조성이 생기고 발언도 향상된다.
㉢ 한 가지의 문제에 대하여 그 배경에는 무엇이 있는가를 통찰하는 능력을 높임으로써 감수성이 향상된다.
㉣ 문제에 적극적으로 참가하여 흥미를 갖게 하며, 타인의 장점과 단점이 잘 나타난다.

② 단점
㉠ 높은 수준의 의사 결정에 대한 훈련에는 효과를 기대할 수 없다.
㉡ 목적이 명확하지 않고, 계획적으로 실시하지 않으면 학습에 연계되지 않는다.
㉢ 훈련 장소의 확보가 어렵다.

8 프로그램 학습법(programmed self-instruction method)

(1) 프로그램 학습법의 정의

수업 프로그램이 프로그램 학습의 원리에 의하여 만들어지고, 학생의 자기 학습 속도에 따른 학습이 허용되어 있는 상태에서 학습자가 프로그램 자료를 가지고 단독으로 학습하도록 하는 교육방법이다.

(2) 프로그램 학습법의 적용

① 수업의 모든 단계
② 학교수업, 방송수업, 직업훈련의 경우
③ 수강자들의 개인차가 최대한으로 조절되어야 할 경우
④ 학생들이 자기에게 허용된 어느 시간에나 학습이 가능할 경우
⑤ 보충학습의 경우

9 TWI, MTP, ATT, CCS

(1) TWI(Training Within Industry)

주로 현장의 관리감독자를 교육하기 위한 교육방법으로, 토의법으로 진행된다.

(2) MTP(Management Training Program)

교육대상은 TWI보다 약간 높은 계층을 목표로 하고, TWI와는 달리 관리 문제에 보다 더 치중하는 방법으로, 한 클래스는 10~15명으로 하여 2시간씩 20회에 걸쳐서 40시간을 훈련하도록 되어 있다.

(3) ATT(American Telephone & Telegram Co.)

대상 계층이 한정되어 있지 않고, 한 번 훈련을 받은 관리자는 그 부하인 감독자에 대해서 지도원이 될 수 있다.

(4) CCS(Civil Communication Section)

ATP(Administration Training Program)라고도 하며, 당초에는 일부 회사의 톱매니지먼트(top management)에 대해서만 행하여졌으나, 그 후에 널리 보급되었으며, 정책의 수립, 조직(경영 부분, 조직 형태, 구조 등), 통제(조직 통제의 적용, 품질관리, 원가 통제의 적용 등) 및 운영(운영 조직, 협조에 의한 회사 운영) 등의 교육내용을 다룬다.

TWI와 ATT의 교육내용

1. TWI의 교육내용
   - JI(Job Instruction) : 작업을 가르치는 방법(작업지도기법)
   - JM(Job Method) : 작업의 개선방법(작업개선기법)
   - JR(Job Relation) : 사람을 다루는 방법(인간관계 관리기법)
   - JS(Job Safety) : 안전한 작업법(작업안전기법)
2. ATT의 교육내용
   - 계획적 감독
   - 작업의 계획 및 인원 배치
   - 작업의 감독
   - 공구 및 자료 보고 및 기록
   - 개인 작업의 개선
   - 종업원의 향상
   - 인사 관계
   - 훈련
   - 고객 관계
   - 안전부대군인의 복무 조정 등

15 산업안전보건법

1 안전상의 조치 및 보건상의 조치

(1) 안전상의 조치

① 사업주는 다음 각 호의 어느 하나에 해당하는 위험으로 인한 산업재해를 예방하기 위하여 필요한 조치를 하여야 한다.

㉠ 기계 · 기구, 그 밖의 설비에 의한 위험

㉡ 폭발성, 발화성 및 인화성 물질 등에 의한 위험

㉢ 전기, 열, 그 밖의 에너지에 의한 위험

② 사업주는 굴착, 채석, 하역, 벌목, 운송, 조작, 운반, 해체, 중량물 취급, 그 밖의 작업을 할 때 불량한 작업방법 등에 의한 위험으로 인한 산업재해를 예방하기 위하여 필요한 조치를 하여야 한다.

③ 사업주는 근로자가 다음 각 호의 어느 하나에 해당하는 장소에서 작업을 할 때 발생할 수 있는 산업재해를 예방하기 위하여 필요한 조치를 하여야 한다.

㉠ 근로자가 추락할 위험이 있는 장소

㉡ 토사 · 구축물 등이 붕괴할 우려가 있는 장소

㉢ 물체가 떨어지거나 날아올 위험이 있는 장소

㉣ 천재지변으로 인한 위험이 발생할 우려가 있는 장소

(2) 보건상의 조치

① 사업주는 다음 각 호의 어느 하나에 해당하는 건강장해를 예방하기 위하여 필요한 조치(이하 "보건조치"라 한다)를 하여야 한다.

㉠ 원재료 · 가스 · 증기 · 분진 · 흄(fume, 열이나 화학반응에 의하여 형성된 고체증기가 응축되어 생긴 미세입자를 말한다) · 미스트(mist, 공기 중에 떠다니는 작은 액체방울을 말한다) · 산소결핍 · 병원체 등에 의한 건강장해

㉡ 방사선 · 유해광선 · 고온 · 저온 · 초음파 · 소음 · 진동 · 이상기압 등에 의한 건강장해

㉢ 사업장에서 배출되는 기체 · 액체 또는 찌꺼기 등에 의한 건강장해

㉣ 계측감시(計測監視), 컴퓨터 단말기 조작, 정밀공작(精密工作) 등의 작업에 의한 건강장해

㉤ 단순반복작업 또는 인체에 과도한 부담을 주는 작업에 의한 건강장해

㉥ 환기 · 채광 · 조명 · 보온 · 방습 · 청결 등의 적정기준을 유지하지 아니하여 발생하는 건강장해

2 안전보건관리 계획

(1) 개요

사업장에서 안전보건관리를 계획적으로 수행하기 위하여 일정한 기간을 정하여 작성하는 계획서

(2) 안전보건관리 계획의 기본 방향

① 현재 기준 범위 내에서의 안전 유지 방향 : 현재의 기준 내에서 안전을 유지하려는 소극적인 것이다.

② **현재 기준의 재설정 방향** : 현재의 문제된 기준을 한 단계 높여서 설정하여 개선해 나가는 것이다.

③ **문제 해결의 방향** : 목표를 저해하는 여러 현상적 문제를 찾아내어 해결하고, 항상 현재의 목적을 충족시켜 나가는 것이다.

(3) 안전보건관리 계획 수립 시 유의사항

① 사업장의 실태에 맞도록 독자적으로 수립하되 실현 가능성이 있도록 한다.

② 직장 단위로 구체적 계획을 작성한다.

③ 계획에 있어서 재해 감소 목표는 점진적으로 수준을 높이도록 한다.

④ 현재의 문제점을 검토하기 위해 자료를 조사 · 수집한다.

⑤ 계획에서 실시까지의 미비점 또는 잘못된 점을 피드백(Feedback)할 수 있는 조정 기능을 가져야 한다.

⑥ 적극적인 선취 안전을 취하여 새로운 착상과 정보를 활용한다.

⑦ 계획안이 효과적으로 실시되도록 라인－스태프(Line－Staff) 관계자에게 충분히 납득시킨다.

(4) 안전보건관리 계획의 구분

일반적으로 계획은 기본 방침 · 목표 · 대책 · 평가로 나누고, 다시 세분하면 다음과 같다.

① 목적의 명확화

② 기본 방침의 제시

③ 적용 범위의 명확화

④ 계획의 내용과 대상 명시

⑤ 계획의 실시 부서와 실시기간

⑥ 실시방법

⑦ 계획의 실시에 따른 평가 확인

3 안전보건 개선 계획

안전보건 개선 계획의 수립 · 시행명령을 받은 사업주는 고용노동부장관이 정하는 바에 따라 안전보건 개선 계획서를 작성하여 그 명령을 받은 날부터 60일 이내에 관할 지방노동관서의 장에게 제출해야 하며, 지방고용노동관서의 장은 안전보건개선계획서를 접수한 경우에는 접수일부터 15일 이내에 심사하여 사업주에게 그 결과를 알려야 한다.

(1) 안전보건 개선 계획서에 포함되는 주요 내용

① 시설

② 안전보건관리 체제

③ 안전보건교육

④ 산업재해 예방 및 작업환경의 개선을 위하여 필요한 사항

(2) 안전보건 개선 계획 수립 시행 대상 사업장

고용노동부장관은 다음 각 호의 어느 하나에 해당하는 사업장으로서 산업재해 예방을 위하여 종합적인 개선 조치를 할 필요가 있다고 인정할 때에는 고용노동부령으로 정하는 바에 따라 사업주에게 그 사업장, 시설, 그 밖의 사항에 관한 안전보건 개선 계획의 수립 · 시행을 명할 수 있다.

① 산업재해율이 같은 업종의 규모별 평균 산업재해율보다 높은 사업장
② 사업주가 필요한 안전조치 또는 보건조치를 이행하지 아니하여 중대재해가 발생한 사업장
③ 직업성 질병자가 연간 2명 이상 발생한 사업장
④ 유해인자의 노출기준을 초과한 사업장

(3) 안전보건 진단 후 안전보건 개선 계획 수립 제출 대상 사업장

① 사업주가 필요한 안전조치 또는 보건조치를 이행하지 아니하여 중대재해가 발생한 사업장
② 산업재해율이 같은 업종 평균 산업재해율의 2배 이상인 사업장
③ 직업성 질병자가 연간 2명 이상(상시근로자 1천명 이상 사업장의 경우 3명 이상) 발생한 사업장
④ 그 밖에 작업환경 불량, 화재 · 폭발 또는 누출 사고 등으로 사업장 주변까지 피해가 확산된 사업장으로서 고용노동부령으로 정하는 사업장

(4) 안전보건 개선 계획서의 공통사항과 중점 개선 계획

1) 공통사항

① 안전보건 관리조직(안전보건 관리책임자, 안전관리자, 보건관리자, 안전담당자 임명)
② 안전표지 부착(금지표지, 경고표지, 지시표지, 안내표지, 기타 표지)
③ 보호구 착용(작업복, 안전모, 보안경, 방진마스크, 귀마개, 안전대, 안전화, 기타)
④ 건강진단 실시(일반 건강진단, 특수 건강진단, 채용 시 건강진단)
⑤ 참고사항

2) 중점 개선 계획 항목

① 시설(비상통로, 출구, 계단, 급수원, 소방시설, 작업설비, 운반경로, 안전통로, 배연시설, 배기시설, 배전시설 등 시설물의 안전 대책)
② 기계장치(기계별 안전장치, 전기장치, 가스장치, 동력전달장치, 운반장치, 수공구의 보존 상태 등의 안전 대책)
③ 원료 · 재료(인화물, 발화물, 유해물, 생산원료 등의 취급방법, 적재방법, 보관방법 등의 안전대책)
④ 작업방법(안전기준, 작업 표준, 보호구 관리상태 등에 대한 대책)
⑤ 작업환경(정리정돈, 청소상태, 채광조명, 소음, 분진, 고열, 색채, 온도, 습도, 환기 등의 개선대책)
⑥ 기타(산업안전보건법, 산업안전 및 산업보건 기준에 관한 규칙에 있어서의 조치사항)

4 산업재해 발생건수 등의 공표

고용노동부장관은 산업재해를 예방하기 위하여 대통령령으로 정하는 사업장의 근로자 산업재해 발생건수, 재해율 또는 그 순위 등(이하 "산업재해발생건수등"이라 한다)을 공표하여야 한다.

(1) 공표대상 사업장

① 산업재해로 인한 사망자(이하 "사망재해자"라 한다)가 연간 2명 이상 발생한 사업장
② 사망만인율(死亡萬人率: 연간 상시근로자 1만명당 발생하는 사망재해자 수의 비율을 말한다)이 규모별 같은 업종의 평균 사망만인율 이상인 사업장

③ 중대산업사고가 발생한 사업장
④ 산업재해 발생 사실을 은폐한 사업장
⑤ 산업재해의 발생에 관한 보고를 최근 3년 이내 2회 이상 하지 않은 사업장

사업주는 중대재해가 발생하였을 때에는 즉시 해당 작업을 중지시키고 근로자를 작업장소에서 대피시키는 등 안전 및 보건에 관하여 필요한 조치를 하여야 하고, 중대재해가 발생한 사실을 알게 된 경우에는 고용노동부령으로 정하는 바에 따라 지체 없이 고용노동부장관에게 보고하여야 한다. 다만, 천재지변 등 부득이한 사유가 발생한 경우에는 그 사유가 소멸되면 지체 없이 보고하여야 한다.

(2) 중대재해의 범위

① 사망자가 1명 이상 발생한 재해
② 3개월 이상의 요양이 필요한 부상자가 동시에 2명 이상 발생한 재해
③ 부상자 또는 직업성 질병자가 동시에 10명 이상 발생한 재해

(3) 중대재해 발생 시 보고 사항

① 발생 개요 및 피해 상황
② 조치 및 전망
③ 그 밖의 중요한 사항

(4) 산업재해 기록

사업주는 산업재해가 발생한 때에는 다음 각 호의 사항을 기록·보존해야 한다. 다만, 산업재해조사표의 사본을 보존하거나 요양신청서의 사본에 재해 재발방지 계획을 첨부하여 보존한 경우에는 그렇지 않다.

① 사업장의 개요 및 근로자의 인적 사항
② 재해 발생의 일시 및 장소
③ 재해 발생의 원인 및 과정
④ 재해 재발방지 계획

5 공정안전보고서

(1) 공정안전보고서 작성제출

① 사업주는 사업장에 대통령령으로 정하는 유해하거나 위험한 설비가 있는 경우 그 설비로부터의 위험물질 누출, 화재 및 폭발 등으로 인하여 사업장 내의 근로자에게 즉시 피해를 주거나 사업장 인근 지역에 피해를 줄 수 있는 사고로서 대통령령으로 정하는 사고(이하 "중대산업사고"라 한다)를 예방하기 위하여 대통령령으로 정하는 바에 따라 공정안전보고서를 작성하고 고용노동부장관에게 제출하여 심사를 받아야 한다. 이 경우 공정안전보고서의 내용이 중대산업사고를 예방하기 위하여 적합하다고 통보받기 전에는 관련된 유해하거나 위험한 설비를 가동해서는 아니 된다.

② 사업주는 제1항에 따라 공정안전보고서를 작성할 때 산업안전보건위원회의 심의를 거쳐야 한다. 다만, 산업안전보건위원회가 설치되어 있지 아니한 사업장의 경우에는 근로자대표의 의견을 들어야 한다.

※ 중대산업사고

① 근로자가 사망하거나 부상을 입을 수 있는 제1항에 따른 설비에서의 누출 · 화재 · 폭발 사고

② 인근 지역의 주민이 인적 피해를 입을 수 있는 제1항에 따른 설비에서의 누출 · 화재 · 폭발 사고

(2) 공정안전보고서 제출 대상

① 원유 정제처리업

② 기타 석유정제물 재처리업

③ 석유화학계 기초화학물질 제조업 또는 합성수지 및 기타 플라스틱물질 제조업. 다만, 합성수지 및 기타 플라스틱물질 제조업은 별표 13 제1호 또는 제2호에 해당하는 경우로 한정한다.

④ 질소 화합물, 질소 · 인산 및 칼리질 화학비료 제조업 중 질소질 비료 제조

⑤ 복합비료 및 기타 화학비료 제조업 중 복합비료 제조(단순혼합 또는 배합에 의한 경우는 제외한다)

⑥ 화학 살균 · 살충제 및 농업용 약제 제조업[농약 원제(原劑) 제조만 해당한다]

⑦ 화약 및 불꽃제품 제조업

(3) 공정안전보고서의 내용

① 공정안전자료

㉠ 취급 · 저장하고 있거나 취급 · 저장하려는 유해 · 위험물질의 종류 및 수량

㉡ 유해 · 위험물질에 대한 물질안전보건자료

㉢ 유해하거나 위험한 설비의 목록 및 사양

㉣ 유해하거나 위험한 설비의 운전방법을 알 수 있는 공정도면

㉤ 각종 건물 · 설비의 배치도

㉥ 폭발위험장소 구분도 및 전기단선도

㉦ 위험설비의 안전설계 · 제작 및 설치 관련 지침서

② 공정위험성 평가서 및 잠재위험에 대한 사고예방 · 피해 최소화 대책(공정위험성평가서는 공정의 특성 등을 고려하여 다음 각 목의 위험성평가 기법 중 한 가지 이상을 선정하여 위험성평가를 한 후 그 결과에 따라 작성해야 하며, 사고예방 · 피해최소화 대책은 위험성평가 결과 잠재위험이 있다고 인정되는 경우에만 작성한다)

㉠ 체크리스트(Check List)

㉡ 상대위험순위 결정(Dow and Mond Indices)

㉢ 작업자 실수 분석(HEA)

㉣ 사고 예상 질문 분석(What－if)

㉤ 위험과 운전 분석(HAZOP)

㉥ 이상위험도 분석(FMECA)

㉦ 결함 수 분석(FTA)

㉧ 사건 수 분석(ETA)

㉨ 원인결과 분석(CCA)

㉩ ㉠목부터 ㉨목까지의 규정과 같은 수준 이상의 기술적 평가기법

③ 안전운전계획
  ㉠ 안전운전지침서
  ㉡ 설비점검 · 검사 및 보수계획, 유지계획 및 지침서
  ㉢ 안전작업허가
  ㉣ 도급업체 안전관리계획
  ㉤ 근로자 등 교육계획
  ㉥ 가동 전 점검지침
  ㉦ 변경요소 관리계획
  ㉧ 자체감사 및 사고조사계획
  ㉨ 그 밖에 안전운전에 필요한 사항
④ 비상조치계획
  ㉠ 비상조치를 위한 장비 · 인력 보유현황
  ㉡ 사고발생 시 각 부서 · 관련 기관과의 비상연락체계
  ㉢ 사고발생 시 비상조치를 위한 조직의 임무 및 수행 절차
  ㉣ 비상조치계획에 따른 교육계획
  ㉤ 주민홍보계획
  ㉥ 그 밖에 비상조치 관련 사항
⑤ 그 밖에 공정상의 안전과 관련하여 고용노동부장관이 필요하다고 인정하여 고시하는 사항

(4) 공정안전보고서의 제출시기 및 심사

① 사업주는 영 제45조제1항에 따라 유해하거나 위험한 설비의 설치 · 이전 또는 주요 구조부분의 변경공사의 착공일(기존 설비의 제조 · 취급 · 저장 물질이 변경되거나 제조량 · 취급량 · 저장량이 증가하여 영 별표 13에 따른 유해 · 위험물질 규정량에 해당하게 된 경우에는 그 해당일을 말한다) 30일 전까지 공정안전보고서를 2부 작성하여 공단에 제출해야 한다.
② 공단은 제51조에 따라 공정안전보고서를 제출받은 경우에는 제출받은 날부터 30일 이내에 심사하여 1부를 사업주에게 송부하고, 그 내용을 지방고용노동관서의 장에게 보고해야 한다.

6 도급 시 산업재해 예방

(1) 유해한 작업의 도급금지

① 사업주는 근로자의 안전 및 보건에 유해하거나 위험한 작업으로서 다음 각 호의 어느 하나에 해당하는 작업을 도급하여 자신의 사업장에서 수급인의 근로자가 그 작업을 하도록 해서는 아니 된다.
  ㉠ 도금작업
  ㉡ 수은, 납 또는 카드뮴을 제련, 주입, 가공 및 가열하는 작업
  ㉢ 허가대상물질을 제조하거나 사용하는 작업
② 사업주는 제1항에도 불구하고 다음 각 호의 어느 하나에 해당하는 경우에는 제1항 각 호에 따른 작업을 도급하여 자신의 사업장에서 수급인의 근로자가 그 작업을 하도록 할 수 있다.
  ㉠ 일시 · 간헐적으로 하는 작업을 도급하는 경우
  ㉡ 수급인이 보유한 기술이 전문적이고 사업주(수급인에게 도급을 한 도급인으로서의 사업주를 말한다)의 사업 운영에 필수 불가결한 경우로서 고용노동부장관의 승인을 받은 경우

(2) 도급에 따른 산업재해 예방조치

① 도급인과 수급인을 구성원으로 하는 안전 및 보건에 관한 협의체의 구성 및 운영
② 작업장 순회점검
③ 관계수급인이 근로자에게 하는 안전보건교육을 위한 장소 및 자료의 제공 등 지원
④ 관계수급인이 근로자에게 하는 안전보건교육의 실시 확인
⑤ 다음 각 목의 어느 하나의 경우에 대비한 경보체계 운영과 대피방법 등 훈련
㉠ 작업 장소에서 발파작업을 하는 경우
㉡ 작업 장소에서 화재 · 폭발, 토사 · 구축물 등의 붕괴 또는 지진 등이 발생한 경우
⑥ 위생시설 등 고용노동부령으로 정하는 시설의 설치 등을 위하여 필요한 장소의 제공 또는 도급인이 설치한 위생시설 이용의 협조
⑦ 같은 장소에서 이루어지는 도급인과 관계수급인 등의 작업에 있어서 관계수급인 등의 작업시기 · 내용, 안전조치 및 보건조치 등의 확인
⑧ 제7호에 따른 확인 결과 관계수급인 등의 작업 혼재로 인하여 화재 · 폭발 등 대통령령으로 정하는 위험이 발생할 우려가 있는 경우 관계수급인 등의 작업시기 · 내용 등의 조정
※ 화재 · 폭발 등 대통령령으로 정하는 위험이 발생할 우려가 있는 경우
① 화재 · 폭발이 발생할 우려가 있는 경우
② 동력으로 작동하는 기계 · 설비 등에 끼일 우려가 있는 경우
③ 차량계 하역운반기계, 건설기계, 양중기(揚重機) 등 동력으로 작동하는 기계와 충돌할 우려가 있는 경우
④ 근로자가 추락할 우려가 있는 경우
⑤ 물체가 떨어지거나 날아올 우려가 있는 경우
⑥ 기계 · 기구 등이 넘어지거나 무너질 우려가 있는 경우
⑦ 토사 · 구축물 · 인공구조물 등이 붕괴될 우려가 있는 경우
⑧ 산소 결핍이나 유해가스로 질식이나 중독의 우려가 있는 경우

(3) 도급인의 안전조치 및 보건조치

1) 협의체의 구성 및 운영
① 법 제64조제1항제1호에 따른 안전 및 보건에 관한 협의체(이하 이 조에서 "협의체"라 한다)는 도급인 및 그의 수급인 전원으로 구성해야 한다.
② 협의체는 다음 각 호의 사항을 협의해야 한다.
㉠ 작업의 시작 시간
㉡ 작업 또는 작업장 간의 연락방법
㉢ 재해발생 위험이 있는 경우 대피방법
㉣ 작업장에서의 법 제36조에 따른 위험성평가의 실시에 관한 사항
㉤ 사업주와 수급인 또는 수급인 상호 간의 연락 방법 및 작업공정의 조정
③ 협의체는 매월 1회 이상 정기적으로 회의를 개최하고 그 결과를 기록 · 보존해야 한다.

2) 도급사업 시의 안전 · 보건조치 등
① 도급인은 작업장 순회점검을 다음 각 호의 구분에 따라 실시해야 한다.
㉠ 건설업, 제조업, 토사석 광업, 서적, 잡지 및 기타 인쇄물 출판업, 음악 및 기타 오디오물 출판업, 금속 및 비금속 원료 재생업 : 2일에 1회 이상
㉡ 제㉠호 각 목의 사업을 제외한 사업 : 1주일에 1회 이상

② 관계수급인은 제1항에 따라 도급인이 실시하는 순회점검을 거부 · 방해 또는 기피해서는 안 되며, 점검 결과 도급인의 시정요구가 있으면 이에 따라야 한다.

③ 도급인은 관계수급인이 실시하는 근로자의 안전 · 보건교육에 필요한 장소 및 자료의 제공 등을 요청받은 경우 협조해야 한다.

3) 도급사업의 합동 안전 · 보건점검

① 도급인이 작업장의 안전 및 보건에 관한 점검을 할 때에는 다음 각 호의 사람으로 점검반을 구성해야 한다.

㉠ 도급인(같은 사업 내에 지역을 달리하는 사업장이 있는 경우에는 그 사업장의 안전보건관리책임자)

㉡ 관계수급인(같은 사업 내에 지역을 달리하는 사업장이 있는 경우에는 그 사업장의 안전보건관리책임자)

㉢ 도급인 및 관계수급인의 근로자 각 1명(관계수급인의 근로자의 경우에는 해당 공정만 해당한다)

② 법 제64조제2항에 따른 정기 안전 · 보건점검의 실시 횟수는 다음 각 호의 구분에 따른다.

㉠ 건설업, 선박 및 보트 건조업 : 2개월에 1회 이상

㉡ 제㉠호의 사업을 제외한 사업 : 분기에 1회 이상

7 물질안전보건자료

(1) 물질안전보건자료의 작성 및 제출

① 화학물질 또는 이를 포함한 혼합물로서 제104조에 따른 분류기준에 해당하는 것(대통령령으로 정하는 것은 제외한다. 이하 "물질안전보건자료대상물질"이라 한다)을 제조하거나 수입하려는 자는 다음 각 호의 사항을 적은 자료(이하 "물질안전보건자료"라 한다)를 고용노동부령으로 정하는 바에 따라 작성하여 고용노동부장관에게 제출하여야 한다. 이 경우 고용노동부장관은 고용노동부령으로 물질안전보건자료의 기재 사항이나 작성 방법을 정할 때 「화학물질관리법」 및 「화학물질의 등록 및 평가 등에 관한 법률」과 관련된 사항에 대해서는 환경부장관과 협의하여야 한다.

㉠ 제품명

㉡ 물질안전보건자료대상물질을 구성하는 화학물질 중 제104조에 따른 분류기준에 해당하는 화학물질의 명칭 및 함유량

㉢ 안전 및 보건상의 취급 주의 사항

㉣ 건강 및 환경에 대한 유해성, 물리적 위험성

㉤ 물리 · 화학적 특성 등 고용노동부령으로 정하는 사항(물리 · 화학적 특성, 독성에 관한 정보, 폭발 · 화재 시의 대처방법, 응급조치 요령, 그 밖에 고용노동부장관이 정하는 사항)

② 물질안전보건자료대상물질의 관리 요령에 포함되어야 할 사항

㉠ 제품명

㉡ 건강 및 환경에 대한 유해성, 물리적 위험성

㉢ 안전 및 보건상의 취급주의 사항

㉣ 적절한 보호구

㉤ 응급조치 요령 및 사고 시 대처방법

8 유해위험방지계획서

(1) 유해위험방지계획서의 작성 · 제출 등

① 사업주는 다음 각 호의 어느 하나에 해당하는 경우에는 이 법 또는 이 법에 따른 명령에서 정하는 유해 · 위험 방지에 관한 사항을 적은 계획서(이하 "유해위험방지계획서"라 한다)를 작성하여 고용노동부령으로 정하는 바에 따라 고용노동부장관에게 제출하고 심사를 받아야 한다. 다만, 제3호에 해당하는 사업주 중 산업재해발생률 등을 고려하여 고용노동부령으로 정하는 기준에 해당하는 사업주는 유해위험방지계획서를 스스로 심사하고, 그 심사결과서를 작성하여 고용노동부장관에게 제출하여야 한다.

㉠ 대통령령으로 정하는 사업의 종류 및 규모에 해당하는 사업으로서 해당 제품의 생산 공정과 직접적으로 관련된 건설물 · 기계 · 기구 및 설비 등 전부를 설치 · 이전하거나 그 주요 구조부분을 변경하려는 경우

㉡ 유해하거나 위험한 작업 또는 장소에서 사용하거나 건강장해를 방지하기 위하여 사용하는 기계 · 기구 및 설비로서 대통령령으로 정하는 기계 · 기구 및 설비를 설치 · 이전하거나 그 주요 구조부분을 변경하려는 경우

㉢ 대통령령으로 정하는 크기, 높이 등에 해당하는 건설공사를 착공하려는 경우

(2) 유해위험방지계획서 제출 대상

① 대통령령으로 정하는 사업의 종류 및 규모에 해당하는 사업이란 다음 각 호의 어느 하나에 해당하는 사업으로서 전기 계약용량이 300킬로와트 이상인 경우를 말한다.

㉠ 금속가공제품 제조업; 기계 및 가구 제외

㉡ 비금속 광물제품 제조업

㉢ 기타 기계 및 장비 제조업

㉣ 자동차 및 트레일러 제조업

㉤ 식료품 제조업

㉥ 고무제품 및 플라스틱제품 제조업

㉦ 목재 및 나무제품 제조업

㉧ 기타 제품 제조업

㉨ 1차 금속 제조업

㉩ 가구 제조업

㉪ 화학물질 및 화학제품 제조업

㉫ 반도체 제조업

㉬ 전자부품 제조업

② 대통령령으로 정하는 기계 · 기구 및 설비란 다음 각 호의 어느 하나에 해당하는 기계 · 기구 및 설비를 말한다. 이 경우 다음 각 호에 해당하는 기계 · 기구 및 설비의 구체적인 범위는 고용노동부장관이 정하여 고시한다.

㉠ 금속이나 그 밖의 광물의 용해로

㉡ 화학설비

㉢ 건조설비

㉣ 가스집합 용접장치

ⓜ 근로자의 건강에 상당한 장해를 일으킬 우려가 있는 물질로서 고용노동부령으로 정하는 물질의 밀폐 · 환기 · 배기를 위한 설비

③ 대통령령으로 정하는 크기 높이 등에 해당하는 건설공사란 다음 각 호의 어느 하나에 해당하는 공사를 말한다.

㉠ 다음 각 목의 어느 하나에 해당하는 건축물 또는 시설 등의 건설 · 개조 또는 해체(이하 "건설등"이라 한다) 공사

– 지상높이가 31m 이상인 건축물 또는 인공구조물

– 연면적 30,000m^2 이상인 건축물

– 연면적 5,000m^2 이상인 시설로서 문화 및 집회시설(전시장 및 동물원 · 식물원은 제외한다), 판매시설, 운수시설(고속철도의 역사 및 집배송시설은 제외한다), 종교시설, 의료시설 중 종합병원, 숙박시설 중 관광숙박시설, 지하도상가, 냉동 · 냉장 창고시설

㉡ 연면적 5,000m^2 이상인 냉동 · 냉장 창고시설의 설비공사 및 단열공사

㉢ 최대 지간(支間)길이(다리의 기둥과 기둥의 중심사이의 거리)가 50m 이상인 다리의 건설등 공사

㉣ 터널의 건설등 공사

ⓜ 다목적댐, 발전용댐, 저수용량 2,000만 톤 이상의 용수 전용 댐 및 지방상수도 전용 댐의 건설등 공사

ⓑ 깊이 10m 이상인 굴착공사

(3) 제출서류 등

① 대통령령으로 정하는 사업의 종류 및 규모에 해당하는 사업으로서 해당 제품의 생산 공정과 직접적으로 관련된 건설물 · 기계 · 기구 및 설비 등 전부를 설치 · 이전하거나 그 주요 구조부분을 변경하려는 경우에 해당하는 사업주가 유해위험방지계획서를 제출할 때에는 사업장별로 별지 제16호서식의 제조업 등 유해위험방지계획서에 다음 각 호의 서류를 첨부하여 해당 작업 시작 15일 전까지 공단에 2부를 제출해야 한다. 이 경우 유해위험방지계획서의 작성기준, 작성자, 심사기준, 그 밖에 심사에 필요한 사항은 고용노동부장관이 정하여 고시한다.

㉠ 건축물 각 층의 평면도

㉡ 기계 · 설비의 개요를 나타내는 서류

㉢ 기계 · 설비의 배치도면

㉣ 원재료 및 제품의 취급, 제조 등의 작업방법의 개요

ⓜ 그 밖에 고용노동부장관이 정하는 도면 및 서류

② 유해하거나 위험한 작업 또는 장소에서 사용하거나 건강장해를 방지하기 위하여 사용하는 기계 · 기구 및 설비로서 대통령령으로 정하는 기계 · 기구 및 설비를 설치 · 이전하거나 그 주요 구조부분을 변경하려는 경우에 해당하는 사업주가 유해위험방지계획서를 제출할 때에는 사업장별로 별지 제16호서식의 제조업 등 유해위험방지계획서에 다음 각 호의 서류를 첨부하여 해당 작업 시작 15일 전까지 공단에 2부를 제출해야 한다.

㉠ 설치장소의 개요를 나타내는 서류

㉡ 설비의 도면

㉢ 그 밖에 고용노동부장관이 정하는 도면 및 서류

③ 대통령령으로 정하는 크기, 높이 등에 해당하는 건설공사를 착공하려는 경우에 해당하는 사업주가 유해위험방지계획서를 제출할 때에는 별지 제17호서식의 건설공사 유해위험방지계획서에 별표 10의 서류를 첨부하여 해당 공사의 착공(유해위험방지계획서 작성 대상 시설물 또는 구조물의 공사를 시작하는 것을 말하며, 대지 정리 및 가설사무소 설치 등의 공사 준비기간은 착공으로 보지 않는다) 전날까지 공단에 2부를 제출해야 한다. 이 경우 해당 공사가 「건설기술 진흥법」 제62조에 따른 안전관리계획을 수립해야 하는 건설공사에 해당하는 경우에는 유해위험방지계획서와 안전관리계획서를 통합하여 작성한 서류를 제출할 수 있다.

(4) 심사 결과의 구분

① 공단은 유해위험방지계획서의 심사 결과를 다음 각 호와 같이 구분 · 판정한다.
  ㉠ **적정** : 근로자의 안전과 보건을 위하여 필요한 조치가 구체적으로 확보되었다고 인정되는 경우
  ㉡ **조건부 적정** : 근로자의 안전과 보건을 확보하기 위하여 일부 개선이 필요하다고 인정되는 경우
  ㉢ **부적정** : 건설물 · 기계 · 기구 및 설비 또는 건설공사가 심사기준에 위반되어 공사착공 시 중대한 위험이 발생할 우려가 있거나 해당 계획에 근본적 결함이 있다고 인정되는 경우
② 공단은 심사 결과 적정판정 또는 조건부 적정판정을 한 경우에는 별지 제20호서식의 유해위험방지계획서 심사 결과 통지서에 보완사항을 포함(조건부 적정판정을 한 경우만 해당한다)하여 해당 사업주에게 발급하고 지방고용노동관서의 장에게 보고해야 한다.
③ 공단은 심사 결과 부적정판정을 한 경우에는 지체 없이 별지 제21호서식의 유해위험방지계획서 심사 결과(부적정) 통지서에 그 이유를 기재하여 지방고용노동관서의 장에게 통보하고 사업장 소재지 특별자치시장 · 특별자치도지사 · 시장 · 군수 · 구청장(구청장은 자치구의 구청장을 말한다. 이하 같다)에게 그 사실을 통보해야 한다.
④ 제3항에 따른 통보를 받은 지방고용노동관서의 장은 사실 여부를 확인한 후 공사착공중지명령, 계획변경명령 등 필요한 조치를 해야 한다.
⑤ 사업주는 지방고용노동관서의 장으로부터 공사착공중지명령 또는 계획변경명령을 받은 경우에는 유해위험방지계획서를 보완하거나 변경하여 공단에 제출해야 한다.

(5) 확인

① 유해위험방지계획서를 제출한 사업주는 해당 건설물 · 기계 · 기구 및 설비의 시운전단계에서, 대통령령으로 정하는 크기, 높이 등에 해당하는 건설공사를 착공하려는 경우에 해당하는 사업주는 건설공사 중 6개월 이내마다 법에 따라 다음 각 호의 사항에 관하여 공단의 확인을 받아야 한다.
  ㉠ 유해위험방지계획서의 내용과 실제공사 내용이 부합하는지 여부
  ㉡ 법 제42조제6항에 따른 유해위험방지계획서 변경내용의 적정성
  ㉢ 추가적인 유해 · 위험요인의 존재 여부

제1과목 산업재해 예방 및 안전보건교육 개념 Plus+

1 안전행동실천운동(5C 운동)에는 복장단정(Correctness), 정리정돈(Clearance), 청소 · 청결(Cleaning), 점검 · 확인(Checking), 그리고 (　　　　　　　)이 있다.

2 위험예지훈련의 4라운드 기법에서 문제점을 발견하고 중요 문제를 결정하는 단계는 (　　　　　) 단계이다.

3 안전보건개선계획의 수립 · 시행 명령을 받은 사업주는 고용노동부장관이 정하는 바에 따라 안전계획서를 작성하여 그 명령을 받은 날부터 (　　　) 이내에 관할 지방고용노동관서의 장에게 제출해야 하고, 안전보건관리규정을 작성해야 할 사업의 사업주는 안전보건관리규정을 작성하여야 할 사유가 발생한 날부터 (　　　) 이내에 작성해야 하며, 안전관리자를 선임한 경우 선임한 날부터 (　　　) 이내에 고용노동부장관에게 증명할 수 있는 서류를 제출하여야 한다.

4 1,000명 이상의 대규모 사업장에 가장 적합한 안전관리조직의 형태는 (　　　　　　), 100명 이하의 소규모 사업장에 적합한 안전관리조직의 형태는 (　　　　　　)이다.

5 하인리히 도미노 이론 중 사람이 제거 용이한 단계는 제3단계 (　　　　　　)이다.

6 안전모의 종류 중 물체의 낙하 · 비래 및 추락에 의한 위험을 방지 · 경감용으로 쓰이는 것은 (　　　)형이다.

7 사업주는 고용노동부장관이 정하는 바에 따라 해당 공사를 위하여 계상된 산업안전보건관리비를 그가 사용하는 근로자와 그의 수급인이 사용하는 근로자의 산업재해 및 건강장해 예방에 사용하고 그 사용 명세서를 (　　　　　)(공사가 1개월 이내에 종료되는 사업의 경우에는 해당 공사 종료 시) 작성하고 공사 종료 후 (　　　) 보존하여야 한다.

8 (　　　　　)은 안전운동이 전개되는 안전강조기간 내에 실시하는 안전점검이다.

9 (　　　　　)은 안전교육방법 중 수업의 도입이나 초기 단계에 적용하며, 단시간에 많은 내용을 교육하는 경우에 가장 적절한 방법이다.

10 (　　　　　)이란 단조로운 업무가 장시간 지속될 때 작업자의 감각기능 및 판단능력이 둔화 또는 마비되는 현상을 말한다.

11 산업안전심리의 5대 요소에는 동기, 기질, 감정, 습성, (　　　　　)이 있다.

12 매슬로우(Maslow)의 욕구 5단계를 순서에 따라 정리하면 다음과 같다.
생리적 욕구 – ( ) – 사회적 욕구 – 인정받으려는 욕구 – ( )

13 생체리듬(biorhythm)의 종류에는 육체적 리듬, ( ), 지성적 리듬이 있다.

14 인간의 사회행동에 대한 기본형태에는 ( ), 대립, 도피, 융합이 있다.

15 학습목적의 3요소에는 목표, 주제, 그리고 ( )가 있으며, 교육훈련의 4단계를 순서대로 나열하면 '도입 – ( ) – 적용 – 확인'이다.

정답
1 전심전력(Concentration) 2 본질추구 3 60일, 30일, 14일 4 라인–스태프형, 라인형
5 불안전한 행동 및 불안전한 상태 6 AB 7 매월, 1년간 8 특별점검 9 강의법 10 감각차단현상
11 습관 12 안전의 욕구, 자아실현의 욕구 13 감성적 리듬 14 협력 15 학습정도, 제시

02 인간공학 및 위험성 평가 · 관리

01 인간공학의 이해

1 인간공학의 정의와 목적

(1) 인간공학의 정의

인간공학은 기계와 그 조작 및 작업환경을 인간의 특성 · 능력과 한계에 잘 조화하도록 설계하기 위한 수단을 연구하는 학문, 즉 인간과 기계의 조화 있는 체계를 작성하는 것이다(차파니스 ; Chapanis).

(2) 인간공학의 목적 빈출!

① 안전성 향상과 사고 방지
② 기계 조작의 능률성과 생산성 향상
③ 작업환경의 쾌적성(작업자의 작업능률 향상)

2 인간-기계 체계(man-machine system)

(1) 인간-기계 기능의 체계 빈출!

① 감지 기능
② 정보보관 기능
③ 정보처리 및 의사결정 기능
④ 행동 기능

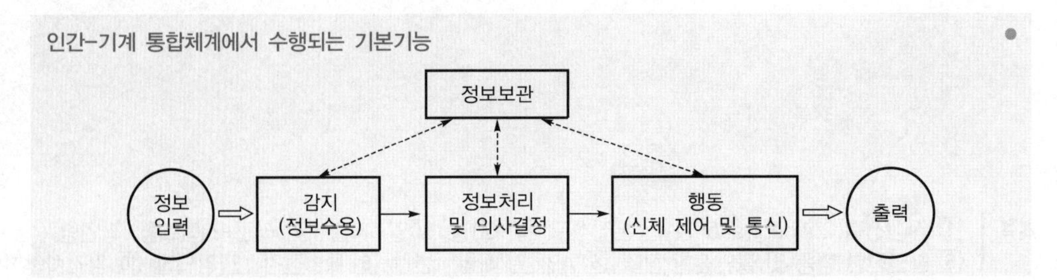

(2) 인간-기계 통합체계의 유형(인간의 역할) 빈출!

① **수동 체계** : 수공구나 기타 보조물로 구성되며, 자신의 신체적인 힘을 동력원으로 사용하여 작업을 통제하는 사용자와 결합된다.

② **기계화(반자동) 체계** : 동력은 전형적으로 기계가 제공하고, 운전자는 조정장치를 사용하여 기계를 통제한다.

③ **자동화 체계** : 체계가 완전히 자동화된 경우에는 기계 자체가 감지, 정보처리 및 의사결정, 행동을 포함한 모든 임무를 수행한다. 신뢰성이 완전한 자동체계란 불가능하므로, 인간은 주로 감시(monitor)·프로그램(program)·유지보수(maintenance) 등의 기능을 수행한다.

(3) 인간공학적 가치척도 빈출!

① 성능의 향상
② 사고 및 오용에 의한 손실 감소
③ 훈련비용의 감소
④ 생산 및 유지보수의 경제성 증대
⑤ 인력 이용률의 향상
⑥ 수용자의 수용성 향상

(4) 인간과 기계의 상대적 기능

구 분	인간이 기계보다 우수한 기능	기계가 인간보다 우수한 기능
감지 (정보수용)	• 매우 낮은 수준의 시각, 청각, 촉각, 후각, 미각 등의 자극을 감지 • 잡음이 심한 경우에도 신호를 인지 • 복잡·다양한 자극의 형태를 식별 • 예기하지 못한 사건을 감지(예감, 느낌)	• 인간의 정상적인 감지범위 밖에 있는 초음파, X선, 레이더파 등의 자극을 감지 • 드물게 발생하는 사상(事象 ; Event)을 감지(예기하지 못한 사상이 발생할 경우 임기응변을 할 수 없음)
정보저장 기능	중요도에 따른 정보를 장시간 저장	암호화된 정보를 신속하게 대량으로 저장
정보처리 및 의사결정	• 보관되어 있는 적절한 정보를 회수(상기) • 다양한 경험을 토대로 의사결정 • 어떤 운용방법이 실패할 경우, 다른 방법을 선택 • 원칙을 적용하여 다양한 문제를 해결 • 관찰을 통해서 일반화하여 귀납적으로 추리 • 주관적으로 추산하고 평가 • 문제해결에 있어서 독창력을 발휘	• 암호화된 정보를 신속·정확하게 회수 • 연역적으로 추리 • 입력신호에 대해 신속하고 일관성 있는 반응 • 명시된 프로그램에 따라 정량적인 정보처리 • 물리적인 양을 계수하거나 측정
행동기능	• 과부하 상황에서 중요한 일에만 전념 • 무리 없는 한도 내에서 신체적인 반응을 나타냄	• 과부하일 때에도 효율적으로 작동 • 상당히 큰 물리적인 힘을 규율 있게 발휘 • 장시간에 걸쳐 작업 수행(인간처럼 피로를 느끼지 않음) • 반복적인 작업을 신뢰성 있게 수행 • 여러 프로그램된 활동을 동시에 수행 • 주위가 소란하여도 효율적으로 작동

3 인간공학 연구

(1) 인간공학 연구의 기준조건 빈출!

① 적절성 : 기준이 의도된 목적에 적당하다고 판단되는 정도
② 무오염성 : 기준척도는 측정하고자 하는 변수 외에 다른 변수들의 영향을 받아서는 안 된다는 것
③ 신뢰성 : 반복성을 의미

(2) 인간공학 연구의 기준유형

① 체계의 기준 : 체계가 원래 의도한 바를 얼마나 달성하는가를 반영하는 기준
② 인간의 기준 : 인간성능 척도, 생리학적 지표, 주관적 반응, 사고빈도

02 휴먼에러(Human Error)

1 휴먼에러의 분류 빈출!

(1) 심리적 분류(Swain)

① 생략(누락) 오류(omission error) : 필요한 직무(task) 또는 절차를 수행하지 않는 데 기인한 오류
② 시간지연 오류(time error) : 필요한 직무 또는 절차의 수행 지연으로 인한 오류
③ 작위적 오류(commission error) : 필요한 직무 또는 절차의 불확실한 수행으로 인한 오류
④ 순서 오류(sequential error) : 필요한 직무 또는 절차의 순서착오로 인한 오류
⑤ 불필요한 오류(extraneous error) : 불필요한 직무 또는 절차의 수행으로 인한 오류

(2) 원인의 수준(level)적 분류

① 1차 오류(primary error) : 작업자 자신으로부터 발생한 오류
② 2차 오류(secondary error) : 작업형태나 작업조건 중에서 다른 문제가 생김으로써 그 때문에 필요한 사항을 실행할 수 없는 과오나 어떤 결함으로부터 파생하여 발생하는 오류
③ 지시 오류(command error) : 요구된 기능을 실행하고자 하여도, 필요한 물건, 정보, 에너지 등의 공급이 없어 작업자가 움직이려고 해도 움직일 수 없으므로 발생하는 오류

(3) 행동과정을 통한 분류

① Input error : 입력 오류
② Information processing error : 정보처리절차 오류
③ Decision making error : 의사결정 오류
④ Output error : 출력 오류
⑤ Feedback error : 제어 오류

2 휴먼에러의 배후요인(4M) 빈출!

① Man : 자기 자신 이외의 다른 사람
② Machine : 기계, 기구, 장치 등의 물적 요인
③ Media : 인간과 기계를 잇는 매체
예 작업의 방법이나 순서, 작업정보의 실태나 환경과의 관계, 정리정돈 등
④ Management : 안전에 관한 법규의 준수, 단속, 점검, 관리, 감독, 교육훈련 등

03 신뢰도

1 신뢰도의 결정요소

(1) 인간의 신뢰도 결정요소 빈출!

① **주의력** : 인간의 주의력에는 넓이와 깊이가 있고, 또한 내향성과 외향성이 있다.

② **긴장수준** : 긴장수준을 측정하는 방법으로 인체의 에너지대사율, 체내 수분의 손실량 또는 흡기량의 억제도 등을 측정하는 방법이 가장 많이 사용되며, 긴장도를 측정하는 방법으로 뇌파계를 사용할 수도 있다.

③ **의식수준** : 인간의 의식수준은 경험연수, 지식수준, 기술수준 등의 요소들에 의존된다.

(2) 기계의 신뢰도 결정요소

① 재질

② 기능

③ 조작방법

의식수준 요소의 내용

- 경험연수 : 해당 분야의 근무경력 연수
- 지식수준 : 안전에 대한 교육 및 훈련을 포함한 안전에 대한 지식의 수준
- 기술수준 : 생산 및 안전기술의 정도

2 인간과 기계의 신뢰도

(1) 인간-기계 체계의 신뢰도

인간-기계 체계로서의 신뢰성은 인간의 신뢰성과 기계의 신뢰성의 상승적 작용에 의해 다음과 같이 나타낸다.

$R_S = R_H \cdot R_E$

여기서, R_S : 인간-기계 체계로서의 신뢰성

R_H : 인간의 신뢰성

R_E : 기계의 신뢰성

(2) 설비의 신뢰도

① **직렬 연결**

$$R_S = R_1 \cdot R_2 \cdot R_3 \cdots R_n = \prod_{i=1}^{n} R_i$$

직렬 연결과 병렬 연결의 예

- 직렬 연결 : 자동차 운전 등
- 병렬 연결 : 열차나 항공의 제어장치 등

② **병렬 연결**

$$R_S = 1-(1-R_1)(1-R_2)\cdots(1-R_n) = 1-\prod_{i=1}^{n}(1-R_i)$$

③ **요소의 병렬**

$$R_S = \prod_{i=1}^{n}\left[1-(1-R_i)^m\right]$$

④ **시스템의 병렬**

$$R_S = 1-\left(1-\prod_{i=1}^{n} R_i\right)^m$$

3 리던던시

(1) 리던던시의 정의

리던던시(redundancy)란 일부에 고장이 나더라도 전체가 고장 나지 않도록 기능적으로 여력인 부분을 부가해서 신뢰도를 향상시키려는 중복 설계하는 것을 말한다.

(2) 리던던시의 종류

① 병렬 리던던시
② 대기 리던던시
③ M out of N 리던던시
④ 스페어에 의한 교환
⑤ 페일세이프

페일세이프(fail safe)
인간 또는 기계에 과오나 동작상의 실수가 있어도 사고가 발생하지 않도록 2중 · 3중으로 통제를 가하는 것

4 고장과 모니터링 방식

(1) 고장의 유형 빈출!

① **초기고장** : 결함을 찾아내 고장률을 안정시키는 기간(감소형)
② **우발고장** : 실제 사용하는 상태에서 예측할 수 없는 때에 발생하는 고장(일정형)
③ **마모고장** : 부품 등의 일부가 수명이 다 되어 일어나는 고장(증가형)

초기고장의 구분
- 디버깅(debugging) 기간 : 초기고장의 결함을 찾아내 고장률을 안정시키는 기간
- 버닝(burning) 기간 : 어떤 부품을 조립하기 전에 특성을 안정화시키고 결함을 발견하기 위한 동작시험을 하는 기간

(2) 신뢰도와 불신뢰도

① **신뢰도** : 고장 없이 작동할 확률

$$R(t) = e^{-\lambda t} = e^{-\frac{t}{\text{MTBF}}} = e^{-\frac{t}{t_0}}$$

여기서, $R(t)$: 신뢰도
λ : 고장률
t : 사용시간
t_0 : 평균수명

② **불신뢰도**
불신뢰도 $= 1 - R(t)$

(3) 고장률과 가용도 빈출!

① **고장률(hazard rate)** : 현재 작동하고 있는 시스템이나 부품 등이 단위시간 동안 고장을 일으킬 수 있는 확률, 즉 단위시간당 불량률
※ 고장률은 MTBF 또는 MTTF와 역수관계이다.

$$\lambda = \frac{r}{T}$$

여기서, λ : 현재 고장률
r : 기간 중 총고장건수
T : 총동작시간

② MTTF(Mean Time To Failure) : 평균수명, 즉 고장까지의 평균시간을 나타낸 것으로, 수리가 불가능한 경우 하나의 고장부터 다음 고장까지의 평균동작시간을 의미

$$\mathrm{MTTF} = \frac{1}{\lambda} = \frac{T}{r}$$

③ MTTR(Mean Time To Repair) : 평균수리시간

$$\mathrm{MTTR} = \frac{\text{총수리시간}}{\text{그 기간의 수리횟수}}$$

④ MTBF(Mean Time Between Failure) : 수리 가능한 경우의 평균고장간격

$$\mathrm{MTBF} = \frac{\text{특정 시간 동안 품목의 총동작시간}}{\text{고장횟수}}$$

$$\mathrm{MTBF} = \mathrm{MTTF} + \mathrm{MTTR}$$

⑤ 가용도(Availability, 이용률) : 설정된 기간에 시스템이 가동할 확률

$$A = \frac{\mathrm{MTTF}}{\mathrm{MTTF}+\mathrm{MTTR}} = \frac{\mathrm{MTTF}}{\mathrm{MTBF}} \text{ 또는 } A = \frac{\mathrm{MTBF}}{\mathrm{MTBF}+\mathrm{MTTR}}$$

(4) 시스템의 수명

① 병렬 시스템의 수명 $= \mathrm{MTTF}\left(1 + \frac{1}{2} + \cdots + \frac{1}{n}\right)$

② 직렬 시스템의 수명 $= \mathrm{MTTF} \times \frac{1}{n}$

(5) 인간에 대한 감시(monitoring) 방법 빈출!

① 자기 감시(self-monitoring) : 감각이나 지각에 의해 자신의 상태를 알고 행동하는 감시방법
② 생리학적 감시(physiological monitoring) : 맥박, 호흡, 속도, 체온, 뇌파 등으로 인간의 상태를 생리적으로 감시하는 방법
③ 시각적 감시(visual monitoring) : 동작자의 태도를 보고 동작자의 상태를 파악하는 방법(태도교육에 적합)
④ 반응적 감시(reactional-monitoring) : 어떤 종류의 자극을 가해 이에 대한 반응을 보고 판단하는 방법
⑤ 환경적 감시(environmental monitoring) : 환경조건의 개선으로 인체의 안락과 기분을 좋게 해 정상작업을 할 수 있도록 하는 방법(간접적 감시방법)

(6) 잠금 시스템(lock system)

① Interlock system : 인간과 기계 사이에 두는 록 시스템
② Intralock system : 인간의 마음속에 두는 록 시스템
③ Translock system : Interlock system과 Intralock system의 사이에 두는 록 시스템

04 인체와 작업공간의 관계

1 인체계측의 방법과 응용

(1) 인체계측 방법 빈출!

① **정적 인체계측** : 체위를 일정하게 규제한 정지상태에서의 계측으로, 구조적 인체치수를 구할 때 사용

② **동적 인체계측** : 체위의 움직임에 따른 상태의 계측으로, 기능적 인체치수를 구할 때 사용

(2) 신체활동의 생리학적 측정법

① **정적 근력작업** : 에너지대사량과 맥박수와의 상관관계 및 시간적 경과, 근전도 등 측정

② **동적 근력작업** : 에너지대사량, 산소소비량 및 CO_2 배출량 등과 호흡량, 맥박수, 근전도 등 측정

③ **신경적 작업** : 매회 평균 호흡진폭, 맥박수, 피부전기반사(GSR) 등 측정

④ **심적 작업**

㉠ 작업부하, 피로 : 호흡량, 근전도, 플리커값 등 측정

㉡ 긴장감 : 맥박수, 피부전기반사 등 측정

피부전기반사(GSR)
작업부하의 정신적 부담이 피로와 함께 증대되는 양상을 수장 내측 전기저항의 변화에 의하여 측정하는 것

(3) 인체계측의 응용 3원칙 빈출!

① 최대치수와 최소치수

② 조절범위

③ 평균치를 기준으로 한 설계

2 생리적 부담과 에너지소모량의 측정

(1) 산소소비량과 소비에너지 빈출!

• 흡기량 × 79% = 배기량 × N_2(%)

• 흡기량 = 배기량 × $\frac{100 - O_2(\%) - CO_2(\%)}{79}$

따라서,

• 산소소비량(L/분) = 흡기량(L/분) × 21% − 배기량(L/분) × O_2(%)

• 소비에너지(kcal/분) = 산소소비량(L/분) × 5kcal/L

※ 흡기질소량 = 배기질소량(∵ 몸속에서 소비되지 않는 것은 질소이므로)

산소소비량
산소소비량 1L는 열량으로 5kcal에 해당된다.
※ 보통 사람의 산소소비량 : 50mL/분

(2) 에너지대사율(RMR) 빈출!

작업강도의 단위로서, 산소호흡량을 측정하여 에너지의 소모량을 결정하는 방식

• $\text{RMR} = \frac{\text{작업대사량}}{\text{기초대사량}}$

$= \frac{\text{작업 시 소비에너지} - \text{안정 시 소비에너지}}{\text{기초대사량}}$

기초대사량(BMR)
활동하지 않는 상태에서 신체기능을 유지하는 데 필요한 대사량으로, 성인의 경우 보통 1,500~1,800kcal/day 정도이며, 기초대사와 여가에 필요한 대사량은 약 2,300kcal/day이다.

• 기초대사량 $= A \times x$

여기서, A : 체표면적(cm^2)

$A = H^{0.725} \times W^{0.425} \times 72.46$

이때, H : 신장(cm), W : 체중(kg)

x : 체표면적당 시간당 소비에너지

(3) 작업강도의 구분 빈출!

① **초중작업** : 7RMR 이상
② **중(重)작업** : 4RMR 이상 ~ 7RMR 미만
③ **중(中)작업** : 2RMR 이상 ~ 4RMR 미만
④ **경(輕)작업** : 0RMR 이상 ~ 2RMR 미만

3 근골격계 부담작업

(1) 근골격계 부담작업의 정의

① **근골격계 부담작업** : 작업량 · 작업속도 · 작업강도 및 작업장 구조 등에 따라 고용노동부장관이 정하여 고시하는 작업
② **근골격계 질환** : 반복적인 동작, 부적절한 작업자세, 무리한 힘의 사용, 날카로운 면과의 신체접촉, 진동 및 온도 등의 요인에 의하여 발생하는 건강장해로서 목, 어깨, 허리, 상 · 하지의 신경 · 근육 및 그 주변 신체조직 등에 나타나는 질환
③ **근골격계 질환 예방 · 관리 프로그램** : 유해요인 조사, 작업환경 개선, 의학적 관리, 교육 · 훈련, 평가에 관한 사항 등이 포함된 근골격계 질환을 예방 · 관리하기 위한 종합적인 계획

(2) 유해요인 조사

근골격계 부담작업에 근로자를 종사하도록 하는 경우에는 3년마다 다음 사항에 대한 유해요인 조사를 실시하여야 한다. 다만, 신설되는 사업장의 경우에는 신설일부터 1년 이내에 최초의 유해요인 조사를 실시하여야 한다.

① 설비 · 작업공정 · 작업량 · 작업속도 등 작업장 상황
② 작업시간 · 작업자세 · 작업방법 등 작업조건
③ 작업과 관련된 근골격계 질환 징후 및 증상 유무 등

(3) 유해성 등의 주지

근골격계 부담작업에 근로자를 종사하도록 하는 때에는 다음 사항을 근로자에게 널리 알려주어야 한다.

① 근골격계 부담작업의 유해요인
② 근골격계 질환의 징후 및 증상
③ 근골격계 질환 발생 시 대처요령
④ 올바른 작업자세 및 작업도구, 작업시설의 올바른 사용방법
⑤ 그 밖에 근골격계 질환 예방에 필요한 사항

4 작업공간과 작업자세

(1) 작업공간의 구분 빈출!

① **작업공간 포락면** : 한 장소에 앉아서 작업을 수행하는 과정에서 근로자가 작업을 하는 데 필요한 공간

② **파악한계** : 앉아서 수행하는 작업자가 특정한 수작업 기능을 원활히 수행할 수 있는 공간의 외곽 한계

③ **정상작업영역** : 상완을 자연스럽게 늘어뜨린 상태에서 전완만으로 편하게 뻗어 파악할 수 있는 34~45cm 정도의 한계

④ **최대작업영역** : 전완과 상완을 곧게 펴서 파악할 수 있는 약 55~65cm 정도의 한계

(2) 의자 설계 시 고려사항 빈출!

① 체중 분포

② 의자 좌판의 높이

③ 의자 좌판의 깊이와 폭

④ 몸통의 안정도

(3) 부품 배치의 원칙 빈출!

① 중요도의 원칙

② 사용빈도의 원칙

③ 기능별 배치의 원칙

④ 사용순서의 원칙

05 인간-기계의 통제

1 기계의 통제

(1) 통제장치의 유형 빈출!

① **양의 조절에 의한 통제** : 투입되는 원료, 연료량, 전기량(저항 · 전류 · 전압), 음량, 회전량 등의 양을 조절하여 통제하는 장치

② **개폐에 의한 통제** : 스위치 on-off로 동작을 시작하거나 중단하도록 통제하는 장치

③ **반응에 의한 통제** : 계기, 신호 또는 감각에 의하여 행하는 통제장치

(2) 통제기기의 특성

① **연속적 조절의 형태** : 연속적인 조작과 조절이 필요한 통제장치

예 손잡이(knob), 크랭크(crank), 핸들(handle), 레버(lever), 페달(pedal) 등

② **불연속 조절의 형태** : 불연속 조절장치로 기계를 통제하는 장치

예 수동 푸시버튼(hand push button), 발 푸시버튼(foot push button), 토글 스위치(toggle switch), 로터리 스위치(rotary switch) 등

통제장치의 사용

- 통제장치를 집단적으로 설치하는 데 가장 이상적인 형태 : 수동 푸시버튼, 토글스위치
- 통제장치를 조작하는 데 시간이 적게 드는 순서 : 수동 푸시버튼-토글 스위치-발 푸시버튼-로터리 스위치

2 통제표시비

(1) 통제표시비(C/D비 ; Control-Display Ratio)

① 통제표시비의 의미

통제기기와 시각표시의 관계를 나타내는 비율로, 통제기기의 이동거리 X를 표시판의 지침이 움직인 거리 Y로 나눈 값

통제표시비의 예시

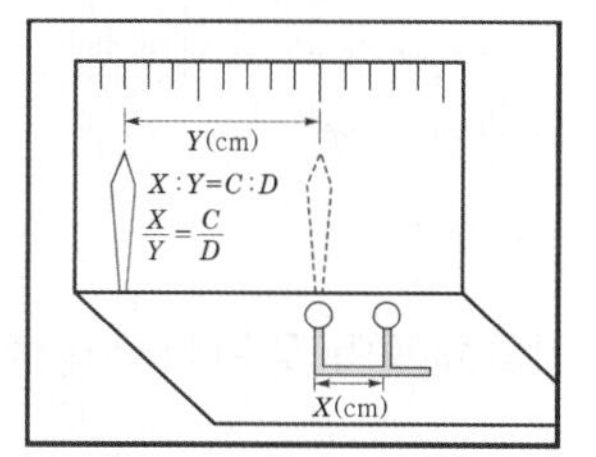

$$\text{C/D비} = \frac{X}{Y}$$

여기서, X : 통제기기의 변위량(거리나 회전수)

Y : 표시장치의 변위량(거리나 각도)

② 조종구에서의 C/D비

$$\text{C/D비} = \frac{(a/360) \times 2\pi L}{\text{표시장치의 이동거리}}$$

여기서, a : 조종장치가 움직인 각도

L : 통제기기의 회전반경(지레의 길이)

선형 표시장치를 움직이는 조종구에서의 통제표시비

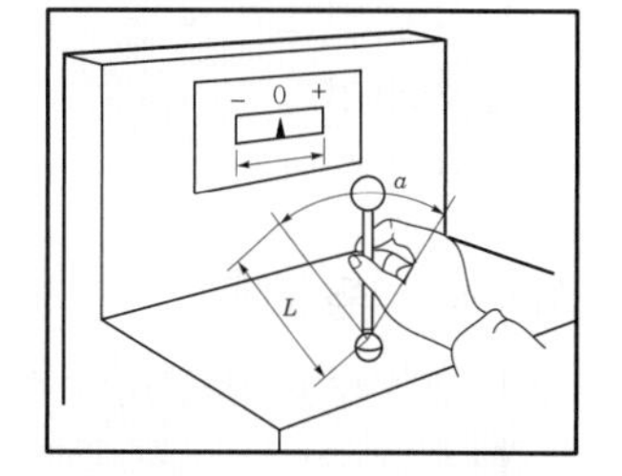

③ 통제표시비 설계 시 고려사항

㉠ 계기의 크기

㉡ 방향성

㉢ 조작시간

㉣ 공차

㉤ 목측거리

3 표시장치

(1) 표시장치로 나타내는 정보의 유형

① 정량적 정보(quantitative) : 동적으로 변화하는 변수(온도, 속도), 정적 변수(자로 재는 길이)의 계량치 등

② 정성적 정보(qualitative) : 가변 변수의 대략적인 값, 경향, 변화율, 변화방향 등

③ 상태(status) 정보 : 체계의 상황이나 상태

④ 묘사적(representational) 정보 : 사물 · 지역 · 구성 등을 사진이나 그림 또는 그래프로 묘사

⑤ 경계(warning) 및 신호(signal) 정보 : 비상 또는 위험상황, 어떤 물체나 상황의 존재 유무

⑥ 식별(identification) 정보 : 어떤 정적 상태나 상황 또는 사물의 식별

⑦ 문자숫자(alphanumeric) 및 부호(symbolic) 정보 : 구두 · 문자 · 숫자 및 관련된 여러 형태의 암호화 정보

⑧ 시차적(time-phased) 정보 : 펄스(pulse)화 되었거나 시차적인 신호, 즉 신호의 지속시간과 간격 및 이들의 조합에 의해 결정되는 신호

정량적 동적 표시장치의 기본형

- 정목동침(moving pointer)형 : 눈금이 고정되고 지침이 움직이는 형태
- 정침동목(moving scale)형 : 지침이 고정되고 눈금이 움직이는 형태
- 계수(digital)형 : 기계 · 전산적으로 숫자가 표시되는 형태 ➠ 가장 정확한 측정이 가능

(2) 정성적 표시장치의 특징

① 온도 · 압력 · 속도와 같이 연속적으로 변하는 변수의 대략적인 값이나 변화추세 · 비율 등을 알고자 할 때에 주로 사용한다.
② 색을 이용하여 각 범위값들을 따로 암호(code)화하여 설계를 최적화시킬 수 있다.
③ 색채암호가 부적합한 경우에는 계기 구간을 형상암호화(shape coding)할 수 있다.
④ 상태점검(check reading), 즉 나타내는 값이 정상 상태인지의 여부를 판정하는 데도 사용한다(표시장치를 설계할 때 그 값이나 범위에 해당하는 눈금 주위에 표시를 해 두는 방식).

(3) 암호체계의 일반적 사항 빈출!

① 암호의 검출성
② 암호의 변별성
③ 암호의 표준화
④ 다차원 암호의 사용
⑤ 부호의 양립성
⑥ 부호의 의미

부호의 양립성
자극들 간, 반응들 간, 자극–반응의 관계가 인간의 기대와 모순되지 않는 것
• 공간적 양립성 : 표시장치나 조종장치에서 물리적 형태나 공간적인 배치의 양립성
• 운동 양립성 : 표시장치, 조종장치, 체계반응의 운동방향 양립성
• 개념적 양립성 : 사람들이 가지고 있는 개념적 연상의 양립성

(4) 시각적 부호 빈출!

① **묘사적 부호** : 사물이나 행동을 단순하고 정확하게 묘사한 것
예 위험표시판의 해골과 뼈 등
② **추상적 부호** : 전언의 기본요소를 도식적으로 압축한 부호(원개념을 유사하게 도시한 부호)
예 12궁도 등
③ **임의적 부호** : 부호가 이미 고안되어 있으므로 배워야 하는 부호
예 도로표시판의 주의 · 규제 · 안내 표시 등

(5) 위험기계의 조종장치를 촉각적으로 암호화할 수 있는 차원(3가지)

① 위치암호
② 형상암호
③ 색채암호

(6) 청각장치와 시각장치의 선택 빈출!

청각장치를 사용하는 경우	시각장치를 사용하는 경우
• 전언이 간단할 경우 • 전언이 짧을 경우 • 전언이 후에 재참조되지 않을 경우 • 전언이 시간적인 사상(event)을 다루는 경우 • 전언이 즉각적인 행동을 요구할 경우 • 수신자의 시각계통이 과부하상태일 경우 • 직무상 수신자가 자주 움직이는 경우 • 수신장소가 너무 밝거나 암조응 유지가 필요할 경우	• 전언이 복잡할 경우 • 전언이 길 경우 • 전언이 후에 재참조되는 경우 • 전언이 공간적인 위치를 다루는 경우 • 전언이 즉각적인 행동을 요구하지 않을 경우 • 수신자의 청각계통이 과부하상태일 경우 • 직무상 수신자가 한곳에 머무르는 경우 • 수신장소가 너무 시끄러울 경우

4 정보량의 측정

(1) 정보량의 단위

Bit(Binary digit)란 실현가능성이 같은 2개의 대안 중 하나가 명시되었을 때 얻는 정보량을 의미한다.

(2) 실현확률과 정보량

실현가능성이 같은 n개의 대안이 있을 때 총정보량(H)은 다음의 식으로 구한다.

$H = \log_2 n$

이때, 나올 수 있는 대안이 2개뿐이고, 가능성이 동일하다면 정보량은 1Bit[$\log_2(2)=1$]이다.

각 대안의 실현확률(p)은 $p = \frac{1}{n}$로 표현할 수 있으므로, 정보량(H)은 다음과 같다.

$H = \log_2 \frac{1}{p}$

실현확률이 항상 동일한 것은 아니며, 대안의 실현확률이 동일하지 않은 경우 한 사건이 가진 정보는 다음의 공식을 이용하여 구한다.

$H_i = \log_2 \frac{1}{p_i}$

여기서, H_i : 사건 i에 관계되는 정보량
p_i : 그 사건의 실현확률

또한, 실현확률이 다른 일련의 사건이 가지는 평균정보량(H_a)은 다음과 같이 구한다.

$H_a = \sum_{i=1}^{N} p_i \log_2 \frac{1}{p_i}$

06 작업환경 관리

1 온도와 열압박

(1) 온도변화에 대한 신체의 조절작용 빈출!

적온에서 고온 환경으로 변할 경우	적온에서 한랭 환경으로 변할 경우
• 많은 양의 혈액이 피부를 경유하게 되며, 피부온도가 올라간다. • 직장온도가 내려간다. • 발한이 시작된다.	• 피부를 경유하는 혈액순환량이 감소하고 많은 양의 혈액이 몸의 중심부를 순환하며, 피부온도가 내려간다. • 직장온도가 약간 올라간다. • 소름이 돋고 몸이 떨린다.

(2) 열교환방법

인간과 주위의 열교환 과정은 다음과 같이 열균형 방정식으로 나타낼 수 있다.

S(열축적) $= M$(대사열) $- E$(증발) $\pm C$(대류) $\pm R$(복사) $- W$(한일)

(3) 실효온도(감각온도, 체감온도) 빈출!

온도와 습도 및 공기유동(기류)이 인체에 미치는 열효과를 하나의 수치로 통합한 경험적 감각지수로, 상대습도가 100%일 때 건구온도에서 느끼는 것과 동일한 온감을 의미한다.

예 습도 50%에서 21℃의 실효온도는 19℃이다.

실효온도의 허용한계
- 정신(사무)작업 : 60~65˚F
- 경작업 : 55~60˚F
- 중작업 : 50~55˚F

(4) Oxford 지수(WD지수, 습건지수) 빈출!

습구 및 건구 온도의 가중평균치를 의미한다.

$WD = 0.85\,W$(습구온도) $+ 0.15\,D$(건구온도)

(5) 불쾌지수 빈출!

불쾌지수 = 섭씨(건구온도+습구온도)×0.72+40.6
　　　　 = 화씨(건구온도+습구온도)×0.4+15

[판정] • 70 이하 : 모든 사람이 불쾌감을 느끼지 않는다.
• 70 이상 : 불쾌감을 감지한다.
• 75 이상 : 과반수가 불쾌감을 느낀다.
• 80 이상 : 모든 사람이 불쾌감을 느낀다.

2 조명

(1) 법상 조명기준 빈출!

① 초정밀작업 : 750lux 이상
② 정밀작업 : 300lux 이상
③ 보통작업 : 150lux 이상
④ 기타 작업 : 75lux 이상

(2) 시식별에 영향을 주는 조건

① 조도 : 물체의 표면에 도달하는 빛의 밀도

$$\text{조도} = \frac{\text{광도}}{(\text{거리})^2}$$ 빈출!

② 반사율 : 표면에서 반사되는 빛의 양인 휘도와 표면에 비치는 빛의 양인 조도의 비

$$\text{반사율}(\%) = \frac{\text{광속발산도}(fL)}{\text{소요조명}(fc)} \times 100$$ 빈출!

옥내 최적 반사율
- 천장 : 80~90%
- 벽 : 40~60%
- 가구 : 25~45%
- 바닥 : 20~40%

③ 대비 : 표적의 광속발산도(L_t)와 배경의 광속발산도(L_b)의 차

$$\text{대비}(\%) = \frac{L_b - L_t}{L_b} \times 100$$ 빈출!

※ 표적이 배경보다 어두울 경우의 대비 : +100%에서 0 사이
표적이 배경보다 밝을 경우의 대비 : 0에서 −∞

④ **광속발산도** : 점광원으로부터 방출되는 빛의 양으로, 단위면적당 표면에서 반사 또는 방출되는 빛의 양(휘도)

⑤ **광속발산비**(luminance ratio) : 시야 내에 있는 두 영역(주시 영역과 그 주변 영역)의 광속발산도의 비(주어진 장소와 주위 광속발산도의 비)

※ 사무실 및 산업상황에서의 추천 광속발산비는 보통 3 : 1이다.

⑥ **시간** : 어느 범위 내에서는 노출시간이 클수록 식별력이 커진다.

⑦ **이동** : 표적물체나 관측자가 움직이는 경우에는 시력의 역치가 감소하는데, 이런 상황에서의 시식별 능력을 '동시력'이라고 하며, 보통 초당 이동각도로 나타낸다.

⑧ **휘광**(glare) : 눈부심은 눈이 적응된 휘도보다 훨씬 밝은 광원(직사휘광) 혹은 반사광(반사휘광)이 시계 내에 있음으로써 생기며, 성가신 느낌과 불편감을 주고 가시도(visibility)와 시성능(visual performance)을 저하시킨다.

〈휘광의 처리방법〉 빈출!

광원으로부터 직사휘광 처리	광원으로부터 반사휘광 처리	창문으로부터 직사휘광 처리
• 광원의 휘도를 줄이고 수를 늘린다. • 광원을 시선에서 멀리 위치시킨다. • 휘광원 주위를 밝게 하여 광속발산도(휘도) 비를 줄인다. • 가리개, 갓, 차양을 설치한다.	• 발광체의 휘도를 줄인다. • 일반(간접)조명 수준을 높인다. • 무광택 도료를 사용한다. • 반사광이 눈에 비치지 않게 광원을 위치시킨다.	• 창문을 높이 설치한다. • 창 바깥쪽에 드리개를 설치한다. • 창의 안쪽에 수직 날개를 달아 직사광선을 제한한다. • 차양 또는 발을 사용한다.

(3) 렌즈의 굴절률

광학에서 렌즈의 굴절률을 따질 때는 초점거리 대신에 이의 역수를 사용하는 것이 편리하며, 보통 Diopter(D) 단위로 쓰인다.

$$\text{눈(렌즈)의 굴절률} = \frac{1}{\text{초점거리}}$$

(4) 암조응(dark adaptation) 빈출!

① 완전암조응에서는 보통 30~40분이 걸리고, 어두운 곳에서 밝은 곳으로의 역조응, 즉 명조응은 몇 초밖에 안 걸리며, 넉넉잡아서 1~2분이다.

② 같은 밝기의 불빛이라도 진홍이나 보라색보다 백색광 또는 황색광이 암조응을 더 빨리 파괴한다.

3 소음

(1) 소음작업의 기준

1일 8시간 작업을 기준으로, 85dB 이상의 소음이 발생하는 작업을 소음작업으로 본다.

(2) 음압수준(SPL ; Sound Pressure Level)

음의 강도에 대한 척도는 벨(bel)의 1/10인 데시벨(decibel, dB)로 나타내며, 음압수준으로 표시하면 다음과 같다.

$$\text{dB 수준(SPL)} = 20\log_{10}\left(\frac{P_1}{P_0}\right)$$

여기서, P_1 : 측정하려는 음압, P_2 : 기준음압(2×10－5N/m2 : 1,000Hz에서의 최소가청치)

(3) 음의 강도수준(SIL ; Sound Intensity Level)

음의 강도를 단위면적당 출력(power, 단위면적당 에너지)으로 나타내면 음의 강도는 음압의 제곱에 비례하므로 dB 수준은 다음과 같이 된다.

$$\text{dB 수준(SIL)} = 10\log_{10}\left(\frac{I_1}{I_0}\right)$$

여기서, I_1 : 측정음의 강도, I_0 : 기준음의 강도(10－12watt/m2 : 최소가청치)

(4) 거리에 따른 음의 강도 변화 빈출!

점음원으로부터 d_1, d_2 떨어진 지점의 dB 수준 간에는 다음의 관계식이 성립한다.

$$dB_2 = dB_1 - 20\log\left(\frac{d_2}{d_1}\right)$$

(5) 소음에 대한 노출기준

① **연속 소음의 기준** : 연속 소음에 대한 국내 기준은 노출시간에 따라 결정된다.

음압수준	90dB	95dB	100dB	105dB	110dB	115dB	120dB
허용노출시간	8시간	4시간	2시간	1시간	30분	15분	5~8분

② **소음노출지수** : 다른 여러 종류의 소음에 여러 시간 복합적으로 폭로되는 경우에는 상가효과를 고려하여야 하며, 다음 식에 의한 노출지수가 1 미만이어야 한다.

$$\text{소음노출지수} = \frac{C_1}{T_1} + \frac{C_2}{T_2} + \cdots + \frac{C_n}{T_n}$$

여기서, C : 특정 소음에 노출된 노출시간

T : 특정 소음에 노출될 수 있는 허용노출시간

(6) 음의 크기수준(loudness level) 빈출!

① **Phon에 의한 음량수준** : 음의 감각적 크기의 수준을 나타내기 위해서 음압수준(dB)과는 다른 phon이라는 단위를 채용하는데, 어떤 음의 phon치(값)로 표시한 음량수준은 이 음과 같은 크기로 들리는 1,000Hz 순음의 음압수준 1(dB)이다.

② **Sone에 의한 음량수준** : 음량척도로서 1,000Hz, 40dB의 음압수준을 가진 순음의 크기(40phon)를 1Sone이라고 정의한다.

※ 기준음보다 10배로 크게 들리는 음은 10sone의 음량을 갖는다.

③ **인식소음수준** : PNdB(Perceived Noise level)의 척도는 같은 시끄럽기로 들리는 910~1,090Hz 대의 소음 음압수준으로 정의되고, 최근에 사용되는 PLdB(Perceived Level of noise) 척도는 3,150Hz에 중심을 둔 1/3옥타브(octave)대 음을 기준으로 사용한다.

음량(sone)과 음량수준(phon)의 관계

20phon 이상의 단순음 또는 복합음의 경우에 음량수준이 10phon 증가하면, 음량(sone)은 2배가 된다.

$$\text{sone치} = 2^{\frac{(\text{phon치}-40)}{10}}$$

(7) 은폐와 복합소음 빈출!

① Masking(은폐) 현상 : dB이 높은 음과 낮은 음이 공존할 때, 낮은 음이 강한 음에 가로막혀 들리지 않게 되는 현상을 말한다.

② 복합소음 : 두 소음수준의 차가 10dB 이내인 경우에 발생하며, 3dB 정도가 증가한다(소음수준이 같은 2대의 기계).

(8) 소음의 일반적 영향

① 인간은 일정 강도 및 진동수 이상의 소음에 계속적으로 노출되면 점차적으로 청각기능을 상실하게 된다.

② 소음은 불쾌감을 주거나 대화 · 마음의 집중 · 수면 · 휴식을 방해하며, 피로를 가중시킨다.

③ 소음은 에너지를 소모시킨다.

예 소음이 나는 베어링 등

(9) 청력손실 빈출!

① 일반적인 청력손실

청력손실은 진동수가 높아짐에 따라 심해진다.

② 연속 소음노출로 인한 청력손실

㉠ 청력손실의 정도는 노출 소음수준에 따라 달라진다.

㉡ 청력손실은 4,000Hz에서 크게 나타난다.

㉢ 강한 소음에 대해서는 노출기간에 따라 청력손실이 증가하지만, 약한 소음의 경우에는 관계가 없다.

일반적인 청력손실의 2요소

- 나이가 듦으로 인한 노화
- 현대문명의 정신적인 압박이나 비직업적인 소음으로부터의 영향

(10) 소음의 허용단계 빈출!

① 가청주파수 : 20~20,000Hz(CPS)

② 가청한계 : 2×10^{-4}dyne/cm^2(0dB)~10^3dyne/cm^2(134dB)

③ 심리적 불쾌감 : 40dB 이상

④ 생리적 영향 : 60dB 이상

※ 안락한계 : 45~65dB, 불쾌한계 : 65~120dB

⑤ 난청(C5-dip) : 청력손실이 4,000Hz에서 크게 나타나는 현상

가청주파수의 범위

- 20~500Hz : 저진동 범위
- 500~2,000Hz : 회화 범위
- 2,000~20,000Hz : 가청 범위
- 20,000Hz 이상 : 불가청 범위

(11) 소음대책 빈출!

① 소음원의 통제

② 소음의 격리

③ 차폐장치(baffle) 및 흡음재 사용

④ 음향처리제(acoustical treatment) 사용

⑤ 적절한 배치(layout)

⑥ 방음보호구 사용

⑦ BGM(Back Ground Music) 사용

07 시스템 위험분석기법

1 시스템 위험분석기법의 종류와 정의 빈출!

(1) 예비위험분석(PHA ; Preliminary Hazards Analysis)

시스템 개발(최초) 단계에서 시스템 고유의 위험상태를 식별하고 예상되는 재해의 위험수준을 정석적으로 평가하는 방법

(2) 결함사고위험분석(FHA ; Fault Hazard Analysis)

서브 시스템 해석 등에 사용하는 해석법

(3) 고장형태영향분석(FMEA ; Failure Modes and Effects Analysis)

전형적인 정성적 · 귀납적 분석방법으로 전체 요소의 고장을 형별로 분석하여 그 영향을 검토하는 기법(정량화를 위해 CA법을 함께 활용)

(4) 위험도분석(CA ; Criticality Analysis)

고장이 직접 시스템의 손실과 사상에 연결되는 높은 위험도를 가진 요소나 고장의 형태에 따른 분석법

(5) 디시전트리(Decision Tree)

요소의 신뢰도를 이용하여 시스템의 신뢰도를 나타내는 시스템 모델의 하나로, 귀납적이고 정량적인 분석방법

(6) 사상수분석(ETA ; Event Tree Analysis)

요소의 안전도를 이용하여 시스템의 안전도를 나타내는 시스템 모델의 하나로, 귀납적이고 정량적인 분석방법

(7) 인간실수율 예측법(THERP ; Technique of Human Error Rate Prediction)

확률론적으로 인간의 실수(과오)를 정략적으로 평가하는 방법

(8) 운용 및 지원(OS) 위험분석(Operation And Support Hazard Analysis)

시스템에 있어서 인간의 과오를 정량적으로 분석하는 기법으로, 인간의 동작이 시스템에 미치는 영향을 그래프로 나타내는 방법

(9) MORT(Management Oversight and Risk Tree)

FTA와 같은 논리기법(연역적 기법)을 이용하여 관리, 설계, 생산, 보존 등 시스템의 안전을 광범위하게 도모하는 것으로서 고도의 안전 달성을 목적으로 한 방법[원자력산업에 이용, 미국 에너지연구개발청(ERDA)의 Johnson에 의해 개발]

(10) 결함수분석(FTA ; Fault Tree Analysis)

결함수법으로, 재해원인의 정량적 · 연역적 예측이 가능한 기법

2 예비위험분석(PHA)

(1) PHA의 목표달성을 위한 4가지 특징

① 시스템의 모든 주요 사고를 식별하고, 사고를 대략적으로 표현
② 사고요인 식별
③ 사고를 가정한 후 시스템에 생기는 결과를 식별하고 평가
④ 식별된 사고를 '파국, 중대·위험성, 한계, 무시가능'의 4가지 카테고리로 분리

(2) 위험 및 위험성의 분류 빈출!

위험의 분류	위험성의 분류
• Category Ⅰ : 파국 • Category Ⅱ : 중대·위험성 • Category Ⅲ : 한계 • Category Ⅳ : 무시	• Category Ⅰ : 생명 또는 가옥의 상실 • Category Ⅱ : 사명 수행의 실패 • Category Ⅲ : 활동 지연 • Category Ⅳ : 영향 없음

3 고장형태영향분석(FMEA)

(1) FMEA의 순서 빈출!

① 제1단계 : 대상 시스템의 분석
② 제2단계 : 고장형태와 그 영향의 분석
③ 제3단계 : 치명도 해석과 개선책의 검토

(2) FMEA의 고장영향 분류 빈출!

① $\beta=1$: 실제 손실
② $0.10 \leq \beta < 1.00$: 예상하는 손실
③ $0 < \beta < 0.10$: 가능한 손실
④ $\beta=0$: 영향 없음

4 디시전트리(Decision Tree)

(1) 디시전트리의 원리

디시전트리가 재해사고의 분석에 이용될 때는 이벤트트리(event tree)라고 하며, 이 경우 Trees는 재해사고의 발단이 된 요인에서 출발하여 2차적 원인과 안전수단의 상부 등에 의해 분기되고, 최후에 재해사상에 도달한다.

(2) 디시전트리의 작성 빈출!

① 시스템 다이어그램에 따라 좌에서 우로 진행되고, 각 요소를 나타내는 시점에서 통상 성공사상은 위쪽에, 실패사상은 아래쪽으로 분기된다.
② 분기에 따라 그 발생확률(신뢰도 및 불신뢰도)이 표시되고, 최후에 각각의 곱을 합한 뒤 시스템의 신뢰도를 계산한다.
※ 분기된 각 사상의 확률의 합은 항상 1이다.

다이어그램과 디시전트리의 예시

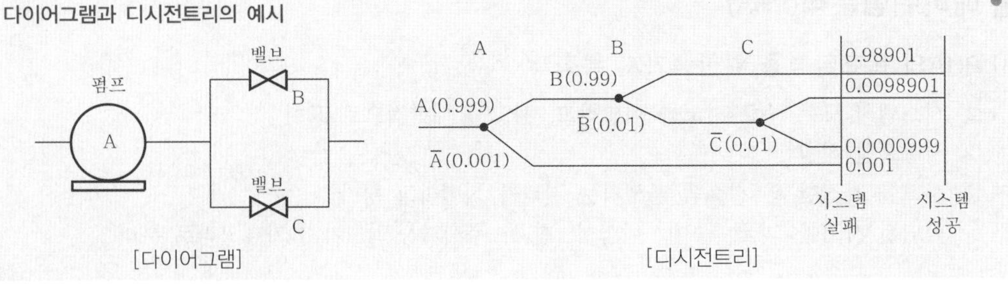

5 ETA(Event Tree Analysis)

(1) ETA의 적용

디시전트리를 재해사고의 분석에 이용할 경우를 ETA라고 하며, ETA의 작성방법은 디시전트리와 동일하다.

(2) ETA의 7단계

설계 – 심사 – 제작 – 검사 – 보전 – 운전 – 운전대책

6 인간실수율 예측법(THERP)

(1) THERP의 특징

① 인간실수율 예측법(THERP)은 인간의 실수(과오)를 정량적으로 평가하기 위해 개발된 기법이다.

② 인간–기계의 계(system)에서 여러 가지 인간의 에러와 이에 의해 발생할 수 있는 위험성을 예측하고 개선하기 위한 방법이다.

③ 가지처럼 갈라지는 형태의 논리구조와 나무 형태의 그래프를 이용한다.

(2) 인간실수율(HEP)

인간실수율(HEP ; Human Error Probability)은 인간오류(과오)확률이라고도 한다.

$$\text{HEP} = \frac{\text{실수의 수}}{\text{실수 발생의 전체 기회수}} = \frac{\text{실제 인간의 오류횟수}}{\text{전체 오류기회의 횟수}}$$

7 결함수분석(FTA)

(1) FTA의 작성방법(순서)

① 시스템의 범위를 결정

② 시스템에 관계되는 자료를 정비

③ 상상하고 결정하는 사고의 명제를 결정

④ 원인 추구의 전제조건을 미리 생각

⑤ 정상사상에서 시작하여 순차적으로 생각되는 원인의 사상을 논리기호로 이어감

⑥ 우선 골격이 될 수 있는 대충의 트리를 만들고, 트리에 나타나는 사상의 주요성에 따라 보다 세밀한 부분의 트리로 전개(각각의 사상에 번호를 붙이면 정리가 쉬움)

(2) FTA에 의한 재해사례연구 순서 빈출!

① 제1단계 : TOP 사상의 선정
② 제2단계 : 사상의 재해원인 규명
③ 제3단계 : FT도 작성
④ 제4단계 : 개선계획 작성
⑤ 제5단계 : 개선안 실시계획

(3) FTA의 논리기호 빈출!

명 칭	기 호	해 설
결함사상		개별적인 결함사상
기본사상		더는 전개되지 않는 기본적인 결함사상
생략사상		• 정보 부족, 해석기술 불충분으로 더는 전개할 수 없는 사상(추적 불가능한 최후사상) • 작업 진행에 따라 해석이 가능할 때는 다시 속행
통상사상		결함사상이 아닌, 발생이 예상되는 사상(말단사상)
전이기호 (이행기호)	(in) (out)	FT도 상에서 다른 부분에의 이행 또는 연결을 나타내는 기호로 사용(좌측 : 전입, 우측 : 전출)
AND 게이트	출력 입력	모든 입력 A, B, C의 사상이 일어나지 않으면 안 된다는 논리조작(모든 입력사상이 공존할 때만이 출력사상 발생)
OR 게이트	출력 입력	입력사상 A, B, C 중 어느 하나가 일어나도 출력 X의 사상이 일어난다고 하는 논리
수정 게이트	출력 조건 입력	입력사상에 대하여 이 게이트로 나타내는 조건이 만족하는 경우에만 출력사상이 생기는 것

(4) 컷셋과 패스셋 빈출!

① 컷셋(cut sets)

시스템 내에 포함되어 있는 모든 기본사상이 일어났을 때 정상사상을 일으키는 기본사상의 집합

② 패스셋(path sets)

시스템 내에 포함되는 모든 기본사상이 일어나지 않았을 때 처음으로 정상사상이 일어나지 않은 기본사상의 집합

※ 미니멀 컷셋 : 컷셋 중 필요 최소한의 것(위험성을 나타냄)
미니멀 패스셋 : 패스셋 중 필요 최소한의 것(신뢰성을 나타냄)

(5) FT도의 고장발생확률 빈출!

① 논리적(곱)의 확률

$q(A \cdot B \cdot C \cdots N) = q_A \cdot q_B \cdot q_C \cdots q_N$

② 논리화(합)의 확률

$q(A+B+C+\cdots+N) = 1-(1-q_A)(1-q_B)(1-q_C)\cdots(1-q_N)$

AND기호와 OR기호의 FT도와 고장발생확률 계산의 적용

1. AND 기호

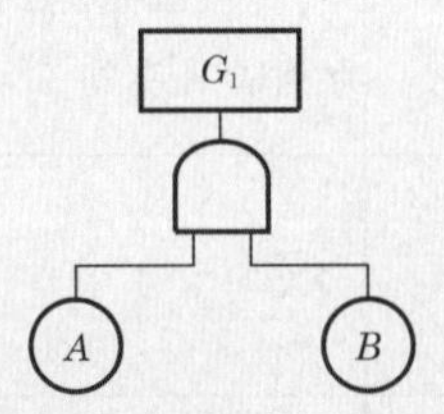

위 [AND 기호]에서 A의 발생확률이 0.1, B의 발생확률이 0.2라면, G_1의 발생확률은 $G_1 = A \times B = 0.1 \times 0.2 = 0.02$가 된다.

2. OR 기호

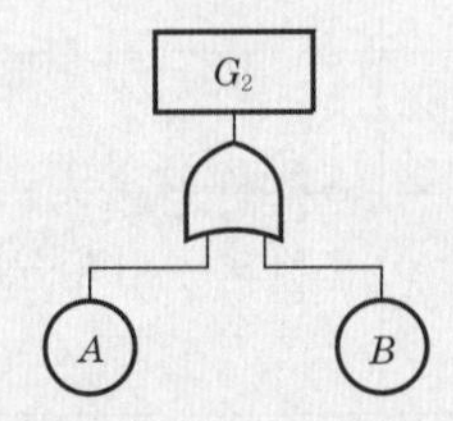

위 [OR 기호]에서 A의 발생확률이 0.1, B의 발생확률이 0.2라면, G_2의 발생확률은 $G_2 = 1-(1-0.1)\times(1-0.2) = 0.28$이 된다.

08 안전성평가

1 안전성평가의 기본방침

① 재해예방 가능
② 재해에 의한 손실은 본인 · 가족 · 기업의 공통적 손실
③ 관리자는 작업자의 재해 방지에 대한 책임
④ 위험 부분에는 방호장치를 설치
⑤ 안전에 대한 의식을 높일 수 있도록 교육 · 훈련을 의무화

2 안전성평가의 과정

(1) 안전성평가의 6단계 빈출!

① 제1단계 : 관계자료의 준비
② 제2단계 : 정성적 평가
③ 제3단계 : 정량적 평가
④ 제4단계 : 안전대책 수립
⑤ 제5단계 : 재해정보에 의한 재평가
⑥ 제6단계 : FTA에 의한 재평가

(2) 안전성평가의 단계별 주요 내용

① 정성적 평가(제2단계)의 주요 진단항목 빈출!

설계 관계	운전 관계
• 입지조건 • 공장 내 배치 • 건조물 • 소방설비	• 원재료, 중간체, 제품 • 공정 • 수송, 저장 • 공정기기

② 정량적 평가(제3단계)의 방법 빈출!

해당 화학설비의 취급물질 · 용량 · 온도 · 압력 및 조작의 5항목에 대해 A · B · C · D급으로 분류하고, A급은 10점, B급은 5점, C급은 2점, D급은 0점으로 점수를 부여한 후 5항목에 관한 점수들의 합을 구한다. 합산 결과에 의한 위험도 등급은 다음과 같다.

등 급	점 수	내 용
등급 Ⅰ	16점 이상	위험도가 높다.
등급 Ⅱ	11~15점	주위 상황, 다른 설비와 관련하여 평가
등급 Ⅲ	10점 이하	위험도가 낮다.

③ 안전대책(제4단계)의 구분

㉠ 설비적 대책 : 10종류의 안전장치 및 방재장치에 관한 배려

㉡ 관리적 대책 : 인원 배치와 교육훈련 및 보건에 관한 배려

3 화학설비의 안전성평가

(1) 공정안전보고서(PSM)의 작성 · 제출

① 사업장에 대통령령으로 정하는 유해하거나 위험한 설비가 있는 경우 그 설비로부터의 위험물질 누출, 화재 및 폭발 등으로 인하여 사업장 내의 근로자에게 즉시 피해를 주거나 사업장 인근지역에 피해를 줄 수 있는 사고로서 대통령령으로 정하는 사고(중대산업사고)를 예방하기 위하여 대통령령으로 정하는 바에 따라 공정안전보고서를 작성하고 고용노동부장관에게 제출하여 심사를 받아야 한다. 이 경우 공정안전보고서의 내용이 중대산업사고를 예방하기 위하여 적합하다고 통보받기 전에는 관련된 유해하거나 위험한 설비를 가동해서는 아니 된다.

② ①에 따라 공정안전보고서를 작성할 때 산업안전보건위원회의 심의를 거쳐야 한다. 다만, 산업안전보건위원회가 설치되어 있지 아니한 사업장의 경우에는 근로자대표의 의견을 들어야 한다.

③ 유해하거나 위험한 설비의 설치 · 이전 또는 주요 구조 부분의 변경공사 착공일(기존 설비의 제조 · 취급 · 저장 물질이 변경되거나 제조량 · 취급량 · 저장량이 증가하여 유해 · 위험물질 규정량에 해당하게 된 경우에는 그 해당일) 30일 전까지 공정안전보고서를 2부 작성하여 공단에 제출하여야 한다.

(2) 공정안전보고서의 심사

① 공단은 공정안전보고서를 제출받은 경우에는 30일 이내에 심사하여 1부를 사업주에게 송부하고, 그 내용을 지방고용노동관서의 장에게 보고하여야 한다.

② 공단은 ①에 따라 공정안전보고서를 심사한 결과 「위험물안전관리법」에 따른 화재의 예방 · 소방 등과 관련된 부분이 있다고 인정되는 경우에는 그 관련 내용을 관할 소방관서의 장에게 통보하여야 한다.

(3) 공정안전보고서의 제출대상 및 제외 사업장 빈출!

공정안전보고서 제출대상 사업장	공정안전보고서 제외 사업장
① 원유 정제처리업 ② 기타 석유정제물 재처리업 ③ 석유화학계 기초화학물 제조업 또는 합성수지 및 기타 플라스틱물질 제조업(합성수지 및 기타 플라스틱물질 제조업은 유해 · 위험물질 규정수량 중 가연성 가스, 인화성 물질에 한함) ④ 질소화합물, 질소 · 인산 및 칼리질 화학비료 제조업 중 질소질 화학비료 제조업 ⑤ 복합비료 및 기타 화학비료 제조업 중 복합비료 제조업(단순혼합 또는 배합에 의한 경우는 제외) ⑥ 화학 살균 · 살충제 및 농업용 약제 제조업(농약 원제 제조만 해당) ⑦ 화약 및 불꽃 제품 제조업	① 원자력설비 ② 군사시설 ③ 해당 사업장 내에서 직접 사용하기 위한 난방용 연료의 저장설비 및 사용설비 ④ 도매 · 소매 시설 ⑤ 차량 등의 운송설비 ⑥ 「액화석유가스의 안전관리 및 사업법」에 의한 액화석유가스의 충전 · 저장시설 ⑦ 「도시가스사업법」에 따른 가스 공급시설 ⑧ 그 밖에 고용노동부장관이 누출 · 화재 · 폭발 등으로 인한 피해의 정도가 크지 않다고 인정하여 고시하는 설비

(4) 공정안전보고서의 내용 빈출!

① 공정안전자료
② 공정위험성평가서
③ 안전운전계획
④ 비상조치계획
⑤ 그 밖에 공정상의 안전과 관련하여 고용노동부장관이 필요하다고 인정하여 고시하는 사항

(5) 공정안전보고서의 세부 내용 빈출!

① 공정안전자료
㉠ 취급·저장하고 있거나 취급·저장하려는 유해·위험물질의 종류 및 수량
㉡ 유해·위험물질에 대한 물질안전보건자료
㉢ 유해·위험설비의 목록 및 사양
㉣ 유해·위험설비의 운전방법을 알 수 있는 공정도면
㉤ 각종 건물·설비의 배치도
㉥ 폭발위험장소 구분도 및 전기단선도
㉦ 위험설비의 안전설계·제작 및 설치 관련 지침서

② 공정위험성평가서 및 잠재위험에 대한 사고예방·피해 최소화대책
공정위험성평가서는 공정의 특성 등을 고려하여 다음의 위험성평가 기법 중 한 가지 이상을 선정하여 위험성평가를 한 후 그 결과에 따라 작성하여야 하며, 사고예방·피해 최소화대책의 작성은 위험성평가 결과 잠재위험이 있다고 인정되는 경우만 해당한다.
㉠ 체크리스트(check list)
㉡ 상대위험순위 결정(Dow and Mond indices)
㉢ 작업자실수분석(HEA)
㉣ 사고예상질문분석(What-if)
㉤ 위험과 운전분석(HAZOP)
㉥ 이상위험도분석(FMECA)
㉦ 결함수분석(FTA)
㉧ 사건수분석(ETA)
㉨ 원인결과분석(CCA)
㉩ ㉠부터 ㉨까지의 규정과 같은 수준 이상의 기술적 평가기법

③ 안전운전계획
㉠ 안전운전지침서
㉡ 설비 점검·검사 및 보수계획, 유지계획 및 지침서
㉢ 안전작업 허가
㉣ 도급업체 안전관리계획
㉤ 근로자 등 교육계획
㉥ 가동 전 점검지침
㉦ 변경요소 관리계획
㉧ 자체감사 및 사고조사계획
㉨ 그 밖에 안전운전에 필요한 사항

④ 비상조치계획
㉠ 비상조치를 위한 장비 · 인력 보유현황
㉡ 사고발생 시 각 부서 · 관련 기관과의 비상연락체계
㉢ 사고발생 시 비상조치를 위한 조직의 임무 및 수행절차
㉣ 비상조치계획에 따른 교육계획
㉤ 주민홍보계획
㉥ 그 밖에 비상조치 관련 사항

(6) 공정안전보고서의 확인

① 공정안전보고서를 제출하여 심사를 받은 사업주는 다음의 시기별로 공단의 확인을 받아야 한다. 다만, 화공안전 분야 산업안전지도사, 대학에서 조교수 이상으로 재직하고 있는 사람으로서 화공 관련 교과를 담당하고 있는 사람, 그 밖에 자격 및 관련 업무경력 등을 고려하여 고용노동부장관이 정하여 고시하는 요건을 갖춘 사람에게 자체감사를 하게 하고 그 결과를 공단에 제출한 경우에는 공단은 확인을 생략할 수 있다.
㉠ 신규로 설치될 유해 · 위험설비에 대해서는 설치과정 및 설치완료 후 시운전 단계에서 각 1회
㉡ 기존에 설치되어 사용 중인 유해 · 위험설비에 대해서는 심사완료 후 3개월 이내
㉢ 유해 · 위험설비와 관련한 공정의 중대한 변경의 경우에는 변경완료 후 1개월 이내
㉣ 유해 · 위험설비 또는 이와 관련된 공정에 중대한 사고 또는 결함이 발생한 경우에는 1개월 이내. 다만, 안전 · 보건진단을 받은 사업장 등 고용노동부장관이 정하여 고시하는 사업장의 경우에는 확인을 생략할 수 있다.
② 공단은 사업주로부터 확인요청을 받은 날부터 1개월 이내에 공정안전보고서의 세부 내용이 현장과 일치하는지 여부를 확인하고, 확인한 날부터 15일 이내에 그 결과를 사업주에게 통보하고 지방고용노동관서의 장에게 보고하여야 한다.

09 유해위험방지계획서

1 유해위험방지계획서의 작성 · 제출

① 다음의 어느 하나에 해당하는 경우에는 이 법 또는 이 법에 따른 명령에서 정하는 유해 · 위험방지에 관한 사항을 적은 계획서(유해위험방지계획서)를 작성하여 고용노동부령으로 정하는 바에 따라 고용노동부장관에게 제출하고 심사를 받아야 한다. 단, ㉢에 해당하는 사업주 중 산업재해발생률 등을 고려하여 고용노동부령으로 정하는 기준에 해당하는 사업주는 유해위험방지계획서를 스스로 심사하고, 그 심사결과서를 작성하여 고용노동부장관에게 제출하여야 한다.
㉠ 대통령령으로 정하는 사업의 종류 및 규모에 해당하는 사업으로서 해당 제품의 생산공정과 직접적으로 관련된 건설물 · 기계 · 기구 및 설비 등 일체를 설치 · 이전하거나 그 주요 구조 부분을 변경하려는 경우
㉡ 유해하거나 위험한 작업 또는 장소에서 사용하거나 건강장해를 방지하기 위하여 사용하는 기계 · 기구 및 설비로서 대통령령으로 정하는 기계 · 기구 및 설비를 설치 · 이전하거나 그 주요 구조 부분을 변경하려는 경우

㉢ 대통령령으로 정하는 크기, 높이 등에 해당하는 건설공사를 착공하려는 경우

② 기계 · 기구 및 설비 등으로서 다음의 어느 하나에 해당하는 것으로서 고용노동부령으로 정하는 것을 설치 · 이전하거나 그 주요 구조 부분을 변경하려는 사업주에 대하여는 ①을 준용한다.

㉠ 유해하거나 위험한 작업을 필요로 하는 것

㉡ 유해하거나 위험한 장소에서 사용하는 것

㉢ 건강장해를 방지하기 위하여 사용하는 것

③ 건설업 중 고용노동부령으로 정하는 공사를 착공하려는 사업주는 고용노동부령으로 정하는 자격을 갖춘 자의 의견을 들은 후 이 법 또는 이 법에 따른 명령에서 정하는 유해위험방지계획서를 작성하여 고용노동부령으로 정하는 바에 따라 고용노동부장관에게 제출하여야 한다.

④ 고용노동부장관은 ①~③의 규정에 따른 유해위험방지계획서를 심사한 후 근로자의 안전과 보건을 위하여 필요하다고 인정할 때에는 공사를 중지하거나 계획을 변경할 것을 명할 수 있다.

⑤ ①~③의 규정에 따라 유해위험방지계획서를 제출한 사업주는 고용노동부령으로 정하는 바에 따라 고용노동부장관의 확인을 받아야 한다.

2 유해위험방지계획서의 제출대상

(1) 유해위험방지계획서 제출대상 사업장 빈출!

전기 사용설비의 정격용량이 300kW 이상인 사업장 중 다음에 해당하는 경우

① 금속 가공제품(기계 · 가구는 제외) 제조업

② 비금속 광물제품 제조업

③ 기타 기계 및 장비 제조업

④ 자동차 및 트레일러 제조업

⑤ 식료품 제조업

⑥ 고무제품 및 플라스틱제품 제조업

⑦ 목재 및 나무제품 제조업

⑧ 기타 제품 제조업

⑨ 1차 금속 제조업

⑩ 가구 제조업

⑪ 화학물질 및 화학제품 제조업

⑫ 반도체 제조업

⑬ 전자부품 제조업

(2) 유해위험방지계획서 제출대상 기계 · 기구 및 설비 빈출!

① 금속이나 그 밖의 광물의 용해로

② 화학설비

③ 건조설비

④ 가스집합 용접장치

⑤ 제조 등 금지물질 또는 허가대상 물질 관련 설비

⑥ 분진작업 관련 설비

(3) 유해위험방지계획서 제출대상 건설공사 빈출!

① 다음의 어느 하나에 해당하는 건축물 또는 시설 등의 건설 · 개조 또는 해체(이하 "건설 등") 공사
㉠ 지상높이가 31m 이상인 건축물 또는 인공구조물
㉡ 연면적 3만m^2 이상인 건축물
㉢ 연면적 5천m^2 이상인 시설로서 다음의 어느 하나에 해당하는 시설
ⓐ 문화 및 집회시설(전시장 및 동물원 · 식물원은 제외한다)
ⓑ 판매시설, 운수시설(고속철도의 역사 및 집배송시설은 제외한다)
ⓒ 종교시설
ⓓ 의료시설 중 종합병원
ⓔ 숙박시설 중 관광숙박시설
ⓕ 지하도상가
ⓖ 냉동 · 냉장 창고시설
② 연면적 5천m^2 이상인 냉동 · 냉장 창고시설의 설비공사 및 단열공사
③ 최대지간길이(다리의 기둥과 기둥의 중심 사이의 거리)가 50m 이상인 다리의 건설 등 공사
④ 터널의 건설 등 공사
⑤ 다목적댐, 발전용댐, 저수용량 2천만톤 이상의 용수 전용댐 및 지방상수도 전용댐의 건설 등 공사
⑥ 깊이 10m 이상인 굴착공사

3 유해위험방지계획서의 제출서류

(1) 제조업

① 대통령령으로 정하는 사업의 종류 및 규모에 해당하는 사업으로서 해당 제품의 생산공정과 직접적으로 관련된 건설물 · 기계 · 기구 및 설비 등의 일체를 설치 · 이전하거나 그 주요 구조 부분을 변경하려는 경우
㉠ 건축물 각 층의 평면도
㉡ 기계 · 설비의 개요를 나타내는 서류
㉢ 기계 · 설비의 배치도면
㉣ 원재료 및 제품의 취급, 제조 등 작업방법의 개요
㉤ 그 밖에 고용노동부장관이 정하는 도면 및 서류
② 유해하거나 위험한 작업 또는 장소에서 사용하거나 건강장해를 방지하기 위하여 사용하는 기계 · 기구 및 설비로서 대통령령으로 정하는 기계 · 기구 및 설비를 설치 · 이전하거나 그 주요 구조 부분을 변경하려는 경우
㉠ 설치장소의 개요를 나타내는 서류
㉡ 설비의 도면
㉢ 그 밖에 고용노동부장관이 정하는 도면 및 서류

(2) 건설업(건설공사)

대통령령으로 정하는 크기, 높이 등에 해당하는 건설공사를 착공하려는 경우

[공사 개요 및 안전보건관리계획]

① 공사 개요서
② 공사현장의 주변 현황 및 주변과의 관계를 나타내는 도면(매설물 현황을 포함)
③ 건설물, 사용 기계설비 등의 배치를 나타내는 도면
④ 전체 공정표
⑤ 산업안전보건관리비 사용계획서
⑥ 안전관리조직표
⑦ 재해 발생 위험 시 연락 및 대피방법

유해위험방지계획서 제출 시기와 방법

- 제조업 : 해당 작업 시작 15일 전까지 공단에 2부 제출
- 건설업 : 공사의 착공 전날까지 공단에 2부를 제출

※ 유해위험방지계획서 작성대상 시설물 또는 구조물의 공사를 시작하는 것을 말하며, 대지 정리 및 가설사무소 설치 등의 공사 준비기간은 착공으로 보지 않는다.

4 심사결과

(1) 심사결과의 판정 빈출!

공단은 유해위험방지계획서의 심사결과에 따라 다음과 같이 구분·판정한다.

① **적정** : 근로자의 안전과 보건을 위하여 필요한 조치가 구체적으로 확보되었다고 인정되는 경우
② **조건부적정** : 근로자의 안전과 보건을 확보하기 위하여 일부 개선이 필요하다고 인정되는 경우
③ **부적정** : 기계·설비 또는 건설물이 심사기준에 위반되어 공사 착공 시 중대한 위험 발생의 우려가 있거나 계획에 근본적 결함이 있다고 인정되는 경우

(2) 심사결과의 확인

유해위험방지계획서를 제출한 사업주는 해당 건설물·기계·기구 및 설비의 시운전 단계에서 건설공사 중 6개월 이내마다 다음의 사항에 관하여 공단의 확인을 받아야 한다.

① 유해위험방지계획서의 내용과 실제 공사내용이 부합하는지 여부
② 유해위험방지계획서 변경내용의 적정성
③ 추가적인 유해·위험 요인의 존재 여부

제2과목 인간공학 및 위험성 평가 · 관리 개념 Plus⁺

1 (　　　　)은 모든 시스템 안전 프로그램에서의 최초단계 해석으로, 시스템 내의 위험요소가 어떤 위험상태에 있는가를 정성적으로 평가하는 분석방법이다.

2 인간공학에 있어서 일반적인 인간-기계 체계(man-machine system)의 유형에는 자동화 체계, (　　　　) 체계, 수동 체계가 있다.

3 (　　　　)는 광원의 밝기에 비례하고 거리의 제곱에 반비례하며, 반사체의 반사율과는 상관없이 일정한 값을 갖는다.

4 (　　　　)란 인간의 위치동작에 있어 눈으로 보지 않고 손을 수평면 상에서 움직이는 경우 짧은 거리는 지나치고, 긴 거리는 못 미치는 경향을 말한다.

5 인체계측 중 운전 또는 워드 작업과 같이 인체의 각 부분이 서로 조화를 이루며 움직이는 자세에서의 인체치수를 측정하는 것을 (　　　　) 치수라고 한다.

6 유해위험방지계획서를 제출할 때에는 관련 서류를 첨부하여 제조업의 경우 해당 작업 시작 (　　　　) 전까지, 건설업의 경우 해당 공사의 (　　　　)까지 관련 기관에 제출하여야 한다.

7 (　　　　)이란 감각적으로 물리현상을 왜곡하는 지각현상을 말한다.

8 FTA에서 (　　　　)은 그 속에 포함되는 기본사상이 일어나지 않을 때 처음으로 정상사상이 일어나지 않는 기본사상의 집합을 말하며, (　　　　)은 특정 조합의 기본사상들이 동시에 결함을 발생하였을 때 정상사상을 일으키는 기본사상의 집합을 의미한다.

9 안전보건표지에서 경고표지는 삼각형, 안내표지는 사각형, 지시표지는 원형 등으로 부호가 고안되어 있다. 이처럼, 부호가 이미 고안되어 있어 사용자가 이를 배워야 하는 부호를 (　　　　)라 한다.

10 욕조곡선의 고장형태에서 일정한 형태의 고장률이 나타나는 구간은 (　　　　) 구간이며, 증가하는 형태의 고장률이 나타나는 구간은 (　　　　) 구간이다.

11 화학설비에 대한 안전성평가 중 정량적 평가항목에는 화학설비의 취급물질, 용량, 온도, (　　　　), 조작이 있다. 정성적 평가항목의 경우는 설계관계와 운전관계로 나뉘는데, 설계관계에는 입지조건, (　　　　), 건조물, 소방설비가 있고, 운전관계에는 원재료 · 중간체 · 제품, (　　　　), 공정기기, 수송 · 저장 등이 있다.

12 FT도에 사용하는 기호에서 3개의 입력현상 중 임의의 시간에 2개가 발생하면 출력이 생기는 기호의 명칭은 (　　　　) 게이트이고, 입력사상 가운데 어느 사상이 다른 사상보다 먼저 일어났을 때에 출력사상이 생기는 기호의 명칭은 (　　　　) 게이트이다.

⑬ 위험 및 운전성 검토(HAZOP 기법)에서 사용하는 가이드워드 중 성질상의 감소 및 일부 변경을 의미하는 것은 (   ), 완전한 대체는 (   ), 양의 증가 또는 감소는 (   ), 성질상의 증가는 (   ), 설계의도의 논리적인 역은 (   )이다.

⑭ 산업안전보건법에 따라 유해위험방지계획서의 제출대상 사업은 해당 사업으로서 전기 계약용량이 (   ) 이상인 사업을 말한다.

⑮ (   )는 FAT와 동일의 논리적 방법을 사용하여 관리, 설계, 생산, 보전 등에 대한 넓은 범위에 걸쳐 안전성을 확보하려는 시스템안전 프로그램이고, (   )는 사고 시나리오에서 연속된 사건들의 발생경로를 파악하고 평가하기 위한 귀납적이고 정량적인 시스템 안전 프로그램이다.

정답

1 예비위험분석(PHA) 2 기계화 3 조도 4 사정효과 5 기능적 6 15일, 착공 전일
7 착각 8 패스셋, 컷셋 9 임의적 부호 10 우발고장, 마모고장 11 압력, 공장 내 배치, 공정
12 조합 AND, 우선적 AND 13 Part of, Other than, More 또는 Less, As well As, Reverse
14 300kW 15 MORT, ETA

03 기계 · 기구 및 설비 안전관리

01 기계의 위험점과 안전사항

1 위험점

(1) 위험점의 5요소

① 1요소 : 함정(trap)
② 2요소 : 충격(impact)
③ 3요소 : 접촉(contact)
④ 4요소 : 말림, 얽힘(entanglement)
⑤ 5요소 : 튀어나옴(ejection)

(2) 위험점의 종류 빈출!

위험점	원리와 예
협착점 (squeeze-point)	왕복운동을 하는 동작 부분과 움직임이 없는 고정 부분 사이에 형성되는 위험점 예 프레스, 절단기, 성형기, 굽힘기계 등
끼임점 (shear-point)	회전운동을 하는 동작 부분과 움직임이 없는 고정 부분 사이에 형성되는 위험점 예 프레임 암의 요동운동을 하는 기계 부분, 교반기의 날개와 하우징, 연삭숫돌의 작업대 등
절단점 (cutting-point)	회전하는 기계의 운동 부분과 기계 자체와의 위험이 형성되는 위험점 예 밀링의 커터, 목재가공용 둥근톱이나 띠톱의 톱날 등
물림점 (nip-point)	회전하는 두 회전체에 말려들어가는 위험점(두 회전체가 서로 반대방향으로 맞물려 회전할 것) 예 롤러와 롤러의 물림, 기어와 기어의 물림 등
접선물림점 (tangential nip-point)	회전하는 부분의 접선방향으로 말려들어가는 위험점 예 V벨트와 풀리, 체인과 스프로킷, 랙과 피니언 등
회전말림점 (trapping-point)	회전하는 물체의 길이, 굵기, 속도 등의 불규칙 부위와 돌기회전 부위에 의해 머리카락, 장갑 및 작업복 등이 말려들어가는 위험점 예 축, 커플링, 회전하는 공구(드릴 등) 등

2 기계의 위험 방지

(1) 일반적 위험 방지조치 빈출!

① 원동기 · 회전축 등의 위험 방지

㉠ 기계의 원동기 · 회전축 · 기어 · 풀리 · 플라이휠 · 벨트 및 체인 등 근로자가 위험에 처할 우려가 있는 부위에 덮개 · 울 · 슬리브 및 건널다리 등을 설치하여야 한다.

㉡ 회전축 · 기어 · 풀리 및 플라이휠 등에 부속되는 키 · 핀 등의 기계요소는 묻힘형으로 하거나 해당 부위에 덮개를 설치하여야 한다.

㉢ 벨트의 이음 부분에는 돌출된 고정구를 사용해서는 안 된다.

㉣ 건널다리에는 안전난간 및 미끄러지지 아니하는 구조의 발판을 설치하여야 한다.

② 기계의 동력차단장치

동력으로 작동되는 기계에는 스위치 · 클러치 및 벨트이동장치 등 동력차단장치를 설치해야 한다. 다만, 연속하여 하나의 집단을 이루는 기계로서 공통의 동력차단장치가 있거나 공정 도중에 인력에 의한 원재료의 송급과 인출 등이 필요 없는 경우에는 그러하지 아니하다.

(2) 본질적 안전화 방법 빈출!

① 조작상 위험이 가능한 없도록 설계할 것

② 안전기능이 기계설비에 내장되어 있을 것

③ 페일세이프의 기능을 가질 것

④ 풀프루프의 기능을 가질 것

⑤ 안전상 필요한 회로와 장치는 다중방식으로 할 것

3 기계의 안전조건

(1) 외관의 안전화 빈출!

안전을 위한 외관상 조치와 적용의 예로는 다음과 같은 것이 있다.

① **안전덮개, 울 등의 설치** : 예리한 돌출부, 감전의 우려가 있는 부분 및 운동 부분 등

② **별실 또는 구획된 장소에 격리** : 원동기 및 동력전달장치 등

③ **안전색채 사용** : 기계설비의 위험요소를 쉽게 인지할 수 있도록 주의를 요하는 시동버튼(녹색), 급정지버튼(적색) 등

(2) 기능적 안전화 빈출!

① 적극적 대책

㉠ 1차 대책 : 페일세이프

㉡ 2차 대책 : 회로를 개선하여 오동작을 방지하거나 별도의 완전한 회로에 의하여 정상기능을 찾도록 한다.

② 소극적 대책

이상 시에 기계를 급정지시키거나 방호장치가 작동하도록 한다.

(3) 구조적 안전화 빈출!

① **재료의 결함** : 구조적 안전을 저해하는 재료의 결함으로는 조직의 결함으로 인하여 예상강도를 얻지 못하는 경우, 재료 내부의 미세한 균열(크랙 ; crack)로 인한 피로 파괴현상, 가공조건 및 사용환경에 부적합한 재료의 사용 등이 있다.

② **설계의 잘못** : 잘못된 설계의 주원인으로는 최대부하 예측과 강도계산의 오류가 대다수를 차지한다. 따라서, 사용 중 재료의 열화와 피로 등을 고려하여 적절한 안전율을 채택하는 노력이 요구된다.

※ 안전율은 기초강도와 허용응력의 비로서, 항상 1보다 크다.

> **Cardullo의 안전율**
> $F = a \times b \times c \times d$
> 여기서, a : 극한강도
> b : 하중 종류
> c : 하중 속도
> d : 재료 조건

- 안전율(안전계수) $= \dfrac{\text{기초강도(인장강도)}}{\text{허용응력}} = \dfrac{\text{극한강도(극한하중)}}{\text{최대설계응력}} = \dfrac{\text{파괴하중}}{\text{최대사용하중}} = \dfrac{\text{파단하중}}{\text{안전하중}}$
- 안전여유 = 극한강도 − 허용응력

③ **가공상 잘못** : 최근의 추세와 같이 특수강을 재료로 사용하는 경우 필요한 기계적 특성을 얻기 위해서 열처리를 하고 있다. 하지만 열처리가 불량할 경우 재해의 원인이 된다.

(4) 작업의 안전화

① 안전한 기계장치의 설계
② 정지장치와 정지 시 시건장치의 설치
③ 급정지버튼, 급정지장치 등의 구조와 배치
④ 작업자가 위험 부근에 접근 시 작동하는 검출형 안전장치의 이용
⑤ 연동장치(interlock)된 커버의 이용
⑥ 작업을 안전화하는 치공구류의 사용
⑦ 불필요한 동작을 피하도록 작업의 표준화

(5) 작업점의 안전화

① 작업점에는 작업자가 가까이 가지 않도록 할 것
② 손을 작업점에 넣지 않도록 할 것
③ 기계를 조작할 때에는 작업점에서 떨어지게 할 것
④ 작업자가 작업점에서 떨어지지 않는 한 기계를 작동하지 못하게 할 것

> **작업점**
> 원동기로부터 동력이 전달되어 가공물이 직접 가공되는 부분(롤러기의 맞물림점, 프레스기의 상사점 등)

(6) 보전작업의 안전화

기계설비가 안전하게 기능을 발휘하기 위해서는 정기적인 점검과 보수가 필요하다.

4 풀프루프(Fool Proof)

(1) 풀프루프의 목적 빈출!

인간의 착오, 실수 등 이른바 휴먼에러가 발생하더라도 기계설비나 그 부품은 안전한 방향으로 작동하도록 설계하는 안전설계 기법이다.

(2) 풀프루프의 종류와 기능 빈출!

종 류	형 식	기 능
가드 (guard)	고정가드 (fixed guard)	개구부로 가공물과 공구 등을 넣어도 손은 위험영역에 머무르지 않도록 한다. **고정형 가드의 구비조건** • 확실한 방호기능을 갖고 있을 것 • 운전 중 위험구역으로의 접근을 막을 것 • 운전자에게 불쾌 · 불편을 주지 않을 것 • 자동적으로 최소한의 노력으로 작동할 것 • 작업 및 기계설비에 적합할 것 • 기계설비의 급유, 검사, 조정 및 수신을 방해하지 않을 것 • 최소한의 손질로 장기간 사용할 것 • 쉽게 효력을 잃지 않을 것
	조절가드 (adjustable guard)	가공물과 공구에 맞도록 형상과 크기를 조절한다.
	경고가드 (warning guard)	손이 위험영역에 들어가기 전에 경고한다.
	인터록가드 (interlock guard)	기계식 작동 중에 개폐되는 경우 기계가 정지한다.
록 (lock) 기구	인터록 (interlock)	기계식, 전기식, 유공압식 또는 이들의 조합으로 2개 이상의 부분이 상호 구속된다.
	키식 인터록 (key type interlock)	열쇠를 사용하여 한쪽을 잠그지 않으면 다른 쪽이 열리지 않는다.
	키록 (key lock)	• 1개 또는 서로 다른 여러 개의 열쇠를 사용한다. • 모든 열쇠가 열리지 않으면 기계가 조작되지 않는다.
트립 (trip) 기구	접촉식 (contact type)	접촉판, 접촉봉 등으로 신체의 일부가 위험영역에 접근하면 기계가 정지 또는 역전 복귀한다.
	비접촉식 (non-contact type)	• 광선식, 정전용량식 등으로 신체의 일부가 위험영역에 접근하면 기계가 정지 또는 역전 복귀한다. • 신체의 일부가 위험영역에 들어가면 기계가 기동하지 않는다.
오버런 (overrun) 기구	검출식 (detecting type)	스위치를 끈 후 관성운동과 잔류전하를 검지하여 위험이 있는 동안은 가드가 열리지 않는다.
	타이밍식 (timing type)	기계식 또는 타이머 등을 이용하여 스위치를 끈 후 일정 시간이 지나지 않으면 가드가 열리지 않는다.
밀어내기 (push&pull) 기구	자동가드	가드의 가동 부분이 열렸을 때 자동적으로 위험영역으로부터 신체를 밀어낸다.
	손쳐내기식, 수인식	위험상태가 되기 전에 손을 위험지역으로부터 밀어내거나 끌어당겨 제자리로 온다.
기동방지 기구	안전블록	기계의 기동을 기계적으로 방해하는 스토퍼 등으로서 일반적으로 안전플러그 등과 병용한다.
	안전플러그	제어회로 등으로 설계된 접점을 차단하는 것으로, 불의의 기동을 방지한다.
	레버록	조작레버를 중립위치에 놓으면 자동적으로 잠긴다.

5 페일세이프(Fail safe)

(1) 페일세이프의 종류 빈출!

① 다경로하중 구조
② 하중경감 구조
③ 교대 구조
④ 중복 구조

(2) 페일세이프의 3단계(기능적 분류) 빈출!

① 제1단계 – Fail passive : 부품 고장 시 기계가 정지방향으로 이동
② 제2단계 – Fail active : 부품 고장 시 기계가 경보를 울리나, 짧은 시간 내에 운전 가능
③ 제3단계 – Fail operational : 부품 고장 시 추후 보수 시까지 안전기능 유지 ➠ 가장 안전한 방법

6 재해의 조사

(1) 재해조사의 목적

① 재해발생의 원인과 자체결함 등을 정확히 규명한다.
② 동종 및 유사 재해의 발생을 미연에 방지하기 위하여 적절한 재해예방대책을 강구한다.

(2) 재해조사 방법

① 재해발생 직후에 행한다.
② 현장의 물리적 흔적, 즉 물적 증거를 수집한다.
③ 재해 현장은 사진 등을 촬영하여 보관 · 기록한다.
④ 목격자 · 현장 감독자 등 많은 사람으로부터 사고 시의 상황을 듣는다.
⑤ 재해 피해자로부터 재해발생 직전의 상황을 듣는다.
⑥ 판단이 곤란한 특수한 재해 또는 중대재해는 전문가에게 조사 의뢰한다.

(3) 재해조사 시 유의사항

① 우선 사실을 수집하고, 그 상세분석표(사고분석표)는 나중에 작성한다.
② 재해조사는 현장이 변형되지 않은 상태에서 신속하게 실시하며 2차 재해 방지를 도모한다.
③ 재해조사자는 항상 객관성을 가지고 제3자의 입장에서 공평하게 2인 이상이 조사한다.
④ 목격자가 발언한 사실 이외의 추측되는 말은 참고만 한다.
⑤ 재해와 관계있는 인적 · 물적 자료는 모아서 없어지지 않도록 철저히 보관한다.
⑥ 불안전상태나 불안전행동에 특히 유의하여 조사한다.
⑦ 책임 추궁보다는 재발 방지를 우선하는 자세를 갖는다.
⑧ 재해현장 상황에 대해서 가능한 한 사진이나 도면을 작성하여 기록을 유지시킨다.
⑨ 2차 재해의 예방과 위험성에 대응하여 보호구를 착용한다.

7 통계적 원인 분석

(1) 통계적 원인 분석의 의미

통계학적 방법에 의하여 사고의 경향이나 사고요인의 분포상태와 상호관계 등을 주안점으로 재해 원인을 찾아내어 거시적(macro)으로 분석하는 방법

기인물과 가해물

- 기인물 : 일반적으로 불안전한 상태에 있는 물체(재해의 원인이 된 기계 · 장치, 기타 물체 · 환경 포함)
- 가해물 : 직접 사람에게 접촉되어 위해를 가한 것

(2) 통계적 원인 분석의 방법 빈출!

① **파레토도(Pareto diagram)** : 사고 유형이나 기인물 등의 분류항목을 큰 순서대로 도표화하여 문제나 목표를 이해하는 데 편리한 방법

② **특성요인도** : 특성과 요인의 관계를 어골상(魚骨象)으로 세분하여 나타낸 그림으로, 결과에 원인이 어떻게 관계하고 있는지 나타내는 방법

③ **클로즈(close) 분석** : 2가지 이상의 문제를 분석하는 데 사용하며 데이터를 집계하고, 표로 표시한 후에 요인별 결과내역을 교차한 클로즈 그림을 작성하여 분석하는 방법

④ **관리도** : 재해발생건수 등의 추이를 파악하여 목표관리를 행하는 데 필요한 월별 재해발생수를 그래프로 그려서 관리구역을 설정 · 관리하는 방법

02 재해 관련 통계와 재해손실비용

1 재해 관련 통계 빈출!

(1) 재해율

근로자 100명당 발생하는 재해자수의 비율

$$재해율 = \frac{재해자수}{근로자수} \times 100$$

(2) 연천인율

1년 동안 근로자 1,000명당 발생하는 사상자수

$$연천인율 = \frac{연간\ 사상자수(재해자수)}{연평균\ 근로자수} \times 1{,}000$$

(3) 도수율(빈도율, FR ; Frequency Rate of Injury)

연 근로시간 합계 100만시간당 발생하는 재해건수

$$도수율(FR) = \frac{연간\ 재해발생건수}{연간\ 총근로시간수} \times 10^6$$

※ 도수율은 산업재해의 발생빈도를 의미한다.

(4) 강도율(SR ; Severity Rate of Injury)

연 근로시간 합계 1,000시간당 재해로 인한 근로손실일수

근로손실일수의 산정기준

신체장애등급이 결정되었을 경우 다음의 등급별 근로손실일수 적용

신체장애등급	근로손실일수
사망	7,500일
1~3등급	7,500일
4등급	5,500일
5등급	4,000일
6등급	3,000일
7등급	2,200일
8등급	1,500일
9등급	1,000일
10등급	600일
11등급	400일
12등급	200일
13등급	100일
14등급	50일

$$강도율(SR) = \frac{총근로손실일수}{연간\ 총근로시간수} \times 1,000$$

이때, $근로손실일수 = 장애등급별\ 손실일수 + 휴업일수 \times \frac{연\ 근로일수}{365}$

(5) 평균 강도율

재해 1건당 평균 손실일수

$$평균\ 강도율 = \frac{강도율}{도수율} \times 1,000$$

(6) 연천인율과 도수율의 관계

① $연천인율 = 도수율 \times 2.4$

② $도수율 = \frac{연천인율}{2.4}$

(7) 도수율과 강도율의 관계

평생 근로하는 시간을 10만시간(10^5시간)으로 보고, 이 10만시간(평생) 동안 재해를 입을 수 있는 건수를 환산도수율(Frequency), 재해로 인한 근로손실일수를 환산강도율(Severity)이라 한다.

① $환산도수율(F) = \frac{재해건수}{연간\ 총근로시간수} \times 평생\ 근로시간수(10^5)$

'도수율 = 환산도수율'이라고 가정하면,

$$\frac{재해건수}{연간\ 총근로시간수} \times 10^6 = \frac{재해건수}{연간\ 총근로시간수} \times 평생\ 근로시간수(10^5)$$

$\therefore\ 환산도수율 = \frac{도수율}{10}$

② $환산강도율(S) = \frac{근로손실일수}{연간\ 총근로시간수} \times 평생\ 근로시간수(10^5)$

'강도율 = 환산강도율'이라고 가정하면,

$$\frac{근로손실일수}{연간\ 총근로시간수} \times 10^3 = \frac{근로손실일수}{연간\ 총근로시간수} \times 평생\ 근로시간수(10^5)$$

$\therefore\ 환산강도율 = 강도율 \times 100$

이때, $\frac{S}{F} = 재해\ 1건당\ 근로손실일수$

(8) 종합재해지수(도수강도치)

도수율과 강도율은 기업 내의 안전성적을 나타내는데, 이는 개별적으로 사용하기보다는 재해빈도의 다소와 정도의 강약을 종합하여 나타낸 종합재해지수로 사용한다.

$종합재해지수(FSI) = \sqrt{도수율(FR) \times 강도율(SR)}$

※ 도수강도치는 기업의 위험도를 비교하고 안전에 대한 관심을 높이는 데 사용한다.

(9) Safe-T-Score

과거와 현재의 안전성적을 비교 · 평가하는 방법

$$\text{Safe-T-Score} = \frac{\text{현재 도수율} - \text{과거 도수율}}{\sqrt{\frac{\text{과거 도수율}}{\text{총근로시간수(현재)}} \times 10^6}}$$

Safe-T-Score 판정기준
- +2.00 이상 : 과거보다 심각하게 나빠짐
- +2.00 ~ −2.00 : 과거와 별 차이가 없음
- −2.00 이하 : 과거보다 좋아짐

(10) 건설업의 환산재해율

$$\text{환산재해율} = \frac{\text{환산재해자수}}{\text{상시근로자수}} \times 100$$

이때, $\text{상시근로자수} = \frac{\text{국내공사 연간 실적액} \times \text{노무비율}}{\text{건설업 월평균 임금} \times 12}$

여기서, 환산재해자수 : 1월 1일부터 12월 31일 동안 시공하는 건설현장에서 산업재해를 입은 근로자수의 합계

(11) 안전활동률

기업의 안전관리활동 결과를 정량적으로 판단하는 방법[미국 노동기준국의 블레이크(R.P. Blake)]

$$\text{안전활동률} = \frac{\text{안전활동건수}}{\text{근로시간수} \times \text{평균 근로자수}} \times 10^6$$

※ 안전활동건수의 포함항목 : 실시한 안전개선권고수, 안전조치할 불안전작업수, 불안전행동 적발건수, 불안전한 물리적 지적건수, 안전회의건수, 안전홍보(PR)건수 등

(12) 근로장비율 및 설비가동률

① $\text{근로장비율} = \frac{\text{설비 총액}}{\text{가중평균인원}}$

② $\text{설비가동률} = \frac{\text{금기 말의 총사용설비}}{\text{전기 말의 총사용설비}} \times 100\text{평}$

2 재해손실비용

재해손실비용을 구하는 방식
- 하인리히(H.W. Heinrich) 방식
- 시몬즈(R.H. Simonds) 방식
- 버드(Frank Bird) 방식
- 콤페스(Compes) 방식
- 노구찌 방식

(1) 하인리히(H.W. Heinrich) 방식 빈출!

재해손실비용=직접비+간접비

직접비 : 간접비 = 1 : 4

이때, 간접비=직접비×4

재해총손실액=직접비×5

① **직접비**

산업재해보상보험법령으로 정한 산재보상비+회사의 보상금

② **간접비**

재산의 손실, 생산차질에 따른 손실액, 기타 제반경비

㉠ 생산손실 : 재해발생으로 인해 생산이 저해되고 작업이 중지되어 발생한 생산차질손실

㉡ 인적손실 : 본인으로 인한 근로시간에 따른 임금손실과 제3자의 추가시간에 대한 임금손실

산업재해보상보험법령으로 정한 산재보상비(직접비)
- 요양급여
- 휴업급여
- 장해급여
- 간병급여
- 유족급여
- 상병보상연금
- 장례비

ⓒ 특수손실 : 신규채용비, 교육 · 훈련비, 섭외비 등에 의한 손실
ⓓ 기타 손실 : 병상위문금, 여비, 통신비, 입원 중 잡비, 장의비용, 보험료 인상액, 추가 휴업보상비 등의 모든 경비

(2) 시몬즈(R.H. Simonds) 방식 빈출!

재해손실비용
=산재보험 코스트+비보험 코스트
=산재보험 코스트+(휴업상해건수×A)+(통원상해건수×B)+(응급조치건수×C)+(무상해사고건수×D)
여기서, A, B, C, D : 상해정도별 비보험 코스트(cost)의 평균액

① **산재보험 코스트**
산재보험 코스트=산재보험료+보상에 관련된 제반경비+이익금

② **비보험 코스트의 항목**
ⓐ 제3자가 작업을 중지한 시간에 근로한 대가로 지급하는 임금손실
ⓑ 재해로 손실한 재료 총 설비의 수선 · 교체 · 철거를 위한 손실
ⓒ 재해 보상이 되지 않는 부상자의 휴업시간에 대해서 지불하는 임금비용
ⓓ 재해로 말미암아 필요하게 된 시간 외 근로에 대한 특별비용
ⓔ 재해가 일어났기 때문에 감독자가 소비한 시간에 대한 임금비용
ⓕ 부상자가 직장에 돌아온 뒤의 생산 감소에 의한 임금비용
ⓖ 새로운 근로자에 대한 교육훈련기간 중의 비용
ⓗ 산재보험의 지급을 받지 못하는 회사 부담의 의료비용
ⓘ 조사 또는 산재 관계 사무로 감독자 및 근로자가 소비한 시간비용
ⓙ 그 밖에 특수비용 : 소송 관계 비용, 임차설비의 임차액, 계약해제에 의한 손실, 모집을 위해 특별 지출이 필요할 경우의 대체 근로자 모집에 따르는 경비, 신규 근로자에 의한 기계 소모 등

③ **재해의 종류**
ⓐ 휴업상해 : 영구 일부노동불능 및 일시 전노동불능
ⓑ 통원상해 : 일시 일부노동불능 및 의사의 조치를 필요로 하는 통원상해
ⓒ 응급조치상해 : 응급조치 또는 20달러 미만의 손실, 8시간 미만 휴업이 될 정도의 상해
ⓓ 무상해사고 : 의료처치를 필요로 하지 않는 정도의 경미한 사고 및 20달러 이상의 재산손실, 8시간 이상 손실을 가져온 사고
※ 사망 또는 영구 전노동불능 상해는 위 '재해의 종류' 구분에서 제외된다.

03 안전점검과 안전인증

1 안전점검

(1) 안전점검의 정의

안전 확보를 위해 작업장 내의 실태를 파악하여 설비의 불안전한 상태나 인간의 불안전한 행동에서 생기는 결함을 발견하고, 안전대책의 이상 상태를 확인하는 안전활동

(2) 안전점검의 목적

① 기기 및 설비의 결함과 불안전상태의 제거로 사전에 안전성 확보
② 기기 및 설비의 안전상태 유지 및 본래의 성능 유지
③ 인적 측면에서의 안전행동 유지
④ 생산성 향상을 위한 합리적인 생산관리

(3) 안전점검의 종류 빈출!

① 정기점검(계획점검)
② 수시점검
③ 임시점검
④ 특별점검

(4) 체크리스트(checklist)

① 체크리스트에 포함되어야 할 사항 빈출!
㉠ 점검대상 : 기계 · 설비의 명칭
㉡ 점검부분(점검개소) : 점검대상 기계 · 설비의 각 부분 부품명
㉢ 점검항목(점검내용) : 마모, 변형, 균열, 파손, 부식, 이상 상태의 유무
㉣ 점검실시 주기(점검시기) : 점검대상별 각각의 점검주기
㉤ 점검방법 : 점검의 종류에 따른 각각의 점검방법 명기
㉥ 판정기준 : 정해진 판정기준을 명시하고 상호 비교 · 평가
㉦ 조치 : 점검결과에 따른 적절한 조치 이행

② 체크리스트를 작성할 때의 유의사항
㉠ 사업장에 적합하고 쉽게 이해되도록 독자적 내용일 것
㉡ 내용은 구체적이고 재해예방에 효과가 있을 것
㉢ 중점도가 높은 것부터 순차적으로 작성할 것
㉣ 일정한 양식을 정해 점검대상마다 별도로 작성할 것
㉤ 점검기준(판정기준)을 미리 정해 점검결과를 평가할 것
㉥ 정기적으로 검토하여 계속 보완하면서 활용할 것

2 안전인증

(1) 안전인증의 정의

유해하거나 위험한 기계 · 기구 · 설비 및 방호장치 · 보호구 등의 제품 성능과 품질관리시스템을 동시에 심사하여 양질의 제품을 지속적으로 생산하도록 안전성을 평가하는 제도

(2) 안전인증의 목적

유해하거나 위험한 기계 · 기구 · 설비 및 방호장치 · 보호구 중에서 안전에 관한 성능과 제조자의 기술능력 · 생산체계 등에 관한 안전인증기준을 정하여 안전성을 평가하고, 이를 통해 불량제품의 제조 · 유통 · 사용을 근본적으로 차단하고 근로자의 안전 · 보건을 해칠 수 있는 여지를 사전에 제거하고자 하는 것

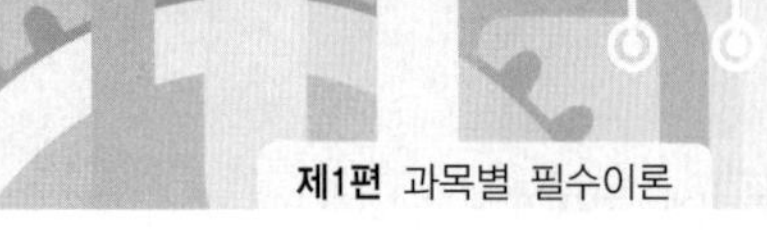

(3) 안전인증의 대상 빈출!

〈안전인증대상 기계 · 설비〉

주요 구조 부분을 변경하는 경우 안전인증을 받아야 하는 기계 및 설비	설치 · 이전하는 경우 안전인증을 받아야 하는 기계
① 프레스 ② 전단기 및 절곡기 ③ 크레인 ④ 리프트 ⑤ 압력용기 ⑥ 롤러기 ⑦ 사출성형기 ⑧ 고소작업대 ⑨ 곤돌라	① 크레인 ② 리프트 ③ 곤돌라

〈안전인증대상 방호장치 및 보호구〉

방호장치	보호구
① 프레스 및 전단기 방호장치 ② 양중기용 과부하방지장치 ③ 보일러 압력방출용 안전밸브 ④ 압력용기 압력방출용 안전밸브 ⑤ 압력용기 압력방출용 파열판 ⑥ 절연용 방호구 및 활선작업용 기구 ⑦ 방폭구조 전기 기계 · 기구 및 부품 ⑧ 추락 · 낙하 및 붕괴 등의 위험 방호에 필요한 가설기자재로서 고용노동부장관이 정하여 고시하는 것 ⑨ 충돌, 협착 등의 위험 방지에 필요한 산업용 로봇의 방호장치로서 고용노동부장관이 정하여 고시하는 것	① 추락 및 감전 위험 방지용 안전모 ② 안전화 ③ 안전장갑 ④ 방진마스크 ⑤ 방독마스크 ⑥ 송기마스크 ⑦ 전동식 호흡보호구 ⑧ 보호복 ⑨ 안전대 ⑩ 차광 및 비산물 위험 방지용 보안경 ⑪ 용접용 보안면 ⑫ 방음용 귀마개 또는 귀덮개

(4) 안전인증의 표시

① 안전인증대상을 받은 유해 · 위험 기계 등이나 이를 담은 용기 또는 포장에 안전인증의 표시를 해야 한다.

② 안전인증대상 기계 · 기구 중에서 안전인증을 받지 않은 것은 안전인증표시 금지 및 광고 금지

③ 안전인증표시의 임의 변경 또는 제거 금지

(5) 안전인증심사의 종류 및 심사기간

안전인증기관은 안전인증신청서를 제출받으면 다음에서 정한 심사 종류에 따른 기간 내에 심사하여야 한다. 다만, 제품심사의 경우 처리기간 내에 심사를 끝낼 수 없는 부득이한 사유가 있을 때에는 15일의 범위에서 심사기간을 연장할 수 있다.

안전인증심사의 종류		정 의	안전인증기관의 심사기간
예비심사		기계 · 기구 및 방호장치 · 보호구가 유해 · 위험한 기계 · 기구 · 설비 등인지를 확인하는 심사	7일
서면심사		유해 · 위험한 기계 · 기구 · 설비 등의 종류별 또는 형식별로 설계도면 등 유해 · 위험한 기계 · 기구 · 설비 등의 제품기술과 관련된 문서가 안전인증기준에 적합한지에 대한 심사	15일 (단, 외국에서 제조한 경우는 30일)
기술능력 및 생산체계 심사		유해 · 위험한 기계 · 기구 · 설비 등의 안전성능을 지속적으로 유지 · 보증하기 위하여 사업장에서 갖추어야 할 기술능력과 생산체계가 안전인증기준에 적합한지에 대한 심사	30일 (단, 외국에서 제조한 경우는 45일)
제품심사	개별 제품심사	서면심사 결과가 안전인증기준에 적합할 경우에 유해 · 위험한 기계 · 기구 · 설비 등 모두에 대하여 하는 심사	15일
	형식별 제품심사	서면심사와 기술능력 및 생산체계 심사 결과가 안전인증기준에 적합할 경우에 유해 · 위험한 기계 · 기구 · 설비 등의 형식별로 표본을 추출하여 하는 심사	30일 (단, 추락 및 감전 위험 방지용 안전모, 안전화, 안전장갑, 방진마스크, 방독마스크, 송기마스크, 전동식 호흡보호구, 보호복은 60일)

※ 제품심사 : 유해 · 위험한 기계 · 기구 · 설비 등이 서면심사 내용과 일치하는지 여부와 유해 · 위험한 기계 · 기구 · 설비 등의 안전에 관한 성능이 안전인증기준에 적합한지 여부에 대한 심사

(6) 안전인증기준 준수 확인주기

① 안전인증대상 기계 · 기구 등 : 2년에 1회

② 최근 3년 동안 안전인증이 취소되거나 안전인증표시의 사용금지 또는 개선명령을 받은 사실이 없는 경우와 최근 2회의 확인 결과 기술능력 및 생산체계가 고용노동부장관이 정하는 기준 이상인 경우 : 3년에 1회

(7) 안전인증의 취소 공고

고용노동부장관은 안전인증을 취소한 경우에는 안전인증을 취소한 날부터 30일 이내에 다음의 사항을 관보와 「신문 등의 자유와 기능보장에 관한 법률」에 따라 그 보급지역을 전국으로 하여 등록한 일간신문 또는 인터넷 등에 공고하여야 한다.

① 유해 · 위험 기계 · 기구 등의 명칭 및 형식번호

② 안전인증번호

③ 제조자(수입자) 및 대표자

④ 사업장 소재지

⑤ 취소일자 및 취소사유

3 자율안전확인

(1) 자율안전확인의 정의

인증기준 설비와 인력을 구비하고 고용노동부장관의 인정을 받아 유해 · 위험기계, 안전장치, 보호구 등에 대한 안전인증을 자율로 실시하는 것

(2) 자율안전확인의 목적

보편화된 유해 · 위험기계, 안전장치, 보호구 등에 대해 안전인증을 함으로써 스스로 위험성을 평가 · 관리하도록 하여 인증의 실효성을 높이는 것

(3) 자율안전확인의 대상 빈출!

기계 또는 설비	방호장치	보호구
① 연삭기 또는 연마기 (휴대형은 제외) ② 산업용 로봇 ③ 혼합기 ④ 파쇄기 또는 분쇄기 ⑤ 식품가공용 기계 (파쇄 · 절단 · 혼합 · 제면기만 해당) ⑥ 컨베이어 ⑦ 자동차정비용 리프트 ⑧ 공작기계 (선반, 드릴기, 평삭 · 형삭기, 밀링만 해당) ⑨ 고정형 목재가공용 기계 (둥근톱, 대패, 루터기, 띠톱, 모떼기 기계만 해당) ⑩ 인쇄기	① 아세틸렌 용접장치용 또는 가스집합 용접장치용 안전기 ② 교류아크용접기용 자동전격방지기 ③ 롤러기 급정지장치 ④ 연삭기 덮개 ⑤ 목재가공용 둥근톱 반발 예방장치와 날접촉 예방장치 ⑥ 동력식 수동대패용 칼날접촉 방지장치 ⑦ 추락 · 낙하 및 붕괴 등의 위험 방호에 필요한 가설기자재로서 고용노동부장관이 정하여 고시하는 것	① 안전모 (단, 추락 및 감전 위험 방지용 안전모는 제외) ② 보안경 (단, 차광 및 비산물 위험 방지용 보안경은 제외) ③ 보안면 (단, 용접용 보안면은 제외)

04 안전검사와 안전진단

1 안전검사

(1) 안전검사의 정의

유해하거나 위험한 기계 · 기구 · 설비를 사용하는 사업주가 유해 · 위험기계 등의 안전에 관한 성능이 검사기준에 맞는지 알아보기 위해 실시하는 검사

(2) 안전검사의 목적

유해하거나 위험한 기계 · 기구 및 설비의 결함으로 인하여 발생될 수 있는 산업재해를 사전에 방지

(3) 안전검사 대상 기계 등 빈출!

① 프레스
② 전단기
③ 크레인(정격하중이 2톤 미만인 것은 제외)
④ 리프트
⑤ 압력용기
⑥ 곤돌라
⑦ 국소배기장치(이동식은 제외)
⑧ 원심기(산업용만 해당)
⑨ 롤러기(밀폐형 구조는 제외)
⑩ 사출성형기(형 체결력 294kN 미만은 제외)
⑪ 고소작업대(「자동차관리법」에 따른 화물자동차 또는 특수자동차에 탑재한 고소작업대로 한정)
⑫ 컨베이어
⑬ 산업용 로봇

(4) 안전검사의 주기 빈출!

① 크레인(이동식 크레인은 제외), 리프트(이삿짐 운반용 리프트는 제외) 및 곤돌라
㉠ 사업장에 설치가 끝난 날부터 3년 이내에 최초 안전검사를 실시
㉡ 그 이후부터 2년마다 실시
(건설현장에서 사용하는 것은 최초로 설치한 날부터 6개월마다 실시)

② 이동식 크레인, 이삿짐 운반용 리프트 및 고소작업대
㉠ 「자동차관리법」에 따른 신규등록 이후 3년 이내에 최초 안전검사를 실시
㉡ 그 이후부터 2년마다 실시

③ 프레스, 전단기, 압력용기, 국소배기장치, 원심기, 화학설비 및 그 부속설비, 건조설비 및 그 부속설비, 롤러기, 사출성형기, 컨베이어 및 산업용 로봇
㉠ 사업장에 설치가 끝난 날부터 3년 이내에 최초 안전검사를 실시
㉡ 그 이후부터 2년마다 실시
(공정안전보고서를 제출하여 확인을 받은 압력용기는 4년마다 실시)

2 안전진단

(1) 안전진단의 목적

사업장의 산업재해를 예방하기 위하여 기계설비, 공기구, 작업방법, 작업환경, 근로자의 안전활동, 근무태도, 생활태도 등 인적 · 물적 · 환경적인 요인이 포함된 회사 전반에 걸쳐 잠재적 위험요소의 발견과 그 개선대책 수립을 위해 전문가로 하여금 조사 · 평가

(2) 안전진단의 대상

지방고용노동관서의 장은 다음의 사업장에 대하여 고용노동부장관이 지정하는 자가 실시하는 안전·보건진단을 받을 것을 명할 수 있으며, 사업주는 이에 적극 협조하여야 함은 물론 정당한 사유 없이 이를 거부하거나 방해 또는 기피하여서는 아니 된다. 이 경우 근로자대표의 요구가 있을 때에는 안전·보건진단에 근로자대표를 입회시켜야 한다.

① 중대재해(사업주가 안전·보건 조치의무를 이행하지 아니하여 발생한 중대재해만 해당) 발생 사업장(다만, 그 사업장의 연간 산업재해율이 같은 업종의 규모별 평균 산업재해율을 2년간 초과하지 아니한 사업장은 제외)

② 안전·보건진단이 필요한 안전·보건 개선계획 수립·시행 명령을 받은 사업장

③ 추락, 폭발, 붕괴 등 재해발생이 현저히 높은 사업장으로 지방고용노동관서의 장이 안전·보건진단이 필요하다고 인정하는 사업장

05 기계의 방호조치

1 방호장치의 설치

(1) 방호장치의 목적

방호조치를 하기 위한 여러 가지 방법 중 하나로, 위험 기계·기구의 위험한계 내에서의 안전성을 확보하기 위한 장치

(2) 방호장치 설치 시 고려사항 빈출!

① 적용의 범위

② 방호의 정도

③ 보수의 난이도

④ 신뢰도

⑤ 작업성

⑥ 경비

(3) 유해·위험 방지를 위하여 방호조치가 필요한 기계·기구 빈출!

① 예초기 - 날접촉 예방장치

② 원심기 - 회전체접촉 예방장치

③ 공기압축기 - 압력방출장치

④ 금속절단기 - 날접촉 예방장치

⑤ 지게차 - 헤드가드, 백레스트, 전조등, 후미등, 안전벨트

⑥ 포장기계 - 구동부 방호 연동장치

(4) 기계설비의 배치(layout) 시 유의사항

① 작업공정을 검토한다.
② 기계설비 주위에 충분한 공간을 확보한다.
③ 공장 내외의 안전통로를 확보한다.
④ 원재료, 제품 등의 저장소 넓이를 충분히 확보한다.
⑤ 기계설비의 보수 · 점검을 용이하게 할 수 있도록 한다.

(5) 방호조치에 대한 근로자의 준수사항 빈출!

① 방호조치를 해체하고자 할 경우에는 사업주의 허가를 받아 해체할 것
② 방호조치를 해체한 후 그 사유가 소멸된 때에는 지체 없이 원상회복시킬 것
③ 방호조치의 기능이 상실된 것을 발견한 때에는 지체 없이 사업주에게 신고할 것

2 방호장치의 분류

(1) 방호장치의 종류

① **위치제한형** : 작업자의 신체부위가 위험한계 밖에 있도록 기계의 조작장치를 위험한 작업점에서 안전거리 이상 떨어지게 하거나 조작장치를 양손으로 동시 조작하게 함으로써 위험한계에 접근하는 것을 제한하는 방호장치
예 양수조작식(프레스에 많이 설치)

② **접근거부형** : 작업자의 신체부위가 위험한계 내로 접근하였을 때 기계적인 작용에 의하여 접근을 못하도록 저지하는 방호장치
예 게이트가드(프레스 및 전단기에 설치)

③ **접근반응형** : 작업자의 신체부위가 위험한계 또는 그 인접한 거리 내로 들어오면 이를 감지하여 그 즉시 기계의 동작을 정지시키고 경보 등을 발하는 방호장치
예 광선식, 압력감지식, 압력호스식

④ **격리형** : 차단벽이나 방호망을 기계설비 외부에 설치하는 방법
예 완전차단형 방호장치, 덮개형 방호장치, 안전방책

⑤ **포집형** : 연삭기 덮개나 반발예방장치 등과 같이 위험장소에 설치하여 위험원이 비산하거나 튀는 것을 포집하여 작업자로부터 위험원을 차단하는 방호장치
예 연삭기 덮개, 반발예방장치(위험원의 비산 및 튀어 오르는 것을 방지)

⑥ **감지형** : 이상온도, 이상기압, 과부하 등 기계의 부하가 안전한계치를 초과하는 경우에 이를 감지하고 자동으로 안전상태가 되도록 조정하거나 기계의 작동을 중지시키는 방호장치
예 이상온도, 이상압력, 과부하 감지(안전한계 설정)

(2) 기타 방호장치의 종류 빈출!

① **인터록 장치(interlock system)** : 일종의 연동기구로서 목적 달성을 위하여 한 동작 또는 수개의 동작을 하기도 하며, 동작 완료 시에는 자동으로 안전상태를 확보하는 장치

② **리밋스위치(limit switch)** : 기계설비의 안전장치에서 과도하게 한계를 벗어나 계속적으로 감아올리거나 하는 일이 없도록 제한해 주는 장치
예 권과방지장치, 과부하방지장치, 과전류차단장치, 압력제한장치 등

③ **급정지장치** : 작업 중 작업의 위치에서 근로자가 동력전달을 차단하는 장치

3 동력전달장치의 방호장치

(1) 고정식(방호) 덮개의 구비조건 빈출!

① 충분한 강도를 가질 것(재료의 강도, 부착의 강도)

② 구조가 간단하고 조정이 용이할 것

③ 일반작업, 점검 · 조정 · 주유 작업에 방해되지 않을 것

④ 손등이 낄 위험 부분을 없앨 것(커버와 기계의 운동 부분 사이에)

⑤ 커버 개구부의 치수가 지나치게 크지 않을 것

- $X<160$mm일 경우, $Y=6+0.15X$
- $X \geq 160$mm일 경우, $Y=30$mm

여기서, X : 위험점에서 가드까지의 거리(mm), Y : 가드의 최대개구간격(mm)

(2) 동력전달 기계 · 기구의 방호조치

① 작동 부분상의 돌기 부분은 묻힘형으로 하거나 덮개를 부착할 것

② 동력전달 부분 및 속도조절 부분에는 덮개를 부착하거나 방호망을 설치할 것

③ 회전기계의 물림점(롤러, 기어 등)에는 덮개 또는 울을 설치할 것

4 파괴검사와 비파괴검사 빈출!

파괴검사	비파괴검사
• 인장검사 • 굽힘검사 • 경도검사 • 크리프검사 • 충격검사	• 자분탐상법 • 침투탐상법 • 타진법(음향법) • 방사선탐상법 • 초음파탐상법

06 연삭기의 안전

1 연삭기의 재해

(1) 연삭기의 재해 유형 빈출!

① 숫돌 면에 접촉되어 일어나는 경우

② 숫돌이 깨져 그 파편에 작업자가 맞아서 일어나는 경우

③ 연삭분이 눈에 들어가서 일어나는 경우

④ 가공물의 낙하에서 생기는 경우

⑤ 연삭 중 물품이 튕겨서 생기는 경우

⑥ 덮개와 숫돌 사이에 말려들어감으로써 생기는 경우

(2) 연삭숫돌의 파괴원인 빈출!

① 숫돌의 회전속도가 너무 빠를 때
② 숫돌 자체에 균열이 있을 때
③ 플랜지가 현저히 적을 때
④ 작업에 부적당한 숫돌을 사용할 때
⑤ 숫돌에 과대한 충격을 가할 때
⑥ 숫돌의 회전 불균형이나 베어링 마모에 의한 진동이 있을 때
⑦ 숫돌의 측면을 사용하여 작업할 때
⑧ 숫돌의 치수가 부적당할 때

숫돌의 회전속도

V(회전속도)$= \pi DN$(mm/min)$= \frac{\pi DN}{1,000}$(m/min)

여기서, D : 숫돌 지름(mm), N : 회전수(rpm)

2 연삭기의 방호

(1) 연삭기의 방호장치

① **방호장치** : 덮개
② **조정편과 작업대** : 작업대의 높이는 숫돌 스핀들 정점에서 수평과 같게 할 것
  ㉠ 덮개와 숫돌과의 간격 : 10mm 이내
  ㉡ 조정편과 숫돌과의 간격 : 5~10mm
  ㉢ 작업대와 숫돌과의 간격 : 3mm 이내
③ **안전실드** : 연삭 분진이 날아오는 것을 방지하는 것으로, 실드가 열려 있을 때는 기동되지 않는 구조일 것
④ **속도조절기** : 휴대용 공기 연삭기는 부하의 변동에 따라 회전수가 변하므로 호칭치수 65mm 이상의 것에는 속도조절기를 설치하여 자동적으로 공기압을 조절하고, 속도를 일정하게 해줄 것(월 1회 이상 회전속도를 측정)
⑤ **연삭숫돌의 고정법** : 플랜지의 지름은 연삭숫돌 지름의 1/3 크기로 할 것

(2) 연삭기 작업 시 준수사항 빈출!

① 구조 규격(재료, 치수, 두께)에 적당한 덮개를 설치할 것
② 작업 시작 전 1분 이상, 숫돌 교체 시 3분 이상 시운전할 것
③ 연삭숫돌 최고사용 원주속도를 초과하지 말 것
④ 측면을 사용하는 것을 목적으로 제작된 연삭기 이외에는 측면 사용을 금지할 것
⑤ 작업 시에는 숫돌의 원주 면을 이용할 것
⑥ 숫돌에 충격을 가하지 말 것
⑦ 연삭숫돌은 작업시작 전에 결함 유무를 확인할 것

(3) 연삭기 덮개의 설치방법 빈출!

① 탁상용 연삭기
  ㉠ 노출각도 90° 이내, 수평축 위로 이루는 원주각도는 65° 이내(단, 수평축 아래에서 연삭하는 경우 125° 이내)
  ㉡ 연삭숫돌의 상부를 사용하는 목적인 경우는 60° 이내
② **휴대용 연삭기** : 노출각도 180° 이내

③ 원통형 연삭기 : 노출각도 180° 이내, 수평축 위로 이루는 각도는 65° 이내
④ 절단 및 평면 연삭기 : 노출각도 150° 이내 숫돌의 주축에서 수평면 밑으로 이루는 덮개의 각도는 15° 이상

07 목재가공용 기계 및 산업용 로봇

1 목재가공용 둥근톱 기계

(1) 둥근톱 기계 방호장치의 종류 빈출!

① 톱날접촉 예방장치 : 덮개
② 반발 예방장치 : 반발방지롤러, 반발방지기구, 분할날

(2) 둥근톱 기계 방호장치의 설치방법 빈출!

① 톱날접촉 예방장치는 분할날에 대면하고 있는 부분과 가공재를 절단하는 부분 이외의 톱날을 덮을 수 있는 구조일 것
② 반발방지기구는 목재 송급 쪽에 설치하되, 목재의 반발을 충분히 방지할 수 있도록 설치할 것
③ 분할날은 톱날로부터 12mm 이상 떨어지지 않게 설치하되, 그 두께는 톱날 두께의 1.1배 이상, 톱날의 치진폭 이하로 할 것
④ 분할날의 길이는 톱날 후면 날의 2/3 이상으로 한다.

(3) 그 밖에 목재가공용 기계의 방호장치 빈출!

① 띠톱기계 : 덮개 또는 울, 날접촉 예방장치와 덮개(이송롤러기 부착 시)
② 대패기계 : 날접촉 예방장치
③ 모떼기기계 : 날접촉 예방장치

2 산업용 로봇

(1) 산업용 로봇의 방호장치

안전매트 또는 방호울(높이 1.8m 이상의 방책)

(2) 산업용 로봇의 작업지침 빈출!

① 로봇의 조작 방법 및 순서
② 작업 중의 매니퓰레이터의 속도
③ 2인 이상의 근로자에게 작업을 시킬 때의 신호방법
④ 이상을 발견한 때의 조치
⑤ 이상을 발견하여 로봇의 운전을 정지시킨 후 이를 재가동시킬 때의 조치

08 보일러의 안전

(1) 보일러의 사고형태

① 구조상의 결함
② 구성재료의 결함
③ 보일러 내부의 압력
④ 고열에 의한 배관의 강도저하 등

(2) 보일러의 방호장치 빈출!

① 압력방출장치
1개 또는 2개 이상 설치하고 최고사용압력 이하에서 작동되도록 할 것
단, 2개 이상 설치된 경우에는 최고사용압력 이하에서 1개가 작동하고, 다른 1개는 최고사용압력 1.05배 이하에서 작동되도록 할 것

② 압력제한스위치
과열을 방지하기 위하여 최고사용압력과 사용압력 사이에서 보일러의 버너 연소를 차단하도록 설치

③ 고저수위 조절장치
고저수위를 알리는 경보등 · 경보음 장치 등을 설치하며, 자동으로 급수 또는 단수되도록 설치

④ 화염검출기
연소실 내 화염을 검출하여 이상화염 발생 시 연료 공급을 중지하도록 설치

(3) 압력방출장치의 설치

① 압력용기의 최고사용압력 이전에 작동되도록 설정
② 1년에 1회 이상 국가 교정기관으로부터 교정을 받은 압력계를 이용하여 토출압력시험 후 납으로 봉인하여 사용
③ 다단형 압축기 또는 직렬로 접속된 공기압축기에는 각 단마다 설치

(4) 공기압축기 운전 시 주의사항

운전 전 주의사항	운전 중 주의사항
• 압축기에 부착된 볼트, 너트 등의 조임상태 점검 • 냉각수 계통의 밸브를 열어 냉각수 순환상태 점검 • 크랭크 케이스 등에 규정량의 윤활유 공급 여부 점검 • 압력조절밸브, 드레인밸브를 전부 열어 압력지시 이상 유무 확인 • 압력계 및 온도계 이상 유무 확인	• 압력계의 지시상태 • 각 단의 흡입 · 토출 가스 온도상태 • 냉각수량 변화 • 실린더 주유기의 급유상태와 유량 조절 • 윤활유 압력의 변화 • 드레인의 색상 변화 • 각 부의 소음 · 진동 상태 • 자동장치의 작동상태

09 프레스 · 롤러기 · 용접장치의 안전

1 프레스의 방호장치

(1) 프레스 방호장치의 종류

① 1행정 1정지식 프레스 : 양수조작식, 게이트가드식

② 행정길이 40mm 이상 : 손쳐내기식, 수인식

③ 슬라이드 작동 중 정지 가능한 구조(마찰식 프레스) : 감응식(광전자식)

(2) 프레스 방호장치의 설치방법 빈출!

구 분	설치방법
양수조작식	• 반드시 두 손을 사용하여 동시에 조작하여야만 작동하는 구조일 것 • 조작부의 간격은 300mm 이상으로 할 것 • 조작부의 설치거리는 스위치 작동 직후 손이 위험점까지 들어가지 못하도록 다음에 서 정하는 거리 이상에 설치할 것 – 설치거리(cm)=160×프레스기 작동 후 작업점까지 도달시간(초) – 양수기동식(완전회전식 클러치 기구가 있는 프레스) 안전거리(mm) $D \geq 1.6\,T_m$ 여기서, T_m : 누름버튼을 누른 때부터 사용하는 프레스의 슬라이드가 하사점에 도달할 때까지의 소요 최대시간(ms) $T_m = \left(\frac{1}{2} + \frac{1}{\text{클러치 물림 개소수}}\right) \times \frac{60{,}000}{\text{spm(매분 행정수)}}$ • 양손의 동시 누름 시간차를 0.5초 이내에서만 작동할 것 • 1행정마다 누름버튼 등에서 양손을 떼지 않으면 재가동을 조작할 수 없는 구조일 것
게이트 가드식	• 약간 움직일 경우를 제외하고는 가드를 닫지 않으면 슬라이드를 작동시킬 수 없는 구조일 것 • 게이트가드는 약간 작동되는 경우를 제외하고 슬라이드 작동 중에 열 수 없는 구조일 것 • 가드식 방호장치는 임의로 변경 또는 조정할 수 없는 구조여야 하며, 방호장치를 제거하여 프레스 등을 열 수 없도록 인터록 기구를 가질 것
손쳐내기식	• 손쳐내기판은 금형 크기의 1/2 이상 또는 높이가 행정길이 이상일 것 • 손쳐내기봉의 진폭은 금형 폭 이상일 것 • 손쳐내기봉 및 방호판은 손등에 접촉하는 것에 의한 충격을 완화하기 위한 조치가 강구될 것
수인식	• 수인용 줄은 사용 중 늘어나거나 끊어지지 않는 튼튼한 줄을 사용할 것(재료는 합성섬유, 직경은 4mm 이상, 절단하중은 조절부를 설치한 상태에서 150kg 이상일 것) • 사용자에 따라 수인용 줄은 조정이 가능할 것 • 분당 행정수는 120 이하, 행정길이는 40mm 이상의 프레스기에 설치할 것
감응식 (광전자식)	• 광축은 2개 이상 설치하고, 광축과의 간격은 30mm 이하로 할 것 • 위험구역을 충분히 감지할 수 있는 구조일 것 • 투광기에서 발생하는 빛 이외의 광선에 감응하지 않을 것 • 광축과 위험점과의 설치거리는 다음에 정하는 안전거리를 확보할 것 안전거리(mm) $D \geq 1.6(T_l + T_s)$ 여기서, T_l : 누름버튼에서 손을 떼는 순간부터 급정지기구가 작동 개시하기까지의 시간(ms) T_s : 급정지기구가 작동을 개시할 때부터 슬라이드가 정지할 때까지의 시간(ms) $T_l + T_s$: 최대정지시간(ms)

2 동력 프레스의 방호장치 형식에 따른 안전대책 빈출!

(1) No-Hand In Die 방식

① 안전울을 부착한 프레스(작업을 위한 개구부를 제외하고 다른 틈새는 8mm 이하)
② 안전금형을 부착한 프레스(상형과 하형의 틈새 및 가이드 포스트와 부시의 틈새는 8mm 이하)
③ 전용 프레스의 도입(작업자의 손을 금형 사이에 넣을 필요가 없도록 부착한 프레스)
④ 자동 프레스의 도입(자동 송급 · 배출 장치를 부착한 프레스)

(2) Hand In Die 방식

① 프레스기의 종류, 압력능력, 매분 행정수, 행정의 길이 및 작업방법에 상응하는 방호장치
㉠ 가드식 방호장치
㉡ 손쳐내기식 방호장치
㉢ 수인식 방호장치
② 프레스기의 정지 성능에 상응하는 안전장치
㉠ 양수조작식 방호장치
㉡ 감응식 방호장치

3 롤러기

(1) 롤러기의 방호장치 : 급정지장치 빈출!

① 방호장치의 종류
㉠ 손조작식 : 바닥에서부터 1.8m 이내
㉡ 복부조작식 : 바닥에서부터 0.8~1.1m 이내
㉢ 무릎조작식 : 바닥에서부터 0.4~0.6m 이내
② 방호장치의 성능기준
㉠ 앞면 롤의 표면속도가 30m/min 미만 : 앞면 롤 원주 길이의 1/3 이내
㉡ 앞면 롤의 표면속도가 30m/min 이상 : 앞면 롤 원주 길이의 1/2.5 이내

(2) 롤러기 방호장치의 설치방법 빈출!

① 손조작 로프식은 롤러의 전 · 후면에 각각 1개씩 설치하고, 그 길이는 롤러 길이 이상으로 할 것
② 조작부에 사용하는 끈은 늘어지거나 끊어지지 않는 것일 것
(파단강도 300kg 이상, 직경 4mm 이상)
③ 급정지장치는 롤러기의 기동장치를 조작하지 않으면 기동하지 않는 구조일 것

4 아세틸렌 용접장치와 가스집합 용접장치의 방호장치

(1) 안전기의 성능기준 빈출!

① 주요 부분은 두께 2mm 이상의 강판 또는 강관을 사용할 것
② 도입부는 수봉 배기관을 갖춘 수봉식일 것
③ 유효수주는 25mm 이상 되도록 할 것
④ 물의 보충 또는 교환이 용이하고 수위를 쉽게 점검할 수 있는 구조일 것

(2) 안전기의 설치요령

① 아세틸렌 용접장치

㉠ 취관마다 안전기를 설치할 것

㉡ 가스 용기가 발생기와 분리되어 있는 경우에는 발생기와 가스 용기 사이에 설치할 것

② 가스집합 용접장치

주관 및 분기관에 설치할 것(이 경우 하나의 취관에 2개 이상 설치할 것)

10 지게차의 안전

1 지게차의 작업시작 전 점검사항 빈출!

① 제동장치 및 조종장치 기능의 이상 유무

② 하역장치 및 유압장치 기능의 이상 유무

③ 바퀴의 이상 유무

④ 전조등 · 후미등 · 방향지시기 및 경보장치 기능의 이상 유무

2 지게차의 구조와 안전카니버 카베르네 소비뇽

(1) 지게차의 안정조건 빈출!

지게차의 안정성은 평형 및 지렛대의 원리에 있으며, 지게차 앞의 구동바퀴가 받침대 역할을 하게 되고, 지게차에 화물을 실으면 카운터웨이트(counter weight) 균형추의 중량에 의해서 평형이 이루어진다. 지게차의 안정성을 유지하기 위해서는 구조 · 화물 및 운전조작에서 신중한 검토가 선행되어야 한다. 따라서 지게차는 화물 적재 시에 지게차 균형추(counter balance) 무게에 의하여 안정된 상태를 유지할 수 있도록 그림과 같이 최대하중 이하에서 적재하여야 한다.

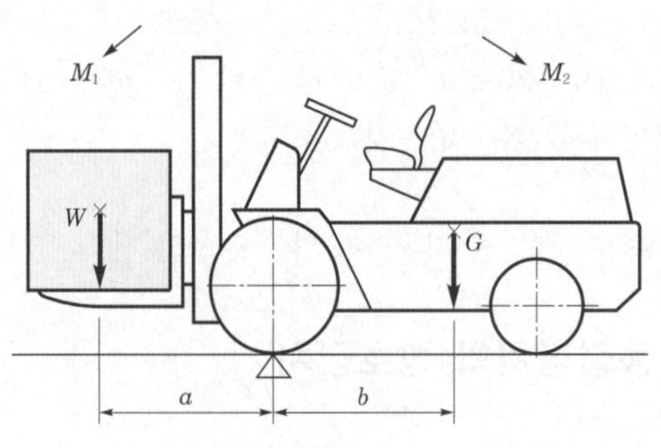

$$W \cdot a \leq G \times b \Rightarrow M_1 \leq M_2$$

여기서,

W : 화물 중심에서의 화물 중량(kgf)

G : 지게차 중심에서의 지게차 중량(kgf)

a : 앞바퀴에서 화물 중심까지의 최단거리(cm)

b : 앞바퀴에서 지게차 중심까지의 최단거리(cm)

$M_1 = W \times a$ ························· 화물의 모멘트

$M_2 = G \times b$ ························· 지게차의 모멘트

(2) 지게차의 안정도 빈출!

작 업	안정도	지게차의 상태	
하역작업 시의 전후 안정도	4% (5t 이상의 것은 3.5%)	XY	〈위에서 본 상태〉
주행 시의 전후 안정도	18%	XY	
하역작업 시의 좌우 안정도	6%	XY	〈위에서 본 상태〉
주행 시의 좌우 안정도	(15+1.1 V)% 여기서, V : 최고속도(km/hr)	XY	

※ 안정도(%) $= \frac{h}{l} \times 100$

X-Y : 경사 바닥의 경사축
M-N : 지게차의 좌우 안정도축
A-B : 지게차의 세로방향 중심선

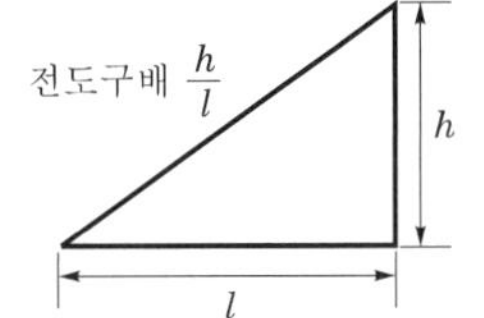

지게차의 헤드가드

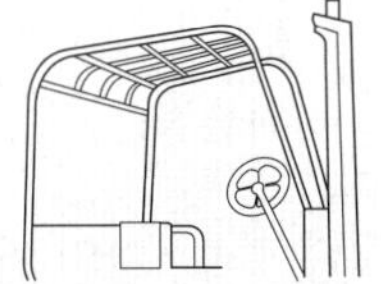

(3) 지게차의 헤드가드 빈출!

① 강도는 지게차 최대하중의 2배 값(4톤을 넘는 값에 대해서는 4톤으로 한다)의 등분포정하중에 견딜 수 있을 것

② 상부틀 각 개구의 폭 또는 길이가 16cm 미만일 것

③ 운전자가 앉아서 조작하는 방식의 지게차의 경우에는 운전자의 좌석 윗면에서 헤드가드의 상부틀 아랫면까지의 높이가 0.93m 이상일 것

④ 운전자가 서서 조작하는 방식의 지게차의 경우에는 운전석의 바닥면에서 헤드가드의 상부틀 하면까지의 높이가 1.88m 이상일 것

제3과목 기계·기구 및 설비 안전관리 개념 Plus⁺

1 보일러의 안전한 가동을 위하여 보일러 규격에 맞는 압력방출장치를 부착하여야 하는데, 압력방출장치가 2개 이상 설치된 경우에는 1개는 최고사용압력 이하에서 작동되도록 하고, 다른 압력방출장치는 최고사용압력의 (　　　) 이하에서 작동되도록 부착하여야 한다.

2 기계의 원동기, 풀리, 기어 등 근로자에게 위험을 미칠 우려가 있는 부위에 설치하는 위험방지장치에는 덮개, (　　　), 슬리브 및 건널다리 등이 있다.

3 선반에서 절삭가공 시 발생하는 칩이 짧게 끊어지도록 공구에 설치하는 방호장치의 일종인 칩 제거기구를 (　　　)라고 한다.

4 세이퍼(shaper)의 안전장치에는 (　　　), 칩받이, 칸막이가 있다.

5 조작자의 신체부위가 위험한계 밖에 위치하도록 기계의 조작장치를 위험구역에서 일정거리 이상 떨어지게 하는 방호장치는 (　　　) 방호장치이다.

6 공기압축기에서 공기탱크 내의 압력이 최고사용압력에 도달하면 압송을 정지하고, 소정의 압력까지 강하하면 다시 압송작업을 하는 밸브는 (　　　)이다.

7 프레스 등의 금형을 부착·해체 또는 조정하는 작업을 할 때에 해당 작업에 종사하는 근로자의 신체가 위험한계 내에 있는 경우 슬라이드가 갑자기 작동함으로써 근로자에게 발생할 우려가 있는 위험을 방지하기 위하여 (　　　)을 사용하는 등 필요한 조치를 하여야 한다.

8 (　　　)이란 왕복운동을 하는 동작운동과 움직임이 없는 고정부분 사이에 형성되는 위험점을 말한다.

9 프레스기의 안전대책 중 손을 금형 사이에 집어넣을 수 없도록 하는, 본질적 안전화를 위한 방식(no-hand in die)에는 안전울(방호울)을 부착한 프레스, 안전금형을 부착한 프레스, 전용 프레스, 그리고 (　　　)의 도입이 있다.

10 로봇을 운전하는 경우 근로자가 로봇에 부딪칠 위험이 있을 때에는 높이 (　　　) 이상의 방책을 설치하여야 한다.

11 (　　　)은 용접작업을 할 때 전류의 과대나 용접봉의 부적당에 의하여 모재가 녹아 용착 금속이 채워지지 않고 홈으로 남게 된 부분을 말한다.

12 선반 등으로부터 돌출하여 회전하고 있는 가공물을 작업하는 경우에는 (　　　) 또는 (　　　)를 설치하는 등의 방호조치를 하여야 한다.

13 (   )란 기계의 방호장치 중 과도하게 한계를 벗어나 계속적으로 감아 올리는 일이 없도록 제한하는 장치이다.

14 둥근톱에 설치하는 분할날은 표준테이블면(승강테이블은 테이블을 최대로 내렸을 때의 면) 상에서 톱 후면 날의 (   ) 이상을 덮고, 톱날과의 간격이 (   ) 이내가 되어야 한다.

15 롤러기에 설치하는 방호장치인 급정지장치의 급정지거리는 롤러 앞면의 표면속도가 30m/min 미만일 경우에는 앞면 롤러 원주길이의(   ) 이내로 하고, 30m/min 이상일 경우에는 앞면 롤러 원주길이의 (   ) 이내로 한다.

정답 | 1 1.05배 2 울 3 칩브레이커 4 방책 5 위치제한형 6 언로드밸브 7 안전블록 8 협착점 9 자동 프레스 10 180cm 11 언더컷(under cut) 12 울, 덮개 13 권과방지장치 14 2/3, 12mm 15 1/3, 1/2.5

04 전기설비 안전관리

01 감전재해의 원인과 예방

1 감전재해와 그에 따른 영향

(1) 감전재해의 요인 빈출!

① 1차적 감전위험요인
 ㉠ 통전전류의 크기
 ㉡ 통전시간
 ㉢ 통전경로
 ㉣ 통전전원의 종류
 ㉤ 주파수 및 파형

② 2차적 감전위험요인
 ㉠ 전압의 크기
 ㉡ 인체의 조건(저항)
 ㉢ 계절
 ㉣ 개인차

※ 감전에 의한 사망의 위험성은 보통 '통전전류의 크기'에 의해 결정된다.

전류의 세기에 따른 인체의 영향

감전전류	인체의 정도
1mA	전기를 느끼는 수준
5mA	상당한 고통
10mA	견디기 어려운 고통
20mA	심한 근육수축(행동 불능)
50mA	상당히 위험한 상태
100mA	치명적인 결과 초래

(2) 통전전류가 인체에 미치는 영향 빈출!

① **최소감지전류** : 전류의 흐름을 느낄 수 있는 최소의 전류(상용주파수 60Hz에서 1mA 정도)
② **고통한계전류** : 전류의 흐름에 따라 고통을 참을 수 있는 한계전류치(7~8mA 정도)
③ **마비한계전류** : 신체 각 부의 근육이 수축현상을 일으켜 신경이 마비되고 신체를 움직일 수 없으며, 말도 할 수 없는 상태의 전류(10~15mA 정도)
④ **심실세동전류** : 심장이 정상적인 맥동을 하지 못하게 되고 불규칙적인 세동을 일으켜 혈액의 순환이 곤란하며, 심장이 마비되는 현상을 일으키게 되는 전류

(3) 통전시간이 인체에 미치는 영향 빈출!

① 통전시간과 전류값의 관계식

$I = \frac{116 \sim 185}{\sqrt{T}}$ [mA]

보통 성인의 경우, $I = \frac{165}{\sqrt{T}}$ [mA] $= \frac{0.165}{\sqrt{T}}$ [A]

여기서, I : 심실세동전류[mA], T : 통전시간[s]

※ 통전시간이 길수록 감전 위험성이 높다.

② 심실세동을 일으키는 위험한계에너지

$$W = I^2RT = \left(\frac{165}{\sqrt{T}} \times 10^{-3}\right)^2 \times 500T$$

$$= (165^2 \times 10^{-6}) \times 500$$

$$= 13.6\text{W} \cdot \text{s} = 13.6\text{J} = 13.6 \times 0.24\text{cal} = 3.3\text{cal}$$

여기서, W : 전기에너지[J], I : 심실세동전류[mA], T : 통전시간[s]

R : 인체의 전기저항을 500Ω으로 할 때의 전기저항[Ω]

(4) 통전경로별 위험도 빈출!

통전경로	위험도
오른손 → 등	0.3
왼손 → 오른손	0.4
왼손 → 등	0.7
한손 또는 양손 → 앉아 있는 자리	0.7
오른손 → 한발 또는 양발	0.8
양손 → 양발	1.0
왼손 → 한발 또는 양발	1.0
오른손 → 가슴	1.3
왼손 → 가슴	1.5

(5) 인체의 전기저항

① 피부의 전기저항 : 2,500Ω(내부조직저항 : 300Ω)

② 인체를 통한 통전경로상의 저항 : 500Ω

③ 발과 신발 사이의 저항 : 1,500Ω

④ 신발과 대지 사이의 저항 : 700Ω

⑤ 피부에 땀이 있을 경우의 저항 : 1/12~1/20로 저항률 저하

⑥ 피부가 물에 젖어 있을 경우의 저항 : 1/25로 저항률 저하

인체의 부위별 저항률

피부 > 뼈 > 근육 > 혈액 > 내부조직

2 안전전압과 감전사고의 방지

(1) 전압의 구분 빈출!

구 분	직 류	교 류
저압	1.5kV(1,500V) 이하	1kV(1,000V) 이하
고압	1.5kV(1,500V) 초과 ~ 7kV(7,000V) 이하	1kV(1,000V) 초과 ~ 7kV(7,000V) 이하
특고압	7kV(7,000V) 초과	7kV(7,000V) 초과

(2) 허용접촉전압 빈출!

$$허용접촉전압(E)=\left(R_b+\frac{3R_s}{2}\right)\times I_k$$

여기서, R_b : 인체의 저항률[Ω]

R_s : 지표 상층 저항률[Ω · m]

I_k : 심실세동전류$\left(=\frac{0.165}{\sqrt{T}}[\mathrm{A}]\right)$

〈인체의 접촉상태에 따른 허용접촉전압〉

종 별	허용접촉전압	접촉상태
제1종	2.5V 이하	인체의 대부분이 수중에 있는 상태
제2종	25V 이하	• 인체가 현저하게 젖어 있는 상태 • 금속성의 전기기계장치나 구조물에 인체 일부가 상시 접촉되어 있는 상태
제3종	50V 이하	제1종 · 제2종 이외의 경우로, 통상의 인체상태에 있어서 접촉전압이 가해지면 위험성이 높은 상태
제4종	제한 없음	• 제1종 · 제2종 이외의 경우로, 통상의 인체상태에 있어서 접촉전압이 가해지더라도 위험성이 낮은 상태 • 접촉전압이 가해질 우려가 없는 상태

(3) 안전전압 빈출!

① 안전전압이란 회로의 정격전압이 일정 수준 이하인 낮은 전압으로, 절연파괴 등의 사고 시에도 인체에 위험을 주지 않는 전압을 말한다.

② 우리나라는 통상 30V로 정하고 있으며, 감전 방지를 위해 누전차단기 및 절연방호장치 등을 설치하도록 규정하고 있다.

(4) 감전사고 방지대책 빈출!

① 전기설비의 철저한 점검
② 전기기기에 위험 표시
③ 유자격자 이외에는 전기기계 · 기구의 조작 금지
④ 설비의 필요 부분에는 보호접지
⑤ 노출된 충전 부분에는 절연용 방호구 설치
⑥ 재해 발생 시의 처리순서를 미리 작성

기기의 감전 방지조치
• 보호접지
• 이중절연기기 사용
• 비접지식 전로의 채용
• 누진자단기 설치

02 전기설비 · 기기의 안전

1 개폐기

(1) 주상유입 개폐기 빈출!

반드시 개폐의 표시가 있어야 하는 고압 개폐기로, 다음의 경우에 사용한다.

① 배전선의 개폐
② 고장구간의 구분
③ 부하전류의 차단
④ 다른 계통으로의 변환
⑤ 접지사고의 차단
⑥ 콘덴서의 개폐 등

개폐기의 부착장소
- 퓨즈의 전원 측
- 인입구
- 평소 부하전류를 단속하는 장소

(2) 단로기 빈출!

무부하 회로에서의 개폐기로, 반드시 무부하 시에 개폐 조작을 하여야 한다.

※ 전원 개방 시 : 차단기를 개방한 후 단로기 개방
　전원 투입 시 : 단로기를 투입한 후 차단기 투입

단로기는 다음의 경우에 사용한다.

① 차단기의 전후
② 회로의 접속 변환
③ 고압 또는 특고압 회로의 기기 분리 · 구분 · 변경 등

(3) 부하 개폐기

부하상태에서 개폐할 수 있는 개폐기로서, 용량은 전원 측의 상태에 따라 결정된다.

(4) 자동 개폐기

① 전자 개폐기
② 압력 개폐기
③ 시한 개폐기
④ 스냅 개폐기

(5) 저압 개폐기

① 안전 개폐기
② 커버 개폐기
③ 칼날형 개폐기
④ 박스 개폐기

(6) 3상 유도전동기에 흐르는 전력

$P = \sqrt{3}\, V \cdot I \cdot \cos\theta \cdot \eta$

여기서, P : 전력[W], V : 전압[V], I : 전류[A], η : 역률

2 과전류 차단장치

(1) 과전류의 정의

과전류란 정격전류를 초과하는 전류로서, 단락사고전류, 지락사고전류를 포함하는 것을 말한다.

(2) 과전류 차단장치의 설치기준

과전류로 인한 재해를 방지하기 위하여 다음의 방법으로 과전류 차단장치(차단기 · 퓨즈 또는 보호계전기 등과 이에 수반되는 변성기)를 설치하여야 한다.

① 반드시 접지선이 아닌 전로에 직렬로 연결하여 과전류 발생 시 전로를 자동으로 차단하도록 설치할 것
② 차단기 · 퓨즈는 계통에서 발생하는 최대과전류에 대하여 충분하게 차단할 수 있는 성능을 가질 것
③ 과전류 차단장치가 전기계통상에서 상호 협조 · 보완되어 과전류를 효과적으로 차단하도록 할 것

(3) 퓨즈 선택 시 고려사항 빈출!

① 정격전류
② 정격전압
③ 차단용량
④ 사용장소

(4) 과전류 차단기로 저압전로에 사용하는 범용 퓨즈의 용단 특성

정격전류의 구분	시 간	정격전류의 배수	
		불용단 전류	용단 전류
4A 이하	60분	1.5배	2.1배
4A 초과 16A 미만	60분	1.5배	1.9배
16A 이상 63A 이하	60분	1.25배	1.6배
63A 초과 160A 이하	120분	1.25배	1.6배
160A 초과 400A 이하	180분	1.25배	1.6배
400A 초과	240분	1.25배	1.6배

3 누전차단기

(1) 누전차단기의 설치장소 빈출!

① 대지전압이 150V를 초과하는 이동형 또는 휴대형 전기기계 · 기구
② 물 등 도전성이 높은 액체가 있는 습윤장소에서 사용하는 저압(750V 이하의 직류전압 또는 600V 이하의 교류전압)용 전기기계 · 기구
③ 철판 · 철골 위 등 도전성이 높은 장소에서 사용하는 이동형 또는 휴대형 전기기계 · 기구
④ 임시배선의 전로가 설치되는 장소에서 사용하는 이동형 또는 휴대형 전기기계 · 기구

(2) 누전차단기의 설치 제외 빈출!

① 「전기용품 및 생활용품 안전관리법」에 따른 이중절연구조 또는 이와 동등 이상으로 보호되는 전기기계 · 기구
② 절연대 위 등과 같이 감전위험이 없는 장소에서 사용하는 전기기계 · 기구
③ 비접지방식의 전로

(3) 누전차단기의 종류 빈출!

구 분		정격감도전류	동작시간
고감도형	고속형	5mA, 10mA, 15mA, 30mA	정격감도전류에서 0.1초 이내
	시연형		정격감도전류에서 0.1~1초 이내
	반시연형		• 정격감도전류에서 0.2~1초 이내 • 정격감도전류 1.4배의 전류에서 0.1~0.5초 이내 • 정격감도전류 4.5배의 전류에서 0.05초 이내
중감도형	고속형	50mA, 100mA, 200mA, 500mA, 1,000mA	정격감도전류에서 0.1초 이내
	시연형		정격감도전류에서 0.1~2초 이내
저감도형		1,000mA 초과 ~ 20A 이하	-

※ 감전 보호용 누전차단기의 정격감도전류는 30mA 이하, 동작시간 0.03초 이내이며, 최소동작전류는 정격감도전류의 50% 이상이다.

(4) 누전차단기 접속 시 준수사항 빈출!

① 전기기계 · 기구에 설치되어 있는 누전차단기는 정격감도전류가 30mA 이하이고 작동시간은 0.03초 이내일 것. 다만, 정격전부하전류가 50A 이상인 전기기계 · 기구에 접속되는 누전차단기는 오작동을 방지하기 위하여 정격감도전류는 200mA 이하로, 작동시간은 0.1초 이내로 할 수 있다.
② 분기회로 또는 전기기계 · 기구마다 누전차단기를 접속할 것. 다만, 평상시 누설전류가 매우 적은 소용량 부하의 전로에는 분기회로에 일괄하여 접속할 수 있다.
③ 누전차단기는 배전반 또는 분전반 내에 접속하거나 꽂음접속기형 누전차단기를 콘센트에 접속하는 등 파손이나 감전사고를 방지할 수 있는 장소에 접속할 것
④ 지락보호 전용 기능만 있는 누전차단기는 과전류를 차단하는 퓨즈나 차단기 등과 조합하여 접속할 것

(5) 누전차단기의 성능

① 부하에 적합한 정격전류를 갖출 것
② 전로에 적합한 차단용량을 갖출 것
③ 절연저항이 5MΩ 이상일 것
④ 최소동작전류가 정격감도전류의 50% 이상일 것
⑤ 감전보호형 누전차단기의 작동은 정격감도전류 30mA 이하, 동작시간은 0.03초 이내일 것

4 피뢰설비

(1) 고압 및 특고압 전로의 피뢰기 설치장소 빈출!

① 발전소, 변전소 또는 이에 준하는 장소의 가공전선 인입구 및 인출구
② 가공전선로에 접속되는 배전용 변압기의 고압 측 및 특고압 측
③ 고압 또는 특고압의 가공전선으로부터 공급받는 수용장소의 인입구
④ 가공전선로와 지중전선로가 접속되는 곳

(2) 피뢰기가 구비해야 할 성능 빈출!

① 반복동작이 가능할 것
② 구조가 견고하며 특성이 변하지 않을 것
③ 점검 · 보수가 간단할 것
④ 충격방전 개시전압과 제한전압이 낮을 것
⑤ 뇌전류의 방전능력이 크고, 속류의 차단이 확실하게 될 것

피뢰기의 종류
- 저항형 피뢰기
- 밸브형 피뢰기
- 밸브저항형 피뢰기
- 방출통형 피뢰기
- 종이 피뢰기

(3) 피뢰기의 보호여유도

$$\text{보호여유도}(\%) = \frac{\text{충격절연강도} - \text{제한전압}}{\text{제한전압}} \times 100$$

(4) 피뢰기의 접지

① 매설전극과 최단거리가 되도록 각 접속점을 연결한다.
② 기기의 외함, 철골, 제어용 케이블 등과의 거리를 최소 2m 이상 유지한다.
③ 고압 및 특고압의 전로에 시설하는 피뢰기의 접지저항값은 10Ω 이하로 하여야 한다.

(5) 피뢰침의 점검 빈출!

① 접지저항의 측정 ➠ 가장 중요한 사항
② 지상의 각 접속부 검사
③ 지상에서의 단선, 용융, 기타 손상 부분의 유무 점검

(6) 피뢰침의 접지 빈출!

① 접지도체에 피뢰 시스템이 접속되는 경우, 접지도체의 단면적은 구리 $16mm^2$ 또는 철 $50mm^2$ 이상으로 하여야 한다.
② 인하도선마다 1개 이상의 접지극을 접속할 것
③ 다른 접지극과의 이격거리는 2m 이상으로 할 것
④ 지하 50cm 이상 깊이의 장소에서는 $30mm^2$ 이상의 나동선으로 접속할 것

03 전기작업의 안전

1 전기작업의 기본대책

(1) 전기작업 안전에 대한 기본 3대책

① 전기설비의 품질을 향상시킨다.
② 전기시설의 안전관리를 확립시킨다.
③ 취급자의 자세에 중점을 둔다.

(2) 전기기계 · 기구 등의 충전부 방호

근로자가 작업이나 통행 등으로 인하여 전기기계 · 기구(전동기 · 변압기 · 접속기 · 개폐기 · 분전반 · 배전반 등 전기를 통하는 기계 · 기구, 그 밖의 설비 중 배선 및 이동전선 외의 것) 또는 전로 등의 충전 부분(전열기의 발열체 부분, 저항접속기의 전극 부분 등 전기기계 · 기구의 사용목적에 따라 노출이 불가피한 충전 부분은 제외)에 접촉(충전 부분과 연결된 도전체와의 접촉을 포함)하거나 접근함으로써 감전 위험이 있는 충전 부분에 대하여 감전을 방지하기 위하여 다음의 방법 중 하나 이상의 방법으로 방호하여야 한다.

① 충전부가 노출되지 않도록 폐쇄형 외함이 있는 구조로 할 것
② 충전부에 충분한 절연효과가 있는 방호망이나 절연덮개를 설치할 것
③ 충전부는 내구성이 있는 절연물로 완전히 덮어 감쌀 것
④ 발전소 · 변전소 및 개폐소 등 구획되어 있는 장소로서 관계 근로자가 아닌 사람의 출입이 금지되는 장소에 충전부를 설치하고, 위험표시 등의 방법으로 방호를 강화할 것
⑤ 전주 위 및 철탑 위 등 격리되어 있는 장소로서 관계 근로자가 아닌 사람이 접근할 우려가 없는 장소에 충전부를 설치할 것

2 정전전로에서의 전기작업

(1) 전로의 차단과 예외

① 전로를 차단해야 하는 경우
근로자가 노출된 충전부 또는 그 부근에서 작업함으로써 감전될 우려가 있는 경우에는 작업에 들어가기 전에 해당 전로를 차단하여야 한다.

② 전로를 차단하지 않는 경우
㉠ 생명유지장치, 비상경보설비, 폭발위험장소의 환기설비, 비상조명설비 등 장치 · 설비의 가동이 중지되어 사고 위험이 증가되는 경우
㉡ 기기의 설계상 또는 작동상 제한으로 전로 차단이 불가능한 경우
㉢ 감전, 아크 등으로 인한 화상, 화재 · 폭발의 위험이 없는 것으로 확인된 경우

(2) 전로의 차단 절차 빈출!

① 전기기기 등에 공급되는 모든 전원을 관련 도면, 배선도 등으로 확인할 것
② 전원을 차단한 후 각 단로기 등을 개방하고 확인할 것
③ 차단장치나 단로기 등에 잠금장치 및 꼬리표를 부착할 것
④ 개로된 전로에서 유도전압 또는 전기에너지가 축적되어 근로자에게 전기위험을 끼칠 수 있는 전기기기 등은 접촉하기 전에 잔류전하를 완전히 방전시킬 것
⑤ 검전기를 이용하여 작업대상 기기가 충전되었는지를 확인할 것
⑥ 전기기기 등이 다른 노출 충전부와의 접촉, 유도 또는 예비동력원의 역송전 등으로 전압이 발생할 우려가 있는 경우에는 충분한 용량을 가진 단락접지기구를 이용하여 접지할 것

(3) 정전작업 전 · 중 · 종료 시의 조치사항

단계 조치	협의사항	실무사항
작업 전	• 작업지휘자의 임명 • 정전범위, 조작순서 • 개폐기의 위치 • 단락접지 개소 • 계획변경에 대한 조치 • 송전 시의 안전 확인	• 작업지휘자에 의한 작업내용의 주지 철저 • 개로 · 개폐기의 잠금 또는 표시 • 잔류전하의 방전 • 검전기에 의한 정전 확인 • 단락접지 • 일부 정전작업 시에 정전선로 및 활선선로의 표시 • 근접활선에 대한 방호
작업 중	–	• 작업지휘자에 의한 지휘 • 개폐기의 관리 • 단락접지의 수시 확인 • 근접활선에 대한 방호상태의 관리
작업 종료 시	–	• 단락접지기구의 철거 • 표지의 철거 • 작업자에 대한 위험이 없는 것을 확인 • 개폐기를 투입해서 송전 재개

(4) 정전작업 후 재통전 시의 안전조치 빈출!

① 작업기구, 단락접지기구 등을 제거하고 전기기기 등이 안전하게 통전될 수 있는지를 확인할 것
② 모든 작업자가 작업이 완료된 전기기기 등에서 떨어져 있는지를 확인할 것
③ 잠금장치와 꼬리표는 설치한 근로자가 직접 철거할 것
④ 모든 이상 유무를 확인한 후 전기기기 등의 전원을 투입할 것

3 충전전로에서의 전기작업

(1) 충전전로에서의 조치사항 빈출!

근로자가 충전전로를 취급하거나 그 인근에서 작업하는 경우에는 다음의 조치를 하여야 한다.
① 충전전로를 정전시키는 경우에는 정전전로에서의 전기작업에 따른 조치를 할 것
② 충전전로를 방호 · 차폐하거나 절연 등의 조치를 하는 경우에는 근로자의 신체가 전로와 직접 접촉하거나 도전재료, 공구 또는 기기를 통하여 간접 접촉되지 않도록 할 것

③ 충전전로를 취급하는 근로자에게 그 작업에 적합한 절연용 보호구를 착용시킬 것

④ 충전전로에 근접한 장소에서 전기작업을 하는 경우에는 해당 전압에 적합한 절연용 방호구를 설치할 것

다만, 저압인 경우에는 해당 전기작업자가 절연용 보호구를 착용하되, 충전전로에 접촉할 우려가 없는 경우에는 절연용 방호구를 설치하지 아니할 수 있다.

⑤ 고압 및 특고압의 전로에서 전기작업을 하는 근로자에게 활선작업용 기구 및 장치를 사용하도록 할 것

⑥ 근로자가 절연용 방호구의 설치 · 해체 작업을 하는 경우에는 절연용 보호구를 착용하거나 활선작업용 기구 및 장치를 사용하도록 할 것

⑦ 유자격자가 아닌 근로자가 충전전로 인근의 높은 곳에서 작업할 때에 근로자의 몸 또는 긴 도전성 물체가 방호되지 않은 충전전로에서 대지전압이 50kV 이하인 경우에는 300cm 이내로, 대지전압이 50kV를 넘는 경우에는 10kV당 10cm씩 더한 거리 이내로 각각 접근할 수 없도록 할 것

⑧ 유자격자가 충전전로 인근에서 작업하는 경우에는 다음의 경우를 제외하고는 노출 충전부에 다음 〈표〉에 제시된 접근한계거리 이내로 접근하거나 절연손잡이가 없는 도전체에 접근할 수 없도록 할 것

㉠ 근로자가 노출 충전부로부터 절연된 경우 또는 해당 전압에 적합한 절연장갑을 착용한 경우
㉡ 노출 충전부가 다른 전위를 갖는 도전체 또는 근로자와 절연된 경우
㉢ 근로자가 다른 전위를 갖는 모든 도전체로부터 절연된 경우

〈접근한계거리〉

충전전로의 선간전압(kV)	충전전로에 대한 접근한계거리(cm)
0.3 이하	접촉 금지
0.3 초과 ~ 0.7 이하	30
0.7 초과 ~ 2 이하	45
2 초과 ~ 15 이하	60
15 초과 ~ 37 이하	90
37 초과 ~ 88 이하	110
88 초과 ~ 121 이하	130
121 초과 ~ 145 이하	150
145 초과 ~ 169 이하	170
169 초과 ~ 242 이하	230
242 초과 ~ 362 이하	380
362 초과 ~ 550 이하	550
550 초과 ~ 800 이하	790

※ 다만, 접근한계거리는 대지전압이 30V 이하인 전기기구를 비롯해서 배선이나 이동전선에는 해당되지 않는다.

(2) 충전전로의 방책 설치 및 감시인 배치

① 절연이 되지 않은 충전부나 그 인근에 근로자가 접근하는 것을 막거나 제한할 필요가 있는 경우에는 방책을 설치하고 근로자가 쉽게 알아볼 수 있도록 하여야 한다. 다만, 전기와 접촉할 위험이 있는 경우에는 도전성이 있는 금속제 방책을 사용하거나 접근한계거리 이내에 설치해서는 아니 된다.

② 위 ①의 조치가 곤란한 경우에는 근로자를 감전위험에서 보호하기 위하여 사전에 위험을 경고하는 감시인을 배치하여야 한다.

(3) 충전전로 인근에서의 차량 · 기계장치 작업 빈출!

① 충전전로 인근에서 차량 · 기계장치 등(이하 "차량 등")의 작업이 있는 경우에는 차량 등을 충전전로의 충전부로부터 300cm 이상 이격시켜 유지시키되, 대지전압이 50kV를 넘는 경우 이격시켜 유지하여야 하는 거리(이하 "이격거리")는 10kV 증가할 때마다 10cm씩 증가시켜야 한다. 다만, 차량 등의 높이를 낮춘 상태에서 이동하는 경우에는 이격거리를 120cm 이상(대지전압이 50kV를 넘는 경우에는 10kV 증가할 때마다 이격거리를 10cm씩 증가)으로 할 수 있다.

② 위 ①에도 불구하고 충전전로의 전압에 적합한 절연용 방호구 등을 설치한 경우에는 이격거리를 절연용 방호구 앞면까지로 할 수 있으며, 차량 등의 가공 붐대의 버킷이나 끝부분 등이 충전전로의 전압에 적합하게 절연되어 있고 유자격자가 작업을 수행하는 경우에는 붐대의 절연되지 않은 부분과 충전전로 간의 이격거리는 앞 (1)의 〈표〉에 따른 접근한계거리까지로 할 수 있다.

③ 다음의 경우를 제외하고는 근로자가 차량 등의 그 어느 부분과도 접촉하지 않도록 방책을 설치하거나 감시인 배치 등의 조치를 하여야 한다.
   ㉠ 근로자가 해당 전압에 적합한 절연용 보호구 등을 착용하거나 사용하는 경우
   ㉡ 차량 등의 절연되지 않은 부분이 접근한계거리 이내로 접근하지 않도록 하는 경우

④ 충전전로 인근에서 접지된 차량 등이 충전전로와 접촉할 우려가 있을 경우에는 지상의 근로자가 접지점에 접촉하지 않도록 조치하여야 한다.

(4) 절연용 보호구 등의 사용

① 다음의 작업에 사용하는 절연용 보호구, 절연용 방호구, 활선작업용 기구, 활선작업용 장치(이하 "절연용 보호구 등")에 대하여 각각의 사용목적에 적합한 종별 · 재질 및 치수의 것을 사용하여야 한다.
   ㉠ 밀폐공간에서의 전기작업
   ㉡ 이동 및 휴대 장비 등을 사용하는 전기작업
   ㉢ 정전전로 또는 그 인근에서의 전기작업
   ㉣ 충전전로에서의 전기작업
   ㉤ 충전전로 인근에서의 차량 · 기계장치 등의 작업

활선작업 시 주요 사항 빈출!

- 활선작업용구 : 핫스틱, 안전모, 안전대, 절연장갑
- 활선작업 시 착용장갑 : 내부에 고무장갑, 외부에 가죽장갑을 끼고 작업

※ 활선공구인 핫스틱을 사용하지 않고, 고무보호장구만으로 활선작업을 할 수 있는 전방의 한계치 : 7,000V 미만

② 절연용 보호구 등이 안전한 성능을 유지하고 있는지를 정기적으로 확인하여야 한다.
③ 근로자가 절연용 보호구 등을 사용하기 전에 흠 · 균열 · 파손, 그 밖의 손상 유무를 발견하여 정비 또는 교환을 요구하는 경우에는 즉시 조치하여야 한다.

(5) 충전전로와 사람과의 이격거리

전로의 전압	이격거리
특고압용의 것	2m (사용전압이 35kV 이하의 특고압용의 기구 등으로서 동작할 때에 생기는 아크의 방향과 길이를 화재가 발생할 우려가 없도록 제한하는 경우에는 1m 이상)
고압용의 것	1m

04 접지공사의 안전

1 접지의 종류

– 목적에 따른 접지의 종류

접지의 종류	목적 및 접지방법
계통 접지	전력계통에서 돌발적으로 발생하는 이상현상에 대비하여 대지와 계통을 연결하는 것으로, 중성점을 대지에 접속하는 것
보호 접지	고장 시 감전에 대한 보호를 목적으로 기기의 한 점 또는 여러 점을 접지하는 것
피뢰기 접지	뇌격전류를 안전하게 대지로 방류하기 위하여 접지하는 것

2 전기기계 · 기구의 접지설비

(1) 전기기계 · 기구의 접지대상

① 전기기계 · 기구의 금속제 외함, 금속제 외피 및 철대
② 고정 설치되거나 고정배선에 접속된 전기기계 · 기구의 노출된 비충전 금속체 중 충전될 우려가 있는 다음의 어느 하나에 해당하는 비충전 금속체
  ㉠ 지면이나 접지된 금속체로부터 수직거리 2.4m, 수평거리 1.5m 이내인 것
  ㉡ 물기 또는 습기가 있는 장소에 설치되어 있는 것
  ㉢ 금속으로 되어 있는 기기접지용 전선의 피복 · 외장 또는 배선관 등
  ㉣ 사용전압이 대지전압 150V를 넘는 것
③ 전기를 사용하지 아니하는 설비 중 다음의 어느 하나에 해당하는 금속체
  ㉠ 전동식 양중기의 프레임과 궤도
  ㉡ 전선이 붙어 있는 비전동식 양중기의 프레임
  ㉢ 고압(750V 초과 ~ 7천V 이하의 직류전압 또는 600V 초과 ~ 7천V 이하의 교류전압) 이상의 전기를 사용하는 전기기계 · 기구 주변의 금속제 칸막이 · 망 및 이와 유사한 장치

④ 코드와 플러그를 접속하여 사용하는 전기기계 · 기구 중 다음의 어느 하나에 해당하는 노출된 비충전 금속체
   ㉠ 사용전압이 대지전압 150V를 넘는 것
   ㉡ 냉장고 · 세탁기 · 컴퓨터 및 주변 기기 등과 같은 고정형 전기기계 · 기구
   ㉢ 고정형 · 이동형 또는 휴대형 전동기계 · 기구
   ㉣ 물 또는 도전성이 높은 곳에서 사용하는 전기기계 · 기구, 비접지형 콘센트
   ㉤ 휴대형 손전등
⑤ 수중펌프를 금속제 물탱크 등의 내부에 설치하여 사용하는 경우 그 탱크(이 경우 탱크를 수중펌프의 접지선과 접속할 것)

(2) 전기기계 · 기구의 접지 제외대상 빈출!

① 「전기용품 및 생활용품 안전관리법」에 따른 이중절연구조 또는 이와 동등 이상으로 보호되는 전기기계 · 기구
② 절연대 위 등과 같이 감전 위험이 없는 장소에서 사용하는 전기기계 · 기구
③ 비접지방식의 전로(그 전기기계 · 기구의 전원 측의 전로에 설치한 절연변압기의 2차 전압이 300V 이하, 정격용량이 3kVA 이하이고, 그 절연전압기의 부하 측의 전로가 접지되어 있지 아니한 것으로 한정)에 접속하여 사용되는 전기기계 · 기구

3 접지공사의 방법 및 구분

(1) 접지공사의 방법

① 접지극은 지하 75cm 이상으로 하되, 동결깊이를 감안하여 매설하여야 한다.
② 접지도체를 철주, 기타의 금속체를 따라서 시설하는 경우에는 접지극을 철주의 밑면으로부터 0.3m 이상의 깊이에 매설하는 경우 이외에는 접지극을 지중에서 그 금속체로부터 1m 이상 떼어 매설하여야 한다.
③ 고압 및 특고압의 전로에 시설하는 피뢰기 접지저항값은 10Ω 이하로 하여야 한다.
④ 접지도체는 지하 0.75m부터 지표상 2m까지 부분은 합성수지관(두께 2mm 미만의 합성수지제 전선관 및 가연성 콤바인 덕트관은 제외) 또는 이와 동등 이상의 절연효과와 강도를 가지는 몰드로 덮어야 한다.
⑤ 접지선을 시설한 지지물에 피뢰침용 지선을 시설하지 않는다.
⑥ 수도관 등을 접지극으로 사용하는 경우는 지중에 매설되어 있고 대지와의 전기저항값이 3Ω 이하의 값을 유지하고 있는 금속제 수도관로를 접지극으로 사용이 가능하다.

(2) 접지도체

① 접지도체의 단면적은 큰 고장전류가 접지도체를 통하여 흐르지 않을 경우 접지도체의 최소단면적은 구리 $6mm^2$ 이상, 철제 $50mm^2$ 이상으로 하여야 한다.
② 접지도체에 피뢰시스템이 접속되는 경우, 접지도체의 단면적은 구리 $16mm^2$ 또는 철 $50mm^2$ 이상으로 하여야 한다.
③ 위 ①에서 정한 것 이외에 고장 시 흐르는 전류를 안전하게 통할 수 있는 것으로서 다음에 의한다.

㉠ 특고압 · 고압 전기설비용 접지도체는 단면적 $6mm^2$ 이상의 연동선 또는 동등 이상의 단면적 및 강도를 가져야 한다.

㉡ 중성점 접지용 접지도체는 공칭단면적 $16mm^2$ 이상의 연동선 또는 동등 이상의 단면적 및 세기를 가져야 한다. 다만, 다음의 경우에는 공칭단면적 $6mm^2$ 이상의 연동선 또는 동등 이상의 단면적 및 강도를 가져야 한다.

ⓐ 7kV 이하의 전로

ⓑ 사용전압이 25kV 이하인 특고압 가공전선로(다만, 중성선 다중접지 방식의 것으로서 전로에 지락이 생겼을 때 2초 이내에 자동적으로 이를 전로로부터 차단하는 장치가 되어 있는 것)

㉢ 이동하여 사용하는 전기 기계 · 기구의 금속제 외함 등의 접지시스템의 경우는 다음의 것을 사용하여야 한다.

ⓐ 특고압 · 고압 전기설비용 접지도체 및 중성점 접지용 접지도체는 클로로프렌 캡타이어케이블(3종 및 4종) 또는 클로로설포네이트폴리에틸렌 캡타이어케이블(3종 및 4종)의 1개 도체 또는 다심 캡타이어케이블의 차폐 또는 기타의 금속체로 단면적이 $10mm^2$ 이상인 것을 사용한다.

ⓑ 저압 전기설비용 접지도체는 다심 코드 또는 다심 캡타이어케이블의 1개 도체의 단면적이 $0.75mm^2$ 이상인 것을 사용한다. 다만, 기타 유연성이 있는 연동연선은 1개 도체의 단면적이 $1.5mm^2$ 이상인 것을 사용한다.

05 아크용접기 작업의 안전

1 자동전격방지장치

(1) 자동전격방지장치(방호장치)의 설치장소

① 선박 또는 탱크 내부, 보일러 동체 등 대부분의 공간이 금속 등 도전성 물질로 둘러싸여 있어 용접작업 시 신체의 일부분이 도전성 물질에 쉽게 접촉될 수 있는 장소

② 높이 2m 이상 철골 고소작업

③ 물 등 도전성이 높은 액체에 의한 습윤장소

(2) 자동전격방지장치의 성능기준 빈출!

① 아크 발생을 정지시킨 후로부터 주접점이 개로될 때까지의 시간을 1.0초 이내로 할 것

② 이때, 2차 무부하전압은 25V 이내로 할 것

(3) 자동전격방지장치의 설치 시 주의사항

① 주위 온도가 −10℃ 이상 40℃ 이하일 것

② 습기가 많지 않을 것

③ 비나 강풍에 노출되지 않도록 할 것

④ 이상진동이나 충격이 가해질 위험이 없을 것

⑤ 분진, 유해 · 부식성 가스 또는 다량의 염분을 포함한 공기 및 폭발성 가스가 없을 것

(4) 자동전격방지장치의 부착 시 주의사항 빈출!

① 직각으로 부착할 것(단, 직각이 어려울 경우 직각에 대해 20°를 넘지 않을 것)
② 용접기의 이동 · 진동 · 충격으로 이완되지 않도록 이완 방지조치를 취할 것
③ 작동상태를 알기 위한 표시 등은 보기 쉬운 곳에 설치할 것
④ 작동상태를 시험하기 위한 테스트 스위치는 조작하기 쉬운 곳에 설치할 것
⑤ 용접기의 전원 측에 접속하는 선과 출력 측에 접속하는 선을 혼동하지 않을 것
⑥ 전격방지기의 외함은 접지시킬 것

2 교류아크용접기

(1) 교류용접기의 허용사용률

$$\text{허용사용률}(\%) = \text{정격사용률} \times \left(\frac{\text{2차 정격전류}}{\text{실제 용접전류}}\right)^2$$

(2) 교류용접기의 효율

$$\text{효율}(\%) = \frac{\text{아크 출력}}{\text{소비전력}} \times 100$$

이때, 소비전력[kW]=아크 출력+내부 손실
　　　아크 출력=아크 전압×아크 전류

06 전기화재와 절연저항

1 전기화재의 원인과 대책

(1) 화재의 발생원인 빈출!

① 단락
② 스파크
③ 누전
④ 접촉부 과열
⑤ 절연열화에 의한 발화
⑥ 과전류

(2) 스파크로 인한 화재의 방지대책

① 개폐기를 불연성의 외함 내에 내장시키거나 통형 퓨즈를 사용할 것
② 접촉 부분의 산화 · 변형, 퓨즈의 나사풀림 등으로 인한 접촉저항이 증가되는 것을 방지할 것
③ 가연성 증기, 분진 등 위험한 물질이 있는 곳에는 방폭형 개폐기를 사용할 것
④ 유입개폐기는 절연유의 열화정도 · 유량에 주의하고, 주위에는 내화벽을 설치할 것

(3) 누전으로 인한 화재의 방지대책

① 면허 소지자가 관계법규를 준수하여 시공한다.
② 메가를 사용하여 절연저항값을 측정 · 기록해둔다.
③ 2중절연구조인 전기기계 · 기구를 사용한다(기능절연과 보호절연).
④ 누전화재경보기 또는 감전 방지용 누전차단기를 설치한다(회로의 차단에 의한 방지).
⑤ 비접지식 전로를 채용한다(전원변압기의 저압 측 중성점, 한 단자를 접지하지 않은 배전방식).
⑥ 보호접지를 실시한다(25Ω 이하로 접지).

누전화재의 입증요건
- 누전점 : 전류의 유입점
- 발화점 : 발화된 장소
- 접지점 : 확실한 접지점의 소재 및 적당한 접지저항치

(4) 접촉부 과열과 줄의 법칙 빈출!

① 접촉부 과열의 원리
허용전류를 초과한 전류에 의한 발생열을 과열이라 하고, 접촉부에는 전선로의 다른 부분보다 저항이 크게 되므로 더 많은 열이 발생하게 된다.

② Joule의 법칙
$W = I^2RT$
여기서, W : 전기에너지[J], I : 통전전류[A]
R : 전기저항[Ω], T : 통전시간[s]
W를 J에서 kcal로 환산하면, 1kcal=0.2388kcal≒0.24kcal
$\therefore\ Q = 0.24I^2RT \times 10^{-3}$[kcal]
T를 초[s]에서 시간[hr]으로 환산하면, $Q = 0.860I^2RT$[kcal]

전기에너지에 의한 주위 가연물의 탄화
보통 목재의 착화온도는 220~270℃지만, 탄화된 목재의 착화온도는 180℃이다.

2 절연저항

(1) 절연 불량의 원인

① 높은 이상전압 등에 의한 전기적 요인
② 진동, 충격 등에 의한 기계적 요인
③ 산화 등에 의한 화학적 요인
④ 온도상승에 의한 열적 요인

(2) 옴[Ω]의 법칙 빈출!

① $I = \dfrac{V}{R}$
$V = IR$
$R = \dfrac{V}{I}$
여기서, I : 전류[A], V : 전압[V], R : 저항[Ω]

② 허용누설전류 = 최대공급전류 $\times \dfrac{1}{2{,}000}$

③ 절연저항의 최소값 = $\dfrac{\text{전압}}{\text{허용누설전류의 최대값}}$

07 정전기

1 정전기의 발생

(1) 정전기 발생에 영향을 미치는 요인 빈출!

① 물질의 특성
② 물질의 표면상태
③ 물질의 이력
④ 물질의 분리속도
⑤ 접촉면적 및 압력

(2) 정전기 대전의 종류

① **마찰대전**
고체 · 액체 · 분체류의 경우 발생하며, 두 물체 사이의 마찰로 인한 접촉 · 분리로 발생 예 롤러기

② **유동대전**
액체류가 파이프 등 내부에서 유동 시 관벽과 액체 사이에서 발생
※ 액체의 유동속도가 정전기 발생에 큰 영향을 미침

③ **분출대전**
기체 · 액체 · 고체류가 단면적이 작은 개구부로부터 분출할 때 발생
※ 액체류 · 분체류 상호간의 충돌 및 미세하게 비산하는 분말상태에 영향을 받음

④ **충돌대전**
입자와 다른 고체와의 충돌, 급속한 분리에 의해 발생

⑤ **파괴대전**
물체 파괴로 정(+) · 부(−) 전하의 균형상태에서 불균형상태로 전환될 때 발생

⑥ **교반 또는 침강대전**
액체가 교반에 의해 진동하고 진동에 의한 정전기가 발생하거나, 액체와 그것에 혼합되어 있는 불순물이 침강되면 침강대전이 발생

⑦ **박리대전**
일정한 압력으로 밀착된 물체가 떨어지면서 자유전자의 이동으로 발생(마찰대전보다 더 큰 정전기가 발생) 예 테이프, 필름

2 방전

(1) 정전기 방전의 종류 빈출!

① 코로나 방전
② 스트리머 방전
③ 불꽃 방전
④ 연면 방전

(2) 정전기에 의한 재해 빈출!

정전기로 인한 방전에너지가 최소발화에너지보다 큰 경우에는 가연성 또는 폭발성 물질에 착화되어 화재 및 폭발 사고가 발생할 수 있다.

$$E[\text{J}] = \frac{1}{2}QV = \frac{1}{2}CV^2 = \frac{1}{2}\frac{Q^2}{C}$$

$$\therefore\ Q = CV$$

여기서, E : 정전기에너지[J], C : 도체의 정전용량[F], V : 대전전위[V], Q : 대전전하량[C]

(3) 쿨롱의 법칙

대전된 두 물체에 작용하는 힘의 크기는 두 물체가 가진 전기량의 곱에 비례하고, 두 물체 사이의 거리의 제곱에 반비례한다.

$$F[\text{N}] = k\frac{Q_1 Q_2}{d^2}$$

여기서, F : 작용하는 힘[N], Q : 전하량[C], d : 거리[m]

k : 상수$\left(=\frac{1}{4\pi\varepsilon}\right)$, ε : 유전율(=8.55×10−12)

3 정전기 예방대책

(1) 예방대책의 종류

① 접지
② 도전성 재료 사용
③ 가습
④ 제전기 사용
⑤ 대전방지제 사용
⑥ 보호구의 착용
⑦ 배관 내 액체의 유속제한, 정차시간의 확보

(2) 제전기의 종류 빈출!

① 전압인가식 제전기(교류)

방전침이 7,000V 정도의 전압으로 코로나 방전을 일으키고 발생된 이온으로 대전체의 전하를 재결합시키는 방법으로, 거의 0에 가까운 대전만 남긴다(화재 발생요인이 없음).

② 자기방전식 제전기

스테인리스(5μm), 카본(7μm), 도전성 섬유(50μm) 등에 의해 작은 코로나 방전을 일으켜서 제전하는 방식이다. 50kV 내외의 높은 대전을 제거하는 것이 특징이고, 2kV 내외의 대전이 남는 것이 결점이다.

③ 이온식(방사선식) 제전기

7,000V의 교류전압이 인가된 침을 배치하고 코로나 방전에 의해 발생한 이온을 블로어(blower)로 대전체에 내뿜는 방식으로, 분체의 제전에는 효과가 있다.

(3) 정전기로 인한 화재 · 폭발 방지조치를 하여야 할 설비의 종류

① 위험물을 탱크로리, 탱크차 및 드럼 등에 주입하는 설비
② 탱크로리, 탱크차 및 드럼 등 위험물 저장설비
③ 인화성 물질을 함유하는 도료 및 접착제 등을 도포하는 설비
④ 위험물 건조설비 또는 그 부속설비
⑤ 가연성 및 표연성 분진을 취급하는 설비
⑥ 인화성 유기용제를 사용하는 드라이클리닝 설비 또는 모피류 등을 세정하는 설비
⑦ 유압 · 압축공기 및 고전위 정전기 등을 이용하여 인화성 물질이나 가연성 분체를 분무 또는 이송하는 설비
⑧ 액화수소 · 공업용 연료가스 · 액화천연가스 또는 액화석유가스를 이송하거나 저장 · 취급하는 설비
⑨ 화약류 제조설비
⑩ 발파공에 장전된 화약류를 점화시킬 때 사용하는 발파기

(4) 유속의 제한

① 저항률 $10^{10}\Omega \cdot$cm 미만의 도전성 위험물의 배관 유속은 7m/s 이하로 할 것
② 에테르나 이황화탄소 등과 같이 유동대전이 심하고 폭발 위험성이 높은 것은 배관 내 유속을 1m/s 이하로 할 것
③ 물이나 기체를 혼합하는 비수용성 위험물의 배관 내의 유속은 1m/s 이하로 할 것
④ 저항률 $10^{10}\Omega \cdot$cm 이상인 위험물의 배관 유속은 다음 〈표〉의 값 이하로 할 것. 단, 주입구가 액면 밑에 충분히 침하할 때까지 배관 내의 유속은 1m/s 이하로 할 것

〈관 내경에 따른 배관의 유속〉

관 내경(D)		유속(V)
inch	m	m/s
0.5	0.01	8
1	0.025	4.9
2	0.05	3.5
4	0.1	2.5
8	0.2	1.8
16	0.4	1.3
24	0.6	1.0

08 전기설비의 방폭

1 폭발등급과 발화도 빈출!

(1) 폭발등급

폭발성 가스의 종류	화염일주한계	내압방폭구조의 전기기기 분류
A	0.9mm 이상	ⅡA
B	0.5mm 초과 0.9mm 미만	ⅡB
C	0.5mm 이하	ⅡC

(2) 발화도

여러 가지 가연성 가스 또는 가연성 액체증기(폭발성 가스)의 폭발위험성은 그 발화점에 따라서 다르다.

〈발화온도에 의한 방폭전기기기의 온도등급과의 관계〉

발화온도	방폭전기기기의 온도등급
450℃ 초과	T_1
300℃ 초과 450℃ 이하	T_2
200℃ 초과 300℃ 이하	T_3
135℃ 초과 200℃ 이하	T_4
100℃ 초과 135℃ 이하	T_5
85℃ 초과 100℃ 이하	T_6

2 전기설비의 방폭화 · 방폭구조

(1) 전기설비의 방폭화 방법 빈출!

① 점화원의 방폭적 격리
② 전기설비의 안전도 증강
③ 점화능력의 본질적 억제

(2) 방폭전기설비 선정 시 고려사항

① 위험성 분위기
② 방폭구조에 대한 득실
③ 환경조건
④ 보수의 난이도
⑤ 경제성

(3) 분진 방폭구조의 종류 빈출!

① 특수 방진 · 방폭구조
② 보통 방진 · 방폭구조
③ 분진 특수 방폭구조

(4) 방폭구조의 종류와 기호 빈출!

종 류	기 호	내 용
내압 방폭구조	d	점화원에 의해 용기 내부에서 폭발이 발생할 경우에 용기가 폭발압력에 견딜 수 있고, 화염이 용기 외부의 폭발성 분위기로 전파되지 않도록 한 방폭구조
내부압(압력) 방폭구조	p	점화원이 될 우려가 있는 부분을 용기 안에 넣고 보호기체(신선한 공기 또는 불활성 기체)를 용기 안에 압입함으로써 폭발성 가스가 침입하는 것을 방지하도록 한 방폭구조
유입 방폭구조	o	유체 상부 또는 용기 외부에 존재할 수 있는 폭발성 분위기가 발화할 수 없도록 전기설비 또는 전기설비의 부품을 보호액에 함침시키는 방폭구조
안전증 방폭구조	e	전기기기의 과도한 온도상승, 아크 또는 불꽃 발생의 위험을 방지하기 위하여 추가적인 안전조치를 통해 안전도를 증가시킨 방폭구조
본질안전 방폭구조	ia ib	정상 시 및 사고 시(단선, 단락, 지락 등)에 발생하는 전기불꽃, 아크 또는 고온에 의하여 폭발성 가스 또는 증기에 점화되지 않는 것이 점화시험 등에 의하여 확인된 방폭구조
사입 방폭구조	s	전기기기의 용기를 모래와 같은 성질의 가늘고 고른 고체 입자로 채워 운전 중 용기 내부에서 발생하는 아크에 의해서 용기 내 · 외부에 존재하는 가연성 가스 또는 증기가 점화되지 않도록 한 방폭구조
몰드 방폭구조	m	전기기기의 불꽃 또는 열로 인해 폭발성 위험 분위기에 점화되지 않도록 컴파운드를 충전해서 보호한 방폭구조
비착화 방폭구조	n	정상운전 중에 전기기기의 주위에 있는 가연성 가스 또는 증기를 점화시킬 수 없고 점화를 야기할 수 있는 결함이 발생하지 않는 방폭구조
충전 방폭구조	q	폭발성 가스 분위기를 점화시킬 수 있는 부품을 고정하여 설치하고, 그 주위를 충전재로 완전히 둘러싸서 외부의 폭발성 가스 분위기를 점화시키지 않도록 한 방폭구조

(5) 폭발위험장소의 분류 및 방폭구조 전기기계 · 기구의 선정기준 빈출!

폭발위험장소의 분류		적 용	방폭구조 전기기계 · 기구의 선정기준
가스폭발 위험장소	0종 장소	인화성 액체의 증기 또는 가연성 가스에 의한 폭발위험이 지속적으로 또는 장기간 존재하는 장소 예 용기 · 장치 · 배관의 내부 등	• 본질안전 방폭구조(ia) • 그 밖에 관련 공인인증기관이 0종 장소에서 사용 가능한 방폭구조로 인증한 방폭구조
	1종 장소	정상작동상태에서 인화성 액체의 증기 또는 가연성 가스에 의한 폭발위험 분위기가 존재하기 쉬운 장소 예 맨홀 · 벤트 · 피트의 주위 등	• 내압 방폭구조(d) • 압력 방폭구조(p) • 충전 방폭구조(q) • 유입 방폭구조(o) • 안전증 방폭구조(e) • 본질안전 방폭구조(ia, ib) • 몰드 방폭구조(m) • 그 밖에 관련 공인인증기관이 1종 장소에서 사용 가능한 방폭구조로 인증한 방폭구조
	2종 장소	정상작동상태에서 인화성 액체의 증기 또는 가연성 가스에 의한 폭발위험 분위기가 존재할 우려가 없으나, 존재할 경우 그 빈도가 아주 적고 단기간만 존재할 수 있는 장소 예 개스킷 · 패킹의 주위 등	• 0종 장소 및 1종 장소에 사용 가능한 방폭구조 • 비점화 방폭구조(n) • 그 밖에 2종 장소에서 사용하도록 특별히 고안된 비방폭형 구조
분진폭발 위험장소	20종 장소	분진운 형태의 가연성 분진이 폭발농도를 형성할 정도로 충분한 양이 정상작동 중에 연속적으로 또는 자주 존재하거나 제어할 수 없을 정도의 양 및 두께의 분진층이 형성될 수 있는 장소 예 호퍼 · 분진 저장소 · 집진장치 · 필터 등의 내부 등	• 밀폐 방진 · 방폭구조 (DIP A20 또는 DIP B20) • 그 밖에 관련 공인인증기관이 20종 장소에서 사용 가능한 방폭구조로 인증한 방폭구조
	21종 장소	20종 장소 외의 장소로서, 분진운 형태의 가연성 분진이 폭발농도를 형성할 정도의 충분한 양이 정상작동 중에 존재할 수 있는 장소 예 집진장치 · 백필터 · 배기구 등의 주위, 이송벨트 샘플링 지역 등	• 밀폐 방진 · 방폭구조 (DIP A20 또는 A21, DIP B20 또는 B21) • 특수 방진 · 방폭구조(SDP) • 그 밖에 관련 공인인증기관이 21종 장소에서 사용 가능한 방폭구조로 인증한 방폭구조
	22종 장소	21종 장소 외의 장소로서, 가연성 분진운 형태가 드물게 발생 또는 단기간 존재할 우려가 있거나, 이상작동상태하에서 가연성 분진층이 형성될 수 있는 장소 예 21종 장소에서 예방조치가 취해진 지역, 환기설비 등과 같은 안전장치 배출구 주위 등	• 20종 장소 및 21종 장소에서 사용 가능한 방폭구조 • 일반 방진 · 방폭구조 (DIP A22 또는 DIP B22) • 보통 방진 · 방폭구조(DP) • 그 밖에 22종 장소에서 사용하도록 특별히 고안된 비방폭형 구조

제4과목 전기설비 안전관리 개념 Plus⁺

1 인체가 전기설비에 접촉되어 감전재해가 발생하였을 때 감전피해의 위험도에 가장 큰 영향을 미치는 요인은 (　　　　)의 크기이다.

2 일반적으로 고압 또는 특고압용 개폐기 · 차단기 · 피뢰기 및 기타 이와 유사한 기구로서 동작 시에 아크가 생기는 것은 목재의 벽 또는 천장, 기타의 가연성 물체로부터 고압용은 (　　　　) 이상, 특고압용은 (　　　　) 이상 이격시킨다.

3 정전기 발생에 영향을 주는 요인에는 물체의 표면상태, 특성, 분리력과 분리속도, 그리고 (　　　　)과 (　　　　)이 있다.

4 다음 표를 보고, 접촉상태에 따른 허용접촉전압 기준을 쓰시오.

종별	허용접촉전압	접촉상태
제1종	(　　　)	인체의 대부분이 수중에 있는 상태
제2종	(　　　)	인체가 현저하게 젖어 있는 상태 또는 금속성의 전기 기계장치나 구조물에 인체의 일부가 상시 접촉되어 있는 상태
제3종	(　　　)	제1 · 2종 이외의 경우로, 통상의 인체상태로서 접촉전압이 가해지면 위험성이 높을 때
제4종	제한 없음.	제1 · 2종 이외의 경우, 통상의 인체상태에 있어서 접촉전압이 가해지더라도 위험성이 낮을 때 또는 접촉전압이 가해질 우려가 없을 때

5 (　　　　)란 전기설비 내부에서 발생한 폭발이 설비 주변에 존재하는 가연성 물질에 파급되지 않도록 한 구조이다.

6 이동식 전기기기의 감전사고를 방지하기 위해 필요한 것은 (　　　　)이다.

7 (　　　　)은 대전이 큰 엷은 층상의 부도체를 박리할 때 또는 엷은 층상의 대전된 부도체의 뒷면에 밀접한 접지체가 있을 때 표면에 연한 복수의 수지상 발광을 수반하여 발생하는 방전이다.

8 (　　　　) 활성제는 폴리에스터, 나일론, 아크릴 등의 섬유에 정전기 대전 방지성능에 특히 효과가 있고, 섬유에의 균일 부착성과 열안전성이 양호한 외부용 일시성 대전방지제이다.

9 전기설비 화재의 경과별 재해 중 가장 빈도가 높은 것은 (　　　　)이다.

10 절연체에 발생한 정전기는 일정 장소에 축적되었다가 점차 소멸되는데, 처음 값의 36.8%로 감소하는 시간을 그 물체에 대한 (　　　　)이라고 한다.

11 (　　　　)이란 스파크 방전을 억제시킨 접지돌기형의 도체와 평판의 도체 표면 사이에 전압 상승으로 인하여 공기 중으로 방전하는 것을 말한다.

12 교류아크용접기의 자동전격방지장치는 아크 발생이 중단된 후 출력 측 무부하전압을 1초 이내에 (   ) 이하로 저하시켜야 한다.

13 상용주파수 60Hz 교류에서, 성인 남자의 고통한계전류는 (   )이다.

14 누전으로 인한 화재의 3요소에 대한 요건에는 누전점, 발화점, (   )이 있다.

15 다음 표를 보고, 전압의 구분에 따른 기준을 쓰시오.

분 류	직 류	교 류
저압	(①) 이하	(②) 이하
고압	(③) 초과 ~ (④) 이하	(⑤) 초과 ~ (⑥) 이하
특고압	7,000V 초과	7,000V 초과

정답
1 통전전류 2 1m, 2m 3 접촉면적, 압력 4 2.5V 이하, 25V 이하, 50V 이하
5 내압방폭구조 6 접지설비 7 연면방전 8 음이온계 9 단락(합선) 10 완화시간
11 코로나 방전 12 25V 13 7~8mA 14 접지점
15 ① 1,500V ② 1,000V ③ 1,500V ④ 7,000V ⑤ 1,000V ⑥ 7,000V

05 화학설비 안전관리

01 위험물의 분류 및 취급

1 위험물의 종류 빈출!

구 분	종 류
폭발성 물질 및 유기과산화물	• 질산에스테르류 • 니트로화합물 • 니트로소화합물 • 아조화합물 • 디아조화합물 • 하이드라진 및 그 유도체 • 유기과산화물
물반응성 물질 및 인화성 고체	• 리튬 • 칼륨 · 나트륨 • 황 • 황린 • 황화인 · 적린 • 셀룰로이드류 • 알킬알루미늄 · 알킬리튬 • 마그네슘분말 • 금속분말(마그네슘분말 제외) • 알칼리금속(리튬, 칼륨 및 나트륨 제외) • 유기금속화합물(알킬알루미늄 및 알킬리튬 제외) • 금속의 수소화물 • 금속의 인화물 • 칼슘 탄화물 · 알루미늄 탄화물
산화성 액체 및 산화성 고체	• 차아염소산 및 그 염류 • 아염소산 및 그 염류 • 염소산 및 그 염류 • 과염소산 및 그 염류 • 브롬산 및 그 염류 • 요오드산 및 그 염류 • 과산화수소 및 무기과산화물 • 질산 및 그 염류 • 과망간산 및 그 염류 • 중크롬산 및 그 염류
인화성 액체	• 에틸에테르, 가솔린, 아세트알데하이드, 산화프로필렌, 그 밖에 인화점이 섭씨 23℃ 미만이고 초기 끓는점이 섭씨 35℃ 이하인 물질 • 노르말헥산, 아세톤, 메틸에틸케톤, 메틸알코올, 에틸알코올, 이황화탄소, 그 밖에 인화점이 섭씨 23℃ 미만이고 초기끓는점이 섭씨 35℃를 초과하는 물질 • 크실렌, 아세트산아밀, 등유, 경유, 테레빈유, 이소아밀알코올, 아세트산, 하이드라진, 그 밖에 인화점이 섭씨 23℃ 이상 섭씨 60℃ 이하인 물질

2 위험물의 정의

(1) 폭발성 물질 및 유기과산화물

① 폭발성 물질 : 자체의 화학반응에 따라 주위 환경에 손상을 줄 수 있는 정도의 온도 · 압력 및 속도를 가진 가스를 발생시키는 고체 · 액체 또는 혼합물

② 유기과산화물 : 2가의 –O–O– 구조를 가지고 1개 또는 2개의 수소원자가 유기라디칼에 의하여 치환된 과산화수소의 유도체를 포함한 액체 또는 고체 유기물질

(2) 물반응성 물질 및 인화성 고체 빈출!

① 물반응성 물질 : 물과 상호작용을 하여 자연발화되거나 인화성 가스를 발생시키는 고체 · 액체 또는 혼합물

② 인화성 고체 : 쉽게 연소되거나 마찰에 의하여 화재를 일으키거나 촉진할 수 있는 물질

(3) 산화성 액체 및 산화성 고체

그 자체로는 연소하지 않더라도 일반적으로 산소를 발생시켜 다른 물질을 연소시키거나 연소를 촉진하는 액체 및 고체

(4) 인화성 액체 및 인화성 가스 빈출!

① 인화성 액체 : 표준압력(101.3kPa)에서 인화점이 60℃ 이하인 액체

② 인화성 가스 : 20℃, 표준압력에서 공기와 혼합하여 인화되는 범위에 있는 가스(혼합물 포함)

(5) 부식성 물질 빈출!

① 부식성 산류

㉠ 농도가 20% 이상인 염산, 황산, 질산, 그 밖에 이와 같은 정도 이상의 부식성을 가지는 물질

㉡ 농도가 60% 이상인 인산, 아세트산, 불산, 그 밖에 이와 같은 정도 이상의 부식성을 가지는 물질

② 부식성 염기류 : 농도가 40% 이상인 수산화나트륨, 수산화칼륨, 그 밖에 이와 같은 정도 이상의 부식성을 가지는 염기류

(6) 급성독성 물질 빈출!

① 쥐에 대한 경구투입실험에 의하여 실험동물의 50%를 사망시킬 수 있는 물질의 양, 즉 LD_{50}(경구, 쥐)이 kg당 300mg(체중) 이하인 화학물질

② 쥐 또는 토끼에 대한 경피흡수실험에 의하여 실험동물의 50%를 사망시킬 수 있는 물질의 양, 즉 LD_{50}(경피, 토끼 또는 쥐)이 kg당 1,000mg(체중) 이하인 화학물질

③ 쥐에 대한 4시간 동안의 흡입실험에 의하여 실험동물의 50%를 사망시킬 수 있는 물질의 농도, 즉 LC_{50}(쥐, 4시간 흡입)이 2,500ppm 이하인 화학물질, 증기 LC_{50}(쥐, 4시간 흡입)이 10mg/L 이하인 화학물질, 분진 또는 미스트 1mg/L 이하인 화학물질

유해물질의 측정단위

- MLD : 실험동물 가운데 한 마리를 치사시키는 데 필요한 최소의 양
- LD_{50} : 투여량에 대한 과반수의 치사량(mg/kg)
- LC_{50} : 투여농도에 대한 과반수의 치사농도(ppm)
- LJ_{50} : 일정 농도에서 실험동물의 50%가 사망하는 데 소요되는 시간

※ LD ; Letal Dose, LC ; Letal Concentration

3 위험물의 취급

(1) 자연발화

① 자연발화의 형태별 분류 빈출!
㉠ 산화열에 의한 발열
㉡ 분해열에 의한 발열
㉢ 흡착열에 의한 발열
㉣ 미생물에 의한 발열
㉤ 중합열에 의한 발열

② 자연발화의 방지법 빈출!
㉠ 통풍을 잘 시킬 것
㉡ 습기가 높은 것을 피할 것
㉢ 연소성 가스의 발생에 주의할 것
㉣ 저장실의 온도 상승을 피할 것

자연발화에 영향을 주는 요인
- 열의 축적 – 많을수록
- 발열량 – 클수록
- 열전도율 – 낮을수록
- 퇴적방법 – 불균일할수록
- 공기의 유동 – 안 될수록
- 수분 – 많을수록
- 온도 – 높을수록

(2) 위험물질 제조 등의 작업 시 제한조치

① 폭발성 물질, 유기과산화물을 화기나 그 밖에 점화원이 될 우려가 있는 것에 접근시키거나 가열하거나 마찰시키거나 충격을 가하는 행위
② 물반응성 물질, 인화성 고체를 각각 그 특성에 따라 화기나 그 밖에 점화원이 될 우려가 있는 것에 접근시키거나 발화를 촉진하는 물질 또는 물에 접촉시키거나 가열하거나 마찰시키거나 충격을 가하는 행위
③ 산화성 액체 · 산화성 고체를 분해가 촉진될 우려가 있는 물질에 접촉시키거나 가열하거나 마찰시키거나 충격을 가하는 행위
④ 인화성 액체를 화기나 그 밖에 점화원이 될 우려가 있는 것에 접근시키거나 주입 또는 가열하거나 증발시키는 행위
⑤ 인화성 가스를 화기나 그 밖에 점화원이 될 우려가 있는 것에 접근시키거나 압축 · 가열 또는 주입하는 행위
⑥ 부식성 물질 또는 급성독성 물질을 누출시키는 등으로 인체에 접촉시키는 행위
⑦ 위험물을 제조하거나 취급하는 설비가 있는 장소에 인화성 가스 또는 산화성 액체 및 산화성 고체를 방치하는 행위

(3) 금속의 용접 · 용단 또는 가열에 사용되는 가스 등의 용기를 취급하는 경우 준수사항

① 다음의 어느 하나에 해당하는 장소에서 사용하거나 해당 장소에 설치 · 저장 또는 방치하지 않도록 할 것
㉠ 통풍 또는 환기가 불충분한 장소
㉡ 화기를 사용하는 장소 및 그 부근
㉢ 위험물 또는 인화성 액체를 취급하는 장소 및 그 부근
② 용기의 온도를 섭씨 40℃ 이하로 유지할 것
③ 전도의 위험이 없도록 할 것
④ 충격을 가하지 아니하도록 할 것
⑤ 운반할 때에는 캡을 씌울 것

고압가스 용기의 도색 빈출!
- 산소 : 녹색
- 수소 : 주황색
- 염화염소 : 갈색
- 액화 탄산가스 : 청색
- 액화 석유가스 : 회색
- 아세틸렌 : 황색
- 액화 암모니아 : 백색

⑥ 사용하는 경우에는 용기의 마개에 부착되어 있는 유류 및 먼지를 제거할 것
⑦ 밸브의 개폐는 서서히 할 것
⑧ 사용 전 또는 사용 중인 용기와 그 밖의 용기를 명확히 구별하여 보관할 것
⑨ 용해 아세틸렌의 용기는 세워둘 것
⑩ 용기의 부식 · 마모 또는 변형 상태를 점검한 후 사용할 것

(4) 지하작업장에서의 작업

인화성 가스가 발생할 우려가 있는 지하작업장에서 작업하는 경우(터널 등의 건설작업의 경우는 제외) 또는 가스도관에서 가스가 발산될 위험이 있는 장소에서 굴착작업(해당 작업이 이루어지는 장소 및 그와 근접한 장소에서 이루어지는 지반의 굴삭 또는 이에 수반한 토석의 운반 등의 작업)을 하는 경우에는 폭발이나 화재를 방지하기 위하여 다음의 조치를 하여야 한다.

① 가스의 농도를 측정하는 사람을 지명하고, 다음의 경우에 그로 하여금 해당 가스의 농도를 측정하도록 할 것
   ㉠ 매일 작업을 시작하기 전
   ㉡ 가스의 누출이 의심되는 경우
   ㉢ 가스가 발생하거나 정체할 위험이 있는 장소가 존재하는 경우
   ㉣ 장시간 작업을 계속하는 경우(이 경우 4시간마다 가스 농도를 측정하도록 하여야 함)
② 가스의 농도가 인화하한계값의 25% 이상으로 밝혀진 경우에는 즉시 근로자를 안전한 장소에 대피시키고, 화기나 그 밖에 점화원이 될 우려가 있는 기계 · 기구 등의 사용을 중지하며 통풍 · 환기 등을 할 것

02 연소이론과 화재 · 소화

1 연소의 원리

(1) 연소의 3요소 빈출!

① 가연물
② 산소공급원
③ 점화원

연소란?
가연물이 공기 중 산소와 화합(산화반응)하여 빛과 열(발열반응)이 발생되는 현상

(2) 연소의 특성 빈출!

① **인화점** : 가연성 증기에 점화원을 주었을 때 연소가 시작되는 최저온도
② **발화점** : 가연물을 가열할 때 점화원이 없이 스스로 연소가 시작되는 최저온도
③ **연소범위** : 가연성 가스(또는 증기)와 공기(또는 산소)와의 혼합가스에 점화원을 주었을 때 연소(폭발)가 일어나는 혼합가스의 농도범위(부피%)
   ㉠ 낮은 쪽을 폭발하한계, 높은 쪽을 폭발상한계라 한다.
   ㉡ 온도와 압력이 높을수록 폭발범위는 넓어진다.
   ㉢ 산소량이 많을수록 폭발범위는 넓어진다.

(3) 가연물

① 가연물의 구비조건
㉠ 산소와 화합 시 연소열(발열량)이 클 것
㉡ 산소와 화합 시 열전도율이 작을 것(열축적이 많아야 잘 연소함)
㉢ 산소와 화합 시 필요한 활성화에너지가 작을 것

② 가연물이 될 수 없는 조건 빈출!
㉠ 흡열반응 물질 : 질소(N)는 산화반응은 일어나지만 흡열반응 물질이므로 가연물에서 제외된다.
㉡ 불활성 기체 : 헬륨(He), 네온(Ne), 아르곤(Ar), 크립톤(Kr), 크세논(Xe), 라돈(Rn)은 화학적으로 안정하여 산화반응이 일어나지 않는다.
㉢ 산화반응이 완결된 물질 : 이미 산화된 물질인 이산화탄소(CO_2), 물(H_2O) 등은 더 이상 산소와 결합하지 않는다.

2 연소의 형태

(1) 기체의 연소 빈출!

① **예혼합연소** : 기체연료가 공기와 미리 혼합하여 가연성 혼합기체를 생성하고, 여기에 점화시켜 연소하는 형태
② **확산연소** : 메탄, 프로판, 수소, 아세틸렌 등의 가연성 가스가 확산하여 생성된 혼합가스가 연소하는 형태(발염연소 또는 불꽃연소라고도 함)
③ **폭발연소** : 가연성 기체와 공기와의 혼합가스가 밀폐용기 안에 있을 때 점화되면 연소가 폭발적으로 일어나는 형태(많은 양의 가연성 가스와 산소가 혼합되어서 일시에 폭발하는 비정상 연소)

(2) 액체의 연소 빈출!

① **증발연소** : 액체의 가장 일반적인 연소형태로, 에테르, 석유류, 알코올 등의 인화성 액체에서 발생한 가연성 증기가 공기와 혼합된 상태에서 연소하는 것
② **분해연소** : 중유나 아스팔트 등 휘발성이 적은 액체 가연물의 열분해반응 시에 생성된 가연성 가스가 공기와 혼합된 상태에서 연소하는 것
③ **액적연소** : 점도가 높고 비휘발성인 액체를 가열 등의 방법으로 점도를 낮추어 분무기(버너)를 사용하여 액체의 입자를 안개상으로 분출하고, 표면적을 넓게 하여 공기와의 접촉면을 많게 하는 연소방법
④ **분무연소** : 액체연료를 미세하게 액적화(미립화)하여 표면적을 크게 하고 공기와의 혼합을 좋게 하여 연소하는 것으로, 공업적으로 가장 많이 이용되며 휘발성이 낮고 점도가 높은 중질유 연소에 이용되는 방법

(3) 고체의 연소 빈출!

① **표면연소** : 고체의 일반적인 연소형태로, 목탄(숯), 코크스, 금속분 등의 가연물이 표면에서 산화반응하여 열과 빛을 내며 연소하는 것(열분해반응이 없기 때문에 불꽃이 없음)

② 분해연소 : 종이, 목재, 석탄, 플라스틱 등의 고체 가연물의 열분해반응 시 생성된 가연성 가스가 공기와 혼합된 상태에서 연소하는 것
③ 증발연소 : 황, 나프탈렌, 파라핀 등에서 발생한 가연성 증기가 공기와 혼합된 상태에서 연소하는 것
④ 자기연소 : 니트로글리세린, TNT, 질산에스테르류, 셀룰로이드류, 니트로화합물 등의 폭발물이 분자 내에 산소를 가지고 있어 외부의 산소공급원 없이도 점화원의 존재하에서 쉽게 폭발적인 연소를 하는 것

3 화재와 소화

(1) 화재의 종류 빈출!

분 류	A급 화재	B급 화재	C급 화재	K급 화재
명 칭	일반화재	유류화재	전기화재	주방화재
가연물	목재, 종이, 섬유 등	유류	전기	식물성 및 동물성 식용유
주된 소화효과	냉각효과	질식·냉각 효과	질식·냉각 효과	질식효과
적응소화제	• 물 소화기 • 강화액 소화기 • 산·알칼리 소화기 • 포말 소화기	• 포말 소화기 • 분말 소화기 • CO_2 소화기 • 증발성 액체 소화기	• 증발성 액체 소화기 • 분말 소화기 • CO_2 소화기	주방화재용 소화기
구분 색	백색	황색	청색	–

(2) 소화방법의 종류 빈출!

① 제거소화 : 가연물을 제거하여 소화
② 질식소화 : 불연성 기체, 포말, 고체, 소화분말로 연소물을 덮어 공기 중 산소농도를 15% 이하로 낮추어 소화
③ 냉각소화 : 화점온도를 발화온도 이하로 냉각하여 소화
④ 연소의 억제법 : 연쇄적인 반응을 억제하여 소화

「소방법」상 소방시설의 종류
• 소화설비
• 경보설비
• 피난설비
• 소화용수설비
• 소화활동설비

(3) 소화기의 종류별 적응화재와 소화효과 빈출!

소화기 구분	적응화재	소화효과	소화약제
분말 소화기	B·C급	질식·냉각	$NaHCO_3$, $KHCO_3$, $KHCO_3+(NH_2)_2CO$
	A·B·C급	질식·냉각	$NH_4H_2PO_4$
증발성 액체 소화기	B·C급	억제·질식·냉각	CF_3Br, CF_2ClBr, $CBrF_2CBrF_2$, CCl_4
CO_2 소화기	B·C급	질식·냉각	탄산가스
포말 소화제	A·B급	질식·냉각	가수분해단백질+계면활성제+물
강화액 소화기	A급	냉각	물+K_2CO_3
산·알칼리 소화기	A급	냉각	황산, 탄산수소나트륨($NaHCO_3$)

(4) 화재 관련 현상

① 플래시오버(flash over)
플라스틱 가구가 많은 실내와 가연재에 화재가 발생한 경우 실내 전체가 단숨에 화염에 휩싸이고 온도가 급격히 상승하는 현상으로, 실내온도는 800~1,000℃가 된다.

② 슬롭오버(slop over)
고온층의 표면에서부터 형성된 유류화재를 소화하기 위해 물, 포말을 주입하면 수분의 급격한 증발에 의해 유면에 거품이 일거나 열류의 교란으로 고온층 아래 찬 기름이 급격히 열팽창하여 유면을 밀어 올려 유류가 불붙은 채로 탱크 벽을 넘어 분출하는 현상이다.

③ 보일오버(boil-over)
중질유의 탱크에서 탱크 바닥에 물과 기름의 에멀션이 섞여 있을 때 장시간 연소로 인해 연소유면으로부터 100℃ 이상의 열파가 탱크 저부에 고여 있는 물을 비등하게 하면서 연소유를 탱크 밖으로 비산시키며 연소하는 현상이다.

④ 공기 중 탄산가스 농도에 따른 인체 현상
㉠ 3~4% : 호흡 곤란
㉡ 15% 이상 : 심한 두통
㉢ 30% 이상 : 질식 사망

03 폭발 안전대책

1 폭발의 분류

(1) 기상폭발 빈출!

① **혼합가스의 폭발** : 인화성 가스와 조연성 가스가 일정한 비율로 혼합된 혼합가스는 발화원에 의해 착화되어 가스폭발을 일으킨다.
㉠ 인화성 가스 : 수소(H_2), 아세틸렌(C_2H_2), 천연가스, LP가스, 프로판가스 등을 비롯하여 휘발유, 알코올, 에테르, 톨루엔, 벤젠 등의 인화성 액체로부터 발생되는 에테르, 증기 등
㉡ 조연성 가스 : 공기, 산소(O_2), 염소(Cl_2), 불소(F_2), 질소산화물(아산화질소, 산화질소, 이산화질소) 등

② **가스의 분해폭발** : 가스 분자의 분해 시에 반응열이 큰 가스는 단일성분의 가스라 하여도, 발화원에 의해 착화하면 가스폭발을 일으킨다.
예 아세틸렌, 산화에틸렌, 에틸렌, 하이드라진, 이산화염소, 프로파디엔, 메틸아세틸렌, 모노빌아세틸렌 등

③ **분진폭발** : 가연성 고체의 미분이나 가연성 액체의 무적(mist)이 어떤 농도 이상으로 조연성 가스 중에 분산되어 있을 때 발화원에 의해 착화되어 분진폭발을 일으킨다. 100μm 이하의 분진이 폭발을 일으키며, 분진폭발은 가스폭발과 화약폭발의 중간 형태이다.
예 황 및 플라스틱, 식품, 사료, 석탄 등의 분말, 산화반응열이 큰 금속(마그네슘, 티타늄, 칼슘, 실리콘 등이 분말) 등

④ **분무폭발** : 가연성 액체 무적이 어떤 농도 이상으로 조연성 가스 중에 분산되어 있을 때, 점화원

에 의해 착화되어 일어나는 폭발(유압기기의 기름 분출에 의한 유적폭발)

(2) 액상폭발 빈출!

① **혼합 위험성 물질에 의한 폭발** : 산화성 물질과 환원성 물질을 혼합하였을 때 혼합 직후에 발화·폭파하는 것과 혼합 후 충격 및 가열에 의해 폭발을 일으키는 것 등이 있으며, 또한 액화시안화수소(HCN), 디케텐(Diketene ; $C_4H_4O_2$), 삼염화에틸렌, 무수말레인산 등과 같이 알칼리와 공존하는 상태에서 가열하면 폭발을 일으키는 것도 있다.

예 질산암모늄과 유지, 과망간산칼리와 진한황산, 무수말레인산과 가성소다, 액체산소와 탄소분 등의 혼합에 의한 폭발

② **폭발성 화합물의 폭발** : 유기과산화물, 니트로화합물, 질산에스테르 등의 분자 내 연소에 따른 폭발과 흡열화합물의 분해반응에 의한 폭발 등이 있다.

예 트리니트로톨루엔(TNT)과 니트로글리세린, 메틸에틸케톤퍼옥사이드 등의 폭발, 아지화연·구리아세틸렌 등의 폭발

③ **증기폭발** : 물, 유기액체 또는 액화가스 등의 액체들이 과열상태가 될 때 순간적으로 급속한 증발현상에 의해 폭발을 일으킨다.

㉠ 뜨거운 액체(용융금속, 용융열)가 차가운 액체(일반적으로 물)와 접촉하면 차가운 액체의 과열로 인해 일시에 막대한 증기가 발생되어 충격파를 만든다. 이 폭발에 제공되는 에너지는 뜨거운 액체의 현열과 액체가 고체로 되는 데 필요한 응고열이다.

㉡ 증기폭발은 차가운 액체를 넣는 경우보다는 뜨거운 액체에 차가운 액체를 넣을 경우가 더 방산될 수 있다.

㉢ 고압 가열된 액체가 갑자기 감압될 때에도 액체가 갑자기 증발되어 충격파를 발생할 수도 있다.

예 물에 작열된 용융카바이트나 용융철이 떨어질 때 탱크 내에 있는 비등점이 낮은 액체가 중합열이나 외부에서 전해지는 열로 인해 온도가 상승하여, 상승하는 증기압을 견디지 못하여 탱크가 파열

④ **도선폭발** : 금속도선에 센 전류를 흘려보냈을 때 금속의 급속한 기화에 따른 폭발이다.

예 알루미늄도선의 전류에 의한 폭발

⑤ **고상전이폭발** : 고상 간의 전이열에 따른 공기 팽창에 의한 폭발이다.

예 무정형 안티몬이 결정형 안티몬으로 전이할 때 발열에 따른 폭발

(3) 분진폭발

① **분진의 폭발성에 영향을 주는 요인** 빈출!

㉠ 분진 입도 및 입도 분포

㉡ 입자의 형상과 표면상태

㉢ 분진의 부유성

㉣ 분진의 화학적 성질과 조성

② **분진폭발의 방호**

㉠ 분진물의 생성 방지

㉡ 발화원의 제거

㉢ 불활성 물질의 첨가

폭발의 성립조건 빈출!

- 가연성 가스, 증기 또는 분진이 폭발범위 내에 존재하여야 한다.
- 밀폐된 공간이 존재해야 한다.
- 점화원이 있어야 한다.

2 폭발의 위험

(1) 혼합가스의 폭발범위 : 르샤틀리에(Le Chatelier)의 법칙 빈출!

$$L = \frac{100}{\frac{V_1}{L_1} + \frac{V_2}{L_2} + \frac{V_3}{L_3} + \cdots + \frac{V_n}{L_n}}$$

여기서, L : 혼합가스의 폭발한계

L_n : 각 성분가스의 폭발한계(%)

V_n : 각 성분가스의 혼합비(%)

(2) 위험도 빈출!

폭발범위가 넓고 동시에 폭발하한계가 낮을수록 위험하다.

$$H = \frac{U-L}{L}$$

여기서, H : 위험도, L : 폭발하한계 U : 폭발상한계

(3) 공기 중 양론농도

공기 중의 양론농도(C_{st})는 가연성 물질 1몰이 완전히 연소할 수 있는 공기와의 혼합기체 중 가연성 물질의 부피(%)를 말한다.

$$C_{st}(\%) = \frac{100}{1 + 4.773\left(n + \frac{m-f-2\lambda}{4}\right)}$$

여기서, n : 탄소의 원자수, m : 수소의 원자수, f : 할로겐의 원자수, λ : 산소의 원자수

(4) 최소산소농도(MOC ; Minimum Oxygen Concentration)

최소산소농도(MOC)란 연소범위의 하한 농도로, 완전연소시켜 화염을 전파하기 위해서 요구되는 최소한의 산소농도를 말한다. 폭발 및 화재는 연료의 농도에 무관하게 산소의 농도를 감소시킴으로써 방지할 수 있으므로 불연성 가스 등을 가연성 혼합기체에 첨가하면 MOC는 감소된다.

$$\text{MOC} = \frac{\text{산소 몰수}}{\text{연료 몰수}} \times \text{연소하한계}$$

(5) 이론공기량

이론공기량이란 가연물질을 연소시키기 위해서 이론적으로 계산하여 산출한 공기량이다.

$$\text{이론공기량} = \frac{\text{이론산소량}}{\frac{\text{공기 중 산소함유량(\%)}}{100}}$$

(6) 아보가드로의 법칙

같은 온도와 같은 압력에서 일정 부피 안에 들어있는 입자 수는 기체의 종류와 무관하게 동일하며, 이때 0℃, 1atm에서 1몰이 차지하는 부피는 22.4L이다.

(7) 유량과 연속방정식

① 유량

$$Q = AV = \frac{\pi}{4}d^2 V$$

여기서, Q : 유량(m3/s), A : 면적(m2), V : 유속(m/s), d : 지름(m)

이때, $V = \sqrt{2gH}$

여기서, g : 중력가속도(m/s2), H : 물의 높이(m)

② 연속방정식 : 유체가 흐를 때 질량이 보존됨을 표현하는 방정식

체적유량$(Q) = A_1 V_1 = A_2 V_2$

(8) 이상기체 상태방정식

$$PV = \frac{W}{M}RT$$

여기서, P : 절대압력(atm), V : 부피(L), W : 질량(g), M : 분자량

R : 기체상수(0.082atm · L/mol · K), T : 절대온도(K)

(9) 가스 용기 충진량

$$G = \frac{V}{C}$$

여기서, G : 용기의 충진량(kg), V : 용기의 내용적(L), C : 가스 정수

(10) 플래시율

$$\text{Flash율} = \frac{\text{가압 후 물의 엔탈피} - \text{대기압하에서 물의 엔탈피(kcal/kg)}}{\text{물의 기화열(kcal/kg)}}$$

(11) 단열압축 시 열역학적 관계식

$$\frac{T_2}{T_1} = \left(\frac{P_2}{P_1}\right)^{\frac{K-1}{K}}$$

여기서, T_1 : 압축 전 온도, T_2 : 압축 후 온도

P_1 : 압축 전 압력, P_2 : 압축 후 압력, K : 비열비

(12) TNT 당량

TNT 당량은 어떤 물질이 폭발할 때 내는 에너지와 동일한 에너지를 방출하는 TNT의 중량을 말하며, 이론적인 TNT 당량은 다음 식으로 구한다.

$$\text{TNT 당량(kg)} = \frac{\Delta H_c \times W_c}{1{,}120\text{kcal/kg TNT}}$$

여기서, ΔH_c : 폭발성 물질의 발열량, W_c : 폭발한 물질의 양

(1,120=TNT가 폭발 시 내는 당량 에너지)

※ 폭약 TNT가 폭발할 때의 폭풍압이나 폭발에너지 등 폭발 특성은 실험에 의해 상세히 측정되고 그 신뢰성도 높기 때문에, 다른 물질의 폭발성 값도 TNT와 비교하여 TNT의 양으로 나타내면 편리하다.

⒀ UVCE와 BLEVE의 위험성

① 증기운 폭발(UVCE ; Unconfined Vapor Cloud Explosion)
저장탱크에서 유출된 가스가 대기 중의 공기와 혼합하여 구름을 형성하고 떠다니다가 점화원(점화스파크, 기계마찰열, 고온표면 등)을 만나 발생하는 격렬한 폭발 사고

② 비등액체 팽창증기 폭발(BLEVE ; Boiling Liquid Expanding Vapour Explosion)
가스 저장탱크 지역의 화재 발생 시 주변에 있는 저장탱크가 가열되면서 탱크 내 가스 부분은 온도상승과 비례하여 탱크 내 급격한 압력상승을 초래하게 되는데, 탱크가 계속 가열되어 용기 강도가 저하되면 파열되고 이때 내부의 가열된 비등상태 액체가 기화하면서 팽창하여 설계압력을 초과하고 탱크가 파괴되어 급격한 폭발현상을 일으키는 형태

3 폭발의 방지

(1) 폭발(화재)의 국한대책

① 가연성 물질의 집적 방지
② 건물 및 설비의 불연성화
③ 일정한 공지의 확보
④ 방화벽 및 문, 방유제, 방액제 등의 정비
⑤ 위험물시설 등의 지하 매설

(2) 폭발(화재)의 방지대책

① 가스 누설의 위험장소에는 밀폐공간을 없앨 것
② 가스 누설을 밀폐하는 설비 설치
③ 국소배기장치 등 환기장치 설치
④ 점화원의 관리
⑤ 용기인 경우 비상배기장치 기능 확보
⑥ 정기적인 가스 농도 측정

04 안전장치와 안전거리

1 안전장치

(1) 안전밸브

① 안전밸브의 종류 빈출!
㉠ 스프링식
㉡ 파열판식
㉢ 중추식
㉣ 가용전식

② 안전밸브의 작동요건 빈출!

화학설비 및 그 부속설비에서 최고사용압력 이하에서 작동되도록 하여야 하며, 2개 이상의 안전밸브를 설치할 경우 1개는 최고사용압력의 1.05배에서 작동하여야 하고, 외부화재를 대비한 경우는 1.1배 이하에서 작동하여야 한다.

③ 안전밸브를 설치해야 하는 경우

다음 중 어느 하나에 해당하는 설비에 대해서는 과압에 따른 폭발을 방지하기 위하여 폭발 방지 성능과 규격을 갖춘 안전밸브 또는 파열판(이하 "안전밸브 등")을 설치하여야 한다. 다만, 안전밸브 등에 상응하는 방호장치를 설치한 경우에는 그러하지 아니하다.

㉠ 압력용기(안지름이 150mm 이하인 압력용기는 제외하며, 압력용기 중 관형 열교환기의 경우에는 관의 파열로 인하여 상승한 압력이 압력용기의 최고사용압력을 초과할 우려가 있는 경우만 해당)

㉡ 정변위 압축기

㉢ 정변위 펌프(토출축에 차단밸브가 설치된 것만 해당)

㉣ 배관(2개 이상의 밸브에 의하여 차단되어 대기온도에서 액체의 열팽창에 의하여 파열될 우려가 있는 것으로 한정)

㉤ 그 밖의 화학설비 및 그 부속설비로서 해당 설비의 최고사용압력을 초과할 우려가 있는 것

(2) 파열판

① 파열판의 종류

㉠ 평판

㉡ 돔형

② 파열판을 설치해야 하는 경우 빈출!

㉠ 반응폭주 등 급격한 압력상승의 우려가 있는 경우

㉡ 급성독성 물질의 누출로 인하여 주위의 작업환경을 오염시킬 우려가 있는 경우

㉢ 운전 중 안전밸브에 이상물질이 누적되어 안전밸브가 작동되지 아니할 우려가 있는 경우

파열판 및 안전밸브의 직렬 설치

급성독성 물질이 지속적으로 외부에 유출될 수 있는 화학설비 및 그 부속설비에는 파열판과 안전밸브를 직렬로 설치하고, 그 사이에는 압력지시계 또는 자동경보장치를 설치하여야 한다.

(3) 계측장치 빈출!

위험물을 기준량 이상으로 제조하거나 취급하는 다음 중 어느 하나에 해당하는 화학설비(특수화학설비)를 설치하는 경우에는 내부의 이상상태를 조기에 파악하기 위하여 필요한 온도계 · 유량계 · 압력계 등의 계측장치를 설치하여야 한다.

① 발열반응이 일어나는 반응장치

② 증류 · 정류 · 증발 · 추출 등 분리를 행하는 장치

③ 가열시켜주는 물질의 온도가 가열되는 위험물질의 분해온도 또는 발화점보다 높은 상태에서 운전되는 설비

④ 반응폭주 등 이상화학반응에 의하여 위험물질이 발생할 우려가 있는 설비

⑤ 온도가 섭씨 350℃ 이상이거나 게이지압력이 980kPa 이상인 상태에서 운전되는 설비

⑥ 가열로 또는 가열기

(4) 그 밖의 안전장치 빈출!

① **체크밸브** : 유체의 역류를 방지하는 밸브
② **블로밸브** : 과잉압력을 방출하는 밸브
③ **통기밸브** : 항상 탱크 내의 압력을 대기압과 평형한 압력으로 하는 탱크 보호밸브
④ **화염방지기** : 화염의 차단을 목적으로 한 장치
⑤ **긴급차단장치** : 가스 누출, 화재 등의 이상사태 발생 시 그 피해의 확대를 방지하기 위해 해당 기기에서의 원재료 송입을 긴급히 정지하는 장치(종류 : 공기압식, 유압식, 전기식)
⑥ **자동방출장치**
㉠ Vent stack : 탱크 내의 압력을 정상의 상태로 유지하기 위한 가스 방출장치
㉡ Flare stack : 가스나 고휘발성 액체의 증기를 연소해서 대기 중으로 방출하는 장치
㉢ Steam draft : 증기배관 내에 생기는 응축수를 자동적으로 배출하기 위한 장치
㉣ Blow down : 응축성 증기, 열유, 열액 등 공정액체를 빼내고 이것을 안전하게 유지 또는 처리하기 위한 설비
⑦ **자동경보장치** : 운전조건이 미리 설정된 범위를 이탈한 경우에 계기류의 검출단에서 직접 신호를 받아 부저를 울리거나 램프를 점멸하는 기능을 갖고 있다.

2 내화기준과 안전거리

(1) 내화기준

가스폭발 위험장소 또는 분진폭발 위험장소에 설치되는 건축물 등에 대해서는 다음에 해당하는 부분을 내화구조로 하여야 하며, 그 성능이 항상 유지될 수 있도록 점검 · 보수 등 적절한 조치를 하여야 한다. 다만, 건축물 등의 주변에 화재에 대비하여 물분무시설 또는 폼헤드(foam head) 설비 등의 자동소화설비를 설치하여 건축물 등이 화재 시에 2시간 이상 그 안전성을 유지할 수 있도록 한 경우에는 내화구조로 하지 아니할 수 있다.

① **건축물의 기둥 및 보** : 지상 1층(지상 1층의 높이가 6m를 초과하는 경우에는 6m)까지
② **위험물 저장 · 취급 용기의 지지대(높이가 30cm 이하인 것은 제외)** : 지상으로부터 지지대의 끝부분까지
③ **배관 · 전선관 등의 지지대** : 지상으로부터 1단(1단의 높이가 6m를 초과하는 경우에는 6m)까지

(2) 안전거리 빈출!

구 분	안전거리
단위공정시설 및 설비로부터 다른 단위공정시설 및 설비의 사이	설비의 바깥면으로부터 10m 이상
플레어스택으로부터 단위공정시설 및 설비, 위험물질 저장탱크 또는 위험물질 하역설비의 사이	플레어스택으로부터 반경 20m 이상
위험물질 저장탱크로부터 단위공정 시설 및 설비, 보일러 또는 가열로의 사이	저장탱크의 바깥면으로부터 20m 이상
사무실 · 연구실 · 실험실 · 정비실 또는 식당으로부터 단위공정시설 및 설비, 위험물질의 저장탱크, 위험물질 하역설비, 보일러 또는 가열로의 사이	사무실 등의 바깥면으로부터 20m 이상

05 작업환경의 안전

1 작업환경 개선의 기본원칙

(1) 유해물질의 양 감소 빈출!

① 대치 : 공정의 변경, 시설의 변경, 유해물질의 변경
② 격리 : 저장물질, 시설, 공정
③ 환기 : 전체환기, 국소배기

(2) 작업환경 개선방법

① 유해한 생산공정의 변경
② 유해한 작업방법의 변경
③ 유해성이 적은 원자재로의 대체 사용
④ 설비의 밀폐
⑤ 유해물의 발산 · 비산 억제
⑥ 국소배기장치 및 전체환기장치의 설치

2 물질안전보건자료

(1) 물질안전보건자료의 작성 · 비치 빈출!

화학물질 및 화학물질을 함유한 제제(대통령령으로 정하는 제제는 제외) 중 고용노동부령으로 정하는 분류기준에 해당하는 화학물질 및 화학물질을 함유한 제제(이하 “대상 화학물질”)를 양도하거나 제공하는 자는 이를 양도받거나 제공받는 자에게 다음의 사항을 모두 기재한 자료(이하 “물질안전보건자료”)를 고용노동부령으로 정하는 방법에 따라 작성하여 제공하여야 한다. 이 경우 고용노동부장관은 고용노동부령으로 물질안전보건자료의 기재사항이나 작성방법을 정할 때 「화학물질관리법」과 관련된 사항에 대하여는 환경부장관과 협의하여야 한다.

① 대상 화학물질의 명칭
② 구성성분의 명칭 및 함유량
③ 안전 · 보건상의 취급 주의사항
④ 건강 유해성 및 물리적 위험성
⑤ 그 밖에 고용노동부령으로 정하는 사항(물리 · 화학적 특성, 독성에 관한 정보, 폭발 · 화재 시의 대처방법, 응급조치요령, 그 밖에 고용노동부장관이 정하는 사항)

(2) 물질안전보건자료의 작성 · 비치 제외 대상 제제

① 「원자력안전법」에 따른 방사성 물질
② 「약사법」에 따른 의약품, 의약외품
③ 「화장품법」에 따른 화장품
④ 「마약류 관리에 관한 법률」에 따른 마약 및 향정신성 의약품
⑤ 「농약관리법」에 따른 농약

⑥ 「사료관리법」에 따른 사료
⑦ 「비료관리법」에 따른 비료
⑧ 「식품위생법」에 따른 식품 및 식품첨가물
⑨ 「총포 · 도검 · 화약류 등의 안전관리에 관한 법률」에 따른 화약류
⑩ 「폐기물관리법」에 따른 폐기물
⑪ 「의료기기법」에 따른 의료기기
⑫ 일반 소비자의 생활용으로 제공되는 제제
⑬ 그 밖에 고용노동부장관이 독성 · 폭발성 등으로 인한 위해의 정도가 적다고 인정하여 고시하는 제제

(3) 작업공정별 관리요령에 포함되어야 할 사항 빈출!

① 대상 화학물질의 명칭
② 유해성 · 위험성
③ 취급상의 주의사항
④ 적절한 보호구
⑤ 응급조치요령 및 사고 시 대처방법

3 유해물질 관리

(1) 유해물질의 유해요인 빈출!

① 유해물질의 농도와 접촉시간
② 근로자의 감수성
③ 작업강도
④ 기상조건

(2) 유해물질의 허용농도 빈출!

① **시간가중평균값(TWA)** : 1일 8시간 작업을 기준으로 한 평균노출농도로서, 유해요인의 측정농도에 발생시간을 곱하여 8시간으로 나눈 값

$$\text{TWA} = \frac{C_1 T_1 + C_2 T_2 + \cdots + C_n T_n}{8}$$

여기서, C : 유해요인의 측정농도(ppm 또는 mg/m^3)
T : 유해요인의 발생시간(시간)

② **단시간노출값(STEL)** : 15분간의 시간가중평균값으로서, 노출농도가 시간가중평균값을 초과하고 단시간노출값 이하인 경우에는 1회 노출 지속시간이 15분 미만이어야 하고, 이러한 상태가 1일 4회 이하로 발생해야 하며, 각 회의 간격은 60분 이상이어야 한다.

③ **최고허용농도(Ceiling 농도)** : 근로자가 1일 작업시간 동안 잠시라도 노출되어서는 안 되는 최고허용농도(허용농도 앞에 "C"를 붙여 표시)

혼합물의 허용농도

화학물질이 2종 이상 혼재하는 경우 혼합물의 허용농도는 다음 식으로 구한다.

$$\text{혼합물의 허용농도} = \frac{C_1}{T_1} + \frac{C_2}{T_2} + \cdots + \frac{C_n}{T_n}$$

여기서, C : 화학물질 각각의 측정농도
T : 화학물질 각각의 허용농도

④ TLV-TWA : 하루 8시간 작업 동안에 폭로된 유해물질의 시간가중평균농도의 상한치이며, 이러한 농도에서는 오랜 시간 작업을 하더라도 건강장해를 일으키지 않는 관리지표로 사용하여야 한다. 안전과 위험의 관계로 해석해서는 안 된다.

※ TLV : 미국 산업위생전문가회의(ACGIH)에서 제안되고 있는 폭로한계의 사항

(3) 유해 · 위험성 조사 제외 제제 빈출!

① 원소
② 천연으로 산출된 화학물질
③ 방사성 물질

(4) 발화성 물질의 저장법 빈출!

① 나트륨 · 칼륨 : 석유 속에 저장
② 황린 : 물속에 저장
③ 적린 · 마그네슘 · 칼륨 : 격리 저장
④ 질산은 용액 : 햇빛을 피하여 저장

(5) 허가대상 · 관리대상 유해물질 사용 작업장의 게시사항 및 주지사항

게시사항	주지사항
• 허가대상 유해물질의 명칭 • 인체에 미치는 영향 • 취급상 주의사항 • 착용하여야 할 보호구 • 응급조치와 긴급방재 요령	• 물리적 · 화학적 특성 • 발암성 등 인체에 미치는 영향과 증상 • 취급상 주의사항 • 착용하여야 할 보호구와 착용방법 • 위급상황 시의 대처방법과 응급조치 요령 • 그 밖에 근로자의 건강장해 예방에 관한 사항

4 밀폐공간 작업의 안전

(1) 분진대책

① 작업공정에서 분진발생 억제 및 감소화
② 분진 비상 방지조치
③ 개인보호구 착용으로 분진 흡입 방지
④ 환기
⑤ 그 밖의 공정을 습식으로 하거나 밀폐 등의 조치

밀폐공간이란?
산소결핍, 유해가스로 인한 질식 · 화재 · 폭발 등의 위험이 있는 장소

(2) 밀폐공간의 적정한 공기 기준 빈출!

① 산소의 농도범위 : 18% 이상 ~ 23.5% 미만
② 탄산가스의 농도 : 1.5% 미만
③ 일산화탄소의 농도 : 30ppm 미만
④ 황화수소의 농도 : 10ppm 미만

(3) 밀폐공간에서의 작업 시작 전 확인사항 빈출!

① 작업 일시, 기간, 장소 및 내용 등의 작업 정보
② 관리감독자, 근로자, 감시인 등의 작업자 정보
③ 산소 및 유해가스 농도의 측정결과 및 후속 조치사항
④ 작업 중 불활성 가스 또는 유해가스의 누출 · 유입 · 발생 가능성 검토 및 후속 조치사항
⑤ 작업 시 착용하여야 할 보호구의 종류
⑥ 비상연락체계

(4) 밀폐공간 보건작업 프로그램의 수립 · 시행 빈출!

근로자가 밀폐공간에서 작업을 하는 경우 다음의 내용이 포함된 밀폐공간 보건작업 프로그램을 수립하여 시행하여야 한다.
① 사업장 내 밀폐공간의 위치 파악 및 관리방안
② 밀폐공간 내 질식 · 중독 등을 일으킬 수 있는 유해 · 위험 요인의 파악 및 관리방안
③ 밀폐공간 작업 시 사전 확인이 필요한 사항에 대한 확인절차
④ 안전보건교육 및 훈련
⑤ 그 밖에 밀폐공간 작업 근로자의 건강장해 예방에 관한 사항

5 국소배기장치와 전체환기장치

(1) 국소배기장치의 후드 형식

① 레시버식 후드
② 포위식 후드
③ 부스식 후드
④ 외부식 후드

(2) 국소배기장치의 후드 설치기준 빈출!

① 유해물질이 발생하는 곳마다 설치할 것
② 유해인자의 발생형태 및 비중, 작업방법 등을 고려하여 해당 분진 등의 발산원을 제어할 수 있는 구조로 설치할 것
③ 후드 형식은 가능한 한 포위식 또는 부스식 후드를 설치할 것
④ 외부식 또는 레시버식 후드를 설치하는 때에는 해당 분진 등의 발산원에 가장 가까운 위치에 설치할 것

(3) 국소배기장치의 덕트 설치기준 빈출!

① 가능하면 길이는 짧게 하고, 굴곡부의 수는 적게 할 것
② 접속부의 안쪽은 돌출된 부분이 없도록 할 것
③ 청소구를 설치하는 등 청소하기 쉬운 구조로 할 것
④ 덕트 내부에 오염물질이 쌓이지 않도록 이송속도를 유지할 것
⑤ 연결부위 등은 외부 공기가 들어오지 않도록 할 것

(4) 국소배기장치의 사용 전 점검사항

① 덕트 및 배풍기의 분진상태
② 덕트 접속부가 헐거워졌는지 여부
③ 흡기 및 배기 능력
④ 그 밖에 국소배기장치의 성능을 유지하기 위하여 필요한 사항

(5) 전체환기장치

① 단일성분의 유기화합물이 발생되는 작업장에 전체환기장치를 설치하고자 할 때에는 다음 식에 따라 계산한 환기량 이상으로 설치해야 한다.

$$\text{시간당 필요환기량}(m^3/hr) = \frac{24.1 \times \text{비중} \times \text{유해물질의 시간당사용량}(L/hr) \times K \times 10^6}{\text{분자량} \times \text{유해물질의 노출기준}}$$

이때, K : 안전계수 ➠ $K=1$: 작업장 내의 공기 혼합이 원활한 경우
$K=2$: 작업장 내의 공기 혼합이 보통인 경우
$K=3$: 작업장 내의 공기 혼합이 불완전한 경우

② ①에도 불구하고, 유기화합물의 발생이 혼합물질인 경우에는 각각의 환기량을 모두 합한 값을 필요환기량으로 적용한다. 다만, 상가작용이 없을 경우에는 필요환기량이 가장 큰 물질의 값을 적용한다.

③ 전체환기장치를 설치하려는 경우에 전체 환기장치의 배풍기(덕트를 사용하는 전체 환기장치의 경우에는 해당 덕트의 개구부)를 관리대상 유해물질의 발산원에 가장 가까운 위치에 설치하여야 한다.

(6) 유기화합물의 설비 특례

전체환기장치가 설치된 유기화합물 취급 작업장으로서 다음의 요건을 모두 갖춘 경우에 밀폐설비나 국소배기장치를 설치하지 아니할 수 있다.

① 유기화합물의 노출기준이 100ppm 이상인 경우
② 유기화합물의 발생량이 대체로 균일한 경우
③ 동일한 작업장에 다수의 오염원이 분산되어 있는 경우
④ 오염원이 이동성이 있는 경우

제5과목 화학설비 안전관리 개념 Plus+

1 (　　　) 소화약제는 물소화약제의 단점을 보완하기 위하여 물에 탄산칼륨(K_2CO_3) 등을 녹인 수용액으로, 부동성이 높은 알칼리성 소화약제이다.

2 화재 사고에서 사망과 관련이 있는 주요 원인은 (　　　) 가스에 의한 중독이다.

3 가솔린이 남아 있는 화학설비에 등유나 경유를 주입하는 경우, 그 액 표면의 높이가 주입관의 선단의 높이를 넘을 때까지 주입속도는 (　　　) 이하로 하여야 한다.

4 단위공정 시설 및 설비로부터 다른 단위공정 시설 및 설비 사이의 안전거리는 설비의 바깥면부터 (　　　) 이상이 되어야 한다.

5 (　　　)란 연소 시 발생하는 열에너지를 흡수하는 매체를 화염 속에 투입하여 소화하는 방법이다.

6 특수화학설비를 설치하는 경우에는 내부의 이상 상태를 조기에 파악하기 위하여 필요한 계측장치를 설치하여야 하는데, 주요 계측장치로는 온도계, 유량계, 그리고 (　　　)가 있다.

7 유해 · 위험 설비의 설치 · 이전 또는 주요 구조부분의 변경공사 시 공정안전보고서를 착공일 (　　　) 전까지 관련 기관에 제출하여야 한다.

8 열감지기의 종류에는 정온식, 차동식, (　　　)이 있다.

9 아세틸렌 용접장치를 사용하여 금속의 용접 · 용단 또는 가열 작업을 하는 경우에는 게이지압력이 (　　　)을 초과하는 압력의 아세틸렌을 발생시켜 사용해서는 아니 된다.

10 (　　　)이란 가스 중의 음속보다도 화염전파속도(1,000~3,500m/sec)가 큰 경우로, 파면 선단에 충격파라고 하는 솟구치는 압력파가 발생하여 격렬한 파괴작용을 일으키는 현상이다.

11 (　　　)란 화염을 차단하는 안전장치로, 탱크에서 외부에 증기를 방출하거나 탱크 내에 외기를 흡입하는 부분에 설치한다.

12 마그네슘, 나트륨, 칼륨, 지르코늄과 같은 금속화재는 (　　　)급 화재이다.

13 (　　　)이란 물이 관 속을 흐를 때 유동하는 물의 어느 부분의 정압이 그때 물의 증기압보다 낮을 경우, 물이 증발하여 부분적으로 증기가 발생되어 배관의 부식을 초래하는 현상이다.

⑭ (   )이란 비점이나 인화점이 낮은 액체가 들어있는 용기가 주위의 화재 등으로 인하여 가열되면, 비등현상으로 인한 내부 압력 상승으로 용기의 벽면이 파열되면서 그 내용물이 증발 · 팽창하며 폭발을 일으키는 현상이다.

⑮ 인화성 액체 위험물을 액체상태로 저장하는 저장탱크를 설치할 때, 위험물질이 누출되어 확산되는 것을 방지하기 위하여 (   )를 설치한다.

정답
① 강화액 ② 일산화탄소(CO) ③ 1m/s ④ 10m ⑤ 냉각소화 ⑥ 압력계 ⑦ 30일
⑧ 보상식 ⑨ 127kPa ⑩ 폭굉 ⑪ 화염방지기 ⑫ D ⑬ 공동현상(cavitation)
⑭ BLEVE(비등액 팽창증기 폭발) ⑮ 방유제

06 건설공사 안전관리

01 지반의 안전성

1 토질의 시험방법 빈출!

① **표준관입시험** : 무게 63.5kg의 쇠뭉치를 76cm의 높이에서 자유낙하시켜 샘플러의 관입깊이 30cm에 해당하는 매립에 필요한 타격횟수를 측정하는 시험

② **베인시험** : +자형의 날개가 붙은 로드를 지중에 눌러 넣어서 회전을 가했을 때의 저항력에서 날개에 의하여 형성되는 원통형 전단면에 따르는 전단저항(점착력)을 구하는 시험

③ **평판재하시험** : 원위치에 있어서 강성의 재하판을 사용하여 하중을 가하고 그 하중과 변위와의 관계에서 기초지반의 지지력과 지반계수 또는 노상 및 지반의 지반계수를 구하기 위하여 행하는 시험

2 지반의 이상현상

이상현상에 따른 지반 조건
- 보일링 현상 : 지하수위가 높은 사질토와 같은 투수성이 좋은 지반
- 히빙 현상 : 연약성 점토 지반

(1) 보일링(boiling) 빈출!

① 보일링의 원리와 현상

사질토 지반을 굴착 시 굴착 저면과 흙막이 배면과의 수위 차이로 인해 굴착 저면의 흙과 물이 함께 위로 솟구쳐 오르는 현상으로, 구체적으로 다음과 같은 현상이 발생한다.

㉠ 저면에 액상화 현상이 일어난다.
㉡ 굴착면과 배면토의 수두 차에 의한 침투압이 발생한다.

② 안전대책

㉠ 주변 수위를 저하시킨다. ➡ 가장 좋은 방법
㉡ 흙막이벽을 깊이 설치하여 지하수의 흐름을 막는다.
㉢ 굴착토를 즉시 원상 매립한다.
㉣ 작업을 중지시킨다.
㉤ 콘 및 필터를 설치한다.
㉥ 시수벽 설치 등으로 투수거리를 길게 한다.

보일링 현상의 원리

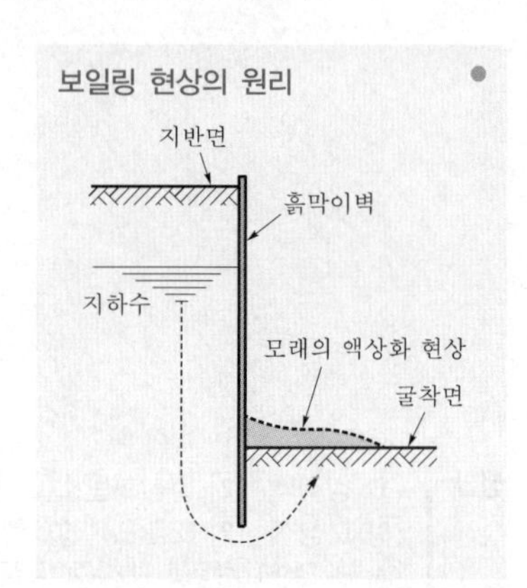

(2) 히빙(heaving) 빈출!

① 히빙의 원리와 현상

하부 지반이 약할 때 굴착에 의한 흙막이 내 · 외면 흙의 중량 차이로 인해 지반이 부풀어 오르는 현상으로, 구체적으로 다음과 같은 현상이 발생한다.

㉠ 지보공 파괴
㉡ 배면토사 붕괴
㉢ 굴착 저면이 솟아오르고 측벽이 융기

히빙 현상의 원리

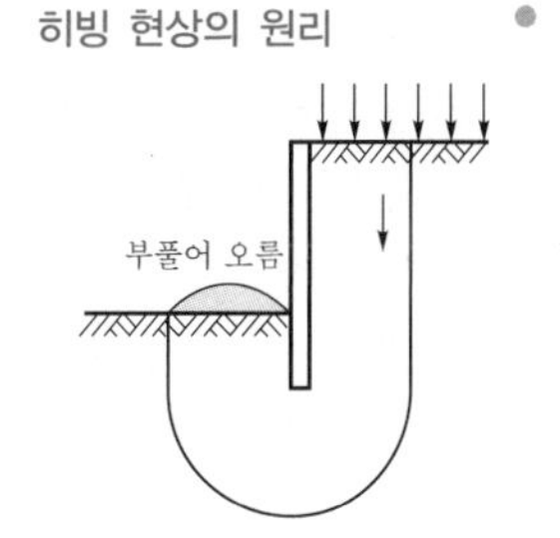

② 안전대책

㉠ 굴착 주변의 상재하중을 제거한다.
㉡ 시트파일 등의 근입심도를 깊게 한다.
㉢ 1.3m 이하의 굴착에는 버팀대를 설치한다.
㉣ 버팀대, 브래킷, 흙막이판을 점검한다.
㉤ 굴착방식을 아일랜드컷 공법으로 한다.
㉥ 시트파일 등을 재타입한다.
㉦ 굴착 저면에 토사 등으로 인공중력을 가중시킨다.
㉧ 토류벽의 배면토압을 경감시키고, 약액주입공법 및 탈수공법을 적용한다.
㉨ 케이슨 공법을 채택한다.

3 지반에 따른 개량공법 빈출!

사질토 지반의 개량공법	점성토 지반의 개량공법
• 다짐말뚝 공법 • 다짐모래말뚝 공법 • 전기충격 공법 • 바이브로플로테이션 공법	• 치환 공법 • 여성토 공법 • 압성토 공법 • 샌드드레인 공법 • 침투압 공법 • 전기침투 공법

02 건설업의 산업안전보건관리비

1 산업안전보건관리비의 적용

(1) 적용범위

「산업안전보건법」에서 정의하는 건설공사 중 총공사금액 2천만원 이상인 공사에 적용한다. 다만, 다음의 어느 하나에 해당되는 공사 중 단가계약에 의하여 행하는 공사에 대하여는 총계약금액을 기준으로 적용한다.

① 「전기공사업법」에 따른 전기공사로서 저압 · 고압 또는 특별고압 작업으로 이루어지는 공사
② 「정보통신공사업법」에 따른 정보통신공사

(2) 대상액 빈출!

산업안전보건관리비의 대상액이란 관련 규정에서 정하는 공사원가계산서 구성항목 중 직접재료비, 간접재료비와 직접노무비를 합한 금액(발주자가 재료를 제공할 경우에는 해당 재료비를 포함)을 말한다.

(3) 계상의무 및 기준 빈출!

발주자가 도급계약 체결을 위한 원가계산에 의한 예정가격을 작성하거나, 자기공사자가 건설공사 사업 계획을 수립할 때에는 다음에 따라 산정한 금액 이상의 산업안전보건관리비를 계상하여야 한다. 다만, 발주자가 재료를 제공하거나 일부 물품이 완제품의 형태로 제작 · 납품되는 경우에는 해당 재료비 또는 완제품 가액을 대상액에 포함하여 산출한 산업안전보건관리비와 해당 재료비 또는 완제품 가액을 대상액에서 제외하고 산출한 산업안전보건관리비의 1.2배에 해당하는 값을 비교하여 그 중 작은 값 이상의 금액으로 계상한다.

① 대상액이 5억원 미만 또는 50억원 이상인 경우 : 대상액에 아래 〈**계상기준표**〉에서 정한 비율을 곱한 금액

② 대상액이 5억원 이상 50억원 미만인 경우 : 대상액에 아래 〈**계상기준표**〉에서 정한 비율(X)을 곱한 금액에 기초액(C)을 합한 금액

③ 대상액이 명확하지 않은 경우 : 도급계약 또는 자체사업계획상 책정된 총공사금액의 10분의 7에 해당하는 금액을 대상액으로 하고, ① 및 ②에서 정한 기준에 따라 계상

〈공사종류 및 규모별 산업안전관리비 계상기준표〉

개정 2023

구분 / 공사 종류	대상액 5억원 미만인 경우 적용비율	대상액 5억원 이상 50억원 미만		대상액 50억원 이상인 경우 적용비율	보건관리자 선임대상 건설공사의 적용비율
		적용비율 (X)	기초액 (C)		
건축공사	2.93%	1.86%	5,349,000원	1.97%	2.15%
토목공사	3.09%	1.99%	5,499,000원	2.10%	2.29%
중건설공사	3.43%	2.35%	5,400,000원	2.44%	2.66%
특수건설공사	1.85%	1.20%	3,250,000원	1.27%	1.38%

2 안전관리비의 항목별 사용 불가 내역 빈출!

항 목	사용 불가 내역
(1) 안전관리자 등의 인건비 및 각종 업무수당 등	① 안전·보건관리자의 인건비 등 ㉠ 안전·보건관리자의 업무를 전담하지 않는 경우(유해위험방지계획서 제출대상 건설공사에 배치하는 안전관리자가 다른 업무와 겸직하는 경우의 인건비는 제외) ㉡ 지방고용노동관서에 선임·신고하지 아니한 경우 ㉢ 안전관리자의 자격을 갖추지 아니한 경우 ※ 선임 의무가 없는 경우에도 실제 선임·신고한 경우에는 사용할 수 있음(법상 의무 선임자 수를 초과하여 선임·신고한 경우, 도급인이 선임하였으나 하도급 업체에서 추가 선임·신고한 경우, 재해예방전문기관의 기술지도를 받고 있으면서 추가 선임·신고한 경우를 포함) ② 유도자 또는 신호자의 인건비 시공, 민원, 교통, 환경관리 등 다른 목적을 포함하는 등 아래의 인건비 ㉠ 공사 도급내역서에 유도자 또는 신호자 인건비가 반영된 경우 ㉡ 타워크레인 등 양중기를 사용할 경우 유도·신호 업무만을 전담하지 않은 경우 ㉢ 원활한 공사 수행을 위하여 사업장 주변 교통정리, 민원 및 환경관리 등의 목적이 포함되어 있는 경우 ※ 도로 확·포장 공사 등에서 차량의 원활한 흐름을 위한 유도자 또는 신호자, 공사현장 진·출입로 등에서 차량의 원활한 흐름 또는 교통 통제를 위한 교통정리 신호수 등 ③ 안전·보건보조원의 인건비 ㉠ 전담 안전·보건관리자가 선임되지 아니한 현장의 경우 ㉡ 보조원이 안전·보건관리업무 외의 업무를 겸임하는 경우 ㉢ 경비원, 청소원, 폐자재처리원 등 산업안전·보건과 무관하거나 사무보조원(안전보건관리자의 사무를 보조하는 경우를 포함)의 인건비
(2) 안전시설비 등	원활한 공사 수행을 위해 공사현장에 설치하는 시설물, 장치, 자재, 안내·주의·경고 표지 등과 공사 수행 도구·시설이 안전장치와 일체형인 경우 등에 해당하는 경우 그에 소요되는 구입·수리 및 설치·해체 비용 등 ① 원활한 공사 수행을 위한 가설시설, 장치, 도구, 자재 등 ㉠ 외부인 출입금지, 공사장 경계표시를 위한 가설울타리 ㉡ 각종 비계, 작업발판, 가설 계단·통로, 사다리 등 ※ 안전발판, 안전통로, 안전계단 등과 같이 명칭에 관계없이 공사 수행에 필요한 가시설들은 사용 불가 다만, 비계·통로·계단에 추가 설치하는 추락방지용 안전난간, 사다리 전도방지장치, 틀비계에 별도로 설치하는 안전난간·사다리, 통로의 낙하물방호선반 등은 사용 가능 ㉢ 절토부 및 성토부 등의 토사 유실 방지를 위한 설비 ㉣ 작업장 간 상호 연락, 작업상황 파악 등 통신수단으로 활용되는 통신시설·설비 ㉤ 공사 목적물의 품질 확보 또는 건설장비 자체의 운행 감시, 공사 진척상황 확인, 방범 등의 목적을 가진 CCTV 등 감시용 장비 ※ 다만, 근로자의 재해예방을 위한 목적으로만 사용하는 CCTV에 소요되는 비용은 사용 가능 ② 소음·환경 관련 민원 예방, 교통 통제 등을 위한 각종 시설물, 표지 ㉠ 건설현장 소음 방지를 위한 방음시설, 분진망 등 먼지·분진 비산 방지시설 등 ㉡ 도로 확·포장공사, 관로공사, 도심지공사 등에서 공사차량 외의 차량유도, 안내·주의·경고 등을 목적으로 하는 교통안전시설물(공사 안내·경고 표지판, 차량유도등·점멸등, 라바콘, 현장경계펜스, PE드럼 등)

항 목	사용 불가 내역
	③ 기계 · 기구 등과 일체형 안전장치의 구입비용 ※ 기성제품에 부착된 안전장치 고장 시 수리 및 교체 비용은 사용 가능 ㉠ 기성제품에 부착된 안전장치(톱날과 일체식으로 제작된 목재가공용 둥근톱의 톱날접촉예방장치, 플러그와 접지시설이 일체식으로 제작된 접지형 플러그 등) ㉡ 공사 수행용 시설과 일체형인 안전시설 ④ 동일 시공업체 소속의 타 현장에서 사용한 안전시설물을 전용하여 사용할 때의 자재비(운반비는 안전관리비로 사용 가능)
(3) 개인보호구 및 안전장구 구입비 등	근로자 재해나 건강장해 예방목적이 아닌 근로자 식별, 복리 · 후생적 근무여건 개선 · 향상, 사기 진작, 원활한 공사 수행을 목적으로 하는 다음 장구의 구입 · 수리 · 관리 등에 소요되는 비용 ① 안전 · 보건관리자가 선임되지 않은 현장에서 안전 · 보건업무를 담당하는 현장 관계자용 무전기, 카메라, 컴퓨터, 프린터 등 업무용 기기 ② 근로자 보호목적으로 보기 어려운 피복, 장구, 용품 등 ㉠ 작업복, 방한복, 방한장갑, 면장갑, 코팅장갑 등 ※ 다만, 근로자의 건강장해 예방을 위해 사용하는 미세먼지마스크, 쿨토시, 아이스조끼, 핫팩, 발열조끼 등은 사용 가능 ㉡ 감리원이나 외부에서 방문하는 인사에게 지급하는 보호구
(4) 사업장의 안전진단비	다른 법 적용사항이거나 건축물 등의 구조안전, 품질관리 등을 목적으로 하는 등의 다음과 같은 점검 등에 소요되는 비용 ①「건설기술진흥법」,「건설기계관리법」등 다른 법령에 따른 가설구조물 등의 구조 검토, 안전점검 및 검사, 차량계 건설기계의 신규등록 · 정기 · 구조변경 · 수시 · 확인 검사 등 ②「전기사업법」에 따른 전기안전대행 등 ③「환경법」에 따른 외부환경 소음 및 분진 측정 등 ④ 민원처리 목적의 소음 및 분진 측정 등 소요비용 ⑤ 매설물 탐지, 계측, 지하수 개발, 지질조사, 구조안전검토비용 등 공사 수행 또는 건축물 등의 안전 등을 주된 목적으로 하는 경우 ⑥ 공사도급내역서에 포함된 진단비용 ⑦ 안전순찰차량(자전거, 오토바이를 포함) 구입 · 임차 비용 ※ 안전 · 보건관리자를 선임 · 신고하지 않은 사업장에서 사용하는 안전순찰차량의 유류비, 수리비, 보험료 또한 사용할 수 없음
(5) 안전보건교육비 및 행사비 등	산업안전보건법령에 따른 안전보건교육, 안전의식 고취를 위한 행사와 무관한 다음과 같은 항목에 소요되는 비용 ① 해당 현장과 별개 지역의 장소에 설치하는 교육장의 설치 · 해체 · 운영 비용 ※ 다만, 교육장소 부족, 교육환경 열악 등의 부득이한 사유로 해당 현장 내에 교육장 설치 등이 곤란하여 현장 인근지역의 교육장 설치 등에 소요되는 비용은 사용 가능 ② 교육장 대지 구입비용 ③ 교육장 운영과 관련이 없는 태극기, 회사기, 전화기, 냉장고 등 비품 구입비 ④ 안전관리활동 기여도와 관계없이 지급하는 다음과 같은 포상금(품) ㉠ 일정 인원에 대한 할당 또는 순번제 방식으로 지급하는 경우 ㉡ 단순히 근로자가 일정 기간 사고를 당하지 아니하였다는 이유로 지급하는 경우 ㉢ 무재해 달성만을 이유로 전 근로자에게 일률적으로 지급하는 경우 ㉣ 안전관리활동 기여도와 무관하게 관리사원 등 특정 근로자, 직원에게만 지급하는 경우

항 목	사용 불가 내역
	⑤ 근로자 재해예방 등과 직접 관련이 없는 안전정보 교류 및 자료 수집 등에 소요되는 비용 ㉠ 신문 구독비용 ※ 다만, 안전보건 등 산업재해 예방에 관한 전문적 · 기술적 정보를 60% 이상 제공하는 간행물 구독에 소요되는 비용은 사용 가능 ㉡ 안전관리활동을 홍보하기 위한 광고비용 ㉢ 정보교류를 위한 모임의 참가회비가 적립의 성격을 가지는 경우 ⑥ 사회통념에 맞지 않는 안전보건 행사비, 안전기원제 행사비 ㉠ 현장 외부에서 진행하는 안전기원제 ㉡ 사회통념상 과도하게 지급되는 의식 행사비(기도비용 등) ㉢ 준공식 등 무재해 기원과 관계없는 행사 ㉣ 산업안전보건의식 고취와 무관한 회식비 ⑦ 「산업안전보건법」에 따른 안전보건교육 강사 자격을 갖추지 않은 자가 실시한 산업안전보건교육비용
(6) 근로자의 건강관리비 등	근무여건 개선, 복리 · 후생 증진 등의 목적을 가지는 다음과 같은 항목에 소요되는 비용 ① 복리후생 등 목적의 시설 · 기구 · 약품 등 ㉠ 간식 · 중식 등 휴식시간에 사용하는 휴게시설, 탈의실, 이동식 화장실, 세면 · 샤워시설 ※ 분진 · 유해물질 사용 · 석면 해체제거 작업장에 설치하는 탈의실, 세면 · 샤워시설 설치비용은 사용 가능 ㉡ 근로자를 위한 급수시설, 정수기 · 제빙기, 자외선차단용품(로션, 토시 등) ※ 작업장 방역 및 소독비, 방충비 및 근로자 탈수 방지를 위한 소금정제비, 6~10월에 사용하는 제빙기 임대비용은 사용 가능 ㉢ 혹서 · 혹한기에 근로자 건강증진을 위한 보양식 · 보약 구입비용 ※ 작업 중 혹한 · 혹서 등으로부터 근로자를 보호하기 위한 간이휴게시설 설치 · 해체 · 유지 비용은 사용 가능 ㉣ 체력단련을 위한 시설 및 운동기구 등 ㉤ 병 · 의원 등에 지불하는 진료비, 암검사비, 국민건강보험 제공비용 등 ※ 다만, 해열제, 소화제 등 구급약품 및 구급용구 등의 구입비용은 사용 가능 ② 파상풍, 독감 등 예방을 위한 접종 및 약품(신종플루 예방접종비용을 포함) ③ 기숙사 또는 현장사무실 내의 휴게시설 설치 · 해체 · 유지비, 기숙사 방역 및 소독 · 방충 비용 ④ 다른 법에 따라 의무적으로 실시해야 하는 건강검진비용 등
(7) 건설재해예방 기술지도비	–
(8) 본사 사용비	① 본사에 안전보건관리만을 전담하는 부서가 조직되어 있지 않은 경우 ② 전담부서에 소속된 직원이 안전보건관리 외의 다른 업무를 병행하는 경우

(6) 공사 진척에 따른 안전관리비 사용기준 빈출!

공정률	50% 이상 ~ 70% 미만	70% 이상 ~ 90% 미만	90% 이상 ~ 100%
사용기준	50% 이상	70% 이상	90% 이상

03 차량계 건설기계 · 하역운반기계

1 차량계 건설기계

(1) 차량계 건설기계의 종류 빈출!

① 도저형 건설기계(불도저, 스트레이트도저, 틸트도저, 앵글도저, 버킷도저 등)
② 모터 그레이더(땅 고르는 기계)
③ 로더(포크 등 부착물 종류에 따른 용도변경 형식을 포함)
④ 스크레이퍼(흙을 절삭 · 운반하거나 펴 고르는 등의 작업을 하는 토공기계)
⑤ 크레인형 굴착기계(클램셸, 드래그라인 등)
⑥ 굴삭기(브레이커, 크러셔, 드릴 등 부착물 종류에 따른 용도변경 형식을 포함)
⑦ 항타기 및 항발기
⑧ 천공용 건설기계(어스드릴, 어스오거, 크롤러드릴, 점보드릴 등)
⑨ 지반 압밀침하용 건설기계(샌드드레인머신, 페이퍼드레인머신, 팩드레인머신 등)
⑩ 지반 다짐용 건설기계(타이어롤러, 머캐덤롤러, 탠덤롤러 등)
⑪ 준설용 건설기계(버킷 준설선, 그래브 준설선, 펌프 준설선 등)
⑫ 콘크리트펌프카
⑬ 덤프트럭
⑭ 콘크리트믹서트럭
⑮ 도로포장용 건설기계(아스팔트 살포기, 콘크리트 살포기, 아스팔트 피니셔, 콘크리트 피니셔 등)
⑯ ①~⑮와 유사한 구조 또는 기능을 갖는 건설기계로서 건설작업에 사용하는 것

(2) 견고한 헤드가드 장착 차량계 건설기계

① 불도저
② 트랙터
③ 셔블(shovel)
④ 로더(loader)
⑤ 파우더셔블(powder shovel) 및 드래그셔블(drag shovel)

(3) 셔블계 굴착기계의 종류

① **파워셔블** : 기계보다 높은 곳의 굴착에 적합하며 굴착능률이 좋다.
② **드래그셔블(백호)** : 기계보다 낮은 곳의 굴착에 적합하고, 굴착력도 커서 경암반에도 사용하며 수중굴착도 가능하다.
③ **드래그라인** : 기계보다 낮은 곳의 굴착에 사용하고, 연약지반 및 수중굴착에 적합하며, 작업범위가 넓다.
④ **클램셸** : 기초기반을 파는 데 사용되며, 파는 힘은 약해 사질기반의 굴착에 이용한다.

(4) 차량계 건설기계 사용 시 작업계획서의 내용

① 사용하는 차량계 건설기계의 종류 및 능력
② 차량계 건설기계의 운행경로
③ 차량계 건설기계에 의한 작업방법

(5) 차량계 건설기계 관련 안전규칙

주요 사항	세부 사항
전도 등의 방지	• 유도자 배치 • 지반의 부동침하 방지 • 갓길의 붕괴 방지 • 도로 폭의 유지
붐 등의 강하에 의한 위험 방지	안전지주 또는 안전블록을 사용할 것
운전위치 이탈 시의 조치	• 포크, 버킷, 디퍼 등의 장치를 가장 낮은 위치 또는 지면에 내려둘 것 • 원동기를 정지시키고 브레이크를 확실히 거는 등 갑작스러운 주행이나 이탈을 방지하기 위한 조치를 할 것 • 운전석을 이탈하는 경우에는 시동키를 운전대에서 분리시킬 것. 다만, 운전석에 잠금장치를 하는 등 운전자가 아닌 사람이 운전하지 못하도록 조치한 경우에는 그러하지 아니하다.
차량계 건설기계 이송 시의 조치	• 싣거나 내리는 작업은 평탄하고 견고한 장소에서 할 것 • 발판을 사용할 때는 충분한 길이 · 폭 및 강도를 가진 것을 사용하고 적당한 경사를 유지하기 위해 견고하게 설치할 것 • 마대 · 가설대 등을 사용하는 때에는 충분한 폭 및 강도와 적당한 경사를 확보할 것

빈출!

빈출!

2 차량계 하역운반기계

(1) 차량계 하역운반기계의 종류

① 지게차
② 구내운반차
③ 화물자동차

(2) 차량계 하역운반기계 사용 시 작업계획서의 내용 빈출!

① 해당 작업에 따른 추락 · 낙하 · 전도 · 협착 및 붕괴 등의 위험 예방대책
② 차량계 하역운반기계의 운행경로 및 작업방법

(3) 차량계 하역운반기계 관련 안전규칙

주요 사항	세부 사항
전도 등의 방지	• 유도자 배치 • 지반의 부동침하 방지 • 갓길의 붕괴 방지
화물 적재 시의 조치	• 하중이 한쪽으로 치우치지 않도록 적재할 것 • 구내운반차 또는 화물자동차의 경우 화물의 붕괴 또는 낙하에 의한 위험을 방지하기 위하여 화물에 로프를 거는 등 필요한 조치를 할 것 • 운전자의 시야를 가리지 않도록 화물을 적재할 것
운전위치 이탈 시의 조치	• 포크, 버킷, 디퍼 등의 장치를 가장 낮은 위치 또는 지면에 내려둘 것 • 원동기를 정지시키고 브레이크를 확실히 거는 등 갑작스러운 주행이나 이탈을 방지하기 위한 조치를 할 것 • 운전석을 이탈하는 경우에는 시동키를 운전대에서 분리시킬 것. 다만, 운전석에 잠금장치를 하는 등 운전자가 아닌 사람이 운전하지 못하도록 조치한 경우에는 그러하지 아니하다.
차량계 하역운반기계 이송 시의 조치	• 싣거나 내리는 작업은 평탄하고 견고한 장소에서 할 것 • 발판을 사용하는 경우에는 충분한 길이 · 폭 및 강도를 가진 것을 사용하고, 적당한 경사를 유지하기 위하여 견고하게 설치할 것 • 가설대 등을 사용하는 경우에는 충분한 폭 및 강도와 적당한 경사를 확보할 것 • 지정운전자의 성명 · 연락처 등을 보기 쉬운 곳에 표시하고 지정운전자 외에는 운전하지 않도록 할 것
단위화물의 무게가 100kg 이상인 화물을 내리거나 싣는 경우 작업지휘자의 준수사항	• 작업순서 및 그 순서마다의 작업방법을 정하고 작업을 지휘할 것 • 기구 및 공구를 점검하고 불량품을 제거할 것 • 해당 작업을 하는 장소에 관계 근로자가 아닌 사람이 출입하는 것을 금지할 것 • 로프 풀기 작업 또는 덮개 벗기기 작업은 적재함의 화물이 떨어질 위험이 없음을 확인한 후에 하도록 할 것

빈출!

빈출!

04 토공기계

1 토공기계의 종류

(1) 트랙터

① 무한궤도식 : 땅을 다지는 데 효과적이고 암석지에서 작업이 가능하며, 견인력이 크다.

② 휠식(차륜식, 타이어식) : 승차감과 주행성 · 기동성이 좋으며, 견인력은 약하다.

(2) 불도저

① **스트레이트도저** : 블레이드의 용량이 크고 직선 송토작업, 거친 배수로 매몰작업 등에 적합
② **앵글도저** : 블레이드의 길이가 길고 전후 25~30°의 각도로 회전 가능
③ **틸트도저** : V형 배수로 작업, 동결된 땅, 굳은 땅 파헤치기, 나무뿌리 파내기 등에 적합
④ **힌지도저** : 앵글도저보다 큰 각으로 움직일 수 있어 흙을 깎아 옆으로 밀어내면서 전진하므로 제설 · 제토 작업 및 다량의 흙을 전방으로 밀고 가는 데 적합
⑤ **트리도저** : 트랙터의 앞에 V자형의 작업판을 붙여 상하 이동이 가능하며 개간 정지작업, 나무 그루터기를 파내는 작업에 적합
⑥ **레이크도저** : 갈퀴 형태의 조립식 레이크(rake)를 부착한 것으로 나무뿌리 제거나 지상 청소에 사용
⑦ **U도저** : 블레이드가 U형으로 되어 있기 때문에 옆으로 넘치는 것이 적은 도저

(3) 스크레이퍼 빈출!

굴착, 싣기, 운반, 하역 등 일련의 작업을 하나의 기계로서 연속적으로 행할 수 있는, 굴착기와 운반기를 조합한 형태의 토공 만능기이다.
① **견인식 스크레이퍼(towed scraper)** : 이동거리 100m 이상, 500m 이내에 사용
② **동력식 스크레이퍼(self propelled scraper)** : 이동거리 500m 이상, 1,500m 이내에 사용

(4) 모터그레이더

토공기계의 대패, 지면을 절삭하여 평활하게 다듬는 것이 목적이다.
① **기계적 모터그레이더** : 각종 작업장치에 동력이 전달되는 계통이 기계식 링크장치로 되어 있으며, 현재 거의 사용하지 않음
② **유압식 모터그레이더** : 모든 작업장치를 유압을 이용하여 작동시키는 것으로 현재 많이 사용

(5) 로더

트랙터의 앞 작업장치에 버킷을 붙인 것으로, 굴착 · 상차 작업과 그 밖의 부속장치를 설치하여 암석 · 나무뿌리 제거, 목재의 이동, 제설작업 등에 사용한다.
① **휠로더(wheel loader)** : 타이어식
② **셔블로더(shovel loader)** : 무한궤도식

(6) 롤러

두 개 이상의 매끈한 드럼 롤러(roller)를 바퀴로 하는 다짐기계이며, 주로 도로, 제방, 활주로 등의 노면에 전압을 가하기 위하여 사용한다. 다짐력을 가하는 방법에 따라 전압식, 진동식, 충격식 등이 있다.
① **동력 롤러** : 3휠 롤러, 탠덤 롤러, 진공타이어 롤러, 진동 롤러
② **견인 롤러** : 탬핑 롤러, 그리드 롤러, 진동 롤러, 타이어 롤러

(7) 항타기 · 항발기

2 항타기 · 항발기

(1) 조립 시 사용 전 점검사항 빈출!

① 본체 연결부의 풀림 또는 손상 유무
② 권상용 와이어로프 · 드럼 및 도르래 부착상태의 이상 유무
③ 권상장치 브레이크 및 쐐기장치 기능의 이상 유무
④ 권상장치 설치상태의 이상 유무
⑤ 버팀의 방법 및 고정상태의 이상 유무

항타기의 종류
• 드롭해머 항타기
• 공기해머 항타기
• 디젤해머 항타기
• 진동식 항타기

(2) 무너짐 방지에 관한 안전규칙 빈출!

① 연약한 지반에 설치하는 경우에는 각부나 가대의 침하를 방지하기 위하여 깔판 · 받침목(깔목) 등을 사용할 것
② 시설 또는 가설물 등에 설치하는 경우에는 그 내력을 확인하고 내력이 부족하면 그 내력을 보강할 것
③ 각부나 가대가 미끄러질 우려가 있는 경우에는 말뚝 또는 쐐기 등을 사용하여 각부나 가대를 고정시킬 것
④ 궤도 또는 차로 이동하는 항타기 또는 항발기에 대해서는 불시에 이동하는 것을 방지하기 위하여 레일클램프(rail clamp) 및 쐐기 등으로 고정시킬 것
⑤ 버팀대만으로 상단 부분을 안정시키는 경우에는 버팀대를 3개 이상으로 하고, 그 하단 부분은 견고한 버팀 · 말뚝 또는 철골 등으로 고정시킬 것
⑥ 버팀줄만으로 상단 부분을 안정시키는 경우에는 버팀줄을 3개 이상으로 하고, 같은 간격으로 배치할 것
⑦ 평형추를 사용하여 안정시키는 경우에는 평형추의 이동을 방지하기 위하여 가대에 견고하게 부착시킬 것

(3) 권상용 장치 빈출!

① 권상용 와이어로프의 안전계수
항타기 또는 항발기의 권상용 와이어로프의 안전계수가 5 이상이 아니면 이를 사용해서는 아니 된다.

② 권상용 와이어로프의 길이
㉠ 권상용 와이어로프는 추 또는 해머가 최저의 위치에 있을 때 또는 널말뚝을 빼내기 시작할 때를 기준으로 권상장치의 드럼에 적어도 2회 감기고 남을 수 있는 충분한 길이일 것
㉡ 권상용 와이어로프는 권상장치의 드럼에 클램프 · 클립 등을 사용하여 견고하게 고정할 것
㉢ 항타기의 권상용 와이어로프에서 추 · 해머 등과의 연결은 클램프 · 클립 등을 사용하여 견고하게 할 것

③ 도르래의 부착
항타기 또는 항발기의 권상장치 드럼축과 권상장치로부터 첫 번째 도르래의 축 간 거리를 권상장치 드럼 폭의 15배 이상으로 하여야 한다.

05 건설용 양중기

1 양중기의 종류와 목적 빈출

양중기의 종류(정리)
(1) 크레인(호이스트를 포함)
(2) 이동식 크레인
(3) 리프트(이삿짐 운반용 리프트의 경우에는 적재하중이 0.1톤 이상인 것으로 한정)
(4) 곤돌라
(5) 승강기

(1) 크레인

동력을 사용하여 중량물을 매달아 상하 및 좌우(수평 또는 선회)로 운반하는 것을 목적으로 하는 기계 또는 기계장치를 말한다.

※ 호이스트(hoist) : 훅이나 그 밖의 달기구 등을 사용하여 화물을 권상 및 횡행 또는 권상동작만을 하여 양중하는 것

(2) 이동식 크레인

원동기를 내장하고 있는 것으로서 불특정 장소에 스스로 이동할 수 있는 크레인으로, 동력을 사용하여 중량물을 매달아 상하 및 좌우(수평 또는 선회)로 운반하는 설비로서 「건설기계관리법」을 적용받는 기중기 또는 「자동차관리법」에 따른 화물 · 특수 자동차의 작업부에 탑재하여 화물 운반 등에 사용하는 기계 또는 기계장치를 말한다.

(3) 리프트

동력을 사용하여 사람이나 화물을 운반하는 것을 목적으로 하는 기계설비로서, 다음의 것을 말한다.

① **건설작업용 리프트** : 동력을 사용하여 가이드레일을 따라 상하로 움직이는 운반구를 매달아 사람이나 화물을 운반할 수 있는 설비 또는 이와 유사한 구조 및 성능을 가진 것으로 건설현장에서 사용하는 것

② **자동차 정비용 리프트** : 동력을 사용하여 가이드레일을 따라 움직이는 지지대로 자동차 등을 일정한 높이로 올리거나 내리는 구조의 리프트로서 자동차 정비에 사용하는 것

③ **이삿짐 운반용 리프트** : 연장 및 축소가 가능하고 끝단을 건축물 등에 지지하는 구조의 사다리형 붐에 따라 동력을 사용하여 움직이는 운반구를 매달아 화물을 운반하는 설비로서 화물자동차 등 차량 위에 탑재하여 이삿짐 운반 등에 사용하는 것

(4) 곤돌라

달기발판 또는 운반구, 승강장치, 그 밖의 장치 및 이들에 부속된 기계부품에 의하여 구성되고, 와이어로프 또는 달기강선에 의하여 달기발판 또는 운반구가 전용 승강장치에 의하여 오르내리는 설비를 말한다.

(5) 승강기

건축물이나 고정된 시설물에 설치되어 일정한 경로에 따라 사람이나 화물을 승강장으로 옮기는 데 사용되는 설비로서, 다음의 것을 말한다.

① **승객용 엘리베이터** : 사람의 운송에 적합하게 제조 · 설치된 엘리베이터

② **승객 · 화물용 엘리베이터** : 사람의 운송과 화물 운반을 겸용하는 데 적합하게 제조 · 설치된 엘리베이터

③ **화물용 엘리베이터** : 화물 운반에 적합하게 제조 · 설치된 엘리베이터로서 조작자 또는 화물취급자 1명은 탑승할 수 있는 것(적재용량이 300kg 미만인 것은 제외)

④ **소형 화물용 엘리베이터** : 음식물이나 서적 등 소형 화물의 운반에 적합하게 제조 · 설치된 엘리베이터로서 사람의 탑승이 금지된 것

⑤ **에스컬레이터** : 일정한 경사로 또는 수평로를 따라 위 · 아래 또는 옆으로 움직이는 디딤판을 통해 사람이나 화물을 승강장으로 운송시키는 설비

2 양중기의 안전조치

(1) 양중기 작업 시 운전자 또는 작업자가 보기 쉬운 곳에 표시해야 할 사항(승강기 제외) 빈출!

① 해당 기계의 정격하중
② 해당 기계의 운전속도
③ 경고표시

(2) 양중기의 풍속에 따른 안전조치사항 빈출!

① **크레인의 폭풍에 의한 이탈 방지**
순간풍속이 초당 30m를 초과하는 바람이 불어올 우려가 있는 경우 옥외에 설치되어 있는 주행크레인에 대하여 이탈 방지장치를 작동시키는 등 이탈 방지를 위한 조치를 하여야 한다.

② **양중기의 폭풍 등으로 인한 이상 유무 점검**
순간풍속이 초당 30m를 초과하는 바람이 불거나 중진 이상 진도의 지진이 있은 후에 옥외에 설치되어 있는 양중기를 사용하여 작업을 하는 경우에는 미리 기계 각 부위에 이상이 있는지를 점검하여야 한다.

③ **리프트 붕괴 등의 방지**
순간풍속이 초당 35m를 초과하는 바람이 불어올 우려가 있는 경우 건설작업용 리프트(지하에 설치되어 있는 것은 제외)에 대하여 받침의 수를 증가시키는 등 그 붕괴 등을 방지하기 위한 조치를 하여야 한다.

④ **곤돌라 폭풍에 의한 무너짐 방지**
순간풍속이 초당 35m를 초과하는 바람이 불어올 우려가 있는 경우 옥외에 설치되어 있는 승강기에 대하여 받침의 수를 증가시키는 등 승강기가 무너지는 것을 방지하기 위한 조치를 하여야 한다.

(3) 양중기에 설치하는 방호장치

① 과부하방지장치
② 권과방지장치
③ 비상정지장치 및 제동장치
④ 그 밖의 방호장치(승강기의 파이널리밋스위치, 속도조절기, 출입문 인터록)

3 크레인

(1) 크레인의 종류

① 천장크레인(overhead travelling crane) : 주행레일 위에 설치된 새들(saddle)에 직접적으로 지지되는 거더가 있는 크레인
② 갠트리크레인(gantry crane) : 주행레일 위에 설치된 교각(leg)으로 지지되는 거더가 있는 크레인
③ 타워크레인(tower crane) : 수직타워의 상부에 위치한 지브를 선회시키는 크레인

(2) 타워크레인 방호장치의 종류 빈출!

① 권과방지장치
② 과부하방지장치
③ 비상정지장치
④ 브레이크
⑤ 훅해지장치
⑥ 안전밸브

- 훅해지장치는 훅걸이용 와이어로프 등이 훅으로부터 벗겨지는 것을 방지하기 위한 장치를 구비한 크레인을 사용하여야 하며, 그 크레인을 사용하여 짐을 운반하는 경우에는 해지장치를 사용하여야 한다.
- 안전밸브는 유압을 동력으로 사용하는 크레인의 과도한 압력상승을 방지하기 위한 안전밸브에 대하여 정격하중(지브크레인은 최대정격하중)을 건 때의 압력 이하로 작동되도록 조정하여야 한다. 단, 하중시험 또는 안전도시험을 하는 경우 그러하지 아니하다.

(3) 타워크레인 설치 · 조립 · 해체 시 작업계획서의 내용 빈출!

① 타워크레인의 종류 및 형식
② 설치 · 조립 · 해체 순서
③ 작업도구 · 장비 · 가설설비 및 방호설비
④ 작업인원의 구성 및 작업근로자의 역할범위
⑤ 지지방법

4 와이어로프와 체인

(1) 달기구의 안전계수 빈출!

달기구의 안전계수란 달기구 절단하중의 값을 그 달기구에 걸리는 하중의 최대값으로 나눈 값으로, 양중기의 와이어로프 등 달기구의 안전계수가 다음의 구분에 따른 기준에 맞지 아니한 경우에는 이를 사용해서는 아니 된다.
① 근로자가 탑승하는 운반구를 지지하는 달기와이어로프 또는 달기체인의 경우 : 10 이상
② 화물의 하중을 직접 지지하는 달기와이어로프 또는 달기체인의 경우 : 5 이상
③ 훅, 섀클, 클램프, 리프팅빔의 경우 : 3 이상
④ 그 밖의 경우 : 4 이상

(2) 와이어로프에 걸리는 하중

① 와이어로프에 걸리는 총하중
총하중(W)=정하중(W_1)+동하중(W_2)

이때, 동하중 $W_2 = \dfrac{W_1}{g} \times a$

여기서, g : 중력가속도(9.8m/s2), a : 가속도(m/s2)

② 슬링 와이어로프(sling wire rope)의 한 가닥에 걸리는 하중

$$\text{로프에 작용하는 하중} = \frac{\text{화물의 무게}}{\text{로프의 수}} \div \frac{\cos \text{로프의 각도}}{2}$$

(3) 와이어로프의 사용제한 빈출!

① 이음매가 있는 것
② 와이어로프의 한 꼬임[(스트랜드(strand)]에서 끊어진 소선[필러(pillar)선은 제외]의 수가 10% 이상(비자전로프의 경우에는 끊어진 소선의 수가 와이어로프 호칭지름의 6배 길이 이내에서 4개 이상이거나 호칭지름 30배 길이 이내에서 8개 이상)인 것
③ 지름의 감소가 공칭지름의 7%를 초과하는 것
④ 꼬인 것
⑤ 심하게 변형되거나 부식된 것
⑥ 열과 전기충격에 의해 손상된 것

(4) 달기체인의 사용제한 빈출!

① 달기체인의 길이가 달기체인이 제조된 때 길이의 5%를 초과한 것
② 링의 단면 지름이 달기체인이 제조된 때 해당 링 지름의 10%를 초과하여 감소한 것
③ 균열이 있거나 심하게 변형된 것

(5) 섬유로프 또는 섬유벨트의 사용제한 빈출!

① 꼬임이 끊어진 것
② 심하게 손상되거나 부식된 것

06 떨어짐(추락) 재해

1 추락재해의 원인

(1) 고소에서의 추락 빈출!

① 고소작업장 위의 정리 · 정돈이 부족한 경우
② 고소작업장의 내력이 부족함을 알면서도 작업을 실시한 경우
③ 고소작업 중에 신은 근로자의 신발이 미끄러운 경우
④ 발판 및 그 밖의 발 디딜 곳이 되는 시설에 결함이 있거나 시설의 사용방법이 바르게 제시되어 있지 않은 경우
⑤ 근로자가 수면부족, 숙취, 고 · 저혈압인 경우

(2) 개구부 및 작업대 끝에서의 추락

① 보호난간시설이 없는 경우
② 추락방지용 방호망이 설치되어 있지 않은 경우
③ 덮개가 없는 경우
④ 개구부의 위험표지판이 없는 경우
⑤ 보호손잡이 · 추락방지용 방호망 · 보호덮개를 제거하고 작업을 실시한 경우
⑥ 안전대를 부착하지 않고 작업을 실시한 경우

(3) 사다리 및 작업대에서의 추락

① 사다리에 고정장치가 없는 경우
② 사다리가 바닥면에서 미끄러진 경우
③ 사다리 상부의 걸침상태가 좋지 못한 경우
④ 사다리의 구조가 좋지 못한 경우
⑤ 사다리의 재료에 흠이 있는 경우

(4) 비계로부터의 추락

① 보호난간시설이 없는 경우
② 보호난간을 제거하고 작업한 경우
③ 작업발판의 폭이 좁은 경우
④ 작업발판의 걸침방법이 좋지 못하거나 어긋난 경우
⑤ 비계에 매달려 올라간 경우
⑥ 잠재위험이 있는 외부비계 위에서 안전대를 부착하기 않고 작업을 실시한 경우

(5) 이동식 비계로부터의 추락

① 비계 바퀴에 정지장치가 없는 경우
② 상부 작업발판에 보호손잡이가 없는 경우
③ 승강설비가 없는 경우
④ 근로자가 탑승한 채로 이동한 경우

(6) 철골비계 등의 조립작업 시 추락

① 안전대를 착용하지 않은 경우
② 안전대의 부착상태가 좋지 못한 경우
③ 추락방지용 방호망의 설치방법이 옳지 않은 경우
④ 불안전한 자세로 철골재를 취급한 경우

(7) 슬레이트 지붕에서의 추락

① 작업발판이나 비계를 설치하지 않은 경우
② 안전대 부착설비가 없는 경우
③ 작업자세나 작업방법이 옳지 않은 경우

(8) 해체작업 시의 추락

① 야간작업용 조명이 충분하지 않은 경우
② 강풍이 불 때 작업이 행해진 경우
③ 승강설비를 사용하지 않은 경우
④ 빗물·이슬 등의 물기가 있는 철골 위를 이동하는 경우
⑤ 상부에서 공구 등이 낙하하여 신체에 떨어진 경우
⑥ 크레인 인양작업 시 화물이 흔들려 신체에 부딪힌 경우
⑦ 해체작업 순서가 잘못 행해진 경우
⑧ 해체작업 전에 협의가 충분하게 이루어지지 않은 경우

2 추락재해 방지대책

(1) 근로자가 추락하거나 넘어질 위험이 있는 장소(작업발판 끝 · 개구부 등을 제외) 또는 기계 · 설비 · 선박블록 등에서 작업할 때 근로자가 위험해질 우려가 있는 경우의 추락재해 방지 빈출!

① 비계를 조립하는 방법 등에 의하여 작업발판을 설치하여야 한다.

② 작업발판을 설치하기 곤란한 경우 다음의 기준에 맞는 추락방호망을 설치하여야 한다.

㉠ 추락방호망의 설치위치는 가능하면 작업면으로부터 가까운 지점에 설치하여야 하며, 작업면으로부터 망의 설치지점까지의 수직거리는 10m를 초과하지 아니할 것

㉡ 추락방호망은 수평으로 설치하고, 망의 처짐은 짧은 변 길이의 12% 이상이 되도록 할 것

㉢ 건축물 등의 바깥쪽으로 설치하는 경우 추락방호망의 내민 길이는 벽면으로부터 3m 이상 되도록 할 것. 다만, 그물코가 20mm 이하인 추락방호망을 사용한 경우에는 낙하물방지망을 설치한 것으로 본다.

③ 추락방호망을 설치하기 곤란한 때에는 근로자에게 안전대를 착용하여야 한다.

(2) 작업발판 및 통로의 끝이나 개구부로서 근로자가 추락할 위험이 있는 장소

① 안전난간, 울타리, 수직형 추락방호망 또는 덮개 등(이하 "난간 등")의 방호조치를 충분한 강도를 가진 구조로 튼튼하게 설치하여야 하며, 덮개를 설치하는 경우에는 뒤집히거나 떨어지지 않도록 설치하여야 한다. 이 경우 어두운 장소에서도 알아볼 수 있도록 개구부임을 표시하여야 한다.

② 난간 등을 설치하는 것이 매우 곤란하거나 작업의 필요상 임시로 난간 등을 해체하여야 하는 경우 추락방호망을 설치하여야 한다. 다만, 추락방호망을 설치하기 곤란한 경우에는 근로자에게 안전대를 착용하도록 하는 등 추락할 위험을 방지하기 위하여 필요한 조치를 하여야 한다.

(3) 안전대의 부착설비 설치

① 추락할 위험이 있는 높이 2m 이상의 장소에서 근로자에게 안전대를 착용시킨 경우 안전대를 안전하게 걸어 사용할 수 있는 설비 등을 설치하여야 한다. 이러한 안전대 부착설비로 지지로프 등을 설치하는 경우에는 처지거나 풀리는 것을 방지하기 위하여 필요한 조치를 하여야 한다.

② 안전대 및 부속설비의 이상 유무는 안전대 및 부속설비의 이상 유무를 작업을 시작하기 전에 점검하여야 한다.

(4) 울타리의 설치

근로자에게 작업 중 또는 통행 시 굴러떨어짐으로 인하여 근로자가 화상 · 질식 등의 위험에 처할 우려가 있는 케틀(kettle ; 가열용기), 호퍼(hopper ; 깔때기 모양의 출입구가 있는 큰 통), 피트(pit ; 구덩이) 등이 있는 경우에 그 위험을 방지하기 위하여 필요한 장소에 높이 90cm 이상의 울타리를 설치하여야 한다.

(5) 승강설비의 설치

높이 또는 깊이가 2m를 초과하는 장소에서 작업하는 경우 해당 작업에 종사하는 근로자가 안전하게 승강하기 위한 건설작업용 리프트 등의 설비를 설치하여야 한다. 다만, 승강설비를 설치하는 것이 작업의 성질상 곤란한 경우에는 그러하지 아니하다.

(6) 조명의 유지

근로자가 높이 2m 이상에서 작업을 하는 경우 그 작업을 안전하게 하는 데에 필요한 조명을 유지하여야 한다.

(7) 슬레이트 지붕 위에서의 위험 방지조치 빈출!

슬레이트, 선라이트(sunlight) 등 강도가 약한 재료로 덮은 지붕 위에서 작업을 할 때에 발이 빠지는 등 근로자가 위험해질 우려가 있는 경우 폭 30cm 이상의 발판을 설치하거나 추락방호망을 치는 등 위험을 방지하기 위하여 필요한 조치를 하여야 한다.

3 추락방지용 방호망의 안전기준

(1) 방호망의 구조

① **방호망의 구성** : 방망사, 테두리로프, 달기로프, 재봉사 등으로 구성된다.

② **방호망의 소재** : 합성섬유 또는 그 이상의 물리적 성질을 갖는 것으로 한다.

③ **방호망의 종류** : 매듭 없는 방망, 매듭 방망, 라셀 방망

④ **그물코** : 사각 또는 마름모 등의 형상으로서 한 변의 길이(매듭 중심 간 거리)는 10cm 이하이어야 한다.

⑤ **테두리로프** : 방망의 각 그물코를 통하는 방법으로 방망과 결합시키고, 적당한 간격마다 로프와 방망을 재봉사 등으로 묶어 고정하여야 한다.

⑥ **달기로프** : 길이는 2m 이상으로 한다.

(2) 방호망 재료의 특성

① 방망사, 테두리로프, 달기로프, 재봉사의 재료는 나일론, 폴리에스테르, 비닐론 등의 합성섬유를 사용한다.

② 재료는 성능검정규격에서 정한 재질이나 이와 동등 이상의 재질을 사용한다.

(3) 방망사의 강도

① 신품에 대한 인장강도

그물코의 크기 (cm)	인장강도(kg)	
	매듭 없는 방망	매듭 방망
10	240	200
5	–	110

② 폐기 시 인장강도

그물코의 크기 (cm)	인장강도(kg)	
	매듭 없는 방망	매듭 방망
10	150	135
5	–	60

매듭 없는 방망과 매듭 방망

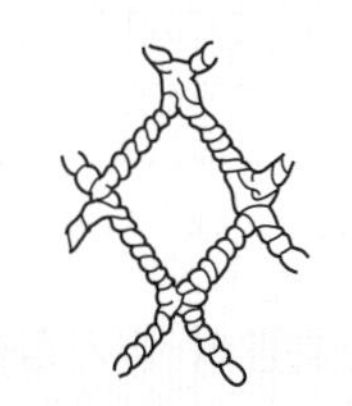

[매듭 없는 방망]

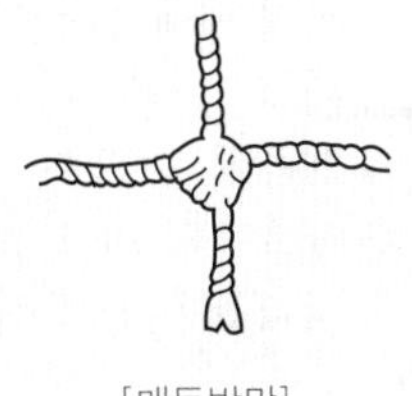

[매듭방망]

(4) 테두리로프 및 달기로프의 강도

① 테두리로프 및 달기로프는 방호망에 사용되는 로프와 동일한 시험편의 양단을 인장시험기로 체크하거나 또는 이와 유사한 방법으로 인장속도가 매분 20cm 이상 ~ 30cm 이하의 등속인장시험(이하 "등속인장시험")을 행한 경우 인장강도가 1,500 이상이어야 한다.

② ①의 경우 시험편의 유효길이는 로프 직경의 30배 이상으로, 시험편수는 5개 이상으로 하고 산술평균하여 로프의 인장강도를 산출한다.

(5) 지지점의 강도 빈출!

① 추락방호망의 지지점은 다음 식 이상의 인장력을 가져야 하며, 최소한 6kN 이상이어야 한다.

$F = 2B$

여기서, F : 인장력(kN), B : 지지점 간격(m)

② 방망을 고정시키기 위한 지지대의 휨강도는 지지대 길이의 80%를 지점거리로 하여 이 지점거리를 3등분하는 2지점에 하중을 가하여 전체 하중의 최대치가 6kN 이상이어야 한다.

(6) 방호망 설치 시의 안전조치

방호망의 설치 및 해체 작업에 투입되는 근로자는 안전대의 착용은 물론, 비계 및 작업발판을 설치하는 등의 선행 안전조치를 하여야 한다.

(7) 방호망의 허용낙하높이

구 분	허용낙하높이(H_1)		공간높이(H_2)		처짐길이(S)
종 류 / 조 건	단일방호망	복합방호망	그물코의 길이		
			10cm	5cm	
$L < A$	$0.25(L+2A)$	$0.2(L+2A)$	$\frac{0.85(L+3A)}{4}$	$\frac{0.95(L+3A)}{4}$	$\frac{(L+2A)}{3.6}$
$L \geq A$	$0.75L$	$0.6L$	$0.85L$	$0.95L$	$\frac{0.75L}{3}$

여기서, L : 설치된 방호망의 단변방향 길이, A : 설치된 방호망의 장변방향 지지간격

(8) 방호망의 정기점검

① 방호망의 정기시험은 사용 개시 후 1년 이내로 하고, 그 후 6개월마다 1회씩 정기적으로 시험용사에 대해서 등속인장시험을 하여야 한다. 다만, 사용상태가 비슷한 다수 방호망의 시험용사에 대하여는 무작위 추출한 5개 이상을 인장시험했을 경우 다른 방호망에 대한 등속인장시험을 생략할 수 있다.

② 방호망의 마모가 현저한 경우나 방호망이 유해가스에 노출된 경우에는 사용 후 시험용사에 대해서 인장시험을 하여야 한다.

> **시험용사**
> 방호망 폐기 시 방호망사의 강도를 점검하기 위하여 테두리로프에 연하여 방호망에 재봉한 방망사

(9) 방호망의 보관

① 방호망은 깨끗하게 보관하여야 한다.

② 방호망은 자외선, 기름, 유해가스가 없는 건조한 장소에서 취하여야 한다.

(10) 추락방지용 방호망의 사용제한

① 방호망사가 규정한 강도 이하인 방호망
② 인체 또는 이와 동등 이상의 무게를 갖는 낙하물에 대해 충격을 받은 방호망
③ 파손한 부분을 보수하지 않은 방호망
④ 강도가 명확하지 않은 방호망

(11) 방호망의 표시

① 제조자명
② 제조연월
③ 재봉치수
④ 그물코
⑤ 신품인 때 방호망의 강도

07 떨어짐(낙하) · 날아옴(비래) 재해

1 낙하 · 비래 재해의 발생

(1) 낙하 · 비래 재해의 발생원인

① 높은 위치에 놓아 둔 자재, 공구의 정리상태가 좋지 않은 경우
② 외부 비계 상부에 불안전하게 자재를 적재한 경우
③ 구조물 단부 개구부에서 낙하가 우려되는 위험작업을 했을 경우
④ 안전모 및 보호구를 착용하지 않은 경우
⑤ 자재를 반출할 때 투하설비를 갖추지 않은 경우
⑥ 낙하물방지설비(방지망, 방호선반 등)를 설치하지 않았거나 강도 · 구조가 불량한 경우
⑦ 낙하물방지설비의 유지관리 및 보수상태가 불량한 경우
⑧ 크레인의 자재 인양작업 시 인양 와이어로프가 불량하여 절단될 경우
⑨ 매달기 작업 시 결속방법이 불량한 경우
⑩ 낙하물 위험지역의 작업 통제를 하지 않은 경우

(2) 낙하 · 비래에 의한 재해발생의 유형

① 고소에서 거푸집의 조립 · 해체 작업 중 낙하
② 외부 비계 상에 올려놓은 자재의 낙하
③ 바닥자재 정리정돈작업 중 자재의 낙하
④ 인양장비를 사용하지 않고 인력으로 던짐
⑤ 크레인으로 자재 운반 중 로프 절단
⑥ 크레인으로 자재 운반 중 결속 부위가 풀림

2 낙하물에 의한 위험 방지 빈출!

① 작업장의 바닥, 도로 및 통로 등에서 낙하물이 근로자에게 위험을 미칠 우려가 있는 경우 보호망을 설치하는 등 필요한 조치를 하여야 한다.

② 작업으로 인하여 물체가 떨어지거나 날아올 위험이 있는 경우 낙하물방지망, 수직보호망 또는 방호선반의 설치, 출입금지구역의 설정, 보호구의 착용 등 위험을 방지하기 위하여 필요한 조치를 하여야 한다.

③ 낙하물방지망 또는 방호선반을 설치하는 경우에는 다음의 사항을 준수하여야 한다.

㉠ 높이 10m 이내마다 설치하고, 내민 길이는 벽면으로부터 2m 이상으로 할 것

㉡ 수평면과의 각도는 20° 이상 ~ 30° 이하를 유지할 것

④ 높이가 3m 이상인 장소로부터 물체를 투하하는 경우 적당한 투하설비를 설치하거나 감시인을 배치하는 등 위험을 방지하기 위하여 필요한 조치를 하여야 한다.

08 무너짐(붕괴) 재해

1 굴착작업의 위험 방지

(1) 작업장소의 사전조사사항 빈출!

① 형상 · 지질 및 지층의 상태

② 균열 · 함수 · 용수 및 동결의 유무 또는 상태

③ 매설물 등의 유무 또는 상태

④ 지반의 지하수위 상태

(2) 굴착작업 작업계획서의 내용

① 굴착 방법 및 순서, 토사 반출방법

② 필요한 인원 및 장비 사용계획

③ 매설물 등에 대한 이설 · 보호대책

④ 사업장 내 연락방법 및 신호방법

⑤ 흙막이 지보공 설치방법 및 계측계획

⑥ 작업지휘자의 배치계획

⑦ 그 밖에 안전 · 보건에 관련된 사항

(3) 굴착작업 전 관리감독자의 점검사항

① 작업장소 및 그 주변의 부석

② 균열의 유무

③ 함수 · 용수 및 동결상태의 변화

지반 굴착 시 주의해야 할 매설물
- 가스도관
- 지중전선로
- 상하수도관
- 건축물의 기초
- 송유관

(4) 지반 등의 굴착 시 위험 방지

① 지반 등을 굴착하는 경우에는 굴착면의 기울기를 아래 〈표〉의 기준에 맞도록 하여야 한다.
② 굴착면의 경사가 달라서 기울기를 계산하기 곤란한 경우에는 해당 굴착면에 대하여 다음 〈표〉의 기준에 따라 붕괴의 위험이 증가하지 않도록 해당 각 부분의 경사를 유지하여야 한다.

〈굴착면의 기울기 기준〉 빈출!

개정 2023

지반의 종류	기울기
모래	1 : 1.8
연암 및 풍화암	1 : 1.0
경암	1 : 0.5
그 밖의 흙	1 : 1.2

③ 사질의 지반(점토질을 포함하지 않은 것)은 굴착면의 기울기를 35° 이하, 높이를 5m 미만으로 하여야 한다.
④ 발파 등에 의해서 붕괴하기 쉬운 상태의 지반 및 다시 매립하거나 반출시켜야 할 지반은 굴착면의 기울기를 45° 이하, 높이를 2m 미만으로 하여야 한다.
⑤ 굴착면의 끝단을 파는 것은 금지하고, 부득이한 경우에는 안전상의 조치를 하여야 한다.

(5) 지반 붕괴 · 토석 낙하에 의한 위험 방지조치

지반의 붕괴 또는 토석의 낙하에 의하여 근로자에게 위험을 미칠 우려가 있는 경우에는 다음의 조치를 하여야 한다.

① 흙막이 지보공의 설치, 방호망의 설치 및 근로자의 출입 금지 등 그 위험을 방지하기 위하여 필요한 조치
② 비가 올 경우를 대비하여 측구를 설치하거나 굴착경사면에 비닐을 덮는 등 빗물 등의 침투에 의한 붕괴재해를 예방하기 위하여 필요한 조치

(6) 붕괴 · 낙하에 의한 위험 방지

지반의 붕괴, 구축물의 붕괴 또는 토석의 낙하 등에 의하여 근로자가 위험해질 우려가 있는 경우 그 위험을 방지하기 위하여 다음의 조치를 하여야 한다.

① 지반은 안전한 경사로 하고 낙하의 위험이 있는 토석을 제거하거나 옹벽, 흙막이 지보공 등을 설치할 것
② 지반의 붕괴 또는 토석의 낙하 원인이 되는 빗물이나 지하수 등을 배제할 것
③ 갱내 낙반 · 측벽 붕괴의 위험이 있는 경우에는 지보공을 설치하고 부석을 제거하는 등 필요한 조치를 할 것

2 토석 붕괴의 위험과 안전조치

(1) 토석 붕괴의 원인 빈출!

내적 원인	외적 원인
• 절토사면의 토질 · 암질 • 성토사면 토질의 구성 및 분포 • 토석의 강도 저하	• 사면, 법면의 경사 및 기울기 증가 • 절토 및 성토의 높이 증가 • 공사에 의한 진동 및 반복하중 증가 • 지표수와 지하수의 침투에 의한 토사중량 증가 • 지진, 차량, 구조물의 하중 작용 • 토사 및 암석의 혼합층 두께

(2) 토석 붕괴 위험에 대한 조치

① 붕괴 · 낙하에 의한 위험 방지조치
② 구축물 또는 이와 유사한 시설물 등의 안전 유지
③ 구축물 또는 이와 유사한 시설물의 안전성평가
④ 낙반 · 붕괴에 의한 위험 방지조치
⑤ 계측장치의 설치 등

토석 붕괴 시 조치사항
- 대피 통로 및 공간의 확보
- 동시작업의 금지
- 2차 재해의 방지

(3) 옹벽의 안전조건 검토사항 빈출!

① 전도에 대한 안전(over turning)
② 활동에 대한 안전(sliding)
③ 지지력에 대한 안정(bearing)

3 비탈면 보호공법

(1) 비탈면의 개 · 굴착(open cut)

장 점	단 점
• 흙막이공이 필요하지 않아 공사비의 변동이 없다. • 흙막이벽이 없으므로 대형 장비로 굴착이 가능하다.	• 비탈면 설치로 구축물 주변 공간이 여유가 있어야 하므로 넓은 부지가 있어야 한다. • 비탈면 안전이 가능한 토질 조건을 갖추어야 한다. • 지하수위가 높을 경우 배수처리를 위한 별도의 시설을 설치해야 한다.

(2) 흙막이벽의 개 · 굴착

① **자립흙막이 공법** : 굴착부 주위에 흙막이벽을 타입하여 토사 붕괴를 흙막이벽 자체의 수평저항력으로 방지해 내부를 굴착하는 공법
② **버팀공법** : 굴착부 주위에 타입된 흙막이벽을 활용하여 굴착을 진행하면서 내부에 버팀대를 가설하여 흙막이벽에 가해지는 토압에 대항하도록 하여 굴착하는 공법

(3) 비탈면의 종류

① **직립사면** : 연직선으로 절취된 비탈면으로, 암반, 굳은 점토 흙에서 존재하는 사면
② **무한사면** : 일정한 경사의 비탈면이 무한히 계속되는 사면
③ **유하사면** : 활동하는 깊이가 비탈면의 높이에 비해 비교적 큰 경우의 사면

〈비탈면 보호 · 보강 · 개량 공법의 종류〉

비탈면 보호공법	비탈면 보강공법	비탈면 지반개량공법
• 식생공법 • 구조물에 의한 보호 (블록 및 석축 쌓기, 옹벽 설치, 콘크리트블록 격자 설치, 모트타르 및 콘크리트 뿜어 붙이기, 비탈면 록볼트 또는 돌망태 설치)	• 누름성토공법 • 옹벽공법 • 보강토공법 • 미끄럼방지말뚝공법 • 앵커공법	• 주입공법 • 이온교환공법 • 전기화학적 공법 • 시멘트 안정처리공법 • 석회 안정처리공법 • 소결공법

(4) 비탈면 붕괴 방지대책

① 경점토사면은 기울기를 느리게 한다.
② 느슨한 모래의 사면은 지반의 밀도를 크게 한다.
③ 연약한 균질의 점토사면은 배수에 의하여 전단강도를 증가시킨다.
④ 암층은 배수가 잘 되도록 하며 층이 얕을 때에는 말뚝을 박아서 정지시키도록 한다.
⑤ 모래층을 둘러싼 점토사면은 배수에 의하여 모래층의 함유 수분을 배제한다.

(5) 비탈면의 안정을 지배하는 요인

① 사면의 기울기
② 흙의 단위중량
③ 흙의 내부마찰각
④ 흙의 점착력
⑤ 성토 및 절토 높이

(6) 흙 속 전단응력 변동의 원인

흙 속의 전단응력을 증대시키는 외적 원인	흙 속의 전단응력을 감소시키는 내적 원인
• 외력의 작용(건물, 물 등) • 굴착에 의한 흙의 일부 제거 • 함수비 증가에 따른 흙의 단위체적중량 증가 • 자연 또는 인공에 의한 지하 공동의 현상 • 지진 · 폭파에 의한 진동 • 인장응력에 의한 균열의 발생 • 균열 내에 작용하는 수압	• 흡수에 의한 점토의 팽창 • 공극 수압의 작용 • 흙의 다짐이 불충분한 경우 • 수축 · 팽창 · 인장으로 인하여 발생하는 미세한 균열 • 불안정한 흙 속에 발생하는 변형과 완만하게 일어나는 붕괴 • 동상현상에 따른 융해현상 및 아이스 렌즈의 융해 • 복합재 성질의 연약화 • 느슨한 토립자의 진동

(7) 흙막이 지보공의 정기점검사항

흙막이 지보공 설치 후 다음 사항을 정기적으로 점검하고, 이상을 발견하면 즉시 보수하여야 한다.
① 부재의 손상 · 변형 · 부식 · 변위 및 탈락의 유무와 상태
② 버팀대의 긴압 정도
③ 부재의 접속부 · 부착부 및 교차부 상태
④ 침하의 정도
※ 흙막이 지보공의 조립 시 미리 조립도를 작성하여 그 조립도에 따라 조립하여야 하며, 조립도에는 흙막이판 · 말뚝 · 버팀대 및 띠장 등 부재의 배치 · 치수 · 재질 및 설치방법과 순서가 명시되어야 한다.

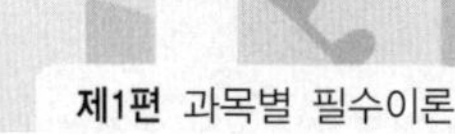

4 터널작업의 위험 방지

(1) 터널작업 시 안전조치 착안사항

① 지형 등의 조사
② 시공계획서의 작성
③ 가연성 가스의 농도 측정
④ 자동경보장치의 설치
⑤ 낙반 등에 의한 위험 방지
⑥ 출입구 부근 등의 지반 붕괴에 의한 위험 방지
⑦ 시계의 유지

'⑤ 낙반 등에 의한 위험 방지'를 위해 터널 지보공 및 록볼트의 설치, 부석의 제거 등 필요한 조치를 하여야 한다.
'⑥ 출입구 부근 등의 지반 붕괴에 의한 위험 방지'를 위해 흙막이 지보공이나 방호망을 설치하는 등 필요한 조치를 하여야 한다.
'⑦ 시계의 유지'를 위해 환기를 하거나 물을 뿌리는 등 필요한 조치를 하여야 한다.

(2) 터널작업 시공계획서에 포함할 내용 빈출!

① 굴착의 방법
② 터널 지보공 및 복공의 시공방법과 용수의 처리방법
③ 환기 또는 조명 시설을 설치할 때의 방법

(3) 터널작업 시 자동경보장치의 작업시작 전 점검사항 빈출!

① 계기의 이상 유무
② 검지부의 이상 유무
③ 경보장치의 작동상태

(4) 터널 지보공의 설치 · 조립 · 변경

구 분	설립 · 조립 · 변경 시 조치사항
터널 강아치 지보공	• 조립간격은 조립도에 의할 것 ※ 터널 지보공의 조립도에는 재료의 재질, 단면 규격, 설치간격 및 이음방법 등을 명시하여야 한다. • 주재가 아치 작용을 충분히 할 수 있도록 쐐기를 박는 등 필요한 조치를 할 것 • 연결볼트, 띠장 등을 사용해 주재 상호 간을 튼튼하게 연결할 것 • 터널 등의 출입구 부분에는 받침대를 설치할 것 • 낙하물이 근로자에게 위험을 미칠 우려가 있는 경우에는 널판 등을 설치할 것
터널 목재지주식 지보공	• 주기둥은 변위를 방지하기 위하여 쐐기 등을 사용하여 지반에 고정시킬 것 • 양 끝에는 받침대를 설치할 것 • 터널 등의 목재지주식 지보공에 세로 방향의 하중이 걸림으로써 넘어지거나 비틀어질 우려가 있을 때 다른 부분에도 받침대를 설치할 것 • 부재의 접속부는 꺽쇠 등으로 고정시킬 것

빈출!

(5) 터널 지보공 붕괴 등의 방지를 위한 수시점검사항

① 부재의 손상 · 변형 · 부식 · 변위 · 탈락의 유무 및 상태
② 부재의 긴압 정도
③ 부재의 접속부 및 교차부의 상태
④ 기둥침하의 유무 및 상태

5 채석작업의 위험 방지

(1) 지반 붕괴 또는 토석 낙하에 의한 위험 방지조치

① 점검자를 지명하고 당일 작업시작 전에 작업장소 및 그 주변 지반의 부석과 균열의 유무와 상태, 함수 · 용수 및 동결상태의 변화를 점검할 것
② 점검자는 발파 후 그 발파장소와 그 주변의 부석 및 균열의 유무와 상태를 점검할 것

(2) 작업계획의 내용

① 노천 굴착과 갱내 굴착의 구별 및 채석방법
② 굴착면의 높이와 기울기
③ 굴착면 소단의 위치와 넓이
④ 갱내에서의 낙반 및 붕괴 방지방법
⑤ 발파방법
⑥ 암석의 분할방법
⑦ 암석의 가공장소
⑧ 사용하는 굴착기계 · 분할기계 · 적재기계 또는 운반기계의 종류 및 성능
⑨ 토석 또는 암석의 적재 및 운반방법과 운반경로
⑩ 표토 또는 용수의 처리방법

09 건설 가시설물의 설치기준

1 안전난간

– 안전난간의 구조 및 설치요건

① 상부난간대 · 중간난간대 · 발끝막이판 및 난간기둥으로 구성할 것. 다만, 중간난간대, 발끝막이판 및 난간기둥은 이와 비슷한 구조와 성능을 가진 것으로 대체할 수 있다.
② 상부난간대는 바닥면 · 발판 또는 경사로의 표면(이하 "바닥면 등")으로부터 90cm 이상 지점에 설치하고, 상부난간대를 120cm 이하에 설치하는 경우 중간난간대는 상부난간대와 바닥면 등의 중간에 설치하여야 하며, 120cm 이상 지점에 설치하는 경우에는 중간난간대를 2단 이상으로 균등하게 설치하고, 난간의 상하 간격은 60cm 이하가 되도록 할 것. 다만, 계단의 개방된 측면에 설치된 난간기둥 간의 간격이 25cm 이하인 경우에는 중간난간대를 설치하지 아니할 수 있다.
③ 발끝막이판은 바닥면 등으로부터 10cm 이상의 높이를 유지할 것. 다만, 물체가 떨어지거나 날아올 위험이 없거나 그 위험을 방지할 수 있는 망을 설치하는 등 필요한 예방조치를 한 장소는 제외한다.
④ 난간기둥은 상부난간대와 중간난간대를 견고하게 떠받칠 수 있도록 적정한 간격을 유지할 것
⑤ 상부난간대와 중간난간대는 난간 길이 전체에 걸쳐 바닥면 등과 평행을 유지할 것
⑥ 난간대는 지름 2.7cm 이상의 금속제 파이프나 그 이상의 강도가 있는 재료일 것
⑦ 안전난간은 구조적으로 가장 취약한 지점에서 가장 취약한 방향으로 작용하는 100kg 이상의 하중에 견딜 수 있는 튼튼한 구조일 것

2 작업통로

(1) 가설통로의 구조 빈출!

① 견고한 구조로 할 것
② 경사는 30° 이하로 할 것. 다만, 계단을 설치하거나 높이 2m 미만의 가설통로로서 튼튼한 손잡이를 설치한 경우에는 그러하지 아니하다.
③ 경사가 15°를 초과하는 경우에는 미끄러지지 아니하는 구조로 할 것
④ 추락할 위험이 있는 장소에는 안전난간을 설치할 것. 다만, 작업상 부득이한 경우에는 필요한 부분만 임시로 해체할 수 있다.
⑤ 수직갱에 가설된 통로의 길이가 15m 이상인 경우에는 10m 이내마다 계단참을 설치할 것
⑥ 건설공사에 사용하는 높이 8m 이상인 비계다리에는 7m 이내마다 계단참을 설치할 것

(2) 사다리식 통로의 구조 빈출!

① 견고한 구조로 할 것
② 심한 손상 · 부식 등이 없는 재료를 사용할 것
③ 발판의 간격은 일정하게 할 것
④ 발판과 벽과의 사이는 15cm 이상의 간격을 유지할 것
⑤ 폭은 30cm 이상으로 할 것
⑥ 사다리가 넘어지거나 미끄러지는 것을 방지하기 위한 조치를 할 것
⑦ 사다리의 상단은 걸쳐놓은 지점으로부터 60cm 이상 올라가도록 할 것
⑧ 사다리식 통로의 길이가 10m 이상인 경우에는 5m 이내마다 계단참을 설치할 것
⑨ 사다리식 통로의 기울기는 75° 이하로 할 것. 다만, 고정식 사다리식 통로의 기울기는 90° 이하로 하고, 그 높이가 7m 이상인 경우에는 바닥으로부터 높이가 2.5m 되는 지점부터 등받이울을 설치할 것
⑩ 접이식 사다리 기둥은 사용 시 접혀지거나 펼쳐지지 않도록 철물 등을 사용하여 견고하게 조치할 것

3 작업발판

– 작업발판의 구조 빈출!

① 작업발판 재료는 작업할 때의 하중을 견딜 수 있도록 견고한 것으로 할 것
② 작업발판의 폭은 40cm 이상으로 하고, 발판 재료 간의 틈은 3cm 이하로 할 것. 다만, 외줄비계의 경우에는 고용노동부장관이 별도로 정하는 기준에 따른다.
③ 선박 및 보트 건조작업의 경우 선박블록 또는 엔진실 등의 좁은 작업공간에 작업발판을 설치하기 위하여 필요하면 작업발판의 폭을 30cm 이상으로 할 수 있고, 걸침비계의 경우 강관기둥 때문에 발판 재료 간의 틈을 3cm 이하로 유지하기 곤란하면 5cm 이하로 할 수 있다. 이 경우 그 틈 사이로 물체 등이 떨어질 우려가 있는 곳에는 출입금지 등의 조치를 하여야 한다.
④ 추락의 위험이 있는 장소에는 안전난간을 설치할 것. 다만, 작업의 성질상 안전난간을 설치하는 것이 곤란한 경우, 작업의 필요상 임시로 안전난간을 해체할 때에 추락방호망을 설치하거나 근로자로 하여금 안전대를 사용하도록 하는 등 추락위험 방지조치를 한 경우에는 그러하지 아니하다.
⑤ 작업발판의 지지물은 하중에 의하여 파괴될 우려가 없는 것을 사용할 것
⑥ 작업발판 재료는 뒤집히거나 떨어지지 않도록 둘 이상의 지지물에 연결하거나 고정시킬 것
⑦ 작업발판을 작업에 따라 이동시킬 경우에는 위험 방지에 필요한 조치를 할 것

4 사다리 빈출!

(1) 사다리 기둥의 구조

① 견고한 구조로 할 것
② 재료는 심한 손상·부식 등이 없는 것으로 할 것
③ 기둥과 수평면과의 각도는 75° 이하로 하고, 접이식 사다리 기둥은 철물 등을 사용하여 기둥과 수평면과의 각도가 충분히 유지되도록 할 것
④ 바닥면적은 작업을 안전하게 하기 위하여 필요한 면적이 유지되도록 할 것

(2) 고정식 사다리의 구조

① 90° 수직이 가장 적합
② 경사는 수직면에서 15°를 초과하지 말 것
③ 옥외용 사다리는 철재를 원칙으로 할 것
④ 높이 9m를 초과하는 사다리는 9m마다 계단참을 설치할 것
⑤ 사다리 저면 75cm 이내에는 장애물이 없을 것

(3) 이동식 사다리의 구조

① 견고한 구조로 할 것
② 재료는 심한 손상·부식 등이 없는 것으로 할 것
③ 폭은 30cm 이상으로 할 것
④ 다리 부분에는 미끄럼 방지장치를 설치할 것
⑤ 발판의 간격은 동일하게 할 것
⑥ 사다리의 상단은 걸쳐놓은 지점으로부터 100cm 이상 올라가도록 할 것

5 가설계단

– 가설계단의 구조 빈출!

① 계단 및 계단참을 설치하는 경우 매 m^2당 500kg 이상의 하중에 견딜 수 있는 강도를 가진 구조로 설치하여야 하며, 안전율은 4 이상으로 하여야 한다.
※ 안전율 : 안전의 정도를 표시하는 것으로서 재료의 파괴응력도와 허용응력도의 비율
② 계단을 설치하는 경우 그 폭을 1m 이상으로 하여야 한다. 다만, 급유용·보수용·비상용 계단 및 나선형 계단이거나 높이 1m 미만의 이동식 계단인 경우에는 그러하지 아니하다.
③ 높이가 3m를 초과하는 계단에 높이 3m 이내마다 너비 1.2m 이상의 계단참을 설치하여야 한다.
④ 계단을 설치하는 경우 바닥면으로부터 높이 2m 이내의 공간에 장애물이 없도록 하여야 한다. 다만, 급유용·보수용·비상용 계단 및 나선형 계단인 경우에는 그러하지 아니하다.
⑤ 높이 1m 이상인 계단의 개방된 측면에 안전난간을 설치하여야 한다.

6 가설도로

– 가설도로의 구조

① 도로는 장비 및 차량이 안전하게 운행할 수 있도록 견고하게 설치할 것
② 도로와 작업장이 접해 있을 경우에는 방책 등을 설치할 것
③ 도로는 배수를 위해 경사지게 설치하거나 배수시설을 설치할 것
④ 차량의 속도제한표지를 부착할 것

7 거푸집과 거푸집 동바리

(1) 거푸집의 조건

① 형상치수가 정확하고 수밀성이 있어야 한다.
② 각종 외력에 대하여 충분한 강도가 있어야 한다.
③ 조립 · 해체 · 운반이 용이해야 한다.
④ 반복 사용이 가능해야 한다.

(2) 작업발판 일체형 거푸집의 종류 빈출!

① 갱 폼(gang form)
② 슬립 폼(slip form)
③ 클라이밍 폼(climbing form)
④ 터널 라이닝 폼(tunnel lining form)
⑤ 그 밖에 거푸집과 작업발판이 일체로 제작된 거푸집 등

합판 거푸집의 장점
- 가볍다.
- 외부온도의 영향이 적다.
- 보수가 간단하다.
- 부식의 우려가 없고 보관이 쉽다.

(3) 거푸집의 조립 및 해체 순서

① 거푸집의 조립 순서
기둥 → 보받이 내력벽 → 큰 보 → 작은 보 → 바닥 → 내벽 → 외벽
② 거푸집 철거 시 지주(받침기둥) 바꿔 세우기
㉠ 지주 바꿔 세우기는 하지 않는 것이 원칙이지만, 필요 시 담당원의 승인을 받는다.
㉡ 지주 바꿔 세우기 순서 : 큰 보 → 작은 보 → 바닥판
③ 거푸집의 해체 순서
㉠ 기온이 높을 때는 낮을 때보다 먼저 해체
㉡ 조강시멘트를 사용할 때는 보통시멘트를 사용할 때보다 먼저 해체
㉢ 보와 기둥에서는 기둥(수직부재)을 먼저 해체
㉣ 작은 빔을 사용할 때는 큰 빔을 사용할 때보다 먼저 해체

(4) 거푸집의 하중 빈출!

연직하중		수평하중	
• 고정하중 • 작업하중	• 적재하중 • 충격하중	• 측압 • 지진하중	• 풍하중

(5) 거푸집의 존치기간 빈출!

개정 2022

〈콘크리트의 압축강도를 시험하지 않을 경우 거푸집널의 해체시기(기초, 보, 기둥 및 벽의 측면)〉

평균기온 \ 시멘트 종류	조강포틀랜드 시멘트	보통포틀랜드시멘트, 고로슬래그시멘트(1종), 포틀랜드포졸란시멘트(1종), 플라이애시시멘트(1종)	고로슬래그시멘트(2종), 포틀랜드포졸란시멘트(2종), 플라이애시시멘트(2종)
20℃ 이상	2일	4일	5일
10℃ 이상 20℃ 미만	3일	6일	8일

〈콘크리트의 압축강도를 시험할 경우 거푸집널의 해체시기〉

부 재		콘크리트 압축강도
기초, 보, 기둥 및 벽의 측면(수직재)		5MPa 이상(내구성이 중요한 구조물의 경우 10MPa 이상)
슬래브 및 보의 밑면, 아치 내면(수평재)	단층 구조인 경우	• 설계기준 압축강도의 $\frac{2}{3}$배 이상 • 또한 최소강도 14MPa 이상
	다층 구조인 경우	• 설계기준 압축강도 이상 • 또한 최소강도 14MPa 이상

(6) 거푸집의 측압에 영향을 미치는 요인 빈출!

측압에 영향을 미치는 요인	측압이 커지는 조건
거푸집의 강성	강성이 클수록
거푸집의 수평단면과 벽 두께	단면과 벽 두께가 클수록
거푸집의 수밀성	수밀성이 클수록
거푸집의 표면	표면이 매끄러울수록
철근 또는 철골의 양	철근 또는 철골의 양이 적을수록
콘크리트의 비중	비중이 클수록
콘크리트의 온도와 기온	온도가 낮을수록
대기 중 습도	습도가 높을수록
투수성	투수성이 낮을수록
물 · 시멘트비	물 · 시멘트비가 클수록(묽은 콘크리트일수록)
슬럼프(값)	슬럼프(값)가 클수록
다짐(다지기)	콘크리트 다짐이 과할수록(진동기의 사용)
타설속도(치어붓기속도)	타설속도가 빠를수록
타설높이	타설높이가 높을수록
콘크리트의 배합	부배합일수록

(7) 거푸집 및 동바리의 조립도

거푸집 및 동바리의 조립도에는 거푸집 및 동바리를 구성하는 부재의 재질·단면규격·설치간격 및 이음방법 등을 명시해야 한다.

(8) 동바리 조립 시 준수사항 빈출!

① 받침목이나 깔판의 사용, 콘크리트 타설, 말뚝박기 등 동바리의 침하를 방지하기 위한 조치를 할 것
② 동바리의 상하 고정 및 미끄러짐 방지 조치를 할 것
③ 상부·하부의 동바리가 동일 수직선상에 위치하도록 하여 깔판·받침목에 고정시킬 것
④ 개구부 상부에 동바리를 설치하는 경우에는 상부하중을 견딜 수 있는 견고한 받침대를 설치할 것

⑤ U헤드 등의 단판이 없는 동바리의 상단에 멍에 등을 올릴 경우에는 해당 상단에 U헤드 등의 단판을 설치하고, 멍에 등이 전도되거나 이탈되지 않도록 고정시킬 것
⑥ 동바리의 이음은 같은 품질의 재료를 사용할 것
⑦ 강재의 접속부 및 교차부는 볼트·클램프 등 전용철물을 사용하여 단단히 연결할 것
⑧ 거푸집의 형상에 따른 부득이한 경우를 제외하고는 깔판이나 받침목은 2단 이상 끼우지 않도록 할 것
⑨ 깔판이나 받침목을 이어서 사용하는 경우에는 그 깔판·받침목을 단단히 연결할 것

(9) 동바리 유형에 따른 동바리 조립 시 준수사항

① 동바리로 사용하는 파이프 서포트의 경우
㉠ 파이프 서포트를 3개 이상 이어서 사용하지 않도록 할 것
㉡ 파이프 서포트를 이어서 사용하는 경우에는 4개 이상의 볼트 또는 전용철물을 사용하여 이을 것
㉢ 높이가 3.5m를 초과하는 경우에는 높이 2m 이내마다 수평연결재를 2개 방향으로 만들고 수평연결재의 변위를 방지할 것
② 동바리로 사용하는 강관틀의 경우
㉠ 강관틀과 강관틀 사이에 교차가새를 설치할 것
㉡ 최상단 및 5단 이내마다 동바리의 측면과 틀면의 방향 및 교차가새의 방향에서 5개 이내마다 수평연결재를 설치하고 수평연결재의 변위를 방지할 것
㉢ 최상단 및 5단 이내마다 동바리의 틀면의 방향에서 양단 및 5개틀 이내마다 교차가새의 방향으로 띠장틀을 설치할 것
③ 동바리로 사용하는 조립강주의 경우 : 조립강주의 높이가 4m를 초과하는 경우에는 높이 4m 이내마다 수평연결재를 2개 방향으로 설치하고 수평연결재의 변위를 방지할 것
④ 시스템 동바리(규격화·부품화된 수직재, 수평재 및 가새재 등의 부재를 현장에서 조립하여 거푸집을 지지하는 지주 형식의 동바리)의 경우
㉠ 수평재는 수직재와 직각으로 설치해야 하며, 흔들리지 않도록 견고하게 설치할 것
㉡ 연결철물을 사용하여 수직재를 견고하게 연결하고, 연결부위가 탈락 또는 꺾어지지 않도록 할 것
㉢ 수직 및 수평하중에 대해 동바리의 구조적 안정성이 확보되도록 조립도에 따라 수직재 및 수평재에는 가새재를 견고하게 설치할 것
㉣ 동바리 최상단과 최하단의 수직재와 받침철물은 서로 밀착되도록 설치하고 수직재와 받침철물의 연결부의 겹침길이는 받침철물 전체길이의 3분의 1 이상 되도록 할 것
⑤ 보 형식의 동바리[강제 갑판(steel deck), 철재트러스 조립 보 등 수평으로 설치하여 거푸집을 지지하는 동바리]의 경우
㉠ 접합부는 충분한 걸침 길이를 확보하고 못, 용접 등으로 양끝을 지지물에 고정시켜 미끄러짐 및 탈락을 방지할 것
㉡ 양끝에 설치된 보 거푸집을 지지하는 동바리 사이에는 수평연결재를 설치하거나 동바리를 추가로 설치하는 등 보 거푸집이 옆으로 넘어지지 않도록 견고하게 할 것
㉢ 설계도면, 시방서 등 설계도서를 준수하여 설치할 것

8 비계

(1) 달비계 또는 5m 이상의 비계 조립 · 해체 및 변경 작업 시 준수사항

① 관리감독자의 지휘하에 작업하도록 할 것
② 조립 · 해체 또는 변경의 시기 · 범위 및 절차를 그 작업에 종사하는 근로자에게 주지시킬 것
③ 조립 · 해체 또는 변경 작업구역 내에는 해당 작업에 종사하는 근로자 외의 자의 출입을 금지시키고 그 내용을 보기 쉬운 장소에 게시할 것
④ 비 · 눈 그 밖의 기상 상태의 불안정으로 인하여 날씨가 몹시 나쁠 때에는 작업을 중지시킬 것
⑤ 비계 재료의 연결 · 해체 작업을 할 때 폭 20cm 이상의 발판을 설치하고 근로자로 하여금 안전대를 사용하는 등 근로자의 추락 방지를 위한 조치를 할 것
⑥ 재료 · 기구 또는 공구 등을 올리거나 내릴 때에는 달줄 또는 달포대 등을 사용하게 할 것

(2) 비계의 점검 · 보수(기상악화 등으로 작업 중지 후 등) 빈출!

① 발판 재료의 손상 여부 및 부착 또는 걸림 상태
② 해당 비계의 연결부 또는 접속부의 풀림 상태
③ 연결재료 및 연결철물의 손상 또는 부식 상태
④ 손잡이의 탈락 여부
⑤ 기둥의 침하 · 변형 · 변위 또는 흔들림 상태
⑥ 로프의 부착 상태 및 매단 장치의 흔들림 상태

비계의 구비요건
• 안전성
• 작업성
• 경제성

(3) 통나무비계 조립 시 준수사항

① 비계기둥의 간격은 2.5m 이하로 하고 지상으로부터 첫 번째 띠장은 3m 이하의 위치에 설치할 것. 다만, 작업의 성질상 이를 준수하기 곤란하여 쌍기둥 등에 의하여 해당 부분을 보강한 경우에는 그러하지 아니하다.
② 비계기둥이 미끄러지거나 침하하는 것을 방지하기 위하여 비계기둥의 하단부를 묻고, 밑둥잡이를 설치하거나 깔판을 사용하는 등의 조치를 할 것
③ 비계기둥의 이음이 겹침이음인 경우에는 이음 부분에서 1m 이상을 서로 겹쳐서 두 군데 이상을 묶고, 비계기둥의 이음이 맞댄이음인 경우에는 비계기둥을 쌍기둥틀로 하거나 1.8m 이상의 덧댐목을 사용하여 네 군데 이상을 묶을 것
④ 비계기둥 · 띠장 · 장선 등의 접속부 및 교차부는 철선이나 그 밖의 튼튼한 재료로 견고하게 묶을 것
⑤ 교차가새로 보강할 것
⑥ 외줄비계 · 쌍줄비계 또는 돌출비계에 대해서는 다음에 따른 벽이음 및 버팀을 설치할 것. 다만, 창틀의 부착 또는 벽면의 완성 등의 작업을 위하여 벽이음 또는 버팀을 제거하는 경우, 그 밖에 작업의 필요상 부득이한 경우로서 해당 벽이음 또는 버팀 대신 비계기둥 또는 띠장에 사재를 설치하는 등 비계의 도괴 방지를 위한 조치를 한 경우에는 그러하지 아니하다.
㉠ 간격은 수직방향에서 5.5m 이하, 수평방향에서는 7.5m 이하로 할 것
㉡ 강관 · 통나무 등의 재료를 사용하여 견고한 것으로 할 것
㉢ 인장재와 압축재로 구성되어 있는 경우에는 인장재와 압축재의 간격은 1m 이내로 할 것
⑦ 통나무비계는 지상높이 4층 이하 또는 12m 이하인 건축물 · 공작물 등의 건조 · 해체 및 조립 등의 작업에만 사용할 수 있다.

(4) 강관비계 조립 시 준수사항 빈출!

① 비계기둥에는 미끄러지거나 침하는 것을 방지하기 위해 밑받침철물을 사용하거나 깔판 · 받침목(깔목) 등을 사용하여 밑둥잡이를 설치하는 등의 조치를 할 것
② 강관의 접속부 또는 교차부는 적합한 부속철물을 사용해 접속하거나 단단히 묶을 것
③ 교차가새로 보강할 것
④ 외줄비계 · 쌍줄비계 또는 돌출비계에 대해서는 다음에서 정하는 바에 따라 벽이음 및 버팀을 설치할 것
㉠ 강관비계의 조립간격은 다음 〈표〉의 기준에 적합할 것

〈강관비계의 조립간격〉

강관비계의 종류	조립간격	
	수직방향	수평방향
단관비계	5m	5m
틀비계(높이가 5m 미만의 것은 제외)	6m	8m

㉡ 강관 · 통나무 등의 재료를 사용하여 견고한 것으로 할 것
㉢ 인장재와 압축재로 구성되어 있는 때는 인장재와 압축재의 간격을 1m 이내로 할 것
⑤ 가공전로에 근접하여 비계를 설치하는 경우에는 가공전로를 이설하거나 가공전로에 절연용 방호구를 장착하는 등 가공전로와의 접촉을 방지하기 위한 조치를 할 것

(5) 강관비계의 구조(강관을 사용하여 비계를 구성하는 경우 준수사항) 빈출!

① 비계기둥의 간격은 띠장 방향에서는 1.85m 이하, 장선 방향에서는 1.5m 이하로 할 것. 다만, 선박 및 보트 건조작업의 경우 안전성에 대한 구조 검토를 실시하고 조립도를 작성하면 띠장 방향 및 장선 방향으로 각각 2.7m 이하로 할 수 있다.
② 띠장 간격은 2m 이하로 할 것. 다만, 작업의 성질상 이를 준수하기가 곤란하여 쌍기둥틀 등에 의하여 해당 부분을 보강한 경우에는 그러하지 아니하다.
③ 비계기둥의 제일 윗부분으로부터 31m 되는 지점 밑부분의 비계기둥은 2개의 강관으로 묶어 세울 것. 다만, 브래킷(bracket, 까치발) 등으로 보강하여 2개의 강관으로 묶을 경우 이상의 강도가 유지되는 경우에는 그러하지 아니하다.
④ 비계기둥 간의 적재하중은 400kg을 초과하지 않도록 할 것

(6) 강관틀비계 조립 시 준수사항 빈출!

① 비계기둥의 밑둥에는 밑받침철물을 사용해야 하며 밑받침에 고저차가 있는 경우에는 조절형 밑받침철물을 사용해 각각의 강관틀비계가 항상 수평 및 수직을 유지하도록 할 것
② 높이가 20m를 초과하거나 중량물의 적재를 수반하는 작업을 할 경우에는 주틀 간의 간격을 1.8m 이하로 할 것
③ 주틀 간에 교차가새를 설치하고 최상층 및 5층 이내마다 수평재를 설치할 것
④ 수직 방향으로 6m, 수평 방향으로 8m 이내마다 벽이음을 할 것
⑤ 길이가 띠장 방향으로 4m 이하이고 높이가 10m를 초과하는 경우에는 10m 이내마다 띠장 방향으로 버팀기둥을 설치할 것

(7) 달비계 조립 시 준수사항 빈출!

① '와이어로프 사용제한'에 속하는 것은 사용 금지
② '달기체인 사용제한'에 속하는 것은 사용 금지
③ '섬유로프 또는 섬유벨트 사용제한'에 속하는 것은 사용 금지
④ 달기강선 및 달기강대는 심하게 손상 · 변형 또는 부식된 것을 사용하지 않도록 할 것
⑤ 달기와이어로프, 달기체인, 달기강선, 달기강대 또는 달기섬유로프는 한쪽 끝을 비계의 보 등에, 다른 쪽 끝을 내민 보, 앵커볼트 또는 건축물의 보 등에 각각 풀리지 않도록 설치할 것
⑥ 작업발판은 폭 40cm 이상으로 하고 틈새가 없도록 할 것
⑦ 작업발판의 재료는 뒤집히거나 떨어지지 않도록 비계의 보 등에 연결하거나 고정시킬 것
⑧ 비계가 흔들리거나 뒤집히는 것을 방지하기 위하여 비계의 보 · 작업발판 등에 버팀을 설치하는 등 필요한 조치를 할 것
⑨ 선반비계에서는 보의 접속부 및 교차부를 철선 · 이음철물 등을 사용하여 확실하게 접속시키거나 단단하게 연결시킬 것
⑩ 근로자의 추락 위험을 방지하기 위하여 달비계에 안전대 및 구명줄을 설치하고, 안전난간을 설치할 수 있는 구조인 경우에는 안전난간을 설치할 것

(8) 달비계의 최대적재하중을 정하는 경우 안전계수

구 분	안전계수
달기와이어로프 및 달기강선	10 이상
달기체인 및 달기훅	5 이상
달기강대와 달비계의 하부 및 상부 지점	• 강재 : 2.5 이상 • 목재 : 5 이상

(9) 달대비계 조립 시 준수사항

① 달대비계를 매다는 철선은 소성 철선을 사용하며, 4가닥 정도로 꼬아서 하중에 대한 안전계수가 8 이상 확보되어야 할 것
② 철근을 사용할 때에는 19mm 이상을 쓰며 근로자는 반드시 안전모와 안전대를 착용할 것
③ 높은 디딤판 등의 사용 금지

(10) 걸침비계(선박 및 보트 건조작업에 사용)의 구조

① 지지점이 되는 매달림부재의 고정부는 구조물로부터 이탈되지 않도록 견고히 고정할 것
② 비계 재료 간에는 서로 움직임, 뒤집힘 등이 없어야 하고, 재료가 분리되지 않도록 철물 또는 철선으로 충분히 결속할 것. 다만, 작업발판 밑부분에 띠장 및 장선으로 사용되는 수평부재 간의 결속은 철선을 사용하지 않을 것
③ 매달림부재의 안전율은 4 이상일 것
④ 작업발판에는 구조 검토에 따라 설계한 최대적재하중을 초과하여 적재하여서는 아니 되며, 그 작업에 종사하는 근로자에게 최대적재하중을 충분히 알릴 것

(11) 말비계 조립 시 준수사항 빈출!

① 지주부재의 하단에는 미끄럼 방지장치를 하고, 양측 끝부분에 올라서서 작업하지 않도록 할 것
② 지주부재와 수평면과의 기울기를 75° 이하로 하고, 지주부재와 지주부재 사이를 고정시키는 보조부재를 설치할 것
③ 말비계의 높이가 2m 초과 시 작업발판의 폭을 40cm 이상으로 할 것

(12) 이동식 비계 조립 시 준수사항 빈출!

① 이동식 비계의 바퀴에는 뜻밖의 갑작스러운 이동 또는 전도를 방지하기 위하여 브레이크 · 쐐기 등으로 바퀴를 고정시킨 다음 비계의 일부를 견고한 시설물에 고정하거나 아우트리거(outrigger, 전도 방지용 지지대)를 설치하는 등 필요한 조치를 할 것
② 승강용 사다리는 견고하게 설치할 것
③ 비계의 최상부에서 작업을 하는 경우에는 안전난간을 설치할 것
④ 작업발판은 항상 수평을 유지하고 작업발판 위에서 안전난간을 딛고 작업을 하거나 받침대 또는 사다리를 사용하여 작업하지 않도록 할 것
⑤ 작업발판의 최대적재하중은 250kg을 초과하지 않도록 할 것

(13) 이동식 비계 작업 시 준수사항

① 관리감독자의 지휘하에 작업을 행하여야 한다.
② 비계의 최대높이는 밑변 최소폭의 4배 이하이어야 한다.
③ 작업대의 발판은 전면에 걸쳐 빈틈없이 깔아야 한다.
④ 비계의 일부를 건물에 체결하여 이동, 전도 등을 방지하여야 한다.
⑤ 승강용 사다리는 견고하게 부착하여야 한다.
⑥ 최대적재하중을 표시하여야 한다.
⑦ 부재의 접속부, 교차부는 확실하게 연결하여야 한다.
⑧ 작업대에는 표준안전난간을 설치하여야 한다.
⑨ 낙하물방지설비를 설치하여야 한다.
⑩ 이동할 때에는 작업원이 없는 상태여야 한다.
⑪ 재료 · 공구의 오르내리기에는 포대, 로프 등을 이용하여야 한다.
⑫ 작업장 부근에 고압선 등이 있는가를 확인하고 적절한 방호조치를 취하여야 한다.
⑬ 상하에서 동시에 작업을 할 때에는 충분한 연락을 취하면서 작업을 하여야 한다.

(14) 시스템비계를 사용하여 비계 구성 시 준수사항 빈출!

① 수직재 · 수평재 · 가새재를 견고하게 연결하는 구조가 되도록 할 것
② 비계 밑단의 수직재와 받침철물은 밀착되도록 설치하고, 수직재와 받침철물의 연결부의 겹침길이는 받침철물 전체 길이의 3분의 1 이상이 되도록 할 것
③ 수평재는 수직재와 직각으로 설치하여야 하며, 체결 후 흔들림이 없도록 견고하게 설치할 것
④ 수직재와 수직재의 연결철물은 이탈되지 않도록 견고한 구조로 할 것
⑤ 벽 연결재의 설치간격은 제조사가 정한 기준에 따라 설치할 것

⒂ 시스템비계 조립 시 준수사항

① 비계기둥의 밑둥에는 밑받침철물을 사용하여야 하며, 밑받침에 고저차가 있는 경우에는 조절형 밑받침철물을 사용하여 시스템비계가 항상 수평 및 수직을 유지하도록 할 것
② 경사진 바닥에 설치하는 경우에는 피벗형 받침철물 또는 쐐기 등을 사용하여 밑받침철물의 바닥면이 수평을 유지하도록 할 것
③ 가공전로에 근접하여 비계를 설치하는 경우에는 가공전로를 이설하거나 가공전로에 절연용 방호구를 설치하는 등 가공전로와의 접촉을 방지하기 위하여 필요한 조치를 할 것
④ 비계 내에서 근로자가 상하 또는 좌우로 이동하는 경우에는 반드시 지정된 통로를 이용하도록 주지시킬 것
⑤ 비계 작업 근로자는 같은 수직면상 위와 아래의 동시작업을 금지할 것
⑥ 작업발판에는 제조사가 정한 최대적재하중을 초과하여 적재해서는 아니 되며, 최대적재하중이 표기된 표지판을 부착하고 근로자에게 주지시키도록 할 것

10 건설 구조물 공사 안전

1 콘크리트 공사

(1) 콘크리트 타설작업 시 준수사항 빈출!

① 당일의 작업을 시작하기 전에 해당 작업에 관한 거푸집 동바리 등의 변형 · 변위 및 지반의 침하 유무 등을 점검하고 이상이 있으면 보수할 것
② 작업 중에는 거푸집 동바리 등의 변형 · 변위 및 침하 유무 등을 감시할 수 있는 감시자를 배치하여 이상이 있으면 작업을 중지하고 근로자를 대피시킬 것
③ 콘크리트 타설작업 시 거푸집 붕괴의 위험이 발생할 우려가 있으면 충분한 보강조치를 할 것
④ 설계도서상의 콘크리트 양생기간을 준수하여 거푸집 동바리 등을 해체할 것
⑤ 콘크리트를 타설하는 경우에는 편심이 발생하지 않도록 골고루 분산하여 타설할 것

(2) 콘크리트 펌프 또는 콘크리트 펌프카 사용 시 준수사항 빈출!

① 작업을 시작하기 전에 콘크리트 펌프용 비계를 점검하고 이상을 발견하였으면 즉시 보수할 것
② 건축물의 난간 등에서 작업하는 근로자가 호스의 요동 · 선회로 인하여 추락하는 위험을 방지하기 위하여 안전난간 설치 등 필요한 조치를 할 것
③ 콘크리트 펌프카의 붐을 조정하는 경우에는 주변의 전선 등에 의한 위험을 예방하기 위한 적절한 조치를 할 것
④ 작업 중에 지반의 침하, 아우트리거의 손상 등에 의하여 콘크리트 펌프카가 넘어질 우려가 있는 경우에는 이를 방지하기 위한 적절한 조치를 할 것

2 철골작업

(1) 철골작업의 제한 빈출!

다음의 어느 하나에 해당하는 경우에는 철골작업을 중지하여야 한다.

① 풍속이 초당 10m 이상인 경우
② 강우량이 시간당 1mm 이상인 경우
③ 강설량이 시간당 1cm 이상인 경우

(2) 철골의 자립도 검토대상 빈출!
(풍압 등 외압에 대한 내력 확인사항)

① 높이 20m 이상의 구조물
② 구조물의 폭과 높이의 비가 1 : 4 이상인 구조물
③ 단면 구조에 현저한 차이가 나는 구조물
④ 연면적당 철골량이 $50kg/m^2$ 이하인 구조물
⑤ 기둥이 타이 플레이트(tie plate)형인 구조물
⑥ 이음부가 현장용접인 구조물

3 해체작업

(1) 해체작업계획서의 내용 빈출!

① 해체의 방법 및 해체순서 도면
② 가설설비 · 방호설비 · 환기설비 및 살수 · 방화설비 등의 방법
③ 사업장 내 연락방법
④ 해체물의 처분계획
⑤ 해체작업용 기계 · 기구 등의 작업계획서
⑥ 해체작업용 화약류의 사용계획서
⑦ 그 밖에 안전 · 보건에 관련된 사항

(2) 해체작업 시 지주를 바꿔 세울 때의 주의사항

① 바꿔 세운 지주는 큰 보, 작은 보, 바닥판의 순으로 한다.
② 바꿔 세운 지주는 쐐기 등으로 전 지주와 동등의 지지력이 작용하도록 한다.
③ 상부에 30cm 이상의 두꺼운 머리받침을 댄다.

4 잠함 내 작업

(1) 잠함 등 내부에서의 굴착작업 시 준수사항 빈출!

잠함, 우물통, 수직갱, 그 밖에 이와 유사한 건설물 또는 설비(이하 "잠함 등")의 내부에서 굴착작업을 하는 경우에 다음의 사항을 준수하여야 한다.

① 산소결핍의 우려가 있는 때에는 산소의 농도를 측정하는 자를 지명하여 측정하도록 할 것
② 근로자가 안전하게 오르내리기 위한 설비를 설치할 것
③ 굴착깊이가 20m를 초과하는 경우에는 해당 작업장소와 외부와의 연락을 위한 통신설비 등을 설치할 것
④ 산소결핍이 인정되거나 굴착깊이가 20m를 초과하는 경우에는 송기를 위한 설비를 설치하여 필요한 양의 공기를 공급할 것

(2) 급격한 침하로 인한 위험 방지 빈출!

잠함 또는 우물통의 내부에서 근로자가 굴착작업을 하는 경우에 잠함 또는 우물통의 급격한 침하에 의한 위험을 방지하기 위하여 다음의 사항을 준수하여야 한다.

① 침하관계도에 따라 굴착방법 및 재하량 등을 정할 것
② 바닥으로부터 천장 또는 보까지의 높이는 1.8m 이상으로 할 것

(3) 잠함 등 작업의 금지 빈출!

다음의 어느 하나에 해당하는 경우에 잠함 등의 내부에서 굴착작업을 하도록 해서는 아니 된다.

① 안전하게 오르내리기 위한 설비, 작업장소와 외부와의 연락을 위한 통신설비, 송기를 위한 설비에 고장이 있는 경우
② 잠함 등의 내부에 많은 양의 물 등이 스며들 우려가 있는 경우

5 하역작업

(1) 하역작업장의 조치기준

① 작업장 및 통로의 위험한 부분에는 안전하게 작업할 수 있는 조명을 유지할 것
② 부두 또는 안벽의 선을 따라 통로를 설치하는 경우에는 폭을 90cm 이상으로 할 것
③ 육상에서의 통로 및 작업장소로서 다리 또는 선거 갑문을 넘는 보도 등의 위험한 부분에는 안전난간 또는 울타리 등을 설치할 것

(2) 하적단의 간격

바닥으로부터의 높이가 2m 이상 되는 하적단(포대 · 가마니 등으로 포장된 화물이 쌓여 있는 것만 해당)과 인접 하적단 사이의 간격을 하적단의 밑부분을 기준하여 10cm 이상으로 하여야 한다.

(3) 화물 적재 시 준수사항 빈출!

① 침하 우려가 없는 튼튼한 기반 위에 적재할 것
② 건물의 칸막이나 벽 등이 화물의 압력에 견딜 만큼의 강도를 지니지 아니한 경우에는 칸막이나 벽에 기대어 적재하지 않도록 할 것
③ 불안정할 정도로 높이 쌓아 올리지 말 것
④ 하중이 한쪽으로 치우치지 않도록 쌓을 것

(4) 항만 하역작업의 안전

① 통행설비의 설치
갑판의 윗면에서 선창 밑바닥까지의 깊이가 1.5m를 초과하는 선창의 내부에서 화물 취급작업을 하는 경우에 그 작업에 종사하는 근로자가 안전하게 통행할 수 있는 설비를 설치하여야 한다.

② 선박승강설비의 설치 빈출!
㉠ 300톤급 이상의 선박에서 하역작업을 하는 경우에 근로자들이 안전하게 오르내릴 수 있는 현문사다리를 설치하여야 하며, 이 사다리 밑에 안전망을 설치하여야 한다.
㉡ 현문사다리는 견고한 재료로 제작된 것으로 너비는 55cm 이상이어야 하고, 양측에 82cm 이상의 높이로 울타리를 설치하여야 하며, 바닥은 미끄러지지 않도록 적합한 재질로 처리되어야 한다.
㉢ 현문사다리는 근로자의 통행에만 사용하여야 하며, 화물용 발판 또는 화물용 보판으로 사용하도록 해서는 아니 된다.

6 발파작업 · 벌목작업

(1) 발파작업 시 준수사항 빈출!

① 얼어붙은 다이너마이트는 화기에 접근시키거나 그 밖의 고열물에 직접 접촉시키는 등 위험한 방법으로 융해되지 않도록 할 것

② 화약이나 폭약을 장전하는 경우에는 그 부근에서 화기를 사용하거나 흡연을 하지 않도록 할 것

③ 장전구는 마찰 · 충격 · 정전기 등에 의한 폭발의 위험이 없는 안전한 것을 사용할 것

④ 발파공의 충진재료는 점토 · 모래 등 발화성 또는 인화성의 위험이 없는 재료를 사용할 것

⑤ 점화 후 장전된 화약류가 폭발하지 아니한 경우 또는 장전된 화약류의 폭발 여부를 확인하기 곤란한 경우에는 다음의 사항을 따를 것

㉠ 전기뇌관에 의한 경우에는 발파모선을 점화기에서 떼어 그 끝을 단락시켜 놓는 등 재점화되지 않도록 조치하고, 그때부터 5분 이상 경과한 후가 아니면 화약류의 장전장소에 접근시키지 않도록 할 것

㉡ 전기뇌관 외의 것에 의한 경우에는 점화한 때부터 15분 이상 경과한 후가 아니면 화약류의 장전장소에 접근시키지 않도록 할 것

⑥ 전기뇌관에 의한 발파의 경우 점화하기 전에 화약류를 장전한 장소로부터 30m 이상 떨어진 안전한 장소에서 전선에 대하여 저항 측정 및 도통시험을 할 것

(2) 벌목작업 시 준수사항 빈출!

① 벌목하려는 경우에는 미리 대피로 및 대피장소를 정해 둘 것

② 벌목하려는 나무의 가슴높이 지름이 40cm 이상인 경우에는 뿌리 부분 지름의 4분의 1 이상 깊이의 수구를 만들 것

제6과목 건설공사 안전관리 개념 Plus⁺

1 차량계 건설기계의 넘어짐(전도) · 굴러떨어짐(전락) 등에 의한 위험 방지 조치사항에는 갓길의 붕괴 방지, 지반의 부동침하 방지, 유도자 배치, 그리고 (   )가 있다.

2 차량계 건설기계 작업 시 작업계획서에 포함되어야 할 사항은 사용하는 차량계 건설기계의 (   ) 및 (   ), 차량계 건설기계의 운행경로, 차량계 건설기계에 의한 작업방법이다.

3 비계 재료의 연결 · 해체 작업을 하는 경우에는 폭 (   )cm 이상의 발판을 설치하고, 근로자로 하여금 안전대를 사용하도록 하는 등 추락을 방지하기 위한 조치를 하며, 말비계의 높이가 2m를 초과하는 경우에는 작업발판의 폭을 (   )cm 이상으로 한다.

4 가설통로를 설치하는 경우 경사는 최대 (   ) 이하로 하여야 하고, 건설공사에서 사용하는 높이 8m 이상인 비계다리에는 (   ) 이내마다 계단참을 설치한다.

5 동바리로 사용하는 파이프 서포트는 (   )개 이상 이어서 사용하지 않고, 파이프 서포트를 이어서 사용하는 경우에는 (   )개 이상의 볼트 또는 전용철물을 사용하여 이어야 하며, 파이프 서포트의 높이가 (   )m를 초과하는 경우에는 높이 (   )m 이내마다 수평 연결재를 2개 방향으로 만들고 수평 연결재의 변위를 방지한다.

6 강풍 시 타워크레인의 운전작업에서 순간풍속이 초당 (   )를 초과할 때는 운전작업을 중지해야 하며, 순간풍속이 초당 (   )를 초과할 때는 설치 · 수리 · 점검 또는 해체 작업을 중지해야 한다.

7 철골작업 시 작업을 중지하는 경우는 풍속이 초당 (   ) 이상인 경우, 강설량이 시간당 (   ) 이상인 경우, 강우량이 시간당 (   ) 이상인 경우이다.

8 터널 작업에 있어서 자동경보장치가 설치된 경우에 이 자동경보장치에 대하여 당일의 작업시작 전 점검하여야 할 사항은 (   )의 이상 유무, (   )의 이상 유무, (   )의 작동상태이다.

9 (   )이란 물이 결빙되는 위치로 지속적으로 유입되는 조건에서 온도가 하강함에 따라 토중수가 얼어 생성된 결빙 크기가 계속 커져 지표면이 부풀어 오른 현상을 말한다.

10 (   )란 훅걸이용 와이어로프 등이 훅으로부터 벗겨지는 것을 방지하기 위한 장치이다.

11 (   )는 철륜 표면에 다수의 돌기를 붙여 접지 면적을 작게 하여 접지압을 증가시킨 롤러로서, 고함수비 점성토 지반의 다짐 작업에 적합한 롤러이다.

12 토질시험 중 액체 상태의 흙이 건조되어 가면서 액성, 소성, 반고체, 고체 상태의 경계선과 관련된 시험은 (   )시험이다.

13 비계의 벽이음 간격은 아래와 같다.

비계의 종류	조립간격	
	수직방향	수평방향
단관비계	5m	( )m
틀비계 (높이 5m 미만의 것 제외)	( )m	8m
통나무비계	5.5m	( )m

14 굴착면의 기울기 기준은 아래와 같다.

지반의 종류	기울기
모래	( )
연암 및 풍화암	1 : 1.0
경암	( )
그 밖의 흙	1 : 1.2

15 방망의 인장강도 기준은 다음과 같다.

구분	그물코의 크기	매듭 없는 방망의 인장강도	매듭 방망의 인장강도
신품	10cm	( )kg	200kg
	5cm	–	( )kg
폐기 시	10cm	( )kg	135kg
	5cm	–	60kg

정답 1 도로의 폭 유지 2 종류, 능력 3 20, 40 4 30°, 7m 5 3, 4, 3.5, 2 6 15m, 10m
7 10m, 1cm, 1mm 8 계기, 검지부, 경보장치 9 동상 10 해지장치 11 탬핑롤러
12 아터버그 한계 13 5, 6, 7.5 14 1 : 1.8, 1 : 0.5 15 240, 110, 150

Engineer Industrial Safety

제 2 편 과년도 기출문제

》 최근 산업안전기사 필기 기출문제 수록

ENGINEER
INDUSTRIAL
SAFETY

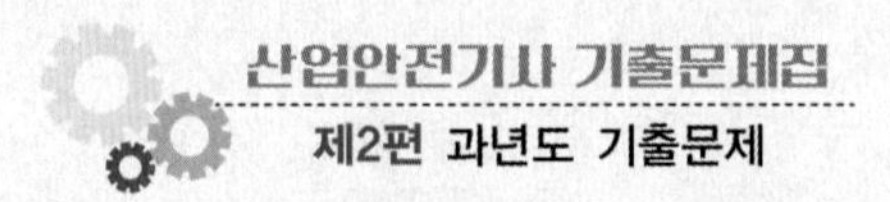
산업안전기사 기출문제집
제2편 과년도 기출문제

2020. 6. 6. 시행

제1·2회 산업안전기사 2020

※ 2020년 1회 시험은 2회 시험과 통합하여 시행되었습니다.

» 제1과목 안전관리론

01 산업안전보건법령상 안전보건표지의 종류 중 경고표지에 해당하지 않는 것은?

① 레이저광선 경고
② 급성독성물질 경고
③ 매달린 물체 경고
④ 차량통행 경고

해설 **경고표시의 기본모형 및 색채**

기본모형 및 색채	종 류
삼각형 예 (고압전기 경고) • 바탕은 노란색 • 기본모형 관련 부호 및 그림은 검은색	• 방사성물질 경고 • 고압전기 경고 • 매달린 물체 경고 • 고온 경고 • 저온 경고 • 몸균형 상실 경고 • 레이저광선 경고 • 위험장소 경고
다이아몬드형 예 (인화성물질 경고) • 바탕은 무색 • 기본모형은 빨간색 (검은색도 가능)	• 인화성물질 경고 • 산화성물질 경고 • 폭발성물질 경고 • 급성독성물질 경고 • 부식성물질 경고 • 발암성 · 변이원성 · 생식독성 · 전신독성 · 호흡기과민성 물질 경고

02 몇 사람의 전문가에 의하여 과제에 관한 견해를 발표한 뒤에 참가자로 하여금 의견이나 질문을 하게 하여 토의하는 방법을 무엇이라 하는가?

① 심포지엄(symposium)
② 버즈세션(buzz session)
③ 케이스메소드(case method)
④ 패널디스커션(panel discussion)

해설 ② 버즈세션 : 6-6회의라고도 하며, 먼저 사회자와 기록계를 선출한 후 나머지 사람을 6명씩의 소집단으로 구분하고, 소집단별로 각각 사회자를 선발하여 6분씩 자유토의를 행하여 의견을 종합하는 방법
③ 케이스메소드(사례연구법) : 먼저 사례를 제시하고 문제적 사실들과 그 상호관계에 대해서 검토하고 대책을 토의하는 방법
④ 패널디스커션 : 패널 멤버(교육과제에 정통한 전문가 4~5명)가 피교육자 앞에서 자유로이 토의한 뒤에 피교육자 전원이 참가하여 사회자의 사회에 따라 토의하는 방법

03 작업을 하고 있을 때 긴급 이상상태 또는 돌발사태가 되면 순간적으로 긴장하게 되어 판단능력의 둔화 또는 정지상태가 되는 것은?

① 의식의 우회
② 의식의 과잉
③ 의식의 단절
④ 의식의 수준저하

해설 **부주의 현상**
㉮ 의식의 단절 : 지속적인 의식의 흐름에 단절이 생기고 공백의 상태가 나타나는 것으로, 특수한 질병이 있는 경우에 나타난다.
㉯ 의식의 우회 : 의식의 흐름이 옆으로 빗나가 발생하는 경우이다.
㉰ 의식의 수준저하 : 혼미한 정신상태에서 심신이 피로한 경우나 단조로운 반복작업 시 일어나기 쉽다.
㉱ 의식의 과잉 : 지나친 의욕에 의해서 생기는 부주의 현상으로, 긴급사태 시 순간적으로 긴장이 한 방향으로만 쏠리게 되는 경우이다.

04 A사업장의 2019년 도수율이 10이라 할 때, 연천인율은 얼마인가?

① 2.4 ② 5
③ 12 ④ 24

해설 연천인율=도수율×2.4=10×2.4=24

01.④ 02.① 03.② 04.④ 정답

05 산업안전보건법령상 산업안전보건위원회의 사용자위원에 해당되지 않는 사람은? (단, 각 사업장은 해당하는 사람을 선임하여야 하는 대상 사업장으로 한다.)

① 안전관리자
② 산업보건의
③ 명예산업안전감독관
④ 해당 사업장 부서의 장

해설 **산업안전보건위원회의 구성**
㉮ 근로자위원
㉠ 근로자대표
㉡ 명예산업안전감독관 1명 이상
㉢ 근로자대표가 지명하는 9명 이내의 근로자
㉯ 사용자위원
㉠ 해당 사업의 대표자
㉡ 안전관리자 1명
㉢ 보건관리자 1명
㉣ 산업보건의
㉤ 해당 사업의 대표자가 지명하는 9명 이내의 해당 사업장 부서의 장
※ 상시근로자 50명 이상 100명 미만을 사용하는 사업장에서는 ㉤에 해당하는 사람을 제외하고 구성할 수 있다.

06 어느 사업장에서 물적 손실이 수반된 무상해사고가 180건 발생하였다면 중상은 몇 건이나 발생할 수 있는가? (단, 버드의 재해구성비율 법칙에 따른다.)

① 6건
② 18건
③ 20건
④ 29건

해설 **버드의 재해구성비율**

중상 또는 폐질	:	경상 (물적·인적 상해)	:	무상해사고 (물적 손실)	:	무상해·무사고 (위험순간)
= 1	:	10	:	30	:	600

$\therefore$ 중상 $= \dfrac{1 \times 180}{30} = 6$건

07 산업안전보건법상 안전관리자의 업무는?

① 직업성 질환 발생의 원인 조사 및 대책 수립
② 해당 사업장 안전교육계획의 수립 및 안전교육 실시에 관한 보좌 및 조언 · 지도
③ 근로자의 건강장해의 원인 조사와 재발 방지를 위한 의학적 조치
④ 해당 작업에서 발생한 산업재해에 관한 보고 및 이에 대한 응급조치

해설 **안전관리자의 업무**
㉮ 산업안전보건위원회 또는 안전 · 보건에 관한 노사협의체에서 심의 · 의결한 업무와 해당 사업장의 안전보건관리규정 및 취업규칙에서 정한 업무
㉯ 안전인증대상 기계 · 기구 등과 자율안전확인대상 기계 · 기구 등 구입 시 적격품의 선정에 관한 보좌 및 지도 · 조언
㉰ 해당 사업장 안전교육계획의 수립 및 안전교육 실시에 관한 보좌 및 지도 · 조언
㉱ 사업장 순회점검, 지도 및 조치의 건의
㉲ 산업재해 발생의 원인 조사 및 재발 방지를 위한 기술적 보좌 및 지도 · 조언
㉳ 산업재해에 관한 통계의 유지 · 관리 · 분석을 위한 보좌 및 지도 · 조언
㉴ 법 또는 법에 따른 명령으로 정한 안전에 관한 사항의 이행에 관한 보좌 및 지도 · 조언
㉵ 업무수행내용의 기록 · 유지
㉶ 위험성평가에 관한 보좌 및 지도 · 조언
㉷ 그 밖에 안전에 관한 사항으로서 고용노동부장관이 정하는 사항

08 안전보건교육계획에 포함해야 할 사항이 아닌 것은?

① 교육지도안
② 교육장소 및 교육방법
③ 교육의 종류 및 대상
④ 교육의 과목 및 교육내용

해설 **안전보건교육계획에 포함해야 할 사항**
㉮ 교육목표(첫째 과제)
㉠ 교육 및 훈련의 범위
㉡ 교육 보조자료의 준비 및 사용지침
㉢ 교육훈련 의무와 책임관계 명시
㉯ 교육의 종류 및 교육대상
㉰ 교육의 과목 및 교육내용
㉱ 교육 기간 및 시간
㉲ 교육장소
㉳ 교육방법
㉴ 교육 담당자 및 강사
㉵ 소요예산 책정

 정답 05.③ 06.① 07.② 08.①

09 Y · G 성격검사에서 "안전, 적응, 적극형"에 해당하는 형의 종류는?

① A형
② B형
③ C형
④ D형

해설 Y · G 성격검사(Guilford)

성격 유형	특 징
A형(평균형)	조화적, 적응적
B형(우편형)	정서 불안정, 활동적, 외향적(불안전, 부적응, 적극형)
C형(좌편형)	안정, 소극형(소극적, 온순, 안정, 내향적, 비활동)
D형(우하형)	안정, 적응, 적극형(정서 안정, 활동적, 대인관계 양호, 사회 적응)
E형(좌하형)	불안정, 부적응, 수동형(D형과 반대)

10 안전교육에 대한 설명으로 옳은 것은?

① 사례 중심과 실연을 통하여 기능적 이해를 돕는다.
② 사무직과 기능직은 그 업무가 판이하게 다르므로 분리하여 교육한다.
③ 현장 작업자는 이해력이 낮으므로 단순반복 및 암기를 시킨다.
④ 안전교육에 건성으로 참여하는 것을 방지하기 위하여 인사고과에 필히 반영한다.

해설 ② 사무직과 기능직은 그 업무가 다르더라도 함께 교육한다.
③ 현장 작업자는 이해력이 낮더라도 기능적인 이해를 시킨다.
④ 안전교육에 건성으로 참여하는 것을 방지하기 위하여 인사고과에 필히 반영하는 것은 아니다.

11 크레인, 리프트 및 곤돌라는 사업장에 설치가 끝난 날부터 몇 년 이내에 최초의 안전검사를 실시해야 하는가? (단, 이동식 크레인, 이삿짐 운반용 리프트는 제외한다.)

① 1년 ② 2년
③ 3년 ④ 4년

해설 안전검사의 주기
㉮ 크레인, 리프트 및 곤돌라 : 사업장에 설치가 끝난 날부터 3년 이내에 최초 안전검사를 실시하되, 그 이후부터 매 2년(건설현장에서 사용하는 것은 최초로 설치한 날부터 매 6개월)
㉯ 그 밖의 유해 · 위험 기계 등 : 사업장에 설치가 끝난 날부터 3년 이내에 최초 안전검사를 실시하되, 그 이후부터 매 2년(공정안전보고서를 제출하여 확인을 받은 압력용기는 4년)

12 산업안전보건법령에 따라 환기가 극히 불량한 좁은 밀폐된 장소에서 용접작업을 하는 근로자를 대상으로 한 특별안전 · 보건교육 내용에 포함되지 않는 것은? (단, 일반적인 안전 · 보건에 필요한 사항은 제외한다.)

① 환기설비에 관한 사항
② 질식 시 응급조치에 관한 사항
③ 작업순서, 안전작업 방법 및 수칙에 관한 사항
④ 폭발한계점, 발화점 및 인화점 등에 관한 사항

해설 **밀폐된 장소에서 행하는 용접작업 시 실시하는 특별교육 내용**
㉮ 작업순서, 안전작업 방법 및 수칙에 관한 사항
㉯ 환기설비에 관한 사항
㉰ 전격방지 및 보호구 착용에 관한 사항
㉱ 질식 시 응급조치에 관한 사항
㉲ 작업환경 점검에 관한 사항

13 관리감독자를 대상으로 교육하는 TWI의 교육내용이 아닌 것은?

① 문제해결 훈련 ② 작업지도 훈련
③ 인간관계 훈련 ④ 작업방법 훈련

해설 TWI(Training Within Industry)
㉮ 교육대상자 : 관리감독자
㉯ 교육내용
㉠ JI(Job Instruction) : 작업지도 기법
㉡ JM(Job Method) : 작업개선 기법
㉢ JR(Job Relation) : 인간관계관리 기법(부하통솔 기법)
㉣ JS(Job Safety) : 작업안전 기법
㉰ 교육방법 : 한 클래스는 10명 정도이고, 토의법으로 하며, 1일 2시간씩 5일에 걸쳐 10시간 정도로 한다.

09.④ 10.① 11.③ 12.④ 13.① 정답

14 다음 중 재해 코스트 산정에 있어 시몬즈(R.H. Simonds) 방식에 의한 재해 코스트 산정법으로 옳은 것은?

① 직접비+간접비
② 간접비+비보험 코스트
③ 보험 코스트+비보험 코스트
④ 보험 코스트+사업부 보상금 지급액

해설 **시몬즈의 재해손실비**

총 재해 코스트=보험 코스트+비보험 코스트
이때, 보험 코스트(납입 보험료)=법상 지급보상비
비보험 코스트
=(휴업상해 건수×A)+(통원상해 건수×B)
+(응급조치 건수×C)+(무상해사고 건수×D)
여기서, A, B, C, D : 상해 정도별 비보험 코스트의 평균치

※ 비보험 코스트에서 제외되는 항목 : 사망, 영구전노동불능

15 다음 중 맥그리거(McGregor)의 Y이론과 가장 거리가 먼 것은?

① 성선설
② 상호 신뢰
③ 선진국형
④ 권위주의적 리더십

해설 **X이론과 Y이론의 비교**

X이론	Y이론
인간 불신감	상호 신뢰감
성악설	성선설
인간은 본래 게으르고 태만하여 남의 지배받기를 즐김	인간은 선천적으로 부지런하고 근면하며, 적극적이고 자주적임
물질 욕구(저차적 욕구)	정신 욕구(고차적 욕구)
명령통제에 의한 관리	목표통합과 자기통제에 의한 자율관리
저개발국형	선진국형

16 생체리듬(biorhythm) 중 일반적으로 28일을 주기로 반복되며, 주의력·창조력·예감 및 통찰력 등을 좌우하는 리듬은?

① 육체적 리듬 ② 지성적 리듬
③ 감성적 리듬 ④ 정신적 리듬

해설 **생체리듬의 종류 및 특징**

㉮ 육체적 리듬(physical rhythm)
㉠ 주기 : 23일
㉡ 관계요소 : 식욕, 소화력, 활동력, 스테미너 및 지구력 등
㉯ 지성적 리듬(intellectual rhythm)
㉠ 주기 : 33일
㉡ 관계요소 : 상상력, 사고력, 기억력, 의지, 판단 및 비판력 등
㉰ 감성적 리듬(sensitivity rhythm)
㉠ 주기 : 28일
㉡ 관계요소 : 주의력, 창조력, 예감 및 통찰력 등

17 재해예방의 4원칙에 해당하지 않는 것은?

① 예방가능의 원칙
② 손실가능의 원칙
③ 원인연계의 원칙
④ 대책선정의 원칙

해설 **재해예방의 4원칙**

㉮ 손실우연의 원칙 : 재해손실은 사고가 발생할 때 사고대상의 조건에 따라 달라지며, 이러한 사고의 결과로 생긴 재해손실은 우연성에 의하여 결정된다. 따라서 재해방지대상의 우연성에 좌우되는 손실의 방지보다는 사고발생 자체의 방지가 이루어져야 한다.
㉯ 원인연계의 원칙 : 재해발생에는 반드시 원인이 있다. 즉, 사고와 손실과의 관계는 우연적이지만 사고와 원인과의 관계는 필연적이다.
㉰ 예방가능의 원칙 : 재해는 원칙적으로 원인만 제거되면 예방이 가능하다.
㉱ 대책선정의 원칙 : 재해예방을 위한 안전대책은 반드시 존재한다.

18 위험예지훈련 4R(라운드) 기법의 진행방법에서 3R에 해당하는 것은?

① 목표설정
② 대책수립
③ 본질추구
④ 현상파악

해설 **위험예지훈련의 4단계**

㉮ 1R : 현상파악
㉯ 2R : 본질추구
㉰ 3R : 대책수립
㉱ 4R : 목표설정

정답 14.③ 15.④ 16.③ 17.② 18.②

19 무재해운동의 기본이념 3원칙 중 다음에서 설명하는 것은?

> 직장 내의 모든 잠재위험요인을 적극적으로 사전에 발견·파악·해결함으로써 뿌리에서부터 산업재해를 제거하는 것

① 무의 원칙
② 선취의 원칙
③ 참가의 원칙
④ 확인의 원칙

해설 **무재해운동의 기본이념 3원칙**

㉮ 무의 원칙 : 모든 잠재적 위험요인을 사전에 발견·파악·해결함으로써 근원적으로 산업재해를 없애자는 것이다.
㉯ 참가의 원칙 : 참가란 작업에 따르는 잠재적인 위험요인을 발견·해결하기 위하여 전원이 협력하여 각각의 입장에서 문제해결 행동을 실천하는 것이다.
㉰ 선취해결의 원칙 : 무재해운동에 있어서 선취란 궁극의 목표로서 무재해·무질병의 직장을 실현하기 위하여 행동하기 전에 일체의 직장 내에서 위험요인을 발견·파악·해결하여 재해를 예방하거나 방지하는 것을 말한다.

20 방진마스크의 사용조건 중 산소농도의 최소기준으로 옳은 것은?

① 16%　　② 18%
③ 21%　　④ 23.5%

해설 방진마스크는 공기 중 산소농도가 18% 이상인 때에 유효하다.

» 제2과목 인간공학 및 시스템 안전공학

21 인체계측자료의 응용원칙이 아닌 것은?

① 기존 동일 제품을 기준으로 한 설계
② 최대치수와 최소치수를 기준으로 한 설계
③ 조절범위를 기준으로 한 설계
④ 평균치를 기준으로 한 설계

해설 **인간계측자료의 응용원칙**

㉮ 최대치수와 최소치수 : 최대치수 또는 최소치수를 기준으로 하여 설계한다(극단에 속하는 사람을 위한 설계).
㉯ 조절범위(조절식) : 체격이 다른 여러 사람에게 맞도록 만드는 것이다(조정할 수 있도록 범위를 두는 설계).
㉰ 평균치 기준 : 최대치수나 최소치수, 조절식으로 하기가 곤란할 때 평균치를 기준으로 하여 설계한다(평균적인 사람을 위한 설계).

22 인체에서 뼈의 주요 기능이 아닌 것은?

① 인체의 지주　　② 장기의 보호
③ 골수의 조혈　　④ 근육의 대사

해설 **인체에서 뼈의 주요 기능**

㉮ 지주 : 고형물로 몸의 기본적인 체격을 이룬다.
㉯ 보호 : 주위의 다른 장기 또는 조직들을 지지해주며, 뼛속에 위치한 장기를 외력으로부터 보호한다.
㉰ 운동 : 근육을 부착시킴으로써 이들에 대하여 지렛대로서의 역할을 한다.
㉱ 조혈 : 뼛속의 골수에서는 혈액을 만들어내는 조혈기관으로서의 역할을 한다.
㉲ 무기물 저장 : Ca, P 등의 저장창고 역할을 한다.

23 각 부품의 신뢰도가 다음과 같을 때 시스템의 전체 신뢰도는 약 얼마인가?

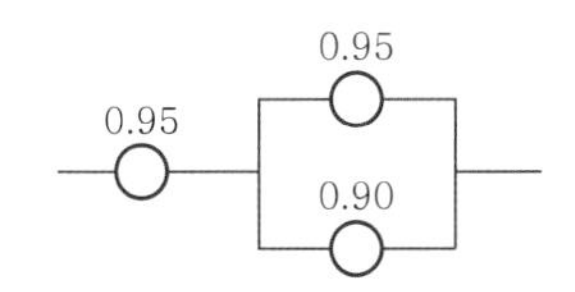

① 0.8123　　② 0.9453
③ 0.9553　　④ 0.9953

해설 $R = 0.95 \times [1-(1-0.95)(1-0.90)] = 0.9453$

24 손이나 특정 신체부위에 발생하는 누적손상장애(CTD)의 발생인자가 아닌 것은?

① 무리한 힘
② 다습한 환경
③ 장시간의 진동
④ 반복도가 높은 작업

해설 누적손상장애(CTD)의 발생요인
㉮ 무리한 힘의 사용
㉯ 진동 및 온도(저온)
㉰ 반복도가 높은 작업
㉱ 부적절한 작업자세
㉲ 날카로운 면과 신체 접촉

25 인간공학 연구조사에 사용되는 기준의 구비조건과 가장 거리가 먼 것은?

① 다양성
② 적절성
③ 무오염성
④ 기준척도의 신뢰성

해설 인간공학 연구조사에 사용되는 기준의 요건
㉮ 적절성(relevance) : 기준이 의도된 목적에 적당하다고 판단되는 정도를 말한다.
㉯ 무오염성 : 기준척도는 측정하고자 하는 변수 외에 다른 변수들의 영향을 받아서는 안 된다는 것을 의미한다.
㉰ 기준척도의 신뢰성 : 척도의 신뢰성은 반복성(repeatability)을 의미한다.

26 의자 설계 시 고려해야 할 일반적인 원리와 가장 거리가 먼 것은?

① 자세 고정을 줄인다.
② 조정이 용이해야 한다.
③ 디스크가 받는 압력을 줄인다.
④ 요추 부위의 후만곡선을 유지한다.

해설 의자 설계의 일반원리
㉮ 디스크 압력을 줄인다.
㉯ 등근육의 정적 부하 및 자세 고정을 줄인다.
㉰ 의자의 높이는 오금 높이와 같거나 낮아야 한다.
㉱ 좌면의 높이는 조절이 가능해야 한다.
㉲ 요추(요부)의 전만을 유도하여야 한다(서 있을 때의 허리 S라인을 그대로 유지하는 것이 가장 좋다).

27 반사율이 85%, 글자의 밝기가 400cd/m^2인 VDT 화면에 350lux의 조명이 있다면 대비는 약 얼마인가?

① −6.0 ② −5.0
③ −4.2 ④ −2.8

해설
㉮ 반사율(%)= $\dfrac{\text{광속발산도}}{\text{소요조명}}\times 100 = \dfrac{cd/m^2\times x}{lux}$
㉯ 배경의 광속발산도
$$L_b = \frac{\text{반사율}\times\text{소요조명}}{\pi} = \frac{0.85\times 350}{3.14} = 94.75\,cd/m^2$$
㉰ 표적의 광속발산도
$$L_t = 400 + 94.75 = 494.75\,cd/m^2$$
㉱ 대비 $= \dfrac{L_b - L_t}{L_b}\times 100$
$$= \frac{94.75 - 494.75}{94.75}\times 100 = -4.22\%$$

28 화학설비에 대한 안전성 평가 중 정량적 평가항목에 해당되지 않는 것은?

① 공정 ② 취급물질
③ 압력 ④ 화학설비 용량

해설 화학설비에 대한 안전성 평가의 5단계
㉮ 1단계 : 관계자료의 작성 준비
㉯ 2단계 : 정성적 평가

설계관계	운전관계
• 입지조건 • 공장 내 배치 • 건조물 • 소방설비	• 원재료, 중간체, 제품 • 공정 • 수송, 저장 등 • 공정기기

㉰ 3단계 : 정량적 평가
㉠ 해당 화학설비의 취급물질, 용량, 온도, 압력 및 조작의 5항목에 대해 A, B, C, D급으로 분류하고, A급은 10점, B급은 5점, C급은 2점, D급은 0점으로 점수를 부여한 후, 5항목에 관한 점수들의 합을 구한다.
㉡ 합산 결과에 의한 위험도의 등급은 다음과 같다.

등 급	점 수	내 용
Ⅰ등급	16점 이상	위험도가 높다.
Ⅱ등급	11점 이상 ~15점 이하	주위상황, 다른 설비와 관련해서 평가한다.
Ⅲ등급	10점 이하	위험도가 낮다.

㉱ 4단계 : 안전대책
㉠ 설비대책 : 안전장치 및 방재장치에 관해서 배려한다.
㉡ 관리적 대책 : 인원배치, 교육훈련 및 보전에 관해서 배려한다.
㉲ 5단계 : 재평가
㉠ 재해정보에 의한 재평가
㉡ FTA에 의한 재평가

정답 25.① 26.④ 27.③ 28.①

29 다음 FT도에서 시스템에 고장이 발생할 확률은 약 얼마인가? (단, X_1과 X_2의 발생확률은 각각 0.05, 0.03이다.)

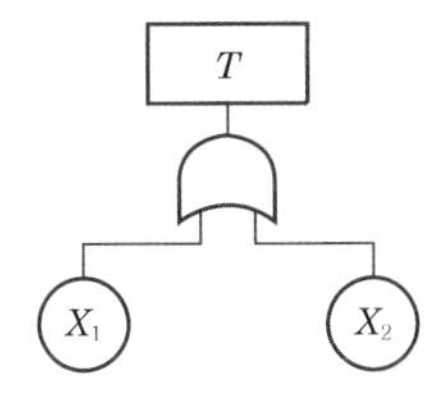

① 0.0015
② 0.0785
③ 0.9215
④ 0.9985

해설 $T = [1-(1-X_1)(1-X_2)]$
$= [1-(1-0.05)(1-0.03)]$
$= 0.0785$

30 시각장치와 비교하여 청각장치 사용이 유리한 경우는?

① 메시지가 길 때
② 메시지가 복잡할 때
③ 정보전달장소가 너무 소란할 때
④ 메시지에 대한 즉각적인 반응이 필요할 때

해설 **청각장치와 시각장치의 선택**

㉮ 청각장치 사용
- ㉠ 전언이 간단하고 짧을 때
- ㉡ 전언이 후에 재참조되지 않을 때
- ㉢ 전언이 시간적인 사상을 다룰 때
- ㉣ 전언이 즉각적인 행동을 요구할 때
- ㉤ 수신자의 시각계통이 과부하 상태일 때
- ㉥ 수신장소가 너무 밝거나 암조응 유지가 필요할 때
- ㉦ 직무상 수신자가 자주 움직일 때

㉯ 시각장치 사용
- ㉠ 전언이 복잡하고 길 때
- ㉡ 전언이 후에 재참조될 때
- ㉢ 전언이 공간적인 위치를 다룰 때
- ㉣ 전언이 즉각적인 행동을 요구하지 않을 때
- ㉤ 수신자의 청각계통이 과부하 상태일 때
- ㉥ 수신장소가 너무 시끄러울 때
- ㉦ 직무상 수신자가 한 곳에 머무를 때

31 산업안전보건법령상 사업주가 유해위험방지계획서를 제출할 때에는 사업장별로 관련 서류를 첨부하여 해당 작업 시작 며칠 전까지 해당 기관에 제출하여야 하는가?

① 7일 ② 15일
③ 30일 ④ 60일

해설 **유해위험방지계획서의 첨부서류 제출시기**

㉮ 제조업 : 해당 작업 시작 15일 전까지
㉯ 건설업 : 착공 전날까지

32 인간-기계 시스템을 설계할 때에는 특정 기능을 기계에 할당하거나 인간에게 할당하게 된다. 이러한 기능 할당과 관련된 사항으로 옳지 않은 것은? (단, 인공지능과 관련된 사항은 제외한다.)

① 인간은 원칙을 적용하여 다양한 문제를 해결하는 능력이 기계에 비해 우월하다.
② 일반적으로 기계는 장시간 일관성이 있는 작업을 수행하는 능력이 인간에 비해 우월하다.
③ 인간은 소음, 이상온도 등의 환경에서 작업을 수행하는 능력이 기계에 비해 우월하다.
④ 일반적으로 인간은 주위가 이상하거나 예기치 못한 사건을 감지하여 대처하는 능력이 기계에 비해 우월하다.

해설 **정보처리 및 의사결정**

㉮ 인간이 기계보다 우수한 기능
- ㉠ 보관되어 있는 적절한 정보를 회수(상기)
- ㉡ 다양한 경험을 토대로 의사결정
- ㉢ 어떤 운용방법이 실패할 경우 다른 방법 선택
- ㉣ 원칙을 적용하여 다양한 문제를 해결
- ㉤ 관찰을 통해서 일반화하여 귀납적으로 추리
- ㉥ 주관적으로 추산하고 평가
- ㉦ 문제해결에 있어서 독창력을 발휘

㉯ 기계가 인간보다 우수한 기능
- ㉠ 암호화된 정보를 신속·정확하게 회수
- ㉡ 연역적으로 추리
- ㉢ 입력신호에 대해 신속하고 일관성 있는 반응
- ㉣ 명시된 프로그램에 따라 정량적인 정보처리
- ㉤ 물리적인 양을 계수하거나 측정
- ㉥ 소음, 이상온도 등의 환경에서 작업을 수행하는 능력이 인간에 비해 우월

29.② 30.④ 31.② 32.③ 정답

33 모든 시스템 안전분석에서 제일 첫 번째 단계의 분석으로, 실행되고 있는 시스템을 포함한 모든 것의 상태를 인식하고 시스템의 개발단계에서 시스템 고유의 위험상태를 식별하여 예상되고 있는 재해의 위험수준을 결정하는 것을 목적으로 하는 위험분석기법은?

① 결함위험분석
(FHA ; Fault Hazard Analysis)
② 시스템위험분석
(SHA ; System Hazard Analysis)
③ 예비위험분석
(PHA ; Preliminary Hazard Analysis)
④ 운용위험분석
(OHA ; Operating Hazard Analysis)

해설 ① 결함위험분석(FHA) : 서브시스템 해석 등에 사용되는 해석법으로, 귀납적인 분석방법
② 시스템위험분석(SHA) : 하부 시스템이 시스템 전체에 미치는 위험성을 분석하는 방법
③ 예비위험분석(PHA) : 대부분의 시스템 안전 프로그램에 있어서 최초단계의 분석으로, 시스템 내의 위험요소가 얼마나 위험한 상태에 있는가를 정성적으로 평가하는 방법
④ 운용위험분석(OHA) : 시스템이 저장되어 이동되고 실행됨에 따라 발생하는 작동시스템의 기능이나 과업, 활동으로부터 발생되는 위험에 초점을 맞춘 위험분석 차트

34 컷셋(cut set)과 패스셋(pass set)에 관한 설명으로 옳은 것은?

① 동일한 시스템에서 패스셋의 개수와 컷셋의 개수는 같다.
② 패스셋은 동시에 발생했을 때 정상사상을 유발하는 사상들의 집합이다.
③ 일반적으로 시스템에서 최소 컷셋의 개수가 늘어나면 위험수준이 높아진다.
④ 최소 컷셋은 어떤 고장이나 실수를 일으키지 않으면 재해는 일어나지 않는다고 하는 것이다.

해설 **컷셋(cut set)과 패스셋(pass set)**
㉮ 정의
㉠ 컷셋 : 그 속에 포함되어 있는 모든 기본사상(여기서는 통상사상, 생략 · 결함사상 등을 포함한 기본사상)이 일어났을 때 정상사상을 일으키는 기본집합이다.
㉡ 패스셋 : 시스템 내에 포함되는 모든 기본사상이 일어나지 않으면 Top 사상을 일으키지 않는 기본집합이다.
㉯ 의미
㉠ 동일한 시스템에서 패스셋의 개수와 컷셋의 개수는 다르다.
㉡ 패스셋은 동시에 발생하지 않을 때 정상사상을 일으키지 않는 사상들의 집합이다.
㉢ 일반적으로 시스템에서 최소 컷셋의 개수가 늘어나면 위험수준이 높아진다.
㉣ 최소 컷셋은 어떤 고장이나 실수를 일으키면 재해가 일어났다고 하는 것이다.

35 조종장치를 촉각적으로 식별하기 위하여 사용되는 촉각적 코드화의 방법으로 옳지 않은 것은?

① 색감을 활용한 코드화
② 크기를 이용한 코드화
③ 조종장치의 형상 코드화
④ 표면 촉감을 이용한 코드화

해설 **촉각적 코드화의 방법**
㉮ 크기를 이용한 코드화
㉯ 조종장치의 형상 코드화
㉰ 표면 촉감을 이용한 코드화

36 휴먼에러(human error)의 요인을 심리적 요인과 물리적 요인으로 구분할 때, 심리적 요인에 해당하는 것은?

① 일이 너무 복잡한 경우
② 일의 생산성이 너무 강조될 경우
③ 동일 형상의 것이 나란히 있을 경우
④ 서두르거나 절박한 상황에 놓여 있을 경우

해설 휴먼에러의 심리적 요인에는 일에 대한 지식이 부족할 경우, 일을 할 의욕이 결여되어 있을 경우, 서두르거나 절박한 상황에 놓여 있을 경우, 어떠한 체험이 습관적으로 되어 있을 경우 등이 있다.
※ ①, ②, ③은 휴먼에러의 물리적 요인에 속한다.

 정답 33.③ 34.③ 35.① 36.④

37 적절한 온도의 작업환경에서 추운 환경으로 온도가 변할 때 우리의 신체가 수행하는 조절작용이 아닌 것은?

① 발한(發汗)이 시작된다.
② 피부의 온도가 내려간다.
③ 직장(直腸)온도가 약간 올라간다.
④ 혈액의 많은 양이 몸의 중심부를 위주로 순환한다.

해설 **온도변화에 대한 신체의 조절작용(인체적응)**
㉮ 적온에서 고온 환경으로 변할 때
㉠ 많은 양의 혈액이 피부를 경유하여 피부온도가 올라간다.
㉡ 직장온도가 내려간다.
㉢ 발한이 시작된다.
㉯ 적온에서 한랭 환경으로 변할 때
㉠ 많은 양의 혈액이 몸의 중심부를 순환하며 피부온도는 내려간다.
㉡ 직장온도가 약간 올라간다.
㉢ 소름이 돋고 몸이 떨린다.

38 FT도에서 사용하는 기호 중 다음 그림과 같이 OR 게이트이지만 2개 또는 그 이상의 입력이 동시에 존재할 때 출력이 생기지 않는 경우 사용하는 것은?

① 부정 OR 게이트
② 배타적 OR 게이트
③ 억제 게이트
④ 조합 OR 게이트

해설 ① 부정 OR 게이트 : 억제 게이트와 동일하게 부정 모디파이어(not modifier)라고도 하며, 입력사상의 반대사상이 출력된다.
② 배타적 OR 게이트 : 결함수의 OR 게이트이지만, 2개나 그 이상의 입력이 동시에 존재하는 경우에는 출력이 생기지 않는다.
③ 억제 게이트 : 입력사상에 대하여 이 게이트로 나타내는 조건이 만족하는 경우에만 출력사상이 생긴다.
④ 조합 OR 게이트 : 3개 이상의 입력사상 가운데 어느 것이든 2개가 일어나면 출력사상이 생긴다.

39 시스템 안전 MIL-STD-882B 분류기준의 위험성평가 매트릭스에서 발생빈도에 속하지 않는 것은?

① 거의 발생하지 않는(remote)
② 전혀 발생하지 않는(impossible)
③ 보통 발생하는(reasonably probable)
④ 극히 발생하지 않을 것 같은(extremely improbable)

해설 **위험성평가 매트릭스의 발생빈도 5단계 (시스템 안전 MIL-STD-882B 분류기준)**
㉮ 자주 발생하는(frequent)
㉯ 보통 발생하는(reasonably probable)
㉰ 가끔 발생하는(occasional)
㉱ 거의 발생하지 않는(remote)
㉲ 발생하지 않을 것 같은(extremely improbable)

40 FTA에 의한 재해사례연구 순서 중 2단계에 해당하는 것은?

① FT도의 작성
② 톱사상의 선정
③ 개선계획의 작성
④ 사상의 재해원인을 규명

해설 **FTA에 의한 재해사례연구 순서(D.R. Cheriton)**
㉮ 1단계 : 톱(top)사상의 선정
㉯ 2단계 : 사상의 재해원인 규명
㉰ 3단계 : FT도의 작성
㉱ 4단계 : 개선계획의 작성

» 제3과목 기계위험 방지기술

41 산업안전보건법령상 탁상용 연삭기의 덮개에는 작업받침대와 연삭숫돌과의 간격을 몇 mm 이하로 조정할 수 있어야 하는가?

① 3 ② 4
③ 5 ④ 10

해설 탁상용 연삭기의 덮개에는 작업받침대와 연삭숫돌과의 간격을 3mm 이하로 조절할 수 있어야 한다.

37.① 38.② 39.② 40.④ 41.① 정답

42 산업안전보건법령상 로봇에 설치되는 제어장치의 조건에 적합하지 않은 것은?

① 누름버튼은 오작동 방지를 위한 가드를 설치하는 등 불시 기동을 방지할 수 있는 구조로 제작·설치되어야 한다.
② 로봇에는 외부보호장치와 연결하기 위해 하나 이상의 보호정지회로를 구비해야 한다.
③ 전원공급램프, 자동운전, 결함검출 등 작동 제어의 상태를 확인할 수 있는 표시장치를 설치해야 한다.
④ 조작버튼 및 선택스위치 등 제어장치에는 해당 기능을 명확하게 구분할 수 있도록 표시해야 한다.

해설 **산업용 로봇의 제작 및 안전기준**
㉮ 제어장치
㉠ 누름버튼은 오작동 방지를 위한 가드를 설치하는 등 불시 기동을 방지할 수 있는 구조로 제작·설치되어야 한다.
㉡ 전원공급램프, 자동운전, 결함검출 등 작동 제어의 상태를 확인할 수 있는 표시장치를 설치해야 한다.
㉢ 조작버튼 및 선택스위치 등 제어장치에는 해당 기능을 명확하게 구분할 수 있도록 표시해야 한다.
㉯ 보호정지
㉠ 로봇에는 외부보호장치와 연결하기 위해 하나 이상의 보호정지회로를 구비해야 한다.
㉡ 보호정지회로는 작동 시 로봇에 공급되는 동력원을 차단시킴으로써 관련 작동 부위를 모두 정지시킬 수 있는 기능을 구비해야 한다.
㉢ 보호정지회로의 성능은 안전 관련 제어시스템 성능요건을 만족해야 한다.
㉣ 보호정지회로의 정지방식은 다음과 같다.
• 구동부의 전원을 즉시 차단하는 정지방식
• 구동부에 전원이 공급된 상태에서 구동부가 정지된 후 전원이 차단되는 정지방식

43 컨베이어의 제작 및 안전기준상 작업구역 및 통행구역에 덮개, 울 등을 설치해야 하는 부위에 해당하지 않는 것은?

① 컨베이어의 동력전달 부분
② 컨베이어의 제동장치 부분
③ 호퍼, 슈트의 개구부 및 장력 유지장치
④ 컨베이어벨트, 풀리, 롤러, 체인, 스프로킷, 스크류 등

해설 컨베이어의 제작 및 안전기준상 작업구역 및 통행구역에 덮개, 울 등을 설치해야 하는 부위는 다음과 같이 3곳이 있다.
㉮ 컨베이어의 동력전달 부분
㉯ 호퍼, 슈트의 개구부 및 장력 유지장치
㉰ 컨베이어벨트, 풀리, 롤러, 체인, 스프로킷, 스크류 등

44 회전축, 커플링 등 회전하는 물체에 작업복 등이 말려드는 위험을 초래하는 위험점은?

① 협착점　② 접선물림점
③ 절단점　④ 회전말림점

해설 **기계설비의 잠재적인 위험점**
㉮ 협착점(squeeze-point) : 왕복운동을 하는 동작부분과 움직임이 없는 고정부분 사이에 형성되는 위험점이다.
예 프레스, 절단기, 성형기, 굽힘기계 등
㉯ 끼임점(shear-point) : 회전운동을 하는 동작부분과 움직임이 없는 고정부분 사이에 형성되는 위험점이다.
예 프레임암의 요동운동을 하는 기계부분, 교반기의 날개와 하우징, 연삭숫돌의 작업대 등
㉰ 절단점(cutting-point) : 회전하는 기계의 운동부분과 기계 자체와의 위험이 형성되는 위험점이다.
예 밀링의 커터, 목재가공용 둥근톱, 띠톱의 톱날 등
㉱ 물림점(nip-point) : 회전하는 두 회전체에 물려 들어가는 위험점으로, 두 회전체는 서로 반대방향으로 맞물려 회전해야 한다.
예 롤러와 롤러의 물림, 기어와 기어의 물림 등
㉲ 접선물림점(tangential nip-point) : 회전하는 부분의 접선방향으로 물려 들어가 위험이 존재하는 점을 말한다.
예 V벨트와 풀리, 체인과 스프로킷, 랙과 피니언 등
㉳ 회전말림점(trapping-point) : 회전하는 물체의 길이, 굵기, 속도 등의 불규칙 부위와 돌기회전 부위에 의해 머리카락, 장갑 및 작업복 등이 말려들 위험이 형성되는 점이다.
예 축, 커플링, 회전하는 공구(드릴 등) 등

45 가공기계에 쓰이는 주된 풀프루프(fool proof)에서 가드(guard)의 형식으로 틀린 것은?

① 인터록 가드(interlock guard)
② 안내 가드(guide guard)
③ 소성 가드(adjustable guard)
④ 고정 가드(fixed guard)

 정답 42.② 43.② 44.④ 45.②

해설 **풀프루프에서 가드의 형식**
㉮ 인터록 가드
㉯ 경고 가드(warning guard)
㉰ 조정 가드
㉱ 고정 가드

46 밀링 작업 시 안전수칙으로 틀린 것은?

① 보안경을 착용한다.
② 칩은 기계를 정지시킨 다음에 브러시로 제거한다.
③ 가공 중에는 손으로 가공 면을 점검하지 않는다.
④ 면장갑을 착용하여 작업한다.

해설 **밀링 작업 시 안전수칙**
㉮ 테이블 위에 공구나 기타 물건 등을 올려놓지 않는다.
㉯ 칩이나 부스러기를 제거할 때는 반드시 브러시를 사용하며, 걸레를 사용하지 않는다.
㉰ 가공 중에 손으로 가공 면을 점검하지 않는다.
㉱ 제품을 풀어낼 때나 치수를 측정할 때에는 기계를 정지시키고 측정한다.
㉲ 강력절삭을 할 때에는 공작물을 바이스에 깊게 물린다.
㉳ 주유 시 브러시를 이용할 때에는 밀링 커터에 닿지 않도록 한다.
㉴ 기계를 가동 중에 변속시키지 않는다.
㉵ 커터는 될 수 있는 한 칼럼에 가깝게 설치한다.
㉶ 밀링 작업에서 생기는 칩은 가늘고 길기 때문에 비산하여 부상을 입히기 쉬우므로 보안경을 착용하도록 한다.
㉷ 장갑을 끼지 않도록 한다.
㉸ 밀링 커터에 작업복의 소매나 기타 옷자락이 걸려 들어가지 않도록 한다.
㉹ 상하좌우의 이송장치 핸들은 사용 후 풀어둔다.
㉺ 일감과 공구는 견고하게 고정하고, 작업 중 풀어지는 일이 없도록 한다.

47 크레인의 방호장치에 해당되지 않는 것은?

① 권과방지장치 ② 과부하방지장치
③ 비상정지장치 ④ 자동보수장치

해설 크레인에 과부하방지장치, 권과방지장치, 비상정지장치 및 제동장치, 그 밖의 방호장치가 정상적으로 작동될 수 있도록 미리 조정해 두어야 한다.

48 무부하상태에서 지게차로 20km/h의 속도로 주행할 때, 좌우 안정도는 몇 % 이내이어야 하는가?

① 37% ② 39%
③ 41% ④ 43%

해설 지게차의 주행 시 좌우 안정도
$=15+1.1\times$최고속도
$=15+1.1\times20$
$=37\%$

49 선반 가공 시 연속적으로 발생되는 칩으로 인해 작업자가 다치는 것을 방지하기 위하여 칩을 짧게 절단시켜 주는 안전장치는?

① 커버
② 브레이크
③ 보안경
④ 칩브레이커

해설 **선반의 안전장치**
㉮ 칩브레이커 : 바이트에 설치된 칩을 짧게 끊어내는 장치
㉯ 실드(shield) : 칩 비산을 방지하는 투명판
㉰ 덮개 또는 울 : 돌출 가공물에 설치한 안전장치
㉱ 브레이크 : 급정지장치
㉲ 척의 인터록 덮개, 고정 브리지(bridge) 등

50 아세틸렌 용접장치에 관한 설명 중 틀린 것은?

① 아세틸렌 발생기로부터 5m 이내, 발생기실로부터 3m 이내에는 흡연 및 화기 사용을 금지한다.
② 발생기실에는 관계 근로자가 아닌 사람이 출입하는 것을 금지한다.
③ 아세틸렌 용기는 뉘어서 사용한다.
④ 건식 안전기의 형식으로 소결금속식과 우회로식이 있다.

해설 ③ 아세틸렌 용기를 뉘어서 사용하면 용제인 아세톤이 흘러나와 화재의 위험이 있으므로, 반드시 세워서 사용한다.

51 산업안전보건법령상 프레스의 작업시작 전 점검사항이 아닌 것은?

① 금형 및 고정볼트의 상태
② 방호장치의 기능
③ 전단기의 칼날 및 테이블의 상태
④ 트롤리(trolley)가 횡행하는 레일의 상태

해설 **프레스 등(프레스 또는 전단기)의 작업시작 전 점검 항목**
㉮ 클러치 및 브레이크의 기능
㉯ 크랭크축, 플라이휠, 슬라이드, 연결봉 및 연결나사 볼의 풀림 유무
㉰ 1행정 1정지기구, 급정지장치 및 비상정지장치의 기능
㉱ 슬라이드 또는 칼날에 의한 위험방지기구의 기능
㉲ 프레스의 금형 및 고정볼트의 상태
㉳ 방호장치의 기능
㉴ 전단기의 칼날 및 테이블의 상태

52 프레스 양수조작식 방호장치 누름버튼의 상호간 내측거리는 몇 mm 이상인가?

① 50 ② 100
③ 200 ④ 300

해설 프레스 양수조작식 방호장치 누름버튼은 상호간 내측거리를 300mm 이상으로 하여 한 손으로 조작하지 못하도록 한다.

53 롤러기 앞면 롤의 지름이 300mm, 분당 회전수가 30회일 경우 허용되는 급정지장치의 급정지거리는 약 몇 mm 이내이어야 하는가?

① 37.7 ② 31.4
③ 377 ④ 314

해설
$$V=\frac{\pi DN}{1,000}=\frac{3.14\times300\times30}{1,000}=28.26\text{m/min}$$
회전속도가 30m/min 미만이므로 급정지거리는 $\pi D\times\frac{1}{3}$ 식을 이용하여 계산한다.
$$\therefore\ 3.14\times300\times\frac{1}{3}=314\text{mm}$$

54 산업안전보건법령상 승강기의 종류에 해당하지 않는 것은?

① 리프트
② 에스컬레이터
③ 화물용 엘리베이터
④ 승객용 엘리베이터

해설 **승강기의 종류**
㉮ 승객용 엘리베이터 : 사람의 운송에 적합하게 제조 · 설치된 엘리베이터
㉯ 승객화물용 엘리베이터 : 사람의 운송과 화물 운반을 겸용하는 데 적합하게 제조 · 설치된 엘리베이터
㉰ 화물용 엘리베이터 : 화물 운반에 적합하게 제조 · 설치된 엘리베이터로서, 조작자 또는 화물취급자 1명은 탑승할 수 있는 것(적재용량이 300kg 미만인 것은 제외한다)
㉱ 소형 화물용 엘리베이터 : 음식물이나 서적 등 소형 화물의 운반에 적합하게 제조 · 설치된 엘리베이터로서, 사람의 탑승이 금지된 것
㉲ 에스컬레이터 : 일정한 경사로 또는 수평로를 따라 위 · 아래 또는 옆으로 움직이는 디딤판을 통해 사람이나 화물을 승강장으로 운송시키는 설비

55 어떤 로프의 최대하중이 700N이고, 정격하중은 100N이다. 이때 안전계수는 얼마인가?

① 5 ② 6
③ 7 ④ 8

해설 안전계수(안전율)
$$=\frac{\text{극한강도}}{\text{허용응력}}=\frac{\text{최대하중}}{\text{정격하중}}=\frac{700}{100}=7$$

56 지름 5cm 이상을 갖는 회전 중인 연삭숫돌이 근로자들에게 위험을 미칠 우려가 있는 경우에 필요한 방호장치는?

① 받침대 ② 과부하방지장치
③ 덮개 ④ 프레임

해설 회전 중인 연삭숫돌에 덮개를 설치해야 하는 경우는 직경이 5cm 이상일 때이다.

정답 51.④ 52.④ 53.④ 54.① 55.③ 56.③

57 다음 중 설비의 진단방법에 있어 비파괴시험이나 검사에 해당하지 않는 것은?

① 피로시험
② 음향탐상검사
③ 방사선투과시험
④ 초음파탐상검사

해설 **비파괴검사의 종류**
㉮ 육안검사
㉯ 초음파탐상검사
㉰ 방사선투과검사
㉱ 탐상검사(자분탐상검사, 침투탐상검사, 와류탐상검사)
㉲ 누설검사
㉳ 음향탐상검사
㉴ 침투검사
※ ① 피로시험은 파괴검사에 속한다.

58 프레스 금형의 파손에 의한 위험방지방법이 아닌 것은?

① 금형에 사용하는 스프링은 반드시 인장형으로 할 것
② 작업 중 진동 및 충격에 의해 볼트 및 너트의 헐거워짐이 없도록 할 것
③ 금형의 하중 중심은 원칙적으로 프레스 기계의 하중 중심과 일치하도록 할 것
④ 캠, 기타 충격이 반복해서 가해지는 부분에는 완충장치를 설치할 것

해설 ① 금형에 사용하는 스프링은 반드시 압축형으로 할 것

59 기계설비의 작업능률과 안전을 위해 공장의 설비배치 3단계를 올바른 순서대로 나열한 것은?

① 지역배치 → 건물배치 → 기계배치
② 건물배치 → 지역배치 → 기계배치
③ 기계배치 → 건물배치 → 지역배치
④ 지역배치 → 기계배치 → 건물배치

해설 **기계설비의 작업능률과 안전을 위한 배치 3단계**
㉮ 1단계 : 지역배치
㉯ 2단계 : 건물배치
㉰ 3단계 : 기계배치

60 다음 중 연삭숫돌의 파괴원인으로 거리가 먼 것은?

① 플랜지가 현저히 클 때
② 숫돌에 균열이 있을 때
③ 숫돌의 측면을 사용할 때
④ 숫돌의 치수, 특히 내경의 크기가 적당하지 않을 때

해설 **연삭기 숫돌의 파괴원인**
㉮ 숫돌의 회전속도가 빠를 때
㉯ 숫돌 자체에 균열이 있을 때
㉰ 숫돌에 과대한 충격을 가할 때
㉱ 숫돌의 측면을 사용하여 작업할 때
㉲ 숫돌의 불균형이나 베어링 마모에 의한 진동이 있을 때
㉳ 숫돌 반경 방향의 온도변화가 심할 때
㉴ 작업에 부적당한 숫돌을 사용할 때
㉵ 숫돌의 치수가 부적당할 때
㉶ 플랜지가 현저히 작을 때
$\left(\text{플랜지 직경}=\text{숫돌 직경}\times\frac{1}{3}\right)$

≫ 제4과목 전기위험 방지기술

61 충격전압시험 시의 표준충격파형을 1.2×50μs로 나타내는 경우 1.2와 50이 뜻하는 것은?

① 파두장 – 파미장
② 최초 섬락시간 – 최종 섬락시간
③ 라이징타임 – 스테이블타임
④ 라이징타임 – 충격전압 인가시간

해설 **충격전압시험 시의 표준충격파형**
㉮ 파두길이(T_f) : 파고치에 달한 때까지의 시간
㉯ 파미길이(T_t) : 기준점으로부터 파미 부분에서 파고치의 50%로 감소할 때까지의 시간
㉰ 표준충격파형 : 1.2×50μs에서 1.2μs= T_f(파두장), 50μs= T_t(파미장)을 나타낸다.

62 폭발위험장소의 분류 중 인화성 액체의 증기 또는 가연성 가스에 의한 폭발위험이 지속적으로 또는 장기간 존재하는 장소는 몇 종 장소로 분류되는가?

① 0종 장소　② 1종 장소
③ 2종 장소　④ 3종 장소

해설 **가스폭발 위험장소의 분류**
㉮ 0종 장소 : 인화성 액체의 증기 또는 가연성 가스에 의한 폭발위험이 지속적 또는 장기간 존재하는 장소
예 용기 · 장치 · 배관 등의 내부
㉯ 1종 장소 : 정상작동 상태에서 인화성 액체의 증기 또는 가연성 가스에 의한 폭발위험분위기가 존재하기 쉬운 장소
예 맨홀 · 벤트 · 피트 등의 주위
㉰ 2종 장소 : 정상작동 상태에서는 폭발위험분위기가 존재할 우려가 없으나, 존재할 경우 그 빈도가 아주 적고 단기간만 존재할 수 있는 장소
예 개스킷 · 패킹 등의 주위

63 활선작업 시 사용할 수 없는 전기작업용 안전장구는?

① 전기안전모　② 절연장갑
③ 검전기　④ 승주용 가제

해설 활선작업 시 승주용 가제는 설치를 금지한다.

64 인체의 전기저항을 500Ω이라 한다면 심실세동을 일으키는 위험에너지(J)는? (단, 심실세동전류 $I=\frac{165}{\sqrt{T}}$ mA, 통전시간은 1초이다.)

① 13.61　② 23.21
③ 33.42　④ 44.63

해설 $W=I^2RT$
$=\left(\frac{165}{\sqrt{T}}\times10^{-3}\right)^2\times500\times T$
=13.61J
여기서, W : 전기에너지(J)
I : 심실세동전류(A)
R : 전기저항(Ω)
T : 통전시간(s)

65 피뢰침의 제한전압이 800kV, 충격절연강도가 1,000kV라 할 때, 보호여유도는 몇 %인가?

① 25　② 33
③ 47　④ 63

해설 $\text{보호여유도}=\frac{\text{충격절연강도}-\text{제한전압}}{\text{제한전압}}\times100$
$=\frac{1,000-800}{800}\times100=25\%$

66 감전사고를 일으키는 주된 형태가 아닌 것은?

① 충전전로에 인체가 접촉되는 경우
② 이중절연구조로 된 전기 기계 · 기구를 사용하는 경우
③ 고전압의 전선로에 인체가 근접하여 섬락이 발생된 경우
④ 충전 전기회로에 인체가 단락회로의 일부를 형성하는 경우

해설 ② 이중절연구조로 된 전기 기계 · 기구를 사용하는 경우에는 감전재해가 발생하지 않는다.

67 정전기에 관한 설명으로 옳은 것은?

① 정전기는 발생에서부터 억제 – 축적 방지 – 안전한 방전이 재해를 방지할 수 있다.
② 정전기 발생은 고체의 분쇄공정에서 가장 많이 발생한다.
③ 액체의 이송 시는 그 속도(유속)를 7m/s 이상 빠르게 하여 정전기의 발생을 억제한다.
④ 접지값은 10Ω 이하로 하되, 플라스틱 같은 절연도가 높은 부도체를 사용한다.

해설 ② 정전기 발생은 유체의 이송공정에서 가장 많이 발생한다.
③ 액체의 이송 시 그 속도(유속)는 물이나 기체를 혼합하는 비수용성 위험물의 배관 내 유속은 1m/s 이하, 저항률이 10^{10}Ω · cm 미만인 도전성 위험물의 배관 유속은 초당 7m 이하로 느리게 하여 정전기의 발생을 억제한다.
④ 접지값은 10Ω 이하로 하되, 금속과 같은 도전성이 높은 도체를 사용한다.

 정답 62.① 63.④ 64.① 65.① 66.② 67.①

68 화재가 발생하였을 때 조사해야 하는 내용으로 가장 관계가 먼 것은?

① 발화원 ② 착화물
③ 출화의 경과 ④ 응고물

해설 **화재사고의 조사내용**
㉮ 발화원
㉯ 출화의 경과
㉰ 착화물
㉱ 연소확대물
㉲ 연소확대 사유
㉳ 발화 관련 기기
※ ④ 응고물은 전기화재 발생과는 무관하다.

69 전기설비의 필요한 부분에 반드시 보호접지를 실시하여야 한다. 접지공사의 종류에 따른 접지저항과 접지선의 굵기로 틀린 것은?

① 제1종 : 10Ω 이하,
공칭단면적 $6mm^2$ 이상의 연동선
② 제2종 : $\frac{150}{1선지락전류}$ Ω 이하,
공칭단면적 $2.5mm^2$ 이상의 연동선
③ 제3종 : 100Ω 이하,
공칭단면적 $2.5mm^2$ 이상의 연동선
④ 특별 제3종 : 10Ω 이하,
공칭단면적 $2.5mm^2$ 이상의 연동선

해설 **위 문제는 한국전기설비규정(KEC)에서 종별 접지(1종, 2종, 3종, 특3종) 설계방식이 폐지됨에 따라, 더는 출제되지 않는 유형입니다.**

70 전기기기의 Y종 절연물의 최고허용온도는?

① 80℃ ② 85℃
③ 90℃ ④ 105℃

해설 **절연물의 종별 최고허용온도**
㉮ Y종 : 90℃
㉯ A종 : 105℃
㉰ E종 : 120℃
㉱ B종 : 130℃
㉲ F종 : 155℃
㉳ H종 : 180℃
㉴ C종 : 180℃ 이상

71 교류아크용접기에 전격방지기를 설치하는 요령 중 틀린 것은?

① 이완방지조치를 한다.
② 직각으로만 부착해야 한다.
③ 동작상태를 알기 쉬운 곳에서 설치한다.
④ 테스트 스위치는 조작이 용이한 곳에 위치시킨다.

해설 전격방지장치 부착편의 경사는 수직 또는 수평에 대하여 20°를 넘지 않은 상태로 한다.

72 내압방폭구조의 기본적 성능에 관한 사항으로 틀린 것은?

① 내부에서 폭발할 경우 그 압력에 견딜 것
② 폭발화염이 외부로 유출되지 않을 것
③ 습기 침투에 대한 보호가 될 것
④ 외함 표면온도가 주위의 가연성 가스에 점화하지 않을 것

해설 **내압방폭구조의 필요조건**
㉮ 내부에서 폭발할 경우 그 압력에 견딜 것
㉯ 폭발화염이 외부로 유출되지 않을 것
㉰ 폭발 시 외함 표면온도가 주위의 가연성 가스에 점화되지 않을 것

73 폭발위험이 있는 장소의 설정 및 관리와 가장 관계가 먼 것은?

① 인화성 액체의 증기 사용
② 가연성 가스 제조
③ 가연성 분진 제조
④ 종이 등 가연성 물질 취급

해설 인화성 액체의 증기, 가연성 가스, 가연성 분진은 폭발위험이 있고, 종이 등 가연성 물질은 화재 위험성은 있지만, 폭발 위험성은 없다.

68.④ 69.② 70.③ 71.② 72.③ 73.④ 정답

74 온도조절용 바이메탈과 온도 퓨즈가 회로에 조합되어 있는 다리미를 사용한 가정에서 화재가 발생했다. 다리미에 부착되어 있던 바이메탈과 온도 퓨즈를 대상으로 화재사고를 분석하려 하는 데 논리기호를 사용하여 표현하고자 한다면, 어느 기호가 적당한가? (단, 바이메탈의 작동과 온도 퓨즈가 끊어졌을 경우를 0, 그렇지 않을 경우를 1이라 한다.)

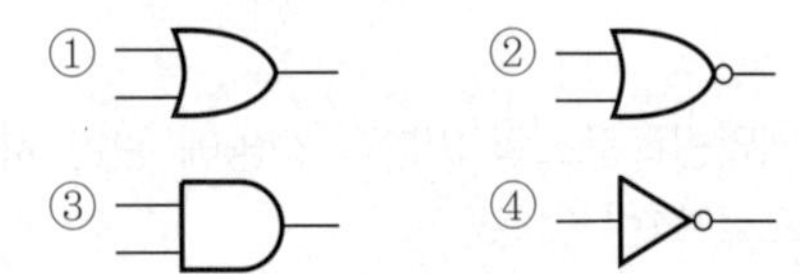

해설 보기의 기호가 의미하는 것은 각각 다음과 같다.
① : 논리합(OR) – 조건 중 하나라도 일치할 때의 출력
② : 부정논리합(NOR) – 논리합 출력값의 부정
③ : 논리곱(AND) – 조건이 모두 일치할 때의 출력
④ : 논리부정(NOT) – 입력값을 부정하여 출력

바이메탈 작동이 작동하거나 온도 퓨즈가 끊어졌을 경우 출력이 없어야 하기 때문에 바이메탈과 퓨즈는 직렬로 연결되어야 한다.

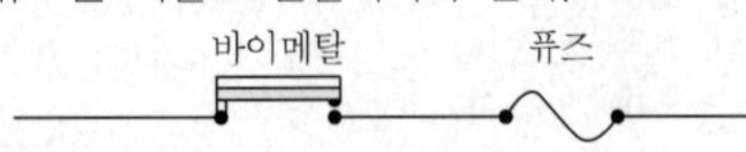

75 화염일주한계에 대한 설명으로 옳은 것은?

① 폭발성 가스와 공기의 혼합기에 온도를 높인 경우 화염이 발생할 때까지의 시간 한계치
② 폭발성 분위기에 있는 용기의 접합면 틈새를 통해 화염이 내부에서 외부로 전파되는 것을 저지할 수 있는 틈새의 최대간격치
③ 폭발성 분위기 속에서 전기불꽃에 의하여 폭발을 일으킬 수 있는 화염을 발생시키기에 충분한 교류파형의 1주기치
④ 방폭설비에서 이상이 발생하여 불꽃이 생성된 경우에 그것이 점화원으로 작용하지 않도록 화염의 에너지를 억제하여 폭발 하한계로 되도록 화염 크기를 조정하는 한계치

해설 화염일주한계란 폭발성 분위기 내에 방치된 표준용기의 접합면 틈새를 통하여 화염이 내부에서 외부로 전파되는 것을 저지할 수 있는 틈새의 최대간격치를 말하며, 안전간극 또는 안전간격이라고도 한다.

※ 화염일주한계는 폭발등급(1~3등급)을 결정한다.

76 인체의 표면적이 $0.5m^2$이고 정전용량은 $0.02pF/cm^2$이다. 3,300V의 전압이 인가되어 있는 전선에 접근하여 작업을 할 때 인체에 축적되는 정전기에너지(J)는?

① 5.445×10^{-2}
② 5.445×10^{-4}
③ 2.723×10^{-2}
④ 2.723×10^{-4}

해설 $E=\frac{1}{2}CV^2$

이때, $C=\frac{0.02}{0.01^2}\times0.5=100\text{pF}$

$W=\frac{1}{2}CV^2$

$=\frac{1}{2}\times(100\times10^{-12})\times(3,300)^2$

$=5.445\times10^{-4}\text{J}$

77 제3종 접지공사를 시설하여야 하는 장소가 아닌 것은?

① 금속몰드 배선에 사용하는 몰드
② 고압계기용 변압기의 2차측 전로
③ 고압용 금속제 케이블트레이 계통의 금속트레이
④ 400V 미만의 저압용 기계 · 기구의 철대 및 금속제 외함

해설 **위 문제는 한국전기설비규정(KEC)에서 종별 접지(1종, 2종, 3종, 특3종) 설계방식이 폐지됨에 따라, 더는 출제되지 않는 유형입니다.**

 정답 74.③ 75.② 76.② 77.③

78 전자파 중에서 광량자에너지가 가장 큰 것은?

① 극저주파 ② 마이크로파
③ 가시광선 ④ 적외선

해설 광자에너지(E)와 빛의 파장(λ)은 역수 관계이다.

$$E=\frac{h_c}{\lambda}$$

보기 중 주파수가 가장 낮은 것은 가시광선이다.

79 폭발위험장소에 전기설비를 설치할 때 전기적인 방호조치로 적절하지 않은 것은?

① 다상 전기기기는 결상 운전으로 인한 과열방지조치를 한다.
② 배선은 단락·지락 사고 시의 영향과 과부하로부터 보호한다.
③ 자동차단이 점화의 위험보다 클 때는 경보장치를 사용한다.
④ 단락보호장치는 고장상태에서 자동복구되도록 한다.

해설 **단락과 단락보호장치**

㉮ 단락 : 전기회로나 전기기기의 절연체가 전기적·기계적 원인으로 열화 또는 파괴되어 합선에 의해 발화하는 것을 말한다.
㉯ 단락보호장치 : 단락사고가 발생하였을 때 발전기·변압기 등의 손상을 최소한으로 억제하고, 기타 사고의 파급을 방지하는 장치를 말한다. 자동복구 시 스파크 발생으로 인한 폭발에 위험이 있으므로 고장 발생 시 수동복구를 원칙으로 한다.

80 감전사고 방지대책으로 틀린 것은?

① 설비의 필요한 부분에 보호접지 실시
② 노출된 충전부에 통전망 설치
③ 안전전압 이하의 전기기기 사용
④ 전기 기기 및 설비의 정비

해설 **감전사고 방지대책**

㉮ 설비의 필요한 부분에 보호접지 실시
㉯ 노출된 충전부에 방호망 설치
㉰ 안전전압 이하의 전기기기 사용
㉱ 전기 기기 및 설비의 정비
㉲ 누전차단기의 설치
㉳ 전기기기에 위험 표시

» 제5과목 화학설비위험 방지기술

81 다음 관(pipe) 부속품 중 관로의 방향을 변경하기 위하여 사용하는 부속품은?

① 니플(nipple)
② 유니언(union)
③ 플랜지(flange)
④ 엘보(elbow)

해설 **배관 부속품의 구분**

㉮ 관로의 방향을 변경할 때 사용하는 관 부속품 : 엘보(elbow)
㉯ 배관을 연결할 때 사용하는 관 부속품 : 플랜지, 유니언, 커플링, 니플 등
㉰ 유로를 차단할 때 사용하는 관 부속품 : 플러그, 캡 등

82 산업안전보건기준에 관한 규칙상 국소배기장치의 후드 설치기준이 아닌 것은?

① 유해물질이 발생하는 곳마다 설치할 것
② 후드의 개구부 면적은 가능한 한 크게 할 것
③ 외부식 또는 리시버식 후드는 해당 분진 등의 발산원에 가장 가까운 위치에 설치할 것
④ 후드 형식은 가능하면 포위식 또는 부스식 후드를 설치할 것

해설 ② 후드의 개구부 면적은 가능한 한 작게 하여 충분한 포집속도를 유지해야 한다.

83 다음 중 독성이 가장 강한 가스는?

① NH_3
② $COCl_2$
③ $C_6H_5CH_3$
④ H_2S

해설 각 보기의 허용농도는 다음과 같다.

① NH_3(암모니아) : 25ppm
② $COCl_2$(포스겐) : 0.1ppm
③ $C_6H_5CH_3$(톨루엔) : 100ppm
④ H_2S(황화수소) : 10ppm

78.③ 79.④ 80.② 81.④ 82.② 83.② 정답

84 산업안전보건기준에 관한 규칙에 따르면 쥐에 대한 경구투입실험에 의하여 실험동물의 50퍼센트를 사망시킬 수 있는 물질의 양, 즉 LD_{50}(경구, 쥐)이 킬로그램당 몇 밀리그램-(체중) 이하인 화학물질이 급성 독성물질에 해당하는가?

① 25 ② 100
③ 300 ④ 500

해설 **급성독성물질의 종류**

㉮ 쥐에 대한 경구투입실험 : LD_{50}이 300mg/kg 이하인 화학물질
㉯ 토끼 또는 쥐에 대한 경피흡수실험 : LD_{50}이 1,000mg/kg 이하인 화학물질
㉰ 쥐에 대한 4시간 흡입실험 : 가스 LC_{50}이 2,500ppm 이하인 화학물질, 증기 LC_{50}이 10mg/L 이하인 화학물질, 분진 또는 미스트 1mg/L 이하인 화학물질

85 압축기와 송풍의 관로에 심한 공기의 맥동과 진동을 발생하면서 불안정한 운전이 되는 서징(surging) 현상의 방지법으로 옳지 않은 것은?

① 풍량을 감소시킨다.
② 배관의 경사를 완만하게 한다.
③ 교축밸브를 기계에서 멀리 설치한다.
④ 토출가스를 흡입 측에 바이패스시키거나 방출밸브에 의해 대기로 방출시킨다.

해설 **서징 현상**

㉮ 정의 : 압축기와 송풍기에서는 토출 측 저항이 커지면 풍량이 감소하고 어느 풍량에 대하여 일정한 압력으로 운전되지만, 우상 특성의 풍량까지 감소하면 관로에 심한 공기의 맥동과 진동을 발생하여 불안전 운동이 되는 현상을 말한다.
㉯ 서징 현상의 방지법
㉠ 우상이 없는 특성으로 하는 방법 : 배관 내 경사를 완만하게 한다.
㉡ 방출밸브에 의한 방법 : 토출가스 또는 공기의 일부를 방출하거나 바이패스에 의해 흡입 측에 복귀시킨다.
㉢ 베인 컨트롤에 의한 방법
㉣ 회전수를 변화시키는 방법
㉤ 교축밸브를 기계에 근접 설치하는 방법

86 반응성 화학물질의 위험성은 실험에 의한 평가 대신 문헌조사 등을 통해 계산에 의해 평가하는 방법을 사용할 수 있다. 이에 관한 설명으로 옳지 않은 것은?

① 위험성이 너무 커서 물성을 측정할 수 없는 경우 계산에 의한 평가방법을 사용할 수도 있다.
② 연소열, 분해열, 폭발열 등의 크기에 의해 그 물질의 폭발 또는 발화의 위험 예측이 가능하다.
③ 계산에 의한 평가를 하기 위해서는 폭발 또는 분해에 따른 생성물의 예측이 이루어져야 한다.
④ 계산에 의한 위험성 예측은 모든 물질에 대해 정확성이 있으므로 더 이상의 시험을 필요로 하지 않는다.

해설 ④ 계산에 의한 위험성 예측도 정확성이 있지만, 필요한 실험은 실시하여야 한다.

87 다음 중 분해폭발의 위험성이 있는 아세틸렌의 용제로 가장 적절한 것은?

① 에테르
② 에틸알코올
③ 아세톤
④ 아세트알데히드

해설 **아세틸렌의 용제**
아세톤, DMF(Dimethylformamide)

88 분진폭발의 발생순서로 옳은 것은?

① 비산 → 분산 → 퇴적분진 → 발화원 → 2차 폭발 → 전면 폭발
② 비산 → 퇴적분진 → 분산 → 발화원 → 2차 폭발 → 전면 폭발
③ 퇴적분진 → 발화원 → 분산 → 비산 → 전면 폭발 → 2차 폭발
④ 퇴적분진 → 비산 → 분산 → 발화원 → 전면 폭발 → 2차 폭발

 정답 84.③ 85.③ 86.④ 87.③ 88.④

해설 **분진폭발**
㉮ 분진폭발의 발생순서
퇴적분진 → 비산 → 분산 → 발화원 발생 → 전면 폭발 → 2차 폭발
㉯ 분진이 발화·폭발하기 위한 조건
㉠ 가연성이어야 한다.
㉡ 미분상태로 존재해야 한다.
㉢ 지연성 가스(공기) 중에서 교반과 유동을 해야 한다.
㉣ 점화원이 존재해야 한다.

89 폭발방호대책 중 이상 또는 과잉 압력에 대한 안전장치로 볼 수 없는 것은?

① 안전밸브(safety valve)
② 릴리프밸브(relief valve)
③ 파열판(bursting disk)
④ 플레임어레스터(flame arrester)

해설 **화염방지기(flame arrester)**
비교적 저압 또는 상압에서 가연성 증기를 발생하는 유류를 저장하는 탱크에서 외부에 그 증기를 방출하거나 탱크 내에 외기를 흡입하는 부분에 설치하는 안전장치로, 화염의 차단을 목적으로 한 것이다.

90 다음 인화성 가스 중 가장 가벼운 물질은?

① 아세틸렌
② 수소
③ 부탄
④ 에틸렌

해설 인화성 가스의 종류에는 수소, 아세틸렌, 에틸렌, 메탄, 에탄, 프로판, 부탄이 있으며, 이 중 가장 가벼운 가스는 분자량이 2인 수소가스이다.

91 가연성 가스 및 증기의 위험도에 따른 방폭전기기기의 분류로 폭발등급을 사용하는데, 이러한 폭발등급을 결정하는 것은?

① 발화도
② 화염일주한계
③ 폭발한계
④ 최소발화에너지

해설 폭발등급(1~3등급)을 결정하는 것은 화염일주한계이다.

92 다음 중 메타인산(HPO_3)에 의한 소화효과를 가진 분말소화약제의 종류는?

① 제1종 분말소화약제
② 제2종 분말소화약제
③ 제3종 분말소화약제
④ 제4종 분말소화약제

해설 **분말소화약제의 종류**
㉮ 제1종 분말소화약제 : 중탄산나트륨($NaHCO_3$)으로 열분해 시 물과 이산화탄소가 발생한다.
㉯ 제2종 분말소화약제 : 중탄산칼륨($KHCO_3$)으로 열분해 시 물과 이산화탄소가 발생한다.
㉰ 제3종 분말소화약제 : 인산암모늄($NH_4H_2PO_3$)으로 열분해 시 메타인산과 물이 발생한다.
㉱ 제4종 분말소화약제 : 중탄산칼륨($KHCO_3$) + 요소[$(NH_2)_2CO$]

93 다음 중 파열판에 관한 설명으로 틀린 것은?

① 압력방출속도가 빠르다.
② 한 번 파열되면 재사용할 수 없다.
③ 한 번 부착한 후에는 교환할 필요가 없다.
④ 높은 점성의 슬러리나 부식성 유체에 적용할 수 있다.

해설 ③ 파열판은 한 번 사용한 후 교환하여야 한다.

94 공기 중에서 폭발범위가 12.5~74vol%인 일산화탄소의 위험도는 얼마인가?

① 4.92 ② 5.26
③ 6.26 ④ 7.05

해설
$$\text{위험도} = \frac{\text{폭발 상한계} - \text{폭발 하한계}}{\text{폭발 하한계}} = \frac{74 - 12.5}{12.5} = 4.92$$

95 소화약제 IG-100의 구성성분은?

① 질소 ② 산소
③ 이산화탄소 ④ 수소

해설 소화약제 IG-100은 질소 100%로 구성되어 있다.

89.④ 90.② 91.② 92.③ 93.③ 94.① 95.① 정답

96 산업안전보건법령에 따라 유해하거나 위험한 설비의 설치 · 이전 또는 주요 구조부분의 변경공사 시 공정안전보고서의 제출시기는 착공일 며칠 전까지 관련 기관에 제출하여야 하는가?

① 15일 ② 30일
③ 60일 ④ 90일

해설 유해 · 위험 설비의 설치 · 이전 또는 주요 구조부분 변경공사의 착공일 30일 전까지 공정안전보고서를 2부 작성하여 공단에 제출하여야 한다.

97 프로판(C_3H_8)의 연소에 필요한 최소산소농도의 값은 약 얼마인가? (단, 프로판의 폭발 하한은 Jone 식에 의해 추산한다.)

① 8.1%v/v ② 11.1%v/v
③ 15.1%v/v ④ 20.1%v/v

해설 ㉮ $C_nH_mO_\lambda Cl_f$의 분자식에서는 다음과 같은 식으로도 계산된다.

$$C_{st}(\%)=\frac{100}{1+4.773\left(n+\frac{m-f-2\lambda}{4}\right)}$$

$$=\frac{1}{1+4.773\left(3+\frac{8}{4}\right)}\times 100$$

$$=4.02\text{vol}\%$$

여기서, n : 탄소의 원자수
m : 수소의 원자수
f : 할로겐의 원자수
λ : 산소의 원자수

㉯ 하한농도=4.02×0.55=2.211
∴ MOC=5×2.211=11.055%

98 다음 중 물과 반응하여 아세틸렌을 발생시키는 물질은?

① Zn ② Mg
③ Al ④ CaC_2

해설 물(H_2O)과 카바이드(CaC_2)는 화학반응을 하여 아세틸렌가스(C_2H_2)를 생성한다.

$2H_2O + CaC_2 \rightarrow Ca(OH)_2 + C_2H_2$
물 카바이드 수산화칼슘 아세틸렌

99 메탄 1vol%, 헥산 2vol%, 에틸렌 2vol%, 공기 95vol%로 된 혼합가스의 폭발하한계값(vol%)은 약 얼마인가? (단, 메탄, 헥산, 에틸렌의 폭발하한계값은 각각 5.0, 1.1, 2.7vol%이다.)

① 1.8 ② 3.5
③ 12.8 ④ 21.7

해설
$$L=\frac{V_1+V_2+V_3}{\frac{V_1}{L_1}+\frac{V_2}{L_2}+\frac{V_3}{L_3}}=\frac{1+2+2}{\frac{1}{5}+\frac{2}{1.1}+\frac{2}{2.7}}=1.8\text{vol}\%$$

100 가열 · 마찰 · 충격 또는 다른 화학물질과의 접촉 등으로 인하여 산소나 산화제의 공급이 없더라도 폭발 등 격렬한 반응을 일으킬 수 있는 물질은?

① 에틸알코올 ② 인화성 고체
③ 니트로화합물 ④ 테레빈유

해설 **폭발성 물질의 종류**

㉮ 질산에스테르류 : 니트로셀룰로오스, 니트로글리세린, 질산메틸, 질산에틸 등
㉯ 니트로화합물 : 피크린산(트리니트로페놀), 트리니트로톨루엔(TNT) 등
㉰ 니트로소화합물 : 파라디니트로소벤젠, 디니트로소레조르신 등
㉱ 아조화합물 및 디아조화합물
㉲ 하이드라진 및 그 유도체
㉳ 유기과산화물 : 메틸에틸케톤 과산화물, 과산화벤조일, 과산화아세틸 등
㉴ 기타 폭발 위험성이 있는 물질이나 위의 물질을 함유한 물질

» 제6과목 건설안전기술

101 지면보다 낮은 땅을 파는 데 적합하고 수중굴착도 가능한 굴착기계는?

① 백호
② 파워셔블
③ 가이데릭
④ 파일드라이버

 정답 96.② 97.② 98.④ 99.① 100.③ 101.①

해설 ① 백호(back hoe) : 중기가 위치한 지면보다 낮은 곳의 땅을 파는 데 적합하고 수중굴착도 가능한 굴착기계로, 붐(boom)이 견고하여 상당히 굳은 지반도 굴착할 수 있어 지하층이나 기초의 굴착에 사용
② 파워셔블(power shovel) : 굳은 점토의 굴착과 깨진 돌이나 자갈 등의 옮겨 쌓기 등에 사용하는 굴착기계로, 중기가 위치한 지면보다 높은 장소의 굴착 시 적합
③ 가이데릭 : 철골 세우기용 장비
④ 파일드라이버(pile driver) : 말뚝(파일 ; pile)을 박는 기계

102 사업주가 유해위험방지계획서 제출 후 건설공사 중 6개월 이내마다 안전보건공단의 확인을 받아야 할 내용이 아닌 것은?

① 유해위험방지계획서의 내용과 실제 공사 내용이 부합하는지 여부
② 유해위험방지계획서 변경내용의 적정성
③ 자율안전관리업체 유해위험방지계획서 제출 · 심사 면제
④ 추가적인 유해 · 위험 요인의 존재 여부

해설 유해위험방지계획서를 제출한 사업주는 해당 건설물 · 기계 · 기구 및 설비의 시운전 단계에서 건설공사 중 6개월마다 다음 사항에 관하여 공단의 확인을 받아야 한다.
㉮ 유해위험방지계획서의 내용과 실제 공사내용이 부합하는지 여부
㉯ 유해위험방지계획서 변경내용의 적정성
㉰ 추가적인 유해 · 위험 요인의 존재 여부

103 철골공사 시 안전작업방법 및 준수사항으로 옳지 않은 것은?

① 강풍, 폭우 등과 같은 악천우 시에는 작업을 중지하여야 하며, 특히 강풍 시에는 높은 곳에 있는 부재나 공구류가 낙하 · 비래하지 않도록 조치하여야 한다.
② 철골부재 반입 시 시공순서가 빠른 부재는 상단부에 위치하도록 한다.
③ 구명줄 설치 시 마닐라로프 직경 10mm를 기준하여 설치하고 작업방법을 충분히 검토하여야 한다.
④ 철골보의 두 곳을 매어 인양시킬 때 와이어로프의 내각은 60° 이하이어야 한다.

해설 ③ 구명줄을 설치할 경우에는 1가닥의 구명줄을 여러 명이 동시에 사용하지 않도록 하여야 하며, 마닐라로프 직경 16mm를 기준하여 설치하고 작업방법을 충분히 검토하여야 한다.

개정 2023

104 산업안전보건법령에 따른 지반의 종류별 굴착면의 기울기 기준으로 옳지 않은 것은?

① 모래 – 1 : 1.8
② 경암 – 1 : 1.2
③ 풍화암 – 1 : 1.0
④ 연암 – 1 : 1.0

해설 **굴착작업 시 굴착면의 기울기 기준**

지반의 종류	기울기
모래	1 : 1.8
연암 및 풍화암	1 : 1.0
경암	1 : 0.5
그 밖의 흙	1 : 1.2

105 콘크리트 타설 시 거푸집 측압에 관한 설명으로 옳지 않은 것은?

① 기온이 높을수록 측압은 크다.
② 타설속도가 클수록 측압은 크다.
③ 슬럼프가 클수록 측압은 크다.
④ 다짐이 과할수록 측압은 크다.

해설 **콘크리트의 측압이 커지는 조건**
㉮ 벽두께가 클수록, 슬럼프가 클수록 크다.
㉯ 기온이 낮을수록 크다.
㉰ 콘크리트의 치어붓기 속도가 클수록 크다.
㉱ 거푸집의 수밀성이 높을수록 크다.
㉲ 콘크리트의 다지기가 충분할수록 크다.
㉳ 거푸집의 수평단면이 클수록 크다.
㉴ 거푸집 강성이 클수록 크다.
㉵ 거푸집 표면이 매끄러울수록 크다.
㉶ 콘크리트의 비중이 클수록 크다.
㉷ 묽은 콘크리트일수록 크다.

102.③ 103.③ 104.② 105.① 정답

106 강관비계의 수직방향 벽이음 조립간격(m)으로 옳은 것은? (단, 틀비계이며, 높이가 5m 이상일 경우이다.)

① 2m ② 4m
③ 6m ④ 9m

해설 **비계의 벽이음에 대한 조립간격**

비계의 종류	조립간격	
	수직방향	수평방향
단관비계	5m	5m
틀비계 (높이 5m 미만은 제외)	6m	8m
통나무비계	5.5m	7.5m

107 굴착과 싣기를 동시에 할 수 있는 토공기계가 아닌 것은?

① Power shovel
② Tractor shovel
③ Back hoe
④ Motor grader

해설 ④ Moter Grader(모터그레이더) : 토공용 대패기계로, 지면을 절삭하여 평활하게 다듬는 것이 목적인 토공기계

108 다음 중 방망사의 폐기 시 인장강도에 해당하는 것은? (단, 그물코의 크기는 10cm이며, 매듭 없는 방망의 경우이다.)

① 50kg ② 100kg
③ 150kg ④ 200kg

해설 **방망사의 강도**
㉮ 방망사의 신품에 대한 인장강도

그물코의 크기	방망의 종류	
	매듭 없는 방망	매듭 방망
10cm	240	200
5cm	–	110

㉯ 방망사의 폐기 시 인장강도

그물코의 크기	방망의 종류	
	매듭 없는 방망	매듭 방망
10cm	150	135
5cm	–	60

109 구축물에 안전진단 등 안전성 평가를 실시하여 근로자에게 미칠 위험성을 미리 제거하여야 하는 경우가 아닌 것은?

① 구축물 등의 인근에서 굴착 · 항타 작업 등으로 침하 · 균열 등이 발생하여 붕괴의 위험이 예상될 경우
② 구축물 등의 시설물이 그 자체의 무게 · 적설 · 풍압 또는 그 밖에 부가되는 하중 등으로 붕괴 등의 위험이 있을 경우
③ 화재 등으로 구축물 등의 내력(耐力)이 심하게 저하됐을 경우
④ 구축물의 구조체가 안전 측으로 과도하게 설계가 됐을 경우

해설 **구축물 등의 안전성 평가**
㉮ 구축물 등의 인근에서 굴착 · 항타 작업 등으로 침하 · 균열 등이 발생하여 붕괴의 위험이 예상될 경우
㉯ 구축물 등에 지진, 동해(凍害), 부동침하(不同沈下) 등으로 균열 · 비틀림 등이 발생했을 경우
㉰ 구축물 등의 시설물이 그 자체의 무게 · 적설 · 풍압 또는 그 밖에 부가되는 하중 등으로 붕괴 등의 위험이 있을 경우
㉱ 화재 등으로 구축물 등의 내력(耐力)이 심하게 저하됐을 경우
㉲ 오랜 기간 사용하지 아니하던 구축물 등을 재사용하게 되어 안전성을 검토해야 하는 경우
㉳ 구축물 등의 주요구조부에 대한 설계 및 시공 방법의 전부 또는 일부를 변경하는 경우
㉴ 그 밖의 잠재위험이 예상될 경우

110 작업장에 계단 및 계단참을 설치하는 경우 매 제곱미터당 최소 몇 킬로그램 이상의 하중에 견딜 수 있는 강도를 가진 구조로 설치하여야 하는가?

① 300kg ② 400kg
③ 500kg ④ 600kg

해설 계단 및 계단참을 설치하는 경우 매 m^2당 500kg 이상의 하중에 견딜 수 있는 강도를 가진 구조로 설치하여야 하며, 안전율은 4 이상으로 하여야 한다.

 정답 106.③ 107.④ 108.③ 109.④ 110.③

111 굴착공사에서 비탈면 또는 비탈면 하단을 성토하여 붕괴를 방지하는 공법은?

① 배수공
② 배토공
③ 공작물에 의한 방지공
④ 압성토공

해설 ④ 압성토공 : 산사태가 우려되는 자연사면의 하단부에 토사를 성토하여 활동력을 감소시켜 주는 공법

112 공정률이 65%인 건설현장의 경우 공사 진척에 따른 산업안전보건관리비의 최소 사용기준으로 옳은 것은? (단, 공정률은 기성 공정률을 기준으로 한다.)

① 40% 이상　② 50% 이상
③ 60% 이상　④ 70% 이상

해설 **공사 진척에 따른 안전관리비 사용기준**

공정률	50% 이상 ~ 70% 미만	70% 이상 ~ 90% 미만	90% 이상 ~ 100%
사용기준	50% 이상	70% 이상	90% 이상

113 해체공사 시 작업용 기계 · 기구의 취급 안전기준에 관한 설명으로 옳지 않은 것은?

① 철제 해머와 와이어로프의 결속은 경험이 많은 사람으로서 선임된 자에 한하여 실시하도록 하여야 한다.
② 팽창제 천공 간격은 콘크리트 강도에 의하여 결정되나 70~120cm 정도를 유지하도록 한다.
③ 쐐기 타입으로 해체 시 천공 구멍은 타입기 삽입 부분의 직경과 거의 같아야 한다.
④ 화염방사기로 해체작업 시 용기 내 압력은 온도에 의해 상승하기 때문에 항상 40℃ 이하로 보존해야 한다.

해설 ② 팽창제 천공 간격은 콘크리트 강도에 의하여 결정되나 30~70cm 정도를 유지하도록 한다.

114 가설통로의 설치에 관한 기준으로 옳지 않은 것은?

① 경사는 30° 이하로 한다.
② 건설공사에 사용하는 높이 8m 이상인 비계다리에는 7m 이내마다 계단참을 설치한다.
③ 작업상 부득이한 경우에는 필요한 부분에 한하여 안전난간을 임시로 해체할 수 있다.
④ 수직갱에 가설된 통로의 길이가 10m 이상인 경우에는 5m 이내마다 계단참을 설치한다.

해설 **가설통로의 구조(가설통로 설치 시 준수사항)**
㉮ 견고한 구조로 할 것
㉯ 경사는 30° 이하로 할 것(다만, 계단을 설치하거나 높이 2m 미만의 가설통로로서 튼튼한 손잡이를 설치한 때에는 그러하지 아니하다)
㉰ 경사가 15°를 초과하는 때에는 미끄러지지 않는 구조로 할 것
㉱ 추락의 위험이 있는 장소에는 안전난간을 설치할 것(작업상 부득이한 때에는 필요한 부분에 한하여 임시로 이를 해체할 수 있다)
㉲ 수직갱에 가설된 통로의 길이가 15m 이상인 때에는 10m 이내마다 계단참을 설치할 것
㉳ 건설공사에서 사용하는 높이 8m 이상인 비계다리에는 7m 이내마다 계단참을 설치할 것

115 작업으로 인하여 물체가 떨어지거나 날아올 위험이 있는 경우 필요한 조치와 가장 거리가 먼 것은?

① 투하설비 설치
② 낙하물방지망 설치
③ 수직보호망 설치
④ 출입금지구역 설정

해설 **물체의 낙하 · 비래에 대한 위험방지 조치사항**
㉮ 낙하물방지망, 수직보호망 또는 방호선반의 설치
㉯ 출입금지구역의 설정
㉰ 안전모 등 보호구의 착용

111.④　112.②　113.②　114.④　115.① 정답

116 다음은 안전대와 관련된 설명이다. 다음 내용에 해당되는 용어로 옳은 것은?

> 로프 또는 레일 등과 같은 유연하거나 단단한 고정줄로서 추락 발생 시 추락을 저지시키는 추락방지대를 지탱해주는 줄 모양의 부품

① 안전블록　　② 수직구명줄
③ 죔줄　　④ 보조죔줄

해설 ① 안전블록 : 안전그네와 연결하여 추락 발생 시 추락을 억제할 수 있는 자동잠김장치가 갖추어져 있고, 죔줄이 자동적으로 수축되는 장치
③ 죔줄 : 벨트 또는 안전그네를 구명줄 또는 구조물 등 기타 걸이설비와 연결하기 위한 줄 모양의 부품
④ 보조죔줄 : 안전대를 U자걸이로 사용할 때 U자걸이를 위해 훅 또는 카라비너를 지탱벨트의 D링에 걸거나 떼어낼 때 잘못하여 추락하는 것을 방지하기 위한 링과 걸이설비 연결에 사용하는 훅 또는 카라비너를 갖춘 줄 모양의 부품

117 크레인의 운전실 또는 운전대를 통하는 통로의 끝과 건설물 등의 벽체 간격은 최대 얼마 이하로 하여야 하는가?

① 0.2m　　② 0.3m
③ 0.4m　　④ 0.5m

해설 **건설물 등의 벽체와 통로의 간격**
다음의 간격을 0.3m 이하로 할 것(다만, 추락의 위험이 없는 경우는 그 간격을 0.3m 이하로 유지하지 않을 수 있다)
㉮ 크레인의 운전실 또는 운전대를 통하는 통로의 끝과 건설물 등의 벽체와의 간격
㉯ 크레인 거더(girder)의 통로 끝과 크레인 거더의 간격
㉰ 크레인 거더의 통로로 통하는 통로의 끝과 건설물 등의 벽체와의 간격

118 달비계의 최대적재하중을 정하는 경우 그 안전계수 기준으로 옳지 않은 것은?

① 달기와이어로프 및 달기강선의 안전계수 : 10 이상
② 달기체인 및 달기훅의 안전계수 : 5 이상
③ 달기강대와 달비계의 하부 및 상부 지점의 안전계수 : 강재의 경우 3 이상
④ 달기강대와 달비계의 하부 및 상부 지점의 안전계수 : 목재의 경우 5 이상

해설 **달비계(곤돌라의 달비계는 제외)의 최대적재하중을 정하는 경우 그 안전계수**
㉮ 달기와이어로프 및 달기강선 : 10 이상
㉯ 달기체인 및 달기훅 : 5 이상
㉰ 달기강대와 달비계의 하부 및 상부 지점 : 강재(鋼材)의 경우 2.5 이상, 목재의 경우 5 이상

119 달비계에 사용이 불가한 와이어로프의 기준으로 옳지 않은 것은?

① 이음매가 있는 것
② 와이어로프의 한 꼬임에서 끊어진 소선의 수가 7% 이상인 것
③ 지름의 감소가 공칭지름의 7%를 초과하는 것
④ 심하게 변형되거나 부식된 것

해설 **와이어로프의 사용 제한**
㉮ 이음매가 있는 것
㉯ 와이어로프의 한 꼬임[(스트랜드(strand)]에서 끊어진 소선(素線)[필러(pillar)선은 제외]의 수가 10% 이상인 것
㉰ 지름의 감소가 공칭지름의 7%를 초과하는 것
㉱ 꼬인 것
㉲ 심하게 변형되거나 부식된 것
㉳ 열과 전기충격에 의해 손상된 것

120 흙막이 지보공을 설치하였을 때 정기적으로 점검하여 이상 발견 시 즉시 보수하여야 할 사항이 아닌 것은?

① 굴착깊이의 정도
② 버팀대의 긴압의 정도
③ 부재의 접속부 · 부착부 및 교차부의 상태
④ 부재의 손상 · 변형 · 부식 · 변위 및 탈락의 유무와 상태

해설 **흙막이 지보공 설치 시 정기적 점검사항**
㉮ 부재의 손상 · 변형 · 부식 · 변위 및 탈락의 유무와 상태
㉯ 버팀대의 긴압의 정도
㉰ 부재의 접속부 · 부착부 · 교차부의 상태
㉱ 침하의 정도

 정답 116.② 117.② 118.③ 119.② 120.①

2020. 8. 22. 시행

제3회 산업안전기사 2020

≫ 제1과목 안전관리론

01 레빈(Lewin)은 인간의 행동 특성을 다음과 같이 표현하였다. 변수 'E'가 의미하는 것은?

$$B = f(P \cdot E)$$

① 연령 ② 성격
③ 환경 ④ 지능

해설 K. Lewin의 법칙

Lewin은 인간의 행동(B)은 그 사람이 가진 자질, 즉 개체(P)와 심리학적 환경(E)과의 상호 함수관계에 있다고 주장했다.

$B = f(P \cdot E)$

여기서, B : Behavior(인간의 행동)
f : Function(함수관계)
P : Person(개체 : 연령, 경험, 심신상태, 성격, 지능 등)
E : Environment(심리적 환경 : 인간관계, 작업환경 등)

02 다음 중 안전교육의 형태 중 O.J.T.(On the Job of Training) 교육에 대한 설명과 가장 거리가 먼 것은?

① 다수의 근로자에게 조직적 훈련이 가능하다.
② 직장의 실정에 맞게 실제적인 훈련이 가능하다.
③ 훈련에 필요한 업무의 지속성이 유지된다.
④ 직장의 직속 상사에 의한 교육이 가능하다.

해설 O.J.T.와 Off J.T.의 특징

O.J.T. (현장 중심교육)	Off J.T. (현장 외 중심교육)
• 개개인에게 적합한 지도 훈련을 할 수 있다. • 직장의 실정에 맞는 실체적 훈련을 할 수 있다. • 훈련에 필요한 업무의 계속성이 끊이지 않는다. • 즉시 업무에 연결되는 관계로 신체와 관련이 있다. • 효과가 곧 업무에 나타나며 훈련의 좋고 나쁨에 따라 개선이 용이하다. • 교육을 통한 훈련효과에 의해 상호 신뢰 이해도가 높아진다.	• 다수의 근로자에게 조직적 훈련이 가능하다. • 훈련에만 전념하게 된다. • 특별설비기구를 이용할 수 있다. • 전문가를 강사로 초청할 수 있다. • 각 직장의 근로자가 많은 지식이나 경험을 교류할 수 있다. • 교육훈련목표에 대해서 집단적 노력이 흐트러질 수 있다.

03 산업안전보건법령상 안전보건관리책임자 등에 대한 교육시간 기준으로 틀린 것은?

① 보건관리자, 보건관리전문기관의 종사자 보수교육 : 24시간 이상
② 안전관리자, 안전관리전문기관의 종사자 신규교육 : 34시간 이상
③ 안전보건관리책임자 보수교육 : 6시간 이상
④ 건설재해예방전문지도기관의 종사자 신규교육 : 24시간 이상

해설 안전보건관리책임자 등에 대한 교육

교육대상	교육시간	
	신 규	보 수
안전보건관리책임자	6시간 이상	6시간 이상
안전관리자, 안전관리전문기관의 종사자	34시간 이상	24시간 이상
보건관리자, 보건관리전문기관의 종사자	34시간 이상	24시간 이상
건설재해예방 전문지도기관의 종사자	34시간 이상	24시간 이상
안전보건관리담당자	–	8시간 이상

04 다음 중 안전교육의 기본방향과 가장 거리가 먼 것은?

① 생산성 향상을 위한 교육
② 사고 사례 중심의 안전교육
③ 안전작업을 위한 교육
④ 안전의식 향상을 위한 교육

해설 **안전교육의 기본방향**
안전교육은 인간 측면에 대한 사고 예방수단의 하나인 동시에 안전한 인간 형성을 위한 항구적인 목표라고도 할 수 있다. 기업의 규모나 특성에 따라 안전교육 방향을 설정하는 데는 차이가 있으나, 원칙적으로 환경적 · 기술적 · 인간적 측면에 기인하여 다음과 같은 기본방향을 정하고 있다.
㉮ 사고 사례 중심의 안전교육
㉯ 표준안전작업을 위한 안전교육
㉰ 안전의식 향상을 위한 안전교육

05 다음 설명의 학습지도 형태는 어떤 토의법 유형인가?

> 6-6회의라고도 하며, 6명씩 소집단으로 구분하고, 집단별로 각각의 사회자를 선발하여 6분간씩 자유토의를 행하여 의견을 종합하는 방법

① 포럼(forum)
② 버즈세션(buzz session)
③ 케이스메소드(case method)
④ 패널디스커션(panel discussion)

해설 ① 포럼(forum) : 새로운 자료나 교재를 제시하고 거기에서의 문제점을 피교육자로 하여금 제기하게 하거나, 의견을 여러 가지 방법으로 발표하게 하고 다시 깊이 파고들어서 토의를 행하는 방법
② 버즈세션(buzz session) : 6-6회의라고도 하며, 먼저 사회자와 기록계를 선출한 후, 나머지 사람은 6명씩의 소집단으로 구분하고, 소집단별로 각각 사회자를 선발하여 6분씩 자유토의를 행하여 의견을 종합하는 방법
③ 사례 연구법(case method) : 먼저 사례를 제시하고 문제적 사실들과 그의 상호관계에 대해서 검토하고 대책을 토의하는 방법
④ 패널디스커션(panel discussion) : 패널 멤버(교육과제에 정통한 전문가 4~5명)가 피교육자 앞에서 자유로이 토의를 하고, 뒤에 피교육자 전원이 참가하여 사회자의 사회에 따라 토의하는 방법

06 안전점검의 종류 중 태풍, 폭우 등에 의한 침수, 지진 등의 천재지변이 발생한 경우나 이상사태 발생 시 관리자나 감독자가 기계 · 기구, 설비 등의 기능상 이상 유무에 대하여 점검하는 것은?

① 일상점검 ② 정기점검
③ 특별점검 ④ 수시점검

해설 **안전점검의 종류(점검시기에 의한 구분)**
㉮ 일상점검(수시점검) : 작업 담당자, 해당 관리감독자가 맡고 있는 공정의 설비, 기계, 공구 등을 매일 작업 시작 전이나 사용 전 또는 작업 중, 작업 종료 후에 수시로 실시하는 점검이다.
㉯ 정기점검(계획점검) : 일정 기간마다 정기적으로 실시하는 점검을 말하며, 일반적으로 매주 · 1개월 · 6개월 · 1년 · 2년 등의 주기로 담당 분야별 작업 책임자가 기계설비의 안전상 중요 부분의 피로 · 마모 · 손상 · 부식 등 장치의 변화 유무 등을 점검한다.
㉰ 특별점검 : 기계 · 기구 또는 설비를 신설 및 변경하거나 고장에 의한 수리 등을 할 경우에 행하는 부정기적 점검을 말하며, 일정 규모 이상의 강풍, 폭우, 지진 등의 기상이변이 있은 후에 실시하는 점검과 안전강조기간, 방화주간에 실시하는 점검도 이에 해당된다.
㉱ 임시점검 : 정기점검을 실시한 후 차기 점검일 이전에 트러블이나 고장 등의 직후에 임시로 실시하는 점검의 형태를 말하며, 기계 · 기구 또는 설비의 이상이 발견되었을 때에 임시로 실시하는 점검이다.

07 매슬로우(Maslow)의 욕구단계 이론 중 제2단계 욕구에 해당하는 것은?

① 자아실현의 욕구
② 안전에 대한 욕구
③ 사회적 욕구
④ 생리적 욕구

해설 **매슬로우의 욕구 5단계**
㉮ 1단계 : 생리적 욕구
㉯ 2단계 : 안전 욕구
㉰ 3단계 : 사회적 욕구(친화 욕구)
㉱ 4단계 : 인정받으려는 욕구(존경의 욕구)
㉲ 5단계 : 자아실현의 욕구(성취의 욕구)

 정답 04.① 05.② 06.③ 07.②

08 다음 중 산업재해의 원인으로 간접적 원인에 해당되지 않는 것은?

① 기술적 원인
② 물적 원인
③ 관리적 원인
④ 교육적 원인

해설 **재해 원인의 구분**

㉮ 간접 원인 : 재해의 가장 깊은 곳에 존재하는 재해 원인
  ㉠ 기초 원인 : 학교의 교육적 원인, 관리적 원인
  ㉡ 2차 원인 : 신체적 원인, 정신적 원인, 안전 교육적 원인, 기술적 원인
㉯ 직접 원인(1차 원인) : 시간적으로 사고 발생에 가장 가까운 시점의 재해 원인
  ㉠ 물적 원인 : 불안전한 상태(설비 및 환경 등의 불량)
  ㉡ 인적 원인 : 불안전한 행동

09 다음 중 재해예방의 4원칙과 관련이 가장 적은 것은?

① 모든 재해의 발생 원인은 우연적인 상황에서 발생한다.
② 재해손실은 사고가 발생할 때 사고대상의 조건에 따라 달라진다.
③ 재해예방을 위한 가능한 안전대책은 반드시 존재한다.
④ 재해는 원칙적으로 원인만 제거되면 예방이 가능하다.

해설 **재해예방의 4원칙**

㉮ 손실우연의 원칙 : 재해손실은 사고가 발생할 때, 사고대상의 조건에 따라 달라진다. 그러한 사고의 결과로서 생긴 재해손실은 우연성에 의하여 결정된다. 따라서 재해방지대상의 우연성에 좌우되는 손실의 방지보다는 사고발생 자체의 방지가 이루어져야 한다.
㉯ 원인계기의 원칙 : 재해 발생에는 반드시 원인이 있다. 즉, 사고와 손실과의 관계는 우연적이지만 사고와 원인과의 관계는 필연적이다.
㉰ 예방가능의 원칙 : 재해는 원칙적으로 원인만 제거되면 예방이 가능하다.
㉱ 대책선정의 원칙 : 재해예방을 위한 안전대책은 반드시 존재한다.

10 파블로프(Pavlov)의 조건반사설에 의한 학습이론의 원리가 아닌 것은?

① 일관성의 원리 ② 계속성의 원리
③ 준비성의 원리 ④ 강도의 원리

해설 **파블로프의 조건반사설에 의한 학습이론의 원리**

㉮ 시간의 원리(the time principle) : 조건화시키려는 자극은 무조건자극보다는 시간적으로 동시 또는 조금 앞서서 주어야만 조건화, 즉 강화가 잘 된다.
㉯ 강도의 원리(the intensity principle) : 자극이 강할수록 학습이 보다 더 잘 된다는 것이다.
㉰ 일관성의 원리(the consistency principle) : 무조건자극은 조건화가 성립될 때까지 일관하여 조건자극에 결부시켜야 한다.
㉱ 계속성의 원리(the continuity principle) : 시행착오설에서 연습의 법칙, 빈도의 법칙과 같은 것으로서 자극과 반응과의 관계를 반복하여 횟수를 더하면 할수록 조건화, 즉 강화가 잘 된다는 것이다.

11 산업안전보건법령상 안전보건표지의 종류 중 다음 표지의 명칭은? (단, 마름모 테두리는 빨간색이며, 안의 내용은 검은색이다.)

① 폭발성물질 경고
② 산화성물질 경고
③ 부식성물질 경고
④ 급성독성물질 경고

① 폭발성물질 경고	② 산화성물질 경고	③ 부식성물질 경고	④ 급성독성물질 경고

12 인간의 동작특성 중 판단과정의 착오요인이 아닌 것은?

① 합리화 ② 정서 불안정
③ 작업조건 불량 ④ 정보 부족

해설 **착오요인(대뇌의 휴먼에러)**

㉮ 인지과정 착오
㉠ 생리 · 심리적 능력의 한계
㉡ 정보량 저장능력의 한계
㉢ 감각차단현상(단조로운 업무, 반복작업 시 발생)
㉣ 정서 불안정(공포, 불안, 불만)
㉯ 판단과정 착오
㉠ 능력 부족
㉡ 정보 부족
㉢ 자기 합리화
㉣ 환경조건의 불비
㉰ 조치과정 착오

13 산업안전보건법령상 안전보건표지의 색채와 사용 사례의 연결로 틀린 것은?

① 노란색 – 정지신호, 소화설비 및 그 장소, 유해행위의 금지
② 파란색 – 특정 행위의 지시 및 사실의 고지
③ 빨간색 – 화학물질 취급장소에서의 유해 · 위험 경고
④ 녹색 – 비상구 및 피난소, 사람 또는 차량의 통행표지

해설 **안전보건표지의 색채, 색도기준 및 용도**

색 채	색도기준	용 도	사용 예
빨간색	7.5R 4/14	금지	정지신호, 소화설비 및 그 장소, 유해행위의 금지
		경고	화학물질 취급장소에서의 유해 · 위험물질 경고
노란색	5Y 8.5/12	경고	화학물질 취급장소에서의 유해 · 위험 경고, 그 밖의 위험경고, 주의표지 또는 기계방호물
파란색	2.5PB 4/10	지시	특정 행위의 지시 및 사실의 고지
녹색	2.5G 4/10	안내	비상구 및 피난소, 사람 또는 차량의 통행표지
흰색	N9.5	–	파란색 또는 녹색에 대한 보조색
검은색	N0.5	–	문자 및 빨간색 또는 노란색에 대한 보조색

14 하인리히의 재해발생 이론이 다음과 같이 표현될 때, α가 의미하는 것으로 옳은 것은?

재해의 발생=설비적 결함+관리적 결함+α

① 노출된 위험의 상태
② 재해의 직접원인
③ 물적 불안전 상태
④ 잠재된 위험의 상태

해설 **재해의 발생**

=물적 불안전 상태(물적 결함, 설비적 결함)
+인적 불안전 행위(인적 결함, 관리적 결함)
+잠재된 위험의 상태(α)

15 허즈버그(Herzberg)의 위생–동기 이론에서 동기요인에 해당하는 것은?

① 감독 ② 안전
③ 책임감 ④ 작업조건

해설 **허즈버그(Frederik Herzberg)의 2요인론**

㉮ 위생요인(직무환경) : 안전, 작업조건 · 임금 · 지위 · 대인관계(개인 상호간의 관계) · 회사 정책과 관리 · 감독 등으로 환경적 요인을 뜻한다.
㉯ 동기요인(직무내용) : 성취감 · 인정 · 작업 자체 · 책임감, 성장과 발전, 도전감 등으로 직무 만족과 생산력 증가에 영향을 준다.

16 재해분석도구 중 재해발생의 유형을 어골상(魚骨像)으로 분류하여 분석하는 것은?

① 파레토도 ② 특성요인도
③ 관리도 ④ 클로즈 분석

해설 **통계적 원인분석방법**

㉮ 파레토도 : 사고의 유형, 기인물 등 분류항목을 큰 순서대로 도표화하여 분석하는 방법
㉯ 특성요인도 : 특성과 요인을 도표로 하여 어골상(魚骨狀)으로 세분화한 것
㉰ 클로즈도 : 데이터를 집계하고 표로 표시하여 요인별 결과내역을 교차한 클로즈 그림을 작성하여 분석하는 방법(2개 이상의 문제관계를 분석하는 데 이용)
㉱ 관리도 : 재해발생 건수 등의 추이를 파악하고 목표관리를 행하는 데 필요한 월별 재해발생수를 그래프화하여 관리선을 설정 · 관리하는 방법

 정답 12.② 13.① 14.④ 15.③ 16.②

17 다음 중 안전모의 성능시험에 있어서 AE, ABE종에만 한하여 실시하는 시험은?

① 내관통성 시험, 충격흡수성 시험
② 난연성 시험, 내수성 시험
③ 난연성 시험, 내전압성 시험
④ 내전압성 시험, 내수성 시험

해설 **AE, ABE종 안전모의 시험항목 및 성능기준**
㉮ 내관통성 시험 : 관통거리가 9.5mm 이하
㉯ 내전압성 시험 : 교류 20kV에서 1분간 절연파괴 없이 견뎌야 하고, 이때 누설되는 충전전류는 10mA 이하
㉰ 내수성 시험 : 질량 증가율이 1% 미만

18 플리커 검사(flicker test)의 목적으로 가장 적절한 것은?

① 혈중 알코올 농도 측정
② 체내 산소량 측정
③ 작업강도 측정
④ 피로의 정도 측정

해설 **플리커 검사**
광원 앞에 사이가 벌어진 원판의 회전속도를 변화시켜서 눈에 들어오는 빛을 단속시킨다. 이때 회전속도가 느리면 빛이 아른거리고, 빨라지면 융합되어 하나의 광점으로 보인다. 이러한 단속과 융합의 경계에서 빛의 단속주기를 플리커값이라고 하며, 피로도 검사에 사용된다.

19 강도율에 관한 설명 중 틀린 것은?

① 사망 및 영구 전노동불능(신체장해등급 1~3급)의 근로손실일수는 7,500일로 환산한다.
② 신체장해등급 중 제14급은 근로손실일수를 50일로 환산한다.
③ 영구 일부노동불능은 신체장해등급에 따른 근로손실일수에 $\frac{300}{365}$을 곱하여 환산한다.
④ 일시 전노동불능은 휴업일수에 $\frac{300}{365}$을 곱하여 근로손실일수를 환산한다.

해설 영구 일부노동불능(4~14급) 등급별 근로손실일수는 다음의 표에서 정한 일수로 환산한다.

신체장해등급	근로손실일수
4	5,500
5	4,000
6	3,000
7	2,200
8	1,500
9	1,000
10	600
11	400
12	200
13	100
14	50

20 브레인스토밍의 4원칙이 아닌 것은?

① 자유로운 비평
② 자유분방한 발언
③ 대량적인 발언
④ 타인 의견의 수정발언

해설 **브레인스토밍(Brain Storming ; BS)의 4원칙**
㉮ 비평금지 : '좋다, 나쁘다'라고 비평하지 않는다.
㉯ 자유분방 : 마음대로 편안히 발언한다.
㉰ 대량발언 : 무엇이든지 좋으니 많이 발언한다.
㉱ 수정발언 : 타인의 아이디어에 수정하거나 덧붙여 말해도 좋다.

» 제2과목 인간공학 및 시스템 안전공학

21 후각적 표시장치(olfactory display)와 관련된 내용으로 옳지 않은 것은?

① 냄새의 확산을 제어할 수 없다.
② 시각적 표시장치에 비해 널리 사용되지 않는다.
③ 냄새에 대한 민감도의 개별적 차이가 존재한다.
④ 경보장치로서 실용성이 없기 때문에 사용되지 않는다.

해설 경보장치로서 실용성이 있기 때문에 사용되고 있다.

17.④ 18.④ 19.③ 20.① 21.④ 정답

22 HAZOP 기법에서 사용하는 가이드워드와 의미가 잘못 연결된 것은?

① No/Not – 설계 의도의 완전한 부정
② More/Less – 정량적인 증가 또는 감소
③ Part of – 성질상의 감소
④ Other than – 기타 환경적인 요인

해설 **위험 및 운전성 검토(HAZOP)에서 사용되는 유인어(guidewords)**
간단한 용어(말)로서 창조적 사고를 유도하고 자극하여 이상을 발견하고, 의도를 한정하기 위해 사용된다. 즉, 다음과 같은 의미를 나타낸다.
㉮ No 또는 Not : 설계 의도의 완전한 부정
㉯ More 또는 Less : 양(압력, 반응, Flow, Rate, 온도 등)의 증가 또는 감소
㉰ As well as : 성질상의 증가(설계 의도와 운전조건이 어떤 부가적인 행위와 함께 일어남)
㉱ Part of : 일부 변경, 성질상의 감소(어떤 의도는 성취되나, 어떤 의도는 성취되지 않음)
㉲ Reverse : 설계 의도의 논리적인 역
㉳ Other than : 완전한 대체(통상 운전과 다르게 되는 상태)

23 그림과 같은 FT도에서 $F_1=0.015$, $F_2=0.02$, $F_3=0.05$이면, 정상사상 T가 발생할 확률은 약 얼마인가?

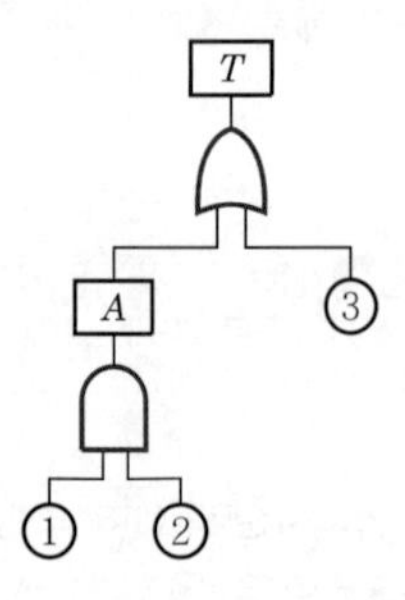

① 0.0002
② 0.0283
③ 0.0503
④ 0.9500

해설 $T=1-(1-A)(1-③)$
$=1-(1-①\times②)(1-③)$
$=1-(1-0.02\times0.015)\times(1-0.05)$
$=0.0503$

24 다음은 유해위험방지계획서의 제출에 관한 설명이다. (　　) 안의 들어갈 내용으로 옳은 것은?

> 산업안전보건법령상 "대통령령으로 정하는 사업의 종류 및 규모에 해당하는 사업으로서 해당 제품의 생산공정과 직접적으로 관련된 건설물 · 기계 · 기구 및 설비 등 일체를 설치 · 이전하거나 그 주요 구조부분을 변경하려는 경우"에 해당하는 사업주는 유해위험방지계획서에 관련 서류를 첨부하여 해당 작업 시작 (ⓐ)까지 공단에 (ⓑ)부를 제출하여야 한다.

① ⓐ 7일 전, ⓑ 2
② ⓐ 7일 전, ⓑ 4
③ ⓐ 15일 전, ⓑ 2
④ ⓐ 15일 전, ⓑ 4

해설 **유해위험방지계획서의 제출**
"대통령령으로 정하는 사업의 종류 및 규모에 해당하는 사업으로서 해당 제품의 생산공정과 직접적으로 관련된 건설물 · 기계 · 기구 및 설비 등 일체를 설치 · 이전하거나 그 주요 구조부분을 변경하려는 경우"에 해당하는 사업주는 유해위험방지계획서에 관련 서류를 첨부하여 해당 작업 시작 15일 전까지 공단에 2부를 제출하여야 한다.

25 다음 중 차폐효과에 대한 설명으로 옳지 않은 것은?

① 차폐음과 배음의 주파수가 가까울 때 차폐효과가 크다.
② 헤어드라이어 소음 때문에 전화음을 듣지 못한 것과 관련이 있다.
③ 유의적 신호와 배경 소음의 차이를 신호/소음(S/N) 비로 나타낸다.
④ 차폐효과는 어느 한 음 때문에 다른 음에 대한 감도가 증가되는 현상이다.

해설 **차폐효과(masking effect)**
차폐음(masking sound)의 방해로 인하여 신호음의 최소 가청치가 증가되는 현상으로, 어느 한 음 때문에 다른 음에 대한 감도가 감소되는 현상이다.

 정답 22.④ 23.③ 24.③ 25.④

26 그림과 같이 FTA로 분석된 시스템에서 현재 모든 기본사상에 대한 부품이 고장 난 상태이다. 부품 X_1부터 부품 X_5까지 순서대로 복구한다면 어느 부품을 수리 완료하는 시점에서 시스템이 정상 가동되는가?

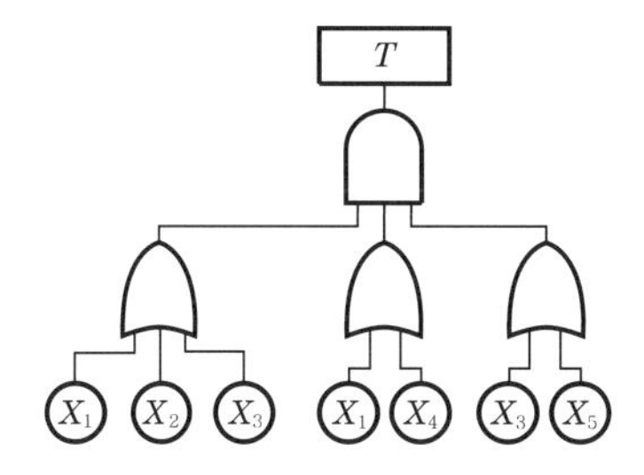

① 부품 X_2 ② 부품 X_3
③ 부품 X_4 ④ 부품 X_5

해설 부품 X_1부터 부품 X_5까지 순서대로 복구한다면 X_3이 복구되는 순간 시스템은 정상 가동된다. 이유는 상부는 AND 게이트, 하부는 OR 게이트로 연결되어 있으므로 OR 게이트는 1개 이상 입력되면 출력이 가능하므로 X_1, X_1, X_3만 복구되면 정상 가동된다.

27 THERP(Technique for Human Error Rate Prediction)의 특징에 대한 설명으로 옳은 것을 모두 고른 것은?

ⓐ 인간-기계 계(system)에서 여러 가지의 인간의 에러와 이에 의해 발생할 수 있는 위험성의 예측과 개선을 위한 기법
ⓑ 인간의 과오를 정성적으로 평가하기 위하여 개발된 기법
ⓒ 가지처럼 갈라지는 형태의 논리구조와 나무 형태의 그래프를 이용

① ⓐ, ⓑ
② ⓐ, ⓒ
③ ⓑ, ⓒ
④ ⓐ, ⓑ, ⓒ

해설 **THERP(인간 과오율 예측기법)**
인간-기계 계(system)에서 여러 가지의 인간의 에러와 이에 의해 발생할 수 있는 위험성의 예측과 개선을 위한 기법으로 인간의 과오(human error)를 정량적으로 평가하기 위하여 개발된 기법이다.

28 인간이 기계보다 우수한 기능으로 옳지 않은 것은? (단, 인공지능은 제외한다.)

① 암호화된 정보를 신속하게 대량으로 보관할 수 있다.
② 관찰을 통해서 일반화하여 귀납적으로 추리한다.
③ 항공사진의 피사체나 말소리처럼 상황에 따라 변화하는 복잡한 자극의 형태를 식별할 수 있다.
④ 수신상태가 나쁜 음극선관에 나타나는 영상과 같이 배경 잡음이 심한 경우에도 신호를 인지할 수 있다.

해설 **정보처리 및 의사결정**
㉮ 인간이 갖는 기계보다 우수한 기능
㉠ 보관되어 있는 적절한 정보를 회수(상기)
㉡ 다양한 경험을 토대로 의사결정
㉢ 어떤 운용방법이 실패할 경우, 다른 방법 선택
㉣ 원칙을 적용하여 다양한 문제를 해결
㉤ 관찰을 통해서 일반화하여 귀납적으로 추리
㉥ 주관적으로 추산하고 평가
㉦ 문제해결에 있어서 독창력을 발휘
㉯ 기계가 갖는 인간보다 우수한 기능
㉠ 암호화된 정보를 신속 · 정확하게 회수
㉡ 연역적으로 추리
㉢ 입력신호에 대해 신속하고 일관성 있는 반응
㉣ 명시된 프로그램에 따라 정량적인 정보처리
㉤ 물리적인 양을 계수하거나 측정

29 설비의 고장과 같이 발생확률이 낮은 사건의 특정시간 또는 구간에서의 발생횟수를 측정하는 데 가장 적합한 확률분포는?

① 이항분포(binomial distribution)
② 푸아송분포(Poisson distribution)
③ 와이블분포(Weibull distribution)
④ 지수분포(exponential distribution)

해설 **푸아송분포**
확률 및 통계학에서 모수는 모집단의 특성을 나타내는 수치를 말한다. 푸아송분포에서의 모수는 단위시간 또는 단위공간에서 평균발생횟수를 의미한다. 따라서 푸아송분포는 단위시간, 단위공간에 어떤 사건이 몇 번 발생할 것인지를 표현하는 이산확률분포이다.

26.② 27.② 28.① 29.② 정답

30 인간공학을 기업에 적용할 때의 기대효과로 볼 수 없는 것은?

① 노사 간의 신뢰 저하
② 작업손실시간의 감소
③ 제품과 작업의 질 향상
④ 작업자의 건강 및 안전 향상

해설 **인간공학의 기대효과(기여도)**
㉮ 제품과 작업의 질 향상
㉯ 성능 향상 및 훈련비용의 절감
㉰ 인력 이용률의 향상 및 사용자의 수용도 향상
㉱ 생산 및 정비 유지의 경제성 증대
㉲ 사고 및 오용으로부터의 손실 감소
㉳ 작업자의 건강 및 안전 향상
㉴ 이직률 및 작업손실시간의 감소

31 눈과 물체의 거리가 23cm, 시선과 직각으로 측정한 물체의 크기가 0.03cm일 때 시각(분)은 얼마인가? (단, 시각은 600 이하이며, radian 단위를 분으로 환산하기 위한 상수값은 57.3과 60을 모두 적용하여 계산하도록 한다.)

① 0.001 ② 0.007
③ 4.48 ④ 24.55

해설

$$\text{시각} = \frac{57.3 \times 60 \times \text{물체의 크기}}{\text{눈과의 거리}} = \frac{57.3 \times 60 \times 0.03}{23} = 4.48$$

32 인간 에러(human error)에 관한 설명으로 틀린 것은?

① Omission error : 필요한 작업 또는 절차를 수행하지 않는 데 기인한 에러
② Commission error : 필요한 작업 또는 절차의 수행지연으로 인한 에러
③ Extraneous error : 불필요한 작업 또는 절차를 수행함으로써 기인한 에러
④ Sequential error : 필요한 작업 또는 절차의 순서 착오로 인한 에러

해설 **인간 에러의 심리적인 분류(Swain)**
㉮ 생략적 에러(omission error) : 필요한 직무(task) 또는 절차를 수행하지 않는 데 기인한 과오(error)
㉯ 시간적 에러(time error) : 필요한 직무 또는 절차의 수행지연으로 인한 과오
㉰ 수행적 에러(commission error) : 필요한 직무 또는 절차의 불확실한 수행으로 인한 과오
㉱ 순서적 에러(sequential error) : 필요한 직무 또는 절차의 순서 착오로 인한 과오
㉲ 불필요한 에러(extraneous error) : 불필요한 직무 또는 절차를 수행함으로 인한 과오

33 산업안전보건기준에 관한 규칙상 "강렬한 소음작업"에 해당하는 기준은?

① 85데시벨 이상의 소음이 1일 4시간 이상 발생하는 작업
② 85데시벨 이상의 소음이 1일 8시간 이상 발생하는 작업
③ 90데시벨 이상의 소음이 1일 4시간 이상 발생하는 작업
④ 90데시벨 이상의 소음이 1일 8시간 이상 발생하는 작업

해설 **소음작업의 정의**
㉮ 소음작업 : 1일 8시간 작업을 기준으로 85dB 이상의 소음이 발생하는 작업
㉯ 강렬한 소음작업 : 다음의 어느 하나에 해당하는 작업
㉠ 90dB 이상의 소음이 1일 8시간 이상 발생하는 작업
㉡ 95dB 이상의 소음이 1일 4시간 이상 발생하는 작업
㉢ 100dB 이상의 소음이 1일 2시간 이상 발생하는 작업
㉣ 105dB 이상의 소음이 1일 1시간 이상 발생하는 작업
㉤ 110dB 이상의 소음이 1일 30분 이상 발생하는 작업
㉥ 115dB 이상의 소음이 1일 15분 이상 발생하는 작업
㉰ 충격소음작업 : 소음이 1초 이상의 간격으로 발생하는 작업으로서, 다음의 어느 하나에 해당하는 작업
㉠ 120dB을 초과하는 소음이 1일 1만회 이상 발생하는 작업
㉡ 130dB을 초과하는 소음이 1일 1천회 이상 발생하는 작업
㉢ 140dB을 초과하는 소음이 1일 1백회 이상 발생하는 작업

 정답 30.① 31.③ 32.② 33.④

34 컴퓨터 스크린 상에 있는 버튼을 선택하기 위해 커서를 이동시키는 데 걸리는 시간을 예측하는 데 가장 적합한 법칙은?

① Fitts의 법칙
② Lewin의 법칙
③ Hick의 법칙
④ Weber의 법칙

해설 **Fitts' 법칙의 수식**

동작시간은 과녁이 일정할 때는 거리의 로그함수이고, 거리가 일정할 때는 동작거리의 로그함수이다.

$$MT = a + b\log_2\frac{2D}{W}$$

여기서, MT : 동작을 완수하는 데 필요한 평균 시간
a, b : 실험상수로서 데이터를 측정하기 위해 직선을 측정하여 얻어진 실험치로 결정
D : 동작 시발점에서 과녁 중심까지의 거리
W : 표적의 폭

35 직무에 대하여 청각적 자극 제시에 대한 음성 응답을 하도록 할 때 가장 관련 있는 양립성은?

① 공간적 양립성
② 양식 양립성
③ 운동 양립성
④ 개념적 양립성

해설 **양립성**

정보입력 및 처리와 관련한 양립성은 인간의 기대와 모순되지 않는 자극들 간, 반응들 간 또는 자극반응조합의 관계를 말하는 것으로, 다음의 4가지가 있다.

㉮ 공간적 양립성 : 표시장치나 조종장치에서 물리적 형태나 공간적인 배치의 양립성
㉯ 운동 양립성 : 표시 및 조종장치, 체계반응에 대한 운동방향의 양립성
㉰ 개념적 양립성 : 사람들이 가지고 있는 개념적 연상(어떤 암호체계에서 청색이 정상을 나타내듯이)의 양립성
㉱ 양식 양립성 : 기계가 특정 음성에 대해 정해진 반응을 하는 경우의 양립성

36 NIOSH Lifting Guideline에서 권장무게한계(RWL) 산출에 사용되는 계수가 아닌 것은?

① 휴식계수 ② 수평계수
③ 수직계수 ④ 비대칭계수

해설 RWL＝23×HM×VM×DM×AM×FM×CM

㉮ HM : 수평계수(Horizontal Multiplier)
㉯ VM : 수직계수(Vertical Multiplier)
㉰ DM : 거리계수(Distance Multiplier)
㉱ AM : 비대칭계수(Asymmetric Multiplier)
㉲ FM : 빈도계수(Frequency Multiplier)
㉳ CM : 커플링계수(Coupling Multiplier)

37 Sanders와 McCormick의 의자 설계의 일반적인 원칙으로 옳지 않은 것은?

① 요부 후만을 유지한다.
② 조정이 용이해야 한다.
③ 등근육의 정적부하를 줄인다.
④ 디스크가 받는 압력을 줄인다.

해설 **의자 설계 시 고려해야 할 사항**

㉮ 등받이의 굴곡은 전단곡(요추의 굴곡)과 일치하여야 한다.
㉯ 정적인 부하와 고정된 작업 자세를 피해야 한다.
㉰ 좌면의 높이는 신장에 따라 조절 가능해야 한다.
㉱ 의자의 높이는 오금 높이보다 같거나 낮아야 한다.
㉲ 요추 전만(서 있을 때의 허리 S라인을 그대로 유지하는 것)을 유지한다.
㉳ 디스크의 압력을 줄이는 구조로 한다. 압력 때문에 다리 전체에 대한 혈액순환을 감소시킬 수 있다.

38 화학설비의 안정성 평가에서 정량적 평가의 항목에 해당되지 않는 것은?

① 훈련 ② 조작
③ 취급물질 ④ 화학설비 용량

해설 **정량적 평가 5항목**

㉮ 취급물질
㉯ 용량
㉰ 온도
㉱ 압력
㉲ 조작

34.① 35.② 36.① 37.① 38.① 정답

39 그림과 같이 신뢰도 95%인 펌프 A가 각각 신뢰도 90%인 밸브 B와 밸브 C의 병렬밸브계와 직렬계를 이룬 시스템의 실패확률은 약 얼마인가?

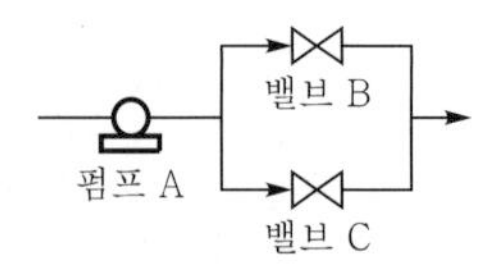

① 0.0091 ② 0.0595
③ 0.9405 ④ 0.9811

해설 신뢰도(R)=0.95×[1−(1−0.9)(1−0.9)]
=0.9405
불신뢰도=1−신뢰도
=1−0.9405=0.0595

40 FTA에서 사용되는 최소 컷셋에 관한 설명으로 옳지 않은 것은?

① 일반적으로 Fussell Algorithm을 이용한다.
② 정상사상(top event)을 일으키는 최소한의 집합이다.
③ 반복되는 사건이 많은 경우 Limnios와 Ziani Algorithm을 이용하는 것이 유리하다.
④ 시스템에 고장이 발생하지 않도록 하는 모든 사상의 집합이다.

해설 **컷셋과 패스셋**
㉮ 컷셋 : 그 속에 포함되어 있는 모든 기본사상이 일어났을 때에 정상사상을 일으키는 기본사상의 집합을 말한다.
㉯ 최소 컷셋(minimal cut set) : 중복되는 사상의 컷셋 중 다른 컷셋에 포함되는 셋을 제거한 컷셋과 중복되지 않는 사상의 컷셋을 합한 것이다.
㉰ 패스셋 : 시스템 내에 포함되는 모든 기본사상이 일어나지 않으면 Top 사상을 일으키지 않는 기본집합이다.
㉱ 최소 패스셋(minimal pass set) : 어떤 고장이나 패스를 일으키지 않으면 재해가 일어나지 않는다는 것, 즉 시스템의 신뢰성을 나타낸다. 다시 말하면 미니멀 패스셋은 시스템의 기능을 살리는 요인의 집합이라고 할 수 있다.

≫ 제3과목 기계위험 방지기술

41 산업안전보건법령상 양중기를 사용하여 작업하는 운전자 또는 작업자가 보기 쉬운 곳에 해당 양중기에 대해 표시하여야 할 내용으로 가장 거리가 먼 것은? (단, 승강기는 제외한다.)

① 정격하중
② 운전속도
③ 경고표시
④ 최대인양높이

해설 양중기(승강기는 제외)를 사용하여 작업하는 운전자 또는 작업자가 보기 쉬운 곳에 표시하여야 할 사항은 다음과 같다.
㉮ 정격하중
㉯ 운전속도
㉰ 경고표시

42 롤러기의 급정지장치에 관한 설명으로 가장 적절하지 않은 것은?

① 복부 조작식은 조작부 중심점을 기준으로 밑면으로부터 1.2~1.4m 이내의 높이로 설치한다.
② 손 조작식은 조작부 중심점을 기준으로 밑면으로부터 1.8m 이내의 높이로 설치한다.
③ 급정지장치의 조작부에 사용하는 줄은 사용 중에 늘어져서는 안 된다.
④ 급정지장치의 조작부에 사용하는 줄은 충분한 인장강도를 가져야 한다.

해설 **급정지장치의 설치거리**

급정지장치 조작부의 종류	위 치
손으로 조작하는 것	밑면으로부터 1.8m 이내
복부로 조작하는 것	밑면으로부터 0.8m 이상 1.1m 이내
무릎으로 조작하는 것	밑면으로부터 0.4m 이상 0.6m 이내

 정답 39.② 40.④ 41.④ 42.①

43 연삭기의 안전작업수칙에 대한 설명 중 가장 거리가 먼 것은?

① 숫돌의 정면에 서서 숫돌 원주면을 사용한다.
② 숫돌 교체 시 3분 이상 시운전을 한다.
③ 숫돌의 회전은 최고 사용 원주속도를 초과하여 사용하지 않는다.
④ 연삭숫돌에 충격을 가하지 않는다.

해설 **연삭기 작업 시의 안전작업수칙**
㉮ 작업시작 전에 1분 이상 시운전하고, 숫돌 교체 시는 3분 이상 시운전할 것
㉯ 연삭숫돌의 최고 사용 원주속도(회전속도)를 초과하여 사용하지 말 것
㉰ 숫돌차의 정면에 서지 말고 측면으로 비켜서서 숫돌 원주면을 사용하여 작업할 것
㉱ 연삭숫돌에 충격을 주지 않도록 할 것
㉲ 연삭숫돌의 회전속도 시험은 제조 후 규정속도의 1.5배로 안전시험을 할 것
㉳ 숫돌차의 안지름은 축의 지름보다 0.05~0.15mm 정도 커야 한다.
㉴ 숫돌차를 시운전할 때에는 숫돌의 외관검사를 하고 지정된 사람이 실시할 것

44 롤러기 가드와 위험점 간의 거리가 100mm일 경우 ILO 규정에 의한 가드 개구부의 안전간격은?

① 11mm ② 21mm
③ 26mm ④ 31mm

해설 $Y=6+0.15X=6+0.15\times100=21\text{mm}$
여기서, Y : 안전간격(가드 개구부 틈새)
X : 안전거리

45 지게차의 포크에 적재된 화물이 마스트 후방으로 낙하함으로서 근로자에게 미치는 위험을 방지하기 위하여 설치하는 것은?

① 헤드가드 ② 백레스트
③ 낙하방지장치 ④ 과부하방지장치

해설 **백레스트(backrest)**
지게차로 화물 또는 부재 등이 적재된 팔레트를 싣거나 이동하기 위하여 마스트를 뒤로 기울일 때 화물이 마스트 방향으로 떨어지는 것을 방지하기 위한 짐받이 틀을 말한다.

46 산업안전보건법령상 프레스 및 전단기에서 안전블록을 사용해야 하는 작업으로 가장 거리가 먼 것은?

① 금형 가공작업
② 금형 해체작업
③ 금형 부착작업
④ 금형 조정작업

해설 **안전블록**
프레스기의 금형을 부착·해체 또는 조정하는 작업을 할 때, 근로자의 신체 일부가 위험한계에 들어가게 되면, 슬라이드가 갑자기 작동함으로써 발생하는 근로자의 위험을 방지하기 위해 설치하는 방호장치이다.

47 다음 중 기계설비의 안전조건에서 안전화의 종류로 가장 거리가 먼 것은?

① 재질의 안전화
② 작업의 안전화
③ 기능의 안전화
④ 외형의 안전화

해설 **기계설비의 안전조건**
㉮ 외형의 안전화
㉯ 구조적 안전화
㉰ 기능의 안전화
㉱ 작업의 안전화
㉲ 작업점의 안전화
㉳ 보전작업의 안전화

48 다음 중 비파괴검사법으로 틀린 것은?

① 인장검사
② 자기탐상검사
③ 초음파탐상검사
④ 침투탐상검사

해설 **비파괴검사의 종류**
㉮ 육안검사
㉯ 초음파탐상검사
㉰ 방사선투과검사
㉱ 탐상검사(자기탐상검사, 침투탐상검사, 와류탐상검사)
㉲ 누설검사
㉳ 음향검사
㉴ 침투검사

43.① 44.② 45.② 46.① 47.① 48.① 정답

49 산업안전보건법령상 아세틸렌 용접장치를 사용하여 금속의 용접 · 용단 또는 가열작업을 하는 경우 게이지압력은 얼마를 초과하는 압력의 아세틸렌을 발생시켜 사용하면 안 되는가?

① 98kPa ② 127kPa
③ 147kPa ④ 196kPa

해설 **아세틸렌 발생기실의 설치장소**
㉮ 발생기는 전용의 발생기실 내에 설치할 것
㉯ 발생기실은 건물의 최상층에 위치하여야 하며 화기 사용 설비로부터 3m를 초과하는 장소에 설치한다.
㉰ 발생기실을 옥외에 설치한 때는 그 개구부를 다른 건축물로부터 1.5m 이상 떨어지도록 한다.
㉱ 아세틸렌 용접장치를 사용하여 금속의 용접 · 용단 또는 가열작업을 하는 경우에는 게이지압력이 127kPa을 초과하는 아세틸렌을 발생시켜서는 아니 된다.

50 산업안전보건법령상 산업용 로봇으로 인하여 근로자에게 발생할 수 있는 부상 등의 위험이 있는 경우 위험을 방지하기 위하여 울타리를 설치할 때 높이는 최소 몇 m 이상으로 해야 하는가? (단, 산업표준화법 및 국제적으로 통용되는 안전기준은 제외한다.)

① 1.8 ② 2.1
③ 2.4 ④ 1.2

해설 **산업용 로봇에 의한 작업 시 안전조치사항**
㉮ 로봇의 운전으로 인하여 근로자에게 발생할 수 있는 부상 등의 위험을 방지하기 위하여 높이 1.8m 이상의 울타리(로봇의 가동범위 등을 고려하여 높이로 인한 위험성이 없는 경우에는 높이를 그 이하로 조절할 수 있다)를 설치한다.
㉯ 작업을 하고 있는 동안 로봇의 기동스위치 등은 작업에 종사하고 있는 근로자가 아닌 사람이 그 스위치 등을 조작할 수 없도록 필요한 조치를 한다.
㉰ 로봇의 조작방법 및 순서, 작업 중 매니퓰레이터의 속도 등에 관한 지침에 따라 작업을 하여야 한다.
㉱ 작업에 종사하고 있는 근로자 또는 그 근로자를 감시하는 사람은 이상을 발견하면 즉시 로봇의 운전을 정지시키기 위한 조치를 하여야 한다.

51 크레인의 사용 중 하중이 정격을 초과하였을 때 자동적으로 상승이 정지되는 장치는?

① 해지장치 ② 이탈방지장치
③ 아우트리거 ④ 과부하방지장치

해설 ① 해지장치 : 훅걸이용 와이어로프 등이 훅으로부터 벗겨지는 것을 방지하기 위한 장치
② 이탈방지장치 : 순간풍속이 30m/s를 초과하는 바람이 불어올 우려가 있을 때는 옥외 설치 주행 크레인에 대하여 이탈을 방지하기 위한 장치
③ 아우트리거(outrigger) : 크레인의 전도를 방지하기 위한 전도방지용 지지대
④ 과부하방지장치 : 정격하중 이상의 하중 부하 시 자동으로 상승 정지되면서 경보음 · 경보등을 발생하는 장치

52 선반작업 시 안전수칙으로 가장 적절하지 않은 것은?

① 기계에 주유 및 청소 시 반드시 기계를 정지시키고 한다.
② 칩 제거 시 브러시를 사용한다.
③ 바이트에는 칩 브레이커를 설치한다.
④ 선반의 바이트는 끝을 길게 장치한다.

해설 **선반작업 시 안전작업수칙**
㉮ 공작물의 길이가 직경의 12배 이상으로 가늘고 길 때는 방진구(공작물의 고정에 사용)를 사용하여 진동을 막을 것
㉯ 보링작업 중 구멍 속에 손가락을 넣지 않을 것
㉰ 칩이나 부스러기를 제거할 때는 반드시 브러시를 사용할 것
㉱ 작업 중 절삭칩이 눈에 들어가지 않도록 보안경을 착용하고, 장갑을 착용하지 않을 것
㉲ 시동 전에 심압대가 잘 죄어져 있는가를 확인할 것
㉳ 선반기계를 정지시켜야 할 경우
  ㉠ 치수를 측정할 경우
  ㉡ 백기어(back gear)를 넣거나 풀 경우
  ㉢ 주축을 변속할 경우
  ㉣ 기계에 주유 및 청소를 할 경우
㉴ 바이트는 가급적 짧게 설치하여 진동이나 휨을 막을 것
㉵ 회전부에 손을 대지 않을 것
㉶ 선반의 베드 위에 공구를 놓지 않을 것
㉷ 일감의 센터 구멍과 센터는 반드시 일치시킬 것
㉸ 공작물의 설치가 끝나면 척에서 렌치류는 제거시킬 것
㉹ 상의 옷자락은 안으로 넣고, 소맷자락을 묶을 때는 끈을 사용하지 않을 것

 정답 49.② 50.① 51.④ 52.④

53 인간이 기계 등의 취급을 잘못해도 그것이 바로 사고나 재해와 연결되는 일이 없는 기능을 의미하는 것은?

① Fail safe
② Fail active
③ Fail operational
④ Fool proof

해설 **페일 세이프와 풀 프루프**

㉮ 페일 세이프(fail safe) : 인간이나 기계 등에 과오나 동작상의 실수가 있더라도 사고 · 재해를 발생시키지 않도록 철저하게 2중, 3중으로 통제를 가하는 것을 말한다. 기능면에서의 분류는 다음과 같다.
  ㉠ Fail passive : 부품이 고장 나면 기계가 정지하는 방향으로 이동
  ㉡ Fail active : 부품이 고장 나면 경보가 울리며 잠시 계속 운전이 가능
  ㉢ Fail operational : 부품이 고장 나도 추후에 보수가 될 때까지 안전기능 유지
㉯ 풀 프루프(fool proof) : 인간이 기계 등의 취급을 잘못해도 그것이 바로 사고로 연결되는 일이 없도록 하는 기능을 말한다.

54 산업안전보건법령상 컨베이어를 사용하여 작업을 할 때 작업시작 전 점검사항으로 가장 거리가 먼 것은?

① 원동기 및 풀리(pulley) 기능의 이상 유무
② 이탈 등의 방지장치 기능의 이상 유무
③ 유압장치의 기능의 이상 유무
④ 비상정지장치 기능의 이상 유무

해설 **컨베이어의 작업시간 전 점검사항**

㉮ 원동기 및 풀리(pulley) 기능의 이상 유무
㉯ 이탈 등의 방지장치 기능의 이상 유무
㉰ 비상정지장치 기능의 이상 유무
㉱ 원동기 · 회전축 · 기어 및 풀리 등의 덮개 또는 울 등의 이상 유무

55 다음 중 기계설비에서 반대로 회전하는 두 개의 회전체가 맞닿는 사이에 발생하는 위험점으로 가장 적절한 것은?

① 물림점 ② 협착점
③ 끼임점 ④ 절단점

해설 **기계설비의 잠재적인 위험점**

㉮ 협착점(squeeze-point) : 왕복운동을 하는 동작부분과 움직임이 없는 고정부분 사이에 형성되는 위험점이다.
  예 프레스, 절단기, 성형기, 굽힘기계 등
㉯ 끼임점(shear-point) : 회전운동을 하는 동작부분과 움직임이 없는 고정부분 사이에 형성되는 위험점이다.
  예 프레임 암의 요동운동을 하는 기계부분, 교반기의 날개와 하우징, 연삭숫돌의 작업대 등
㉰ 절단점(cutting-point) : 회전하는 기계의 운동부분과 기계 자체와의 위험이 형성되는 위험점이다.
  예 밀링의 커터, 목재가공용 둥근톱이나 띠톱의 톱날 등
㉱ 물림점(nip-point) : 회전하는 두 회전체에 물려 들어가는 위험점으로, 두 회전체는 서로 반대방향으로 맞물려 회전해야 한다.
  예 롤러와 롤러의 물림, 기어와 기어의 물림 등
㉲ 접선물림점(tangential nip-point) : 회전하는 부분의 접선방향으로 물려 들어가 위험이 존재하는 점을 말한다.
  예 V벨트와 풀리, 체인과 스프로킷, 랙과 피니언 등
㉳ 회전말림점(trapping-point) : 회전하는 물체의 길이, 굵기, 속도 등의 불규칙 부위와 돌기 회전 부위에 의해 머리카락, 장갑 및 작업복 등이 말려들 위험이 형성되는 점이다.
  예 축, 커플링, 회전하는 공구(드릴 등) 등

56 산업안전보건법령상 산업용 로봇의 작업시작 전 점검사항으로 가장 거리가 먼 것은?

① 외부 전선의 피복 또는 외장의 손상 유무
② 압력방출장치의 이상 유무
③ 매니퓰레이터 작동 이상 유무
④ 제동장치 및 비상정지장치의 기능

해설 **로봇의 교시 등의 작업 시 작업시작 전 점검사항**

㉮ 외부 전선의 피복 또는 외장의 손상 유무
㉯ 매니퓰레이터(Manipulator) 작동의 이상 유무
㉰ 제동장치 및 비상정지장치의 기능

57 프레스 작동 후 슬라이드가 하사점에 도달할 때까지의 소요시간이 0.5s일 때 양수기동식 방호장치의 안전거리는 최소 얼마인가?

① 200mm ② 400mm
③ 600mm ④ 800mm

53.④ 54.③ 55.① 56.② 57.④ 정답

해설 기계의 작동 직후 손이 위험지역에 들어가지 못하도록 위험지역으로부터 다음에 정하는 안전거리 이상에 설치해야 한다.
안전거리(cm)
=160×프레스 작동 후 작업점까지의 도달시간(초)
=160×0.5=80cm=800mm

58 산업안전보건법령상 보일러의 과열을 방지하기 위하여 최고사용압력과 상용압력 사이에서 보일러의 버너 연소를 차단하여 정상압력으로 유도하는 방호장치로 가장 적절한 것은?

① 압력방출장치 ② 고저수위조절장치
③ 언로드밸브 ④ 압력제한스위치

해설 **보일러의 방호장치**
㉮ 압력방출장치 : 최고사용압력 이하에서 자동적으로 밸브가 열려서 증기를 외부로 분출시켜 증기 상승 압력을 방지하는 장치
㉯ 고저수위조절장치 : 보일러 내의 수위가 최저 또는 최고 한계에 도달하였을 경우 자동적으로 경보를 발하는 동시에 단수 또는 급수에 의해 수위를 조절하는 장치
㉰ 압력제한스위치 : 상용압력 이상으로 압력 상승 시 보일러의 과열 방지를 위해 버너의 연소 차단 등 열원을 제거하여 정상압력으로 유도하는 장치
㉱ 화염검출기 : 연소실 내의 화염을 검출하여 이상화염 발생 시 연료공급을 중단하는 장치
③ 언로드밸브(unloading valve) : 공기압축기의 방호장치로 토출압력을 일정하게 유지하기 위해 공기압축기의 작동을 조정하는 장치(밸브형, 접점형이 있음)를 말한다.

59 둥근톱 기계의 방호장치 중 반발예방장치의 종류로 틀린 것은?

① 분할날
② 반발방지기구(finger)
③ 보조 안내판
④ 안전덮개

해설 **둥근톱 기계의 방호장치**
㉮ 톱날접촉예방장치 : 덮개
㉯ 반발예방장치 : 분할날, 반발방지기구(finger), 보조 안내판

60 산업안전보건법령상 형삭기(slotter, shaper)의 주요 구조부로 가장 거리가 먼 것은? (단, 수치제어식은 제외)

① 공구대 ② 공작물 테이블
③ 램 ④ 아버

해설 **형삭기와 밀링기**
㉮ 형삭기(slotter, shaper) : 공작물을 테이블 위에 고정시키고 램(ram)에 의하여 절삭공구가 수평 또는 상·하 운동하면서 공작물을 절삭하는 공작기계를 말하며, 주요 구조부는 다음과 같다.
㉠ 공작물 테이블
㉡ 공구대
㉢ 공구공급장치(수치제어식으로 한정한다)
㉣ 램
㉯ 밀링기 : 여러 개의 절삭날이 부착된 절삭공구의 회전운동을 이용하여 고정된 공작물을 가공하는 공작기계를 말하며, 주요 구조부는 다음과 같다.
㉠ 칼럼(기둥)
㉡ 공작물 테이블
㉢ 아버
㉣ 공구공급장치(머시닝센터로 한정한다)

≫ 제4과목 전기위험 방지기술

61 피뢰기가 구비하여야 할 조건으로 틀린 것은?

① 제한전압이 낮아야 한다.
② 상용주파 방전개시전압이 높아야 한다.
③ 충격 방전개시전압이 높아야 한다.
④ 속류차단능력이 충분하여야 한다.

해설 **피뢰기의 성능**
㉮ 반복작동이 가능할 것
㉯ 구조가 견고하며, 특성이 변화하지 않을 것
㉰ 점검, 보수가 간단할 것
㉱ 충격 방전개시전압과 제한전압이 낮을 것(피뢰기의 충격 방전개시전압=공칭전압×4.5배)
㉲ 뇌전류의 방전능력이 크고, 속류의 차단이 확실하게 될 것
㉳ 상용주파 방전개시전압이 높아야 한다.

 정답 58.④ 59.④ 60.④ 61.③

62 정전기의 발생현상에 포함되지 않는 것은?

① 파괴에 의한 발생
② 분출에 의한 발생
③ 전도대전
④ 유동에 의한 대전

해설 **정전기 대전현상**

㉮ 마찰대전 : 최소 에너지에 의해 자유전자가 방출 · 흡입되면서 정전기 발생
㉯ 유동대전
 ㉠ 관벽과 액체 사이에서 발생
 ㉡ 액체의 유동속도가 정전기 발생에 영향을 줌
 ㉢ 배관 내의 유체에 대한 제한유속, 유속 1m/s 이하로 제한(가솔린이나 벤젠)
㉰ 박리대전 : 밀착되었던 두 물체가 떨어질 때, 기계적 에너지에 의해서 자유전자가 이동됨으로써 정전기가 발생하며 보통 마찰대전보다 큰 정전기를 발생한다.
㉱ 충돌대전
 ㉠ 물체의 입자 상호간의 충돌
 ㉡ 물체의 입자와 다른 고체의 충돌
 ㉢ 급속한 분리 · 접촉 현상이 일어나서 정전기 발생
㉲ 분출대전
 ㉠ 기체 · 액체 및 분체류가 단면적이 작은 분출구를 통과할 때
 ㉡ 물체와 분출관과의 마찰에 의해 정전기 발생
 ㉢ 이때 분출되는 물질의 구성입자들 사이의 충돌에 의해 발생되는 정전기도 많다.
㉳ 기타 대전 : 파괴대전, 교반 및 침강대전, 비말대전 등이 있다.

63 방폭기기에 별도의 주위온도 표시가 없을 때 방폭기기의 주위온도 범위는? (단, 기호 "X"의 표시가 없는 기기이다.)

① 20~40℃ ② −20~40℃
③ 10~50℃ ④ −10~50℃

해설 방폭기기에 별도의 주위온도 표시가 없을 때 방폭기기의 주위온도 범위는 (−20~+40)℃의 주위온도 범위에서 사용할 수 있도록 설계되어야 하며, 이 경우에는 주위온도에 관한 추가 표시는 필요하지 않다. 다만, 상기 (−20~+40)℃ 이외의 주위온도 범위에서 사용하기 위해 설계된 경우, 특수형으로 간주하여 제조자가 명시한 주위온도 범위에 따라 시험한 후 인증서에 주위온도 범위를 명시해야 한다. 인증서에 사용온도 조건을 표시할 때에는 해당 주위온도의 범위와 함께 Ta 또는 Tamb 중 하나로 표시해야 하며, 이러한 표시가 곤란할 경우, X 기호를 합격번호 뒤에 표시한다.

64 정전기로 인한 화재 및 폭발을 방지하기 위하여 조치가 필요한 설비가 아닌 것은?

① 드라이클리닝설비
② 위험물 건조설비
③ 화약류 제조설비
④ 위험기구의 제전설비

해설 **정전기로 인한 화재 폭발 등 방지**

다음의 설비를 사용할 때에 정전기에 의한 화재 또는 폭발 등의 위험이 발생할 우려가 있는 경우에는 해당 설비에 대하여 확실한 방법으로 접지를 하거나, 도전성 재료를 사용하거나 가습 및 점화원이 될 우려가 없는 제전(除電)장치를 사용하는 등 정전기의 발생을 억제하거나 제거하기 위하여 필요한 조치를 하여야 한다.

㉮ 위험물을 탱크로리 · 탱크차 및 드럼 등에 주입하는 설비
㉯ 탱크로리 · 탱크차 및 드럼 등 위험물 저장설비
㉰ 인화성 액체를 함유하는 도료 및 접착제 등을 제조 · 저장 · 취급 또는 도포(塗布)하는 설비
㉱ 위험물 건조설비 또는 그 부속설비
㉲ 인화성 고체를 저장하거나 취급하는 설비
㉳ 드라이클리닝설비, 염색가공설비 또는 모피류 등을 씻는 설비 등 인화성 유기용제를 사용하는 설비
㉴ 유압, 압축공기 또는 고전위정전기 등을 이용하여 인화성 액체나 인화성 고체를 분무하거나 이송하는 설비
㉵ 고압가스를 이송하거나 저장 · 취급하는 설비
㉶ 화약류 제조설비
㉷ 발파공에 장전된 화약류를 점화시키는 경우에 사용하는 발파기(발파공을 막는 재료로 물을 사용하거나 갱도발파를 하는 경우는 제외한다)

65 300A의 전류가 흐르는 저압 가공전선로의 1선에서 허용 가능한 누설전류(mA)는?

① 600
② 450
③ 300
④ 150

해설

$$\text{누설전류} = \text{최대공급전류} \times \frac{1}{2{,}000} = 300 \times \frac{1}{2{,}000} = 0.15\text{A} = 150\text{mA}$$

66 산업안전보건기준에 관한 규칙 제319조에 따라 감전될 우려가 있는 장소에서 작업을 하기 위해서는 전로를 차단하여야 한다. 전로 차단을 위한 시행 절차 중 틀린 것은?

① 전기기기 등에 공급되는 모든 전원을 관련 도면, 배선도 등으로 확인
② 각 단로기를 개방한 후 전원 차단
③ 단로기 개방 후 차단장치나 단로기 등에 잠금장치 및 꼬리표를 부착
④ 잔류전하 방전 후 검전기를 이용하여 작업대상 기기가 충전되어 있는지 확인

해설 **전로의 차단 절차**
㉮ 전기기기 등에 공급되는 모든 전원을 관련 도면, 배선도 등으로 확인할 것
㉯ 전원을 차단한 후 각 단로기 등을 개방하고 확인할 것
㉰ 차단장치나 단로기 등에 잠금장치 및 꼬리표를 부착할 것
㉱ 개로된 전로에서 유도전압 또는 전기에너지가 축적되어 근로자에게 전기 위험을 끼칠 수 있는 전기기기 등은 접촉하기 전에 잔류전하를 완전히 방전시킬 것
㉲ 검전기를 이용하여 작업대상 기기가 충전되었는지를 확인할 것
㉳ 전기기기 등이 다른 노출 충전부와의 접촉, 유도 또는 예비동력원의 역송전 등으로 전압이 발생할 우려가 있는 경우에는 충분한 용량을 가진 단락접지기구를 이용하여 접지할 것

67 유자격자가 아닌 근로자가 방호되지 않은 충전전로 인근의 높은 곳에서 작업할 때에 근로자의 몸은 충전전로에서 몇 cm 이내로 접근할 수 없도록 하여야 하는가? (단, 대지전압이 50kV이다.)

① 50 ② 100
③ 200 ④ 300

해설 유자격자가 아닌 근로자가 충전전로 인근의 높은 곳에서 작업할 때에 근로자의 몸 또는 긴 도전성 물체가 방호되지 않은 충전전로에서 대지전압이 50kV 이하인 경우에는 300cm 이내로, 대지전압이 50kV를 넘는 경우에는 10kV당 10cm씩 더한 거리 이내로 각각 접근할 수 없도록 한다.

68 다음 중 정전기의 재해 방지대책으로 틀린 것은?

① 설비의 도체 부분을 접지
② 작업자는 정전화를 착용
③ 작업장의 습도를 30% 이하로 유지
④ 배관 내 액체의 유속 제한

해설 **정전기의 재해 방지대책**
㉮ 정전기 대전 방지대책
　㉠ 접지(接地)
　㉡ 본딩(bonding)
　㉢ 배관 내 액체의 유속 제한
　　• 저항률이 1,010Ω · m 미만인 도전성 위험물은 1m/s 이하로 한다.
　　• 저항률이 1,010Ω · m 이상인 위험물은 1m/s 이하로 한다.
㉯ 인체의 대전 방지(보호구 착용)
　㉠ 정전화 착용
　㉡ 정전작업복 착용
㉰ 대전방지제 사용
㉱ 가습(상대습도는 70% 이상으로 유지)
㉲ 제전제 및 제전기 사용

69 변압기의 중성점을 제2종 접지한 수전전압 22.9kV, 사용전압 220V인 공장에서 외함을 제3종 접지공사를 한 전동기가 운전 중에 누전되었을 경우에 작업자가 접촉될 수 있는 최소 전압은 약 몇 V인가? (단, 1선 지락전류 10A, 제3종 접지저항 30Ω, 인체저항 10,000Ω이다.)

① 116.7
② 127.5
③ 146.7
④ 165.6

해설 **위 문제는 한국전기설비규정(KEC)에서 종별 접지(1종, 2종, 3종, 특3종) 설계방식이 폐지됨에 따라, 더는 출제되지 않는 유형입니다.**

 정답 66.② 67.④ 68.③ 69.③

70 가스(발화온도 120℃)가 존재하는 지역에 방폭기기를 설치하고자 한다. 설치가 가능한 기기의 온도 등급은?

① T_2　② T_3
③ T_4　④ T_5

해설 방폭전기기기의 최고표면온도 등급 기호

온도 등급 기호	전기설비 표면온도(℃)
T_1	450℃ 이상
T_2	300℃ 이상
T_3	200℃ 이상
T_4	135℃ 이상
T_5	100℃ 이상
T_6	85℃ 이상

71 제전기의 종류가 아닌 것은?

① 전압인가식 제전기
② 정전식 제전기
③ 방사선식 제전기
④ 자기방전식 제전기

해설 제전기의 종류
㉮ 전압인가식 제전기 : 방전전극에 약 7,000V의 전압을 인가하면 공기가 전리되어 코로나 방전을 일으키는데, 이때 발생한 이온으로 대전체의 전하를 중화시키는 방법이다.
㉯ 자기방전식 제전기 : 스테인리스, 카본, 도전성 섬유 등에 의해 작은 코로나 방전을 일으켜서 제전하는 방법이다.
㉠ 장점 : 50kV 내외의 높은 대전을 제거한다.
㉡ 단점 : 2kV 안팎의 대전이 남는다.
㉰ 방사선식 제전기 : 방사선의 기체 전리작용을 이용하여 제전에 필요한 이온을 만들어내는 제전기이다. 사용 시 방사선에 의해 피제전물체의 물성변화가 일어나거나 작업자에 대해서 방사선 장해를 일으키는 경우가 있으므로 유의해야 한다.

72 정전기 방전현상에 해당되지 않는 것은?

① 연면 방전
② 코로나 방전
③ 낙뢰 방전
④ 스팀 방전

해설 정전기 방전현상
㉮ 코로나 방전 : 스파크 방전을 억제시킨 접지돌기형의 도체와 평판의 도체 표면 사이에 전압 상승으로 인하여 공기 중으로 방전하는 것(돌기부에서 발생하기 쉽고 이때 발광현상과 방전에너지가 작기 때문에 재해원인은 적음).
㉯ 스트리머 방전 : 브러시(brush) 코로나에서 다소 강해져서 파괴음과 발광을 수반하는 방전(공기 중에서 나뭇가지 형태의 발광형태로 점화원이 되기도 하고 전격을 일으키기도 함)
㉰ 불꽃 방전 : 전극 간의 전압을 더욱 상승시키면 코로나 방전에 의한 도전로(導電路)를 통하여 강한 빛과 소리를 발하며 공기절연이 완전 파괴되거나 단락되는 과도현상(전압이 높으면 아크 방전으로 발전)
㉱ 연면 방전 : 부도체의 표면을 따라서 발생하는 방전으로 별표 마크를 가지는 나뭇가지 형태의 발광을 수반하는 방전(큰 출력의 도전용 벨트, 항공기의 플라스틱제 창 등 주로 기계적 마찰에 의하여 큰 표면에 높은 전하밀도를 조성시킬 때 발생하며 액체 또는 고체 절연체와 기계 사이의 경계에 따른 방전으로 부도체의 대전량이 극히 큰 경우와 대전된 부도체의 표면 가까이에 접지체가 있는 경우 발생하기 쉽고 방전에너지가 큰 방전으로서 불꽃 방전과 더불어 착화원 및 전격을 일으킬 확률이 대단히 큼)
㉲ 뇌상 방전 : 공기 중에 뇌상으로 부유하는 대전입자의 규모가 커졌을 때에 대전운에서 번개형의 발광을 수반하여 발생하는 방전

73 전로에 지락이 생겼을 때에 자동적으로 전로를 차단하는 장치를 시설해야 하는 전기기계의 사용전압 기준은? (단, 금속제 외함을 가지는 저압의 기계기구로서 사람이 쉽게 접촉할 우려가 있는 곳에 시설되어 있다.)

① 30V 초과
② 50V 초과
③ 90V 초과
④ 150V 초과

해설 지락차단장치 설치대상
금속제 외함을 가지는 사용전압 50V를 넘는 저압의 기계기구로 접촉할 우려가 있는 전로에는 지기가 생겼을 때 자동으로 전로를 차단하는 장치를 설치하여야 한다.

70.④ 71.② 72.④ 73.② 정답

74 정전용량 $C=20\mu$F, 방전 시 전압 $V=$ 2kV일 때 정전에너지(J)는?

① 40 ② 80
③ 400 ④ 800

해설 정전에너지 $E=\frac{1}{2}CV^2$
여기서, C : 정전용량(F, 1F=$10^6\mu$F)
V : 대전전위(전압, V)
$\therefore\ E=\frac{1}{2}\times(20\times10^{-6})\times(2,000)^2=40\text{J}$

75 전로에 시설하는 기계 · 기구의 금속제 외함에 접지공사를 하지 않아도 되는 경우로 틀린 것은?

① 저압용의 기계 · 기구를 건조한 목재의 마루 위에서 취급하도록 시설한 경우
② 외함 주위에 적당한 절연대를 설치한 경우
③ 교류 대지전압이 300V 이하인 기계 · 기구를 건조한 곳에 시설한 경우
④ 전기용품 및 생활용품 안전관리법의 적용을 받는 2중 절연구조로 되어 있는 기계 · 기구를 시설하는 경우

해설 **전기 기계 · 기구의 접지 제외**
㉮ 이중절연구조 또는 이와 같은 수준 이상으로 보호되는 전기 기계 · 기구
㉯ 절연대 위 등과 같이 감전 위험이 없는 장소에서 사용하는 전기 기계 · 기구
㉰ 비접지방식의 전로(그 전기 기계 · 기구의 전원측의 전로에 설치한 절연변압기의 2차 전압이 300V 이하, 정격용량이 3kVA 이하이고 그 절연전압기의 부하측의 전로가 접지되어 있지 아니한 것으로 한정한다)에 접속하여 사용되는 전기 기계 · 기구

76 전기설비의 방폭구조의 종류가 아닌 것은?

① 근본방폭구조
② 압력방폭구조
③ 안전증방폭구조
④ 본질안전방폭구조

해설 **방폭구조의 종류**
㉮ 내압방폭구조
㉯ 압력방폭구조
㉰ 유입방폭구조
㉱ 안전증방폭구조
㉲ 본질안전방폭구조
㉳ 몰드방폭구조
㉴ 충전방폭구조
㉵ 비점화방폭구조

77 작업자가 교류전압 7,000V 이하의 전로에 활선 근접작업 시 감전사고 방지를 위한 절연용 보호구는?

① 고무절연관 ② 절연시트
③ 절연커버 ④ 절연안전모

해설 **절연용 보호구**
절연안전모, 절연장갑, 절연용 안전화, 절연복 등

78 방폭전기기기에 "Ex ia ⅡC T_4 Ga"라고 표시되어 있다. 해당 기기에 대한 설명으로 틀린 것은?

① 정상작동, 예상된 오작동 또는 드문 오작동 중에 점화원이 될 수 없는 "매우 높은" 보호등급의 기기이다.
② 온도 등급이 T_4이므로 최고표면온도가 150℃를 초과해서는 안 된다.
③ 본질안전방폭구조로 0종 장소에서 사용이 가능하다.
④ 수소 및 아세틸렌 등의 가스가 존재하는 곳에 사용이 가능하다.

해설 **방폭전기기기의 최고표면온도 등급 기호**

온도 등급 기호	전기설비 표면온도(℃)
T_1	450℃ 이상
T_2	300℃ 이상
T_3	200℃ 이상
T_4	135℃ 이상
T_5	100℃ 이상
T_6	85℃ 이상

※ 표에서 보는 것과 같이 T_4 등급은 135℃ 이상 200℃ 미만에 사용된다.

 정답 74.① 75.③ 76.① 77.④ 78.②

79 Dalziel에 의하여 동물실험을 통해 얻어진 전류값을 인체에 적용했을 때 심실세동을 일으키는 전기에너지(J)는 약 얼마인가? (단, 인체 전기저항은 500Ω으로 보며, 흐르는 전류 $I=\frac{165}{\sqrt{T}}$ mA로 한다.)

① 9.8
② 13.6
③ 19.6
④ 27

해설 $I=\frac{165}{\sqrt{T}}$
여기서, I : 심실세동전류(mA)
T : 통전시간(s)
$W=I^2RT$
$=\left(\frac{165}{\sqrt{T}}\times10^{-3}\right)^2\times500\times T$
$=13.6\,\text{Ws}=13.6\,\text{J}$

80 다음 중 전기 기계 · 기구의 기능 설명으로 옳은 것은?

① CB는 부하전류를 개폐시킬 수 있다.
② ACB는 진공 중에서 차단동작을 한다.
③ DS는 회로의 개폐 및 대용량 부하를 개폐시킨다.
④ 피뢰침은 뇌나 계통의 개폐에 의해 발생하는 이상 전압을 대지로 방전시킨다.

해설 ① CB : 부하개폐기로 평상시에는 부하전류, 선로의 충전전류, 변압기의 여자전류 등을 열고 닫으며(개폐하며), 고장 시에는 보호계전기(relay)의 동작에서 발생하는 신호를 받아 단락전류, 지락전류, 고장전류 등을 차단하여 기기를 보호하는 역할을 할 때 사용한다.
② ACB : 기중차단기로 소호매질로 공기(대기)를 이용한 차단기이며, 공기 중에서 아크를 길게 해서 소호실에서 냉각 차단하는 데 주로 사용한다.
③ DS(단로기) : 무부하 회로 개폐기로 기기와 선로 또는 모선 등의 점검 및 수리 시, 특히 충전가압을 막을 수 있고 단로 구간을 확실하게 하여 정전 개소를 확보할 때 주로 사용한다.
④ 피뢰침 : 끝이 뾰족한 금속으로 된 막대기로, 가옥, 굴뚝 따위의 건조물에 세워서 방전전류가 주위에 해를 입히지 않도록 땅 속으로 유도하여 벼락의 피해를 막아줄 때 사용한다.

» 제5과목 화학설비위험 방지기술

81 다음 중 압축기 운전 시 토출압력이 갑자기 증가하는 이유로 가장 적절한 것은?

① 윤활유의 과다
② 피스톤 링의 가스 누설
③ 토출관 내에 저항 발생
④ 저장조 내 가스압의 감소

해설 압축기의 토출압력은 토출관 내에 저항이 발생함으로써 증가한다.

82 분진폭발에 관한 설명으로 틀린 것은?

① 폭발한계 내에서 분진의 휘발성분이 많으면 폭발 위험성이 높다.
② 분진이 발화 · 폭발하기 위한 조건은 가연성, 미분상태, 공기 중에서의 교반과 유동 및 점화원의 존재이다.
③ 가스폭발과 비교하여 연소의 속도나 폭발의 압력이 크고, 연소시간이 짧으며, 발생에너지가 작다.
④ 폭발한계는 입자의 크기, 입도분포, 산소농도, 함유 수분, 가연성 가스의 혼입 등에 의해 같은 물질의 분진에서도 달라진다.

해설 **분진폭발의 특징**
㉮ 연소속도나 폭발압력은 가스폭발에 비교하여 작지만, 연소시간이 길고 발생에너지가 크기 때문에 파괴력과 그을음이 크다.
㉯ 최초의 부분적인 폭발에 의해 폭풍이 주위 분진을 날려 2차 · 3차의 폭발로 파급하면서 피해가 커진다.
㉰ 불완전연소를 일으키기 쉽기 때문에 연소 후 일산화탄소가 다량으로 존재하므로 가스중독의 위험이 있다.
㉱ 화염의 파급속도보다 압력의 파급속도가 크다.
㉲ 분진이 발화 · 폭발하기 위한 조건은 가연성, 미분상태, 공기 중에서의 교반과 유동 및 점화원의 존재이다.
㉳ 폭발한계 내에서 분진의 휘발성분이 많으면 폭발 위험성이 높다.
㉴ 폭발한계는 입자의 크기, 입도분포, 산소농도, 함유 수분, 가연성 가스의 혼입 등에 의해 같은 물질의 분진에서도 달라진다.

79.② 80.① 81.③ 82.③ 정답

83 진한 질산이 공기 중에서 햇빛에 의해 분해되었을 때 발생하는 갈색 증기는?

① N_2 ② NO_2
③ NH_3 ④ NH_2

해설 진한 질산이 공기 중에서 햇빛에 의해 분해되었을 때 발생하는 갈색 증기는 이산화질소(NO_2)로 갈색병 속에 보관한다.
분해반응식 : $4HNO_3 \rightarrow 2H_2O + 4NO_2 \uparrow + O_2$

84 고온에서 완전 열분해하였을 때 산소를 발생하는 물질은?

① 황화수소 ② 과염소산칼륨
③ 메틸리튬 ④ 적린

해설 고온에서 완전 열분해하였을 때 산소를 발생하는 물질은 산화성 물질이다. 보기 중에 산화성 물질은 과염소산칼륨이다.
과염소산칼륨의 열분해반응식 : $2KClO_4 \rightarrow KCl + 2O_2$

85 유류화재의 화재급수에 해당하는 것은?

① A급 ② B급
③ C급 ④ D급

해설 **화재의 분류**
㉮ A급 화재(일반화재) : 목재, 종이, 천 등 고체 가연물의 화재이며, 연소가 표면 및 심부(深部)에 도달해 가는 것을 말한다.
㉯ B급 화재(기름화재) : 인화성 액체 및 고체의 유지류 등의 화재를 말한다.
㉰ C급 화재(전기화재) : 통전(通電)되고 있는 전기설비의 화재이며, 고전압이 인가(印加)되어 있기 때문에 지락, 단락, 감전 등에 대한 특별한 배려가 요망된다.
㉱ D급 화재(금속화재) : 마그네슘, 나트륨, 칼륨, 지르코늄과 같은 금속화재이다.

86 증기 배관 내에 생성하는 응축수를 제거할 때 증기가 배출되지 않도록 하면서 응축수를 자동적으로 배출하기 위한 장치를 무엇이라 하는가?

① Vent stack ② Steam trap
③ Blow down ④ Relief valve

해설 ① Vent stack(벤트스택) : 탱크 내의 압력을 정상인 상태로 유지하기 위한 안전장치이다.
② Steam trap(스팀트랩) : 가장 중요한 기능은 증기수송라인, 트레이싱라인 및 증기사용설비에서 발생하는 응축수를 배출하는 것이며, 또한 스팀트랩은 증기의 누설을 방지하여 에너지를 절감함과 동시에 에어와 같은 불응축가스를 배출하는 기능을 가지고 있어야만 한다.
③ Blow down(블로다운) : 응축성 증기, 열유(熱油), 열액(熱液) 등 공정(Process) 액체를 빼내고 이것을 안전하게 유지 또는 처리하기 위한 안전장치이다.
④ Relief valve(릴리프 밸브) : 시스템 내의 압력을 제한하기 위한 밸브로서 액체계에 사용되는 개방력을 초과할 때 비례적으로 열리는 밸브이다.

87 다음 중 수분(H_2O)과 반응하여 유독성 가스인 포스핀이 발생되는 물질은?

① 금속나트륨
② 알루미늄 분말
③ 인화칼슘
④ 수소화리튬

해설 ① 금속나트륨과 물 반응식
$2Na + 2H_2O \rightarrow 2NaOH + H_2$
② 알루미늄분말과 물 반응식
$2Al + 6H_2O \rightarrow 2Al(OH)_3 + 3H_2$
③ 인화칼슘과 물 반응식
$Ca_3P_2 + 6H_2O \rightarrow 3Ca(OH)_2 + 2PH_3$(포스핀)
④ 수소화리튬과 물 반응식
$LiH + H_2O \rightarrow LiOH + H_2$

88 자동화재탐지설비의 감지기 종류 중 열감지기가 아닌 것은?

① 차동식 ② 정온식
③ 보상식 ④ 광전식

해설 ㉮ 자동화재탐지설비의 구성요소
㉠ 감지기 : 화원에서 상승하는 열 또는 연기에 의해서 작동한다.
㉡ 발신기 : 감지기에 의해 주어지는 신호를 수신기에 보내는 역할을 한다.
㉢ 수신기 : 화재의 발생을 알린다.
㉯ 열감지기의 종류 : 정온식, 차동식, 보상식
㉰ 연기감지기의 종류 : 이온화식, 광전식

정답 83.② 84.② 85.② 86.② 87.③ 88.④

89 대기압에서 사용하나 증발에 의한 액체의 손실을 방지함과 동시에 액면 위의 공간에 폭발성 위험가스를 형성할 위험이 적은 구조의 저장탱크는?

① 유동형 지붕탱크
② 원추형 지붕탱크
③ 원통형 저장탱크
④ 구형 저장탱크

해설 **저장탱크의 종류**
㉮ 유동형 지붕탱크 : 저장하는 위험물이 휘발성분을 다량 함유하고 있을 때 그 증발 손실 및 인화 가능 면적을 최소화하기 위하여 고안된 것으로, 고정식 지붕 대신 저장 위험물의 증감에 따라 상·하로 움직이는 지붕을 갖는 탱크이다. 대기압에서 사용하나 증발에 의한 액체의 손실을 방지함과 동시에 액면 위의 공간에 폭발성 위험가스를 형성할 위험이 적은 구조이다.
㉯ 원추형 지붕탱크 : 평평한 저판, 원통형의 측판 및 원추형의 고정된 지붕으로 구성된 탱크이다. 보통 대기압에 가까운 미세한 증기압을 갖는 위험물 저장용으로 사용된다. 가장 일반적으로 사용되고 있으며 유지관리가 쉽고 비교적 시설비가 저렴하여 대량으로 위험물을 저장·취급하는 제조소 등에서 흔히 볼 수 있는 탱크이다.
㉰ 원통형 지붕탱크 : 원형의 몸체에 양쪽 또는 지붕판에 볼록하게 마감한 형태의 탱크이다.
㉱ 구형 지붕탱크 : 높은 압력에 견딜 수 있도록 두꺼운 철판을 이용하며 구형으로 만들어진다. 고압의 위험물을 저장하기에 가장 적합한 형태의 탱크로서 제조소에서 고압 반응조 등으로 사용되는 경우가 많다.

90 산업안전보건법령에서 규정하고 있는 위험물질의 종류 중 부식성 염기류로 분류되기 위하여 농도가 40% 이상이어야 하는 물질은?

① 염산 ② 아세트산
③ 불산 ④ 수산화칼륨

해설 **부식성 물질의 종류**
㉮ 부식성 산류(산성)
㉠ 농도 30% 이상인 염산, 황산, 질산 등
㉡ 농도 60% 이상인 인산, 아세트산, 불산 등
㉯ 부식성 염기류(알칼리성)
농도 40% 이상인 수산화나트륨, 수산화칼륨 등

91 인화점이 각 온도 범위에 포함되지 않는 물질은?

① −30℃ 미만 : 디에틸에테르
② −30℃ 이상 0℃ 미만 : 아세톤
③ 0℃ 이상 30℃ 미만 : 벤젠
④ 30℃ 이상 65℃ 이하 : 아세트산

해설 각 보기 물질의 인화점은 다음과 같다.
① 디에틸에테르 : −45℃
② 아세톤 : −18℃
③ 벤젠 : −11℃
④ 아세트산 : 41.7℃

92 다음 중 아세틸렌을 용해가스로 만들 때 사용되는 용제로 가장 적합한 것은?

① 아세톤
② 메탄
③ 부탄
④ 프로판

해설 아세틸렌(C_2H_2)은 가압하면 분해폭발을 하므로 다공성 물질이 들어있는 용기에 아세톤을 충진 후 아세틸렌가스를 주입하여 아세톤에 용해시켜 충전시킨다.

93 다음 중 밀폐공간 내 작업 시의 조치사항으로 가장 거리가 먼 것은?

① 산소결핍이나 유해가스로 인한 질식의 우려가 있으면 진행 중인 작업에 방해되지 않도록 주의하면서 환기를 강화하여야 한다.
② 해당 작업장을 적정한 공기상태로 유지되도록 환기하여야 한다.
③ 그 장소에 근로자를 입장시킬 때와 퇴장시킬 때마다 인원을 점검하여야 한다.
④ 그 작업장과 외부의 감시인 간에 항상 연락을 취할 수 있는 설비를 설치하여야 한다.

해설 밀폐공간에서 작업을 하는 때에 산소결핍이 우려가 되거나 유해가스 등의 농도가 높아서 폭발할 우려가 있는 경우에는 즉시 작업을 중단시키고 해당 근로자를 대피하도록 하여야 한다.

89.① 90.④ 91.③ 92.① 93.① 정답

94 다음 중 산업안전보건법령상 화학설비의 부속설비로만 이루어진 것은?

① 사이클론, 백필터, 전기집진기 등 분진처리설비
② 응축기, 냉각기, 가열기, 증발기 등 열교환기류
③ 고로 등 점화기를 직접 사용하는 열교환기류
④ 혼합기, 발포기, 압출기 등 화학제품 가공설비

해설 **화학설비 및 그 부속설비의 종류**

㉮ 화학설비
㉠ 반응기 · 혼합조 등 화학물질 반응 또는 혼합장치
㉡ 증류탑 · 흡수탑 · 추출탑 · 감압탑 등 화학물질 분리장치
㉢ 저장탱크 · 계량탱크 · 호퍼 · 사일로 등 화학물질 저장설비 또는 계량설비
㉣ 응축기 · 냉각기 · 가열기 · 증발기 등 열교환기류
㉤ 고로 등 점화기를 직접 사용하는 열교환기류
㉥ 캘린더(calender) · 혼합기 · 발포기 · 인쇄기 · 압출기 등 화학제품 가공설비
㉦ 분쇄기 · 분체분리기 · 용융기 등 분체화학물질 취급장치
㉧ 결정조 · 유동탑 · 탈습기 · 건조기 등 분체화학물질 분리장치
㉨ 펌프류 · 압축기 · 이젝터(ejector) 등의 화학물질 이송 또는 압축설비

㉯ 화학설비의 부속설비
㉠ 배관 · 밸브 · 관 · 부속류 등 화학물질 이송 관련 설비
㉡ 온도 · 압력 · 유량 등을 지시 · 기록 등을 하는 자동제어 관련 설비
㉢ 안전밸브 · 안전판 · 긴급차단 또는 방출밸브 등 비상조치 관련 설비
㉣ 가스누출감지 및 경보 관련 설비
㉤ 세정기, 응축기, 벤트 스택, 플레어 스택 등 폐가스처리설비
㉥ 사이클론, 백필터, 전기집진기 등 분리처리설비
㉦ 정전기 제거장치, 긴급 샤워설비 등 안전 관련 설비

95 산업안전보건법령상 폭발성 물질을 취급하는 화학설비를 설치하는 경우에 단위공정설비로부터 다른 단위공정설비 사이의 안전거리는 설비 바깥면으로부터 몇 m 이상이어야 하는가?

① 10 ② 15
③ 20 ④ 30

해설 **화학설비 및 그 부속설비의 안전기준**

구 분	안전거리
단위공정시설 및 설비로부터 다른 단위공정시설 및 설비의 사이	설비의 외면으로부터 10m 이상
플레어 스택으로부터 단위공정시설 및 설비, 위험물질 저장탱크 또는 위험물질 하역설비의 사이	플레어 스택으로부터 반경 20m 이상. 다만, 공정시설 등이 불연재료로 시공된 지붕 아래 설치된 경우에는 그러하지 아니하다.
위험물질 저장탱크로부터 단위공정시설 및 설비, 보일러 또는 가열로의 사이	저장탱크의 외면으로부터 20m 이상. 다만, 저장탱크에 방호벽, 원격조정 소화설비 또는 살수설비를 설치한 경우에는 그러하지 않다.
사무실 · 연구실 · 실험실 · 정비실 또는 식당으로부터 단위공정시설 및 설비, 위험물질 저장탱크, 위험물질 하역설비, 보일러 또는 가열로의 사이	사무실 등의 외면으로부터 20m 이상. 다만, 난방용 보일러인 경우 또는 사무실 등의 벽을 방호구조로 설치한 경우에는 그러하지 아니하다.

96 프로판과 메탄의 폭발하한계가 각각 2.5, 5.0vol%이라고 할 때 프로판과 메탄이 3 : 1의 체적비로 혼합되어 있다면 이 혼합가스의 폭발하한계는 약 몇 vol%인가? (단, 상온, 상압 상태이다.)

① 2.9 ② 3.3
③ 3.8 ④ 4.0

해설 '몰비=부피비'이므로

$$\text{하한계}(L) = \frac{4}{\frac{V_1}{L_1} + \frac{V_2}{L_2}} = \frac{4}{\frac{3}{2.5} + \frac{1}{5.0}}$$
$$= 2.857 = 2.9\text{vol\%}$$

 정답 94.① 95.① 96.①

97 탄화수소 증기의 연소하한값 추정식은 연료의 양론농도(C_{st})의 0.55배이다. 프로판 1몰의 연소반응식이 다음과 같을 때 연소하한값은 약 몇 vol%인가?

$$C_3H_8 + 5O_2 \rightarrow 3CO_2 + 4H_2O$$

① 2.22 ② 4.03
③ 4.44 ④ 8.06

해설 ㉮ $C_3H_8 + 5O_2 \rightarrow 3CO_2 + 4H_2O$의 연소반응식에서 프로판($C_3H_8$) 1mol을 연소시키는 데 산소($O_2$)가 5mol이 소비되었다.
㉯ 프로판의 폭발 하한은 Jones식에 의해 추산하면 하한농도=0.55×양론농도(C_{st})이다.
㉰ $C_{st} = \dfrac{1}{1+4.773\left(n+\dfrac{m-f-2\lambda}{4}\right)} \times 100$

$= \dfrac{1}{1+4.773\left(3+\dfrac{8}{4}\right)} \times 100$

$= 4.02\text{vol\%}$

여기서, n : 탄소수
m : 수소수
f : 할로겐 원소수
λ : 산소의 원소수
㉱ 하한농도=4.02×0.55=2.211

98 에틸알코올(C_2H_5OH) 1몰이 완전연소할 때 생성되는 CO_2의 몰수로 옳은 것은?

① 1 ② 2
③ 3 ④ 4

해설 **에틸알코올(C_2H_5OH) 연소반응식**
$C_2H_5OH + 3O_2 \rightarrow 2CO_2 + 3H_2O$

99 다음 중 소화약제로 사용되는 이산화탄소에 관한 설명으로 틀린 것은?

① 사용 후에 오염의 영향이 거의 없다.
② 장시간 저장하여도 변화가 없다.
③ 주된 소화효과는 억제소화이다.
④ 자체 압력으로 방사가 가능하다.

해설 **이산화탄소 소화약제의 특징**
㉮ 사용 후에 오염의 영향이 거의 없다.
㉯ 장시간 저장하여도 변화가 없다.
㉰ 주된 소화효과는 질식소화이다.
㉱ 자체 압력으로 방사가 가능하다.
㉲ 방사 시 소음이 크다.

100 다음 중 물질의 자연발화를 촉진시키는 요인으로 가장 거리가 먼 것은?

① 표면적이 넓고, 발열량이 클 것
② 열전도율이 클 것
③ 주위 온도가 높을 것
④ 적당한 수분을 보유할 것

해설 **자연발화 촉진법**
㉮ 통풍을 억제할 것(열의 축적)
㉯ 습도가 높을 것
㉰ 저장실의 온도가 높을 것
㉱ 표면적이 넓고, 발열량이 클 것
㉲ 열전도율이 작을 것

≫ 제6과목 건설안전기술

101 토질시험 중 연약한 점토 지반의 점착력을 판별하기 위하여 실시하는 현장시험은?

① 베인테스트(vane test)
② 표준관입시험(SPT)
③ 하중재하시험
④ 삼축압축시험

해설 **베인테스트(vane test)**
깊이 10m 미만의 연약한 점성토에 적용되는 것으로 흙 중에서 시료를 채취하는 일 없이 원위치에서 점토의 전단강도를 측정하기 위하여 행한다. 일반적으로 베인시험은 +자형의 날개가 붙은 로드를 지중에 눌러 넣어 회전을 가한 경우의 저항력에서 날개에 의하여 형성되는 원통형의 전단면에 따르는 전단저항(점착력)을 구하는 시험이다.

개정 2023

102 산업안전보건관리비 계상기준에 따른 건축공사, 대상액 '5억원 이상~50억원 미만'의 안전관리비 비율 및 기초액으로 옳은 것은?

① 비율 : 1.86%, 기초액 : 5,349,000원
② 비율 : 1.99%, 기초액 : 5,499,000원
③ 비율 : 2.35%, 기초액 : 5,400,000원
④ 비율 : 1.57%, 기초액 : 4,411,000원

해설 **공사종류 및 규모별 산업안전관리비 계상기준표**

대상액 / 공사 종류	5억원 미만	5억원 이상 ~50억원 미만		50억원 이상
		적용비율	기초액	
건축공사	2.93%	1.86%	5,349,000원	1.97%
토목공사	3.09%	1.99%	5,499,000원	2.10%
중건설공사	3.43%	2.35%	5,400,000원	2.44%
특수건설공사	1.85%	1.20%	3,250,000원	1.27%

103 다음은 말비계를 조립하여 사용하는 경우에 관한 준수사항이다. ( ) 안에 들어갈 내용으로 옳은 것은?

• 지주부재와 수평면의 기울기를 (ⓐ)° 이하로 하고, 지주부재와 지주부재 사이를 고정시키는 보조부재를 설치할 것
• 말비계의 높이가 2m를 초과하는 경우에는 작업발판의 폭을 (ⓑ)cm 이상으로 할 것

① ⓐ 75, ⓑ 30
② ⓐ 75, ⓑ 40
③ ⓐ 85, ⓑ 30
④ ⓐ 85, ⓑ 40

해설 **말비계 조립 시 준수사항**
㉮ 지주부재의 하단에는 미끄럼방지장치를 하고, 근로자가 양측 끝부분에 올라서서 작업하지 않도록 할 것
㉯ 지주부재와 수평면의 기울기를 75° 이하로 하고, 지주부재와 지주부재 사이를 고정시키는 보조부재를 설치할 것
㉰ 말비계의 높이가 2m를 초과하는 경우에는 작업발판의 폭을 40cm 이상으로 할 것

104 다음 중 해체작업용 기계·기구로 가장 거리가 먼 것은?

① 압쇄기
② 핸드 브레이커
③ 철제해머
④ 진동롤러

해설 **건물 해체용 기구**
㉮ 압쇄기
㉯ 잭
㉰ 철해머
㉱ 핸드·대형 브레이커
※ 진동롤러는 지반 다짐기계에 속한다.

105 터널 등의 건설작업을 하는 경우에 낙반 등에 의하여 근로자가 위험해질 우려가 있는 경우에 필요한 직접적인 조치사항과 거리가 먼 것은?

① 터널지보공 설치
② 부석의 제거
③ 울 설치
④ 록볼트 설치

해설 **낙반 등에 의한 위험방지**
터널 등의 건설작업을 하는 경우에 낙반 등에 의하여 근로자가 위험해질 우려가 있는 경우에 터널 지보공 및 록볼트의 설치, 부석(浮石)의 제거 등 위험을 방지하기 위하여 필요한 조치를 하여야 한다.

106 비계의 부재 중 기둥과 기둥을 연결시키는 부재가 아닌 것은?

① 띠장 ② 장선
③ 가새 ④ 작업발판

해설 **비계의 부재 중 기둥과 기둥을 연결시키는 부재**
㉮ 띠장
㉯ 장선
㉰ 가새
※ 작업발판은 고소작업 시 근로자의 추락을 방지하기 위해 설치하는 부재로, 띠장과 장선 위에 설치한다.

정답 102.① 103.② 104.④ 105.③ 106.④

107 다음 중 유해위험방지계획서 제출대상 공사가 아닌 것은?

① 지상높이가 30m인 건축물 건설공사
② 최대지간길이가 50m인 다리 건설공사
③ 터널 건설공사
④ 깊이가 11m인 굴착공사

해설 **건설업 중 유해위험방지계획서 제출대상 사업장**
㉮ 다음의 어느 하나에 해당하는 건축물 또는 시설 등의 건설·개조 또는 해체 공사
㉠ 지상높이가 31m 이상인 건축물 또는 인공구조물
㉡ 연면적 3만m^2 이상인 건축물
㉢ 연면적 5천m^2 이상인 시설로서 다음의 어느 하나에 해당하는 시설
- 문화 및 집회시설(전시장 및 동물원·식물원은 제외)
- 판매시설, 운수시설(고속철도의 역사 및 집배송시설은 제외)
- 종교시설
- 의료시설 중 종합병원
- 숙박시설 중 관광숙박시설
- 지하도상가
- 냉동·냉장 창고시설
㉯ 연면적 5천m^2 이상의 냉동·냉장 창고시설의 설비공사 및 단열공사
㉰ 최대지간길이(다리의 기둥과 기둥의 중심 사이의 거리)가 50m 이상인 다리의 건설 등 공사
㉱ 터널의 건설 등 공사
㉲ 다목적댐·발전용 댐 및 저수용량 2천만톤 이상의 용수 전용댐·지방상수도 전용댐 건설 등 공사
㉳ 깊이 10m 이상인 굴착공사

개정 2023

108 지반의 종류가 다음과 같을 때 굴착면의 기울기 기준으로 옳은 것은?

연암

① 1 : 1.2　② 1 : 1.0
③ 1 : 0.8　④ 1 : 0.5

해설 **굴착작업 시 굴착면의 기울기 기준**

지반의 종류	기울기
모래	1 : 1.8
연암 및 풍화암	1 : 1.0
경암	1 : 0.5
그 밖의 흙	1 : 1.2

109 사다리식 통로의 길이가 10m 이상일 때 얼마 이내마다 계단참을 설치하여야 하는가?

① 3m 이내마다
② 4m 이내마다
③ 5m 이내마다
④ 6m 이내마다

해설 **사다리식 통로 등의 구조**
㉮ 견고한 구조로 할 것
㉯ 심한 손상·부식 등이 없는 재료를 사용할 것
㉰ 발판의 간격은 일정하게 할 것
㉱ 발판과 벽과의 사이는 15cm 이상의 간격을 유지할 것
㉲ 폭은 30cm 이상으로 할 것
㉳ 사다리가 넘어지거나 미끄러지는 것을 방지하기 위한 조치를 할 것
㉴ 사다리의 상단은 걸쳐 놓은 지점으로부터 60cm 이상 올라가도록 할 것
㉵ 사다리식 통로의 길이가 10m 이상인 때에는 5m 이내마다 계단참을 설치할 것
㉶ 이동식 사다리식 통로의 기울기는 75° 이하로 할 것(다만, 고정식 사다리식 통로의 기울기는 90° 이하로 하고 높이 7m 이상인 경우 바닥으로부터 2.5m 되는 지점부터 등받이 울을 설치할 것)
㉷ 접이식 사다리 기둥은 사용 시 접히거나 펼쳐지지 않도록 철물 등을 사용하여 견고하게 조치할 것

110 콘크리트 타설을 위한 거푸집 동바리의 구조 검토 시 가장 선행되어야 할 작업은?

① 각 부재에 생기는 응력에 대하여 안전한 단면을 산정한다.
② 가설물에 작용하는 하중 및 외력의 종류, 크기를 산정한다.
③ 하중 및 외력에 의하여 각 부재에 생기는 응력을 구한다.
④ 사용할 거푸집 동바리의 설치간격을 결정한다.

해설 거푸집 동바리 구조 검토 시 가설물(거푸집)에 작용하는 하중 및 외력의 종류, 크기 등 산정을 가장 먼저 실시한다.

107.① 108.② 109.③ 110.② 정답

111 장비 자체보다 높은 장소의 땅을 굴착하는 데 적합한 장비는?

① 파워셔블(power shovel)
② 불도저(bulldozer)
③ 드래그라인(drag line)
④ 클램셸(clam shell)

해설 ① 파워셔블 : 중기가 위치한 지면보다 높은 장소의 땅을 굴착하는 데 적합하며, 산지에서의 토공사 및 암반으로부터 점토질까지 굴착에 사용된다.
③ 드래그라인 : 작업범위가 광범위하고 수중굴착 및 연약한 지반의 굴착에 사용된다.
② 불도저 : 토공기계로 작업조건과 작업능력에 따라 트랙터에 블레이드를 장치하여 운반, 절토, 성토 및 다짐작업에 사용된다.
④ 클램셸 : 크레인 붐의 선단에서 버킷을 와이어로프로 매달아 바로 아래로 떨어뜨려 흙을 떠올리는 굴착기로서 수면 아래의 자갈, 모래를 굴착하고 준설선에 많이 사용된다.

112 항만하역작업에서의 선박승강설비 설치기준으로 옳지 않은 것은?

① 200톤급 이상의 선박에서 하역작업을 하는 경우에 근로자들이 안전하게 오르내릴 수 있는 현문(舷門) 사다리를 설치하여야 하며, 이 사다리 밑에 안전망을 설치하여야 한다.
② 현문 사다리는 견고한 재료로 제작된 것으로 너비는 55cm 이상이어야 한다.
③ 현문 사다리의 양측에는 82cm 이상의 높이로 울타리를 설치하여야 한다.
④ 현문 사다리는 근로자의 통행에만 사용하여야 하며, 화물용 발판 또는 화물용 보판으로 사용하도록 해서는 아니 된다.

해설 **선박승강설비의 설치**
㉮ 300톤급 이상의 선박에서 하역작업을 하는 경우에 근로자들이 안전하게 오르내릴 수 있는 현문(舷門) 사다리를 설치하여야 하며, 이 사다리 밑에 안전망을 설치하여야 한다.
㉯ 현문 사다리는 견고한 재료로 제작된 것으로 너비는 55cm 이상이어야 하고, 양측에 82cm 이상의 높이로 방책을 설치하여야 하며, 바닥은 미끄러지지 않는 재질로 처리되어야 한다.
㉰ 현문 사다리는 근로자의 통행에만 사용하여야 하며, 화물용 발판 또는 화물용 보판으로 사용하도록 해서는 아니 된다.

113 터널작업 시 자동경보장치에 대하여 당일의 작업시작 전 점검하여야 할 사항으로 옳지 않은 것은?

① 검지부의 이상 유무
② 조명시설의 이상 유무
③ 경보장치의 작동상태
④ 계기의 이상 유무

해설 **자동경보장치의 설치 등**
㉮ 터널공사 등 건설작업 시에는 인화성 가스의 농도를 측정할 담당자를 지명하고, 인화성 가스의 농도를 측정할 것
㉯ 자동경보장치의 설치 : 터널공사 등 건설작업 시에는 인화성 가스 농도의 이상 상승을 조기에 파악하기 위해 자동경보장치를 설치할 것
㉰ 자동경보장치에 대한 당일의 작업시작 전 점검사항
㉠ 계기의 이상 유무
㉡ 검지부의 이상 유무
㉢ 경보장치의 작동상태

114 추락방지망 설치 시 그물코의 크기가 10cm인 매듭 있는 방망의 신품에 대한 인장강도 기준으로 옳은 것은?

① 100kgf 이상 ② 200kgf 이상
③ 300kgf 이상 ④ 400kgf 이상

해설 **방망사의 강도**
㉮ 방망사의 신품에 대한 인장강도

그물코의 크기	방망의 종류	
	매듭 없는 방망	매듭 방망
10cm	240	200
5cm	–	110

㉯ 방망사의 폐기 시 인장강도

그물코의 크기	방망의 종류	
	매듭 없는 방망	매듭 방망
10cm	150	135
5cm	–	60

 정답 111.① 112.① 113.② 114.②

115 타워크레인을 자립고(自立高) 이상의 높이로 설치할 때 지지벽체가 없어 와이어로프로 지지하는 경우의 준수사항으로 옳지 않은 것은?

① 와이어로프를 고정하기 위한 전용 지지프레임을 사용할 것
② 와이어로프 설치각도는 수평면에서 60° 이내로 하되, 지지점은 4개소 이상으로 하고, 같은 각도로 설치할 것
③ 와이어로프와 그 고정부위는 충분한 강도와 장력을 갖도록 설치하되, 와이어로프를 클립·섀클(Shackle) 등의 기구를 사용하여 고정하지 않도록 유의할 것
④ 와이어로프가 가공전선(架空電線)에 근접하지 않도록 할 것

해설 **타워크레인을 와이어로프로 지지하는 경우 준수사항**
㉮ 와이어로프를 고정하기 위한 전용 지지프레임을 사용할 것
㉯ 와이어로프 설치각도는 수평면에서 60° 이내로 하되, 지지점은 4개소 이상으로 하고, 같은 각도로 설치할 것
㉰ 와이어로프와 그 고정부위는 충분한 강도와 장력을 갖도록 설치하고, 와이어로프를 클립·섀클 등의 고정기구를 사용하여 견고하게 고정시켜 풀리지 아니하도록 하며, 사용 중에는 충분한 강도와 장력을 유지하도록 할 것
㉱ 와이어로프가 가공전선에 근접하지 않도록 할 것

116 다음은 강관틀 비계를 조립하여 사용하는 경우 준수해야 할 기준이다. ( ) 안에 알맞은 숫자를 나열한 것은?

> 길이가 띠장 방향으로 (ⓐ)m 이하이고 높이가 (ⓑ)m를 초과하는 경우에는 (ⓒ)m 이내마다 띠장 방향으로 버팀기둥을 설치할 것

① ⓐ 4, ⓑ 10, ⓒ 5
② ⓐ 4, ⓑ 10, ⓒ 10
③ ⓐ 5, ⓑ 10, ⓒ 5
④ ⓐ 5, ⓑ 10, ⓒ 10

해설 **강관틀 비계 조립 시 준수사항**
㉮ 비계기둥의 밑둥에는 밑받침 철물을 사용하여야 하며 밑받침에 고저차(高低差)가 있는 경우에는 조절형 밑받침 철물을 사용하여 각각의 강관틀 비계가 항상 수평 및 수직을 유지하도록 할 것
㉯ 높이가 20m를 초과하거나 중량물의 적재를 수반하는 작업을 할 경우에는 주틀 간의 간격을 1.8m 이하로 할 것
㉰ 주틀 간에 교차가새를 설치하고 최상층 및 5층 이내마다 수평재를 설치할 것
㉱ 수직방향으로 6m, 수평방향으로 8m 이내마다 벽이음을 할 것
㉲ 길이가 띠장 방향으로 4m 이하이고, 높이가 10m를 초과하는 경우에는 10m 이내마다 띠장 방향으로 버팀기둥을 설치할 것

117 운반작업을 인력운반작업과 기계운반작업으로 분류할 때 기계운반작업으로 실시하기에 부적당한 대상은?

① 단순하고 반복적인 작업
② 표준화되어 있어 지속적이고 운반량이 많은 작업
③ 취급물의 형상, 성질, 크기 등이 다양한 작업
④ 취급물이 중량인 작업

해설 ③ 취급물의 형상, 성질, 크기 등이 다양한 작업은 인력운반작업을 하는 것이 유리하다.

118 본 터널(main tunnel)을 시공하기 전에 터널에서 약간 떨어진 곳에 지질조사, 환기, 배수, 운반 등의 상태를 알아보기 위하여 설치하는 터널은?

① 프리패브(prefab) 터널
② 사이드(side) 터널
③ 실드(shield) 터널
④ 파일럿(pilot) 터널

해설 **파일럿(pilot) 터널**
본 갱의 굴진 전에 사전에 굴착하는 소형의 터널. 지질의 확인, 지하수위의 저하, 운반로, 통로, 환기, 지산(地山, 원래 자연 그대로의 땅) 안정처리의 작업 갱 등의 목적으로 설치한다.

115.③ 116.② 117.③ 118.④ 정답

119 동바리 등을 조립하는 경우에 준수하여야 할 안전조치기준으로 옳지 않은 것은?

① 동바리로 사용하는 강관은 높이 2m 이내마다 수평연결재를 2개 방향으로 만들고 수평연결재의 변위를 방지할 것
② 동바리로 사용하는 파이프서포트는 3개 이상이어서 사용하지 않도록 할 것
③ 동바리로 사용하는 파이프서포트를 이어서 사용하는 경우에는 3개 이상의 볼트 또는 전용 철물을 사용하여 이을 것
④ 동바리로 사용하는 강관틀과 강관틀 사이에는 교차가새를 설치할 것

해설 **동바리 조립 시의 안전조치**

㉮ 동바리로 사용하는 강관[파이프서포트(pipe support)는 제외한다]에 대해서는 다음의 사항을 따를 것
  ㉠ 높이 2m 이내마다 수평연결재를 2개 방향으로 만들고 수평연결재의 변위를 방지할 것
  ㉡ 멍에 등을 상단에 올릴 경우에는 해당 상단에 강재의 단판을 붙여 멍에 등을 고정시킬 것
㉯ 동바리로 사용하는 파이프서포트에 대해서는 다음의 사항을 따를 것
  ㉠ 파이프서포트를 3개 이상 이어서 사용하지 않도록 할 것
  ㉡ 파이프서포트를 이어서 사용하는 경우에는 4개 이상의 볼트 또는 전용 철물을 사용하여 이을 것
  ㉢ 높이가 3.5m를 초과하는 경우에는 높이 2m 이내마다 수평연결재를 2개 방향으로 만들고 수평연결재의 변위를 방지할 것
㉰ 동바리로 사용하는 강관틀에 대해서는 다음의 사항을 따를 것
  ㉠ 강관틀과 강관틀 사이에 교차가새를 설치할 것
  ㉡ 최상층 및 5층 이내마다 거푸집 동바리의 측면과 틀면의 방향 및 교차가새의 방향에서 5개 이내마다 수평연결재를 설치하고 수평연결재의 변위를 방지할 것
  ㉢ 최상층 및 5층 이내마다 거푸집 동바리의 틀면의 방향에서 양단 및 5개 틀 이내마다 교차가새의 방향으로 띠장틀을 설치할 것

120 동력을 사용하는 항타기 또는 항발기에 대하여 무너짐을 방지하기 위하여 준수하여야 할 기준으로 옳지 않은 것은?

① 연약한 지반에 설치하는 경우에는 각부(脚部)나 가대(架臺)의 침하를 방지하기 위하여 깔판 · 받침목(깔목) 등을 사용할 것
② 각부나 가대가 미끄러질 우려가 있는 경우에는 말뚝 또는 쐐기 등을 사용하여 각부나 가대를 고정시킬 것
③ 버팀대만으로 상단 부분을 안정시키는 경우에는 버팀대는 3개 이상으로 하고, 그 하단 부분은 견고한 버팀 · 말뚝 또는 철골 등으로 고정시킬 것
④ 버팀줄만으로 상단 부분을 안정시키는 경우에는 버팀줄을 2개 이상으로 하고, 같은 간격으로 배치할 것

해설 **항타기 및 항발기의 무너짐 방지**

㉮ 연약한 지반에 설치하는 때에는 각부 또는 가대의 침하를 방지하기 위하여 깔판, 받침목(깔목) 등을 사용할 것
㉯ 시설 또는 가설물 등에 설치하는 때에는 그 내력을 확인하고 내력이 부족한 때에는 그 내력을 보강할 것
㉰ 각부 또는 가대가 미끄러질 우려가 있는 때에는 말뚝 또는 쐐기 등을 사용하여 각부 또는 가대를 고정시킬 것
㉱ 궤도 또는 차로 이동하는 항타기 또는 항발기에 대하여 불시에 이동하는 것을 방지하기 위하여 레일 클램프 및 쐐기 등으로 고정시킬 것
㉲ 버팀대만으로 상단 부분을 안정시키는 때에는 버팀대는 3개 이상으로 하고, 그 하단 부분은 견고한 버팀 · 말뚝 또는 철골 등으로 고정시킬 것
㉳ 버팀줄만으로 상단 부분을 안정시키는 때에는 버팀줄을 3개 이상으로 하고, 같은 간격으로 배치할 것
㉴ 평형추를 사용하여 안정시키는 때에는 평형추의 이동을 방지하기 위하여 가대에 견고하게 부착시킬 것

 정답 119.③ 120.④

제4회 산업안전기사 2020

≫ 제1과목 안전관리론

01 재해의 발생형태 중 다음 그림이 나타내는 것은?

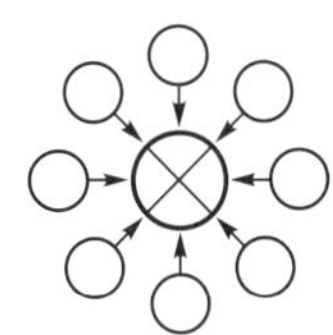

① 단순연쇄형 ② 복합연쇄형
③ 단순자극형 ④ 복합형

해설 **산업재해의 발생형태**

㉮ 단순자극형 : 상호 자극에 의하여 순간적으로 재해가 발생하는 유형으로, 재해가 일어난 장소와 그 시기에 일시적으로 요인이 집중한다고 하여 집중형이라고도 한다.
㉯ 연쇄형 : 하나의 사고 요인이 또 다른 요인을 발생시키면서 재해를 발생시키는 유형이다. 단순연쇄형과 복합연쇄형이 있다.
㉰ 복합형 : 단순자극형과 연쇄형의 복합적인 발생 유형이다.

02 재해 원인 중 간접 원인에 해당하지 않는 것은?

① 기술적 원인 ② 교육적 원인
③ 관리적 원인 ④ 인적 원인

해설 **재해 원인의 연쇄관계**

㉮ 간접 원인 : 재해의 가장 깊은 곳에 존재하는 재해 원인
　㉠ 기초 원인 : 학교의 교육적 원인, 관리적 원인
　㉡ 2차 원인 : 신체적 원인, 정신적 원인, 안전 교육적 원인, 기술적 원인
㉯ 직접 원인(1차 원인) : 시간적으로 사고 발생에 가장 가까운 시점의 재해 원인
　㉠ 물적 원인 : 불안전한 상태(설비 및 환경 등의 불량)
　㉡ 인적 원인 : 불안전한 행동

03 다음 중 생체리듬의 변화에 대한 설명으로 틀린 것은?

① 야간에는 체중이 감소한다.
② 야간에는 말초운동기능이 증가된다.
③ 체온, 혈압, 맥박수는 주간에 상승하고 야간에 감소한다.
④ 혈액의 수분과 염분량은 주간에 감소하고 야간에 상승한다.

해설 **생체리듬과 피로**

㉮ 혈액의 수분, 염분량 : 주간에는 감소하고, 야간에는 증가한다.
㉯ 체온, 혈압, 맥박수 : 주간에는 상승하고, 야간에는 저하한다.
※ 야간 : 소화분비액 불량, 체중 감소, 말초운동 기능 저하, 피로의 자각증상이 증대한다.

04 라인(line)형 안전관리 조직의 특징으로 옳은 것은?

① 안전에 관한 기술의 축적이 용이하다.
② 안전에 관한 지시나 조치가 신속하다.
③ 조직원 전원을 자율적으로 안전활동에 참여시킬 수 있다.
④ 권한 다툼이나 조정 때문에 통제수속이 복잡해지며, 시간과 노력이 소모된다.

해설 **라인형 조직의 특징**

㉮ 장점
　㉠ 안전지시나 개선조치 등 명령이 철저하고 신속하게 수행된다.
　㉡ 상하관계만 있기 때문에 명령과 보고가 간단명료하다.
　㉢ 참모식 조직보다 경제적인 조직체계이다.
㉯ 단점
　㉠ 안전전담부서(staff)가 없기 때문에 안전에 대한 정보가 불충분하고 안전지식 및 기술 축적이 어렵다.
　㉡ 라인(line)에 과중한 책임을 지우기가 쉽다.

01.③ 02.④ 03.② 04.② 정답

05 산업안전보건법령상 안전보건표지의 색채와 사용 사례의 연결로 틀린 것은?

① 노란색 – 화학물질 취급장소에서의 유해 · 위험경고 이외의 위험경고
② 파란색 – 특정행위의 지시 및 사실의 고지
③ 빨간색 – 화학물질 취급장소에서의 유해 · 위험경고
④ 녹색 – 정지신호, 소화설비 및 그 장소, 유해행위의 금지

해설 **안전보건표지의 색채, 색도 기준 및 용도**

색 채	색도 기준	용 도	사용 예
빨간색	7.5R 4/14	금지	정지신호, 소화설비 및 그 장소, 유해행위의 금지
		경고	화학물질 취급장소에서의 유해 · 위험물질 경고
노란색	5Y 8.5/12	경고	화학물질 취급장소에서의 유해 · 위험경고, 그 밖의 위험경고, 주의표지 또는 기계방호물
파란색	2.5PB 4/10	지시	특정 행위의 지시 및 사실의 고지
녹색	2.5G 4/10	안내	비상구 및 피난소, 사람 또는 차량의 통행표지
흰색	N9.5	–	파란색 또는 녹색에 대한 보조색
검은색	N0.5	–	문자 및 빨간색 또는 노란색에 대한 보조색

06 재해의 발생확률은 개인적 특성이 아니라 그 사람이 종사하는 작업의 위험성에 기초한다는 이론은?

① 암시설 ② 경향설
③ 미숙설 ④ 기회설

해설 **재해 빈발설**
㉮ 기회설 : 개인의 영향 때문이 아니라, 작업에 위험성이 많고 위험한 작업을 담당하고 있기 때문에 재해가 빈발한다는 설
㉯ 암시설 : 재해의 경험으로 겁쟁이가 되거나 신경과민이 되어 그 사람이 갖는 대응능력이 열화되기 때문에 재해가 빈발하게 된다는 설
㉰ 재해 빈발 경향자설 : 소질적인 결함을 가지고 있기 때문에 재해가 빈발하게 된다는 설

07 Y–K(Yutaka–Kohate) 성격검사에 관한 사항으로 옳은 것은?

① C, C′형은 적응이 빠르다.
② M, M′형은 내구성, 집념이 부족하다.
③ S, S′형은 담력, 자신감이 강하다.
④ P, P′형은 운동, 결단이 빠르다.

해설 **Y–K(Yutaka–Kohate) 성격검사 유형**
㉮ C, C′형 : 담즙질
　㉠ 운동, 결단, 기민성이 빠르다.
　㉡ 적응이 빠르다.
　㉢ 세심하지 않다.
　㉣ 내구성, 집념이 부족하다.
　㉤ 자신감이 강하다.
㉯ M, M′형 : 흑담즙질(신경질형)
　㉠ 운동성이 느리고, 지속성이 풍부하다.
　㉡ 적응성이 느리다.
　㉢ 세심하고, 억제성, 정확하다.
　㉣ 내구성, 집념, 지속성이 있다.
　㉤ 담력, 자신감이 강하다.
㉰ S, S′형 : 다형질(운동성형)
　C, C′형과 동일하나, 자신감이 약하다.
㉱ P, P′형 : 점액질(평범 수동성형)
　M, M′형과 동일하나, 자신감이 약하다.
㉲ Am형 : 이상질
　㉠ 극도로 나쁘다.
　㉡ 극도로 느리다.
　㉢ 극도로 결핍하다.
　㉣ 극도로 강하거나 약하다.

08 재해원인 분석방법의 통계적 원인분석 중 사고의 유형, 기인물 등 분류항목을 큰 순서대로 도표화한 것은?

① 파레토도 ② 특성요인도
③ 크로스도 ④ 관리도

해설 **통계적 원인분석방법**
㉮ 파레토도 : 사고의 유형, 기인물 등 분류항목을 큰 순서대로 도표화하여 분석하는 방법
㉯ 특성요인도 : 특성과 요인을 도표로 하여 어골상(漁骨狀)으로 세분화한 것
㉰ 크로스도 : 데이터를 집계하고 표로 표시하여 요인별 결과 내역을 교차한 크로스 그림을 작성하여 분석하는 방법(2개 이상의 문제 관계를 분석하는 데 이용)
㉱ 관리도 : 재해발생 건수 등의 추이를 파악하고 목표관리를 행하는 데 필요한 월별 재해발생수를 그래프화하여 관리선을 설정 · 관리하는 방법

 정답 05.④ 06.④ 07.① 08.①

09 타인의 비판 없이 자유로운 토론을 통하여 다량의 독창적인 아이디어를 이끌어내고, 대안적 해결안을 찾기 위한 집단적 사고기법은?

① Role playing
② Brain storming
③ Action playing
④ Fish bowl playing

해설 **브레인스토밍(BS ; Brain Storming)**
㉮ 정의 : 6~12명의 구성원으로 타인의 비판 없이 자유로운 토론을 통하여 다량의 독창적인 아이디어를 이끌어내고, 대안적 해결안을 찾기 위한 집단적 사고기법을 말한다.
㉯ 브레인스토밍의 4원칙
㉠ 비평금지 : '좋다, 나쁘다'라고 비평하지 않는다.
㉡ 자유분방 : 마음대로 편안히 발언한다.
㉢ 대량발언 : 무엇이든지 좋으니 많이 발언한다.
㉣ 수정발언 : 타인의 아이디어에 수정하거나 덧붙여 말해도 좋다.

10 다음 중 헤드십(headship)에 관한 설명과 가장 거리가 먼 것은?

① 권한의 근거는 공식적이다.
② 지휘의 형태는 민주주의적이다.
③ 상사와 부하와의 사회적 간격은 넓다.
④ 상사와 부하와의 관계는 지배적이다.

해설 **헤드십과 리더십의 차이**

개인의 상황 변수	헤드십	리더십
권한행사	임명된 헤드	선출된 리더
권한부여	위에서 위임	밑으로부터 동의
권한근거	법적 또는 공식적	개인능력
권한귀속	공식화된 규정에 의함.	집단 목표에 기여한 공로 인정
상관과 부하의 관계	지배적	개인적인 영향
책임귀속	상사	상사와 부하
부하와의 사회적 간격	넓음.	좁음.
지휘형태	권위주의적	민주주의적

11 무재해운동을 추진하기 위한 조직의 세 기둥으로 볼 수 없는 것은?

① 최고경영자의 경영자세
② 소집단 자주활동의 활성화
③ 전 종업원의 안전요원화
④ 라인관리자에 의한 안전보건의 추진

해설 **무재해운동 추진의 3기둥(3요소)**
㉮ 최고경영자의 경영자세 : 안전보건은 최고경영자의 무재해, 무질병에 대한 확고한 경영자세로부터 시작된다.
㉯ 관리감독자에 의한 안전보건의 추진(철저한 라인화) : 안전보건을 추진하는 데는 관리감독자(라인)들의 생산활동 속에 안전보건을 포함하여 실천하는 것이 중요하다. 즉, 라인에 의한 안전보건의 철저한 제2의 기둥이다.
㉰ 직장 소집단 자주활동의 활발화 : 안전보건은 각자의 문제이며, 동시에 같은 동료의 문제로서 진지하게 받아들임으로써 직장의 팀 멤버와 협동 노력하여 자주적으로 추진해 가는 것이 필요하다.

12 안전교육의 단계에 있어 교육대상자가 스스로 행함으로써 습득하게 하는 교육은?

① 의식교육　② 기능교육
③ 지식교육　④ 태도교육

해설 **안전교육 훈련기법(사업장에서의 기본교육 훈련방식)**
㉮ 지식형성 : 제시방식
㉯ 기능숙련 : 실습방식
㉰ 태도개발 : 참가방식

13 산업안전보건법령상 사업 내 안전보건교육 중 관리감독자 정기교육의 내용이 아닌 것은?

① 유해 · 위험 작업환경 관리에 관한 사항
② 표준안전작업방법 및 지도 요령에 관한 사항
③ 작업공정의 유해 · 위험과 재해예방대책에 관한 사항
④ 기계 · 기구의 위험성과 작업의 순서 및 동선에 관한 사항

해설 관리감독자 정기 안전보건교육 내용

㉮ 작업공정의 유해 · 위험과 재해예방대책에 관한 사항
㉯ 표준안전작업방법 및 지도 요령에 관한 사항
㉰ 관리감독자의 역할과 임무에 관한 사항
㉱ 산업보건 및 직업병 예방에 관한 사항
㉲ 유해 · 위험 작업환경 관리에 관한 사항
㉳ 산업안전보건법령 및 산업재해보상보험 제도에 관한 사항
㉴ 직무 스트레스 예방 및 관리에 관한 사항
㉵ 직장 내 괴롭힘, 고객의 폭언 등으로 인한 건강장해 예방 및 관리에 관한 사항
㉶ 산업안전 및 사고 예방에 관한 사항
㉷ 안전보건교육능력 배양에 관한 사항(현장 근로자와의 의사소통능력 향상, 강의능력 향상, 기타 안전보건교육능력 배양 등에 관한 사항)
※ 안전보건교육능력 배양 교육은 전체 관리감독자 교육시간의 1/3 이하에서 할 수 있다.

14 레빈(Lewin)은 인간의 행동 특성을 다음과 같이 표현하였다. 변수 'P'가 의미하는 것은?

$$B=f(P \cdot E)$$

① 행동 ② 소질
③ 환경 ④ 함수

해설 레빈(K. Lewin)의 법칙

Lewin은 인간의 행동(B)은 그 사람이 가진 자질 즉, 개체(P)와 심리학적 환경(E)과의 상호 함수 관계에 있다고 하였다.

$B=f(P \cdot E)$

여기서, B(Behavior) : 인간의 행동
f(Function, 함수관계) : 적성 기타 P와 E에 영향을 미칠 수 있는 조건
P(Person, 개체) : 연령, 경험, 심신상태, 성격, 지능 등 인간의 조건
E(Environment, 심리적 환경) : 인간관계, 작업환경 등 환경조건

15 산업안전보건법령상 유해 · 위험 방지를 위한 방호조치가 필요한 기계 · 기구가 아닌 것은?

① 예초기 ② 지게차
③ 금속절단기 ④ 금속탐지기

해설 유해 · 위험 방지를 위한 방호조치를 하여야 하는 기계 · 기구

㉮ 예초기 ㉯ 원심기
㉰ 공기압축기 ㉱ 금속절단기
㉲ 지게차
㉳ 포장기계(진공포장기, 랩핑기로 한정한다)

16 안전교육방법 중 구안법(project method)의 4단계의 순서로 옳은 것은?

① 계획수립 → 목적결정 → 활동 → 평가
② 평가 → 계획수립 → 목적결정 → 활동
③ 목적결정 → 계획수립 → 활동 → 평가
④ 활동 → 계획수립 → 목적결정 → 평가

해설 구안법

㉮ 정의 : 학습자 스스로가 계획을 세워서 수행하는 학습활동으로 이루어지는 교육형태이다.
㉯ 구안법의 4단계
㉠ 1단계 : 목적
㉡ 2단계 : 계획
㉢ 3단계 : 수행(활동)
㉣ 4단계 : 평가
㉰ 특징
㉠ 동기부여가 충분하다.
㉡ 현실적인 학습방법이다.
㉢ 작업에 대하여 창조력이 생긴다.
㉣ 시간과 에너지가 많이 소비된다(단점).

17 안전인증 절연장갑에 안전인증 표시 외에 추가로 표시하여야 하는 등급별 색상의 연결로 옳은 것은? (단, 고용노동부 고시를 기준으로 한다.)

① 00등급 : 갈색 ② 0등급 : 흰색
③ 1등급 : 노랑색 ④ 2등급 : 빨강색

해설 절연장갑의 등급별 색상

등 급	00	0	1	2	3	4
색 상	갈색	빨간색	흰색	노란색	녹색	등색

18 강도율 7인 사업장에서 한 작업자가 평생동안 작업을 한다면 산업재해로 인한 근로손실일수는 며칠로 예상되는가? (단, 이 사업장의 연근로시간과 한 작업자의 평생 근로시간은 100,000시간으로 가정한다.)

① 500 ② 600
③ 700 ④ 800

해설 환산강도율=강도율×100
=7×100
=700

 정답 14.② 15.④ 16.③ 17.① 18.③

19 다음 설명에 해당하는 학습 지도의 원리는?

> 학습자가 지니고 있는 각자의 요구와 능력 등에 알맞은 학습활동의 기회를 마련해 주어야 한다는 원리

① 직관의 원리
② 자기활동의 원리
③ 개별화의 원리
④ 사회화의 원리

해설 학습 지도의 원리
㉮ 직관의 원리 : 어떤 사물에 대한 개념을 인식시키는 데 있어서 언어로 설명하는 것보다는 구체적인 사물을 직접 제시하거나 경험시킴으로써 큰 효과를 볼 수 있다는 원리
㉯ 자기활동의 원리 : 학습자 자신이 자발적으로 학습에 참여하는 데에 중점을 둔 원리
㉰ 개별화의 원리 : 학습자가 지니고 있는 각자의 요구와 능력 등에 알맞은 학습활동의 기회를 마련해 주어야 한다는 원리
㉱ 사회화의 원리 : 학습내용을 현실사회의 사상과 문제를 기반으로 하여 학교에서 경험한 것과 사회에서 경험한 것을 교류시키고, 공동학습을 통해서 협력적이고 우호적인 학습을 진행하는 원리
㉲ 통합의 원리 : '학습을 종합적인 전체로서 지도하자'는 원리로, 동시학습(concomitant learning)의 원리와 같다. 학습이란 부분적 · 분과적으로 이루어지는 것이 아니고 지적 · 정의적 · 기능적 분야의 종합적인 전체에서 이루어져야 한다는 원리

20 재해예방의 4원칙이 아닌 것은?

① 손실우연의 원칙
② 사전준비의 원칙
③ 원인계기의 원칙
④ 대책선정의 원칙

해설 재해예방의 4원칙
㉮ 손실우연의 원칙 : 재해손실은 사고가 발생할 때, 사고대상의 조건에 따라 달라진다. 그러한 사고의 결과로서 생긴 재해손실은 우연성에 의하여 결정된다. 따라서 재해방지대상의 우연성에 좌우되는 손실의 방지보다는 사고 발생 자체의 방지가 이루어져야 한다.
㉯ 원인계기의 원칙 : 재해 발생에는 반드시 원인이 있다. 즉, 사고와 손실과의 관계는 우연적이지만 사고와 원인과의 관계는 필연적이다.
㉰ 예방가능의 원칙 : 재해는 원칙적으로 원인만 제거되면 예방이 가능하다.
㉱ 대책선정의 원칙 : 재해예방을 위한 안전대책은 반드시 존재한다.

≫ 제2과목 인간공학 및 시스템 안전공학

21 결함수 분석법에서 Path set에 관한 설명으로 옳은 것은?

① 시스템의 약점을 표현한 것이다.
② Top사상을 발생시키는 조합이다.
③ 시스템이 고장 나지 않도록 하는 사상의 조합이다.
④ 시스템 고장을 유발시키는 필요불가결한 기본사상들의 집합이다.

해설 ㉮ 컷셋과 미니멀 컷셋
㉠ 컷셋(cut sets) : 정상사상을 일으키는 기본사상(통상사상, 생략사상 포함)의 집합이다.
㉡ 미니멀 컷셋(minimal cut sets) : 정상사상을 일으키기 위해 필요한 최소한의 컷을 말한다(시스템의 위험성을 나타냄).
㉯ 패스셋과 미니멀 패스셋
㉠ 패스셋(path sets) : 정상사상이 일어나지 않는 기본사상의 집합을 말한다.
㉡ 미니멀 패스셋(minimal path sets) : 필요한 최소한의 패스를 말한다(시스템의 신뢰성을 나타냄).

22 인체측정에 대한 설명으로 옳은 것은?

① 인체측정은 동적 측정과 정적 측정이 있다.
② 인체측정학은 인체의 생화학적 특징을 다룬다.
③ 자세에 따른 인체치수의 변화는 없다고 가정한다.
④ 측정항목에 무게, 둘레, 두께, 길이는 포함되지 않는다.

해설 인체측정
㉮ 인체측정은 동적 측정(기능적 인체치수)과 정적 측정(구조적 인체치수)이 있다.
㉯ 인체측정학은 신체치수를 비롯하여 각 부위의 부피, 무게중심, 관성, 질량 등 인체의 물리적 특징을 다룬다.
㉰ 자세에 따른 인체치수의 변화는 있다고 가정한다.
㉱ 측정항목에 무게, 둘레, 두께, 길이는 포함한다.

23 암호체계의 사용 시 고려해야 될 사항과 거리가 먼 것은?

① 정보를 암호화한 자극은 검출이 가능하여야 한다.
② 다차원의 암호보다 단일 차원화된 암호가 정보전달이 촉진된다.
③ 암호를 사용할 때는 사용자가 그 뜻을 분명히 알 수 있어야 한다.
④ 모든 암호 표시는 감지장치에 의해 검출될 수 있고, 다른 암호 표시와 구별될 수 있어야 한다.

해설 **암호체계 사용상의 일반적 지침**
㉮ 암호의 검출성(detectability) : 위성정보를 암호화한 자극은 검출이 가능해야 한다. 즉, 자극은 주어진 상황에서 감지장치나 사람이 감지할 수 있는 성질의 것이어야 한다.
㉯ 암호의 변별성(discriminability) : 모든 암호 표시는 감지장치에 의해 검출될 수 있는 외에 다른 암호 표시와 구별될 수 있어야 한다. 또한 인접한 자극들 간에 적당한 차이가 있으므로 전부 변별 가능하다고 하더라도 인접 자극의 상이도는 암호체계의 효율에 영향을 끼친다.
㉰ 부호의 양립성(compatibility) : 양립성이란 자극들 간, 반응들 간, 혹은 자극-반응 조합의 (공간, 운동 또는 개념적) 관계가 인간의 기대와 모순되지 않은 것을 말한다.
㉱ 부호의 의미(meaning) : 암호를 사용할 때는 사용자가 그 뜻을 분명히 알 수 있어야 한다.
㉲ 암호의 표준화(standardization) : 암호체계가 교통표지판 같이 여러 사람에 의해 여러 가지 상황에서 쓰이는 것이라면, 암호를 표준화함으로써 사람들이 어떤 상황에서 다른 상황으로 옮기더라도 쉽게 이용할 수 있다.
㉳ 다차원(multidimensional) 암호의 사용 : 일반적으로 말해서 두 가지 이상의 암호 차원을 조합해서 사용하면, 특히 완전중복 암호를 이용하는 경우에 정보전달이 촉진된다.

24 신호검출이론(SDT)의 판정결과 중 신호가 없었는데도 있었다고 말하는 경우는?

① 긍정(hit)
② 누락(miss)
③ 허위(false alarm)
④ 부정(correct rejection)

해설 **신호검출이론(SDT)의 판정결과**
㉮ 긍정(hit) : 신호가 있었을 때 신호를 감지하는 경우
㉯ 누락(miss) : 신호가 있었는데 감지하지 못한 경우
㉰ 허위(false alarm) : 신호가 없었는데 있었다고 하는 경우
㉱ 부정(correct rejection) : 신호가 없었을 때 없었다고 하는 경우

25 시스템 안전분석방법 중 예비위험분석(PHA) 단계에서 식별하는 4가지 범주에 속하지 않는 것은?

① 위기상태 ② 무시가능상태
③ 파국적 상태 ④ 예비조처상태

해설 **예비위험분석(PHA)에서 식별하는 4가지의 범주(category)**
㉮ 파국적(catastrophic)
㉯ 중대(critical)(위기)
㉰ 한계적(marginal)
㉱ 무시 가능(negligible)

26 어느 부품 1,000개를 100,000시간 동안 가동하였을 때 5개의 불량품이 발생하였을 경우 평균동작시간(MTTF)은?

① 1×10^6시간 ② 2×10^7시간
③ 1×10^8시간 ④ 2×10^9시간

해설 **MTTF(Mean Time To Failure)**
평균수명 또는 고장발생까지의 동작시간 평균이라고도 하며, 하나의 고장에서부터 다음 고장까지의 평균동작시간을 말한다.

$$\therefore \text{MTTF} = \frac{\text{총 가동시간}}{\text{고장횟수}} = \frac{1{,}000\times100{,}000}{5} = 2\times10^7\text{시간}$$

27 사무실 의자나 책상에 적용할 인체측정자료의 설계원칙으로 가장 적합한 것은?

① 평균치 설계 ② 조절식 설계
③ 최대치 설계 ④ 최소치 설계

 정답 23.② 24.③ 25.④ 26.② 27.②

해설 인체계측자료 응용원칙의 예
㉮ 극단치 설계
㉠ 최대 집단치 : 출입문, 통로, 의자 사이의 간격 등
㉡ 최소 집단치 : 선반의 높이, 조종장치까지의 거리, 버스나 전철의 손잡이 등
㉯ 조절식 설계 : 사무실 의자나 책상의 높낮이 조절, 자동차 좌석의 전후조절 등
㉰ 평균치 설계 : 가게나 은행의 계산대 등

28 결함수분석의 기호 중 입력사상이 어느 하나라도 발생할 경우 출력사상이 발생하는 것은?

① NOR GATE ② AND GATE
③ OR GATE ④ NAND GATE

해설 ① NOR GATE : 모든 입력이 거짓인 경우 출력이 참이 되는 논리 게이트이다.
② AND GATE : 모든 입력사상이 공존할 때만 출력사상이 발생하는 논리 게이트이다.
④ NAND GATE : 모든 입력이 참인 경우 출력이 거짓이 되는 논리 게이트이다.

29 어떤 소리가 1,000Hz, 60dB인 음과 같은 높이임에도 4배 더 크게 들린다면, 이 소리의 음압수준은 얼마인가?

① 70dB ② 80dB
③ 90dB ④ 100dB

해설 주파수가 1,000Hz이고, 음압수준이 60dB인 소리의 크기는 60phon이다.
60phon의 sone 치 $= 2^{\frac{60-40}{10}} = 4\text{sone}$
16sone 치 $= 2^{\frac{X-40}{10}}$
$\therefore\ X = 10 \times \frac{\log 16}{\log 2} + 40 = 80\text{phon}(= 80\text{dB})$

30 촉감의 일반적인 척도의 하나인 2점 문턱값(two-point threshold)이 감소하는 순서대로 나열된 것은?

① 손가락 → 손바닥 → 손가락 끝
② 손바닥 → 손가락 → 손가락 끝
③ 손가락 끝 → 손가락 → 손바닥
④ 손가락 끝 → 손바닥 → 손가락

해설 ㉮ 촉각적 표시장치 : 손과 손가락을 기본정보 수용기로 이용한다.
㉯ 촉감의 일반적인 척도
㉠ 2점 문턱값 : 두 점을 눌렀을 때 따로따로 지각할 수 있는 두 점 사이의 최소 거리를 말한다.
㉡ 2점 문턱값은 손바닥에서 손바닥 끝으로 갈수록 감소한다(2중 문턱값이 감소하는 순서 : 손바닥 → 손가락 → 손가락 끝).
㉰ 촉감은 피부온도가 낮아지면 나빠지므로 주의하여야 한다.

31 인간-기계 시스템에서 시스템의 설계를 다음과 같이 구분할 때 제3단계인 기본설계에 해당되지 않는 것은?

- 1단계 : 시스템의 목표와 성능 명세 결정
- 2단계 : 시스템의 정의
- 3단계 : 기본설계
- 4단계 : 인터페이스 설계
- 5단계 : 보조물 설계
- 6단계 : 시험 및 평가

① 화면설계 ② 작업설계
③ 직무분석 ④ 기능 할당

해설 인간-기계 시스템 설계의 주요 단계
㉮ 제1단계 : 목표 및 성능 설정
㉯ 제2단계 : 시스템의 정의
㉰ 제3단계 : 기본설계
㉠ 기능의 할당
㉡ 인간 성능요건 명세 : 속도, 정확성, 사용자 만족, 유일한 기술을 개발하는 데 필요한 시간
㉢ 직무분석
㉣ 작업설계
㉱ 제4단계 : 계면(인터페이스) 설계
㉲ 제5단계 : 촉진물(보조물) 설계
㉳ 제6단계 : 시험 및 평가

32 산업안전보건법령상 유해위험방지계획서의 제출대상 제조업은 전기계약 용량이 얼마 이상인 경우에 해당되는가? (단, 기타 예외사항은 제외한다.)

① 50kW ② 100kW
③ 200kW ④ 300kW

해설 유해위험방지계획서 제출대상 사업은 전기계약 용량이 300kW 이상인 제조업 등의 사업이다.

28.③ 29.② 30.② 31.① 32.④ 정답

33 실린더 블록에 사용하는 개스킷의 수명분포는 $X \sim N(10,000, 200^2)$인 정규분포를 따른다. $t=9,600$시간일 경우에 신뢰도[$R(t)$]는? (단, $P(Z \le 1)=0.8413$, $P(Z \le 1.5)=0.9332$, $P(Z \le 2)=0.9772$, $P(Z \le 3)=0.9987$이다.)

① 84.13% ② 93.32%
③ 97.72% ④ 99.87%

해설
$$P(\overline{X} \le 9,600) = P\left(Z \le \frac{9,600-10,000}{200}\right)$$
$$= P(Z \le -2)$$
$$= 0.5+0.5-P(Z \le -2)$$
$$= 0.5+0.5-0.9772=0.0228$$
∴ 신뢰도$=0.5+0.5-0.0228=0.9772=97.72\%$

34 FTA 결과 다음과 같은 패스셋을 구하였다. 최소 패스셋(minimal path sets)으로 옳은 것은?

$\{X_2, X_3, X_4\}$
$\{X_1, X_3, X_4\}$
$\{X_3, X_4\}$

① $\{X_3, X_4\}$
② $\{X_1, X_3, X_4\}$
③ $\{X_2, X_3, X_4\}$
④ $\{X_2, X_3, X_4\}$와 $\{X_3, X_4\}$

해설 최소 패스셋(minimal path sets)은 정상사상이 일어나지 않는 최소한의 기본사상의 집합이다.

35 연구기준의 요건과 내용이 옳은 것은?

① 무오염성 : 실제로 의도하는 바와 부합해야 한다.
② 적절성 : 반복 실험 시 재현성이 있어야 한다.
③ 신뢰성 : 측정하고자 하는 변수 이외의 다른 변수의 영향을 받아서는 안 된다.
④ 민감도 : 피실험자 사이에서 볼 수 있는 예상 차이점에 비례하는 단위로 측정해야 한다.

해설 ① 무오염성 : 측정하고자 하는 변수 이외의 다른 변수의 영향을 받아서는 안 된다.
② 적절성 : 의도된 목적에 부합하여야 한다.
③ 신뢰성 : 반복 실험 시 재현성이 있어야 한다.
④ 민감도 : 피실험자 사이에서 볼 수 있는 예상 차이점에 비례하는 단위로 측정해야 한다.

36 다음 중 열 중독증(heat illness)의 강도를 올바르게 나열한 것은?

ⓐ 열소모(heat exhaustion)
ⓑ 열발진(heat rash)
ⓒ 열경련(heat cramp)
ⓓ 열사병(heat stroke)

① ⓒ < ⓑ < ⓐ < ⓓ
② ⓒ < ⓑ < ⓓ < ⓐ
③ ⓑ < ⓒ < ⓐ < ⓓ
④ ⓑ < ⓓ < ⓐ < ⓒ

해설 **열중독증**
㉮ 열중독증의 종류
㉠ 열발진 : 땀샘의 막힘, 땀의 체류, 염증 등이 원인이 되어 피부에 작고 붉으며 물집 모양의 뾰루지가 생기는 것으로 '땀띠'라고도 한다.
㉡ 열경련 : 고온 환경에서 작업 중이거나 작업 후 수시간 내에 근육(팔, 다리, 복부 등)에 통증이 있는 경련이 생기는 것으로 염분 손실과 관계된다.
㉢ 열소모(열피비) : 주로 탈수 때문에 생기는 것으로 근육 무력, 구역질, 구토, 현기증, 실신 등의 증상을 나타낸다.
㉣ 열사병 : 체온이 과도하게 상승하여 온도조절 메커니즘이 파괴되었을 때 생긴다(원인 : 땀샘의 피로와 땀 생성 중단).
㉯ 열중독증의 강도 순서
열발진 < 열경련 < 열소모 < 열사병

37 가스밸브를 잠그는 것을 잊어 사고가 발생했다면 작업자는 어떤 인적 오류를 범한 것인가?

① 생략 오류(omission error)
② 시간지연 오류(time error)
③ 순서 오류(sequential error)
④ 작위적 오류(commission error)

 정답 33.③ 34.① 35.④ 36.③ 37.①

해설 오류의 심리적인 분류(Swain)

㉮ 생략적 에러(omission error) : 필요한 직무(task) 또는 절차를 수행하지 않는 데 기인한 과오(error)
㉯ 시간적 에러(time error) : 필요한 직무 또는 절차의 수행지연으로 인한 과오
㉰ 수행적 에러(commission error) : 필요한 직무 또는 절차의 불확실한 수행으로 인한 과오
㉱ 순서적 에러(sequential error) : 필요한 직무 또는 절차의 순서착오로 인한 과오
㉲ 불필요한 에러(extraneous error) : 불필요한 직무 또는 절차를 수행함으로 인한 과오

38 시스템 안전분석방법 중 HAZOP에서 "완전대체"를 의미하는 것은?

① NOT ② REVERSE
③ PART OF ④ OTHER THAN

해설 HAZOP에서 사용하는 유인어의 의미

㉮ No 또는 Not : 설계의도의 완전한 부정
㉯ More 또는 Less : 양의 증가 또는 감소
㉰ Part of : 성질상의 감소, 일부 변경
㉱ As well as : 성질상의 증가
㉲ Reverse : 설계의도의 논리적인 역
㉳ Other than : 완전한 대체

39 신체활동의 생리학적 측정법 중 전신의 육체적인 활동을 측정하는 데 가장 적합한 방법은?

① Flicker 측정
② 산소소비량 측정
③ 근전도(EMG) 측정
④ 피부전기반사(GSR) 측정

해설 생리학적 측정법

㉮ 동적 근력작업(전신의 육체적인 활동) : R.M.R 에너지대사량, 산소소비량 및 CO_2 배출량 등과 호흡량, 맥박수
㉯ 정적 근력작업 : 에너지 대사량과 맥박수와의 상관관계 및 시간적 경과, 근전도 측정
㉰ 신경적 작업 : 매회 평균진폭, 맥박수, 피부전기반사(GSR) 등을 측정
㉱ 심적 작업 : 긴장감 측정
㉲ 작업부하, 피로 : 호흡량, 근전도, 플리커값
㉳ 긴장감 : 맥박수, GSR(피부전기반사)

40 다음은 불꽃놀이용 화학물질취급설비에 대한 정량적 평가이다. 해당 항목에 대한 위험등급이 올바르게 연결된 것은?

항 목	A(10점)	B(5점)	C(2점)	D(0점)
취급물질	O	O	O	
조작		O		O
화학설비의 용량	O		O	
온도	O	O		
압력		O	O	O

① 취급물질 – Ⅰ등급, 화학설비의 용량 – Ⅰ등급
② 온도 – Ⅰ등급, 화학설비의 용량 – Ⅱ등급
③ 취급물질 – Ⅰ등급, 조작 – Ⅳ등급
④ 온도 – Ⅱ등급, 압력 – Ⅲ등급

해설 정량적 평가

㉮ 해당 화학설비의 취급물질 · 용량 · 온도 · 압력 및 조작의 5항목에 대해 A, B, C, D급으로 분류하고, A급은 10점, B급은 5점, C급은 2점, D급은 0점으로 점수를 부여한 후, 5항목에 관한 점수들의 합을 구한다.
㉯ 합산 결과에 의한 위험도의 등급

등 급	점 수	내 용
등급 Ⅰ	16점 이상	위험도가 높다.
등급 Ⅱ	11~15점 이하	주위 상황, 다른 설비와 관련해서 평가
등급 Ⅲ	10점 이하	위험도가 낮다.

㉰

항 목	A (10점)	B (5점)	C (2점)	D (0점)	점 수	등 급
취급물질	O	O	O		17	등급 Ⅰ
조작		O		O	5	등급 Ⅲ
화학설비의 용량	O		O		12	등급 Ⅱ
온도	O	O			15	등급 Ⅱ
압력		O	O	O	7	등급 Ⅲ

» 제3과목 기계위험 방지기술

41 선반작업의 안전수칙으로 가장 거리가 먼 것은?

① 기계에 주유 및 청소를 할 때에는 저속회전에서 한다.
② 일반적으로 가공물의 길이가 지름의 12배 이상일 때는 방진구를 사용하여 선반작업을 한다.
③ 바이트는 가급적 짧게 설치한다.
④ 면장갑을 사용하지 않는다.

해설 **선반작업 시 안전작업수칙**
㉮ 공작물의 길이가 직경의 12배 이상으로 가늘고 길 때는 방진구(공작물의 고정에 사용)를 사용하여 진동을 막을 것
㉯ 보링작업 중 구멍 속에 손가락을 넣지 않을 것
㉰ 칩이나 부스러기를 제거할 때는 반드시 브러시를 사용할 것
㉱ 작업 중 장갑을 끼지 않을 것
㉲ 시동 전에 심압대가 잘 죄어져 있는가를 확인할 것
㉳ 선반기계를 정지시켜야 할 경우
  ㉠ 치수를 측정할 경우
  ㉡ 백기어(back gear)를 넣거나 풀 경우
  ㉢ 주축을 변속할 경우
  ㉣ 기계에 주유 및 청소를 할 경우
㉴ 바이트는 가급적 짧게 설치하여 진동이나 휨을 막을 것
㉵ 회전부에 손을 대지 말 것
㉶ 선반의 베드 위에 공구를 놓지 말 것
㉷ 일감의 센터구멍과 센터는 반드시 일치시킬 것
㉸ 공작물의 설치가 끝나면 척에서 렌치류는 제거시킬 것

42 극한하중이 600N인 체인에 안전계수가 4일 때 체인의 정격하중(N)은?

① 130 ② 140
③ 150 ④ 160

해설 $$\text{안전계수} = \frac{\text{파괴하중(극한강도)}}{\text{정격하중(허용응력)}}$$
$$\therefore \text{정격하중} = \frac{\text{극한강도}}{\text{안전계수}} = \frac{600}{4} = 150$$

43 크레인에 돌발상황이 발생한 경우 안전을 유지하기 위하여 모든 전원을 차단하여 크레인을 급정지시키는 방호장치는?

① 호이스트
② 이탈방지장치
③ 비상정지장치
④ 아우트리거

해설 ① 호이스트 : 비교적 소형의 화물을 들어 옮기는 양중기
② 이탈방지장치 : 순간풍속이 초당 30m를 초과하는 바람이 불어올 우려가 있는 경우 옥외에 설치되어 있는 주행 크레인에 대하여 이탈 방지를 위해 설치하는 장치
③ 비상정지장치 : 돌발상황이 발생한 경우 안전을 유지하기 위하여 모든 전원을 차단하여 크레인을 급정지시키는 방호장치
④ 아우트리거 : 이동식 크레인 등으로 작업할 때 안정을 위하여 프레임 등에 부착하여 길게 설치된 지주 등이 폭풍에 버티도록 하기 위해 지상에 고정한 장치

44 산업안전보건법령상 크레인에서 권과방지장치의 달기구 윗면이 권상장치의 아랫면과 접촉할 우려가 있는 경우 최소 몇 m 이상 간격이 되도록 조정하여야 하는가? (단, 직동식 권과방지장치의 경우는 제외한다.)

① 0.1
② 0.15
③ 0.25
④ 0.3

해설 **방호장치의 조정**
크레인 및 이동식 크레인의 양중기에 대한 권과방지장치는 훅, 버킷 등 달기구의 윗면(그 달기구에 권상용 도르래가 설치된 경우에는 권상용 도르래의 윗면)이 드럼, 상부 도르래, 트롤리프레임 등 권상장치의 아랫면과 접촉할 우려가 있는 경우에 그 간격이 0.25m 이상(직동식 권과방지장치는 0.05m 이상)이 되도록 조정할 것

 정답 41.① 42.③ 43.③ 44.③

45 연삭작업에서 숫돌의 파괴원인으로 가장 적절하지 않은 것은?

① 숫돌의 회전속도가 너무 빠를 때
② 연삭작업 시 숫돌의 정면을 사용할 때
③ 숫돌에 큰 충격을 줬을 때
④ 숫돌의 회전중심이 제대로 잡히지 않았을 때

해설 **연삭기 숫돌의 파괴원인**
㉮ 숫돌의 회전속도가 빠를 때
㉯ 숫돌 자체에 균열이 있을 때
㉰ 숫돌에 과대한 충격을 가할 때
㉱ 숫돌의 측면을 사용하여 작업할 때
㉲ 숫돌의 불균형이나 베어링 마모에 의한 진동이 있을 때
㉳ 숫돌 반경방향의 온도변화가 심할 때
㉴ 작업에 부적당한 숫돌을 사용할 때
㉵ 숫돌의 치수가 부적당할 때
㉶ 플랜지가 현저히 작을 때
$\left(\text{플랜지 직경}=\text{숫돌 직경}\times\frac{1}{3}\right)$

46 산업안전보건법령상 화물이 낙하에 의해 운전자가 위험을 미칠 경우 지게차의 헤드가드(head guard)는 지게차 최대하중의 몇 배가 되는 등분포정하중에 견디는 강도를 가져야 하는가? (단, 4톤을 넘는 값은 제외한다.)

① 1배
② 1.5배
③ 2배
④ 3배

해설 **지게차 헤드가드의 구비조건**
㉮ 강도는 지게차의 최대하중의 2배 값(4톤을 넘는 값에 대해서는 4톤으로 한다)의 등분포정하중에 견딜 수 있을 것
㉯ 상부틀의 각 개구의 폭 또는 길이가 16cm 미만일 것
㉰ 운전자가 앉아서 조작하는 방식의 지게차의 경우에는 운전자의 좌석 윗면에서 헤드가드의 상부틀 아랫면까지의 높이가 0.903m 이상일 것
㉱ 운전자가 서서 조작하는 방식의 지게차의 경우에는 운전석의 바닥면에서 헤드가드의 상부틀 하면까지의 높이가 1.88m 이상일 것

47 산업안전보건법령상 프레스 등을 사용하여 작업을 할 때에 작업시작 전 점검사항으로 가장 거리가 먼 것은?

① 압력방출장치의 기능
② 클러치 및 브레이크의 기능
③ 프레스의 금형 및 고정볼트 상태
④ 1행정 1정지기구 · 급정지장치 및 비상정지장치의 기능

해설 **프레스 등(프레스 또는 전단기)의 작업시작 전 점검항목**
㉮ 클러치 및 브레이크의 기능
㉯ 크랭크축, 플라이휠, 슬라이드, 연결봉 및 연결나사 볼의 풀림 유무
㉰ 1행정 1정지기구, 급정지장치 및 비상정지장치의 기능
㉱ 슬라이드 또는 칼날에 의한 위험방지기구의 기능
㉲ 프레스의 금형 및 고정볼트 상태
㉳ 방호장치의 기능
㉴ 전단기의 칼날 및 테이블의 상태

48 다음 중 프레스 방호장치에서 게이트가드식 방호장치의 종류를 작동방식에 따라 분류할 때 가장 거리가 먼 것은?

① 경사식
② 하강식
③ 도립식
④ 횡슬라이드식

해설 **게이트가드식 방호장치의 작동방식에 의한 분류**
㉮ 하강식
㉯ 도립식
㉰ 횡슬라이드식
㉱ 상승식

49 500rpm으로 회전하는 연삭숫돌의 지름이 300mm일 때 원주속도(m/min)는?

① 약 748　② 약 650
③ 약 532　④ 약 471

해설
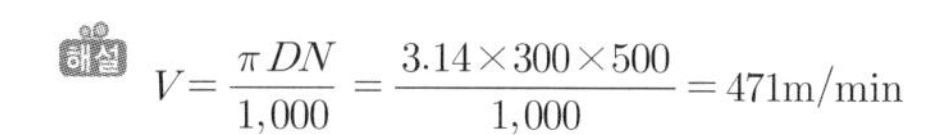
$$V=\frac{\pi DN}{1{,}000}=\frac{3.14\times300\times500}{1{,}000}=471\text{m/min}$$

50 산업안전보건법령상 용접장치의 안전에 관한 준수사항으로 옳은 것은?

① 아세틸렌 용접장치의 발생기실을 옥외에 설치한 경우에는 그 개구부를 다른 건축물로부터 1m 이상 떨어지도록 하여야 한다.
② 가스집합장치로부터 7m 이내의 장소에서는 화기의 사용을 금지시킨다.
③ 아세틸렌 발생기에서 10m 이내 또는 발생기실에서 4m 이내의 장소에서는 화기의 사용을 금지시킨다.
④ 아세틸렌 용접장치를 사용하여 용접작업을 할 경우 게이지압력이 127kPa을 초과하는 압력의 아세틸렌을 발생시켜 사용해서는 아니 된다.

해설 ① 아세틸렌 용접장치의 발생기실을 옥외에 설치한 경우에는 그 개구부를 다른 건축물로부터 1.5m 이상 떨어지도록 하여야 한다.
② 가스집합장치로부터 5m 이내의 장소에서는 화기의 사용을 금지시킨다.
③ 아세틸렌 발생기에서 5m 이내 또는 발생기실에서 3m 이내의 장소에서는 흡연행위를 금지시킨다.

51 산업안전보건법령상 목재가공용 둥근톱 작업에서 분할날과 톱날 원주면과의 간격은 최대 얼마 이내가 되도록 조정하는가?

① 10mm ② 12mm
③ 14mm ④ 16mm

해설 분할날은 표준테이블면(승강테이블은 테이블을 최대로 내렸을 때의 면)상 톱의 후면 날의 $\frac{2}{3}$ 이상을 덮고 톱날과의 간격이 12mm 이내가 되어야 한다.

52 기계설비에서 기계 고장률의 기본모형으로 옳지 않은 것은?

① 조립 고장
② 초기 고장
③ 우발 고장
④ 마모 고장

해설 **고장형태**
㉮ 초기 고장 : 고장률 감소시기(DFR ; Decreasing Failure Rate) : 사용 개시 후 비교적 이른 시기에 설계 · 제작상의 결함, 사용 환경의 부적합 등에 의해 발생하는 고장이다. 기계설비의 시운전 및 초기 운전 중 가장 높은 고장률을 나타내고 그 고장률이 차츰 감소한다.
㉯ 우발 고장 : 고장률 일정시기(CFR ; Constant Failure Rate) : 초기 고장과 마모 고장 사이의 마모, 누출, 변형, 크랙 등으로 인하여 우발적으로 발생하는 고장이다. 고장률이 일정한 이 기간은 고장시간, 원인(고장 타입)이 랜덤해서 예방보전(PM)은 무의미하며 고장률이 가장 낮다. 정기점검이나 특별점검을 통해서 예방할 수 있다.
㉰ 마모 고장 : 고장률 증가시기(IFR ; Increasing Failure Rate) : 점차 고장률이 상승하는 형으로 볼베어링 또는 기어 등 기계적 요소나 부품의 마모, 사람의 노화현상에 의해 어떤 시점에 집중적으로 고장이 발생하는 시기

53 다음 중 선반의 방호장치로 가장 거리가 먼 것은?

① 실드(shield) ② 슬라이딩
③ 척 커버 ④ 칩 브레이커

해설 **선반의 방호장치**
㉮ 칩 브레이커 : 바이트에 설치된 칩을 짧게 끊어내는 장치
㉯ 실드(shield) : 칩 비산방지 투명판으로 칩 및 절삭유의 비산 방지를 위하여 전후, 좌우, 위쪽에 설치하는 플라스틱 덮개
㉰ 덮개 또는 울 : 돌출 가공물에 설치한 안전장치
㉱ 브레이크 : 급정지장치
㉲ 척 커버 : 척이나 척에 물린 가공물의 돌출부에 작업복이 말려 들어가는 것을 방지하는 장치

54 일반적으로 전류가 과대하고, 용접속도가 너무 빠르며, 아크를 짧게 유지하기 어려운 경우 모재 및 용접부의 일부가 녹아서 홈 또는 오목한 부분이 생기는 용접부 결함은?

① 잔류응력 ② 융합불량
③ 기공 ④ 언더컷

 정답 50.④ 51.② 52.① 53.② 54.④

해설 용접 결함의 구분
㉮ 기공(blow hole) : 금속 주물이 응고할 때 생기는 가스가 완전히 빠져 나가지 못하여 작은 기공 형태로 내부에 남아 있는 것
㉯ 언더컷(under cut) : 전류가 과대하고, 용접속도가 너무 빠르며, 아크를 짧게 유지하기 어려운 경우 모재 및 용접부의 일부가 녹아서 홈 또는 오목한 부분이 생긴 상태
㉰ 융합불량(incomplete penetration) : 모재의 어느 한 부분이 완전히 용착되지 못하고 남아 있는 현상

55 산업안전보건법령상 승강기의 종류로 옳지 않은 것은?

① 승객용 엘리베이터
② 리프트
③ 화물용 엘리베이터
④ 승객·화물용 엘리베이터

해설 승강기의 종류
㉮ 승객용 엘리베이터 : 사람의 운송에 적합하게 제조·설치된 엘리베이터
㉯ 승객·화물용 엘리베이터 : 사람의 운송과 화물 운반을 겸용하는 데 적합하게 제조·설치된 엘리베이터
㉰ 화물용 엘리베이터 : 화물 운반에 적합하게 제조·설치된 엘리베이터로서 조작자 또는 화물취급자 1명은 탑승할 수 있는 것(적재용량이 300kg 미만인 것은 제외)
㉱ 소형 화물용 엘리베이터 : 음식물이나 서적 등 소형 화물의 운반에 적합하게 제조·설치된 엘리베이터로서 사람의 탑승이 금지된 것
㉲ 에스컬레이터 : 일정한 경사로 또는 수평로를 따라 위·아래 또는 옆으로 움직이는 디딤판을 통해 사람이나 화물을 승강장으로 운송시키는 설비

56 산업안전보건법령상 로봇을 운전하는 경우 근로자가 로봇에 부딪칠 위험이 있을 때 높이는 최소 얼마 이상의 울타리를 설치하여야 하는가? (단, 로봇의 가동범위 등을 고려하여 높이로 인한 위험성이 없는 경우는 제외한다.)

① 0.9m ② 1.2m
③ 1.5m ④ 1.8m

해설 산업용 로봇에 의한 작업 시 안전조치사항
㉮ 근로자가 로봇에 부딪칠 위험이 있을 때에는 안전매트 및 1.8m 이상의 안전방책을 설치하여야 한다.
㉯ 작업을 하고 있는 동안 로봇의 기동스위치 등은 작업에 종사하고 있는 근로자가 아닌 사람이 그 스위치 등을 조작할 수 없도록 필요한 조치를 한다.
㉰ 로봇의 조작방법 및 순서, 작업 중 매니퓰레이터의 속도 등에 관한 지침에 따라 작업을 하여야 한다.
㉱ 작업에 종사하고 있는 근로자 또는 그 근로자를 감시하는 사람은 이상을 발견하면 즉시 로봇의 운전을 정지시키기 위한 조치를 하여야 한다.

57 다음 중 보일러 운전 시 안전수칙으로 가장 적절하지 않은 것은?

① 가동 중인 보일러에는 작업자가 항상 정위치를 떠나지 아니할 것
② 보일러의 각종 부속장치의 누설상태를 점검할 것
③ 압력방출장치는 매 7년마다 정기적으로 작동시험을 할 것
④ 노 내의 환기 및 통풍 장치를 점검할 것

해설 압력방출장치의 설치
㉮ 보일러의 안전한 가동을 위하여 보일러 규격에 맞는 압력방출장치를 1개 또는 2개 이상 설치하고 최고사용압력 이하에서 작동되도록 하여야 한다. 다만, 압력방출장치가 2개 이상 설치된 경우에는 최고사용압력 이하에서 1개가 작동되고, 다른 압력방출장치는 최고사용압력 1.05배 이하에서 작동되도록 부착하여야 한다.
㉯ 압력방출장치는 매년 1회 이상 산업통상자원부장관의 지정을 받은 국가교정업무 전담기관에서 교정을 받은 압력계를 이용하여 설정압력에서 압력방출장치가 적정하게 작동하는지를 검사한 후 납으로 봉인하여 사용하여야 한다. 다만, 공정안전보고서 제출대상으로서 고용노동부장관이 실시하는 공정안전보고서 이행상태 평가 결과가 우수한 사업장은 압력방출장치에 대하여 4년마다 1회 이상 설정압력에서 압력방출장치가 적정하게 작동하는지를 검사할 수 있다.

55.② 56.④ 57.③ 정답

58 산업안전보건법령상 롤러기의 방호장치 중 롤러의 앞면 표면속도가 30m/min 이상일 때 무부하동작에서 급정지거리는?

① 앞면 롤러 원주의 1/2.5 이내
② 앞면 롤러 원주의 1/3 이내
③ 앞면 롤러 원주의 1/3.5 이내
④ 앞면 롤러 원주의 1/5.5 이내

해설 **급정지장치의 성능기준**

앞면 롤러의 표면속도(m/min)	급정지거리
30 미만	앞면 롤러 원주 길이의 1/3
30 이상	앞면 롤러 원주 길이의 1/2.5

59 슬라이드가 내려옴에 따라 손을 쳐내는 막대가 좌우로 왕복하면서 위험한계에 있는 손을 보호하는 프레스 방호장치는?

① 수인식 ② 게이트가드식
③ 반발예방장치 ④ 손쳐내기식

해설 **손쳐내기식 방호장치**
기계의 작동에 연동시켜 위험상태로 되기 전에 손을 위험영역에서 밀어내거나 쳐냄으로써 위험을 배제하는 장치로서 손쳐내기 봉의 길이 및 진폭을 조절할 수 있는 구조의 것이어야 한다. 설치 시 기준은 다음과 같다.
㉮ 슬라이드의 행정길이가 40mm 이상일 경우에 사용할 것
㉯ 손쳐내기식 막대는 그 길이 및 진폭을 조정할 수 있는 구조일 것
㉰ 손쳐내기 판의 폭은 금형 크기의 1/2 이상으로 할 것(단, 행정 300mm 이상은 폭을 300mm로 할 것)
㉱ 슬라이드 하행정거리의 3/4 위치에서 손을 완전히 밀어낼 것

60 다음 중 컨베이어의 안전장치로 옳지 않은 것은?

① 비상정지장치
② 반발예방장치
③ 역회전방지장치
④ 이탈방지장치

해설 **컨베이어의 방호장치**
㉮ 이탈 및 역주행 방지장치 : 컨베이어, 이송용 롤러 등을 사용하는 때에는 정전, 전압강하 등에 의한 화물 또는 운반구의 이탈 및 역주행을 방지하는 장치를 갖출 것(단, 무동력상태 또는 수평상태로만 사용하여 근로자에 위험을 미칠 우려가 없는 때에는 제외)
㉯ 비상정지장치 : 근로자의 신체가 말려드는 등 위험 시와 비상시에는 즉시 운전을 정지시킬 수 있는 비상정지장치를 설치할 것
㉰ 덮개 또는 울 : 컨베이어 등으로부터 화물이 낙하함으로 인하여 근로자에게 위험을 미칠 우려가 있는 때에는 해당 컨베이어 등에 덮개, 울을 설치하는 등 낙하방지를 위한 조치를 할 것
㉱ 건널다리 : 운전 중인 컨베이어 등의 위로 근로자를 넘어가도록 하는 경우에는 건널다리를 설치할 것

≫ 제4과목 전기위험 방지기술

61 접지계통 분류에서 TN 접지방식이 아닌 것은?

① TN－S 방식 ② TN－C 방식
③ TN－T 방식 ④ TN－C－S 방식

해설 **TN 접지방식**
㉮ TN 방식 : 전력 공급 측을 계통접지하고 설비 측은 PE로 연접시키는 시스템으로 과전류 차단기로 간접접촉보호가 가능하며 누전차단기가 필요 없으며, 주로 전위 상승이 적어 저압 간선에 사용한다.
㉯ TN－S 방식 : 계통 전체를 중성선과 접지선(PE)으로 분리하는 방식으로 불평형 전류가 N상만 흐른다. 설비가 고가로 미국에서 사용하며 약전 및 통신기기 사용 시 유리하다.
㉰ TN－C 방식 : 계통 전체에 걸쳐 중성선과 보호도체를 하나의 도선으로 결합시킨 방식으로 불평형 전류가 접지 및 보호도체용 도선에 흐른다. 약전계통에 사용 시 노이즈 문제가 생길 수 있으며 고조파 계통에선 고조파로 인한 노이즈 문제 발생함. 일반적으로 통신에 구애 받지 않은 전력계통에 적합하다.
㉱ TN－C－S 방식 : 계통이 일부분은 C방식 일부분은 S방식을 말하며, 누전차단기 사용 시 TN－C는 TN－S 뒤에 사용할 수 없다.

 정답 58.① 59.④ 60.② 61.③

62 산업안전보건기준에 관한 규칙에 따라 누전에 의한 감전의 위험을 방지하기 위하여 접지를 하여야 하는 대상의 기준으로 틀린 것은? (단, 예외조건은 고려하지 않는다.)

① 전기 기계 · 기구의 금속제 외함
② 고압 이상의 전기를 사용하는 전기 기계 · 기구 주변의 금속제 칸막이
③ 고정 배선에 접속된 전기 기계 · 기구 중 사용전압이 대지전압 100V를 넘는 비충전 금속체
④ 코드와 플러그를 접속하여 사용하는 전기 기계 · 기구 중 휴대형 전동 기계 · 기구의 노출된 비충전 금속체

해설 **전기 기계 · 기구의 접지설비(안전기준)**
누전에 의한 감전의 위험을 방지하기 위하여 다음에 해당하는 부분에 대해서는 확실하게 접지를 해야 한다.
㉮ 전기 기계 · 기구의 금속제 외함 · 금속제 외피 및 철대
㉯ 고정 설치되거나 고정 배선에 접속된 전기 기계 · 기구의 노출된 비충전 금속체 중 충전될 우려가 있는 다음에 해당하는 비충전 금속체
  ㉠ 지면이나 접지된 금속체로부터 수직거리 2.4m, 수평거리 1.5m 이내의 것
  ㉡ 물기 또는 습기가 있는 장소에 설치되어 있는 것
  ㉢ 금속으로 되어 있는 기기 접지용 전선의 피복 · 외장 또는 배선관 등
  ㉣ 사용전압이 대지전압 150V를 넘는 것
㉰ 전기를 사용하지 않는 설비 중 다음에 해당하는 금속체
  ㉠ 전동식 양중기의 프레임과 궤도
  ㉡ 전선이 붙어 있는 비전동식 양중기의 프레임
  ㉢ 고압 이상의 전기를 사용하는 전기 기계 · 기구 주변의 금속제 칸막이 · 망 및 이와 유사한 장치
㉱ 코드 및 플러그를 접속하여 사용하는 전기 기계 · 기구 중 다음에 해당하는 노출된 비충전 금속체
  ㉠ 사용전압이 대지전압 150V를 넘는 것
  ㉡ 냉장고 · 세탁기 · 컴퓨터 및 주변 기기 등과 같은 고정형 전기 기계 · 기구
  ㉢ 고정형 · 이동형 또는 휴대형 전동 기계 · 기구
  ㉣ 물 또는 도전성이 높은 곳에서 사용하는 전기 기계 · 기구
  ㉤ 휴대형 손전등
㉲ 수중펌프를 금속제 물탱크 등의 내부에 설치하여 사용하는 경우

63 교류아크용접기의 자동전격방지장치는 전격의 위험을 방지하기 위하여 아크 발생이 중단된 후 약 1초 이내에 출력 측 무부하 전압을 자동적으로 몇 V 이하로 저하시켜야 하는가?

① 85　② 70
③ 50　④ 25

해설 **자동전격방지장치의 성능**
㉮ 아크 발생을 정지시킬 때 주접점이 개로될 때까지의 시간(자동시간)은 1초 이내일 것
㉯ 2차 무부하전압은 25V 이내일 것
※ 자동전격방지장치의 기능은 용접작업 중단 직후부터 다음 아크가 발생할 때까지 유지할 것

64 가연성 가스가 있는 곳에 저압 옥내전기설비를 금속관 공사에 의해 시설하고자 한다. 관 상호간 또는 관과 전기 기계 · 기구와는 몇 턱 이상 나사조임으로 접속하여야 하는가?

① 2턱　② 3턱
③ 4턱　④ 5턱

해설 **금속관의 방폭형 부속품의 조건**
㉮ 재료는 아연도금을 하거나 녹이 스는 것을 방지하도록 한 강 또는 가단주철일 것
㉯ 안쪽 면 및 끝부분은 전선의 피복을 손상하지 않도록 매끈한 것일 것
㉰ 전선관과의 접속부분의 나사는 5턱(산) 이상 완전히 나사결합이 될 수 있는 길이일 것
㉱ 완성품은 내압방폭구조의 폭발압력시험에 적합할 것
㉲ 접합면 중 나사의 결합부분은 '일반용 전기기기의 방폭구조 통칙'의 '나사끼움부'에 적합한 것일 것

65 KS C IEC 60079-6에 따른 유입방폭구조 "o" 방폭장비의 최소 IP 등급은?

① IP44　② IP54
③ IP55　④ IP66

해설 KS C IEC 60079-6에 따른 유입방폭구조 "o" 방폭장비의 최소 IP 등급은 IP66에 적합해야 하며, 압력완화장치 배출구의 보호등급, 비밀봉기기의 통기장치 배출구의 보호등급은 최소 IP23에 적합해야 한다.

62.③ 63.④ 64.④ 65.④ 정답

66 우리나라의 안전전압으로 볼 수 있는 것은 약 몇 V인가?

① 30 ② 50
③ 60 ④ 70

해설 **안전전압**
전격의 위험도를 나타내는 가장 큰 요소는 인체에 흐르는 전류이고, 전압의 크기는 2차적인 것이다. 우리나라는 산업안전보건법에 따라 30V, 영국·프랑스·독일 등에서는 24V, 벨기에는 35V, 스위스는 36V를 안전전압으로 채용한다. 그리고 ILO(국제노동기구)에서는 보일러 내에서 사용하는 핸드램프의 대지전압을 24V 이하로 하도록 권장하고 있다.

67 다음에서 설명하고 있는 방폭구조는?

> 전기기기의 정상 사용 조건 및 특정 비정상 상태에서 과도한 온도 상승, 아크 또는 스파크의 발생위험을 방지하기 위해 추가적인 안전조치를 취한 것으로 Ex e라고 표시한다.

① 유입방폭구조
② 압력방폭구조
③ 내압방폭구조
④ 안전증방폭구조

해설 ① 유입방폭구조(oil immersion “o”) : 전기기기 중 아크 또는 스파크 등을 발생시켜 폭발성 가스에 점화할 우려가 있는 부분을 유 중에 넣어 유체의 표면에 있는 폭발성 가스에 인화될 우려가 없도록 한 방폭구조
② 압력방폭구조(pressurized apparatus “p”) : 용기의 내부에 보호기체(protective gas)를 송입하고 그 압력을 용기의 외부압력보다 높게 유지함으로써 주위의 폭발성 분위기가 용기 내부로 유입하지 못하도록 한 방폭구조
③ 내압방폭구조(flame proof “d”) : 용기 내부로 스며든 폭발성 가스에 의한 내부 폭발이 일어날 경우 용기가 폭발압력에 견디고, 또한 외부의 폭발성 분위기로 불꽃전파를 방지하도록 한 방폭구조
④ 안전증방폭구조(increased safety “e”) : 정상 운전 중에 아크 혹은 스파크를 일으키지 않는 전기기기에 적용하는 방식으로, 아크나 스파크 혹은 고온부를 발생시키지 않도록 전기적·기계적·온도적으로 안전도를 높이는 방폭구조

68 다음은 어떤 방전에 대한 설명인가?

> 정전기가 대전되어 있는 부도체에 접지체가 접근한 경우 대전물체와 접지체 사이에 발생하는 방전과 거의 동시에 부도체의 표면을 따라서 발생하는 나뭇가지 형태의 발광을 수반하는 방전

① 코로나 방전
② 뇌상 방전
③ 연면 방전
④ 불꽃 방전

해설 ① 코로나 방전 : 스파크 방전을 억제시킨 접지돌기형의 도체와 평판의 도체 표면 사이에 전압상승으로 인하여 공기 중으로 방전하는 것
② 뇌상 방전 : 공기 중에 뇌상으로 부유하는 대전 입자의 규모가 커졌을 때에 대전운에서 번개형의 발광을 수반하여 방전하는 것
③ 연면 방전 : 부도체의 표면을 따라서 발생하는 방전으로 별표 마크를 가지는 나뭇가지 형태의 발광을 수반하여 방전하는 것
④ 불꽃 방전 : 전극 간의 전압을 더욱 상승시키면 코로나 방전에 의한 도전로(導電路)를 통하여 강한 빛과 소리를 발하며 방전하는 것

69 KS C IEC 60079-0에 따른 방폭기기에 대한 설명이다. 다음 빈칸에 들어갈 알맞은 용어는?

> (ⓐ)은 EPL로 표현되며 점화원이 될 수 있는 가능성에 기초하여 기기에 부여된 보호등급이다. EPL의 등급 중 (ⓑ)는 정상작동, 예상된 오작동, 드문 오작동 중에 점화원이 될 수 없는 “매우 높은” 보호등급의 기기이다.

① ⓐ Explosion Protection Level,
ⓑ EPL Ga
② ⓐ Explosion Protection Level,
ⓑ EPL Gc
③ ⓐ Equipment Protection Level,
ⓑ EPL Ga
④ ⓐ Equipment Protection Level,
ⓑ EPL Gc

 정답 66.① 67.④ 68.③ 69.③

해설 Equipment Protection Level
EPL로 표현되며 점화원이 될 수 있는 가능성에 기초하여 기기에 부여된 보호등급이다.
㉮ Ga 또는 Da : '매우 높은' 보호 수준
㉯ Gb 또는 Db : '높은' 보호 수준
㉰ Gc 또는 Dc : '일반' 보호 수준

70 누전차단기의 구성요소가 아닌 것은?

① 누전검출부　② 영상변류기
③ 차단장치　④ 전력퓨즈

해설 **누전차단기의 구성요소**
㉮ 누전검출부
㉯ 영상변류기
㉰ 차단기구

71 피뢰레벨에 따른 회전구체 반경이 틀린 것은?

① 피뢰레벨 Ⅰ : 20m
② 피뢰레벨 Ⅱ : 30m
③ 피뢰레벨 Ⅲ : 50m
④ 피뢰레벨 Ⅳ : 60m

해설 **피뢰레벨에 따른 회전구체 반경, 메시치수**

피뢰시스템 등급	보호법	
	회전구체 반지름(m)	메시치수(m)
Ⅰ	20	5×5
Ⅱ	30	10×10
Ⅲ	45	15×15
Ⅳ	60	20×20

72 지락사고 시 1초를 초과하고 2초 이내에 고압전로를 자동차단하는 장치가 설치되어 있는 고압전로에 제2종 접지공사를 하였다. 접지저항은 몇 Ω 이하로 유지해야 하는가? (단, 변압기의 고압 측 전로의 1선 지락전류는 10A이다.)

① 10Ω　② 20Ω
③ 30Ω　④ 40Ω

해설 위 문제는 한국전기설비규정(KEC)에서 종별 접지(1종, 2종, 3종, 특3종) 설계방식이 폐지됨에 따라, 더는 출제되지 않는 유형입니다.

73 정전유도를 받고 있는 접지되어 있지 않는 도전성 물체에 접촉한 경우 전격을 당하게 되는데 이때 물체에 유도된 전압 V(V)를 옳게 나타낸 것은? (단, E는 송전선의 대지 전압, C_1은 송전선과 물체 사이의 정전용량, C_2는 물체와 대지 사이의 정전용량이며, 물체와 대지 사이의 저항은 무시한다.)

① $V=\dfrac{C_1}{C_1+C_2}\times E$

② $V=\dfrac{C_1+C_2}{C_1}\times E$

③ $V=\dfrac{C_1}{C_1\times C_2}\times E$

④ $V=\dfrac{C_1\times C_2}{C_1}\times E$

해설 **직렬 합성용량**

$$C_t=\frac{1}{\frac{1}{C_1}+\frac{1}{C_2}}=\frac{C_1\times C_2}{C_1+C_2}$$

$$V=\frac{C_t}{C_2}\times E=\frac{C_1\times C_2}{C_1+C_2}\times\frac{1}{C_2}\times E=\frac{C_1}{C_1+C_2}\times E$$

74 최소착화에너지가 0.26mJ인 가스에 정전용량이 100pF인 대전물체로부터 정전기 방전에 의하여 착화할 수 있는 전압은 약 몇 V인가?

① 2,240　② 2,260
③ 2,280　④ 2,300

해설

$$E=\frac{1}{2}CV^2$$

$$V=\sqrt{\frac{2E}{C}}=\sqrt{\frac{2\times0.26\times10^{-3}}{100\times10^{-12}}}=2280.35\text{V}$$

여기서, E : 착화에너지(0.26×10^{-13}J)
C : 정전용량(100×10^{-12}F)

75 전기 기계 · 기구에 설치되어 있는 감전방지용 누전차단기의 정격감도전류 및 작동시간으로 옳은 것은? (단, 정격전부하전류가 50A 미만이다.)

① 15mA 이하, 0.1초 이내
② 30mA 이하, 0.03초 이내
③ 50mA 이하, 0.5초 이내
④ 100mA 이하, 0.05초 이내

해설 전기 기계 · 기구에 접속되어 있는 감전방지용 누전차단기는 정격감도전류가 30mA 이하이고, 작동시간은 0.03초 이내여야 한다.

76 정전기 발생에 영향을 주는 요인으로 가장 적절하지 않은 것은?

① 분리속도
② 물체의 질량
③ 접촉면적 및 압력
④ 물체의 표면상태

해설 **정전기 발생에 영향을 주는 요인**
㉮ 물체의 표면상태
㉯ 물체의 분리속도
㉰ 물체의 특성
㉱ 물체의 분리력
㉲ 접촉면적 및 압력

77 접지공사의 종류에 따른 접지선(연동선)의 굵기 기준으로 옳은 것은?

① 제1종 : 공칭단면적 6mm^2 이상
② 제2종 : 공칭단면적 12mm^2 이상
③ 제3종 : 공칭단면적 5mm^2 이상
④ 특별 제3종 : 공칭단면적 3.5mm^2 이상

해설 **위 문제는 한국전기설비규정(KEC)에서 종별 접지(1종, 2종, 3종, 특3종) 설계방식이 폐지됨에 따라, 더는 출제되지 않는 유형입니다.**

78 전기시설의 직접 접촉에 의한 감전방지 방법으로 적절하지 않은 것은?

① 충전부는 내구성이 있는 절연물로 완전히 덮어 감쌀 것
② 충전부가 노출되지 않도록 폐쇄형 외함이 있는 구조로 할 것
③ 충전부에 충분한 절연효과가 있는 방호망 또는 절연덮개를 설치할 것
④ 충전부는 출입이 용이한 전개된 장소에 설치하고 위험표시 등의 방법으로 방호를 강화할 것

해설 **전기 기계 · 기구의 충전부 방호조치**
근로자가 작업 또는 통행 등으로 인하여 전기 기계 · 기구 또는 전로 등의 충전부분에 접촉 또는 접근함으로써 감전의 위험이 있는 충전부분은 감전을 방지하기 위하여 다음 중 하나 이상의 방법으로 방호해야 한다.
㉮ 충전부가 노출되지 않도록 폐쇄형 외함(外函)이 있는 구조로 할 것
㉯ 충전부에 충분한 절연효과가 있는 방호망 또는 절연덮개를 설치할 것
㉰ 충전부는 내구성이 있는 절연물로 완전히 덮어 감쌀 것
㉱ 발전소 · 변전소 및 개폐소 등 구획되어 있는 장소로서 관계 근로자 외의 출입이 금지되는 장소에 충전부를 설치하고, 위험표시 등의 방법으로 방호를 강화할 것
㉲ 전주 위 및 철탑 위 등 격리되어 있는 장소로서 관계 근로자 외의 자가 접근할 우려가 없는 장소에 충전부를 설치할 것

79 20Ω의 저항 중에 5A의 전류를 3분간 흘렸을 때의 발열량(cal)은?

① 4,320
② 90,000
③ 21,600
④ 376,560

해설 $Q = 0.24 I^2 RT$
$= 0.24 \times 5^2 \times 20 \times 3 \times 60$
$= 21{,}600\text{cal}$

 정답 75.② 76.② 77.① 78.④ 79.③

80 심실세동을 일으키는 위험한계에너지는 약 몇 J인가? (단, 심실세동전류 $I=\frac{165}{\sqrt{T}}$ mA, 인체의 전기저항 $R=800\Omega$, 통전시간 $T=$ 1초이다.)

① 12 ② 22
③ 32 ④ 42

해설 $W=I^2RT$
$=\left(\frac{165}{\sqrt{1}}\times10^{-3}\right)^2\times800\times1$
$=21.76\text{J}$

≫ 제5과목 화학설비위험 방지기술

81 다음 중 응상폭발이 아닌 것은?

① 분해폭발
② 수증기폭발
③ 전선폭발
④ 고상 간의 전이에 의한 폭발

해설 **기상폭발 및 액상폭발**
㉮ 기상폭발 : 혼합가스의 폭발, 가스의 분해폭발, 가연성 고체의 미분에 의한 분진폭발, 가연성 액체의 무적(mist)에 의한 분무폭발
㉯ 액상폭발 : 혼합 위험성 물질에 의한 폭발, 폭발성 화합물의 폭발, 증기폭발, 전선폭발, 고상 간의 전이에 의한 폭발

82 가연성 물질의 저장 시 산소농도를 일정한 값 이하로 낮추어 연소를 방지할 수 있는데 이때 첨가하는 물질로 적합하지 않은 것은?

① 질소 ② 이산화탄소
③ 헬륨 ④ 일산화탄소

해설 ㉮ 가연성 물질의 저장 시 산소농도를 일정한 값 이하로 낮추어 연소를 방지할 수 있는데 이때 첨가하는 물질은 불연성 가스를 사용한다.
㉯ 질소, 이산화탄소, 헬륨가스는 불연성 가스이며, 일산화탄소는 가연성 가스이다.

83 액화 프로판 310kg을 내용적 50L 용기에 충전할 때 필요한 소요 용기의 수는 몇 개인가? (단, 액화 프로판의 가스정수는 2.35이다.)

① 15
② 17
③ 19
④ 21

해설 G(용기의 충진량, kg)$=\frac{V}{C}=\frac{50}{2.35}=21.28\text{kg}$
여기서, V : 용기의 내용적(L)
C : 가스정수
∴ 소요 용기 개수$=\frac{310}{21.28}$
$=14.57$
≒ 15개

84 열교환기의 정기적 점검을 일상점검과 개방점검으로 구분할 때 개방점검 항목에 해당하는 것은?

① 보냉재의 파손상황
② 플랜지부나 용접부에서의 누출 여부
③ 기초볼트의 체결상태
④ 생성물, 부착물에 의한 오염상황

해설 **열교환기의 점검사항**
㉮ 일상점검 항목
㉠ 보온재 및 보냉재의 파손상황
㉡ 도장부의 결함 유무
㉢ 접속부(flange), 용접부 등의 누설 유무
㉣ 기초볼트(anchor bolt)의 이완 여부
㉤ 기초부(특히 콘크리트 기초)의 파손 여부
㉯ 정기 개방점검 항목
㉠ 부식상태 및 중합체(polymer)나 스케일(scale)의 생성 여부 및 부착물에 의한 오염상태
㉡ 부식의 형태와 정도 및 범위 등의 점검
㉢ 누설 부위
㉣ 관(tube)의 두께 감소 여부
㉤ 용접선 이상 유무
㉥ 라이닝(lining) 및 코팅(coating) 상태

85 사업주는 가스폭발 위험장소 또는 분진폭발 위험장소에 설치되는 건축물 등에 대해서는 규정에서 정한 부분을 내화구조로 하여야 한다. 다음 중 내화구조로 하여야 하는 부분에 대한 기준이 틀린 것은?

① 건축물의 기둥 : 지상 1층(지상 1층의 높이가 6미터를 초과하는 경우에는 6미터)까지
② 위험물 저장 · 취급 용기의 지지대(높이가 30센티미터 이하인 것은 제외) : 지상으로부터 지지대의 끝부분까지
③ 건축물의 보 : 지상 2층(지상 2층의 높이가 10미터를 초과하는 경우에는 10미터)까지
④ 배관 · 전선관 등의 지지대 : 지상으로부터 1단(1단의 높이가 6미터를 초과하는 경우에는 6미터)까지

해설 **건축물의 내화기준**
가스폭발 위험장소 또는 분진폭발 위험장소에 설치되는 건축물 등에 대해서는 다음에 해당하는 부분을 내화구조로 하여야 하며, 그 성능이 항상 유지될 수 있도록 점검 · 보수 등 적절한 조치를 하여야 한다. 다만, 건축물 등의 주변에 화재에 대비하여 물분무시설 또는 폼헤드(foam head) 설비 등의 자동소화설비를 설치하여 건축물 등이 화재 시에 2시간 이상 그 안전성을 유지할 수 있도록 한 경우에는 내화구조로 하지 아니할 수 있다.
㉮ 건축물의 기둥 및 보 : 지상 1층까지
㉯ 위험물 저장 · 취급 용기의 지지대 : 지상으로부터 지지대의 끝부분까지
㉰ 배관 · 전선관 등의 지지대 : 지상으로부터 1단까지

86 다음 중 산업안전보건법령상 위험물질의 종류에 있어 인화성 가스에 해당하지 않는 것은?

① 수소
② 부탄
③ 에틸렌
④ 과산화수소

해설 인화성 가스의 종류에는 수소, 아세틸렌, 에틸렌, 메탄, 에탄, 프로판, 부탄이 있다.

87 산업안전보건법령상 위험물질의 종류에서 폭발성 물질에 해당하는 것은?

① 니트로화합물　② 등유
③ 황　④ 질산

해설 **폭발성 물질의 종류**
㉮ 질산에스테르류 : 니트로셀룰로오스, 니트로글리세린, 질산메틸, 질산에틸 등
㉯ 니트로 화합물 : 피크린산(트리니트로페놀), 트리니트로톨루엔(TNT) 등
㉰ 니트로소 화합물 : 파라디니트로소 벤젠, 디니트로소레조르신 등
㉱ 아조 화합물 및 디아조 화합물
㉲ 하이드라진 유도체
㉳ 유기과산화물 : 메틸에틸케톤 과산화물, 과산화벤조일, 과산화아세틸 등

88 가연성 가스의 폭발범위에 관한 설명으로 틀린 것은?

① 압력 증가에 따라 폭발 상한계와 하한계가 모두 현저히 증가한다.
② 불활성 가스를 주입하면 폭발범위는 좁아진다.
③ 온도의 상승과 함께 폭발범위는 넓어진다.
④ 산소 중에서 폭발범위는 공기 중에서 보다 넓어진다.

해설 연소범위에 대한 압력의 영향은 수소를 제외하고는 압력이 증가하면 하한은 거의 변화가 없고, 상한만 증가한다.

89 어떤 습한 고체재료 10kg을 완전 건조 후 무게를 측정하였더니 6.8kg이었다. 이 재료의 건량 기준 함수율은 몇 kg · H_2O/kg 인가?

① 0.25　② 0.36
③ 0.47　④ 0.58

해설 $$함수율=\frac{건조\ 전\ 무게-건조\ 후\ 무게}{건조\ 후\ 무게}=\frac{10-6.8}{6.8}=0.47\text{kg}\cdot H_2O/\text{kg}$$

 정답 85.③ 86.④ 87.① 88.① 89.③

90 다음 중 분진의 폭발위험성을 증대시키는 조건에 해당하는 것은?

① 분진의 온도가 낮을수록
② 분위기 중 산소농도가 작을수록
③ 분진 내의 수분농도가 작을수록
④ 분진의 표면적이 입자 체적에 비교하여 작을수록

해설 **폭발위험성을 증대시키는 조건**
㉮ 분진의 온도가 높을수록
㉯ 분위기 중 산소농도가 클수록
㉰ 분진 내의 수분농도가 작을수록
㉱ 분진의 표면적이 입자 체적에 비교하여 클수록

91 물의 소화력을 높이기 위하여 물에 탄산칼륨(K_2CO_3)과 같은 염류를 첨가한 소화약제를 일반적으로 무엇이라 하는가?

① 포소화약제
② 분말소화약제
③ 강화액소화약제
④ 산알칼리소화약제

해설 강화액소화약제는 물에 탄산칼륨을 녹인 것으로 강한 알칼리성(pH 12 이상)으로 비점은 −30℃에서도 동결되지 않으므로, 한랭지에서도 보온의 필요가 없을 뿐만 아니라 탈수·탄화작용으로 목재·종이 등을 불연화하고 재연 방지의 효과도 있어서 A급 화재에 대한 소화능력이 증가된다.

92 산업안전보건법령에서 인화성 액체를 정의할 때 기준이 되는 표준압력은 몇 kPa인가?

① 1
② 100
③ 101.3
④ 273.15

해설 인화성 액체란 표준압력(101.3kPa) 하에서 인화점이 60℃ 이하이거나 고온·고압의 공정운전조건으로 인하여 화재·폭발위험이 있는 상태에서 취급되는 가연성 물질을 말한다.

93 다음 중 관의 지름을 변경하는 데 사용되는 관의 부속품으로 가장 적절한 것은?

① 엘보(elbow)
② 커플링(coupling)
③ 유니온(union)
④ 리듀서(reducer)

해설 ① 엘보 : 서로 어떤 각을 이루는 관의 접속에 이용되는 관이음쇠
② 커플링 : 내면에 암나사가 있는 짧은 파이프로 된 관이음쇠
③ 유니온 : 소켓과 같이 직선적으로 가스관을 이은 경우에 사용하는 관이음쇠
④ 리듀서 : 지름이 서로 다른 관을 접속하는 데 사용하는 관이음쇠

94 가연성 가스의 연소형태에 해당하는 것은?

① 분해연소
② 증발연소
③ 표면연소
④ 확산연소

해설 **기체연료의 연소 종류**
㉮ 예혼합연소 : 기체연료가 공기와 미리 혼합하여 가연성 혼합기를 생성하고, 여기에 점화시켜 연소하는 형태
㉯ 확산연소 : 메탄, 프로판, 수소, 아세틸렌 등의 가연성 가스가 확산하여 생성된 혼합가스가 연소하는 것으로, 발염연소 또는 불꽃연소라고도 한다.

95 다음 중 C급 화재에 해당하는 것은?

① 금속화재
② 전기화재
③ 일반화재
④ 유류화재

해설 **화재의 종류**
㉮ A급 화재 : 일반화재
㉯ B급 화재 : 유류화재
㉰ C급 화재 : 전기화재
㉱ D급 화재 : 금속화재
㉲ K급 화재 : 식용유 화재

90.③ 91.③ 92.③ 93.④ 94.④ 95.② 정답

96 다음 중 물과의 반응성이 가장 큰 물질은?

① 니트로클리세린 ② 이황화탄소
③ 금속나트륨 ④ 석유

해설 **물반응성 물질**
고체로서 물과 접촉하면 발열반응을 일으키고, 가연성 가스(수소)를 발생시킨다.
예 금속칼륨, 금속나트륨 등

97 대기압하에서 인화점이 0℃ 이하인 물질이 아닌 것은?

① 메탄올 ② 이황화탄소
③ 산화프로필렌 ④ 디에틸에테르

해설 각 보기의 인화점은 다음과 같다.
① 메탄올 : 11℃
② 이황화탄소 : −30℃
③ 산화프로필렌 : −37.7℃
④ 디에틸에테르 : −45℃

98 반응폭주 등 급격한 압력 상승의 우려가 있는 경우에 설치하여야 하는 것은?

① 파열판
② 통기밸브
③ 체크밸브
④ Flame arrester

해설 **압력방출장치**
압력을 방출하여 용기 및 탱크 등의 폭발을 방지하는 안전장치
㉮ 안전밸브 : 파열판식, 스프링식, 중추식 등
㉯ 폭압방산공(폭발 후)
㉰ 가용합금 안전밸브

② 통기밸브(대기밸브) : 가연성 물질 저장탱크 내의 내압과 대기압과의 사이에 차이가 발생하였을 때, 대기를 탱크 내에 흡입하거나 또는 탱크 내의 압력을 밖으로 방출해서 항상 탱크 내의 압력을 대기압과 평형한 압력을 유지해서 탱크를 보호하는 안전장치이다.
③ 체크밸브(check valve) : 유체의 역류 방지 목적으로 사용하는 밸브
④ 화염방지기(flame arrester) : 인화성 액체 및 인화성 가스를 저장 · 취급하는 화학설비로부터 증기 또는 가스를 방출하는 때에는 외부로부터의 화염을 방지하기 위하여 그 설비 상단에 설치하는 안전장치

99 다음 중 분진폭발을 일으킬 위험이 가장 높은 물질은?

① 염소 ② 마그네슘
③ 산화칼슘 ④ 에틸렌

해설 ① 염소(Cl_2) : 조연성 및 독성 가스
② 마그네슘(Mg) : 인화성 고체(분진폭발)
③ 산화칼슘(CaO) : 산화성 고체
④ 에틸렌(C_2H_4) : 인화성 가스

100 다음 물질 중 인화점이 가장 낮은 물질은?

① 이황화탄소 ② 아세톤
③ 크실렌 ④ 경유

해설 각 보기의 인화점은 다음과 같다.
① 이황화탄소 : −30℃
② 아세톤 : −18℃
③ 크실렌 : 25℃
④ 경유 : 50~70℃

≫ 제6과목 건설안전기술

101 작업발판 및 통로의 끝이나 개구부로서 근로자가 추락할 위험이 있는 장소에서 난간 등의 설치가 매우 곤란하거나 작업의 필요상 임시로 난간 등을 해체하여야 하는 경우에 설치하여야 하는 것은?

① 구명구 ② 수직보호망
③ 석면포 ④ 추락방호망

해설 **개구부 등의 방호조치**
㉮ 안전난간, 울타리, 수직형 추락방호망 또는 덮개 등(이하 "난간 등")의 방호조치를 충분한 강도를 가진 구조로 튼튼하게 설치하여야 하며, 덮개를 설치하는 경우에는 뒤집히거나 떨어지지 않도록 설치하여야 한다. 이 경우 어두운 장소에서도 알아볼 수 있도록 개구부임을 표시하여야 한다.
㉯ 난간 등을 설치하는 것이 매우 곤란하거나 작업의 필요상 임시로 난간 등을 해체하여야 하는 경우 추락방호망을 설치하여야 한다. 다만, 추락방호망을 설치하기 곤란한 경우에는 근로자에게 안전대를 착용하도록 하는 등 추락할 위험을 방지하기 위하여 필요한 조치를 하여야 한다.

 정답 96.③ 97.① 98.① 99.② 100.① 101.④

102 건설재해대책의 사면보호공법 중 식물을 생육시켜 그 뿌리로 사면의 표층토를 고정하여 빗물에 의한 침식, 동상, 이완 등을 방지하고, 녹화에 의한 경관 조성을 목적으로 시공하는 것은?

① 식생공
② 실드공
③ 뿜어붙이기공
④ 블록공

해설 **식생공**
사면 · 경사면상에 초목이 무성하게 자라게 함으로써 그 뿌리로 사면의 표층토를 고정하여 빗물에 의한 침식, 동상, 이완 등을 방지하고, 녹화에 의한 경관 조성을 목적으로 시공하는 것을 말한다.

103 유해위험방지계획서를 제출하려고 할 때 그 첨부서류와 가장 거리가 먼 것은?

① 공사개요서
② 산업안전보건관리비 작성요령
③ 전체 공정표
④ 재해발생 위험 시 연락 및 대피 방법

해설 **건설공사의 유해위험방지계획서 첨부서류**
㉮ 공사개요서
㉯ 공사현장의 주변 현황 및 주변과의 관계를 나타내는 도면
㉰ 건설물, 사용기계설비 등의 배치를 나타내는 도면
㉱ 전체 공정표
㉲ 산업안전보건관리비 사용계획
㉳ 안전관리조직표
㉴ 재해발생 위험 시 연락 및 대피 방법

104 도심지 폭파해체공법에 관한 설명으로 옳지 않은 것은?

① 장기간 발생하는 진동, 소음이 적다.
② 해체 속도가 빠르다.
③ 주위의 구조물에 끼치는 영향이 적다.
④ 많은 분진 발생으로 민원을 발생시킬 우려가 있다.

해설 ③ 폭파해체공법은 폭파 시 발생하는 진동과 비산물로 주위의 구조물에 끼치는 영향이 크다.

105 흙막이 지보공을 설치하였을 경우 정기적으로 점검하고 이상을 발견하면 즉시 보수하여야 하는 사항과 가장 거리가 먼 것은?

① 부재의 접속부 · 부착부 및 교차부의 상태
② 버팀대의 긴압(緊壓)의 정도
③ 부재의 손상 · 변형 · 부식 · 변위 및 탈락의 유무와 상태
④ 지표수의 흐름상태

해설 **흙막이 지보공 설치 시 정기적 점검사항**
㉮ 부재의 손상 · 변형 · 부식 · 변위 및 탈락의 유무와 상태
㉯ 버팀대의 긴압의 정도
㉰ 부재의 접속부 · 부착부 교차부의 상태
㉱ 침하의 정도

106 산업안전보건법령에 따른 양중기의 종류에 해당하지 않는 것은?

① 곤돌라　② 리프트
③ 클램셸　④ 크레인

해설 **양중기의 종류**
㉮ 크레인[호이스트(hoist) 포함]
㉯ 이동식 크레인
㉰ 리프트(이삿짐 운반용 리프트의 경우에는 적재하중이 0.1톤 이상인 것으로 한정한다)
㉱ 곤돌라
㉲ 승강기

107 말비계를 조립하여 사용하는 경우 지주부재와 수평면의 기울기는 얼마 이하로 하여야 하는가?

① 65°　② 70°
③ 75°　④ 80°

해설 **말비계 조립 시 준수사항**
㉮ 지주부재의 하단에는 미끄럼방지장치를 하고, 근로자가 양측 끝부분에 올라서서 작업하지 않도록 할 것
㉯ 지주부재와 수평면의 기울기를 75° 이하로 하고, 지주부재와 지주부재 사이를 고정시키는 보조부재를 설치할 것
㉰ 말비계의 높이가 2m를 초과하는 경우에는 작업발판의 폭을 40cm 이상으로 할 것

102.① 103.② 104.③ 105.④ 106.③ 107.③ 정답

108 NATM 공법 터널공사의 경우 록 볼트 작업과 관련된 계측결과에 해당되지 않은 것은?

① 내공변위 측정 결과
② 천단침하 측정 결과
③ 인발시험 결과
④ 진동 측정 결과

해설 **볼트 작업과 관련된 계측결과**
㉮ 터널 내 육안조사
㉯ 내공변위 측정
㉰ 천단침하 측정
㉱ 록 볼트 인발시험
㉲ 지표면 침하 측정
㉳ 지중변위 측정
㉴ 지중침하 측정
㉵ 지중수평변위 측정
㉶ 지하수위 측정
㉷ 록볼트 축력 측정
㉸ 뿜어붙이기 콘크리트 응력 측정
㉹ 터널 내 탄성과 속도 측정
㉺ 주변 구조물의 변형상태 조사

109 흙막이 공법을 흙막이 지지방식에 의한 분류와 구조방식에 의한 분류로 나눌 때, 다음 중 지지방식에 의한 분류에 해당하는 것은?

① 수평버팀대식 흙막이 공법
② H-pile 공법
③ 지하연속법 공법
④ Top down method 공법

해설 **흙막이 공법의 종류**

구 분	공법 종류
흙막이 지지방식에 의한 분류	• 자립공법 • 버팀대 공법(빗버팀대식, 수평버팀대식) • 어스앵커 공법 • 타이로드 공법
흙막이 구조방식에 의한 분류	• H-pile 공법(H말뚝, 흙막이토류판 공법) • 버팀대 공법(강널말뚝 공법, 강관널말뚝 공법) • Slurry wall[지하연속벽 공법(주열식, 벽식), 다이어프램 월] • 톱다운 공법(역타공법)

110 건설현장에서 설치하는 사다리식 통로의 설치기준으로 옳지 않은 것은?

① 발판과 벽과의 사이는 15cm 이상의 간격을 유지할 것
② 발판의 간격은 일정하게 할 것
③ 사다리의 상단은 걸쳐 놓은 지점으로부터 60cm 이상 올라가도록 할 것
④ 사다리식 통로의 길이가 10m 이상인 경우에는 3m 이내마다 계단참을 설치할 것

해설 **사다리식 통로의 구조**
㉮ 견고한 구조로 할 것
㉯ 심한 손상 · 부식 등이 없는 재료를 사용할 것
㉰ 발판의 간격은 일정하게 할 것
㉱ 발판과 벽과의 사이는 15cm 이상의 간격을 유지할 것
㉲ 폭은 30cm 이상으로 할 것
㉳ 사다리가 넘어지거나 미끄러지는 것을 방지하기 위한 조치를 할 것
㉴ 사다리의 상단은 걸쳐 놓은 지점으로부터 60cm 이상 올라가도록 할 것
㉵ 사다리식 통로의 길이가 10m 이상인 때에는 5m 이내마다 계단참을 설치할 것
㉶ 이동식 사다리식 통로의 기울기는 75° 이하로 할 것(다만, 고정식 사다리식 통로의 기울기는 90° 이하로 하고 높이 7m 이상인 경우 바닥으로부터 2.5m 되는 지점부터 등받이 울을 설치할 것)
㉷ 접이식 사다리 기둥은 사용 시 접혀지거나 펼쳐지지 않도록 철물 등을 사용하여 견고하게 조치할 것

111 건설공사의 산업안전보건관리비 계상 시 대상액이 구분되어 있지 않은 공사는 도급계약 또는 자체 사업계획상의 총 공사금액 중 얼마를 대상액으로 하는가?

① 50% ② 60%
③ 70% ④ 80%

해설 **계상시기**
㉮ 발주자는 원가계산에 의한 예정가격 작성 시 안전관리비를 계상해야 한다.
㉯ 자기공사자는 원가계산에 의한 예정가격을 작성하거나 자체 사업계획을 수립하는 경우에 안전관리비를 계상하여야 한다.
㉰ 대상액이 구분되어 있지 않은 공사는 도급계약 또는 자체 사업계획상의 총 공사금액의 70%를 대상액으로 하여 안전관리비를 계상해야 한다.
㉱ 발주자와 수급인은 공사 계약을 체결할 경우 계상된 안전관리비를 공사 도급계약서에 별도로 표시하여야 한다.

 정답 108.④ 109.① 110.④ 111.③

112 콘크리트 타설작업과 관련하여 준수하여야 할 사항으로 가장 거리가 먼 것은?

① 당일의 작업을 시작하기 전에 해당 작업에 관한 거푸집 동바리 등의 변형 · 변위 및 지반의 침하 유무 등을 점검하고 이상이 있으면 보수할 것
② 콘크리트를 타설하는 경우에는 편심이 발생하지 않도록 골고루 분산하여 타설할 것
③ 진동기의 사용은 많이 할수록 균일한 콘크리트를 얻을 수 있으므로 가급적 많이 사용할 것
④ 설계도서상의 콘크리트 양생기간을 준수하여 거푸집 동바리 등을 해체할 것

해설 **콘크리트 타설작업 시 안전에 대한 유의사항**
㉮ 당일의 작업을 시작하기 전에 해당 작업에 관한 거푸집 동바리 등의 변형 · 변위 및 지반의 침하 유무 등을 점검하고 이상이 있으면 보수할 것
㉯ 작업 중에는 거푸집 동바리 등의 변형 · 변위 및 침하 유무 등을 감시할 수 있는 감시자를 배치하여 이상이 있으면 작업을 중지하고 근로자를 대피시킬 것
㉰ 콘크리트 타설작업 시 거푸집 붕괴의 위험이 발생할 우려가 있으면 충분한 보강조치를 할 것
㉱ 설계도서상의 콘크리트 양생기간을 준수하여 거푸집 동바리 등을 해체할 것
㉲ 콘크리트를 타설하는 경우에는 편심이 발생하지 않도록 골고루 분산하여 타설할 것
㉳ 진동기(콘크리트 vibrator)는 적절히 사용해야 하며, 지나친 진동은 거푸집 도괴의 원인이 될 수 있으므로 각별히 주의할 것

113 불도저를 이용한 작업 중 안전조치사항으로 옳지 않은 것은?

① 작업종료와 동시에 삽날을 지면에서 띄우고 주차 제동장치를 건다.
② 모든 조종간은 엔진 시동 전에 중립 위치에 놓는다.
③ 장비의 승차 및 하차 시 뛰어내리거나 오르지 말고 안전하게 잡고 오르내린다.
④ 야간작업 시 자주 장비에서 내려와 장비 주위를 살피며 점검하여야 한다.

해설 불도저를 이용한 작업에서 작업종료와 동시에 삽날을 지면에서 내리고 주차 제동장치를 건다.

114 비계의 높이가 2m 이상인 작업장소에 설치하는 작업발판의 설치기준으로 옳지 않은 것은? (단, 달비계, 달대비계 및 말비계는 제외)

① 작업발판의 폭은 40cm 이상으로 한다.
② 작업발판 재료는 뒤집히거나 떨어지지 않도록 하나 이상의 지지물에 연결하거나 고정시킨다.
③ 발판재료 간의 틈은 3cm 이하로 한다.
④ 작업발판의 지지물은 하중에 의하여 파괴될 우려가 없는 것을 사용한다.

해설 **작업발판의 설치기준**
㉮ 발판 재료는 작업할 때의 하중을 견딜 수 있도록 견고한 것으로 할 것
㉯ 작업발판의 폭은 40cm 이상으로 하고, 발판 재료 간의 틈은 3cm 이하로 할 것
㉰ 선박 및 보트 건조작업의 경우 선박블록 또는 엔진실 등의 좁은 작업 공간에 작업발판을 설치하기 위하여 필요하면 작업발판의 폭을 30cm 이상으로 할 수 있고, 걸침비계의 경우 강관기둥 때문에 발판재료 간의 틈을 3cm 이하로 유지하기 곤란하면 5cm 이하로 할 수 있다. 이 경우 그 틈 사이로 물체 등이 떨어질 우려가 있는 곳에는 출입금지 등의 조치를 하여야 한다.
㉱ 추락의 위험이 있는 장소에는 안전난간을 설치할 것. 다만, 작업의 성질상 안전난간을 설치하는 것이 곤란한 경우, 작업의 필요상 임시로 안전난간을 해체할 때에 추락방호망을 설치하거나 근로자로 하여금 안전대를 사용하도록 하는 등 추락위험방지 조치를 한 경우에는 그러하지 아니하다.
㉲ 작업발판의 지지물은 하중에 의하여 파괴될 우려가 없는 것을 사용할 것
㉳ 작업발판 재료는 뒤집히거나 떨어지지 않도록 둘 이상의 지지물에 연결하거나 고정시킬 것
㉴ 작업발판을 작업에 따라 이동시킬 경우에는 위험 방지에 필요한 조치를 할 것

112.③ 113.① 114.② 정답

115 표준관입시험에 관한 설명으로 옳지 않은 것은?

① N치(N－value)는 지반을 30cm 굴진하는 데 필요한 타격횟수를 의미한다.
② N치가 4~10일 경우 모래의 상대밀도는 매우 단단한 편이다.
③ 63.5kg 무게의 추를 76cm 높이에서 자유낙하하여 타격하는 시험이다.
④ 사질지반에 적용하며, 점토지반에서는 편차가 커서 신뢰성이 떨어진다.

해설 **표준관입시험**
무게 63.5kg의 쇠뭉치로 76cm의 높이에서 자유낙하시켜 샘플러의 관입깊이 30cm에 해당하는 매입에 필요한 타격횟수 N을 측정하는 시험이다. 사질지반에 주로 적용하며, 점토지반에서는 편차가 커서 신뢰성이 떨어진다.

N값	모래의 밀도
4 이하	매우 느슨
4~10	느슨
10~30	중간
30~50	치밀
50 이상	매우 치밀

116 거푸집 동바리 등을 조립하는 경우에 준수하여야 할 사항으로 옳지 않은 것은?

① 깔목의 사용, 콘크리트 타설, 말뚝박기 등 동바리의 침하를 방지하기 위한 조치를 할 것
② 개구부 상부에 동바리를 설치하는 경우에는 상부하중을 견딜 수 있는 견고한 받침대를 설치할 것
③ 거푸집이 곡면인 경우에는 버팀대의 부착 등 그 거푸집의 부상(浮上)을 방지하기 위한 조치를 할 것
④ 동바리의 이음은 맞댄이음이나 장부이음을 피할 것

해설 **거푸집 동바리 등을 조립 시 준수사항**
㉮ 깔목의 사용, 콘크리트 타설, 말뚝박기 등 동바리의 침하를 방지하기 위한 조치를 할 것
㉯ 개구부 상부에 동바리를 설치하는 경우에는 상부하중을 견딜 수 있는 견고한 받침대를 설치할 것
㉰ 동바리의 상하 고정 및 미끄러짐 방지조치를 하고, 하중의 지지상태를 유지할 것
㉱ 동바리의 이음은 맞댄이음이나 장부이음으로 하고, 같은 품질의 재료를 사용할 것
㉲ 강재와 강재의 접속부 및 교차부는 볼트·클램프 등 전용 철물을 사용하여 단단히 연결할 것
㉳ 거푸집이 곡면인 경우에는 버팀대의 부착 등 그 거푸집의 부상(浮上)을 방지하기 위한 조치를 할 것

117 철골용접부의 내부결함을 검사하는 방법으로 가장 거리가 먼 것은?

① 알칼리반응시험
② 방사선투과시험
③ 자기분말탐상시험
④ 침투탐상시험

해설 ② 방사선투과검사 : 방사선을 시험체에 조사하여 얻은 투과사진상의 불연속을 관찰하여 규격 등에 의한 기준에 따라 합격 여부를 판정하는 방법이다.
③ 자기분말탐상검사 : 자성(磁性)재료에 결함이 있는 경우, 그 때문에 생기는 자기적(磁氣的) 변형을 이용하여 자성재료 내부결함의 유무를 조사하는 검사를 말한다.
④ 침투탐상검사 : 검사하고자 하는 대상물의 표면에 침투력이 강한 적색 또는 형광성 침투액을 칠하여 표면의 개구(開口) 결함 부위에 충분히 침투시킨 다음, 표면의 침투액을 닦아내고 백색 분말의 현상액으로 결함 내부에 스며든 침투액을 표면으로 빨아내고, 그것을 직접 또는 자외선 등으로 비추어 관찰함으로써 결함이 있는 장소와 크기를 알아내는 방법이다.

정답 115.② 116.④ 117.①

118 근로자의 추락 등의 위험을 방지하기 위한 안전난간의 설치요건에서 상부 난간대를 120cm 이상 지점에 설치하는 경우 중간 난간대를 최소 몇 단 이상 균등하게 설치하여야 하는가?

① 2단
② 3단
③ 4단
④ 5단

해설 **안전난간의 구조 및 설치요건**

㉮ 상부 난간대, 중간 난간대, 발끝막이판 및 난간기둥으로 구성할 것. 다만, 중간 난간대, 발끝막이판 및 난간기둥은 이와 비슷한 구조와 성능을 가진 것으로 대체할 수 있다.
㉯ 상부 난간대는 바닥면·발판 또는 경사로의 표면("바닥면 등")으로부터 90cm 이상 지점에 설치하고, 상부 난간대를 120cm 이하에 설치하는 경우에는 중간 난간대는 상부 난간대와 바닥면 등의 중간에 설치하여야 하며, 120cm 이상 지점에 설치하는 경우에는 중간 난간대를 2단 이상으로 균등하게 설치하고 난간의 상하 간격은 60cm 이하가 되도록 할 것. 다만, 계단의 개방된 측면에 설치된 난간기둥 간의 간격이 25cm 이하인 경우에는 중간 난간대를 설치하지 아니할 수 있다.
㉰ 발끝막이판은 바닥면 등으로부터 10cm 이상의 높이를 유지할 것. 다만, 물체가 떨어지거나 날아올 위험이 없거나 그 위험을 방지할 수 있는 망을 설치하는 등 필요한 예방조치를 한 장소는 제외한다.
㉱ 난간기둥은 상부 난간대와 중간 난간대를 견고하게 떠받칠 수 있도록 적정한 간격을 유지할 것
㉲ 상부 난간대와 중간 난간대는 난간길이 전체에 걸쳐 바닥면 등과 평행을 유지할 것
㉳ 난간대는 지름 2.7cm 이상의 금속제 파이프나 그 이상의 강도가 있는 재료일 것
㉴ 안전난간은 구조적으로 가장 취약한 지점에서 가장 취약한 방향으로 작용하는 100kg 이상의 하중에 견딜 수 있는 튼튼한 구조일 것

개정 2023

119 다음 중 지반 등의 굴착 시 위험을 방지하기 위한 연암 지반 굴착면의 기울기 기준으로 옳은 것은?

① 1 : 0.3
② 1 : 0.5
③ 1 : 1.0
④ 1 : 1.5

해설 **굴착작업 시 굴착면의 기울기 기준**

지반의 종류	기울기
모래	1 : 1.8
연암 및 풍화암	1 : 1.0
경암	1 : 0.5
그 밖의 흙	1 : 1.2

120 화물취급작업과 관련한 위험방지를 위해 조치하여야 할 사항으로 옳지 않은 것은?

① 하역작업을 하는 장소에서 작업장 및 통로의 위험한 부분에는 안전하게 작업할 수 있는 조명을 유지할 것
② 하역작업을 하는 장소에서 부두 또는 안벽의 선을 따라 통로를 설치하는 경우에는 폭을 50cm 이상으로 할 것
③ 차량 등에서 화물을 내리는 작업을 하는 경우에 해당 작업에 종사하는 근로자에게 쌓여 있는 화물 중간에서 화물을 빼내도록 하지 말 것
④ 꼬임이 끊어진 섬유로프 등을 화물운반용 또는 고정용으로 사용하지 말 것

해설 부두 또는 안벽의 선을 따라 통로를 설치하는 경우에는 폭을 90cm 이상으로 할 것

118.① 119.③ 120.② 정답

MEMO

2021. 3. 7. 시행

제1회 산업안전기사 2021

≫ 제1과목 안전관리론

01 참가자에게 일정한 역할을 주어 실제적으로 연기를 시켜봄으로써 자기의 역할을 보다 확실히 인식할 수 있도록 체험학습을 시키는 교육방법은?

① Symposium
② Brainstorming
③ Role playing
④ Fish bowl playing

해설 **역할연기법(role playing)**
참가자에게 어떤 역할을 주어서 실제로 시켜봄으로써 훈련이나 평가에 사용하는 교육기법으로, 절충능력이나 협조성을 높여서 태도의 변용에도 도움을 준다.

02 일반적으로 시간의 변화에 따라 야간에 상승하는 생체리듬은?

① 혈압　② 맥박수
③ 체중　④ 혈액의 수분

해설 **생체리듬과 피로**
㉮ 혈액의 수분, 염분량 : 주간에는 감소하고, 야간에는 증가한다.
㉯ 체온, 혈압, 맥박수 : 주간에는 상승하고, 야간에는 저하한다.
※ 야간 : 소화분비액 불량, 체중 감소, 말초운동 기능 저하, 피로의 자각증상 증대

03 하인리히의 재해구성비율 "1 : 29 : 300"에서 "29"에 해당되는 사고발생비율은?

① 8.8%　② 9.8%
③ 10.8%　④ 11.8%

해설 하인리히의 1 : 29 : 300의 원칙에서, 1은 사망 또는 중상, 29는 경상, 300은 무상해사고를 의미하며, 300건의 무상해재해의 원인을 제거하여 1건의 사망 또는 중상, 29건의 경상을 막아보자는 의미이다.

사고발생비율 $= \frac{29}{330} \times 100 = 8.79\%$

04 무재해운동의 3원칙이 아닌 것은?

① 무의 원칙　② 참가의 원칙
③ 선취해결의 원칙　④ 대책선정의 원칙

해설 **무재해운동 이념의 3원칙**
㉮ 무의 원칙 : 모든 잠재적 위험요인을 사전에 발견 · 파악 · 해결함으로써 근원적으로 산업재해를 없애자는 것
㉯ 참가의 원칙 : 작업에 따르는 잠재적 위험요인을 발견 · 해결하기 위해 전원이 협력하여 각각의 입장에서 문제해결행동을 실천하는 것
㉰ 선취해결의 원칙 : 무재해운동에 있어서 선취란 궁극의 목표로서의 무재해 · 무질병의 직장을 실현하기 위하여 직장 내에서 행동하기 전에 일체의 위험요인을 발견 · 파악 · 해결하여 재해를 예방하거나 방지하는 것

05 브레인스토밍 기법의 설명으로 옳은 것은?

① 타인의 의견을 수정하지 않는다.
② 지정된 표현방식에서 벗어나 자유롭게 의견을 제시한다.
③ 참여자에게는 동일한 횟수의 의견제시 기회가 부여된다.
④ 주제와 내용이 다르거나 잘못된 의견은 지적하여 조정한다.

해설 **브레인스토밍(Brainstorming ; BS)의 4원칙**
㉮ 비평금지 : '좋다, 나쁘다'라고 비평하지 않는다.
㉯ 자유분방 : 마음대로 편안히 발언한다.
㉰ 대량발언 : 무엇이든지 좋으니 많이 발언한다.
㉱ 수정발언 : 타인의 아이디어에 수정하거나 덧붙여 말해도 좋다.

01.③ 02.④ 03.① 04.④ 05.② 정답

06 안전보건관리조직의 형태 중 라인-스태프(line-staff)형에 관한 설명으로 틀린 것은?

① 조직원 전원을 자율적으로 안전활동에 참여시킬 수 있다.
② 라인의 관리 · 감독자에게도 안전에 관한 책임과 권한이 부여된다.
③ 중규모 사업장(100명 이상~500명 미만)에 적합하다.
④ 안전활동과 생산업무가 유리될 우려가 없기 때문에 균형을 유지할 수 있어 이상적인 조직형태이다.

해설 **라인-스태프형의 복합형(직계-참모 조직)**

㉮ 개요
 ㉠ 라인형과 스태프형의 장점을 취한 절충식 조직형태이다.
 ㉡ 안전업무를 전문으로 담당하는 스태프 부분을 두는 한편, 생산라인의 각 층에도 겸임 또는 전임 안전 담당자를 두고 안전대책은 스태프 부분에서 기획하고, 이를 라인을 통하여 실시하도록 한 조직방식이다.
 ㉢ 안전 스태프는 안전에 관한 기획 · 입안 · 조사 · 검토 및 연구를 행한다.
 ㉣ 라인의 관리 · 감독자에게도 안전에 관한 책임과 권한이 부여된다.
 ㉤ 대규모 사업장(1,000명 이상)에 적합하다.
㉯ 장점
 ㉠ 안전 전문가에 의해 입안된 것을 경영자의 지침으로 명령하여 실시하게 함으로써 정확하고 신속하다.
 ㉡ 안전입안계획 평가조사는 스태프에서 실천되고, 생산기술의 안전대책은 라인에서 실천된다.
 ㉢ 안전활동이 생산과 떨어지지 않으므로 운용이 적절하면 이상적이다.
 ㉣ 조직원 전원을 자율적으로 안전활동에 참여시킬 수 있다.
㉰ 단점
 ㉠ 명령계통과 조언권고적 참여가 혼동되기 쉽다.
 ㉡ 스태프의 월권행위 우려가 있다.
 ㉢ 라인의 스태프에 의존하거나 활용하지 않는 경우도 있다.

07 작업자 적성의 요인이 아닌 것은?

① 지능 ② 인간성
③ 흥미 ④ 연령

해설 **작업자 적성의 요인**

㉮ 직업적성
㉯ 지능
㉰ 흥미
㉱ 인간성
※ ④ 연령과 개인차는 적성 요인이 아니다.

08 산업안전보건법령상 안전인증대상 기계 등에 포함되는 기계, 설비, 방호장치에 해당하지 않는 것은?

① 롤러기
② 크레인
③ 동력식 수동대패용 칼날접촉방지장치
④ 방폭구조(防爆構造) 전기 기계 · 기구 및 부품

해설 **안전인증**

㉮ 안전인증대상 기계 · 기구 및 설비
 ㉠ 프레스
 ㉡ 전단기 및 절곡기
 ㉢ 크레인
 ㉣ 리프트
 ㉤ 압력용기
 ㉥ 롤러기
 ㉦ 사출성형기
 ㉧ 고소작업대
 ㉨ 곤돌라
㉯ 안전인증대상 방호장치
 ㉠ 프레스 및 전단기 방호장치
 ㉡ 양중기용 과부하방지장치
 ㉢ 보일러 압력방출용 안전밸브
 ㉣ 압력용기 압력방출용 안전밸브
 ㉤ 압력용기 압력방출용 파열판
 ㉥ 절연용 방호구 및 활선작업용 기구
 ㉦ 방폭구조 전기 기계 · 기구 및 부품
㉰ 안전인증대상 보호구
 ㉠ 추락 및 감전위험방지용 안전모
 ㉡ 안전화
 ㉢ 안전장갑
 ㉣ 방진마스크
 ㉤ 방독마스크
 ㉥ 송기마스크
 ㉦ 전동식 호흡보호구
 ㉧ 보호복
 ㉨ 안전대
 ㉩ 차광 및 비산물 위험방지용 보안경
 ㉪ 용접용 보안면
 ㉫ 방음용 귀마개 또는 귀덮개

정답 06.③ 07.④ 08.③

09 상황성 누발자의 재해유발원인과 가장 거리가 먼 것은?

① 작업이 어렵기 때문이다.
② 심신에 근심이 있기 때문이다.
③ 기계설비의 결함이 있기 때문이다.
④ 도덕성이 결여되어 있기 때문이다.

해설 사고 경향성자(재해빈발자)의 유형

㉮ 미숙성 누발자
㉠ 기능이 미숙한 자
㉡ 작업환경에 익숙하지 못한 자
㉯ 상황성 누발자
㉠ 기계설비에 결함이 있거나 본인의 능력 부족으로 인하여 작업이 어려운 자
㉡ 환경상 주의력의 집중이 어려운 자
㉢ 심신에 근심이 있는 자
㉰ 소질성 누발자(재해빈발 경향자) : 성격적 · 정신적 또는 신체적으로 재해의 소질적 요인을 가지고 있는 자
㉠ 주의력 지속이 불가능한 자
㉡ 주의력 범위가 협소(편중)한 자
㉢ 저지능자
㉣ 생활이 불규칙한 자
㉤ 작업에 대한 경시나 지속성이 부족한 자
㉥ 정직하지 못하고 쉽게 흥분하는 자
㉦ 비협조적이며, 도덕성이 결여된 자
㉧ 소심한 성격으로 감각운동이 부적합한 자
㉱ 습관성 누발자(암시설)
㉠ 재해의 경험으로 겁이 많거나 신경과민 증상을 보이는 자
㉡ 일종의 슬럼프(slump) 상태에 빠져서 재해를 유발할 수 있는 자

10 재해로 인한 직접비용으로 8,000만원의 산재보상비가 지급되었을 때, 하인리히 방식에 따른 총 손실비용은?

① 16,000만원
② 24,000만원
③ 32,000만원
④ 40,000만원

해설 하인리히 방식에 의한 재해손실비

총 재해 Cost=직접비(보상비)+간접비
(직접비 : 간접비 = 1 : 4)
=8,000만원+8,000만원×4
=40,000만원

11 안전교육 중 같은 것을 반복하여 개인의 시행착오에 의해서만 점차 그 사람에게 형성되는 것은?

① 안전기술의 교육
② 안전지식의 교육
③ 안전기능의 교육
④ 안전태도의 교육

해설 기능교육

㉮ 교육의 목표
㉠ 표준작업 기능 부여
㉡ 안전작업 기능 부여
㉢ 위험예측 및 응급처치 기능 부여
㉯ 교육내용
㉠ 전문적 기술 및 안전기술 기능
㉡ 안전장치(방호장치) 관리 기능
㉢ 점검, 검사, 정비에 관한 기능
㉰ 기능교육의 특징
㉠ 교육 대상자가 그것을 스스로 행함으로 얻어진다.
㉡ 개인의 반복적 시행착오에 의해서만 얻어진다.

12 교육훈련기법 중 Off J.T.(Off the Job Training)의 장점이 아닌 것은?

① 업무의 계속성이 유지된다.
② 외부의 전문가를 강사로 활용할 수 있다.
③ 특별교재, 시설을 유효하게 사용할 수 있다.
④ 다수의 대상자에게 조직적 훈련이 가능하다.

해설 O.J.T.와 Off J.T.의 특징

O.J.T.(현장중심교육)	Off J.T.(현장 외 중심교육)
• 개개인에게 적합한 지도훈련을 할 수 있다. • 직장의 실정에 맞는 실체적 훈련을 할 수 있다. • 훈련에 필요한 업무의 계속성이 끊이지 않는다. • 즉시 업무에 연결되는 관계로 신체와 관련이 있다. • 효과가 곧 업무에 나타나며 훈련의 좋고 나쁨에 따라 개선이 용이하다. • 교육을 통한 훈련효과에 의해 상호 신뢰 이해도가 높아진다.	• 다수의 근로자에게 조직적 훈련이 가능하다. • 훈련에만 전념하게 된다. • 특별설비기구를 이용할 수 있다. • 전문가를 강사로 초청할 수 있다. • 각 직장의 근로자가 많은 지식이나 경험을 교류할 수 있다. • 교육훈련목표에 대해서 집단적 노력이 흐트러질 수 있다.

13 재해조사의 목적과 가장 거리가 먼 것은?

① 재해예방자료 수집
② 재해 관련 책임자 문책
③ 동종 및 유사 재해 재발방지
④ 재해발생 원인 및 결함 규명

해설 **재해조사의 목적**
㉮ 재해발생원인 및 결함 규명
㉯ 재해예방자료 수집
㉰ 동종재해 및 유사재해 재발방지
※ ② 재해 관련 책임자 문책을 위해 재해조사를 실시한다면 재해원인을 숨기는 현상이 나타나 정확한 원인을 규명할 수 없다.

14 Thorndike의 시행착오설에 의한 학습의 원칙이 아닌 것은?

① 연습의 원칙
② 효과의 원칙
③ 동일성의 원칙
④ 준비성의 원칙

해설 **시행착오설에 의한 학습법칙**
㉮ 연습 또는 반복의 법칙(the law of exercise or repetition) : 많은 연습과 반복을 하면 할수록 강화되어 망각을 막을 수가 있다.
㉯ 효과의 법칙(the law of effect) : 쾌고의 법칙이라고 하며 학습의 결과가 학습자에게 쾌감을 주면 줄수록 반응은 강화되고 반면에 불쾌감이나 고통을 주면 약화된다는 법칙이다.
㉰ 준비성의 법칙(the law of readiness) : 특정한 학습을 행하는 데 필요한 기초적인 능력을 갖춘 뒤에 학습을 행함으로써 효과적인 학습을 할 수 있다는 것이다.

15 산업안전보건법령상 중대재해의 범위에 해당하지 않는 것은?

① 1명의 사망자가 발생한 재해
② 1개월의 요양을 요하는 부상자가 동시에 5명 발생한 재해
③ 3개월의 요양을 요하는 부상자가 동시에 3명 발생한 재해
④ 10명의 직업성 질병자가 동시에 발생한 재해

해설 **중대재해의 정의**
㉮ 사망자가 1명 이상 발생한 재해
㉯ 3개월 이상의 요양이 필요한 부상자가 2명 이상 발생한 재해
㉰ 부상자 또는 직업성 질병자가 동시에 10명 이상 발생한 재해

16 산업안전보건법령상 보안경 착용을 포함하는 안전보건표지의 종류는?

① 지시표지 ② 안내표지
③ 금지표지 ④ 경고표지

해설 **지시표지**
파란색 원형 바탕에 관련 그림은 흰색으로, 색상 2.5PB, 명도 4, 색채 10(2.5PB 4/10)을 기준으로 하여 총 9종이다.
㉮ 보안경 착용 ㉯ 방독마스크 착용
㉰ 방진마스크 착용 ㉱ 보안면 착용
㉲ 안전모 착용 ㉳ 귀마개 착용
㉴ 안전화 착용 ㉵ 안전장갑 착용
㉶ 안전복 착용

17 보호구에 관한 설명으로 옳은 것은?

① 유해물질이 발생하는 산소결핍지역에서는 필히 방독마스크를 착용하여야 한다.
② 차광용 보안경의 사용 구분에 따른 종류에는 자외선용, 적외선용, 복합용, 용접용이 있다.
③ 선반작업과 같이 손에 재해가 많이 발생하는 작업장에서는 장갑 착용을 의무화한다.
④ 귀마개는 처음에는 저음만을 차단하는 제품부터 사용하며, 일정 기간이 지난 후 고음까지 모두 차단할 수 있는 제품을 사용한다.

해설 **보호구에 관한 설명**
㉮ 유해물질이 발생하는 산소결핍지역에서는 필히 송기마스크를 착용하여야 한다.
㉯ 차광용 보안경의 사용 구분에 따른 종류에는 자외선용, 적외선용, 복합용, 용접용이 있다.
㉰ 선반작업은 회전작업이므로 장갑 착용을 금지한다.
㉱ 귀마개는 작업에 따라 저음만을 차단하는 제품부터 사용하거나, 고음까지 모두 차단할 수 있는 제품을 사용한다.

 정답 13.② 14.③ 15.② 16.① 17.②

개정 2023

18 산업안전보건법령상 사업 내 안전보건교육의 교육시간에 관한 설명으로 옳은 것은?

① 일용근로자의 작업내용 변경 시의 교육은 2시간 이상이다.
② 사무직에 종사하는 근로자의 정기교육은 매 반기 6시간 이상이다.
③ 일용근로자 및 기간제근로자를 제외한 근로자의 채용 시 교육은 4시간 이상이다.
④ 관리감독자의 정기교육은 연간 8시간 이상이다.

해설 **근로자 및 관리감독자 안전보건교육의 교육시간**

교육과정	교육대상		교육시간
정기교육	사무직 종사 근로자		매 반기 6시간 이상
	그 밖의 근로자	판매업무 종사 근로자	매 반기 6시간 이상
		판매업무 외의 근로자	매 반기 12시간 이상
	관리감독자		연간 16시간 이상
채용 시 교육	일용근로자 및 1주일 이하인 기간제근로자		1시간 이상
	1주일 초과 1개월 이하인 기간제근로자		4시간 이상
	그 밖의 근로자, 관리감독자		8시간 이상
작업내용 변경 시 교육	일용근로자 및 1주일 이하인 기간제근로자		1시간 이상
	그 밖의 근로자, 관리감독자		2시간 이상

19 집단에서의 인간관계 메커니즘(mechanism)과 가장 거리가 먼 것은?

① 분열, 강박 ② 모방, 암시
③ 동일화, 일체화 ④ 커뮤니케이션, 공감

해설 **인간관계의 메커니즘**

㉮ 동일화(identification) : 다른 사람의 행동양식이나 태도를 투입시키거나, 다른 사람 가운데서 자기와 비슷한 것을 발견하는 것
㉯ 투사(投射 ; projection) : 자기 속의 억압된 것을 다른 사람의 것으로 생각하는 것
㉰ 커뮤니케이션(communication) : 갖가지 행동양식이나 기호를 매개로 하여 어떤 사람으로부터 다른 사람에게 전달되는 과정(의사전달 매개체 : 언어, 표정, 손짓, 몸짓)
㉱ 모방(imitation) : 남의 행동이나 판단을 표본으로 하여, 그것과 같거나 또는 그것에 가까운 행동 또는 판단을 취하려는 것
㉲ 암시(suggestion) : 다른 사람으로부터의 판단이나 행동을 무비판적으로 논리적·사실적 근거 없이 받아들이는 것
㉳ 역할학습 : 역할에 대한 학습을 통해 문제상황에 대처하는 전략을 발전시키는 데 도움을 주는 것
㉴ 공감 : 동정과 구분되며, 남의 생각이나 의견 및 감정 등에 대하여 자기도 그러하다고 느끼는 것
㉵ 일체화 : 심리적으로 같게 되는 것
㉶ 집단 : 조직화된 사람들의 집합

20 재해의 빈도와 상해의 강약도를 혼합하여 집계하는 지표로 옳은 것은?

① 강도율 ② 종합재해지수
③ 안전활동률 ④ Safe-T-Score

해설 **종합재해지수**

재해빈도의 다수와 상해 정도의 강약을 종합하여 나타내는 지수로 도수강도치라고도 한다.
종합재해지수(FSI) = $\sqrt{도수율 \times 강도율}$

≫ 제2과목 인간공학 및 시스템 안전공학

21 인체측정자료를 장비, 설비 등의 설계에 적용하기 위한 응용원칙에 해당하지 않는 것은?

① 조절식 설계
② 극단치를 이용한 설계
③ 구조적 치수 기준의 설계
④ 평균치를 기준으로 한 설계

해설 **인체계측자료 응용원칙**

㉮ 극단치 설계
　㉠ 최대 집단치 : 출입문, 통로, 의자 사이의 간격 등
　㉡ 최소 집단치 : 선반의 높이, 조종장치까지의 거리, 버스나 전철의 손잡이 등
㉯ 조절식 설계 : 사무실 의자나 책상의 높낮이 조절, 자동차 좌석의 전후조절 등
㉰ 평균치 설계 : 가게나 은행의 계산대 등

22 컷셋(cut sets)과 최소 패스셋(minimal path sets)의 정의로 옳은 것은?

① 컷셋은 시스템 고장을 유발시키는 필요 최소한의 고장들의 집합이며, 최소 패스셋은 시스템의 신뢰성을 표시한다.
② 컷셋은 시스템 고장을 유발시키는 기본 고장들의 집합이며, 최소 패스셋은 시스템의 불신뢰도를 표시한다.
③ 컷셋은 그 속에 포함되어 있는 모든 기본사상이 일어났을 때 정상사상을 일으키는 기본사상의 집합이며, 최소 패스셋은 시스템의 신뢰성을 표시한다.
④ 컷셋은 그 속에 포함되어 있는 모든 기본사상이 일어났을 때 정상사상을 일으키는 기본사상의 집합이며, 최소 패스셋은 시스템의 성공을 유발하는 기본사상의 집합이다.

해설 **컷셋과 패스셋**
㉮ 컷셋 : 그 속에 포함되어 있는 모든 기본사상(여기서는 통상사상, 생략, 결함사상 등을 포함한 기본사상)이 일어났을 때 정상사상을 일으키는 기본집합이다.
㉯ 미니멀 컷셋 : 정상사상을 일으키기 위한 필요한 최소한의 컷의 집합, 즉 시스템의 위험성을 나타낸다.
㉰ 패스셋 : 시스템 내에 포함되는 모든 기본사상이 일어나지 않으면 Top 사상을 일으키지 않는 기본집합이다.
㉱ 미니멀 패스셋 : 어떤 고장이나 패스를 일으키지 않으면 재해가 일어나지 않는다는 것, 즉 시스템의 신뢰성을 나타낸다. 다시 말하면 미니멀 패스는 시스템의 기능을 살리는 요인의 집합이라고 할 수 있다.

23 작업공간의 배치에 있어 구성요소 배치의 원칙에 해당하지 않는 것은?

① 기능성의 원칙
② 사용빈도의 원칙
③ 사용순서의 원칙
④ 사용방법의 원칙

해설 **부품 배치의 원칙**
㉮ 중요성의 원칙 : 부품을 작동하는 성능이 체계의 목표 달성에 중요한 정도에 따라 우선순위를 설정한다.
㉯ 사용빈도의 원칙 : 부품을 사용하는 빈도에 따라 우선순위를 설정한다.
㉰ 기능별 배치의 원칙 : 기능적으로 관련된 부품들(표시장치, 조정장치 등)을 모아서 배치한다.
㉱ 사용순서의 원칙 : 사용되는 순서에 따라 장치들을 가까이에 배치한다. 일반적으로 부품의 중요성과 사용빈도에 따라서 부품의 일반적인 위치를 정하고 기능 및 사용순서에 따라서 부품의 배치(일반적인 위치 내에서의 배치)를 결정한다.

24 시스템의 수명 및 신뢰성에 관한 설명으로 틀린 것은?

① 병렬설계 및 디레이팅 기술로 시스템의 신뢰성을 증가시킬 수 있다.
② 직렬시스템에서는 부품들 중 최소 수명을 갖는 부품에 의해 시스템 수명이 정해진다.
③ 수리 가능한 시스템의 평균수명(MTBF)은 평균고장률(λ)과 정비례 관계가 성립한다.
④ 수리가 불가능한 구성요소로 병렬구조를 갖는 설비는 중복도가 늘어날수록 시스템 수명이 길어진다.

해설 수리가 가능한 시스템의 평균수명(MTBF)은 평균고장률(λ)과 반비례 관계가 성립한다.
MTBF(평균수명)$=\frac{1}{\lambda}$ (여기서, λ : 현재의 고장률)

25 작업면상의 필요한 장소만 높은 조도를 취하는 조명은?

① 완화조명 ② 전반조명
③ 투명조명 ④ 국소조명

해설 **조명방법**
㉮ 긴 터널의 경우는 완화조명이 필요하다.
㉯ 실내 전체를 조명할 때는 전반조명이 필요하다.
㉰ 유리나 플라스틱 모서리 조명은 불투명조명이 좋다.
㉱ 작업에 필요한 곳이나 시각적으로 강한 빛을 필요로 하는 조명은 국소조명이 좋다.

정답 22.③ 23.④ 24.③ 25.④

26 자동차를 생산하는 공장의 어떤 근로자가 95dB(A)의 소음수준에서 하루 8시간 작업하며 매 시간 조용한 휴게실에서 20분씩 휴식을 취한다고 가정하였을 때, 8시간 시간가중평균(TWA)은? (단, 소음은 누적소음노출량측정기로 측정하였으며, OSHA에서 정한 95dB(A)의 허용시간은 4시간이라 가정한다.)

① 약 91dB(A) ② 약 92dB(A)
③ 약 93dB(A) ④ 약 94dB(A)

해설 ㉮ 소음노출지수(D)$=\dfrac{C}{T}$

$$=\frac{320\text{分}}{4\times 60\text{分}}\times 100$$

$$=133.25\%$$

여기서, C : 특정소음대에 노출된 총시간
T : 특정소음대의 허용노출기준

㉯ 8시간 가중 평균소음레벨(TWA)
$=90+16.61\log(D/100)$
$=90+16.61\log(133.25/100)$
$=92.07$dB(A)

27 화학설비에 대한 안전성 평가 중 정성적 평가방법의 주요 진단항목으로 볼 수 없는 것은?

① 건조물 ② 취급물질
③ 입지조건 ④ 공장 내 배치

해설 정성적 평가의 주요 진단항목

설계관계	운전관계
• 입지조건 • 공장 내 배치 • 건조물 • 소방설비	• 원재료, 중간체제품 • 공정 • 수송, 저장 등 • 공정기기

28 인간이 기계보다 우수한 기능이라 할 수 있는 것은? (단, 인공지능은 제외한다.)

① 일반화 및 귀납적 추리
② 신뢰성 있는 반복작업
③ 신속하고 일관성 있는 반응
④ 대량의 암호화된 정보의 신속한 보관

해설 정보처리 및 의사결정
㉮ 인간이 기계보다 우수한 기능
㉠ 보관되어 있는 적절한 정보를 회수(상기)
㉡ 다양한 경험을 토대로 의사결정
㉢ 어떤 운용방법이 실패할 경우 다른 방법 선택
㉣ 원칙을 적용하여 다양한 문제를 해결
㉤ 관찰을 통해서 일반화하여 귀납적으로 추리
㉥ 주관적으로 추산하고 평가
㉦ 문제해결에 있어서 독창력을 발휘
㉯ 기계가 인간보다 우수한 기능
㉠ 암호화된 정보를 신속 · 정확하게 회수
㉡ 연역적으로 추리
㉢ 입력신호에 대해 신속하고 일관성 있는 반응
㉣ 명시된 프로그램에 따라 정량적인 정보처리
㉤ 물리적인 양을 계수하거나 측정
㉥ 소음, 이상온도 등의 환경에서 작업을 수행하는 능력이 인간에 비해 우월

29 다음 중 시각적 표시장치보다 청각적 표시장치를 사용하는 것이 더 유리한 경우를 고르면?

① 정보의 내용이 복잡하고 긴 경우
② 정보가 공간적인 위치를 다룬 경우
③ 직무상 수신자가 한 곳에 머무르는 경우
④ 수신장소가 너무 밝거나 암순응이 요구될 경우

해설 표시장치의 선택(청각장치와 시각장치의 선택)
㉮ 청각장치 사용
㉠ 전언이 간단하고 짧을 때
㉡ 전언이 후에 재참조되지 않을 때
㉢ 전언이 시간적인 사상을 다룰 때
㉣ 전언이 즉각적인 행동을 요구할 때
㉤ 수신자의 시각계통이 과부하 상태일 때
㉥ 수신장소가 너무 밝거나 암순응 유지가 필요할 때
㉦ 직무상 수신자가 자주 움직이는 경우
㉯ 시각장치 사용
㉠ 전언이 복잡하고 길 때
㉡ 전언이 후에 재참조될 경우
㉢ 전언이 공간적인 위치를 다룰 때
㉣ 전언이 즉각적인 행동을 요구하지 않을 때
㉤ 수신자의 청각계통이 과부하 상태일 때
㉥ 수신장소가 너무 시끄러울 때

26.② 27.② 28.① 29.④ 정답

30 다음 중 동작경제의 원칙에 해당하지 않는 것은?

① 공구의 기능을 각각 분리하여 사용하도록 한다.
② 두 팔의 동작은 동시에 서로 반대방향으로 대칭적으로 움직이도록 한다.
③ 공구나 재료는 작업동작이 원활하게 수행되도록 그 위치를 정해준다.
④ 가능하다면 쉽고도 자연스러운 리듬이 작업동작에 생기도록 작업을 배치한다.

해설 **동작경제의 원칙**

㉮ 작업장의 배치에 관한 원칙
㉠ 가능하다면 낙하식 운반방법을 사용한다.
㉡ 공구, 재료 및 제어장치는 사용 위치에 가까이 두도록 한다.
㉢ 공구나 재료는 작업동작이 원활하게 수행되도록 위치를 정해준다.
㉣ 모든 공구나 재료는 자기 위치에 있도록 한다.
㉤ 중력이송원리를 이용한 부품상자나 용기를 이용하여 부품을 제품 사용 위치에 가까이 보낼 수 있도록 한다.
㉥ 작업자가 좋은 자세를 취할 수 있도록 의자는 높이뿐만 아니라 디자인도 좋아야 한다.
㉦ 작업자가 작업 중 자세를 변경, 즉 앉거나 서는 것을 임의로 할 수 있도록 작업대와 의자 높이가 조정되도록 한다.
㉧ 작업자가 잘 보면서 작업할 수 있도록 적절한 조명을 한다.

㉯ 신체 사용에 관한 원칙
㉠ 두 팔의 동작은 서로 반대방향으로 대칭적으로 움직인다.
㉡ 휴식시간을 제외하고는 양손이 같이 쉬지 않도록 한다.
㉢ 두 손의 동작은 같이 시작하고, 같이 끝나도록 한다.
㉣ 손과 신체의 동작은 작업을 원만하게 처리할 수 있는 범위 내에서 가장 낮은 동작등급을 사용하도록 한다.
㉤ 탄도 동작은 제한되거나 통제된 동작보다 더 신속하고 용이하며 정확하다.
㉥ 손의 동작은 부드럽고 연속적인 동작이 되도록 하며, 방향이 갑자기 크게 바뀌는 모양의 직선동작은 피하도록 한다.
㉦ 가능한 한 관성을 이용하여 작업을 하도록 하되, 작업자가 관성을 억제하여야 하는 경우에는 발생되는 관성을 최소 한도로 줄인다.
㉧ 가능하다면 쉽고도 자연스러운 리듬이 작업동작에 생기도록 작업을 배치한다.
㉨ 눈의 초점을 모아야 작업을 할 수 있는 경우는 가능하면 없애고, 불가피한 경우에는 눈의 초점이 모아지는 서로 다른 두 작업 지점 간의 거리를 짧게 한다.

㉰ 공구 및 장비의 설계에 관한 원칙
㉠ 공구의 기능을 결합하여서 사용하도록 한다.
㉡ 치구나 족담장치를 효과적으로 사용할 수 있는 작업에서는 이러한 장치를 활용하여 양손이 다른 일을 할 수 있도록 한다.
㉢ 각 손가락에 서로 다른 작업을 할 때에는 작업량을 각 손가락의 능력에 맞게 분배해야 한다.
㉣ 레버, 핸들, 그리고 제어장치는 작업자가 몸의 자세를 크게 바꾸지 않더라도 조작하기 쉽도록 배열한다.
㉤ 공구와 자재는 가능한 한 사용하기 쉽도록 미리 위치를 잡아준다.

31 다음 시스템의 신뢰도값은?

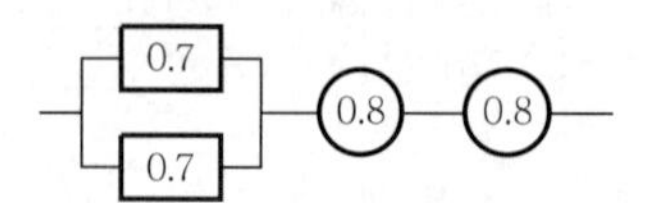

① 0.5824 ② 0.6682
③ 0.7855 ④ 0.8642

해설 $R(t)=\{1-(1-0.7)(1-0.7)\}\times0.8\times0.8$
$=0.5824$

32 그림과 같은 FT도에서 정상사상 T의 발생확률은? (단, X_1, X_2, X_3의 발생확률은 각각 0.1, 0.15, 0.1이다.)

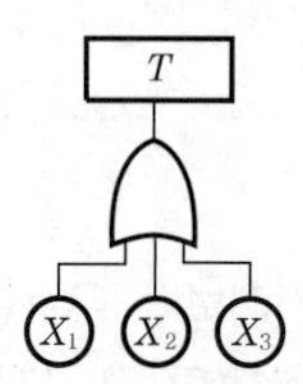

① 0.3115 ② 0.35
③ 0.496 ④ 0.9985

해설 $RT=[1-(1-0.1)(1-0.15)(1-0.1)]$
$=0.3115$

 정답 30.① 31.① 32.①

33 다음 현상을 설명한 이론은?

> 인간이 감지할 수 있는 외부의 물리적 자극 변화의 최소 범위는 표준자극의 크기에 비례한다.

① 피츠(Fitts) 법칙
② 웨버(Weber) 법칙
③ 신호검출이론(SDT)
④ 힉-하이만(Hick-Hyman) 법칙

해설 Weber-Fechner의 법칙
㉮ Weber의 법칙 : 특정 감각기관의 변화감지역(ΔL)은 사용되는 표준자극에 비례한다는 관계의 법칙

$$\therefore \frac{\Delta L}{I} = \text{const}$$

㉯ Fechner의 법칙 : 어떤 한정된 범위 내에서 동일한 양의 인식(감각)의 증가를 얻기 위해서는 자극은 지수적으로 증가한다는 법칙
㉰ 음높이의 변화감지역은 진동수의 대수치에 비례하고, 시력은 조명강도의 대수치에 비례하며, 음의 강도를 측정하는 dB 눈금은 대수적인 것 등을 예로 들 수 있다.

34 산업안전보건법령상 해당 사업주가 유해위험방지계획서를 작성하여 제출해야 하는 대상은?

① 시·도지사 ② 관할 구청장
③ 고용노동부장관 ④ 행정안전부장관

해설 산업안전보건법령상 해당 사업주가 유해위험방지계획서를 작성하여 고용노동부장관에게 제출하여야 한다.

35 인간의 위치 동작에 있어 눈으로 보지 않고 손을 수평면상에서 움직이는 경우 짧은 거리는 지나치고, 긴 거리는 못 미치는 경향이 있는데 이를 무엇이라고 하는가?

① 사정효과(range effect)
② 반응효과(reaction effect)
③ 간격효과(distance effect)
④ 손동작효과(hand action effect)

해설 사정효과
눈으로 보지 않고 손을 수평면 위에서 움직이는 경우에 짧은 거리는 지나치고, 긴 거리는 못 미치는 경향, 조작자는 작은 오차에는 과잉반응, 큰 오차에는 과소반응을 보이는 현상이다.

36 정신작업 부하를 측정하는 척도를 크게 4가지로 분류할 때 심박수의 변동, 뇌 전위, 동공반응 등 정보처리에 중추신경계 활동이 관여하고 그 활동이나 징후를 측정하는 것은?

① 주관적(subjective) 척도
② 생리적(physiological) 척도
③ 주임무(primary task) 척도
④ 부임무(secondary task) 척도

해설 정신작업 부하를 측정하는 척도 4가지 분류
㉮ 생리적 척도(physiological measure) : 정신적 작업부하의 생리적 척도는 정보처리에 중추신경계 활동이 관여하고, 그 활동이나 징후를 측정할 수 있다는 것이다. 생리적 척도로는 심박수의 변동, 뇌 전위, 동공반응, 호흡속도, 체액의 화학적 변화 등이 있다.
㉯ 주관적 척도(subjective measure) : 일부 연구자들은 정신적 작업부하의 개념에 가장 가까운 척도가 주관적 평가라고 주장한다. 평점 척도(rating scale)는 관리하기가 쉬우며, 사람들이 널리 받아들이는 것이다. 가장 오래 되었고, 타당하다고 검증된 작업부하의 주관적 척도로 Cooper-Harper 척도가 있는데, 원래는 비행기 조작특성을 평가하기 위해서 개발되었다. 또한 Sheridan과 Simpson(1979)은 시간 부하, 정신적 노력 부하, 정신적 스트레스의 3차원(multidimensional construct)을 사용하여 주관적 정신작업 부하를 정의하였다.
㉰ 제1(주)직무 척도(primary task measure) : 작업부하 측정을 위한 초기 시도에서는 직무분석 수법이 사용되었다. 제1직무 척도에서 작업부하는 직무수행에 필요한 시간을 직무수행에 쓸 수 있는 (허용되는) 시간으로 나눈 값으로 정의한다.
㉱ 제2(부)직무 척도(secondary task measure) : 정신적 작업부하에서 제2직무 척도를 사용한다는 것의 의미는 제1직무에서 사용하지 않은 예비용량(spare capacity)을 제2직무에서 이용한다는 것이다. 제1직무에서의 자원요구량이 클수록 제2직무의 자원이 적어지고, 따라서 성능이 나빠진다는 것이다.

33.② 34.③ 35.① 36.② 정답

37 서브시스템, 구성요소, 기능 등의 잠재적 고장형태에 따른 시스템의 위험을 파악하는 위험분석기법으로 옳은 것은?

① ETA(Event Tree Analysis)
② HEA(Human Error Analysis)
③ PHA(Preliminary Hazard Analysis)
④ FMEA
(Failure Mode and Effect Analysis)

해설 **고장의 형태와 영향분석(FMEA)**
시스템 안전분석에 이용되는 전형적인 정성적 · 귀납적 분석방법으로, 시스템에 영향을 미치는 전체 요소의 고장을 형태별로 분석하여 시스템 또는 서브시스템이 가동 중에 기기나 부품의 고장에 의해서 재해나 사고를 일으키게 할 우려가 있는가를 해석하는 방법으로 고장 발생을 최소로 하고자 하는 경우에 이용된다.

38 불필요한 작업을 수행함으로써 발생하는 오류로 옳은 것은?

① Command error
② Extraneous error
③ Secondary error
④ Commission error

해설 **휴먼에러의 심리적인 분류(Swain)**
㉮ Omission Error(부작위 실수, 생략오류) : 필요한 직무(task) 또는 절차를 수행하지 않는 데 기인한 에러
㉯ Time Error(시간적 오류, 지연오류) : 필요한 직무 또는 절차의 수행 지연으로 인한 에러
㉰ Commission Error(작위 실수, 수행적 오류) : 필요한 직무 또는 절차의 불확실한 수행으로 인한 에러
㉱ Sequential Error(순서적 오류) : 필요한 직무 또는 절차의 순서 착오로 인한 에러
㉲ Extraneous Error(불필요한 오류) : 불필요한 직무 또는 절차를 수행함으로써 기인한 에러

39 불(Boole)대수의 정리를 나타낸 관계식으로 틀린 것은?

① $A \cdot A = A$
② $A + \overline{A} = 0$
③ $A + AB = A$
④ $A + A = A$

해설 **불대수의 정리**
㉮ $A + \overline{A} = 1$
㉯ $A \cdot A = A$
㉰ $A + AB = A$
㉱ $A + A = A$
㉲ $A(A+B) = A$

40 Chapanis가 정의한 위험의 확률수준과 그에 따른 위험발생률로 옳은 것은?

① 전혀 발생하지 않는(impossible) 발생빈도 : 10^{-8}/day
② 극히 발생할 것 같지 않은(extremely unlikely) 발생빈도 : 10^{-7}/day
③ 거의 발생하지 않는(remote) 발생빈도 : 10^{-6}/day
④ 가끔 발생하는(occasional) 발생빈도 : 10^{-5}/day

해설 **확률수준과 그에 따른 위험발생률**

확률수준	위험발생률
자주 발생하는(frequent) 발생빈도	10^{-2}/day
보통 발생하는 (reasonably probable) 발생빈도	10^{-3}/day
가끔 발생하는(occasional) 발생빈도	10^{-4}/day
거의 발생하지 않는(remote) 발생빈도	10^{-5}/day
극히 발생하지 않을 것 같은 (extremely unlikely) 발생빈도	10^{-6}/day
발생이 불가능한(impossible) 발생빈도	10^{-8}/day

» 제3과목 기계위험 방지기술

41 지게차의 방호장치에 해당하는 것은?

① 버킷
② 포크
③ 마스트
④ 헤드가드

해설 **헤드가드(head guard)**
지게차 등 운전석 위쪽에서 물체의 낙하에 의한 위해를 방지하기 위해 머리 위에 설치한 덮개를 말한다.

 정답 37.④ 38.② 39.② 40.① 41.④

42 휴대형 연삭기 사용 시 안전사항에 대한 설명으로 가장 적절하지 않은 것은?

① 잘 안 맞는 장갑이나 옷은 착용하지 말 것
② 긴 머리는 묶고 모자를 착용하고 작업할 것
③ 연삭숫돌을 설치하거나 교체하기 전에 전선과 압축공기호스를 설치할 것
④ 연삭작업 시 클램핑 장치를 사용하여 공작물을 확실히 고정할 것

해설 **휴대형 연삭기 사용 시 안전사항**
㉮ 잘 안 맞는 장갑이나 옷은 착용하지 말 것
㉯ 긴 머리는 묶고 모자를 착용하고 작업할 것
㉰ 연삭숫돌을 설치하거나 교체한 후에 전선과 압축공기호스를 설치할 것
㉱ 연삭작업 시 클램핑 장치를 사용하여 공작물을 확실히 고정할 것
㉲ 작업을 시작하기 전에는 1분 이상, 연삭숫돌을 교체한 후에는 3분 이상 시험운전을 하고 해당 기계에 이상이 있는지를 확인해야 한다.
㉳ 연삭숫돌의 최고 사용 회전속도를 초과하여 사용해서는 아니 된다.
㉴ 연삭기를 운반할 경우에는 연삭기의 작동을 멈추고, 직접 손잡이를 잡고 운반한다.

43 다음 중 금형을 설치 및 조정할 때 안전수칙으로 가장 적절하지 않은 것은?

① 금형을 체결할 때에는 적합한 공구를 사용한다.
② 금형의 설치 및 조정은 전원을 끄고 실시한다.
③ 금형을 부착하기 전에 하사점을 확인하고 설치한다.
④ 금형을 체결할 때에는 안전블록을 잠시 제거하고 실시한다.

해설 **금형 조정작업의 위험방지**
㉮ 금형의 부착 전에 하사점을 확인한다.
㉯ 금형의 체결은 올바른 치공구를 사용하고 균등하게 체결한다.
㉰ 슬라이드가 갑자기 작동함으로써 근로자에게 발생할 우려가 있는 위험을 방지하기 위하여 안전블록을 사용하는 등 필요한 조치를 하여야 한다.
㉱ 금형은 하형부터 잡고, 무거운 금형의 받침은 인력으로 하지 않는다.
㉲ 금형을 설치하거나 조정할 때는 반드시 동력을 끊고 페달에 방호장치(U자형 덮개)를 설치한다.

44 선반작업에 대한 안전수칙으로 가장 적절하지 않은 것은?

① 선반의 바이트는 끝을 짧게 장치한다.
② 작업 중에는 면장갑을 착용하지 않도록 한다.
③ 작업이 끝난 후 절삭 칩의 제거는 반드시 브러시 등의 도구를 사용한다.
④ 작업 중 일감의 치수 측정 시 기계 운전상태를 저속으로 하고 측정한다.

해설 **선반작업 시 안전작업수칙**
㉮ 공작물의 길이가 직경의 12배 이상으로 가늘고 길 때는 방진구(공작물의 고정에 사용)를 사용하여 진동을 막을 것
㉯ 치수를 측정할 경우에는 반드시 운전을 정지한 후 측정한다.
㉰ 칩이나 부스러기를 제거할 때는 반드시 브러시를 사용할 것
㉱ 작업 중 절삭 칩이 눈에 들어가지 않도록 보안경을 착용하고, 장갑을 착용하지 않을 것
㉲ 시동 전에 심압대가 잘 죄어져 있는가를 확인할 것
㉳ 선반기계를 정지시켜야 할 경우
  ㉠ 치수를 측정할 경우
  ㉡ 백기어(back gear)를 넣거나 풀 경우
  ㉢ 주축을 변속할 경우
  ㉣ 기계에 주유 및 청소를 할 경우
㉴ 바이트는 가급적 짧게 설치하여 진동이나 휨을 막을 것
㉵ 회전부에 손을 대지 않을 것
㉶ 선반의 베드 위에 공구를 놓지 않을 것
㉷ 일감의 센터 구멍과 센터는 반드시 일치시킬 것
㉸ 공작물의 설치가 끝나면 척에서 렌치류는 제거시킬 것
㉹ 상의 옷자락은 안으로 넣고, 소맷자락을 묶을 때는 끈을 사용하지 않을 것

45 다음 중 절삭가공으로 틀린 것은?

① 선반 ② 밀링
③ 프레스 ④ 보링

해설 **프레스**
2개 이상의 서로 대응하는 공구(금형, 전단날 등)를 사용하여 그 공구 사이에 금속 또는 비금속 등의 가공재를 놓고, 공구가 가공재를 강한 힘으로 압축시켜 압축, 절단, 천공, 굽힘, 드로잉 등 가공을 하는 소성변형 기계이다.

42.③ 43.④ 44.④ 45.③ 정답

46 산업안전보건법령상 롤러기의 방호장치 설치 시 유의해야 할 사항으로 가장 적절하지 않은 것은?

① 손으로 조작하는 급정지장치의 조작부는 롤러기의 전면 및 후면에 각각 1개씩 수평으로 설치하여야 한다.
② 앞면 롤러의 표면속도가 30m/min 미만인 경우 급정지거리는 앞면 롤러 원주의 1/2.5 이하로 한다.
③ 급정지장치의 조작부에 사용하는 줄은 사용 중 늘어져서는 안 된다.
④ 급정지장치의 조작부에 사용하는 줄은 충분한 인장강도를 가져야 한다.

해설 **급정지장치의 성능**

앞면 롤러의 표면속도	급정지거리
30m/min 미만	앞면 롤러 원주×1/3
30m/min 이상	앞면 롤러 원주×1/2.5

47 보일러 부하의 급변, 수위의 과상승 등에 의해 수분이 증기와 분리되지 않아 보일러 수면이 심하게 솟아올라 올바른 수위를 판단하지 못하는 현상은?

① 프라이밍 ② 모세관
③ 워터해머 ④ 역화

해설 **보일러 발생증기의 이상현상**

㉮ 프라이밍 : 보일러 부하의 급변으로 수위가 급상승하여 증기와 분리되지 않고 수면에서 물방울이 심하게 튀어 올라 올바른 수위를 판단하지 못하는 현상
㉯ 포밍 : 유지분이나 부유물 등에 의하여 보일러수의 비등과 함께 수면부에 거품을 발생시키는 현상
㉰ 캐리오버 : 보일러수 중에 용해 또는 현탁되어 있던 불순물로 인해 보일러수가 비등해 증기와 함께 혼합된 상태로 보일러 본체 밖으로 나오는 현상
㉱ 워터해머 : 증기관 내에서 증기를 보내기 시작할 때 탕탕하는 소리를 내며 관이 진동하는 현상으로 캐리오버에 기인한다.

※ ④ 역화는 연료가 연소 시 연료의 분출속도가 연소속도보다 느릴 때 불꽃이 염공 속으로 빨려 들어가 혼합관 속에서 연소하는 현상을 말한다.

48 자동화설비를 사용하고자 할 때 기능의 안전화를 위하여 검토할 사항이 아닌 것은?

① 재료 및 가공 결함에 의한 오동작
② 사용압력 변동 시의 오동작
③ 전압강하 및 정전에 따른 오동작
④ 단락 또는 스위치 고장 시의 오동작

해설 **자동화설비**

㉮ 자동화설비 사용 시 기능의 안전화를 위하여 적절한 조치가 필요한 이상상태
㉠ 전압의 강하
㉡ 정전 시 오동작
㉢ 단락 스위치나 릴레이 고장 시 오동작 사용압력 고장 시 오동작
㉣ 밸브 계통의 고장에 의한 오동작 등
㉯ 기능상의 안전화 방법
㉠ 소극적 대책 : 이상발생 시 정지, 안전장치 작동
㉡ 적극적 대책 : 회로 개선으로 인한 오동작 방지, Fail Safe

49 산업안전보건법령상 금속의 용접, 용단에 사용하는 가스 용기를 취급할 때 유의사항으로 틀린 것은?

① 밸브의 개폐는 서서히 할 것
② 운반하는 경우에는 캡을 벗길 것
③ 용기의 온도는 40℃ 이하로 유지할 것
④ 통풍이나 환기가 불충분한 장소에는 설치하지 말 것

해설 **가스 등의 용기를 취급하는 경우 준수사항**

㉮ 다음의 어느 하나에 해당하는 장소에서 사용하거나 해당 장소에 설치·저장 또는 방치하지 않도록 할 것
㉠ 통풍이나 환기가 불충분한 장소
㉡ 화기를 사용하는 장소 및 그 부근
㉢ 위험물 또는 인화성 액체를 취급하는 장소 및 그 부근
㉯ 용기의 온도를 섭씨 40도 이하로 유지할 것
㉰ 전도의 위험이 없도록 할 것
㉱ 충격을 가하지 않도록 할 것
㉲ 운반하는 경우에는 캡을 씌울 것
㉳ 사용하는 경우에는 용기의 마개에 부착되어 있는 유류 및 먼지를 제거할 것
㉴ 밸브의 개폐는 서서히 할 것
㉵ 사용 전 또는 사용 중인 용기와 그 밖의 용기를 명확히 구별하여 보관할 것
㉶ 용해 아세틸렌의 용기는 세워둘 것
㉷ 용기의 부식·마모 또는 변형상태를 점검한 후 사용할 것

 정답 46.② 47.① 48.① 49.②

50 크레인 로프에 질량 2,000kg의 물건을 $10m/s^2$의 가속도로 감아올릴 때, 로프에 걸리는 총 하중(kN)은? (단, 중력가속도는 $9.8m/s^2$)

① 9.6　② 19.6
③ 29.6　④ 39.6

해설 총 하중 (w)=정하중 (w_1) + 동하중 (w_2)

$w_2 = \frac{w_1}{g} \times a$

여기서, g : 중력가속도
a : 가속도

$w = 2,000 + \frac{2,000}{9.8} \times 10 = 4040.82\text{kg}_\text{f}$

$\therefore\ 4040.82\text{kg}_\text{f} \times \frac{9.8\text{N}}{1\text{kg}_\text{f}} \times \frac{1\text{kN}}{1,000\text{N}} = 39.6\text{kN}$

51 산업안전보건법령상 보일러에 설치해야 하는 안전장치로 거리가 가장 먼 것은 어느 것인가?

① 해지장치
② 압력방출장치
③ 압력제한스위치
④ 고저수위 조절장치

해설 ② 압력방출장치(안전밸브) : 보일러 내부의 증기압력이 최고사용압력(설계압력 또는 최고허용압력)에 달하면 자동적으로 밸브가 열려서 증기를 외부로 분출시켜 증기압력의 상승을 막아주는 장치이다.
③ 압력제한스위치 : 보일러의 과열을 방지하기 위하여 기능을 정상적으로 발휘하는 범위 내에서 사용될 수 있는 최고의 압력인 최고사용압력과 상용압력 사이에서 상용운전압력 이상으로 압력이 상승할 경우 보일러의 과열을 방지하기 위하여 보일러의 버너 연소를 차단하는 등 열원을 제거하여 정상압력으로 유도하는 장치이다.
④ 고저수위 조절장치 : 보일러 내의 수위가 최저 또는 최고 한계에 도달하였을 때, 고저수위 조절장치의 동작상태를 작업자가 쉽게 감지하도록 하기 위하여 고저수위 지점을 자동적으로 알리는 경보등 · 경보음장치 등을 설치해야 하며, 동시에 급수 또는 단수되도록 조절하는 장치이다.
※ ① 해지장치 : 후크로부터 와이어로프가 이탈되지 않도록 하는 장치로, 양중기에 설치하는 안전장치

52 프레스 작동 후 작업점까지의 도달시간이 0.3초인 경우 위험한계로부터 양수조작식 방호장치의 최단 설치거리는?

① 48cm 이상　② 58cm 이상
③ 68cm 이상　④ 78cm 이상

해설 기계의 작동 직후 손이 위험지역에 들어가지 못하도록 위험지역으로부터 다음에 정하는 안전거리 이상에 설치해야 한다.
안전거리(cm)
=160×프레스 작동 후 작업점까지의 도달시간(초)
=160×0.3
=48cm 이상

53 산업안전보건법령상 고속 회전체의 회전시험을 하는 경우 미리 회전축의 재질 및 형상 등에 상응하는 종류의 비파괴검사를 해서 결함 유무를 확인해야 한다. 이때 검사대상이 되는 고속 회전체의 기준은?

① 회전축의 중량이 0.5톤을 초과하고, 원주속도가 100m/s 이내인 것
② 회전축의 중량이 0.5톤을 초과하고, 원주속도가 120m/s 이상인 것
③ 회전축의 중량이 1톤을 초과하고, 원주속도가 100m/s 이내인 것
④ 회전축의 중량이 1톤을 초과하고, 원주속도가 120m/s 이상인 것

해설 사업주는 고속 회전체(회전축의 중량이 1톤을 초과하고, 원주속도가 120m/s 이상인 것에 한한다)의 회전시험을 하는 때에는 미리 회전축의 재질 및 형상 등에 상응하는 종류의 비파괴검사를 실시하여 결함 유무를 확인하여야 한다.

54 산업안전보건법령상 숫돌 지름이 60cm인 경우 숫돌 고정장치인 평형 플랜지의 지름은 최소 몇 cm 이상인가?

① 10　② 20
③ 30　④ 60

해설 플랜지 직경은 숫돌 직경의 1/3 이상 되어야 한다.
플랜지 지름 $= 60 \times \frac{1}{3}$ =20cm

50.④ 51.① 52.① 53.④ 54.② 정답

55 기계설비의 위험점 중 연삭숫돌과 작업받침대, 교반기의 날개와 하우스 등 고정부분과 회전하는 동작부분 사이에서 형성되는 위험점은?

① 끼임점
② 물림점
③ 협착점
④ 절단점

해설 **위험점의 종류**

㉮ 협착점(squeeze−point) : 왕복운동을 하는 동작부분과 움직임이 없는 고정부분 사이에 형성되는 위험점
예 프레스, 절단기, 성형기, 굽힘기계

㉯ 끼임점(shear−point) : 회전운동을 하는 동작부분과 움직임이 없는 고정부분 사이에 형성되는 위험점
예 프레임 암의 요동운동을 하는 기계부분, 교반기의 날개와 하우징, 연삭숫돌의 작업대

㉰ 절단점(cutting−point) : 회전하는 기계의 운동부분과 기계 자체와의 위험이 형성되는 위험점
예 밀링의 커터, 목재 가공용 둥근톱이나 띠톱의 톱날 등

㉱ 물림점(nip−point) : 회전하는 두 회전체에 말려 들어가는 위험점으로 두 회전체는 서로 반대방향으로 맞물려 회전해야 한다.
예 롤러와 롤러의 물림, 기어와 기어의 물림 등

㉲ 접선물림점(tangential nip−point) : 회전하는 부분의 접선 방향으로 물려 들어가 위험이 존재하는 점
예 V벨트와 풀리, 체인과 스프로킷, 랙과 피니언 등

㉳ 회전말림점(trapping−point) : 회전하는 물체의 길이, 굵기, 속도 등의 불규칙 부위와 돌기회전 부위에 의해 머리카락, 장갑 및 작업복 등이 말려들 위험이 형성되는 점
예 축, 커플링, 회전하는 공구(드릴 등) 등

56 산업안전보건법령상 컨베이어에 설치하는 방호장치로 거리가 가장 먼 것은?

① 건널다리
② 반발예방장치
③ 비상정지장치
④ 역주행방지장치

해설 **컨베이어의 방호장치**

㉮ 이탈 및 역주행 방지장치 : 컨베이어, 이송용 롤러 등을 사용하는 때에는 정전, 전압강하 등에 의한 화물 또는 운반구의 이탈 및 역주행을 방지하는 장치를 갖출 것(단, 무동력상태 또는 수평상태로만 사용하여 근로자에 위험을 미칠 우려가 없는 때에는 제외)

㉯ 비상정지장치 : 근로자의 신체가 말려드는 등 위험시와 비상시에는 즉시 운전을 정지시킬 수 있는 비상정지장치를 설치할 것

㉰ 덮개 또는 울 : 컨베이어 등으로부터 화물이 낙하함으로 인하여 근로자에게 위험을 미칠 우려가 있는 때에는 해당 컨베이어 등에 덮개, 울을 설치하는 등 낙하방지를 위한 조치를 할 것

㉱ 건널다리 : 운전 중인 컨베이어 등의 위로 근로자를 넘어가도록 하는 경우에는 건널다리를 설치할 것

57 프레스의 손쳐내기식 방호장치 설치기준으로 틀린 것은?

① 방호판의 폭이 금형 폭의 1/2 이상이어야 한다.
② 슬라이드 행정수가 300SPM 이상의 것에 사용한다.
③ 손쳐내기봉의 행정(stroke)길이를 금형의 높이에 따라 조정할 수 있고 진동폭은 금형폭 이상이어야 한다.
④ 슬라이드 하행정거리의 3/4 위치에서 손을 완전히 밀어내야 한다.

해설 **손쳐내기식 방호장치**

기계의 작동에 연동시켜 위험상태로 되기 전에 손을 위험영역에서 밀어내거나 쳐냄으로써 위험을 배제하는 장치로서, 손쳐내기봉의 길이 및 진폭을 조절할 수 있는 구조의 것이어야 한다. 설치 시 기준은 다음과 같다.

㉮ 슬라이드의 행정길이가 40mm 이상, 행정수 120SPM 이하일 경우에 사용할 것
㉯ 손쳐내기식 막대는 그 길이 및 진폭을 조정할 수 있는 구조일 것
㉰ 손쳐내기 판의 폭은 금형 크기의 1/2 이상으로 할 것(단, 행정길이가 300mm 이상은 폭을 300mm로 할 것)
㉱ 슬라이드 하행정거리의 3/4 위치에서 손을 완전히 밀어낼 것
㉲ 손쳐내기봉은 손 접촉 시 충격을 완화할 수 있는 완충재를 부착해야 한다.

 정답 55.① 56.② 57.②

58 500rpm으로 회전하는 연삭숫돌의 지름이 300mm일 때 회전속도(m/min)는?

① 471 ② 551
③ 751 ④ 1,025

해설 $V=\frac{\pi DN}{1,000}$
$=\frac{3.14\times300\times500}{1,000}$
=471m/min

59 산업안전보건법령상 정상적으로 작동될 수 있도록 미리 조정해 두어야 할 이동식 크레인의 방호장치로 가장 적절하지 않은 것은?

① 제동장치
② 권과방지장치
③ 과부하방지장치
④ 파이널 리미트 스위치

해설 **이동식 크레인의 방호장치**
㉮ 권과방지장치
㉯ 과부하방지장치
㉰ 제동장치 및 비상정지장치
※ ④ 파이널 리미트 스위치는 승강기에 설치하는 안전장치이다.

60 비파괴검사 방법으로 틀린 것은?

① 인장시험
② 음향탐상시험
③ 와류탐상시험
④ 초음파탐상시험

해설 **비파괴검사의 종류**
㉮ 육안검사
㉯ 초음파 검사
㉰ 방사선투과검사
㉱ 탐상검사(자분탐상검사, 침투탐상검사, 와류탐상검사)
㉲ 누설검사
㉳ 음향검사
㉴ 침투검사
※ ① 인장시험은 파괴검사에 속한다.

≫ 제4과목 전기위험 방지기술

61 속류를 차단할 수 있는 최고의 교류전압을 피뢰기의 정격전압이라고 하는데 이 값은 통상적으로 어떤 값으로 나타내고 있는가?

① 최대값
② 평균값
③ 실효값
④ 파고값

해설 피뢰기의 정격전압은 속류를 차단할 수 있는 최대 교류전압으로, 실효값으로 나타낸다.

62 전로에 시설하는 기계 · 기구의 철대 및 금속제 외함에 접지공사를 생략할 수 없는 경우는?

① 30V 이하의 기계 · 기구를 건조한 곳에 시설하는 경우
② 물기 없는 장소에 설치하는 저압용 기계 · 기구를 위한 전로에 정격감도전류 40mA 이하, 동작시간 2초 이하의 전류동작형 누전차단기를 시설하는 경우
③ 철대 또는 외함의 주위에 적당한 절연대를 설치하는 경우
④ 「전기용품 및 생활용품 안전관리법」의 적용을 받는 이중절연구조로 되어 있는 기계 · 기구를 시설하는 경우

해설 **접지 적용 제외**
㉮ 이중절연구조 또는 이와 동등 이상으로 보호되는 전기 기계 · 기구
㉯ 절연대 위 등과 같이 감전위험이 없는 장소에서 사용하는 전기 기계 · 기구
㉰ 비접지방식의 전로(그 전기 기계 · 기구의 전원 측의 전로에 설치한 절연변압기의 2차 전압이 300V 이하, 정격용량이 3kVA 이하이고 그 절연전압기의 부하 측의 전로가 접지되어 있지 않은 것에 한한다)에 접속하여 사용되는 전기 기계 · 기구

63 인체의 전기저항을 500Ω으로 하는 경우 심실세동을 일으킬 수 있는 에너지는 약 얼마인가? (단, 심실세동전류 $I=\dfrac{165}{\sqrt{T}}$ mA로 한다.)

① 13.6J ② 19.0J
③ 13.6mJ ④ 19.0mJ

해설 $W=I^2RT$

$$=\left(\frac{165}{\sqrt{T}}\times 10^{-3}\right)^2\times 500\times T=13.6\text{J}$$

64 한국전기설비규정에 따라 과전류차단기로 저압전로에 사용하는 범용 퓨즈(gG)의 용단전류는 정격전류의 몇 배인가? (단, 정격전류가 4A 이하인 경우이다.)

① 1.5배 ② 1.6배
③ 1.9배 ④ 2.1배

해설 과전류차단기로 저압전로에 사용하는 범용의 퓨즈(「전기용품 및 생활용품 안전관리법」에서 규정하는 것을 제외한다)는 아래 표에 적합한 것이어야 한다.

정격전류의 구분	시 간	정격전류의 배수	
		불용단전류	용단전류
4A 이하	60분	1.5배	2.1배
4A 초과 16A 미만	60분	1.5배	1.9배
16A 이상 63A 이하	60분	1.25배	1.6배
63A 초과 160A 이하	120분	1.25배	1.6배
160A 초과 400A 이하	180분	1.25배	1.6배
400A 초과	240분	1.25배	1.6배

65 전기설비에 접지를 하는 목적으로 틀린 것은?

① 누설전류에 의한 감전방지
② 낙뢰에 의한 피해방지
③ 지락사고 시 대지전위 상승 유도 및 절연강도 증가
④ 지락사고 시 보호계전기 신속동작

해설 **전기설비 접지 목적**
㉮ 누설전류에 의한 감전방지
㉯ 낙뢰에 의한 피해방지
㉰ 지락사고 시 대전전위 상승을 억제하고 절연강도를 경감시킴
㉱ 지락사고 시 보호계전기 신속동작

66 정전기가 대전된 물체를 제전시키려고 한다. 다음 중 대전된 물체의 절연저항이 증가되어 제전의 효과를 감소시키는 것은?

① 접지한다.
② 건조시킨다.
③ 도전성 재료를 첨가한다.
④ 주위를 가습한다.

해설 물체를 건조시키면 대전된 물체의 절연저항이 증가되어 제전의 효과를 감소시킨다. 정전기를 제전시키기 위해서는 주위를 가습해서 상대습도가 70% 이상이 되면 정전기가 제전된다.

67 감전 등의 재해를 예방하기 위하여 특고압용 기계·기구 주위에 관계자 외 출입을 금하도록 울타리를 설치할 때, 울타리의 높이와 울타리로부터 충전부분까지의 거리의 합이 최소 몇 m 이상이 되어야 하는가? (단, 사용전압이 35kV 이하인 특고압용 기계·기구이다.)

① 5m ② 6m
③ 7m ④ 9m

해설 **사용전압 구분에 따른 울타리·담 등의 높이와 울타리·담 등으로부터 충전부분까지의 거리의 합계**
㉮ 35kV 이하 : 5m
㉯ 35kV 초과 160kV 이하 : 6m
㉰ 160kV 초과 : 6m에 160kV를 초과하는 10kV 또는 그 단수마다 12cm를 더한 값

68 방폭인증서에서 방폭부품을 나타내는 데 사용되는 인증번호의 접미사는?

① "G" ② "X"
③ "D" ④ "U"

정답 63.① 64.④ 65.③ 66.② 67.① 68.④

해설 방폭부품(Ex component)이란 전기기기 및 모듈(케이블글랜드 제외)의 부품을 말하며, 기호 "U"로 표시하고, 폭발성 가스 분위기에서 사용하는 전기기기 및 시스템에 사용할 때 단독으로 사용하지 않고 추가 고려사항이 요구된다.

69 개폐기로 인한 발화는 스파크에 의한 가연물의 착화화재가 많이 발생한다. 이를 방지하기 위한 대책으로 틀린 것은?

① 가연성 증기, 분진 등이 있는 곳은 방폭형을 사용한다.
② 개폐기를 불연성 상자 안에 수납한다.
③ 비포장 퓨즈를 사용한다.
④ 접속부분의 나사풀림이 없도록 한다.

해설 **스파크(전기불꽃) 화재의 방지책**
㉮ 개폐기를 불연성의 외함 내에 내장시키거나 통형 퓨즈를 사용할 것
㉯ 가연성 증기, 분진 등의 위험성 물질이 있는 곳은 방폭형 개폐기를 사용할 것
㉰ 유입개폐기는 절연유의 열화 정도, 유량에 유의하고 주위에는 내화벽을 설치할 것
㉱ 접촉부분의 산화, 변형, 퓨즈의 나사풀림 등으로 인하여 접촉저항이 증가되는 것을 방지할 것

70 극간 정전용량이 1,000pF이고, 착화에너지가 0.019mJ인 가스에서 폭발한계 전압(V)은 약 얼마인가? (단, 소수점 이하는 반올림한다.)

① 3,900　② 1,950
③ 390　④ 195

해설 $E=\frac{1}{2}CV^2$

$\therefore V=\sqrt{\frac{2E}{C}}=\sqrt{\frac{2\times 0.019\times 10^{-3}}{1,000\times 10^{-12}}}=194.93\text{V}$

71 개폐기, 차단기, 유도전압조정기의 최대사용전압이 7kV 이하인 전로의 경우 절연내력시험은 최대사용전압의 1.5배의 전압을 몇 분간 가하는가?

① 10　② 15
③ 20　④ 25

해설 **개폐기, 차단기, 전력용 커패시터, 유도전압조정기, 계기용 변성기, 발전소 · 변전소 · 개폐소 또는 이에 준하는 곳에 시설하는 기계 · 기구의 접속선 및 모선 대상**

종 류	시험전압	시험방법
7kV 이하	1.5배/min, 500V (직류 충전부에는 1.5배 직류전압 또는 1배 교류전압)	충전부와 대지 간 10분 인가
7kV 초과 25kV 이하, 중성점 다중접지	0.92배	상동
7kV 초과 60kV 이하 (2란 제외)	1.25배/min, 10.5kV	상동
60kV 초과, 중성점 비접지(8란 제외)	1.25배	상동
60kV 초과, 중성점 접지(7란, 8란 제외)	1.1배/min, 75kV	상동
170kV 초과, 중성점 직접접지 (7란, 8란 제외)	0.72배	상동
170kV 초과, 중성점 직접접지, 그리고 발전소 또는 변전소에 직접 접속되는 경우	0.64배	상동
60kV 초과 정류기 접속 정류	교류 측 기준의 1.1배, 교류전압 또는 직류 측 기준의 1.1배, 직류전압	상동

72 불활성화할 수 없는 탱크, 탱크로리 등에 위험물을 주입하는 배관은 정전기재해 방지를 위하여 배관 내 액체의 유속제한을 한다. 배관 내 유속제한에 대한 설명으로 틀린 것은?

① 물이나 기체를 혼합하는 비수용성 위험물의 배관 내 유속은 1m/s 이하로 할 것
② 저항률이 $10^{10}\Omega \cdot$cm 미만의 도전성 위험물의 배관 내 유속은 7m/s 이하로 할 것
③ 저항률이 $10^{10}\Omega \cdot$cm 이상인 위험물의 배관 내 유속은 관내경이 0.05m이면 3.5m/s 이하로 할 것
④ 이황화탄소 등과 같이 유동대전이 심하고, 폭발 위험성이 높은 것은 배관 내 유속을 3m/s 이하로 할 것

해설 ④ 이황화탄소, 에테르 등과 같이 유동대전이 심하고, 폭발 위험성이 높은 물질의 배관 내 유속은 1m/s 이하로 할 것

73 한국전기설비규정에 따라 욕조나 샤워시설이 있는 욕실 등 인체가 물에 젖어있는 상태에서 전기를 사용하는 장소에 인체 감전보호용 누전차단기가 부착된 콘센트를 시설하는 경우 누전차단기의 정격감도전류 및 동작시간은?

① 15mA 이하, 0.01초 이하
② 15mA 이하, 0.03초 이하
③ 30mA 이하, 0.01초 이하
④ 30mA 이하, 0.03초 이하

해설 「전기용품 및 생활용품 안전관리법」의 적용을 받는 인체 감전보호용 누전차단기는 정격감도전류 30mA 이하, 동작시간 0.03초 이하의 전류동작형의 것으로 한다. 단, 목욕실에 설치하는 누전차단기는 습기가 많으므로 정격감도전류 15mA 이하의 것으로 한다.

74 절연물의 절연계급을 최고허용온도가 낮은 온도에서 높은 온도 순으로 배치한 것은?

① Y종 → A종 → E종 → B종
② A종 → B종 → E종 → Y종
③ Y종 → E종 → B종 → A종
④ B종 → Y종 → A종 → E종

해설 **절연물의 종별 최고허용온도**
㉮ Y종 : 90℃
㉯ A종 : 105℃
㉰ E종 : 120℃
㉱ B종 : 130℃
㉲ F종 : 155℃
㉳ H종 : 180℃
㉴ C종 : 180℃ 이상

75 다른 두 물체가 접촉할 때 접촉 전위차가 발생하는 원인으로 옳은 것은?

① 두 물체의 온도차
② 두 물체의 습도차
③ 두 물체의 밀도차
④ 두 물체의 일함수차

해설 두 물체의 일함수 차이에 의해 극성이 변하여 전위차가 발생한다.

76 고압 및 특고압 전로에 시설하는 피뢰기의 설치장소로 잘못된 곳은?

① 가공전선로와 지중전선로가 접속되는 곳
② 발전소, 변전소의 가공전선 인입구 및 인출구
③ 고압 가공전선로에 접속하는 배전용 변압기의 저압 측
④ 고압 가공전선로로부터 공급을 받는 수용장소의 인입구

해설 **피뢰기의 설치장소**
㉮ 고압 또는 특고압의 전로 중에서 다음의 장소에 설치할 것
　㉠ 발전소, 변전소의 가공전선의 인입구 및 인출구
　㉡ 가공전선로에 접속하는 특고압 옥외배전용 변압기의 고압 및 특고압 측
　㉢ 고압 가공전선로에서 수전하는 500kW 이상의 수용장소의 인입구
　㉣ 특고압 가공전선로에서 수전하는 수용장소의 인입구
㉯ 배전선로의 차단기, 개폐기의 전원 측 및 부하 측
㉰ 콘덴서의 전원 측
㉱ 가공전선로와 지중전선로가 접속되는 곳

77 산업안전보건기준에 관한 규칙 제319조에 의한 정전전로에서의 정전작업을 마친 후 전원을 공급하는 경우에 사업주가 작업에 종사하는 근로자 및 전기기기와 접촉할 우려가 있는 근로자에게 감전의 위험이 없도록 준수해야 할 사항이 아닌 것은?

① 단락 접지기구 및 작업기구를 제거하고 전기기기 등이 안전하게 통전될 수 있는지 확인한다.
② 모든 작업자가 작업이 완료된 전기기기에서 떨어져 있는지 확인한다.
③ 잠금장치와 꼬리표를 근로자가 직접 설치한다.
④ 모든 이상 유무를 확인한 후 전기기기 등의 전원을 투입한다.

 정답 73.② 74.① 75.④ 76.③ 77.③

해설 **정전전로에서의 정전작업을 마친 후 전원을 공급하는 경우 준수사항**

㉮ 작업기구, 단락 접지기구 등을 제거하고 전기기기 등이 안전하게 통전될 수 있는지를 확인할 것
㉯ 모든 작업자가 작업이 완료된 전기기기 등에서 떨어져 있는지를 확인할 것
㉰ 잠금장치와 꼬리표는 설치한 근로자가 직접 철거할 것
㉱ 모든 이상 유무를 확인한 후 전기기기 등의 전원을 투입할 것

78 변압기의 최소 IP 등급은? (단, 유입방폭구조의 변압기이다.)

① IP55　② IP56
③ IP65　④ IP66

해설 KS C IEC 60079-6에 따른 유입방폭구조 "o" 방폭장비의 최소 IP 등급은 IP66에 적합해야 하며, 압력완화장치 배출구의 보호등급, 비밀봉기기의 통기장치 배출구의 보호등급은 최소 IP23에 적합해야 한다.

79 가스 그룹이 ⅡB인 지역에 내압방폭구조 "d"의 방폭기기가 설치되어 있다. 기기의 플랜지 개구부에서 장애물까지의 최소거리(mm)는?

① 10　② 20
③ 30　④ 40

해설 **내압 접합면과 장애물과의 최소이격거리**

가스, 증기 그룹	최소거리(mm)
ⅡA	10
ⅡB	30
ⅡC	40

80 방폭전기설비의 용기 내부에서 폭발성 가스 또는 증기가 폭발하였을 때 용기가 그 압력에 견디고 접합면이나 개구부를 통해서 외부의 폭발성 가스나 증기에 인화되지 않도록 한 방폭구조는?

① 내압방폭구조　② 압력방폭구조
③ 유입방폭구조　④ 본질안전방폭구조

해설 **내압방폭구조**

용기 내부에서 가스가 폭발하였을 때 용기가 그 압력에 견디고 또한 용기 내에 폭발성 가스가 침입할 수 없도록 되어 있는 구조(전폐형 구조)

≫ 제5과목 화학설비위험 방지기술

81 안전밸브 전단 · 후단에 자물쇠형 또는 이에 준하는 형식의 차단밸브 설치를 할 수 있는 경우에 해당하지 않는 것은?

① 자동압력조절밸브와 안전밸브 등이 직렬로 연결된 경우
② 화학설비 및 그 부속설비에 안전밸브 등이 복수방식으로 설치되어 있는 경우
③ 열팽창에 의하여 상승된 압력을 낮추기 위한 목적으로 안전밸브가 설치된 경우
④ 인접한 화학설비 및 그 부속설비에 안전밸브 등이 각각 설치되어 있고, 해당 화학설비 및 그 부속설비의 연결배관에 차단밸브가 없는 경우

해설 **차단밸브의 설치 금지기준**

안전밸브 등의 전단 · 후단에 차단밸브를 설치해서는 아니 된다. 다만, 다음에 해당하는 경우에는 자물쇠형 또는 이에 준하는 형식의 차단밸브를 설치할 수 있다.

㉮ 인접한 화학설비 및 그 부속설비에 안전밸브 등이 각각 설치되어 있고, 해당 화학설비 및 그 부속설비의 연결배관에 차단밸브가 없는 경우
㉯ 안전밸브 등의 배출용량의 2분의 1 이상에 해당하는 용량의 자동압력조절밸브(구동용 동력원의 공급을 차단하는 경우 열리는 구조인 것으로 한정)와 안전밸브 등이 병렬로 연결된 경우
㉰ 화학설비 및 그 부속설비에 안전밸브 등이 복수방식으로 설치되어 있는 경우
㉱ 예비용 설비를 설치하고 각각의 설비에 안전밸브 등이 설치되어 있는 경우
㉲ 열팽창에 의하여 상승된 압력을 낮추기 위한 목적으로 안전밸브가 설치된 경우
㉳ 하나의 플레어스택(flare stack)에 둘 이상 단위공정의 플레어헤더(flare header)를 연결하여 사용하는 경우로서 각각 단위공정의 플레어헤더에 설치된 차단밸브의 열림 · 닫힘 상태를 중앙제어실에서 알 수 있도록 조치한 경우

82 포스겐가스 누설검지의 시험지로 사용되는 것은?

① 연당지
② 염화파라듐지
③ 하리슨시험지
④ 초산벤젠지

해설 **누설검지의 시험지와 검지가스**
㉮ 연당지(초산납) : 황화수소가스
㉯ 염화파라듐지 : 일산화탄소가스
㉰ 하리슨시험지 : 포스겐가스
㉱ 초산벤젠지 : 시안화수소가스
㉲ KI 전분지 : 염소가스
㉳ 적색리트머스 : 암모니아가스
㉴ 염화제1구리착염지 : 아세틸렌가스

83 압축하면 폭발할 위험성이 높아 아세톤 등에 용해시켜 다공성 물질과 함께 저장하는 물질은?

① 염소 ② 아세틸렌
③ 에탄 ④ 수소

해설 아세틸렌은 압력을 가하게 되면 분해폭발을 일으키는 성질을 가지고 있으므로 다량의 아세틸렌을 안전하게 저장하기는 곤란하다. 1896년 프랑스인 클라우드(Claude)와 헤세(Hesse)는 아세틸렌이 아세톤에 용해되는 성질을 이용해서 다량의 아세틸렌을 쉽게 저장하는 방법을 발명하였고, 이 방법에 의해서 저장하는 것을 용해 아세틸렌이라고 한다.

84 산업안전보건법령상 대상 설비에 설치된 안전밸브에 대해서는 경우에 따라 구분된 검사주기마다 안전밸브가 적정하게 작동하는지 검사하여야 한다. 화학공정 유체와 안전밸브의 디스크 또는 시트가 직접 접촉될 수 있도록 설치된 경우의 검사주기로 옳은 것은?

① 매년 1회 이상
② 2년마다 1회 이상
③ 3년마다 1회 이상
④ 4년마다 1회 이상

해설 **안전밸브 또는 파열판 검사주기**
㉮ 화학공정 유체와 안전밸브의 디스크 또는 시트가 직접 접촉될 수 있도록 설치된 경우 : 매년 1회 이상
㉯ 안전밸브 전단에 파열판이 설치된 경우 : 2년마다 1회 이상
㉰ 공정안전보고서 제출 대상으로서 고용노동부장관이 실시하는 공정안전보고서 이행상태 평가 결과가 우수한 사업장의 안전밸브의 경우 : 4년마다 1회 이상

85 위험물을 산업안전보건법령에서 정한 기준량 이상으로 제조하거나 취급하는 설비로서 특수화학설비에 해당되는 것은?

① 가열시켜 주는 물질의 온도가 가열되는 위험물질의 분해온도보다 높은 상태에서 운전되는 설비
② 상온에서 게이지압력으로 200kPa의 압력으로 운전되는 설비
③ 대기압 하에서 300℃로 운전되는 설비
④ 흡열반응이 행하여지는 반응설비

해설 **특수화학설비의 종류**
위험물질의 기준량 이상으로 제조 또는 취급되는 화학설비는 다음과 같다.
㉮ 가열로 또는 가열기
㉯ 증류 · 정류 · 증발 · 추출 등 분리를 하는 장치
㉰ 반응폭주 등 이상화학반응에 의하여 위험물질이 발생할 우려가 있는 설비
㉱ 온도가 350℃ 이상이거나 게이지압력이 980kPa 이상인 상태에서 운전되는 설비
㉲ 가열시켜 주는 물질의 온도가 가열되는 위험물질의 분해온도 또는 발화점보다 높은 상태에서 운전되는 설비
㉳ 발열반응이 일어나는 반응장치

86 산업안전보건법령상 다음 내용에 해당하는 폭발위험장소는?

> 20종 장소 밖으로서 분진운 형태의 가연성 분진이 폭발농도를 형성할 정도의 충분한 양이 정상작동 중에 존재할 수 있는 장소를 말한다.

① 21종 장소 ② 22종 장소
③ 0종 장소 ④ 1종 장소

 정답 82.③ 83.② 84.① 85.① 86.①

해설 분진폭발위험장소의 종류

㉮ 20종 장소 : 공기 중에 가연성 분진운의 형태가 연속적으로 장기간 존재하거나, 단기간 내에 폭발성 분진 분위기가 자주 존재하는 장소를 말한다.
㉯ 21종 장소 : 공기 중에 가연성 분진운의 형태가 정상작동 중 빈번하게 폭발성 분진 분위기를 형성할 수 있는 장소를 말한다.
㉰ 22종 장소 : 공기 중에 가연성 분진운의 형태가 정상작동 중 폭발성 분진 분위기를 거의 형성하지 않고, 발생한다 하더라도 단기간만 지속되는 장소를 말한다.

87 Li과 Na에 관한 설명으로 틀린 것은?

① 두 금속 모두 실온에서 자연발화의 위험성이 있으므로 알코올 속에 저장해야 한다.
② 두 금속은 물과 반응하여 수소기체를 발생한다.
③ Li은 비중값이 물보다 작다.
④ Na은 은백색의 무른 금속이다.

해설 리튬의 특징

㉮ Li은 실온에서는 산소와 반응하지 않지만 200℃로 가열하면 강한 백색 불꽃을 내며 연소한다.
㉯ 리튬은 물과 반응하여 수소기체를 발생한다.
㉰ Li은 비중값이 0.534로 물보다 작다.
㉱ Li은 은백색의 무른 금속이다.

88 수분을 함유하는 에탄올에서 순수한 에탄올을 얻기 위해 벤젠과 같은 물질은 첨가하여 수분을 제거하는 증류방법은?

① 공비증류　　② 추출증류
③ 가압증류　　④ 감압증류

해설 공비증류

공비혼합물 또는 끓는점이 비슷하여 분리하기 어려운 액체 혼합물의 성분을 완전히 분리하기 위해 쓰는 증류법으로, 수분을 함유하는 에탄올에서 순수한 에탄올을 얻기 위해 사용하는 대표적인 증류법이다. 예를 들면, 수분을 함유하는 에탄올은 공비혼합물을 만드는데, 단순한 증류로는 공비혼합물에 상당하는 에탄올 밖에 얻지 못한다. 그러나 벤젠이나 트라이클로로에틸렌을 첨가하여 3성분 공비혼합물을 만들어 수분을 제거하면 순수한 에탄올을 얻을 수 있다.

89 다음 중 누설발화형 폭발재해의 예방대책으로 가장 거리가 먼 것은?

① 발화원 관리
② 밸브의 오동작 방지
③ 가연성 가스의 연소
④ 누설물질의 검지 경보

해설 화재폭발 사고의 유형 분류 및 예방대책

대분류	소분류	예방대책
단순착화형 (착화원을 필요로 하는 폭발)	착화파괴형 폭발 : 용기 내에 있는 위험물질에 착화(발화)하여 내압이 급상승하기 때문에 용기의 파열이 일어남	• 원재료, 촉매, 제품 및 반제품, 폐기물 등의 위험 특성의 파악 • 착화원의 적정 관리
	누설착화형 폭발 : 용기에서 위험물질이 밖으로 누설하여 이것이 착화하여 폭발 또는 화재를 일으킴	• 누설 방지를 위한 안전설계, 재료, 선택, 보전검사의 실시 • 누설가스의 검지 경보 • 밸브 조작 등의 안전조업에 대한 교육 훈련
자연발열형 (반응열의 축적에 의한 폭발)	자연발화원 폭발 : 발열반응의 반응열이 서서히 축적하여 자연발화에 의해 착화하고, 폭발·화재를 일으킴	• 물질의 자연 발화 특성의 파악 • 자연 발화를 일으키는 조건을 제거
	반응폭주형 폭발 : 자연발열이 개시되어 용기 내의 증기압 또는 분해가스의 압력이 급격히 상승하여 용기의 파열을 일으킴	• 온도, 압력 등의 제어 및 반응열 방산을 위한 냉각교반시스템의 확보 • 자연중합 개시의 방지
증기폭발형 (과열 액체의 증기폭발)	열이동형 증기폭발 : 액체가 접촉한 고열 물체에서 열이 급속하게 이동하여 액체는 과열상태로 되고, 급격한 증발에 의하여 압력의 급상승이 일어남	• 고온 작업 시 물의 존재 위험성 인식 • 액화가스의 접촉 또는 혼합에 의한 폭발 위험성 인식
	평형파탄형 증기폭발 : 고압의 밀폐용기 내에서 증기압이 평형으로 되어 있는 액체가 용기의 파괴에 의한 압력 저하로 인해 평형이 깨져 과열 액체가 급격한 증발을 일으켜 압력의 급상승을 일으킴	• 기액 혼재의 밀폐용기 기 균열에 의한 증기압 평형 파탄의 위험성의 인식 • 밀폐용기의 내압 이상 상승의 방지

90 위험물안전관리법령상 제1류 위험물에 해당하는 것은?

① 과염소산나트륨　　② 과염소산
③ 과산화수소　　④ 과산화벤조일

해설
① 과염소산나트륨 : 제1류 위험물
② 과염소산 : 제6류 위험물
③ 과산화수소 : 제6류 위험물
④ 과산화벤조일 : 제5류 위험물

91 인화점에 관한 설명으로 옳은 것은?

① 액체의 표면에서 발생한 증기농도가 공기 중에서 연소하한 농도가 될 수 있는 가장 높은 액체온도
② 액체의 표면에서 발생한 증기농도가 공기 중에서 연소상한 농도가 될 수 있는 가장 낮은 액체온도
③ 액체의 표면에서 발생한 증기농도가 공기 중에서 연소하한 농도가 될 수 있는 가장 낮은 액체온도
④ 액체의 표면에서 발생한 증기농도가 공기 중에서 연소상한 농도가 될 수 있는 가장 높은 액체온도

해설 **인화점과 발화온도**
㉮ 인화점 : 액체의 표면에서 발생한 증기농도가 공기 중에서 연소하한 농도가 될 수 있는 최저의 온도
㉯ 발화온도(발화점) : 가연성 물질이 공기 중에서 점화원 없이 스스로 연소를 개시할 수 있는 최저 온도

92 다음 중 질식소화에 해당하는 것은?

① 가연성 기체의 분출화재 시 주밸브를 닫는다.
② 가연성 기체의 연쇄반응을 차단하여 소화한다.
③ 연료탱크를 냉각하여 가연성 가스의 발생속도를 작게 한다.
④ 연소하고 있는 가연물이 존재하는 장소를 기계적으로 폐쇄하여 공기의 공급을 차단한다.

해설 **소화방법**
㉮ 제거소화 : 가연성 기체의 분출화재 시 주밸브를 닫는다.
㉯ 억제소화 : 가연성 기체의 연쇄반응을 차단하여 소화한다.
㉰ 냉각소화 : 연료탱크를 냉각하여 가연성 가스의 발생속도를 작게 한다.
㉱ 질식소화 : 연소하고 있는 가연물이 존재하는 장소를 기계적으로 폐쇄하여 공기의 공급을 차단한다.

93 분진폭발의 특징에 관한 설명으로 옳은 것은?

① 가스폭발보다 발생에너지가 작다.
② 폭발압력과 연소속도는 가스폭발보다 크다.
③ 입자의 크기, 부유성 등이 분진폭발에 영향을 준다.
④ 불완전연소로 인한 가스중독의 위험성은 작다.

해설 **분진폭발의 특징**
㉮ 가스폭발보다 발생에너지가 크다.
㉯ 폭발압력과 연소속도는 가스폭발보다 작다.
㉰ 입자의 크기, 부유성 등이 분진폭발에 영향을 준다.
㉱ 불완전연소로 인한 가스중독의 위험성이 많다.

94 산업안전보건기준에 관한 규칙에서 정한 위험물질의 종류에서 "물반응성 물질 및 인화성 고체"에 해당하는 것은?

① 질산에스테르류 ② 니트로화합물
③ 칼륨 · 나트륨 ④ 니트로소화합물

해설 **물반응성 물질 및 인화성 고체**
㉮ 리튬
㉯ 칼륨 · 나트륨
㉰ 황
㉱ 황린
㉲ 황화인 · 적린
㉳ 셀룰로이드류
㉴ 알킬알루미늄 · 알킬리튬
㉵ 마그네슘분말
㉶ 금속분말(마그네슘분말 제외)
㉷ 알칼리금속(리튬 · 칼륨 및 나트륨 제외)
㉸ 유기금속화합물(알킬알루미늄 및 알킬리튬 제외)
㉹ 금속의 수소화물
㉺ 금속의 인화물
㉻ 칼슘탄화물 · 알루미늄탄화물

95 폭발한계(vol%)의 범위가 가장 넓은 것은?

① 메탄 ② 부탄
③ 톨루엔 ④ 아세틸렌

해설 각 보기의 연소범위는 다음과 같다.
① 메탄 : 5~15%
② 부탄 : 2.1~9.5%
③ 톨루엔 : 1.4~6.7%
④ 아세틸렌 : 2.5~81%

 정답 91.③ 92.④ 93.③ 94.③ 95.④

96 공기 중 아세톤의 농도가 200ppm(TLV 500ppm), 메틸에틸케톤(MEK)의 농도가 100ppm(TLV 200ppm)일 때 혼합물질의 허용농도(ppm)는? (단, 두 물질은 서로 상가작용을 하는 것으로 가정한다.)

① 150　② 200
③ 270　④ 333

해설 혼합물질의 허용농도$=\dfrac{(200+100)}{\left(\dfrac{200}{500}\right)+\left(\dfrac{100}{200}\right)}=333.33\text{ppm}$

97 다음 중 분진이 발화 폭발하기 위한 조건으로 거리가 먼 것은?

① 불연성질　② 미분상태
③ 점화원의 존재　④ 산소 공급

해설 **분진폭발을 일으키는 조건**
㉮ 가연성 분진
㉯ 미분상태
㉰ 조연성(지연성) 가스 중에서의 교반과 유동
㉱ 점화원(발화원) 존재

98 다음 중 최소발화에너지(E[J])를 구하는 식으로 옳은 것은? (단, I는 전류[A], R은 저항[Ω], V는 전압[V], C는 콘덴서 용량[F], T는 시간[초]이라 한다.)

① $E=IRT$
② $E=0.24I^2\sqrt{R}$
③ $E=\dfrac{1}{2}CV^2$
④ $E=\dfrac{1}{2}\sqrt{C^2V}$

해설 **최소발화에너지(MIE)**
최소발화에너지는 연소에 필요한 최소한의 에너지를 말하며, 구하는 식은 다음과 같다.
$E=\dfrac{1}{2}CV^2=\dfrac{1}{2}QV=\dfrac{1Q^2}{2C}$
여기서, C : 정전용량[F]
V : 대전전위[V]
Q : 전하량[C]

99 공기 중에서 A물질의 폭발하한계가 4vol%, 상한계가 75vol%라면 이 물질의 위험도는?

① 16.75　② 17.75
③ 18.75　④ 19.75

해설 위험도$=\dfrac{\text{폭발상한계}-\text{폭발하한계}}{\text{폭발하한계}}$
$=\dfrac{75-4}{4}=17.75$

100 다음 중 관의 지름을 변경하고자 할 때 필요한 관 부속품은?

① Elbow　② Reducer
③ Plug　④ Valve

해설 **관 부속품의 용도**
㉮ 배관의 방향을 변경하는 데 사용하는 관 부속품 : 엘보, 리턴밴드 등
㉯ 배관 연결 시 사용하는 관 부속품 : 유니언, 플랜지, 커플링, 니플, 소켓 등
㉰ 유로를 차단할 때 사용하는 관 부속품 : 플러그, 캡, 맹플랜지 등
㉱ 지관 연결 : 티, Y자관, 십자
㉲ 관의 직경 변경 : 리듀서, 부싱 등

≫ 제6과목 건설안전기술

101 지하수위 측정에 사용되는 계측기는?

① Load cell　② Inclinometer
③ Extensometer　④ Piezometer

해설 **계측기의 종류**
㉮ 수위계(water level meter) : 지반 내 지하수위 변화를 측정
㉯ 간극수압계(piezometer) : 지하수의 수압을 측정
㉰ 하중계(load cell) : 버팀보(지주) 또는 어스앵커(earth anchor) 등의 실제 축하중 변화 상태를 측정
㉱ 지중경사계(inclinometer) : 흙막이벽의 수평변위(변형) 측정
㉲ 신장계(extensometer) : 인장시험편의 평행부의 표점거리에 생긴 길이의 변화, 즉 신장을 정밀하게 측정

102 이동식 비계를 조립하여 작업을 하는 경우에 준수하여야 할 기준으로 잘못된 것은?

① 승강용 사다리는 견고하게 설치할 것
② 비계의 최상부에서 작업을 하는 경우에는 안전난간을 설치할 것
③ 작업발판의 최대적재하중은 400kg을 초과하지 않도록 할 것
④ 작업발판은 항상 수평을 유지하고 작업발판 위에서 안전난간을 딛고 작업을 하거나 받침대 또는 사다리를 사용하여 작업하지 않도록 할 것

해설 **이동식 비계 조립 시 준수사항**
㉮ 이동식 비계의 바퀴에는 갑작스러운 이동 또는 전도를 방지하기 위하여 브레이크 · 쐐기 등으로 바퀴를 고정시킨 다음 비계의 일부를 견고한 시설물에 고정하거나 아우트리거(outrigger)를 설치하는 등 필요한 조치를 할 것
㉯ 승강용 사다리는 견고하게 설치할 것
㉰ 비계의 최상부에서 작업을 하는 경우에는 안전난간을 설치할 것
㉱ 작업발판은 항상 수평을 유지하고 작업발판 위에서 안전난간을 딛고 작업을 하거나, 받침대 또는 사다리를 사용하여 작업하지 않도록 할 것
㉲ 작업발판의 최대적재하중은 250kg을 초과하지 않도록 할 것

103 터널 지보공을 조립하거나 변경하는 경우에 조치하여야 하는 사항으로 옳지 않은 것은?

① 목재의 터널 지보공은 그 터널 지보공의 각 부재에 작용하는 긴압 정도를 체크하여 그 정도가 최대한 차이나도록 할 것
② 강(鋼)아치 지보공의 조립은 연결볼트 및 띠장 등을 사용하여 주재 상호 간을 튼튼하게 연결할 것
③ 기둥에는 침하를 방지하기 위하여 받침목을 사용하는 등의 조치를 할 것
④ 주재(主材)를 구성하는 1세트의 부재는 동일 평면 내에 배치할 것

해설 ① 목재의 터널 지보공은 그 터널 지보공의 각 부재의 긴압 정도가 균등하게 되도록 할 것

104 거푸집 동바리 등을 조립하는 경우에 준수하여야 하는 기준으로 옳지 않은 것은?

① 동바리로 사용하는 파이프서포트를 이어서 사용하는 경우에는 3개 이상의 볼트 또는 전용 철물을 사용하여 이을 것
② 동바리로 사용하는 강관은 높이 2m 이내마다 수평연결재를 2개 방향으로 만들 것
③ 깔목의 사용, 콘크리트 타설, 말뚝박기 등 동바리의 침하를 방지하기 위한 조치를 할 것
④ 동바리로 사용하는 파이프서포트를 3개 이상 이어서 사용하지 않도록 할 것

해설 **거푸집 동바리 등을 조립 시 준수사항**
㉮ 깔목의 사용, 콘크리트 타설, 말뚝박기 등 동바리의 침하를 방지하기 위한 조치를 할 것
㉯ 개구부 상부에 동바리를 설치하는 경우에는 상부 하중을 견딜 수 있는 견고한 받침대를 설치할 것
㉰ 동바리의 상하 고정 및 미끄러짐 방지조치를 하고, 하중의 지지상태를 유지할 것
㉱ 동바리의 이음은 맞댄이음이나 장부이음으로 하고 같은 품질의 재료를 사용할 것
㉲ 강재와 강재의 접속부 및 교차부는 볼트 · 클램프 등 전용 철물을 사용하여 단단히 연결할 것
㉳ 거푸집이 곡면인 경우에는 버팀대의 부착 등 그 거푸집의 부상(浮上)을 방지하기 위한 조치를 할 것
㉴ 동바리로 사용하는 파이프서포트의 설치기준
　㉠ 파이프서포트를 3개 이상 이어서 사용하지 않도록 할 것
　㉡ 파이프서포트를 이어서 사용하는 경우에는 4개 이상의 볼트 또는 전용 철물을 사용하여 이을 것
　㉢ 높이가 3.5m를 초과하는 경우에는 높이 2m 이내마다 수평연결재를 2개 방향으로 만들고 수평연결재의 변위를 방지할 것
㉵ 동바리로 사용하는 강관[파이프서포트(pipe support)는 제외한다]에 대해서는 다음 사항을 따를 것
　㉠ 높이 2m 이내마다 수평연결재를 2개 방향으로 만들고, 수평연결재의 변위를 방지할 것
　㉡ 멍에 등을 상단에 올릴 경우에는 해당 상단에 강재의 단판을 붙여 멍에 등을 고정시킬 것

 정답 102.③ 103.① 104.①

105 가설통로를 설치하는 경우 준수하여야 할 기준으로 옳지 않은 것은?

① 경사는 30° 이하로 할 것
② 경사가 15°를 초과하는 경우에는 미끄러지지 아니하는 구조로 할 것
③ 추락할 위험이 있는 장소에는 안전난간을 설치할 것
④ 수직갱에 가설된 통로의 길이가 15m 이상인 경우에는 7m 이내마다 계단참을 설치할 것

해설 **가설통로 설치 시 준수사항**
㉮ 견고한 구조로 할 것
㉯ 경사는 30° 이하로 할 것
다만, 계단을 설치하거나 높이 2m 미만의 가설통로로서 튼튼한 손잡이를 설치한 경우에는 그러하지 아니하다.
㉰ 경사가 15°를 초과하는 경우에는 미끄러지지 아니하는 구조로 할 것
㉱ 추락할 위험이 있는 장소에는 안전난간을 설치할 것. 다만, 작업상 부득이한 경우에는 필요한 부분만 임시로 해체할 수 있다.
㉲ 수직갱에 가설된 통로의 길이가 15m 이상인 경우에는 10m 이내마다 계단참을 설치할 것
㉳ 건설공사에 사용하는 높이 8m 이상인 비계다리에는 7m 이내마다 계단참을 설치할 것

106 화물 적재 시 준수사항으로 잘못된 것은?

① 침하 우려가 없는 튼튼한 기반 위에 적재할 것
② 건물의 칸막이나 벽 등이 화물의 압력에 견딜 만큼의 강도를 지니지 아니한 경우에는 칸막이나 벽에 기대어 적재하지 않도록 할 것
③ 불안정할 정도로 높이 쌓아 올리지 말 것
④ 하중을 한쪽으로 치우치더라도 화물을 최대한 효율적으로 적재할 것

해설 **화물을 적재하는 경우의 준수사항**
㉮ 침하 우려가 없는 튼튼한 기반 위에 적재할 것
㉯ 건물의 칸막이나 벽 등이 화물의 압력에 견딜 만큼의 강도를 지니지 아니한 경우에는 칸막이나 벽에 기대어 적재하지 않도록 할 것
㉰ 불안정할 정도로 높이 쌓아 올리지 말 것
㉱ 하중이 한쪽으로 치우치지 않도록 쌓을 것

107 사면보호공법 중 구조물에 의한 보호공법에 해당되지 않는 것은?

① 블록공
② 식생구멍공
③ 돌쌓기공
④ 현장타설 콘크리트 격자공

해설 **사면보호공법**
㉮ 구조물에 의한 사면보호공법
㉠ 현장타설 콘크리트 격자공
㉡ 블록공
㉢ 돌쌓기공
㉣ 콘크리트 붙임공법
㉤ 뿜칠공법, 피복공법 등
㉯ 식생에 의한 사면보호공법
㉰ 떼임공법 등

108 안전계수가 4이고 2,000MPa의 인장강도를 갖는 강선의 최대허용응력은?

① 500MPa
② 1,000MPa
③ 1,500MPa
④ 2,000MPa

해설 $안전계수 = \frac{파괴하중(인장강도)}{허용응력}$

$허용응력 = \frac{인장강도}{안전계수} = \frac{2{,}000\text{MPa}}{4} = 500\text{MPa}$

109 발파구간 인접 구조물에 대한 피해 및 손상을 예방하기 위한 건물 기초에서의 허용진동치(cm/sec) 기준으로 옳지 않은 것은? (단, 기존 구조물에 금이 가 있거나 노후 구조물 대상일 경우 등은 고려하지 않는다.)

① 문화재 : 0.2cm/sec
② 주택, 아파트 : 0.5cm/sec
③ 상가 : 1.0cm/sec
④ 철골콘크리트 빌딩 : 0.8~1.0cm/sec

해설 보기 건물의 기초 허용진동치는 다음과 같다.
① 문화재 : 0.2cm/sec
② 주택, 아파트 : 0.5cm/sec
③ 상가 : 1.0cm/sec
④ 철골콘크리트 빌딩 및 상가 : 1.0~4.0cm/sec

105.④ 106.④ 107.② 108.① 109.④ 정답

110 터널공사의 전기발파작업에 관한 설명으로 옳지 않은 것은?

① 전선은 점화하기 전에 화약류를 충진한 장소로부터 30m 이상 떨어진 안전한 장소에서 도통시험 및 저항시험을 하여야 한다.
② 점화는 충분한 허용량을 갖는 발파기를 사용하고 규정된 스위치를 반드시 사용하여야 한다.
③ 발파 후 발파기와 발파모선의 연결을 유지한 채 그 단부를 절연시킨 후 재점화가 되지 않도록 한다.
④ 점화는 선임된 발파책임자가 행하고 발파기의 핸들을 점화할 때 이외는 시건장치를 하거나 모선을 분리하여야 하며 발파책임자의 엄중한 관리하에 두어야 한다.

해설 ③ 발파 후 즉시 발파모선을 발파기로부터 분리하고 그 단부를 절연시켜 재점화가 되지 않도록 하여야 한다.

111 거푸집 동바리 등을 조립 또는 해체하는 작업을 하는 경우의 준수사항으로 옳지 않은 것은?

① 재료, 기구 또는 공구 등을 올리거나 내리는 경우에는 근로자로 하여금 달줄 · 달포대 등의 사용을 금하도록 할 것
② 낙하 · 충격에 의한 돌발적 재해를 방지하기 위하여 버팀목을 설치하고 거푸집 동바리 등을 인양장비에 매단 후에 작업을 하도록 하는 등 필요한 조치를 할 것
③ 비, 눈, 그 밖의 기상상태의 불안정으로 날씨가 몹시 나쁜 경우에는 그 작업을 중지할 것
④ 해당 작업을 하는 구역에는 관계 근로자가 아닌 사람의 출입을 금지할 것

해설 ① 재료, 기구 또는 공구 등을 올리거나 내리는 경우에는 근로자로 하여금 달줄 또는 달포대 등을 사용하도록 할 것

112 강관을 사용하여 비계를 구성하는 경우 준수하여야 할 기준으로 옳지 않은 것은?

① 비계기둥의 간격은 띠장 방향에서는 1.85m 이하, 장선(長線) 방향에서는 1.5m 이하로 할 것
② 띠장 간격은 2.0m 이하로 할 것
③ 비계기둥의 제일 윗부분으로부터 31m 되는 지점 밑부분의 비계기둥은 3개의 강관으로 묶어 세울 것
④ 비계기둥 간의 적재하중은 400kg을 초과하지 않도록 할 것

해설 **강관비계를 구성할 때의 준수사항**
㉮ 비계기둥의 간격은 띠장 방향에서는 1.85m 이하, 장선(長線) 방향에서는 1.5m 이하로 할 것. 다만, 선박 및 보트 건조작업의 경우 안전성에 대한 구조 검토를 실시하고 조립도를 작성하면 띠장 방향 및 장선 방향으로 각각 2.7m 이하로 할 수 있다.
㉯ 띠장 간격은 2.0m 이하로 할 것. 다만, 작업의 성질상 이를 준수하기가 곤란하여 쌍기둥틀 등에 의하여 해당 부분을 보강한 경우에는 그러하지 아니하다.
㉰ 비계기둥의 제일 윗부분으로부터 31m 되는 지점 밑부분의 비계기둥은 2개의 강관으로 묶어 세울 것. 다만, 브래킷(bracket, 까치발) 등으로 보강하여 2개의 강관으로 묶을 경우 이상의 강도가 유지되는 경우에는 그러하지 아니하다.
㉱ 비계기둥 간의 적재하중은 400kg을 초과하지 아니하도록 할 것

113 차량계 건설기계를 사용하여 작업을 하는 경우 작업계획서 내용에 포함되지 않는 사항은?

① 사용하는 차량계 건설기계의 종류 및 성능
② 차량계 건설기계의 운행경로
③ 차량계 건설기계에 의한 작업방법
④ 차량계 건설기계 사용 시 유도자 배치 위치

해설 **차량계 건설기계 작업 시 작업계획서에 포함되어야 할 사항**
㉮ 사용하는 차량계 건설기계의 종류 및 능력
㉯ 차량계 건설기계의 운행경로
㉰ 차량계 건설기계에 의한 작업방법

 정답 110.③ 111.① 112.③ 113.④

114 지하수위 상승으로 포화된 사질토 지반의 액상화 현상을 방지하기 위한 가장 직접적이고 효과적인 대책은?

① Well point 공법 적용
② 동다짐 공법 적용
③ 입도가 불량한 재료를 입도가 양호한 재료로 치환
④ 밀도를 증가시켜 한계 간극비 이하로 상대밀도를 유지하는 방법 강구

해설 **웰포인트 공법(well point method)**
주로 모래질 지반에 유효한 배수공법의 하나이다. 웰포인트라는 양수관을 다수 박아 넣고, 상부를 연결하여 진공펌프와 와권(渦卷)펌프를 조합시킨 펌프에 의해 지하수를 강제 배수한다. 중력 배수가 유효하지 않은 경우에 널리 쓰이는 데, 1단의 양정이 7m 정도까지이므로 깊은 굴착에는 여러 단의 웰포인트가 필요하게 된다.

115 크레인 등 건설장비의 가공전선로 접근 시 안전대책으로 옳지 않은 것은?

① 안전 이격거리를 유지하고 작업한다.
② 장비를 가공전선로 밑에 보관한다.
③ 장비의 조립, 준비 시부터 가공전선로에 대한 감전방지 수단을 강구한다.
④ 장비 사용 현장의 장애물, 위험물 등을 점검 후 작업계획을 수립한다.

해설 ② 장비는 가공전선로 밑을 피하여 보관한다.

116 흙의 투수계수에 영향을 주는 인자에 관한 설명으로 옳지 않은 것은?

① 포화도 : 포화도가 클수록 투수계수도 크다.
② 공극비 : 공극비가 클수록 투수계수는 작다.
③ 유체의 점성계수 : 점성계수가 클수록 투수계수는 작다.
④ 유체의 밀도 : 유체의 밀도가 클수록 투수계수는 크다.

해설 ② 공극비 : 공극비가 클수록 투수계수는 크다.

117 산업안전보건법령에서 규정하는 철골작업을 중지하여야 하는 기후조건에 해당하지 않는 것은?

① 풍속이 초당 10m 이상인 경우
② 강우량이 시간당 1mm 이상인 경우
③ 강설량이 시간당 1cm 이상인 경우
④ 기온이 영하 5℃ 이하인 경우

해설 **철골작업을 중지해야 하는 기상조건**
㉮ 풍속 : 10m/s 이상
㉯ 강우량 : 1mm/h 이상
㉰ 강설량 : 1cm/h 이상

118 공사 진척에 따른 공정률이 다음과 같을 때 안전관리비 사용기준으로 옳은 것은? (단, 공정률은 기성공정률을 기준으로 함)

공정률 : 70% 이상, 90% 미만

① 50% 이상
② 60% 이상
③ 70% 이상
④ 80% 이상

해설 **공사 진척에 따른 안전관리비 사용기준**

공정률	50% 이상 ~70% 미만	70% 이상 ~90% 미만	90% 이상 ~100%
사용기준	50% 이상	70% 이상	90% 이상

119 미리 작업장소의 지형 및 지반상태 등에 적합한 제한속도를 정하지 않아도 되는 차량계 건설기계의 속도기준은?

① 최대제한속도가 10km/h 이하
② 최대제한속도가 20km/h 이하
③ 최대제한속도가 30km/h 이하
④ 최대제한속도가 40km/h 이하

해설 **제한속도의 지정**
차량계 건설기계(최고속도가 10km/h 이하인 것은 제외)를 사용하여 작업을 하는 때에는 미리 작업장소의 지형 및 지반상태 등에 적합한 제한속도를 정하고 운전자로 하여금 이를 준수하도록 한다.

114.① 115.② 116.② 117.④ 118.③ 119.① 정답

120 유해위험방지계획서를 고용노동부장관에게 제출하고 심사를 받아야 하는 대상 건설공사 기준으로 옳지 않은 것은?

① 최대지간길이가 50m 이상인 다리의 건설 등 공사
② 지상높이 25m 이상인 건축물 또는 인공구조물의 건설 등 공사
③ 깊이 10m 이상인 굴착공사
④ 다목적댐, 발전용댐, 저수용량 2천만톤 이상의 용수 전용 댐 및 지방상수도 전용 댐의 건설 등 공사

해설 유해위험방지계획서 제출대상 건설공사

㉮ 다음 어느 하나에 해당하는 건축물 또는 시설 등의 건설 · 개조 또는 해체(이하 “건설 등”이라 한다) 공사
  ㉠ 지상높이가 31m 이상인 건축물 또는 인공구조물
  ㉡ 연면적 3만m^2 이상인 건축물
  ㉢ 연면적 5천m^2 이상인 시설로서 다음의 어느 하나에 해당하는 시설
  - 문화 및 집회시설(전시장 및 동물원 · 식물원은 제외한다)
  - 판매시설, 운수시설(고속철도의 역사 및 집배송시설은 제외한다)
  - 종교시설
  - 의료시설 중 종합병원
  - 숙박시설 중 관광숙박시설
  - 지하도 상가
  - 냉동 · 냉장 창고시설

㉯ 연면적 5천m^2 이상인 냉동 · 냉장 창고시설의 설비공사 및 단열공사
㉰ 최대지간(支間)길이(다리의 기둥과 기둥의 중심 사이의 거리)가 50m 이상인 다리의 건설 등 공사
㉱ 터널의 건설 등 공사
㉲ 다목적댐, 발전용댐, 저수용량 2천만톤 이상의 용수 전용 댐 및 지방상수도 전용 댐의 건설 등 공사
㉳ 깊이 10m 이상인 굴착공사

 정답 120.②

제2회 산업안전기사 2021

≫ 제1과목 안전관리론

01 헤링(Hering)의 착시현상에 해당하는 것은?

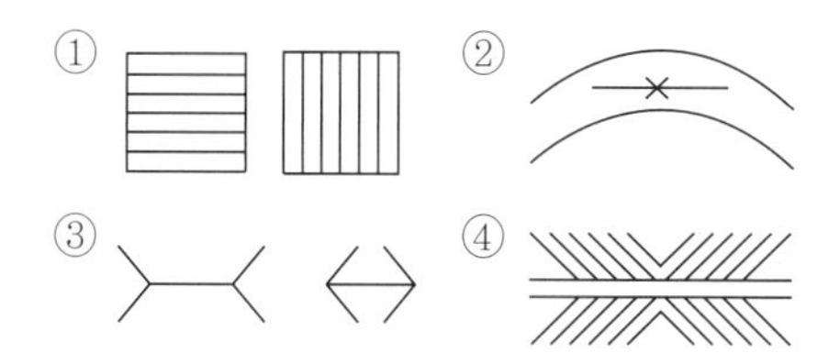

해설 **착시현상(시각의 착각현상)**

㉮ Müler · Lyer의 착시(동화착오)

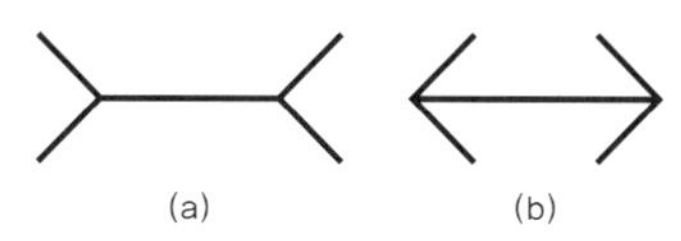

(a) (b)

(a)가 (b)보다 길게 보인다(실제 (a)=(b)).

㉯ Helmhotz의 착시

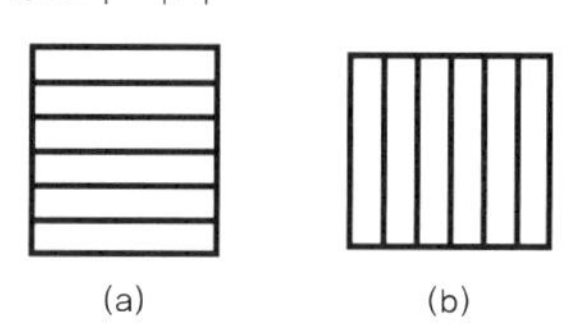

(a) (b)

(a)는 세로로 길어 보이고, (b)는 가로로 길어 보인다.

㉰ Hering의 착시(분할착오)

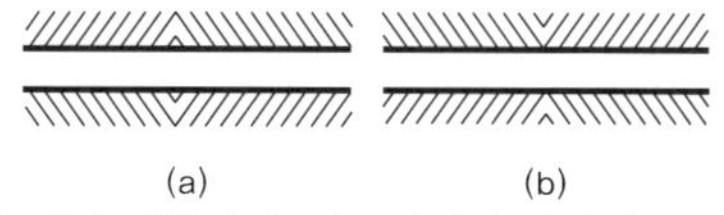

(a) (b)

두 개의 평행선이 (a)는 양단이 벌어져 보이고, (b)는 중앙이 벌어져 보인다.

02 데이비스(K. Davis)의 동기부여이론에 관한 등식에서 그 관계가 틀린 것은?

① 지식×기능=능력
② 상황×능력=동기유발
③ 능력×동기유발=인간의 성과
④ 인간의 성과×물질의 성과=경영의 성과

해설 **경영의 성과를 나타내는 등식**

데이비스(K. Davis)는 인간의 목표 달성(또는 종업원의 직무업적)은 '능력과 동기유발'에 의해 결정된다고 주장하며, 다음과 같은 공식으로 이를 설명했다.

㉮ 지식×기능=능력
㉯ 상황×태도=동기유발
㉰ 능력×동기유발=인간의 성과
㉱ 인간의 성과×물적 요소=기업의 성과

03 산업안전보건법령상 안전보건표지의 종류 중 경고표지의 기본모형(형태)이 다른 것은?

① 고압전기 경고
② 방사성물질 경고
③ 폭발성물질 경고
④ 매달린 물체 경고

해설 **경고표지**

흑색 삼각형의 황색 표지로서 색상 5Y, 명도 8.5, 색채 12(5Y 8.5/12)를 기준으로 하며, 총 15종이 있다.

※ 바탕은 노란색, 기본모형 관련 부호 및 그림은 검은색을 사용하는 표지에는 방사성물질 경고, 매달린 물체 경고, 고압전기 경고 등이 있다. 단, 인화성물질, 산화성물질, 폭발성물질, 급성독성물질, 부식성물질, 발암성 · 변이원성 · 생식독성 · 전신독성 · 호흡기과민성물질 경고의 경우 바탕은 무색, 기본모형은 빨간색을 사용한다.

04 산업안전보건법령상 프레스를 사용하여 작업을 할 때 작업시작 전 점검사항으로 틀린 것은?

① 방호장치의 기능
② 언로드밸브의 기능
③ 금형 및 고정볼트 상태
④ 클러치 및 브레이크의 기능

해설 프레스 작업시작 전 점검사항

㉮ 클러치 및 브레이크의 기능
㉯ 크랭크축·플라이휠·슬라이드·연결봉 및 연결나사의 풀림 여부
㉰ 1행정 1정지기구·급정지장치 및 비상정지장치의 기능
㉱ 슬라이드 또는 칼날에 의한 위험방지기구의 기능
㉲ 프레스의 금형 및 고정볼트의 상태
㉳ 방호장치의 기능
㉴ 전단기(剪斷機)의 칼날 및 테이블의 상태

05 TWI의 교육내용 중 인간관계 관리방법, 즉 부하 통솔법을 주로 다루는 것은?

① JST(Job Safety Training)
② JMT(Job Method Training)
③ JRT(Job Relation Training)
④ JIT(Job Instruction Training)

해설 TWI(Training Within Industry)

㉮ 교육대상을 주로 제일선 감독자에 두고 있는 것으로, 감독자는 다음의 5가지 요건을 구비해야 한다.
  ㉠ 직무의 지식
  ㉡ 직책의 지식
  ㉢ 작업을 가르치는 능력
  ㉣ 작업방법을 개선하는 기능
  ㉤ 사람을 다루는 기량
㉯ TWI의 교육내용
  ㉠ JI(Job Instruction) : 작업을 가르치는 방법(작업지도기법)
  ㉡ JM(Job Method) : 작업의 개선방법(작업개선기법)
  ㉢ JR(Job Relation) : 사람을 다루는 방법(인간관계 관리기법=부하 통솔법)
  ㉣ JS(Job Safety) : 안전한 작업법(작업안전기법)
㉰ 전체의 교육시간 : 10시간으로 1일 2시간씩 5일에 걸쳐서 행하며, 한 클래스는 10명 정도이고 교육방법은 토의법을 의식적으로 취한다.

06 학습을 자극(Stimulus)에 의한 반응(Response)으로 보는 이론에 해당하는 것은?

① 장설(Field Theory)
② 통찰설(Insight Theory)
③ 기호형태설(Sigh-gestalt Theory)
④ 시행착오설(Trial and Error Theory)

해설 S-R 이론

학습을 자극(Stimulus)에 의한 반응(Response)으로 보는 이론으로 시행착오설과 조건반사설이 있다.
㉮ 시행착오설 : Thorndike
㉯ 조건반사설 : Pavlov
㉰ 접근적 조건화설 : Guthrie
㉱ 도구적(조작적) 조건화설 : Skinner

07 산업안전보건법령상 특정 행위의 지시 및 사실의 고지에 사용되는 안전보건표지의 색도기준으로 옳은 것은?

① 2.5G 4/10
② 5Y 8.5/12
③ 2.5PB 4/10
④ 7.5R 4/14

해설 안전보건표지의 색채, 색도기준 및 용도

색 채	색도기준	용 도	사용 예
빨간색	7.5R 4/14	금지	정지신호, 소화설비 및 그 장소, 유해행위의 금지
		경고	화학물질 취급장소에서의 유해·위험물질 경고
노란색	5Y 8.5/12	경고	화학물질 취급장소에서의 유해·위험 경고, 그 밖의 위험경고, 주의표지 또는 기계방호물
파란색	2.5PB 4/10	지시	특정행위의 지시 및 사실의 고지
녹색	2.5G 4/10	안내	비상구 및 피난소, 사람 또는 차량의 통행표지
흰색	N9.5	-	파란색 또는 녹색에 대한 보조색
검은색	N0.5	-	문자 및 빨간색 또는 노란색에 대한 보조색

08 다음 중 재해조사에 관한 설명으로 틀린 것은?

① 조사목적에 무관한 조사는 피한다.
② 조사는 현장을 정리한 후에 실시한다.
③ 목격자나 현장 책임자의 진술을 듣는다.
④ 조사자는 객관적이고 공정한 입장을 취해야 한다.

정답 05.③ 06.④ 07.③ 08.②

해설 재해조사 시 유의사항

㉮ 사실만을 수집한다. 이유는 뒤에 확인한다.
㉯ 목격자 등이 증언하는 사실 이외에 추측의 말은 참고로만 한다.
㉰ 조사는 신속하게 행하고 긴급조치하여, 2차 재해를 방지한다.
㉱ 사람과 기계설비 양면의 재해요인을 모두 도출한다.
㉲ 객관적인 입장에서 공정하게 조사하며, 조사는 2인 이상이 실시한다.
㉳ 책임 추궁보다 재발 방지를 우선하는 기본태도를 갖는다.
㉴ 피해자에 대한 구급조치를 우선한다.
㉵ 2차 재해의 예방을 위해 보호구를 반드시 착용한다.
※ 재해조사는 현장을 보존한 후에 실시한다.

09 하인리히의 사고방지 기본원리 5단계 중 시정방법의 선정단계에 있어서 필요한 조치가 아닌 것은?

① 인사 조정
② 안전행정의 개선
③ 교육 및 훈련의 개선
④ 안전점검 및 사고조사

해설 사고예방대책의 기본원리 5단계

㉮ 조직(1단계 : 안전관리 조직)
경영층이 참여, 안전관리자의 임명 및 라인 조직 구성, 안전활동 방침 및 안전계획 수립, 조직을 통한 안전활동 등의 안전관리에서 가장 기본적인 활동은 안전기구의 조직이다.
㉯ 사실의 발견(2단계 : 현상 파악)
각종 사고 및 안전활동의 기록 검토, 작업분석, 안전점검 및 안전진단, 사고조사, 안전회의 및 토의, 종업원의 건의 및 여론조사 등에 의하여 불안전 요소를 발견한다.
㉰ 분석평가(3단계 : 사고분석)
사고 보고서 및 현장조사, 사고 기록, 인적·물적 조건의 분석, 작업공정의 분석, 교육과 훈련의 분석 등을 통하여 사고의 직접 및 간접 원인을 규명한다.
㉱ 시정방법의 선정(4단계 : 대책의 선정)
기술의 개선, 인사 조정, 교육 및 훈련의 개선, 안전행정의 개선, 규정 및 수칙의 개선, 확인 및 통제체제 개선 등의 효과적인 개선방법을 선정한다.
㉲ 시정책의 적용(5단계 : 목표 달성)
시정책은 3E, 즉 기술(Engineering)·교육(Education)·독려(Enforcement)를 완성함으로써 이루어진다.

10 산업안전보건법령상 협의체 구성 및 운영에 관한 사항으로 ( )에 알맞은 내용은?

> 도급인은 관계수급인 근로자가 도급인의 사업장에서 작업을 하는 경우 도급인과 수급인을 구성원으로 하는 안전 및 보건에 관한 협의체를 구성 및 운영하여야 한다. 이 협의체는 ( ) 정기적으로 회의를 개최하고 그 결과를 기록·보존해야 한다.

① 매월 1회 이상 ② 2개월마다 1회
③ 3개월마다 1회 ④ 6개월마다 1회

해설 안전 및 보건에 관한 협의체의 구성 및 운영

㉮ 구성 : 도급인 및 그의 수급인 전원
㉯ 협의 사항
  ㉠ 작업의 시작시간, 작업 또는 작업장 간의 연락방법
  ㉡ 재해발생 위험이 있는 경우 대피방법
  ㉢ 위험성평가의 실시에 관한 사항
  ㉣ 사업주와 수급인 또는 수급인 상호 간의 연락 방법 및 작업공정의 조정
㉰ 회의 개최 : 매월 1회 이상

11 재해원인 분석기법의 하나인 특성요인도의 작성방법에 대한 설명으로 틀린 것은?

① 큰 뼈는 특성이 일어나는 요인이라고 생각되는 것을 분류하여 기입한다.
② 등뼈는 원칙적으로 우측에서 좌측으로 향하여 가는 화살표를 기입한다.
③ 특성의 결정은 무엇에 대한 특성요인도를 작성할 것인가를 결정하고 기입한다.
④ 중뼈는 특성이 일어나는 큰 뼈의 요인마다 다시 미세하게 원인을 결정하여 기입한다.

해설 특성요인도의 작성방법

㉮ 큰 뼈는 특성이 일어나는 요인이라고 생각되는 것을 분류하여 기입한다.
㉯ 등뼈는 원칙적으로 좌측에서 우측으로 향하여 가는 화살표를 기입한다.
㉰ 특성의 결정은 무엇에 대한 특성요인도를 작성할 것인가를 결정하고 기입한다.
㉱ 중뼈는 특성이 일어나는 큰 뼈의 요인마다 다시 미세하게 원인을 결정하여 기입한다.

12 산업안전보건법령상 안전보건관리규정에 반드시 포함되어야 할 사항이 아닌 것은? (단, 그 밖에 안전 및 보건에 관한 사항은 제외한다.)

① 재해코스트 분석방법
② 사고조사 및 대책 수립
③ 작업장 안전 및 보건 관리
④ 안전 및 보건 관리조직과 그 직무

해설 **안전보건관리 규정에 포함되어야 할 내용**
㉮ 안전보건관리 조직과 그 직무에 관한 사항
㉯ 안전보건교육에 관한 사항
㉰ 작업장 안전관리에 관한 사항
㉱ 작업장 보건관리에 관한 사항
㉲ 사고조사 및 대책 수립에 관한 사항
㉳ 그 밖에 안전보건에 관한 사항

13 산업안전보건법령상 안전보건교육 교육대상별 교육내용 중 관리감독자 정기교육의 내용으로 틀린 것은?

① 정리정돈 및 청소에 관한 사항
② 유해 · 위험 작업환경 관리에 관한 사항
③ 표준안전작업방법 및 지도 요령에 관한 사항
④ 작업공정의 유해 · 위험과 재해예방대책에 관한 사항

해설 **관리감독자 정기교육의 내용**
㉮ 산업안전 및 사고 예방에 관한 사항
㉯ 산업보건 및 직업병 예방에 관한 사항
㉰ 유해 · 위험 작업환경 관리에 관한 사항
㉱ 산업안전보건법령 및 산업재해보상보험 제도에 관한 사항
㉲ 직무스트레스 예방 및 관리에 관한 사항
㉳ 직장 내 괴롭힘, 고객의 폭언 등으로 인한 건강장해 예방 및 관리에 관한 사항
㉴ 작업공정의 유해 · 위험과 재해예방대책에 관한 사항
㉵ 표준안전작업방법 및 지도 요령에 관한 사항
㉶ 관리감독자의 역할과 임무에 관한 사항
㉷ 안전보건교육 능력 배양에 관한 사항(현장근로자와의 의사소통 능력 향상, 강의 능력 향상 및 그 밖에 안전보건교육 능력 배양 등에 관한 사항)
※ 안전보건교육 능력 배양 교육은 관리감독자가 받아야 하는 전체 교육시간의 1/3 범위에서 할 수 있다.

14 산업안전보건법령상 보호구 안전인증대상 방독마스크의 유기화합물용 정화통 외부 측면 표시 색으로 옳은 것은?

① 갈색
② 녹색
③ 회색
④ 노랑색

해설 **방독마스트 정화통의 표시 색상**
㉮ 아황산용 – 노란색
㉯ 암모니아용 – 녹색
㉰ 유기화합물용 – 갈색
㉱ 할로겐 · 황화수소 · 시안화수소용 – 회색
㉲ 일산화탄소용 – 적색

15 무재해운동 추진의 3요소에 관한 설명이 아닌 것은?

① 안전보건은 최고경영자의 무재해 및 무질병에 대한 확고한 경영자세로 시작된다.
② 안전보건을 추진하는 데에는 관리감독자들의 생산활동 속에 안전보건을 실천하는 것이 중요하다.
③ 모든 재해는 잠재요인을 사전에 발견 · 파악 · 해결함으로써 근원적으로 산업재해를 없애야 한다.
④ 안전보건은 각자 자신의 문제이며, 동시에 동료의 문제로서 직장의 팀 멤버와 협동 · 노력하여 자주적으로 추진하는 것이 필요하다.

해설 **무재해운동 추진의 3기둥(3요소)**
㉮ 최고경영자의 경영자세 : 안전보건은 최고경영자의 무재해, 무질병에 대한 확고한 경영자세로부터 시작된다.
㉯ 관리감독자에 의한 안전보건의 추진(철저한 라인화) : 안전보건을 추진하는 데는 관리감독자(라인)들의 생산활동 속에 안전보건을 포함하여 실천하는 것이 중요하다. 즉, 라인에 의한 안전보건의 철저한 제2의 기둥이다.
㉰ 직장 소집단 자주활동의 활발화 : 안전보건은 각자의 문제이며, 동시에 같은 동료의 문제로서 진지하게 받아들임으로써 직장의 팀 멤버와 협동 · 노력하여 자주적으로 추진해 가는 것이 필요하다.

 정답 12.① 13.① 14.① 15.③

16 다음의 교육내용과 관련 있는 교육은?

- 작업동작 및 표준작업방법의 습관화
- 공구 · 보호구 등의 관리 및 취급태도의 확립
- 작업 전후의 점검, 검사요령의 정확화 및 습관화

① 지식교육
② 기능교육
③ 태도교육
④ 문제해결교육

해설 태도교육 내용

㉮ 작업동작 및 표준작업방법의 습관화
㉯ 공구 · 보호구 등의 관리 및 취급태도의 확립
㉰ 작업 전후 점검 및 검사요령의 정확화 및 습관화
㉱ 작업지시 · 전달 · 확인 등의 언어 · 태도의 정확화 및 습관화

17 헤드십의 특성이 아닌 것은?

① 지휘형태는 권위주의적이다.
② 권한행사는 임명된 헤드이다.
③ 구성원과의 사회적 간격은 넓다.
④ 상관과 부하와의 관계는 개인적인 영향이다.

해설 헤드십과 리더십의 차이

변 수	헤드십	리더십
권한행사	임명된 헤드	선출된 리더
권한부여	위에서 위임	밑으로부터 동의
권한근거	법적 또는 공식적	개인능력
권한귀속	공식화된 규정에 의함.	집단목표에 기여한 공로 인정
상관과 부하의 관계	지배적	개인적인 영향
책임귀속	상사	상사와 부하
부하와의 사회적 간격	넓음.	좁음.
지휘형태	권위주의적	민주주의적

18 인간관계의 메커니즘 중 다른 사람의 행동양식이나 태도를 투입시키거나 다른 사람 가운데서 자기와 비슷한 것을 발견하는 것은?

① 공감 ② 모방
③ 동일화 ④ 일체화

해설 인간관계의 메커니즘(mechanism)

㉮ 동일화(identification) : 다른 사람의 행동양식이나 태도를 투입시키거나, 다른 사람 가운데서 자기와 비슷한 것을 발견하는 것
㉯ 투사(投射 ; projection) : 투출이라고도 하며, 자기 속의 억압된 것을 다른 사람의 것으로 생각하는 것
㉰ 커뮤니케이션(communication) : 갖가지 행동양식이나 기호를 매개로 하여 어떤 사람으로부터 다른 사람에게 전달되는 과정(의사전달 매개체 : 언어, 표정, 손짓, 몸짓)
㉱ 모방(imitation) : 남의 행동이나 판단을 표본으로 하여, 그것과 같거나 또는 그것에 가까운 행동 또는 판단을 취하려는 것
㉲ 암시(suggestion) : 다른 사람으로부터의 판단이나 행동을 무비판적으로 논리적 · 사실적 근거 없이 받아들이는 것
㉳ 역할학습 : 역할에 대한 학습을 통해 문제상황에 대처하는 전략을 발전시키는 데 도움을 주는 것
㉴ 공감 : 동정과 구분되며, 남의 생각이나 의견 및 감정 등에 대하여 자기도 그러하다고 느끼는 것
㉵ 일체화 : 심리적으로 같게 되는 것
㉶ 집단 : 조직화된 사람들의 집합

19 도수율이 24.5이고, 강도율이 1.15인 사업장에서 한 근로자가 입사하여 퇴직할 때까지 근로손실일수는?

① 2.45일 ② 115일
③ 215일 ④ 245일

해설 환산 강도율

한 근로자가 사업장에 입사하여 퇴직할 때까지 평생(40년=10만 시간)동안 재해로 인하여 발생하는 근로손실일수

∴ 환산 강도율=강도율×100
=1.15×100
=115일

16.③ 17.④ 18.③ 19.②

20 학습자가 자신의 학습속도에 적합하도록 프로그램 자료를 가지고 단독으로 학습하도록 하는 안전교육방법은?

① 실연법 ② 모의법
③ 토의법 ④ 프로그램 학습법

해설 **프로그램 학습법(Programmed Self-instruction Method)**

수업 프로그램이 프로그램 학습의 원리에 의하여 만들어지고, 학생의 자기 학습속도에 따른 학습이 허용되어 있는 상태에서 학습자가 프로그램 자료를 가지고 단독으로 학습하도록 하는 교육방법이다.

㉮ 장점
㉠ 기본개념 학습이나 논리적인 학습에 유리하다.
㉡ 지능, 학습 적성, 학습속도 등 개인차를 충분히 고려할 수 있다.
㉢ 대량의 학습자를 한 교사가 지도할 수 있다.
㉣ 매 반응마다 피드백이 주어지기 때문에 학습자가 흥미를 가질 수 있다.
㉤ 학습자의 학습과정을 쉽게 알 수 있다.

㉯ 단점
㉠ 최소한의 독서력이 요구된다.
㉡ 개발, 제작과정이 어렵다.
㉢ 문제해결력, 적용력, 감상력, 평가력 등 고등 정신을 기르는 데 불리하다.
㉣ 교과서보다 분량이 많아 경비가 많이 든다.

≫ 제2과목 인간공학 및 시스템 안전공학

21 두 가지 상태 중 하나가 고장 또는 결함으로 나타나는 비정상적인 사건은?

① 톱사상 ② 결함사상
③ 정상적인 사상 ④ 기본적인 사상

해설 **FT 기호**

㉮ 톱사상 : FT의 제일 위에서 발생하는 사상이다.
㉯ 정상적인 사상 : 두 가지 상태가 규정된 시간 내에 일어날 것으로 기대 · 예정되는 사상이다.
㉰ 결함사상 : 두 가지 상태 중 하나가 고장 또는 결함으로 나타나는 비정상적인 사건이다.
㉱ 기본적인 사상 : 사상 요소수준에서 일어나는 결함사상 또는 정상적인 사상이다.
㉲ 1차적인 사상 : 부품이 지니고 있는 고유한 특성 때문에 발생하는 사상이다.
㉳ 2차적인 사상 : 외적인 원인에 의해 발생하는 사상이다.

22 일반적으로 은행의 접수대 높이나 공원의 벤치를 설계할 때 가장 적합한 인체측정자료의 응용원칙은?

① 조절식 설계
② 평균치를 이용한 설계
③ 최대치수를 이용한 설계
④ 최소치수를 이용한 설계

해설 **인체측정자료 응용원칙의 적용**

㉮ 최대치수와 최소치수의 적용
㉠ 최대치수 : 문, 탈출구, 통로 등의 공간여유를 정할 때 적용한다.
㉡ 최소치수 : 조작자와 제어버튼 사이의 거리, 작업대 · 선반 등의 높이, 조종장치까지의 거리 및 조작에 필요한 힘 등을 정할 때 적용한다.

㉯ 조절식의 적용
㉠ 조절식은 자동차 좌석의 전후조절, 사무실 의자의 상하조절, 책상 높이조절 등에 응용된다.
㉡ 조절식을 설계할 때에는 통상 5%치에서 95%까지 90% 범위를 수용대상으로 설계하는 것이 관례이다.

㉰ 평균치 적용 : 공공장소의 의자, 화장실 변기, 슈퍼마켓의 계산대, 은행의 접수대 등

23 감각저장으로부터 정보를 작업기억으로 전달하기 위한 코드화 분류에 해당되지 않는 것은?

① 시각코드 ② 촉각코드
③ 음성코드 ④ 의미코드

해설 **작업기억으로 전달하기 위한 코드화 분류**

㉮ 음운부호(phonological code)
㉯ 시각부호(visual code)
㉰ 의미부호(semantic code)

24 작업장의 설비 3대에서 각각 80dB, 86dB, 78dB의 소음이 발생되고 있을 때 작업장의 음압수준은?

① 약 81.3dB ② 약 85.5dB
③ 약 87.5dB ④ 약 90.3dB

해설 음압수준(dB)

$$= 10\log\left(10^{\frac{80}{10}} + 10^{\frac{86}{10}} + 10^{\frac{78}{10}}\right) = 87.49\text{dB}$$

 정답 20.④ 21.② 22.② 23.② 24.③

25 다음 중 일반적인 화학설비에 대한 안전성 평가(safety assessment) 절차에 있어 안전대책 단계에 해당되지 않는 것은?

① 보전
② 위험도 평가
③ 설비적 대책
④ 관리적 대책

해설 **화학설비에 대한 안전성평가의 5단계**

㉮ 1단계 : 관계 자료의 작성 준비
㉯ 2단계 : 정성적 평가

설계관계	운전관계
• 입지조건 • 공장 내 배치 • 건조물 • 소방설비	• 원재료, 중간체, 제품 • 공정 • 수송, 저장 등 • 공정기기

㉰ 3단계 : 정량적 평가
㉠ 해당 화학설비의 취급물질, 용량, 온도, 압력 및 조작의 5항목에 대해 A, B, C, D급으로 분류하고, A급은 10점, B급은 5점, C급은 2점, D급은 0점으로 점수를 부여한 후, 5항목에 관한 점수들의 합을 구한다.
㉡ 합산 결과에 의한 위험도의 등급은 다음과 같다.

등 급	점 수	내 용
Ⅰ등급	16점 이상	위험도가 높다.
Ⅱ등급	11~15점 이하	주위사항, 다른 설비와 관련해서 평가
Ⅲ등급	10점 이하	위험도가 낮다.

㉱ 4단계 : 안전대책
㉠ 설비대책 : 안전장치 및 방재장치에 관해서 배려한다.
㉡ 관리적 대책 : 인원배치, 교육훈련 및 보전에 관해서 배려한다.
㉲ 5단계 : 재평가
㉠ 재해정보에 의한 재평가
㉡ FTA에 의한 재평가

26 설비보전방법 중 설비의 열화를 방지하고 그 진행을 지연시켜 수명을 연장하기 위한 점검, 청소, 주유 및 교체 등의 활동은?

① 사후보전 ② 개량보전
③ 일상보전 ④ 보전예방

해설 **설비보전방식**

㉮ 개량보전 : CM이라고 불리며, 기기 부품의 수명 연장이나 고장난 경우의 수리시간 단축 등 설비에 개량대책을 세우는 방법이다.
㉯ 사후보전 : 경제성을 고려하여 고장정지 또는 유해한 성능 저하를 가져온 후에 수리하는 보전방식을 말한다.
㉰ 보전예방 : 설비를 새로 계획 · 설계하는 단계에서 보전 정보나 새로운 기술을 도입하여 신뢰성, 보전성, 경제성, 조작성, 안전성 등을 고려함으로써 보전비나 열화 손실을 줄이는 활동으로 궁극적으로는 보전 불요의 설비를 목표로 한다.
㉱ 예방보전 : 설비의 건강상태를 유지하고 고장이 일어나지 않도록 열화를 방지하기 위한 일상보전, 열화를 측정하기 위한 정기검사 또는 설비진단, 열화를 조기에 복원시키기 위한 정비 등을 하는 것이다.
㉲ 일상보전 : 설비의 열화를 방지하고 그 진행을 지연시켜 수명을 연장하기 위한 설비의 점검, 청소, 주유, 교체 등의 활동을 의미한다.

27 욕조곡선에서의 고장형태에서 일정한 형태의 고장률이 나타나는 구간은?

① 초기고장구간
② 마모고장구간
③ 피로고장구간
④ 우발고장구간

해설 **고장형태**

㉮ 초기고장 – 고장률 감소시기(DFR ; Decreasing Failure Rate) : 사용 개시 후 비교적 이른 시기에 설계 · 제작상의 결함, 사용 환경의 부적합 등에 의해 발생하는 고장이다. 기계설비의 시운전 및 초기 운전 중 가장 높은 고장률을 나타내고 그 고장률이 차츰 감소한다.
㉯ 우발고장 – 고장률 일정시기(CFR ; Constant Failure Rate) : 초기고장과 마모고장 사이의 마모, 누출, 변형, 크랙 등으로 인하여 우발적으로 발생하는 고장이다. 고장률이 일정한 이 기간은 고장시간, 원인(고장 타입)이 랜덤해서 예방보전(PM)은 무의미하며 고장률이 가장 낮다. 정기점검이나 특별점검을 통해서 예방할 수 있다.
㉰ 마모고장 – 고장률 증가시기(IFR ; Increasing Failure Rate) : 점차 고장률이 상승하는 형으로 볼베어링 또는 기어 등 기계적 요소나 부품의 마모, 사람의 노화현상에 의해 어떤 시점에 집중적으로 고장이 발생하는 시기이다.

25.② 26.③ 27.④ 정답

28 FT도에서 시스템의 신뢰도는 얼마인가? (단, 모든 부품의 발생확률은 0.1이다.)

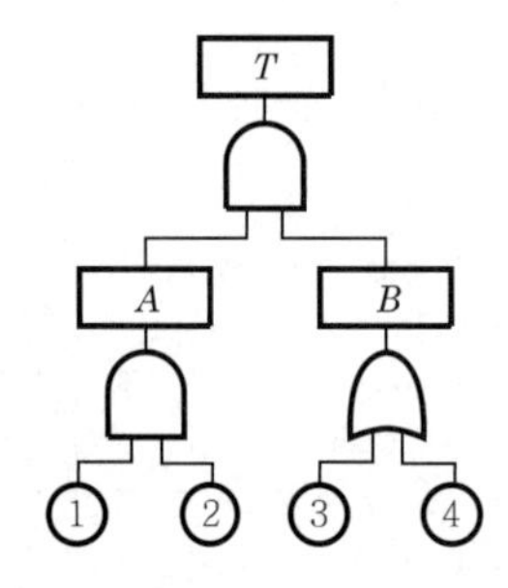

① 0.0033 ② 0.0062
③ 0.9981 ④ 0.9936

해설 불신뢰도$(F)=0.1^2\times[1-(1-0.1)(1-0.1)]$
$=0.0019$
신뢰도$(R)=1-(F)=1-0.0019=0.9981$

29 중량물 들기작업 시 5분간의 산소소비량을 측정한 결과 90L의 배기량 중에 산소가 16%, 이산화탄소가 4%로 분석되었다. 해당 작업에 대한 산소소비량(L/min)은 약 얼마인가? (단, 공기 중 질소는 79vol%, 산소는 21vol%이다.)

① 0.948 ② 1.948
③ 4.74 ④ 5.74

해설 분당 배기량$=\frac{90}{5}=18\text{L/분}$
흡기량$=18\times\frac{(100-16-4)}{79}=18.23$
$\therefore$ O_2 소비량 $=18.23\times21\%-18\times16\%$
$=0.948\text{L/분}$

30 동작경제의 원칙과 가장 거리가 먼 것은?

① 급작스런 방향의 전환은 피하도록 할 것
② 가능한 한 관성을 이용하여 작업하도록 할 것
③ 두 손의 동작은 같이 시작하고, 같이 끝나도록 할 것
④ 두 팔의 동작은 동시에 같은 방향으로 움직일 것

해설 **동작경제의 원칙**

㉮ 작업장의 배치에 관한 원칙
㉠ 가능하다면 낙하식 운반방법을 사용한다.
㉡ 공구, 재료 및 제어장치는 사용위치에 가까이 두도록 한다.
㉢ 공구나 재료는 작업동작이 원활하게 수행되도록 위치를 정해준다.
㉣ 모든 공구나 재료는 자기 위치에 있도록 한다.
㉤ 중력이송원리를 이용한 부품상자나 용기를 이용하여 부품을 제품 사용위치 가까이에 보낼 수 있도록 한다.
㉥ 작업자가 좋은 자세를 취할 수 있도록 의자는 높이뿐만 아니라 디자인도 좋아야 한다.
㉦ 작업자가 작업 중 자세를 변경, 즉 앉거나 서는 것을 임의로 할 수 있도록 작업대와 의자 높이가 조정되도록 한다.
㉧ 작업자가 잘 보면서 작업할 수 있도록 적절한 조명을 한다.

㉯ 신체 사용에 관한 원칙
㉠ 두 팔의 동작은 서로 반대방향으로 대칭적으로 움직인다.
㉡ 휴식시간을 제외하고는 양손이 같이 쉬지 않도록 한다.
㉢ 두 손의 동작은 같이 시작하고, 같이 끝나도록 한다.
㉣ 손과 신체의 동작은 작업을 원만하게 처리할 수 있는 범위 내에서 가장 낮은 동작등급을 사용하도록 한다.
㉤ 탄도동작은 제한되거나 통제된 동작보다 더 신속하고 용이하며 정확하다.
㉥ 손의 동작은 부드럽고 연속적인 동작이 되도록 하며, 방향이 갑자기 크게 바뀌는 모양의 직선동작은 피하도록 한다.
㉦ 가능한 한 관성을 이용하여 작업하되, 작업자가 관성을 억제하여야 하는 경우에는 발생되는 관성을 최소한도로 줄인다.
㉧ 가능하다면 쉽고도 자연스러운 리듬이 작업동작에 생기도록 작업을 배치한다.
㉨ 눈의 초점을 모아야 작업을 할 수 있는 경우는 가능하면 없애고, 불가피한 경우에는 눈의 초점이 모아지는 서로 다른 두 작업지점 간의 거리를 짧게 한다.

㉰ 공구 및 장비의 설계에 관한 원칙
㉠ 공구의 기능을 결합하여 사용하도록 한다.
㉡ 치구나 족답장치를 효과적으로 사용할 수 있는 작업에서는 이러한 장치를 활용하여 양손이 다른 일을 할 수 있도록 한다.
㉢ 각 손가락에 서로 다른 작업을 할 때에는 작업량을 각 손가락의 능력에 맞게 분배해야 한다.
㉣ 레버, 핸들 그리고 제어장치는 작업자가 몸의 자세를 크게 바꾸지 않더라도 조작하기 쉽도록 배열한다.
㉤ 공구와 자재는 가능한 한 사용하기 쉽도록 미리 위치를 잡아준다.

 정답 28.③ 29.① 30.④

31 정보를 전송하기 위해 청각적 표시장치보다 시각적 표시장치를 사용하는 것이 더 효과적인 경우는?

① 정보의 내용이 간단한 경우
② 정보가 후에 재참조되는 경우
③ 정보가 즉각적인 행동을 요구하는 경우
④ 정보의 내용이 시간적인 사건을 다루는 경우

해설 **청각장치와 시각장치의 선택**
㉮ 청각장치 사용
㉠ 전언이 간단하고 짧을 때
㉡ 전언이 후에 재참조되지 않을 때
㉢ 전언이 시간적인 사상을 다룰 때
㉣ 전언이 즉각적인 행동을 요구할 때
㉤ 수신자의 시각계통이 과부하 상태일 때
㉥ 수신장소가 너무 밝거나 암조응 유지가 필요할 때
㉦ 직무상 수신자가 자주 움직이는 경우
㉯ 시각장치 사용
㉠ 전언이 복잡하고 길 때
㉡ 전언이 후에 재참조될 경우
㉢ 전언이 공간적인 위치를 다룰 때
㉣ 전언이 즉각적인 행동을 요구하지 않을 때
㉤ 수신자의 청각계통이 과부하 상태일 때
㉥ 수신장소가 너무 시끄러울 때
㉦ 직무상 수신자가 한 곳에 머무르는 경우

32 인간공학 연구방법 중 실제의 제품이나 시스템이 추구하는 특성 및 수준이 달성되는지를 비교하고 분석하는 연구는?

① 조사연구 ② 실험연구
③ 분석연구 ④ 평가연구

해설 **인간공학 연구방법**
㉮ 조사연구 : 집단의 속성에 관한 특성을 연구로 설계 결정의 기본이 되는 여러 가지 기초자료를 제공하는 연구
㉯ 실험연구 : 어떤 변수가 행동에 미치는 영향을 시험하는 것으로 대개 설계 문제가 생기는 실제 상황 또는 변수 및 행동을 예측할 수 있는 이론에 기초하여, 조사할 변수와 측정할 행동을 결정하는 연구
㉰ 평가연구 : 실제의 제품이나 시스템이 추구하는 특성 및 수준이 달성되는지를 비교하고 분석하는 연구

33 다음 중 음량수준을 평가하는 척도와 관계 없는 것은?

① dB ② HSI
③ phon ④ sone

해설 **음량수준을 평가하는 척도**
㉮ phon에 의한 음량수준 : 음의 감각적 크기 수준을 나타내기 위해서 음압수준(dB)과는 다른 phon이라는 단위를 채용하는데, 어떤 음의 phon치로 표시한 음량수준은 이 음과 같은 크기로 들리는 1,000Hz 순음의 음압수준 1dB이다.
㉯ sone에 의한 음량수준 : 음량 척도로서 1,000Hz, 40dB의 음압수준을 가진 순음의 크기(=40phon)를 1sone이라고 정의한다.
㉰ 인식소음수준 : PNdB(Perceived Noise decibel)의 척도는 같은 시끄럽기로 들리는 910~1,090Hz대의 소음음압수준으로 정의되고, 최근에 사용되는 PLdB(Perceived Level decibel) 척도는 3,150Hz에 중심을 둔 1/3 옥타브(octave)대 음을 기준으로 사용한다.

34 위험분석기법 중 고장이 시스템의 손실과 인명의 사상에 연결되는 높은 위험도를 가진 요소나 고장의 형태에 따른 분석법은?

① CA
② ETA
③ FHA
④ FTA

해설 ① CA(Criticality Analysis ; 위험도 분석) : 고장이 시스템의 손실과 인명의 사상에 연결되는 높은 위험도를 가진 요소나 고장의 형태에 따른 분석법
② ETA(Event Tree Analysis) : 사상의 안전도를 사용하여 시스템의 안전도를 나타내는 시스템 모델의 하나로 귀납적이고 정량적인 분석법
③ FHA(Fault Hazard Analysis ; 결함사고 위험분석) : 서브시스템 해석 등에 사용되는 분석법
④ FTA(Fault Tree Analysis) : 결함수법 · 결함관련 수법 · 고장의 목(木) 분석법 등의 뜻을 나타내며, 기계설비 또는 인간 – 기계 시스템(Man Machine System)의 고장이나 재해의 발생요인을 FT 도표에 의하여 분석하는 방법

31.② 32.④ 33.② 34.① 정답

35 실효온도(effective temperature)에 영향을 주는 요인이 아닌 것은?

① 온도
② 습도
③ 복사열
④ 공기유동

해설 **실효온도**
온도와 습도 및 공기유동이 인체에 미치는 열효과를 하나의 수치로 통합한 경험적 감각지수로 상대습도 100%일 때의 건구온도에서 느끼는 것과 동일한 온감이다.
예 습도 50%에서 21℃의 실효온도는 19℃
㉮ 실효온도(체감온도 또는 감각온도)에 영향을 주는 요인 : 온도, 습도, 기류(공기유동)
㉯ 허용한계 : 정신(사무)작업-60~65℉, 경작업-55~60℉, 중작업-50~55℉

36 인간-기계 시스템 설계과정 중 직무분석을 하는 단계는?

① 제1단계 : 시스템의 목표와 성능 명세 결정
② 제2단계 : 시스템의 정의
③ 제3단계 : 기본설계
④ 제4단계 : 인터페이스 설계

해설 **인간-기계 시스템 설계의 주요 단계**
㉮ 제1단계 : 목표 및 성능 설정
㉯ 제2단계 : 시스템의 정의
㉰ 제3단계 : 기본설계
　㉠ 기능의 할당
　㉡ 인간성능요건 명세 : 속도, 정확성, 사용자 만족, 유일한 기술을 개발하는 데 필요한 시간
　㉢ 직무분석
　㉣ 작업설계
㉱ 제4단계 : 계면(인터페이스)설계
㉲ 제5단계 : 촉진물(보조물) 설계
㉳ 제6단계 : 시험 및 평가

37 의도는 올바른 것이었지만, 행동이 의도한 것과는 다르게 나타나는 오류는?

① Slip　② Mistake
③ Lapse　④ Violation

해설 ① Slip(실수) : 상황(목표) 해석은 제대로 하였으나 의도와는 다른 행동을 하는 경우
② Mistake(착오) : 상황 해석을 잘못하거나 틀린 목표를 착각하여 행하는 경우
③ Lapse(건망증) : 여러 과정이 연계적으로 일어나는 행동을 잊어버리고 안 하는 경우
④ Violation(위반) : 알고 있음에도 의도적으로 따르지 않거나 무시하고 법률, 명령, 약속 따위를 지키지 않고 어기는 경우

38 시스템 수명주기에 있어서 예비위험분석(PHA)이 이루어지는 단계에 해당하는 것은?

① 구상단계　② 점검단계
③ 운전단계　④ 생산단계

해설 **예비위험분석(PHA)**
대부분의 시스템 안전 프로그램에 있어서 최초(구상)단계의 분석으로 시스템 내의 위험한 요소가 얼마나 위험한 상태에 있는가를 정성적으로 평가하는 기법으로, 목적은 시스템의 개발단계에 있어서 시스템 고유의 위험상태를 식별하고, 예상되는 재해의 위험수준을 결정하는 시스템 분석법이다.

39 FTA에서 사용하는 다음 사상기호에 대한 설명으로 맞는 것은?

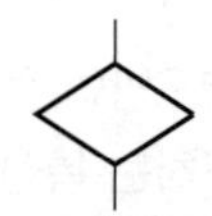

① 시스템 분석에서 좀더 발전시켜야 하는 사상
② 시스템의 정상적인 가동상태에서 일어날 것이 기대되는 사상
③ 불충분한 자료로 결론을 내릴 수 없어 더 이상 전개할 수 없는 사상
④ 주어진 시스템의 기본사상으로 고장원인이 분석되었기 때문에 더 이상 분석할 필요가 없는 사상

해설 **생략사상**
사상과 원인과의 관계를 알 수 없거나 또는 필요한 정보를 얻을 수 없기 때문에 더 이상 선개할 수 없는 최후적 사상을 나타낸다.

 정답 35.③ 36.③ 37.① 38.① 39.③

40 어떤 설비의 시간당 고장률이 일정하다고 할 때 이 설비의 고장 간격은 다음 중 어떤 확률분포를 따르는가?

① t분포
② 와이블분포
③ 지수분포
④ 아이링(Eyring)분포

해설 **지수분포**
어떤 설비의 시간당 고장률이 일정할 경우 이 설비의 고장 간격을 나타내는 확률분포

» 제3과목 기계위험 방지기술

41 산업안전보건법령상 크레인에서 정격하중에 대한 정의는? (단, 지브가 있는 크레인은 제외)

① 부하할 수 있는 최대하중
② 부하할 수 있는 최대하중에서 달기기구의 중량에 상당하는 하중을 뺀 하중
③ 짐을 싣고 상승할 수 있는 최대하중
④ 가장 위험한 상태에서 부하할 수 있는 최대하중

해설 **정격하중**
크레인의 권상(호이스팅)하중에서 훅, 크래브 또는 버킷 등 달기기구의 중량에 상당하는 하중을 뺀 하중을 말한다.

42 산업안전보건법령상 로봇의 작동범위 내에서 그 로봇에 관하여 교시 등 작업을 행하는 때 작업시작 전 점검사항으로 옳은 것은? (단, 로봇의 동력원을 차단하고 행하는 것은 제외)

① 과부하방지장치의 이상 유무
② 압력제한스위치의 이상 유무
③ 외부 전선의 피복 또는 외장의 손상 유무
④ 권과방지장치의 이상 유무

해설 **로봇의 교시 등의 작업 시 작업시작 전 점검사항**
㉮ 외부 전선의 피복 또는 외장의 손상 유무
㉯ 매니퓰레이터(manipulator) 작동의 이상 유무
㉰ 제동장치 및 비상정지장치의 기능

43 산업안전보건법령상 양중기의 과부하방지장치에서 요구하는 일반적인 성능기준으로 가장 적절하지 않은 것은?

① 과부하방지장치 작동 시 경보음과 경보램프가 작동되어야 하며, 양중기는 작동이 되지 않아야 한다.
② 외함의 전선 접촉부분은 고무 등으로 밀폐되어 물과 먼지 등이 들어가지 않도록 한다.
③ 과부하방지장치와 타 방호장치는 기능에 서로 장애를 주지 않도록 부착할 수 있는 구조이어야 한다.
④ 방호장치의 기능을 정지 및 제거할 때 양중기의 기능이 동시에 원활하게 작동하는 구조이며 정지해서는 안 된다.

해설 방호장치의 기능을 정지 및 제거할 때 양중기의 기능이 동시에 정지하는 구조이며, 원활하게 작동하는 구조로 해서는 안 된다.

44 프레스 작업에서 제품 및 스크랩을 자동적으로 위험한계 밖으로 배출하기 위한 장치로 틀린 것은?

① 피더 ② 키커
③ 이젝터 ④ 공기분사장치

해설 자동송급장치 및 자동배출장치(No hand in die 방식)를 사용하면 작업에서 금형 안에 손을 넣을 필요가 없다.
㉮ 자동송급장치 : 재료를 자동적으로 금형 사이에 이송시키는 장치
　㉠ 1차 가공용 : 롤 피더, 그리퍼 피더
　㉡ 2차 가공용 : 푸셔 피더, 다이얼 피더, 트랜스퍼 피더(transfer feeder), 슈트(chute)
㉯ 자동배출장치 : 재료를 가공한 후 가공물을 자동적으로 꺼내는 장치
　㉠ 셔블 이젝터
　㉡ 키커
　㉢ 공기분사나 스프링 탄력을 이용하는 방법

45 산업안전보건법령상 보일러 수위가 이상 현상으로 인해 위험수위로 변하면 작업자가 쉽게 감지할 수 있도록 경보등, 경보음을 발하고 자동적으로 급수 또는 단수되어 수위를 조절하는 방호장치는?

① 압력방출장치
② 고저수위조절장치
③ 압력제한스위치
④ 과부하방지장치

해설 보일러의 방호장치

㉮ 압력제한스위치 : 상용운전압력 이상으로 압력이 상승할 경우, 보일러의 과열을 방지하기 위하여 최고사용압력과 상용압력 사이에서 보일러의 버너 연소를 차단하여 열원을 제거하여 정상압력으로 유도하는 보일러의 방호장치
㉯ 압력방출장치 : 최고사용압력(증기압력) 이하에서 자동적으로 밸브가 열려서 증기를 외부로 분출시켜 증기 상승압력을 방지하는 장치
㉰ 고저수위조절장치 : 보일러 내의 수위가 최저 또는 최고 한계에 도달하였을 경우, 자동적으로 경보를 발하는 동시에 단수 또는 급수에 의해 수위를 조절하는 장치

46 회전하는 동작부분과 고정부분이 함께 만드는 위험점으로 주로 연삭숫돌과 작업대, 교반기의 교반날개와 몸체 사이에서 형성되는 위험점은?

① 협착점
② 절단점
③ 물림점
④ 끼임점

해설 위험점의 종류

㉮ 협착점(squeeze－point) : 왕복운동을 하는 동작부분과 움직임이 없는 고정부분 사이에 형성되는 위험점
예 프레스, 절단기, 성형기, 굽힘기계
㉯ 끼임점(shear－point) : 회전운동을 하는 동작부분과 움직임이 없는 고정부분 사이에 형성되는 위험점
예 프레임 암의 요동운동을 하는 기계부분, 교반기의 날개와 하우징, 연삭숫돌의 작업대
㉰ 절단점(cutting－point) : 회전하는 기계의 운동부분과 기계 사체와의 위험이 형성되는 위험점
예 밀링의 커터, 목재 가공용 둥근톱이나 띠톱의 톱날 등
㉱ 물림점(nip－point) : 회전하는 두 회전체에 말려 들어가는 위험점으로 두 회전체는 서로 반대방향으로 맞물려 회전해야 한다.
예 롤러와 롤러의 물림, 기어와 기어의 물림 등
㉲ 접선 물림점(tangential nip－point) : 회전하는 부분의 접선방향으로 물려 들어가 위험이 존재하는 점
예 V벨트와 풀리, 체인과 스프로킷, 랙과 피니언 등
㉳ 회전 말림점(trapping－point) : 회전하는 물체의 길이, 굵기, 속도 등의 불규칙 부위와 돌기회전 부위에 의해 머리카락, 장갑 및 작업복 등이 말려들 위험이 형성되는 점
예 축, 커플링, 회전하는 공구(드릴 등) 등

47 물체의 표면에 침투력이 강한 적색 또는 형광성의 침투액을 표면 개구 결함에 침투시켜 직접 또는 자외선 등으로 관찰하여 결함 장소와 크기를 판별하는 비파괴시험은?

① 피로시험
② 음향탐상시험
③ 와류탐상시험
④ 침투탐상시험

해설 침투탐상시험의 종류

㉮ 염색침투검사 : 수세성, 후유화성 또는 용제 제거성 염색 침투액을 사용하는 침투탐상시험 방법으로 자연광 또는 백색광 아래서 가시 염료 색의 결함 지시 모양을 관찰한다.
㉯ 형광침투검사 : 형광물질이 든 침투액을 사용하는 침투탐상검사방법으로 파장 330~390nm의 자외선을 조사하여 결함 지시 모양이 형광을 발하게 하여 결함을 검출한다.

48 다음 중 가공재료의 칩이나 절삭유 등이 비산되어 나오는 위험으로부터 보호하기 위한 선반의 방호장치는?

① 바이트
② 권과방지장치
③ 압력제한스위치
④ 실드(shield)

해설 칩 비산 방지를 위한 안전장치의 종류

㉮ 칩 브레이크
㉯ 칩 비산 방지 투명판(shield)
㉰ 칩받이
㉱ 칸막이

정답 45.② 46.④ 47.④ 48.④

49 공기압축기의 작업안전수칙으로 가장 적절하지 않은 것은?

① 공기압축기의 점검 및 청소는 반드시 전원을 차단한 후에 실시한다.
② 운전 중에 어떠한 부품도 건드려서는 안 된다.
③ 공기압축기 분해 시 내부의 압축공기를 이용하여 분해한다.
④ 최대공기압력을 초과한 공기압력으로는 절대로 운전하여서는 안 된다.

해설 **공기압축기 작업안전수칙**
㉮ 공기압축기의 점검 및 청소는 반드시 전원을 차단한 후에 실시한다.
㉯ 운전 중에는 어떠한 부품도 건드려서는 안 된다.
㉰ 공기압축기의 분해는 모든 압축공기를 완전히 배출한 뒤에 해야 한다.
㉱ 최대공기압력을 초과한 공기압력으로는 절대로 운전하여서는 안 된다.
㉲ 정지할 때는 언로드 밸브를 무부하 상태로 한 후 정지시킨다.

50 프레스기의 SPM(Stroke Per Minute)이 200이고, 클러치의 맞물림 개소수가 6인 경우 양수기동식 방호장치의 안전거리는?

① 120mm ② 200mm
③ 320mm ④ 400mm

해설 안전거리$(D_m) = 1.6\,T_m$
여기서, T_m : 양손으로 누름단추를 누르기 시작할 때부터 슬라이드가 하사점에 도달하기까지의 시간(ms)

$$T_m = \left(\frac{1}{\text{클러치 물림개소}} + \frac{1}{2}\right) \times \frac{60{,}000}{\text{매분 행정수}}$$

$$\therefore D_m = 1.6 \times T_m = 1.6 \times \left(\frac{1}{6} + \frac{1}{2}\right) \times \frac{60{,}000}{200} = 320\text{mm}$$

51 용접부 결함에서 전류가 과대하고, 용접속도가 너무 빨라 용접부의 일부가 홈 또는 오목하게 생기는 결함은?

① 언더컷 ② 기공
③ 균열 ④ 융합불량

해설 **언더컷(undercut)**
용접살 끝(weld toe)에 인접하여 모재가 파인 후 용착금속이 채워지지 않고 남아 있는 부분으로 노치가 되어 이것의 반경이 작을 경우 응력집중이 크다. 또한 이 부분은 취화되기 때문에 균열이 발생하기 쉽다.

52 페일 세이프(fail safe)의 기능적인 면에서 분류할 때 거리가 가장 먼 것은?

① Fool proof
② Fail passive
③ Fail active
④ Fail operational

해설 ㉮ 페일 세이프(fail safe) : 인간이나 기계 등에 과오나 동작상의 실수가 있더라도 사고 · 재해를 발생시키지 않도록 철저하게 2중, 3중으로 통제를 가하는 것을 말한다. 기능면에서의 분류는 다음과 같다.
㉠ fail passive : 부품이 고장나면 기계가 정지하는 방향으로 이동
㉡ fail active : 부품이 고장나면 경보가 울리며 잠시 계속 운전이 가능
㉢ fail operational : 부품이 고장나도 추후에 보수가 될 때까지 안전기능 유지
㉯ 풀 프루프(fool proof) : 인간이 기계 등의 취급을 잘못해도 그것이 바로 사고로 연결되는 일이 없도록 하는 기능을 말한다.

53 드릴작업의 안전사항으로 틀린 것은?

① 옷소매가 길거나 찢어진 옷은 입지 않는다.
② 작고, 길이가 긴 물건은 손으로 잡고 뚫는다.
③ 회전하는 드릴에 걸레 등을 가까이 하지 않는다.
④ 스핀들에서 드릴을 뽑아낼 때에는 드릴 아래에 손을 내밀지 않는다.

해설 **공작물의 고정방법**
㉮ 공작물이 작을 때 : 바이스로 고정
㉯ 공작물이 크고, 복잡할 때 : 볼트와 고정구(클램프) 사용
㉰ 대량생산과 정밀도를 요구할 때 : 지그(jig) 사용

49.③ 50.③ 51.① 52.① 53.② 정답

54 산업안전보건법령상 컨베이어, 이송용 롤러 등을 사용하는 경우 정전 · 전압강하 등에 의한 위험을 방지하기 위하여 설치하는 안전장치는?

① 권과방지장치
② 동력전달장치
③ 과부하방지장치
④ 화물의 이탈 및 역주행 방지장치

해설 **컨베이어의 방호장치**

㉮ 이탈 및 역주행 방지장치 : 컨베이어, 이송용 롤러 등을 사용하는 때에는 정전, 전압강하 등에 의한 화물 또는 운반구의 이탈 및 역주행을 방지하는 장치를 갖출 것(단, 무동력상태 또는 수평상태로만 사용하여 근로자에 위험을 미칠 우려가 없는 때에는 제외)
㉯ 비상정지장치 : 근로자의 신체가 말려드는 등 위험 시와 비상시에는 즉시 운전을 정지시킬 수 있는 비상정지장치를 설치할 것
㉰ 덮개 또는 울 : 컨베이어 등으로부터 화물이 낙하함으로 인하여 근로자에게 위험을 미칠 우려가 있는 때에는 해당 컨베이어 등에 덮개, 울을 설치하는 등 낙하방지를 위한 조치를 할 것
㉱ 건널다리 : 운전 중인 컨베이어 등의 위로 근로자를 넘어가도록 하는 경우에는 건널다리를 설치할 것

55 연삭숫돌의 파괴원인으로 거리가 가장 먼 것은?

① 숫돌이 외부의 큰 충격을 받았을 때
② 숫돌의 회전속도가 너무 빠를 때
③ 숫돌 자체에 이미 균열이 있을 때
④ 플랜지 직경이 숫돌 직경의 1/3 이상일 때

해설 **연삭기 숫돌의 파괴원인**

㉮ 숫돌의 회전속도가 빠를 때
㉯ 숫돌 자체에 균열이 있을 때
㉰ 숫돌에 과대한 충격을 가할 때
㉱ 숫돌의 측면을 사용하여 작업할 때
㉲ 숫돌의 불균형이나 베어링 마모에 의한 진동이 있을 때
㉳ 숫돌 반경방향의 온도 변화가 심할 때
㉴ 작업에 부적당한 숫돌을 사용할 때
㉵ 숫돌의 치수가 부적당할 때
㉶ 플랜지가 현저히 작을 때

※ 플랜지 직경=숫돌 직경×1/3 이상이면 파괴되지 않는다.

56 산업안전보건법령상 보일러의 압력방출장치가 2개 설치된 경우 그 중 1개는 최고사용압력 이하에서 작동된다고 할 때 다른 압력방출장치는 최고사용압력의 최대 몇 배 이하에서 작동되도록 하여야 하는가?

① 0.5 ② 1
③ 1.05 ④ 2

해설 **압력방출장치**

사업주는 보일러의 안전한 가동을 위하여 보일러 규격에 맞는 압력방출장치를 1개 또는 2개 이상 설치하고 최고사용압력 이하에서 작동되도록 하여야 한다. 다만, 압력방출장치가 2개 이상 설치된 경우에는 최고사용압력 이하에서 1개가 작동되고, 다른 압력방출장치는 최고사용압력 1.05배 이하에서 작동되도록 부착하여야 한다.

57 산업안전보건법령상 프레스 등 금형을 부착 · 해체 또는 조정하는 작업을 할 때, 슬라이드가 갑자기 작동함으로써 근로자에게 발생할 우려가 있는 위험을 방지하기 위해 사용해야 하는 것은? (단, 해당 작업에 종사하는 근로자의 신체가 위험한계 내에 있는 경우)

① 방진구 ② 안전블록
③ 시건장치 ④ 날접촉예방장치

해설 **금형 조정작업의 위험방지**

프레스 등의 금형을 부착 · 해체 또는 조정하는 작업을 할 때에 해당 작업에 종사하는 근로자의 신체가 위험한계 내에 있는 경우 슬라이드가 갑자기 작동함으로써 근로자에게 발생할 우려가 있는 위험을 방지하기 위하여 안전블록을 사용하는 등 필요한 조치를 하여야 한다.

58 기계설비의 안전조건인 구조의 안전화와 거리가 가장 먼 것은?

① 전압강하에 따른 오동작 방지
② 재료의 결함 방지
③ 설계상의 결함 방지
④ 가공 결함 방지

해설 구조적 안전을 지해하는 요인에는 재료의 결함, 설계의 잘못, 가공의 잘못 등이 있다.

정답 54.④ 55.④ 56.③ 57.② 58.①

59 산업안전보건법령상 지게차 작업시작 전 점검사항으로 거리가 가장 먼 것은?

① 제동장치 및 조종장치 기능의 이상 유무
② 압력방출장치의 작동 이상 유무
③ 바퀴의 이상 유무
④ 전조등 · 후미등 · 방향지시기 및 경보장치 기능의 이상 유무

해설 **지게차의 작업시작 전 점검사항**
㉮ 제동장치 및 조종장치 기능의 이상 유무
㉯ 하역장치 및 유압장치 기능의 이상 유무
㉰ 바퀴의 이상 유무
㉱ 전조등 · 후미등 · 방향지시기 및 경보장치 기능의 이상 유무

60 상용운전압력 이상으로 압력이 상승할 경우 보일러의 과열을 방지하기 위하여 버너의 연소를 차단하여 정상압력으로 유도하는 장치는?

① 압력방출장치
② 고저수위조절장치
③ 압력제한스위치
④ 통풍제어스위치

해설 **압력제한스위치**
보일러의 과열을 방지하기 위하여 기능을 정상적으로 발휘하는 범위 내에서 사용될 수 있는 최고의 압력인 최고사용압력과 상용압력 사이에서 상용운전압력 이상으로 압력이 상승할 경우 보일러의 과열을 방지하기 위하여 보일러의 버너 연소를 차단하는 등 열원을 제거하여 정상압력으로 유도하는 장치이다.

≫ 제4과목 전기위험 방지기술

61 한국전기설비 규정에 따라 피뢰설비에서 외부 피뢰시스템의 수뢰부시스템으로 적합하지 않는 것은?

① 돌침 ② 수평도체
③ 메시도체 ④ 환상도체

해설 **수뢰부시스템**
낙뢰를 포착할 목적으로 돌침, 수평도체, 메시도체 등과 같은 금속물체를 이용한 외부 피뢰시스템의 일부이다.

62 정전기 재해의 방지대책에 대한 설명으로 적합하지 않은 것은?

① 접지의 접속은 납땜, 용접 또는 멈춤나사로 실시한다.
② 회전부품의 유막저항이 높으면 도전성의 윤활제를 사용한다.
③ 이동식의 용기는 절연성 고무제 바퀴를 달아서 폭발위험을 제거한다.
④ 폭발의 위험이 있는 구역은 도전성 고무류로 바닥 처리를 한다.

해설 ③ 이동식의 용기는 도전성이 큰 바퀴를 달아서 폭발위험을 제거한다.

63 방폭기기 그룹에 관한 설명으로 틀린 것은?

① 그룹 Ⅰ, 그룹 Ⅱ, 그룹 Ⅲ가 있다.
② 그룹 Ⅰ의 기기는 폭발성 갱내 가스에 취약한 광산에서의 사용을 목적으로 한다.
③ 그룹 Ⅱ의 세부 분류로 ⅡA, ⅡB, ⅡC가 있다.
④ ⅡA로 표시된 기기는 그룹 ⅡB 기기를 필요로 하는 지역에 사용할 수 있다.

해설 ④ ⅡA로 표시된 기기는 그룹 ⅡB 기기를 필요로 하는 지역에 사용할 수 없다.

64 어느 변전소에서 고장전류가 유입되었을 때 도전성 구조물과 그 부근 지표상의 점과의 사이(약 1m)의 허용접촉전압은 약 몇 V인가? (단, 심실세동전류 : $I_k = \frac{0.165}{\sqrt{t}}$ A, 인체의 저항 : 1,000Ω, 지표면의 저항률 : 150Ω · m, 통전시간을 1초로 한다.)

① 164 ② 186
③ 202 ④ 228

59.② 60.③ 61.④ 62.③ 63.④ 64.③ 정답

해설 $E=\left(R_k+\frac{R_f}{2}\right)\times I_k=\left(1,000+\frac{150\times 3}{2}\right)\times\frac{0.165}{\sqrt{1}}$
$=202.125\text{V}$

여기서, E : 허용접촉전압(V)
R_k : 인체저항(Ω)
R_f : 발의 저항(Ω)
(지표상층저항률 $P_5\times 3$)
I_k : 심실세동전류(A)

65 폭발한계에 도달한 메탄가스가 공기에 혼합되었을 경우 착화한계전압(V)은 약 얼마인가? (단, 메탄의 최소착화에너지는 0.2mJ, 극간 용량은 10pF으로 한다.)

① 6,325 ② 5,225
③ 4,135 ④ 3,035

해설 $E=\frac{1}{2}CV^2$

$\therefore\ V=\sqrt{\frac{2E}{C}}=\sqrt{\frac{2\times 0.2\times 10^{-3}}{10\times 10^{-12}}}=6324.56\text{V}$

66 지락이 생긴 경우 접촉상태에 따라 접촉전압을 제한할 필요가 있다. 인체의 접촉상태에 따른 허용접촉전압을 나타낸 것으로 다음 중 옳지 않은 것은?

① 제1종 : 2.5V 이하
② 제2종 : 25V 이하
③ 제3종 : 35V 이하
④ 제4종 : 제한 없음.

해설 **접촉상태별 허용접촉전압**

종 별	허용접촉전압	비 고
제1종	2.5V 이하	인체의 대부분이 수중에 있는 상태
제2종	25V 이하	• 인체가 현저하게 젖어 있는 상태 • 금속성의 전기 기계장치나 구조물에 인체의 일부가 상시 접촉되어 있는 상태
제3종	50V 이하	제1·2종 이외의 경우로 통상의 인체상태로서 접촉전압이 가해지면 위험성이 높을 때
제4종	제한 없음.	• 제1·2종 이외의 경우로서 통상의 인체상태에 있어서 접촉전압이 가해지더라도 위험성이 낮을 때 • 접촉전압이 가해질 우려가 없을 때

67 다음 중 0종 장소에 사용될 수 있는 방폭구조의 기호는?

① Ex ia ② Ex ib
③ Ex d ④ Ex e

해설 **가스폭발 위험장소에 설치하는 방폭구조의 종류와 기호**

가스폭발 위험장소의 분류	방폭구조 전기 기계·기구의 선정기준
0종 장소	본질안전방폭구조(ia)
1종 장소	• 내압방폭구조(d) • 압력방폭구조(p) • 충전방폭구조(q) • 유입방폭구조(o) • 안전증방폭구조(e) • 본질안전방폭구조(ia, ib) • 몰드방폭구조(m)
2종 장소	• 0종 장소 및 1종 장소에 사용 가능한 방폭구조 • 비점화방폭구조(n)

68 다음 중 전기화재의 주요 원인이라고 할 수 없는 것은?

① 절연전선의 열화
② 정전기 발생
③ 과전류 발생
④ 절연저항값의 증가

해설 전기화재를 분석해 보면 단락, 누전, 과전류, 스파크, 접촉부의 과열, 절연 열화에 의한 발열, 지락, 낙뢰, 정전기 스파크 접속불량 등이 그 발생 원인이다.

※ ④ 절연저항값이 증가하면 누전이 일어날 수가 없다.

69 정전기 발생에 영향을 주는 요인이 아닌 것은?

① 물체의 분리속도 ② 물체의 특성
③ 물체의 접촉시간 ④ 물체의 표면상태

해설 **정전기 발생에 영향을 주는 요인**

㉮ 물체의 표면상태
㉯ 물체의 분리속도
㉰ 물체의 특성
㉱ 물체의 분리력
㉲ 접촉면적 및 압력

 정답 65.① 66.③ 67.① 68.④ 69.③

70 내전압용 절연장갑의 등급에 따른 최대사용전압이 틀린 것은? (단, 교류전압은 실효값이다.)

① 등급 00 : 교류 500V
② 등급 1 : 교류 7,500V
③ 등급 2 : 직류 17,000V
④ 등급 3 : 직류 39,750V

해설 ㉮ 절연장갑 및 슬리브의 요구전압

등급	교류		직류	
	최대 사용전압 [실효치, V]	절연강도 시험전압 [실효치, V]	최대 사용전압 [평균치, V]	절연강도 시험전압 [평균치, V]
00	500	2,500	750	4,000
0	1,000	5,000	1,500	10,000
1	7,500	10,000	11,250	20,000
2	17,000	20,000	25,500	30,000
3	26,500	30,000	39,750	40,000
4	36,000	40,000	54,000	60,000

㉯ 절연장갑 등급별 색상

등 급	00	0	1	2	3	4
색 상	갈색	빨간색	흰색	노란색	녹색	등색

71 다음 중 방폭전기기기의 구조별 표시방법으로 틀린 것은?

① 내압방폭구조 : p
② 본질안전방폭구조 : ia, ib
③ 유입방폭구조 : o
④ 안전증방폭구조 : e

해설 **방폭구조의 기호**
㉮ 내압방폭구조 : d
㉯ 압력방폭구조 : p
㉰ 안전증방폭구조 : e
㉱ 본질안전방폭구조 : ia 또는 ib
㉲ 유입방폭구조 : o
㉳ 충전방폭구조 : q
㉴ 몰드방폭구조 : m
㉵ 비점화방폭구조 : n

72 계통접지로 적합하지 않는 것은?

① TN 계통 ② TT 계통
③ IN 계통 ④ IT 계통

해설 **계통접지방식**
㉮ TN 방식(직접접지방식) : 전원의 한쪽은 직접 접지(계통접지)하고 노출 도전성 쪽은 전원 측의 접지선에 접속하는 방식
㉯ TT 방식(직접다중접지방식) : 전력계통의 중성점은 직접 대지 접속(계통접지)하고, 노출 도전부의 외함은 독립 접지하는 방식
㉰ IT 방식(비접지방식) : 전원 공급 측은 비접지 혹은 임피던스 접지방식으로 하고, 노출 도전부 부분은 독립적인 접지 전극에 접지하는 방식

73 다음 중 누전차단기를 시설하지 않아도 되는 전로가 아닌 것은? (단, 전로는 금속제 외함을 가지는 사용전압이 50V를 초과하는 저압의 기계 · 기구에 전기를 공급하는 전로이며, 기계 · 기구에는 사람이 쉽게 접촉할 우려가 있다.)

① 기계 · 기구를 건조한 장소에 시설하는 경우
② 기계 · 기구가 고무, 합성수지, 기타 절연물로 피복된 경우
③ 대지전압 200V 이하인 기계 · 기구를 물기가 있는 곳 이외의 곳에 시설하는 경우
④ 「전기용품 및 생활용품 안전관리법」의 적용을 받는 이중절연구조의 기계 · 기구를 시설하는 경우

해설 **누전차단기를 설치해야 할 전기 기계 · 기구**
㉮ 대지전압이 150V를 초과하는 이동형 또는 휴대형 전기기계 · 기구
㉯ 물 등 도전성이 높은 액체가 있는 습윤장소에서 사용하는 저압(1,500V 이하 직류전압이나 1,000V 이하 교류전압)용 전기기계 · 기구
㉰ 철판 · 철골 위 등 도전성이 높은 장소에서 사용하는 이동형 또는 휴대형 전기기계 · 기구
㉱ 임시배선의 전로가 설치되는 장소에서 사용하는 이동형 또는 휴대형 전기기계 · 기구

74 $Q=2\times10^{-7}$C으로 대전하고 있는 반경 25cm 도체구의 전위(kV)는 약 얼마인가?

① 7.2 ② 12.5
③ 14.4 ④ 25

해설
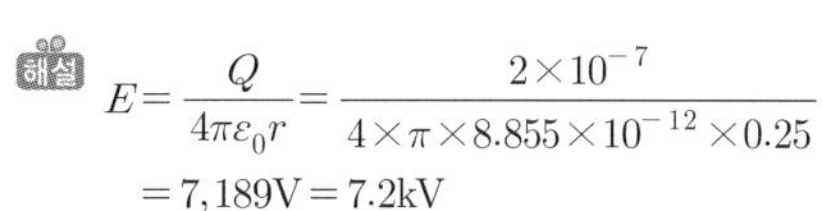
$$E=\frac{Q}{4\pi\varepsilon_0 r}=\frac{2\times10^{-7}}{4\times\pi\times8.855\times10^{-12}\times0.25}$$
$=7,189\text{V}=7.2\text{kV}$

75 고압전로에 설치된 전동기용 고압전류 제한퓨즈의 불용단전류의 조건은?

① 정격전류 1.3배의 전류로 1시간 이내에 용단되지 않을 것
② 정격전류 1.3배의 전류로 2시간 이내에 용단되지 않을 것
③ 정격전류 2배의 전류로 1시간 이내에 용단되지 않을 것
④ 정격전류 2배의 전류로 2시간 이내에 용단되지 않을 것

해설 퓨즈의 용단시간

퓨즈의 종류	정격용량	용단시간
저압용 포장 퓨즈	정격전류의 1.1배	• 30A 이하 : 2배의 전류로 2분 • 30~60A 이하 : 2배의 전류로 4분 • 60~100A 이하 : 2배의 전류로 6분
고압용 포장 퓨즈	정격전류의 1.3배	2배의 전류로 120분
고압용 비포장 퓨즈	정격전류의 1.25배	2배의 전류로 2분

76 저압전로의 절연성능에 관한 설명으로 적합하지 않은 것은?

① 전로의 사용전압이 SELV 및 PELV일 때 절연저항은 0.5MΩ 이상이어야 한다.
② 전로의 사용전압이 FELV일 때 절연저항은 1.0MΩ 이상이어야 한다.
③ 전로의 사용전압이 FELV일 때 DC 시험전압은 500V이다.
④ 전로의 사용전압이 600V일 때 절연저항은 1.5MΩ 이상이어야 한다.

해설 저압전로의 절연성능

전로의 사용전압[V]	DC 시험전압[V]	절연저항[MΩ]
SELV 및 PELV	250	0.5
FELV, 500V 이하	500	1.0
500V 초과	1,000	1.0

[주] 특별저압(extra low voltage : 2차 전압이 AC 50V, DC 120V 이하)으로 SELV(비접지회로 구성) 및 PELV(접지회로 구성)은 1차와 2차가 전기적으로 절연된 회로, FELV는 1차와 2차가 전기적으로 절연되지 않은 회로

77 정전기 재해의 방지를 위하여 배관 내 액체의 유속 제한이 필요하다. 배관의 내경과 유속 제한값으로 적절하지 않은 것은?

① 관 내경(mm) : 25, 제한유속(m/s) : 6.5
② 관 내경(mm) : 50, 제한유속(m/s) : 3.5
③ 관 내경(mm) : 100, 제한유속(m/s) : 2.5
④ 관 내경(mm) : 200, 제한유속(m/s) : 1.8

해설 액체 유속의 제한

관 내경(mm)	유속(m/s)	관 내경(mm)	유속(m/s)
25	4.9	100	2.5
50	3.5	200	1.8

78 누전차단기의 시설방법 중 옳지 않은 것은?

① 시설장소는 배전반 또는 분전반 내에 설치한다.
② 정격전류 용량은 해당 전로의 부하전류값 이상이어야 한다.
③ 정격감도전류는 정상의 사용상태에서 불필요하게 동작하지 않도록 한다.
④ 인체감전보호형은 0.05초 이내에 동작하는 고감도 고속형이어야 한다.

해설 감전방지용 누전차단기

㉮ 정격감도전류 : 30mA 이하
㉯ 동작시간 : 0.03초 이내에 동작하는 고감도 고속형이어야 한다.

79 배전선로에 정전작업 중 단락접지기구를 사용하는 목적으로 가장 적합한 것은?

① 통신선 유도장해 방지
② 배전용 기계 · 기구의 보호
③ 배전선 통전 시 전위경도 저감
④ 혼촉 또는 오동작에 의한 감전 방지

해설 단락접지기구

㉮ 사용 목적 : 혼촉 또는 오동작에 의한 감전 방지
㉯ 전기기기 등이 다른 노출 충전부와의 접촉, 유도 또는 예비 동력원의 역송전 등으로 전압이 발생할 우려가 있는 경우에는 충분한 용량을 가진 단락접지기구를 이용하여 접지할 것

 정답 75.② 76.④ 77.① 78.④ 79.④

80 정전기 방지대책 중 적합하지 않은 것은?

① 대전서열이 가급적 먼 것으로 구성한다.
② 카본블랙을 도포하여 도전성을 부여한다.
③ 유속을 저감시킨다.
④ 도전성 재료를 도포하여 대전을 감소시킨다.

해설 접촉이나 분리하는 두 가지 물체가 대전서열 내에서 가까운 위치에 있으면 대전량이 적고, 먼 위치에 있을수록 대전량이 커지므로 대책으로는 대전서열이 가급적 가까운 것으로 구성한다.

≫ 제5과목 화학설비위험 방지기술

81 5% NaOH 수용액과 10% NaOH 수용액을 반응기에 혼합하여 6% 100kg의 NaOH 수용액을 만들려면 각각 몇 kg의 NaOH 수용액이 필요한가?

① 5% NaOH 수용액 : 33.3, 10% NaOH 수용액 : 66.7
② 5% NaOH 수용액 : 50, 10% NaOH 수용액 : 50
③ 5% NaOH 수용액 : 66.7, 10% NaOH 수용액 : 33.3
④ 5% NaOH 수용액 : 80, 10% NaOH 수용액 : 20

해설 5% NaOH 수용액을 X(kg),
10% NaOH 수용액을 Y(kg)이라 하면,
$0.05X+0.1Y=0.06\times100$ …… ㉮식
$X+Y=100$
$Y=100-X$ …… ㉯식
㉯식을 ㉮식에 대입하면,
$0.05X+0.1(100-X)Y=0.06\times100$
X=80kg, Y=20kg이 된다.

82 제1종 분말소화약제의 주성분에 해당하는 것은?

① 사염화탄소
② 브롬화메탄
③ 수산화암모늄
④ 탄산수소나트륨

해설 **분말소화약제**
㉮ 제1종 분말(탄산수소나트륨(중조)) : 분해되어 생긴 탄산가스(CO_2)와 수증기(H_2O)가 표면을 덮어 소화한다.
$2NaHCO_3 \rightarrow Na_2CO_3 + CO_3 + H_2O$
㉯ 제2종 분말(탄산수소칼륨) : 중탄산나트륨보다 약 2배의 소화력이 있지만, 흡습처리가 힘든 것이 특징이다.
$2KHCO_3 \rightarrow K_2CO_3 + CO_2 + H_2O$
㉰ 제3종 분말(제1인산암모늄) : 열분해에 의해서 생긴 메타인산(HPO_3)이 부착성인 막을 만들어 화면을 덮어 소화하며 모든 화재에 효과적이다(ABC급 화재에 사용).
$KH_4H_2PO_4 \rightarrow HPO_3 + NH_3 + H_2O$
㉱ 제4종 분말(탄산수소칼륨($KHCO_3$)과 요소[$CO(NH_2)_2$]) : 반응물($KC_2N_2H_3O_3$)을 주성분으로 하며, B · C급 화재에는 소화효과가 우수하다.

83 다음 [표]를 참조하여 메탄 70vol%, 프로판 21vol%, 부탄 9vol%인 혼합가스의 폭발범위를 구하면 약 몇 vol%인가?

가스	폭발하한계(vol%)	폭발상한계(vol%)
C_4H_{10}	1.8	8.4
C_3H_8	2.1	9.5
C_2H_6	3.0	12.4
CH_4	5.0	15.0

① 3.45~9.11
② 3.45~12.58
③ 3.85~9.11
④ 3.85~12.58

해설 ㉮ 혼합가스 폭발하한계(L_a)

$$L_a=\frac{V_1+V_2+V_3}{\frac{V_1}{L_1}+\frac{V_2}{L_2}+\frac{V_3}{L_3}}=\frac{70+21+9}{\frac{70}{5.0}+\frac{21}{2.1}+\frac{9}{1.8}}$$
$=3.45\text{vol\%}$

㉯ 혼합가스 폭발상한계(L_b)

$$L_b=\frac{70+21+9}{\frac{70}{15.0}+\frac{21}{9.5}+\frac{9}{8.4}}=12.58\text{vol\%}$$

84 자연발화 성질을 갖는 물질이 아닌 것은?

① 질화면
② 목탄분말
③ 아마인유
④ 과염소산

해설 과염소산은 제6류(산화성 액체) 위험물로서 연소되지 않는 불연성 물질이지만 다른 물질의 연소를 돕는 조연성은 있다.

85 산업안전보건법령에 따라 위험물 건조설비 중 건조실을 설치하는 건축물의 구조를 독립된 단층 건물로 하여야 하는 건조설비가 아닌 것은?

① 위험물 또는 위험물이 발생하는 물질을 가열·건조하는 경우 내용적이 $2m^3$인 건조설비
② 위험물이 아닌 물질을 가열·건조하는 경우 액체연료의 최대사용량이 5kg/h인 건조설비
③ 위험물이 아닌 물질을 가열·건조하는 경우 기체연료의 최대사용량이 $2m^3/h$인 건조설비
④ 위험물이 아닌 물질을 가열·건조하는 경우 전기사용 정격용량이 20kW인 건조설비

해설 **위험물 건조설비를 설치하는 건축물의 구조**
사업주는 다음의 어느 하나에 해당하는 위험물 건조설비 중 건조실을 설치하는 건축물의 구조는 독립된 단층 건물로 하여야 한다. 다만, 해당 건조실을 건축물의 최상층에 설치하거나 건축물이 내화구조인 경우에는 그러하지 아니하다.
㉮ 위험물 또는 위험물이 발생하는 물질을 가열·건조하는 경우 내용적이 $1m^3$ 이상인 건조 설비
㉯ 위험물이 아닌 물질을 가열·건조하는 경우로서 다음의 어느 하나의 용량에 해당하는 건조설비
㉠ 고체 또는 액체연료의 최대사용량이 시간당 10kg 이상
㉡ 기체연료의 최대사용량이 시간당 $1m^3$ 이상
㉢ 전기사용 정격용량이 10kW 이상

86 다음 중 증기배관 내에 생성된 증기의 누설을 막고 응축수를 자동적으로 배출하기 위한 안전장치는?

① Steam trap
② Vent stack
③ Blow down
④ Flame arrester

해설 ① Steam trap : 증기배관 내에 생성된 증기의 누설을 막고 응축수를 자동적으로 배출하기 위한 안전장치
② Vent stack : 탱크 내의 압력을 정상인 상태로 유지하기 위한 안전장치
③ Blow down : 응축성 증기, 열유(熱油), 열액(熱液) 등 공정(process) 액체를 빼내고 이것을 안전하게 유지 또는 처리하기 위한 설비
④ Flame arrester : 인화성 액체 및 인화성 가스를 저장·취급하는 화학설비로부터 증기 또는 가스를 방출하는 때에는 외부로부터의 화염을 방지하기 위하여 그 설비 상단에 설치

87 다음 중 왕복펌프에 속하지 않는 것은?

① 피스톤 펌프 ② 플런저 펌프
③ 기어 펌프 ④ 격막 펌프

해설 **펌프의 종류**
㉮ 왕복펌프 : 피스톤 펌프, 플런저 펌프, 격막 펌프 등
㉯ 회전펌프 : 기어 펌프, 베인 펌프 등
㉰ 원심펌프 : 볼류트 펌프, 터빈 펌프 등

88 불연성이지만 다른 물질의 연소를 돕는 산화성 액체 물질에 해당하는 것은?

① 히드라진 ② 과염소산
③ 벤젠 ④ 암모니아

해설 과염소산은 제6류(산화성 액체) 위험물로서 연소되지 않는 불연성 물질이지만 다른 물질의 연소를 돕는 조연성은 있다.

89 화학물질 및 물리적 인자의 노출기준에서 정한 유해인자에 대한 노출기준의 표시단위가 잘못 연결된 것은?

① 에어로졸 : ppm
② 증기 : ppm
③ 가스 : ppm
④ 고온 : 습구흑구온도지수(WBGT)

해설 ① 분진, 에어로졸의 노출기준 표시단위 : mg/m^3
②,③ 가스 및 증기의 노출기준 표시단위 : ppm, mg/m^3
④ 고온의 노출기준 표시단위 : 습구흑구온도지수(WBGT)

 정답 85.② 86.① 87.③ 88.② 89.①

90 산업안전보건법령상 단위공정 시설 및 설비로부터 다른 단위공정 시설 및 설비 사이의 안전거리는 설비의 바깥면부터 얼마 이상이 되어야 하는가?

① 5m ② 10m
③ 15m ④ 20m

해설 **화학설비 및 그 부속설비의 안전기준**

구 분	안전거리
단위공정 시설 및 설비로부터 다른 단위공정 시설 및 설비의 사이	설비의 외면으로부터 10m 이상
플레어스택으로부터 단위공정 시설 및 설비, 위험물질 저장탱크 또는 위험물질 하역설비의 사이	플레어스택으로부터 반경 20m 이상. 다만, 공정시설 등이 불연재료로 시공된 지붕 아래 설치된 경우에는 그러하지 아니하다.
위험물질 저장탱크로부터 단위공정 시설 및 설비, 보일러 또는 가열로의 사이	저장탱크의 외면으로부터 20m 이상. 다만, 저장탱크에 방호벽, 원격조정 소화설비 또는 살수설비를 설치한 경우에는 그러하지 않다.
사무실 · 연구실 · 실험실 · 정비실 또는 식당으로부터 단위공정 시설 및 설비, 위험물질 저장탱크, 위험물질 하역설비, 보일러 또는 가열로의 사이	사무실 등의 외면으로부터 20m 이상. 다만, 난방용 보일러인 경우 또는 사무실 등의 벽을 방호구조로 설치한 경우에는 그러하지 아니하다.

91 두 물질을 혼합하면 위험성이 커지는 경우가 아닌 것은?

① 이황화탄소+물
② 나트륨+물
③ 과산화나트륨+염산
④ 염소산칼륨+적린

해설 **이황화탄소의 주요 성질**

㉮ 발화점(착화점) 100℃, 인화점 −30℃, 연소범위 1.2~44%, 비점 1.26℃
㉯ 독성이 있고 연소 시 유독한 아황산가스(SO_2)를 발생한다.
$CS_2+3O_2 \rightarrow CO_2+2SO_2$
㉰ 물에 불용이며 알코올, 에테르, 벤젠 등 유기용제에 잘 녹고 유지, 수지, 생고무, 황, 황린 등을 잘 녹인다.
㉱ 저장법 : 수조(물탱크)에 저장한다.

92 산업안전보건법령상 위험물질의 종류를 구분할 때 다음 물질들이 해당하는 것은?

> 리튬, 칼륨 · 나트륨, 황, 황린, 황화인 · 적린

① 폭발성 물질 및 유기과산화물
② 산화성 액체 및 산화성 고체
③ 물반응성 물질 및 인화성 고체
④ 급성독성 물질

해설 **물반응성 물질 및 인화성 고체**

물반응성 물질이란 물과 상호작용을 하여 자연발화되거나 인화성 가스를 발생시키는 고체 · 액체 또는 혼합물이며, 인화성 고체란 쉽게 연소되거나 마찰에 의하여 화재를 일으키거나 촉진할 수 있는 물질이다.

※ 물반응성 물질 및 인화성 고체의 종류
① 리튬
② 칼륨 · 나트륨
③ 황
④ 황린
⑤ 황화인 · 적린
⑥ 셀룰로이드류
⑦ 알킬알루미늄 · 알킬리튬
⑧ 마그네슘 분말
⑨ 금속 분말(마그네슘 분말은 제외한다)
⑩ 알칼리금속(리튬 · 칼륨 및 나트륨은 제외한다)
⑪ 유기금속화합물(알킬알루미늄 및 알킬리튬은 제외한다)
⑫ 금속의 수소화물
⑬ 금속의 인화물
⑭ 칼슘 탄화물, 알루미늄 탄화물
⑮ 그 밖에 ①부터 ⑭까지의 물질과 같은 정도의 발화성 또는 인화성이 있는 물질
⑯ ①부터 ⑮까지의 물질을 함유한 물질

93 다음 중 노출기준(TWA, ppm)값이 가장 작은 물질은?

① 염소 ② 암모니아
③ 에탄올 ④ 메탄올

해설 각 보기의 노출기준(TWA)은 다음과 같다.
① 염소 : 1ppm
② 암모니아 : 25ppm
③ 에탄올 : 1,000ppm
④ 메탄올 : 200ppm

90.② 91.① 92.③ 93.① 정답

94 다음 중 분진폭발의 특징으로 옳은 것은?

① 가스폭발보다 연소시간이 짧고, 발생에너지가 작다.
② 압력의 파급속도보다 화염의 파급속도가 빠르다.
③ 가스폭발에 비하여 불완전연소의 발생이 없다.
④ 주위의 분진에 의해 2차, 3차의 폭발로 파괴될 수 있다.

해설 **분진폭발의 특징**
㉮ 가스폭발보다 연소시간은 길고 가해지는 힘(발생에너지)은 매우 크다.
㉯ 연소속도나 폭발압력은 가스폭발보다 작다(화염의 파급속도보다 압력의 파급속도가 빠르다).
㉰ 가스폭발에 비하여 불완전연소가 크게 발생하여 CO의 중독 피해가 우려된다.
㉱ 2차, 3차 폭발을 한다.

95 가연성 가스 A의 연소범위를 2.2~9.5vol%라 할 때 가스 A의 위험도는 얼마인가?

① 2.52 ② 3.32
③ 4.91 ④ 5.64

해설 가스 A의 위험도 $= \frac{\text{폭발상한계} - \text{폭발하한계}}{\text{폭발하한계}}$

$= \frac{9.5 - 2.2}{2.2} = 3.32$

96 아세톤에 대한 설명으로 틀린 것은?

① 증기는 유독하므로 흡입하지 않도록 주의해야 한다.
② 무색이고, 휘발성이 강한 액체이다.
③ 비중이 0.79이므로 물보다 가볍다.
④ 인화점이 20℃이므로 여름철에 인화 위험이 더 높다.

해설 **아세톤(CH_3COCH_3, 디메틸케톤)**
㉮ 물에 잘 용해되는 수용성의 인화성 물질이다(인화점 : −18℃).
㉯ 일광이나 공기 중에 노출되면 폭발성의 과산화물을 생성한다.
㉰ 피부에 닿으면 탈지작용을 일으킨다.
㉱ 저장용기는 밀봉하여 냉암소에 보관한다.

97 산업안전보건법령상 특수화학설비를 설치할 때 내부의 이상상태를 조기에 파악하기 위하여 필요한 계측장치를 설치하여야 한다. 이러한 계측장치로 거리가 먼 것은 어느 것인가?

① 압력계 ② 유량계
③ 온도계 ④ 비중계

해설 특수화학설비를 설치하는 경우에는 내부의 이상상태를 조기에 파악하기 위하여 필요한 온도계, 유량계, 압력계 등의 계측장치를 설치하여야 한다.

98 탄화칼슘이 물과 반응하였을 때 생성물을 옳게 나타낸 것은?

① 수산화칼슘+아세틸렌
② 수산화칼슘+수소
③ 염화칼슘+아세틸렌
④ 염화칼슘+수소

해설 물(H_2O)과 탄화칼슘(CaC_2)이 반응하면 수산화칼슘[$Ca(OH)_2$]과 아세틸렌(C_2H_2)을 발생시킨다.
$CaC_2 + 2H_2O \rightarrow Ca(OH)_2 + C_2H_2$

99 산업안전보건법령에 따라 공정안전보고서에 포함해야 할 세부내용 중 공정안전자료에 해당하지 않는 것은?

① 안전운전지침서
② 각종 건물·설비의 배치도
③ 유해하거나 위험한 설비의 목록 및 사양
④ 위험설비의 안전설계·제작 및 설치 관련 지침서

해설 **공정안전자료의 세부내용**
㉮ 유해·위험물질에 대한 물질안전보건자료
㉯ 유해·위험설비의 목록 및 사양
㉰ 취급·저장하고 있거나 취급·저장하려는 유해·위험물질의 종류 및 수량
㉱ 유해·위험설비의 운전방법을 알 수 있는 공정도면
㉲ 위험설비의 안전설계·제작 및 설치 관련 지침서
㉳ 각종 건물·설비의 배치도
㉴ 폭발위험장소의 구분도 및 전기단선도

 정답 94.④ 95.② 96.④ 97.④ 98.① 99.①

100 CF_3Br 소화약제의 할론 번호를 옳게 나타낸 것은?

① 할론 1031 ② 할론 1311
③ 할론 1301 ④ 할론 1310

해설 할론 소화약제의 종류

할론 소화약제	화학식
할론 1301	CF_3Br
할론 2402	$C_2F_4Br_2$
할론 1211	CF_2ClBr
할론 104	CCl_4

» 제6과목 건설안전기술

101 장비가 위치한 지면보다 낮은 장소를 굴착하는 데 적합한 장비는?

① 트럭크레인 ② 파워셔블
③ 백호 ④ 진폴

해설 ① 트럭크레인 : 원동기를 내장하고 있는 것으로서 불특정 장소에서 스스로 이동이 가능한 크레인을 말한다.
② 파워셔블 : 중기가 위치한 지면보다 높은 장소의 땅을 굴착하는 데 적합하며, 산지에서의 토공사 및 암반으로부터 점토질까지 굴착할 수 있다.
③ 백호 : 드래그셔블(drag shovel)이라고도 하며, 중기가 위치한 지면보다 낮은 곳의 땅을 파는 데 적합하고 수중 굴착도 가능하다.
④ 진폴 : 간단하게 설치할 수 있으며, 경미한 건물의 철골 건립에 사용되는 양중기이다.

102 가설통로 설치에 있어 경사가 최소 얼마를 초과하는 경우에는 미끄러지지 아니하는 구조로 하여야 하는가?

① 15° ② 20°
③ 30° ④ 40°

해설 가설통로의 설치기준
㉮ 견고한 구조로 할 것
㉯ 경사는 30° 이하로 할 것
㉰ 경사가 15°를 초과하는 경우에는 미끄러지지 아니하는 구조로 할 것
㉱ 추락할 위험이 있는 장소에는 안전난간을 설치할 것
㉲ 수직갱에 가설된 통로의 길이가 15m 이상인 경우에는 10m 이내마다 계단참을 설치할 것
㉳ 건설공사에 사용하는 높이 8m 이상인 비계다리에는 7m 이내마다 계단참을 설치할 것

103 거푸집 동바리 등을 조립하는 경우에 준수해야 할 기준으로 옳지 않은 것은?

① 동바리의 상하 고정 및 미끄러짐 방지조치를 하고, 하중의 지지상태를 유지한다.
② 강재와 강재의 접속부 및 교차부는 볼트·클램프 등 전용 철물을 사용하여 단단히 연결한다.
③ 파이프서포트를 제외한 동바리로 사용하는 강관은 높이 2m마다 수평연결재를 2개 방향으로 만들고, 수평연결재의 변위를 방지할 것
④ 동바리로 사용하는 파이프서포트는 4개 이상 이어서 사용하지 않도록 할 것

해설 ㉮ 거푸집 동바리 등을 조립 시 공통 준수사항
㉠ 깔목의 사용, 콘크리트 타설, 말뚝박기 등 동바리의 침하를 방지하기 위한 조치를 할 것
㉡ 개구부 상부에 동바리를 설치하는 경우에는 상부하중을 견딜 수 있는 견고한 받침대를 설치할 것
㉢ 동바리의 상하 고정 및 미끄러짐 방지조치를 하고, 하중의 지지상태를 유지할 것
㉣ 동바리의 이음은 맞댄이음이나 장부이음으로 하고 같은 품질의 재료를 사용할 것
㉤ 강재와 강재의 접속부 및 교차부는 볼트·클램프 등 전용 철물을 사용하여 단단히 연결할 것
㉥ 거푸집이 곡면인 경우에는 버팀대의 부착 등 그 거푸집의 부상을 방지하기 위한 조치를 할 것
㉯ 동바리로 강관을 사용할 때의 안전조치
㉠ 높이 2m 이내마다 수평연결재를 2개 방향으로 만들고, 수평연결재의 변위를 방지할 것
㉡ 멍에 등을 상단에 올릴 때에는 당해 상단에 강재의 단판을 붙여 멍에 등을 고정시킬 것
㉰ 동바리로 파이프서포트를 사용할 때의 안전조치
㉠ 파이프서포트를 3개 이상 이어서 사용하지 않도록 할 것
㉡ 파이프서포트를 이어서 사용할 때에는 4개 이상의 볼트 또는 전용 철물을 사용하여 이을 것
㉢ 높이가 3.5m를 초과할 때에는 높이 2m 이내마다 수평연결재를 2개 방향으로 만들고 수평연결재의 변위를 방지할 것

100.③ 101.③ 102.① 103.④ 정답

104 산업안전보건법령에 따른 건설공사 중 다리 건설공사의 경우 유해위험방지계획서를 제출하여야 하는 기준으로 옳은 것은?

① 최대지간길이가 40m 이상인 다리의 건설 등 공사
② 최대지간길이가 50m 이상인 다리의 건설 등 공사
③ 최대지간길이가 60m 이상인 다리의 건설 등 공사
④ 최대지간길이가 70m 이상인 다리의 건설 등 공사

해설 산업안전보건법령에 따른 건설공사 중 다리 건설공사의 경우 유해위험방지계획서를 제출하여야 하는 기준은 최대지간길이가 50m 이상인 교량 건설 등 공사이다.

105 다음은 산업안전보건법령에 따른 시스템 비계의 구조에 관한 사항이다. ( ) 안에 들어갈 내용으로 옳은 것은?

> 비계 밑단의 수직재와 받침철물은 밀착되도록 설치하고, 수직재와 받침철물의 연결부의 겹침길이는 받침철물 전체 길이의 ( ) 이상이 되도록 할 것

① 2분의 1
② 3분의 1
③ 4분의 1
④ 5분의 1

해설 **시스템 비계를 사용하여 비계를 구성하는 경우 준수사항**
㉮ 수직재 · 수평재 · 가새재를 견고하게 연결하는 구조가 되도록 할 것
㉯ 비계 밑단의 수직재와 받침철물은 밀착되도록 설치하고, 수직재와 받침철물의 연결부의 겹침길이는 받침철물 전체 길이의 3분의 1 이상이 되도록 할 것
㉰ 수평재는 수직재와 직각으로 설치하여야 하며, 체결 후 흔들림이 없도록 견고하게 설치할 것
㉱ 벽 연결재의 설치 간격은 제조사가 정한 기준에 따라 설치할 것

106 강관틀비계를 조립하여 사용하는 경우 준수하여야 할 사항으로 옳지 않은 것은?

① 비계기둥의 밑둥에는 밑받침 철물을 사용할 것
② 높이가 20m를 초과하거나 중량물의 적재를 수반하는 작업을 할 경우에는 주틀 간의 간격을 1.8m 이하로 할 것
③ 주틀 간에 교차가새를 설치하고 최하층 및 3층 이내마다 수평재를 설치할 것
④ 길이가 띠장방향으로 4m 이하이고, 높이가 10m를 초과하는 경우에는 10m 이내마다 띠장방향으로 버팀기둥을 설치할 것

해설 **강관틀비계 조립 시 준수사항**
㉮ 비계기둥의 밑둥에는 밑받침 철물을 사용하여야 하며, 밑받침에 고저차가 있는 경우에는 조절형 밑받침 철물을 사용하여 각각의 강관틀비계가 항상 수평 및 수직을 유지하도록 할 것
㉯ 높이가 20m를 초과하거나 중량물의 적재를 수반하는 작업을 할 경우에는 주틀 간의 간격을 1.8m 이하로 할 것
㉰ 주틀 간에 교차가새를 설치하고 최상층 및 5층 이내마다 수평재를 설치할 것
㉱ 수직방향으로 6m, 수평방향으로 8m 이내마다 벽이음을 할 것
㉲ 길이가 띠장방향으로 4m 이하이고, 높이가 10m를 초과하는 경우에는 10m 이내마다 띠장방향으로 버팀기둥을 설치할 것

107 터널 지보공을 조립하는 경우에는 미리 그 구조를 검토한 후 조립도를 작성하고, 그 조립도에 따라 조립하도록 하여야 하는데, 이 조립도에 명시하여야 할 사항과 가장 거리가 먼 것은?

① 이음방법　② 단면 규격
③ 재료의 재질　④ 재료의 구입처

해설 **조립도**
㉮ 사업주는 터널 지보공을 조립하는 경우에는 미리 그 구조를 검토한 후 조립도를 작성하고, 그 조립도에 따라 조립하도록 하여야 한다.
㉯ 조립도에는 재료의 재질 · 단면 규격 · 설치 간격 및 이음방법 등을 명시하여야 한다.

정답 104.② 105.② 106.③ 107.④

108 굴착공사에 있어서 비탈면 붕괴를 방지하기 위하여 실시하는 대책으로 옳지 않은 것은?

① 지표수의 침투를 막기 위해 표면배수공을 한다.
② 지하수위를 내리기 위해 수평배수공을 설치한다.
③ 비탈면 하단을 성토한다.
④ 비탈면 상부에 토사를 적재한다.

해설 ④ 비탈면 하부에 토사를 적재한다. 상부에 적재하면 비탈면이 붕괴된다.

109 부두 · 안벽 등 하역작업을 하는 장소에서 부두 또는 안벽의 선을 따라 통로를 설치하는 경우에는 폭을 최소 얼마 이상으로 하여야 하는가?

① 85cm ② 90cm
③ 100cm ④ 120cm

해설 부두 또는 안벽의 선을 따라 통로를 설치하는 경우에는 폭을 90cm 이상으로 한다.

110 다음 중 지반의 굴착작업에 있어서 비가 올 경우를 대비한 직접적인 대책으로 옳은 것은?

① 측구 설치
② 낙하물방지망 설치
③ 추락방호망 설치
④ 매설물 등의 유무 또는 상태 확인

해설 **지반의 붕괴 등에 의한 위험방지**
㉮ 굴착작업에 있어서 지반의 붕괴 또는 토석의 낙하에 의하여 근로자에게 위험을 미칠 우려가 있는 경우에는 미리 흙막이 지보공의 설치, 방호망의 설치 및 근로자의 출입금지 등 그 위험을 방지하기 위하여 필요한 조치를 하여야 한다.
㉯ 비가 올 경우를 대비하여 측구(側溝)를 설치하거나 굴착 사면에 비닐을 덮는 등 빗물 등의 침투에 의한 붕괴 재해를 예방하기 위하여 필요한 조치를 하여야 한다.

111 강관을 사용하여 비계를 구성하는 경우 준수해야 할 사항으로 옳지 않은 것은?

① 비계기둥의 간격은 띠장방향에서는 1.85m 이하, 장선(長線)방향에서는 1.5m 이하로 할 것
② 띠장 간격은 2.0m 이하로 할 것
③ 비계기둥의 제일 윗부분으로부터 31m 되는 지점 밑부분의 비계기둥은 3개의 강관으로 묶어 세울 것
④ 비계기둥 간의 적재하중은 400kg을 초과하지 않도록 할 것

해설 **강관비계를 구성하는 경우 준수사항**
㉮ 비계기둥의 간격은 띠장방향에서는 1.85m 이하, 장선(長線)방향에서는 1.5m 이하로 할 것. 다만, 선박 및 보트 건조작업의 경우 안전성에 대한 구조 검토를 실시하고 조립도를 작성하면 띠장방향 및 장선방향으로 각각 2.7m 이하로 할 수 있다.
㉯ 띠장 간격은 2.0m 이하로 할 것. 다만, 작업의 성질상 이를 준수하기가 곤란하여 쌍기둥틀 등에 의하여 해당 부분을 보강한 경우에는 그러하지 아니하다.
㉰ 비계기둥의 제일 윗부분으로부터 31m 되는 지점 밑부분의 비계기둥은 2개의 강관으로 묶어 세울 것. 다만, 브라켓(bracket, 까치발) 등으로 보강하여 2개의 강관으로 묶을 경우 이상의 강도가 유지되는 경우에는 그러하지 아니하다.
㉱ 비계기둥 간의 적재하중은 400kg을 초과하지 않도록 할 것

112 콘크리트 타설 시 안전수칙으로 옳지 않은 것은?

① 타설순서는 계획에 의하여 실시하여야 한다.
② 진동기는 최대한 많이 사용하여야 한다.
③ 콘크리트를 치는 도중에는 거푸집, 지보공 등의 이상 유무를 확인하여야 한다.
④ 손수레로 콘크리트를 운반할 때에는 손수레를 타설하는 위치까지 천천히 운반하여 거푸집에 충격을 주지 아니하도록 타설하여야 한다.

해설 ② 진동기는 적당히 사용하여야 한다.

108.④ 109.② 110.① 111.③ 112.② 정답

113 굴착과 싣기를 동시에 할 수 있는 토공기계가 아닌 것은?

① 트랙터셔블(tractor shovel)
② 백호(back hoe)
③ 파워셔블(power shovel)
④ 모터 그레이더(motor grader)

해설 ④ 모터 그레이더는 토공용 대패기계로 지면을 절삭하여 평활하게 다듬는 것이 목적인 토공기계이다.

114 산업안전보건법령에 따른 양중기의 종류에 해당하지 않는 것은?

① 고소작업차
② 이동식 크레인
③ 승강기
④ 리프트(lift)

해설 **양중기의 종류**
㉮ 크레인[호이스트(hoist)를 포함한다]
㉯ 이동식 크레인
㉰ 리프트(이삿짐 운반용 리프트의 경우에는 적재하중이 0.1톤 이상인 것으로 한정한다)
㉱ 곤돌라
㉲ 승강기

115 다음은 산업안전보건법령에 따른 산업안전보건관리비의 사용에 관한 규정이다. (　) 안에 들어갈 내용을 순서대로 옳게 작성한 것은?

> 건설공사 도급인은 고용노동부장관이 정하는 바에 따라 해당 건설공사를 위하여 계상된 산업안전보건관리비를 그가 사용하는 근로자와 그의 관계 수급인이 사용하는 근로자의 산업재해 및 건강장해 예방에 사용하고, 그 사용명세서를 (　　) 작성하고 건설공사 종료 후 (　　)간 보존해야 한다.

① 매월, 6개월
② 매월, 1년
③ 2개월마다, 6개월
④ 2개월마다, 1년

해설 사업주는 고용노동부장관이 정하는 바에 의하여 당해 공사를 위하여 계상된 산업안전보건관리비를 그가 사용하는 근로자와 그의 수급인이 사용하는 근로자의 산업재해 및 건강장해 예방에 사용하고, 그 사용명세서를 매월(공사가 1개월 이내에 종료되는 사업의 경우에는 해당 공사 종료 시) 작성하고 공사 종료 후 1년간 보존하여야 한다.

116 건설현장에서 작업으로 인하여 물체가 떨어지거나 날아올 위험이 있는 경우에 대한 안전조치에 해당하지 않는 것은?

① 수직보호망 설치
② 방호선반 설치
③ 울타리 설치
④ 낙하물방지망 설치

해설 **물체의 낙하 · 비래에 대한 위험방지 조치사항**
㉮ 낙하물방지망, 수직보호망 또는 방호선반의 설치
㉯ 출입금지구역의 설정
㉰ 보호구의 착용

117 건설공사 도급인은 건설공사 중에 가설구조물의 붕괴 등 산업재해가 발생할 위험이 있다고 판단되면 건축 · 토목 분야의 전문가의 의견을 들어 건설공사 발주자에게 해당 건설공사의 설계변경을 요청할 수 있는데, 이러한 가설구조물의 기준으로 옳지 않은 것은?

① 높이 20m 이상인 비계
② 작업발판 일체형 거푸집 또는 높이 6m 이상인 거푸집 동바리
③ 터널의 지보공 또는 높이 2m 이상인 흙막이 지보공
④ 동력을 이용하여 움직이는 가설구조물

해설 **설계변경 요청 대상 및 전문가의 범위**
㉮ 높이 31m 이상인 비계
㉯ 작업발판 일체형 거푸집 또는 높이 6m 이상인 거푸집 동바리(타설된 콘크리트가 일정 강도에 이르기까지 하중 등을 지지하기 위하여 설치하는 부재)
㉰ 터널의 지보공(무너지지 않도록 지지하는 구조물) 또는 높이 2m 이상인 흙막이 지보공
㉱ 동력을 이용하여 움직이는 가설구조물

 정답 113.④ 114.① 115.② 116.③ 117.①

118 산업안전보건법령에 따른 작업발판 일체형 거푸집에 해당되지 않는 것은?

① 갱폼(gang form)
② 슬립폼(slip form)
③ 유로폼(euro form)
④ 클라이밍폼(climbing form)

해설 작업발판 일체형 거푸집 종류
㉮ 갱폼(gang form)
㉯ 슬립폼(slip form)
㉰ 클라이밍폼(climbing form)
㉱ 터널 라이닝폼(tunnel lining form)
㉲ 그 밖에 거푸집과 작업발판이 일체로 제작된 거푸집 등

119 강관틀비계(높이 5m 이상)의 넘어짐을 방지하기 위하여 사용하는 벽이음 및 버팀의 설치간격 기준으로 옳은 것은?

① 수직방향 5m, 수평방향 5m
② 수직방향 6m, 수평방향 7m
③ 수직방향 6m, 수평방향 8m
④ 수직방향 7m, 수평방향 8m

해설 벽이음에 대한 조립간격

구 분	수직방향	수평방향
단관비계	5m	5m
틀비계	6m	8m
통나무비계	5.5m	7.5m

120 흙막이 가시설공사 중 발생할 수 있는 보일링(boiling) 현상에 관한 설명으로 옳지 않은 것은?

① 이 현상이 발생하면 흙막이벽의 지지력이 상실된다.
② 지하수위가 높은 지반을 굴착할 때 주로 발생한다.
③ 흙막이벽의 근입장 깊이가 부족할 경우 발생한다.
④ 연약한 점토지반에서 굴착면의 융기로 발생한다.

해설 보일링(boiling)
지하수위가 높은 사질지반을 굴착할 때 주로 발생하는 현상으로 굴착부와 흙막이벽 뒤쪽 흙의 지하수위차가 있을 경우 수두차에 의하여 침투압이 생겨 흙막이벽 근입부분을 침식하는 동시에 모래가 액상화되어 솟아오르는 현상이다.

2021 제3회 산업안전기사

2021. 8. 14. 시행

제1과목 안전관리론

01 안전점검표(체크리스트) 항목 작성 시 유의사항으로 틀린 것은?

① 정기적으로 검토하여 설비나 작업방법이 타당성 있게 개조된 내용일 것
② 사업장에 적합한 독자적 내용을 가지고 작성할 것
③ 위험성이 낮은 순서 또는 긴급을 요하는 순서대로 작성할 것
④ 점검항목을 이해하기 쉽게 구체적으로 표현할 것

해설 **체크리스트 작성 시 유의사항**
㉮ 사업장에 적합하고 독자적인 내용일 것
㉯ 중점도가 높은 것부터 순서대로 작성할 것 (위험성이 높거나 긴급을 요하는 순)
㉰ 정기적으로 검토하여 재해방지에 실효성 있게 수정된 내용일 것(관계자 의견 청취)
㉱ 일정 양식을 정하여 점검대상을 정할 것
㉲ 점검표의 내용은 이해하기 쉽도록 표현하고 구체적일 것

02 안전교육에 있어서 동기부여 방법으로 가장 거리가 먼 것은?

① 책임감을 느끼게 한다.
② 관리감독을 철저히 한다.
③ 자기 보존본능을 자극한다.
④ 물질적 이해관계에 관심을 두도록 한다.

해설 **안전교육에 있어서 동기부여 방법**
㉮ 자기 보존본능을 자극한다.
㉯ 교육을 통한 직접적 정보 제공을 한다.
㉰ 자기과업을 위한 작업자의 책임감을 증대시킨다.
㉱ 작업자에게 불필요한 통제를 배제한다.
㉲ 물질적 이해관계에 관심을 두도록 한다.

03 교육과정 중 학습경험 조직의 원리에 해당하지 않는 것은?

① 기회의 원리
② 계속성의 원리
③ 계열성의 원리
④ 통합성의 원리

해설 **학습경험 조직의 원리**
㉮ 계속성의 원리
중요한 교육과정 요소를 시간을 두고 연습하고 개발할 수 있도록 여러 차례에 걸쳐 반복적으로 기회를 주는 것이다.
㉯ 계열성의 원리
계속성과 관련되지만, 학습내용이 단계적으로 깊어지고 높아지도록 조직하는 것을 의미한다.
㉰ 통합성의 원리
교육과정의 요소들을 수평적으로 연관시키는 것이다.

04 근로자 1,000명 이상의 대규모 사업장에 적합한 안전관리 조직의 유형은?

① 직계식 조직
② 참모식 조직
③ 병렬식 조직
④ 직계참모식 조직

해설 **직계참모식 조직의 특징**
㉮ 라인형과 스태프형의 장점을 취한 절충식 조직형태이다.
㉯ 안전업무를 전문으로 담당하는 스태프 부분을 두는 한편, 생산라인의 각 층에도 겸임 또는 전임 안전 담당자를 두고 안전대책은 스태프 부분에서 기획하고, 이를 라인을 통하여 실시하도록 한 조직방식이다.
㉰ 안전 스태프는 안전에 관한 기획 · 입안 · 조사 · 검토 및 연구를 행한다.
㉱ 라인의 관리 · 감독자에게도 안전에 관한 책임과 권한이 부여된다.
㉲ 대규모 사업장(1,000명 이상)에 적합하다.

정답 01.③ 02.② 03.① 04.④

05 산업안전보건법령상 안전보건표지의 종류와 형태 중 관계자 외 출입금지에 해당하지 않는 것은?

① 관리대상물질의 작업장
② 허가대상물질 작업장
③ 석면 취급 · 해체 작업장
④ 금지대상물질의 취급 실험실

해설 **관계자 외 출입금지표지의 종류**
㉮ 허가대상물질 작업장
㉯ 석면 취급 · 해체 작업장
㉰ 금지대상물질의 취급 실험실

06 보호구 안전인증 고시상 추락방지대가 부착된 안전대 일반구조에 관한 내용 중 틀린 것은?

① 죔줄은 합성섬유로프를 사용해서는 안 된다.
② 고정된 추락방지대의 수직구명줄은 와이어로프 등으로 하며 최소지름이 8mm 이상이어야 한다.
③ 수직구명줄에서 걸이설비와의 연결부위는 훅 또는 카라비너 등이 장착되어 걸이설비와 확실히 연결되어야 한다.
④ 추락방지대를 부착하여 사용하는 안전대는 신체지지의 방법으로 안전그네만을 사용하여야 하며 수직구명줄이 포함되어야 한다.

해설 **추락방지대가 부착된 안전대의 구조**
㉮ 추락방지대를 부착하여 사용하는 안전대는 신체지지의 방법으로 안전그네만을 사용하여야 하며 수직구명줄이 포함될 것
㉯ 수직구명줄에서 걸이설비와의 연결부위는 훅 또는 카라비너 등이 장착되어 걸이설비와 확실히 연결될 것
㉰ 고정된 추락방지대의 수직구명줄은 와이어로프 등으로 하며 최소지름이 8mm 이상일 것
㉱ 죔줄은 합성섬유로프, 웨빙, 와이어로프 등일 것
㉲ 유연한 수직구명줄은 합성섬유로프 또는 와이어로프 등이어야 하며 구명줄이 고정되지 않아 흔들림에 의한 추락방지대의 오작동을 막기 위하여 적절한 긴장 수단을 이용, 팽팽히 당겨질 것
㉳ 고정 와이어로프에는 하단부에 무게추가 부착되어 있을 것

07 산업안전보건법령상 명시된 타워크레인을 사용하는 작업에서 신호업무를 하는 작업 시 특별교육 대상 작업별 교육내용이 아닌 것은? (단, 그 밖에 안전 · 보건관리에 필요한 사항은 제외한다.)

① 신호방법 및 요령에 관한 사항
② 걸고리 · 와이어로프 점검에 관한 사항
③ 화물의 취급 및 안전작업 방법에 관한 사항
④ 인양물이 적재될 지반의 조건, 인양하중, 풍압 등이 인양물과 타워크레인에 미치는 영향

해설 **타워크레인을 사용하는 작업에서 신호업무를 하는 작업 시 특별교육 내용**
㉮ 타워크레인의 기계적 특성 및 방호장치 등에 관한 사항
㉯ 화물의 취급 및 안전작업 방법에 관한 사항
㉰ 신호방법 및 요령에 관한 사항
㉱ 인양 물건의 위험성 및 낙하 · 비래 · 충돌재해 예방에 관한 사항
㉲ 인양물이 적재될 지반의 조건, 인양하중, 풍압 등이 인양물과 타워크레인에 미치는 영향
㉳ 그 밖에 안전 · 보건관리에 필요한 사항

08 재해사례연구 순서로 옳은 것은?

재해 상황의 파악 → (ⓐ) → (ⓑ) → 근본적 문제점의 결정 → (ⓒ)

① ⓐ 문제점의 발견, ⓑ 대책수립, ⓒ 사실의 확인
② ⓐ 문제점의 발견, ⓑ 사실의 확인, ⓒ 대책수립
③ ⓐ 사실의 확인, ⓑ 대책수립, ⓒ 문제점의 발견
④ ⓐ 사실의 확인, ⓑ 문제점의 발견, ⓒ 대책수립

해설 **재해사례연구의 진행단계**
㉮ 전제조건 : 재해 상황의 파악
㉯ 1단계 : 사실의 확인
㉰ 2단계 : 문제점의 발견(직접원인 및 문제점의 확인)
㉱ 3단계 : 근본적 문제점의 결정
㉲ 4단계 : 대책의 수립

05.① 06.① 07.② 08.④ 정답

09 하인리히 재해구성 비율 중 무상해사고가 600건이라면 사망 또는 중상 발생 건수는?

① 1　② 2
③ 29　④ 58

해설 하인리히의 1 : 29 : 300의 원칙에서 1은 '사망 또는 중상', 29는 '경상', 300은 '무상해사고'이다. 이 원칙에 따라 계산하면, 무상해사고는 600건이라면 사망 또는 중상 발생 건수는 2건 발생한다.
※ 하인리히 이론의 요점은 300건의 무상해사고에 대한 원인을 제거하여 1의 사망 또는 중상과 29의 경상을 막고자 하는 것이다.

10 강의식 교육지도에서 가장 많은 시간을 소비하는 단계는?

① 도입　② 제시
③ 적용　④ 확인

해설 **단계별 교육시간 배분**

교육법의 4단계	강의식	토의식
1단계 – 도입(준비)	5분	5분
2단계 – 제시(설명)	40분	10분
3단계 – 작용(응용)	10분	40분
4단계 – 확인(총괄)	5분	5분

11 레윈(Lewin.K)에 의하여 제시된 인간의 행동에 관한 식을 올바르게 표현한 것은? (단, B는 인간의 행동, P는 개체, E는 환경, f는 함수관계를 의미한다.)

① $B=f(P \cdot E)$　② $B=f(P+1)^E$
③ $P=E \cdot f(B)$　④ $E=f(P \cdot B)$

해설 **레윈(레빈 ; K. Lewin)의 법칙**
Lewin은 인간의 행동(B)은 그 사람이 가진 자질, 즉 개체(P)와 심리학적 환경(E)과의 상호 함수관계에 있다고 하였다.
$B=f(P \cdot E)$
여기서, B(Behavior) : 인간의 행동
f(function, 함수관계) : 적성, 기타 P와 E에 영향을 미칠 수 있는 조건
P(Person, 개체) : 연령, 경험, 심신상태, 성격, 지능 등 인간의 소건
E(Environment, 심리적 환경) : 인간관계, 작업환경 등 환경조건

12 위험예지훈련 4단계의 진행순서를 바르게 나열한 것은?

① 목표설정 → 현상파악 → 대책수립 → 본질추구
② 목표설정 → 현상파악 → 본질추구 → 대책수립
③ 현상파악 → 본질추구 → 대책수립 → 목표설정
④ 현상파악 → 본질추구 → 목표설정 → 대책수립

해설 **위험예지훈련의 4단계(4R)**
㉮ 1R : 현상파악
㉯ 2R : 본질추구
㉰ 3R : 대책수립
㉱ 4R : 목표설정

13 산업안전보건법령상 근로자에 대한 일반건강진단의 실시 시기 기준으로 옳은 것은?

① 사무직에 종사하는 근로자 : 1년에 1회 이상
② 사무직에 종사하는 근로자 : 2년에 1회 이상
③ 사무직 외의 업무에 종사하는 근로자 : 6월에 1회 이상
④ 사무직 외의 업무에 종사하는 근로자 : 2년에 1회 이상

해설 **건강진단 실시 시기**
사업주는 상시 사용하는 근로자 중 사무직에 종사하는 근로자(공장 또는 공사현장과 같은 구역에 있지 아니한 사무실에서 서무 · 인사 · 경리 · 판매 · 설계 등의 사무업무에 종사하는 근로자를 말하며, 판매업무 등에 직접 종사하는 근로자는 제외한다)에 대해서는 2년에 1회 이상, 그 밖의 근로자에 대해서는 1년에 1회 이상 일반건강진단을 실시하여야 한다.

14 매슬로우(Maslow)의 욕구 5단계 이론 중 안전 욕구의 단계는?

① 제1단계　② 제2단계
③ 제3단계　④ 제4단계

 정답 09.② 10.② 11.① 12.③ 13.② 14.②

해설 **매슬로우(Maslow A.H.)의 욕구 5단계 이론**

㉮ 1단계(생리적 욕구) : 기아, 갈증, 호흡, 배설, 성욕 등의 인간 생명유지를 위한 가장 기본적인 욕구
㉯ 2단계(안전 욕구) : 생활을 유지하려는 자기 보존의 욕구
㉰ 3단계(사회적 욕구) : 애정이나 소속에 대한 욕구(친화 욕구)
㉱ 4단계(존경 욕구) : 자기존경의 욕구로, 자존심 · 명예 · 성취 · 지위 등에 대해 인정받으려는 욕구(승인의 욕구)
㉲ 5단계(자아실현의 욕구) : 잠재적인 능력을 실현하고자 하는 목표 달성의 욕구

15 교육계획 수립 시 가장 먼저 실시하여야 하는 것은?

① 교육내용의 결정
② 실행교육계획서 작성
③ 교육의 요구사항 파악
④ 교육실행을 위한 순서, 방법, 자료의 검토

해설 교육계획 수립 시 가장 먼저 실시하여야 하는 것은 교육의 요구사항을 파악한 뒤, 교육 목적 · 교육 목표를 설정한다.

16 인간의 의식수준을 5단계로 구분할 때 의식이 몽롱한 상태의 단계는?

① Phase Ⅰ
② Phase Ⅱ
③ Phase Ⅲ
④ Phase Ⅳ

해설 **인간의 의식수준**

단 계	의식상태	생리적 상태
Phase 0	무의식, 실신	수면, 뇌발작
Phase Ⅰ	정상 이하, 의식둔화	피로, 단조로움, 졸음, 주취(酒醉)
Phase Ⅱ	정상, 이완	안정 기거(起居), 휴식, 정상작업
Phase Ⅲ	정상, 명쾌	적극 활동
Phase Ⅳ	초(超)정상, 흥분	감정 흥분, 긴급, 방위(防衛)반응, 당황과 공포반응

17 다음 중 상황성 누발자의 재해유발원인이 아닌 것은?

① 심신의 근심　② 작업의 어려움
③ 도덕성의 결여　④ 기계설비의 결함

해설 **사고 경향성자(재해빈발자)의 유형**

㉮ 미숙성 누발자
㉠ 기능이 미숙한 자
㉡ 작업환경에 익숙하지 못한 자
㉯ 상황성 누발자
㉠ 기계설비에 결함이 있거나 본인의 능력 부족으로 인하여 작업이 어려운 자
㉡ 환경상 주의력의 집중이 어려운 자
㉢ 심신에 근심이 있는 자
㉰ 소질성 누발자(재해빈발 경향자) : 성격적 · 정신적 또는 신체적으로 재해의 소질적 요인을 가지고 있는 자
㉠ 주의력 지속이 불가능한 자
㉡ 주의력 범위가 협소(편중)한 자
㉢ 저지능자
㉣ 생활이 불규칙한 자
㉤ 작업에 대한 경시나 지속성이 부족한 자
㉥ 정직하지 못하고 쉽게 흥분하는 자
㉦ 비협조적이며, 도덕성이 결여된 자
㉧ 소심한 성격으로 감각운동이 부적합한 자
㉱ 습관성 누발자(암시설)
㉠ 재해의 경험으로 겁이 많거나 신경과민증상을 보이는 자
㉡ 일종의 슬럼프(slump) 상태에 빠져서 재해를 유발할 수 있는 자

18 A사업장의 조건이 다음과 같을 때 A사업장에서 연간 재해발생으로 인한 근로손실일수는?

• 강도율 : 0.4
• 근로자수 : 1,000명
• 연근로시간수 : 2,400시간

① 480　② 720
③ 960　④ 1,440

$$강도율 = \frac{근로손실일수}{연근로총시간수} \times 1,000$$

$$0.4 = \frac{근로손실일수}{1,000 \times 2,400} \times 1,000$$

$\therefore$ 근로손실일수 $= 960$

19 산업안전보건법령상 사업장에서 산업재해 발생 시 사업주가 기록·보존하여야 하는 사항을 모두 고른 것은? (단, 산업재해 조사표와 요양신청서의 사본은 보존하지 않았다.)

ⓐ 사업장의 개요 및 근로자의 인적사항
ⓑ 재해발생의 일시 및 장소
ⓒ 재해발생의 원인 및 과정
ⓓ 재해재발방지 계획

① ⓐ, ⓓ
② ⓑ, ⓒ, ⓓ
③ ⓐ, ⓑ, ⓒ
④ ⓐ, ⓑ, ⓒ, ⓓ

해설 **산업재해 발생 시 사업주가 기록·보존해야 하는 사항**
㉮ 사업장의 개요 및 근로자의 인적사항
㉯ 재해발생 일시·장소
㉰ 재해발생 원인 및 과정
㉱ 재해재발방지 계획
∴ 3년간 보존하여야 한다.

20 무재해운동의 이념 중 선취의 원칙에 대한 설명으로 옳은 것은?

① 사고의 잠재요인을 사후에 파악하는 것
② 근로자 전원이 일체감을 조성하여 참여하는 것
③ 위험요소를 사전에 발견·파악하여 재해를 예방 또는 방지하는 것
④ 관리감독자 또는 경영층에서의 자발적 참여로 안전활동을 촉진하는 것

해설 **무재해운동의 기본이념 3원칙**
㉮ 무의 원칙 : 사망, 휴업 및 불휴재해는 물론 일체의 장래 위험요인을 사전에 발견, 파악, 해결함으로써 근원적인 산업재해를 없애는 것
㉯ 참가의 원칙 : 재해 및 일체의 위험요인을 발견, 해결하기 위해 전원이 무재해운동에 참가하여 문제 해결 등을 실천하는 것
㉰ 선취해결의 원칙 : 선취란 궁극의 목표로서 무재해, 무질병의 직장을 실현하기 위해 일체의 위험요인을 행동하기 전에 발견, 파악, 해결하여 재해를 예방하거나 방지하는 것

≫ 제2과목 인간공학 및 시스템 안전공학

21 다음 상황은 인간실수의 분류 중 어느 것에 해당하는가?

전자기기 수리공이 어떤 제품의 분해·조립 과정을 거쳐서 수리를 마친 후 부품 하나가 남았다.

① Time error
② Omission error
③ Command error
④ Extraneous error

해설 **Human error의 심리적 분류**
㉮ Omission error(생략과오) : 필요한 task 또는 절차를 수행하지 않는 데 기인한 error
㉯ Time error(시간적 과오, 지연오류) : 필요한 task 또는 절차의 수행 지연으로 인한 error
㉰ Commission error(작위 실수, 수행적 과오) : 필요한 task 또는 절차의 불확실한 수행으로 인한 error
㉱ Sequential error(순서적 과오) : 필요한 task 또는 절차의 순서착오로 인한 error
㉲ Extraneous error(불필요한 과오) : 불필요한 task 또는 절차를 수행함으로써 기인한 error

22 청각적 표시장치의 설계 시 적용하는 일반원리에 대한 설명으로 틀린 것은?

① 양립성이란 긴급용 신호일 때는 낮은 주파수를 사용하는 것을 의미한다.
② 검약성이란 조작자에 대한 입력신호는 꼭 필요한 정보만을 제공하는 것이다.
③ 근사성이란 복잡한 정보를 나타내고자 할 때 2단계의 신호를 고려하는 것이다.
④ 분리성이란 두 가지 이상의 채널을 듣고 있다면 각 채널의 주파수가 분리되어 있어야 한다는 의미이다.

해설 ① 청각적 표시장치의 설계 시 양립성이란 긴급용 신호일 때는 높은 주파수를 사용하는 것을 의미한다.

정답 19.④ 20.③ 21.② 22.①

23 스트레스의 영향으로 발생된 신체반응의 결과인 스트레인(strain)을 측정하는 척도가 잘못 연결된 것은?

① 인지적 활동 – EEG
② 육체적 동적 활동 – GSR
③ 정신 운동적 활동 – EOG
④ 국부적 근육활동 – EMG

해설 스트레인 측정
㉮ 인지적 활동 : 뇌전도(EEG, 이중직무, 주관적 평가)
㉯ 육체적 동적 활동 : 심박수, 산소소비량
㉰ 정신 운동적 활동 : 안(눈)전위도(EOG)
㉱ 국부적 근육활동 : 근전도(EMG)

24 일반적인 시스템의 수명곡선(욕조곡선)에서 고장형태 중 증가형 고장률을 나타내는 기간으로 옳은 것은?

① 우발고장기간
② 마모고장기간
③ 초기고장기간
④ Burn-in 고장기간

해설 고장률의 유형(욕조곡선에서의 고장형태)
㉮ 초기고장 : 고장률 감소시기(Decreasing Failure Rate ; DFR) : 사용 개시 후 비교적 이른 시기에 설계, 제작상의 결함, 사용환경의 부적합 등에 의해 발생하는 고장이다. 기계설비의 시운전 및 초기운전 중 가장 높은 고장률을 나타내고 그 고장률이 차츰 감소한다.
㉯ 우발고장 : 고장률 일정시기(Constant Failure Rate ; CFR) : 초기고장과 마모고장 사이의 마모, 누출, 변형, 크랙 등으로 인하여 우발적으로 발생하는 고장이다. 고장률이 일정한 이 기간은 고장시간, 원인(고장 타입)이 랜덤해서 예방보전(PM)은 무의미하며 고장률이 가장 낮다. 정기점검이나 특별점검을 통해서 예방할 수 있다.
㉰ 마모고장 : 고장률 증가시기(Increasing Failure Rate ; IFR) : 점차 고장률이 상승하는 형으로, 볼베어링 또는 기어 등 기계적 요소나 부품의 마모, 사람의 노화현상에 의해 어떤 시점에 집중적으로 고장이 발생하는 시기이다.

25 다음 중 FTA에 대한 설명으로 가장 거리가 먼 것은?

① 정성적 분석만 가능
② 하향식(top-down) 방법
③ 복잡하고 대형화된 시스템에 활용
④ 논리게이트를 이용하여 도해적으로 표현하여 분석하는 방법

해설 FTA(결함수분석법)의 특징
㉮ 연역적 해석(하향식(top-down))방법이다.
㉯ 전형적인 정량적 해석이지만, 정성적 분석도 가능한 방법이다.

26 발생확률이 동일한 64가지의 대안이 있을 때 얻을 수 있는 총 정보량은?

① 6bit ② 16bit
③ 32bit ④ 64bit

해설 총 정보량(H) : 실현 가능성이 같은 n개의 대안이 있을 때 총 정보량(H)은 다음과 같다.
$H = \log_2(n)$
$\therefore$ H(정보량) $= \log_2(n) = \log_2 64 = \log_2 2^6 = 6\text{bit}$

27 일반적으로 인체측정치의 최대집단치를 기준으로 설계하는 것은?

① 선반의 높이
② 공구의 크기
③ 출입문의 크기
④ 안내 데스크의 높이

해설 인체계측자료 응용원칙의 예
㉮ 극단치 설계
㉠ 최대집단치 : 출입문, 통로, 의자 사이의 간격 등
㉡ 최소집단치 : 선반의 높이, 조종장치까지의 거리, 버스나 전철의 손잡이 등
㉯ 조절식 설계 : 사무실 의자의 높낮이 조절, 자동차 좌석의 전후조절 등
㉰ 평균치 설계 : 가게나 은행의 계산대, 안내 데스크의 높이 등

28 인간-기계 시스템의 설계과정을 다음과 같이 분류할 때 다음 중 인간, 기계의 기능을 할당하는 단계는?

- 1단계 : 시스템의 목표와 성능명세 결정
- 2단계 : 시스템의 정의
- 3단계 : 기본설계
- 4단계 : 인터페이스 설계
- 5단계 : 보조물 설계 혹은 편의수단 설계
- 6단계 : 평가

① 기본설계
② 인터페이스 설계
③ 시스템의 목표와 성능명세 결정
④ 보조물 설계 혹은 편의수단 설계

해설 **인간-기계 시스템의 설계 6단계**

㉮ 제1단계-목표 및 성능 설정 : 체계가 설계되기 전에 우선 목적이나 이유 및 목적은 통상 개괄적으로 표현
㉯ 제2단계-시스템의 정의 : 목표, 성능이 결정 후 목적을 달성하기 위해 어떤 기본적인 기능이 필요한지 결정
㉰ 제3단계-기본설계
　㉠ 기능의 할당
　㉡ 인간 성능요건 명세
　㉢ 직무분석
　㉣ 작업설계
㉱ 제4단계-계면(인터페이스)설계 : 계의 기본설계가 정의되고 인간에게 할당된 기능과 직무가 윤곽이 잡히면 인간-기계의 경계를 이루는 면과 인간-소프트웨어 경계를 이루는 면의 특성에 신경을 쓸 수가 있다.
작업공간, 표시장치, 조종장치, 제어, 컴퓨터 대화 등이 포함된다.
㉲ 제5단계-촉진물(보조물) 설계 : 체계 설계 과정 중 이 단계에서의 주 초점은 만족스러운 인간 성능을 증진시킬 보조물에 대해서 계획하는 것이다. 지시수첩, 성능 보조자료 및 훈련도구와 계획이 있다.
㉳ 제6단계-평가

29 여러 사람이 사용하는 의자의 좌판높이 설계기준으로 옳은 것은?

① 5% 오금높이　② 50% 오금높이
③ 75% 오금높이　④ 95% 오금높이

해설 사람이 사용하는 의자의 좌판높이는 조절범위를 기준으로 설계하는 것이 가장 적절하다. 조절식으로 설계할 경우에는 통상 5%치에서 95%치까지의 90% 범위를 수용대상으로 설계하는 것이 보통이다.

30 FT도에서 최소컷셋을 올바르게 구한 것은?

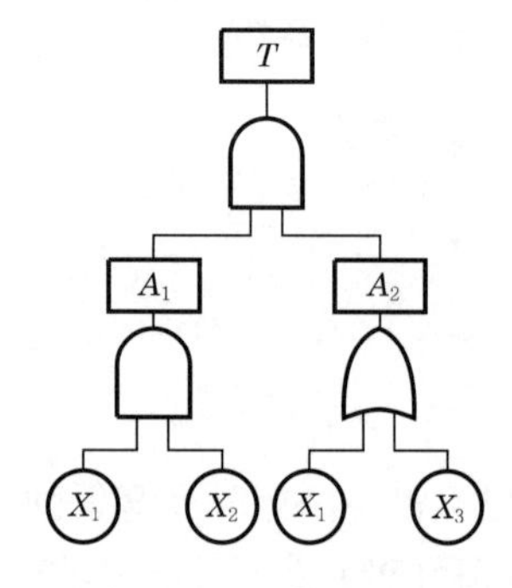

① (X_1, X_2)　② (X_1, X_3)
③ (X_2, X_3)　④ (X_1, X_2, X_3)

해설 FTA(Fault Tree Analysis)란 시스템에 발생하는 것이 바람직하지 않는 사상(톱사상)을 해석하여, 그 원인이 된다고 생각되는 모든 사상을 AND 혹은 OR 등의 논리기호로 연결한 것이다.
이때, 톱사상은 고장이 발생하여 시스템을 구동할 수 없는 경우를 말하며, 문제의 경우에 다음과 같이 2가지로 나타낼 수 있다.
㉮ $\{X_1, X_2\}$ 고장 발생
㉯ $\{X_1, X_2, X_3\}$ 고장 발생
따라서, 고장이 발생할 수 있는 최소컷셋은 $\{X_1, X_2\}$이다.

31 인간공학의 궁극적인 목적과 가장 관계가 깊은 것은?

① 경제성 향상
② 인간 능력의 극대화
③ 설비의 가동률 향상
④ 안전성 및 효율성 향상

해설 **인간공학의 목적**
근로자의 배치, 작업방법, 기계설비, 전반적인 작업환경 등에서 작업자의 신체적인 특성이나 행동에서의 제약조건 등이 고려된 시스템을 디사인하여 인간과 기계 및 작업환경과의 소화가 잘 이루어질 수 있도록 하여 작업자의 안전도와 작업능률을 향상시키고자 함에 있다.

정답 28.① 29.① 30.① 31.④

32 '화재발생'이라는 시작(초기)사상에 대하여 화재감지기, 화재경보, 스프링클러 등의 성공 또는 실패 작동 여부와 그 확률에 따른 피해 결과를 분석하는 데 가장 적합한 위험 분석기법은?

① FTA ② ETA
③ FHA ④ THERP

해설 **사상수분석(ETA)**
사상(事象)의 안전도를 사용하여 시스템의 안전도를 나타내는 시스템 모델의 하나로 귀납적이고 정량적인 분석방법으로 '화재발생'이라는 시작(초기)사상에 대하여 화재감지기, 화재경보, 스프링클러 등의 성공 또는 실패 작동 여부와 그 확률에 따른 피해 결과를 분석하는 데 가장 적합한 위험분석기법이다.

33 FTA에서 사용되는 사상기호 중 결함사상을 나타낸 기호로 옳은 것은?

①
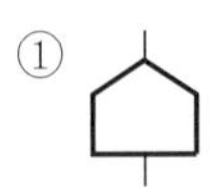
②
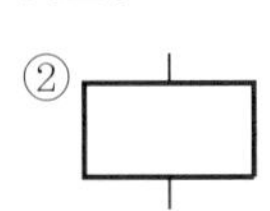
③
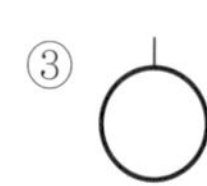
④
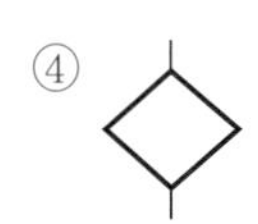

해설 ① 통상사상 : 결함사상이 아닌 발생이 예상되는 사상(정상적인 가동상태에서 발생이 기대되는 사상)을 나타낸다.
② 결함사상 : 이제부터 해석하고자 하는 정상사상과 중간사상에 사용한다.
③ 기본사상 : 더 이상 해석을 할 필요가 없는 기본적인 기계의 결함, 작업의 오동작 등을 나타낸다.
④ 이하생략사상 : 사상과 원인과의 관계를 알 수 없거나 또는 필요한 정보를 얻을 수 없기 때문에 더 이상 전개할 수 없는 최후적 사상을 나타낸다.

34 자동차를 타이어가 4개인 하나의 시스템으로 볼 때, 타이어 1개가 파열될 확률이 0.01이라면 이 자동차의 신뢰도는 약 얼마인가?

① 0.91 ② 0.93
③ 0.96 ④ 0.99

해설 자동차를 타이어가 4개인 하나의 시스템으로 볼 때, 타이어 4개는 직렬 연결되어 있다.
신뢰도 $R=0.99\times0.99\times0.99\times0.99=0.9605$

35 기술개발과정에서 효율성과 위험성을 종합적으로 분석 · 판단할 수 있는 평가방법으로 가장 적절한 것은?

① Risk Assessment
② Risk Management
③ Safety Assessment
④ Technology Assessment

해설 **기술개발의 종합평가(Technology Assessment)**
'기술개발의 종합평가'라고 하며, 기술개발과정에서 효율성과 비합리성(위험성)을 종합적으로 분석 · 판단하고 대체 수단의 이해득실을 평가하여 의사결정에 필요한 종합적인 자료를 체계화한 조직적인 계획과 예측의 프로세스(process)를 말한다.

36 다음 그림에서 명료도지수는?

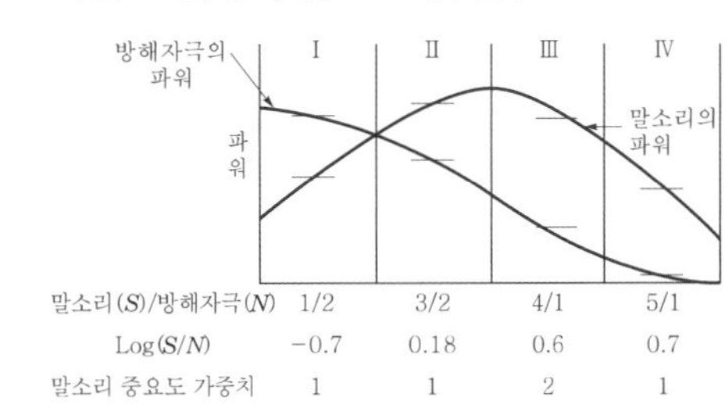

말소리(S)/방해자극(N)	1/2	3/2	4/1	5/1
Log(S/N)	−0.7	0.18	0.6	0.7
말소리 중요도 가중치	1	1	2	1

① 0.38 ② 0.68
③ 1.38 ④ 5.68

해설 명료도지수
$=(0.7\times1)+(0.18\times1)+(0.6\times2)+(0.7\times1)$
$=1.38$

37 건구온도 30℃, 습구온도 35℃일 때의 옥스퍼드(Oxford) 지수는?

① 20.75 ② 24.58
③ 30.75 ④ 34.25

해설 Oxford 지수$=0.85\,W+0.15\,D$
$=0.85\times35+0.15\times30$
$=34.25$℃

38 정보수용을 위한 작업자의 시각영역에 대한 설명으로 옳은 것은?

① 판별시야 – 안구운동만으로 정보를 주시하고 순간적으로 특정 정보를 수용할 수 있는 범위
② 유효시야 – 시력, 색판별 등의 시각기능이 뛰어나며 정밀도가 높은 정보를 수용할 수 있는 범위
③ 보조시야 – 머리부분의 운동이 안구운동을 돕는 형태로 발생하며 무리없이 주시가 가능한 범위
④ 유도시야 – 제시된 정보의 존재를 판별할 수 있는 정도의 식별능력 밖에 없지만 인간의 공간좌표 감각에 영향을 미치는 범위

해설 **시야의 분류**
㉮ 판별시야 : 시력, 색판별 등의 시각기능이 뛰어나며, 정밀도가 높은 정보를 수용할 수 있는 범위로 5° 이내
㉯ 유효시야 : 안구운동만으로 정보를 주시하고 순간적으로 특정 정보를 수용할 수 있는 범위로 좌우 15°, 상방 8°, 하방 12° 이내
㉰ 주시안정시야 : 머리부분의 운동이 안구운동을 돕는 상태로 발생하며, 무리없이 주시가 가능한 범위로 좌우 30~45°, 상방 20~30°, 하방 25~40° 이내(하방 15° 정도 내려다보는 것이 편안하다)
㉱ 유도시야 : 제시된 정보의 존재를 판별할 수 있는 정도의 식별능력 밖에 없지만 인간의 공간좌표 감각에 영향을 미치는 범위로 수평 30~100°, 수직 20~85°
㉲ 보조시야 : 정보 수용은 극도로 떨어지고 강력한 자극 등에 주시동작을 유발시키는 정도의 보조적 범위로 수평 100~200°, 수직 85~135°

39 FMEA 분석 시 고장평점법의 5가지 평가요소에 해당하지 않는 것은?

① 고장발생의 빈도
② 신규 설계의 가능성
③ 기능적 고장 영향의 중요도
④ 영향을 미치는 시스템의 범위

해설 **FMEA 분석 시 고장평점법의 5가지 평가요소**
㉮ 고장발생의 빈도
㉯ 신규 설계의 정도
㉰ 기능적 고장 영향의 중요도
㉱ 영향을 미치는 시스템의 범위
㉲ 고장방지 가능성

40 설비보전에서 평균수리시간을 나타내는 것은 어느 것인가?

① MTBF
② MTTR
③ MTTF
④ MTBP

해설 **MTTR(Mean Time To Repair ; 평균수리시간)**
총 수리시간을 그 기간의 수리횟수로 나눈 시간을 말한다.

$$\text{MTTR} = \frac{\text{총 수리시간}}{\text{수리횟수}}$$

≫ 제3과목 기계위험 방지기술

41 산업안전보건법령상 프레스의 작업시작 전 점검사항이 아닌 것은?

① 슬라이드 또는 칼날에 의한 위험방지기구의 기능
② 프레스의 금형 및 고정볼트 상태
③ 전단기의 칼날 및 테이블의 상태
④ 권과방지장치 및 그 밖의 경보장치의 기능

해설 **프레스 및 전단기의 작업시작 전 점검사항**
㉮ 클러치 및 브레이크의 기능
㉯ 크랭크축, 플라이휠, 슬라이드, 연결봉 및 연결나사 볼트의 풀림 유무
㉰ 1행정 1정지 기구, 급정지장치, 비상정지장치의 기능
㉱ 슬라이드 또는 칼날에 의한 위험방지기구의 기능
㉲ 프레스의 금형 및 고정볼트 상태
㉳ 방호장치의 기능
㉴ 전단기의 칼날 및 테이블 상태

 정답 38.④ 39.② 40.② 41.④

42 산업안전보건법령상 사업장 내 근로자 작업환경 중 '강렬한 소음작업'에 해당하지 않는 것은?

① 85dB 이상의 소음이 1일 10시간 이상 발생하는 작업
② 90dB 이상의 소음이 1일 8시간 이상 발생하는 작업
③ 95dB 이상의 소음이 1일 4시간 이상 발생하는 작업
④ 100dB 이상의 소음이 1일 2시간 이상 발생하는 작업

해설 강렬한 소음작업
㉮ 90dB 이상의 소음이 1일 8시간 이상 발생하는 작업
㉯ 95dB 이상의 소음이 1일 4시간 이상 발생하는 작업
㉰ 100dB 이상의 소음이 1일 2시간 이상 발생하는 작업
㉱ 105dB 이상의 소음이 1일 1시간 이상 발생하는 작업
㉲ 110dB 이상의 소음이 1일 30분 이상 발생하는 작업
㉳ 115dB 이상의 소음이 1일 15분 이상 발생하는 작업

43 다음 연삭숫돌의 파괴원인 중 가장 적절하지 않은 것은?

① 숫돌의 회전속도가 너무 빠른 경우
② 플랜지의 직경이 숫돌 직경의 $\frac{1}{3}$ 이상으로 고정된 경우
③ 숫돌 자체에 균열 및 파손이 있는 경우
④ 숫돌에 과대한 충격을 준 경우

해설 연삭기 숫돌의 파괴원인
㉮ 숫돌의 회전속도가 빠를 때
㉯ 숫돌 자체에 균열이 있을 때
㉰ 숫돌에 과대한 충격을 가할 때
㉱ 숫돌의 측면을 사용하여 작업할 때
㉲ 숫돌의 불균형이나 베어링 마모에 의한 진동이 있을 때
㉳ 숫돌 반경방향의 온도 변화가 심할 때
㉴ 작업에 부적당한 숫돌을 사용할 때
㉵ 숫돌의 치수가 부적당할 때
㉶ 플랜지가 현저히 작을 때(플랜지 직경=숫돌 직경×1/3 미만)

44 동력전달부분의 전방 35cm 위치에 일반 평형보호망을 설치하고자 한다. 보호망의 최대구멍의 크기는 몇 mm인가?

① 41 ② 45
③ 51 ④ 55

해설 동력전달부분의 가드 개구부 간격
$Y=6+\frac{1}{10}X$
여기서, Y : 안전간격(가드 개구부 틈새)
X : 안전거리
$Y=6+0.1\times350$
$\therefore\ Y=41\text{mm}$

45 화물중량이 200kgf, 지게차의 중량이 400kgf, 앞바퀴에서 화물의 무게중심까지의 최단거리가 1m일 때 지게차가 안정되기 위하여 앞바퀴에서 지게차의 무게중심까지 최단거리는 최소 몇 m를 초과해야 하는가?

① 0.2m ② 0.5m
③ 1m ④ 2m

해설 안전성을 유지하기 위한 조건
$W\cdot a < G\cdot b$
여기서, W: 화물중량(kg)
G : 차량 자체의 중량(kg)
a : 앞바퀴부터 하물 중심까지의 거리
b : 앞바퀴에서부터 차 중심까지의 거리(m)
$200\times1 < 400\times b$
$\therefore\ b=0.5\text{m}$ 초과

46 선반에서 일감의 길이가 지름에 비하여 상당히 길 때 사용하는 부속품으로 절삭 시 절삭저항에 의한 일감의 진동을 방지하는 장치는?

① 칩 브레이커
② 척 커버
③ 방진구
④ 실드

해설 선반작업 시 공작물의 길이가 직경의 12배 이상으로 가늘고 길 때는 방진구(공작물의 고정에 사용)를 사용하여 진동을 막을 것

47 산업안전보건법령상 압력용기에서 안전인증된 파열판에 안전인증 표시 외에 추가로 나타내어야 하는 사항이 아닌 것은?

① 분출차(%)
② 호칭지름
③ 용도(요구성능)
④ 유체의 흐름방향 지시

해설 **압력용기에서 안전인증된 파열판에 안전인증 표시 외에 추가로 표시할 사항**
㉮ 설정파열압력 및 설정온도
㉯ 호칭지름
㉰ 용도(요구성능)
㉱ 유체의 흐름방향 지시
㉲ 분출용량 또는 공칭분출계수
㉳ 파열판의 재질

48 연강의 인장강도가 420MPa이고, 허용응력이 140MPa이라면 안전율은?

① 1　　② 2
③ 3　　④ 4

해설 $안전율 = \frac{파괴강도}{최대하중} = \frac{420}{140} = 3$

49 산업안전보건법령상 프레스를 제외한 사출성형기·주형조형기 및 형단조기 등에 관한 안전조치 사항으로 틀린 것은?

① 근로자의 신체 일부가 말려들어갈 우려가 있는 경우에는 양수조작식 방호장치를 설치하여 사용한다.
② 게이트 가드식 방호장치를 설치할 경우에는 연동구조를 적용하여 문을 닫지 않아도 동작할 수 있도록 한다.
③ 사출성형기의 전면에 작업용 발판을 설치할 경우 근로자가 쉽게 미끄러지지 않는 구조여야 한다.
④ 기계의 히터 등 가열부위, 감전 우려가 있는 부위에는 방호덮개를 설치하여 사용한다.

해설 ② 게이트 가드식 방호장치를 설치할 경우에는 연동구조를 적용하여 문을 닫아 동작할 수 있도록 한다.
※ 사출성형기는 설치가 끝난 날부터 3년 이내에 최초 안전검사를 실시하고 그 이후부터 매 2년마다 실시한다.

50 다음 중 프레스기에 사용되는 방호장치에 있어 원칙적으로 급정지기구가 부착되어야만 사용할 수 있는 방식은?

① 양수조작식　　② 손쳐내기식
③ 가드식　　④ 수인식

해설 ㉮ 급정지기구에 따른 방호장치 : 급정지기구가 부착되어 있어야만 유효한 방호장치(마찰식 클러치 부착 프레스)
㉠ 양수조작식 방호장치
㉡ 감응식 방호장치
㉯ 급정지기구가 부착되어 있지 않아도 유효한 방호장치(확동식 클러치 부착 프레스)
㉠ 양수기동식 방호장치
㉡ 게이트 가드식 방호장치
㉢ 수인식 방호장치
㉣ 손쳐내기식 방호장치

51 산업안전보건법령상 지게차의 최대하중의 2배 값이 6톤일 경우 헤드가드의 강도는 몇 톤의 등분포정하중에 견딜 수 있어야 하는가?

① 4　　② 6
③ 8　　④ 10

해설 **지게차 헤드가드의 구비조건**
㉮ 강도는 지게차의 최대하중의 2배 값(4톤을 넘는 값에 대해서는 4톤으로 한다)의 등분포정하중에 견딜 수 있을 것
㉯ 상부틀의 각 개구의 폭 또는 길이가 16cm 미만일 것
㉰ 운전자가 앉아서 조작하는 방식의 지게차의 경우에는 운전자의 좌석 윗면에서 헤드가드의 상부틀 아랫면까지의 높이가 0.903m 이상일 것
㉱ 운전자가 서서 조작하는 방식의 지게차의 경우에는 운전석의 바닥면에서 헤드가드의 상부틀 하면까지의 높이가 1.88m 이상일 것

 정답 47.① 48.③ 49.② 50.① 51.①

52 밀링작업 시 안전수칙에 관한 설명으로 틀린 것은?

① 칩은 기계를 정지시킨 다음에 브러시 등으로 제거한다.
② 일감 또는 부속장치 등을 설치하거나 제거할 때는 반드시 기계를 정지시키고 작업한다.
③ 면장갑을 반드시 끼고 작업한다.
④ 강력 절삭을 할 때는 일감을 바이스에 깊게 물린다.

해설 **밀링작업 시 안전수칙**
㉮ 테이블 위에 공구나 기타 물건 등을 올려놓지 않는다.
㉯ 칩이나 부스러기를 제거할 때는 반드시 브러시를 사용하며, 걸레를 사용하지 않는다.
㉰ 가공 중에 손으로 가공면을 점검하지 않는다.
㉱ 제품을 풀어낼 때나 치수를 측정할 때에는 기계를 정지시키고 측정한다.
㉲ 강력 절삭을 할 때에는 공작물을 바이스에 깊게 물린다.
㉳ 주유 시 브러시를 이용할 때에는 밀링 커터에 닿지 않도록 한다.
㉴ 기계를 가동 중에 변속시키지 않는다.
㉵ 커터는 될 수 있는 한 컬럼에 가깝게 설치한다.
㉶ 밀링작업에서 생기는 칩은 가늘고 길기 때문에 비산하여 부상을 입히기 쉬우므로 보안경을 착용하도록 한다.
㉷ 장갑을 끼지 않도록 한다.
㉸ 밀링 커터에 작업복의 소매나 기타 옷자락이 걸려 들어가지 않도록 한다.
㉹ 상하좌우의 이송장치의 핸들은 사용 후 풀어둔다.
㉺ 일감과 공구는 견고하게 고정하고 작업 중 풀어지는 일이 없도록 한다.

53 강자성체를 자화하여 표면의 누설자속을 검출하는 비파괴 검사방법은?

① 방사선투과시험
② 인장시험
③ 초음파탐상시험
④ 자분탐상시험

해설 ① 방사선투과시험 : 방사선을 시험체에 조사하여 얻은 투과사진상의 불연속을 관찰하여 규격 등에 의한 기준에 따라 합격 여부를 판정하는 비파괴검사법이다.
② 인장시험 : 재료의 인장강도, 항복점, 연신율, 단면수축률 등의 기계적인 성질과 탄성한계, 비례한계, 푸아송비, 탄성계수 등의 물리적인 특성을 알아보는 파괴검사법이다.
③ 초음파탐상시험 : 가청 주파수 이외의 주파수를 갖는 초음파를 이용하여 소재 내부에 있는 결함, 즉 균열, 기공 및 게재물 혼입 등과 같은 결함을 검출하거나 두께 측정에 이용하는 비파괴검사법이다.
④ 자분탐상시험 : 시험체를 자화시켰을 때 표면 또는 표면부위에 자속을 막는 결함이 존재할 경우 그 곳에서부터 자장이 누설되며 결함의 양측에 자극이 형성되어 결함부분이 작은 자석이 있는 것과 같은 효과를 띠게 되어 공간에 자장을 형성하며, 그 공간에 자분을 뿌리면 자분가루들이 자화되어 자극을 갖고 결함부위에 달라붙게 되고, 자분이 밀집되어 있는 모양을 보고 시험체의 결손부위와 크기를 측정하는 비파괴검사법이다.

54 산업안전보건법령상 보일러 방호장치로 거리가 가장 먼 것은?

① 고저수위조절장치
② 아우트리거
③ 압력방출장치
④ 압력제한스위치

해설 **보일러 방호장치의 종류**
㉮ 압력방출장치
㉯ 압력제한스위치
㉰ 고저수위조절장치
㉱ 도피밸브, 가용전, 방폭문, 화염검출기 등

55 산업안전보건법령상 양중기에 해당하지 않는 것은?

① 곤돌라
② 이동식 크레인
③ 적재하중 0.05톤의 이삿짐 운반용 리프트
④ 화물용 엘리베이터

해설 **양중기의 종류**
㉮ 크레인[호이스트(hoist) 포함]
㉯ 이동식 크레인
㉰ 리프트(이삿짐 운반용 리프트의 경우에는 적재하중이 0.1톤 이상인 것으로 한정한다)
㉱ 곤돌라
㉲ 승강기

52.③ 53.④ 54.② 55.③ 정답

56 산업안전보건법령상 아세틸렌 용접장치에 관한 설명이다. ( ) 안에 공통으로 들어갈 내용으로 옳은 것은?

- 사업주는 아세틸렌 용접장치의 취관마다 ( )를 설치하여야 한다.
- 사업주는 가스용기가 발생기와 분리되어 있는 아세틸렌 용접장치에 대하여 발생기와 가스용기 사이에 ( )를 설치하여야 한다.

① 분기장치
② 자동발생확인장치
③ 유수분리장치
④ 안전기

해설 **안전기의 설치**
㉮ 사업주는 아세틸렌 용접장치의 취관마다 안전기를 설치하여야 한다. 다만, 주관 및 취관에 가장 가까운 분기관(分岐管)마다 안전기를 부착한 경우에는 그러하지 아니하다.
㉯ 사업주는 가스용기가 발생기와 분리되어 있는 아세틸렌 용접장치에 대하여 발생기와 가스용기 사이에 안전기를 설치하여야 한다.

57 프레스기의 안전대책 중 손을 금형 사이에 집어넣을 수 없도록 하는 본질적 안전화를 위한 방식(no-hand in die)에 해당하는 것은?

① 수인식
② 광전자식
③ 방호울식
④ 손쳐내기식

해설 ㉮ No-Hand in Die 방식
㉠ 안전울(방호울)을 부착한 프레스
㉡ 안전금형을 부착한 프레스
㉢ 전용 프레스의 도입
㉣ 자동 프레스의 도입
㉯ Hand in Die 방식
㉠ 가드식
㉡ 손쳐내기식
㉢ 수인식
㉣ 양수조작식
㉤ 감응식(광전자식)

58 회전하는 부분의 접선방향으로 물려 들어갈 위험이 존재하는 점으로 주로 체인, 풀리, 벨트, 기어와 랙 등에서 형성되는 위험점은?

① 끼임점 ② 협착점
③ 절단점 ④ 접선물림점

해설 **기계설비의 잠재적인 위험점**
㉮ 협착점(squeeze-point) : 왕복운동을 하는 동작부분과 움직임이 없는 고정부분 사이에 형성되는 위험점이다.
예 프레스, 절단기, 성형기, 굽힘기계 등
㉯ 끼임점(shear-point) : 회전운동을 하는 동작부분과 움직임이 없는 고정부분 사이에 형성되는 위험점이다.
예 프레임 암의 요동운동을 하는 기계부분, 교반기의 날개와 하우징, 연삭숫돌의 작업대 등
㉰ 절단점(cutting-point) : 회전하는 기계의 운동부분과 기계 자체와의 위험이 형성되는 위험점이다.
예 밀링의 커터, 목재가공용 둥근톱이나 띠톱의 톱날 등
㉱ 물림점(nip-point) : 회전하는 두 회전체에 물려 들어가는 위험점으로, 두 회전체는 서로 반대방향으로 맞물려 회전해야 한다.
예 롤러와 롤러의 물림, 기어와 기어의 물림 등
㉲ 접선물림점(tangential nip-point) : 회전하는 부분의 접선방향으로 물려 들어가 위험이 존재하는 점을 말한다.
예 V벨트와 풀리, 체인과 스프로킷, 랙과 피니언 등
㉳ 회전말림점(trapping-point) : 회전하는 물체의 길이, 굵기, 속도 등의 불규칙 부위와 돌기회전 부위에 의해 머리카락, 장갑 및 작업복 등이 말려들 위험이 형성되는 점이다.
예 축, 커플링, 회전하는 공구(드릴 등) 등

59 산업안전보건법령상 지게차에서 통상적으로 갖추고 있어야 하나, 마스트의 후방에서 화물이 낙하함으로써 근로자에게 위험을 미칠 우려가 없는 때에는 반드시 갖추지 않아도 되는 것은?

① 전조등 ② 헤드가드
③ 백레스트 ④ 포크

 정답 56.④ 57.③ 58.④ 59.③

해설 백레스트(Backrest)
지게차로 화물 또는 부재 등이 적재된 팔레트를 싣거나 이동하기 위하여 마스트를 뒤로 기울일 때 화물이 마스트 방향으로 떨어지는 것을 방지하기 위한 짐받이 틀을 말한다.

60 다음 설명 중 (　) 안에 알맞은 내용은?

> 산업안전보건법령상 롤러기의 급정지장치는 롤러를 무부하로 회전시킨 상태에서 앞면 롤러의 표면속도가 30m/min 미만일 때에는 급정지거리가 앞면 롤러 원주의 (　) 이내에서 롤러를 정지시킬 수 있는 성능을 보유해야 한다.

① $\frac{1}{4}$　② $\frac{1}{3}$
③ $\frac{1}{2.5}$　④ $\frac{1}{2}$

해설 급정지장치의 성능

앞면 롤러의 표면속도	급정지거리
30m/min 미만	앞면 롤러 원주×$\frac{1}{3}$
30m/min 이상	앞면 롤러 원주×$\frac{1}{2.5}$

» 제4과목 전기위험 방지기술

61 피뢰시스템의 등급에 따른 회전구체의 반지름으로 틀린 것은?

① Ⅰ등급 : 20m
② Ⅱ등급 : 30m
③ Ⅲ등급 : 40m
④ Ⅳ등급 : 60m

해설 피뢰레벨에 따른 회전구체 반경, 메시치수

피뢰시스템 등급	보호법	
	회전구체 반지름(m)	메시치수(m)
Ⅰ	20	5×5
Ⅱ	30	10×10
Ⅲ	45	15×15
Ⅳ	60	20×20

62 전류가 흐르는 상태에서 단로기를 끊었을 때 여러 가지 파괴작용을 일으킨다. 다음 그림에서 유입차단기의 차단순서와 투입순서가 안전수칙에 가장 적합한 것은?

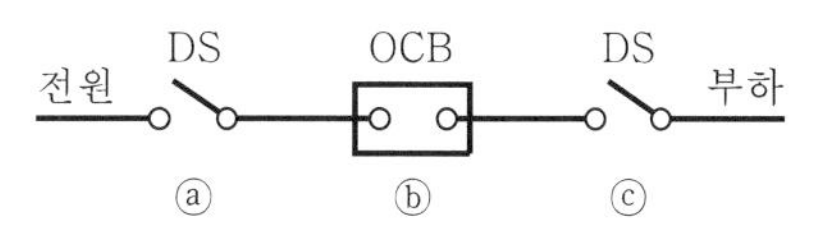

① 차단 : ⓐ→ⓑ→ⓒ, 투입 : ⓐ→ⓑ→ⓒ
② 차단 : ⓑ→ⓒ→ⓐ, 투입 : ⓑ→ⓒ→ⓐ
③ 차단 : ⓒ→ⓑ→ⓐ, 투입 : ⓒ→ⓐ→ⓑ
④ 차단 : ⓑ→ⓒ→ⓐ, 투입 : ⓒ→ⓐ→ⓑ

해설 단로기 및 차단기의 투입과 개방 시의 조작순서
전원 개방 시에는 차단기를 개방한 다음에 차단기 뒤 단로기를 개방하고, 전원 투입 시는 차단기 뒤 단로기를 투입한 다음에 차단기를 투입한다.
• 투입순서 : ⓒ→ⓐ→ⓑ
• 차단순서 : ⓑ→ⓒ→ⓐ

63 정전기 재해를 예방하기 위해 설치하는 제전기의 제전효율을 설치 시에 얼마 이상이 되어야 하는가?

① 40% 이상
② 50% 이상
③ 70% 이상
④ 90% 이상

해설 정전기 재해를 예방하기 위해 설치하는 제전기의 제전효율을 설치 시에 90% 이상이 되어야 한다.

64 정전기 화재폭발 원인으로 인체대전에 대한 예방대책으로 옳지 않은 것은?

① Wrist Strap을 사용하여 접지선과 연결한다.
② 대전방지제를 넣은 제전복을 착용한다.
③ 대전방지 성능이 있는 안전화를 착용한다.
④ 바닥재료는 고유저항이 큰 물질로 사용한다.

해설 ④ 바닥재료는 고유저항이 적은 물질을 사용하여 도전성을 갖추도록 하여야 한다.

65 다음은 무슨 현상을 설명한 것인가?

> 전위차가 있는 2개의 대전체가 특정 거리에 접근하게 되면 등전위가 되기 위하여 전하가 절연공간을 깨고 순간적으로 빛과 열을 발생하며 이동하는 현상

① 대전　② 충전
③ 방전　④ 열전

해설 ① 대전 : 어떤 물체가 외부 힘에 의해 전하량의 평형이 깨지면, 물체는 (-)전기 혹은 (+)전기를 띠게 되는데 이렇게 전기를 띠게 되는 것
② 충전 : 축전지 또는 콘덴서에 전원으로부터 방전할 때와는 반대로 전류를 흘려서 에너지를 축적하는 것
④ 열전 : 두 종류의 금속선을 접속해서 폐회로를 만들고 그 두 접합부를 서로 다른 온도로 유지하면 회로에 전류가 흐르는 것

66 정격사용률이 30%, 정격 2차 전류가 300A인 교류 아크용접기를 200A로 사용하는 경우의 허용사용률(%)은?

① 13.3　② 67.5
③ 110.3　④ 157.5

해설
$$\text{허용사용률(\%)} = \text{정격사용률} \times \left(\frac{\text{정격 2차 전류}}{\text{실제 용접전류}}\right)^2$$
$$= 30 \times \left(\frac{300}{200}\right)^2$$
$$= 67.5\%$$

67 절연물의 절연불량 주요 원인으로 거리가 먼 것은?

① 진동, 충격 등에 의한 기계적 요인
② 산화 등에 의한 화학적 요인
③ 온도 상승에 의한 열적 요인
④ 정격전압에 의한 전기적 요인

해설 **절연물의 절연불량 요인**
㉮ 높은 이상전압 등에 의한 전기적 요인
㉯ 진동이나 충격 등에 의한 기계적 요인
㉰ 산화 등에 의한 화학적 요인
㉱ 온도 상승에 의한 열적 요인

68 피뢰기의 제한전압이 752kV이고 변압기의 기준 충격절연강도가 1,050kV라면, 보호여유도(%)는 약 얼마인가?

① 18　② 28
③ 40　④ 43

해설
$$\text{보호여유도} = \frac{\text{충격절연강도} - \text{제한전압}}{\text{제한전압}} \times 100$$
$$= \frac{1,050 - 752}{752} \times 100$$
$$= 39.6\%$$

69 고장전류를 차단할 수 있는 것은?

① 차단기(CB)
② 유입개폐기(OS)
③ 단로기(DS)
④ 선로개폐기(LS)

해설 ① 차단기(CB) : 이상상태, 특히 단락상태에서 전로를 개폐할 수 있는 장치(고장전류와 같은 대전류 차단)
② 유입개폐기(OS) : 차단부분이 오일(oil) 속에 있는 차단기
③ 단로기(DS) : 무부하 회로에서 개폐하는 개폐기
④ 선로개폐기(LS) : 보수점검 시 전로를 구분하기 위하여 사용하는 개폐기

70 다음 중 방폭구조의 종류가 아닌 것은 어느 것인가?

① 유압방폭구조(k)
② 내압방폭구조(d)
③ 본질안전방폭구조(i)
④ 압력방폭구조(p)

해설 **방폭구조의 종류**
㉮ 내압방폭구조
㉯ 압력방폭구조
㉰ 유입방폭구조
㉱ 안전증방폭구조
㉲ 본질안전방폭구조
㉳ 몰드방폭구조
㉴ 사입방폭구조
㉵ 비점화방폭구조

 정답 65.③ 66.② 67.④ 68.③ 69.① 70.①

71 주택용 배선차단기 B타입의 경우 순시동작 범위는? (단, I_n는 차단기 정격전류이다.)

① $3I_n$ 초과 ~ $5I_n$ 이하
② $5I_n$ 초과 ~ $10I_n$ 이하
③ $10I_n$ 초과 ~ $15I_n$ 이하
④ $10I_n$ 초과 ~ $20I_n$ 이하

해설 **주택용 배선차단기 순시동작범위**
㉮ type B : $3I_n$ 초과 ~ $5I_n$ 이하
㉯ type C : $5I_n$ 초과 ~ $10I_n$ 이하
㉰ type D : $10I_n$ 초과 ~ $20I_n$ 이하

72 동작 시 아크가 발생하는 고압 및 특고압용 개폐기 · 차단기의 이격거리(목재의 벽 또는 천장, 기타 가연성 물체로부터의 거리)의 기준으로 옳은 것은? (단, 사용전압이 35kV 이하의 특고압용의 기구 등으로서 동작할 때에 생기는 아크의 방향과 길이를 화재가 발생할 우려가 없도록 제한하는 경우가 아니다.)

① 고압용 : 0.8m 이상, 특고압용 : 1.0m 이상
② 고압용 : 1.0m 이상, 특고압용 : 2.0m 이상
③ 고압용 : 2.0m 이상, 특고압용 : 3.0m 이상
④ 고압용 : 3.5m 이상, 특고압용 : 4.0m 이상

해설 **아크를 발생하는 기구의 시설**
고압용 또는 특고압용의 개폐기 · 차단기 · 피뢰기, 기타 이와 유사한 기구(이하 이 조에서 "기구 등"이라 한다)로서 동작 시에 아크가 생기는 것은 목재의 벽 또는 천장, 기타의 가연성 물체로부터 고압용의 것은 1m 이상, 특고압용의 것은 2m 이상(사용전압이 35,000V 이하의 특고압용의 기구 등으로서 동작 시에 생기는 아크의 방향과 길이를 화재가 발생할 우려가 없도록 제한하는 경우에는 1m 이상) 떼어놓아야 한다.

73 3,300/220V, 20kVA인 3상 변압기로부터 공급받고 있는 저압 전선로의 절연부분의 전선과 대지 간의 절연저항의 최소값은 약 몇 Ω인가? (단, 변압기의 저압측 중성점에 접지가 되어 있다.)

① 1,240 ② 2,794
③ 4,840 ④ 8,383

해설 **3상 변압기의 절연저항(R)**

$$R = \sqrt{3} \times \text{절연저항 최소값}$$
$$= \sqrt{3} \times \frac{\text{전압}}{\text{허용누설전류 최대값}}$$
$$= \sqrt{3} \times \frac{\text{전압}}{\text{최대공급전류} \times \frac{1}{2,000}}$$
$$= \sqrt{3} \times \frac{200}{\frac{20 \times 10^3}{220} \times \frac{1}{2,000}}$$
$$= 8383.13\,\Omega$$

74 감전사고로 인한 전격사의 메커니즘으로 가장 거리가 먼 것은?

① 흉부 수축에 의한 질식
② 심실세동에 의한 혈액순환기능의 상실
③ 내장 파열에 의한 소화기계통의 기능 상실
④ 호흡중추신경 마비에 따른 호흡기능 상실

해설 **전격현상의 메커니즘**
㉮ 심장의 심실세동에 의한 혈액순환기능 상실
㉯ 뇌의 호흡중추신경 마비에 따른 호흡기능 정지
㉰ 흉부 수축에 의한 질식

75 욕조나 샤워시설이 있는 욕실 또는 화장실에 콘센트가 시설되어 있다. 해당 전로에 설치된 누전차단기의 정격감도전류와 동작시간은?

① 정격감도전류 15mA 이하, 동작시간 0.01초 이하
② 정격감도전류 15mA 이하, 동작시간 0.03초 이하
③ 정격감도전류 30mA 이하, 동작시간 0.01초 이하
④ 정격감도전류 30mA 이하, 동작시간 0.03초 이하

해설 「전기용품 및 생활용품 안전관리법」의 적용을 받는 인체 감전보호용 누전차단기는 정격감도전류 30mA 이하, 동작시간 0.03초 이하의 전류동작형의 것으로 한다. 단, 목욕실에 설치하는 누전차단기는 습기가 많으므로 정격감도전류 15mA 이하의 것으로 한다.

71.① 72.② 73.④ 74.③ 75.② 정답

76 50kW, 60Hz 3상 유도전동기가 380V 전원에 접속된 경우 흐르는 전류(A)는 약 얼마인가? (단, 역률은 80%이다.)

① 82.24　② 94.96
③ 116.30　④ 164.47

해설 $P = \sqrt{3}\, V \cdot I \cdot \cos\theta \cdot \eta$

$$I = \frac{P}{\sqrt{3} \cdot V \cdot \cos\theta \cdot \eta} = \frac{50\times10^3}{\sqrt{3}\times380\times0.8} = 94.96\text{A}$$

77 인체저항을 500Ω이라 한다면, 심실세동을 일으키는 위험한계 에너지는 약 몇 J인가? (단, 심실세동 전류값 $I = \frac{165}{\sqrt{T}}$ mA의 Dalziel의 식을 이용하며, 통전시간은 1초로 한다.)

① 11.5　② 13.6
③ 15.3　④ 16.2

해설 $I = \frac{165}{\sqrt{T}}$

여기서, I : 심실세동전류(mA)
T : 통전시간(s)

$$W = I^2RT = \left(\frac{165}{\sqrt{T}}\times10^{-3}\right)^2\times500\times T = 13.6\,\text{Ws} = 13.6\,\text{J}$$

78 KS C IEC 60079-0의 정의에 따라 '두 도전부 사이의 고체 절연물 표면을 따른 최단거리'를 나타내는 명칭은?

① 전기적 간격　② 절연공간거리
③ 연면거리　④ 충전물 통과거리

해설 KS C IEC 60079-0의 정의
㉮ 전기적 간격 : 다른 전위를 갖고 있는 도전부 사이의 이격거리
㉯ 절연공간거리 : 두 도전부 사이의 공간을 통한 최단거리
㉰ 연면거리 : 서로 절연된 두 도전부 사이의 절연 표면을 통한 최단거리
㉱ 충전물 통과거리 : 두 도전체 사이의 충전물을 통과한 최단거리

79 내압방폭용기 "d"에 대한 설명으로 틀린 것은?

① 원통형 나사 접합부의 체결 나사산 수는 5산 이상이어야 한다.
② 가스/증기 그룹이 ⅡB일 때 내압 접합면과 장애물과의 최소이격거리는 20mm이다.
③ 용기 내부의 폭발이 용기 주위의 폭발성 가스 분위기로 화염이 전파되지 않도록 방지하는 부분은 내압방폭 접합부이다.
④ 가스/증기 그룹이 ⅡC일 때 내압 접합면과 장애물과의 최소이격거리는 40mm이다.

해설 **내압 접합면과 장애물과의 최소이격거리**

가스 · 증기 그룹	최소거리(mm)
ⅡA	10
ⅡB	30
ⅡC	40

80 접지 목적에 따른 분류에서 병원설비의 의료용 전기전자(M · E)기기와 모든 금속부분 또는 도전 바닥에도 접지하여 전위를 동일하게 하기 위한 접지를 무엇이라 하는가?

① 계통접지
② 등전위접지
③ 노이즈 방지용 접지
④ 정전기 장해방지용 접지

해설 병원에서 의료기기의 안전을 목적으로 사용하는 접지는 등전위접지이다.

※ **목적에 따른 접지의 분류는 계통접지, 보호접지, 피뢰기접지의 3가지로 변경되었으나, 이 문제와 같이 이전 분류의 내용이 출제되기도 하니, 등전위접지에 대해 기억해두도록 한다.**

목적에 따른 접지의 종류

접지의 종류	목적 및 접지방법
계통접지	전력계통에서 돌발적으로 발생하는 이상현상에 대비하여 대지와 계통을 연결하는 것으로, 중성점을 대지에 접속하는 것
보호접지	고장 시 감전에 대한 보호를 목적으로 기기의 한 점 또는 여러 점을 접지하는 것
피뢰기접지	뇌격전류를 안전하게 대지로 방류하기 위하여 접지하는 것

 정답 76.② 77.② 78.③ 79.② 80.②

≫ 제5과목 화학설비위험 방지기술

81 고체연소의 종류에 해당하지 않는 것은?

① 표면연소 ② 증발연소
③ 분해연소 ④ 예혼합연소

해설 **물질의 연소형태**
㉮ 기체의 연소 : 확산연소, 예혼합연소
㉯ 액체의 연소 : 증발연소, 분해연소
㉰ 고체의 연소
㉠ 분해연소 : 목재, 종이, 석탄, 플라스틱 등은 분해연소
㉡ 표면연소 : 코크스, 목탄, 금속분 등은 열분해에 의해서 가연성 가스를 발생하지 않고 물질 자체가 연소
㉢ 증발연소 : 황, 나프탈렌, 파라핀 등은 가열 시 액체가 되어 증발연소
㉣ 자기연소 : 가연성이면서 자체 내에 산소를 함유하고 있는 가연물(질산에스테류, 셀룰로이드류, 니트로화합물 등)은 공기 중의 산소가 필요 없이 연소

82 가연성 물질을 취급하는 장치를 퍼지하고자 할 때 잘못된 것은?

① 대상 물질의 물성을 파악한다.
② 사용하는 불활성 가스의 물성을 파악한다.
③ 퍼지용 가스를 가능한 한 빠른 속도로 단시간에 다량 송입한다.
④ 장치 내부를 세정한 후 퍼지용 가스를 송입한다.

해설 가연성 물질을 취급하는 장치를 퍼지하고자 할 때 퍼지용 가스를 가능한 한 느린 속도로 장시간에 다량 송입한다.

83 디에틸에테르의 연소범위에 가장 가까운 값은?

① 2~10.4% ② 1.9~48%
③ 2.5~15% ④ 1.5~7.8%

해설 **디에틸에테르의 성질**
㉮ 연소범위 : 1.9~48%
㉯ 인화점 : −45℃, 발화점 : 80℃
㉰ 증기는 마취성이 있고, 인화되기 쉬운 액체이다.

84 위험물질에 대한 설명 중 틀린 것은?

① 과산화나트륨에 물이 접촉하는 것은 위험하다.
② 황린은 물속에 저장한다.
③ 염소산나트륨은 물과 반응하여 폭발성의 수소기체를 발생한다.
④ 아세트알데히드는 0℃ 이하의 온도에서도 인화할 수 있다.

해설 ③ 염소산나트륨은 물과 접촉하면 산소를 발생하므로 물과의 접촉을 피해야 한다.

85 공정안전보고서 중 공정안전자료에 포함하여야 할 세부내용에 해당하는 것은?

① 비상조치계획에 따른 교육계획
② 안전운전지침서
③ 각종 건물 · 설비의 배치도
④ 도급업체 안전관리계획

해설 **공정안전자료의 세부내용**
㉮ 유해 · 위험물질에 대한 물질안전보건자료
㉯ 유해 · 위험설비의 목록 및 사양
㉰ 취급 · 저장하고 있거나 취급 · 저장하려는 유해 · 위험물질의 종류 및 수량
㉱ 유해 · 위험설비의 운전방법을 알 수 있는 공정도면
㉲ 위험설비의 안전설계 · 제작 및 설치 관련 지침서
㉳ 각종 건물 · 설비의 배치도
㉴ 폭발위험장소의 구분도 및 전기단선도

86 공기 중에서 A가스의 폭발하한계는 2.2vol%이다. 이 폭발하한계 값을 기준으로 하여 표준상태에서 A가스와 공기의 혼합기체 $1m^3$에 함유되어 있는 A가스의 질량을 구하면 약 몇 g인가? (단, A가스의 분자량은 26이다.)

① 19.02 ② 25.54
③ 29.02 ④ 35.54

해설 혼합공기 중 A가스의 함량=1,000L×0.022=22L
기체 1몰이 차지하는 부피는 22.4L이므로,
$\frac{22L}{22.4L}$=0.9821428571몰이다.
∴ A가스의 질량=0.982142857×26=25.54g

87 다음 물질 중 물에 가장 잘 용해되는 것은?

① 아세톤 ② 벤젠
③ 톨루엔 ④ 휘발유

해설 ① 아세톤 : 무색으로, 휘발성이 있으며 수용성이다. 또한, 인화점은 −18℃이고, 탈지작용이 있다.
②, ③, ④ 벤젠, 톨루엔, 휘발유 : 수용성이 없다.

88 가스누출감지경보기 설치에 관한 기술상의 지침으로 틀린 것은?

① 암모니아를 제외한 가연성 가스 누출감지경보기는 방폭성능을 갖는 것이어야 한다.
② 독성가스 누출감지경보기는 해당 독성가스 허용농도의 25% 이하에서 경보가 울리도록 설정하여야 한다.
③ 하나의 감지대상가스가 가연성이면서 독성인 경우에는 독성가스를 기준하여 가스누출감지경보기를 선정하여야 한다.
④ 건축물 안에 설치되는 경우, 감지대상가스의 비중이 공기보다 무거운 경우에는 건축물 내의 하부에 설치하여야 한다.

해설 가연성 가스용 가스누출감지경보기는 감지대상가스의 폭발하한계 25%, 독성가스용 가스누출감지경보기는 해당 독성가스의 허용농도 이하에서 경보가 울리도록 설정하여야 한다.

89 폭발을 기상폭발과 응상폭발로 분류할 때 기상폭발에 해당되지 않는 것은?

① 분진폭발 ② 혼합가스폭발
③ 분무폭발 ④ 수증기폭발

해설 ㉮ 기상폭발
㉠ 혼합가스의 폭발(가스폭발)
㉡ 분해폭발
㉢ 분진폭발 및 분무폭발
㉯ 응상폭발(액상 및 고상폭발)
㉠ 수증기폭발 또는 증기폭발
㉡ 고상 간의 전이에 의한 폭발
㉢ 전선폭발
㉣ 화약류 및 유기과산화물 등의 폭발

90 다음 가스 중 가장 독성이 큰 것은?

① CO
② $COCl_2$
③ NH_3
④ H_2

해설 각 보기 물질의 허용농도는 다음과 같다.
① CO(일산화탄소) : 50ppm
② $COCl_2$(포스겐) : 0.1ppm
③ NH_3(암모니아) : 25ppm
④ H_2(수소) : 독성이 없다.

91 처음 온도가 20℃인 공기를 절대압력 1기압에서 3기압으로 단열압축하면 최종온도는 약 몇 도인가? (단, 공기의 비열비는 1.4이다.)

① 68℃ ② 75℃
③ 128℃ ④ 164℃

해설

$$T_2 = T_1 \times \left(\frac{P_2}{P_1}\right)^{\frac{K-1}{K}}$$

$$= (273+20) \times \left(\frac{3}{1}\right)^{\frac{1.4-1}{1.4}}$$

$$= 401.04\text{K}$$

$\therefore$ $401.04 - 273 = 128℃$

92 건조설비의 구조를 구조부분, 가열장치, 부속설비로 구분할 때 다음 중 "부속설비"에 속하는 것은?

① 보온판
② 열원장치
③ 소화장치
④ 철골부

해설 **건조설비의 구조**
건조설비는 습기가 있는 재료를 처리하여 수분을 제거하고 조작하는 기구로 건조설비는 본체, 가열장치, 부속장치로 구성되어 있다.
㉮ 구조부분 : 철골부, 보온판, shell부
㉯ 가열장치 : 열원장치, 순환용 송풍기
㉰ 부속설비 : 환기장치, 온도조절장치, 안전장치, 소화장치

 정답 87.① 88.② 89.④ 90.② 91.③ 92.③

93 물질의 누출방지용으로써 접합면을 상호 밀착시키기 위하여 사용하는 것은?

① 개스킷　② 체크밸브
③ 플러그　④ 콕크

해설 ② 체크밸브 : 유체의 역류 방지용 밸브
③ 플러그 : 유로를 차단할 때 사용하는 관 부속품
④ 콕크 : 유체의 흐름과 90° 회전으로 차단하는 밸브

94 에틸렌(C_2H_4)이 완전연소하는 경우 다음의 Jones식을 이용하여 계산할 경우 연소하한계는 약 몇 vol%인가?

Jones식 : LFL=0.55× C_{st}

① 0.55　② 3.6
③ 6.3　④ 8.5

해설 ㉮ $C_2H_4+3O_2 \rightarrow 2CO_2+2H_2O$의 연소반응식에서 에틸렌($C_2H_4$) 1mol을 연소시키는 데 산소($O_2$)가 3mol이 소비되었다.
㉯ 에틸렌(C_2H_4)의 폭발하한은 Jones식에 의해 추산하면 하한농도=0.55×양론농도(C_{st})이다.
㉰ $C_{st}=\dfrac{1}{1+4.773\left(n+\dfrac{m-f-2\lambda}{4}\right)}\times 100$
$=\dfrac{1}{1+4.773\left(2+\dfrac{4}{4}\right)}\times 100=6.53\text{vol\%}$
여기서, n : 탄소수
m : 수소수
f : 할로겐 원소수
λ : 산소의 원소수
㉱ 하한농도=6.53×0.55=3.59

95 산업안전보건법령상 위험물질의 종류에서 "폭발성 물질 및 유기과산화물"에 해당하는 것은?

① 디아조화합물　② 황린
③ 알킬알루미늄　④ 마그네슘 분말

해설 ② 황린 : 자연발화성 물질
③ 알킬알루미늄 : 물반응성 물질 및 인화성 고체
④ 마그네슘 분말 : 인화성 고체

96 다음 물질을 폭발범위가 넓은 것부터 좁은 순서로 옳게 배열한 것은?

H_2　C_3H_8　CH_4　CO

① $CO>H_2>C_3H_8>CH_4$
② $H_2>CO>CH_4>C_3H_8$
③ $C_3H_8>CO>CH_4>H_2$
④ $CH_4>H_2>CO>C_3H_8$

해설 주어진 물질의 폭발범위(폭발한계)는 다음과 같다.
㉮ H_2(수소) : 4.0~75vol%
㉯ C_3H_8(프로판) : 2.1~9.5vol%
㉰ CH_4(메탄) : 5~15vol%
㉱ CO(일산화탄소) : 12.5~74vol%

97 화염방지기의 설치에 관한 사항으로 (　) 에 알맞은 것은?

사업주는 인화성 액체 및 인화성 가스를 저장·취급하는 화학설비에서 증기나 가스를 대기로 방출하는 경우에는 외부로부터의 화염을 방지하기 위하여 화염방지기를 그 설비 (　)에 설치하여야 한다.

① 상단　② 하단
③ 중앙　④ 무게중심

해설 화염방지기는 인화성 액체 및 인화성 가스를 저장·취급하는 화학설비로부터 증기 또는 가스를 방출하는 때에는 외부로부터의 화염을 방지하기 위하여 그 설비 상단에 설치한다.

98 다음 중 인화성 가스가 아닌 것은?

① 부탄　② 메탄
③ 수소　④ 산소

해설 **인화성 가스의 종류**
㉮ 수소
㉯ 아세틸렌
㉰ 에틸렌
㉱ 메탄
㉲ 에탄
㉳ 프로판
㉴ 부탄

93.① 94.② 95.① 96.② 97.① 98.④ 정답

99 반응기를 조작방식에 따라 분류할 때 해당되지 않는 것은?

① 회분식 반응기
② 반회분식 반응기
③ 연속식 반응기
④ 관형식 반응기

해설 **반응기의 분류**
㉮ 조작방식에 의한 분류
㉠ 회분식 반응기
㉡ 반회분식 반응기
㉢ 연속식 반응기
㉯ 구조방식에 의한 분류
㉠ 교반조형 반응기
㉡ 관형 반응기
㉢ 탑형 반응기
㉣ 유동층형 반응기

100 다음 중 가연성 물질과 산화성 고체가 혼합하고 있을 때 연소에 미치는 현상으로 옳은 것은?

① 착화온도(발화점)가 높아진다.
② 최소점화에너지가 감소하며, 폭발의 위험성이 증가한다.
③ 가스나 가연성 증기의 경우 공기혼합보다 연소범위가 축소된다.
④ 공기 중에서보다 산화작용이 약하게 발생하여 화염온도가 감소하며 연소속도가 늦어진다.

해설 **가연성 물질과 산화성 고체가 혼합하고 있을 때 연소에 미치는 현상**
㉮ 착화온도(발화점)가 낮아진다.
㉯ 최소점화에너지가 감소하며, 폭발의 위험성이 증가한다.
㉰ 가스나 가연성 증기의 경우 공기혼합보다 연소범위가 증대된다.
㉱ 공기 중에서보다 산화작용이 강하게 발생하여 화염온도가 증가하며 연소속도가 빨라진다.

≫ 제6과목 건설안전기술

101 콘크리트 타설작업을 하는 경우 준수하여야 할 사항으로 옳지 않은 것은?

① 당일의 작업을 시작하기 전에 해당 작업에 관한 거푸집동바리 등의 변형·변위 및 지반의 침하 유무 등을 점검하고 이상이 있으면 보수할 것
② 콘크리트를 타설하는 경우에는 편심이 발생하지 않도록 골고루 분산하여 타설할 것
③ 설계도서상의 콘크리트 양생기간을 준수하여 거푸집동바리 등을 해체할 것
④ 작업 중에는 거푸집동바리 등의 변형·변위 및 침하 유무 등을 감시할 수 있는 감시자를 배치하여 이상이 있으면 작업을 중지하지 아니하고, 즉시 충분한 보강조치를 실시할 것

해설 **콘크리트의 타설작업 시 준수사항**
㉮ 당일의 작업을 시작하기 전에 해당 작업에 관한 거푸집동바리 등의 변형·변위 및 지반의 침하 유무 등을 점검하고 이상이 있으면 보수할 것
㉯ 작업 중에는 거푸집동바리 등의 변형·변위 및 침하 유무 등을 감시할 수 있는 감시자를 배치하여 이상이 있으면 작업을 중지하고 근로자를 대피시킬 것
㉰ 콘크리트 타설작업 시 거푸집 붕괴의 위험이 발생할 우려가 있으면 충분한 보강조치를 할 것
㉱ 설계도서상의 콘크리트 양생기간을 준수하여 거푸집동바리 등을 해체할 것
㉲ 콘크리트를 타설하는 경우에는 편심이 발생하지 않도록 골고루 분산하여 타설할 것

102 건설현장에서 사용되는 작업발판 일체형 거푸집의 종류에 해당되지 않는 것은?

① 갱폼(gang form)
② 슬립폼(slip form)
③ 클라이밍폼(climbing form)
④ 유로폼(euro form)

정답 99.④ 100.② 101.④ 102.④

해설 **작업발판 일체형 거푸집 종류**
㉮ 갱폼(gang form)
㉯ 슬립폼(slip form)
㉰ 클라이밍폼(climbing form)
㉱ 터널 라이닝폼(tunnel lining form)
㉲ 그 밖에 거푸집과 작업발판이 일체로 제작된 거푸집 등

103 버팀보, 앵커 등의 축하중 변화 상태를 측정하여 이들 부재의 지지효과 및 그 변화 추이를 파악하는 데 사용되는 계측기기는?

① Water level meter
② Load cell
③ Piezo meter
④ Strain gauge

해설 ① 수위계(water level meter) : 지반 내 지하수위 변화를 측정
② 하중계(load cell) : 버팀보(지주) 또는 어스앵커(earth anchor) 등의 실제 축하중 변화 상태를 측정
③ 간극수압계(piezo meter) : 지하수의 수압을 측정
④ 변형률계(strain gauge) : 흙막이 구조물의 지지체인 버팀보, 엄지말뚝 및 띠장 등의 표면에 부착하여 부재의 응력이나 휨모멘트 상태를 파악

104 차량계 건설기계를 사용하여 작업을 하는 경우 작업계획서 내용에 포함되지 않는 것은?

① 사용하는 차량계 건설기계의 종류 및 성능
② 차량계 건설기계의 운행경로
③ 차량계 건설기계에 의한 작업방법
④ 차량계 건설기계의 유지보수방법

해설 **차량계 건설기계 작업 시 작업계획서에 포함되어야 할 사항**
㉮ 사용하는 차량계 건설기계의 종류 및 능력
㉯ 차량계 건설기계의 운행경로
㉰ 차량계 건설기계에 의한 작업방법

105 근로자의 추락 등의 위험을 방지하기 위한 안전난간의 설치기준으로 옳지 않은 것은?

① 상부 난간대와 중간 난간대는 난간길이 전체에 걸쳐 바닥면 등과 평행을 유지할 것
② 발끝막이판은 바닥면 등으로부터 20cm 이상의 높이를 유지할 것
③ 난간대는 지름 2.7cm 이상의 금속제 파이프나 그 이상의 강도가 있는 재료일 것
④ 안전난간은 구조적으로 가장 취약한 지점에서 가장 취약한 방향으로 작용하는 100kg 이상의 하중에 견딜 수 있는 튼튼한 구조일 것

해설 **안전난간의 구조 및 설치요건**
㉮ 상부 난간대, 중간 난간대, 발끝막이판 및 난간기둥으로 구성할 것. 다만, 중간 난간대, 발끝막이판 및 난간기둥은 이와 비슷한 구조와 성능을 가진 것으로 대체할 수 있다.
㉯ 상부 난간대는 바닥면·발판 또는 경사로의 표면("바닥면 등")으로부터 90cm 이상 지점에 설치하고, 상부 난간대를 120cm 이하에 설치하는 경우에는 중간 난간대는 상부 난간대와 바닥면 등의 중간에 설치하여야 하며, 120cm 이상 지점에 설치하는 경우에는 중간 난간대를 2단 이상으로 균등하게 설치하고 난간의 상하 간격은 60cm 이하가 되도록 할 것. 다만, 계단의 개방된 측면에 설치된 난간기둥 간의 간격이 25cm 이하인 경우에는 중간 난간대를 설치하지 아니할 수 있다.
㉰ 발끝막이판은 바닥면 등으로부터 10cm 이상의 높이를 유지할 것. 다만, 물체가 떨어지거나 날아올 위험이 없거나 그 위험을 방지할 수 있는 망을 설치하는 등 필요한 예방조치를 한 장소는 제외한다.
㉱ 난간기둥은 상부 난간대와 중간 난간대를 견고하게 떠받칠 수 있도록 적정한 간격을 유지할 것
㉲ 상부 난간대와 중간 난간대는 난간길이 전체에 걸쳐 바닥면 등과 평행을 유지할 것
㉳ 난간대는 지름 2.7cm 이상의 금속제 파이프나 그 이상의 강도가 있는 재료일 것
㉴ 안전난간은 구조적으로 가장 취약한 지점에서 가장 취약한 방향으로 작용하는 100kg 이상의 하중에 견딜 수 있는 튼튼한 구조일 것

103.② 104.④ 105.② 정답

106 흙 속의 전단응력을 증대시키는 원인에 해당하지 않는 것은?

① 자연 또는 인공에 의한 지하공동의 형성
② 함수비의 감소에 따른 흙의 단위체적 중량의 감소
③ 지진, 폭파에 의한 진동 발생
④ 균열 내에 작용하는 수압 증가

해설 ② 함수비의 증가에 따른 흙의 단위체적 중량이 증가되면 흙 속의 전단응력은 증대된다.

107 다음은 산업안전보건법령에 따른 항타기 또는 항발기에 권상용 와이어로프를 사용하는 경우에 준수하여야 할 사항이다. ( ) 안에 알맞은 내용으로 옳은 것은?

> 권상용 와이어로프는 추 또는 해머가 최저의 위치에 있을 때 또는 널말뚝을 빼내기 시작할 때를 기준으로 권상장치의 드럼에 적어도 ( ) 감기고 남을 수 있는 충분한 길이일 것

① 1회 ② 2회
③ 4회 ④ 6회

해설 **권상용 와이어로프의 길이**
㉮ 권상용 와이어로프는 추 또는 해머가 최저의 위치에 있을 때 또는 널말뚝을 빼내기 시작할 때를 기준으로 권상장치의 드럼에 적어도 2회 감기고 남을 수 있는 충분한 길이일 것
㉯ 권상용 와이어로프는 권상장치의 드럼에 클램프·클립 등을 사용하여 견고하게 고정할 것
㉰ 항타기의 권상용 와이어로프에서 추·해머 등과의 연결은 클램프·클립 등을 사용하여 견고하게 할 것

108 산업안전보건법령에 따른 유해위험방지계획서 제출대상 공사로 볼 수 없는 것은?

① 지상높이가 31m 이상인 건축물의 건설공사
② 터널 건설공사
③ 깊이 10m 이상인 굴착공사
④ 다리의 전체길이가 40m 이상인 건설공사

해설 **유해위험방지계획서 제출대상 건설공사**
㉮ 다음의 어느 하나에 해당하는 건축물 또는 시설 등의 건설·개조 또는 해체(이하 "건설 등"이라 한다) 공사
㉠ 지상높이가 31m 이상인 건축물 또는 인공구조물
㉡ 연면적 3만m^2 이상인 건축물
㉢ 연면적 5천m^2 이상인 시설로서 다음의 어느 하나에 해당하는 시설
- 문화 및 집회시설(전시장 및 동물원·식물원은 제외한다)
- 판매시설, 운수시설(고속철도의 역사 및 집배송시설은 제외한다)
- 종교시설
- 의료시설 중 종합병원
- 숙박시설 중 관광숙박시설
- 지하도 상가
- 냉동·냉장 창고시설

㉯ 연면적 5천m^2 이상인 냉동·냉장 창고시설의 설비공사 및 단열공사
㉰ 최대지간(支間)길이(다리의 기둥과 기둥의 중심 사이의 거리)가 50m 이상인 다리의 건설 등 공사
㉱ 터널의 건설 등 공사
㉲ 다목적댐, 발전용댐, 저수용량 2천만톤 이상의 용수 전용댐 및 지방상수도 전용댐의 건설 등 공사
㉳ 깊이 10m 이상인 굴착공사

109 거푸집동바리 구조에서 높이가 $l=3.5$m인 파이프서포트의 좌굴하중은? (단, 상부받이판과 하부받이판은 힌지로 가정하고, 단면 2차 모멘트 $I=8.31$cm^4, 탄성계수 $E=2.1\times10^5$MPa)

① 14,060N ② 15,060N
③ 16,060N ④ 17,060N

해설 오일러의 좌굴공식

$$P_{cr}=\frac{\pi^2 EI}{l^2}$$

여기서, P_{cr} : 오일러 좌굴하중(kg)
E : 탄성계수(kg/cm^2)
I : 단면 2차 모멘트(cm^4)
l : 부재의 길이(cm)

㉮ $E=2.1\times10^5\,[\text{MPa}] \fallingdotseq 2.14\times10^6\text{kg/cm}^2$
㉯ $P_{cr}=\dfrac{\pi^2\times(2.14\times10^6)\times8.31}{350^2}=1432.78\text{kg}$
㉰ $N=P_{cr}\times9.8=1432.78\times9.8=14055.57\text{N}$

 정답 106.② 107.② 108.④ 109.①

110 사다리식 통로 등을 설치하는 경우 고정식 사다리식 통로의 기울기는 최대 몇 도 이하로 하여야 하는가?

① 60° ② 75°
③ 80° ④ 90°

해설 **사다리식 통로 등의 구조**
㉮ 견고한 구조로 할 것
㉯ 심한 손상 · 부식 등이 없는 재료를 사용할 것
㉰ 발판의 간격은 일정하게 할 것
㉱ 발판과 벽과의 사이는 15cm 이상의 간격을 유지할 것
㉲ 폭은 30cm 이상으로 할 것
㉳ 사다리가 넘어지거나 미끄러지는 것을 방지하기 위한 조치를 할 것
㉴ 사다리의 상단은 걸쳐 놓은 지점으로부터 60cm 이상 올라가도록 할 것
㉵ 사다리식 통로의 길이가 10m 이상인 때에는 5m 이내마다 계단참을 설치할 것
㉶ 이동식 사다리식 통로의 기울기는 75° 이하로 할 것(다만, 고정식 사다리식 통로의 기울기는 90° 이하로 하고, 높이 7m 이상인 경우 바닥으로부터 2.5m 되는 지점부터 등받이울을 설치할 것)
㉷ 접이식 사다리 기둥은 사용 시 접혀지거나 펼쳐지지 않도록 철물 등을 사용하여 견고하게 조치할 것

111 하역작업 등에 의한 위험을 방지하기 위하여 준수하여야 할 사항으로 옳지 않은 것은?

① 꼬임이 끊어진 섬유로프를 화물운반용으로 사용해서는 안 된다.
② 심하게 부식된 섬유로프를 고정용으로 사용해서는 안 된다.
③ 차량 등에서 화물을 내리는 작업 시 해당 작업에 종사하는 근로자에게 쌓여 있는 화물 중간에서 화물을 빼내도록 할 경우에는 사전교육을 철저히 한다.
④ 부두 또는 안벽의 선을 따라 통로를 설치하는 경우에는 폭을 90cm 이상으로 한다.

해설 ③ 차량 등에서 화물을 내리는 작업을 하는 경우에 해당 작업에 종사하는 근로자에게 쌓여 있는 화물 중간에서 화물을 빼내도록 해서는 아니 된다.

112 추락방지용 방망 중 그물코의 크기가 5cm인 매듭 방망 신품의 인장강도는 최소 몇 kg 이상이어야 하는가?

① 60 ② 110
③ 150 ④ 200

해설 **방망사의 신품에 대한 인장강도**

그물코의 크기(cm)	방망의 종류	
	매듭 없는 방망	매듭 방망
10	240	200
5	–	110

113 단관비계의 도괴 또는 전도를 방지하기 위하여 사용하는 벽이음의 간격 기준으로 옳은 것은?

① 수직방향 5m 이하, 수평방향 5m 이하
② 수직방향 6m 이하, 수평방향 6m 이하
③ 수직방향 7m 이하, 수평방향 7m 이하
④ 수직방향 8m 이하, 수평방향 8m 이하

해설 **벽이음에 대한 조립간격**

구 분	수직방향	수평방향
단관비계	5m	5m
틀비계	6m	8m
통나무 비계	5.5m	7.5m

114 발파작업 시 암질변화 구간 및 이상암질의 출현 시 반드시 암질판별을 실시하여야 하는데, 이와 관련된 암질판별기준과 가장 거리가 먼 것은?

① R.Q.D(%)
② 탄성파속도(m/sec)
③ 전단강도(kg/cm^2)
④ R.M.R

해설 **암질판별방법**
㉮ R.Q.D(%)
㉯ 탄성파속도(m/sec)
㉰ R.M.R(%)
㉱ 일축압축강도
㉲ 진동치속도

110.④ 111.③ 112.② 113.① 114.③ 정답

115 인력으로 하물을 인양할 때의 몸의 자세와 관련하여 준수하여야 할 사항으로 옳지 않은 것은?

① 한쪽 발은 들어올리는 물체를 향하여 안전하게 고정시키고 다른 발은 그 뒤에 안전하게 고정시킬 것
② 등은 항상 직립한 상태와 90° 각도를 유지하여 가능한 한 지면과 수평이 되도록 할 것
③ 팔은 몸에 밀착시키고 끌어당기는 자세를 취하며 가능한 한 수평거리를 짧게 할 것
④ 손가락으로만 인양물을 잡아서는 아니되며 손바닥으로 인양물 전체를 잡을 것

해설 인력으로 하물을 인양할 때의 몸의 자세에서 등은 항상 직립한 상태에서 지면과 수직이 되도록 한다.

116 산업안전보건관리비 항목 중 안전시설비로 사용 가능한 것은?

① 원활한 공사수행을 위한 가설시설 중 비계설치 비용
② 소음 관련 민원예방을 위한 건설현장 소음방지용 방음시설 설치 비용
③ 근로자의 재해예방을 위한 목적으로만 사용하는 CCTV에 사용되는 비용
④ 기계 · 기구 등과 일체형 안전장치의 구입비용

해설 **안전시설비 안전관리비의 항목별 사용불가 내역**
㉮ 원활한 공사수행을 위한 가설시설, 장치, 도구, 자재 등
　㉠ 외부인 출입금지, 공사장 경계 표시를 위한 가설 울타리
　㉡ 각종 비계, 작업발판, 가설 계단 · 통로, 사다리 등
　㉢ 절토부 및 성토부 등의 토사 유실 방지를 위한 설비
　㉣ 작업장 간 상호 연락, 작업상황 파악 등 통신수단으로 활용되는 통신시설 · 설비
　㉤ 공사 목적물의 품질 확보 또는 건설장비 자체의 운행 감시, 공사진척상황 확인, 방범 등의 목적을 가진 CCTV 등 감시용 장비
㉯ 소음 관련 민원예방, 교통 통제 등을 위한 각종 시설물, 표지
　㉠ 건설현장 소음방지를 위한 방음시설, 분진망 등 먼지 · 분진 비산방지시설 등
　㉡ 도로 확 · 포장 공사, 관로공사, 도심지 공사 등에서 공사 차량 외의 차량 유도, 안내 · 주의 · 경고 등을 목적으로 하는 교통안전시설물
㉰ 기계 · 기구 등과 일체형 안전장치의 구입비용
　㉠ 기성 제품에 부착된 안전장치
　㉡ 공사수행용 시설과 일체형인 안전시설
㉱ 동일 시공업체 소속의 타 현장에서 사용한 안전시설물을 전용하여 사용할 때의 자재비

117 유한사면에서 원형활동면에 의해 발생하는 일반적인 사면파괴의 종류에 해당하지 않는 것은?

① 사면내파괴(slope failure)
② 사면선단파괴(toe failure)
③ 사면인장파괴(tension failure)
④ 사면저부파괴(base failure)

해설 **유한사면에서 원형활동면에 의해 발생하는 일반적인 사면파괴의 종류**
㉮ 사면내파괴(slope failure) : 견고한 지층이 얇게 있는 경우 발생
㉯ 사면선단파괴(toe failure) : 경사가 급하고 비점착성인 경우 발생
㉰ 사면저부파괴(base failure) : 경사가 완만하고 점착성인 경우 발생

118 달비계의 최대적재하중을 정함에 있어서 활용하는 안전계수의 기준으로 옳은 것은? (단, 곤돌라의 달비계를 제외한다.)

① 달기 훅 : 5 이상
② 달기 강선 : 5 이상
③ 달기 체인 : 3 이상
④ 달기 와이어로프 : 5 이상

해설 **달비계(곤돌라의 달비계는 제외)의 안전계수**
㉮ 달기 와이어로프 및 달기 강선의 안전계수 : 10 이상
㉯ 달기 체인 및 달기 훅의 안전계수 : 5 이상
㉰ 달기 강대와 달비계의 하부 및 상부지점의 안전계수 : 강재의 경우 2.5 이상, 목재의 경우 5 이상

정답 115.② 116.③ 117.③ 118.①

119 다음 중 강관비계를 사용하여 비계를 구성하는 경우 준수해야 할 기준으로 옳지 않은 것은?

① 비계기둥의 간격은 띠장방향에서는 1.85m 이하, 장선(長線)방향에서는 1.5m 이하로 할 것
② 띠장 간격은 2.0m 이하로 할 것
③ 비계기둥의 제일 윗부분으로부터 31m 되는 지점 밑부분의 비계기둥은 2개의 강관으로 묶어 세울 것
④ 비계기둥 간의 적재하중은 600kg을 초과하지 않도록 할 것

해설 **강관비계를 구성하는 경우 준수사항**

㉮ 비계기둥의 간격은 띠장방향에서는 1.85m 이하, 장선(長線)방향에서는 1.5m 이하로 할 것. 다만, 선박 및 보트 건조작업의 경우 안전성에 대한 구조 검토를 실시하고 조립도를 작성하면 띠장방향 및 장선방향으로 각각 2.7m 이하로 할 수 있다.
㉯ 띠장 간격은 2.0m 이하로 할 것. 다만, 작업의 성질상 이를 준수하기가 곤란하여 쌍기둥틀 등에 의하여 해당 부분을 보강한 경우에는 그러하지 아니하다.
㉰ 비계기둥의 제일 윗부분으로부터 31m 되는 지점 밑부분의 비계기둥은 2개의 강관으로 묶어 세울 것. 다만, 브라켓(bracket) 등으로 보강하여 2개의 강관으로 묶을 경우 이상의 강도가 유지되는 경우에는 그러하지 아니하다.
㉱ 비계기둥 간의 적재하중은 400kg을 초과하지 않도록 할 것

120 다음은 산업안전보건법령에 따른 화물자동차의 승강설비에 관한 사항이다. (　　) 안에 알맞은 내용으로 옳은 것은?

> 사업주는 바닥으로부터 짐 윗면까지의 높이가 (　　) 이상인 화물자동차에 짐을 싣는 작업 또는 내리는 작업을 하는 경우에는 근로자의 추가 위험을 방지하기 위하여 해당 작업에 종사하는 근로자가 바닥과 적재함의 짐 윗면 간을 안전하게 오르내리기 위한 설비를 설치하여야 한다.

① 2m　② 4m
③ 6m　④ 8m

해설 **화물자동차 승강설비**

사업주는 바닥으로부터 짐 윗면까지의 높이가 2m 이상인 화물자동차에 짐을 싣는 작업 또는 내리는 작업을 하는 경우에는 근로자의 추가 위험을 방지하기 위하여 해당 작업에 종사하는 근로자가 바닥과 적재함의 짐 윗면 간을 안전하게 오르내리기 위한 설비를 설치하여야 한다.

MEMO

2022. 3. 5. 시행

제1회 산업안전기사 2022

≫ 제1과목 안전관리론

01 산업안전보건법령상 산업안전보건위원회의 구성·운영에 관한 설명 중 틀린 것은?

① 정기회의는 분기마다 소집한다.
② 위원장은 위원 중에서 호선(互選)한다.
③ 근로자대표가 지명하는 명예산업안전 감독관은 근로자 위원에 속한다.
④ 공사금액 100억원 이상의 건설업의 경우 산업안전보건위원회를 구성·운영해야 한다.

해설 **산업안전보건위원회 설치 대상**

㉮ 상시 근로자 100인 이상을 사용하는 사업장
㉯ 건설업의 경우에는 공사금액이 120억원(토목공사업은 150억원) 이상인 사업장
㉰ 상시 근로자 50인 이상 100인 미만을 사용하는 사업 중 다른 업종과 비교할 때 근로자 수 대비 산업재해 발생 빈도가 현저히 높은 유해·위험 업종으로서 고용노동부령이 정하는 사업장
  ㉠ 토사석 광업
  ㉡ 목재 및 나무제품 제조업(가구 제조업 제외)
  ㉢ 화합물 및 화학제품 제조(의약품, 세제·화장품 및 광택제 제조업, 화학섬유 제조업은 제외)
  ㉣ 비금속 광물제품 제조업
  ㉤ 제1차 금속 제조업
  ㉥ 금속가공제품 제조업(기계 및 가구를 제외)
  ㉦ 자동차 및 트레일러 제조업
  ㉧ 그 밖에 기계 및 장비 제조업(사무용기계 및 장비제조업은 제외)
  ㉨ 그 밖에 운송장비 제조업(전투용 차량 제조업은 제외)
㉱ 상시 근로자 300인 이상을 사용하는 사업장
  ㉠ 농업
  ㉡ 어업
  ㉢ 소프트웨어 개발 및 공급업
  ㉣ 컴퓨터 프로그래밍, 시스템 통합 및 관리업
  ㉤ 정보 서비스업
  ㉥ 금융 및 보험업
  ㉦ 임대업(부동산 제외)
  ㉧ 전문, 과학 및 기술 서비스업(연구개발업 제외)
  ㉨ 사업지원 서비스업
  ㉩ 사회복지 서비스업

02 산업안전보건법령상 잠함(潛函) 또는 잠수작업 등 높은 기압에서 작업하는 근로자의 근로시간 기준은?

① 1일 6시간, 1주 32시간 초과금지
② 1일 6시간, 1주 34시간 초과금지
③ 1일 8시간, 1주 32시간 초과금지
④ 1일 8시간, 1주 34시간 초과금지

해설 유해·위험작업으로서 잠함 및 잠수 작업 등 고기압하에서 행하는 작업에 종사하는 근로자에 대하여는 1일 6시간, 1주 34시간을 초과하여 근로하게 할 수 없다.

03 산업 현장에서 재해 발생 시 조치 순서로 옳은 것은?

① 긴급처리 → 재해조사 → 원인분석 → 대책수립
② 긴급처리 → 원인분석 → 대책수립 → 재해조사
③ 재해조사 → 원인분석 → 대책수립 → 긴급처리
④ 재해조사 → 대책수립 → 원인분석 → 긴급처리

해설 **재해발생 시 조치 순서**

산업재해발생 → 긴급처리 → 재해조사 → 원인강구 → 대책수립 → 대책실시계획 → 실시 → 평가

04 산업재해보험적용근로자 1,000명인 플라스틱 제조 사업장에서 작업 중 재해 5건이 발생하였고, 1명이 사망하였을 때 이 사업장의 사망만인율은?

① 2　　② 5
③ 10　　④ 20

해설
$$사망만인율 = \frac{사망자수}{근로자수} \times 10,000$$
$$= \frac{1}{1,000} \times 10,000 = 10$$

05 재해예방의 4원칙에 해당하지 않는 것은?

① 예방가능의 원칙
② 손실우연의 원칙
③ 원인연계의 원칙
④ 재해 연쇄성의 원칙

해설 **재해예방의 4원칙**

㉮ 손실우연의 원칙 : 재해손실은 사고가 발생할 때, 사고 대상의 조건에 따라 달라진다. 그러한 사고의 결과로서 생긴 재해손실은 우연성에 의하여 결정된다. 따라서 재해방지 대상의 우연성에 좌우되는 손실의 방지보다는 사고발생 자체의 방지가 이루어져야 한다.
㉯ 원인계기의 원칙 : 재해발생에는 반드시 원인이 있다. 즉, 사고와 손실과의 관계는 우연적이지만 사고와 원인과의 관계는 필연적이다.
㉰ 예방가능의 원칙 : 재해는 원칙적으로 원인만 제거되면 예방이 가능하다.
㉱ 대책선정의 원칙 : 재해예방을 위한 안전대책은 반드시 존재한다.

개정 2023

06 산업안전보건법령상 근로자 안전보건교육 대상에 따른 교육시간 기준 중 틀린 것은? (단, 상시작업이며, 일용근로자 및 기간제근로자는 제외한다.)

① 특별교육 – 16시간 이상
② 채용 시 교육 – 8시간 이상
③ 작업내용 변경 시 교육 – 2시간 이상
④ 사무직 종사 근로자 정기교육 – 매 반기 4시간 이상

해설 **근로자 및 관리감독자 안전보건교육의 교육시간**

교육과정	교육대상		교육시간
정기교육	사무직 종사 근로자		매 반기 6시간 이상
	그 밖의 근로자	판매업무 종사 근로자	매 반기 6시간 이상
		판매업무 외의 근로자	매 반기 12시간 이상
	관리감독자		연간 16시간 이상
채용 시 교육	근로자	일용근로자 및 1주일 이하인 기간제근로자	1시간 이상
		1주일 초과 1개월 이하인 기간제근로자	4시간 이상
		그 밖의 근로자	8시간 이상
	관리감독자		8시간 이상
작업내용 변경 시 교육	근로자	일용근로자 및 1주일 이하인 기간제근로자	1시간 이상
		그 밖의 근로자	2시간 이상
	관리감독자		2시간 이상
특별교육	근로자	일용근로자 및 1주일 이하인 기간제근로자(타워크레인 신호작업 제외)	2시간 이상
		타워크레인 신호작업에 종사하는 일용근로자 및 1주일 이하인 기간제근로자	8시간 이상
		일용근로자 및 1주일 이하인 기간제근로자를 제외한 근로자	• 16시간 이상 (최초 작업에 종사하기 전 4시간 이상 실시하고, 12시간은 3개월 이내에서 분할하여 실시 가능) • 단기간 작업 또는 간헐적 작업인 경우에는 2시간 이상
	관리감독자		
건설업 기초 안전보건교육	건설 일용근로자		4시간 이상

07 안전 · 보건 교육계획 수립 시 고려사항 중 틀린 것은?

① 필요한 정보를 수집한다.
② 현장의 의견은 고려하지 않는다.
③ 지도안은 교육대상을 고려하여 작성한다.
④ 법령에 의한 교육에만 그치지 않아야 한다.

해설 ② 현장의 의견은 충분히 반영한다.

정답 04.③ 05.④ 06.④ 07.②

08 학습지도의 형태 중 몇 사람의 전문가가 주제에 대한 견해를 발표하고 참가자로 하여금 의견을 내거나 질문을 하게 하는 토의방식은?

① 포럼(Forum)
② 심포지엄(Symposium)
③ 버즈세션(Buzz session)
④ 자유토의법(Free discussion method)

해설 **심포지엄(symposium)**
몇 사람의 전문가에 의하여 과제에 관한 견해를 발표한 뒤 참가자로 하여금 의견이나 질문을 하게 하여 토의하는 방법

09 안전점검을 점검시기에 따라 구분할 때 다음에서 설명하는 안전점검은?

> 작업담당자 또는 해당 관리감독자가 맡고 있는 공정의 설비, 기계, 공구 등을 매일 작업 전 작업 중에 일상적으로 실시하는 안전점검

① 정기점검 ② 수시점검
③ 특별점검 ④ 임시점검

해설 **안전점검의 종류(점검 시기에 의한 구분)**
㉮ 수시점검(일상점검) : 작업 담당자, 해당 관리감독자가 맡고 있는 공정의 설비, 기계, 공구 등을 매일 작업 시작 전이나 사용 전 또는 작업 중, 작업 종료 후에 수시로 실시하는 점검이다.
㉯ 정기점검(계획점검) : 일정 기간마다 정기적으로 실시하는 점검을 말하며, 일반적으로 매주 · 1개월 · 6개월 · 1년 · 2년 등의 주기로 담당 분야별로 작업 책임자가 기계 설비의 안전상 중요 부분의 피로 · 마모 · 손상 · 부식 등 장치의 변화 유무 등을 점검한다.
㉰ 특별점검 : 기계 · 기구 또는 설비를 신설 및 변경하거나 고장에 의한 수리 등을 할 경우에 행하는 부정기적 점검을 말하며, 일정 규모 이상의 강풍, 폭우, 지진 등의 기상이변이 있은 후에 실시하는 점검과 안전강조기간, 방화주간에 실시하는 점검도 이에 해당된다.
㉱ 임시점검 : 정기점검을 실시한 후 차기 점검일 이전에 트러블이나 고장 등의 직후에 임시로 실시하는 점검의 형태를 말하며, 기계 · 기구 또는 설비의 이상이 발견되었을 때에 임시로 실시하는 점검을 말한다.

10 버드(Bird)의 신 도미노이론 5단계에 해당하지 않는 것은?

① 제어부족(관리)
② 직접원인(징후)
③ 간접원인(평가)
④ 기본원인(기원)

해설 **버드의 사고연쇄성 이론 5단계**
㉮ 1단계 : 통제의 부족 – 관리
㉯ 2단계 : 기본원인 – 기원
㉰ 3단계 : 직접원인 – 징후
㉱ 4단계 : 사고 – 접촉
㉲ 5단계 : 상해 – 손해 · 손실

11 타일러(Tyler)의 교육과정 중 학습경험선정의 원리에 해당하는 것은?

① 기회의 원리 ② 계속성의 원리
③ 계열성의 원리 ④ 통합성의 원리

해설 **학습경험선정의 일반원칙**
㉮ 기회의 원칙 : 학생들에게 목표 달성에 필요한 경험을 할 수 있는 기회를 제공한다.
㉯ 만족의 원칙 : 학생들이 목표와 관련된 학습을 하는 데 있어서 만족을 느끼는 경험이 되어야 한다.
㉰ 가능성의 원칙 : 학생들의 수준에서 경험이 가능한 것이어야 한다.
㉱ 다 경험의 원칙 : 하나의 교육목표를 달성하는 데 여러 가지 다른 학습경험이 활용될 수 있다.
㉲ 다 성과의 원칙 : 교육목표의 달성에 도움이 되고 다른 영역으로 전이가 가능하고 활용성이 높은 학습경험을 선택해야 한다.

12 주의(Attention)의 특성에 관한 설명 중 틀린 것은?

① 고도의 주의는 장시간 지속하기 어렵다.
② 한 지점에 주의를 집중하면 다른 곳의 주의는 약해진다.
③ 최고의 주의 집중은 의식의 과잉 상태에서 가능하다.
④ 여러 자극을 지각할 때 소수의 현란한 자극에 선택적 주의를 기울이는 경향이 있다.

해설 **주의의 특징**

㉮ 선택성 : 여러 종류의 자극을 자각할 때 소수의 특정한 것에 한하여 선택하는 기능
㉯ 방향성 : 주시점만 인지하는 기능
㉰ 변동성 : 주위에는 주기적으로 부주의의 리듬이 존재

13 산업재해보상보험법령상 보험급여의 종류가 아닌 것은?

① 장례비 ② 간병급여
③ 직업재활급여 ④ 생산손실비용

해설 **하인리히(H.W. Heinrich) 방식**

총 재해 코스트(cost) = 직접비(1) + 간접비(4)

㉮ 직접비 : 법령으로 정한 피해자에게 지급되는 산재보상비
  ㉠ 휴업보상비 : 평균임금의 100분의 70에 상당하는 금액
  ㉡ 장해보상비 : 신체장해가 남은 경우에 장해등급에 의한 금액
  ㉢ 요양보상비 : 요양비 전액
  ㉣ 장례비 : 평균임금의 120일분에 상당하는 금액
  ㉤ 유족보상비 : 평균임금의 1,300일분에 상당하는 금액
  ㉥ 장해특별보상비, 유족특별보상비, 상병보상연금, 간병급여, 직업재활 급여 등
㉯ 간접비 : 재산손실 및 생산중단 등으로 기업이 입은 손실
  ㉠ 인적 손실 : 본인 및 제3자에 관한 것을 포함한 시간손실
  ㉡ 물적 손실 : 기계·공구·재료·시설의 보수에 소비된 시간손실 및 재산손실
  ㉢ 생산 손실 : 생산감소, 생산중단, 판매감소 등에 의한 손실
  ㉣ 특수 손실 : 근로자의 신규채용, 교육훈련비, 섭외비 등에 의한 손실
  ㉤ 기타 손실 : 병상 위문금, 여비 및 통신비, 입원 중의 잡비, 장의비용 등

14 사회행동의 기본 형태가 아닌 것은?

① 모방 ② 대립
③ 도피 ④ 협력

해설 **사회행동의 기본 형태**

㉮ 협력(cooperation) : 조력, 분업
㉯ 대립(opposition) : 공격, 경쟁
㉰ 도피(escape) : 고립, 정신병, 자살
㉱ 융합(accomodation) : 강제, 타협, 통합

15 산업안전보건법령상 그림과 같은 기본모형이 나타내는 안전·보건표지의 표시사항으로 옳은 것은? (단, L은 안전·보건표지를 인식할 수 있거나 인식해야 할 안전거리를 말한다.)

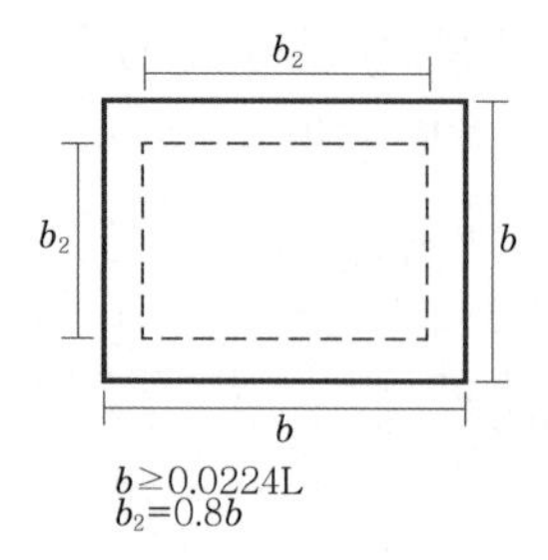

① 금지
② 경고
③ 지시
④ 안내

해설 **안전보건표지의 기본모형**

기본모형	규격비율(크기)	표시사항
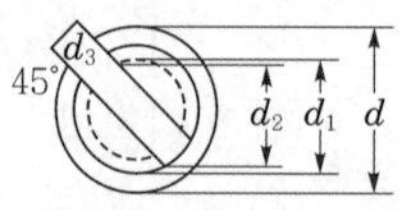	$d \geq 0.025L$ $d_1 = 0.8d$ $0.7d < d_2 < 0.8d$ $d_3 = 0.1d$	금지
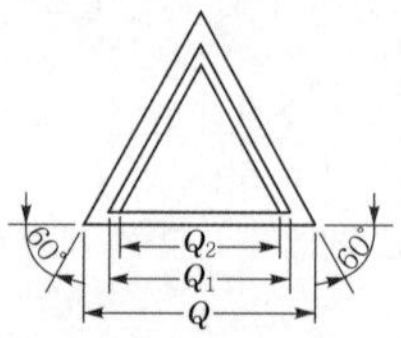	$a \geq 0.034L$ $a_1 = 0.8a$ $0.7a < a_2 < 0.8a$	경고
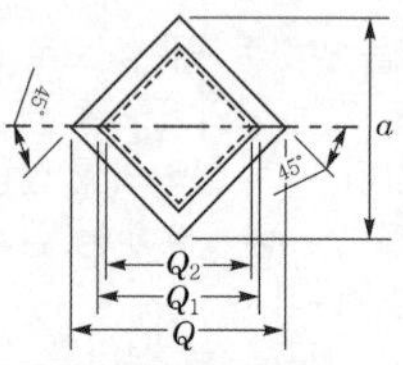	$a \geq 0.025L$ $a_1 = 0.8a$ $0.7a < a_2 < 0.8a$	경고
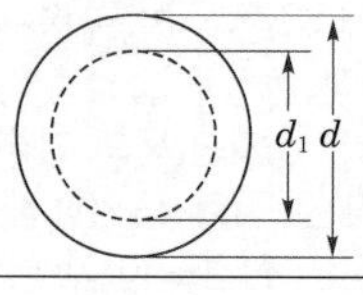	$d \geq 0.025L$ $d_1 = 0.8d$	지시
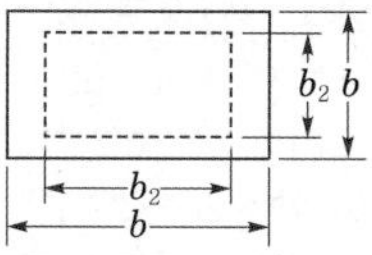	$b \geq 0.0224L$ $b_2 = 0.8b$	안내

 정답 13.④ 14.① 15.④

16 기업 내의 계층별 교육훈련 중 주로 관리감독자를 교육대상자로 하며 작업을 가르치는 능력, 작업방법을 개선하는 기능 등을 교육내용으로 하는 기업 내 정형교육은?

① TWI(Training Within Industry)
② ATT(American Telephone Telegram)
③ MTP(Management Training Program)
④ ATP(Administration Training Program)

해설 **TWI(Training Within Industry)**
현장 제일선 감독자를 위한 교육방법으로, TWI의 교육내용 및 교육방법은 다음과 같다.
㉮ 교육내용
㉠ JI(Job Instruction) : 작업을 가르치는 기법(작업지도기법)
㉡ JM(Job Method) : 작업의 개선방법(작업개선기법)
㉢ JR(Job Relation) : 사람을 다루는 법(인간관계 관리기법)
㉣ JS(Job Safety) : 안전한 작업방법(작업안전기법)
㉯ 교육시간 및 교육방법
전체 교육시간은 10시간으로, 1일 2시간씩 5일에 걸쳐 행하며 한 클래스는 10명이다. 교육방법은 토의법을 의식적으로 취한다.

17 운동의 시지각(착각현상) 중 자동운동이 발생하기 쉬운 조건에 해당하지 않는 것은?

① 광점이 작은 것
② 대상이 단순한 것
③ 광의 강도가 큰 것
④ 시야의 다른 부분이 어두운 것

해설 **운동의 시지각(착각현상)**
㉮ 자동운동 : 암실 내에서 정지된 소광점을 응시하고 있으면 그 광점의 움직임을 볼 수 있는데, 이를 '자동운동'이라고 한다.
자동운동이 생기기 쉬운 조건은 다음과 같다.
㉠ 광점이 작을 것
㉡ 시야의 다른 부분이 어두울 것
㉢ 광의 강도가 작을 것
㉣ 대상이 단순할 것
㉯ 유도운동 : 실제로는 움직이지 않는 것이 어느 기준의 이동에 유도되어 움직이는 것처럼 느껴지는 현상을 말한다.
㉰ 가현운동(β운동) : 객관적으로 정지하고 있는 대상물이 급속히 나타나거나 소멸하는 것으로 인하여 일어나는 운동으로, 마치 대상물이 운동하는 것처럼 인식되는 현상을 말한다(영화 · 영상의 방법).

18 바이오리듬(생체리듬)에 관한 설명 중 틀린 것은?

① 안정기(+)와 불안정기(−)의 교차점을 위험일이라 한다.
② 감성적 리듬은 33일을 주기로 반복하며, 주의력, 예감 등과 관련되어 있다.
③ 지성적 리듬은 "I"로 표시하며 사고력과 관련이 있다.
④ 육체적 리듬은 신체적 컨디션의 율동적 발현, 즉 식욕 · 활동력 등과 밀접한 관계를 갖는다.

해설 **생체리듬(Biorhythm)**
㉮ 생체리듬의 종류 및 특징
㉠ 육체적 리듬(Physical Rhythm) : 육체적 리듬의 주기는 23일이다. 신체활동에 관계되는 요소는 식욕, 소화력, 활동력, 스테미너 및 지구력 등이다.
㉡ 지성적 리듬(Intellectual Rhythm) : 지성적 리듬의 주기는 33일이다. 지성적 리듬에 관계되는 요소는 상상력, 사고력, 기억력, 의지, 판단 및 비판력 등이다.
㉢ 감성적 리듬(Sensitivity Rhythm) : 감성적 리듬의 주기는 28일이다. 감성적 리듬에 관계되는 요소는 주의력, 창조력, 예감 및 통찰력 등이다.
㉯ 위험일(Critical Day)
㉠ P.S.I 3개의 서로 다른 리듬은 안정기(Positive Phase(+))와 불안정기(Negative Phase(−))를 교대로 반복하여 사인(Sine) 곡선을 그려 나가는데, (+)리듬에서 (−)리듬으로, 또는 (−)리듬에서 (+)리듬으로 변화하는 점을 '영(Zero)' 또는 '위험일'이라고 하며, 이런 위험일은 한 달에 6일 정도 일어난다.
㉡ '바이오리듬'에 있어서 위험일(Critical Day)에는 평소보다 뇌졸중이 5.4배, 심장질환의 발작이 5.1배, 그리고 자살은 무려 6.8배나 더 많이 발생한다고 한다.

16.① 17.③ 18.② 정답

19 위험예지훈련의 문제해결 4라운드에 해당하지 않는 것은?

① 현상파악
② 본질추구
③ 대책수립
④ 원인결정

해설 **위험예지훈련의 4Round**
㉮ 1R – 현상파악 : 잠재위험요인을 발견하는 단계(BS 적용)
㉯ 2R – 본질추구 : 가장 위험한 요인(위험 포인트)을 합의로 결정하는 단계
㉰ 3R – 대책수립 : 구체적인 대책을 수립하는 단계(BS 적용)
㉱ 4R – 행동목표설정 : 행동계획을 정하고 수립한 대책 가운데서 질이 높은 항목에 합의하는 단계(요약)

20 보호구 안전인증 고시상 안전인증 방독마스크의 정화통 종류와 외부 측면의 표시색이 잘못 연결된 것은?

① 할로겐용 – 회색
② 황화수소용 – 회색
③ 암모니아용 – 회색
④ 시안화수소용 – 회색

해설 **정화통 종류별 외부 측면의 표시색**

종류	표시색
유기화합물용 정화통	갈색
할로겐용 정화통	회색
황화수소용 정화통	회색
시안화수소용 정화통	회색
아황산용 정화통	노란색
암모니아용 정화통	녹색
복합용 및 겸용 정화통	• 복합용의 경우 : 해당 가스 모두 표시(2층 분리) • 겸용의 경우 : 백색과 해당 가스 모두 표시(2층 분리)

≫ 제2과목 인간공학 및 시스템 안전공학

21 인간공학적 연구에 사용되는 기준 척도의 요건 중 다음 설명에 해당하는 것은?

> 기준 척도는 측정하고자 하는 변수 외의 다른 변수들의 영향을 받아서는 안 된다.

① 신뢰성
② 적절성
③ 검출성
④ 무오염성

해설 **인간공학 연구조사에 사용되는 체계 기준 및 인간 기준의 구비조건**
㉮ 적절성 : 기준이 의도된 목적에 적당하다고 판단되는 정도를 말한다.
㉯ 무오염성 : 기준척도는 측정하고자 하는 변수 외의 다른 변수들의 영향을 받아서는 안 된다는 것이다.
㉰ 기준척도의 신뢰성 : 척도의 신뢰성은 반복성(Repeatability)을 의미한다.
※ 검출성은 암호체계 사용상 일반적인 지침으로 위성정보를 암호화한 자극은 검출이 가능해야 한다는 것이다.

22 그림과 같은 시스템에서 부품 A, B, C, D의 신뢰도가 모두 r로 동일할 때 이 시스템의 신뢰도는?

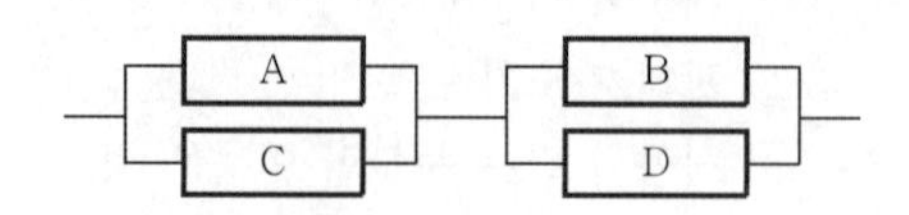

① $r(2-r^2)$
② $r^2(2-r)^2$
③ $r^2(2-r^2)$
④ $r^2(2-r)$

해설 $R_s = \{1-(1-r)(1-r)\}\times\{1-(1-r)(1-r)\}$
$= r^2(2-r)^2$

 정답 19.④ 20.③ 21.④ 22.②

23 서브시스템 분석에 사용되는 분석방법으로 시스템 수명주기에서 ㉠에 들어갈 위험분석기법은?

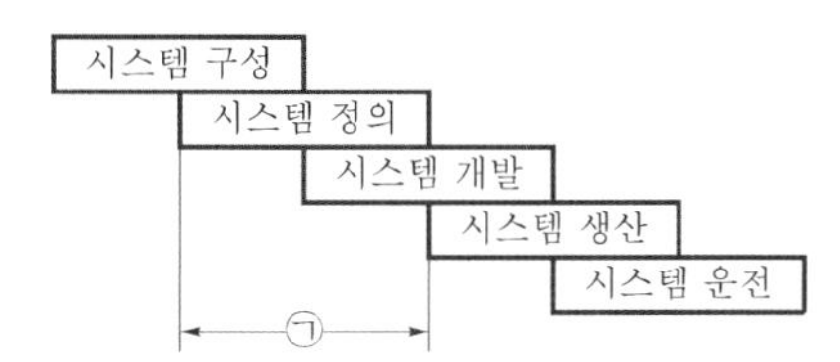

① PHA ② FHA
③ FTA ④ ETA

해설 **결함위험분석(FHA)**
서브시스템 해석 등에 사용되는 해석법으로 귀납적인 분석에 이용된다. 시스템 구성단계에는 PHA(예비위험분석)이 실행되고, FHA는 시스템의 정의와 개발단계에서 실행된다.

24 정신적 작업 부하에 관한 생리적 척도에 해당하지 않는 것은?

① 근전도 ② 뇌파도
③ 부정맥 지수 ④ 점멸융합주파수

해설 **정신작업의 생리적 척도**
부정맥 지수라고 불리는 심박수의 변화성, 뇌파도(EEG ; Eletroencephalogram), 동공반응(점멸융합주파수), 호흡률, 체액의 화학적 성질 등이 있다.

25 A사의 안전관리자는 자사 화학 설비의 안전성 평가를 실시하고 있다. 그중 제2단계인 정성적 평가를 진행하기 위하여 평가항목을 설계관계 대상과 운전관계 대상으로 분류하였을 때 설계관계 항목이 아닌 것은?

① 건조물 ② 공장 내 배치
③ 입지조건 ④ 원재료, 중간제품

해설 **정성적 평가 진단 항목**
㉮ 설계관계 : 입지조건, 공장 내 배치, 건조물, 소방설비
㉯ 운전관계 : 원재료, 중간제품, 공정, 수송, 저장 등 공정기기

26 불(Boole) 대수의 관계식으로 틀린 것은?

① $A+\overline{A}=1$
② $A+AB=A$
③ $A(A+B)=A+B$
④ $A+\overline{A}B=A+B$

해설 **불(Boole) 대수의 정리**
㉮ $A+\overline{A}=1$
㉯ $A \cdot A=A$
㉰ $A+AB=A$
㉱ $A+A=A$
㉲ $A(A+B)=A$
㉳ $A+\overline{A}B=A+B$

27 인간공학의 목표와 거리가 가장 먼 것은?

① 사고 감소
② 생산성 증대
③ 안전성 향상
④ 근골격계질환 증가

해설 **인간공학의 목표**
㉮ 사고 감소
㉯ 생산성 증대
㉰ 안전성 향상
㉱ 근골격계질환 감소

28 통화이해도 척도로서 통화이해도에 영향을 주는 잡음의 영향을 추정하는 지수는?

① 명료도 지수 ② 통화 간섭 수준
③ 이해도 점수 ④ 통화 공진 수준

해설 **통화이해도 척도**
㉮ 명료도 지수 : 통화이해도를 추정할 수 있는 근거로 명료도 지수를 사용하는데, 이는 각 옥타브 대의 음성과 소음의 dB 값에 가중치를 곱하여 합계를 구한 지수이다.
㉯ 통화 간섭 수준 : 잡음이 통화이해도(speech intelligibility)에 미치는 영향을 추정하는 지수이다.
㉰ 이해도 점수 : 수화자가 통화내용을 얼마나 알아들었는가의 비율(%)이다.
㉱ 소음 기준 곡선 : 사무실, 회의실, 공장 등에서 통화를 평가할 때 사용하는 것이 소음기준이다.

23.② 24.① 25.④ 26.③ 27.④ 28.② 정답

29 예비위험분석(PHA)에서 식별된 사고의 범주가 아닌 것은?

① 중대(critical)
② 한계적(marginal)
③ 파국적(catastrophic)
④ 수용가능(acceptable)

해설 **예비위험분석(PHA)에서 식별하는 4가지의 범주(Category)**
㉮ 파국적(Catastrophic)
㉯ 중대(Critical)
㉰ 한계적(Marginal)
㉱ 무시가능(Negligible)

30 어떤 결함수를 분석하여 minimal cut set을 구한 결과 다음과 같았다. 각 기본사상의 발생확률을 q_i, i=1, 2, 3이라 할 때, 정상사상의 발생확률함수로 맞는 것은?

k_1=[1, 2], k_2=[1, 3], k_3=[2, 3]

① $q_1q_2+q_1q_2-q_2q_3$
② $q_1q_2+q_1q_3-q_2q_3$
③ $q_1q_2+q_1q_3+q_2q_3-q_1q_2q_3$
④ $q_1q_2+q_1q_3+q_2q_3-2q_1q_2q_3$

해설 $T=1-(1-X_1X_2-X_1X_3-X_2X_3+2X_1X_2X_3)$
$=X_1X_2+X_1X_3+X_2X_3-2X_1X_2X_3$

31 반사경 없이 모든 방향으로 빛을 발하는 점광원에서 3m 떨어진 곳의 조도가 300lux라면 2m 떨어진 곳에서 조도(lux)는?

① 375
② 675
③ 875
④ 975

해설
$$\text{조도}=\frac{300\times3^2}{2^2}=675\,\text{lux}$$

32 근골격계 부담작업의 범위 및 유해요인조사 방법에 관한 고시상 근골격계 부담작업에 해당하지 않는 것은? (단, 상시작업을 기준으로 한다.)

① 하루에 10회 이상 25kg 이상의 물체를 드는 작업
② 하루에 총 2시간 이상 쪼그리고 앉거나 무릎을 굽힌 자세에서 이루어지는 작업
③ 하루에 총 2시간 이상 시간당 5회 이상 손 또는 무릎을 사용하여 반복적으로 충격을 가하는 작업
④ 하루에 4시간 이상 집중적으로 자료입력 등을 위해 키보드 또는 마우스를 조작하는 작업

해설 **근골격계 부담작업**
㉮ 하루에 4시간 이상 집중적으로 자료입력 등을 위해 키보드 또는 마우스를 조작하는 작업
㉯ 하루에 2시간 이상 목, 어깨, 팔꿈치, 손목 또는 손을 사용하여 같은 동작을 반복하는 작업
㉰ 하루에 2시간 이상 머리 위에 손이 있거나, 팔꿈치가 어깨 위에 있거나, 팔꿈치를 몸통으로부터 들거나, 팔꿈치를 몸통 뒤쪽에 위치하도록 하는 상태에서 이루어지는 작업
㉱ 지지되지 않은 상태이거나 임의로 자세를 바꿀 수 없는 조건에서, 하루에 총 2시간 이상 목이나 허리를 구부리거나 트는 상태에서 이루어지는 작업
㉲ 하루에 2시간 이상 쪼그리고 앉거나 무릎을 굽힌 자세에서 이루어지는 작업
㉳ 하루에 2시간 이상 지지되지 않은 상태에서 1kg 이상의 물건을 한 손의 손가락으로 집어 옮기거나, 2kg 이상에 상응하는 힘을 가하여 한 손의 손가락으로 물건을 쥐는 작업
㉴ 하루에 2시간 이상 지지되지 않은 상태에서 4.5kg 이상의 물건을 한 손으로 들거나 동일한 힘으로 쥐는 작업
㉵ 하루에 10회 이상 25kg 이상의 물체를 드는 작업
㉶ 하루에 25회 이상 10kg 이상의 물체를 무릎 아래에서 들거나, 어깨 위에서 들거나, 팔을 뻗은 상태에서 드는 작업
㉷ 하루에 2시간 이상, 분당 2회 이상 4.5kg 이상의 물체를 드는 작업
㉸ 하루에 2시간 이상, 시간당 10회 이상 손 또는 무릎을 사용하여 반복적으로 충격을 가하는 작업

 정답 29.④ 30.④ 31.② 32.③

33 시각적 식별에 영향을 주는 각 요소에 대한 설명 중 틀린 것은?

① 조도는 광원의 세기를 말한다.
② 휘도는 단위 면적당 표면에 반사 또는 방출되는 광량을 말한다.
③ 반사율은 물체의 표면에 도달하는 조도와 광도의 비를 말한다.
④ 광도 대비란 표적의 광도와 배경의 광도의 차이를 배경 광도로 나눈 값을 말한다.

해설 물체의 표면에 도달하는 빛의 밀도를 '조도'라고 하며, 거리가 증가할 때 역자승의 법칙에 따라 조도는 감소한다

$\therefore$ 조도 $= \dfrac{광도}{(거리)^2}$

34 부품 배치의 원칙 중 기능적으로 관련된 부품들을 모아서 배치한다는 원칙은?

① 중요성의 원칙
② 사용빈도의 원칙
③ 사용순서의 원칙
④ 기능별 배치의 원칙

해설 **부품 배치의 원칙**

① 중요성의 원칙 : 부품을 작동하는 성능이 체계의 목표달성에 긴요한 정도에 따라 우선순위를 설정한다.
② 사용빈도의 원칙 : 부품을 사용하는 빈도에 따라 우선순위를 설정한다.
③ 사용순서의 원칙 : 사용되는 순서에 따라 장치들을 가까이에 배치한다. 일반적으로 부품의 중요성과 사용빈도에 따라서 부품의 일반적인 위치를 정하고 기능 및 사용순서에 따라서 부품의 배치(일반적인 위치 내에서의)를 결정한다.
④ 기능별 배치의 원칙 : 기능적으로 관련된 부품들(표시장치, 조정장치 등)을 모아서 배치한다.

35 태양광이 내리쬐지 않는 옥내의 습구흑구온도지수(WBGT) 산출식은?

① 0.6×자연습구온도+0.3×흑구온도
② 0.7×자연습구온도+0.3×흑구온도
③ 0.6×자연습구온도+0.4×흑구온도
④ 0.7×자연습구온도+0.4×흑구온도

해설 ㉮ 실내 및 태양이 내리쬐지 않는 실외에서 습구흑구온도지수(WBGT)=(0.7×NWB)+(0.3×GT)
㉯ 태양이 내리쬐는 실외의 습구흑구온도지수(WBGT)=(0.7×NWB)+(0.2×GT)+(0.1×DB)
(단, NWB는 자연습구, GT는 흑구온도, DB는 건구온도이다.)

36 HAZOP 분석기법의 장점이 아닌 것은?

① 학습 및 적용이 쉽다.
② 기법 적용에 큰 전문성을 요구하지 않는다.
③ 짧은 시간에 저렴한 비용으로 분석이 가능하다.
④ 다양한 관점을 가진 팀 단위 수행이 가능하다.

해설 **HAZOP 분석기법의 장점**

㉮ 학습 및 적용이 쉽다.
㉯ 기법 적용에 큰 전문성을 요구하지 않는다.
㉰ 구체적이고 체계적인 평가 기법이다.
㉱ 다양한 관점을 가진 팀 단위 수행이 가능하다.
㉲ 자유토론을 하는 과정에서 공정의 위험 요소들을 규명함으로써 위험 요소를 철저히 찾을 수 있다.

※ 5~7명의 전문인력이 필요하므로 시간과 노력이 많이 요구되며, 비용이 많이 드는 단점이 있다.

37 FTA에서 사용되는 논리게이트 중 입력과 반대되는 현상으로 출력되는 것은?

① 부정 게이트
② 억제 게이트
③ 배타적 OR 게이트
④ 우선적 AND 게이트

해설 **FTA에서 사용되는 논리게이트**

① 부정 게이트 : 억제 게이트와 동일하게 부정 모디파이어(not modifier)라고도 하며, 입력사상의 반대사상이 출력된다.
② 억제 게이트 : 조건부 사건 P가 일어나는 상황하에서 input이 일어날 때 output F가 발생한다.
③ 배타적 OR 게이트 : 결함수의 OR 게이트이지만, 2개 또는 그 이상의 입력이 동시에 존재하는 경우에는 출력이 생기지 않는다.
④ 우선적 AND 게이트 : 입력사상 가운데 어느 사상이 다른 사상보다 먼저 일어났을 때에 출력사상이 생긴다.

33.① 34.④ 35.② 36.③ 37.① 정답

38 부품고장이 발생하여도 기계가 추후 보수될 때까지 안전한 기능을 유지할 수 있도록 하는 기능은?

① Fail – soft
② Fail – active
③ Fail – operationa
④ Fail – passive

해설 **페일 세이프티(Fail-safety)**
㉮ 정의 : 인간 또는 기계에 과오나 동작상의 실수가 있어도 사고가 발생하지 않도록 2중 또는 3중으로 통제를 가하도록 한 체계
㉯ 기능면에서의 분류 3단계
㉠ 1단계 - Fail passive : 부품 고장 시 기계가 정지
㉡ 2단계 - Fail active : 부품 고장 시 경보가 울리며 짧은 시간 동안 운전이 가능
㉢ 3단계 - Fail operational : 부품 고장이 있어도 기계는 보수 시까지 안전한 기능을 유지

39 양립성의 종류가 아닌 것은?

① 개념의 양립성 ② 감성의 양립성
③ 운동의 양립성 ④ 공간의 양립성

해설 **양립성의 분류**
㉮ 공간적(Spatial) 양립성 : 어떤 사물, 특히 표시장치나 조종장치에서 물리적 형태나 공간적인 배치의 양립성
㉯ 운동(Movement) 양립성 : 표시장치, 조종장치, 체계반응의 운동 방향의 양립성
㉰ 개념적(Conceptual) 양립성 : 어떤 암호체계에서 청색이 정상을 나타내듯이 사람들이 가지고 있는 개념적 연상의 양립성

40 James Rason의 원인적 휴먼에러 종류 중 다음 설명의 휴먼에러 종류는?

> 자동차가 우측 운행하는 한국의 도로에 익숙해진 운전자가 좌측 운행을 해야 하는 일본에서 우측 운행을 하다가 교통사고를 냈다.

① 고의 사고(Violation)
② 숙련 기반 에러(Skill based error)
③ 규칙 기반 착오(Rule based mistake)
④ 지식 기반 착오(Knowledge based mistake)

해설 **James Reason의 원인적 휴먼에러 종류**
㉮ 숙련 기반 에러(Skill Based Error) : 평소에 숙달된 작업이었으나 Slip과 Lapse에 의하여 제대로 수행하지 못함.
예 Slip : 평소에는 사과를 잘 깎았으나 이번에는 깎다가 손을 베임.
예 Lapse : 가스레인지에 찌개를 끓이고 있던 것을 깜빡 잊어 찌개가 타버림.
㉯ 규칙 기반 에러(Rule Based Error) : 잘못된 규칙을 기억하거나, 제대로 된 규칙이라도 상황에 맞지 않게 적용한 경우
예 일본에서 우측통행을 하여 사고가 남.
㉰ 지식 기반 에러(Knowledge Based Error) : 처음부터 장기기억 속에 관련 지식이 없는 경우 처음 접하는 상황에서 유추와 추론을 이용하여 해결하려 했으나 지식처리과정 중에 실패 또는 과오로 이어지는 에러
예 외국에서 처음 보는 표지판을 이해하지 못하여 사고가 남.

≫ 제3과목 기계위험 방지기술

41 산업안전보건법령상 사업주가 진동 작업을 하는 근로자에게 충분히 알려야 할 사항과 거리가 가장 먼 것은?

① 인체에 미치는 영향과 증상
② 진동기계 · 기구 관리방법
③ 보호구 선정과 착용방법
④ 진동재해 시 비상연락체계

해설 **유해성 등의 주지**
사업주는 근로자가 진동작업에 종사하는 경우에 다음 각 호의 사항을 근로자에게 충분히 알려야 한다.
㉮ 인체에 미치는 영향과 증상
㉯ 보호구의 선정과 착용방법
㉰ 진동기계 · 기구 관리방법
㉱ 진동장해 예방방법

42 연삭기에서 숫돌의 바깥지름이 150mm일 경우 평형플랜지 지름은 몇 mm 이상이어야 하는가?

① 30 ② 50
③ 60 ④ 90

 정답 38.③ 39.② 40.③ 41.④ 42.②

해설 연삭기에 설치하는 플랜지의 지름은 연삭숫돌 지름의 1/3 이상으로 한다.

43 산업안전보건법령상 크레인에 전용탑승설비를 설치하고 근로자를 달아 올린 상태에서 작업에 종사시킬 경우 근로자의 추락 위험을 방지하기 위하여 실시해야 할 조치 사항으로 적합하지 않은 것은?

① 승차석 외의 탑승 제한
② 안전대나 구명줄의 설치
③ 탑승설비의 하강 시 동력하강방법을 사용
④ 탑승설비가 뒤집히거나 떨어지지 않도록 필요한 조치

해설 **탑승의 제한**
사업주는 크레인을 사용하여 근로자를 운반하거나 근로자를 달아 올린 상태에서 작업에 종사시켜서는 아니 된다. 다만, 크레인에 전용 탑승설비를 설치하고 추락 위험을 방지하기 위하여 다음 각 호의 조치를 한 경우에는 그러하지 아니하다.
㉮ 탑승설비가 뒤집히거나 떨어지지 않도록 필요한 조치를 할 것
㉯ 안전대나 구명줄을 설치하고, 안전난간을 설치할 수 있는 구조인 경우에는 안전난간을 설치할 것
㉰ 탑승설비를 하강시킬 때에는 동력하강방법으로 할 것

44 플레이너 작업 시의 안전대책이 아닌 것은?

① 베드 위에 다른 물건을 올려놓지 않는다.
② 바이트는 되도록 짧게 나오도록 설치한다.
③ 프레임 내의 피트(pit)에는 뚜껑을 설치한다.
④ 칩 브레이커를 사용하여 칩이 길게 되도록 한다.

해설 **플레이너의 안전작업 수칙**
㉮ 반드시 스위치를 끄고 공작물을 견고하게 고정작업을 한다.
㉯ 압판은 수평이 되도록 고정시켜야 한다.
㉰ 압판은 죄는 힘에 의해 휘어지지 않도록 충분히 두꺼운 것을 사용한다.
㉱ 프레임 내의 피트(pit)에는 뚜껑을 설치하여 재해를 방지한다.
㉲ 베드 위에 다른 물건을 올려놓지 않는다.
㉳ 바이트는 되도록 짧게 나오도록 설치한다.
㉴ 절삭 행정 중 공작물에 손을 대지 말아야 한다.
㉵ 평삭기 테이블의 행정 끝이 근로자에게 위험을 미칠 우려가 있을 때에는 해당부위에 덮개 또는 울 등을 설치해야 한다.
㉶ 운전 중인 평삭기(平削機)의 테이블에 근로자를 탑승시켜서는 안 된다. 다만, 테이블에 탑승한 근로자 또는 배치된 근로자가 즉시 기계를 정지할 수 있도록 하는 등 근로자에게 미칠 위험을 방지하기 위하여 필요한 조치를 한 때에는 무관하다.

45 양중기 과부하방지장치의 일반적인 공통사항에 대한 설명 중 부적합한 것은?

① 과부하방지장치와 타 방호장치는 기능에 서로 장애를 주지 않도록 부착할 수 있는 구조이어야 한다.
② 방호장치의 기능을 변형 또는 보수할 때 양중기의 기능도 동시에 정지할 수 있는 구조이어야 한다.
③ 과부방지장치에는 정상동작상태의 녹색램프와 과부하 시 경고 표시를 할 수 있는 붉은색램프와 경보음을 발하는 장치 등을 갖추어야 하며, 양중기 운전자가 확인할 수 있는 위치에 설치해야 한다.
④ 과부하방지장치 작동 시 경보음과 경보램프가 작동되어야 하며, 양중기는 작동이 되지 않아야 한다. 다만, 크레인은 과부하상태 해지를 위하여 권상된 만큼 권하시킬 수 있다.

해설 **양중기 과부하방지장치의 일반적인 공통사항**
㉮ 과부하방지장치 작동 시 경보음과 경보램프가 작동되어야 하며, 양중기는 작동이 되지 않아야 한다. 다만, 크레인은 과부하 상태 해지를 위하여 권상된 만큼 권하시킬 수 있다.
㉯ 외함은 납봉인 또는 시건할 수 있는 구조이어야 한다.
㉰ 외함의 전선 접촉부분은 고무 등으로 밀폐되어 물과 먼지 등이 들어가지 않도록 한다.
㉱ 과부하방지장치와 타 방호장치는 기능에 서로 장애를 주지 않도록 부착할 수 있는 구조이어야 한다.
㉲ 방호장치의 기능을 제거 또는 정지할 때 양중기의 기능도 동시에 정지할 수 있는 구조이어야 한다.

㉳ 과부하방지장치는 시험 후 정격하중의 1.1배 권상 시 경보와 함께 권상동작이 정지되고 횡행과 주행동작이 불가능한 구조이어야 한다. 다만, 타워크레인은 정격하중의 1.05배 이내로 한다.
㉴ 과부하방지장치에는 정상동작상태의 녹색 램프와 과부하 시 경고 표시를 할 수 있는 붉은색 램프와 경보음을 발하는 장치 등을 갖추어야 하며, 양중기 운전자가 확인할 수 있는 위치에 설치해야 한다.

46 산업안전보건법령상 프레스 작업시작 전 점검해야 할 사항에 해당하는 것은?

① 와이어로프가 통하고 있는 곳 및 작업장소의 지반상태
② 하역장치 및 유압장치 기능
③ 권과방지장치 및 그 밖의 경보장치의 기능
④ 1행정 1정지기구 · 급정지장치 및 비상정지장치의 기능

해설 **프레스 작업시작 전 점검사항**
㉮ 클러치 및 브레이크의 기능
㉯ 크랭크축 · 플라이휠 · 슬라이드 · 연결봉 및 연결 나사의 풀림 유무
㉰ 1행정 1정지기구 · 급정지장치 및 비상정지장치의 기능
㉱ 슬라이드 또는 칼날에 의한 위험방지 기구의 기능
㉲ 프레스의 금형 및 고정볼트 상태
㉳ 방호장치의 기능
㉴ 전단기(剪斷機)의 칼날 및 테이블의 상태

47 방호장치를 분류할 때는 크게 위험장소에 대한 방호장치와 위험원에 대한 방호장치로 구분할 수 있는데, 다음 중 위험장소에 대한 방호장치가 아닌 것은?

① 격리형 방호장치
② 접근거부형 방호장치
③ 접근반응형 방호장치
④ 포집형 방호장치

해설 **방호장치의 분류**
㉮ 위험장소에 대한 방호장치의 종류
㉠ 격리형 방호장치 : 작업자가 작업 전에 접촉되지 않도록 기계설비 외부에 차단벽이나 방호망을 설치하는 것
㉡ 위치제한형 방호장치 : 작업자의 신체부위가 위험한계 밖에 있도록 기계의 조작 장치를 위험한 작업점에서 안전거리 이상 떨어지게 하거나 조작 장치를 양손으로 동시 조작하게 함으로써 위험한계에 접근하는 것을 제한하는 것
예 프레스기의 양수 조작식 방호장치
㉢ 접근거부형 방호장치 : 작업자의 신체부위가 위험한계로 접근하였을 때 기계적인 작용에 의하여 접근을 못하도록 제지하는 것
예 수인식, 손쳐내기식 방호장치 등
㉣ 접근반응형 방호장치 : 작업자의 신체부위가 위험한계 또는 그 인접한 거리 내로 들어오면 이를 감지하여 그 즉시 기계의 동작을 정지시키고 경보 등을 발하는 것
예 프레스기의 감응식 방호장치 등
㉯ 위험원에 대한 방호장치의 종류
• 포집형 방호장치 : 위험장소에 설치하여 위험원이 비산하거나 튀는 것을 포집하여 작업자로부터 위험원을 차단하는 것
예 연삭기의 덮개나 반발예방장치 등

48 다음 중 금속 등의 도체에 교류를 통한 코일을 접근시켰을 때, 결함이 존재하면 코일에 유기되는 전압이나 전류가 변하는 것을 이용한 검사방법은?

① 자분탐상검사
② 초음파탐상검사
③ 와류탐상검사
④ 침투형광탐상검사

해설 **비파괴 검사**
㉮ 자분탐상 : 시료가 강력한 자계에 위치할 때, 표면 또는 그 근방에 결함이 존재하면, 결함 양측에 자극이 나타나 누설자장을 생성시키게 된다. 이 자장을 이러한 재료 표면에 자성 분말을 분산시켜 검출함으로써 결함의 유무를 파악하는 비파괴검사법
㉯ 초음파탐상 : 표면에서는 발견할 수 없는 내부에 발생하고 있는 기공이나 균열을 검사 대상물을 파괴시키지 않고 결함을 탐상하기 위해 실시되는 검사방법
㉰ 와류탐상 : 코일을 이용하여 도체에 시간적으로 변화하는 자계(교류 등)를 걸어, 도체에 발생한 와전류가 결함 등에 의해 변화하는 것을 이용하여 결함을 검출하는 방법
㉱ 침투형광탐상검사 : 침투 탐상 시험의 일종으로서, 보일러에 생긴 손상부에 형광성의 침투액을 바르고 충분히 침투시킨 후 자외선에서 관찰하여 형광의 발광에 의해 손상 결함의 위치나 정도를 확인하는 방법

 정답 46.④ 47.④ 48.③

49 산업안전보건법령상 목재가공용 기계에 사용되는 방호장치의 연결이 옳지 않은 것은?

① 둥근톱기계 : 톱날접촉예방장치
② 띠톱기계 : 날접촉예방장치
③ 모떼기기계 : 날접촉예방장치
④ 동력식 수동대패기계 : 반발예방장치

해설 동력식 수동대패기계 : 날접촉예방장치를 설치한다.

50 롤러의 급정지를 위한 방호장치를 설치하고자 한다. 앞면 롤러 직경이 36cm이고, 분당회전속도가 50rpm이라면 급정지거리는 약 얼마 이내이어야 하는가? (단, 무부하동작에 해당한다.)

① 45cm ② 50cm
③ 55cm ④ 60cm

해설 ㉮ 급정지장치의 성능

앞면 롤러의 표면속도(m/min)	급정지거리
30 미만	앞면 롤러 원주길이 ×1/3
30 이상	앞면 롤러 원주길이×1/2.5

㉯ 롤러기의 표면속도

$\therefore \ V = \dfrac{\pi DN}{1,000}(m/min)$

여기서, V : 원주속도 또는 회전속도(m/min)
D : 숫돌직경(mm)
N : 분당 회전수(rpm)

$V = \dfrac{\pi DN}{1,000} = \dfrac{3.14 \times 360 \times 50}{1,000} = 56.52m/min$

㉰ 급정지거리는 30m/min 이상이므로

$= \pi D \times \dfrac{1}{2.5}$ 식을 이용하여 계산한다.

$= 3.14 \times 360 \times \dfrac{1}{2.5} = 452.16mm = 45cm$

51 산업안전보건법령상에서 정한 양중기의 종류에 해당하지 않는 것은?

① 크레인[호이스트(hoist)를 포함한다]
② 도르래
③ 곤돌라
④ 승강기

해설 **양중기의 종류**
㉮ 크레인[호이스트(hoist) 포함]
㉯ 이동식 크레인
㉰ 리프트(이삿짐운반용 리프트의 경우 적재하중이 0.1톤 이상인 것으로 한정)
㉱ 곤돌라
㉲ 승강기

52 다음 중 금형 설치 · 해체작업의 일반적인 안전사항으로 틀린 것은?

① 고정볼트는 고정 후 가능하면 나사산이 3~4개 정도 짧게 남겨 슬라이드 면과의 사이에 협착이 발생하지 않도록 해야 한다.
② 금형 고정용 브래킷(물림판)을 고정시킬 때 고정용 브래킷은 수평이 되게 하고, 고정볼트는 수직이 되게 고정하여야 한다.
③ 금형을 설치하는 프레스의 T홈 안길이는 설치 볼트 직경 이하로 한다.
④ 금형의 설치용구는 프레스의 구조에 적합한 형태로 한다.

해설 **금형의 설치 · 해체작업의 일반적인 안전사항**
㉮ 금형의 설치용구는 프레스의 구조에 적합한 형태로 한다.
㉯ 금형을 설치하는 프레스의 T홈 안길이는 설치 볼트 직경의 2배 이상으로 한다.
㉰ 고정볼트는 고정 후 가능하면 나사산을 3~4개 정도 짧게 남겨 슬라이드 면과의 사이에 협착이 발생하지 않도록 해야 한다.
㉱ 금형 고정용 브래킷(물림판)을 고정시킬 때 고정용 브래킷은 수평이 되게 하고, 고정볼트는 수직이 되게 고정하여야 한다.

53 산업안전보건법령상 보일러에 설치하는 압력방출장치에 대하여 검사 후 봉인에 사용되는 재료로 가장 적합한 것은?

① 납
② 주석
③ 구리
④ 알루미늄

해설 보일러에 설치되어 있는 압력방출장치의 검사 주기는 매년 1회 이상 시험한 후 납으로 봉인하여 사용한다.

49.④ 50.① 51.② 52.③ 53.① 정답

54 슬라이드가 내려옴에 따라 손을 쳐내는 막대가 좌우로 왕복하면서 위험점으로부터 손을 보호하여 주는 프레스의 안전장치는?

① 수인식 방호장치
② 양손조작식 방호장치
③ 손쳐내기식 방호장치
④ 게이트 가드식 방호장치

해설 **손쳐내기식 방호장치**
기계의 작동에 연동시켜 위험상태로 되기 전에 손을 위험영역에서 밀어내거나 쳐냄으로써 위험을 배제하는 장치로서 손쳐내기 봉의 길이 및 진폭을 조절할 수 있는 구조의 것이어야 한다. 설치 시 기준은 아래와 같다.
㉮ 슬라이드의 행정길이가 40mm 이상일 경우에 사용할 것
㉯ 손쳐내기식 막대는 그 길이 및 진폭을 조정할 수 있는 구조일 것
㉰ 손쳐내기판의 폭은 금형 크기의 1/2 이상으로 할 것(단, 행정이 300mm 이상은 폭을 300mm로 할 것)
㉱ 슬라이드 하행정 거리의 3/4 위치에서 손을 완전히 밀어낼 것

55 산업안전보건법령에 따라 사업주는 근로자가 안전하게 통행할 수 있도록 통로에 얼마 이상의 채광 또는 조명시설을 하여야 하는가?

① 50럭스 ② 75럭스
③ 90럭스 ④ 100럭스

해설 사업주는 근로자가 안전하게 통행할 수 있도록 통로에 75럭스 이상의 채광 또는 조명시설을 하여야 한다. 다만, 갱도 또는 상시 통행을 하지 아니하는 지하실 등을 통행하는 근로자에게 휴대용 조명기구를 사용하도록 한 경우에는 그러하지 아니하다.

56 산업안전보건법령상 다음 중 보일러의 방호장치와 가장 거리가 먼 것은?

① 언로드밸브
② 압력방출장치
③ 압력제한스위치
④ 고저수위 조절장치

해설 **보일러의 방호장치**
㉮ 압력방출장치
㉯ 압력제한스위치
㉰ 고저수위조절장치
㉱ 기타 도피밸브, 가용전, 방폭문, 화염검출기 등
※ 언로드밸브(unload valve) : 공기압축기의 방호장치로서 공기탱크 내의 압력이 일정압력으로 상승하면 자동적으로 언로드 밸브가 작동하여 공기탱크 내에 압송을 정지하는 무부하운전이 되어 압력이 상승하지 않도록 하고, 또 압력이 일정압력까지 내려가면 부하운전으로 되도록하는 방호장치

57 다음 중 롤러기 급정지장치의 종류가 아닌 것은?

① 어깨조작식 ② 손조작식
③ 복부조작식 ④ 무릎조작식

해설 **급정지장치의 종류 및 설치위치**

급정지장치의 종류	설치위치
손조작로프식	밑면에서 1.8m 이내
복부조작식	밑면에서 0.8m 이상 1.1m 이내
무릎조작식	밑면에서 0.4m 이상 0.6m 이내

58 산업안전보건법령에 따라 레버풀러(lever puller) 또는 체인블록(chain block)을 사용하는 경우 훅의 입구(hook mouth) 간격이 제조자가 제공하는 제품사양서 기준으로 몇 % 이상 벌어진 것은 폐기하여야 하는가?

① 3 ② 5
③ 7 ④ 10

해설 산업안전보건법령에 따라 레버풀러(lever puller) 또는 체인블록(chain block)을 사용하는 경우 훅의 입구(hook mouth) 간격이 제조자가 제공하는 제품사양서 기준으로 10 % 이상 벌어진 것은 폐기하여야 한다.

59 컨베이어(conveyor) 역전방지장치의 형식을 기계식과 전기식으로 구분할 때 기계식에 해당하지 않는 것은?

① 라쳇식 ② 밴드식
③ 슬러스트식 ④ 롤러식

정답 54.③ 55.② 56.① 57.① 58.④ 59.③

해설 컨베이어(conveyor) 역전 방지 장치

컨베이어 · 이송용 롤러 등을 사용할 때에는 정전 · 전압강하 등에 의한 화물 또는 운반구의 이탈 및 역주행을 방지하는 장치로 기계식에 라쳇식, 밴드식, 롤러식이 있으며, 전기식에는 전기브레이크, 슬러스트브레이크가 있다.

60 다음 중 연삭숫돌의 3요소가 아닌 것은?

① 결합제 ② 입자
③ 저항 ④ 기공

해설 연삭기 숫돌의 3요소

㉮ 입자
㉯ 결합제
㉰ 기공

≫ 제4과목 전기위험 방지기술

61 다음 차단기는 개폐기구가 절연물의 용기 내에 일체로 조립한 것으로, 과부하 및 단락 사고 시에 자동적으로 전로를 차단하는 장치는?

① OS ② VCB
③ MCCB ④ ACB

해설 배선용차단기(MCCB)

개폐기구가 절연물의 용기 내에 일체로 조립한 것으로 과부하 및 단락 사고 시에 자동적으로 전로를 차단하는 장치이다.

62 다음 ( ) 안의 알맞은 내용을 나타낸 것은?

> 폭발성가스의 폭발등급 측정에 사용되는 표준용기는 내용적이 (㉮)cm^3, 반구상의 플렌지 접합면의 안길이 (㉯)mm의 구상용기의 틈새를 통과시켜 화염일주한계를 측정하는 장치이다.

① ㉮ 600 ㉯ 0.4
② ㉮ 1,800 ㉯ 0.6
③ ㉮ 4,500 ㉯ 8
④ ㉮ 8,000 ㉯ 25

해설 폭발성가스의 폭발등급 측정

㉮ 화염일주한계 : 폭발성 분위기 내에 방치된 표준용기의 접합면 틈새를 통하여 내부에서 외부로 전파되는 것을 저지할 수 있는 틈새의 최대간격치를 의미한다.
㉯ 표준용기
  ㉠ 표준용기의 내용적 : 8,000cm^3($8L$)
  ㉡ 반구상의 플랜지 접합면의 안길이 : 25mm

63 한국전기설비규정에 따라 보호등전위본딩 도체로서 주접지단자에 접속하기 위한 등전위본딩 도체(구리도체)의 단면적은 몇 mm^2 이상이어야 하는가? (단, 등전위본딩 도체는 설비 내에 있는 가장 큰 보호접지 도체 단면적의 $\frac{1}{2}$ 이상의 단면적을 가지고 있다.)

① 2.5
② 6
③ 16
④ 50

해설 보호등전위본딩 도체

㉮ 주접지단자에 접속하기 위한 등전위본딩 도체는 설비 내에 있는 가장 큰 보호접지도체 단면적의 1/2 이상의 단면적을 가져야 하고, 다음의 단면적 이상이어야 한다.
  ㉠ 구리도체 6mm^2
  ㉡ 알루미늄 도체 16mm^2
  ㉢ 강철 도체 50mm^2
㉯ 주접지단자에 접속하기 위한 보호본딩도체의 단면적은 구리도체 25mm^2 또는 다른 재질의 동등한 단면적을 초과할 필요는 없다.

64 저압전로의 절연성능 시험에서 전로의 사용전압이 380V인 경우, 전로의 전선 상호간 및 전로와 대지 사이의 절연저항은 최소 몇 MΩ 이상이어야 하는가?

① 0.1 ② 0.3
③ 0.5 ④ 1

해설 저압전로의 절연성능 시험에서 전로의 사용전압이 250V 초과 500V 이하인 경우 전로의 전선 상호간 및 전로와 대지 사이의 절연저항은 최소 1MΩ 이상이어야 한다.

60.③ 61.③ 62.④ 63.② 64.④ 정답

65 전격의 위험을 결정하는 주된 인자로 가장 거리가 먼 것은?

① 통전전류 ② 통전시간
③ 통전경로 ④ 접촉전압

해설 **전격의 위험을 결정하는 주된 인자**
㉮ 1차적 감전위험 요소 : 통전전류의 크기, 전원(직류, 교류)의 종류, 통전경로, 통전시간
㉯ 2차적 감전위험 요소 : 인체 저항(인체의 조건), 전압, 주파수 및 계절

66 내압방폭구조의 필요충분조건에 대한 사항으로 틀린 것은?

① 폭발화염이 외부로 유출되지 않을 것
② 습기침투에 대한 보호를 충분히 할 것
③ 내부에서 폭발한 경우 그 압력에 견딜 것
④ 외함의 표면온도가 외부의 폭발성가스를 점화하지 않을 것

해설 **내압방폭구조의 필요조건**
㉮ 내부에서 폭발할 경우 그 압력에 견딜 것
㉯ 외함 표면온도가 주위의 가연성가스에 점화되지 않을 것
㉰ 폭발화염이 외부로 유출되지 않을 것

67 다음 빈칸에 들어갈 내용으로 알맞는 것은?

> "교류 특고압 가공전선로에서 발생하는 극저주파 전자계는 지표상 1m에서 전계가 (ⓐ), 자계가 (ⓑ)가 되도록 시설하는 등 상시 정전유도 및 전자유도 작용에 의하여 사람에게 위험을 줄 우려가 없도록 시설하여야 한다."

① ⓐ 0.35kV/m 이하, ⓑ 0.833μT 이하
② ⓐ 3.5kV/m 이하, ⓑ 8.33μT 이하
③ ⓐ 3.5kV/m 이하, ⓑ 83.3μT 이하
④ ⓐ 35kV/m 이하, ⓑ 833μT 이하

해설 교류 특고압 가공전선로에서 발생하는 극저주파 전자계는 지표상 1m에서 전계가 3.5kV/m 이하, 자계가 83.3μT 이하가 되도록 시설하는 등 상시 정전유도 및 전자유도 작용에 의하여 사람에게 위험을 줄 우려가 없도록 시설하여야 한다.

68 교류 아크용접기의 허용사용률(%)은? (단, 정격사용률은 10%, 2차 정격전류는 500A, 교류 아크용접기의 사용전류는 250A이다.)

① 30 ② 40
③ 50 ④ 60

해설 **허용사용률(%)**

$$= \text{정격사용률} \times \left(\frac{\text{정격2차전류}}{\text{실제용접전류}}\right)^2$$

$$= 10 \times \left(\frac{500}{250}\right)^2 = 40$$

69 다음 중 전동기를 운전하고자 할 때 개폐기의 조작순서로 옳은 것은?

① 메인 스위치 → 분전반 스위치 → 전동기용 개폐기
② 분전반 스위치 → 메인 스위치 → 전동기용 개폐기
③ 전동기용 개폐기 → 분전반 스위치 → 메인 스위치
④ 분전반 스위치 → 전동기용 스위치 → 메인 스위치

해설 전동기를 운전하고자 할 때 개폐기의 조작순서는 메인 스위치 → 분전반 스위치 → 전동기용 개폐기 순으로 조작한다.

70 감전사고를 방지하기 위한 방법으로 틀린 것은?

① 전기기기 및 설비의 위험부에 위험표지
② 전기설비에 대한 누전차단기 설치
③ 전기기기에 대한 정격표시
④ 무자격자는 전기기계 및 기구에 전기적인 접촉 금지

해설 **감전사고 방지대책**
㉮ 설비의 필요한 부분에 보호접지 실시
㉯ 노출된 충전부에 방호망 설치
㉰ 안전전압 이하의 전기기기 사용
㉱ 전기기기 및 설비의 정비
㉲ 누전차단기의 설치
㉳ 전기기기에 위험표시

 정답 65.④ 66.② 67.③ 68.② 69.① 70.③

71 외부피뢰시스템에서 접지극은 지표면에서 몇 m 이상 깊이로 매설하여야 하는가? (단, 동결심도는 고려하지 않는 경우이다.)

① 0.5 ② 0.75
③ 1 ④ 1.25

해설 **외부피뢰시스템에서 접지극 시설**

㉮ 지표면에서 0.75m 이상 깊이로 매설하여야 한다. 다만, 필요시는 해당 지역의 동결심도를 고려한 깊이로 할 수 있다.
㉯ 대지가 암반지역으로 대지저항이 높거나 건축물 · 구조물이 전자통신시스템을 많이 사용하는 시설의 경우에는 환상도체접지극 또는 기초접지극으로 한다.
㉰ 접지극 재료는 대지에 환경오염 및 부식의 문제가 없어야 한다.
㉱ 철근콘크리트 기초 내부의 상호 접속된 철근 또는 금속제 지하구조물 등 자연적 구성부재는 접지극으로 사용할 수 있다.

72 정전기의 재해방지 대책이 아닌 것은?

① 부도체에는 도전성을 향상 또는 제전기를 설치 운영한다.
② 접촉 및 분리를 일으키는 기계적 작용으로 인한 정전기 발생을 적게 하기 위해서는 가능한 접촉 면적을 크게 하여야 한다.
③ 저항률이 $10^{10}\Omega \cdot cm$ 미만의 도전성 위험물의 배관유속은 7m/s 이하로 한다.
④ 생산공정에 별다른 문제가 없다면, 습도를 70(%) 정도 유지하는 것도 무방하다.

해설 접촉 및 분리를 일으키는 기계적 작용으로 인한 정전기 발생을 적게 하기 위해서는 가능한 접촉 면적을 작게 해야 정전기의 재해를 방지할 수 있다.

73 어떤 부도체에서 정전용량이 10pF이고, 전압이 5kV일 때 전하량(C)은?

① 9×10^{-12} ② 6×10^{-10}
③ 5×10^{-8} ④ 2×10^{-6}

해설 **전하량(Q)=정전용량(C)×전압(V)**

$= 10 \times 10^{-12} \times 5{,}000 = 5 \times 10^{-8}$(C)

74 KS C IEC 60079-0에 따른 방폭에 대한 설명으로 틀린 것은?

① 기호 "X"는 방폭기기의 특정사용조건을 나타내는 데 사용되는 인증번호의 접미사이다.
② 인화하한(LFL)과 인화상한(UFL) 사이의 범위가 클수록 폭발성가스 분위기 형성가능성이 크다.
③ 기기그룹에 따라 폭발성가스를 분류할 때 ⅡA의 대표 가스로 에틸렌이 있다.
④ 연면거리는 두 도전부 사이의 고체 절연물 표면을 따른 최단거리를 말한다.

해설 기기그룹에 따라 폭발성가스를 분류할 때 ⅡB의 대표 가스로 에틸렌이 있다.

75 다음 중 활선근접 작업 시의 안전조치로 적절하지 않은 것은?

① 근로자가 절연용 방호구의 설치 · 해체작업을 하는 경우에는 절연용 보호구를 착용하거나 활선작업용 기구 및 장치를 사용하도록 하여야 한다.
② 저압인 경우에는 해당 전기작업자가 절연용 보호구를 착용하되, 충전 전로에 접촉할 우려가 없는 경우에는 절연용 방호구를 설치하지 아니할 수 있다.
③ 유자격자가 아닌 근로자가 근로자의 몸 또는 긴 도전성 물체가 방호되지 않은 충전전로에서 대지전압이 50kV 이하인 경우에는 400cm 이내로 접근할 수 없도록 하여야 한다.
④ 고압 및 특별고압의 전로에서 전기작업을 하는 근로자에게 활선작업용 기구 및 장치를 사용하여야 한다.

해설 유자격자가 아닌 근로자가 충전전로 인근의 높은 곳에서 작업할 때에 근로자의 몸 또는 긴 도전성 물체가 방호되지 않은 충전전로에서 대지전압이 50kV 이하인 경우에는 300㎝ 이내로, 대지전압이 50kV를 넘는 경우에는 10kV당 10cm씩 더한 거리 이내로 각각 접근할 수 없도록 할 것

71.② 72.② 73.③ 74.③ 75.③ 정답

76 밸브 저항형 피뢰기의 구성요소로 옳은 것은?

① 직렬갭, 특성요소
② 병렬갭, 특성요소
③ 직렬갭, 충격요소
④ 병렬갭, 충격요소

해설 **피뢰기의 구성요소**
㉮ 직렬갭 : 이상 전압 내습 시 뇌전압을 방전하고 그 속류를 차단하며, 상시에는 누설전류를 방지하는 역할을 한다.
㉯ 특성요소 : 뇌전류 방전 시 피뢰기 자신의 전위상승을 억제하여 자신의 절연파괴를 방지하는 역할을 한다.

77 정전기 제거 방법으로 가장 거리가 먼 것은?

① 작업장 바닥을 도전처리한다.
② 설비의 도체 부분은 접지시킨다.
③ 작업자는 대전방지화를 신는다.
④ 작업장을 항온으로 유지한다.

해설 **정전기 발생 방지 대책**
㉮ 대전방지 대책
㉠ 접지(接地)
㉡ 본딩(Bonding)
㉢ 배관 내 액체의 유속 제한 · 정치 시간의 확보
㉯ 인체의 대전방지(보호구 착용)
㉠ 대전방지화 착용
㉡ 대전방지 작업복 착용
㉰ 대전방지제 사용
㉱ 가습 : 상대습도 70% 이상 유지
㉲ 제전제 및 제전기(공기의 이온화) 사용

78 가스 그룹 ⅡB 지역에 설치된 내압방폭구조 "d" 장비의 플랜지 개구부에서 장애물까지의 최소거리(mm)는?

① 10 ② 20
③ 30 ④ 40

해설 **내압 접합면과 장애물과의 최소이격거리**

가스 · 증기 그룹	최소거리(mm)
ⅡA	10
ⅡB	30
ⅡC	40

79 인체의 전기저항을 0.5kΩ이라고 하면 심실세동을 일으키는 위험한계 에너지는 몇 J인가? (단, 심실세동전류값 $I = \frac{165}{\sqrt{T}}$ mA의 Dalziel의 식을 이용하며, 통전시간은 1초로 한다.)

① 13.6 ② 12.6
③ 11.6 ④ 10.6

해설 $W = I^2RT$
$= \left(\frac{165}{\sqrt{T}} \times 10^{-3}\right)^2 \times 500 \times T$
$= 13.61$J
여기서, W : 전기에너지(J)
I : 심실세동전류(A)
R : 전기저항(Ω)
T : 통전시간(s)

80 다음 중 전기설비기술기준에 따른 전압의 구분으로 틀린 것은?

① 저압 : 직류 1kV 이하
② 고압 : 교류 1kV를 초과, 7kV 이하
③ 특고압 : 직류 7kV 초과
④ 특고압 : 교류 7kV 초과

해설 **전압의 구분**

압력 분류	직류	교류
저압	1,500V 이하	1,000V 이하
고압	1,500V 초과 ~7,000V 이하	1,000V 초과 ~7,000V 이하
특고압	7,000V 초과	7,000V 초과

» 제5과목 화학설비위험 방지기술

81 다음 중 전기화재의 종류에 해당하는 것은?

① A급
② B급
③ C급
④ D급

 정답 76.① 77.④ 78.③ 79.① 80.① 81.③

해설 화재의 종류

㉮ A급 화재 : 일반화재
㉯ B급 화재 : 유류화재
㉰ C급 화재 : 전기화재
㉱ D급 화재 : 금속화재
㉲ K급 화재 : 주방화재

82 다음 [표]와 같은 혼합가스의 폭발범위(vol%)로 옳은 것은?

종류	용적비율 (vol%)	폭발하한계 (vol%)	폭발상한계 (vol%)
CH_4	70	5	15
C_2H_6	15	3	12.5
C_3H_8	5	2.1	9.5
C_4H_{10}	10	1.9	8.5

① 3.75~13.21
② 4.33~13.21
③ 4.33~15.22
④ 3.75~15.22

해설 ㉮ 혼합가스 폭발하한계(L_a)

$$L_a = \frac{V_1 + V_2 + V_3 + V_4}{\frac{V_1}{L_1} + \frac{V_2}{L_2} + \frac{V_3}{L_3} + \frac{V_4}{L_4}} = \frac{70+15+5+10}{\frac{70}{5} + \frac{15}{3} + \frac{5}{2.1} + \frac{10}{1.9}} = 3.75\text{vol\%}$$

㉯ 혼합가스 폭발상한계(L_b)

$$L_b = \frac{70+15+5+10}{\frac{70}{15} + \frac{15}{12.5} + \frac{5}{9.5} + \frac{10}{8.5}} = 13.21\text{vol\%}$$

83 다음 설명이 의미하는 것은?

온도, 압력 등 제어상태가 규정의 조건을 벗어나는 것에 의해 반응속도가 지수함수적으로 증대되고, 반응용기 내의 온도, 압력이 급격히 이상 상승되어 규정 조건을 벗어나고, 반응이 과격화되는 현상

① 비등 ② 과열 · 과압
③ 폭발 ④ 반응폭주

해설 반응폭주

반응속도가 지수 함수적으로 증대되고, 반응용기 내의 온도, 압력이 급격히 이상 상승되어 규정조건을 벗어나며, 반응이 과격화되는 현상을 말한다. 보통 반응폭주가 일어나면 대부분 가연성가스의 누설에 의한 폭발이나 독성가스에 의한 중독 피해 등이 발생하고, 심한 경우에는 기기나 설비가 파괴되는 등의 피해가 발생한다.

84 위험물을 저장 · 취급하는 화학설비 및 그 부속설비를 설치할 때 '단위공정시설 및 설비로부터 다른 단위공정시설 및 설비의 사이'의 안전거리는 설비의 바깥 면으로부터 몇 m 이상이 되어야 하는가?

① 5 ② 10
③ 15 ④ 20

해설 화학설비 및 그 부속설비의 안전기준

구분	안전거리
단위공정시설 및 설비로부터 다른 단위공정시설 및 설비의 사이	설비의 외면으로부터 10m 이상
플레어스택으로부터 단위공정시설 및 설비, 위험물질 저장탱크 또는 위험물질 하역설비의 사이	플레어스택으로부터 반경 20m 이상. 다만, 공정시설 등이 불연재료로 시공된 지붕 아래 설치된 경우에는 그러하지 아니하다.
위험물질저장탱크로부터 단위공정시설 및 설비, 보일러 또는 가열로의 사이	저장탱크의 외면으로부터 20m 이상. 다만, 저장탱크에 방호벽, 원격조정 소화설비 또는 살수설비를 설치한 경우에는 그러하지 않다.
사무실 · 연구실 · 실험실 · 정비실 또는 식당으로부터 단위공정시설 및 설비, 위험물질저장탱크, 위험물질하역설비, 보일러 또는 가열로의 사이	사무실 등의 외면으로부터 20m 이상. 다만, 난방용 보일러인 경우 또는 사무실 등의 벽을 방호구조로 설치한 경우에는 그러하지 아니하다.

85 다음 중 폭발범위에 관한 설명으로 틀린 것은?

① 상한값과 하한값이 존재한다.
② 온도에는 비례하지만 압력과는 무관하다.
③ 가연성가스의 종류에 따라 각각 다른 값을 갖는다.
④ 공기와 혼합된 가연성가스의 체적 농도로 나타낸다.

82.① 83.④ 84.② 85.② 정답

해설 연소범위에 대한 온도의 영향은 폭발 하한은 100℃ 증가할 때마다 25℃에서의 값의 8%가 감소하고, 폭발 상한은 8%가 증가한다. 압력의 영향은 수소를 제외하고는 압력이 증가하면 하한은 거의 변화가 없고, 상한만 증가한다.

86 열교환기의 열교환 능률을 향상시키기 위한 방법으로 거리가 먼 것은?

① 유체의 유속을 적절하게 조절한다.
② 유체의 흐르는 방향을 병류로 한다.
③ 열교환기 입구와 출구의 온도차를 크게 한다.
④ 열전도율이 좋은 재료를 사용한다.

해설 열교환능률을 향상시키기 위해서는 고온 유체와 저온 유체의 흐름 방향을 반대로 하는 향류로 한다.

87 다음 중 인화성 물질이 아닌 것은?

① 디에틸에테르 ② 아세톤
③ 에틸알코올 ④ 과염소산칼륨

해설 ㉮ 인화성 물질 : 에테르($C_2H_5OC_2H_5$), 아세톤(CH_3COCH_3), 에틸알코올(C_2H_5OH)
㉯ 산화성 물질 : 과염소산칼륨($KClO_4$)

88 산업안전보건법령상 위험물질의 종류에서 "폭발성 물질 및 유기과산화물"에 해당하는 것은?

① 리튬 ② 아조화합물
③ 아세틸렌 ④ 셀룰로이드류

해설 **폭발성 물질 및 유기과산화물의 종류**
㉮ 질산에스테르류 : 니트로셀룰로스, 니트로글리세린, 질산메틸, 질산에틸 등
㉯ 니트로화합물 : 피크린산(트라이니트로페놀), 트라이니트로톨루엔(TNT) 등
㉰ 니트로소화합물 : 파라디니트로소벤젠, 디니트로소레조르신 등
㉱ 아조화합물 및 디아조화합물
㉲ 하이드라진 및 그 유도체
㉳ 유기과산화물 : 메틸에틸케톤 과산화물, 과산화벤조일, 과산화아세틸 등
㉴ 기타 폭발 위험성이 있는 물질이나 위의 물질을 함유한 물질

89 건축물 공사에 사용되고 있으나, 불에 타는 성질이 있어서 화재 시 유독한 시안화수소 가스가 발생되는 물질은?

① 염화비닐 ② 염화에틸렌
③ 메타크릴산메틸 ④ 우레탄

해설 우레탄(urethane)은 가연성으로, 연소 시 시안화수소(HCN)를 발생시킨다.

90 반응기를 설계할 때 고려하여야 할 요인으로 가장 거리가 먼 것은?

① 부식성 ② 상의 형태
③ 온도 범위 ④ 중간생성물의 유무

해설 **반응기 설계 시 고려해야 할 요인**
㉮ 상(phase)의 형태
㉯ 온도 범위
㉰ 부식성
㉱ 체류시간 또는 공간속도
㉲ 열전달
㉳ 온도 조절
㉴ 조작방법
㉵ 운전압력

91 에틸알코올 1몰이 완전 연소 시 생성되는 CO_2와 H_2O의 몰수로 옳은 것은?

① CO_2 : 1, H_2O : 4
② CO_2 : 2, H_2O : 3
③ CO_2 : 3, H_2O : 2
④ CO_2 : 4, H_2O : 1

해설 **에틸알코올(C_2H_5OH) 연소반응식**
$C_2H_5OH + 3O_2 \rightarrow 2CO_2 + 3H_2O$

92 산업안전보건법령상 각 물질이 해당하는 위험물질의 종류를 옳게 연결한 것은?

① 아세트산(농도 90%) – 부식성 산류
② 아세톤(농도 90%) – 부식성 염기류
③ 이황화탄소 – 인화성 가스
④ 수산화칼륨 – 인화성 가스

 정답 86.② 87.④ 88.② 89.④ 90.④ 91.② 92.①

해설 **부식성 물질의 종류**

㉮ 부식성 산류(산성)
　㉠ 농도 30% 이상인 염산, 황산, 질산 등
　㉡ 농도 60% 이상인 인산, 아세트산, 불산 등
㉯ 부식성 염기류(알칼리성)
　농도 40% 이상인 수산화나트륨, 수산화칼륨 등
※ 이황화탄소 : 인화성 액체

93 물과의 반응으로 유독한 포스핀가스를 발생하는 것은?

① HCl　② NaCl
③ Ca_3P_2　④ $Al(OH)_3$

해설 **인화칼슘(Ca_3P_2, 인화석회)**

㉮ 적갈색의 미상고체로 건조한 공기 중에서 안정하나, 300℃ 이상에서 산화한다.
㉯ 물과 심하게 반응하여 유독성 · 가연성의 PH_3(포스핀)을 발생한다.
　$Ca_3P_2+6H_2O \rightarrow 3Ca(OH)_2+2PH_3\uparrow$
㉰ 금수성 물질(물 반응성 물질)로 벤젠, 에테르, 이황화탄소와 습기하에서 접촉하면 발화한다.

94 분진폭발의 요인을 물리적 인자와 화학적 인자로 분류할 때 화학적 인자에 해당하는 것은?

① 연소열　② 입도분포
③ 열전도율　④ 입자의 형상

해설 **분진폭발의 요인**

㉮ 화학적 인자 : 연소열(발열량), 분해열 등
㉯ 물리적 인자 : 분진입도 및 입도분포, 입자의 형상과 표면상태, 열전도율 등

95 메탄올에 관한 설명으로 틀린 것은?

① 무색투명한 액체이다.
② 비중은 1보다 크고, 증기는 공기보다 가볍다.
③ 금속나트륨과 반응하여 수소를 발생한다.
④ 물에 잘 녹는다.

해설 **메탄올의 성질**

㉮ 무색투명한 휘발성, 가연성, 유독성 액체이다.
㉯ 비중은 0.79로 1보다 작고, 증기는 공기보다 1.1배 무겁다.
㉰ 금속나트륨과 반응하여 수소를 발생한다.
㉱ 물에 잘 녹는다.

96 다음 중 자연발화가 쉽게 일어나는 조건으로 틀린 것은?

① 주위온도가 높을수록
② 열 축적이 클수록
③ 적당량의 수분이 존재할 때
④ 표면적이 작을수록

해설 **자연발화**

㉮ 정의 : 자연발화란 어떤 물질이 공기 중에 노출되어 외부의 화염, 불티, 고온체와의 접촉 등의 이상가열이나 타 물건과의 접촉 또는 혼합에 의하지 않고, 그 물질 고유의 성질로 스스로 발열반응과 온도상승을 일으켜 마침내 발화하는 현상이다.
㉯ 자연발화 방지법
　㉠ 통풍을 잘 시킬 것
　㉡ 습도가 높은 것을 피할 것
　㉢ 연소성 가스의 발생에 주의할 것
　㉣ 저장실의 온도상승을 피할 것
㉰ 자연발화가 가장 쉽게 일어나는 조건
　㉠ 적은 열전도율
　㉡ 고온 · 다습한 환경
　㉢ 표면적이 넓은 물질
　㉣ 공기의 이동이 적은 장소 등

97 다음 중 인화점이 가장 낮은 것은?

① 벤젠　② 메탄올
③ 이황화탄소　④ 경유

해설 **인화점**

① 벤젠(C_6H_6) : −11℃
② 메탄올(CH_3OH) : 11.1℃
③ 이황화탄소(CS_2) : −30℃
④ 경유 : 54℃

98 비점이 낮은 가연성 액체 저장탱크 주위에 화재가 발생했을 때 저장탱크 내부의 비등현상으로 인한 압력 상승으로 탱크가 파열되어 그 내용물이 증발, 팽창하면서 발생되는 폭발현상은?

① Back Draft
② BLEVE
③ Flash Over
④ UVCE

93.③ 94.① 95.② 96.④ 97.③ 98.② 정답

해설 **BLEVE(Boiling Liquid Expanding Vapour Explo-sion, 비등액 팽창 증기폭발)**
비점이나 인화점이 낮은 액체가 들어있는 용기 주위에 화재 등으로 인하여 가열되면 내부의 비등현상으로 인한 압력 상승으로 용기의 벽면이 파열되면서 그 내용물들이 폭발적으로 증발, 팽창하면서 폭발을 일으키는 현상을 말한다.

99 자연발화성을 가진 물질이 자연발화를 일으키는 원인으로 거리가 먼 것은?

① 분해열 ② 증발열
③ 산화열 ④ 중합열

해설 **자연발화 형태별 분류**
㉮ 분해열의 축적에 의한 것(가수분해, 열분해)
㉯ 산화열의 축적에 의한 것(유지류, 기름찌꺼기, 기름걸레)
㉰ 흡착열의 축적에 의한 것(환원 니켈, 활성탄)
㉱ 미생물의 발열에 의한 것(건초, 볏짚, 소맥피)
㉲ 중합열의 축적에 의한 것(아크릴로니트릴)

100 사업주는 산업안전보건법령에서 정한 설비에 대해서는 과압에 따른 폭발을 방지하기 위하여 안전밸브 등을 설치하여야 한다. 다음 중 이에 해당하는 설비가 아닌 것은?

① 원심펌프
② 정변위 압축기
③ 정변위 펌프(토출측에 차단밸브가 설치된 것만 해당한다)
④ 배관(2개 이상의 밸브에 의하여 차단되어 대기온도에서 액체의 열팽창에 의하여 파열될 우려가 있는 것으로 한정한다)

해설 **안전밸브 등의 설치**
과압에 따른 폭발을 방지하기 위하여 폭발방지 성능과 규격을 갖춘 안전밸브 또는 파열판을 설치하여야 할 설비는 다음과 같다.
㉮ 압력용기(안지름 150mm 이하는 제외)
㉯ 정변위 압축기
㉰ 정변위 펌프(토출측에 차단밸브가 설치된 것만 해당)
㉱ 배관
㉲ 그 밖의 화학설비 및 부속설비로서 해당 설비의 최고사용압력을 초과할 우려가 있는 것

» 제6과목 건설안전기술

101 유해 · 위험방지계획서 제출 시 첨부서류로 옳지 않은 것은?

① 공사현장의 주변 현황 및 주변과의 관계를 나타내는 도면
② 공사개요서
③ 전체공정표
④ 작업인부의 배치를 나타내는 도면 및 서류

해설 **유해 · 위험방지계획서 제출 시 첨부서류**
㉮ 공사개요
㉠ 공사개요서
㉡ 공사현장의 주변 현황 및 주변과의 관계를 나타내는 도면(매설물 현황 포함)
㉢ 건설물 · 공사용 기계설비 등의 배치를 나타내는 도면 및 서류
㉣ 전체 공정표
㉯ 안전보건관리계획
㉠ 산업안전보건관리비 사용계획
㉡ 안전관리조직표 · 안전보건교육계획

102 추락 재해방지 설비 중 근로자의 추락재해를 방지할 수 있는 설비로 작업발판 설치가 곤란한 경우에 필요한 설비는?

① 경사로 ② 추락방호망
③ 고정사다리 ④ 달비계

해설 사업주는 작업발판을 설치하기 곤란한 경우 다음 각 호의 기준에 맞는 추락방호망을 설치해야 한다. 다만, 추락방호망을 설치하기 곤란한 경우에는 근로자에게 안전대를 착용하도록 하는 등 추락위험을 방지하기 위해 필요한 조치를 해야 한다.
㉮ 추락방호망의 설치위치는 가능하면 작업면으로부터 가까운 지점에 설치하여야 하며, 작업면으로부터 망의 설치지점까지의 수직거리는 10m를 초과하지 아니할 것
㉯ 추락방호망은 수평으로 설치하고, 망의 처짐은 짧은 변 길이의 12% 이상이 되도록 할 것
㉰ 건축물 등의 바깥쪽으로 설치하는 경우 추락방호망의 내민 길이는 벽면으로부터 3m 이상 되도록 할 것. 다만, 그물코가 20mm 이하인 추락방호망을 사용한 경우에는 제14조 제3항에 따른 낙하물 방지망을 설치한 것으로 본다.

 정답 99.② 100.① 101.④ 102.②

103 거푸집 해체작업 시 유의사항으로 옳지 않은 것은?

① 일반적으로 수평부재의 거푸집은 연직부재의 거푸집보다 빨리 떼어낸다.
② 해체된 거푸집이나 각목 등에 박혀있는 못 또는 날카로운 돌출물은 즉시 제거하여야 한다.
③ 상하 동시 작업은 원칙적으로 금지하며 부득이한 경우에는 긴밀히 연락을 하며 작업을 하여야 한다.
④ 거푸집 해체작업장 주위에는 관계자를 제외하고는 출입을 금지시켜야 한다.

해설 거푸집 해체 시 연직부재의 거푸집은 수평부재의 거푸집보다 빨리 떼어낸다.

104 사다리식 통로 등을 설치하는 경우 통로 구조로서 옳지 않은 것은?

① 발판의 간격은 일정하게 한다.
② 발판과 벽과의 사이는 15cm 이상의 간격을 유지한다.
③ 사다리의 상단은 걸쳐놓은 지점으로부터 60cm 이상 올라가도록 한다.
④ 폭은 40cm 이상으로 한다.

해설 **사다리식 통로 설치 시 준수사항**
㉮ 견고한 구조로 할 것
㉯ 심한 손상 · 부식 등이 없는 재료를 사용할 것
㉰ 발판의 간격은 일정하게 할 것
㉱ 발판과 벽과의 사이는 15cm 이상의 간격을 유지할 것
㉲ 폭은 30cm 이상으로 할 것
㉳ 사다리가 넘어지거나 미끄러지는 것을 방지하기 위한 조치를 할 것
㉴ 사다리의 상단은 걸쳐놓은 지점으로부터 60cm 이상 올라가도록 할 것
㉵ 사다리식 통로의 길이가 10m 이상인 경우에는 5m 이내마다 계단참을 설치할 것
㉶ 사다리식 통로의 기울기는 75° 이하로 할 것. 다만, 고정식 사다리식 통로의 기울기는 90° 이하로 하고, 그 높이가 7m 이상인 경우에는 바닥으로부터 높이가 2.5m 되는 지점부터 등받이울을 설치할 것
㉷ 접이식 사다리 기둥은 사용 시 접혀지거나 펼쳐지지 않도록 철물 등을 사용하여 견고하게 조치할 것

105 콘크리트 타설작업을 하는 경우에 준수해야 할 사항으로 옳지 않은 것은?

① 당일의 작업을 시작하기 전에 해당 작업에 관한 거푸집동바리 등의 변형 · 변위 및 지반의 침하 유무 등을 점검하고 이상이 있으면 보수한다.
② 작업 중에는 거푸집동바리 등의 변형 · 변위 및 침하 유무 등을 감시할 수 있는 감시자를 배치하여 이상이 있으면 작업을 빠른 시간 내 우선 완료하고 근로자를 대피시킨다.
③ 콘크리트 타설작업 시 거푸집 붕괴의 위험이 발생할 우려가 있으면 보강조치를 한다.
④ 콘크리트를 타설하는 경우에는 편심이 발생하지 않도록 골고루 분산하여 타설한다.

해설 **콘크리트의 타설작업**
사업주는 콘크리트 타설작업을 하는 경우에는 다음 각 호의 사항을 준수하여야 한다.
㉮ 당일의 작업을 시작하기 전에 해당 작업에 관한 거푸집동바리 등의 변형 · 변위 및 지반의 침하 유무 등을 점검하고 이상이 있으면 보수할 것
㉯ 작업 중에는 거푸집동바리 등의 변형 · 변위 및 침하 유무 등을 감시할 수 있는 감시자를 배치하여 이상이 있으면 작업을 중지하고 근로자를 대피시킬 것
㉰ 콘크리트 타설작업 시 거푸집 붕괴의 위험이 발생할 우려가 있으면 충분한 보강조치를 할 것
㉱ 설계도서상의 콘크리트 양생기간을 준수하여 거푸집동바리 등을 해체할 것
㉲ 콘크리트를 타설하는 경우에는 편심이 발생하지 않도록 골고루 분산하여 타설할 것

106 작업장 출입구 설치 시 준수해야 할 사항으로 옳지 않은 것은?

① 출입구의 위치 · 수 및 크기가 작업장의 용도와 특성에 맞도록 한다.
② 출입구에 문을 설치하는 경우에는 근로자가 쉽게 열고 닫을 수 있도록 한다.
③ 주된 목적이 하역운반기계용인 출입구에는 보행자용 출입구를 따로 설치하지 않는다.
④ 계단이 출입구와 바로 연결된 경우에는 작업자의 안전한 통행을 위하여 그 사이에 1.2m 이상 거리를 두거나 안내표지 또는 비상벨 등을 설치한다.

103.① 104.④ 105.② 106.③ 정답

해설 작업장의 출입구

사업주는 작업장에 출입구(비상구는 제외한다. 이하 같다)를 설치하는 경우 다음 각 호의 사항을 준수하여야 한다.

㉮ 출입구의 위치, 수 및 크기가 작업장의 용도와 특성에 맞도록 할 것
㉯ 출입구에 문을 설치하는 경우에는 근로자가 쉽게 열고 닫을 수 있도록 할 것
㉰ 주된 목적이 하역운반기계용인 출입구에는 인접하여 보행자용 출입구를 따로 설치할 것
㉱ 하역운반기계의 통로와 인접하여 있는 출입구에서 접촉에 의하여 근로자에게 위험을 미칠 우려가 있는 경우에는 비상등·비상벨 등 경보장치를 할 것
㉲ 계단이 출입구와 바로 연결된 경우에는 작업자의 안전한 통행을 위하여 그 사이에 1.2m 이상 거리를 두거나 안내표지 또는 비상벨 등을 설치할 것. 다만, 출입구에 문을 설치하지 아니한 경우에는 그러하지 아니하다.

개정 2023

107 지반 등의 굴착작업 시 연암의 굴착면 기울기로 옳은 것은?

① 1 : 0.3
② 1 : 0.5
③ 1 : 0.8
④ 1 : 1.0

해설 굴착작업 시 굴착면의 기울기 기준

지반의 종류	기울기
모래	1 : 1.8
연암 및 풍화암	1 : 1.0
경암	1 : 0.5
그 밖의 흙	1 : 1.2

108 건설작업장에서 근로자가 상시 작업하는 장소의 작업면 조도기준으로 옳지 않은 것은? (단, 갱내 작업장과 감광재료를 취급하는 작업장의 경우는 제외)

① 초정밀작업 : 600럭스(lux) 이상
② 정밀작업 : 300럭스(lux) 이상
③ 보통작업 : 150럭스(lux) 이상
④ 초정밀, 정밀, 보통작업을 제외한 기타 작업 : 75럭스(lux) 이상

해설 작업면의 조명도(조도기준)

㉮ 초정밀작업 : 750lux 이상
㉯ 정밀작업 : 300lux 이상
㉰ 보통작업 : 150lux 이상
㉱ 기타작업 : 75lux 이상

109 건설업 사업안전보건관리비 계상 및 사용기준에 따른 안전관리비의 개인보호구 및 안전장구 구입비 항목에서 안전관리비로 사용이 가능한 경우는?

① 안전·보건관리자가 선임되지 않은 현장에서 안전·보건업무를 담당하는 현장관계자용 무전기, 카메라, 컴퓨터, 프린터 등 업무용 기기
② 혹한·혹서에 장기간 노출로 인해 건강장해를 일으킬 우려가 있는 경우 특정근로자에게 지급되는 기능성 보호장구
③ 근로자에게 일률적으로 지급하는 보냉·보온장구
④ 감리원이나 외부에서 방문하는 인사에게 지급하는 보호구

해설 혹한·혹서에 장기간 노출로 인해 건강장해를 일으킬 우려가 있는 경우 특정근로자에게 지급되는 기능성 보호장구 구입비는 안전관리비로 사용이 가능하다.

110 옥외에 설치되어 있는 주행크레인에 대하여 이탈방지장치를 작동시키는 등 그 이탈을 방지하기 위한 조치를 하여야 하는 순간풍속에 대한 기준으로 옳은 것은?

① 순간풍속이 초당 10m를 초과하는 바람이 불어올 우려가 있는 경우
② 순간풍속이 초당 20m를 초과하는 바람이 불어올 우려가 있는 경우
③ 순간풍속이 초당 30m를 초과하는 바람이 불어올 우려가 있는 경우
④ 순간풍속이 초당 40m를 초과하는 바람이 불어올 우려가 있는 경우

 정답 107.④ 108.① 109.② 110.③

해설 **폭풍에 의한 이탈 방지**
사업주는 순간 풍속이 초당 30m를 초과하는 바람이 불어올 우려가 있는 경우 옥외에 설치되어 있는 주행크레인에 대하여 이탈방지장치를 작동시키는 등 이탈방지를 위한 조치를 하여야 한다.

111 철골작업 시 철골부재에서 근로자가 수직방향으로 이동하는 경우에 설치하여야 하는 고정된 승강로의 최대 답단 간격은 얼마 이내인가?

① 20cm ② 25cm
③ 30cm ④ 40cm

해설 철골작업 시 철골부재에서 근로자가 수직방향으로 이동하는 경우에 설치하여야 하는 고정된 승강로의 최대 답단 간격은 30cm 이내로 한다.

112 재해사고를 방지하기 위하여 크레인에 설치된 방호장치로 옳지 않은 것은?

① 공기정화장치
② 비상정지장치
③ 제동장치
④ 권과방지장치

해설 **크레인의 방호장치**
사업주는 권과방지장치, 과부하방지장치, 비상정지장치 및 제동장치 그 밖의 방호장치가 정상적으로 작동될 수 있도록 미리 조정하여 두어야 한다.
㉮ 권과방지장치 : 일정 거리 이상의 권상을 못하도록 지정 거리에서 권상을 정지시키는 장치
㉯ 과부하방지장치 : 명시된 정격하중을 초과하는 하중을 권상하고자 할 때 자동적으로 권상을 방지시켜 주는 장치
㉰ 비상정지장치 : 작동 중 비상 시에 운행을 급정지시키는 장치
㉱ 브레이크 장치 : 크레인은 주행 및 횡행을 제동하기 위한 브레이크를 설치해야 한다. 다만, 횡행속도가 매분 20m 이하로서 옥내에 설치되거나 인력으로 주행 및 횡행되는 크레인에는 적용하지 않는다.
㉲ 해지장치 : 훅에는 와이어 로프 등이 이탈되는 것을 방지하는 해지장치가 부착되어야 한다. 단, 전용 달기기구로서 작업자의 도움 없이 짐걸이가 가능하며 작업 경로에 작업자의 접근이 없는 경우는 예외로 할 수 있다.

113 흙막이벽의 근입깊이를 깊게 하고, 전면의 굴착부분을 남겨두어 흙의 중량으로 대항하게 하거나, 굴착예정부분의 일부를 미리 굴착하여 기초콘크리트를 타설하는 등의 대책과 가장 관계 깊은 것은?

① 파이핑현상이 있을 때
② 히빙현상이 있을 때
③ 지하수위가 높을 때
④ 굴착깊이가 깊을 때

해설 **히빙(Heaving)**
굴착이 진행됨에 따라 흙막이벽 뒤쪽 흙의 중량이 굴착부 바닥의 지지력 이상이 되면, 흙막이벽 근입(根入) 부분의 지반 이동이 발생하여 굴착부 저면이 솟아오르는 현상이다. 이 현상이 발생하면 흙막이벽의 근입 부분이 파괴되면서 흙막이벽 전체가 붕괴되는 경우가 많다.
㉮ 지반 조건 : 연약성 점토 지반인 경우
㉯ 현상
　㉠ 지보공 파괴
　㉡ 배면 토사 붕괴
　㉢ 굴착 저면의 솟아오름
㉰ 대책
　㉠ 굴착 주변의 상재하중을 제거한다.
　㉡ 시트 파일(Sheet Pile) 등의 근입 심도를 검토한다.
　㉢ 1.3m 이하 굴착 시에는 버팀대(Strut)를 설치한다.
　㉣ 버팀대, 브래킷, 흙막이를 점검한다.
　㉤ 굴착 주변을 웰 포인트(Well Point) 공법과 병행한다.
　㉥ 굴착방식을 개선(Island Cut 공법 등)한다.

114 강관틀비계를 조립하여 사용하는 경우 준수해야 할 기준으로 옳지 않은 것은?

① 수직방향으로 6m, 수평방향으로 8m 이내마다 벽이음을 할 것
② 높이가 20m를 초과하거나 중량물의 적재를 수반하는 작업을 할 경우에는 주틀 간의 간격을 2.4m 이하로 할 것
③ 길이가 띠장 방향으로 4m 이하이고 높이가 10m를 초과하는 경우에는 10m 이내마다 띠장 방향으로 버팀기둥을 설치할 것
④ 주틀 간에 교차가새를 설치하고 최상층 및 5층 이내마다 수평재를 설치할 것

해설 **강관틀비계 조립 시 준수사항**
㉮ 비계기둥의 밑둥에는 밑받침 철물을 사용하여야 하며, 밑받침에 고저차(高低差)가 있는 경우에는 조절형 밑받침철물을 사용하여 각각의 강관틀 비계가 항상 수평 및 수직을 유지하도록 할 것
㉯ 높이가 20m를 초과하거나 중량물의 적재를 수반하는 작업을 할 경우에는 주틀 간의 간격을 1.8m 이하로 할 것
㉰ 주틀 간에 교차가새를 설치하고, 최상층 및 5층 이내마다 수평재를 설치할 것
㉱ 수직방향으로 6m, 수평방향으로 8m 이내마다 벽이음을 할 것
㉲ 길이가 띠장 방향으로 4m 이하이고 높이가 10m를 초과하는 경우에는 10m 이내마다 띠장 방향으로 버팀기둥을 설치할 것

115 가설구조물의 문제점으로 옳지 않은 것은?

① 도괴재해의 가능성이 크다.
② 추락재해 가능성이 크다.
③ 부재의 결합이 간단하나 연결부가 견고하다.
④ 구조물이라는 통상의 개념이 확고하지 않으며 조립의 정밀도가 낮다.

해설 **가설구조물의 문제점**
㉮ 연결재가 부족한 구조로 되기 쉽다.
㉯ 부재결합이 간단하여 불완전 결합이 많다.
㉰ 구조물이라는 통상의 개념이 확고하지 않고 조립의 정밀도가 낮다.
㉱ 사용 부재는 과소 단면이거나 결함재가 되기 쉽다.
㉲ 도괴재해의 가능성이 크다.
㉳ 추락재해 가능성이 크다.

116 사면지반 개량공법으로 옳지 않은 것은?

① 전기 화학적 공법
② 석회 안정처리 공법
③ 이온 교환 공법
④ 옹벽 공법

해설 **옹벽 공법**
일종의 흙막이벽 공법을 말한다.

117 비계의 높이가 2m 이상인 작업장소에 작업발판을 설치할 경우 준수하여야 할 기준으로 옳지 않은 것은?

① 작업발판의 폭은 30cm 이상으로 한다.
② 발판재료 간의 틈은 3cm 이하로 한다.
③ 추락의 위험성이 있는 장소에는 안전난간을 설치한다.
④ 발판재료는 뒤집히거나 떨어지지 않도록 2개 이상의 지지물에 연결하거나 고정시킨다.

해설 비계 높이가 2m를 초과할 경우에는 작업발판의 폭을 40cm 이상으로 할 것

118 법면 붕괴에 의한 재해 예방조치로서 옳은 것은?

① 지표수와 지하수의 침투를 방지한다.
② 법면의 경사를 증가한다.
③ 절토 및 성토높이를 증가한다.
④ 토질의 상태에 관계없이 구배조건을 일정하게 한다.

해설 **법면 붕괴에 의한 재해 예방조치**
㉮ 지표수와 지하수의 침투를 방지한다.
㉯ 법면의 경사를 감소시킨다.
㉰ 절토 및 성토높이를 감소시킨다.
㉱ 토질의 상태에 따라 구배조건을 다르게 한다.

119 취급 · 운반의 원칙으로 옳지 않은 것은?

① 운반 작업을 집중하여 시킬 것
② 생산을 최고로 하는 운반을 생각할 것
③ 곡선 운반을 할 것
④ 연속 운반을 할 것

해설 **운반의 5원칙**
㉮ 운반은 직선으로 단축시킬 것
㉯ 연속적으로 운반할 것
㉰ 운반 작업을 집중화시킬 것
㉱ 생산을 최고로 하는 운반을 고려할 것
㉲ 최대한 수작업을 줄이고, 기계화 운반방법을 고려할 것

 정답 115.③ 116.④ 117.① 118.① 119.③

120 가설통로의 설치기준으로 옳지 않은 것은?

① 경사가 15°를 초과하는 때에는 미끄러지지 않는 구조로 한다.
② 건설공사에 사용하는 높이 8m 이상인 비계다리에는 7m 이내마다 계단참을 설치한다.
③ 수직갱에 가설된 통로의 길이가 15m 이상일 경우에는 15m 이내마다 계단참을 설치한다.
④ 추락의 위험이 있는 장소에는 안전난간을 설치한다.

해설 가설통로의 설치 시 준수사항

㉮ 견고한 구조로 할 것
㉯ 경사는 30° 이하로 할 것. 다만, 계단을 설치하거나 높이 2미터 미만의 가설통로로서 튼튼한 손잡이를 설치한 경우에는 그러하지 아니하다.
㉰ 경사가 15°를 초과하는 경우에는 미끄러지지 아니하는 구조로 할 것
㉱ 추락할 위험이 있는 장소에는 안전난간을 설치할 것
㉲ 수직갱에 가설된 통로의 길이가 15m 이상인 경우에는 10m 이내마다 계단참을 설치할 것
㉳ 건설공사에 사용하는 높이 8m 이상인 비계다리에는 7m 이내마다 계단참을 설치할 것

2022 2022. 4. 24. 시행 제2회 산업안전기사

≫ 제1과목 안전관리론

01 매슬로우(Maslow)의 인간의 욕구단계 중 5번째 단계에 속하는 것은?

① 안전 욕구　② 존경의 욕구
③ 사회적 욕구　④ 자아실현의 욕구

해설 **매슬로우의 욕구 5단계 이론**
㉮ 1단계(생리적 욕구) : 기아, 갈증, 호흡, 배설, 성욕 등의 인간 생명 유지를 위한 가장 기본적인 욕구
㉯ 2단계(안전 욕구) : 생활을 유지하려는 자기 보존의 욕구
㉰ 3단계(사회적 욕구) : 애정이나 소속에 대한 욕구(친화 욕구)
㉱ 4단계(존경 욕구) : 자기 존경의 욕구로, 자존심 · 명예 · 성취 · 지위 등에 대해 인정받으려는 욕구(승인의 욕구)
㉲ 5단계(자아실현의 욕구) : 잠재적인 능력을 실현하고자 하는 목표 달성의 욕구
ㄱ 자신, 타인, 인간 본성에 대해 있는 그대로 수용
ㄴ 사적인 생활과 독립에의 욕구
ㄷ 특유의 창의력을 발휘
ㄹ 누구나 함께하며 우호적이고, 민주적인 성격 구조

02 A사업장의 현황이 다음과 같을 때 이 사업장의 강도율은?

- 근로자수 : 500명
- 연근로시간수 : 2,400시간
- 신체장해등급
  - 2급 : 3명
  - 10급 : 5명
- 의사 진단에 의한 휴업일수: 1,500일

① 0.22　② 2.22
③ 22.28　④ 222.88

해설 강도율

$$=\frac{\text{근로손실일수}}{\text{연 근로총시간수}}\times 1,000$$

$$=\frac{(7,500\times 3)+(5\times 600)+1,500\times \frac{300}{365}}{500\times 2,400}\times 1,000$$

$$=22.28$$

03 보호구 자율안전확인 고시상 자율안전확인 보호구에 표시하여야 하는 사항을 모두 고른 것은?

ⓐ 모델명
ⓑ 제조 번호
ⓒ 사용 기한
ⓓ 자율안전확인 번호

① ⓐ, ⓑ, ⓒ
② ⓐ, ⓑ, ⓓ
③ ⓐ, ⓒ, ⓓ
④ ⓑ, ⓒ, ⓓ

해설 **자율안전확인 보호구에 표시하여야 하는 사항**
㉮ 형식 또는 모델명
㉯ 제조 번호 및 제조년월
㉰ 자율안전확인 번호
㉱ 규격 및 등급
㉲ 제조자명

04 학습지도의 형태 중 참가자에게 일정한 역할을 주어 실제적으로 연기를 시켜봄으로써 자기의 역할을 보다 확실히 인식시키는 방법은?

① 포럼(Forum)
② 심포지엄(Symposium)
③ 롤 플레잉(Role playing)
④ 사례연구법(Case study method)

정답 01.④ 02.③ 03.② 04.③

해설 ① 포럼(Forum) : 새로운 자료나 교재를 제시하고 거기에서의 문제점을 피교육자로 하여금 제기하게 하거나, 의견을 여러 가지 방법으로 발표하게 하고 다시 깊이 파고들어서 토의를 행하는 방법이다.
② 심포지엄(Symposium) : 몇 사람의 전문가에 의하여 과제에 관한 견해를 발표한 뒤에 참가자로 하여금 의견이나 질문을 하게 하여 토의하는 방법이다.
③ 롤 플레잉(Role Playing) : 참석자에게 어떤 역할을 주어서 실제로 시켜봄으로써 훈련이나 평가에 사용하는 교육기법으로, 절충능력이나 협조성을 높여서 태도의 변용에도 도움을 준다.
④ 사례연구법(Case Study Method) : 먼저 사례를 제시하고 문제적 사실들과 그의 상호관계에 대해서 검토하고 대책을 토의한다.

05 산업안전보건법령상 안전보건관리규정 작성 시 포함되어야 하는 사항을 모두 고른 것은? (단, 그 밖에 안전 및 보건에 관한 사항은 제외한다.)

ⓐ 안전보건교육에 관한 사항
ⓑ 재해사례 연구 · 토의결과에 관한 사항
ⓒ 사고조사 및 대책 수립에 관한 사항
ⓓ 작업장의 안전 및 보건 관리에 관한 사항
ⓔ 안전 및 보건에 관한 관리조직과 그 직무에 관한 사항

① ⓐ, ⓑ, ⓒ, ⓓ ② ⓐ, ⓑ, ⓓ, ⓔ
③ ⓐ, ⓒ, ⓓ, ⓔ ④ ⓑ, ⓒ, ⓓ, ⓔ

해설 **안전보건관리 규정에 포함되어야 할 내용**
㉮ 안전보건관리 조직과 그 직무에 관한 사항
㉯ 안전보건교육에 관한 사항
㉰ 작업장 안전 및 보건 관리에 관한 사항
㉱ 사고조사 및 대책 수립에 관한 사항
㉲ 그 밖에 안전보건에 관한 사항

06 억측판단이 발생하는 배경으로 볼 수 없는 것은?

① 정보가 불확실할 때
② 타인의 의견에 동조할 때
③ 희망적인 관측이 있을 때
④ 과거에 성공한 경험이 있을 때

해설 **억측판단**
자기 멋대로 주관적인 판단이나 희망적 관찰에 의거하여 아마 이 정도면 될 것이라고 확인도 하지 않고 행동에 옮기는 경우이다. 대책으로 항상 바른 작업을 하도록 노력해야 하며, 억측판단이 발생하는 배경은 다음과 같다.
㉮ 희망적인 관측 : 그때도 그랬으니까 괜찮겠지 하는 관측
㉯ 정보나 지식의 불확실 : 위험에 대한 정보의 불확실 및 지식의 부족
㉰ 과거의 선입견 : 과거에 그 행위로 성공한 경험의 선입관
㉱ 초조한 심정 : 일을 빨리 끝내고 싶은 초조한 심정

07 보호구 안전인증 고시상 전로 또는 평로 등의 작업 시 사용하는 방열두건의 차광도 번호는?

① #2 ~ #3 ② #3 ~ #5
③ #6 ~ #8 ④ #9 ~ #11

해설 **방열두건 사용 구분**

차광도 번호	사용 구분
#2~#3	고로강판가열로, 조괴(造塊) 등의 작업
#3~#5	전로 또는 평로 등의 작업
#6~#8	전기로의 작업

08 산업재해의 분석 및 평가를 위하여 재해발생 건수 등의 추이에 대해 한계선을 설정하여 목표 관리를 수행하는 재해통계 분석기법은?

① 관리도 ② 안전 T점수
③ 파레토도 ④ 특성요인도

해설 **통계적 원인분석**
㉮ 파레토도 : 사고의 유형, 기인물 등 분류항목을 큰 순서대로 도표화한다(문제나 목표의 이해에 편리).
㉯ 특성요인도 : 특성과 요인관계를 도표로 하여 어골상으로 세분한다.
㉰ 크로스 분석 : 2개 이상의 문제관계를 분석하는 데 사용하는 것으로, 데이터를 집계하고 표로 표시하여 요인별 결과 내역을 교차한 크로스 그림을 작성하여 분석한다.
㉱ 관리도 : 재해발생 건수 등의 추이를 파악하여 목표 관리를 행하는 데 필요한 월별 발생수를 그래프화하여 관리선(한계선)을 설정 · 관리하는 방법이다.

09 하인리히의 사고예방원리 5단계 중 교육 및 훈련의 개선, 인사조정, 안전관리규정 및 수칙의 개선 등을 행하는 단계는?

① 사실의 발견　② 분석 평가
③ 시정방법의 선정　④ 시정책의 적용

해설 **사고예방대책의 기본원리 5단계**
㉮ 1단계 – 안전관리조직
㉯ 2단계 – 현상파악(사실의 발견) : 각종 사고 및 안전활동의 기록 검토, 작업분석, 안전점검 및 안전진단, 사고조사, 안전회의 및 토의, 종업원의 건의 및 여론조사 등에 의하여 불안전 요소를 발견한다.
㉰ 3단계 – 사고 분석평가 : 사고 보고서 및 현장 조사, 사고기록, 인적 · 물적 조건의 분석, 작업 공정의 분석, 교육과 훈련의 분석 등을 통하여 사고의 직접 및 간접 원인을 규명한다.
㉱ 4단계 – 대책(시정방법)의 선정 : 기술의 개선, 인사조정, 교육 및 훈련의 개선, 안전행정의 개선, 규정 및 수칙의 개선, 확인 및 통제체제 개선 등의 효과적인 개선 방법을 선정한다.
㉲ 5단계 – 목표 달성(시정책의 적용) : 시정책은 3E, 즉 기술(Engineering) · 교육(Education) · 독려(Enforcement)를 완성함으로써 이루어진다.

10 재해예방의 4원칙에 대한 설명으로 틀린 것은?

① 재해발생은 반드시 원인이 있다.
② 손실과 사고와의 관계는 필연적이다.
③ 재해는 원인을 제거하면 예방이 가능하다.
④ 재해를 예방하기 위한 대책은 반드시 존재한다.

해설 **재해예방의 4원칙**
㉮ 손실우연의 원칙 : 재해손실은 사고가 발생할 때 사고대상의 조건에 따라 달라진다. 그러한 사고의 결과로 생긴 재해손실은 우연성에 의하여 결정된다. 따라서 재해방지대상의 우연성에 좌우되는 손실의 방지보다는 사고발생 자체의 방지가 이루어져야 한다.
㉯ 원인계기의 원칙 : 재해발생에는 반드시 원인이 있다. 즉, 사고와 손실과의 관계는 우연적이지만 사고와 원인과의 관계는 필연적이다.
㉰ 예방가능의 원칙 : 재해는 원칙적으로 원인만 제거되면 예방이 가능하다.
㉱ 대책선정의 원칙 : 재해예방을 위한 안전대책은 반드시 존재한다.

11 산업안전보건법령상 안전보건진단을 받아 안전보건개선계획의 수립 및 명령을 할 수 있는 대상이 아닌 것은?

① 유해인자의 노출기준을 초과한 사업장
② 산업재해율이 같은 업종 평균 산업재해율의 2배 이상인 사업장
③ 사업주가 필요한 안전조치 또는 보건조치를 이행하지 아니하여 중대재해가 발생한 사업장
④ 상시근로자 1천명 이상인 사업장에서 직업성 질병자가 연간 2명 이상 발생한 사업장

해설 **안전보건진단을 받아 안전보건개선계획을 수립 · 제출해야 하는 사업장**
㉮ 사업주가 필요한 안전조치 또는 보건조치를 이행하지 아니하여 중대재해가 발생한 사업장
㉯ 산업재해율이 같은 업종 평균 산업재해율의 2배 이상인 사업장
㉰ 직업성 질병자가 연간 2명 이상(상시근로자가 1천명 이상인 사업장의 경우 3명 이상) 발생한 사업장
㉱ 그 밖에 작업환경 불량, 화재 · 폭발 또는 누출 사고 등으로 사업장 주변까지 피해가 확산된 사업장으로서 고용노동부령으로 정하는 사업장

12 산업안전보건법령상 거푸집동바리의 조립 또는 해체작업 시 특별교육 내용이 아닌 것은? (단, 그 밖에 안전 · 보건관리에 필요한 사항은 제외한다.)

① 비계의 조립순서 및 방법에 관한 사항
② 조립 해체 시의 사고 예방에 관한 사항
③ 동바리의 조립방법 및 작업 절차에 관한 사항
④ 조립재료의 취급방법 및 설치기준에 관한 사항

해설 **거푸집동바리의 조립 또는 해체작업 시 특별교육 내용**
㉮ 동바리의 조립방법 및 작업 절차에 관한 사항
㉯ 조립재료의 취급방법 및 설치기준에 관한 사항
㉰ 조립 해체 시의 사고 예방에 관한 사항
㉱ 보호구 착용 및 점검에 관한 사항
㉲ 그 밖에 안전 · 보건관리에 필요한 사항

 정답 09.③ 10.② 11.④ 12.①

13 버드(Bird)의 재해분포에 따르면 20건의 경상(물적, 인적상해)사고가 발생했을 때 무상해 · 무사고(위험순간) 고장 발생 건수는?

① 200 ② 600
③ 1,200 ④ 12,000

해설 **버드의 재해구성 비율**
중상 또는 폐질 : 경상(물적 · 인적 상해) : 무상해사고(물적 손실) : 무상해 무사고(위험순간)
= 1 : 10 : 30 : 600

∴ 무상해 무사고 $= \frac{20 \times 600}{10} = 1,200$건

14 산업안전보건법령상 다음의 안전보건표지 중 기본모형이 다른 것은?

① 위험장소 경고 ② 레이저광선 경고
③ 방사성물질 경고 ④ 부식성물질 경고

해설 **경고표시의 기본모형 및 색채**

기본모형 및 색채	종 류
삼각형 예 (고압전기 경고) • 바탕은 노란색 • 기본모형 관련 부호 및 그림은 검은색	• 방사성물질 경고 • 고압전기 경고 • 매달린 물체 경고 • 고온 경고 • 저온 경고 • 몸균형 상실 경고 • 레이저광선 경고 • 위험장소 경고
다이아몬드형 예 (부식성물질 경고) • 바탕은 무색 • 기본모형은 빨간색 (검은색도 가능)	• 인화성물질 경고 • 산화성물질 경고 • 폭발성물질 경고 • 급성독성물질 경고 • 부식성물질 경고 • 발암성 · 변이원성 · 생식독성 · 전신독성 · 호흡기과민성 물질 경고

15 학습정도(Level of learning)의 4단계를 순서대로 나열한 것은?

① 인지 → 이해 → 지각 → 적용
② 인지 → 지각 → 이해 → 적용
③ 지각 → 이해 → 인지 → 적용
④ 지각 → 인지 → 이해 → 적용

해설 **학습 목적의 3요소**
㉮ 목표(Goal) : 학습을 통하여 달성하려는 지표
㉯ 주제(Subject) : 목표 달성을 위한 테마(Thema)
㉰ 학습정도(Level of Learning) : 학습 범위와 내용의 정도를 말하며, 다음 단계에 의해 이루어진다.
㉠ 인지 : ~을 인지하여야 한다.
㉡ 지각 : ~을 알아야 한다.
㉢ 이해 : ~을 이해하여야 한다.
㉣ 적용 : ~을 ~에 적용할 줄 알아야 한다.

16 기업 내 정형교육 중 TWI(Training Within Industry)의 교육내용이 아닌 것은?

① Job Method Training
② Job Relation Training
③ Job Instruction Training
④ Job Standardization Training

해설 **TWI의 교육내용**
㉮ JI(Job Instruction) : 작업을 가르치는 방법(작업지도기법)
㉯ JM(Job Method) : 작업의 개선방법(작업개선기법)
㉰ JR(Job Relation) : 사람을 다루는 방법(인간관계 관리기법)
㉱ JS(Job Safety) : 안전한 작업법(작업안전기법)

17 레빈(Lewin)의 법칙 $B = f(P \cdot E)$ 중 B가 의미하는 것은?

① 행동 ② 경험
③ 환경 ④ 인간관계

해설 **K. Lewin의 법칙**
Lewin은 인간의 행동(B)은 그 사람이 가진 자질, 즉 개체(P)와 심리학적 환경(E)과의 상호 함수관계에 있다고 주장했다.
$B = f(P \cdot E)$
여기서, B : Behavior(인간의 행동)
f : Function(함수관계)
P : Person(개체 : 연령, 경험, 심신상태, 성격, 지능 등)
E : Environment(심리적 환경 : 인간관계, 작업환경 등)

13.③ 14.④ 15.② 16.④ 17.① 정답

18 재해원인을 직접원인과 간접원인으로 분류할 때 직접원인에 해당하는 것은?

① 물적 원인 ② 교육적 원인
③ 정신적 원인 ④ 관리적 원인

해설 **재해원인의 연쇄관계**
㉮ 간접원인 : 재해의 가장 깊은 곳에 존재하는 재해원인
㉠ 기초원인 : 학교 교육적 원인, 관리적 원인
㉡ 2차 원인 : 신체적 원인, 정신적 원인, 안전 교육적 원인, 기술적 원인
㉯ 직접원인(1차 원인) : 시간적으로 사고발생에 가장 가까운 시점의 재해원인
㉠ 물적 원인 : 불안전한 상태(설비 및 환경 등의 불량)
㉡ 인적 원인 : 불안전한 행동

19 산업안전보건법령상 안전관리자의 업무가 아닌 것은? (단, 그 밖에 고용노동부장관이 정하는 사항은 제외한다.)

① 업무 수행 내용의 기록
② 산업재해에 관한 통계의 유지 · 관리 · 분석을 위한 보좌 및 지도 · 조언
③ 안전교육계획의 수립 및 안전교육 실시에 관한 보좌 및 지도 · 조언
④ 작업장 내에서 사용되는 전체 환기장치 및 국소 배기장치 등에 관한 설비의 점검

해설 **안전관리자의 업무**
㉮ 산업안전보건위원회 또는 안전 · 보건에 관한 노사협의체에서 심의 · 의결한 업무와 해당 사업장의 안전보건관리규정 및 취업규칙에서 정한 업무
㉯ 안전인증대상 기계 · 기구 등과 자율안전확인대상 기계 · 기구 등 구입 시 적격품의 선정에 관한 보좌 및 지도 · 조언
㉰ 해당 사업장 안전교육계획의 수립 및 안전교육 실시에 관한 보좌 및 지도 · 조언
㉱ 사업장 순회점검, 지도 및 조치의 건의
㉲ 산업재해 발생의 원인 조사 및 재발 방지를 위한 기술적 보좌 및 지도 · 조언
㉳ 산업재해에 관한 통계의 유지 · 관리 · 분석을 위한 보좌 및 지도 · 조언
㉴ 법 또는 법에 따른 명령으로 정한 안전에 관한 사항의 이행에 관한 보좌 및 지도 · 조언
㉵ 업무수행내용의 기록 · 유지
㉶ 위험성평가에 관한 보좌 및 지도 · 조언
㉷ 그 밖에 안전에 관한 사항으로서 고용노동부장관이 정하는 사항

20 헤드십(headship)의 특성에 관한 설명으로 틀린 것은?

① 지휘형태는 권위주의적이다.
② 상사의 권한 근거는 비공식적이다.
③ 상사와 부하의 관계는 지배적이다.
④ 상사와 부하의 사회적 간격은 넓다.

해설 **헤드십과 리더십의 차이**

개인의 상황 변수	헤드십	리더십
권한행사	임명된 헤드	선출된 리더
권한부여	위에서 위임	밑으로부터 동의
권한근거	법적 또는 공식적	개인능력
권한귀속	공식화된 규정에 의함.	집단 목표에 기여한 공로 인정
상관과 부하의 관계	지배적	개인적인 영향
책임귀속	상사	상사와 부하
부하와의 사회적 간격	넓음	좁음
지휘형태	권위주의적	민주주의적

» 제2과목 인간공학 및 시스템 안전공학

21 A작업의 평균에너지소비량이 다음과 같을 때, 60분간의 총 작업시간 내에 포함되어야 하는 휴식시간(분)은?

- 휴식 중 에너지소비량 : 1.5kcal/min
- A작업 시 평균 에너지소비량 : 6kcal/min
- 기초대사를 포함한 작업에 대한 평균 에너지소비량 상한 : 5kcal/min

① 10.3
② 11.3
③ 12.3
④ 13.3

해설 **휴식시간(R)**

$$R=\frac{60(E-5)}{E-1.5}=\frac{60\times(6-5)}{6-1.5}=13.3\text{분}$$

여기서, E : 작업 시 평균 에너지소비량(kcal/min)

 정답 18.① 19.④ 20.② 21.④

22 인간공학에 대한 설명으로 틀린 것은?

① 인간-기계 시스템의 안전성, 편리성, 효율성을 높인다.
② 인간을 작업과 기계에 맞추는 설계 철학이 바탕이 된다.
③ 인간이 사용하는 물건, 설비, 환경의 설계에 적용된다.
④ 인간의 생리적, 심리적인 면에서의 특성이나 한계점을 고려한다.

해설 인간공학이란 작업과 기계를 인간에게 맞도록 연구하는 과학으로, 인간의 특성과 한계 능력을 분석·평가하여 이를 복잡한 체계의 설계에 응용하여 효율을 최대로 활용할 수 있도록 하는 학문 분야이다.

23 근골격계질환 작업분석 및 평가 방법인 OWAS의 평가요소를 모두 고른 것은?

ⓐ 상지　　ⓑ 무게(하중)
ⓒ 하지　　ⓓ 허리

① ⓐ, ⓑ
② ⓐ, ⓒ, ⓓ
③ ⓑ, ⓒ, ⓓ
④ ⓐ, ⓑ, ⓒ, ⓓ

해설 OWAS는 철강업에서 작업자들의 부적절한 작업자세를 정의하고 평가하기 위해 개발한 대표적인 작업자세 평가기법으로, OWAS의 평가요소에는 허리, 팔(상지), 다리(하지), 하중이 있다.

24 밝은 곳에서 어두운 곳으로 갈 때 망막에 시홍이 형성되는 생리적 과정인 암조응이 발생하는데, 완전 암조응(Dark adaptation)이 발생하는 데 소요되는 시간은?

① 약 3~5분
② 약 10~15분
③ 약 30~40분
④ 약 60~90분

해설 완전 암조응에 걸리는 시간은 30~40분이고, 명조응에 걸리는 시간은 1~2분 정도이다.

25 FTA(Fault Tree Analysis)에 관한 설명으로 옳은 것은?

① 정성적 분석만 가능하다.
② 복잡하고 대형화된 시스템의 신뢰성 분석 및 안정성 분석에 이용되는 기법이다.
③ FT에 동일한 사건이 중복되어 나타나는 경우 상향식(Bottom-up)으로 정상 사건 T의 발생 확률을 계산할 수 있다.
④ 기초사건과 생략사건의 확률 값이 주어지게 되더라도 정상 사건의 최종적인 발생확률을 계산할 수 없다.

해설 **FTA의 특징**
㉮ 간단한 FT도 정성적 해석 가능
㉯ 논리 기호(AND · OR 기호)를 사용한 연역적 해석(Top-down 형식)
㉰ 재해의 정량적 해석 가능(재해 발생 확률 계산 가능)
㉱ 컴퓨터 처리 가능 등

26 불(Bool) 대수의 정리를 나타낸 관계식 중 틀린 것은?

① $A \cdot 0 = 0$
② $A + 1 = 1$
③ $A \cdot \overline{A} = 1$
④ $A(A+B) = A$

해설 **불 대수 관계식**

항등법칙	$A+0=A$, $A+1=1$	$A \cdot 1=A$, $A \cdot 0=0$
동일법칙	$A+A=A$	$A \cdot A=A$
보원법칙	$A+\overline{A}=1$	$A \cdot \overline{A}=0$
다중부정	$\overline{A}=A$, $\overline{\overline{A}}=\overline{A}$	-
교환법칙	$A+B=B+A$	$A \cdot B=B \cdot A$
결합법칙	$A+(B+C)$ $=(A+B)+C$	$A \cdot (B \cdot C)$ $=(A \cdot B) \cdot C$
분배법칙	$A \cdot (B+C)$ $=AB+AC$	$A+B \cdot C$ $=(A+B) \cdot (A+C)$
흡수법칙	$A+A \cdot B=A$	$A \cdot (A+B)=A$
드모르간 정리	$\overline{A+B}=\overline{A} \cdot \overline{B}$	$\overline{A \cdot B}=\overline{A}+\overline{B}$

22.② 23.④ 24.③ 25.② 26.③ 정답

27 FTA(Fault Tree Analysis)에서 사용되는 사상기호 중 통상의 작업이나 기계의 상태에서 재해의 발생 원인이 되는 요소가 있는 것을 나타내는 것은?

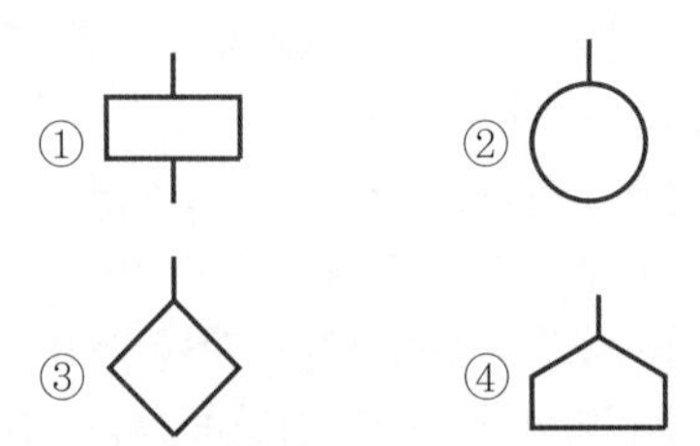

해설 **FTA 논리 기호**
① 결함사상 : 개별적인 결함사상
② 기본사상 : 더 이상 전개되지 않는 기본적인 결함사상
③ 생략사상 : 정보 부족, 해석 기술의 불충분으로 더 이상 전개할 수 없는 사상
④ 통상사상 : 결함 사상이 아닌, 발생이 예상되는 사상(말단사상)

28 다음 중 좌식작업이 가장 적합한 작업은?

① 정밀 조립 작업
② 4.5kg 이상의 중량물을 다루는 작업
③ 작업장이 서로 떨어져 있으며 작업장 간 이동이 잦은 작업
④ 작업자의 정면에서 매우 높거나 낮은 곳으로 손을 자주 뻗어야 하는 작업

해설 정밀 조립을 위한 작업은 좌식작업이 효과적이며, 4.5kg 이상의 중량물을 다루는 작업, 작업장이 서로 떨어져 있으며 작업장 간 이동이 잦은 작업, 작업자의 정면에서 매우 높거나 낮은 곳으로 손을 자주 뻗어야 하는 작업은 입식작업이 효과적이다.

29 HAZOP 기법에서 사용하는 가이드워드와 그 의미가 잘못 연결된 것은?

① Part of : 성질상의 감소
② As well as : 성질상의 증가
③ Other than : 기타 환경적인 요인
④ More/Less : 정량적인 증가 또는 감소

해설 **유인어(Guide Words)**
간단한 용어로서 창조적 사고를 유도하고 자극하여 이상을 발견하고, 의도를 한정하기 위해 사용된다. 즉, 다음과 같은 의미를 나타낸다.
㉮ No 또는 Not : 설계의도의 완전한 부정
㉯ More 또는 Less : 양(압력, 반응, Flow, Rate, 온도 등)의 증가 또는 감소
㉰ As well as : 성질상의 증가(설계의도와 운전조건이 어떤 부가적인 행위와 함께 일어남)
㉱ Part of : 일부 변경, 성질상의 감소(어떤 의도는 성취되나, 어떤 의도는 성취되지 않음)
㉲ Reverse : 설계의도의 논리적인 역
㉳ Other than : 완전한 대체(통상 운전과 다르게 되는 상태)

30 양식 양립성의 예시로 가장 적절한 것은?

① 자동차 설계 시 고도계 높낮이 표시
② 방사능 사업장에 방사능 폐기물 표시
③ 청각적 자극 제시와 이에 대한 음성 응답
④ 자동차 설계 시 제어장치와 표시장치의 배열

해설 **양립성**
자극들 간, 반응들 간, 혹은 자극-반응 조합의(공간, 운동 또는 개념적) 관계가 인간의 기대와 모순되지 않은 것을 말한다. 양식 양립성은 특정한 자극에는 이에 맞는 양식의 반응 조합이 양립성이 더 높다는 것을 의미하는데, 양식 양립성이 높은 예로 소리로 제시된 정보는 말로 반응하고, 시각적으로 제시된 정보는 손으로 반응하는 것을 들 수 있다.

31 시스템의 수명곡선(욕조곡선)에 있어서 디버깅(debugging)에 관한 설명으로 옳은 것은?

① 초기 고장의 결함을 찾아 고장률을 안정시키는 과정이다.
② 우발 고장의 결함을 찾아 고장률을 안정시키는 과정이다.
③ 마모 고장의 결함을 찾아 고장률을 안정시키는 과정이다.
④ 기계 결함을 발견하기 위해 동작시험을 하는 기간이다.

 정답 27.④ 28.① 29.③ 30.③ 31.①

해설 ㉮ 디버깅(debugging) 기간 : 초기 고장의 결함을 찾아내어 고장률을 안정시키는 기간
㉯ 버닝(burning) 기간 : 어떤 부품을 조립하기 전에 특성을 안정화시키고 결함을 발견하기 위한 동작 시험을 하는 기간

32 1 sone에 관한 설명으로 ( )에 알맞은 수치는?

1 sone : (ⓐ)Hz, (ⓑ)dB의 음압수준을 가진 순음의 크기

① ⓐ 1000, ⓑ 1 ② ⓐ 4000, ⓑ 1
③ ⓐ 1000, ⓑ 40 ④ ⓐ 4000, ⓑ 40

해설 **음량수준을 측정할 수 있는 3가지 척도**
㉮ phon에 의한 음량수준 : 음의 감각적 크기의 수준을 나타내기 위해서 음압수준(dB)과는 다른 phon이라는 단위를 채용하는데, 어떤 음의 phon치로 표시한 음량수준은 이 음과 같은 크기로 들리는 1,000Hz 순음의 음압수준 1(dB)이다.
㉯ sone에 의한 음량수준 : 음량 척도로서 1,000Hz, 40dB의 음압수준을 가진 순음의 크기(=40phon)를 1sone이라고 정의한다.
㉰ 인식소음수준 : PNdB(Perceived Noise decibel)의 척도는 같은 시끄럽기로 들리는 910~1,090Hz 대의 소음 음압수준으로 정의되고, 최근에 사용되는 PLdB 척도는 3,150Hz에 중심을 둔 1/3 옥타브대 음을 기준으로 사용한다.

33 경계 및 경보신호의 설계지침으로 틀린 것은?

① 주의를 환기시키기 위하여 변조된 신호를 사용한다.
② 배경소음의 진동수와 다른 진동수의 신호를 사용한다.
③ 귀는 중음역에 민감하므로 500~3,000Hz의 진동수를 사용한다.
④ 300m 이상의 장거리용으로는 1,000Hz를 초과하는 진동수를 사용한다.

해설 **경계 및 경보신호의 선택 또는 설계할 때의 지침**
㉮ 귀는 중음역(中音域)에 가장 민감하므로 500~3,000Hz의 진동수를 사용한다.
㉯ 고음(高音)은 멀리 가지 못하므로 300m 이상의 장거리용으로는 1,000Hz 이하의 진동수를 사용한다.

34 인간–기계 시스템에 관한 설명으로 틀린 것은?

① 자동 시스템에서는 인간요소를 고려하여야 한다.
② 자동차 운전이나 전기 드릴 작업은 반자동 시스템의 예시이다.
③ 자동 시스템에서 인간은 감시, 정비유지, 프로그램 등의 작업을 담당한다.
④ 수동 시스템에서 기계는 동력원을 제공하고 인간의 통제하에서 제품을 생산한다.

해설 **인간-기계 통합 체계의 유형**
㉮ 수동 체계(Manual System)
수동 체계는 수공구나 기타 보조물로 구성되며, 자신의 신체적인 힘을 동력원으로 사용하여 작업을 통제하는 사용자와 결합된다.
㉯ 기계화 체계(Mechanical System)
반자동(Semiautomatic) 체계라고도 하며, 동력제어장치가 공작 기계와 같이 고도로 통합된 부품들로 구성되어 있다. 이 체계는 변화가 별로 없는 기능들을 수행하도록 설계되어 있으며, 동력은 전형적으로 기계가 제공하고, 운전자의 기능은 조정장치를 사용하여 통제하는 것이다. 인간은 표시장치를 통하여 체계의 상태에 대한 정보를 받고, 정보 처리 및 의사 결정 기능을 수행하여 결심한 것을 조종장치를 사용하여 실행한다.
㉰ 자동 체계(Automatic System)
체계가 완전히 자동화된 경우에는 기계 자체가 감지, 정보 처리 및 의사 결정, 행동을 포함한 모든 임무를 수행한다. 신뢰성이 완전한 자동 체계란 불가능한 것이므로, 인간은 주로 감시(Monitor) · 프로그램(Program) · 유지보수(Maintenance) 등의 기능을 수행한다.

35 n개의 요소를 가진 병렬 시스템에 있어 요소의 수명(MTTF)이 지수 분포를 따를 경우, 이 시스템의 수명으로 옳은 것은?

① $MTTF \times n$
② $MTTF \times \frac{1}{n}$
③ $MTTF \times \left(1+\frac{1}{2}+\cdots+\frac{1}{n}\right)$
④ $MTTF \times \left(1\times\frac{1}{2}\times\cdots\times\frac{1}{n}\right)$

해설 ㉮ 병렬 체계의 수명= $MTTF\times\left(1+\frac{1}{2}+\cdots+\frac{1}{n}\right)$

㉯ 직렬 체계의 수명= $\frac{1}{n}\times MTTF$

36 다음에서 설명하는 용어는?

> 유해 · 위험요인을 파악하고 해당 유해 · 위험요인에 의한 부상 또는 질병의 발생 가능성(빈도)과 중대성(강도)을 추정 · 결정하고 감소대책을 수립하여 실행하는 일련의 과정을 말한다.

① 위험성 결정
② 위험성 평가
③ 위험빈도 추정
④ 유해 · 위험요인 파악

해설 **위험성 평가 정의**

㉮ 위험성 평가 : 유해 · 위험요인을 파악하고 해당 유해 · 위험요인에 의한 부상 또는 질병의 발생 가능성(빈도)과 중대성(강도)을 추정 · 결정하고 감소대책을 수립하여 실행하는 일련의 과정을 말한다.
㉯ 유해 · 위험요인 파악 : 유해요인과 위험요인을 찾아내는 과정을 말한다.
㉰ 위험성 결정 : 유해 · 위험요인별로 추정한 위험성의 크기가 허용 가능한 범위인지 여부를 판단하는 것을 말한다.
㉱ 위험성 추정 : 유해 · 위험요인별로 부상 또는 질병으로 이어질 수 있는 가능성과 중대성의 크기를 각각 추정하여 위험성의 크기를 산출하는 것을 말한다.

37 상황해석을 잘못하거나 목표를 잘못 설정하여 발생하는 인간의 오류 유형은?

① 실수(Slip)
② 착오(Mistake)
③ 위반(Violation)
④ 건망증(Lapse)

해설 ① 실수(Slip) : 상황이나 목표의 해석을 제대로 했으나 의도와는 다른 행동을 하는 경우를 말한다.
② 착오(Mistake) : 상황해석을 잘못하거나 목표를 잘못 이해하고 착각하여 행하는 경우를 말한다.
③ 위반(Violation) : 정해진 규칙을 알고 있음에도 고의로 따르지 않거나 무시하는 행위를 말한다.
④ 건망증(Lapse) : 여러 과정이 연계적으로 일어나는 행동 중에서 일부를 잊어버리고 하지 않거나 또는 기억의 실패에 의하여 발생하는 오류를 말한다.

38 위험분석 기법 중 시스템 수명주기 관점에서 적용 시점이 가장 빠른 것은?

① PHA ② FHA
③ OHA ④ SHA

해설 **시스템의 수명주기**

㉮ 구상 단계 : 시작 단계로서 과거의 자료와 미래의 기술 전망을 근거로 하여 시스템의 기준을 만드는 단계이다(예비위험분석(PHA) 이용, 리스크 분석 수행).
㉯ 정의 단계 : 예비 설계와 생산 기술을 확인하는 단계이다.
㉰ 개발 단계 : 시스템 정의 단계에 환경적 충격, 생산 기술, 운영 연구 등을 포함시키는 단계이다.
㉱ 생산 단계 : 안전 부서에 의한 모니터링이 가장 중요하고, 생산이 시작되면 품질관리 부서는 생산물을 검사하고 조사하는 역할을 하는 단계이다.
㉲ 운전 단계 : 시스템이 운전되는 단계로 교육 훈련이 진행되고, 그 동안 발생되었던 사고 또는 사건으로부터 자료가 축적된다.

39 태양광선이 내리쬐는 옥외장소의 자연습구온도 20℃, 흑구온도 18℃, 건구온도 30℃일 때 습구흑구온도지수(WBGT)는?

① 20.6℃
② 22.5℃
③ 25.0℃
④ 28.5℃

해설 ㉮ 실내 및 태양이 내리쬐지 않는 실외에서 습구흑구온도지수(WBGT)
$=(0.7\times NWB)+(0.3\times GT)$
㉯ 태양이 내리쬐는 실외의 습구흑구온도지수(WBGT)
$=(0.7\times NWB)+(0.2\times GT)+(0.1\times DB)$
$=(0.7\times 20)+(0.2\times 18)+(0.1\times 30)$
$=20.6$
(여기서, NWB는 자연습구, GT는 흑구온도, DB는 건구온도)

 정답 36.② 37.② 38.① 39.①

40 그림과 같은 FT도에 대한 최소 컷셋(minimal cut sets)으로 옳은 것은? (단, Fussell의 알고리즘을 따른다.)

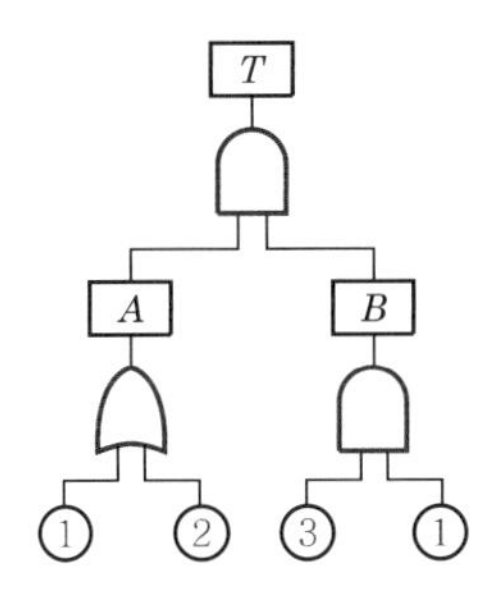

① {1, 2}　　② {1, 3}
③ {2, 3}　　④ {1, 2, 3}

해설 $T \rightarrow A \cdot B \rightarrow \begin{Bmatrix} 1 \\ 2 \end{Bmatrix} \cdot \{3,1\} \rightarrow \begin{Bmatrix} 1,3 \\ 1,2,3 \end{Bmatrix}$

» 제3과목 기계위험 방지기술

41 밀링 작업 시 안전수칙으로 옳지 않은 것은?

① 테이블 위에 공구나 기타 물건 등을 올려 놓지 않는다.
② 제품 치수를 측정할 때는 절삭 공구의 회전을 정지한다.
③ 강력절삭을 할 때는 일감을 바이스에 짧게 물린다.
④ 상 · 하, 좌 · 우 이송장치의 핸들은 사용 후 풀어 둔다.

해설 **밀링 작업 시 안전수칙**
㉮ 테이블 위에 공구나 기타 물건 등을 올려놓지 않는다.
㉯ 칩이나 부스러기를 제거할 때는 반드시 브러시를 사용하며, 걸레를 사용하지 않는다.
㉰ 가공 중에 손으로 가공 면을 점검하지 않는다.
㉱ 제품을 풀어낼 때나 치수를 측정할 때에는 기계를 정지시키고 측정한다.
㉲ 강력절삭을 할 때에는 공작물을 바이스에 깊게 물린다.
㉳ 주유 시 브러시를 이용할 때에는 밀링 커터에 닿지 않도록 한다.

42 다음 중 와이어 로프의 구성요소가 아닌 것은?

① 클립　　② 소선
③ 스트랜드　　④ 심강

해설 ㉮ 와이어로프의 구성
여러 개의 와이어(Wire, 소선)로 1개의 가닥 또는 꼬임(자승, Strand)을 만든 다음에 이것을 보통 6개 이상 꼬아서 만든 것으로, 심에는 기름을 칠한 대마심선을 삽입시킨다.
㉯ 와이어로프의 명명법
자승(가닥, Strand)의 수×소선(Wire)의 수
예 6(자승의 수)×19(소선의 수)

43 산업안전보건법령상 산업용 로봇에 의한 작업 시 안전조치 사항으로 적절하지 않은 것은?

① 로봇의 운전으로 인해 근로자가 로봇에 부딪칠 위험이 있을 때에는 높이 1.8m 이상의 울타리를 설치하여야 한다.
② 작업을 하고 있는 동안 로봇의 기동스위치 등은 작업에 종사하고 있는 근로자가 아닌 사람이 그 스위치 등을 조작할 수 없도록 필요한 조치를 한다.
③ 로봇의 조작방법 및 순서, 작업 중의 매니퓰레이터의 속도 등에 관한 지침에 따라 작업을 하여야 한다.
④ 작업에 종사하는 근로자가 이상을 발견하면, 관리 감독자에게 우선 보고하고, 지시가 나올 때까지 작업을 진행한다.

해설 **산업용 로봇에 의한 작업 시 안전조치사항**
㉮ 근로자가 로봇에 부딪칠 위험이 있을 때에는 안전매트 및 1.8m 이상의 안전방책을 설치하여야 한다.
㉯ 작업을 하고 있는 동안 로봇의 기동스위치 등은 작업에 종사하고 있는 근로자가 아닌 사람이 그 스위치 등을 조작할 수 없도록 필요한 조치를 한다.
㉰ 로봇의 조작방법 및 순서, 작업 중 매니퓰레이터의 속도 등에 관한 지침에 따라 작업을 하여야 한다.
㉱ 작업에 종사하고 있는 근로자 또는 그 근로자를 감시하는 사람은 이상을 발견하면 즉시 로봇의 운전을 정지시키기 위한 조치를 하여야 한다.

40.② 41.③ 42.① 43.④ **정답**

44 다음 중 지게차의 작업 상태별 안정도에 관한 설명으로 틀린 것은? (단, V는 최고속도(km/h)이다.)

① 기준 부하상태에서 하역작업 시의 전후 안정도는 20% 이내이다.
② 기준 부하상태에서 하역작업 시의 좌우 안정도는 6% 이내이다.
③ 기준 무부하상태에서 주행 시의 전후 안정도는 18% 이내이다.
④ 기준 무부하상태에서 주행 시의 좌우 안정도는 (15 + 1.1V)% 이내이다.

해설 **지게차의 안정도**

안정도 $= \frac{h}{l} \times 100\%$

구 분	하역작업 시	주행 시
전후 안정도	4% (5톤 이상은 3.5%)	18%
좌우 안정도	6%	$(15+1.1V)\%$ V : 최고 속도(km/hr)

45 금형의 설비, 해체, 운반 시 안전사항에 관한 설명으로 틀린 것은?

① 운반을 위하여 관통 아이볼트가 사용될 때는 구멍 틈새가 최소화되도록 한다.
② 금형을 설치하는 프레스의 T홈 안길이는 설치 볼트 지름의 1/2 이하로 한다.
③ 고정볼트는 고정 후 가능하면 나사산을 3~4개 정도 짧게 남겨 설치 또는 해체 시 슬라이드 면과의 사이에 협착이 발생하지 않도록 해야 한다.
④ 운반 시 상부금형과 하부금형이 닿을 위험이 있을 때는 고정 패드를 이용한 스트랩, 금속재질이나 우레탄 고무의 블록 등을 사용한다.

해설 ② 금형을 설치하는 프레스의 T홈 안길이는 설치볼트 직경의 2배 이상으로 한다.

46 산업안전보건법령상 보일러의 안전한 가동을 위하여 보일러 규격에 맞는 압력방출장치가 2개 이상 설치된 경우에 최고사용압력 이하에서 1개가 작동되고, 다른 압력방출장치는 최고사용압력의 몇 배 이하에서 작동되도록 부착하여야 하는가?

① 1.03배 ② 1.05배
③ 1.2배 ④ 1.5배

해설 **압력방출장치**
사업주는 보일러의 안전한 가동을 위하여 보일러 규격에 맞는 압력방출장치를 1개 또는 2개 이상 설치하고, 최고 사용 압력 이하에서 작동되도록 하여야 한다. 다만, 압력방출장치가 2개 이상 설치된 경우에는 최고 사용 압력 이하에서 1개가 작동되고, 다른 압력방출장치는 최고 사용 압력 1.05배 이하에서 작동되도록 부착하여야 한다.

47 다음 중 산업안전보건법령상 안전인증대상 방호장치에 해당하지 않는 것은?

① 연삭기 덮개
② 압력용기 압력방출용 파열판
③ 압력용기 압력방출용 안전밸브
④ 방폭구조(防爆構造) 전기기계 · 기구 및 부품

해설 **안전인증대상 방호장치**
㉮ 프레스 및 전단기 방호장치
㉯ 양중기용 과부하방지장치
㉰ 보일러 압력방출용 안전밸브
㉱ 압력용기 압력방출용 안전밸브
㉲ 압력용기 압력방출용 파열판
㉳ 절연용 방호구 및 활선작업용 기구
㉴ 방폭구조 전기기계 · 기구 및 부품

48 선반에서 절삭 가공 시 발생하는 칩을 짧게 끊어지도록 공구에 설치되어 있는 방호장치의 일종인 칩 제거 기구를 무엇이라 하는가?

① 칩 브레이커 ② 칩 받침
③ 칩 실드 ④ 칩 커터

 정답 44.① 45.② 46.② 47.① 48.①

해설 **칩 브레이커**

선반 가공에서 칩(절삭분)이 길어지게 되면 회전하고 있는 공작물에 감겨 들어가서 가공이 어려워질 뿐 아니라 작업이 아주 위험하게 된다. 칩 브레이커는 가공할 때 나오는 칩을 짧게 끊어지도록 하는 목적으로 바이트의 날끝 부분에 마련된다.

49 인장강도가 250N/mm^{2}인 강판에서 안전율이 4라면 이 강판의 허용응력(N/mm^2)은 얼마인가?

① 42.5 ② 62.5
③ 82.5 ④ 102.5

해설

$$안전계수 = \frac{파괴하중(인장강도)}{허용응력}$$

$$허용응력 = \frac{인장강도}{안전계수} = \frac{250\text{MPa}}{4} = 62.5\text{MPa}$$

50 산업안전보건법령상 강렬한 소음작업에서 데시벨에 따른 노출시간으로 적합하지 않은 것은?

① 100데시벨 이상의 소음이 1일 2시간 이상 발생하는 작업
② 110데시벨 이상의 소음이 1일 30분 이상 발생하는 작업
③ 115데시벨 이상의 소음이 1일 15분 상 발생하는 작업
④ 120데시벨 이상의 소음이 1일 7분 이상 발생하는 작업

해설 **강렬한 소음작업**

㉮ 90dB 이상의 소음이 1일 8시간 이상 발생하는 작업
㉯ 95dB 이상의 소음이 1일 4시간 이상 발생하는 작업
㉰ 100dB 이상의 소음이 1일 2시간 이상 발생하는 작업
㉱ 105dB 이상의 소음이 1일 1시간 이상 발생하는 작업
㉲ 110dB 이상의 소음이 1일 30분 이상 발생하는 작업
㉳ 115dB 이상의 소음이 1일 15분 이상 발생하는 작업

51 방호장치 안전인증 고시에 따라 프레스 및 전단기에 사용되는 광전자식 방호장치의 일반구조에 대한 설명으로 가장 적절하지 않은 것은?

① 정상동작표시램프는 녹색, 위험표시램프는 붉은색으로 하며, 근로자가 쉽게 볼 수 있는 곳에 설치해야 한다.
② 슬라이드 하강 중 정전 또는 방호장치의 이상 시에 정지할 수 있는 구조이어야 한다.
③ 방호장치는 릴레이, 리미트 스위치 등의 전기부품의 고장, 전원전압의 변동 및 정전에 의해 슬라이드가 불시에 동작하지 않아야 하며, 사용전원전압의 ±(100분의 10)의 변동에 대하여 정상으로 작동되어야 한다.
④ 방호장치의 감지기능은 규정한 검출영역 전체에 걸쳐 유효하여야 한다(다만, 블랭킹 기능이 있는 경우 그렇지 않다).

해설 **광전자식 방호장치의 일반구조**

①, ②, ④ 이외에 다음 사항이 있다.
㉮ 방호장치는 릴레이, 리미트 스위치 등의 전기부품의 고장, 전원전압의 변동 및 정전에 의해 슬라이드가 불시에 동작하지 않아야 하며, 사용전원전압의 ±(100분의 20)의 변동에 대하여 정상으로 작동되어야 한다.
㉯ 방호장치의 정상작동 중에 감지가 이루어지거나 공급전원이 중단되는 경우 적어도 두 개 이상의 독립된 출력신호 개폐장치가 꺼진 상태로 돼야 한다.
㉰ 방호장치에 제어기(Controller)가 포함되는 경우에는 이를 연결한 상태에서 모든 시험을 한다.
㉱ 방호장치를 무효화하는 기능이 있어서는 안 된다.

52 산업안전보건법령상 연삭기 작업 시 작업자가 안심하고 작업을 할 수 있는 상태는?

① 탁상용 연삭기에서 숫돌과 작업 받침대의 간격이 5mm이다.
② 덮개 재료의 인장강도는 224MPa이다.
③ 숫돌 교체 후 2분 정도 시험운전을 실시하여 해당 기계의 이상 여부를 확인하였다.
④ 작업 시작 전 1분 정도 시험운전을 실시하여 해당 기계의 이상 여부를 확인하였다.

49.② 50.④ 51.③ 52.④ **정답**

해설 연삭기 작업

① 탁상용 연삭기에서 숫돌과 작업 받침대의 간격이 3mm 이하로 조정할 수 있는 구조이어야 한다.
② 덮개 재료의 인장강도는 274.5MPa 이상이어야 한다.
③ 숫돌 교체 후 3분 정도 시험운전을 실시하여 해당 기계의 이상 여부를 확인하여야 한다.
④ 작업 시작 전 1분 정도 시험운전을 실시하여 해당 기계의 이상 여부를 확인하여야 한다.

53 보기와 같은 기계요소가 단독으로 발생시키는 위험점은?

밀링커터, 둥근톱날

① 협착점 ② 끼임점
③ 절단점 ④ 물림점

해설 위험점의 종류

㉮ 협착점(Squeeze-Point) : 왕복운동을 하는 동작 부분과 움직임이 없는 고정 부분 사이에 형성되는 위험점
예 프레스, 절단기, 성형기, 굽힘기계
㉯ 끼임점(Shear-Point) : 회전운동을 하는 동작 부분과 움직임이 없는 고정 부분 사이에 형성되는 위험점
예 프레임 암의 요동운동을 하는 기계 부분, 교반기의 날개와 하우징, 연삭숫돌의 작업대
㉰ 절단점(Cutting-Point) : 회전하는 기계의 운동 부분과 기계 자체와의 위험이 형성되는 위험점
예 밀링의 커터, 목재 가공용 둥근톱이나 띠톱의 톱날 등
㉱ 물림점(Nip-Point) : 회전하는 두 회전체에 말려 들어가는 위험점으로, 두 회전체는 서로 반대방향으로 맞물려 회전해야 한다.
예 롤러와 롤러의 물림, 기어와 기어의 물림 등
㉲ 접선 물림점(Tangential Nip-Point) : 회전하는 부분의 접선방향으로 물려 들어가 위험이 존재하는 점
예 V벨트와 풀리, 체인과 스프로킷, 랙과 피니언 등
㉳ 회전 말림점(Trapping-Point) : 회전하는 물체의 길이, 굵기, 속도 등의 불규칙 부위와 돌기회전 부위에 의해 머리카락, 장갑 및 작업복 등이 말려들 위험이 형성되는 점
예 축, 커플링, 회전하는 공구(드릴 등) 등

54 다음 중 크레인의 방호장치로 가장 거리가 먼 것은?

① 권과방지장치 ② 과부하방지장치
③ 비상정지장치 ④ 자동보수장치

해설 크레인의 방호장치

㉮ 해지장치 : 훅걸이용 와이어로프 등이 훅으로부터 벗겨지는 것을 방지하기 위한 장치
㉯ 비상정지장치 : 비상시에 즉시 정지할 수 있는 장치
㉰ 권과방지장치 : 운반구의 이탈 등의 위험 방지를 위해 권상용 와이어로프 등의 권과를 방지하는 장치
㉱ 과부하방지장치 : 정격하중 이상의 하중 부하시 자동으로 상승 정지되면서 경보음 · 경보등을 발생하는 장치

55 산업안전보건법령상 프레스기를 사용하여 작업을 할 때 작업시작 전 점검사항으로 틀린 것은?

① 클러치 및 브레이크의 기능
② 압력방출장치의 기능
③ 크랭크축 · 플라이휠 · 슬라이드 · 연결봉 및 연결나사의 풀림 유무
④ 프레스의 금형 및 고정 볼트의 상태

해설 프레스 등(프레스 또는 전단기)의 작업시작 전 점검항목

㉮ 클러치 및 브레이크의 기능
㉯ 크랭크축, 플라이휠, 슬라이드, 연결봉 및 연결나사의 풀림 유무
㉰ 1행정 1정지기구, 급정지장치 및 비상정지장치의 기능
㉱ 슬라이드 또는 칼날에 의한 위험방지기구의 기능
㉲ 프레스의 금형 및 고정볼트 상태
㉳ 방호장치의 기능
㉴ 전단기의 칼날 및 테이블의 상태

56 설비보전은 예방보전과 사후보전으로 대별된다. 다음 중 예방보전의 종류가 아닌 것은?

① 시간계획보전 ② 개량보전
③ 상태기준보전 ④ 적응보전

정답 53.③ 54.④ 55.② 56.②

해설 ㉮ 예방보전 : 설비의 건강상태를 유지하고 고장이 일어나지 않도록 열화를 방지하기 위한 일상보전, 열화를 측정하기 위한 정기검사 또는 설비진단, 열화를 조기에 복원시키기 위한 정비 등을 하는 것이다. 종류에는 시간계획보전, 적응보전, 상태기준보전이 있다.
㉯ 개량보전 : CM이라고 불리며, 기기 부품의 수명연장이나 고장 난 경우의 수리시간 단축 등 설비에 개량대책을 세우는 방법이다.

57 천장크레인에 중량 3kN의 화물을 2줄로 매달았을 때 매달기용 와이어(sling wire)에 걸리는 장력은 약 몇 kN인가? (단, 매달기용 와이어(sling wire) 2줄 사이의 각도는 55° 이다.)

① 1.3 ② 1.7
③ 2.0 ④ 2.3

해설

$$\text{장력} = \frac{\frac{W(\text{중량})}{2}}{\cos\frac{\theta}{2}} = \frac{\frac{3}{2}}{\cos\frac{55}{2}} = 1.69 \fallingdotseq 1.7\text{kN}$$

58 다음 중 롤러의 급정지 성능으로 적합하지 않은 것은?

① 앞면 롤러 표면 원주속도가 25m/min, 앞면 롤러의 원주가 5m일 때 급정지거리 1.6m 이내
② 앞면 롤러 표면 원주속도가 35m/min, 앞면 롤러의 원주가 7m일 때 급정지거리 2.8m 이내
③ 앞면 롤러 표면 원주속도가 30m/min, 앞면 롤러의 원주가 6m일 때 급정지거리 2.6m 이내
④ 앞면 롤러 표면 원주속도가 20m/min, 앞면 롤러의 원주가 8m일 때 급정지거리 2.6m 이내

해설 급정지장치의 성능

앞면 롤러의 표면속도 (m/min)	급정지거리
30 미만	앞면 롤러 원주×1/3
30 이상	앞면 롤러 원주×1/2.5

① 앞면 롤러 표면 원주속도가 25m/min, 앞면 롤러의 원주가 5m일 때 급정지거리는 5/3 =1.67m 이내
② 앞면 롤러 표면 원주속도가 35m/min, 앞면 롤러의 원주가 7m일 때 급정지거리는 7/2.5 =2.8m 이내
③ 앞면 롤러 표면 원주속도가 30m/min, 앞면 롤러의 원주가 6m일 때 급정지거리는 6/2.5 =2.4m 이내
④ 앞면 롤러 표면 원주속도가 20m/min, 앞면 롤러의 원주가 8m일 때 급정지거리는 8/3= 2.676m 이내

59 조작자의 신체부위가 위험한계 밖에 위치하도록 기계의 조작 장치를 위험구역에서 일정거리 이상 떨어지게 하는 방호장치는?

① 덮개형 방호장치
② 차단형 방호장치
③ 위치제한형 방호장치
④ 접근반응형 방호장치

해설 **위치제한형 방호장치**
작업자의 신체부위가 위험한계 밖에 있도록 기계의 조작장치를 위험한 작업점에서 안전거리 이상 떨어지게 하거나, 조작장치를 양손으로 동시조작하게 함으로써 위험한계에 접근하는 것을 제한하는 것
예 양수조작식

60 산업안전보건법령상 아세틸렌 용접장치의 아세틸렌 발생기실을 설치하는 경우 준수하여야 하는 사항으로 옳은 것은?

① 벽은 가연성 재료로 하고 철근 콘크리트 또는 그 밖에 이와 동등하거나 그 이상의 강도를 가진 구조로 할 것
② 바닥면적의 16분의 1 이상의 단면적을 가진 배기통을 옥상으로 돌출시키고 그 개구부를 창이나 출입구로부터 1.5m 이상 떨어지도록 할 것
③ 출입구의 문은 불연성 재료로 하고 두께 1.0mm 이상의 강도를 가진 구조로 할 것
④ 발생기실을 옥외에 설치한 경우에는 그 개구부를 다른 건축물로부터 1.0m 이내 떨어지도록 할 것

57.② 58.③ 59.③ 60.② 정답

해설 **아세틸렌 용접장치 발생기실의 설치장소 및 구조**

㉮ 벽은 불연성의 재료로 하고 철근 콘크리트, 기타 이와 동등 이상의 강도를 가진 보조로 할 것
㉯ 지붕 천장에는 얇은 철판이나 가벼운 불연성 재료를 사용할 것
㉰ 바닥면의 1/16 이상의 단면적을 가진 배기통을 옥상으로 돌출시키고, 그 개구부를 창 또는 출입구로부터 1.5m 이상 떨어지도록 할 것
㉱ 출입구의 문은 불연성 재료로 하고 두께 1.5mm 이상의 철판, 기타 이와 동등 이상의 강도를 가진 구조로 할 것
㉲ 벽과 발생기 사이에는 발생기의 조정 또는 카바이드 공급 등의 작업을 방해하지 않도록 간격을 확보할 것
㉳ 발생기실은 건물의 최상층에 위치하여야 하며, 화기를 사용하는 설비로부터 3m를 초과하는 장소에 설치하여야 한다.
㉴ 발생기실을 옥외에 설치한 경우에는 그 개구부를 다른 건축물로부터 1.5m 이상 떨어지도록 하여야 한다.

≫ 제4과목 전기위험 방지기술

61 대지에서 용접작업을 하고 있는 작업자가 용접봉에 접촉한 경우 통전전류는? (단, 용접기의 출력 측 무부하전압 : 90V, 접촉저항(손, 용접봉 등 포함) : 10kΩ, 인체의 내부저항 : 1kΩ, 발과 대지의 접촉저항 : 20kΩ이다.)

① 약 0.19mA ② 약 0.29mA
③ 약 1.96mA ④ 약 2.90mA

해설

$$I=\frac{V}{R}=\frac{90}{(10\times10^3)+(1\times10^3)+(20\times10^3)}$$
$$=0.00290\text{A}=2.90\text{mA}$$

62 KS C IEC 60079-10-2에 따라 공기 중에 분진운의 형태로 폭발성 분진 분위기가 지속적으로 또는 장기간 또는 빈번히 존재하는 장소는?

① 0종 장소 ② 1종 장소
③ 20종 장소 ④ 21종 장소

해설 **분진폭발위험장소의 종류**

㉮ 20종 장소 : 공기 중에 가연성 분진운의 형태가 연속적으로 장기간 존재하거나, 단기간 내에 폭발성 분진 분위기가 자주 존재하는 장소를 말한다.
㉯ 21종 장소 : 공기 중에 가연성 분진운의 형태가 정상 작동 중 빈번하게 폭발성 분진 분위기를 형성할 수 있는 장소를 말한다.
㉰ 22종 장소 : 공기 중에 가연성 분진운의 형태가 정상작동 중 폭발성 분진 분위기를 거의 형성하지 않고, 발생한다 하더라도 단기간만 지속되는 장소를 말한다.

63 설비의 이상현상에 나타나는 아크(Arc)의 종류가 아닌 것은?

① 단락에 의한 아크
② 지락에 의한 아크
③ 차단기에서의 아크
④ 전선저항에 의한 아크

해설 설비의 이상현상에 나타나는 아크(Arc)의 종류는 단락에 의한 아크, 지락에 의한 아크, 차단기에서의 아크 등이 있으며, 전선저항은 아크를 발생시키지 않고 열을 발생시킨다.

64 정전기 재해방지에 관한 설명 중 틀린 것은?

① 이황화탄소의 수송 과정에서 배관 내의 유속을 2.5m/s 이상으로 한다.
② 포장 과정에서 용기를 도전성 재료에 접지한다.
③ 인쇄 과정에서 도포량을 소량으로 하고 접지한다.
④ 작업장의 습도를 높여 전하가 제거되기 쉽게 한다.

해설 **정전기 재해방지를 위한 배관 내 액체의 유속 제한**

㉮ 저항률 10^{10}Ω · cm 미만의 도전성 위험물 : 7m/s 이하
㉯ 저항률 10^{10}Ω · cm 이상의 도전성 위험물 : 직경에 따라 정해진 유속 이하
㉰ 유동대전이 심하고 폭발 위험성이 높은 물질(에테르, 이황화탄소 등) : 1m/s 이하

 정답 61.④ 62.③ 63.④ 64.①

65 한국전기설비규정에 따라 사람이 쉽게 접촉할 우려가 있는 곳에 금속제 외함을 가지는 저압의 기계기구가 시설되어 있다. 이 기계기구의 사용전압이 몇 V를 초과할 때 전기를 공급하는 전로에 누전차단기를 시설해야 하는가? (단, 누전차단기를 시설하지 않아도 되는 조건은 제외한다.)

① 30V ② 40V
③ 50V ④ 60V

해설 사람이 쉽게 접촉할 우려가 있는 곳에 금속제 외함을 가지는 사용전압이 50V를 초과하는 저압의 기계기구로서 사람이 쉽게 접촉할 우려가 있는 곳에 시설하는 것에 전기를 공급하는 전로에는 누전차단기를 시설해야 한다.

66 다음 중 방폭설비의 보호등급(IP)에 대한 설명으로 옳은 것은?

① 제1 특성 숫자가 "1"인 경우 지름 50mm 이상의 외부 분진에 대한 보호
② 제1 특성 숫자가 "2"인 경우 지름 10mm 이상의 외부 분진에 대한 보호
③ 제2 특성 숫자가 "1"인 경우 지름 50mm 이상의 외부 분진에 대한 보호
④ 제2 특성 숫자가 "2"인 경우 지름 10mm 이상의 외부 분진에 대한 보호

해설 **방폭설비의 보호등급(IP)**
① 제1 특성 숫자가 "1"인 경우 지름 50mm 이상의 외부 분진에 대한 보호
② 제1 특성 숫자가 "2"인 경우 지름 12mm 이상의 외부 분진에 대한 보호

67 전기기기, 설비 및 전선로 등의 충전 유무 등을 확인하기 위한 장비는?

① 위상검출기
② 디스콘 스위치
③ COS
④ 저압 및 고압용 검전기

해설 정전작업 시 잔류전하를 방전조치하고 난 뒤 충전 유무 등을 확인하기 위해 사용하는 장비는 저압 및 고압용 검전기이다.

68 정전기 발생에 영향을 주는 요인에 대한 설명으로 틀린 것은?

① 물체의 분리속도가 빠를수록 발생량은 적어진다.
② 접촉면적이 크고 접촉압력이 높을수록 발생량이 많아진다.
③ 물체 표면이 수분이나 기름으로 오염되면 산화 및 부식에 의해 발생량이 많아진다.
④ 정전기의 발생은 처음 접촉, 분리할 때가 최대로 되고 접촉, 분리가 반복됨에 따라 발생량은 감소한다.

해설 **정전기 발생에 영향을 주는 조건**
㉮ 물체의 특성
㉠ 정전기의 발생은 접촉·분리하는 두 가지 물체의 상호 특성에 의하여 지배되며, 한 가지 물체만의 특성에는 전혀 영향을 받지 않는다.
㉡ 대전량은 접촉이나 분리는 두 가지 물체가 대전서열 내에서 가까운 위치에 있으면 적고, 먼 위치에 있을수록 대전량이 큰 경향이 있다.
㉢ 물체가 불순물을 포함하고 있으면 이 불순물로 인해 정전기 발생량은 커진다.
㉯ 물체의 표면상태
㉠ 물체의 표면이 원활하면 발생이 적어진다.
㉡ 물체 표면이 수분이나 기름 등에 의해 오염되었을 때에는 산화·부식에 의해 정전기가 크게 발생한다.
㉰ 물체의 분리력
㉠ 처음 접촉·분리가 일어날 때에 정전기 발생이 최대가 되며, 이후 접촉·분리가 반복됨에 따라 발생량도 점차 감소한다.
㉡ 접촉·분리가 처음으로 일어났을 때, 재해 발생확률도 최대로 나타난다.
㉱ 접촉면적 및 압력
㉠ 접촉면적이 클수록 발생량이 크다.
㉡ 접촉압력이 증가하면 접촉면적과 함께 정전기 발생량도 증가한다.
㉲ 분리속도
㉠ 분리과정에서는 전하의 완화시간에 따라 정전기 발생량이 좌우되며, 전하 완화시간이 길면 전하 분리에 주는 에너지도 커져서 발생량이 증가한다.
㉡ 분리속도가 빠를수록 정전기의 발생량은 커지게 된다.

69 피뢰기로서 갖추어야 할 성능 중 틀린 것은?

① 충격 방전 개시전압이 낮을 것
② 뇌전류 방전 능력이 클 것
③ 제한전압이 높을 것
④ 속류 차단을 확실하게 할 수 있을 것

해설 **피뢰기의 성능**
㉮ 반복 작동이 가능할 것
㉯ 구조가 견고하며 특성이 변화하지 않을 것
㉰ 점검 · 보수가 간단할 것
㉱ 충격 방전 개시전압과 제한전압이 낮을 것(피뢰기의 충격방전 개시전압=공칭전압×4.5배)
㉲ 뇌전류의 방전 능력이 크고, 속류의 차단이 확실하게 될 것

70 접지저항 저감 방법으로 틀린 것은?

① 접지극의 병렬 접지를 실시한다.
② 접지극의 매설 깊이를 증가시킨다.
③ 접지극의 크기를 최대한 작게 한다.
④ 접지극 주변의 토양을 개량하여 대지저항률을 떨어뜨린다.

해설 **접지저항 저감법**
㉮ 접지극의 병렬 접속한다.
㉯ 접지극을 지하수면 아래까지 깊이 묻어서 접지저항을 감소시킨다.
㉰ 하나의 접지극 대신 지선을 땅에 매설하는 방법으로 송전선의 철탑 또는 피뢰기 등에 낮은 저항값을 필요로 할 때 사용한다.
㉱ 접지봉 대신 접지판을 사용하여 접지극의 크기를 최대한 크게 한다.
㉲ 접지봉의 표면에 돌기를 만들어 대지와의 접촉면적을 크게 하는 방법이다.
㉳ 접지극 주변의 토양을 개량하여 대지저항률을 떨어뜨린다.

71 다음 중 기기보호등급(EPL)에 해당하지 않는 것은?

① EPL Ga ② EPL Ma
③ EPL Dc ④ EPL Mc

해설 **기기보호등급(EPL)**
㉮ EPL Ma ㉯ EPL Mb
㉰ EPL Ga ㉱ EPL Gb
㉲ EPL Gc ㉳ EPL Da
㉴ EPL Db ㉵ EPL Dc

72 교류 아크용접기의 사용에서 무부하 전압이 80V, 아크 전압 25V, 아크 전류 300A일 경우 효율은 약 몇 %인가? (단, 내부손실은 4kW이다.)

① 65.2 ② 70.5
③ 75.3 ④ 80.6

해설 $효율 = \frac{아크출력}{소비전력} \times 100$
아크출력=(아크전압×아크전류)
소비전력=(아크출력+내부손실)
$= \frac{25 \times 300}{(25 \times 300) + 4{,}000} \times 100$
=65.21%

73 아크방전의 전압전류 특성으로 가장 옳은 것은?

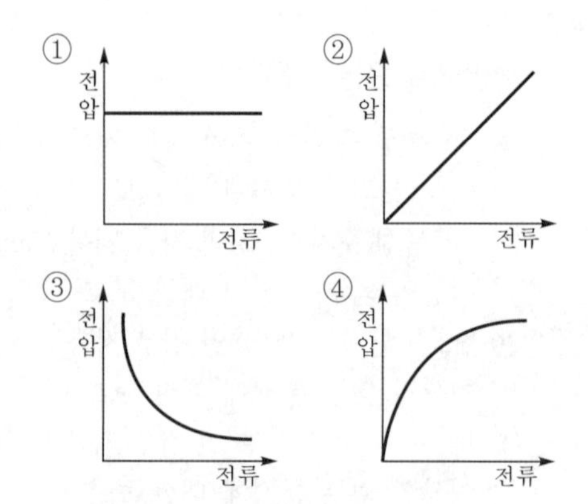

해설 아크 전압전류의 특성은 수하 특성이라고 하는데, 이는 부하전류가 증가하면 단자전압이 저하하는 특성으로 아크를 안정시키는 데 필요하다.

74 다음 중 산업안전보건기준에 관한 규칙에 따라 누전차단기를 설치하지 않아도 되는 곳은?

① 철판 · 철골 위 등 도전성이 높은 장소에서 사용하는 이동형 전기기계 · 기구
② 대지전압이 220V인 휴대형 전기기계 · 기구
③ 임시배선의 전로가 설치되는 장소에서 사용하는 이동형 전기기계 · 기구
④ 절연대 위에서 사용하는 전기기계 · 기구

 정답 69.③ 70.③ 71.④ 72.① 73.③ 74.④

해설 누전차단기를 설치해야 할 전기기계 · 기구

㉮ 대지전압이 150V를 초과하는 이동형 또는 휴대형 전기기계 · 기구
㉯ 물 등 도전성이 높은 액체가 있는 습윤 장소에서 사용하는 저압(1.5kV 이하 직류 전압이나 1kV 이하 교류 전압)용 전기기계 · 기구
㉰ 철판 · 철골 위 등 도전성이 높은 장소에서 사용하는 이동형 또는 휴대형 전기기계 · 기구
㉱ 임시배선의 전로가 설치되는 장소에서 사용하는 이동형 또는 휴대형 전기기계 · 기구

75 다음 설명이 나타내는 현상은?

> 전압이 인가된 이극도체 간의 고체 절연물 표면에 이물질이 부착되면 미소방전이 일어난다. 이 미소방전이 반복되면서 절연물 표면에 도전성 통로가 형성되는 현상이다.

① 흑연화현상 ② 트래킹현상
③ 반단선현상 ④ 절연이동현상

해설 트래킹현상

절연물 표면이 염분, 분진, 수분, 화학약품 분위기 등에 의해 오염, 손상을 입은 상태에서 전압이 인가되면 연면 전류가 흘러서 섬광(scintillation)을 일으키고 표면에 트래킹(탄화도전경로)이 형성되는 현상

76 다음 중 방폭구조의 종류가 아닌 것은?

① 본질안전방폭구조
② 고압방폭구조
③ 압력방폭구조
④ 내압방폭구조

해설 방폭구조의 종류

㉮ 압력(壓力)방폭구조(Pressurized Apparatus "p") : 용기의 내부에 보호기체(Protective Gas)를 송입하고 그 압력을 용기의 외부압력보다 높게 유지함으로써, 주위의 폭발성 분위기가 용기 내부로 유입하지 못하도록 한 방폭구조
㉯ 내압(耐壓)방폭구조(Flame Proof "d") : 용기 내부로 스며든 폭발성 가스에 의한 내부 폭발이 일어날 경우 용기가 폭발압력에 견디고, 또한 외부의 폭발성 분위기로 불꽃전파를 방지하도록 한 방폭구조
㉰ 유입(油入)방폭구조(Oil Immersion "o") : 전기기기 중 아크 또는 스파크 등을 발생시켜 폭발성 가스에 점화할 우려가 있는 부분을 유중에 넣어 유체의 표면에 있는 폭발성 가스에 인화될 우려가 없도록 한 방폭구조
㉱ 안전증방폭구조(Increased Safety "e") : 정상 운전 중에 아크 혹은 스파크를 일으키지 않는 전기기기에 적용하는 방식으로, 아크나 스파크 혹은 고온부를 발생시키지 않도록 전기적, 기계적, 온도적으로 안전도를 높이는 방폭구조
㉲ 본질안전방폭구조(Intrinsic Safety "I") : 정상 시 및 사고 시(지락 · 단락 · 단선 등)에 발생하는 전기불꽃 · 아크 · 과열로 생기는 열에너지에 의해 폭발성 가스 또는 증기에도 착화되지 않는 것이 시험 · 확인된 구조
㉳ 몰드방폭구조(Mould Type "m") : 보호기기를 고체로 차단시켜 열적 안정을 유지한 것으로, 유지보수가 필요 없는 기기를 영구적으로 보호하는 방법에 효과가 큰 방폭구조
㉴ 사입방폭구조(Sand Filled Type "s") : 전기기기의 용기를 모래와 같은 성질의 가늘고 고른 고체 입자로 채워 운전 중 용기 내부에서 발생하는 아크에 의해서 용기 내외부에 존재하는 가연성 가스 또는 증기가 점화되지 않도록 한 방폭구조
㉵ 비착화방폭구조(Non-Incendive Type "n") : 정상운전 중에 전기기기의 주위에 있는 가연성 가스 또는 증기를 점화시킬 수 없고 점화를 야기할 수 있는 결함이 발생하지 않는 방폭구조
㉶ 충전(充塡)방폭구조(Powder Filling Type "q") : 점화원이 될 수 있는 전기불꽃, 아크 또는 고온 부분을 용기 내부의 적정한 위치에 고정시키고 그 주위를 충전물질로 충전하여 폭발성 가스 및 증기의 유입 또는 점화를 어렵게 하고 화염의 전파를 방지하여 외부의 폭발성 가스 또는 증기에 인화되지 않도록 한 구조

77 산업안전보건기준에 관한 규칙에 따른 전기기계 · 기구의 설치 시 고려할 사항으로 거리가 먼 것은?

① 전기기계 · 기구의 충분한 전기적 용량 및 기계적 강도
② 전기기계 · 기구의 안전효율을 높이기 위한 시간 가동률
③ 습기 · 분진 등 사용장소의 주위 환경
④ 전기적 · 기계적 방호수단의 적정성

해설 전기 기계 · 기구의 적정설치 등

㉮ 전기기계 · 기구의 충분한 전기적 용량 및 기계적 강도
㉯ 습기 · 분진 등 사용장소의 주위 환경
㉰ 전기적 · 기계적 방호수단의 적정성

78 심실세동 전류 $I = \frac{165}{\sqrt{t}}$ (mA)라면 심실세동 시 인체에 직접 받는 전기 에너지(cal)는 약 얼마인가? (단, t는 통전시간으로 1초이며, 인체의 저항은 500Ω으로 한다.)

① 0.52 ② 1.35
③ 2.14 ④ 3.27

해설
$$W = I^2RT = \left(\frac{165}{\sqrt{1}} \times 10^{-3}\right)^2 \times 500 \times 1$$
$$= 13.6\text{J} = 13.6 \times 0.24 = 3.264(\text{cal})$$

79 정전작업 시 조치사항으로 틀린 것은?

① 작업 전 전기설비의 잔류 전하를 확실히 방전한다.
② 개로된 전로의 충전여부를 검전기구에 의하여 확인한다.
③ 개폐기에 잠금장치를 하고 통전금지에 관한 표지판은 제거한다.
④ 예비 동력원의 역송전에 의한 감전의 위험을 방지하기 위해 단락접지 기구를 사용하여 단락 접지를 한다.

해설 ③ 개폐기에 잠금장치를 하고 통전금지에 관한 표지판을 설치한다.

80 정전기로 인한 화재 폭발의 위험이 가장 높은 것은?

① 드라이클리닝설비
② 농작물 건조기
③ 가습기
④ 전동기

해설 산업 종별로 본 점화 화재 · 폭발의 발생하기 쉬운 공정에 속하는 드라이클리닝설비는 용제를 사용해서 세정하는 공정으로 정전기로 인한 화재 폭발의 위험이 가장 높다.

≫ 제5과목 화학설비위험 방지기술

81 산업안전보건법에서 정한 위험물질을 기준량 이상 제조하거나 취급하는 화학설비로서 내부의 이상상태를 조기에 파악하기 위하여 필요한 온도계 · 유량계 · 압력계 등의 계측장치를 설치하여야 하는 대상이 아닌 것은?

① 가열로 또는 가열기
② 증류 · 정류 · 증발 · 추출 등 분리를 하는 장치
③ 반응폭주 등 이상 화학반응에 의하여 위험물질이 발생할 우려가 있는 설비
④ 흡열반응이 일어나는 반응장치

해설 **특수화학설비의 종류**
㉮ 가열로 또는 가열기
㉯ 증류 · 정류 · 증발 · 추출 등 분리를 하는 장치
㉰ 반응폭주 등 이상화학반응에 의하여 위험물질이 발생할 우려가 있는 설비
㉱ 온도가 350℃ 이상이거나 게이지압력이 980kPa 이상인 상태에서 운전되는 설비
㉲ 가열시켜주는 물질의 온도가 가열되는 위험물질의 분해온도 또는 발화점보다 높은 상태에서 운전되는 설비
㉳ 발열반응이 일어나는 반응장치

82 다음 중 퍼지(purge)의 종류에 해당하지 않는 것은?

① 압력퍼지 ② 진공퍼지
③ 스위프퍼지 ④ 가열퍼지

해설 **불활성화 방법**
㉮ 압력퍼지 : 압력을 가한 상태에서 불활성 가스를 가함으로써 퍼지시킬 수 있는 방법이다.
㉯ 진공퍼지(저압퍼지) : 용기에 대한 가장 일반적인 불활성화 장치로서, 이 방법은 큰 용기에는 보통 진공이 되도록 설계되지 않아서 큰 저장용기에는 사용할 수 없다.
㉰ 스위프퍼지 : 용기의 한 개구부로 퍼지가스를 가하고 다른 개구부로부터 대기로 혼합가스를 축출하는 방법이다(용기나 장치가 압력을 가하거나 진공으로 할 수 없을 때에 사용된다).

 정답 78.④ 79.③ 80.① 81.④ 82.④

83 폭발한계와 완전연소 조성 관계인 Jones 식을 이용하여 부탄(C_4H_{10})의 폭발하한계를 구하면 몇 vol%인가?

① 1.4 ② 1.7
③ 2.0 ④ 2.3

해설 ㉮ $C_nH_mO_\lambda Cl_f$ 분자식에서 화학양론농도는 다음과 같은 식으로 계산된다.

$$C_{st}=\frac{100}{1+4.773\left(n+\frac{m-f-2\lambda}{4}\right)}(\%)$$

여기서, n : 탄소의 원자수
m : 수소의 원자수
f : 할로겐의 원자수
λ : 산소의 원자수

부탄(C_4H_{10})의 화학양론농도

$$C_{st}=\frac{100}{1+4.773\left(4+\frac{10}{4}\right)}=3.12\%$$

㉯ Jones는 폭발하한값(L)은 화학양론농도(C_{st})의 약 55%로 추정한다.
폭발 범위 하한 $=C_{st}\times0.55$
$=3.12\times0.55=1.7\%\text{v/v}$

84 가스를 분류할 때 독성가스에 해당하지 않는 것은?

① 황화수소 ② 시안화수소
③ 이산화탄소 ④ 산화에틸렌

해설 이산화탄소(CO_2)는 불연성 · 무독성 가스로 허용농도는 5,000ppm이다.

85 질화면(Nitrocellulose)은 저장 · 취급 중에는 에틸알코올 등으로 습면상태를 유지해야 한다. 그 이유를 옳게 설명한 것은?

① 질화면은 건조 상태에서는 자연적으로 분해하면서 발화할 위험이 있기 때문이다.
② 질화면은 알코올과 반응하여 안정한 물질을 만들기 때문이다.
③ 질화면은 건조 상태에서 공기 중의 산소와 환원반응을 하기 때문이다.
④ 질화면은 건조 상태에서 유독한 중합물을 형성하기 때문이다.

해설 질화면(Nitrocellulose)은 건조상태에서는 자연발열을 일으켜 분해폭발의 위험이 존재하기 때문에 에틸알코올 또는 이소프로필알코올로 습면의 상태로 유지하면 폭발위험이 적어져 운반 · 저장이 용이하다.

86 분진폭발의 특징으로 옳은 것은?

① 연소속도가 가스폭발보다 크다.
② 완전연소로 가스중독의 위험이 작다.
③ 화염의 파급속도보다 압력의 파급속도가 빠르다.
④ 가스폭발보다 연소시간은 짧고 발생에너지는 작다.

해설 **분진폭발**
연소속도와 폭발압력은 가스폭발보다 작고, 불완전연소로 가스중독의 위험이 크다. 가스폭발보다 연소시간이 길고, 발생에너지(파괴력)가 크다.

87 다음 중 폭발 방호 대책과 가장 거리가 먼 것은?

① 불활성화 ② 억제
③ 방산 ④ 봉쇄

해설 **폭발의 방호**
㉮ 폭발 봉쇄 : 유독성 물질이나 공기 중에서 방출되어서는 안 되는 물질의 폭발 시 안전밸브나 파열판을 통하여 다른 탱크나 저장소 등으로 보내어 압력을 완화시켜서 파열을 방지하는 방법
㉯ 폭발 억제 : 압력이 상승하였을 때 폭발억제장치가 작동하여 고압 불활성 가스가 담겨 있는 소화기가 터져서 증기, 가스, 분진폭발 등의 폭발을 진압하여 큰 파괴적인 폭발압력이 되지 않도록 하는 방법
㉰ 폭발 방산 : 안전밸브나 파열판 등에 의해 탱크 내의 기체를 밖으로 방출시켜 압력을 정상화시키는 방법

88 크롬에 대한 설명으로 옳은 것은?

① 은백색 광택이 있는 금속이다.
② 중독 시 미나마타병이 발병한다.
③ 비중이 물보다 작은 값을 나타낸다.
④ 3가 크롬이 인체에 가장 유해하다.

83.② 84.③ 85.① 86.③ 87.① 88.① 정답

해설 크롬(Cr)

㉮ 크롬 화합물 : 3가(Cr^{+3})와 6가(Cr^{+6})의 화합물 등이 있으며, 3가보다 6가 화합물이 독성이 강해 인체에 유해하다.

㉯ 크롬의 중독

㉠ 직업병인 비중격천공 증세(코 내부의 물렁뼈에 구멍이 생기는 병)를 일으킨다.

㉡ 피부와 점막에 자극 증상을 일으켜 궤양을 형성한다.

㉰ 발암성 물질로 폐암을 일으킬 우려가 있다.

㉱ 비중은 7.19, 은백색 광택이 있는 금속이다.

89 사업주는 인화성 액체 및 인화성 가스를 저장 취급하는 화학설비에서 증기나 가스를 대기로 방출하는 경우에는 외부로부터의 화염을 방지하기 위하여 화염방지기를 설치하여야 한다. 다음 중 화염방지기의 설치 위치로 옳은 것은?

① 설비의 상단　② 설비의 하단

③ 설비의 측면　④ 설비의 조작부

해설 화염방지기는 인화성 액체 및 인화성 가스를 저장 · 취급하는 화학설비로부터 증기 또는 가스를 방출하는 때에는 외부로부터의 화염을 방지하기 위하여 그 설비의 상단에 설치한다.

90 열교환탱크 외부를 두께 0.2m의 단열재(열전도율=0.037kcal/m · h · ℃)로 보온하였더니 단열재 내면은 40℃, 외면은 20℃이었다. 면적 $1m^2$당 1시간에 손실되는 열량(kcal)은?

① 0.0037　② 0.037

③ 1.37　④ 3.7

해설

$$Q = \frac{KA\Delta t}{L} = \frac{0.037 \times 1 \times 20}{0.2} = 3.7\text{kcal}$$

91 액체 표면에서 발생한 증기농도가 공기 중에서 연소하한농도가 될 수 있는 가장 낮은 액체 온도를 무엇이라 하는가?

① 인화점　② 비등점

③ 연소점　④ 발화온도

해설 ㉮ 인화점 : 액체의 경우 액체 표면에서 발생한 증기농도가 공기 중에서 연소하한농도가 될 수 있는 가장 낮은 액체 온도이다.

㉯ 연소점 : 연소를 5초 이상 계속 유지할 수 있는 최저 온도로서 인화점보다 5~10℃ 높다.

㉰ 발화온도 : 가연성 혼합물이 주위로부터 충분한 에너지를 받아 스스로 점화할 수 있는 최저 온도이다.

92 산업안전보건법령상 다음 인화성 가스의 정의에서 (　) 안에 알맞은 값은?

> "인화성 가스"란 인화한계 농도의 최저한도가 (ⓐ)% 이하 또는 최고한도와 최저한도의 차가 (ⓑ)% 이상인 것으로서 표준압력(101.3kPa), 20℃에서 가스 상태인 물질을 말한다.

① ⓐ 13, ⓑ 12　② ⓐ 13, ⓑ 15

③ ⓐ 12, ⓑ 13　④ ⓐ 12, ⓑ 15

해설 인화성 가스

인화한계 농도의 최저한도가 13% 이하 또는 최고한도와 최저한도의 차가 12% 이상인 것으로서 표준압력(101.3kPa), 20℃에서 가스 상태인 물질을 말한다.

93 위험물의 저장방법으로 적절하지 않은 것은?

① 탄화칼슘은 물 속에 저장한다.

② 벤젠은 산화성 물질과 격리시킨다.

③ 금속나트륨은 석유 속에 저장한다.

④ 질산은 갈색병에 넣어 냉암소에 보관한다.

해설 탄화칼슘은 물속에 저장하면 물과 반응하여 가연성 가스인 아세틸렌을 발생시켜 위험하다. 저장 시에는 질소가스를 봉입한다.

94 다음 중 열교환기의 보수에 있어 일상점검항목과 정기적 개방점검항목으로 구분할 때 일상점검항목으로 거리가 먼 것은?

① 도장의 노후상황

② 부착물에 의한 오염의 상황

③ 보온재, 보냉재의 파손여부

④ 기초볼트의 체결정도

 정답 89.① 90.④ 91.① 92.① 93.① 94.②

해설 **열교환기의 점검사항**

㉮ 일상점검항목
- ㉠ 보온재 및 보냉재의 파손상황
- ㉡ 도장부의 결함 유무
- ㉢ 접속부(flange), 용접부 등의 누설 유무
- ㉣ 기초볼트(anchor bolt)의 이완 여부
- ㉤ 기초부(특히 콘크리트 기초)의 파손 여부

㉯ 정기 개방점검항목
- ㉠ 부식상태 및 중합체(polymer)나 스케일(scale)의 생성 여부 및 부착물에 의한 오염상태
- ㉡ 부식의 형태와 정도 및 범위 등의 점검
- ㉢ 누설 부위
- ㉣ 관(tube)의 두께 감소 여부
- ㉤ 용접선 이상 유무
- ㉥ 라이닝(lining) 및 코팅(coating) 상태

95 다음 [표]의 가스(A~D)를 위험도가 큰 것부터 작은 순으로 나열한 것은?

	폭발하한값	폭발상한값
A	4.0 vol%	75.0 vol%
B	3.0 vol%	80.0 vol%
C	1.25 vol%	44.0 vol%
D	2.5 vol%	81.0 vol%

① D – B – C – A
② D – B – A – C
③ C – D – A – B
④ C – D – B – A

해설
㉮ A 위험도 : $\frac{75-4}{4}=17.75$

㉯ B 위험도 : $\frac{80-3}{3}=25.67$

㉰ C 위험도 : $\frac{44-1.25}{1.25}=34.2$

㉱ D 위험도 : $\frac{81-2.5}{2.5}=31.4$

∴ 위험도 크기 : C > D > B > A

96 알루미늄분이 고온의 물과 반응하였을 때 생성되는 가스는?

① 이산화탄소 ② 수소
③ 메탄 ④ 에탄

해설 **알루미늄분과 물의 반응식**

$2Al+6H_2O \rightarrow 2Al(OH)_3+3H_2$

97 다음 중 반응기의 구조방식에 의한 분류에 해당하는 것은?

① 탑형 반응기
② 연속식 반응기
③ 반회분식 반응기
④ 회분식 균일상반응기

해설 **반응기의 분류**

㉮ 조작방식에 의한 분류
- ㉠ 회분식 반응기
- ㉡ 반회분식 반응기
- ㉢ 연속식 반응기

㉯ 구조방식에 의한 분류
- ㉠ 교반조형 반응기
- ㉡ 관형 반응기
- ㉢ 탑형 반응기
- ㉣ 유동층형 반응기

98 다음 중 공기 중 최소 발화에너지 값이 가장 작은 물질은?

① 에틸렌
② 아세트알데히드
③ 메탄
④ 에탄

해설 **최소 발화에너지(MIE)**

㉮ 최소 발화에너지 : 연소에 필요한 최소한의 에너지

㉯ MIE에 영향을 주는 요인
- ㉠ 압력 · 온도의 증가에 따라 MIE는 감소함.
- ㉡ 공기 중에서보다 산소 중에서 더 감소함.
- ㉢ 질소 등 불활성 가스 농도 증가 시는 MIE를 증가시킴.
- ㉣ 분진의 MIE는 일반적으로 가연성 가스보다 큰 에너지 준위를 가짐.

㉰ 가연성 물질의 MIE
- ㉠ 에틸렌(C_2H_4) : 0.096×10^{-3}J
- ㉡ 메탄(CH_4) : 0.28×10^{-3}J
- ㉢ 에탄(C_2H_6) : 0.31×10^{-3}J
- ㉣ 아세트알데히드(CH_8CHO) : 0.36×10^{-3}J

99 메탄, 에탄, 프로판의 폭발하한계가 각각 5vol%, 3vol%, 2.1vol%일 때 다음 중 폭발하한계가 가장 낮은 것은? (단, Le Chatelier의 법칙을 이용한다.)

① 메탄 20vol%, 에탄 30vol%, 프로판 50vol%의 혼합가스
② 메탄 30vol%, 에탄 30vol%, 프로판 40vol%의 혼합가스
③ 메탄 40vol%, 에탄 30vol%, 프로판 30vol%의 혼합가스
④ 메탄 50vol%, 에탄 30vol%, 프로판 20vol%의 혼합가스

해설 **혼합가스 폭발하한계(L_a) 계산**

$$L_a = \frac{v_1 + v_2 + v_3}{\frac{v_1}{L_1} + \frac{v_2}{L_2} + \frac{v_3}{L_3}}$$

① $L = \frac{100}{\frac{20}{5} + \frac{30}{3} + \frac{50}{2.1}} = 2.65$

② $L = \frac{100}{\frac{30}{5} + \frac{30}{3} + \frac{40}{2.1}} = 2.85$

③ $L = \frac{100}{\frac{40}{5} + \frac{30}{3} + \frac{30}{2.1}} = 3.10$

④ $L = \frac{100}{\frac{50}{5} + \frac{30}{3} + \frac{20}{2.1}} = 3.39$

100 고압가스 용기 파열사고의 주요 원인 중 하나는 용기의 내압력(耐壓力, capacity to resist pressure) 부족이다. 다음 중 내압력 부족의 원인으로 거리가 먼 것은?

① 용기 내벽의 부식
② 강재의 피로
③ 과잉 충전
④ 용접 불량

해설 ㉮ 용기의 내압력(耐壓力) 부족 원인
㉠ 강재의 피로
㉡ 용기 내벽의 부식
㉢ 용접 불량
㉯ 과잉 충전은 용기 내 압력의 상승 원인이다.

≫ 제6과목 건설안전기술

101 건설업의 공사금액이 850억원일 경우 산업안전보건법령에 따른 안전관리자의 수로 옳은 것은? (단, 전체 공사기간을 100으로 할 때 공사 전 · 후 15에 해당하는 경우는 고려하지 않는다.)

① 1명 이상
② 2명 이상
③ 3명 이상
④ 4명 이상

해설 건설업에서 안전관리자 수는 공사금액이 공사금액 800억 미만까지는 1명, 700억 증가 시 1인 추가하므로 2인이 필요하다.

102 가설통로를 설치하는 경우 준수해야 할 기준으로 옳지 않은 것은?

① 경사는 30° 이하로 할 것
② 경사가 25°를 초과하는 경우에는 미끄러지지 아니하는 구조로 할 것
③ 건설공사에 사용하는 높이 8m 이상인 비계다리에는 7m 이내마다 계단참을 설치할 것
④ 수직갱에 가설된 통로의 길이가 15m 이상인 때에는 10m 이내마다 계단참을 설치할 것

해설 **가설통로 설치 시 준수사항**
㉮ 견고한 구조로 할 것
㉯ 경사는 30° 이하로 할 것. 다만, 계단을 설치하거나 높이 2m 미만의 가설통로로서 튼튼한 손잡이를 설치한 경우에는 그러하지 아니하다.
㉰ 경사가 15°를 초과하는 경우에는 미끄러지지 아니하는 구조로 할 것
㉱ 추락할 위험이 있는 장소에는 안전난간을 설치할 것. 다만, 작업상 부득이한 경우에는 필요한 부분만 임시로 해체할 수 있다.
㉲ 수직갱에 가설된 통로의 길이가 15m 이상인 경우에는 10m 이내마다 계단참을 설치할 것
㉳ 건설공사에 사용하는 높이 8m 이상인 비계다리에는 7m 이내마다 계단참을 설치할 것

 정답 99.① 100.③ 101.② 102.②

103 건설현장에 동바리 설치 시 준수사항으로 옳지 않은 것은?

① 파이프서포트 높이가 4.5m를 초과하는 경우에는 높이 2m 이내마다 2개 방향으로 수평연결재를 설치한다.
② 동바리의 침하 방지를 위해 받침목(깔목)이나 깔판의 사용, 콘크리트 타설, 말뚝박기 등을 실시한다.
③ 강재의 접속부 및 교차부는 볼트 또는 클램프 등 전용철물을 사용한다.
④ 강관틀 동바리는 강관틀과 강관틀 사이에 교차가새를 설치한다.

해설 동바리로 사용하는 파이프서포트에 대해서는 다음 각 목의 사항을 따라야 한다.
㉮ 파이프서포트를 3개 이상 이어서 사용하지 않도록 할 것
㉯ 파이프서포트를 이어서 사용하는 경우에는 4개 이상의 볼트 또는 전용철물을 사용하여 이을 것
㉰ 높이가 3.5m를 초과하는 경우에는 높이 2m 이내마다 수평연결재를 2개 방향으로 만들고 수평연결재의 변위를 방지할 것

104 항타기 또는 항발기의 사용 시 준수사항으로 옳지 않은 것은?

① 공기를 차단하는 장치를 작업관리자가 쉽게 조작할 수 있는 위치에 설치한다.
② 해머의 운동에 의하여 공기호스와 해머의 접속부가 파손되거나 벗겨지는 것을 방지하기 위하여 그 접속부가 아닌 부위를 선정하여 공기호스를 해머에 고정시킨다.
③ 항타기나 항발기의 권상장치의 드럼에 권상용 와이어로프가 꼬인 경우에는 와이어로프에 하중을 걸어서는 안 된다.
④ 항타기나 항발기의 권상장치에 하중을 건 상태로 정지하여 두는 경우에는 쐐기장치 또는 역회전방지용 브레이크를 사용하여 제동하는 등 확실하게 정지시켜 두어야 한다.

해설 공기를 차단하는 장치를 해머의 운전자가 쉽게 조작할 수 있는 위치에 설치한다.

105 가설공사 표준안전 작업지침에 따른 통로발판을 설치하여 사용함에 있어 준수사항으로 옳지 않은 것은?

① 추락의 위험이 있는 곳에는 안전난간이나 철책을 설치하여야 한다.
② 작업발판의 최대폭은 1.6m 이내이어야 한다.
③ 비계발판의 구조에 따라 최대 적재하중을 정하고 이를 초과하지 않도록 하여야 한다.
④ 발판을 겹쳐 이음하는 경우 장선 위에서 이음을 하고 겹침길이는 10cm 이상으로 하여야 한다.

해설 통로발판을 설치하여 사용함에 있어서 다음 각 호의 사항을 준수하여야 한다.
㉮ 근로자가 작업 및 이동하기에 충분한 넓이가 확보되어야 한다.
㉯ 추락의 위험이 있는 곳에는 안전난간이나 철책을 설치하여야 한다.
㉰ 발판을 겹쳐 이음하는 경우 장선 위에서 이음을 하고 겹침길이는 20cm 이상으로 하여야 한다.
㉱ 발판 1개에 대한 지지물은 2개 이상이어야 한다.
㉲ 작업발판의 최대폭은 1.6m 이내이어야 한다.
㉳ 작업발판 위에는 돌출된 못, 옹이, 철선 등이 없어야 한다.
㉴ 비계발판의 구조에 따라 최대 적재하중을 정하고 이를 초과하지 않도록 하여야 한다.

106 토사붕괴에 따른 재해를 방지하기 위한 흙막이 지보공 부재로 옳지 않은 것은?

① 흙막이판 ② 말뚝
③ 턴버클 ④ 띠장

해설 **턴버클(Turn Buckle)**
인장재(줄)를 팽팽히 당겨 조이는 나사 있는 탕개쇠로 거푸집 연결 시 철선을 조이는 데 사용하는 긴장용 철물

103.① 104.① 105.④ 106.③ 정답

107 토사붕괴 원인으로 옳지 않은 것은?

① 경사 및 기울기 증가
② 성토 높이의 증가
③ 건설기계 등 하중작용
④ 토사중량의 감소

해설 토사붕괴의 원인

㉮ 외적 요인
㉠ 사면, 법면의 경사 및 구배의 증가
㉡ 절토 및 성토 높이의 증가
㉢ 공사에 의한 진동 및 반복하중의 증가
㉣ 지표수 및 지하수의 침투에 의한 토사중량 증가
㉤ 지진, 차량, 구조물의 하중
㉯ 내적 요인
㉠ 절토사면의 토질, 암석
㉡ 성토사면의 토질
㉢ 토석의 강도 저하

108 이동식 비계를 조립하여 작업을 하는 경우의 준수기준으로 옳지 않은 것은?

① 비계의 최상부에서 작업을 할 때에는 안전난간을 설치하여야 한다.
② 작업발판의 최대적재하중은 400kg을 초과하지 않도록 한다.
③ 승강용 사다리는 견고하게 설치하여야 한다.
④ 작업발판은 항상 수평을 유지하고 작업발판 위에서 안전난간을 딛고 작업을 하거나 받침대 또는 사다리를 사용하여 작업하지 않도록 한다.

해설 이동식 비계 조립 및 사용 시 준수사항

㉮ 이동식 비계의 바퀴에는 뜻밖의 갑작스러운 이동 또는 전도를 방지하기 위하여 브레이크 · 쐐기 등으로 바퀴를 고정시킨 다음, 비계의 일부를 견고한 시설물에 고정하거나 아웃트리거(outrigger)를 설치하는 등 필요한 조치를 할 것
㉯ 승강용 사다리는 견고하게 설치할 것
㉰ 비계의 최상부에서 작업을 하는 경우에는 안전난간을 설치할 것
㉱ 작업발판은 항상 수평을 유지하고 작업발판 위에서 안전난간을 딛고 작업을 하거나 받침대 또는 사다리를 사용하여 작업하지 않노록 할 것
㉲ 작업발판의 최대 적재하중은 250kg을 초과하지 않도록 할 것

109 건설용 리프트의 붕괴 등을 방지하기 위해 받침의 수를 증가시키는 등 안전조치를 하여야 하는 순간풍속 기준은?

① 초당 15미터 초과
② 초당 25미터 초과
③ 초당 35미터 초과
④ 초당 45미터 초과

해설 건설용 리프트의 붕괴 등을 방지

㉮ 사업주는 지반침하, 불량한 자재 사용 또는 헐거운 결선(結線) 등으로 리프트가 붕괴되거나 넘어지지 않도록 필요한 조치를 하여야 한다.
㉯ 사업주는 순간풍속이 초당 35m를 초과하는 바람이 불어올 우려가 있는 경우 건설 작업용 리프트(지하에 설치되어 있는 것은 제외)에 대하여 받침의 수를 증가시키는 등 그 붕괴 등을 방지하기 위한 조치를 하여야 한다.

110 건설작업용 타워크레인의 안전장치로 옳지 않은 것은?

① 권과 방지장치　② 과부하 방지장치
③ 비상정지장치　④ 호이스트 스위치

해설 건설작업용 타워크레인의 안전장치에는 과부하방지장치, 권과 방지장치, 비상정지장치 및 제동장치, 그 밖의 방호장치가 있다.

111 달비계에 사용하는 와이어로프의 사용금지 기준으로 옳지 않은 것은?

① 이음매가 있는 것
② 열과 전기 충격에 의해 손상된 것
③ 지름의 감소가 공칭지름의 7%를 초과하는 것
④ 와이어로프의 한 꼬임에서 끊어진 소선의 수가 7% 이상인 것

해설 달비계에 사용하는 와이어로프의 사용금지사항

㉮ 이음매가 있는 것
㉯ 와이어로프의 한 꼬임에서 끊어진 소성의 수가 10% 이상인 것
㉰ 지름의 감소가 공정지름의 7%를 초과하는 것
㉱ 꼬인 것
㉲ 심하게 변형되거나 부식된 것
㉳ 열과 전기충격에 의해 손상된 것

 정답 107.④ 108.② 109.③ 110.④ 111.④

112 건설업 산업안전보건관리비 계상 및 사용 기준은 산업안전보건법에서 정의한 건설공사 중 총 공사금액이 얼마 이상인 공사에 적용하는가? (단, 전기공사업법, 정보통신공사업법에 의한 공사는 제외)

① 4천만원 ② 3천만원
③ 2천만원 ④ 1천만원

해설 산업안전보건관리비 계상기준은 「산업안전보건법」에서 정의한 건설공사 중 총 공사금액 2천만원 이상인 공사에 적용한다.

113 가설구조물의 특징으로 옳지 않은 것은?

① 연결재가 적은 구조로 되기 쉽다.
② 부재 결합이 간략하여 불안전 결합이다.
③ 구조물이라는 개념이 확고하여 조립의 정밀도가 높다.
④ 사용부재는 과소단면이거나 결함재가 되기 쉽다.

해설 **가설구조물의 특징**
① 연결재가 적은 구조로 되기 쉽다.
② 부재 결합이 간략하여 불안전 결합이다.
③ 구조물이라는 개념이 확고하지 않아 조립의 정밀도가 낮다.
④ 사용부재는 과소단면이거나 결함재가 되기 쉽다.

114 동바리의 침하를 방지하기 위한 직접적인 조치로 옳지 않은 것은?

① 수평연결재 사용
② 받침목(깔목)이나 깔판의 사용
③ 콘크리트의 타설
④ 말뚝박기

해설 **거푸집 및 동바리 등을 조립 시 준수사항**
㉮ 받침목(깔목)이나 깔판의 사용, 콘크리트 타설, 말뚝박기 등 동바리의 침하를 방지하기 위한 조치를 할 것
㉯ 개구부 상부에 동바리를 설치하는 경우에는 상부 하중을 견딜 수 있는 견고한 받침대를 설치할 것
㉰ 동바리의 상하 고정 및 미끄러짐 방지조치를 하고, 하중의 지지상태를 유지할 것
㉱ 동바리의 이음은 맞댄이음이나 장부이음으로 하고 같은 품질의 재료를 사용할 것
㉲ 강재와 강재의 접속부 및 교차부는 볼트 · 클램프 등 전용 철물을 사용하여 단단히 연결할 것(철선 사용 금지)
㉳ 거푸집이 곡면인 경우에는 버팀대의 부착 등 그 거푸집의 부상(浮上)을 방지하기 위한 조치를 할 것

115 건설업 중 유해위험방지계획서 제출 대상 사업장으로 옳지 않은 것은?

① 지상높이가 31m 이상인 건축물 또는 인공구조물, 연면적 30,000m^2 이상인 건축물 또는 연면적 5,000m^2 이상의 문화 및 집회시설의 건설공사
② 연면적 3,000m^2 이상의 냉동 · 냉장 창고시설의 설비공사 및 단열공사
③ 깊이 10m 이상인 굴착공사
④ 최대 지간길이가 50m 이상인 다리의 건설공사

해설 **유해위험방지계획서 제출 대상 건설공사**
㉮ 다음 각 목의 어느 하나에 해당하는 건축물 또는 시설 등의 건설 · 개조 또는 해체 공사
  ㉠ 지상높이가 31m 이상인 건축물 또는 인공구조물
  ㉡ 연면적 30,000m^2 이상인 건축물
  ㉢ 연면적 5,000m^2 이상인 시설로서 다음의 어느 하나에 해당하는 시설
    – 문화 및 집회시설(전시장 및 동물원 · 식물원은 제외한다)
    – 판매시설, 운수시설(고속철도의 역사 및 집배송시설은 제외한다)
    – 종교시설
    – 의료시설 중 종합병원
    – 숙박시설 중 관광숙박시설
    – 지하도상가
    – 냉동 · 냉장 창고시설
㉯ 연면적 5,000m^2 이상의 냉동 · 냉장 창고시설의 설비공사 및 단열공사
㉰ 최대 지간길이(다리의 기둥과 기둥의 중심사이의 거리)가 50m 이상인 교량 건설 등 공사
㉱ 터널 건설 등의 공사
㉲ 다목적댐, 발전용 댐 및 저수용량 2,000만 톤 이상의 용수 전용댐, 지방 상수도 전용댐 건설 등의 공사
㉳ 깊이 10m 이상인 굴착공사

112.③ 113.③ 114.① 115.② 정답

116 건설공사의 유해위험방지계획서 제출기준일로 옳은 것은?

① 당해공사 착공 1개월 전까지
② 당해공사 착공 15일 전까지
③ 당해공사 착공 전날까지
④ 당해공사 착공 15일 후까지

해설 유해위험방지계획서의 제출
산업안전보건법령상 "대통령령으로 정하는 사업의 종류 및 규모에 해당하는 사업으로서 해당 제품의 생산 공정과 직접적으로 관련된 건설물 · 기계 · 기구 및 설비 등 일체를 설치 · 이전하거나 그 주요 구조부분을 변경하려는 경우"에 해당하는 사업주는 유해위험방지계획서에 관련 서류를 첨부하여 해당 작업시작 15일 전까지 공단에 2부를 제출하여야 한다. 건설공사의 유해위험방지계획서는 당해공사 착공 전날까지 공단에 2부를 제출하여야 한다.

117 사다리식 통로 등의 구조에 설치기준으로 옳지 않은 것은?

① 발판의 간격은 일정하게 할 것
② 발판과 벽과의 사이는 15cm 이상의 간격을 유지할 것
③ 사다리식 통로의 길이가 10m 이상인 때에는 7m 이내마다 계단참을 설치할 것
④ 사다리의 상단은 걸쳐놓은 지점으로부터 60cm 이상 올라가도록 할 것

해설 사다리식 통로 설치 시 준수사항
㉮ 견고한 구조로 할 것
㉯ 심한 손상 · 부식 등이 없는 재료를 사용할 것
㉰ 발판의 간격은 일정하게 할 것
㉱ 발판과 벽과의 사이는 15cm 이상의 간격을 유지할 것
㉲ 폭은 30cm 이상으로 할 것
㉳ 사다리가 넘어지거나 미끄러지는 것을 방지하기 위한 조치를 할 것
㉴ 사다리의 상단은 걸쳐놓은 지점으로부터 60cm 이상 올라가도록 할 것
㉵ 사다리식 통로의 길이가 10m 이상인 경우에는 5m 이내마다 계단참을 설치할 것
㉶ 사다리식 통로의 기울기는 75° 이하로 할 것. 다만, 고정식 사다리식 통로의 기울기는 90° 이하로 하고, 그 높이가 7m 이상인 경우에는 바닥으로부터 높이가 2.5m 되는 지점부터 등받이울을 설치할 것
㉷ 접이식 사다리 기둥은 사용 시 접혀지거나 펼쳐지지 않도록 철물 등을 사용하여 견고하게 조치할 것

118 철골건립준비를 할 때 준수하여야 할 사항으로 옳지 않은 것은?

① 지상 작업장에서 건립준비 및 기계기구를 배치할 경우에는 낙하물의 위험이 없는 평탄한 장소를 선정하여 정비하여야 한다.
② 건립작업에 다소 지장이 있다 하더라도 수목은 제거하거나 이설하여서는 안된다.
③ 사용전에 기계기구에 대한 정비 및 보수를 철저히 실시하여야 한다.
④ 기계에 부착된 앵커 등 고정장치와 기초구조 등을 확인하여야 한다.

해설 철골건립 작업에 수목이 다소 지장이 있다면 이동 또는 제거하여야 한다.

119 고소작업대를 설치 및 이동하는 경우에 준수하여야 할 사항으로 옳지 않은 것은?

① 와이어로프 또는 체인의 안전율은 3 이상일 것
② 붐의 최대 지면경사각을 초과 운전하여 전도되지 않도록 할 것
③ 고소작업대를 이동하는 경우 작업대를 가장 낮게 내릴 것
④ 작업대에 끼임 · 충돌 등 재해를 예방하기 위한 가드 또는 과상승방지장치를 설치할 것

해설 고소작업대를 와이어로프 또는 체인으로 올리거나 내릴 경우에는 와이어로프 또는 체인이 끊어져 작업대가 떨어지지 아니하는 구조여야 하며, 와이어로프 또는 체인의 안전율은 5 이상일 것

 정답 116.③ 117.③ 118.② 119.①

120 터널공사에서 발파작업 시 안전대책으로 옳지 않은 것은?

① 발파 전 도화선 연결상태, 저항치 조사 등의 목적으로 도통시험 실시 및 발파기의 작동상태에 대한 사전점검 실시
② 모든 동력선은 발원점으로부터 최소한 15m 이상 후방으로 옮길 것
③ 지질, 암의 절리 등에 따라 화약량에 대한 검토 및 시방기준과 대비하여 안전조치
④ 발파용 점화회선은 타동력선 및 조명회선과 한곳으로 통합하여 관리

해설 **터널공사에서 발파작업 시 안전대책**
㉮ 발파는 선임된 발파책임자의 지휘에 따라 시행하여야 한다.
㉯ 발파작업에 대한 특별시방을 준수하여야 한다.
㉰ 굴착단면 경계면에는 모암에 손상을 주지 않도록 시방에 명기된 정밀폭약(FINEX Ⅰ, Ⅱ) 등을 사용하여야 한다.
㉱ 지질, 암의 절리 등에 따라 화약량을 충분히 검토하여야 하며, 시방기준과 대비하여 안전조치를 하여야 한다.
㉲ 발파책임자는 모든 근로자의 대피를 확인하고 지보공 및 복공에 대하여 필요한 조치의 방호를 한 후 발파하도록 하여야 한다.
㉳ 발파 시 안전한 거리 및 위치에서의 대피가 어려울 때에는 전면과 상부를 견고하게 방호한 임시대피장소를 설치하여야 한다.
㉴ 화약류를 장진하기 전에 모든 동력선 및 활선은 장진기기로부터 분리시키고, 조명회선을 포함한 모든 동력선은 발원점으로부터 최소한 15m 이상 후방으로 옮겨 놓도록 하여야 한다.
㉵ 발파용 점화회선은 타동력선 및 조명회선으로부터 분리되어야 한다.
㉶ 발파 전 도화선 연결상태, 저항치 조사 등의 목적으로 도통시험을 실시하여야 하며, 발파기의 작동상태를 사전 점검하여야 한다.
㉷ 발파 후에는 충분한 시간이 경과한 후 접근하도록 하여야 하며 다음 각 목의 조치를 취한 후 다음 단계의 작업을 행하도록 하여야 한다.
 ㉠ 유독가스의 유무를 재확인하고 신속히 환풍기, 송풍기 등을 이용 환기시킨다.
 ㉡ 발파책임자는 발파 후 가스배출 완료 즉시 굴착면을 세밀히 조사하여 붕락 가능성의 뜬돌을 제거하여야 하며, 용출수 유무를 동시에 확인하여야 한다.
 ㉢ 발파단면을 세밀히 조사하여 필요에 따라 지보공, 록볼트, 철망, 뿜어 붙이기 콘크리트 등으로 보강하여야 한다.
 ㉣ 불발화약류의 유무를 세밀히 조사하여야 하며, 발견 시 국부 재발파, 수압에 의한 제거방식 등으로 잔류화약을 처리하여야 한다.

2022 2022. 7. 2. 시행 CBT 복원문제 제3회 산업안전기사

≫ 제1과목 안전관리론

01 산업안전보건법령상 안전보건표지의 종류 중 경고표지에 해당하지 않는 것은?

① 레이저광선 경고
② 급성독성물질 경고
③ 매달린 물체 경고
④ 차량통행 경고

해설 **경고표시의 기본모형 및 색채**

기본모형 및 색채	종 류
삼각형 예 (고압전기 경고) • 바탕은 노란색 • 기본모형 관련 부호 및 그림은 검은색	• 방사성물질 경고 • 고압전기 경고 • 매달린 물체 경고 • 고온 경고 • 저온 경고 • 몸균형 상실 경고 • 레이저광선 경고 • 위험장소 경고
다이아몬드형 예 (인화성물질 경고) • 바탕은 무색 • 기본모형은 빨간색 (검은색도 가능)	• 인화성물질 경고 • 산화성물질 경고 • 폭발성물질 경고 • 급성독성물질 경고 • 부식성물질 경고 • 발암성 · 변이원성 · 생식독성 · 전신독성 · 호흡기과민성 물질 경고

02 A사업장의 2019년 도수율이 10이라 할 때, 연천인율은 얼마인가?

① 2.4
② 5
③ 12
④ 24

해설 연천인율=도수율×2.4=10×2.4=24

03 어느 사업장에서 물적 손실이 수반된 무상해사고가 180건 발생하였다면 중상은 몇 건이나 발생할 수 있는가? (단, 버드의 재해구성비율 법칙에 따른다.)

① 6건
② 18건
③ 20건
④ 29건

해설 **버드의 재해구성비율**

중상 또는 폐질 : 경상 (물적 · 인적 상해) : 무상해사고 (물적 손실) : 무상해 · 무사고 (위험순간)
= 1 : 10 : 30 : 600

$\therefore$ 중상 $= \dfrac{1\times180}{30} = 6$건

04 레빈(Lewin)은 인간의 행동 특성을 다음과 같이 표현하였다. 변수 'E'가 의미하는 것은?

$$B=f(P\cdot E)$$

① 연령 ② 성격
③ 환경 ④ 지능

해설 **K. Lewin의 법칙**

Lewin은 인간의 행동(B)은 그 사람이 가진 자질, 즉 개체(P)와 심리학적 환경(E)과의 상호 함수관계에 있다고 주장했다.

$B=f(P\cdot E)$

여기서, B : Behavior(인간의 행동)
f : Function(함수관계)
P : Person(개체 : 연령, 경험, 심신상태, 성격, 지능 등)
E : Environment(심리적 환경 : 인간관계, 작업환경 등)

정답 01.④ 02.④ 03.① 04.③

05 다음 설명의 학습지도 형태는 어떤 토의법 유형인가?

> 6-6회의라고도 하며, 6명씩 소집단으로 구분하고, 집단별로 각각의 사회자를 선발하여 6분간씩 자유토의를 행하여 의견을 종합하는 방법

① 포럼(forum)
② 버즈세션(buzz session)
③ 케이스메소드(case method)
④ 패널디스커션(panel discussion)

해설 ① 포럼(forum) : 새로운 자료나 교재를 제시하고 거기에서의 문제점을 피교육자로 하여금 제기하게 하거나, 의견을 여러 가지 방법으로 발표하게 하고 다시 깊이 파고들어서 토의를 행하는 방법
② 버즈세션(buzz session) : 6-6회의라고도 하며, 먼저 사회자와 기록계를 선출한 후, 나머지 사람은 6명씩의 소집단으로 구분하고, 소집단별로 각각 사회자를 선발하여 6분씩 자유토의를 행하여 의견을 종합하는 방법
③ 케이스메소드(case method, 사례연구법) : 먼저 사례를 제시하고 문제적 사실들과 그의 상호관계에 대해서 검토하고 대책을 토의하는 방법
④ 패널디스커션(panel discussion) : 패널 멤버(교육과제에 정통한 전문가 4~5명)가 피교육자 앞에서 자유로이 토의를 하고, 뒤에 피교육자 전원이 참가하여 사회자의 사회에 따라 토의하는 방법

06 산업안전보건법령상 안전보건표지의 종류 중 다음 표지의 명칭은? (단, 마름모 테두리는 빨간색이며, 안의 내용은 검은색이다.)

① 폭발성물질 경고
② 산화성물질 경고
③ 부식성물질 경고
④ 급성독성물질 경고

해설

① 폭발성물질 경고	② 산화성물질 경고	③ 부식성물질 경고	④ 급성독성물질 경고

07 라인(line)형 안전관리 조직의 특징으로 옳은 것은?

① 안전에 관한 기술의 축적이 용이하다.
② 안전에 관한 지시나 조치가 신속하다.
③ 조직원 전원을 자율적으로 안전활동에 참여시킬 수 있다.
④ 권한 다툼이나 조정 때문에 통제수속이 복잡해지며, 시간과 노력이 소모된다.

해설 **라인형 조직의 특징**
㉮ 장점
㉠ 안전지시나 개선조치 등 명령이 철저하고 신속하게 수행된다.
㉡ 상하관계만 있기 때문에 명령과 보고가 간단명료하다.
㉢ 참모식 조직보다 경제적인 조직체계이다.
㉯ 단점
㉠ 안전전담부서(staff)가 없기 때문에 안전에 대한 정보가 불충분하고 안전지식 및 기술 축적이 어렵다.
㉡ 라인(line)에 과중한 책임을 지우기가 쉽다.

08 다음 중 헤드십(headship)에 관한 설명과 가장 거리가 먼 것은?

① 권한의 근거는 공식적이다.
② 지휘의 형태는 민주주의적이다.
③ 상사와 부하와의 사회적 간격은 넓다.
④ 상사와 부하와의 관계는 지배적이다.

해설 **헤드십과 리더십의 차이**

개인의 상황 변수	헤드십	리더십
권한행사	임명된 헤드	선출된 리더
권한부여	위에서 위임	밑으로부터 동의
권한근거	법적 또는 공식적	개인능력
권한귀속	공식화된 규정에 의함.	집단 목표에 기여한 공로 인정
상관과 부하의 관계	지배적	개인적인 영향
책임귀속	상사	상사와 부하
부하와의 사회적 간격	넓음.	좁음.
지휘형태	권위주의적	민주주의적

05.② 06.④ 07.② 08.② 정답

09 브레인스토밍 기법의 설명으로 옳은 것은?

① 타인의 의견을 수정하지 않는다.
② 지정된 표현방식에서 벗어나 자유롭게 의견을 제시한다.
③ 참여자에게는 동일한 횟수의 의견제시 기회가 부여된다.
④ 주제와 내용이 다르거나 잘못된 의견은 지적하여 조정한다.

해설 **브레인스토밍(Brain-Storming ; BS)의 4원칙**
㉮ 비평금지 : '좋다, 나쁘다'라고 비평하지 않는다.
㉯ 자유분방 : 마음대로 편안히 발언한다.
㉰ 대량발언 : 무엇이든지 좋으니 많이 발언한다.
㉱ 수정발언 : 타인의 아이디어에 수정하거나 덧붙여 말해도 좋다.

10 산업안전보건법령상 안전인증대상 기계 등에 포함되는 기계, 설비, 방호장치에 해당하지 않는 것은?

① 롤러기
② 크레인
③ 동력식 수동대패용 칼날접촉방지장치
④ 방폭구조(防爆構造) 전기 기계·기구 및 부품

해설 **안전인증**
㉮ 안전인증대상 기계·기구 및 설비
㉠ 프레스
㉡ 전단기 및 절곡기
㉢ 크레인
㉣ 리프트
㉤ 압력용기
㉥ 롤러기
㉦ 사출성형기
㉧ 고소작업대
㉨ 곤돌라
㉯ 안전인증대상 방호장치
㉠ 프레스 및 전단기 방호장치
㉡ 양중기용 과부하방지장치
㉢ 보일러 압력방출용 안전밸브
㉣ 압력용기 압력방출용 안전밸브
㉤ 압력용기 압력방출용 파열판
㉥ 절연용 방호구 및 활선작업용 기구
㉦ 방폭구조 전기 기계·기구 및 부품
㉰ 안전인증대상 보호구
㉠ 추락 및 감전위험방지용 안전모
㉡ 안전화
㉢ 안전장갑
㉣ 방진마스크
㉤ 방독마스크
㉥ 송기마스크
㉦ 전동식 호흡보호구
㉧ 보호복
㉨ 안전대
㉩ 차광 및 비산물 위험방지용 보안경
㉪ 용접용 보안면
㉫ 방음용 귀마개 또는 귀덮개

11 재해로 인한 직접비용으로 8,000만원의 산재보상비가 지급되었을 때, 하인리히 방식에 따른 총 손실비용은?

① 16,000만원 ② 24,000만원
③ 32,000만원 ④ 40,000만원

해설 **하인리히 방식에 의한 재해손실비**
총 재해 Cost=직접비(보상비)+간접비
(직접비 : 간접비 = 1 : 4)
=8,000만원+8,000만원×4
=40,000만원

12 집단에서의 인간관계 메커니즘(mechanism)과 가장 거리가 먼 것은?

① 분열, 강박 ② 모방, 암시
③ 동일화, 일체화 ④ 커뮤니케이션, 공감

해설 **인간관계의 메커니즘**
㉮ 동일화(identification) : 다른 사람의 행동양식이나 태도를 투입시키거나, 다른 사람 가운데서 자기와 비슷한 것을 발견하는 것
㉯ 투사(投射 ; projection) : 투출이라고도 하며, 자기 속의 억압된 것을 다른 사람의 것으로 생각하는 것
㉰ 커뮤니케이션(communication) : 갖가지 행동양식이나 기호를 매개로 하여 어떤 사람으로부터 다른 사람에게 전달되는 과정(의사전달 매개체 : 언어, 표정, 손짓, 몸짓)
㉱ 모방(imitation) : 남의 행동이나 판단을 표본으로 하여, 그것과 같거나 또는 그것에 가까운 행동 또는 판단을 취하려는 것
㉲ 암시(suggestion) : 다른 사람으로부터의 판단이나 행동을 무비판적으로 논리적·사실적 근거 없이 받아들이는 것
㉳ 역할학습 : 역할에 대한 학습을 통해 문제상황에 대처하는 전략을 발전시키는 데 도움을 주는 것
㉴ 공감 : 동정과 구분되며, 남의 생각이나 의견 및 감정 등에 대하여 자기도 그러하다고 느끼는 것
㉵ 일체화 : 심리적으로 같게 되는 것
㉶ 집단 : 조직화된 사람들의 집합

 정답 09.② 10.③ 11.④ 12.①

13 헤링(Hering)의 착시현상에 해당하는 것은?

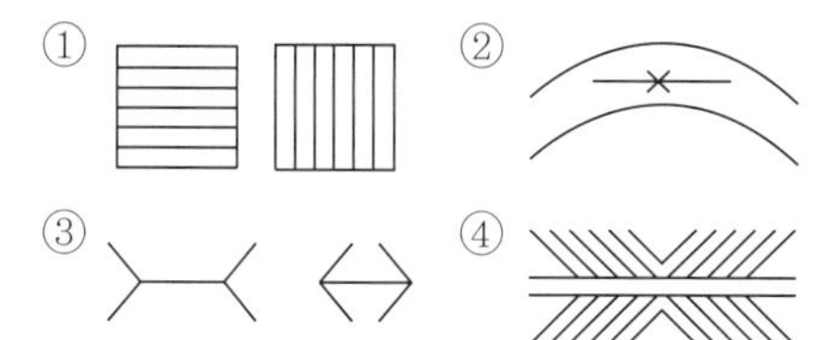

해설 **착시현상(시각의 착각현상)**

㉮ Müler · Lyer의 착시(동화착오)

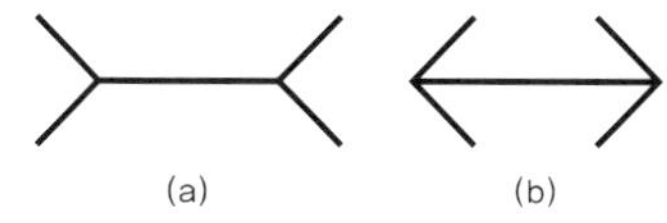

(a)　　(b)

(a)가 (b)보다 길게 보인다(실제 (a)=(b)).

㉯ Helmhotz의 착시

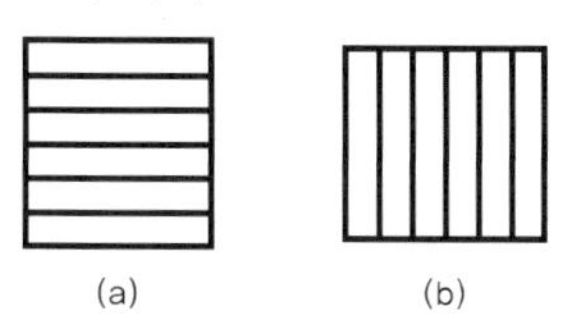

(a)　　(b)

(a)는 세로로 길어 보이고, (b)는 가로로 길어 보인다.

㉰ Hering의 착시(분할착오)

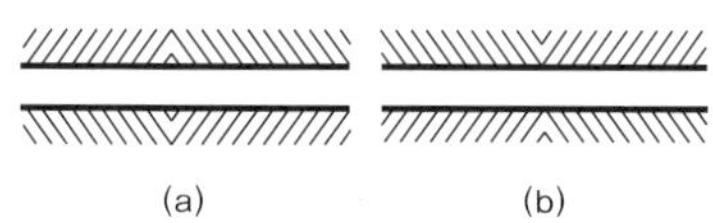

(a)　　(b)

두 개의 평행선이 (a)는 양단이 벌어져 보이고, (b)는 중앙이 벌어져 보인다.

14 TWI의 교육내용 중 인간관계 관리방법, 즉 부하 통솔법을 주로 다루는 것은?

① JST(Job Safety Training)
② JMT(Job Method Training)
③ JRT(Job Relation Training)
④ JIT(Job Instruction Training)

해설 **TWI(Training Within Industry)**

㉮ 교육대상을 주로 제일선 감독자에 두고 있는 것으로, 감독자는 다음의 5가지 요건을 구비해야 한다.
　㉠ 직무의 지식
　㉡ 직책의 지식
　㉢ 작업을 가르치는 능력
　㉣ 작업방법을 개선하는 기능
　㉤ 사람을 다루는 기량
㉯ TWI의 교육내용
　㉠ JI(Job Instruction) : 작업을 가르치는 방법(작업지도기법)
　㉡ JM(Job Method) : 작업의 개선방법(작업개선기법)
　㉢ JR(Job Relation) : 사람을 다루는 방법(인간관계 관리기법=부하 통솔법)
　㉣ JS(Job Safety) : 안전한 작업법(작업안전기법)
㉰ 전체의 교육시간 : 10시간으로 1일 2시간씩 5일에 걸쳐서 행하며, 한 클래스는 10명 정도이고 교육방법은 토의법을 의식적으로 취한다.

15 산업안전보건법령상 협의체 구성 및 운영에 관한 사항으로 (　)에 알맞은 내용은?

> 도급인은 관계수급인 근로자가 도급인의 사업장에서 작업을 하는 경우 도급인과 수급인을 구성원으로 하는 안전 및 보건에 관한 협의체를 구성 및 운영하여야 한다. 이 협의체는 (　　) 정기적으로 회의를 개최하고 그 결과를 기록 · 보존해야 한다.

① 매월 1회 이상　② 2개월마다 1회
③ 3개월마다 1회　④ 6개월마다 1회

해설 **안전 및 보건에 관한 협의체의 구성 및 운영**

㉮ 구성 : 도급인 및 그의 수급인 전원
㉯ 협의사항
　㉠ 작업의 시작시간, 작업 또는 작업장 간의 연락방법
　㉡ 재해발생 위험이 있는 경우 대피방법
　㉢ 위험성 평가의 실시에 관한 사항
　㉣ 사업주와 수급인 또는 수급인 상호간의 연락방법 및 작업공정의 조정
㉰ 회의 개최 : 매월 1회 이상

16 산업안전보건법령상 안전보건표지의 종류와 형태 중 관계자 외 출입금지에 해당하지 않는 것은?

① 관리대상물질의 작업장
② 허가대상물질 작업장
③ 석면 취급 · 해체 작업장
④ 금지대상물질의 취급 실험실

해설 **관계자 외 출입금지표지의 종류**

㉮ 허가대상물질 작업장
㉯ 석면 취급 · 해체 작업장
㉰ 금지대상물질의 취급 실험실

13.④　14.③　15.①　16.①　정답

17 산업안전보건법령상 사업장에서 산업재해 발생 시 사업주가 기록 · 보존하여야 하는 사항을 모두 고른 것은? (단, 산업재해 조사표와 요양신청서의 사본은 보존하지 않았다.)

ⓐ 사업장의 개요 및 근로자의 인적사항
ⓑ 재해발생의 일시 및 장소
ⓒ 재해발생의 원인 및 과정
ⓓ 재해재발방지 계획

① ⓐ, ⓓ
② ⓑ, ⓒ, ⓓ
③ ⓐ, ⓑ, ⓒ
④ ⓐ, ⓑ, ⓒ, ⓓ

해설 **산업재해 발생 시 사업주가 기록 · 보존해야 하는 사항**
㉮ 사업장의 개요 및 근로자의 인적사항
㉯ 재해발생 일시 · 장소
㉰ 재해발생 원인 및 과정
㉱ 재해재발방지 계획
∴ 3년간 보존하여야 한다.

18 적응기제(適應機制)의 형태 중 방어적 기제에 해당하지 않는 것은?

① 고립　② 보상
③ 승화　④ 합리화

해설 **적응기제**
㉮ 방어적 기제
자신의 약점이나 무능력, 열등감을 위장하여 유리하게 보호함으로써 안정감을 찾으려는 자세
㉠ 보상 : 자신의 무능에 의해서 생긴 열등감이나 긴장을 해소시키기 위해 자신의 장점 같은 것으로 그 결함을 보충하려는 행동기제
㉡ 합리화 : 자신의 실패나 약점을 그럴듯한 이유를 들어 남의 비난을 받지 않도록 하고 자위도 하는 행동기제
㉢ 동일시 : 자신의 것이 아님에도 불구하고 자기의 것이나 된 듯이 행동을 하여 승인을 얻고자 하는 기제
㉣ 승화 : 정신적인 역량의 전환을 의미하는 기제
㉯ 도피적 기제
욕구불만에 의한 긴장이나 압박감으로부터 벗어나기 위한 비합리적인 행동으로, 공상으로 도피하고 현실세계에서 벗어나 마음의 안정을 얻으려는 기제
㉠ 고립 : 현실을 피하고 자신의 내부로 도피하려는 행동기제
㉡ 퇴행 : 발전단계를 역행함으로써 욕구를 도피하려는 기제
㉢ 억압 : 현실적인 필요(욕망, 감정 등)를 묵살함으로써 오히려 자신의 안정을 유지하려는 기제
㉣ 백일몽 : 현실적으로 도저히 만족시킬 수 없는 욕구나 소원을 공상의 세계에서 이룩하려고 하는 도피의 한 형식
㉰ 공격적 기제
적극적이며 능동적인 입장에서 어떤 욕구불만에 대한 반항으로 자기를 괴롭히는 대상에 대해서 적대시하는 감정이나 태도를 취하는 것
㉠ 직접적 공격기제 : 힘에 의존해서 폭행, 싸움, 기물파손 등을 행하는 것
㉡ 간접적 공격기제 : 조소, 비난, 중상모략, 폭언, 욕설 등을 행하는 것

19 교육심리학의 학습이론에 관한 설명 중 옳은 것은?

① 파블로프(Pavlov)의 조건반사설은 맹목적 시행을 반복하는 가운데 자극과 반응이 결합하여 행동하는 것이다.
② 레빈(Lewin)의 장설은 후천적으로 얻게 되는 반사작용으로 행동을 발생시킨다는 것이다.
③ 톨만(Tolman)의 기호형태설은 학습자의 머리 속에 인지적 지도 같은 인지구조를 바탕으로 학습하려는 것이다.
④ 손다이크(Thorndike)의 시행착오설은 내적 · 외적의 전체 구조를 새로운 시점에서 파악하여 행동하는 것이다.

해설 ① 파블로프(Pavlov)의 조건반사설은 개의 소화생리를 연구하는 과정에서 개가 음식과는 상관없는 자신의 발자국 소리나 밥그릇을 보고 침을 흘리는 현상을 통해 고전적 조건화를 설명한 이론이다.
② 레빈(Lewin)의 장설은 인간은 새로운 지식으로 세상을 이해하고 새로운 요인들을 도입하여 원하는 것(욕구)과 싫어하는 것에 변화를 가져봄으로써 자기의 인지를 재구성한다는 이론이다.
④ 손다이크(Thorndike)의 시행착오설은 처음부터 성공 여부는 알지 못하지만, 우연적인 성공을 목표로 많은 시행과 착오가 반복되어 우연한 기회에 성공하고, 성공한 행동이 계속 반복되어 만족스러운 성과를 올릴 수 있는 새로운 행동이 획득된다는 이론이다.

 정답 17.④ 18.① 19.③

20 대뇌의 Human error로 인한 착오요인이 아닌 것은?

① 인지과정 착오
② 조치과정 착오
③ 판단과정 착오
④ 행동과정 착오

해설 **착오요인(대뇌의 human error)**
㉮ 인지과정 착오
㉠ 생리적 · 심리적 능력의 한계
㉡ 정보량 저장능력의 한계
㉢ 감각 차단현상 : 단조로운 업무, 반복작업
㉣ 정서 불안정 : 공포, 불안, 불만
㉯ 판단과정 착오
㉠ 능력 부족
㉡ 정보 부족
㉢ 자기합리화
㉣ 환경조건의 불비
㉰ 조치과정 착오

» 제2과목 인간공학 및 시스템 안전공학

21 인체에서 뼈의 주요 기능이 아닌 것은?

① 인체의 지주 ② 장기의 보호
③ 골수의 조혈 ④ 근육의 대사

해설 **인체에서 뼈의 주요 기능**
㉮ 지주 : 고형물로 몸의 기본적인 체격을 이룬다.
㉯ 보호 : 주위의 다른 장기 또는 조직들을 지지해주며, 뼛속에 위치한 장기를 외력으로부터 보호한다.
㉰ 운동 : 근육을 부착시킴으로써 이들에 대하여 지렛대로서의 역할을 한다.
㉱ 조혈 : 뼛속의 골수에서는 혈액을 만들어내는 조혈기관으로서의 역할을 한다.
㉲ 무기물 저장 : Ca, P 등의 저장창고 역할을 한다.

22 반사율이 85%, 글자의 밝기가 400cd/m² 인 VDT 화면에 350lux의 조명이 있다면 대비는 약 얼마인가?

① −6.0 ② −5.0
③ −4.2 ④ −2.8

해설 ㉮ 반사율(%) $= \dfrac{\text{광속발산도}}{\text{소요조명}} \times 100 = \dfrac{\text{cd/m}^2 \times x}{\text{lux}}$

㉯ 배경의 광속발산도

$$L_b = \frac{\text{반사율} \times \text{소요조명}}{\pi} = \frac{0.85 \times 350}{3.14} = 94.75\,\text{cd/m}^2$$

㉰ 표적의 광속발산도

$L_t = 400 + 94.75 = 494.75\,\text{cd/m}^2$

㉱ 대비 $= \dfrac{L_b - L_t}{L_b} \times 100 = \dfrac{94.75 - 494.75}{94.75} \times 100 = -4.22\%$

23 FT도에서 사용하는 기호 중 다음 그림과 같이 OR 게이트이지만 2개 또는 그 이상의 입력이 동시에 존재할 때 출력이 생기지 않는 경우 사용하는 것은?

① 부정 OR 게이트
② 배타적 OR 게이트
③ 억제 게이트
④ 조합 OR 게이트

해설 ① 부정 OR 게이트 : 억제 게이트와 동일하게 부정 모디파이어(not modifier)라고도 하며, 입력사상의 반대사상이 출력된다.
② 배타적 OR 게이트 : 결함수의 OR 게이트이지만, 2개나 그 이상의 입력이 동시에 존재하는 경우에는 출력이 생기지 않는다.
③ 억제 게이트 : 입력사상에 대하여 이 게이트로 나타내는 조건이 만족하는 경우에만 출력사상이 생긴다.
④ 조합 OR 게이트 : 3개 이상의 입력사상 가운데 어느 것이든 2개가 일어나면 출력사상이 생긴다.

24 HAZOP 기법에서 사용하는 가이드워드와 의미가 잘못 연결된 것은?

① No/Not − 설계 의도의 완전한 부정
② More/Less − 정량적인 증가 또는 감소
③ Part of − 성질상의 감소
④ Other than − 기타 환경적인 요인

해설 **위험 및 운전성 검토(HAZOP)에서 사용되는 유인어(guidewords)**
간단한 용어(말)로서 창조적 사고를 유도하고 자극하여 이상을 발견하고, 의도를 한정하기 위해 사용된다. 즉, 다음과 같은 의미를 나타낸다.
㉮ No 또는 Not : 설계 의도의 완전한 부정
㉯ More 또는 Less : 양(압력, 반응, Flow, Rate, 온도 등)의 증가 또는 감소
㉰ As well as : 성질상의 증가(설계 의도와 운전조건이 어떤 부가적인 행위와 함께 일어남)
㉱ Part of : 일부 변경, 성질상의 감소(어떤 의도는 성취되나, 어떤 의도는 성취되지 않음)
㉲ Reverse : 설계 의도의 논리적인 역
㉳ Other than : 완전한 대체(통상 운전과 다르게 되는 상태)

25 설비의 고장과 같이 발생확률이 낮은 사건의 특정시간 또는 구간에서의 발생횟수를 측정하는 데 가장 적합한 확률분포는?

① 이항분포(binomial distribution)
② 푸아송분포(poisson distribution)
③ 와이블분포(weibull distribution)
④ 지수분포(exponential distribution)

해설 **푸아송분포**
확률 및 통계학에서 모수는 모집단의 특성을 나타내는 수치를 말한다. 푸아송분포에서의 모수는 단위시간 또는 단위공간에서 평균발생횟수를 의미한다. 따라서 푸아송분포는 단위시간, 단위공간에 어떤 사건이 몇 번 발생할 것인지를 표현하는 이산확률분포이다.

26 결함수분석의 기호 중 입력사상이 어느 하나라도 발생할 경우 출력사상이 발생하는 것은?

① NOR GATE
② AND GATE
③ OR GATE
④ NAND GATE

해설 ① NOR GATE : 모든 입력이 거짓인 경우 출력이 참이 되는 논리 게이트이다.
② AND GATE : 모든 입력사상이 공존할 때만 출력사상이 발생하는 논리 게이트이다.
④ NAND GATE : 모든 입력이 참인 경우 출력이 거짓이 되는 논리 게이트이다.

27 FTA 결과 다음과 같은 패스셋을 구하였다. 최소 패스셋(minimal path sets)으로 옳은 것은?

$$\{X_2,\ X_3,\ X_4\}$$
$$\{X_1,\ X_3,\ X_4\}$$
$$\{X_3,\ X_4\}$$

① $\{X_3,\ X_4\}$
② $\{X_1,\ X_3,\ X_4\}$
③ $\{X_2,\ X_3,\ X_4\}$
④ $\{X_2,\ X_3,\ X_4\}$와 $\{X_3,\ X_4\}$

해설 최소 패스셋(minimal path sets)은 정상사상이 일어나지 않는 최소한의 기본사상의 집합이다.

28 인체측정자료를 장비, 설비 등의 설계에 적용하기 위한 응용원칙에 해당하지 않는 것은?

① 조절식 설계
② 극단치를 이용한 설계
③ 구조적 치수 기준의 설계
④ 평균치를 기준으로 한 설계

해설 **인체계측자료 응용원칙**
㉮ 극단치 설계
　㉠ 최대 집단치 : 출입문, 통로, 의자 사이의 간격 등
　㉡ 최소 집단치 : 선반의 높이, 조종장치까지의 거리, 버스나 전철의 손잡이 등
㉯ 조절식 설계 : 사무실 의자나 책상의 높낮이 조절, 자동차 좌석의 전후조절 등
㉰ 평균치 설계 : 가게나 은행의 계산대 등

29 산업안전보건법령상 해당 사업주가 유해위험방지계획서를 작성하여 제출해야 하는 대상은?

① 시 · 도지사　② 관할 구청장
③ 고용노동부장관　④ 행정안전부장관

해설 산업안전보건법령상 해당 사업주가 유해위험방지계획서를 작성하여 고용노동부장관에게 제출하여야 한다.

 정답 25.② 26.③ 27.① 28.③ 29.③

30 감각저장으로부터 정보를 작업기억으로 전달하기 위한 코드화 분류에 해당되지 않는 것은?

① 시각코드 ② 촉각코드
③ 음성코드 ④ 의미코드

해설 **작업기억으로 전달하기 위한 코드화 분류**
㉮ 음운부호(phonological code)
㉯ 시각부호(visual code)
㉰ 의미부호(semantic code)

31 위험분석기법 중 고장이 시스템의 손실과 인명의 사상에 연결되는 높은 위험도를 가진 요소나 고장의 형태에 따른 분석법은?

① CA
② ETA
③ FHA
④ FTA

해설 ① CA(Criticality Analysis ; 위험도 분석) : 고장이 시스템의 손실과 인명의 사상에 연결되는 높은 위험도를 가진 요소나 고장의 형태에 따른 분석법
② ETA(Event Tree Analysis) : 사상의 안전도를 사용하여 시스템의 안전도를 나타내는 시스템 모델의 하나로 귀납적이고 정량적인 분석법
③ FHA(Fault Hazard Analysis ; 결함사고 위험분석) : 서브시스템 해석 등에 사용되는 분석법
④ FTA(Fault Tree Analysis) : 결함수법 · 결함관련 수법 · 고장의 목(木) 분석법 등의 뜻을 나타내며, 기계설비 또는 인간-기계 시스템(Man Machine System)의 고장이나 재해의 발생요인을 FT 도표에 의하여 분석하는 방법

32 스트레스의 영향으로 발생된 신체반응의 결과인 스트레인(strain)을 측정하는 척도가 잘못 연결된 것은?

① 인지적 활동 – EEG
② 육체적 동적 활동 – GSR
③ 정신 운동적 활동 – EOG
④ 국부적 근육활동 – EMG

해설 **스트레인 측정**
㉮ 인지적 활동 : 뇌전도(EEG, 이중직무, 주관적 평가)
㉯ 육체적 동적 활동 : 심박수, 산소소비량
㉰ 정신 운동적 활동 : 안(눈)전위도(EOG)
㉱ 국부적 근육활동 : 근전도(EMG)

33 발생확률이 동일한 64가지의 대안이 있을 때 얻을 수 있는 총 정보량은?

① 6bit ② 16bit
③ 32bit ④ 64bit

해설 총 정보량(H) : 실현 가능성이 같은 n개의 대안이 있을 때 총 정보량(H)은 다음과 같다.
$H=\log_2(n)$
$\therefore$ H(정보량)$=\log_2(n)=\log_2 64=\log_2 2^6=6\text{bit}$

34 통화이해도 척도로서 통화이해도에 영향을 주는 잡음의 영향을 추정하는 지수는?

① 명료도 지수 ② 통화 간섭 수준
③ 이해도 점수 ④ 통화 공진 수준

해설 **통화이해도 척도**
㉮ 명료도 지수 : 통화이해도를 추정할 수 있는 근거로 명료도 지수를 사용하는데, 이는 각 옥타브 대의 음성과 소음의 dB 값에 가중치를 곱하여 합계를 구한 지수이다.
㉯ 통화 간섭 수준 : 잡음이 통화이해도(speech intelligibility)에 미치는 영향을 추정하는 지수이다.
㉰ 이해도 점수 : 수화자가 통화내용을 얼마나 알아들었는가의 비율(%)이다.
㉱ 소음 기준 곡선 : 사무실, 회의실, 공장 등에서 통화를 평가할 때 사용하는 것이 소음기준이다.

35 n개의 요소를 가진 병렬 시스템에 있어 요소의 수명(MTTF)이 지수분포를 따를 경우, 이 시스템의 수명으로 옳은 것은?

① $MTTF\times n$
② $MTTF\times\frac{1}{n}$
③ $MTTF\times\left(1+\frac{1}{2}+\cdots+\frac{1}{n}\right)$
④ $MTTF\times\left(1\times\frac{1}{2}\times\cdots\times\frac{1}{n}\right)$

30.② 31.① 32.② 33.① 34.② 35.③ 정답

해설 ㉮ 병렬 체계의 수명 $= MTTF \times \left(1+\frac{1}{2}+\cdots+\frac{1}{n}\right)$

㉯ 직렬 체계의 수명 $= \frac{1}{n} \times MTTF$

36 산업안전보건법령상 유해하거나 위험한 장소에서 사용하는 기계 · 기구 및 설비를 설치 · 이전하는 경우 유해위험방지계획서를 작성, 제출하여야 하는 대상이 아닌 것은?

① 화학설비
② 금속 용해로
③ 건조설비
④ 전기용접장치

해설 **유해위험방지계획서를 제출하여야 하는 기계 · 기구 및 설비**
㉮ 금속이나 그 밖의 광물의 용해로
㉯ 화학설비
㉰ 건조설비
㉱ 가스집합 용접장치
㉲ 제조 등 금지물질 또는 허가대상물질 관련 설비
㉳ 분진작업 관련 설비

37 안전교육을 받지 못한 신입직원이 작업 중 전극을 반대로 끼우려고 시도했으나, 플러그의 모양이 반대로는 끼울 수 없도록 설계되어 있어서 사고를 예방할 수 있었다. 작업자가 범한 오류와 이와 같은 사고의 예방을 위해 적용된 안전설계원칙으로 가장 적합한 것은?

① 누락(omission) 오류, fail safe 설계원칙
② 누락(omission) 오류, fool proof 설계원칙
③ 작위(commission) 오류, fail safe 설계원칙
④ 작위(commission) 오류, fool proof 설계원칙

해설 ㉮ 오류의 심리적인 분류(Swain)
㉠ 생략적 에러(omission error) : 필요한 직무(task) 또는 절차를 수행하지 않는 데 기인한 과오(error)
㉡ 시간적 에러(time error) : 필요한 직무 또는 절차의 수행지연으로 인한 과오
㉢ 수행적 에러(commission error) : 필요한 직무 또는 절차의 불확실한 수행으로 인한 과오
㉣ 순서적 에러(sequential error) : 필요한 직무 또는 절차의 순서착오로 인한 과오
㉤ 불필요한 에러(extraneous error) : 불필요한 직무 또는 절차를 수행함으로 인한 과오
㉯ 풀 프루프(fool proof)
사람이 기계 · 설비 등의 취급을 잘못해도 그것이 바로 사고나 재해와 연결되지 않도록 하는 기능이다. 즉, 사람의 착오나 미스 등으로 발생되는 휴먼에러(human error)를 방지하기 위한 것이다.

38 화학설비의 안전성평가 5단계 중 4단계에 해당하는 것은?

① 안전대책 ② 정성적 평가
③ 정량적 평가 ④ 재평가

해설 **안전성평가의 기본원칙 5단계**
㉮ 1단계 : 관계자료의 작성 준비
㉯ 2단계 : 정성적 평가
㉰ 3단계 : 정량적 평가
㉱ 4단계 : 안전대책
㉲ 5단계 : 재평가

39 다음 그림에서 시스템 위험분석기법 중 PHA(예비위험분석)가 실행되는 사이클의 영역으로 맞는 것은?

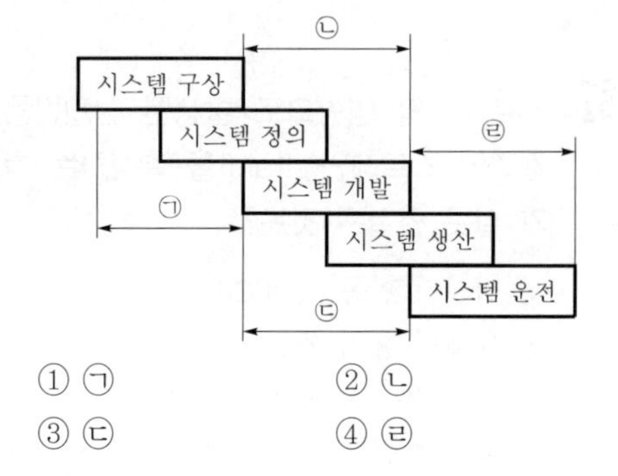

① ㉠ ② ㉡
③ ㉢ ④ ㉣

 정답 36.④ 37.④ 38.① 39.①

해설 **시스템의 수명 주기**

㉮ 구상단계(concept) : 특정 위험을 찾아내기 위해 예비위험분석(PHA)을 이용한다.
㉯ 정의단계(definition) : 예비설계와 생산기술을 확인하는 단계이다.
㉰ 개발단계(development) : 시스템 정의단계에 환경적 충격, 생산기술, 운영 연구 등을 포함시키는 단계로 운용위험분석(OHA)의 입력자료로 사용된다.
㉱ 생산단계(production) : 생산이 시작되면 품질관리 부서는 생산물을 검사하고 조사하는 역할을 한다.
㉲ 운전단계(deployment) : 시스템이 운전되는 단계이다.

40 FT도에 사용하는 기호에서 3개의 입력현상 중 임의의 시간에 2개가 발생하면 출력이 생기는 기호의 명칭은?

① 억제 게이트
② 조합 AND 게이트
③ 배타적 OR 게이트
④ 우선적 AND 게이트

해설 **수정기호의 종류**

㉮ 우선적 AND Gate : 입력사상 가운데 어느 사상이 다른 사상보다 먼저 일어났을 때에 출력사상이 생긴다.
㉯ 짜맞춤(조합) AND Gate : 3개 이상의 입력사상 가운데 어느 것이든 2개가 일어나면 출력사상이 생긴다.
㉰ 위험지속기호 : 결함수에서 입력사상이 생기고 일정한 시간이 지속될 때에 출력이 생기고, 만약에 그 시간이 지속되지 않으면 출력이 생기지 않는다.
㉱ 배타적 OR Gate : 결함수의 OR 게이트이지만 2개 또는 그 이상의 입력이 동시에 존재하는 경우에는 출력이 생기지 않는다.

» 제3과목 기계위험 방지기술

41 산업안전보건법령상 탁상용 연삭기의 덮개에는 작업받침대와 연삭숫돌과의 간격을 몇 mm 이하로 조정할 수 있어야 하는가?

① 3 ② 4
③ 5 ④ 10

해설 탁상용 연삭기의 덮개에는 작업받침대와 연삭숫돌과의 간격을 3mm 이하로 조절할 수 있어야 한다.

42 선반 가공 시 연속적으로 발생되는 칩으로 인해 작업자가 다치는 것을 방지하기 위하여 칩을 짧게 절단시켜 주는 안전장치는?

① 커버
② 브레이크
③ 보안경
④ 칩브레이커

해설 **선반의 안전장치**

㉮ 칩브레이커 : 바이트에 설치된 칩을 짧게 끊어내는 장치
㉯ 실드(shield) : 칩 비산을 방지하는 투명판
㉰ 덮개 또는 울 : 돌출 가공물에 설치한 안전장치
㉱ 브레이크 : 급정지장치
㉲ 척의 인터록 덮개, 고정 브리지(bridge) 등

43 어떤 로프의 최대하중이 700N이고, 정격하중은 100N이다. 이때 안전계수는 얼마인가?

① 5 ② 6
③ 7 ④ 8

해설 안전계수(안전율)

$$= \frac{극한강도}{허용응력} = \frac{최대하중}{정격하중} = \frac{700}{100} = 7$$

44 롤러기의 급정지장치에 관한 설명으로 가장 적절하지 않은 것은?

① 복부 조작식은 조작부 중심점을 기준으로 밑면으로부터 1.2~1.4m 이내의 높이로 설치한다.
② 손 조작식은 조작부 중심점을 기준으로 밑면으로부터 1.8m 이내의 높이로 설치한다.
③ 급정지장치의 조작부에 사용하는 줄은 사용 중에 늘어져서는 안 된다.
④ 급정지장치의 조작부에 사용하는 줄은 충분한 인장강도를 가져야 한다.

40.② 41.① 42.④ 43.③ 44.① 정답

해설 급정지장치의 설치거리

급정지장치 조작부의 종류	위 치
손으로 조작하는 것	밑면으로부터 1.8m 이내
복부로 조작하는 것	밑면으로부터 0.8m 이상 1.1m 이내
무릎으로 조작하는 것	밑면으로부터 0.4m 이상 0.6m 이내

45 다음 중 기계설비의 안전조건에서 안전화의 종류로 가장 거리가 먼 것은?

① 재질의 안전화
② 작업의 안전화
③ 기능의 안전화
④ 외형의 안전화

해설 기계설비의 안전조건
㉮ 외형의 안전화
㉯ 구조적 안전화
㉰ 기능의 안전화
㉱ 작업의 안전화
㉲ 작업점의 안전화
㉳ 보전작업의 안전화

46 다음 중 프레스 방호장치에서 게이트가드식 방호장치의 종류를 작동방식에 따라 분류할 때 가장 거리가 먼 것은?

① 경사식 ② 하강식
③ 도립식 ④ 횡슬라이드식

해설 게이트가드식 방호장치의 작동방식에 의한 분류
㉮ 하강식
㉯ 도립식
㉰ 횡슬라이드식
㉱ 상승식

47 다음 중 컨베이어의 안전장치로 옳지 않은 것은?

① 비상정지장치
② 반발예방장치
③ 역회전방지장치
④ 이탈방지장치

해설 컨베이어의 방호장치
㉮ 이탈 및 역주행 방지장치 : 컨베이어, 이송용 롤러 등을 사용하는 때에는 정전, 전압강하 등에 의한 화물 또는 운반구의 이탈 및 역주행을 방지하는 장치를 갖출 것(단, 무동력상태 또는 수평상태로만 사용하여 근로자에 위험을 미칠 우려가 없는 때에는 제외)
㉯ 비상정지장치 : 근로자의 신체가 말려드는 등 위험 시와 비상시에는 즉시 운전을 정지시킬 수 있는 비상정지장치를 설치할 것
㉰ 덮개 또는 울 : 컨베이어 등으로부터 화물이 낙하함으로 인하여 근로자에게 위험을 미칠 우려가 있는 때에는 해당 컨베이어 등에 덮개, 울을 설치하는 등 낙하방지를 위한 조치를 할 것
㉱ 건널다리 : 운전 중인 컨베이어 등의 위로 근로자를 넘어가도록 하는 경우에는 건널다리를 설치할 것

48 프레스의 손쳐내기식 방호장치 설치기준으로 틀린 것은?

① 방호판의 폭이 금형 폭의 1/2 이상이어야 한다.
② 슬라이드 행정수가 300SPM 이상의 것에 사용한다.
③ 손쳐내기봉의 행정(stroke)길이를 금형의 높이에 따라 조정할 수 있고 진동폭은 금형폭 이상이어야 한다.
④ 슬라이드 하행정거리의 3/4 위치에서 손을 완전히 밀어내야 한다.

해설 손쳐내기식 방호장치
기계의 작동에 연동시켜 위험상태로 되기 전에 손을 위험영역에서 밀어내거나 쳐냄으로써 위험을 배제하는 장치로서, 손쳐내기봉의 길이 및 진폭을 조절할 수 있는 구조의 것이어야 한다. 설치 시 기준은 다음과 같다.
㉮ 슬라이드의 행정길이가 40mm 이상, 행정수 120SPM 이하일 경우에 사용할 것
㉯ 손쳐내기식 막대는 그 길이 및 진폭을 조정할 수 있는 구조일 것
㉰ 손쳐내기 판의 폭은 금형 크기의 1/2 이상으로 할 것(단, 행정길이가 300mm 이상은 폭을 300mm로 할 것)
㉱ 슬라이드 하행정거리의 3/4 위치에서 손을 완선히 밀어낼 것
㉲ 손쳐내기봉은 손 접촉 시 충격을 완화할 수 있는 완충재를 부착해야 한다.

 정답 45.① 46.① 47.② 48.②

49 비파괴검사 방법으로 틀린 것은?

① 인장시험 ② 음향탐상시험
③ 와류탐상시험 ④ 초음파탐상시험

해설 **비파괴검사의 종류**
㉮ 육안검사
㉯ 초음파검사
㉰ 방사선투과검사
㉱ 탐상검사(자분탐상검사, 침투탐상검사, 와류탐상검사)
㉲ 누설검사
㉳ 음향검사
㉴ 침투검사
※ ① 인장시험은 파괴검사에 속한다.

50 프레스기의 SPM(Stroke Per Minute)이 200이고, 클러치의 맞물림 개소수가 6인 경우 양수기동식 방호장치의 안전거리는?

① 120mm ② 200mm
③ 320mm ④ 400mm

해설 안전거리$(D_m) = 1.6\,T_m$
여기서, T_m : 양손으로 누름단추를 누르기 시작할 때부터 슬라이드가 하사점에 도달하기까지의 시간(ms)

$$T_m = \left(\frac{1}{\text{클러치 물림개소}} + \frac{1}{2}\right) \times \frac{60{,}000}{\text{매분 행정수}}$$

$$\therefore D_m = 1.6 \times T_m = 1.6 \times \left(\frac{1}{6} + \frac{1}{2}\right) \times \frac{60{,}000}{200} = 320\text{mm}$$

51 페일 세이프(fail safe)의 기능적인 면에서 분류할 때 거리가 가장 먼 것은?

① Fool proof ② Fail passive
③ Fail active ④ Fail operational

해설 ㉮ 페일 세이프(fail safe) : 인간이나 기계 등에 과오나 동작상의 실수가 있더라도 사고 · 재해를 발생시키지 않도록 철저하게 2중, 3중으로 통제를 가하는 것을 말한다. 기능면에서의 분류는 다음과 같다.
㉠ fail passive : 부품이 고장나면 기계가 정지하는 방향으로 이동
㉡ fail active : 부품이 고장나면 경보가 울리며 잠시 계속 운전이 가능
㉢ fail operational : 부품이 고장나도 추후에 보수가 될 때까지 안전기능 유지
㉯ 풀 프루프(fool proof) : 인간이 기계 등의 취급을 잘못해도 그것이 바로 사고로 연결되는 일이 없도록 하는 기능을 말한다.

52 산업안전보건법령상 프레스의 작업시작 전 점검사항이 아닌 것은?

① 슬라이드 또는 칼날에 의한 위험방지기구의 기능
② 프레스의 금형 및 고정볼트 상태
③ 전단기의 칼날 및 테이블의 상태
④ 권과방지장치 및 그 밖의 경보장치의 기능

해설 **프레스 및 전단기의 작업시작 전 점검사항**
㉮ 클러치 및 브레이크의 기능
㉯ 크랭크축, 플라이휠, 슬라이드, 연결봉 및 연결나사 볼트의 풀림 유무
㉰ 1행정 1정지 기구, 급정지장치, 비상정지장치의 기능
㉱ 슬라이드 또는 칼날에 의한 위험방지기구의 기능
㉲ 프레스의 금형 및 고정볼트 상태
㉳ 방호장치의 기능
㉴ 전단기의 칼날 및 테이블 상태

53 강자성체를 자화하여 표면의 누설자속을 검출하는 비파괴검사 방법은?

① 방사선투과시험 ② 인장시험
③ 초음파탐상시험 ④ 자분탐상시험

해설 ① 방사선투과시험 : 방사선을 시험체에 조사하여 얻은 투과사진상의 불연속을 관찰하여 규격 등에 의한 기준에 따라 합격 여부를 판정하는 비파괴검사법이다.
② 인장시험 : 재료의 인장강도, 항복점, 연신율, 단면수축률 등의 기계적인 성질과 탄성한계, 비례한계, 푸아송비, 탄성계수 등의 물리적인 특성을 알아보는 파괴검사법이다.
③ 초음파탐상시험 : 가청 주파수 이외의 주파수를 갖는 초음파를 이용하여 소재 내부에 있는 결함, 즉 균열, 기공 및 게재물 혼입 등과 같은 결함을 검출하거나 두께 측정에 이용하는 비파괴검사법이다.
④ 자분탐상시험 : 시험체를 자화시켰을 때 표면 또는 표면부위에 자속을 막는 결함이 존재할 경우 그 곳에서부터 자장이 누설되며 결함의 양측에 자극이 형성되어 결함부분이 작은 자석이 있는 것과 같은 효과를 띠게 되어 공간에 자장을 형성하며, 그 공간에 자분을 뿌리면 자분가루들이 자화되어 자극을 갖고 결함부위에 달라붙게 되고, 자분이 밀집되어 있는 모양을 보고 시험체의 결손부위와 크기를 측정하는 비파괴검사법이다.

49.① 50.③ 51.① 52.④ 53.④ **정답**

54 산업안전보건법령상 사업주가 진동작업을 하는 근로자에게 충분히 알려야 할 사항과 거리가 가장 먼 것은?

① 인체에 미치는 영향과 증상
② 진동기계·기구 관리방법
③ 보호구 선정과 착용방법
④ 진동재해 시 비상연락체계

해설 **유해성 등의 주지**
사업주는 근로자가 진동작업에 종사하는 경우에 다음의 사항을 근로자에게 충분히 알려야 한다.
㉮ 인체에 미치는 영향과 증상
㉯ 보호구의 선정과 착용방법
㉰ 진동기계·기구 관리방법
㉱ 진동장해 예방방법

55 다음 중 와이어로프의 구성요소가 아닌 것은?

① 클립 ② 소선
③ 스트랜드 ④ 심강

해설 ㉮ 와이어로프의 구성
여러 개의 와이어(Wire, 소선)로 1개의 가닥 또는 꼬임(자승, Strand)을 만든 다음에 이것을 보통 6개 이상 꼬아서 만든 것으로, 심에는 기름을 칠한 대마심선을 삽입시킨다.
㉯ 와이어로프의 명명법
자승(가닥, Strand)의 수×소선(Wire)의 수
예 6(자승의 수)×19(소선의 수)

56 인장강도가 350MPa인 강판의 안전율이 4라면 허용응력은 몇 N/mm^2인가?

① 76.4
② 87.5
③ 98.7
④ 102.3

해설

$$\text{안전율} = \frac{\text{인장강도}}{\text{허용응력}}$$

$$\text{허용응력} = \frac{\text{인장강도}}{\text{안전율}} = \frac{350}{4} = 87.5\text{N/mm}^2$$

$$※\ 350\text{MPa} = 350 \times 10^6\text{N/m}^2 \times \frac{\text{m}^2}{10^6\text{mm}^2} = 350\text{N/mm}^2$$

57 연삭숫돌의 상부를 사용하는 것을 목적으로 하는 탁상용 연삭기에서 안전덮개의 노출 부위 각도는 몇 ° 이내이어야 하는가?

① 90° 이내 ② 75° 이내
③ 60° 이내 ④ 105° 이내

해설 **탁상용 연삭기의 덮개**
㉮ 덮개의 최대노출각도 : 90° 이내(원주의 1/4 이내)
㉯ 숫돌 주축에서 수평면 위로 이루는 원주각도 : 65° 이내
㉰ 수평면 이하에서 연삭할 경우 : 125°까지 증가
㉱ 숫돌의 상부 사용을 목적으로 할 경우 : 60° 이내

58 산업안전보건법령에 따라 다음 괄호 안에 들어갈 내용으로 옳은 것은?

> 사업주는 바닥으로부터 짐 윗면까지의 높이가 (   )m 이상인 화물자동차에 짐을 싣는 작업 또는 내리는 작업을 하는 경우에는 근로자의 추락 위험을 방지하기 위하여 해당 작업에 종사하는 근로자가 바닥과 적재함의 짐 윗면 간을 안전하게 오르내리기 위한 설비를 설치하여야 한다.

① 1.5 ② 2
③ 2.5 ④ 3

해설 **승강설비의 설치기준**
바닥으로부터 짐 윗면까지의 높이가 2m 이상인 화물자동차에 짐을 싣는 작업 또는 내리는 작업을 하는 경우에는 근로자의 추가 위험을 방지하기 위하여 해당 작업에 종사하는 근로자가 바닥과 적재함의 짐 윗면 간을 안전하게 오르내리기 위한 설비를 설치하여야 한다.

59 방호장치를 분류할 때는 크게 위험장소에 대한 방호장치와 위험원에 대한 방호장치로 구분할 수 있는데, 다음 중 위험장소에 대한 방호장치가 아닌 것은?

① 격리형 방호장치
② 접근거부형 방호장치
③ 접근반응형 방호장치
④ 포집형 방호장치

 정답 54.④ 55.① 56.② 57.③ 58.② 59.④

해설 **위험장소에 대한 방호장치의 종류**

㉮ 격리형 방호장치 : 작업자가 작업 전에 접촉되지 않도록 기계설비 외부에 차단벽이나 방호망을 설치하는 것
㉯ 위치제한형 방호장치 : 작업자의 신체 부위가 위험한계 밖에 있도록 기계의 조작장치를 위험한 작업점에서 안전거리 이상 떨어지게 하거나 조작장치를 양손으로 동시 조작하게 함으로써 위험한계에 접근하는 것을 제한하는 것
예 프레스기의 양수조작식 방호장치
㉰ 접근거부형 방호장치 : 작업자의 신체 부위가 위험한계로 접근하였을 때 기계적인 작용에 의하여 접근을 못하도록 제지하는 것
예 수인식, 손쳐내기식 방호장치 등
㉱ 접근반응형 방호장치 : 작업자의 신체 부위가 위험한계 또는 그 인접한 거리 내로 들어오면 이를 감지하여 그 즉시 기계의 동작을 정지시키고 경보 등을 발하는 것
예 프레스기의 감응식 방호장치 등
④ 포집형 방호장치 : 위험장소에 설치하여 위험원이 비산하거나 튀는 것을 포집하여 작업자로부터 위험원을 차단하는 것
예 연삭기의 덮개나 반발예방장치 등

60 와이어로프의 꼬임에 관한 설명으로 틀린 것은?

① 보통꼬임에는 S꼬임이나 Z꼬임이 있다.
② 보통꼬임은 스트랜드의 꼬임 방향과 로프의 꼬임 방향이 반대로 된 것을 말한다.
③ 랭꼬임은 로프의 끝이 자유로이 회전하는 경우나 킹크가 생기기 쉬운 곳에 적당하다.
④ 랭꼬임은 보통꼬임에 비하여 마모에 대한 저항성이 우수하다.

해설 **와이어로프의 꼬임**

㉮ 보통꼬임(ordinary lay)
㉠ 킹크가 잘 생기지 않는다.
㉡ 로프의 변형이나 하중을 걸었을 때 저항성이 크다.
㉢ 스트랜드의 꼬임 방향과 로프의 꼬임 방향이 반대이다.
㉣ 소성의 외부길이가 짧아서 비교적 마모가 되기 쉽다.
㉯ 랭꼬임(Lang's lay)
㉠ 스트랜드의 꼬임 방향과 로프의 꼬임 방향이 동일한 것이다.
㉡ 보통꼬임에 비하여 소선과 외부와의 접촉 길이가 같다.
㉢ 내마모성, 유연성, 내피로성이 우수하다.
㉣ 꼬임이 풀리기 쉬워 로프의 끝이 자유로이 회전하는 경우나 킹크가 생기기 쉬운 곳에는 적당하지 않다.

≫ 제4과목 전기위험 방지기술

61 전자파 중에서 광량자에너지가 가장 큰 것은?

① 극저주파 ② 마이크로파
③ 가시광선 ④ 적외선

해설 광자에너지(E)와 빛의 파장(λ)은 역수 관계이다.

$$E=\frac{h_c}{\lambda}$$

보기 중 주파수가 가장 낮은 것은 가시광선이다.

62 인체의 전기저항을 500Ω이라 한다면 심실세동을 일으키는 위험에너지(J)는? (단, 심실세동전류 $I=\frac{165}{\sqrt{T}}$ mA, 통전시간은 1초이다.)

① 13.61 ② 23.21
③ 33.42 ④ 44.63

해설 $W=I^2RT$

$$=\left(\frac{165}{\sqrt{T}}\times10^{-3}\right)^2\times500\times T$$

=13.61J

여기서, W : 전기에너지(J)
I : 심실세동전류(A)
R : 전기저항(Ω)
T : 통전시간(s)

63 충격전압시험 시의 표준충격파형을 1.2×50μs로 나타내는 경우 1.2와 50이 뜻하는 것은?

① 파두장 – 파미장
② 최초 섬락시간 – 최종 섬락시간
③ 라이징타임 – 스테이블타임
④ 라이징타임 – 충격전압 인가시간

해설 **충격전압시험 시의 표준충격파형**

㉮ 파두길이(T_f) : 파고치에 달한 때까지의 시간
㉯ 파미길이(T_t) : 기준점으로부터 파미 부분에서 파고치의 50%로 감소할 때까지의 시간
㉰ 표준충격파형 : 1.2×50μs에서 1.2μs= T_f(파두장), 50μs= T_t(파미장)을 나타낸다.

64 피뢰기가 구비하여야 할 조건으로 틀린 것은?

① 제한전압이 낮아야 한다.
② 상용주파 방전개시전압이 높아야 한다.
③ 충격 방전개시전압이 높아야 한다.
④ 속류차단능력이 충분하여야 한다.

해설 **피뢰기의 성능**
㉮ 반복작동이 가능할 것
㉯ 구조가 견고하며, 특성이 변화하지 않을 것
㉰ 점검, 보수가 간단할 것
㉱ 충격 방전개시전압과 제한전압이 낮을 것(피뢰기의 충격 방전개시전압=공칭전압×4.5배)
㉲ 뇌전류의 방전능력이 크고, 속류의 차단이 확실하게 될 것
㉳ 상용주파 방전개시전압이 높아야 한다.

65 정전기로 인한 화재 및 폭발을 방지하기 위하여 조치가 필요한 설비가 아닌 것은?

① 드라이클리닝설비
② 위험물 건조설비
③ 화약류 제조설비
④ 위험기구의 제전설비

해설 **정전기로 인한 화재 폭발 등 방지**
다음의 설비를 사용할 때에 정전기에 의한 화재 또는 폭발 등의 위험이 발생할 우려가 있는 경우에는 해당 설비에 대하여 확실한 방법으로 접지를 하거나, 도전성 재료를 사용하거나 가습 및 점화원이 될 우려가 없는 제전(除電)장치를 사용하는 등 정전기의 발생을 억제하거나 제거하기 위하여 필요한 조치를 하여야 한다.
㉮ 위험물을 탱크로리 · 탱크차 및 드럼 등에 주입하는 설비
㉯ 탱크로리 · 탱크차 및 드럼 등 위험물 저장설비
㉰ 인화성 액체를 함유하는 도료 및 접착제 등을 제조 · 저장 · 취급 또는 도포(塗布)하는 설비
㉱ 위험물 건조설비 또는 그 부속설비
㉲ 인화성 고체를 저장하거나 취급하는 설비
㉳ 드라이클리닝설비, 염색가공설비 또는 모피류 등을 씻는 설비 등 인화성 유기용제를 사용하는 설비
㉴ 유압, 압축공기 또는 고전위정전기 등을 이용하여 인화성 액체나 인화성 고체를 분무하거나 이송하는 설비
㉵ 고압가스를 이송하거나 저장 · 취급하는 설비
㉶ 화약류 제조설비
㉷ 발파공에 장전된 화약류를 점화시키는 경우에 사용하는 발파기(발파공을 막는 재료로 물을 사용하거나 갱도발파를 하는 경우는 제외한다)

66 우리나라의 안전전압으로 볼 수 있는 것은 약 몇 V인가?

① 30 ② 50
③ 60 ④ 70

해설 **안전전압**
전격의 위험도를 나타내는 가장 큰 요소는 인체에 흐르는 전류이고, 전압의 크기는 2차적인 것이다. 우리나라는 산업안전보건법에 따라 30V, 영국 · 프랑스 · 독일 등에서는 24V, 벨기에는 35V, 스위스는 36V를 안전전압으로 채용한다. 그리고 ILO(국제노동기구)에서는 보일러 내에서 사용하는 핸드램프의 대지전압을 24V 이하로 하도록 권장하고 있다.

67 정전기 발생에 영향을 주는 요인으로 가장 적절하지 않은 것은?

① 분리속도
② 물체의 질량
③ 접촉면적 및 압력
④ 물체의 표면상태

해설 **정전기 발생에 영향을 주는 요인**
㉮ 물체의 표면상태
㉯ 물체의 분리속도
㉰ 물체의 특성
㉱ 물체의 분리력
㉲ 접촉면적 및 압력

68 한국전기설비 규정에 따라 과전류차단기로 저압전로에 사용하는 범용 퓨즈(gG)의 용단전류는 정격전류의 몇 배인가? (단, 정격전류가 4A 이하인 경우이다.)

① 1.5배
② 1.6배
③ 1.9배
④ 2.1배

해설 과전류차단기로 저압전로에 사용하는 범용의 퓨즈(「전기용품 및 생활용품 안전관리법」에서 규정하는 것을 제외한다)는 다음 표에 적합한 것이어야 한다.

 정답 64.③ 65.④ 66.① 67.② 68.④

정격전류의 구분	시 간	정격전류의 배수	
		불용단전류	용단전류
4A 이하	60분	1.5배	2.1배
4A 초과 16A 미만	60분	1.5배	1.9배
16A 이상 63A 이하	60분	1.25배	1.6배
63A 초과 160A 이하	120분	1.25배	1.6배
160A 초과 400A 이하	180분	1.25배	1.6배
400A 초과	240분	1.25배	1.6배

69 개폐기, 차단기, 유도전압조정기의 최대사용전압이 7kV 이하인 전로의 경우 절연내력 시험은 최대사용전압의 1.5배의 전압을 몇 분간 가하는가?

① 10
② 15
③ 20
④ 25

해설 **개폐기, 차단기, 전력용 커패시터, 유도전압조정기, 계기용 변성기, 발전소·변전소·개폐소 또는 이에 준하는 곳에 시설하는 기계·기구의 접속선 및 모선 대상**

종 류	시험전압	시험방법
7kV 이하	1.5배/min, 500V (직류 충전부에는 1.5배 직류전압 또는 1배 교류전압)	충전부와 대지 간 10분 인가
7kV 초과 25kV 이하, 중성점 다중접지	0.92배	상동
7kV 초과 60kV 이하 (2란 제외)	1.25배/min, 10.5kV	상동
60kV 초과, 중성점 비접지(8란 제외)	1.25배	상동
60kV 초과, 중성점 접지(7란, 8란 제외)	1.1배/min, 75kV	상동
170kV 초과, 중성점 직접접지 (7란, 8란 제외)	0.72배	상동
170kV 초과, 중성점 직접접지, 그리고 발전소 또는 변전소에 직접 접속되는 경우	0.64배	상동
60kV 초과 정류기 접속 정류	교류 측 기준의 1.1배, 교류전압 또는 직류 측 기준의 1.1배, 직류전압	상동

70 다음 중 0종 장소에 사용될 수 있는 방폭구조의 기호는?

① Ex ia　　② Ex ib
③ Ex d　　④ Ex e

해설 **가스폭발 위험장소에 설치하는 방폭구조의 종류와 기호**

가스폭발 위험장소의 분류	방폭구조 전기 기계·기구의 선정기준
0종 장소	본질안전방폭구조(ia)
1종 장소	• 내압방폭구조(d) • 압력방폭구조(p) • 충전방폭구조(q) • 유입방폭구조(o) • 안전증방폭구조(e) • 본질안전방폭구조(ia, ib) • 몰드방폭구조(m)
2종 장소	• 0종 장소 및 1종 장소에 사용 가능한 방폭구조 • 비점화방폭구조(n)

71 한국전기설비 규정에 따라 피뢰설비에서 외부 피뢰시스템의 수뢰부시스템으로 적합하지 않는 것은?

① 돌침
② 수평도체
③ 메시도체
④ 환상도체

해설 **수뢰부시스템**
낙뢰를 포착할 목적으로 돌침, 수평도체, 메시도체 등과 같은 금속물체를 이용한 외부 피뢰시스템의 일부이다.

72 50kW, 60Hz 3상 유도전동기가 380V 전원에 접속된 경우 흐르는 전류(A)는 약 얼마인가? (단, 역률은 80%이다.)

① 82.24　　② 94.96
③ 116.30　　④ 164.47

해설 $P=\sqrt{3}\,V\cdot I\cdot\eta$

$$I=\frac{P}{\sqrt{3}\cdot V\cdot\eta}=\frac{50\times10^3}{\sqrt{3}\times380\times0.8}=94.96\text{A}$$

73 KS C IEC 60079-0의 정의에 따라 '두 도전부 사이의 고체 절연물 표면을 따른 최단거리'를 나타내는 명칭은?

① 전기적 간격 ② 절연공간거리
③ 연면거리 ④ 충전물 통과거리

해설 **KS C IEC 60079-0의 정의**
㉮ 전기적 간격 : 다른 전위를 갖고 있는 도전부 사이의 이격거리
㉯ 절연공간거리 : 두 도전부 사이의 공간을 통한 최단거리
㉰ 연면거리 : 서로 절연된 두 도전부 사이의 절연 표면을 통한 최단거리
㉱ 충전물 통과거리 : 두 도전체 사이의 충전물을 통과한 최단거리

74 다음 중 전동기를 운전하고자 할 때 개폐기의 조작순서로 옳은 것은?

① 메인 스위치 → 분전반 스위치 → 전동기용 개폐기
② 분전반 스위치 → 메인 스위치 → 전동기용 개폐기
③ 전동기용 개폐기 → 분전반 스위치 → 메인 스위치
④ 분전반 스위치 → 전동기용 스위치 → 메인 스위치

해설 전동기를 운전하고자 할 때 개폐기의 조작순서는 메인 스위치 → 분전반 스위치 → 전동기용 개폐기 순으로 조작한다.

75 설비의 이상현상에 나타나는 아크(Arc)의 종류가 아닌 것은?

① 단락에 의한 아크
② 지락에 의한 아크
③ 차단기에서의 아크
④ 전선저항에 의한 아크

해설 설비의 이상현상에 나타나는 아크(Arc)의 종류는 단락에 의한 아크, 지락에 의한 아크, 차단기에서의 아크 등이 있으며, 전선저항은 아크를 발생시키지 않고 열을 발생시킨다.

76 화재 · 폭발 위험분위기의 생성 방지방법으로 옳지 않은 것은?

① 폭발성 가스의 누설 방지
② 가연성 가스의 방출 방지
③ 폭발성 가스의 체류 방지
④ 폭발성 가스의 옥내 체류

해설 **화재 · 폭발 위험분위기의 생성 방지방법**
㉮ 폭발성 가스의 누설 방지
㉯ 가연성 가스의 방출 방지
㉰ 폭발성 가스의 체류 방지

77 전기기기의 충격전압시험 시 사용하는 표준충격파형(T_f, T_t)은?

① $1.2\times50\mu s$
② $1.2\times100\mu s$
③ $2.4\times50\mu s$
④ $2.4\times100\mu s$

해설 **충격전압시험 시의 표준충격파형**
표준충격파형 $1.2\times50\mu s$에서 T_f(파두장)$=1.2\mu s$, T_t(파미장)$=50\mu s$을 나타낸다.
㉮ 파두길이(T_f) : 파고치에 달한 때까지의 시간
㉯ 파미길이(T_t) : 기준점으로부터 파미의 부분에서 파고치의 50%로 감소할 때까지의 시간

78 정전에너지를 나타내는 식으로 알맞은 것은? (단, Q는 대전전하량, C는 정전용량이다.)

① $\dfrac{Q}{2C}$
② $\dfrac{Q}{2C^2}$
③ $\dfrac{Q^2}{2C}$
④ $\dfrac{Q^2}{2C^2}$

해설 정전에너지(E)
$$E=\frac{1}{2}CV^2=\frac{1}{2}QV=\frac{1}{2}\frac{Q^2}{C}$$
어기서, C : 정전용량(F)
V : 대전전위(전압, V)
Q : 전하량(C)

 정답 73.③ 74.① 75.④ 76.④ 77.① 78.③

79 200A의 전류가 흐르는 단상전로의 한 선에서 누전되는 최소전류(mA)의 기준은?

① 100
② 200
③ 10
④ 20

해설 허용누설전류 = 최대공급전류 × $\frac{1}{2,000}$

$$= \frac{200}{2,000} = 0.1\text{A} = 100\text{mA}$$

80 다음 (   ) 안에 들어갈 내용으로 알맞은 것은?

과전류 차단장치는 반드시 접지선이 아닌 전로에 (   )로 연결하여 과전류 발생 시 전로를 자동으로 차단하도록 설치할 것

① 직렬 ② 병렬
③ 임시 ④ 직병렬

해설 **과전류 차단장치의 설치기준**
㉮ 반드시 접지선이 아닌 전로에 직렬로 연결하여 과전류 발생 시 전로를 자동으로 차단하도록 할 것
㉯ 차단기 · 퓨즈는 계통에서 발생하는 최대 과전류에 대하여 충분히 차단할 수 있는 성능을 가질 것
㉰ 과전류 차단장치가 전기계통상에서 상호 협조 · 보완되어 과전류를 효과적으로 차단하도록 할 것

» 제5과목 화학설비위험 방지기술

81 다음 관(pipe) 부속품 중 관로의 방향을 변경하기 위하여 사용하는 부속품은?

① 니플(nipple)
② 유니언(union)
③ 플랜지(flange)
④ 엘보(elbow)

해설 **배관 부속품의 구분**
㉮ 관로의 방향을 변경할 때 사용하는 관 부속품 : 엘보(elbow)
㉯ 배관을 연결할 때 사용하는 관 부속품 : 플랜지, 유니언, 커플링, 니플 등
㉰ 유로를 차단할 때 사용하는 관 부속품 : 플러그, 캡 등

82 분진폭발의 발생순서로 옳은 것은?

① 비산 → 분산 → 퇴적분진 → 발화원 → 2차 폭발 → 전면 폭발
② 비산 → 퇴적분진 → 분산 → 발화원 → 2차 폭발 → 전면 폭발
③ 퇴적분진 → 발화원 → 분산 → 비산 → 전면 폭발 → 2차 폭발
④ 퇴적분진 → 비산 → 분산 → 발화원 → 전면 폭발 → 2차 폭발

해설 **분진폭발**
㉮ 분진폭발의 발생순서
퇴적분진 → 비산 → 분산 → 발화원 발생 → 전면 폭발 → 2차 폭발
㉯ 분진이 발화 · 폭발하기 위한 조건
㉠ 가연성이어야 한다.
㉡ 미분상태로 존재해야 한다.
㉢ 지연성 가스(공기) 중에서 교반과 유동을 해야 한다.
㉣ 점화원이 존재해야 한다.

83 소화약제 IG-100의 구성성분은?

① 질소 ② 산소
③ 이산화탄소 ④ 수소

해설 소화약제 IG-100은 질소 100%로 구성되어 있다.

84 진한 질산이 공기 중에서 햇빛에 의해 분해되었을 때 발생하는 갈색 증기는?

① N_2 ② NO_2
③ NH_3 ④ NH_2

해설 진한 질산이 공기 중에서 햇빛에 의해 분해되었을 때 발생하는 갈색 증기는 이산화질소(NO_2)로 갈색병 속에 보관한다.
분해반응식 : $4HNO_3 \rightarrow 2H_2O + 4NO_2\uparrow + O_2$

79.① 80.① 81.④ 82.④ 83.① 84.② 정답

85 대기압에서 사용하나 증발에 의한 액체의 손실을 방지함과 동시에 액면 위의 공간에 폭발성 위험가스를 형성할 위험이 적은 구조의 저장탱크는?

① 유동형 지붕탱크
② 원추형 지붕탱크
③ 원통형 저장탱크
④ 구형 저장탱크

해설 **저장탱크의 종류**

㉮ 유동형 지붕탱크 : 저장하는 위험물이 휘발성분을 다량 함유하고 있을 때 그 증발 손실 및 인화 가능 면적을 최소화하기 위하여 고안된 것으로, 고정식 지붕 대신 저장 위험물의 증감에 따라 상·하로 움직이는 지붕을 갖는 탱크이다. 대기압에서 사용하나 증발에 의한 액체의 손실을 방지함과 동시에 액면 위의 공간에 폭발성 위험가스를 형성할 위험이 적은 구조이다.
㉯ 원추형 지붕탱크 : 평평한 저판, 원통형의 측판 및 원추형의 고정된 지붕으로 구성된 탱크이다. 보통 대기압에 가까운 미세한 증기압을 갖는 위험물 저장용으로 사용된다. 가장 일반적으로 사용되고 있으며 유지관리가 쉽고 비교적 시설비가 저렴하여 대량으로 위험물을 저장·취급하는 제조소 등에서 흔히 볼 수 있는 탱크이다.
㉰ 원통형 지붕탱크 : 원형의 몸체에 양쪽 또는 지붕판에 볼록하게 마감한 형태의 탱크이다.
㉱ 구형 지붕탱크 : 높은 압력에 견딜 수 있도록 두꺼운 철판을 이용하며 구형으로 만들어진다. 고압의 위험물을 저장하기에 가장 적합한 형태의 탱크로서 제조소에서 고압 반응조 등으로 사용되는 경우가 많다.

86 열교환기의 정기적 점검을 일상점검과 개방점검으로 구분할 때 개방점검 항목에 해당하는 것은?

① 보냉재의 파손상황
② 플랜지부나 용접부에서의 누출 여부
③ 기초볼트의 체결상태
④ 생성물, 부착물에 의한 오염상황

해설 **열교환기의 점검사항**

㉮ 일상점검 항목
 ㉠ 보온재 및 보냉재의 파손상황
 ㉡ 도장부의 결함 유무
 ㉢ 접속부(flange), 용접부 등의 누설 유무
 ㉣ 기초볼트(anchor bolt)의 이완 여부
 ㉤ 기초부(특히 콘크리트 기초)의 파손 여부
㉯ 정기 개방점검 항목
 ㉠ 부식상태 및 중합체(polymer)나 스케일(scale)의 생성 여부 및 부착물에 의한 오염상태
 ㉡ 부식의 형태와 정도 및 범위 등의 점검
 ㉢ 누설 부위
 ㉣ 관(tube)의 두께 감소 여부
 ㉤ 용접선 이상 유무
 ㉥ 라이닝(lining) 및 코팅(coating) 상태

87 다음 중 C급 화재에 해당하는 것은?

① 금속화재 ② 전기화재
③ 일반화재 ④ 유류화재

해설 **화재의 종류**

㉮ A급 화재 : 일반화재
㉯ B급 화재 : 유류화재
㉰ C급 화재 : 전기화재
㉱ D급 화재 : 금속화재
㉲ K급 화재 : 식용유 화재

88 포스겐가스 누설검지의 시험지로 사용되는 것은?

① 연당지
② 염화파라듐지
③ 하리슨시험지
④ 초산벤젠지

해설 **누설검지의 시험지와 검지가스**

㉮ 연당지(초산납) : 황화수소가스
㉯ 염화파라듐지 : 일산화탄소가스
㉰ 하리슨시험지 : 포스겐가스
㉱ 초산벤젠지 : 시안화수소가스
㉲ KI 전분지 : 염소가스
㉳ 적색리트머스 : 암모니아가스
㉴ 염화제1구리착염지 : 아세틸렌가스

89 수분을 함유하는 에탄올에서 순수한 에탄올을 얻기 위해 벤젠과 같은 물질을 첨가하여 수분을 제거하는 증류방법은?

① 공비증류
② 추출증류
③ 가압증류
④ 감압증류

 정답 85.① 86.④ 87.② 88.③ 89.①

해설 **공비증류**

공비혼합물 또는 끓는점이 비슷하여 분리하기 어려운 액체 혼합물의 성분을 완전히 분리하기 위해 쓰는 증류법으로, 수분을 함유하는 에탄올에서 순수한 에탄올을 얻기 위해 사용하는 대표적인 증류법이다. 예를 들면, 수분을 함유하는 에탄올은 공비혼합물을 만드는데, 단순한 증류로는 공비혼합물에 상당하는 에탄올 밖에 얻지 못한다. 그러나 벤젠이나 트라이클로로에틸렌을 첨가하여 3성분 공비혼합물을 만들어 수분을 제거하면 순수한 에탄올을 얻을 수 있다.

90 5% NaOH 수용액과 10% NaOH 수용액을 반응기에 혼합하여 6% 100kg의 NaOH 수용액을 만들려면 각각 몇 kg의 NaOH 수용액이 필요한가?

① 5% NaOH 수용액 : 33.3, 10% NaOH 수용액 : 66.7
② 5% NaOH 수용액 : 50, 10% NaOH 수용액 : 50
③ 5% NaOH 수용액 : 66.7, 10% NaOH 수용액 : 33.3
④ 5% NaOH 수용액 : 80, 10% NaOH 수용액 : 20

해설 5% NaOH 수용액을 X(kg),
10% NaOH 수용액을 Y(kg)이라 하면,
$0.05X+0.1Y=0.06\times100$ …… ㉮식
$X+Y=100$
$Y=100-X$ …… ㉯식
㉯식을 ㉮식에 대입하면,
$0.05X+0.1(100-X)Y=0.06\times100$
X=80kg, Y=20kg이 된다.

91 다음 [표]를 참조하여 메탄 70vol%, 프로판 21vol%, 부탄 9vol%인 혼합가스의 폭발범위를 구하면 약 몇 vol%인가?

가스	폭발하한계(vol%)	폭발상한계(vol%)
C_4H_{10}	1.8	8.4
C_3H_8	2.1	9.5
C_2H_6	3.0	12.4
CH_4	5.0	15.0

① 3.45~9.11 ② 3.45~12.58
③ 3.85~9.11 ④ 3.85~12.58

해설 ㉮ 혼합가스 폭발하한계(L_a)

$$L_a=\frac{V_1+V_2+V_3}{\frac{V_1}{L_1}+\frac{V_2}{L_2}+\frac{V_3}{L_3}}=\frac{70+21+9}{\frac{70}{5.0}+\frac{21}{2.1}+\frac{9}{1.8}}$$
$$=3.45\text{vol\%}$$

㉯ 혼합가스 폭발상한계(L_b)

$$L_b=\frac{70+21+9}{\frac{70}{15.0}+\frac{21}{9.5}+\frac{9}{8.4}}=12.58\text{vol\%}$$

92 다음 가스 중 가장 독성이 큰 것은?

① CO ② $COCl_2$
③ NH_3 ④ H_2

해설 각 보기 물질의 허용농도는 다음과 같다.
① CO(일산화탄소) : 50ppm
② $COCl_2$(포스겐) : 0.1ppm
③ NH_3(암모니아) : 25ppm
④ H_2(수소) : 독성이 없다.

93 폭발을 기상폭발과 응상폭발로 분류할 때 기상폭발에 해당되지 않는 것은?

① 분진폭발
② 혼합가스폭발
③ 분무폭발
④ 수증기폭발

해설 ㉮ 기상폭발
㉠ 혼합가스의 폭발(가스폭발)
㉡ 분해폭발
㉢ 분진폭발 및 분무폭발
㉯ 응상폭발(액상 및 고상폭발)
㉠ 수증기폭발 또는 증기폭발
㉡ 고상 간의 전이에 의한 폭발
㉢ 전선폭발
㉣ 화약류 및 유기과산화물 등의 폭발

94 다음 중 인화점이 가장 낮은 것은?

① 벤젠 ② 메탄올
③ 이황화탄소 ④ 경유

해설 **인화점**
㉮ 벤젠(C_6H_6) : −11℃
㉯ 메탄올(CH_3OH) : 11.1℃
㉰ 이황화탄소(CS_2) : −30℃
㉱ 경유 : 54℃

90.④ 91.② 92.② 93.④ 94.③ 정답

95 다음 중 공기 중 최소 발화에너지 값이 가장 작은 물질은?

① 에틸렌
② 아세트알데히드
③ 메탄
④ 에탄

해설 **최소 발화에너지(MIE)**
㉮ 최소 발화에너지 : 연소에 필요한 최소한의 에너지
㉯ MIE에 영향을 주는 요인
㉠ 압력 · 온도의 증가에 따라 MIE는 감소함.
㉡ 공기 중에서보다 산소 중에서 더 감소함.
㉢ 질소 등 불활성 가스 농도 증가 시는 MIE를 증가시킴.
㉣ 분진의 MIE는 일반적으로 가연성 가스보다 큰 에너지 준위를 가짐.
㉰ 가연성 물질의 MIE
㉠ 에틸렌(C_2H_4) : 0.096×10^{-3}J
㉡ 메탄(CH_4) : 0.28×10^{-3}J
㉢ 에탄(C_2H_6) : 0.31×10^{-3}J
㉣ 아세트알데히드(CH_8CHO) : 0.36×10^{-3}J

96 위험물을 산업안전보건법령에서 정한 기준량 이상으로 제조하거나 취급하는 설비로서 특수화학설비에 해당되는 것은?

① 가열시켜주는 물질의 온도가 가열되는 위험물질의 분해온도보다 높은 상태에서 운전되는 설비
② 상온에서 200kPa의 게이지압력으로 운전되는 설비
③ 대기압하에서 300℃로 운전되는 설비
④ 흡열반응이 행하여지는 반응설비

해설 **특수화학설비의 종류**
㉮ 가열로 또는 가열기
㉯ 증류 · 정류 · 증발 · 추출 등 분리를 하는 장치
㉰ 반응폭주 등 이상화학반응에 의하여 위험물질이 발생할 우려가 있는 설비
㉱ 온도가 350℃ 이상이거나 게이지압력이 980kPa 이상인 상태에서 운전되는 설비
㉲ 가열시켜주는 물질의 온도가 가열되는 위험물질의 분해온도 또는 발화점보다 높은 상태에서 운전되는 설비
㉳ 발열반응이 일어나는 반응장치

97 프로판(C_3H_8)의 연소하한계가 2.2vol%일 때 연소를 위한 최소산소농도(MOC)는 몇 vol%인가?

① 5.0　② 7.0
③ 9.0　④ 11.0

해설 최소산소농도(MOC)란 불꽃(화염) 연소를 위해 필요한 최소한의 산소농도를 말하며, 연소반응식은 아래와 같다.
$C_3H_8 + 5O_2 \rightarrow 3CO_2 + 4H_2O$
$$MOC = \frac{산소\ 몰수}{연료\ 몰수} \times 연소하한 = \frac{5}{1} \times 2.2 = 11\text{vol\%}$$

98 위험물의 취급에 관한 설명으로 틀린 것은?

① 모든 폭발성 물질은 석유류에 침지시켜 보관해야 한다.
② 산화성 물질인 경우 가연물과의 접촉을 피해야 한다.
③ 가스 누설의 우려가 있는 장소에서는 점화원의 철저한 관리가 필요하다.
④ 도전성이 나쁜 액체는 정전기 발생을 방지하기 위한 조치를 취한다.

해설 **폭발성 물질의 저장 및 취급 방법**
㉮ 실온에 주의하고, 습기를 피한다.
㉯ 통풍이 양호한 냉암소에 저장한다.
㉰ 화기, 가열, 충격, 마찰 등을 피한다.
㉱ 다른 약품과의 혼촉을 피하고, 다른 가연물과 공존시키지 않는다.
㉲ 용기의 파손, 균열에 주의하여 누설의 방지에 힘쓴다.

99 ABC급 분말소화약제의 주성분에 해당하는 것은?

① $NH_4H_2PO_4$　② Na_2CO_3
③ Na_2SO_4　④ K_2CO_3

해설 **분말소화약제**
㉮ 제1종 분말소화약제
중탄산나트륨($NaHCO_3$) – B급, C급
㉯ 제2종 분말소화약제
중탄산칼륨($KHCO_3$) – B급, C급
㉰ 제3종 분말소화약제
인산암모늄($NH_4H_2PO_4$) – A급, B급, C급
㉱ 제4종 분말소화약제
중탄산칼륨($KHCO_3$)+요소[$(NH_2)_2CO$] – B급, C급

 정답 95.① 96.① 97.④ 98.① 99.①

100 다음 중 반응기를 조작방식에 따라 분류할 때 이에 해당하지 않는 것은?

① 회분식 반응기 ② 반회분식 반응기
③ 연속식 반응기 ④ 관형식 반응기

해설 **반응기의 분류**
㉮ 조작방식에 의한 분류
㉠ 회분식 반응기
㉡ 반회분식 반응기
㉢ 연속식 반응기
㉯ 구조방식에 의한 분류
㉠ 교반조형 반응기
㉡ 관형 반응기
㉢ 탑형 반응기
㉣ 유동층형 반응기

≫ 제6과목 건설안전기술

101 온도가 하강함에 따라 토중수가 얼어 부피가 약 9% 정도 증대하게 됨으로써 지표면이 부풀어 오르는 현상은?

① 동상 현상 ② 연화 현상
③ 리칭 현상 ④ 액상화 현상

해설 ② 연화(frost boil) 현상 : 동결된 지반이 융해될 때 흙 속에 과잉의 수분이 존재하여 지반이 연약화되어 강도가 떨어지는 현상
③ 리칭 현상 : 해수에 퇴적된 점토가 담수에 의해 오랜 시간에 걸쳐 염분이 빠져나가 강도가 저하되는 현상
④ 액상화 현상 : 포화된 모래가 비배수(非排水) 상태로 변하여 전단응력을 받으면, 모래 속의 간극수압이 차례로 높아지면서 최종적으로는 액상 상태가 되는 현상[모래의 이 같은 상태를 액상화 상태(quick sand)라 한다]

개정 2023

102 산업안전보건법령에 따른 지반의 종류별 굴착면의 기울기 기준으로 옳지 않은 것은?

① 모래 – 1 : 1.5
② 경암 – 1 : 0.5
③ 풍화암 – 1 : 1.0
④ 연암 – 1 : 1.0

해설 **굴착작업 시 굴착면의 기울기 기준**

지반의 종류	기울기
모래	1 : 1.8
연암 및 풍화암	1 : 1.0
경암	1 : 0.5
그 밖의 흙	1 : 1.2

103 공정률이 65%인 건설현장의 경우 공사진척에 따른 산업안전보건관리비의 최소 사용기준으로 옳은 것은? (단, 공정률은 기성 공정률을 기준으로 한다.)

① 40% 이상
② 50% 이상
③ 60% 이상
④ 70% 이상

해설 **공사 진척에 따른 안전관리비 사용기준**

공정률	50% 이상 ~70% 미만	70% 이상 ~90% 미만	90% 이상 ~100%
사용기준	50% 이상	70% 이상	90% 이상

104 토질시험 중 연약한 점토 지반의 점착력을 판별하기 위하여 실시하는 현장시험은?

① 베인테스트(vane test)
② 표준관입시험(SPT)
③ 하중재하시험
④ 삼축압축시험

해설 **베인테스트(vane test)**
깊이 10m 미만의 연약한 점성토에 적용되는 것으로 흙 중에서 시료를 채취하는 일 없이 원위치에서 점토의 전단강도를 측정하기 위하여 행한다. 일반적으로 베인시험은 +자형의 날개가 붙은 로드를 지중에 눌러 넣어 회전을 가한 경우의 저항력에서 날개에 의하여 형성되는 원통형의 전단면에 따르는 전단저항(점착력)을 구하는 시험이다.

105 다음은 강관틀 비계를 조립하여 사용하는 경우 준수해야 할 기준이다. ( ) 안에 알맞은 숫자를 나열한 것은?

> 길이가 띠장 방향으로 (ⓐ)m 이하이고, 높이가 (ⓑ)m를 초과하는 경우에는 (ⓒ)m 이내마다 띠장 방향으로 버팀기둥을 설치할 것

① ⓐ 4, ⓑ 10, ⓒ 5
② ⓐ 4, ⓑ 10, ⓒ 10
③ ⓐ 5, ⓑ 10, ⓒ 5
④ ⓐ 5, ⓑ 10, ⓒ 10

해설 **강관틀 비계 조립 시 준수사항**
㉮ 비계기둥의 밑둥에는 밑받침 철물을 사용하여야 하며 밑받침에 고저차(高低差)가 있는 경우에는 조절형 밑받침 철물을 사용하여 각각의 강관틀 비계가 항상 수평 및 수직을 유지하도록 할 것
㉯ 높이가 20m를 초과하거나 중량물의 적재를 수반하는 작업을 할 경우에는 주틀 간의 간격을 1.8m 이하로 할 것
㉰ 주틀 간에 교차가새를 설치하고 최상층 및 5층 이내마다 수평재를 설치할 것
㉱ 수직방향으로 6m, 수평방향으로 8m 이내마다 벽이음을 할 것
㉲ 길이가 띠장 방향으로 4m 이하이고, 높이가 10m를 초과하는 경우에는 10m 이내마다 띠장 방향으로 버팀기둥을 설치할 것

106 말비계를 조립하여 사용하는 경우 지주부재와 수평면의 기울기는 얼마 이하로 하여야 하는가?

① 65°
② 70°
③ 75°
④ 80°

해설 **말비계 조립 시 준수사항**
㉮ 지주부재의 하단에는 미끄럼방지장치를 하고, 근로자가 양측 끝부분에 올라서서 작업하지 않도록 할 것
㉯ 지주부재와 수평면의 기울기를 75° 이하로 하고, 지주부재와 지주부재 사이를 고정시키는 보조부재를 설치할 것
㉰ 말비계의 높이가 2m를 초과하는 경우에는 작업발판의 폭을 40cm 이상으로 할 것

107 작업발판 및 통로의 끝이나 개구부로서 근로자가 추락할 위험이 있는 장소에서 난간 등의 설치가 매우 곤란하거나 작업의 필요상 임시로 난간 등을 해체하여야 하는 경우에 설치하여야 하는 것은?

① 구명구 ② 수직보호망
③ 석면포 ④ 추락방호망

해설 **개구부 등의 방호조치**
㉮ 안전난간, 울타리, 수직형 추락방호망 또는 덮개 등(이하 "난간 등")의 방호조치를 충분한 강도를 가진 구조로 튼튼하게 설치하여야 하며, 덮개를 설치하는 경우에는 뒤집히거나 떨어지지 않도록 설치하여야 한다. 이 경우 어두운 장소에서도 알아볼 수 있도록 개구부임을 표시하여야 한다.
㉯ 난간 등을 설치하는 것이 매우 곤란하거나 작업의 필요상 임시로 난간 등을 해체하여야 하는 경우 추락방호망을 설치하여야 한다. 다만, 추락방호망을 설치하기 곤란한 경우에는 근로자에게 안전대를 착용하도록 하는 등 추락할 위험을 방지하기 위하여 필요한 조치를 하여야 한다.

108 차량계 건설기계를 사용하여 작업을 하는 경우 작업계획서 내용에 포함되지 않는 사항은?

① 사용하는 차량계 건설기계의 종류 및 성능
② 차량계 건설기계의 운행경로
③ 차량계 건설기계에 의한 작업방법
④ 차량계 건설기계 사용 시 유도자 배치 위치

해설 **차량계 건설기계 작업 시 작업계획서에 포함되어야 할 사항**
㉮ 사용하는 차량계 건설기계의 종류 및 능력
㉯ 차량계 건설기계의 운행경로
㉰ 차량계 건설기계에 의한 작업방법

109 산업안전보건법령에서 규정하는 철골작업을 중지하여야 하는 기후조건에 해당하지 않는 것은?

① 풍속이 초당 10m 이상인 경우
② 강우량이 시간당 1mm 이상인 경우
③ 강설량이 시간당 1cm 이상인 경우
④ 기온이 영하 5℃ 이하인 경우

정답 105.② 106.③ 107.④ 108.④ 109.④

해설 **철골작업을 중지해야 하는 기상조건**
㉮ 풍속 : 10m/s 이상
㉯ 강우량 : 1mm/h 이상
㉰ 강설량 : 1cm/h 이상

110 흙막이 가시설공사 중 발생할 수 있는 보일링(boiling) 현상에 관한 설명으로 옳지 않은 것은?

① 이 현상이 발생하면 흙막이벽의 지지력이 상실된다.
② 지하수위가 높은 지반을 굴착할 때 주로 발생한다.
③ 흙막이벽의 근입장 깊이가 부족할 경우 발생한다.
④ 연약한 점토지반에서 굴착면의 융기로 발생한다.

해설 **보일링(boiling)**
지하수위가 높은 사질지반을 굴착할 때 주로 발생하는 현상으로 굴착부와 흙막이벽 뒤쪽 흙의 지하수위차가 있을 경우 수두차에 의하여 침투압이 생겨 흙막이벽 근입부분을 침식하는 동시에 모래가 액상화되어 솟아오르는 현상이다.

111 굴착과 싣기를 동시에 할 수 있는 토공기계가 아닌 것은?

① 트랙터 셔블(tractor shovel)
② 백 호(back hoe)
③ 파워 셔블(power shovel)
④ 모터 그레이더(motor grader)

해설 ④ 모터 그레이더는 토공용 대패기계로 지면을 절삭하여 평활하게 다듬는 것이 목적인 토공기계이다.

112 흙 속의 전단응력을 증대시키는 원인에 해당하지 않는 것은?

① 자연 또는 인공에 의한 지하공동의 형성
② 함수비의 감소에 따른 흙의 단위체적 중량의 감소
③ 지진, 폭파에 의한 진동 발생
④ 균열 내에 작용하는 수압 증가

해설 ② 함수비의 증가에 따른 흙의 단위체적 중량이 증가되면 흙 속의 전단응력은 증대된다.

113 추락방지용 방망 중 그물코의 크기가 5cm인 매듭 방망 신품의 인장강도는 최소 몇 kg 이상이어야 하는가?

① 60
② 110
③ 150
④ 200

해설 **방망사의 신품에 대한 인장강도**

그물코의 크기 (cm)	방망의 종류	
	매듭 없는 방망	매듭 방망
10	240	200
5	–	110

114 다음 중 가설통로의 설치기준으로 옳지 않은 것은?

① 경사가 15°를 초과하는 때에는 미끄러지지 않는 구조로 한다.
② 건설공사에 사용하는 높이 8m 이상인 비계다리에는 7m 이내마다 계단참을 설치한다.
③ 수직갱에 가설된 통로의 길이가 15m 이상일 경우에는 15m 이내마다 계단참을 설치한다.
④ 추락의 위험이 있는 장소에는 안전난간을 설치한다.

해설 **가설통로의 설치 시 준수사항**
㉮ 견고한 구조로 할 것
㉯ 경사는 30° 이하로 할 것. 다만, 계단을 설치하거나 높이 2m 미만의 가설통로로서 튼튼한 손잡이를 설치한 경우에는 그러하지 아니하다.
㉰ 경사가 15°를 초과하는 경우에는 미끄러지지 아니하는 구조로 할 것
㉱ 추락할 위험이 있는 장소에는 안전난간을 설치할 것
㉲ 수직갱에 가설된 통로의 길이가 15m 이상인 경우에는 10m 이내마다 계단참을 설치할 것
㉳ 건설공사에 사용하는 높이 8m 이상인 비계다리에는 7m 이내마다 계단참을 설치할 것

110.④ 111.④ 112.② 113.② 114.③ 정답

115 건설공사의 유해위험방지계획서 제출기준일로 옳은 것은?

① 당해공사 착공 1개월 전까지
② 당해공사 착공 15일 전까지
③ 당해공사 착공 전날까지
④ 당해공사 착공 15일 후까지

해설 **유해위험방지계획서의 제출**
산업안전보건법령상 "대통령령으로 정하는 사업의 종류 및 규모에 해당하는 사업으로서 해당 제품의 생산 공정과 직접적으로 관련된 건설물 · 기계 · 기구 및 설비 등 일체를 설치 · 이전하거나 그 주요 구조부분을 변경하려는 경우"에 해당하는 사업주는 유해위험방지계획서에 관련 서류를 첨부하여 해당 작업시작 15일 전까지 공단에 2부를 제출하여야 한다. 건설공사의 유해위험방지계획서는 당해공사 착공 전날까지 공단에 2부를 제출하여야 한다.

116 보통 흙의 건지를 다음 그림과 같이 굴착하고자 한다. 굴착면의 기울기를 1 : 0.5로 하고자 할 경우 L의 길이로 옳은 것은?

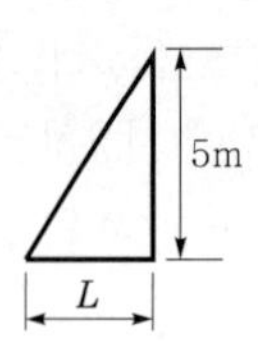

① 2m ② 2.5m
③ 5m ④ 10m

해설 높이가 1m일 때 너비 0.5m로 굴착한다면, 높이가 5m일 때의 너비는 2.5m가 된다.

117 부두 · 안벽 등 하역작업을 하는 장소에서 부두 또는 안벽의 선을 따라 통로를 설치하는 경우에는 그 폭을 최소 얼마 이상으로 하여야 하는가?

① 80cm
② 90cm
③ 100cm
④ 120cm

해설 **하역작업장의 조치기준**
㉮ 작업장 및 통로의 위험한 부분에는 안전하게 작업할 수 있는 조명을 유지할 것
㉯ 부두 또는 안벽의 선을 따라 통로를 설치하는 경우에는 폭을 90cm 이상으로 할 것
㉰ 육상에서의 통로 및 작업장소로서 다리 또는 선거(船渠) 갑문(閘門)을 넘는 보도(步道) 등의 위험한 부분에는 안전난간 또는 울타리 등을 설치할 것

118 건설현장에 달비계를 설치하여 작업 시 달비계에 사용 가능한 와이어로프로 볼 수 있는 것은?

① 이음매가 있는 것
② 와이어로프의 한 꼬임에서 끊어진 소선의 수가 5%인 것
③ 지름의 감소가 공칭지름의 10%인 것
④ 열과 전기충격에 의해 손상된 것

해설 **와이어로프의 사용제한**
㉮ 이음매가 있는 것
㉯ 와이어로프의 한 꼬임[(스트랜드(strand)]에서 끊어진 소선(素線)[필러(pillar)선은 제외)]의 수가 10% 이상인 것
㉰ 지름의 감소가 공칭지름의 7%를 초과하는 것
㉱ 꼬인 것
㉲ 심하게 변형되거나 부식된 것
㉳ 열과 전기충격에 의해 손상된 것

119 항타기 또는 항발기의 권상장치 드럼축과 권상장치로부터 첫 번째 도르래의 축과의 거리는 권상장치 드럼 폭의 몇 배 이상으로 하여야 하는가?

① 5배 ② 8배
③ 10배 ④ 15배

해설 **도르래의 위치**
㉮ 항타기 또는 항발기의 권상장치 드럼축과 권상장치로부터 첫 번째 도르래의 축과의 거리를 권상장치 드럼 폭의 15배 이상으로 하여야 한다.
㉯ 도르래는 권상장치 드럼의 중심을 지나야 하며 축과 수직면상에 있어야 한다.
㉰ ㉮ 및 ㉯의 규정은 항타기 또는 항발기의 구조상 권상용 와이어로프가 꼬일 우려가 없는 때에는 이를 적용하지 아니한다.

 정답 115.③ 116.② 117.② 118.② 119.④

120 산업안전보건법령에 따른 거푸집 동바리를 조립하는 경우의 준수사항으로 옳지 않은 것은?

① 개구부 상부에 동바리를 설치하는 경우에는 상부 하중을 견딜 수 있는 견고한 받침대를 설치할 것
② 동바리의 이음은 맞댄이음이나 장부이음으로 하고 같은 품질의 제품을 사용할 것
③ 강재와 강재의 접속부 및 교차부는 철선을 사용하여 단단히 연결할 것
④ 거푸집이 곡면인 경우에는 버팀대의 부착 등 그 거푸집의 부상(浮上)을 방지하기 위한 조치를 할 것

해설 **거푸집 동바리 등을 조립 시 준수사항**

㉮ 깔목의 사용, 콘크리트 타설, 말뚝박기 등 동바리의 침하를 방지하기 위한 조치를 할 것
㉯ 개구부 상부에 동바리를 설치하는 경우에는 상부 하중을 견딜 수 있는 견고한 받침대를 설치할 것
㉰ 동바리의 상하 고정 및 미끄러짐 방지조치를 하고, 하중의 지지상태를 유지할 것
㉱ 동바리의 이음은 맞댄이음이나 장부이음으로 하고 같은 품질의 재료를 사용할 것
㉲ 강재와 강재의 접속부 및 교차부는 볼트 · 클램프 등 전용 철물을 사용하여 단단히 연결할 것(철선 사용 금지)
㉳ 거푸집이 곡면인 경우에는 버팀대의 부착 등 그 거푸집의 부상(浮上)을 방지하기 위한 조치를 할 것

120.③ 정답

MEMO

CBT 복원문제 2023. 3. 1. 시행

제1회 산업안전기사 2023

제1과목 안전관리론

01 재해사례연구의 진행단계 중 다음 ( ) 안에 알맞은 것은?

> 재해상황의 파악 → (ⓐ) → (ⓑ) → 근본적 문제점의 결정 → (ⓒ)

① ⓐ 사실의 확인, ⓑ 문제점의 발견, ⓒ 대책 수립
② ⓐ 문제점의 발견, ⓑ 사실의 확인, ⓒ 대책 수립
③ ⓐ 사실의 확인, ⓑ 대책 수립, ⓒ 문제점의 발견
④ ⓐ 문제점의 발견, ⓑ 대책 수립, ⓒ 사실의 확인

해설 재해사례연구 순서
㉮ 전제조건 : 재해상황의 파악
㉯ 제1단계 : 사실의 확인
㉰ 제2단계 : 문제점의 발견
㉱ 제3단계 : 근본적 문제점의 결정
㉲ 제4단계 : 대책 수립

02 산업안전보건법령상 안전보건표지의 종류 중 다음 안전보건표지의 명칭은?

① 화물적재금지 ② 차량통행금지
③ 물체이동금지 ④ 화물출입금지

해설 금지표지의 종류

101 출입금지	102 보행금지	103 차량통행금지	104 사용금지
105 탑승금지	106 금연	107 화기금지	108 물체이동금지

03 O.J.T.(On the Job Training)의 특징에 대한 설명으로 옳은 것은?

① 특별한 교재 · 교구 · 설비 등을 이용하는 것이 가능하다.
② 외부의 전문가를 위촉하여 전문교육을 실시할 수 있다.
③ 직장의 실정에 맞는 구체적이고 실제적인 지도 교육이 가능하다.
④ 다수의 근로자들에게 조직적 훈련이 가능하다.

해설 O.J.T.와 Off J.T.의 특징

O.J.T. (현장중심교육)	Off J.T. (현장 외 중심교육)
• 개개인에게 적합한 지도훈련을 할 수 있다. • 직장의 실정에 맞는 실체적 훈련을 할 수 있다. • 훈련에 필요한 업무의 계속성이 끊이지 않는다. • 즉시 업무에 연결되는 관계로 신체와 관련이 있다. • 효과가 곧 업무에 나타나며 훈련의 좋고 나쁨에 따라 개선이 용이하다. • 교육을 통한 훈련효과에 의해 상호 신뢰 이해도가 높아진다.	• 다수의 근로자에게 조직적 훈련이 가능하다. • 훈련에만 전념하게 된다. • 특별설비기구를 이용할 수 있다. • 전문가를 강사로 초청할 수 있다. • 각 직장의 근로자가 많은 지식이나 경험을 교류할 수 있다. • 교육훈련목표에 대해서 집단적 노력이 흐트러질 수 있다.

01.① 02.③ 03.③ 정답

04 국제노동기구(ILO)의 산업재해정도 구분에서 부상 결과 근로자가 신체장해등급 제12급 판정을 받았다면, 이는 어느 정도의 부상을 의미하는가?

① 영구 전노동불능
② 영구 일부노동불능
③ 일시 전노동불능
④ 일시 일부노동불능

해설 산업재해의 정도를 부상의 결과로 생긴 노동기능의 저하 정도에 따라 다음과 같이 구분할 수 있다(ILO의 구분).
㉮ 사망 : 안전사고로 사망하거나 또는 부상의 결과로 사망한 것
㉯ 영구 전노동불능 : 부상 결과로 근로기능을 완전히 잃은 부상(신체장해등급 제1~3급에 상당)
㉰ 영구 일부노동불능 : 부상 결과로 신체의 일부가 영구히 노동기능을 상실한 부상(신체장해등급 제4~14급에 상당)
㉱ 일시 전노동불능 : 의사의 진단으로 일정 기간 정규노동에 종사할 수 없는 상해(신체장해가 남지 않는 일반적인 휴업재해)
㉲ 일시 일부노동불능 : 의사의 소견에 따라 일시적으로 근로시간 중에 업무를 떠나서 치료를 받는 정도의 상해
㉳ 구급처치 상해 : 응급처치 또는 의료조치를 받아서 부상한 다음 날에 정상으로 작업할 수 있는 정도의 상해

05 산업안전보건법상 특별안전보건교육에서 방사선 업무에 관계되는 작업을 할 때 교육내용으로 거리가 먼 것은?

① 방사선의 유해·위험 및 인체에 미치는 영향
② 방사선 측정기기 기능의 점검에 관한 사항
③ 비상시 응급처치 및 보호구 착용에 관한 사항
④ 산소농도측정 및 작업환경에 관한 사항

해설 **방사선 업무에 관계되는 작업(의료 및 실험용 제외) 시 특별교육내용**
㉮ 방사선의 유해·위험 및 인체에 미치는 영향
㉯ 방사선의 측정기기 기능의 점검에 관한 사항
㉰ 방호거리·방호벽 및 방사선물질의 취급요령에 관한 사항
㉱ 응급처치 및 보호구 착용에 관한 사항
㉲ 그 밖에 안전·보건관리에 필요한 사항

06 매슬로우의 욕구단계이론 중 자기의 잠재력을 최대한 살리고 자기가 하고 싶었던 일을 실현하려는 인간의 욕구에 해당하는 것은?

① 생리적 욕구
② 사회적 욕구
③ 자아실현의 욕구
④ 안전에 대한 욕구

해설 **매슬로우(Maslow)의 욕구 5단계**
㉮ 1단계 – 생리적 욕구(신체적 욕구) : 기아, 갈등, 호흡, 배설, 성욕 등 기본적 욕구
㉯ 2단계 – 안전의 욕구 : 안전을 구하려는 욕구
㉰ 3단계 – 사회적 욕구(친화욕구) : 애정, 소속에 대한 욕구
㉱ 4단계 – 인정받으려는 욕구(자기존경의 욕구, 승인욕구) : 자존심, 명예, 성취, 지위 등에 대한 욕구
㉲ 5단계 – 자아실현의 욕구(성취욕구) : 잠재적인 능력을 실현하고자 하는 욕구

07 다음 중 부주의의 발생 원인에 포함되지 않는 것은?

① 의식의 단절
② 의식의 우회
③ 의식수준의 저하
④ 의식의 지배

해설 **부주의 현상**
㉮ 의식의 과잉 : 지나친 의욕에 의해서 생기는 부주의 현상으로, 긴급사태 시 순간적으로 긴장이 한 방향으로만 쏠리게 되는 경우가 이에 해당한다.
㉯ 의식의 단절 : 지속적인 의식의 흐름에 단절이 생기고 공백의 상태가 나타나는 것으로, 특수한 질병이 있는 경우에 나타난다.
㉰ 의식의 우회 : 의식의 흐름이 옆으로 빗나가 발생하는 경우이다.
㉱ 의식수준의 저하 : 혼미한 정신상태에서 심신이 피로할 경우나 단조로운 반복작업 시 일어나기 쉽다.

정답 04.② 05.④ 06.③ 07.④

08 몇 사람의 전문가에 의하여 과제에 관한 견해를 발표한 뒤에 참가자로 하여금 의견이나 질문을 하게 하여 토의하는 방법을 무엇이라 하는가?

① 심포지엄(symposium)
② 버즈세션(buzz session)
③ 케이스메소드(case method)
④ 패널디스커션(panel discussion)

해설 ② 버즈세션 : 6-6회의라고도 하며, 먼저 사회자와 기록계를 선출한 후 나머지 사람을 6명씩의 소집단으로 구분하고, 소집단별로 각각 사회자를 선발하여 6분씩 자유토의를 행하여 의견을 종합하는 방법
③ 케이스메소드(사례연구법) : 먼저 사례를 제시하고 문제적 사실들과 그 상호관계에 대해서 검토하고 대책을 토의하는 방법
④ 패널디스커션 : 패널 멤버(교육과제에 정통한 전문가 4~5명)가 피교육자 앞에서 자유로이 토의한 뒤에 피교육자 전원이 참가하여 사회자의 사회에 따라 토의하는 방법

09 안전보건교육계획에 포함해야 할 사항이 아닌 것은?

① 교육지도안
② 교육장소 및 교육방법
③ 교육의 종류 및 대상
④ 교육의 과목 및 교육내용

해설 **안전보건교육계획에 포함해야 할 사항**
㉮ 교육목표(첫째 과제)
　㉠ 교육 및 훈련의 범위
　㉡ 교육 보조자료의 준비 및 사용지침
　㉢ 교육훈련 의무와 책임관계 명시
㉯ 교육의 종류 및 교육대상
㉰ 교육의 과목 및 교육내용
㉱ 교육 기간 및 시간
㉲ 교육장소
㉳ 교육방법
㉴ 교육 담당자 및 강사
㉵ 소요예산 책정

10 파블로프(Pavlov)의 조건반사설에 의한 학습이론의 원리가 아닌 것은?

① 일관성의 원리　② 계속성의 원리
③ 준비성의 원리　④ 강도의 원리

해설 **파블로프의 조건반사설에 의한 학습이론의 원리**
㉮ 시간의 원리(the time principle) : 조건화시키려는 자극은 무조건자극보다는 시간적으로 동시 또는 조금 앞서서 주어야만 조건화, 즉 강화가 잘 된다.
㉯ 강도의 원리(the intensity principle) : 자극이 강할수록 학습이 보다 더 잘 된다는 것이다.
㉰ 일관성의 원리(the consistency principle) : 무조건자극은 조건화가 성립될 때까지 일관하여 조건자극에 결부시켜야 한다.
㉱ 계속성의 원리(the continuity principle) : 시행착오설에서 연습의 법칙, 빈도의 법칙과 같은 것으로서 자극과 반응과의 관계를 반복하여 횟수를 더하면 할수록 조건화, 즉 강화가 잘 된다는 것이다.

11 레빈(Lewin)은 인간의 행동 특성을 다음과 같이 표현하였다. 변수 'E'가 의미하는 것은?

$$B=f(P \cdot E)$$

① 연령　② 성격
③ 환경　④ 지능

해설 **K. Lewin의 법칙**
Lewin은 인간의 행동(B)은 그 사람이 가진 자질, 즉 개체(P)와 심리학적 환경(E)과의 상호 함수관계에 있다고 주장했다.
$B=f(P \cdot E)$
여기서, B : Behavior(인간의 행동)
f : Function(함수관계)
P : Person(개체 : 연령, 경험, 심신상태, 성격, 지능 등)
E : Environment(심리적 환경 : 인간관계, 작업환경 등)

12 하인리히의 재해구성비율 "1 : 29 : 300"에서 "29"에 해당되는 사고발생비율은?

① 8.8%　② 9.8%
③ 10.8%　④ 11.8%

해설 하인리히의 1 : 29 : 300의 원칙에서, 1은 사망 또는 중상, 29는 경상, 300은 무상해사고를 의미하며, 300건의 무상해재해의 원인을 제거하여 1건의 사망 또는 중상, 29건의 경상을 막아보자는 의미이다.
사고발생비율$=\frac{29}{330}\times 100=8.79\%$

13 산업안전보건법령상 특정행위의 지시 및 사실의 고지에 사용되는 안전보건표지의 색도기준으로 옳은 것은?

① 2.5G 4/10 ② 5Y 8.5/12
③ 2.5PB 4/10 ④ 7.5R 4/14

해설 안전보건표지의 색채, 색도기준 및 용도

색 채	색도기준	용 도	사용 예
빨간색	7.5R 4/14	금지	정지신호, 소화설비 및 그 장소, 유해행위의 금지
		경고	화학물질 취급장소에서의 유해 · 위험물질 경고
노란색	5Y 8.5/12	경고	화학물질 취급장소에서의 유해 · 위험 경고, 그 밖의 위험경고, 주의표지 또는 기계방호물
파란색	2.5PB 4/10	지시	특정행위의 지시 및 사실의 고지
녹색	2.5G 4/10	안내	비상구 및 피난소, 사람 또는 차량의 통행표지
흰색	N9.5	–	파란색 또는 녹색에 대한 보조색
검은색	N0.5	–	문자 및 빨간색 또는 노란색에 대한 보조색

14 헤드십의 특성이 아닌 것은?

① 지휘형태는 권위주의적이다.
② 권한행사는 임명된 헤드이다.
③ 구성원과의 사회적 간격은 넓다.
④ 상관과 부하와의 관계는 개인적인 영향이다.

해설 헤드십과 리더십의 차이

변 수	헤드십	리더십
권한행사	임명된 헤드	선출된 리더
권한부여	위에서 위임	밑으로부터 동의
권한근거	법적 또는 공식적	개인능력
권한귀속	공식화된 규정에 의함.	집단목표에 기여한 공로 인정
상관과 부하의 관계	지배적	개인적인 영향
책임귀속	상사	상사와 부하
부하와의 사회적 간격	넓음.	좁음.
지휘형태	권위주의적	민주주의적

15 학습자가 자신의 학습속도에 적합하도록 프로그램 자료를 가지고 단독으로 학습하도록 하는 안전교육방법은?

① 실연법 ② 모의법
③ 토의법 ④ 프로그램 학습법

해설 프로그램 학습법(Programmed Self-instruction Method)

수업 프로그램이 프로그램 학습의 원리에 의하여 만들어지고, 학생의 자기 학습속도에 따른 학습이 허용되어 있는 상태에서 학습자가 프로그램 자료를 가지고 단독으로 학습하도록 하는 교육방법이다.

㉮ 장점
- ㉠ 기본개념 학습이나 논리적인 학습에 유리하다.
- ㉡ 지능, 학습 적성, 학습속도 등 개인차를 충분히 고려할 수 있다.
- ㉢ 대량의 학습자를 한 교사가 지도할 수 있다.
- ㉣ 매 반응마다 피드백이 주어지기 때문에 학습자가 흥미를 가질 수 있다.
- ㉤ 학습자의 학습과정을 쉽게 알 수 있다.

㉯ 단점
- ㉠ 최소한의 독서력이 요구된다.
- ㉡ 개발, 제작과정이 어렵다.
- ㉢ 문제해결력, 적용력, 감상력, 평가력 등 고등 정신을 기르는 데 불리하다.
- ㉣ 교과서보다 분량이 많아 경비가 많이 든다.

16 안전점검표(체크리스트) 항목 작성 시 유의사항으로 틀린 것은?

① 정기적으로 검토하여 설비나 작업방법이 타당성 있게 개조된 내용일 것
② 사업장에 적합한 독자적 내용을 가지고 작성할 것
③ 위험성이 낮은 순서 또는 긴급을 요하는 순서대로 작성할 것
④ 점검항목을 이해하기 쉽게 구체적으로 표현할 것

해설 체크리스트 작성 시 유의사항

㉮ 사업장에 적합하고 독자적인 내용일 것
㉯ 중점도가 높은 것부터 순서대로 작성할 것(위험성이 높거나 긴급을 요하는 순)
㉰ 정기적으로 검토하여 재해방지에 실효성 있게 수정된 내용일 것(관계자 의견 청취)
㉱ 일정 양식을 정하여 점검대상을 정할 것
㉲ 점검표의 내용은 이해하기 쉽도록 표현하고 구체적일 것

정답 13.③ 14.④ 15.④ 16.③

17 산업안전보건법령상 사업장에서 산업재해 발생 시 사업주가 기록 · 보존하여야 하는 사항을 모두 고른 것은? (단, 산업재해 조사표와 요양신청서의 사본은 보존하지 않았다.)

ⓐ 사업장의 개요 및 근로자의 인적사항
ⓑ 재해발생의 일시 및 장소
ⓒ 재해발생의 원인 및 과정
ⓓ 재해재발방지 계획

① ⓐ, ⓓ
② ⓑ, ⓒ, ⓓ
③ ⓐ, ⓑ, ⓒ
④ ⓐ, ⓑ, ⓒ, ⓓ

해설 **산업재해 발생 시 사업주가 기록 · 보존해야 하는 사항**
㉮ 사업장의 개요 및 근로자의 인적사항
㉯ 재해발생 일시 · 장소
㉰ 재해발생 원인 및 과정
㉱ 재해재발방지 계획
∴ 3년간 보존하여야 한다.

18 산업안전보건법상 방독마스크 사용이 가능한 공기 중 최소산소농도 기준은 몇 % 이상인가?

① 14% ② 16%
③ 18% ④ 20%

해설 공기 중의 산소농도가 18% 미만인 산소결핍장소에서는 방독마스크의 사용을 금지한다.

19 산업안전보건법령상 잠함(潛函) 또는 잠수작업 등 높은 기압에서 작업하는 근로자의 근로시간 기준은?

① 1일 6시간, 1주 32시간 초과금지
② 1일 6시간, 1주 34시간 초과금지
③ 1일 8시간, 1주 32시간 초과금지
④ 1일 8시간, 1주 34시간 초과금지

해설 유해 · 위험작업으로서 잠함 및 잠수 작업 등 고기압하에서 행하는 작업에 종사하는 근로자에 대하여는 1일 6시간, 1주 34시간을 초과하여 근로하게 할 수 없다.

20 보호구 안전인증 고시상 전로 또는 평로 등의 작업 시 사용하는 방열두건의 차광도 번호는?

① #2 ~ #3
② #3 ~ #5
③ #6 ~ #8
④ #9 ~ #11

해설 **방열두건 사용 구분**

차광도 번호	사용 구분
#2~#3	고로강판가열로, 조괴(造塊) 등의 작업
#3~#5	전로 또는 평로 등의 작업
#6~#8	전기로의 작업

» 제2과목 인간공학 및 시스템 안전공학

21 각 부품의 신뢰도가 R인 다음과 같은 시스템의 전체 신뢰도는?

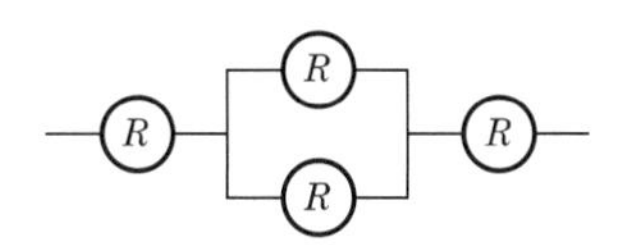

① R^4 ② $2R-R^2$
③ $2R^2-R^3$ ④ $2R^3-R^4$

해설 $R_s = R\times\{1-(1-R)(1-R)\}\times R = 2R^3 - R^4$

22 개선의 ECRS 원칙에 해당하지 않는 것은?

① 제거(Eliminate)
② 결합(Combine)
③ 재조정(Rearrange)
④ 안전(Safety)

해설 **작업 개선의 ECRS의 원칙**
㉮ 제거(Eliminate)
㉯ 결합(Combine)
㉰ 재조정(Rearrange)
㉱ 단순화(Simplify)

17.④ 18.③ 19.② 20.② 21.④ 22.④ 정답

23 다음 중 FT도에서 사용하는 논리기호에 있어 주어진 시스템의 기본사상을 나타낸 것은?

① 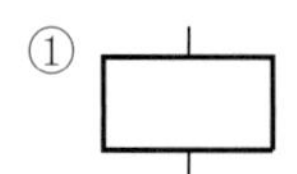
② 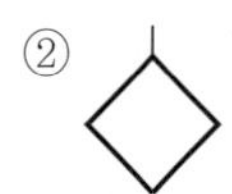
③ 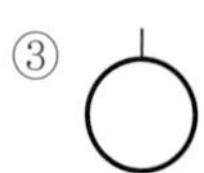
④ 

해설 ① : 결함사상
② : 이하 생략
③ : 기본사상
④ : 전이기호

24 다음 중 불대수의 관계식으로 틀린 것은?

① $A+AB=A$
② $A(A+B)=A+B$
③ $A+\overline{A}B=A+B$
④ $A+\overline{A}=1$

해설 $A(A+B)=AA+AB=A+AB=A$

25 어떠한 신호가 전달하려는 내용과 연관성이 있어야 하는 것으로 정의되며, 예로써 위험신호는 빨간색, 주의신호는 노란색, 안전신호는 파란색으로 표시하는 것은 다음 중 어떠한 양립성(compatibility)에 해당하는가?

① 공간 양립성 ② 개념 양립성
③ 동작 양립성 ④ 형식 양립성

해설 **양립성(compatibility)**
자극들 간, 반응 간, 자극－반응 조합의 공간, 운동 혹은 개념적 관계가 인간의 기대와 모순되지 않는 것
㉮ 공간적(spatial) 양립성 : 어떤 사물들의 물리적 형태나 공간적인 배치의 양립성
㉯ 운동(movement) 양립성 : 표시장치, 조종장치, 체계 반응의 운동방향 양립성
㉰ 개념적(conceptual) 양립성 : 암호체계에 있어서 사람들이 가지고 있는 개념적 연상의 양립성

26 평균 고장간격 시간이 4×10^6시간인 요소 4개가 직렬체계를 이루었을 때, 이 체계의 수명은 몇 시간인가?

① 1×10^6 ② 4×10^6
③ 8×10^6 ④ 16×10^6

해설 직렬체계의 수명 $=\frac{1}{n}\times$ 평균수명시간
$=\frac{1}{4}\times4\times10^6=1\times10^6$시간

27 다음 중 「산업안전보건법」에 따른 유해 · 위험방지계획서 제출 대상 사업은 기계 및 기구를 제외한 금속가공제품 제조업으로서 전기 계약 용량이 얼마 이상인 사업을 말하는가?

① 50kW
② 100kW
③ 200kW
④ 300kW

해설 유해 · 위험방지계획서 제출 대상 사업장으로 다음의 어느 하나에 해당하는 사업으로서 전기 계약 용량이 300kW 이상인 사업을 말한다.
㉮ 금속가공제품(기계 및 기구는 제외) 제조업
㉯ 비금속 광물제품 제조업
㉰ 기타 기계 및 장비 제조업
㉱ 자동차 및 트레일러 제조업
㉲ 식료품 제조업
㉳ 고무제품 및 플라스틱 제품 제조업
㉴ 목재 및 나무제품 제조업
㉵ 기타 제품 제조업
㉶ 1차 금속 제조업
㉷ 가구 제조업
㉸ 화학물질 및 화학제품 제조업
㉹ 반도체 제조업
㉺ 전자부품 제조업

28 인간공학의 연구를 위한 수집자료 중 동공 확장 등과 같은 것은 어느 유형으로 분류되는 자료라 할 수 있는가?

① 생리지표 ② 주관적 자료
③ 감도척도 ④ 성능자료

 정답 23.③ 24.② 25.② 26.① 27.④ 28.①

해설 생리지표

신체의 기본 생물학적 계통에 따라 다음과 같이 분류할 수 있다.
㉮ 심장혈행지표 : 심박수, 혈압 등
㉯ 호흡지표 : 호흡률, 산소 소비량 등
㉰ 신경지표 : 뇌전위(EEG), 근육활동 등
㉱ 감각지표 : 시력, 눈 깜박이는 속도, 청력 등
㉲ 혈액 화학지표 : 카테콜아민 등

29 다음 중 정보를 전송하기 위해 청각적 표시장치보다 시각적 표시장치를 사용하는 것이 더 효과적인 경우는?

① 정보의 내용이 간단한 경우
② 정보가 후에 재참조되는 경우
③ 정보가 즉각적인 행동을 요구하는 경우
④ 정보의 내용이 시간적인 사건을 다루는 경우

해설 청각장치와 시각장치의 선택

㉮ 청각장치 사용
㉠ 전언이 간단하고 짧을 때
㉡ 전언이 후에 재참조되지 않을 때
㉢ 전언이 시간적인 사상을 다룰 때
㉣ 전언이 즉각적인 행동을 요구할 때
㉤ 수신자의 시각계통이 과부하 상태일 때
㉥ 수신장소가 너무 밝거나 암조응 유지가 필요할 때
㉦ 직무상 수신자가 자주 움직일 때
㉯ 시각장치 사용
㉠ 전언이 복잡하고 길 때
㉡ 전언이 후에 재참조될 때
㉢ 전언이 공간적인 위치를 다룰 때
㉣ 전언이 즉각적인 행동을 요구하지 않을 때
㉤ 수신자의 청각계통이 과부하 상태일 때
㉥ 수신장소가 너무 시끄러울 때
㉦ 직무상 수신자가 한 곳에 머무를 때

30 다음 중 동작경제의 원칙에 있어서 “신체 사용에 관한 원칙”에 해당하지 않는 것은?

① 두 손의 동작은 동시에 시작해서 동시에 끝나야 한다.
② 손의 동작은 유연하고 연속적인 동작이어야 한다.
③ 공구, 재료 및 제어장치는 사용하기 가까운 곳에 배치해야 한다.
④ 동작이 급작스럽게 크게 바뀌는 직선 동작은 피해야 한다.

해설 동작경제의 3원칙

㉮ 신체 사용에 관한 원칙
㉠ 두 손의 동작은 같이 시작하고, 같이 끝나도록 한다.
㉡ 휴식시간을 제외하고는 양손이 같이 쉬지 않도록 한다.
㉢ 두 팔의 동작은 서로 반대방향으로 대칭적으로 움직인다.
㉣ 손과 신체의 동작은 작업을 원만하게 처리할 수 있는 범위 내에서 가장 낮은 동작등급을 사용하도록 한다.
㉤ 가능한 한 관성을 이용하여 작업을 하도록 하되, 작업자가 관성을 억제하여야 하는 경우에는 발생되는 관성을 최소 한노로 줄인다.
㉥ 손의 동작은 스무스하고 연속적인 동작이 되도록 하며, 방향이 갑자기 크게 바뀌는 모양의 직선 동작은 피하도록 한다.
㉦ 타도 동작은 제한되거나 통제된 동작보다 더 신속하고 용이하며 정확하다.
㉧ 가능하다면 쉽고도 자연스러운 리듬이 작업동작에 생기도록 작업을 배치한다.
㉨ 눈의 초점을 모아야 작업을 할 수 있는 경우는 가능하면 없애고, 불가피한 경우에는 눈의 초점이 모아지는 서로 다른 두 작업 지정 간의 거리를 짧게 한다.
㉯ 작업장의 배치에 관한 원칙
㉠ 모든 공구나 재료는 자기 위치에 있도록 한다.
㉡ 공구, 재료 및 제어장치는 사용 위치에 가까이 두도록 한다.
㉢ 중력이송원리를 이용한 부품상자나 용기를 이용하여 부품을 제품 사용 위치에 가까이 보낼 수 있도록 한다.
㉣ 가능하다면 낙하식 운반방법을 사용한다.
㉤ 공구나 재료는 작업동작이 원활하게 수행되도록 위치를 정해준다.
㉥ 작업자가 잘 보면서 작업할 수 있도록 적절한 조명을 한다.
㉦ 작업자가 작업 중 자세를 변경, 즉 앉거나 서는 것을 임의로 할 수 있도록 작업대와 의자 높이가 조정되도록 한다.
㉧ 작업자가 좋은 자세를 취할 수 있도록 의자는 높이뿐만 아니라 디자인도 좋아야 한다.
㉰ 공구 및 장비의 설계에 관한 원칙
㉠ 치구나 족당 장치를 효과적으로 사용할 수 있는 작업에서는 이러한 장치를 활용하여 양손이 다른 일을 할 수 있도록 한다.
㉡ 공구의 기능을 결합하여서 사용하도록 한다.
㉢ 공구와 자재는 가능한 한 사용하기 쉽도록 미리 위치를 잡아준다.
㉣ 각 손가락에 서로 다른 작업을 할 때에는 작업량을 각 손가락의 능력에 맞게 분배해야 한다.
㉤ 레버, 핸들, 그리고 제어장치는 작업자가 몸의 자세를 크게 바꾸지 않더라도 조작하기 쉽도록 배열한다.

31 FT도에 사용되는 다음 기호의 명칭으로 옳은 것은?

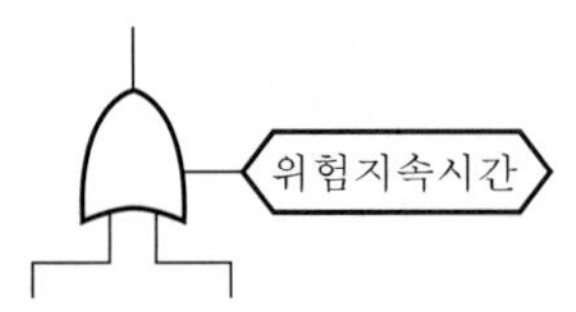

① 부정 게이트
② 수정기호
③ 위험지속기호
④ 배타적 OR 게이트

해설 **위험지속기호**
입력사상이 생겨 어느 일정시간 지속하였을 때에 출력사상이 생긴다(위험지속시간과 같이 기입).

32 인간-기계 시스템의 설계를 6단계로 구분할 때 다음 중 첫 번째 단계에서 시행하는 것은?

① 기본 설계
② 시스템의 정의
③ 인터페이스 설계
④ 시스템의 목표와 성능 명세 결정

해설 **시스템 설계과정의 6단계**
㉮ 제1단계 : 목표 및 성능 명세 결정
㉯ 제2단계 : 시스템(체계)의 정의
㉰ 제3단계 : 기본 설계
㉱ 제4단계 : 계면(인터페이스) 설계
㉲ 제5단계 : 촉진물(보조물) 설계
㉳ 제6단계 : 시험 및 평가

33 여러 사람이 사용하는 의자의 좌면높이는 어떤 기준으로 설계하는 것이 가장 적절한가?

① 5% 오금높이
② 50% 오금높이
③ 75% 오금높이
④ 95% 오금높이

해설 사람이 사용하는 의자의 좌면높이는 조절 범위를 기준으로 설계하는 것이 가장 적절하다. 조절식으로 설계할 경우에는 통상 5% 값에서 95% 값까지의 90% 범위를 수용 대상으로 설계하는 것이 보통이다.

34 다음 중 음량 수준을 평가하는 척도와 관계 없는 것은?

① Phon ② HSI
③ PLdB ④ Sone

해설 **음량 수준을 평가하는 척도**
㉮ Phon에 의한 음량 수준 : 음의 감각적 크기의 수준을 나타내기 위해서 음압 수준(dB)과는 다른 Phon이라는 단위를 채용하는데, 어떤 음의 Phon치로 표시한 음량 수준은 이 음과 같은 크기로 들리는 1,000Hz 순음의 음압 수준 1(dB)이다.
㉯ Sone에 의한 음량 : 음량 척도로서 1,000Hz, 40dB의 음압 수준을 가진 순음의 크기(40Phon)를 1Sone이라고 정의한다.
㉰ 인식 소음 수준 : PNdB(Perceived Noise Level)의 척도는 같은 시끄럽기로 들리는 910~1,090Hz대의 소음 음압 수준으로 정의되고, 최근에 사용되는 PLdB(Perceived Level of Noise) 척도는 3,150Hz에 중심을 둔 1/3옥타브(Octave)대 음을 기준으로 사용한다.

35 다음 중 소음에 대한 대책으로 가장 적합하지 않은 것은?

① 소음원의 통제 ② 소음의 격리
③ 소음의 분배 ④ 적절한 배치

해설 **소음대책**
㉮ 소음원의 제거(가장 적극적 대책)
㉯ 소음원의 통제
㉰ 소음의 격리
㉱ 적절한 배치(Layout)
㉲ 차폐장치 및 흡음재료 사용
㉳ 음향처리제 사용
㉴ 방음보호구 사용
㉵ BGM(Back Ground Music)

36 설계단계에서부터 보전에 불필요한 설비를 설계하는 것의 보전방식은?

① 보전예방 ② 생산보전
③ 일상보전 ④ 개량보전

해설 **보전예방**
설비보전 정보와 새로운 기술을 기초로 신뢰성, 조작성, 보전성, 안전성, 경제성 등이 우수한 설비의 선정, 조달 또는 설계를 하고 궁극적으로는 설비의 설계, 제작단계에서 보전활동이 불필요한 체제를 목표로 한 설비보전방법을 의미한다.

정답 31.③ 32.④ 33.① 34.② 35.③ 36.①

37 화학설비 안전성 평가 5단계 중 제2단계에 속하는 것은?

① 작성준비
② 정량적 평가
③ 안전대책
④ 정성적 평가

해설 **안전성 평가의 기본원칙 6단계**
㉮ 1단계 : 관계 자료의 정비검토
㉯ 2단계 : 정성적 평가
㉰ 3단계 : 정량적 평가
㉱ 4단계 : 안전대책
㉲ 5단계 : 재해정보에 의한 재평가
㉳ 6단계 : FTA에 의한 재평가

38 들기작업 시 요통재해 예방을 위하여 고려할 요소와 가장 거리가 먼 것은?

① 들기 빈도
② 작업자 신장
③ 손잡이 형상
④ 허리 비대칭 각도

해설 **들기작업 시 요통재해 예방을 위하여 고려할 요소**
㉮ 들기 빈도
㉯ 손잡이 형상
㉰ 허리 비대칭 각도
㉱ 취급 중량
㉲ 작업 자세

39 결함수분석법에서 Path set에 관한 설명으로 맞는 것은?

① 시스템의 약점을 표현한 것이다.
② Top 사상을 발생시키는 조합이다.
③ 시스템이 고장나지 않도록 하는 사상의 조합이다.
④ 시스템 고장을 유발시키는 필요불가결한 기본사상들의 집합이다.

해설 **패스셋과 미니멀 패스셋**
㉮ 패스셋(path sets) : 정상사상이 일어나지 않는 기본사상의 집합을 말한다.
㉯ 미니멀 패스셋(minimal path sets) : 필요한 최소한의 패스를 말한다(시스템의 신뢰성을 나타냄).

40 인간공학 연구조사에 사용되는 기준의 구비조건과 가장 거리가 먼 것은?

① 적절성 ② 다양성
③ 무오염성 ④ 기준척도의 신뢰성

해설 **기준의 요건**
㉮ 적절성(relevance) : 기준이 의도된 목적에 적당하다고 판단되는 정도를 말한다.
㉯ 무오염성 : 기준척도는 측정하고자 하는 변수 외의 다른 변수들의 영향을 받아서는 안 된다는 것을 무오염성이라고 한다.
㉰ 기준척도의 신뢰성 : 척도의 신뢰성은 반복성(repeatability)을 의미한다.

≫ 제3과목 기계위험 방지기술

41 다음 중 수평거리 20m, 높이가 5m인 경우 지게차의 안정도는 얼마인가?

① 20% ② 25%
③ 30% ④ 35%

해설 안정도 $= \frac{h}{l} \times 100 = \frac{5}{20} \times 100 = 25\%$

42 재료의 강도시험 중 항복점을 알 수 있는 시험의 종류는?

① 압축시험 ② 충격시험
③ 인장시험 ④ 피로시험

해설 **인장시험**
비례한도, 탄성한도, 항복점, 인장강도, 연신율, 단면 수축률 등을 측정할 수 있다.

43 산업안전보건법상 보일러의 안전한 가동을 위하여 보일러 규격에 맞는 압력방출장치가 2개 이상 설치된 경우에 최고 사용압력 이하에서 1개가 작동되고, 다른 압력방출장치는 최고 사용압력의 몇 배 이하에서 작동되도록 부착하여야 하는가?

① 1.03배 ② 1.05배
③ 1.2배 ④ 1.5배

해설 사업주는 보일러의 안전한 가동을 위하여 보일러 규격에 맞는 압력방출장치를 1개 또는 2개 이상 설치하고, 최고 사용압력(설계압력 또는 최고 허용압력을 말한다. 이하 같다) 이하에서 작동되도록 하여야 한다. 다만, 압력방출장치가 2개 이상 설치된 경우에는 최고 사용압력 이하에서 1개가 작동되고, 다른 압력방출장치는 최고 사용압력 1.05배 이하에서 작동되도록 부착하여야 한다.

44 롤러기의 물림점(Nip Point)의 가드 개구부의 간격이 15mm일 때 가드와 위험점 간의 거리는 몇 mm인가? (단, 위험점이 전동체는 아니다.)

① 15 ② 30
③ 60 ④ 90

해설 **롤러기 개구 간격**

$Y=6+0.15X$

$X=\frac{Y-6}{0.15}=\frac{15-6}{0.15}=60\text{mm}$

45 산업안전보건법령에 따라 산업용 로봇을 운전하는 경우에 근로자가 로봇에 부딪칠 위험이 있을 때에는 안전매트 및 높이 얼마 이상의 방책을 설치하는 등 위험을 방지하기 위하여 필요한 조치를 하여야 하는가?

① 1.0m 이상
② 1.5m 이상
③ 1.8m 이상
④ 2.5m 이상

해설 산업용 로봇을 운전하는 경우에 근로자가 로봇에 부딪칠 위험이 있을 때에는 안전매트 및 높이 1.8m 이상의 방책을 설치하는 등 위험을 방지하기 위하여 필요한 조치를 하여야 한다.

46 다음 중 셰이퍼(shaper)의 안전장치로 볼 수 없는 것은?

① 방책 ② 칩받이
③ 칸막이 ④ 잠금장치

해설 **셰이퍼(shaper)의 안전장치**

㉮ 방책
㉯ 칩받이
㉰ 칸막이

47 산업안전보건 기준에 관한 규칙에 따라 연삭기(研削機) 또는 평삭기(平削機)의 테이블, 형삭기(形削機) 램 등의 행정 끝이 근로자에게 위험을 미칠 우려가 있는 경우 위험 방지를 위해 해당 부위에 설치하여야 하는 것은?

① 안전망 ② 급정지장치
③ 방호판 ④ 덮개 또는 울

해설 ㉮ 행정 끝의 덮개 연삭기 또는 평삭기의 테이블, 형삭기 램 등의 행정 끝이 근로자에게 위험을 미칠 우려가 있을 때에는 해당 부위 덮개 또는 울 등을 설치하여야 한다.

㉯ 덮개 또는 울 등을 설치해야 할 경우
㉠ 연삭기 또는 평삭기의 테이블, 형삭기 램 등의 행정 끝
㉡ 선반 등으로부터 돌출하며 회전하고 있는 가공물
㉢ 분쇄기 등의 개구부로부터 가동 부분에 접촉함으로써 위해를 입을 우려가 있는 경우
㉣ 종이·철·비닐 및 와이어로프 등의 감김통
㉤ 압력용기 및 공기압축기 등에 부속하는 원통기·축이음·벨트·풀리의 회전부위

48 프레스기의 안전대책 중 손을 금형 사이에 집어넣을 수 없도록 하는 본질적 안전화를 위한 방식(No-Hand in Die)에 해당하는 것은?

① 수인식 ② 광전자식
③ 방호울식 ④ 손쳐내기식

해설 ㉮ No-Hand in Die 방식
㉠ 안전울(방호울)을 부착한 프레스
㉡ 안전금형을 부착한 프레스
㉢ 전용 프레스의 도입
㉣ 자동 프레스의 도입

㉯ Hand in Die 방식
㉠ 가드식
㉡ 손쳐내기식
㉢ 수인식
㉣ 양수조작식
㉤ 감응식(광전자식)

정답 44.③ 45.③ 46.④ 47.④ 48.③

49 일반적으로 기계설비의 점검시기를 운전상태와 정지상태로 구분할 때, 다음 중 운전 중의 점검사항이 아닌 것은?

① 클러치의 동작상태
② 베어링의 온도 상승 여부
③ 설비의 이상음과 진동상태
④ 동력 전달부의 볼트 · 너트의 풀림상태

해설 ㉮ 운전상태 시 점검사항
㉠ 클러치, 이상음, 진동상태
㉡ 베어링 온도 상승 여부, 슬라이드면의 온도 상승 여부
㉢ 기어의 맞물림 상태 및 시동 정지상태
㉯ 정지상태 시 점검사항
㉠ 전동기 개폐기의 이상 유무 및 슬라이드 부분 상태
㉡ 볼트, 너트의 헐거움이나 풀림상태 확인
㉢ 스위치 위치와 구조 상태, 어스 상태 점검
㉣ 급유상태 및 방호장치, 동력전달장치의 점검
㉤ 힘이 걸린 부분의 흠집, 손상의 이상 유무

50 다음 중 롤러기의 두 롤러 사이에서 형성되는 위험점은?

① 협착점 ② 물림점
③ 접선 물림점 ④ 회전 말림점

해설 **위험점(작업점)의 분류**
㉮ 협착점 : 왕복운동을 하는 운동부와 고정부 사이에 형성되는 위험점
예 프레스 금형 조립부위, 전단기 누름판 및 칼날부위, 선반 및 평삭기 베드 끝부위
㉯ 끼임점 : 기계의 고정 부분과 회전 또는 직선운동 부분이 함께 형성하는 위험점
예 연삭숫돌과 작업대 사이, 교반기의 교반날개와 몸체 사이, 회전풀리와 베드 사이
㉰ 절단점 : 회전하는 운동 부분 자체와 운동하는 기계 자체와의 위험이 형성되는 점
예 회전 대팻날 부분, 밀링커터 부분, 둥근톱날 부분, 컨베이어의 호퍼 부분
㉱ 물림점 : 회전하는 두 개의 회전체에 물려 들어갈 위험성이 형성되는 것
예 기어 물림점, 롤러 회전에 의한 물림점
㉲ 접선 물림점 : 회전하는 부분이 접선방향으로 물려 들어갈 위험성이 형성되는 것
예 V풀리와 V벨트, 체인과 스프라켓, 랙과 피니언, 롤러와 평벨트
㉳ 회전 말림점 : 회전하는 물체의 불규칙 부위와 돌기회전 부위에 의해 장갑 및 작업복 등이 말려들 위험이 형성되는 점
예 회전하는 축이나 드릴축의 드릴, 커플링

51 지게차로 중량물 운반 시 차량의 중량은 30kN, 전차륜에서 차량 중심까지의 최단거리를 3m라고 할 때, 적재 가능한 화물의 최대 중량은 얼마인가? (단, 화물의 무게중심에서 지게차 전차륜까지의 거리는 2m이다.)

① 15kN ② 25kN
③ 35kN ④ 45kN

해설 $W \cdot a < G \cdot b$
여기서, W : 화물 중량
G : 차량의 중량
a : 전차륜에서 화물 중심까지의 거리
b : 전차륜에서 차량 중심까지의 거리

$$W < \frac{G \cdot b}{A} = \frac{30\text{kN} \times 3\text{m}}{2} = 45\text{kN}$$

∴ 화물의 최대 중량(W)=45kN

52 다음 설명은 보일러의 장해 원인 중 어느 것에 해당되는가?

> 보일러수 중에 용해 고형분이나 수분이 발생, 증기 중에 다량 함유되어 증기의 순도를 저하시킴으로써 관내 응축수가 생겨 워터해머의 원인이 되고, 증기과열기나 터빈 등의 고장의 원인이 된다.

① 프라이밍(priming)
② 포밍(forming)
③ 캐리오버(carry-over)
④ 역화(back fire)

해설 **보일러 발생증기의 이상 현상**
㉮ 프라이밍(priming) : 보일러 부하의 급변으로 수위가 급상승하여 증기와 분리되지 않고 수면에서 물방울이 심하게 튀어 올라 올바른 수위를 판단하지 못하는 현상
㉯ 포밍(forming) : 유지분이나 부유물 등에 의하여 보일러수의 비등과 함께 수면부에 거품을 발생시키는 현상
㉰ 캐리오버(carry-over) : 보일러수 중에 용해 또는 현탁되어 있던 불순물로 인해 보일러수가 비등해 증기와 함께 혼합된 상태로 보일러 본체 밖으로 나오는 현상
㉱ 역화(back fire) : 가스의 연소속도가 가스 분출속도보다 빠르면 염공 내로 불꽃이 들어가 혼합관이나 노즐 끝에서 소리를 내면서 연소하거나 소화음을 내면서 꺼지는 현상

49.④ 50.② 51.④ 52.③ 정답

53 선반작업에 대한 안전수칙으로 틀린 것은?

① 작업 중 장갑, 반지 등을 착용하지 않도록 한다.
② 보링작업 중에는 칩(chip)을 제거하지 않는다.
③ 가공물이 길 때에는 심압대로 지지하고 가공한다.
④ 일감의 길이가 직경의 5배 이내의 짧은 경우에는 방진구를 사용한다.

해설 일감의 길이가 직경의 12배 이상으로 가늘고 길 때는 방진구를 사용하여 진동을 막는다.

54 지름이 D(mm)인 연삭기 숫돌의 회전수가 N(rpm)일 때 숫돌의 원주속도(m/min)를 옳게 표시한 식은?

① $\dfrac{\pi DN}{1,000}$
② πDN
③ $\dfrac{\pi DN}{60}$
④ $\dfrac{DN}{1,000}$

해설 $V=\dfrac{\pi DN}{1,000}$

여기서, V : 원주속도(표면속도, 회전속도, 절삭속도, m/min)
D : 직경(mm), N : 회전수(rpm)

55 기계설비의 작업능률과 안전을 위한 배치(layout)의 3단계를 올바른 순서대로 나열한 것은?

① 지역 배치→건물 배치→기계 배치
② 건물 배치→지역 배치→기계 배치
③ 기계 배치→건물 배치→지역 배치
④ 지역 배치→기계 배치→건물 배치

해설 **기계설비의 작업능률과 안전을 위한 배치 3단계**
㉮ 1단계 : 지역 배치
㉯ 2단계 : 건물 배치
㉰ 3단계 : 기계 배치

56 안전계수가 6인 체인의 정격하중이 100kg인 경우 이 체인의 극한강도는 몇 kg인가?

① 0.06 ② 16.67
③ 26.67 ④ 600

해설 안전계수$=\dfrac{\text{극한강도}}{\text{정격하중}}$
극한강도=안전계수×정격하중
$=6\times100\text{kg}=600\text{kg}$

57 다음 중 휴대용 동력 드릴 작업 시 안전사항에 관한 설명으로 틀린 것은?

① 드릴의 손잡이를 견고하게 잡고 작업하여 드릴 손잡이 부위가 회전하지 않고 확실하게 제어 가능하도록 한다.
② 절삭하기 위하여 구멍에 드릴날을 넣거나 뺄 때 반발에 의하여 손잡이 부분이 튀거나 회전하여 위험을 초래하지 않도록 팔을 드릴과 직선으로 유지한다.
③ 드릴이나 리머를 고정시키거나 제거하고자 할 때 금속성 망치 등을 사용하여 확실히 고정 또는 제거한다.
④ 드릴을 구멍에 맞추거나 스핀들의 속도를 낮추기 위해서 드릴날을 손으로 잡아서는 안 된다.

해설 **휴대용 동력 드릴 작업 시 안전사항**
㉮ 드릴의 손잡이는 견고하게 잡고 작업하여 드릴 손잡이 부위가 회전하지 않고 확실하게 제어 가능하도록 할 것
㉯ 절삭하기 위하여 구멍에 드릴날을 넣거나 뺄 때 손잡이 부분이 반발하거나 회전하지 않도록 팔은 드릴과 직선을 유지할 것
㉰ 드릴을 구멍에 맞추거나 스핀들의 속도를 낮추기 위해서 드릴날을 손으로 잡아서는 안 되며, 조정이나 보수를 위하여 손으로 잡아야 할 경우에는 충분히 냉각시킬 것
㉱ 드릴이 과도한 진동을 일으키면 드릴이 고장이나 작업방법이 옳지 않다는 증거이므로 즉시 작동을 중단할 것
㉲ 드릴로 관통작업을 하는 경우 반대편에 있는 사람이나 물건이 관통된 드릴에 의한 위험에 처하지 않도록 적당한 힘을 가할 것
㉳ 작업복 등이 회전부위에 말릴 수 있는 부위가 없도록 하여야 하며 안전모, 안전장갑, 귀마개 등의 보호구를 사용할 것

정답 53.④ 54.① 55.① 56.④ 57.③

58 두께 2mm이고 치진폭이 2.5mm인 목재가 공용 둥근톱에서 반발예방장치 분할날의 두께(t)로 적절한 것은?

① $2.2\text{mm} \le t < 2.5\text{mm}$
② $2.0\text{mm} \le t < 3.5\text{mm}$
③ $1.5\text{mm} \le t < 2.5\text{mm}$
④ $2.5\text{mm} \le t < 3.5\text{mm}$

해설 **분할날의 두께(t)**
톱날 두께(t_1)의 1.1배 이상, 톱날의 치진폭(b) 미만으로 할 것
$1.1t_1 \le t < b$
$1.1 \times 2 \le t < 2.5 = 2.2\text{mm} \le t < 2.5\text{mm}$

59 다음 중 산업안전보건법령상 프레스 등을 사용하여 작업을 할 때에 작업시작 전 점검사항으로 볼 수 없는 것은?

① 압력방출장치의 기능
② 클러치 및 브레이크의 기능
③ 프레스의 금형 및 고정볼트 상태
④ 1행정 1정지기구 · 급정지장치 및 비상정지장치의 기능

해설 **프레스 등(프레스 또는 전단기)의 작업시작 전 점검항목**
㉮ 클러치 및 브레이크의 기능
㉯ 크랭크축, 플라이휠, 슬라이드, 연결봉 및 연결나사 볼의 풀림 유무
㉰ 1행정 1정지기구, 급정지장치 및 비상정지장치의 기능
㉱ 슬라이드 또는 칼날에 의한 위험방지기구의 기능
㉲ 프레스의 금형 및 고정볼트 상태
㉳ 방호장치의 기능
㉴ 전단기의 칼날 및 테이블의 상태

60 슬라이드 행정수가 100spm 이하이거나, 행정길이가 50mm 이상인 프레스에 설치해야 하는 방호장치 방식은?

① 양수조작식 ② 수인식
③ 가드식 ④ 광전자식

해설 **수인식 및 손쳐내기식 방호장치**
분당 왕복수 120spm 이하, 슬라이드 행정길이 40mm 이상인 프레스에 사용이 가능하다.

제4과목 전기위험 방지기술

61 전기화재의 원인이 아닌 것은?

① 단락 및 과부하 ② 절연불량
③ 기구의 구조불량 ④ 누전

해설 전기화재를 분석해 보면 단락, 누전, 과전류, 스파크, 접촉부의 과열, 절연 열화에 의한 발열, 지락, 낙뢰, 정전기 스파크 접속불량 등이 그 발생 원인이다.

62 정격 사용률 30%, 정격 2차 전류 300A인 교류 아크 용접기를 200A로 사용하는 경우의 허용 사용률은?

① 67.5% ② 91.6%
③ 110.3% ④ 130.5%

해설
$$\text{허용 사용률} = \frac{\text{정격 2차 전류}^2}{\text{실제 용접 전류}^2} \times \text{정격 사용률}$$
$$= \frac{300^2}{200^2} \times 30 = 67.5\%$$

63 다음 중 가수전류(let-go current)에 대한 설명으로 옳은 것은?

① 마이크 사용 중 전격으로 사망에 이른 전류
② 전격을 일으킨 전류가 교류인지 직류인지 구별할 수 없는 전류
③ 충전부로부터 인체가 자력으로 이탈할 수 있는 전류
④ 몸이 물에 젖어 전압이 낮은 데도 전격을 일으킨 전류

해설 **가수전류와 불수전류**
통전전류가 최소 감지전류보다 더 증가하면 인체는 전격을 받게 되지만 처음에는 고통을 수반하지는 않는다. 그러나 전류가 더욱 증가하면 쇼크와 함께 고통이 따르게 되며, 어느 한계 이상의 값이 되면 근육 마비로 인하여 자력으로 충전부에서의 이탈이 불가능해진다. 여기에서 인체가 자력으로 이탈할 수 있는 전류를 가수(可隨)전류(let-go current)라고 하며, 자력으로 이탈할 수 없는 전류를 불수(不隨)전류(freezing current)라고 하고, 그 값은 대략 10~15mA 정도이다.

58.① 59.① 60.② 61.③ 62.① 63.③ 정답

64 다음 분진의 종류 중 폭연성 분진에 해당하는 것은?

① 소맥분
② 철
③ 코크스
④ 알루미늄

해설 **분진의 종류**
㉮ 비도전성 분진 : 곡물분진(밀, 옥수수, 설탕, 코코아, 쌀겨)
㉯ 도전성 분진 : 석탄, 코크스, 카본블랙
㉰ 폭연성 분진 : 마그네슘, 알루미늄

65 정전기 방지대책으로 틀린 것은?

① 대전 서열이 가급적 먼 것으로 구성한다.
② 카본블랙을 도포하여 도전성을 부여한다.
③ 유속을 저감시킨다.
④ 도전성 재료를 도포하여 대전을 감소시킨다.

해설 정전기 방지대책으로 대전 서열이 가급적 가까운 것으로 구성한다.

66 인체가 땀 등에 의해 현저하게 젖어 있는 상태에서의 허용접촉전압은 얼마인가?

① 2.5V 이하
② 25V 이하
③ 42V 이하
④ 사람에 따라 다름.

해설 **접촉상태별 허용접촉전압**

종 별	허용 접촉전압	비 고
제1종	2.5V 이하	인체의 대부분이 수중에 있는 상태
제2종	25V 이하	• 인체가 현저하게 젖어 있는 상태 • 금속성의 전기 기계장치나 구조물에 인체의 일부가 상시 접촉되어 있는 상태
제3종	50V 이하	제1, 2종 이외의 경우로 통상의 인체상태로서 접촉전압이 가해지면 위험성이 높을 때
제4종	제한 없음.	• 제1, 2종 이외의 경우로서 통상의 인체상태에 있어서 접촉전압이 가해지더라도 위험성이 낮을 때 • 접촉전압이 가해질 우려가 없을 때

67 정전기 방전 현상에 해당하지 않는 것은?

① 연면방전 ② 코로나 방전
③ 낙뢰방전 ④ 스팀방전

해설 **정전기 방전 현상 종류**
스파크(spark) 방전(불꽃방전), 코로나(corona) 방전, 연면방전, 스트리머(streamer) 방전, 뇌상방전(낙뢰방전) 등

68 다음 중 감전 재해자가 발생하였을 때 취하여야 할 최우선 조치는? (단, 감전자가 질식상태라 가정한다.)

① 우선 병원으로 이동시킨다.
② 의사의 왕진을 요청한다.
③ 심폐소생술을 실시한다.
④ 부상 부위를 치료한다.

해설 **감전사고 발생 후의 처리순서**
㉮ 스위치를 끄고 구출자 본인의 방호조치 후 신속하게 피해자를 구출할 것
㉯ 즉시 인공호흡을 실시할 것
㉰ 생명 소생 후 병원에 후송할 것

69 두 물체의 마찰로 3,000V의 정전기가 생겼다. 폭발성 위험의 장소에서 두 물체의 정전용량은 약 몇 pF이면 폭발로 이어지겠는가? (단, 착화에너지는 0.25mJ이다.)

① 14 ② 28
③ 45 ④ 56

해설
$$E=\frac{1}{2}CV^2$$
$$\therefore\ C=\frac{2E}{V^2}=\frac{2\times0.25\times10^{-3}}{3{,}000^2}$$
$$=55.6\times10^{-12}\text{F}=56\text{pF}$$

70 감전방지용 누전차단기의 정격 감도 전류 및 작동시간을 옳게 나타낸 것은 어느 것인가?

① 15mA 이하, 0.1초 이내
② 30mA 이하, 0.03초 이내
③ 50mA 이하, 0.5초 이내
④ 100mA 이하, 0.05초 이내

정답 64.④ 65.① 66.② 67.④ 68.③ 69.④ 70.②

해설 **감전방지용 누전차단기**

전기 기계 · 기구에 접속되어 있는 누전차단기는 정격 감도 전류가 30mA 이하이고, 작동시간은 0.03초 이내일 것

71 개폐기로 인한 발화는 개폐 시의 스파크에 의한 가연물의 착화화재가 많이 발생한다. 이를 방지하기 위한 대책으로 틀린 것은?

① 가연성 증기, 분진 등이 있는 곳은 방폭형을 사용한다.
② 개폐기를 불연성 상자 안에 수납한다.
③ 비포장 퓨즈를 사용한다.
④ 접속 부분의 나사풀림이 없도록 한다.

해설 **스파크(전기불꽃) 화재의 방지책**

㉮ 개폐기를 불연성의 외함 내에 내장시키거나 통형 퓨즈를 사용할 것
㉯ 가연성 증기, 분진 등의 위험성 물질이 있는 곳은 방폭형 개폐기를 사용할 것
㉰ 유입개폐기는 절연유의 열화 정도, 유량에 유의하고 주위에는 내화벽을 설치할 것
㉱ 접촉 부분의 산화, 변형, 퓨즈의 나사풀림 등으로 인하여 접촉저항이 증가되는 것을 방지할 것

72 다음 ( ) 안의 알맞은 내용을 나타낸 것은?

> 폭발성 가스의 폭발등급 측정에 사용되는 표준용기는 내용적이 (ⓐ)cm^3, 반구상의 플랜지 접합면의 안길이 (ⓑ)mm의 구상용기의 틈새를 통과시켜 화염일주한계를 측정하는 장치이다.

① ⓐ 600, ⓑ 0.4
② ⓐ 1,800, ⓑ 0.6
③ ⓐ 4,500, ⓑ 8
④ ⓐ 8,000, ⓑ 25

해설 ㉮ 화염일주한계 : 폭발성 분위기 내에 방치된 표준용기의 접합면 틈새를 통하여 내부에서 외부로 전파되는 것을 저지할 수 있는 틈새의 최대 간격치를 의미한다.
㉯ 표준용기
㉠ 표준용기의 내용적 : 8,000cm^3(8L)
㉡ 반구상의 플랜지 접합면의 안길이 : 25mm

73 제전기의 제전효과에 영향을 미치는 요인으로 볼 수 없는 것은?

① 제전기의 이온 생성능력
② 전원의 극성 및 전선의 길이
③ 대전물체의 대전전위 및 대전분포
④ 제전기의 설치위치 및 설치각도

해설 **제전효과에 영향을 미치는 요인**

㉮ 제전기의 이온 생성능력(전류에 나타나는 단위시간당 이온 생성능력)
㉯ 대전물체의 대전상태(대전전위 및 대전분포)
㉰ 제전기의 설치위치, 설치각도 및 설치거리
㉱ 대전물체의 형상 및 이동속도
㉲ 근접 접지체의 위치, 형상, 크기
㉳ 제전기를 설치한 환경의 상대습도, 기온
㉴ 대전물체와 제전기와의 사이의 기류 속도

74 금속제 외함을 가지는 사용 전압이 60V를 초과하는 저압의 기계 · 기구로서 사람이 쉽게 접촉할 우려가 있는 장소에 시설하는 것에 전기를 공급하는 전로에 지락이 발생하였을 때 자동적으로 전로를 차단하는 누전차단기를 설치하여야 한다. 누전차단기를 설치하지 않는 경우는?

① 기계 · 기구를 습한 장소에 시설하는 경우
② 기계 · 기구가 유도전동기의 2차측 전로에 접속된 저항기인 경우
③ 대지전압 200V 이하인 기계 · 기구를 물기가 있는 곳에 시설하는 경우
④ 기계 · 기구를 건조한 장소에 시설하고 습한 장소에서 조작하는 경우로 제어전압이 교류 100V 미만인 경우

해설 **누전차단기의 설치 제외 대상**

㉮ 기계 · 기구를 취급자 이외의 사람이 출입할 수 없도록 시설하는 경우
㉯ 기계 · 기구를 건조한 곳에 시설하는 경우
㉰ 대지전압 300V 이하인 기계 · 기구를 건조한 곳에 시설하는 경우
㉱ 기계 · 기구에 설치한 접지저항값이 3Ω 이하인 경우

71.③ 72.④ 73.② 74.② **정답**

75 폴리에스터, 나일론, 아크릴 등의 섬유에 정전기 대전 방지 성능이 특히 효과가 있고, 섬유에의 균일 부착성과 열 안전성이 양호한 외부용 일시성 대전방지제로 옳은 것은?

① 양이온계 활성제
② 음이온계 활성제
③ 비이온계 활성제
④ 양성이온계 활성제

해설 **음이온계 활성제**
음이온계 활성제는 값이 싸고, 독성이 없으므로 섬유의 원사 등에 사용되는데, 특히 인산 ester계는 polyester나 nylon, acryl 등의 섬유에 특히 효과가 있고, 황산 ester계는 vis-cose, vin-ylone 등에 효과가 있다. 또한 섬유에의 균일 부착성과 열 안전성도 양호한 편이다.

76 속류를 차단할 수 있는 최고의 교류전압을 피뢰기의 정격전압이라고 하는데, 이 값은 통상적으로 어떤 값으로 나타내고 있는가?

① 최대값　② 평균값
③ 실효값　④ 파고값

해설 **피뢰기의 정격전압**
속류를 차단할 수 있는 최대 교류전압으로, 실효값으로 나타낸다.

77 입욕자에게 전기적 자극을 주기 위한 전기욕기의 전원장치에 내장되어 있는 전원변압기의 2차측 전로의 사용전압은 몇 V 이하로 하여야 하는가?

① 10　② 15
③ 30　④ 60

해설 전기욕기에 있는 전원변압기의 2차측 전로의 사용전압은 10V 이하로 하여야 한다.

78 화재 · 폭발 위험분위기의 생성 방지방법으로 옳지 않은 것은?

① 폭발성 가스의 누설 방지
② 가연성 가스의 방출 방지
③ 폭발성 가스의 체류 방지
④ 폭발성 가스의 옥내 체류

해설 **화재 · 폭발 위험분위기의 생성 방지방법**
㉮ 폭발성 가스의 누설 방지
㉯ 가연성 가스의 방출 방지
㉰ 폭발성 가스의 체류 방지

79 대전의 완화를 나타내는 데 필요한 인자인 시정수는 최초의 전하가 약 몇 %까지 완화되는 시간을 말하는가?

① 20　② 37
③ 45　④ 50

해설 **정전기의 완화**
㉮ 절연체에 발생한 정전기가 축적 · 소멸 과정에 의해 처음 값의 36.8%로 감소하는 시간을 시정수 또는 완화시간이라 한다.
㉯ 완화시간은 영전위소요시간의 1/4~1/5 정도이다.

80 전격의 위험을 결정하는 주된 인자로 가장 거리가 먼 것은?

① 통전전류　② 통전시간
③ 통전경로　④ 통전전압

해설 ㉮ 1차적 감전위험 요소 : 통전전류의 크기, 전원(직류, 교류)의 종류, 통전경로, 통전시간
㉯ 2차적 감전위험 요소 : 인체저항(인체의 조건), 전압, 주파수 및 계절

» 제5과목 화학설비위험 방지기술

81 다음 중 부탄의 연소 시 산소 농도를 일정한 값 이하로 낮추어 연소를 방지할 수 있는데, 이때 첨가하는 물질로 가장 적절하지 않은 것은?

① 질소　② 이산화탄소
③ 헬륨　④ 수증기

 정답 75.② 76.③ 77.① 78.④ 79.② 80.④ 81.④

해설 산소 농도를 일정한 값 이하로 낮추어 연소를 방지할 수 있는데, 이때 첨가하는 물질로는 불연성 가스(질소, 이산화탄소)나 불활성 가스(헬륨)를 사용한다.

82 다음 중 분진폭발이 발생하는 순서로 옳은 것은?

① 퇴적분진 → 비산 → 분산 → 발화원 → 전면폭발 → 2차 폭발
② 퇴적분진 → 발화원 → 분산 → 비산 → 전면폭발 → 2차 폭발
③ 비산 → 퇴적분진 → 분산 → 발화원 → 2차 폭발 → 전면폭발
④ 비산 → 분산 → 퇴적분진 → 발화원 → 2차 폭발 → 전면폭발

해설 **분진폭발이 발생하는 순서**
퇴적분진 → 비산 → 분산 → 발화원 → 전면폭발 → 2차 폭발

83 다음 중 에틸알코올(C_2H_5OH)이 완전연소 시 생성되는 CO_2와 H_2O의 몰수로 알맞은 것은?

① $CO_2=1$, $H_2O=4$
② $CO_2=2$, $H_2O=3$
③ $CO_2=3$, $H_2O=2$
④ $CO_2=4$, $H_2O=1$

해설 **에틸알코올(C_2H_5OH) 완전연소 반응식**
$C_2H_5OH + 3O_2 \rightarrow 2CO_2 + 3H_2O$

84 다음 중 분해폭발의 위험성이 있는 아세틸렌의 용제로 가장 적절한 것은?

① 에테르
② 에틸알코올
③ 아세톤
④ 아세트알데히드

해설 용해 아세틸렌의 용제는 아세톤 이외에도 용해성 등이 우수한 성질이 있는 디메틸포름아미드(DMF)도 사용되고 있다.

85 다음 중 폭발 하한계(vol%) 값의 크기가 작은 것부터 큰 순서대로 올바르게 나열한 것은?

① $H_2 < CS_2 < C_2H_2 < CH_4$
② $CH_4 < H_2 < C_2H_2 < CS_2$
③ $H_2 < CS_2 < CH_4 < C_2H_2$
④ $CS_2 < C_2H_2 < H_2 < CH_4$

해설 문제에서 보기에 주어진 가스의 연소범위는 다음 표와 같다.

가 스	하한계(%)	상한계(%)
CS_2(이황화탄소)	1.2	44
C_2H_2(아세틸렌)	2.5	81
H_2(수소)	4.0	75
CH_4(메탄)	5.0	15

86 8% NaOH 수용액과 5% NaOH 수용액을 반응기에 혼합하여 7% 100kg의 NaOH 수용액을 만들려면 각각 약 몇 kg의 NaOH 수용액이 필요한가?

① 5% NaOH 수용액 : 33.3kg, 8% NaOH 수용액 : 66.7kg
② 5% NaOH 수용액 : 56.8kg, 8% NaOH 수용액 : 43.2kg
③ 5% NaOH 수용액 : 33.3kg, 8% NaOH 수용액 : 66.7kg
④ 5% NaOH 수용액 : 43.2kg, 8% NaOH 수용액 : 56.8kg

해설 8% NaOH 수용액 질량 : W_1(kg)
5% NaOH 수용액 질량 : W_2(kg)
위와 같이 두면 다음 식이 성립된다.
$W_1 + W_2 = 100\text{kg}$ ············ ⓐ식
$0.08W_1 + 0.05W_2 = 100 \times 0.07$ ············ ⓑ식
ⓐ식에서 $W_2 = 100 - W_1$이 되므로 이 식을 ⓑ식에 대입하면
$0.08W_1 + 0.05(100 - W_1) = 7$
$0.08W_1 + (0.05 \times 100) - 0.05W_1 = 7$
$0.08W_1 - 0.05W_1 = 7 - (0.05 \times 100)$
$\therefore W_1 = \frac{2}{0.03} = 66.7\text{kg}$
$W_2 = 100 - 66.7 = 33.3\text{kg}$

87 다음 중 반응기의 구조방식에 의한 분류에 해당하는 것은?

① 유동층형 반응기
② 연속식 반응기
③ 반회분식 반응기
④ 회분식 균일상 반응기

해설 **반응기의 분류**
㉮ 조작방식에 의한 분류
㉠ 회분식 반응기
㉡ 반회분식 반응기
㉢ 연속식 반응기
㉯ 구조방식에 의한 분류
㉠ 교반조형 반응기
㉡ 관형 반응기
㉢ 탑형 반응기
㉣ 유동층형 반응기

88 다음 중 자연발화의 방지법에 관계가 없는 것은?

① 점화원을 제거한다.
② 저장소 등의 주위 온도를 낮게 한다.
③ 습기가 많은 곳에는 저장하지 않는다.
④ 통풍이나 저장법을 고려하여 열의 축적을 방지한다.

해설 **자연발화**
㉮ 개요 : 인위적으로 외부에서 점화에너지를 부여하지 않는데도 상온에서 물질이 공기중 화학변화를 일으켜 오랜 시간에 걸쳐 열의 축적이 생겨 발화하는 현상을 말한다.
㉯ 자연발화를 일으키는 원인이 되는 발화에너지 : 산화열, 분해열, 중합열, 흡착열 등
㉰ 방지법
㉠ 통풍을 잘 시킬 것
㉡ 습도가 높은 것을 피할 것
㉢ 연소성 가스의 발생에 주의할 것
㉣ 저장실의 온도 상승을 피할 것
※ 자연발화는 열의 축적으로 인해 발생하는 것으로 점화원과는 무관하다.

89 다음 중 관의 지름을 변경하고자 할 때 필요한 관 부속품은?

① reducer ② elbow
③ plug ④ valve

해설 ① reducer : 지름이 서로 다른 관을 접속하는 데 사용하는 관 이음쇠
② elbow : 관의 방향을 변경할 때 이용되는 관 이음
③ plug : 관 끝 또는 구멍을 막는 데 사용하는 나사붙이 마개
④ valve : 관 속을 흐르는 기체 또는 액체의 유입, 유출 및 이를 조절하는 장치 또는 부품의 총칭

90 특수화학설비를 설치할 때 내부의 이상상태를 조기에 파악하기 위하여 필요한 계측장치로 가장 거리가 먼 것은?

① 압력계 ② 유량계
③ 온도계 ④ 습도계

해설 특수화학설비를 설치하는 경우에는 내부의 이상상태를 조기에 파악하기 위하여 필요한 온도계, 유량계, 압력계 등의 계측장치를 설치하여야 한다.

91 다음 중 이상반응 또는 폭발로 인하여 발생되는 압력의 방출장치가 아닌 것은?

① 파열판
② 폭압방산공
③ 화염방지기
④ 가용합금 안전밸브

해설 **압력방출장치**
압력을 방출하여 용기 및 탱크 등의 폭발을 방지하는 안전장치이다.
㉮ 안전밸브 : 파열판식, 스프링식, 중추식 등
㉯ 폭압방산공(폭발 후)
㉰ 가용합금 안전밸브
※ 화염방지기 : 인화성 액체 및 인화성 가스를 저장·취급하는 화학설비로부터 증기 또는 가스를 방출하는 때에는 외부로부터의 화염을 방지하기 위하여 그 설비 상단에 설치

92 다음 중 자기 반응성 물질에 의한 화재에 대하여 사용할 수 없는 소화기의 종류는?

① 포소화기
② 무상 강화액 소화기
③ 이산화탄소 소화기
④ 봉상수(棒狀水) 소화기

 정답 87.① 88.① 89.① 90.④ 91.③ 92.③

해설 **자기 반응성 물질에 의한 화재 발생 시 소화방법**

㉮ 자기 반응성 물질(폭발성 물질)은 자신이 가연물과 산소를 함유하고 있어 산소 공급 없이도 연소되는 물질로, 질식소화는 효과가 없으며 건조분말, CO_2, 할로겐화합물 소화약제(할론 1211, 할론 1301)는 주된 소화효과가 질식소화이므로 사용해서는 안 된다.

㉯ 자기 반응성 물질(폭발성 물질)은 주로 다량의 주수에 의한 냉각소화가 양호하다.

93 다음 중 고체연소의 종류에 해당하지 않는 것은?

① 표면연소 ② 증발연소
③ 분해연소 ④ 혼합연소

해설 **물질의 연소 형태**

㉮ 기체의 연소 : 확산연소(발염연소, 불꽃연소)로 불꽃은 있으나 불티가 없는 연소

㉯ 액체의 연소 : 증발연소로서 액체 표면에서 발생된 증기가 연소

㉰ 고체의 연소

㉠ 분해연소 : 목재, 종이, 석탄, 플라스틱 등은 분해연소

㉡ 표면연소 : 코크스, 목탄, 금속분 등은 열분해에 의해서 가연성 가스를 발생하지 않고 물질 자체가 연소

㉢ 증발연소 : 황, 나프탈렌, 파라핀 등은 가열 시 액체가 되어 증발연소

㉣ 자기연소 : 가연성이면서 자체 내에 산소를 함유하고 있는 가연물(질산에스테류, 셀룰로이드류, 니트로화합물 등)은 공기 중의 산소가 필요 없이 연소

94 다음 중 분진의 폭발 위험성을 증대시키는 조건에 해당하는 것은?

① 분진의 발열량이 작을수록
② 분위기 중 산소 농도가 작을수록
③ 분진 내의 수분 농도가 작을수록
④ 표면적이 입자 체적에 비교하여 작을수록

해설 **분진의 폭발 위험성을 증대시키는 조건**

㉮ 분진의 발열량이 클수록
㉯ 분위기 중 산소 농도가 클수록
㉰ 표면적이 입자 체적에 비교하여 클수록
㉱ 분진 내의 수분 농도가 작을수록

95 다음 중 C급 화재에 해당하는 것은?

① 금속화재
② 전기화재
③ 일반화재
④ 유류화재

해설 **화재의 종류**

㉮ A급 화재 : 일반화재
㉯ B급 화재 : 유류화재
㉰ C급 화재 : 전기화재
㉱ D급 화재 : 금속화재
㉲ K급 화재 : 주방화재

96 Burgess-Wheeler의 법칙에 따르면 서로 유사한 탄화수소계의 가스에서 폭발 하한계의 농도(vol%)와 연소열(kcal/mol)의 곱의 값은 약 얼마 정도인가?

① 1,100 ② 2,800
③ 3,200 ④ 3,800

해설 **Burgess-Wheeler의 법칙**

연소 하한계는 화염이 전파하여 얻는 최저 농도이므로 화염의 온도도 이때는 최저치가 되며, 이 최저의 화염온도는 가스의 연소열과 관계가 있고 서로 유사한 탄화수소계의 가스에서 '폭발 하한계의 농도(vol%)와 그의 연소열 Q(kcal/mol)의 곱은 일정하게 된다'는 것이다.

$\therefore\ x \cdot Q = 1,100\text{kcal}$

97 다음 가스 중 가장 독성이 큰 것은?

① CO ② $COCl_2$
③ NH_3 ④ H_2

해설 **허용농도**

㉮ CO(일산화탄소) : 50ppm
㉯ $COCl_2$(포스겐) : 0.1ppm
㉰ NH_3(암모니아) : 25ppm

98 다음 중 유기과산화물로 분류되는 것은?

① 메틸에틸케톤
② 과망간산칼륨
③ 과산화마그네슘
④ 과산화벤조일

93.④ 94.③ 95.② 96.① 97.② 98.④ **정답**

해설 ① 메틸에틸케톤 : 제1석유류로 인화성 액체(제4류)
② 과망간산칼륨 : 과망간산 염류로 산화성 고체(제1류)
③ 과산화마그네슘 : 산화성 고체로 무기과산화물(제1류)
④ 과산화벤조일 : 유기과산화물로 자기반응성 물질(제5류)

99 다음 중 인화점이 가장 낮은 것은?

① 벤젠　　② 메탄올
③ 이황화탄소　　④ 경유

해설 ① 벤젠(C_6H_6) : −11℃
② 메탄올(CH_3OH) : 11.1℃
③ 이황화탄소(CS_2) : −30℃
④ 경유 : 54℃

100 다음 중 상온에서 물과 격렬히 반응하여 수소를 발생시키는 물질은?

① Au　　② K
③ S　　④ Ag

해설 **이온화 경향 순서**
㉮ Li>K>Ba>Ca>Na : 찬물, 더운물, 묽은산과 반응하여 H_2 발생
㉯ Mg>Al>Zn>Fe : 더운물, 묽은산과 반응하여 H_2 발생
㉰ Ni>Sn>Pb : 묽은산과 반응하여 H_2 발생

» 제6과목 건설안전기술

101 강관비계의 수직방향 벽이음 조립 간격(m)으로 옳은 것은? (단, 틀비계이며, 높이는 10m이다.)

① 2m　　② 4m
③ 6m　　④ 9m

해설 **벽이음 조립 간격**
㉮ 통나무비계 : 수직(5.5m), 수평(7.5m)
㉯ 단관비계 : 수직(5m), 수평(5m)
㉰ 틀비계 : 수직(6m), 수평(8m)

102 터널공사 시 인화성 가스가 농도 이상으로 상승하는 것을 조기에 파악하기 위하여 설치하는 자동경보장치의 작업 시작 전 점검해야 할 사항이 아닌 것은?

① 계기의 이상 유무
② 발열 여부
③ 검지부의 이상 유무
④ 경보장치의 작동상태

해설 **자동경보장치의 작업 시작 전 점검 내용**
㉮ 계기의 이상 유무
㉯ 검지부의 이상 유무
㉰ 경보장치의 작동상태

103 물체가 떨어지거나 날아올 위험을 방지하기 위한 낙하물 방지망 또는 방호선반을 설치할 때 수평면과의 적정한 각도는?

① 10~20°　　② 20~30°
③ 30~40°　　④ 40~45°

해설 수평면과의 각도는 20° 이상 30° 이하를 유지할 것

104 다음 중 토석 붕괴의 원인이 아닌 것은?

① 절토 및 성토의 높이 증가
② 사면, 법면의 경사 및 기울기의 증가
③ 토석의 강도 상승
④ 지표수 · 지하수의 침투에 의한 토사 중량의 증가

해설 **토석 붕괴의 원인**
㉮ 외적 원인
㉠ 사면, 법면의 경사 및 기울기의 증가
㉡ 절토 및 성토 높이의 증가
㉢ 공사에 의한 진동 및 반복하중의 증가
㉣ 지표수 및 지하수의 침투에 의한 토사 중량의 증가
㉤ 지진, 차량, 구조물의 하중작용
㉥ 토사 및 암석의 혼합층 두께
㉯ 내적 원인
㉠ 절토 사면의 토질 · 암질
㉡ 성토 사면의 토질 구성 및 분포
㉢ 토석의 강도 저하

 정답 99.③ 100.② 101.③ 102.② 103.② 104.③

105 일반적으로 사면의 붕괴 위험이 가장 큰 것은?

① 사면의 수위가 서서히 상승할 때
② 사면의 수위가 급격히 하강할 때
③ 사면이 완전 건조상태에 있을 때
④ 사면이 완전 포화상태에 있을 때

해설 일반적으로 사면의 수위가 급격히 하강할 때 사면의 붕괴 위험이 가장 크다.

106 건물 해체용 기구가 아닌 것은?

① 압쇄기 ② 스크레이퍼
③ 잭 ④ 철해머

해설 **건물 해체용 기구**
㉮ 압쇄기
㉯ 잭
㉰ 철해머
㉱ 핸드 · 대형 브레이커

107 차량계 건설기계를 사용하여 작업 시 기계의 전도, 전락 등에 의한 근로자의 위험을 방지하기 위하여 유의하여야 할 사항이 아닌 것은?

① 노견의 붕괴 방지
② 작업반경 유지
③ 지반의 침하 방지
④ 노폭의 유지

해설 차량계 건설기계를 사용하는 작업할 때에 그 기계가 넘어지거나 굴러 떨어짐으로써 근로자가 위험해질 우려가 있는 경우에는 유도하는 사람을 배치하고 지반의 부동침하 방지, 갓길의 붕괴 방지 및 도로 폭의 유지 등 필요한 조치를 하여야 한다.

108 강풍 시 타워크레인의 작업제한과 관련된 사항으로 타워크레인의 운전작업을 중지해야 하는 순간풍속 기준으로 옳은 것은?

① 순간풍속이 매 초당 10m 초과
② 순간풍속이 매 초당 15m 초과
③ 순간풍속이 매 초당 20m 초과
④ 순간풍속이 매 초당 25m 초과

해설 **강풍 시 타워크레인의 작업제한**
㉮ 순간풍속이 10m/sec를 초과하는 경우 : 타워크레인의 설치 · 수리 · 점검 또는 해체작업을 중지할 것
㉯ 순간풍속이 15m/sec를 초과하는 경우 : 타워크레인의 운전작업을 중지할 것

109 달비계 설치 시 와이어로프를 사용할 때 사용 가능한 와이어로프의 조건은?

① 지름의 감소가 공칭지름의 8%인 것
② 이음매가 없는 것
③ 심하게 변형되거나 부식된 것
④ 와이어로프의 한 꼬임에서 끊어진 소선의 수가 10%인 것

해설 **달비계 설치 시 주의사항**
㉮ 이음매가 있는 것
㉯ 와이어로프의 한 꼬임에서 끊어진 소선(필러선 제외)의 수가 10% 이상(비전로프의 경우에는 끊어진 소선의 수가 와이어로프 호칭지름의 6배 길이 이내에서 4개 이상이거나 호칭지름의 30배 길이 이내에서 8개 이상)인 것
㉰ 지름의 감소가 공칭지름의 7%를 초과하는 것
㉱ 꼬인 것
㉲ 심하게 변형 또는 부식된 것
㉳ 열과 전기충격에 의해 손상된 것

110 다음 중 지하수위를 저하시키는 공법은?

① 동결공법
② 웰 포인트 공법
③ 뉴매틱 케이슨 공법
④ 치환공법

해설 **웰 포인트 공법(well point method)**
투수성이 좋은 사질지반에 사용되는 강제탈수공법이다.

111 가설통로를 설치하는 경우 경사는 최대 몇 도 이하로 하여야 하는가?

① 20° ② 25°
③ 30° ④ 35°

105.② 106.② 107.② 108.② 109.② 110.② 111.③ 정답

해설 **가설통로 설치 시 준수사항**

㉮ 견고한 구조로 할 것
㉯ 경사는 30° 이하로 할 것(다만, 계단을 설치하거나 높이 2m 미만의 가설통로로서 튼튼한 손잡이를 설치한 때에는 그러하지 아니하다)
㉰ 경사가 15°를 초과하는 때에는 미끄러지지 않는 구조로 할 것
㉱ 추락의 위험이 있는 장소에는 안전난간을 설치할 것(작업상 부득이한 때에는 필요한 부분에 한하여 임시로 이를 해체할 수 있다)
㉲ 수직갱에 가설된 통로의 길이가 15m 이상인 때에는 10m 이내마다 계단참을 설치할 것
㉳ 건설공사에서 사용하는 높이 8m 이상인 비계다리에는 7m 이내마다 계단을 설치할 것

112 사면보호공법 중 구조물에 의한 보호공법에 해당되지 않는 것은?

① 현장타설 콘크리트 격자공
② 식생구멍공
③ 블록공
④ 돌쌓기공

해설 **사면보호공법의 종류**

㉮ 구조물에 의한 사면보호공법
　㉠ 현장타설 콘크리트 격자공
　㉡ 블록공
　㉢ 돌쌓기공
　㉣ 콘크리트 붙임공법
　㉤ 뿜칠공법, 피복공법 등
㉯ 식생에 의한 사면보호공법
㉰ 떼입공법 등

113 사면의 붕괴 형태의 종류에 해당되지 않는 것은?

① 사면의 측면부 파괴
② 사면선 파괴
③ 사면 내 파괴
④ 바닥면 파괴

해설 **사면의 붕괴 형태**

㉮ 사면선 파괴
㉯ 사면 내 파괴
㉰ 바닥면 파괴

114 달비계(곤돌라의 달비계는 제외)의 최대 적재하중을 정할 때 사용하는 안전계수의 기준으로 옳은 것은?

① 달기체인의 안전계수는 10 이상
② 달기강대와 달비계의 하부 및 상부 지점의 안전계수는 목재의 경우 2.5 이상
③ 달기와이어로프의 안전계수는 5 이상
④ 달기강선의 안전계수는 10 이상

해설 달비계(곤돌라의 달비계는 제외)를 작업발판으로 사용할 때 최대적재하중을 정함에 있어서의 안전계수는 다음과 같다.

$$\text{안전계수} = \frac{\text{절단하중}}{\text{최대사용하중}}$$

㉮ 달기와이어로프 및 달기강선의 안전계수 : 10 이상
㉯ 달기체인 및 달기훅의 안전계수 : 5 이상
㉰ 달기강대와 달비계의 하부 및 상부 지점의 안전계수
　㉠ 강재의 경우 2.5 이상
　㉡ 목재의 경우 5 이상

115 건립 중 강풍에 의한 풍압 등 외압에 대한 내력이 설계에 고려되었는지 확인하여야 하는 철골구조물의 기준으로 옳지 않은 것은 어느 것인가?

① 높이 20m 이상의 구조물
② 구조물의 폭과 높이의 비가 1 : 4 이상인 구조물
③ 이음부가 공장 제작인 구조물
④ 연면적당 철골량이 50kg/m² 이하인 구조물

해설 **철골공사 시 철골의 자립도 검토사항**

구조안전의 위험성이 큰 다음 항목의 철골구조물은 건립 중 강풍에 의한 풍압 등 외압에 대한 내력이 설계에 고려되었는지 확인할 것

㉮ 높이 20m 이상의 구조물
㉯ 구조물의 폭과 높이의 비가 1 : 4 이상인 구조물
㉰ 단면구조에 현저한 차이가 있는 구조물
㉱ 연면적당 철골량이 50kg/m² 이하인 구조물
㉲ 기둥이 타이 플레이트(tie plate)형인 구조물
㉳ 이음부가 현장용접인 구조물

 정답 112.② 113.① 114.④ 115.③

116 차량계 건설기계를 사용하는 작업 시 작업계획서 내용에 포함되는 사항이 아닌 것은?

① 사용하는 차량계 건설기계의 종류 및 성능
② 차량계 건설기계의 운행 경로
③ 차량계 건설기계에 의한 작업방법
④ 차량계 건설기계의 유도자 배치 관련 사항

해설 **차량계 건설기계 작업 시 작업계획서에 포함되어야 할 사항**
㉮ 사용하는 차량계 건설기계의 종류 및 능력
㉯ 차량계 건설기계의 운행 경로
㉰ 차량계 건설기계에 의한 작업방법

개정 2023

117 풍화암의 굴착면 붕괴에 따른 재해를 예방하기 위한 굴착면의 적정한 기울기 기준은?

① 1 : 1.0
② 1 : 0.8
③ 1 : 0.5
④ 1 : 0.3

해설 **굴착작업 시 굴착면의 기울기 기준**

지반의 종류	기울기
모래	1 : 1.8
연암 및 풍화암	1 : 1.0
경암	1 : 0.5
그 밖의 흙	1 : 1.2

118 보통흙의 건지를 다음 그림과 같이 굴착하고자 한다. 굴착면의 기울기를 1 : 0.5로 하고자 할 경우 L의 길이로 옳은 것은?

① 2m
② 2.5m
③ 5m
④ 10m

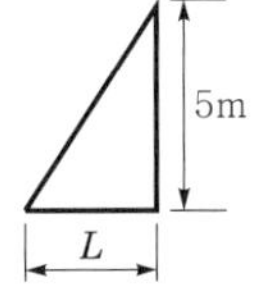

해설 높이가 1m일 때 너비 0.5m로 굴착한다면, 높이가 5m일 때의 너비는 2.5m가 된다.

119 로드(rod) · 유압 잭(jack) 등을 이용하여 거푸집을 연속적으로 이동시키면서 콘크리트를 타설할 때 사용되는 것으로 silo 공사 등에 적합한 거푸집은?

① 메탈폼　② 슬라이딩폼
③ 워플폼　④ 페코빔

해설 **슬라이딩폼(sliding form)**
원형 철판 거푸집을 요크(york)로 서서히 끌어올리면서 연속적으로 콘크리트를 타설하는 수직활동 거푸집으로, 사일로, 굴뚝 등에 사용한다.

120 취급 · 운반의 원칙으로 옳지 않은 것은?

① 연속운반을 할 것
② 생산을 최고로 하는 운반을 생각할 것
③ 운반작업을 집중하여 시킬 것
④ 곡선운반을 할 것

해설 **취급 · 운반의 5원칙**
㉮ 연속운반을 할 것
㉯ 직선운반을 할 것
㉰ 최대한 시간과 경비를 절약할 수 있는 운반방법을 고려할 것
㉱ 생산을 최고로 하는 운반을 생각할 것
㉲ 운반작업을 집중하여 시킬 것

116.④ 117.① 118.② 119.② 120.④ 정답

2023 [2023. 5. 13. 시행] CBT 복원문제 제2회 산업안전기사

제1과목 안전관리론

01 안전보건관리의 조직 형태 중 경영자의 지휘와 명령이 위에서 아래로 하나의 계통이 되어 신속히 전달되며 100명 이하의 소규모 기업에 적합한 유형은?

① Staff 조직
② Line 조직
③ Line – Staff 조직
④ Round 조직

해설 **Line 조직**
㉮ 개요
㉠ 안전관리에 관한 계획에서 실시에 이르기까지 모든 권한이 포괄적이고 직선적으로 행사되며, 안전을 전문으로 분담하는 부분이 없다(생산조직 전체에 안전관리 기능을 부여한다).
㉡ 100명 이하 소규모 사업장에 적합하다.
㉯ 장점
㉠ 안전지시나 개선조치가 각 부분의 직제를 통하여 생산업무와 같이 흘러가므로, 지시나 조치가 철저할 뿐만 아니라 그 실시도 빠르다.
㉡ 명령과 보고가 상하관계뿐이므로 간단명료하다.
㉰ 단점
㉠ 안전에 대한 정보가 불충분하며 안전 전문 입안이 되어 있지 않으므로 내용이 빈약하다.
㉡ 생산업무와 같이 안전대책이 실시되므로 불충분하다.
㉢ 라인에 과중한 책임을 지우기가 쉽다.

02 다음 중 상황성 누발자의 재해유발 원인과 가장 거리가 먼 것은?

① 작업이 어렵기 때문에
② 기계설비의 결함이 있기 때문에
③ 심신에 근심이 있기 때문에
④ 도덕성이 결여되어 있기 때문에

해설 **사고 경향성자(재해 빈발자)의 유형**
㉮ 미숙성 누발자
㉠ 기능이 미숙한 자
㉡ 작업환경에 익숙하지 못한 자
㉯ 상황성 누발자
㉠ 기계설비에 결함이 있거나 본인의 능력 부족으로 인하여 작업이 어려운 자
㉡ 환경상 주의력의 집중이 어려운 자
㉢ 심신에 근심이 있는 자
㉰ 소질성 누발자(재해 빈발 경향자) : 성격적·정신적 또는 신체적으로 재해의 소질적 요인을 가지고 있다.
㉠ 주의력 지속이 불가능한 자
㉡ 주의력 범위가 협소(편중)한 자
㉢ 저지능자
㉣ 생활이 불규칙한 자
㉤ 작업에 대한 경시나 지속성이 부족한 자
㉥ 정직하지 못하고 쉽게 흥분하는 자
㉦ 비협조적이며, 도덕성이 결여된 자
㉧ 소심한 성격으로 감각운동이 부적합한 자
㉱ 습관성 누발자(암시설)
㉠ 재해의 경험으로 겁이 많거나 신경과민 증상을 보이는 자
㉡ 일종의 슬럼프(Slump) 상태에 빠져서 재해를 유발할 수 있는 자

03 다음 중 산업재해 발생 시 조치 순서로 가장 적절한 것은?

① 긴급 처리 → 재해 조사 → 원인 결정 → 대책 수립 → 실시 계획 → 실시 → 평가
② 긴급 처리 → 원인 결정 → 재해 조사 → 대책 수립 → 실시 → 평가
③ 긴급 처리 → 재해 조사 → 원인 결정 → 실시 계획 → 실시 → 대책 수립 → 평가
④ 긴급 처리 → 실시 계획 → 재해 조사 → 대책 수립 → 평가 → 실시

해설 **산업재해 발생 시 조치 순서**
재해 발생 → 긴급 처리 → 재해 조사 → 원인 결정(강구) → 대책 수립 → 실시 계획 → 실시 → 평가

 정답 01.② 02.④ 03.①

04 다음 중 버드(Bird)의 사고 발생 도미노 이론에서 직접 원인은 무엇이라고 하는가?

① 통제 ② 징후
③ 손실 ④ 위험

해설 **버드(Frank Bird)의 신 도미노(domino) 이론**
㉮ 제1단계 : 통제의 부족－관리
㉯ 제2단계 : 기본 원인－기원
㉰ 제3단계 : 직접 원인－징후
㉱ 제4단계 : 사고－접촉
㉲ 제5단계 : 상해－손해 · 손실

05 다음 중 참가자에 일정한 역할을 주어 실제적으로 연기를 시켜봄으로써 자기의 역할을 보다 확실히 인식할 수 있도록 체험학습을 시키는 교육방법은?

① Role playing
② Brain－storming
③ Action playing
④ Fish bowl playing

해설 ㉮ 역할 연기법(role playing) : 참석자에게 어떤 역할을 주어서 실제로 시켜봄으로써 훈련이나 평가에 사용하는 교육기법으로, 절충능력이나 협조성을 높여 태도의 변용에도 도움을 준다.
㉯ 스토밍(storming) : 회오리 바람을 일으킨다는 의미로, 브레인스토밍은 리더, 기록자 외에 10명 이내의 참가자(stormer)들이 기존의 관념에 사로잡히지 않고 자유로운 발상으로 아이디어나 의견을 내는 것이다.

06 다음 중 하인리히 방식의 재해 코스트 산정에 있어 직접비에 해당되지 않는 것은?

① 간병급여 ② 신규채용비용
③ 직업재활급여 ④ 상병보상연금

해설 **하인리히의 재해손실비**
총 재해 cost＝직접비(1)＋간접비(4)
㉮ 직접비 : 법령으로 정한 법정보상비를 말한다.
㉠ 요양급여 ㉡ 휴업급여
㉢ 장해급여 ㉣ 유족급여
㉤ 장의비 ㉥ 장해특별급여
㉦ 상병보상연금 ㉧ 직업재활급여
㉨ 간병급여
㉯ 간접비 : 재산손실, 생산중단 등으로 기업이 입은 법정보상비 이외의 손실을 말한다.

07 어느 사업장에서 당해 연도에 총 660명의 재해자가 발생하였다. 하인리히의 재해구성 비율에 의하면 경상의 재해자는 몇 명으로 추정되겠는가?

① 58 ② 64
③ 600 ④ 631

해설 ㉮ 하인리히의 재해구성 비율
사망 · 중상 : 경상 : 무상해 사고=1 : 29 : 300
㉯ 경상재해자수$=660\times\frac{29}{330}$=58명

08 인간의 적응기제 중 방어기제로 볼 수 없는 것은?

① 승화 ② 고립
③ 합리화 ④ 보상

해설 **적응기제**
욕구불만이나 갈등을 합리적으로 해결할 수 없을 때, 욕구충족을 위하여 비합리적인 방법을 취하는 것을 적응기제라고 한다.
㉮ 방어적 기제 : 보상, 합리화, 동일시, 승화 등
㉯ 도피적 기제 : 고립, 퇴행, 억압, 백일동 등

09 교육심리학의 학습이론에 관한 설명 중 옳은 것은?

① 파블로프(Pavlov)의 조건반사설은 맹목적 시행을 반복하는 가운데 자극과 반응이 결합하여 행동하는 것이다.
② 레빈(Lewin)의 장설은 후천적으로 얻게 되는 반사작용으로 행동을 발생시킨다는 것이다.
③ 톨만(Tolman)의 기호형태설은 학습자의 머리 속에 인지적 지도 같은 인지구조를 바탕으로 학습하려는 것이다.
④ 손다이크(Thorndike)의 시행착오설은 내적 · 외적의 전체 구조를 새로운 시점에서 파악하여 행동하는 것이다.

04.② 05.① 06.② 07.① 08.② 09.③ 정답

해설 ① 파블로프(Pavlov)의 조건반사설은 개의 소화생리를 연구하는 과정에서 개가 음식과는 상관없는 자신의 발자국 소리나 밥그릇을 보고 침을 흘리는 현상을 통해 고전적 조건화를 설명한 이론이다.
② 레빈(Lewin)의 장설은 인간은 새로운 지식으로 세상을 이해하고 새로운 요인들을 도입하여 원하는 것(욕구)과 싫어하는 것에 변화를 가져봄으로써 자기의 인지를 재구성한다는 이론이다.
④ 손다이크(Thorndike)의 시행착오설은 처음부터 성공 여부는 알지 못하지만, 우연적인 성공을 목표로 많은 시행과 착오가 반복되어 우연한 기회에 성공하고, 성공한 행동이 계속 반복되어 만족스러운 성과를 올릴 수 있는 새로운 행동이 획득된다는 이론이다.

10 주의의 수준이 Phase 0인 상태에서의 의식상태로 옳은 것은?

① 무의식 상태
② 의식의 이완상태
③ 명료한 상태
④ 과긴장 상태

해설 **의식 레벨의 단계**
㉮ 0단계 : 의식을 잃은 상태이므로 작업수행과는 관계가 없다.
㉯ Ⅰ단계 : 과로했을 때나 야간작업을 했을 때의 의식수준으로, 부주의상태가 강해서 실수가 빈발한다.
㉰ Ⅱ단계 : 휴식 시에 볼 수 있는데, 주의력이 전향(前向)적으로 기능하지 못하므로 무심코 과오를 저지르기 쉽다. 운전작업에서는 전방주시 부주의나 졸음운전 등이 일어나기 쉽다. 단순반복작업을 장시간 지속하는 경우도 여기에 해당된다.
㉱ Ⅲ단계 : 적극적인 활동을 할 때의 명쾌한 의식으로 대뇌가 활발히 움직이므로 주위의 범위도 넓고 과오를 일으키는 일이 거의 없다.
㉲ Ⅳ단계 : 과도한 긴장이나 감정 흥분 시 의식수준으로 대뇌의 활동력은 높지만 주의가 눈앞의 한 곳에만 집중되고 냉정함이 결여되어 판단은 둔화된다.

단계	의식상태	주의작용	생리적 상태	신뢰성	뇌파 형태
0	무의식, 실신	없음	수면, 뇌발작	0	δ파
Ⅰ	정상 이하 (subnormal), 의식 둔화	부주의	피로, 단조로움, 졸음, 주취(酒醉)	0.9 이하	θ파
Ⅱ	정상(normal), 이완(relaxed)	수동적, 내외적	안정 기거(起居), 휴식, 정상작업	0.99 ~ 0.99999	α파
Ⅲ	정상(normal), 명쾌(clear)	능동적, 전향적, 위험예지 주의력 범위 넓음	적극 활동	0.999999 이상	β파
Ⅳ	초(超)정상 (hypernormal), 흥분(excited)	한 점에 고집(固執), 판단 정지	감정 흥분, 긴급, 방위(防衛) 반응, 당황과 공포반응	0.9 이하	β파 혹은 방추파

11 다음 재해사례에서 기인물에 해당하는 것은?

> 기계작업에 배치된 작업자가 반장의 지시를 받기 전에 정지된 선반을 운전시키면서 변속치차의 덮개를 벗겨내고 치차를 저속으로 운전하면서 급유하려고 할 때 오른손이 변속치차에 맞물려 손가락이 절단되었다.

① 덮개　② 급유
③ 선반　④ 변속치차

해설 ㉮ 기인물 : 불안전한 상태에 있는 물체(환경 포함) – 선반
㉯ 가해물 : 직접 사람에게 접촉되어 위해를 가하는 물체 – 치차(기어)

12 산업안전보건법령상 안전모의 시험성능기준 항목으로 옳지 않은 것은?

① 내열성　② 턱끈풀림
③ 내관통성　④ 충격흡수성

해설 **안전모의 성능시험 항목**
㉮ 내전압성 시험
㉯ 턱끈풀림 시험
㉰ 내관통성 시험
㉱ 충격흡수성 시험
㉲ 내수성 시험
㉳ 난연성 시험

 정답 10.① 11.③ 12.①

13 산업안전보건법령상 안전보건표지의 종류 중 경고표지에 해당하지 않는 것은?

① 레이저광선 경고
② 급성독성물질 경고
③ 매달린 물체 경고
④ 차량통행 경고

해설 경고표시의 기본모형 및 색채

기본모형 및 색채	종 류
삼각형 예 (고압전기 경고) • 바탕은 노란색 • 기본모형 관련 부호 및 그림은 검은색	• 방사성물질 경고 • 고압전기 경고 • 매달린 물체 경고 • 고온 경고 • 저온 경고 • 몸균형 상실 경고 • 레이저광선 경고 • 위험장소 경고
다이아몬드형 예 (인화성물질 경고) • 바탕은 무색 • 기본모형은 빨간색 (검은색도 가능)	• 인화성물질 경고 • 산화성물질 경고 • 폭발성물질 경고 • 급성독성물질 경고 • 부식성물질 경고 • 발암성 · 변이원성 · 생식독성 · 전신독성 · 호흡기과민성 물질 경고

14 안전교육방법 중 강의법에 대한 설명으로 옳지 않은 것은?

① 단기간의 교육시간 내에 비교적 많은 내용을 전달할 수 있다.
② 다수의 수강자를 대상으로 동시에 교육할 수 있다.
③ 다른 교육방법에 비해 수강자의 참여가 제약된다.
④ 수강자 개개인의 학습진도를 조절할 수 있다.

해설 강의법

㉮ 강의법의 적용
㉠ 수업의 도입이나 초기 단계
㉡ 학교의 수업이나 현장훈련의 경우
㉢ 시간은 부족한데, 가르칠 내용이 많은 경우
㉣ 강사의 수는 적고 수강자는 많아서, 한 강사가 많은 사람을 상대해야 할 경우
㉤ 비교적 모든 교과에 적용 가능

㉯ 제약조건(제한점)
㉠ 수강자들의 참여가 제한된다(강사의 일관된 이야기시간).
㉡ 수강자들의 학습 진척 상황이나 성취 정도를 점검하기가 어렵다.
㉢ 학생들의 주의집중도나 흥미의 정도가 낮다.

15 안전점검의 종류 중 태풍, 폭우 등에 의한 침수, 지진 등의 천재지변이 발생한 경우나 이상사태 발생 시 관리자나 감독자가 기계 · 기구, 설비 등의 기능상 이상 유무에 대하여 점검하는 것은?

① 일상점검 ② 정기점검
③ 특별점검 ④ 수시점검

해설 안전점검의 종류(점검시기에 의한 구분)

㉮ 일상점검(수시점검) : 작업 담당자, 해당 관리감독자가 맡고 있는 공정의 설비, 기계, 공구 등을 매일 작업 시작 전이나 사용 전 또는 작업 중, 작업 종료 후에 수시로 실시하는 점검이다.
㉯ 정기점검(계획점검) : 일정 기간마다 정기적으로 실시하는 점검을 말하며, 일반적으로 매주 · 1개월 · 6개월 · 1년 · 2년 등의 주기로 담당 분야별 작업 책임자가 기계설비의 안전상 중요 부분의 피로 · 마모 · 손상 · 부식 등 장치의 변화 유무 등을 점검한다.
㉰ 특별점검 : 기계 · 기구 또는 설비를 신설 및 변경하거나 고장에 의한 수리 등을 할 경우에 행하는 부정기적 점검을 말하며, 일정 규모 이상의 강풍, 폭우, 지진 등의 기상이변이 있은 후에 실시하는 점검과 안전강조기간, 방화주간에 실시하는 점검도 이에 해당된다.
㉱ 임시점검 : 정기점검을 실시한 후 차기 점검일 이전에 트러블이나 고장 등의 직후에 임시로 실시하는 점검의 형태를 말하며, 기계 · 기구 또는 설비의 이상이 발견되었을 때에 임시로 실시하는 점검이다.

16 Y-K(Yutaka-Kohate) 성격검사에 관한 사항으로 옳은 것은?

① C, C′형은 적응이 빠르다.
② M, M′형은 내구성, 집념이 부족하다.
③ S, S′형은 담력, 자신감이 강하다.
④ P, P′형은 운동, 결단이 빠르다.

13.④ 14.④ 15.③ 16.① 정답

해설 Y-K(Yutaka-Kohate) 성격검사 유형
㉮ C, C′형 : 담즙질
㉠ 운동, 결단, 기민성이 빠르다.
㉡ 적응이 빠르다.
㉢ 세심하지 않다.
㉣ 내구성, 집념이 부족하다.
㉤ 자신감이 강하다.
㉯ M, M′형 : 흑담즙질(신경질형)
㉠ 운동성이 느리고, 지속성이 풍부하다.
㉡ 적응성이 느리다.
㉢ 세심하고, 억제성, 정확하다.
㉣ 내구성, 집념, 지속성이 있다.
㉤ 담력, 자신감이 강하다.
㉰ S, S′형 : 다형질(운동성형)
C, C′형과 동일하나, 자신감이 약하다.
㉱ P, P′형 : 점액질(평범 수동성형)
M, M′형과 동일하나, 자신감이 약하다.
㉲ Am형 : 이상질
㉠ 극도로 나쁘다.
㉡ 극도로 느리다.
㉢ 극도로 결핍하다.
㉣ 극도로 강하거나 약하다.

17 재해의 빈도와 상해의 강약도를 혼합하여 집계하는 지표로 옳은 것은?

① 강도율 ② 종합재해지수
③ 안전활동률 ④ Safe-T-Score

해설 종합재해지수
재해빈도의 다수와 상해 정도의 강약을 종합하여 나타내는 지수로 도수강도치라고도 한다.
종합재해지수(FSI) = $\sqrt{\text{도수율} \times \text{강도율}}$

18 재해로 인한 직접비용으로 8,000만원의 산재보상비가 지급되었을 때, 하인리히 방식에 따른 총 손실비용은?

① 16,000만원
② 24,000만원
③ 32,000만원
④ 40,000만원

해설 하인리히 방식에 의한 재해손실비
총 재해 cost=직접비(보상비)+간접비
(직접비 : 간접비 = 1 : 4)
=8,000만원+8,000만원×4
=40,000만원

19 학습자가 자신의 학습속도에 적합하도록 프로그램 자료를 가지고 단독으로 학습하도록 하는 안전교육방법은?

① 실연법 ② 모의법
③ 토의법 ④ 프로그램 학습법

해설 프로그램 학습법(Programmed Self-instruction Method)
수업 프로그램이 프로그램 학습의 원리에 의하여 만들어지고, 학생의 자기 학습속도에 따른 학습이 허용되어 있는 상태에서 학습자가 프로그램 자료를 가지고 단독으로 학습하도록 하는 교육방법이다.
㉮ 장점
㉠ 기본개념 학습이나 논리적인 학습에 유리하다.
㉡ 지능, 학습 적성, 학습속도 등 개인차를 충분히 고려할 수 있다.
㉢ 대량의 학습자를 한 교사가 지도할 수 있다.
㉣ 매 반응마다 피드백이 주어지기 때문에 학습자가 흥미를 가질 수 있다.
㉤ 학습자의 학습과정을 쉽게 알 수 있다.
㉯ 단점
㉠ 최소한의 독서력이 요구된다.
㉡ 개발, 제작과정이 어렵다.
㉢ 문제해결력, 적용력, 감상력, 평가력 등 고등 정신을 기르는 데 불리하다.
㉣ 교과서보다 분량이 많아 경비가 많이 든다.

20 A사업장의 현황이 다음과 같을 때 이 사업장의 강도율은?

- 근로자수 : 500명
- 연근로시간수 : 2,400시간
- 신체장해등급
  - 2급 : 3명
  - 10급 : 5명
- 의사 진단에 의한 휴업일수 : 1,500일

① 0.22 ② 2.22
③ 22.28 ④ 222.88

해설 강도율

$$= \frac{\text{근로손실일수}}{\text{연 근로총시간수}} \times 1{,}000$$

$$= \frac{(7{,}500 \times 3) + (5 \times 600) + 1{,}500 \times \frac{300}{365}}{500 \times 2{,}400} \times 1{,}000$$

$= 22.28$

 정답 17.② 18.④ 19.④ 20.③

» 제2과목 인간공학 및 시스템 안전공학

21 국내 규정상 최대음압수준이 몇 dB(A)을 초과하는 충격소음에 노출되어서는 아니 되는가?

① 110
② 120
③ 130
④ 140

해설 ㉮ 최대음압수준이 140dB(A)을 초과하는 충격소음에는 노출되어서는 안 된다.
㉯ 충격소음이란 최대음압수준이 120dB(A) 이상인 소음이 1초 이상의 간격으로 발생되는 것을 말한다.

22 다음 중 시스템 신뢰도에 관한 설명으로 옳지 않은 것은?

① 시스템의 성공적 퍼포먼스를 확률로 나타낸 것이다.
② 각 부품이 동일한 신뢰도를 가질 경우 직렬구조의 신뢰도는 병렬구조에 비해 신뢰도가 낮다.
③ 시스템의 병렬구조는 시스템의 어느 한 부품이 고장나면 시스템이 고장나는 구조이다.
④ n 중 k구조는 n개의 부품으로 구성된 시스템에서 k개 이상의 부품이 작동하면 시스템이 정상적으로 가동되는 구조이다.

해설 시스템의 직렬구조는 시스템의 어느 한 부품이 고장나면 시스템이 고장나는 구조이다.

23 다음 설명 중 해당하는 용어를 올바르게 나타낸 것은?

> ⓐ 요구된 기능을 실행하고자 하여도 필요한 물건, 정보, 에너지 등의 공급이 없기 때문에 작업자가 움직이려고 해도 움직일 수 없으므로 발생하는 과오
> ⓑ 작업자 자신으로부터 발생한 과오

① ⓐ Secondary error, ⓑ Command error
② ⓐ Command error, ⓑ Primary error
③ ⓐ Primary error, ⓑ Secondary error
④ ⓐ Command error, ⓑ Secondary error

해설 **인간 과오(human error)의 분류**
㉮ 원인의 수준(level)적 분류
㉠ 1차 에러(primary error) : 작업자 자신으로부터 발생한 과오
㉡ 2차 에러(secondary error) : 작업형태나 작업조건 중에서 다른 문제가 생김으로써 그 때문에 필요한 사항을 실행할 수 없는 과오나 어떤 결함으로부터 파생하여 발생하는 과오
㉢ 지시 에러(command error) : 요구된 기능을 실행하고자 하여도 필요한 물건, 정보, 에너지 등의 공급이 없기 때문에 작업자가 움직이려고 해도 움직일 수 없으므로 발생하는 과오
㉯ 심리적인 분류(Swain) : 과오(error)의 원인을 불확정, 시간 지연, 순서 착오의 3가지로 나누어서 분류한다.
㉠ 생략적 에러(omission error) : 필요한 직무(task) 또는 절차를 수행하지 않는 데 기인한 과오(error)
㉡ 시간적 에러(time error) : 필요한 직무 또는 절차의 수행 지연으로 인한 과오
㉢ 수행적 에러(commission error) : 필요한 직무 또는 절차의 불확실한 수행으로 인한 과오
㉣ 순서적 에러(sequential error) : 필요한 직무 또는 절차의 순서 착오로 인한 과오
㉤ 불필요한 에러(extraneous error) : 불필요한 직무 또는 절차를 수행함으로 인한 과오

24 시스템 안전 프로그램에 있어 시스템의 수명주기를 일반적으로 5단계로 구분할 수 있는데, 다음 중 시스템 수명주기의 단계에 해당하지 않는 것은?

① 구상단계
② 생산단계
③ 운전단계
④ 분석단계

21.④ 22.③ 23.② 24.④ 정답

해설 **시스템 수명주기의 단계**

㉮ 1단계 : 구상단계
㉯ 2단계 : 정의단계
㉰ 3단계 : 개발단계
㉱ 4단계 : 생산단계
㉲ 5단계 : 운전단계

25 FT도 작성에 사용되는 사상 중 시스템의 정상적인 가동상태에서 일어날 것이 기대되는 사상은?

① 통상사상 ② 기본사상
③ 생략사상 ④ 결함사상

해설 ① 통상사상 : 결함사상이 아닌 발생이 예상되는 사상(정상적인 가동상태에서 발생이 기대되는 사상)을 나타낸다.
② 기본사상 : 더 이상 해석할 필요가 없는 기본적인 기계 결함 또는 작업자의 오동작을 나타낸다.
③ 생략사상 : 사상과 원인과의 관계를 알 수 없거나 또는 필요한 정보를 얻을 수 없기 때문에 더 이상 전개할 수 없는 최후적 사상을 나타낸다.
④ 결함사상 : 해석하고자 하는 정상사상과 중간사상을 나타낸다.

26 다음 중 모든 시스템 안전 프로그램에서의 최초 단계 해석으로 시스템의 위험요소가 어떤 위험상태에 있는가를 정성적으로 평가하는 분석방법은?

① PHA
② FHA
③ FMEA
④ FTA

해설 **PHA(Preliminary Hazards Analysis)**

㉮ 개요 : 대부분 시스템 안전 프로그램에 있어서 최초 단계의 분석으로, 시스템 내의 위험한 요소가 얼마나 위험한 상태에 있는가를 정성적으로 평가하는 것이다.
㉯ PHA의 목적 : 시스템의 개발단계에 있어서 시스템 고유의 위험상태를 식별하고 예상되는 재해의 위험 수준을 결정하는 데 있다.

27 인간이 낼 수 있는 최대의 힘을 최대 근력이라고 하며, 일반적으로 인간은 자기의 최대 근력을 잠시 동안만 낼 수 있다. 이에 근거할 때 인간이 상당히 오래 유지할 수 있는 힘은 근력의 몇 % 이하인가?

① 15%
② 20%
③ 25%
④ 30%

해설 ㉮ 지구력 : 근력을 사용하여 일정한 힘을 계속 유지하는 능력을 말한다.
㉯ 최대 근력 : 지속시간이 매우 짧아 수초 동안 유지하는 것도 어려우며, 최대 근력의 15% 이하일 경우 오랜 시간 그 힘을 유지하여 지속하는 것이 가능하다.

28 손이나 특정 신체부위에 발생하는 누적손상장애(CTDs)의 발생인자와 가장 거리가 먼 것은?

① 무리한 힘
② 다습한 환경
③ 장시간의 진동
④ 반복도가 높은 작업

해설 **누적손상장애(CTDs)의 발생요인**

㉮ 무리한 힘의 사용
㉯ 진동 및 온도(저온)
㉰ 반복도가 높은 작업
㉱ 부적절한 작업자세
㉲ 날카로운 면과 신체 접촉

29 다음 중 FMEA의 특징에 대한 설명으로 틀린 것은?

① 서브시스템 분석 시 FTA보다 효과적이다.
② 시스템 해석기법은 정성적 · 귀납적 분석법 등에 사용된다.
③ 각 요소 간 영향 해석이 어려워 2가지 이상의 동시 고장은 해석이 곤란하다.
④ 양식이 비교적 간단하고 적은 노력으로 특별한 훈련 없이 해석이 가능하다.

 정답 25.① 26.① 27.① 28.② 29.①

해설 FMEA

㉮ 정의 : 시스템 안전 분석에 이용되는 전형적인 정성적 · 귀납적 분석방법으로, 시스템에 영향을 미치는 전체 요소의 고장을 형별로 분석하여 그 영향을 검토하는 것이다(각 요소의 1형식 고장이 시스템의 1영향에 대응한다).

㉯ 장점 및 단점
- ㉠ 장점 : 서식이 간단하고 비교적 적은 노력으로 특별한 훈련 없이 분석을 할 수 있다.
- ㉡ 단점 : 논리성이 부족하고 특히 각 요소 간의 영향을 분석하기 어렵기 때문에 동시에 두 가지 이상의 요소가 고장날 경우에 분석이 곤란하며, 또한 요소가 물체로 한정되어 있기 때문에 인적 원인을 분석하는 데는 어려움이 있다.

30 음성통신에 있어 소음환경과 관련하여 성격이 다른 지수는?

① AI(Articulation Index) : 명료도지수
② MAA(Minimum Audible Angle) : 최소가청각도
③ PSIL(Preferred－octave Speech Interference Level) : 음성간섭수준
④ PNC(Preferred Noise Criteria curves) : 선호소음 판단기준곡선

해설 **실내소음의 평가법**
다음 지수 등은 실내소음을 평가하는 방법으로 이용된다.
㉮ AI(Articulation Index) : 명료도지수로, 음성레벨과 암소음레벨의 비율인 신호 대 잡음비에 기본을 두고 음성의 명료도를 측정하는 방법
㉯ PNC(Preferred Noise Criteria) : 선호소음 판단기준곡선
㉰ PSIL(Preferred－octave Speech Interference Level) : 선호옥타브 음성간섭수준
㉱ SIL(Speech Interference Level) : 회화방해수준(음성간섭수준)
㉲ 기타 A보정음압수준(LA), NC곡선, NR곡선(Noise Rating curves)

※ ②의 MAA는 최소 가청운동각도를 의미한다.

31 인간－기계 시스템의 설계를 6단계로 구분할 때, 첫 번째 단계에서 시행하는 것은?

① 기본설계
② 시스템의 정의
③ 인터페이스 설계
④ 시스템의 목표와 성능명세 결정

해설 **인간－기계 시스템 설계의 주요 단계**
㉮ 제1단계 － 목표 및 성능 설정
㉯ 제2단계 － 시스템의 정의
㉰ 제3단계 － 기본설계
- ㉠ 기능의 할당
- ㉡ 인간 성능요건 명세 : 속도, 정확성, 사용자 만족, 유일한 기술을 개발하는 데 필요한 시간
- ㉢ 직무분석
- ㉣ 작업설계

㉱ 제4단계 － 계면(인터페이스) 설계
㉲ 제5단계 － 촉진물(보조물) 설계
㉳ 제6단계 － 시험 및 평가

32 그림과 같이 7개의 부품으로 구성된 시스템의 신뢰도는 약 얼마인가? (단, 네모 안의 숫자는 각 부품의 신뢰도이다.)

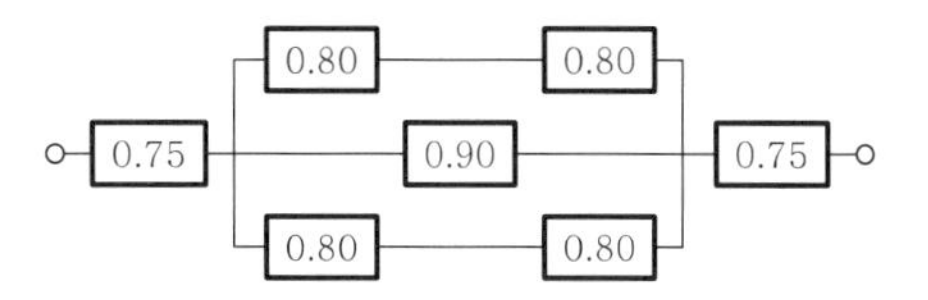

① 0.5552
② 0.5427
③ 0.6234
④ 0.9740

해설 신뢰도(R)
$=0.75\times[1-(1-0.64)(1-0.9)(1-0.64)]\times0.75$
$=0.5552$

33 화학설비의 안전성 평가 5단계 중 4단계에 해당하는 것은?

① 안전대책
② 정성적 평가
③ 정량적 평가
④ 재평가

해설 **안전성 평가의 기본원칙 5단계**
㉮ 1단계 : 관계자료의 작성 준비
㉯ 2단계 : 정성적 평가
㉰ 3단계 : 정량적 평가
㉱ 4단계 : 안전대책
㉲ 5단계 : 재평가

34 적절한 온도의 작업환경에서 추운 환경으로 온도가 변할 때 우리의 신체가 수행하는 조절작용이 아닌 것은?

① 발한(發汗)이 시작된다.
② 피부의 온도가 내려간다.
③ 직장(直腸)온도가 약간 올라간다.
④ 혈액의 많은 양이 몸의 중심부를 위주로 순환한다.

해설 **온도변화에 대한 신체의 조절작용(인체적응)**
㉮ 적온에서 고온 환경으로 변할 때
㉠ 많은 양의 혈액이 피부를 경유하여 피부온도가 올라간다.
㉡ 직장온도가 내려간다.
㉢ 발한이 시작된다.
㉯ 적온에서 한랭 환경으로 변할 때
㉠ 많은 양의 혈액이 몸의 중심부를 순환하며 피부온도는 내려간다.
㉡ 직장온도가 약간 올라간다.
㉢ 소름이 돋고 몸이 떨린다.

35 후각적 표시장치(olfactory display)와 관련된 내용으로 옳지 않은 것은?

① 냄새의 확산을 제어할 수 없다.
② 시각적 표시장치에 비해 널리 사용되지 않는다.
③ 냄새에 대한 민감도의 개별적 차이가 존재한다.
④ 경보장치로서 실용성이 없기 때문에 사용되지 않는다.

해설 경보장치로서 실용성이 있기 때문에 사용되고 있다.

36 인체측정에 대한 설명으로 옳은 것은?

① 인체측정은 동적 측정과 정적 측정이 있다.
② 인체측정학은 인체의 생화학적 특징을 다룬다.
③ 자세에 따른 인체치수의 변화는 없다고 가정한다.
④ 측정항목에 무게, 둘레, 두께, 길이는 포함되지 않는다.

해설 **인체측정**
㉮ 인체측정은 동적 측정(기능적 인체치수)과 정적 측정(구조적 인체치수)이 있다.
㉯ 인체측정학은 신체치수를 비롯하여 각 부위의 부피, 무게중심, 관성, 질량 등 인체의 물리적 특징을 다룬다.
㉰ 자세에 따른 인체치수의 변화는 있다고 가정한다.
㉱ 측정항목에 무게, 둘레, 두께, 길이는 포함한다.

37 화학설비에 대한 안전성 평가 중 정성적 평가방법의 주요 진단항목으로 볼 수 없는 것은?

① 건조물
② 취급물질
③ 입지조건
④ 공장 내 배치

해설 **정성적 평가의 주요 진단항목**

설계관계	운전관계
• 입지조건 • 공장 내 배치 • 건조물 • 소방설비	• 원재료, 중간체제품 • 공정 • 수송, 저장 등 • 공정기기

38 작업면상의 필요한 장소만 높은 조도를 취하는 조명은?

① 완화조명
② 전반조명
③ 투명조명
④ 국소조명

해설 **조명방법**
㉮ 긴 터널의 경우는 완화조명이 필요하다.
㉯ 실내 전체를 조명할 때는 전반조명이 필요하다.
㉰ 유리나 플라스틱 모서리 조명은 불투명조명이 좋다.
㉱ 작업에 필요한 곳이나 시각적으로 강한 빛을 필요로 하는 조명은 국소조명이 좋다.

39 위험분석기법 중 고장이 시스템의 손실과 인명의 사상에 연결되는 높은 위험도를 가진 요소나 고장의 형태에 따른 분석법은?

① CA
② ETA
③ FHA
④ FTA

 정답 34.① 35.④ 36.① 37.② 38.④ 39.①

해설 ① CA(Criticality Analysis ; 위험도 분석) : 고장이 시스템의 손실과 인명의 사상에 연결되는 높은 위험도를 가진 요소나 고장의 형태에 따른 분석법
② ETA(Event Tree Analysis) : 사상의 안전도를 사용하여 시스템의 안전도를 나타내는 시스템 모델의 하나로 귀납적이고 정량적인 분석법
③ FHA(Fault Hazard Analysis ; 결함사고 위험분석) : 서브시스템 해석 등에 사용되는 분석법
④ FTA(Fault Tree Analysis) : 결함수법 · 결함 관련 수법 · 고장의 목(木) 분석법 등의 뜻을 나타내며, 기계설비 또는 인간 – 기계 시스템(Man Machine System)의 고장이나 재해의 발생요인을 FT 도표에 의하여 분석하는 방법

40 일반적으로 인체측정치의 최대집단치를 기준으로 설계하는 것은?

① 선반의 높이
② 공구의 크기
③ 출입문의 크기
④ 안내 데스크의 높이

해설 **인체계측자료 응용원칙의 예**
㉮ 극단치 설계
㉠ 최대집단치 : 출입문, 통로, 의자 사이의 간격 등
㉡ 최소집단치 : 선반의 높이, 조종장치까지의 거리, 버스나 전철의 손잡이 등
㉯ 조절식 설계 : 사무실 의자의 높낮이 조절, 자동차 좌석의 전후조절 등
㉰ 평균치 설계 : 가게나 은행의 계산대, 안내 데스크의 높이 등

» 제3과목 기계위험 방지기술

41 다음 중 위험 기계의 구동에너지를 작업자가 차단할 수 있는 장치에 해당하는 것은?

① 급정지장치 ② 감속장치
③ 위험방지장치 ④ 방호설비

해설 **급정지장치**
위험 기계의 구동에너지를 작업자가 차단할 수 있는 장치이다.

42 다음 중 밀링작업의 안전조치에 대한 사항으로 적절하지 않은 것은?

① 절삭 중의 칩 제거는 칩 브레이크로 한다.
② 가공품을 측정할 때에는 기계를 정지시킨다.
③ 일감을 풀어내거나 고정할 때에는 기계를 정지시킨다.
④ 상하좌우 이송장치의 핸들은 사용 후 풀어놓는다.

해설 밀링작업 시 칩 제거는 기계를 정지시킨 후 브러시를 사용하여 제거한다.

43 다음 중 안전율을 구하는 방법으로 옳은 것은?

① 안전율=허용응력/기초강도
② 안전율=허용응력/인장강도
③ 안전율=인장강도/허용응력
④ 안전율=안전하중/파단하중

해설
$$안전율 = \frac{기초강도}{허용응력} = \frac{극한강도}{최대\ 설계응력} = \frac{파괴하중}{최대\ 사용하중} = \frac{파단하중}{안정하중}$$

44 다음 중 프레스기에 설치하는 방호장치에 관한 사항으로 틀린 것은?

① 수인식 방호장치의 수인끈 재료는 합성섬유로 직경이 4mm 이상이어야 한다.
② 양수조작식 방호장치는 1행정마다 누름버튼에서 양손을 떼지 않으면 다음 작업의 동작을 할 수 없는 구조이어야 한다.
③ 광전자식 방호장치는 정상동작램프는 적색, 위험표시램프는 녹색으로 하며, 쉽게 근로자가 볼 수 있는 곳에 설치해야 한다.
④ 손쳐내기식 방호장치는 슬라이드 하행정 거리의 $\frac{3}{4}$ 위치에서 손을 완전히 밀어내야 한다.

해설 광전자식 방호장치는 정상동작표시램프는 녹색, 위험표시램프는 붉은색으로 하며, 쉽게 근로자가 볼 수 있는 곳에 설치해야 한다.

45 질량 100kg의 화물이 와이어로프에 매달려 $2m/s^2$의 가속도로 권상되고 있다. 이때 와이어로프에 작용하는 장력의 크기는 몇 N인가? (단, 여기서 중력가속도는 $10m/s^2$로 한다.)

① 200N ② 300N
③ 1,200N ④ 2,000N

해설 총 하중(장력)=정하중+동하중

$$= 100kg + 100kg \times \frac{2m/s^2}{10m/s^2}$$

$$= 120kg_f$$

$$\therefore 120kg_f \times \frac{10N}{1kg_f} = 1,200N$$

46 롤러기의 방호장치 설치 시 유의해야 할 사항으로 거리가 먼 것은?

① 손으로 조작하는 급정지장치의 조작부는 롤러기의 전면 및 후면에 각각 1개씩 수평으로 설치하여야 한다.
② 앞면 롤러의 표면속도가 30m/min 미만인 경우 급정지거리는 앞면 롤러 원주의 1/2.5 이하로 한다.
③ 작업자의 복부에 조작하는 급정지장치는 높이가 밑면으로부터 0.8m 이상 1.1m 이내에 설치되어야 한다.
④ 급정지장치의 조작부에 사용하는 줄은 사용 중 늘어져서는 안 되며, 충분한 인장강도를 가져야 한다.

해설 **급정지장치의 성능 기준**

앞면 롤러의 표면속도(m/min)	급정지거리
30 미만	앞면 롤러 원주길이의 1/3
30 이상	앞면 롤러 원주길이의 1/2.5

47 보일러 압력방출장치의 종류에 해당되지 않는 것은?

① 스프링식 ② 중추식
③ 플런저식 ④ 지렛대식

해설 ㉮ 보일러의 방호장치 종류
㉠ 압력방출장치
㉡ 압력제한스위치
㉢ 고저수위조절장치
㉣ 도피밸브, 가용전, 방폭문, 화염검출기 등
㉯ 압력방출장치(안전밸브) 종류
㉠ 스프링식(가장 많이 사용)
㉡ 중추식
㉢ 지렛대식
㉣ 파열판식

48 다음 중 드릴작업의 안전사항이 아닌 것은?

① 옷소매가 길거나 찢어진 옷은 입지 않는다.
② 작고 길이가 긴 물건은 플라이어로 잡고 뚫는다.
③ 회전하는 드릴에 걸레 등을 가까이 하지 않는다.
④ 스핀들에서 드릴을 뽑아낼 때에는 드릴 아래에 손을 내밀지 않는다.

해설 **드릴작업 시 일감 고정방법**
㉮ 공작물이 작을 때 : 바이스로 고정
㉯ 공작물이 크고 복잡할 때 : 볼트와 고정구(클램프) 사용
㉰ 대량생산과 정밀도를 요구할 때 : 지그(jig) 사용

49 방사선 투과검사에서 투과사진에 영향을 미치는 인자는 크게 콘트라스트(명암도)와 명료도로 나누어 검토할 수 있다. 다음 중 투과사진의 콘트라스트에 영향을 미치는 인자에 속하지 않는 것은?

① 방사선의 선질
② 필름의 종류
③ 현상액의 강도
④ 초점-필름 간 거리

 정답 45.③ 46.② 47.③ 48.② 49.④

해설 방사선 투과사진의 명암도에 영향을 미치는 인자

구 분	인 자
시험체 콘트라스트	• 시험체의 두께차 • 방사선의 선질 • 산란 방사선
필름 콘트라스트	• 필름의 종류 • 현상시간, 온도 및 교반 농도 • 현상액의 강도

50 산업안전보건법상 보일러의 안전한 가동을 위하여 보일러 규격에 맞는 압력방출장치가 2개 이상 설치된 경우에 최고사용압력 이하에서 1개가 작동되고, 다른 압력방출장치는 최고사용압력의 몇 배 이하에서 작동되도록 부착하여야 하는가?

① 1.03배 ② 1.05배
③ 1.2배 ④ 1.5배

해설 보일러에 압력방출장치를 2개 설치한 경우 하나는 최고사용압력 이하에서, 다른 하나는 최고사용압력의 1.05배 이하에서 작동되어야 한다.

51 다음 중 소성가공을 열간가공과 냉간가공으로 분류하는 가공온도의 기준은?

① 융해점 온도
② 공석점 온도
③ 공정점 온도
④ 재결정 온도

해설 재결정 온도 : 소성변형을 일으킨 결정이 가열로 인해 재결정을 하기 시작하는 온도

52 다음 중 비파괴시험의 종류가 아닌 것은?

① 자분 탐상시험 ② 침투 탐상시험
③ 와류 탐상시험 ④ 샤르피 충격시험

해설 비파괴시험과 파괴시험의 종류

㉮ 비파괴시험
 ㉠ 방사선 투과시험
 ㉡ 자분 탐상시험
 ㉢ 초음파 탐상시험
 ㉣ 와류 탐상시험
 ㉤ 침투 형광탐상시험 등
㉯ 파괴시험
 ㉠ 피로시험
 ㉡ 인장시험
 ㉢ 굽힘시험
 ㉣ 충격시험 등

53 프레스기의 방호장치 중 위치제한형 방호장치에 해당되는 것은?

① 수인식 방호장치
② 광전자식 방호장치
③ 손쳐내기식 방호장치
④ 양수조작식 방호장치

해설 방호장치 성능에 따른 종류

㉮ 위치제한형 방호장치 : 작업자의 신체 부위가 위험한계 밖에 있도록 기계의 조작장치를 위험한 작업점에서 안전거리 이상 떨어지게 하거나 조작장치를 양손으로 동시 조작하게 함으로써 위험한계에 접근을 제한하는 것
 예 양수조작식 등
㉯ 접근거부형 방호장치 : 작업자의 신체 부위가 위험한계로 접근하였을 때 기계적인 작용에 의하여 접근을 못하도록 제지하는 것
 예 수인식, 손쳐내기식 등
㉰ 접근반응형 방호장치 : 작업자의 신체 부위가 위험한계 또는 그 인접한 거리 내로 들어오면 이를 감지하여 그 즉시 기계의 동작을 정지시키고 경보 등을 발하는 것
 예 프레스기의 감응식 방호장치 등

54 산업안전보건법령상 탁상용 연삭기의 덮개에는 작업받침대와 연삭숫돌과의 간격을 몇 mm 이하로 조정할 수 있어야 하는가?

① 3 ② 4
③ 5 ④ 10

해설 탁상용 연삭기의 덮개에는 작업받침대와 연삭숫돌과의 간격을 3mm 이하로 조절할 수 있어야 한다.

55 산업안전보건법령상 프레스 및 전단기에서 안전블록을 사용해야 하는 작업으로 가장 거리가 먼 것은?

① 금형 가공작업 ② 금형 해체작업
③ 금형 부착작업 ④ 금형 조정작업

해설 **안전블록**
프레스기의 금형을 부착·해체 또는 조정하는 작업을 할 때, 근로자의 신체 일부가 위험한계에 들어가게 되면, 슬라이드가 갑자기 작동함으로써 발생하는 근로자의 위험을 방지하기 위해 설치하는 방호장치이다.

56 산업안전보건법령상 승강기의 종류로 옳지 않은 것은?

① 승객용 엘리베이터
② 리프트
③ 화물용 엘리베이터
④ 승객·화물용 엘리베이터

해설 **승강기의 종류**
㉮ 승객용 엘리베이터 : 사람의 운송에 적합하게 제조·설치된 엘리베이터
㉯ 승객·화물용 엘리베이터 : 사람의 운송과 화물 운반을 겸용하는 데 적합하게 제조·설치된 엘리베이터
㉰ 화물용 엘리베이터 : 화물 운반에 적합하게 제조·설치된 엘리베이터로서 조작자 또는 화물취급자 1명은 탑승할 수 있는 것(적재용량이 300kg 미만인 것은 제외)
㉱ 소형 화물용 엘리베이터 : 음식물이나 서적 등 소형 화물의 운반에 적합하게 제조·설치된 엘리베이터로서 사람의 탑승이 금지된 것
㉲ 에스컬레이터 : 일정한 경사로 또는 수평로를 따라 위·아래 또는 옆으로 움직이는 디딤판을 통해 사람이나 화물을 승강장으로 운송시키는 설비

57 500rpm으로 회전하는 연삭숫돌의 지름이 300mm일 때 회전속도(m/min)는?

① 471　　② 551
③ 751　　④ 1,025

해설
$$V=\frac{\pi DN}{1,000}=\frac{3.14\times300\times500}{1,000}$$
=471m/min

58 프레스 작동 후 작업점까지의 도달시간이 0.3초인 경우 위험한계로부터 양수조작식 방호장치의 최단 설치거리는?

① 48cm 이상　　② 58cm 이상
③ 68cm 이상　　④ 78cm 이상

해설 기계의 작동 직후 손이 위험지역에 들어가지 못하도록 위험지역으로부터 다음에 정하는 안전거리 이상에 설치해야 한다.
안전거리(cm)
=160×프레스 작동 후 작업점까지의 도달시간(초)
=160×0.3
=48cm 이상

59 기계설비의 안전조건인 구조의 안전화와 거리가 가장 먼 것은?

① 전압강하에 따른 오동작 방지
② 재료의 결함 방지
③ 설계상의 결함 방지
④ 가공 결함 방지

해설 구조적 안전을 저해하는 요인에는 재료의 결함, 설계의 잘못, 가공의 잘못 등이 있다.

60 산업안전보건법령상 사업장 내 근로자 작업환경 중 '강렬한 소음작업'에 해당하지 않는 것은?

① 85dB 이상의 소음이 1일 10시간 이상 발생하는 작업
② 90dB 이상의 소음이 1일 8시간 이상 발생하는 작업
③ 95dB 이상의 소음이 1일 4시간 이상 발생하는 작업
④ 100dB 이상의 소음이 1일 2시간 이상 발생하는 작업

해설 **강렬한 소음작업**
㉮ 90dB 이상의 소음이 1일 8시간 이상 발생하는 작업
㉯ 95dB 이상의 소음이 1일 4시간 이상 발생하는 작업
㉰ 100dB 이상의 소음이 1일 2시간 이상 발생하는 작업
㉱ 105dB 이상의 소음이 1일 1시간 이상 발생하는 작업
㉲ 110dB 이상의 소음이 1일 30분 이상 발생하는 작업
㉳ 115dB 이상의 소음이 1일 15분 이상 발생하는 작업

정답 56.② 57.① 58.① 59.① 60.①

≫ 제4과목 전기위험 방지기술

61 정격 사용률 30%, 정격 2차 전류 300A인 교류 아크 용접기를 200A로 사용하는 경우의 허용 사용률은?

① 67.5% ② 91.6%
③ 110.3% ④ 130.5%

해설

$$\text{허용 사용률} = \frac{\text{정격 2차 전류}^2}{\text{실제 용접 전류}^2} \times \text{정격 사용률}$$

$$= \frac{300^2}{200^2} \times 30 = 67.5\%$$

62 내측 원통의 반경이 r이고, 외측 원통의 반경이 R인 원통 간극($r/R < e^{-1}$)에서 인가전압이 V인 경우 최대 전계 $E_m = \frac{V}{r\ln(R/r)}$이다. 인가전압을 간극 간 공기의 절연파괴 전압 전까지 낮은 전압에서 서서히 증가할 때의 설명으로 옳지 않은 것은?

① 내측 원통 표면에 코로나 방전이 발생하기 시작한다.
② 최대 전계가 감소한다.
③ 외측 원통의 반경이 증대되는 효과를 가져온다.
④ 안정된 코로나 방전이 존재할 수 있다.

해설 ㉮ 간극에 전압을 가하면 전계가 가장 큰 내측 전극 표면의 절연이 파괴된다. 절연파괴 부분은 다수의 전하가 존재하고 도전성이 좋다고 생각할 수 있으므로 내측 전극 표면의 절연파괴는 근사적으로 내측 전극 반경의 증대라고 볼 수 있다.
㉯ 내측 원통의 반경이 증가하여 최대 전계가 감소한다.
㉰ 내통 표면에 생긴 절연파괴의 진전은 억제되고 안정된 부분파괴(코로나 방전)가 존재할 수 있다.

63 다음 중 가수전류(let-go current)에 대한 설명으로 옳은 것은?

① 마이크 사용 중 전격으로 사망에 이른 전류
② 전격을 일으킨 전류가 교류인지 직류인지 구별할 수 없는 전류
③ 충전부로부터 인체가 자력으로 이탈할 수 있는 전류
④ 몸이 물에 젖어 전압이 낮은 데도 전격을 일으킨 전류

해설 **가수전류와 불수전류**
통전전류가 최소 감지전류보다 더 증가하면 인체는 전격을 받게 되지만 처음에는 고통을 수반하지는 않는다. 그러나 전류가 더욱 증가하면 쇼크와 함께 고통이 따르게 되며, 어느 한계 이상의 값이 되면 근육 마비로 인하여 자력으로 충전부에서의 이탈이 불가능해진다. 여기에서 인체가 자력으로 이탈할 수 있는 전류를 가수(可隨)전류(let-go current)라고 하며, 자력으로 이탈할 수 없는 전류를 불수(不隨)전류(freezing current)라고 하고, 그 값은 대략 10~15mA 정도이다.

64 다음 중 감전사고가 발생했을 때 피해자를 구출하는 방법으로 옳지 않은 것은 어느 것인가?

① 피해자가 계속하여 전기설비에 접촉되어 있다면 우선 그 설비의 전원을 신속히 차단한다.
② 순간적으로 감전 상황을 판단하고 피해자의 몸과 충전부가 접촉되어 있는지를 확인한다.
③ 충전부에 감전되어 있으면 몸이나 손을 잡고 피해자를 곧바로 이탈시켜야 한다.
④ 절연고무장갑, 고무장화 등을 착용한 후에 구원해준다.

해설 피해자가 충전부에 감전되어 있는 경우 몸이나 손을 잡고 이탈시키면 감전 위험이 있으므로 먼저 전원을 끄고 피해자를 구출하여야 한다.

65 6,600/100V, 15kVA의 변압기에서 공급하는 저압 전선로의 허용 누설전류의 최댓값(A)은?

① 0.025 ② 0.045
③ 0.075 ④ 0.085

61.① 62.③ 63.③ 64.③ 65.③ 정답

해설 허용 누설전류의 최댓값은

최대 공급전류 $\times \frac{1}{2,000}$ 이다.

누설전류 $= \frac{15 \times 1,000}{100} \times \frac{1}{2,000} = 0.075\text{A}$

66 교류 아크 용접기의 전격방지장치에서 시동감도에 관한 용어의 정의를 옳게 나타낸 것은?

① 용접봉을 모재에 접촉시켜 아크를 발생시킬 때 전격방지장치가 동작할 수 있는 용접기의 2차측 최대저항을 말한다.
② 안전전압(24V 이하)의 2차측 전압(85~95V)으로 얼마나 빨리 전환되는가 하는 것을 말한다.
③ 용접봉을 모재로부터 분리시킨 후 주접점이 개로되어 용접기의 2차측 전압이 무부하 전압(25V 이하)으로 될 때까지의 시간을 말한다.
④ 용접봉에서 아크를 발생시키고 있을 때 누설전류가 발생하면 전격방지장치를 작동시켜야 할지, 운전을 계속해야 할지를 결정해야 하는 민감도를 말한다.

해설 ㉮ 시동감도 : 용접봉을 모재에 접촉시켜 아크를 발생시킬 때 전격방지장치가 동작할 수 있는 용접기의 2차측 최대저항으로 [Ω] 단위로 표시한다.
㉯ 지동시간 : 용접봉을 모재로부터 분리시킨 후 주접점이 개로되어 용접기의 2차측 전압이 무부하 전압(25V 이하)으로 될 때까지의 시간 (1±0.3초－접점 방식, 1초－무접점 방식)
㉰ 시동시간 : 용접봉을 모재에 접촉하고 나서 주제어장치의 주접점이 폐로되어 용접기 2차측에 순간적인 높은 전압(용접기 2차 무부하 전압)을 유지시켜 아크를 발생시키는 데까지 소요되는 시간(0.06초)

67 전기누전 화재경보기의 시험방법에 속하지 않는 것은?

① 방수시험
② 전류특성시험
③ 접지저항시험
④ 전압특성시험

해설 **전기누전 화재경보의 시험방법**
㉮ 방수시험
㉯ 전류특성시험
㉰ 절연저항 및 절연내력시험
㉱ 전로개폐시험
㉲ 전압특성시험

68 그림에서 인체의 허용접촉전압은 약 몇 V인가? (단, 심실세동전류는 $\frac{0.165}{\sqrt{T}}$ 이며, 인체저항 $R_k = 1{,}000\Omega$, 발의 저항 $R_f = 300\Omega$이고, 접촉시간은 1초로 한다.)

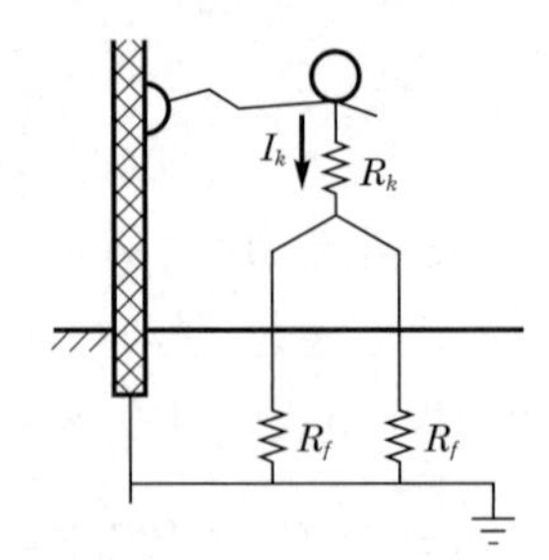

① 107　② 132
③ 190　④ 215

해설
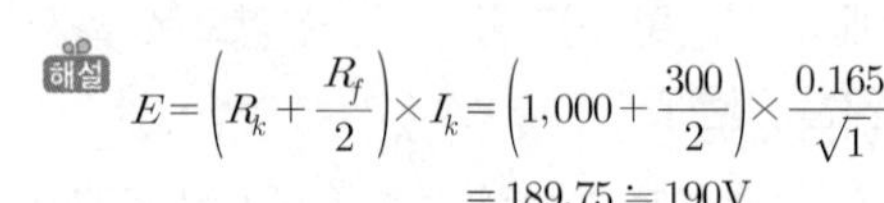

$$E = \left(R_k + \frac{R_f}{2}\right) \times I_k = \left(1{,}000 + \frac{300}{2}\right) \times \frac{0.165}{\sqrt{1}} = 189.75 \fallingdotseq 190\text{V}$$

여기서, E : 허용접촉전압(V)
R_k : 인체저항(Ω)
R_f : 발의 저항(Ω)
(지표상층 저항률 $P_s \times 3$)
I_k : 심실세동전류(A)

69 방폭전기기기의 온도등급에서 기호 T_2의 의미로 맞는 것은?

① 최고표면온도의 허용치가 135℃ 이하인 것
② 최고표면온도의 허용치가 200℃ 이하인 것
③ 최고표면온도의 허용치가 300℃ 이하인 것
④ 최고표면온도의 허용치가 450℃ 이하인 것

 정답 66.① 67.③ 68.③ 69.③

해설 표면온도에 따른 전기설비

온도등급 기호	전기설비 표면온도
T_1	450℃ 이하
T_2	300℃ 이하
T_3	200℃ 이하
T_4	135℃ 이하
T_5	100℃ 이하
T_6	85℃ 이하

70 인입 개폐기를 개방하지 않고 전등용 변압기 1차측 COS만 개방 후 전등용 변압기 접속용 볼트작업 중 동력용 COS에 접촉, 사망한 사고에 대한 원인으로 가장 거리가 먼 것은?

① 안전장구 미사용
② 동력용 변압기 COS 미개방
③ 전등용 변압기 2차측 COS 미개방
④ 인입구 개폐기 미개방 상태에서 작업

해설 전등용 변압기 1차측 COS를 개방하면 2차측 COS는 미개방되어도 감전과는 상관이 없다.

71 인체의 저항을 500Ω이라고 할 때 단상 440V의 회로에서 누전으로 인한 감전재해를 방지할 목적으로 설치하는 누전차단기의 규격은?

① 30mA, 0.1초
② 30mA, 0.03초
③ 50mA, 0.1초
④ 50mA, 0.3초

해설 전기 기계 · 기구에 설치되어 있는 누전차단기는 정격감도전류가 30mA 이하이고, 작동시간은 0.03초 이내이어야 한다. 다만, 정격전부하전류가 50mA 이상인 전기 기계 · 기구에 접속되는 누전차단기는 오작동을 방지하기 위하여 정격감도전류는 200mA 이하로, 작동시간은 0.1초 이내로 할 수 있다.

72 전류가 흐르는 상태에서 단로기를 끊었을 때 여러 가지 파괴작용을 일으킨다. 다음 그림에서 유입차단기의 차단순위와 투입순위가 안전수칙에 가장 적합한 것은?

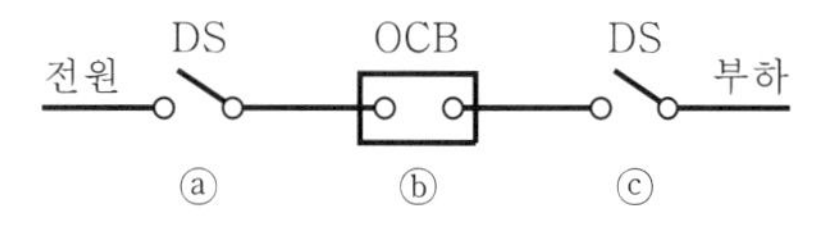

① 차단 : ⓐ－ⓑ－ⓒ, 투입 : ⓐ－ⓑ－ⓒ
② 차단 : ⓑ－ⓒ－ⓐ, 투입 : ⓑ－ⓒ－ⓐ
③ 차단 : ⓒ－ⓑ－ⓐ, 투입 : ⓒ－ⓐ－ⓑ
④ 차단 : ⓑ－ⓒ－ⓐ, 투입 : ⓒ－ⓐ－ⓑ

해설 **유입차단기의 작동순서**

㉮ 일반적인 작동순서

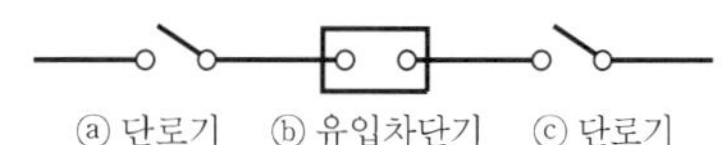

- 투입순서 : ⓒ － ⓐ － ⓑ
- 차단순서 : ⓑ － ⓒ － ⓐ

㉯ 바이패스 회로 설치 시의 작동순서

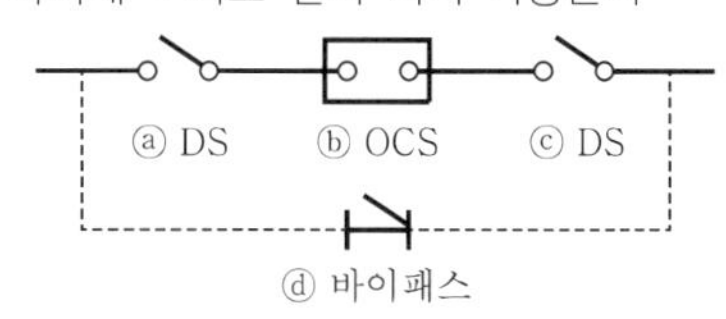

- 투입순서 : ⓓ
- 차단순서 : ⓑ － ⓒ － ⓐ

73 정전기의 유동대전에 가장 크게 영향을 미치는 요인은?

① 액체의 밀도 ② 액체의 유동속도
③ 액체의 접촉면적 ④ 액체의 분출온도

해설 유동대전에서 정전기 발생에 크게 영향을 미치는 인자는 속도로서, 발생량은 유속의 1.5~2승에 비례한다.

74 전기기기의 Y종 절연물의 최고허용온도는?

① 80℃ ② 85℃
③ 90℃ ④ 105℃

해설 **절연물의 종별 최고허용온도**

㉮ Y종 : 90℃
㉯ A종 : 105℃
㉰ E종 : 120℃
㉱ B종 : 130℃
㉲ F종 : 155℃
㉳ H종 : 180℃
㉴ C종 : 180℃ 이상

70.③ 71.② 72.④ 73.② 74.③ 정답

75 다음 중 정전기의 재해 방지대책으로 틀린 것은?

① 설비의 도체 부분을 접지
② 작업자는 정전화를 착용
③ 작업장의 습도를 30% 이하로 유지
④ 배관 내 액체의 유속 제한

해설 **정전기의 재해 방지대책**
㉮ 정전기 대전 방지대책
㉠ 접지(接地)
㉡ 본딩(bonding)
㉢ 배관 내 액체의 유속 제한
- 저항률이 1,010Ω · m 미만인 도전성 위험물은 1m/s 이하로 한다.
- 저항률이 1,010Ω · m 이상인 위험물은 1m/s 이하로 한다.

㉯ 인체의 대전 방지(보호구 착용)
㉠ 정전화 착용
㉡ 정전작업복 착용
㉰ 대전방지제 사용
㉱ 가습(상대습도는 70% 이상으로 유지)
㉲ 제전제 및 제전기 사용

76 다른 두 물체가 접촉할 때 접촉 전위차가 발생하는 원인으로 옳은 것은?

① 두 물체의 온도차
② 두 물체의 습도차
③ 두 물체의 밀도차
④ 두 물체의 일함수차

해설 두 물체의 일함수 차이에 의해 극성이 변하여 전위차가 발생한다.

77 전기시설의 직접 접촉에 의한 감전방지 방법으로 적절하지 않은 것은?

① 충전부는 내구성이 있는 절연물로 완전히 덮어 감쌀 것
② 충전부가 노출되지 않도록 폐쇄형 외함이 있는 구조로 할 것
③ 충전부에 충분한 절연효과가 있는 방호망 또는 절연덮개를 설치할 것
④ 충전부는 출입이 용이한 전개된 장소에 설치하고 위험표시 등의 방법으로 방호를 강화할 것

해설 **전기 기계 · 기구의 충전부 방호조치**
근로자가 작업 또는 통행 등으로 인하여 전기 기계 · 기구 또는 전로 등의 충전부분에 접촉 또는 접근함으로써 감전의 위험이 있는 충전부분은 감전을 방지하기 위하여 다음 중 하나 이상의 방법으로 방호해야 한다.
㉮ 충전부가 노출되지 않도록 폐쇄형 외함(外函)이 있는 구조로 할 것
㉯ 충전부에 충분한 절연효과가 있는 방호망 또는 절연덮개를 설치할 것
㉰ 충전부는 내구성이 있는 절연물로 완전히 덮어 감쌀 것
㉱ 발전소 · 변전소 및 개폐소 등 구획되어 있는 장소로서 관계 근로자 외의 출입이 금지되는 장소에 충전부를 설치하고, 위험표시 등의 방법으로 방호를 강화할 것
㉲ 전주 위 및 철탑 위 등 격리되어 있는 장소로서 관계 근로자 외의 자가 접근할 우려가 없는 장소에 충전부를 설치할 것

78 불활성화할 수 없는 탱크, 탱크로리 등에 위험물을 주입하는 배관은 정전기재해 방지를 위하여 배관 내 액체의 유속제한을 한다. 배관 내 유속제한에 대한 설명으로 틀린 것은?

① 물이나 기체를 혼합하는 비수용성 위험물의 배관 내 유속은 1m/s 이하로 할 것
② 저항률이 10^{10}Ω · cm 미만의 도전성 위험물의 배관 내 유속은 7m/s 이하로 할 것
③ 저항률이 10^{10}Ω · cm 이상인 위험물의 배관 내 유속은 관내경이 0.05m이면 3.5m/s 이하로 할 것
④ 이황화탄소 등과 같이 유동대전이 심하고, 폭발 위험성이 높은 것은 배관 내 유속을 3m/s 이하로 할 것

해설 ④ 이황화탄소, 에테르 등과 같이 유동대전이 심하고, 폭발 위험성이 높은 물질의 배관 내 유속은 1m/s 이하로 할 것

79 한국전기설비 규정에 따라 피뢰설비에서 외부 피뢰시스템의 수뢰부시스템으로 적합하지 않은 것은?

① 돌침 ② 수평도체
③ 메시도체 ④ 환상도체

 정답 75.③ 76.④ 77.④ 78.④ 79.④

해설 수뢰부시스템
낙뢰를 포착할 목적으로 돌침, 수평도체, 메시도체 등과 같은 금속물체를 이용한 외부 피뢰시스템의 일부이다.

80 정전기 재해를 예방하기 위해 설치하는 제전기의 제전효율을 설치 시에 얼마 이상이 되어야 하는가?

① 40% 이상 ② 50% 이상
③ 70% 이상 ④ 90% 이상

해설 정전기 재해를 예방하기 위해 설치하는 제전기의 제전효율을 설치 시에 90% 이상이 되어야 한다.

» 제5과목 화학설비위험 방지기술

81 다음 중 혼합 위험성인 혼합에 따른 발화위험성 물질로 구분되는 것은?

① 에탄올과 가성소다의 혼합
② 발연질산과 아닐린의 혼합
③ 아세트산과 포름산의 혼합
④ 황산암모늄과 물의 혼합

해설 ① 에탄올과 가성소다를 혼합하면 가성소다가 에탄올에 용해된다.
② 발연질산과 아닐린이 혼합하면 발화한다.
③ 아세트산과 포름산의 혼합은 제4류 위험물이므로 반응하지 않는다.
④ 황산암모늄과 물을 혼합하면 황산암모늄이 물에 용해된다.

82 비교적 저압 또는 상압에서 가연성의 증기를 발생하는 유류를 저장하는 탱크에서 외부에 그 증기를 방출하기도 하고, 탱크 내에 외기를 흡입하기도 하는 부분에 설치하며, 가는 눈금의 금망이 여러 개 겹쳐진 구조로 된 안전장치는?

① Check valve
② Flame arrester
③ Ventstack
④ Rupture disk

해설 Flame arrester
비교적 저압 또는 상압에서 가연성 증기를 발생하는 유류를 저장하는 탱크에서 외부에 그 증기를 방출하거나, 탱크 내에 외기를 흡입하거나 하는 부분에 설치하는 안전장치이다. 40mesh 이상의 가는 철망을 여러 개 겹쳐서 화염의 차단을 목적으로 한 것이다.

83 25℃ 액화 프로판 가스 용기에 10kg의 LPG가 들어 있다. 용기가 파열되어 대기압으로 되었다고 한다. 파열되는 순간 증발되는 프로판의 질량은 약 얼마인가? (단, LPG의 비열은 2.4kJ/kg · ℃이고, 표준 비점은 −42.2℃, 증발 잠열은 384.2kJ/kg이라고 한다.)

① 0.42kg ② 0.52kg
③ 4.2kg ④ 7.62kg

해설 $Q = m \times C \times \Delta T$
$= 10 \times 2.4 \times \{25 - (-42.2)\} = 1612.8\text{kJ}$
$\therefore W(\text{kg}) = \dfrac{1612.8}{384.2} = 4.1978\text{kg}$

84 뜨거운 금속에 물이 닿으면 튀는 현상과 같이 핵비등(nucleate boiling) 상태에서 막비등(film boiling)으로 이행하는 온도를 무엇이라 하는가?

① Burn−out point
② Leidenfrost point
③ Entrainment point
④ Sub−cooling boiling point

해설 Leidenfrost point
막비등에서 핵비등 상태로 급격하게 이행하는 하한점
㉮ 막비등 : 가열면이 증기막으로 둘러싸인 비등의 상태
㉯ 핵비등 : 기포 발생점을 가진 비등상태
① Burn−out point : 비등 전열에 있어 핵비등에서 막비등으로 이행할 때 열유속이 극대값을 나타내는 점
③ Entrainment point(비말 동반점) : 액체가 작은 방울로 되어 가스 또는 증기 중에 비산하여 기류에 의해 운반되는 상태
④ Sub−cooling boiling point : 표면 비등점

80.④ 81.② 82.② 83.③ 84.② 정답

85 자동화재탐지설비의 감지기 종류 중 열감지기가 아닌 것은?

① 차동식　② 정온식
③ 보상식　④ 광전식

해설 ㉮ 자동화재탐지설비의 구성요소
㉠ 감지기 : 화원에서 상승하는 열 또는 연기에 의해서 작동한다.
㉡ 발신기 : 감지기에 의해 주어지는 신호를 수신기에 보내는 역할을 한다.
㉢ 수신기 : 화재의 발생을 알린다.
㉯ 열감지기의 종류 : 정온식, 차동식, 보상식
㉰ 연기감지기의 종류 : 이온화식, 광전식

86 분진폭발의 요인을 물리적 인자와 화학적 인자로 분류할 때, 화학적 인자에 해당하는 것은?

① 연소열　② 입도분포
③ 열전도율　④ 입자의 형상

해설 **분진폭발의 요인**
㉮ 화학적 인자 : 연소열(발열량), 분해열 등
㉯ 물리적 인자 : 분진입도 및 입도분포, 입자의 형상과 표면상태, 열전도율 등

87 다음 중 공기 속에서의 폭발 하한계(vol%) 값의 크기가 가장 작은 것은?

① H_2　② CH_4
③ CO　④ C_2H_2

해설 **가연성 가스의 폭발 범위**
㉮ H_2(수소) : 4~75%
㉯ CH_4(메탄) : 5~15%
㉰ CO(일산화탄소) : 12.5~74%
㉱ C_2H_2(아세틸렌) : 2.5~81%

88 다음 중 왕복펌프에 속하지 않는 것은?

① 피스톤펌프　② 플랜저펌프
③ 기어펌프　④ 격막펌프

해설 ㉮ 왕복펌프 : 피스톤펌프, 플랜저펌프, 격막펌프 등
㉯ 회전펌프 : 기어펌프, 베인펌프 등
㉰ 원심펌프 : 벌류트펌프, 터빈펌프 등

89 다음 중 최소발화에너지가 가장 작은 가연성 가스는?

① 수소　② 메탄
③ 에탄　④ 프로판

해설 보기의 가연성 물질의 MIE는 다음과 같다.
① 수소(H_2) : 0.019×10^{-3}J
② 메탄(CH_4) : 0.28×10^{-3}J
③ 에탄(C_2H_6) : 0.31×10^{-3}J
④ 프로판(C_3H_8) : 0.26×10^{-3}J

최소발화에너지(MIE)
㉮ 정의 : 연소에 필요한 최소한의 에너지
㉯ MIE에 영향을 주는 요인
㉠ 압력 · 온도의 증가에 따라 MIE는 감소
㉡ 공기 중에서보다 산소 중에서 더 감소
㉢ 질소 등 불활성 가스의 농도가 증가하면 MIE는 증가
㉣ 분진의 MIE는 일반적으로 가연성 가스보다 큰 에너지준위를 가짐

90 폭발에 관한 용어 중 "BLEVE"의 의미는?

① 고농도의 분진폭발
② 저농도의 분해폭발
③ 개방계 증기운폭발
④ 비등액 팽창증기폭발

해설 ㉮ BLEVE(Boiling Liquid Expanding Vapor Explosion, 비등액 팽창증기폭발) : 비등상태의 액화가스가 기화하여 팽창하고 폭발하는 현상
㉯ UVCE(Unconfined Vapor Cloud Explosion, 개방계 증기운폭발) : 과열로 압축된 액체가스 용기가 파열될 때 다량의 가연성 증기의 급격한 방출로 대기 중에 구름형태로 모여 바람 · 대류 등의 영향으로 움직이다가 점화원에 의하여 순간적으로 폭발하는 현상

91 고압의 환경에서 장시간 작업하는 경우에 발생할 수 있는 잠함병(潛函病) 또는 잠수병(潛水病)은 다음 중 어떤 물질에 의하여 중독현상이 일어나는가?

① 질소
② 황화수소
③ 일산화탄소
④ 이산화탄소

 정답 85.④ 86.① 87.④ 88.③ 89.① 90.④ 91.①

해설 잠수병
깊은 바닷속은 수압이 매우 높기 때문에 호흡을 통해 몸속으로 들어간 질소기체가 체외로 잘 빠져나가지 못하고 혈액 속에 녹게 된다. 그러다 수면 위로 빠르게 올라오면 체내에 녹아 있던 질소기체가 갑작스럽게 기포를 만들면서 혈액 속을 돌아다니게 되고, 이것이 몸에 통증을 유발하게 되는데, 이러한 병을 잠수병이라 한다.

92 가솔린(휘발유)의 일반적인 연소범위에 가장 가까운 값은?

① 2.7~27.8vol%
② 3.4~11.8vol%
③ 1.4~7.6vol%
④ 5.1~18.2vol%

해설 가솔린(휘발유)의 연소범위 : 1.4~7.6vol%

93 프로판가스 $1m^3$를 완전연소시키는 데 필요한 이론공기량은 몇 m^3인가? (단, 공기 중의 산소농도는 20vol%이다.)

① 20
② 25
③ 30
④ 35

해설 프로판(C_3H_8)의 연소반응식
$C_3H_8 + 5O_2 \rightarrow 3CO_2 + 5H_2O$
$$이론공기량 = 산소량 \times \frac{100}{20}$$
$$= 5m^3 \times \frac{100}{20} = 25m^3$$

94 산업안전보건기준에 관한 규칙에 따르면 쥐에 대한 경구투입실험에 의하여 실험동물의 50%를 사망시킬 수 있는 물질의 양, 즉 LD_{50}(경구, 쥐)이 킬로그램당 몇 밀리그램-(체중) 이하인 화학물질이 급성독성물질에 해당하는가?

① 25　② 100
③ 300　④ 500

해설 급성독성물질의 종류
㉮ 쥐에 대한 경구투입실험 : LD_{50}이 300mg/kg 이하인 화학물질
㉯ 토끼 또는 쥐에 대한 경피흡수실험 : LD_{50}이 1,000mg/kg 이하인 화학물질
㉰ 쥐에 대한 4시간 흡입실험 : 가스 LC_{50}이 2,500ppm 이하인 화학물질, 증기 LC_{50}이 10mg/L 이하인 화학물질, 분진 또는 미스트 1mg/L 이하인 화학물질

95 다음 중 압축기 운전 시 토출압력이 갑자기 증가하는 이유로 가장 적절한 것은?

① 윤활유의 과다
② 피스톤 링의 가스 누설
③ 토출관 내에 저항 발생
④ 저장조 내 가스압의 감소

해설 압축기의 토출압력은 토출관 내에 저항이 발생함으로써 증가한다.

96 산업안전보건법령에서 인화성 액체를 정의할 때 기준이 되는 표준압력은 몇 kPa인가?

① 1
② 100
③ 101.3
④ 273.15

해설 인화성 액체란 표준압력(101.3kPa) 하에서 인화점이 60℃ 이하이거나 고온·고압의 공정운전조건으로 인하여 화재·폭발위험이 있는 상태에서 취급되는 가연성 물질을 말한다.

97 산업안전보건기준에 관한 규칙에서 정한 위험물질의 종류에서 "물반응성 물질 및 인화성 고체"에 해당하는 것은?

① 질산에스테르류
② 니트로화합물
③ 칼륨·나트륨
④ 니트로소화합물

해설 **물반응성 물질 및 인화성 고체**
㉮ 리튬
㉯ 칼륨 · 나트륨
㉰ 황
㉱ 황린
㉲ 황화인 · 적린
㉳ 셀룰로이드류
㉴ 알킬알루미늄 · 알킬리튬
㉵ 마그네슘분말
㉶ 금속분말(마그네슘분말 제외)
㉷ 알칼리금속(리튬 · 칼륨 및 나트륨 제외)
㉸ 유기금속화합물(알킬알루미늄 및 알킬리튬 제외)
㉹ 금속의 수소화물
㉺ 금속의 인화물
㉻ 칼슘탄화물 · 알루미늄탄화물

98 공기 중에서 A물질의 폭발하한계가 4vol%, 상한계가 75vol%라면 이 물질의 위험도는 얼마인가?

① 16.75 ② 17.75
③ 18.75 ④ 19.75

해설 $\text{위험도} = \dfrac{\text{폭발상한계} \times \text{폭발하한계}}{\text{폭발하한계}}$

$= \dfrac{75-4}{4} = 17.75$

99 불연성이지만 다른 물질의 연소를 돕는 산화성 액체 물질에 해당하는 것은?

① 히드라진
② 과염소산
③ 벤젠
④ 암모니아

해설 과염소산은 제6류(산화성 액체) 위험물로서 연소되지 않는 불연성 물질이지만 다른 물질의 연소를 돕는 조연성은 있다.

100 처음 온도가 20℃인 공기를 절대압력 1기압에서 3기압으로 단열압축하면 최종온도는 약 몇 도인가? (단, 공기의 비열비는 1.4이다.)

① 68℃ ② 75℃
③ 128℃ ④ 164℃

해설
$$T_2 = T_1 \times \left(\frac{P_2}{P_1}\right)^{\frac{K-1}{K}}$$
$$= (273+20) \times \left(\frac{3}{1}\right)^{\frac{1.4-1}{1.4}}$$
$$= 401.04\text{K}$$
$$\therefore\ 401.04 - 273 = 128℃$$

≫ 제6과목 건설안전기술

101 토질시험 중 연약한 점토지반의 점착력을 판별하기 위하여 실시하는 현장시험은?

① 베인 테스트(Vane test)
② 표준관입시험(SPT)
③ 하중재하시험
④ 삼축압축시험

해설 **현장의 토질시험방법**
㉮ 표준관입시험 : 사질지반의 상대밀도 등 토질조사 시 신뢰성이 높다. 63.5kg의 추를 76cm 정도의 높이에서 떨어뜨려 30cm 관입시킬 때의 타격횟수(N)를 측정하여 흙의 경·연 정도를 판정하는 시험
㉯ 베인시험 : 연한 점토질 시험에 주로 쓰이는 방법으로 4개의 날개가 달린 베인 테스터를 지반에 때려 박고 회전시켜 저항 모멘트를 측정하고 전단강도를 산출하는 시험
㉰ 평판재하시험 : 지반의 지내력을 알아보기 위한 방법

102 토질시험 중 사질토 시험에서 얻을 수 있는 값이 아닌 것은?

① 체적 압축계수
② 내부 마찰각
③ 액상화 평가
④ 탄성계수

해설 **토질시험 중 사질토 시험에서 얻을 수 있는 값**
㉮ 내부 마찰각
㉯ 액상화 평가
㉰ 탄성계수
㉱ 상대밀도
㉲ 간극비
㉳ 침하에 대한 허용지지력

 정답 98.② 99.② 100.③ 101.① 102.①

103 다음 중 양중기에 해당되지 않는 것은?

① 어스드릴
② 크레인
③ 리프트
④ 곤돌라

해설 **양중기의 종류**
㉮ 크레인[호이스트(hoist) 포함]
㉯ 이동식 크레인
㉰ 리프트(이삿짐 운반용 리프트의 경우에는 적재하중이 0.1톤 이상인 것으로 한정한다)
㉱ 곤돌라
㉲ 승강기

104 흙막이 가시설 공사 중 발생할 수 있는 보일링(boiling) 현상에 관한 설명으로 옳지 않은 것은?

① 이 현상이 발생하면 흙막이벽의 지지력이 상실된다.
② 지하수위가 높은 지반을 굴착할 때 주로 발생한다.
③ 흙막이벽의 근입장 깊이가 부족할 경우 발생한다.
④ 연약한 점토지반에서 굴착면의 융기로 발생한다.

해설 **보일링(boiling)**
보일링이란 사질토 지반을 굴착 시, 굴착부와 지하수위차가 있을 경우, 수두차(水頭差)에 의하여 침투압이 생겨 흙막이벽의 근입부가 지지력을 상실하여 흙막이공의 붕괴를 초래하는 현상이다.
㉮ 지반조건 : 지반수위가 높은 사질토인 경우
㉯ 현상
㉠ 저면에 액상화 현상(quick sand) 발생
㉡ 굴착면과 배면토의 수두차에 의한 침투압 발생
㉰ 대책
㉠ 주변 수위를 저하시킨다.
㉡ 흙막이벽 근입도를 증가하여 동수구배를 저하시킨다.
㉢ 굴착토를 즉시 원상 매립한다.
㉣ 작업을 중지시킨다.
㉤ 콘 및 필터를 설치한다.
㉥ 지수벽 설치 등으로 투수거리를 길게 한다.

105 잠함 또는 우물통의 내부에서 근로자가 굴착작업을 하는 경우에 바닥으로부터 천장 또는 보까지의 높이는 최소 얼마 이상으로 하여야 하는가?

① 1.2m ② 1.5m
③ 1.8m ④ 2.1m

해설 **잠함 또는 우물통의 급격한 침하에 의한 위험을 방지하기 위하여 준수해야 할 사항**
㉮ 침하관계도에 따라 굴착방법 및 재하량 등을 정할 것
㉯ 바닥으로부터 천장 또는 보까지의 높이는 1.8m 이상으로 할 것

106 사면의 붕괴 형태의 종류에 해당되지 않는 것은?

① 사면의 측면부 파괴
② 사면선 파괴
③ 사면 내 파괴
④ 바닥면 파괴

해설 **사면의 붕괴 형태**
㉮ 사면선 파괴
㉯ 사면 내 파괴
㉰ 바닥면 파괴

107 항타기 또는 항발기의 권상용 와이어로프의 사용금지기준에 해당하지 않는 것은?

① 이음매가 없는 것
② 지름의 감소가 공칭지름의 7%를 초과하는 것
③ 꼬인 것
④ 열과 전기충격에 의해 손상된 것

해설 **항타기 · 항발기의 권상용 와이어로프의 사용금지사항**
㉮ 이음매가 있는 것
㉯ 와이어로프의 한 꼬임에서 끊어진 소선의 수가 10% 이상인 것
㉰ 지름의 감소가 공칭지름의 7%를 초과하는 것
㉱ 꼬인 것
㉲ 심하게 변형되거나 부식된 것
㉳ 열과 전기충격에 의해 손상된 것

103.① 104.④ 105.③ 106.① 107.① 정답

108 유해위험방지계획서를 제출해야 할 대상 공사의 조건으로 옳지 않은 것은?

① 터널 건설 등의 공사
② 최대지간길이가 50m 이상인 다리의 건설 등 공사
③ 다목적댐 · 발전용댐 및 저수용량 2천만톤 이상의 용수 전용댐, 지방상수도 전용댐 건설 등의 공사
④ 깊이가 5m 이상인 굴착공사

해설 **건설업 중 유해위험방지계획서 제출대상 사업장**
㉮ 다음의 어느 하나에 해당하는 건축물 또는 시설 등의 건설 · 개조 또는 해체 공사
  ㉠ 지상높이가 31m 이상인 건축물 또는 인공구조물
  ㉡ 연면적 3만m^2 이상인 건축물
  ㉢ 연면적 5천m^2 이상인 시설로서 다음의 어느 하나에 해당하는 시설
   - 문화 및 집회시설(전시장 및 동물원 · 식물원은 제외)
   - 판매시설, 운수시설(고속철도의 역사 및 집배송시설은 제외)
   - 종교시설
   - 의료시설 중 종합병원
   - 숙박시설 중 관광숙박시설
   - 지하도상가
   - 냉동 · 냉장 창고시설
㉯ 연면적 5천m^2 이상의 냉동 · 냉장 창고시설의 설비공사 및 단열공사
㉰ 최대지간길이(다리의 기둥과 기둥의 중심 사이의 거리)가 50m 이상인 다리의 건설 등 공사
㉱ 터널의 건설 등 공사
㉲ 다목적댐 · 발전용댐 및 저수용량 2천만톤 이상의 용수 전용댐 · 지방상수도 전용댐 건설 등 공사
㉳ 깊이 10m 이상인 굴착공사

109 다음 중 가설통로의 설치기준으로 옳지 않은 것은?

① 추락할 위험이 있는 장소에는 안전난간을 설치할 것
② 경사가 10°를 초과하는 경우에는 미끄러지지 아니하는 구조로 할 것
③ 경사는 30° 이하로 할 것
④ 건설공사에 사용하는 높이 8m 이상인 비계다리에는 7m 이내마다 계단참을 설치할 것

해설 **가설통로의 구조**
㉮ 견고한 구조로 할 것
㉯ 경사는 30° 이하로 할 것. 다만, 계단을 설치하거나 높이 2m 미만의 가설통로로서 튼튼한 손잡이를 설치한 경우에는 그러하지 아니하다.
㉰ 경사가 15°를 초과하는 경우에는 미끄러지지 아니하는 구조로 할 것
㉱ 추락할 위험이 있는 장소에는 안전난간을 설치할 것. 다만, 작업상 부득이한 경우에는 필요한 부분만 임시로 해체할 수 있다.
㉲ 수직갱에 가설된 통로의 길이가 15m 이상인 경우에는 10m 이내마다 계단참을 설치할 것
㉳ 건설공사에 사용하는 높이 8m 이상인 비계다리에는 7m 이내마다 계단참을 설치할 것

110 거푸집 동바리 등을 조립하는 경우에 준수하여야 할 사항으로 옳지 않은 것은?

① 깔목의 사용, 콘크리트 타설, 말뚝박기 등 동바리의 침하를 방지하기 위한 조치를 할 것
② 개구부 상부에 동바리를 설치하는 경우에는 상부 하중을 견딜 수 있는 견고한 받침대를 설치할 것
③ 거푸집이 곡면인 경우에는 버팀대의 부착 등 그 거푸집의 부상(浮上)을 방지하기 위한 조치를 할 것
④ 동바리의 이음은 맞댄이음이나 장부이음을 피할 것

해설 **거푸집 동바리 등을 조립 시 준수사항**
㉮ 깔목의 사용, 콘크리트 타설, 말뚝박기 등 동바리의 침하를 방지하기 위한 조치를 할 것
㉯ 개구부 상부에 동바리를 설치하는 경우에는 상부 하중을 견딜 수 있는 견고한 받침대를 설치할 것
㉰ 동바리의 상하 고정 및 미끄러짐 방지조치를 하고, 하중의 지지상태를 유지할 것
㉱ 동바리의 이음은 맞댄이음이나 장부이음으로 하고 같은 품질의 재료를 사용할 것
㉲ 강재와 강재의 접속부 및 교차부는 볼트 · 클램프 등 전용 철물을 사용하여 단단히 연결할 것
㉳ 거푸집이 곡면인 경우에는 버팀대의 부착 등 그 거푸집의 부상(浮上)을 방지하기 위한 조치를 할 것

 정답 108.④ 109.② 110.④

111 건설작업장에서 근로자가 상시 작업하는 장소의 작업면 조도기준으로 옳지 않은 것은? (단, 갱내 작업장과 감광재료를 취급하는 작업장의 경우는 제외한다.)

① 초정밀 작업 : 600럭스(lux) 이상
② 정밀 작업 : 300럭스(lux) 이상
③ 보통 작업 : 150럭스(lux) 이상
④ 초정밀, 정밀, 보통 작업을 제외한 기타 작업 : 75럭스(lux) 이상

해설 **작업면의 조명도(조도기준)**
㉮ 초정밀 작업 : 750lux 이상
㉯ 정밀 작업 : 300lux 이상
㉰ 보통 작업 : 150lux 이상
㉱ 기타 작업 : 75lux 이상

112 흙막이 가시설 공사 시 사용되는 각 계측기 설치목적으로 옳지 않은 것은?

① 지표침하계 – 지표면 침하량 측정
② 수위계 – 지반 내 지하수위의 변화 측정
③ 하중계 – 상부 적재하중 변화 측정
④ 지중경사계 – 지중의 수평변위량 측정

해설 ③ 하중계(load cell) : 버팀보(지주) 또는 어스앵커(earth anchor) 등의 실제 축하중 변화 상태를 측정

113 터널 지보공을 설치한 경우에 수시로 점검하고, 이상을 발견한 경우에는 즉시 보강하거나 보수해야 할 사항이 아닌 것은?

① 부재의 긴압 정도
② 기둥 침하의 유무 및 상태
③ 부재의 접속부 및 교차부 상태
④ 부재를 구성하는 재질의 종류 확인

해설 **터널 지보공 설치 시 정기적 점검사항**
㉮ 부재의 손상 · 변형 · 부식 · 변위 탈락의 유무 및 상태
㉯ 부재의 긴압 정도
㉰ 부재의 접속부 및 교차부 상태
㉱ 기둥 침하의 유무 및 상태

114 사업주가 유해위험방지계획서 제출 후 건설공사 중 6개월 이내마다 안전보건공단의 확인을 받아야 할 내용이 아닌 것은?

① 유해위험방지계획서의 내용과 실제 공사 내용이 부합하는지 여부
② 유해위험방지계획서 변경내용의 적정성
③ 자율안전관리업체 유해위험방지계획서 제출 · 심사 면제
④ 추가적인 유해 · 위험 요인의 존재 여부

해설 유해위험방지계획서를 제출한 사업주는 해당 건설물 · 기계 · 기구 및 설비의 시운전 단계에서 건설공사 중 6개월마다 다음 사항에 관하여 공단의 확인을 받아야 한다.
㉮ 유해위험방지계획서의 내용과 실제 공사내용이 부합하는지 여부
㉯ 유해위험방지계획서 변경내용의 적정성
㉰ 추가적인 유해 · 위험 요인의 존재 여부

115 터널 등의 건설작업을 하는 경우에 낙반 등에 의하여 근로자가 위험해질 우려가 있는 경우에 필요한 직접적인 조치사항과 거리가 먼 것은?

① 터널지보공 설치
② 부석의 제거
③ 울 설치
④ 록볼트 설치

해설 **낙반 등에 의한 위험방지**
터널 등의 건설작업을 하는 경우에 낙반 등에 의하여 근로자가 위험해질 우려가 있는 경우에 터널지보공 및 록볼트의 설치, 부석(浮石)의 제거 등 위험을 방지하기 위하여 필요한 조치를 하여야 한다.

116 건설재해대책의 사면보호공법 중 식물을 생육시켜 그 뿌리로 사면의 표층토를 고정하여 빗물에 의한 침식, 동상, 이완 등을 방지하고, 녹화에 의한 경관 조성을 목적으로 시공하는 것은?

① 식생공 ② 실드공
③ 뿜어붙이기공 ④ 블록공

111.① 112.③ 113.④ 114.③ 115.③ 116.① 정답

해설 **식생공**

사면 · 경사면상에 초목이 무성하게 자라게 함으로써 그 뿌리로 사면의 표층토를 고정하여 빗물에 의한 침식, 동상, 이완 등을 방지하고, 녹화에 의한 경관 조성을 목적으로 시공하는 것을 말한다.

117 지하수위 측정에 사용되는 계측기는?

① Load cell ② Inclinometer
③ Extensometer ④ Piezometer

해설 **계측기의 종류**

㉮ 수위계(water level meter) : 지반 내 지하수위 변화를 측정
㉯ 간극수압계(piezometer) : 지하수의 수압을 측정
㉰ 하중계(load cell) : 버팀보(지주) 또는 어스앵커(earth anchor) 등의 실제 축하중 변화 상태를 측정
㉱ 지중경사계(inclinometer) : 흙막이벽의 수평변위(변형) 측정
㉲ 신장계(extensometer) : 인장시험편의 평행부의 표점거리에 생긴 길이의 변화, 즉 신장을 정밀하게 측정

118 거푸집 동바리 등을 조립하는 경우에 준수하여야 하는 기준으로 옳지 않은 것은?

① 동바리로 사용하는 파이프서포트를 이어서 사용하는 경우에는 3개 이상의 볼트 또는 전용 철물을 사용하여 이을 것
② 동바리로 사용하는 강관은 높이 2m 이내마다 수평연결재를 2개 방향으로 만들 것
③ 깔목의 사용, 콘크리트 타설, 말뚝박기 등 동바리의 침하를 방지하기 위한 조치를 할 것
④ 동바리로 사용하는 파이프서포트를 3개 이상 이어서 사용하지 않도록 할 것

해설 **거푸집 동바리 등을 조립 시 준수사항**

㉮ 깔목의 사용, 콘크리트 타설, 말뚝박기 등 동바리의 침하를 방지하기 위한 조치를 할 것
㉯ 개구부 상부에 동바리를 설치하는 경우에는 상부 하중을 견딜 수 있는 견고한 받침대를 설치할 것
㉰ 동바리의 상하 고정 및 미끄러짐 방지조치를 하고, 하중의 지지상태를 유지할 것
㉱ 동바리의 이음은 맞댄이음이나 장부이음으로 하고 같은 품질의 재료를 사용할 것
㉲ 강재와 강재의 접속부 및 교차부는 볼트 · 클램프 등 전용 철물을 사용하여 단단히 연결할 것
㉳ 거푸집이 곡면인 경우에는 버팀대의 부착 등 그 거푸집의 부상(浮上)을 방지하기 위한 조치를 할 것
㉴ 동바리로 사용하는 파이프서포트의 설치기준
　㉠ 파이프서포트를 3개 이상 이어서 사용하지 않도록 할 것
　㉡ 파이프서포트를 이어서 사용하는 경우에는 4개 이상의 볼트 또는 전용 철물을 사용하여 이을 것
　㉢ 높이가 3.5m를 초과하는 경우에는 높이 2m 이내마다 수평연결재를 2개 방향으로 만들고 수평연결재의 변위를 방지할 것
㉵ 동바리로 사용하는 강관[파이프서포트(pipe support)는 제외한다]에 대해서는 다음 사항을 따를 것
　㉠ 높이 2m 이내마다 수평연결재를 2개 방향으로 만들고, 수평연결재의 변위를 방지할 것
　㉡ 멍에 등을 상단에 올릴 경우에는 해당 상단에 강재의 단판을 붙여 멍에 등을 고정시킬 것

119 다음은 산업안전보건법령에 따른 시스템 비계의 구조에 관한 사항이다. (　) 안에 들어갈 내용으로 옳은 것은?

> 비계 밑단의 수직재와 받침철물은 밀착되도록 설치하고, 수직재와 받침철물의 연결부의 겹침길이는 받침철물 전체 길이의 (　　) 이상이 되도록 할 것

① 2분의 1 ② 3분의 1
③ 4분의 1 ④ 5분의 1

해설 **시스템 비계를 사용하여 비계를 구성하는 경우 준수사항**

㉮ 수직재 · 수평재 · 가새재를 견고하게 연결하는 구조가 되도록 할 것
㉯ 비계 밑단의 수직재와 받침철물은 밀착되도록 설치하고, 수직재와 받침철물의 연결부의 겹침길이는 받침철물 전체 길이의 3분의 1 이상이 되도록 할 것
㉰ 수평재는 수직재와 직각으로 설치하여야 하며, 체결 후 흔들림이 없도록 견고하게 설치할 것
㉱ 벽 연결재의 설치 간격은 제조사가 정한 기준에 따라 설치할 것

 정답 117.④ 118.① 119.②

120 하역작업 등에 의한 위험을 방지하기 위하여 준수하여야 할 사항으로 옳지 않은 것은?

① 꼬임이 끊어진 섬유로프를 화물운반용으로 사용해서는 안 된다.
② 심하게 부식된 섬유로프를 고정용으로 사용해서는 안 된다.
③ 차량 등에서 화물을 내리는 작업 시 해당 작업에 종사하는 근로자에게 쌓여 있는 화물 중간에서 화물을 빼내도록 할 경우에는 사전교육을 철저히 한다.
④ 부두 또는 안벽의 선을 따라 통로를 설치하는 경우에는 폭을 90cm 이상으로 한다.

해설 ③ 차량 등에서 화물을 내리는 작업을 하는 경우에 해당 작업에 종사하는 근로자에게 쌓여 있는 화물 중간에서 화물을 빼내도록 해서는 아니 된다.

2023 2023. 7. 8. 시행 CBT 복원문제

제3회 산업안전기사

≫ 제1과목 안전관리론

01 다음 중 산업재해의 발생 원인에 있어 간접적 원인에 해당되지 않는 것은?

① 물적 원인
② 기술적 원인
③ 정신적 원인
④ 교육적 원인

해설 **재해 원인의 구분**

㉮ 간접 원인 : 재해의 가장 깊은 곳에 존재하는 재해 원인
  ㉠ 기초 원인 : 학교의 교육적 원인, 관리적 원인
  ㉡ 2차 원인 : 신체적 원인, 정신적 원인, 안전 교육적 원인, 기술적 원인
㉯ 직접 원인(1차 원인) : 시간적으로 사고 발생에 가장 가까운 시점의 재해 원인
  ㉠ 물적 원인 : 불안전한 상태(설비 및 환경 등의 불량)
  ㉡ 인적 원인 : 불안전한 행동

02 다음 중 한번 학습한 결과가 다른 학습이나 반응에 영향을 주는 것으로, 특히 학습효과를 설명할 때 많이 쓰이는 용어는?

① 학습의 연습 ② 학습 곡선
③ 학습의 전이 ④ 망각 곡선

해설 ㉮ 전이 : 어떤 내용을 학습한 결과가 다른 학습이나 반응에 영향을 주는 현상을 의미하는 것으로, 학습효과의 전이라고도 한다.
㉯ 학습전이의 조건
  ㉠ 학습 정도
  ㉡ 유이성
  ㉢ 시간적 간격
  ㉣ 학습자의 태도
  ㉤ 학습자의 지능

03 다음 중 “Near accident”에 관한 내용으로 가장 적절한 것은?

① 사고가 일어난 인접 지역
② 사망사고가 발생한 중대 재해
③ 사고가 일어난 지점에 계속 사고가 발생하는 지역
④ 사고가 일어나더라도 손실을 전혀 수반하지 않는 재해

해설 Near accident는 인명이나 물적 등 일체의 피해가 없는 ‘무재해 사고’를 말한다.

04 다음 중 매슬로우의 욕구단계 이론에서 편견 없이 받아들이는 성향, 타인과의 거리를 유지하며 사생활을 즐기거나 창의적 성격으로 봉사, 특별히 좋아하는 사람과 긴밀한 관계를 유지하려는 인간의 욕구는?

① 생리적 욕구 ② 사회적 욕구
③ 자아실현의 욕구 ④ 안전에 대한 욕구

해설 **매슬로우의 욕구 5단계 이론**

㉮ 1단계(생리적 욕구) : 기아, 갈증, 호흡, 배설, 성욕 등의 인간 생명 유지를 위한 가장 기본적인 욕구
㉯ 2단계(안전 욕구) : 생활을 유지하려는 자기 보존의 욕구
㉰ 3단계(사회적 욕구) : 애정이나 소속에 대한 욕구(친화 욕구)
㉱ 4단계(존경 욕구) : 자기 존경의 욕구로, 자존심 · 명예 · 성취 · 지위 등에 대해 인정받으려는 욕구(승인의 욕구)
㉲ 5단계(자아실현의 욕구) : 잠재적인 능력을 실현하고자 하는 목표 달성의 욕구
  ㉠ 자신, 타인, 인간 본성에 대해 있는 그대로 수용
  ㉡ 사적인 생활과 독립에의 욕구
  ㉢ 특유의 창의력을 발휘
  ㉣ 누구나 함께하며 우호적이고, 민주적인 성격 구조

정답 01.① 02.③ 03.④ 04.③

05 다음 중 인간의 행동특성에 관한 레빈(Lewin)의 법칙 "$B=f(P \cdot E)$"에서 P에 해당되는 것은?

① 행동
② 소질
③ 환경
④ 함수

해설 **Lewin k.의 법칙**
Lewin은 인간의 행동(B)은 그 사람이 가진 자질, 즉 개성(P)과 심리적인 환경(E)과의 상호 함수관계에 있다고 주장하였다.
$B=f(P \cdot E)$
여기서, B : Behavior(인간의 행동)
f : Function(함수관계 : 동기부여 기타 P와 E에 영향을 미칠 수 있는 조건)
P : Person(개성 : 연령, 경험, 심신상태, 성격, 지능 등)
E : Environment(심리적 환경 : 인간관계, 작업환경 등)

06 다음 중 학습 목적을 세분하여 구체적으로 결정한 것을 무엇이라 하는가?

① 주제 ② 학습 목표
③ 학습 정도 ④ 학습 성과

해설 **학습 목적의 3요소**
㉮ 목표(goal) : 학습 목적의 핵심으로 학습을 통하여 달성하려는 지표를 말한다.
㉯ 주제(subject) : 목표 달성을 위한 테마(theme)를 의미한다.
㉰ 학습 정도(level of learning) : 학습 범위와 내용의 정도를 말하며, 다음과 같은 단계에 의해 이루어진다.
㉠ 인지(to acquaint) : ~을 인지해야 한다.
㉡ 지각(to know) : ~을 알아야 한다.
㉢ 이해(to understand) : ~을 이해해야 한다.
㉣ 적용(to apply) : ~을 ~에 적용할 줄 알아야 한다.

07 맥그리거(McGregor)의 Y이론과 관계가 없는 것은?

① 직무 확장
② 책임과 창조력
③ 인간관계 관리방식
④ 권위주의적 리더십

해설 ㉮ X이론의 관리처방(관리전략)
㉠ 경제적 보상체제의 강화
㉡ 권위주의적 리더십의 확립
㉢ 면밀한 감독과 엄격한 통제
㉣ 상부 책임제도의 강화
㉤ 조직구조의 고층성
㉯ Y이론의 관리처방(통합의 원리)
㉠ 민주적 리더십의 확립
㉡ 분권화와 권한의 위임
㉢ 목표에 의한 관리
㉣ 직무 확장
㉤ 비공식적 조직의 활용
㉥ 자체평가제도의 활성화
㉦ 조직구조의 평면화

08 산업재해의 분석 및 평가를 위해 재해발생건수 등의 추이에 대해 한계선을 설정하여 목표관리를 수행하는 재해통계 분석기법은?

① 폴리건(polygon)
② 관리도(control chart)
③ 파레토도(pareto diagram)
④ 특성요인도(cause & effect diagram)

해설 **통계적 원인분석방법**
㉮ 파레토도 : 사고의 유형, 기인물 등 분류항목을 큰 순서대로 도표화하여 분석하는 방법
㉯ 특성요인도 : 특성과 요인을 도표로 하여 어골상(漁骨狀)으로 세분화한 것
㉰ 크로스도 : 데이터를 집계하고 표로 표시하여 요인별 결과 내역을 교차한 크로스 그림을 작성하여 분석하는 방법(2개 이상의 문제 관계를 분석하는 데 이용)
㉱ 관리도 : 재해발생건수 등의 추이를 파악하고 목표관리를 행하는 데 필요한 월별 재해발생수를 그래프화하여 관리선을 설정 · 관리하는 방법

09 기업 내 정형교육 중 TWI(Training Within Industry)의 교육내용이 아닌 것은?

① Job Method Training
② Job Relation Training
③ Job Instruction Training
④ Job Standardization Training

해설 TWI의 교육내용

㉮ JI(Job Instruction) : 작업을 가르치는 방법(작업지도기법)
㉯ JM(Job Method) : 작업의 개선방법(작업개선기법)
㉰ JR(Job Relation) : 사람을 다루는 방법(인간관계 관리기법)
㉱ JS(Job Safety) : 안전한 작업법(작업안전기법)

10 대뇌의 Human error로 인한 착오요인이 아닌 것은?

① 인지과정 착오 ② 조치과정 착오
③ 판단과정 착오 ④ 행동과정 착오

해설 착오요인(대뇌의 human error)

㉮ 인지과정 착오
㉠ 생리적 · 심리적 능력의 한계
㉡ 정보량 저장능력의 한계
㉢ 감각 차단현상 : 단조로운 업무, 반복작업
㉣ 정서 불안정 : 공포, 불안, 불만
㉯ 판단과정 착오
㉠ 능력 부족
㉡ 정보 부족
㉢ 자기합리화
㉣ 환경조건의 불비
㉰ 조치과정 착오

11 산업안전보건법상 특별안전보건교육에서 방사선 업무에 관계되는 작업을 할 때 교육내용으로 거리가 먼 것은?

① 방사선의 유해 · 위험 및 인체에 미치는 영향
② 방사선 측정기기 기능의 점검에 관한 사항
③ 비상시 응급처치 및 보호구 착용에 관한 사항
④ 산소농도측정 및 작업환경에 관한 사항

해설 방사선 업무에 관계되는 작업(의료 및 실험용 제외) 시 특별교육내용

㉮ 방사선의 유해 · 위험 및 인체에 미치는 영향
㉯ 방사선의 측정기기 기능의 점검에 관한 사항
㉰ 방호거리 · 방호벽 및 방사선물질의 취급요령에 관한 사항
㉱ 응급처치 및 보호구 착용에 관한 사항
㉲ 그 밖에 안전 · 보건관리에 필요한 사항

12 다음 중 안전 · 보건교육의 단계별 교육과정 순서로 옳은 것은?

① 안전 태도교육 → 안전 지식교육 → 안전 기능교육
② 안전 지식교육 → 안전 기능교육 → 안전 태도교육
③ 안전 기능교육 → 안전 지식교육 → 안전 태도교육
④ 안전 자세교육 → 안전 지식교육 → 안전 기능교육

해설 안전 · 보건교육의 단계별 교육내용

㉮ 제1단계 : 지식교육
㉠ 안전의식의 향상 및 안전에 대한 책임감 주입
㉡ 안전규정 숙지를 위한 교육
㉢ 기능 · 태도 교육에 필요한 기초지식 주입
㉯ 제2단계 : 기능교육
㉠ 전문적 기술 및 안전기술 기능
㉡ 안전장치(방호장치) 관리 기능
㉢ 점검, 검사, 정비에 관한 기능
㉰ 제3단계 : 태도교육
㉠ 작업동작 및 표준작업방법의 습관화
㉡ 공구 · 보호구 등의 관리 및 취급태도의 확립
㉢ 작업 전후 점검 및 검사요령의 정확화 및 습관화
㉣ 작업 지시 · 전달 · 확인 등의 언어 · 태도의 정확화 및 습관화

13 스트레스의 요인 중 외부적 자극요인에 해당하지 않는 것은?

① 자존심의 손상 ② 대인관계 갈등
③ 경제적 어려움 ④ 가족의 죽음, 질병

해설 스트레스의 주요 요인

㉮ 외적 자극요인
㉠ 경제적인 어려움
㉡ 대인관계상의 갈등과 대립
㉢ 가족관계상의 갈등
㉣ 가족의 죽음이나 질병
㉤ 자신의 건강문제
㉥ 상대적인 박탈감
㉯ 내적 자극요인
㉠ 자존심의 손상과 공격 방어심리
㉡ 출세욕의 좌절감과 자만심의 상충
㉢ 지나친 과거에의 집착과 허탈
㉣ 업무상의 죄책감
㉤ 지나친 경쟁심과 재물에 대한 욕심
㉥ 남에게 의지하고자 하는 심리
㉦ 가족 간의 대화단절과 의견 불일치

 정답 10.④ 11.④ 12.② 13.①

14 작업을 하고 있을 때 긴급 이상상태 또는 돌발사태가 되면 순간적으로 긴장하게 되어 판단능력의 둔화 또는 정지상태가 되는 것은?

① 의식의 우회
② 의식의 과잉
③ 의식의 단절
④ 의식의 수준저하

해설 부주의 현상
㉮ 의식의 단절 : 지속적인 의식의 흐름에 단절이 생기고 공백의 상태가 나타나는 것으로, 특수한 질병이 있는 경우에 나타난다.
㉯ 의식의 우회 : 의식의 흐름이 옆으로 빗나가 발생하는 경우이다.
㉰ 의식의 수준저하 : 혼미한 정신상태에서 심신이 피로한 경우나 단조로운 반복작업 시 일어나기 쉽다.
㉱ 의식의 과잉 : 지나친 의욕에 의해서 생기는 부주의 현상으로, 긴급사태 시 순간적으로 긴장이 한 방향으로만 쏠리게 되는 경우이다.

15 허즈버그(Herzberg)의 위생－동기 이론에서 동기요인에 해당하는 것은?

① 감독　② 안전
③ 책임감　④ 작업조건

해설 허즈버그(Frederik Herzberg)의 2요인론
㉮ 위생요인(직무환경) : 안전, 작업조건 · 임금 · 지위 · 대인관계(개인 상호간의 관계) · 회사 정책과 관리 · 감독 등으로 환경적 요인을 뜻한다.
㉯ 동기요인(직무내용) : 성취감 · 인정 · 작업 자체 · 책임감, 성장과 발전, 도전감 등으로 직무만족과 생산력 증가에 영향을 준다.

16 안전인증 절연장갑에 안전인증 표시 외에 추가로 표시하여야 하는 등급별 색상의 연결로 옳은 것은? (단, 고용노동부 고시를 기준으로 한다.)

① 00등급 : 갈색　② 0등급 : 흰색
③ 1등급 : 노란색　④ 2등급 : 빨간색

해설 절연장갑의 등급별 색상

등 급	00	0	1	2	3	4
색 상	갈색	빨간색	흰색	노란색	녹색	등색

17 Thorndike의 시행착오설에 의한 학습의 원칙이 아닌 것은?

① 연습의 원칙
② 효과의 원칙
③ 동일성의 원칙
④ 준비성의 원칙

해설 시행착오설에 의한 학습법칙
㉮ 연습 또는 반복의 법칙(the law of exercise or repetition) : 많은 연습과 반복을 하면 할수록 강화되어 망각을 막을 수가 있다.
㉯ 효과의 법칙(the law of effect) : 쾌고의 법칙이라고 하며 학습의 결과가 학습자에게 쾌감을 주면 줄수록 반응은 강화되고 반면에 불쾌감이나 고통을 주면 악화된다는 법칙이다.
㉰ 준비성의 법칙(the law of readiness) : 특정한 학습을 행하는 데 필요한 기초적인 능력을 갖춘 뒤에 학습을 행함으로써 효과적인 학습을 할 수 있다는 것이다.

18 재해조사의 목적과 가장 거리가 먼 것은?

① 재해예방자료 수집
② 재해 관련 책임자 문책
③ 동종 및 유사 재해 재발방지
④ 재해발생 원인 및 결함 규명

해설 재해조사의 목적
㉮ 재해발생 원인 및 결함 규명
㉯ 재해예방자료 수집
㉰ 동종재해 및 유사재해 재발방지
※ ② 재해 관련 책임자 문책을 위해 재해조사를 실시한다면 재해원인을 숨기는 현상이 나타나 정확한 원인을 규명할 수 없다.

19 하인리히의 사고방지 기본원리 5단계 중 시정방법의 선정단계에 있어서 필요한 조치가 아닌 것은?

① 인사 조정
② 안전행정의 개선
③ 교육 및 훈련의 개선
④ 안전점검 및 사고조사

해설 **사고예방대책의 기본원리 5단계**

㉮ 조직(1단계 : 안전관리 조직)
경영층이 참여, 안전관리자의 임명 및 라인 조직 구성, 안전활동 방침 및 안전계획 수립, 조직을 통한 안전활동 등의 안전관리에서 가장 기본적인 활동은 안전기구의 조직이다.

㉯ 사실의 발견(2단계 : 현상 파악)
각종 사고 및 안전활동의 기록 검토, 작업분석, 안전점검 및 안전진단, 사고조사, 안전회의 및 토의, 종업원의 건의 및 여론조사 등에 의하여 불안전 요소를 발견한다.

㉰ 분석평가(3단계 : 사고분석)
사고 보고서 및 현장조사, 사고 기록, 인적·물적 조건의 분석, 작업공정의 분석, 교육과 훈련의 분석 등을 통하여 사고의 직접 및 간접 원인을 규명한다.

㉱ 시정방법의 선정(4단계 : 대책의 선정)
기술의 개선, 인사 조정, 교육 및 훈련의 개선, 안전행정의 개선, 규정 및 수칙의 개선, 확인 및 통제체제 개선 등의 효과적인 개선방법을 선정한다.

㉲ 시정책의 적용(5단계 : 목표 달성)
시정책은 3E, 즉 기술(Engineering)·교육(Education)·독려(Enforcement)를 완성함으로써 이루어진다.

20 산업안전보건법령상 잠함(潛函) 또는 잠수 작업 등 높은 기압에서 작업하는 근로자의 근로시간 기준은?

① 1일 6시간, 1주 32시간 초과금지
② 1일 6시간, 1주 34시간 초과금지
③ 1일 8시간, 1주 32시간 초과금지
④ 1일 8시간, 1주 34시간 초과금지

해설 유해·위험작업으로서 잠함 및 잠수 작업 등 고기압하에서 행하는 작업에 종사하는 근로자에 대하여는 1일 6시간, 1주 34시간을 초과하여 근로하게 할 수 없다.

≫ 제2과목 인간공학 및 시스템 안전공학

21 인간의 반응시간을 조사하는 실험에서 0.1, 0.2, 0.3, 0.4의 전등 확률을 갖는 4개의 전등이 있다. 이 자극 전등이 전달하는 정보량은 약 얼마인가?

① 2.42bit　　② 2.16bit
③ 1.85bit　　④ 1.53bit

$$A=\frac{\log\left(\frac{1}{0.1}\right)}{\log 2}=3.32,\quad B=\frac{\log\left(\frac{1}{0.2}\right)}{\log 2}=2.32$$

$$C=\frac{\log\left(\frac{1}{0.3}\right)}{\log 2}=1.74,\quad D=\frac{\log\left(\frac{1}{0.4}\right)}{\log 2}=1.32$$

정보량 $=(0.1\times A)+(0.2\times B)+(0.3\times C)+(0.4\times D)$
$=(0.1\times3.32)+(0.2\times2.32)+(0.3\times1.74)+(0.4\times1.32)$
$=1.846=1.85$bit

22 다음 중 FT도에서 사용하는 논리기호에 있어 주어진 시스템의 기본사상을 나타낸 것은?

① 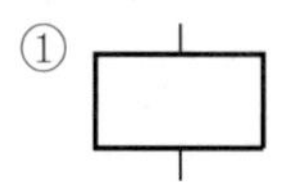
② 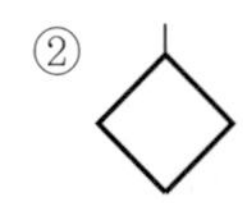
③ 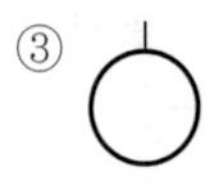
④ 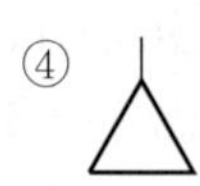

해설 ① : 결함사상
② : 이하 생략
③ : 기본사상
④ : 전이기호

23 다음 중 인식과 자극의 정보처리 과정에서 3단계에 속하지 않는 것은?

① 인지단계　　② 반응단계
③ 행동단계　　④ 인식단계

해설 **인식과 자극의 정보처리 과정 3단계**
㉮ 1단계 : 인지단계
㉯ 2단계 : 인식단계
㉰ 3단계 : 행동단계

24 다음 중 일반적으로 보통 기계작업이나 편지 고르기에 가장 적합한 조명수준은?

① 30fc　　② 100fc
③ 300fc　　④ 500fc

 정답 20.② 21.③ 22.③ 23.② 24.②

해설 추천 조명수준

작업조건	Foot-candle	특정한 임무
높은 정확도를 요구하는 세밀한 작업	1,000	수술대, 아주 세밀한 조립작업
	500	아주 힘든 검사작업
	300	세밀한 조립작업
오랜 시간 계속하는 세밀한 작업	200	힘든 끝손질 및 검사작업, 세밀한 제도, 치과작업, 세밀한 기계 조작
	150	초벌제도, 사무기기 조작
오랜 시간 계속하는 천천히 하는 작업	100	보통 기계작업, 편지 고르기
	70	공부, 바느질, 독서, 타자, 칠판에 쓴 글씨 읽기
	50	스케치, 상품 포장
정상작업	30	드릴, 리벳, 줄질 및 변소
	20	초벌 기계작업, 계단, 복도
	10	출하, 입하작업, 강당
자세히 보지 않아도 되는 작업	5	창고, 극장 복도

25 어떠한 신호가 전달하려는 내용과 연관성이 있어야 하는 것으로 정의되며, 예로써 위험신호는 빨간색, 주의신호는 노란색, 안전신호는 파란색으로 표시하는 것은 다음 중 어떠한 양립성(compatibility)에 해당하는가?

① 공간 양립성
② 개념 양립성
③ 동작 양립성
④ 형식 양립성

해설 양립성(compatibility)

자극들 간, 반응 간, 자극-반응 조합의 공간, 운동 혹은 개념적 관계가 인간의 기대와 모순되지 않는 것

㉮ 공간적(spatial) 양립성 : 어떤 사물들의 물리적 형태나 공간적인 배치의 양립성
㉯ 운동(movement) 양립성 : 표시장치, 조종장치, 체계 반응의 운동방향 양립성
㉰ 개념적(conceptual) 양립성 : 암호체계에 있어서 사람들이 가지고 있는 개념적 연상의 양립성

26 다음 중 Weber의 법칙에 관한 설명으로 틀린 것은?

① Weber비는 분별의 질을 나타낸다.
② Weber비가 작을수록 분별력은 낮아진다.
③ 변화감지역(JND)이 작을수록 그 자극차원의 변화를 쉽게 검출할 수 있다.
④ 변화감지역(JND)은 사람이 50%를 검출할 수 있는 자극 차원의 최소 변화이다.

해설 Weber의 법칙

특정 감각의 변화감지역(ΔL)은 사용되는 표준자극(I)에 비례한다.

$$\frac{\Delta L}{I} = \text{const}(\text{일정})$$

※ Weber비가 작을수록 인간의 분별력은 좋아진다.

27 다음의 그림과 같이 FTA로 분석된 시스템에서 현재 모든 기본사상에 대한 부품이 고장난 상태이다. 부품 X_1부터 부품 X_5까지 순서대로 복구한다면 어느 부품을 수리 완료하는 순간부터 시스템은 정상가동이 되겠는가?

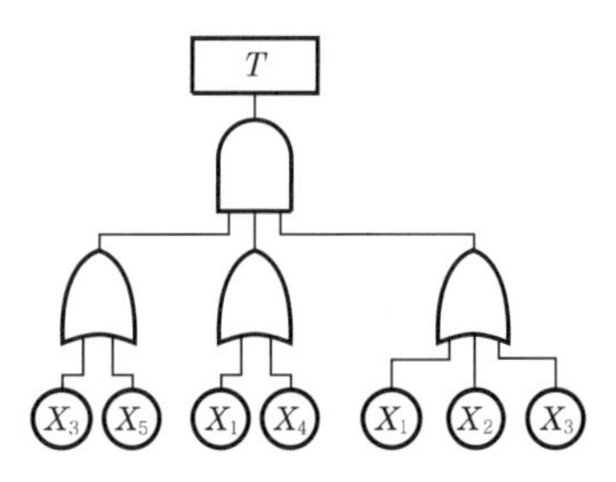

① X_1
② X_2
③ X_3
④ X_4

해설 부품 X_1부터 부품 X_5까지 순서대로 복구한다면 X_3이 복구되는 순간 시스템은 정상가동이 된다. 이유는 상부는 AND 게이트, 하부는 OR 게이트로 연결되어 있으므로 OR 게이트는 1개 이상 입력되면 출력이 가능하므로 X_3, X_1, X_1만 복구되면 정상가동된다.

28 설비보전에서 평균수리시간의 의미로 맞는 것은?

① MTTR
② MTBF
③ MTTF
④ MTBP

해설 **MTTF, MTTR과 MTBF**

㉮ MTTF(Mean Time To Failure) : 평균수명 또는 고장발생까지의 동작시간 평균이라고도 하며, 하나의 고장에서부터 다음 고장까지의 평균동작시간을 말한다.

$$\text{MTTF} = \frac{1}{\lambda(\text{고장률})}$$

㉯ MTTR(Mean Time To Repair) : 평균수리시간으로, 총수리시간을 그 기간의 수리횟수로 나눈 시간을 말한다.

㉰ MTBF(Mean Time Between Failure) : 평균고장간격이다.
MTBF=MTTF+MTTR

29 다음 A～D를 실내 면에서 빛의 반사율이 낮은 곳부터 순서대로 나열한 것은?

• A : 바닥	• B : 천장
• C : 가구	• D : 벽

① A < B < C < D
② A < C < B < D
③ A < C < D < B
④ A < D < C < B

해설 A～D의 옥내 최적반사율(추천반사율)은 다음과 같다.
• A 바닥 : 20～40%
• B 천장 : 80～90%
• C 가구 : 25～45%
• D 벽 : 40～60%

30 결함수분석법(FTA)의 특징으로 볼 수 없는 것은?

① Top down 형식
② 특정 사상에 대한 해석
③ 정성적 해석의 불가능
④ 논리기호를 사용한 해석

해설 **FTA와 FMEA의 비교**

㉮ FTA
  ㉠ Top down 방식
  ㉡ 연역적 · 정량적 분석방법
  ㉢ 논리기호를 사용한 해석
  ㉣ 특정 사상에 대한 해석
  ㉤ 소프트웨어나 인간의 과오까지도 포함한 고장해석 가능

㉯ FMEA
  ㉠ Bottom up 방식
  ㉡ 귀납적 · 정성적 분석방법
  ㉢ 표를 사용한 해석
  ㉣ 전체적 해석
  ㉤ 하드웨어의 고장해석

31 점광원으로부터 0.3m 떨어진 구면에 비추는 광량이 5lumen일 때, 조도는 약 몇 럭스인가?

① 0.06　　② 16.7
③ 55.6　　④ 83.4

해설 물체의 표면에 도달하는 빛의 밀도를 '조도'라고 하며, 거리가 증가할 때 역자승의 법칙에 따라 조도는 감소한다(점광원에 대해서만 적용).

$$\therefore \text{조도} = \frac{\text{광도}}{(\text{거리})^2} = \frac{5}{0.3^2} = 55.56$$

32 인간의 오류모형에서 "알고 있음에도 의도적으로 따르지 않거나 무시한 경우"를 무엇이라 하는가?

① 실수(slip)
② 착오(mistake)
③ 건망증(lapse)
④ 위반(violation)

해설
① 실수(slip) : 상황(목표) 해석은 제대로 하였으나 의도와는 다른 행동을 하는 경우
② 착오(mistake) : 상황 해석을 잘못하거나 틀린 목표를 착각하여 행하는 경우
③ 건망증(lapse) : 여러 과정이 연계적으로 일어나는 행동을 잊어버리고 안 하는 경우
④ 위반(violation) : 알고 있음에도 의도적으로 따르지 않거나 무시하고 법률, 명령, 약속 따위를 지키지 않고 어기는 경우

 정답 28.① 29.③ 30.③ 31.③ 32.④

33 온도와 습도 및 공기유동이 인체에 미치는 열효과를 하나의 수치로 통합한 경험적 감각지수로, 상대습도 100%일 때의 건구온도에서 느끼는 것과 동일한 온감을 의미하는 온열조건의 용어는?

① Oxford 지수 ② 발한율
③ 실효온도 ④ 열압박지수

해설 **실효온도(effective temperature, 체감온도, 감각온도)**
㉮ 정의 : 온도와 습도 및 공기유동이 인체에 미치는 열효과를 하나의 수치로 통합한 경험적 감각지수로, 상대습도 100%일 때 건구온도에서 느끼는 것과 동일한 온감이다.
예 습도 50%에서 21℃의 실효온도 : 19℃
㉯ 실효온도에 영향을 주는 요인 : 온도, 습도, 기류(공기유동)
㉰ 허용한계
㉠ 정신(사무)작업 : 60~65°F
㉡ 경작업 : 55~60°F
㉢ 중작업 : 50~55°F

34 시각장치와 비교하여 청각장치 사용이 유리한 경우는?

① 메시지가 길 때
② 메시지가 복잡할 때
③ 정보전달장소가 너무 소란할 때
④ 메시지에 대한 즉각적인 반응이 필요할 때

해설 **청각장치와 시각장치의 선택**
㉮ 청각장치 사용
㉠ 전언이 간단하고 짧을 때
㉡ 전언이 후에 재참조되지 않을 때
㉢ 전언이 시간적인 사상을 다룰 때
㉣ 전언이 즉각적인 행동을 요구할 때
㉤ 수신자의 시각계통이 과부하 상태일 때
㉥ 수신장소가 너무 밝거나 암조응 유지가 필요할 때
㉦ 직무상 수신자가 자주 움직일 때
㉯ 시각장치 사용
㉠ 전언이 복잡하고 길 때
㉡ 전언이 후에 재참조될 때
㉢ 전언이 공간적인 위치를 다룰 때
㉣ 전언이 즉각적인 행동을 요구하지 않을 때
㉤ 수신자의 청각계통이 과부하 상태일 때
㉥ 수신장소가 너무 시끄러울 때
㉦ 직무상 수신자가 한 곳에 머무를 때

35 다음은 유해위험방지계획서의 제출에 관한 설명이다. ( ) 안에 들어갈 내용으로 옳은 것은?

> 산업안전보건법령상 "대통령령으로 정하는 사업의 종류 및 규모에 해당하는 사업으로서 해당 제품의 생산공정과 직접적으로 관련된 건설물·기계·기구 및 설비 등 일체를 설치·이전하거나 그 주요 구조부분을 변경하려는 경우"에 해당하는 사업주는 유해위험방지계획서에 관련 서류를 첨부하여 해당 작업 시작 (ⓐ)까지 공단에 (ⓑ)부를 제출하여야 한다.

① ⓐ 7일 전, ⓑ 2
② ⓐ 7일 전, ⓑ 4
③ ⓐ 15일 전, ⓑ 2
④ ⓐ 15일 전, ⓑ 4

해설 **유해위험방지계획서의 제출**
"대통령령으로 정하는 사업의 종류 및 규모에 해당하는 사업으로서 해당 제품의 생산공정과 직접적으로 관련된 건설물·기계·기구 및 설비 등 일체를 설치·이전하거나 그 주요 구조부분을 변경하려는 경우"에 해당하는 사업주는 유해위험방지계획서에 관련 서류를 첨부하여 해당 작업 시작 15일 전까지 공단에 2부를 제출하여야 한다.

36 결함수분석의 기호 중 입력사상이 어느 하나라도 발생할 경우 출력사상이 발생하는 것은?

① NOR GATE ② AND GATE
③ OR GATE ④ NAND GATE

해설 ① NOR GATE : 모든 입력이 거짓인 경우 출력이 참이 되는 논리 게이트이다.
② AND GATE : 모든 입력사상이 공존할 때만 출력사상이 발생하는 논리 게이트이다.
④ NAND GATE : 모든 입력이 참인 경우 출력이 거짓이 되는 논리 게이트이다.

37 다음 시스템의 신뢰도값은?

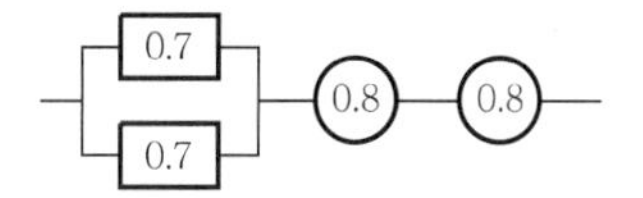

① 0.5824 ② 0.6682
③ 0.7855 ④ 0.8642

33.③ 34.④ 35.③ 36.③ 37.① 정답

해설 $R(t)=\{1-(1-0.7)(1-0.7)\}\times0.8\times0.8$
$=0.5824$

38 자동차를 생산하는 공장의 어떤 근로자가 95dB(A)의 소음수준에서 하루 8시간 작업하며 매 시간 조용한 휴게실에서 20분씩 휴식을 취한다고 가정하였을 때, 8시간 시간가중평균(TWA)은? (단, 소음은 누적소음노출량측정기로 측정하였으며, OSHA에서 정한 95dB(A)의 허용시간은 4시간이라 가정한다.)

① 약 91dB(A) ② 약 92dB(A)
③ 약 93dB(A) ④ 약 94dB(A)

해설
㉮ 소음노출지수$(D)=\frac{C}{T}$
$=\frac{320분}{4\times60분}\times100$
$=133.25\%$
여기서, C : 특정소음대에 노출된 총시간
T : 특정소음대의 허용노출기준
㉯ 8시간 가중 평균소음레벨(TWA)
$=90+16.61\log(D/100)$
$=90+16.61\log(133.25/100)$
$=92.07$dB(A)

39 욕조곡선에서의 고장형태에서 일정한 형태의 고장률이 나타나는 구간은?

① 초기고장구간 ② 마모고장구간
③ 피로고장구간 ④ 우발고장구간

해설 **고장형태**
㉮ 초기고장 – 고장률 감소시기(DFR ; Decreasing Failure Rate) : 사용 개시 후 비교적 이른 시기에 설계 · 제작상의 결함, 사용 환경의 부적합 등에 의해 발생하는 고장이다. 기계설비의 시운전 및 초기 운전 중 가장 높은 고장률을 나타내고 그 고장률이 차츰 감소한다.
㉯ 우발고장 – 고장률 일정시기(CFR ; Constant Failure Rate) : 초기고장과 마모고장 사이의 마모, 누출, 변형, 크랙 등으로 인하여 우발적으로 발생하는 고장이다. 고장률이 일정한 이 기간은 고장시간, 원인(고장 타입)이 랜덤해서 예방보전(PM)은 무의미하며 고장률이 가장 낮다. 정기점검이나 특별점검을 통해서 예방할 수 있다.
㉰ 마모고장 – 고장률 증가시기(IFR ; Increasing Failure Rate) : 점차 고장률이 상승하는 형으로 볼베어링 또는 기어 등 기계적 요소나 부품의 마모, 사람의 노화현상에 의해 어떤 시점에 집중적으로 고장이 발생하는 시기이다.

40 FMEA 분석 시 고장평점법의 5가지 평가요소에 해당하지 않는 것은?

① 고장발생의 빈도
② 신규 설계의 가능성
③ 기능적 고장 영향의 중요도
④ 영향을 미치는 시스템의 범위

해설 **FMEA 분석 시 고장평점법의 5가지 평가요소**
㉮ 고장발생의 빈도
㉯ 신규 설계의 정도
㉰ 기능적 고장 영향의 중요도
㉱ 영향을 미치는 시스템의 범위
㉲ 고장방지 가능성

≫ 제3과목 기계위험 방지기술

41 다음 그림과 같은 연삭기 덮개의 용도로 가장 적절한 것은?

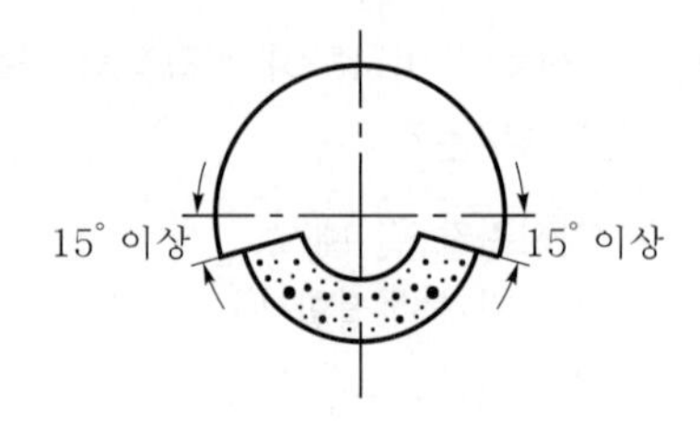

① 원통 연삭기, 센터리스 연삭기
② 휴대용 연삭기, 스윙 연삭기
③ 공구 연삭기, 만능 연삭기
④ 평면 연삭기, 절단 연삭기

해설 **연삭기 덮개의 설치방법**
㉮ 탁상용 연삭기의 노출각도는 90° 이내로 하되, 숫돌의 주축에서 수평면 이하의 부문에서 연삭해야 할 경우에는 노출각도를 125°까지 증가시킬 수 있다.
㉯ 연삭숫돌의 상부를 사용하는 것을 목적으로 하는 연삭기의 노출각도는 60° 이내로 한다.
㉰ 휴대용 연삭기의 노출각도는 180° 이내로 한다.
㉱ 원통형 연삭기의 노출각도는 180°로 하되, 숫돌의 주축에서 수평면 위로 이루는 원주각도는 65°가 되지 않도록 해야 한다.
㉲ 절단 및 평면 연삭기의 노출각도는 150°로 하되, 숫돌의 주축에서 수평면 밑으로 이루는 덮개의 각도는 15°가 되도록 해야 한다.

 정답 38.② 39.④ 40.② 41.④

42 다음 중 안전계수를 나타내는 식으로 옳은 것은?

① $\frac{\text{허용응력}}{\text{기초강도}}$

② $\frac{\text{최대설계응력}}{\text{극한강도}}$

③ $\frac{\text{안전하중}}{\text{파단하중}}$

④ $\frac{\text{파괴하중}}{\text{최대사용하중}}$

해설 안전율 $= \frac{\text{극한강도}}{\text{허용응력}} = \frac{\text{인장강도}}{\text{정격응력}} = \frac{\text{파괴하중}}{\text{사용하중}}$

43 프레스기의 금형을 부착 · 해체 또는 조정하는 작업을 할 때, 근로자의 신체 일부가 위험한계에 들어갈 때에 슬라이드가 갑자기 작동함으로써 발생하는 근로자의 위험을 방지하기 위해 사용해야 하는 것은?

① 방호울
② 안전블록
③ 시건장치
④ 날접촉 예방장치

해설 **안전블록**
프레스기의 금형을 부착 · 해체 또는 조정하는 작업을 할 때, 근로자의 신체 일부가 위험한계에 들어갈 때에 슬라이드가 갑자기 작동함으로써 발생하는 근로자의 위험을 방지하기 위해 설치하는 방호장치이다.

44 원동기, 풀리, 기어 등 근로자에게 위험을 미칠 우려가 있는 부위에 설치하는 위험방지장치가 아닌 것은?

① 덮개 ② 슬리브
③ 건널다리 ④ 램

해설 기계의 원동기 · 회전축 · 기어 · 풀리 · 플라이휠 · 벨트 및 체인 등 근로자가 위험에 처할 우려가 있는 부위에 덮개 · 울 · 슬리브 및 건널다리 등을 설치하여야 한다.

45 다음 중 정(chisel)작업 시 안전수칙으로 적합하지 않은 것은?

① 반드시 보안경을 사용한다.
② 담금질한 재료는 정으로 작업하지 않는다.
③ 정작업에서 모서리 부분은 크기를 $3R$ 정도로 한다.
④ 철강재를 정으로 절단작업을 할 때 끝날 무렵에는 세게 때려 작업을 마무리한다.

해설 **정작업 시 안전수칙**
㉮ 정으로 자르기 시작할 때와 끝날 무렵에는 세게 치지 말 것
㉯ 반드시 보안경을 사용한다.
㉰ 담금질한 재료는 정으로 작업하지 않는다.
㉱ 정작업에서 모서리 부분은 크기를 $3R$ 정도로 한다.

46 다음 중 프레스의 손쳐내기식 방호장치 설치기준으로 틀린 것은?

① 방호판의 폭이 금형 폭의 1/2 이상이어야 한다.
② 슬라이드 행정수가 150spm 이상의 것에 사용한다.
③ 슬라이드의 행정길이가 40mm 이상의 것에 사용한다.
④ 슬라이드 하행정 거리의 3/4 위치에서 손을 완전히 밀어내야 한다.

해설 손쳐내기식(sweep guard) 방호장치는 슬라이드의 행정길이가 40mm 이상, 행정수가 120spm 이하의 것에 사용한다.

47 다음 중 선반의 방호장치가 아닌 것은?

① 실드(shield)
② 슬라이딩(sliding)
③ 척 커버(chuck cover)
④ 칩 브레이커(chip breaker)

해설 **선반의 방호장치**
㉮ 칩 브레이커 : 바이트에 설치된 칩을 짧게 끊어내는 장치
㉯ 실드(shield) : 칩 비산방지 투명판
㉰ 덮개 또는 울 : 돌출가공물에 설치한 안전장치
㉱ 브레이크 : 급정지장치
㉲ 기타 척 커버, 고정 브리지(bridge) 등

42.④ 43.② 44.④ 45.④ 46.② 47.② 정답

48 기계의 고정 부분과 회전하는 동작 부분이 함께 만드는 위험점의 예로 옳은 것은?

① 굽힘기계
② 기어와 랙
③ 교반기의 날개와 하우스
④ 회전하는 보링머신의 천공공구

해설 **기계설비의 위험점 분류**
㉮ 협착점(squeeze point) : 고정부와 왕복운동을 하는 운동부 사이에 형성되는 위험점
예 프레스, 성형기, 절곡기 등
㉯ 끼임점(sher point) : 고정부와 회전 또는 직선운동과 함께 형성하는 부분 사이에 형성되는 위험점
예 연삭숫돌과 작업대, 반복동작되는 링크기구, 교반기의 교반날개와 몸체 사이
㉰ 절단점(cutting point) : 회전하는 운동 부분 자체와 운동하는 기계 자체에 위험이 형성되는 점
예 둥근톱날, 띠톱기계의 날 밀링커터 등
㉱ 물림점(nip point) : 회전하는 두 개의 회전체에 물려 들어갈 위험성이 형성되는 점(중심점+회전운동)
예 롤러, 기어와 피니언 등
㉲ 접선 물림점(tangential nip point) : 회전하는 부분이 접선방향에서 만들어지는 위험점(접선점+회전운동)
예 벨트와 풀리, 체인과 스프로킷, 랙과 피니언 등
㉳ 회전 말림점(trapping point) : 크기, 길이, 속도가 다른 회전운동에 의한 위험점으로 회전하는 부분에 돌기 등이 돌출되어 작업복 등이 말리는 위험점
예 회전축

49 초음파 탐상법에 해당하지 않는 것은?

① 반사식　② 투과식
③ 공진식　④ 침투식

해설 초음파검사는 초음파를 시료 내로 쏘아 불연속을 검출하는 것으로, 시료 내의 불연속으로부터 반사되는 에너지의 양과 송신된 초음파가 시료를 투과하여 불연속으로부터 반사되어 되돌아올 때까지의 진행시간, 초음파가 시료를 투과할 때 감쇠되는 양의 차이를 적절한 표준자료와 비교하여 결함의 위치와 크기 등을 측정하는 방법이다. 종류로는 반사법, 투과법, 공진법, 수적탐사법이 있다.

50 작업자의 신체 부위가 위험한계 내로 접근하였을 때 기계적인 작용에 의하여 접근을 못하도록 하는 방호장치는?

① 위치제한형 방호장치
② 접근거부형 방호장치
③ 접근반응형 방호장치
④ 감지형 방호장치

해설 **방호장치의 성능**
㉮ 위치제한형 : 작업자의 신체 부위가 위험한계 밖에 있도록 기계의 조작장치를 위험한 작업점에서 안전거리 이상 떨어지게 하거나 조작장치를 양손으로 동시 조작하게 함으로써 위험한계에 접근하는 것을 제한하는 위치제한형 방호장치
예 양수조작식(프레스에 많이 설치)
㉯ 접근거부형 : 작업자의 신체 부위가 위험한계 내로 접근하였을 때 기계적인 작용에 의하여 접근을 못하도록 저지하는 방호장치
예 게이트 가드(프레스 및 전단기에 설치)
㉰ 접근반응형 : 작업자의 신체 부위가 위험한계 또는 그 인접한 거리 내로 들어오면 이를 감지하여 그 즉시 기계의 동작을 정지시키고 경보 등을 발하는 방호장치
예 광선식, 압력감지방식, 압력호스식
㉱ 감지형 : 이상온도, 이상기압, 과부하 등 기계의 부하가 안전한계치를 초과하는 경우에 이를 감지하고 자동으로 안전상태가 되도록 조정하거나 기계의 작동을 중지시키는 방호장치
예 이상온도, 이상압력, 과부하감지(안전한계 설정)

51 롤러의 가드 설치방법 중 안전한 작업공간에서 사고를 일으키는 공간함정(trap)을 막기 위해 확보해야 할 신체 부위별 최소틈새가 바르게 짝지어진 것은?

① 다리 : 240mm　② 발 : 120mm
③ 손목 : 150mm　④ 손가락 : 25mm

해설 **공간함정(trap)을 막기 위해 확보해야 할 신체 부위별 최소틈새**
㉮ 다리 : 180mm
㉯ 발 : 180mm
㉰ 손목 : 100mm
㉱ 손가락 : 25mm
㉲ 몸 : 500mm

52 가스 용접에 이용되는 아세틸렌가스 용기의 색상으로 옳은 것은?

① 녹색　② 회색
③ 황색　④ 청색

 정답 48.③ 49.④ 50.② 51.④ 52.③

해설 **공업용 고압가스 용기의 도색**
㉮ 액화탄산가스 : 청색
㉯ 산소 : 녹색
㉰ 수소 : 주황색
㉱ 아세틸렌 : 황색
㉲ 액화암모니아 : 백색
㉳ 액화염소 : 갈색
㉴ 액화석유가스(LPG) 및 기타 가스 : 회색

53 진동에 의한 1차 설비진단법 중 정상 · 비정상 · 악화의 정도를 판단하기 위한 방법에 해당하지 않는 것은?

① 상호 판단
② 비교 판단
③ 절대 판단
④ 평균 판단

해설 **진동에 의한 1차 설비진단법**
㉮ 상호 판단
㉯ 상대(비교) 판단
㉰ 절대 판단

54 무부하상태에서 지게차로 20km/h의 속도로 주행할 때, 좌우 안정도는 몇 % 이내이어야 하는가?

① 37%　② 39%
③ 41%　④ 43%

해설 지게차의 주행 시 좌우 안정도
=15+1.1×최고속도
=15+1.1×20
=37%

55 지게차의 포크에 적재된 화물이 마스트 후방으로 낙하함으로서 근로자에게 미치는 위험을 방지하기 위하여 설치하는 것은?

① 헤드가드　② 백레스트
③ 낙하방지장치　④ 과부하방지장치

해설 **백레스트(backrest)**
지게차로 화물 또는 부재 등이 적재된 팔레트를 싣거나 이동하기 위하여 마스트를 뒤로 기울일 때 화물이 마스트 방향으로 떨어지는 것을 방지하기 위한 짐받이 틀을 말한다.

56 산업안전보건법령상 크레인에서 권과방지장치의 달기구 윗면이 권상장치의 아랫면과 접촉할 우려가 있는 경우 최소 몇 m 이상 간격이 되도록 조정하여야 하는가? (단, 직동식 권과방지장치의 경우는 제외한다.)

① 0.1
② 0.15
③ 0.25
④ 0.3

해설 **방호장치의 조정**
크레인 및 이동식 크레인의 양중기에 대한 권과방지장치는 훅, 버킷 등 달기구의 윗면(그 달기구에 권상용 도르래가 설치된 경우에는 권상용 도르래의 윗면)이 드럼, 상부 도르래, 트롤리프레임 등 권상장치의 아랫면과 접촉할 우려가 있는 경우에 그 간격이 0.25m 이상(직동식 권과방지장치는 0.05m 이상)이 되도록 조정할 것

57 산업안전보건법령상 고속 회전체의 회전시험을 하는 경우 미리 회전축의 재질 및 형상 등에 상응하는 종류의 비파괴검사를 해서 결함 유무를 확인해야 한다. 이때 검사대상이 되는 고속 회전체의 기준은?

① 회전축의 중량이 0.5톤을 초과하고, 원주속도가 100m/s 이내인 것
② 회전축의 중량이 0.5톤을 초과하고, 원주속도가 120m/s 이상인 것
③ 회전축의 중량이 1톤을 초과하고, 원주속도가 100m/s 이내인 것
④ 회전축의 중량이 1톤을 초과하고, 원주속도가 120m/s 이상인 것

해설 사업주는 고속 회전체(회전축의 중량이 1톤을 초과하고, 원주속도가 120m/s 이상인 것에 한한다)의 회전시험을 하는 때에는 미리 회전축의 재질 및 형상 등에 상응하는 종류의 비파괴검사를 실시하여 결함 유무를 확인하여야 한다.

58 지게차의 방호장치에 해당하는 것은?

① 버킷　② 포크
③ 마스트　④ 헤드가드

53.④ 54.① 55.② 56.③ 57.④ 58.④ **정답**

해설 헤드가드(head guard)
지게차 등 운전석 위쪽에서 물체의 낙하에 의한 위해를 방지하기 위해 머리 위에 설치한 덮개를 말한다.

59 산업안전보건법령상 지게차 작업시작 전 점검사항으로 거리가 가장 먼 것은?

① 제동장치 및 조종장치 기능의 이상 유무
② 압력방출장치의 작동 이상 유무
③ 바퀴의 이상 유무
④ 전조등 · 후미등 · 방향지시기 및 경보장치 기능의 이상 유무

해설 **지게차의 작업시작 전 점검사항**
㉮ 제동장치 및 조종장치 기능의 이상 유무
㉯ 하역장치 및 유압장치 기능의 이상 유무
㉰ 바퀴의 이상 유무
㉱ 전조등 · 후미등 · 방향지시기 및 경보장치 기능의 이상 유무

60 산업안전보건법령상 지게차의 최대하중의 2배 값이 6톤일 경우 헤드가드의 강도는 몇 톤의 등분포정하중에 견딜 수 있어야 하는가?

① 4
② 6
③ 8
④ 10

해설 **지게차 헤드가드의 구비조건**
㉮ 강도는 지게차의 최대하중의 2배 값(4톤을 넘는 값에 대해서는 4톤으로 한다)의 등분포정하중에 견딜 수 있을 것
㉯ 상부틀의 각 개구의 폭 또는 길이가 16cm 미만일 것
㉰ 운전자가 앉아서 조작하는 방식의 지게차의 경우에는 운전자의 좌석 윗면에서 헤드가드의 상부틀 아랫면까지의 높이가 0.903m 이상일 것
㉱ 운전자가 서서 조작하는 방식의 지게차의 경우에는 운전석의 바닥면에서 헤드가드의 상부틀 하면까지의 높이가 1.88m 이상일 것

» 제4과목 전기위험 방지기술

61 전기누전으로 인한 화재조사 시에 착안해야 할 입증 흔적과 관계없는 것은?

① 접지점 ② 누전점
③ 혼촉점 ④ 발화점

해설 **누전화재의 입증 조건**
㉮ 누전점 : 전류의 경로에 누전이 되는 유입점
㉯ 발화점 : 줄(Joule) 열로 발열하여 발화된 장소
㉰ 접지점 : 대지 또는 접지 구조물에 접촉하는 점

62 인체의 전기저항을 최악의 상태라고 가정하여 500Ω으로 하는 경우 심실세동을 일으킬 수 있는 에너지는 얼마 정도인가? (단, 심실세동 전류 $I=\dfrac{165}{\sqrt{T}}$ mA로 한다.)

① 6.5~17.0J ② 2.5~3.0J
③ 650~1,700mJ ④ 250~300mJ

해설 $I=\dfrac{116\sim185}{\sqrt{T}}$
여기서, I : 심실세동 전류[mA]
T : 통전시간[s]

㉮ $W=I^2RT=\left(\dfrac{116}{\sqrt{T}}\times10^{-3}\right)^2\times500\times T$
$=6.728\,\text{W}\cdot\text{S}=6.728\,\text{J}$

㉯ $W=I^2RT=\left(\dfrac{185}{\sqrt{T}}\times10^{-3}\right)^2\times500\times T$
$=17.1125\,\text{W}\cdot\text{S}=17.1125\,\text{J}$

63 절연물은 여러 가지 원인으로 전기저항이 저하되어 절연불량을 일으켜 위험한 상태가 되는데, 이 절연불량의 주요 원인과 거리가 먼 것은?

① 진동, 충격 등에 의한 기계적 요인
② 산화 등에 의한 화학적 요인
③ 온도 상승에 의한 열적 요인
④ 오염물질 등에 의한 환경적 요인

 정답 59.② 60.① 61.③ 62.① 63.④

해설 **절연물의 절연불량 요인**
㉮ 높은 이상 전압 등 전기적 요인
㉯ 진동이나 충격 등 기계적 요인
㉰ 산화 등 화학적 요인
㉱ 온도의 상승 등 열적 요인

64 다음 물질 중 정전기에 의한 분진폭발을 일으키는 최소 발화(착화)에너지가 가장 작은 것은?

① 마그네슘 ② 폴리에틸렌
③ 알루미늄 ④ 소맥분

해설 **최소 발화(착화)에너지**
가연성 가스 · 증기 · 분진 등을 발화시키는 데 필요한 최소 에너지를 말하며, 최소 발화에너지 값은 다음과 같다.

분진의 종류	최소 발화 에너지(mJ)	분진의 종류	최소 발화 에너지(mJ)
마그네슘	80	폴리에틸렌	10
알루미늄	20	폴리프로필렌	30
철	100	폴리스타이렌	40
소맥분	160	테레프탈산	20
석탄	40	코르크	45
유황	15	목분	30
에폭시	15	펄프	80

65 다음은 어떤 방전에 대한 설명인가?

> 대전이 큰 엷은 층상의 부도체를 박리할 때 또는 엷은 층상의 대전된 부도체의 뒷면에 밀접한 접지체가 있을 때 표면에 연한 복수의 수지상 발광을 수반하여 발생하는 방전

① 코로나 방전 ② 뇌상방전
③ 연면방전 ④ 불꽃방전

해설 **연면방전**
연면방전은 부도체의 표면을 따라서 발생하는 방전으로 별표 마크를 가지는 나뭇가지 형태의 발광을 수반하는 방전(큰 출력의 도전용 벨트, 항공기의 플라스틱제 창 등 주로 기계적 마찰에 의하여 큰 표면에 높은 전하밀도를 조성시킬 때 발생하며 액체 또는 고체 절연체와 기계 사이의 경계에 따른 방전으로 부도체의 대전량이 극히 큰 경우와 대전된 부도체의 표면 가까이에 접지체가 있는 경우 발생하기 쉽고 방전에너지가 큰 방전으로서 불꽃방전과 더불어 착화원 및 전격을 일으킬 확률이 대단히 큼)

66 다음 중 전기화재 시 소화에 적합한 소화기가 아닌 것은?

① 사염화탄소 소화기
② 분말소화기
③ 산 · 알칼리 소화기
④ CO_2 소화기

해설 전기화재에 적합한 소화기는 물이 없는 소화기로 분말소화기, 유기성 소화기, CO_2 소화기, 증발성 액체 소화기 등이 있다.
③ 산 · 알칼리 소화기는 소화기 밖으로 물이 방출되는 소화기이다.

67 다음 중 Flash over의 방지(지연)대책으로 가장 적절한 것은?

① 출입구 개방 전 외부공기 유입
② 실내의 가열
③ 가연성 건축자재 사용
④ 개구부 제한

해설 **Flash over(플래시오버)의 방지대책**
㉮ 출입구 개방 전 외부공기 차단
㉯ 실내의 냉각
㉰ 불연성 건축자재 사용
㉱ 개구부 제한

68 다음 그림은 심장 맥동주기를 나타낸 것이다. T파는 어떤 경우인가?

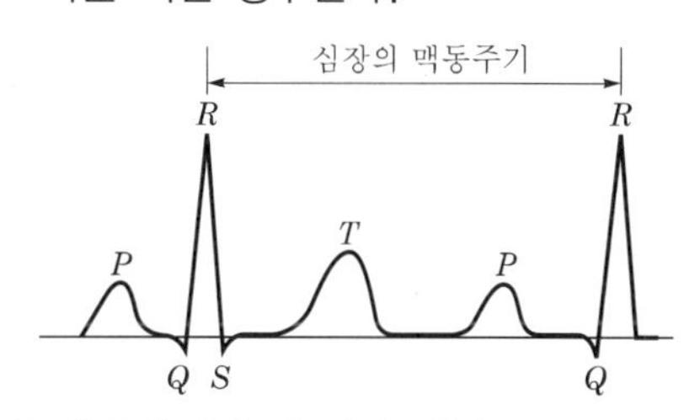

① 심방의 수축에 따른 파형
② 심실의 수축에 따른 파형
③ 심실의 휴식 시 발생하는 파형
④ 심방의 휴식 시 발생하는 파형

해설 ㉮ $Q-R-S$: 심실의 수축에 따른 파형
㉯ P : 심방의 수축에 따른 파형
㉰ T : 심실의 수축 종료 시의 파형
T파형이 나타날 때에 전격되며, 심실세동을 일으킬 확률이 가장 크고 전격 위험성이 높다.

69 인체에 미치는 전격 재해의 위험을 결정하는 주된 인자 중 가장 거리가 먼 것은?

① 통전전압의 크기
② 통전전류의 크기
③ 통전경로
④ 통전시간

해설 ㉮ 1차적 감전위험 요소 : 통전전류의 크기, 전원(직류, 교류)의 종류, 통전경로, 통전시간
㉯ 2차적 감전위험 요소 : 인체저항(인체의 조건), 전압, 주파수 및 계절

70 고장전류와 같은 대전류를 차단할 수 있는 것은?

① 차단기(CB)
② 유입개폐기(OS)
③ 단로기(DS)
④ 선로개폐기(LS)

해설 ① 차단기(CB ; Circuit Breaker) : 이상상태, 특히 단락상태에서 전로를 개폐할 수 있는 장치(고장전류와 같은 대전류 차단)
② 유입개폐기(OS ; Oil Switch) : 차단 부분이 오일(oil) 속에 있는 차단기
③ 단로기(DS ; Disconnecting Switch) : 무부하 회로에서 개폐하는 개폐기
④ 선로개폐기(LS ; Line Switch) : 보수 점검 시 전로를 구분하기 위하여 사용하는 개폐기

71 전기화재가 발생되는 비중이 가장 큰 발화원은?

① 주방기기
② 이동식 전열기
③ 회전체 전기 기계 및 기구
④ 전기배선 및 배선기구

해설 전기화재는 전기배선 및 배선기구의 단락, 스파크, 누전, 접촉부 과열, 과전류 등의 원인으로 가장 많이 발생한다.

72 다음 중 전동기를 운전하고자 할 때 개폐기의 조작순서로 옳은 것은?

① 메인 스위치 → 분전반 스위치 → 전동기용 개폐기
② 분전반 스위치 → 메인 스위치 → 전동기용 개폐기
③ 전동기용 개폐기 → 분전반 스위치 → 메인 스위치
④ 분전반 스위치 → 전동기용 스위치 → 메인 스위치

해설 **전동기 운전 시 개폐기의 조작순서**
메인 스위치 → 분전반 스위치 → 전동기용 개폐기

73 다음 중 방폭구조에 관계 있는 위험특성이 아닌 것은?

① 발화온도
② 증기밀도
③ 화염일주한계
④ 최소점화전류

해설 ㉮ 방폭구조와 관련 있는 위험특성
㉠ 발화온도(발화점)
㉡ 화염일주한계
㉢ 최소점화전류
㉯ 폭발성 분위기 생성조건에 관계되는 위험특성
㉠ 폭발한계(폭발범위)
㉡ 인화점
㉢ 증기밀도

74 활선작업 시 사용할 수 없는 전기작업용 안전장구는?

① 전기안전모 ② 절연장갑
③ 검전기 ④ 승주용 가제

해설 활선작업 시 승주용 가제는 설치를 금지한다.

75 제전기의 종류가 아닌 것은?

① 전압인가식 제전기
② 정전식 제전기
③ 방사선식 제전기
④ 자기방전식 제전기

 정답 69.① 70.① 71.④ 72.① 73.② 74.④ 75.②

해설 **제전기의 종류**

㉮ 전압인가식 제전기 : 방전전극에 약 7,000V의 전압을 인가하면 공기가 전리되어 코로나 방전을 일으키는데, 이때 발생한 이온으로 대전체의 전하를 중화시키는 방법이다.

㉯ 자기방전식 제전기 : 스테인리스, 카본, 도전성 섬유 등에 의해 작은 코로나 방전을 일으켜서 제전하는 방법이다.
㉠ 장점 : 50kV 내외의 높은 대전을 제거한다.
㉡ 단점 : 2kV 안팎의 대전이 남는다.

㉰ 방사선식 제전기 : 방사선의 기체 전리작용을 이용하여 제전에 필요한 이온을 만들어내는 제전기이다. 사용 시 방사선에 의해 피제전물체의 물성변화가 일어나거나 작업자에 대해서 방사선 장해를 일으키는 경우가 있으므로 유의해야 한다.

76 피뢰레벨에 따른 회전구체 반경이 틀린 것은?

① 피뢰레벨 Ⅰ : 20m
② 피뢰레벨 Ⅱ : 30m
③ 피뢰레벨 Ⅲ : 50m
④ 피뢰레벨 Ⅳ : 60m

해설 **피뢰레벨에 따른 회전구체 반경, 메시치수**

피뢰시스템 등급	보호법	
	회전구체 반지름(m)	메시치수(m)
Ⅰ	20	5×5
Ⅱ	30	10×10
Ⅲ	45	15×15
Ⅳ	60	20×20

77 개폐기, 차단기, 유도전압조정기의 최대사용전압이 7kV 이하인 전로의 경우 절연내력 시험은 최대사용전압의 1.5배의 전압을 몇 분간 가하는가?

① 10　② 15
③ 20　④ 25

해설 **개폐기, 차단기, 전력용 커패시터, 유도전압조정기, 계기용 변성기, 발전소·변전소·개폐소 또는 이에 준하는 곳에 시설하는 기계·기구의 접속선 및 모선 대상**

종 류	시험전압	시험방법
7kV 이하	1.5배/min, 500V (직류 충전부에는 1.5배 직류전압 또는 1배 교류전압)	충전부와 대지 간 10분 인가
7kV 초과 25kV 이하, 중성점 다중접지	0.92배	상동
7kV 초과 60kV 이하 (2란 제외)	1.25배/min, 10.5kV	상동
60kV 초과, 중성점 비접지(8란 제외)	1.25배	상동
60kV 초과, 중성점 접지(7란, 8란 제외)	1.1배/min, 75kV	상동
170kV 초과, 중성점 직접접지 (7란, 8란 제외)	0.72배	상동
170kV 초과, 중성점 직접접지, 그리고 발전소 또는 변전소에 직접 접속되는 경우	0.64배	상동
60kV 초과 정류기 접속 정류	교류측 기준의 1.1배, 교류전압 또는 직류측 기준의 1.1배, 직류전압	상동

78 속류를 차단할 수 있는 최고의 교류전압을 피뢰기의 정격전압이라고 하는데, 이 값은 통상적으로 어떤 값으로 나타내고 있는가?

① 최대값
② 평균값
③ 실효값
④ 파고값

해설 피뢰기의 정격전압은 속류를 차단할 수 있는 최대 교류전압으로, 실효값으로 나타낸다.

79 저압전로의 절연성능에 관한 설명으로 적합하지 않은 것은?

① 전로의 사용전압이 SELV 및 PELV일 때 절연저항은 0.5MΩ 이상이어야 한다.
② 전로의 사용전압이 FELV일 때 절연저항은 1.0MΩ 이상이어야 한다.
③ 전로의 사용전압이 FELV일 때 DC 시험전압은 500V이다.
④ 전로의 사용전압이 600V일 때 절연저항은 1.5MΩ 이상이어야 한다.

해설 **저압전로의 절연성능**

전로의 사용전압[V]	DC 시험전압[V]	절연저항[MΩ]
SELV 및 PELV	250	0.5
FELV, 500V 이하	500	1.0
500V 초과	1,000	1.0

[주] 특별저압(extra low voltage : 2차 전압이 AC 50V, DC 120V 이하)으로 SELV(비접지회로 구성) 및 PELV(접지회로 구성)은 1차와 2차가 전기적으로 절연된 회로, FELV는 1차와 2차가 전기적으로 절연되지 않은 회로

80 주택용 배선차단기 B타입의 경우 순시동작 범위는? (단, I_n는 차단기 정격전류이다.)

① $3I_n$ 초과 ~ $5I_n$ 이하
② $5I_n$ 초과 ~ $10I_n$ 이하
③ $10I_n$ 초과 ~ $15I_n$ 이하
④ $10I_n$ 초과 ~ $20I_n$ 이하

해설 **주택용 배선차단기 순시동작범위**
㉮ type B : $3I_n$ 초과 ~ $5I_n$ 이하
㉯ type C : $5I_n$ 초과 ~ $10I_n$ 이하
㉰ type D : $10I_n$ 초과 ~ $20I_n$ 이하

» 제5과목 화학설비위험 방지기술

81 다음 중 위험물질에 대한 저장방법으로 적절하지 않은 것은?

① 탄화칼슘은 물속에 저장한다.
② 벤젠은 산화성 물질과 격리시킨다.
③ 금속나트륨은 석유 속에 저장한다.
④ 질산은 통풍이 잘 되는 곳에 보관하고 물기와의 접촉을 금지한다.

해설 탄화칼슘은 물속에 저장하면 물과 반응하여 아세틸렌가스를 발생시켜 위험하므로 불연성 가스로 봉입된 밀폐용기에 저장한다.

82 다음 중 긴급차단장치의 차단방식과 관계가 가장 적은 것은?

① 공기압식 ② 유압식
③ 전기식 ④ 보온식

해설 **긴급차단장치**
㉮ 개요 : 긴급차단장치는 대형 반응기, 탑, 조(槽) 등에 있어서 누출, 화재 등의 이상사태가 발생하였을 경우, 그 피해 확대를 방지하기 위해 해당 기기에의 원재료 송입을 차단밸브에서 긴급히 정지하는 안전장치이다.
㉯ 종류 : 차단밸브를 작동 동력원으로 분류하면 다음과 같다.
㉠ 공기압식
㉡ 유압식
㉢ 전기식

83 산업안전보건법상 부식성 물질 중 부식성 산류에 해당하는 물질과 기준 농도가 올바르게 연결된 것은?

① 염산 : 15% 이상
② 황산 : 10% 이상
③ 질산 : 10% 이상
④ 아세트산 : 60% 이상

해설 **부식성 산류**
㉮ 농도가 20% 이상인 염산, 황산, 질산, 그 밖에 이와 같은 정도 이상의 부식성을 가지는 물질
㉯ 농도가 60% 이상인 인산, 아세트산, 불산, 그 밖에 이와 같은 정도 이상의 부식성을 가지는 물질

84 다음 중 파열판과 스프링식 안전밸브를 직렬로 설치해야 할 경우가 아닌 것은?

① 부식물질로부터 스프링식 안전밸브를 보호할 때
② 독성이 매우 강한 물질을 취급 시 완벽하게 격리를 할 때
③ 스프링식 안전밸브에 막힘을 유발시킬 수 있는 슬러리를 방출시킬 때
④ 릴리프 장치가 작동 후 방출라인이 개방되어야 할 때

해설 ㉮ 파열판과 스프링식 안전밸브를 직렬로 설치해야 할 경우 : 부식물질로부터 스프링식 안전밸브를 보호할 때, 독성이 매우 강한 물질을 취급 시 완벽하게 격리를 할 때, 스프링식 안전밸브에 막힘을 유발시킬 수 있는 슬러리를 방출시킬 때이다.
㉯ 파열판 및 안전밸브의 직렬 설치 : 급성독성물질이 지속적으로 외부에 유출될 수 있는 화학설비 및 그 부속설비에 파열판과 안전밸브를 직렬로 설치하고 그 사이에는 압력지시계 또는 자동경보장치를 설치할 것

 정답 80.① 81.① 82.④ 83.④ 84.④

85 다음 중 포소화설비 적용 대상이 아닌 것은?

① 유류저장탱크
② 비행기 격납고
③ 주차장 또는 차고
④ 유압차단기 등의 전기기기 설치 장소

해설 **포소화설비 적용 대상**
㉮ 위험물 제조소 등 : 유류저장탱크
㉯ 비행기 격납고
㉰ 주차장 또는 차고
㉱ 특수가연물을 저장 · 취급하는 공장 또는 창고
※ 전기기기 등 전기화재가 발생할 수 있는 곳에 포소화설비는 적합하지 않다.

86 반응기를 설계할 때 고려하여야 할 요인으로 가장 거리가 먼 것은?

① 부식성
② 상의 형태
③ 온도 범위
④ 중간 생성물의 유무

해설 **반응기 설계 시 고려해야 할 요인**
㉮ 상(phase)의 형태
㉯ 온도 범위
㉰ 부식성
㉱ 체류시간 또는 공간속도
㉲ 열전달
㉳ 온도 조절
㉴ 조작방법
㉵ 운전압력

87 물과의 반응으로 유독한 포스핀가스를 발생하는 것은?

① HCl　② $NaCl$
③ Ca_3P_2　④ $Al(OH)_3$

해설 **인화칼슘(Ca_3P_2, 인화석회)**
㉮ 적갈색의 미상고체로 건조한 공기 중에서 안정하나, 300℃ 이상에서 산화한다.
㉯ 물과 심하게 반응하여 유독성 · 가연성의 PH_3(포스핀)을 발생한다.
$Ca_3P_2 + 6H_2O \rightarrow 3Ca(OH)_2 + 2PH_3 \uparrow$
㉰ 금수성 물질(물 반응성 물질)로 벤젠, 에테르, 이황화탄소와 습기하에서 접촉하면 발화한다.

88 다음 중 분진폭발의 특징으로 옳은 것은?

① 가스폭발보다 연소시간이 짧고, 발생에너지가 작다.
② 압력의 파급속도보다 화염의 파급속도가 빠르다.
③ 가스폭발에 비하여 불완전연소가 적게 발생한다.
④ 주위의 분진에 의해 2차, 3차의 폭발로 파급될 수 있다.

해설 **분진폭발의 특징**
㉮ 가스폭발보다 연소시간은 길고 가해지는 힘(발생에너지)은 매우 크다.
㉯ 연소속도나 폭발압력은 가스폭발보다 작다(화염의 파급속도보다 압력의 파급속도가 빠르다).
㉰ 가스폭발에 비하여 불완전연소가 크게 발생하여 CO의 중독피해가 우려된다.
㉱ 2차, 3차 폭발을 한다.

89 안전설계의 기초에 있어 기상폭발대책을 예방대책, 긴급대책, 방호대책으로 나눌 때, 다음 중 방호대책과 가장 관계가 깊은 것은?

① 경보
② 발화의 저지
③ 방폭벽과 안전거리
④ 가연조건의 성립 저지

해설 ① 경보 : 긴급대책
② 발화의 저지 : 예방대책
③ 방폭벽과 안전거리 : 방호대책
④ 가연조건의 성립 저지 : 예방대책

90 수분을 함유하는 에탄올에서 순수한 에탄올을 얻기 위해 벤젠과 같은 물질을 첨가하여 수분을 제거하는 증류방법은?

① 공비증류
② 추출증류
③ 가압증류
④ 감압증류

85.④ 86.④ 87.③ 88.④ 89.③ 90.① 정답

해설 **공비증류**

공비혼합물 또는 끓는점이 비슷하여 분리하기 어려운 액체 혼합물의 성분을 완전히 분리하기 위해 쓰는 증류법으로, 수분을 함유하는 에탄올에서 순수한 에탄올을 얻기 위해 사용하는 대표적인 증류법이다. 예를 들면, 수분을 함유하는 에탄올은 공비혼합물을 만드는데, 단순한 증류로는 공비혼합물에 상당하는 에탄올밖에 얻지 못한다. 그러나 벤젠이나 트라이클로로에틸렌을 첨가하여 3성분 공비혼합물을 만들어 수분을 제거하면 순수한 에탄올을 얻을 수 있다.

91 이상반응 또는 폭발로 인하여 발생되는 압력의 방출장치가 아닌 것은?

① 파열판
② 폭압방산구
③ 화염방지기
④ 가용합금 안전밸브

해설 **압력방출장치**

압력을 방출하여 용기 및 탱크 등의 폭발을 방지하는 안전장치
㉠ 안전밸브 : 파열판식, 스프링식, 중추식 등
㉡ 폭압방산구
㉢ 가용합금 안전밸브
※ 화염방지기 : 인화성 액체 및 인화성 가스를 저장·취급하는 화학설비로부터 증기 또는 가스를 방출하는 때 외부로부터의 화염을 방지하기 위하여 그 설비 상단에 설치

92 건조설비를 사용하여 작업을 하는 경우에 폭발이나 화재를 예방하기 위하여 준수하여야 하는 사항으로 틀린 것은?

① 위험물 건조설비를 사용하는 경우에는 미리 내부를 청소하거나 환기할 것
② 위험물 건조설비를 사용하여 가열 건조하는 건조물은 쉽게 이탈되도록 할 것
③ 고온으로 가열 건조한 인화성 액체는 발화의 위험이 없는 온도로 냉각한 후에 격납시킬 것
④ 바깥 면이 현저히 고온이 되는 건조설비에 가까운 장소에는 인화성 액체를 두지 않도록 할 것

해설 **건조설비의 사용기준**

㉮ 위험물 건조설비를 사용하는 경우에는 미리 내부를 청소하거나 환기할 것
㉯ 위험물 건조설비를 사용하는 경우에는 건조로 인하여 발생하는 가스·증기 또는 분진에 의하여 폭발·화재의 위험이 있는 물질을 안전한 장소로 배출시킬 것
㉰ 위험물 건조설비를 사용하여 가열 건조하는 건조물은 쉽게 이탈되지 않도록 할 것
㉱ 고온으로 가열 건조한 인화성 액체는 발화의 위험이 없는 온도로 냉각한 후에 격납시킬 것
㉲ 건조설비(바깥 면이 현저히 고온이 되는 설비만 해당한다)에 가까운 장소에는 인화성 액체를 두지 않도록 할 것

93 공기 중에서 이황화탄소(CS_2)의 폭발한계는 하한값이 1.25vol%, 상한값이 44vol%이다. 이를 20℃ 대기압하에서 mg/L의 단위로 환산하면 하한값과 상한값은 각각 약 얼마인가? (단, 이황화탄소의 분자량은 76.1이다.)

① 하한값 : 61, 상한값 : 640
② 하한값 : 39.6, 상한값 : 1,393
③ 하한값 : 146, 상한값 : 860
④ 하한값 : 55.4, 상한값 : 1,642

해설

㉮ 하한$=\dfrac{1.25\times10,000\times76.1}{22.4\times\dfrac{293}{273}\times1,000}=39.56$mg/L

㉯ 상한$=\dfrac{44\times10,000\times76.1}{22.4\times\dfrac{293}{273}\times1,000}=1392.79$mg/L

94 분진폭발의 발생순서로 옳은 것은?

① 비산 → 분산 → 퇴적분진 → 발화원 → 2차 폭발 → 전면 폭발
② 비산 → 퇴적분진 → 분산 → 발화원 → 2차 폭발 → 전면 폭발
③ 퇴적분진 → 발화원 → 분산 → 비산 → 전면 폭발 → 2차 폭발
④ 퇴적분진 → 비산 → 분산 → 발화원 → 전면 폭발 → 2차 폭발

 정답 91.③ 92.② 93.② 94.④

해설 **분진폭발**

㉮ 분진폭발의 발생순서
퇴적분진 → 비산 → 분산 → 발화원 발생 → 전면 폭발 → 2차 폭발

㉯ 분진이 발화 · 폭발하기 위한 조건
㉠ 가연성이어야 한다.
㉡ 미분상태로 존재해야 한다.
㉢ 지연성 가스(공기) 중에서 교반과 유동을 해야 한다.
㉣ 점화원이 존재해야 한다.

95 다음 중 산업안전보건법령상 화학설비의 부속설비로만 이루어진 것은?

① 사이클론, 백필터, 전기집진기 등 분진처리설비
② 응축기, 냉각기, 가열기, 증발기 등 열교환기류
③ 고로 등 점화기를 직접 사용하는 열교환기류
④ 혼합기, 발포기, 압출기 등 화학제품 가공설비

해설 **화학설비 및 그 부속설비의 종류**

㉮ 화학설비
㉠ 반응기 · 혼합조 등 화학물질 반응 또는 혼합장치
㉡ 증류탑 · 흡수탑 · 추출탑 · 감압탑 등 화학물질 분리장치
㉢ 저장탱크 · 계량탱크 · 호퍼 · 사일로 등 화학물질 저장설비 또는 계량설비
㉣ 응축기 · 냉각기 · 가열기 · 증발기 등 열교환기류
㉤ 고로 등 점화기를 직접 사용하는 열교환기류
㉥ 캘린더(calender) · 혼합기 · 발포기 · 인쇄기 · 압출기 등 화학제품 가공설비
㉦ 분쇄기 · 분체분리기 · 용융기 등 분체화학물질 취급장치
㉧ 결정조 · 유동탑 · 탈습기 · 건조기 등 분체화학물질 분리장치
㉨ 펌프류 · 압축기 · 이젝터(ejector) 등의 화학물질 이송 또는 압축설비

㉯ 화학설비의 부속설비
㉠ 배관 · 밸브 · 관 · 부속류 등 화학물질 이송 관련 설비
㉡ 온도 · 압력 · 유량 등을 지시 · 기록 등을 하는 자동제어 관련 설비
㉢ 안전밸브 · 안전판 · 긴급차단 또는 방출밸브 등 비상조치 관련 설비
㉣ 가스누출감지 및 경보 관련 설비
㉤ 세정기, 응축기, 벤트 스택, 플레어 스택 등 폐가스처리설비
㉥ 사이클론, 백필터, 전기집진기 등 분진처리설비
㉦ 정전기 제거장치, 긴급 샤워설비 등 안전 관련 설비

96 가연성 가스의 폭발범위에 관한 설명으로 틀린 것은?

① 압력 증가에 따라 폭발 상한계와 하한계가 모두 현저히 증가한다.
② 불활성 가스를 주입하면 폭발범위는 좁아진다.
③ 온도의 상승과 함께 폭발범위는 넓어진다.
④ 산소 중에서 폭발범위는 공기 중에서 보다 넓어진다.

해설 연소범위에 대한 압력의 영향은 수소를 제외하고는 압력이 증가하면 하한은 거의 변화가 없고, 상한만 증가한다.

97 Li과 Na에 관한 설명으로 틀린 것은?

① 두 금속 모두 실온에서 자연발화의 위험성이 있으므로 알코올 속에 저장해야 한다.
② 두 금속은 물과 반응하여 수소기체를 발생한다.
③ Li은 비중값이 물보다 작다.
④ Na은 은백색의 무른 금속이다.

해설 **리튬의 특징**

㉮ Li은 실온에서는 산소와 반응하지 않지만, 200℃로 가열하면 강한 백색 불꽃을 내며 연소한다.
㉯ 리튬은 물과 반응하여 수소기체를 발생한다.
㉰ Li은 비중값이 0.534로 물보다 작다.
㉱ Li은 은백색의 무른 금속이다.

95.① 96.① 97.① 정답

98 인화점에 관한 설명으로 옳은 것은?

① 액체의 표면에서 발생한 증기농도가 공기 중에서 연소하한 농도가 될 수 있는 가장 높은 액체온도
② 액체의 표면에서 발생한 증기농도가 공기 중에서 연소상한 농도가 될 수 있는 가장 낮은 액체온도
③ 액체의 표면에서 발생한 증기농도가 공기 중에서 연소하한 농도가 될 수 있는 가장 낮은 액체온도
④ 액체의 표면에서 발생한 증기농도가 공기 중에서 연소상한 농도가 될 수 있는 가장 높은 액체온도

해설 **인화점과 발화온도**
㉮ 인화점 : 액체의 표면에서 발생한 증기농도가 공기 중에서 연소하한 농도가 될 수 있는 최저의 온도
㉯ 발화온도(발화점) : 가연성 물질이 공기 중에서 점화원 없이 스스로 연소를 개시할 수 있는 최저 온도

99 산업안전보건법령상 위험물질의 종류를 구분할 때, 다음 물질들이 해당하는 것은?

리튬, 칼륨 · 나트륨, 황, 황린, 황화인 · 적린

① 폭발성 물질 및 유기과산화물
② 산화성 액체 및 산화성 고체
③ 물반응성 물질 및 인화성 고체
④ 급성독성 물질

해설 **물반응성 물질 및 인화성 고체**
물반응성 물질이란 물과 상호작용을 하여 자연발화되거나 인화성 가스를 발생시키는 고체 · 액체 또는 혼합물이며, 인화성 고체란 쉽게 연소되거나 마찰에 의하여 화재를 일으키거나 촉진할 수 있는 물질이다.
※ 물반응성 물질 및 인화성 고체의 종류
① 리튬
② 칼륨 · 나트륨
③ 황
④ 황린
⑤ 황화인 · 적린
⑥ 셀룰로이드류
⑦ 알킬알루미늄 · 알킬리튬
⑧ 마그네슘 분말
⑨ 금속 분말(마그네슘 분말은 제외한다)
⑩ 알칼리금속(리튬 · 칼륨 및 나트륨은 제외한다)
⑪ 유기금속화합물(알킬알루미늄 및 알킬리튬은 제외한다)
⑫ 금속의 수소화물
⑬ 금속의 인화물
⑭ 칼슘 탄화물, 알루미늄 탄화물
⑮ 그 밖에 ①부터 ⑭까지의 물질과 같은 정도의 발화성 또는 인화성이 있는 물질
⑯ ①부터 ⑮까지의 물질을 함유한 물질

100 공정안전보고서 중 공정안전자료에 포함하여야 할 세부내용에 해당하는 것은?

① 비상조치계획에 따른 교육계획
② 안전운전지침서
③ 각종 건물 · 설비의 배치도
④ 도급업체 안전관리계획

해설 **공정안전자료의 세부내용**
㉮ 유해 · 위험물질에 대한 물질안전보건자료
㉯ 유해 · 위험설비의 목록 및 사양
㉰ 취급 · 저장하고 있거나 취급 · 저장하려는 유해 · 위험물질의 종류 및 수량
㉱ 유해 · 위험설비의 운전방법을 알 수 있는 공정도면
㉲ 위험설비의 안전설계 · 제작 및 설치 관련 지침서
㉳ 각종 건물 · 설비의 배치도
㉴ 폭발위험장소의 구분도 및 전기단선도

≫ 제6과목 건설안전기술

101 터널공사 시 인화성 가스가 농도 이상으로 상승하는 것을 조기에 파악하기 위하여 설치하는 자동경보장치의 작업 시작 전 점검해야 할 사항이 아닌 것은?

① 계기의 이상 유무
② 발열 여부
③ 검지부의 이상 유무
④ 경보장치의 작동상태

 정답 98.③ 99.③ 100.③ 101.②

해설 **자동경보장치의 작업 시작 전 점검내용**
㉮ 계기의 이상 유무
㉯ 검지부의 이상 유무
㉰ 경보장치의 작동상태

102 항만 하역작업 시 근로자 승강용 현문 사다리 및 안전망을 설치하여야 하는 선박은 최소 몇 톤 이상일 경우인가?

① 500톤 ② 300톤
③ 200톤 ④ 100톤

해설 300톤급 이상의 선박에서 하역작업을 하는 경우에 근로자들이 안전하게 오르내릴 수 있는 현문 사다리를 설치하여야 하며, 이 사다리 밑에 안전망을 설치하여야 한다.

103 잠함 또는 우물통의 내부에서 굴착작업을 할 때의 준수사항으로 옳지 않은 것은?

① 굴착 깊이가 10m를 초과하는 때에는 해당 작업장소와 외부와의 연락을 위한 통신설비 등을 설치한다.
② 산소 결핍의 우려가 있는 때에는 산소의 농도를 측정하는 자를 지명하여 측정하도록 한다.
③ 근로자가 안전하게 승강하기 위한 설비를 설치한다.
④ 측정 결과 산소의 결핍이 인정될 때에는 송기를 위한 설비를 설치하여 필요한 양의 공기를 공급하여야 한다.

해설 **잠함 또는 우물통의 내부에서 굴착작업 시 준수사항**
㉮ 굴착 깊이가 20m를 초과하는 경우에는 해당 작업장소와 외부와의 연락을 위한 통신설비 등을 설치할 것
㉯ 산소 결핍 우려가 있는 경우에는 산소의 농도를 측정하는 사람을 지명하여 측정하도록 할 것
㉰ 근로자가 안전하게 오르내리기 위한 설비를 설치할 것
㉱ 측정 결과 산소 결핍이 인정되거나 굴착 깊이가 20m를 초과하는 경우에는 송기를 위한 설비를 설치하여 필요한 양의 공기를 공급해야 한다.

104 백호(back hoe)의 운행방법에 대한 설명으로 옳지 않은 것은?

① 경사로나 연약지반에서는 무한궤도식보다는 타이어식이 안전하다.
② 작업계획서를 작성하고 계획에 따라 작업을 실시하여야 한다.
③ 작업 장소의 지형 및 지반상태 등에 적합한 제한속도를 정하고 운전자로 하여금 이를 준수하도록 하여야 한다.
④ 작업 중 승차석 외의 위치에 근로자를 탑승시켜서는 안 된다.

해설 경사로나 연약지반에서는 타이어식보다는 무한궤도식이 안전하다.

105 건물 기초에서 발파 허용 진동치 규제기준으로 틀린 것은?

① 문화재 : 0.2cm/sec
② 주택, 아파트 : 0.5cm/sec
③ 상가 : 1.0cm/sec
④ 철골콘크리트 빌딩 : 0.1~0.5cm/sec

해설 **건물 기초에서 발파 허용 진동치**
발파구간 인접 구조물에 대한 피해 및 손상을 예방하기 위하여 다음 표에 의한 값을 준용한다.

문화재	주택, 아파트	상가(금이 없는 상태)	철골콘크리트 빌딩 및 상가
0.2cm/sec	0.5cm/sec	1.0cm/sec	1.0~4.0cm/sec

1. 기존 구조물에 금이 있거나 노후 구조물에 대하여는 상기 표의 기준을 실정에 따라 허용범위를 하향 조정하여야 한다.
2. 이 기준을 초과할 때에는 발파를 중지하고 그 원인을 규명하여 적정한 패턴(발파기준)에 의하여 작업을 재개한다.

106 사면의 붕괴 형태의 종류에 해당되지 않는 것은?

① 사면의 측면부 파괴
② 사면선 파괴
③ 사면 내 파괴
④ 바닥면 파괴

102.② 103.① 104.① 105.④ 106.① 정답

해설 **사면의 붕괴 형태**
㉮ 사면선 파괴
㉯ 사면 내 파괴
㉰ 바닥면 파괴

107 점토질 지반의 침하 및 압밀재해를 막기 위하여 실시하는 지반개량 탈수공법으로 적당하지 않은 것은?

① 샌드 드레인 공법
② 생석회 공법
③ 진동 공법
④ 페이퍼 드레인 공법

해설 **점토질 지반의 개량공법**
㉮ 샌드 드레인(sand drain) 공법
㉯ 페이퍼 드레인(paper drain) 공법
㉰ 프리로딩(pre-loading) 공법
㉱ 치환 공법
㉲ 생석회 공법

108 로드(rod) · 유압 잭(jack) 등을 이용하여 거푸집을 연속적으로 이동시키면서 콘크리트를 타설할 때 사용되는 것으로 silo 공사 등에 적합한 거푸집은?

① 메탈폼　② 슬라이딩폼
③ 워플폼　④ 페코빔

해설 **슬라이딩폼(sliding form)**
원형 철판 거푸집을 요크(york)로 서서히 끌어올리면서 연속적으로 콘크리트를 타설하는 수직활동 거푸집으로, 사일로, 굴뚝 등에 사용한다.

109 강관을 사용하여 비계를 구성하는 경우 준수해야 할 사항으로 옳지 않은 것은?

① 비계기둥의 간격은 띠장 방향에서는 1.85m 이하, 장선(長線) 방향에서는 1.5m 이하로 할 것
② 띠장 간격은 2m 이하로 설치할 것
③ 비계기둥의 제일 윗부분으로부터 31m 되는 지점 밑부분의 비계기둥은 3개의 강관으로 묶어세울 것
④ 비계기둥 간의 적재하중은 400kg을 초과하지 않도록 할 것

해설 **강관비계 구성 시 준수사항**
㉮ 비계기둥의 간격은 띠장 방향에서는 1.85m 이하, 장선(長線) 방향에서는 1.5m 이하로 할 것. 다만, 선박 및 보트 건조작업의 경우 안전성에 대한 구조 검토를 실시하고 조립도를 작성하면 띠장 방향 및 장선 방향으로 각각 2.7m 이하로 할 수 있다.
㉯ 띠장 간격은 2.0m 이하로 할 것. 다만, 작업의 성질상 이를 준수하기가 곤란하여 쌍기둥틀 등에 의하여 해당 부분을 보강한 경우에는 그러하지 아니하다.
㉰ 비계기둥의 제일 윗부분으로부터 31m 되는 지점 밑부분의 비계기둥은 2개의 강관으로 묶어세울 것. 다만, 브래킷(bracket, 까치발) 등으로 보강하여 2개의 강관으로 묶을 경우 이상의 강도가 유지되는 경우에는 그러하지 아니하다.
㉱ 비계기둥 간의 적재하중은 400kg을 초과하지 않도록 할 것

110 사면보호공법 중 구조물에 의한 보호공법에 해당되지 않는 것은?

① 식생구멍공
② 블록공
③ 돌쌓기공
④ 현장타설 콘크리트 격자공

해설 **사면보호공법**
㉮ 구조물에 의한 사면보호공법
　㉠ 현장타설 콘크리트 격자공
　㉡ 블록공
　㉢ 돌쌓기공
　㉣ 콘크리트 붙임공법
　㉤ 뿜칠공법, 피복공법 등
㉯ 식생에 의한 사면보호공법
㉰ 떼임공법 등

111 다음 중 운반작업 시 주의사항으로 옳지 않은 것은?

① 운반 시의 시선은 진행방향을 향하고 뒷걸음 운반을 하여서는 안 된다.
② 무거운 물건을 운반할 때 무게중심이 높은 하물은 인력으로 운반하지 않는다.
③ 어깨높이보다 높은 위치에서 하물을 들고 운반하여서는 안 된다.
④ 단독으로 긴 물건을 어깨에 메고 운반할 때에는 뒤쪽을 위로 올린 상태로 운반한다.

 정답 107.③ 108.② 109.③ 110.① 111.④

해설 **인력 운반작업 시 안전수칙**

㉮ 물건을 들어올릴 때는 팔과 무릎을 사용하여 척추는 곧은 자세로 한다.
㉯ 무거운 물건은 공동작업으로 실시하고 보조기구를 사용한다.
㉰ 길이가 긴 물건은 앞쪽을 높여 운반한다.
㉱ 하물에 될 수 있는 대로 접근하여 중심을 낮게 한다.
㉲ 어깨높이보다 높은 위치에서 하물을 들고 운반하여서는 안 된다.
㉳ 무리한 자세를 장시간 지속하지 않는다.
㉴ 운반 시의 시선은 진행방향을 향하고 뒷걸음 운반을 하여서는 안 된다.
㉵ 무거운 물건을 운반할 때 무게중심이 높은 하물은 인력으로 운반하지 않는다.

112 터널 지보공을 설치한 경우에 수시로 점검하여 이상을 발견 시 즉시 보강하거나 보수해야 할 사항이 아닌 것은?

① 부재의 손상 · 변형 · 부식 · 변위 · 탈락의 유무 및 상태
② 부재의 긴압의 정도
③ 부재의 접속부 및 교차부의 상태
④ 계측기 설치상태

해설 **터널 지보공을 설치한 경우의 점검사항**
터널 지보공을 설치한 경우에 다음의 사항을 수시로 점검하여야 하며, 이상을 발견한 경우에는 즉시 보강하거나 보수하여야 한다.
㉮ 부재의 손상 · 변형 · 부식 · 변위 · 탈락의 유무 및 상태
㉯ 부재의 긴압 정도
㉰ 부재의 접속부 및 교차부의 상태
㉱ 기둥 침하의 유무 및 상태

113 선창의 내부에서 화물 취급작업을 하는 근로자가 안전하게 통행할 수 있는 설비를 설치하여야 하는 기준은 갑판의 윗면에서 선창(船倉) 밑바닥까지의 깊이가 최소 얼마를 초과할 때인가?

① 1.3m ② 1.5m
③ 1.8m ④ 2.0m

해설 갑판의 윗면에서 선창 밑바닥까지의 깊이가 1.5m를 초과하는 선창의 내부에서 화물 취급작업을 하는 경우에 그 작업에 종사하는 근로자가 안전하게 통행할 수 있는 설비를 설치하여야 한다.

114 해체공사 시 작업용 기계 · 기구의 취급 안전기준에 관한 설명으로 옳지 않은 것은?

① 철제 해머와 와이어로프의 결속은 경험이 많은 사람으로서 선임된 자에 한하여 실시하도록 하여야 한다.
② 팽창제 천공 간격은 콘크리트 강도에 의하여 결정되나 70~120cm 정도를 유지하도록 한다.
③ 쐐기 타입으로 해체 시 천공 구멍은 타입기 삽입 부분의 직경과 거의 같아야 한다.
④ 화염방사기로 해체작업 시 용기 내 압력은 온도에 의해 상승하기 때문에 항상 40℃ 이하로 보존해야 한다.

해설 ② 팽창제 천공 간격은 콘크리트 강도에 의하여 결정되나 30~70cm 정도를 유지하도록 한다.

115 운반작업을 인력운반작업과 기계운반작업으로 분류할 때, 기계운반작업으로 실시하기에 부적당한 대상은?

① 단순하고 반복적인 작업
② 표준화되어 있어 지속적이고 운반량이 많은 작업
③ 취급물의 형상, 성질, 크기 등이 다양한 작업
④ 취급물이 중량인 작업

해설 ③ 취급물의 형상, 성질, 크기 등이 다양한 작업은 인력운반작업을 하는 것이 유리하다.

116 말비계를 조립하여 사용하는 경우 지주부재와 수평면의 기울기는 얼마 이하로 하여야 하는가?

① 65°
② 70°
③ 75°
④ 80°

112.④ 113.② 114.② 115.③ 116.③ 정답

해설 말비계 조립 시 준수사항

㉮ 지주부재의 하단에는 미끄럼방지장치를 하고, 근로자가 양측 끝부분에 올라서서 작업하지 않도록 할 것
㉯ 지주부재와 수평면의 기울기를 75° 이하로 하고, 지주부재와 지주부재 사이를 고정시키는 보조부재를 설치할 것
㉰ 말비계의 높이가 2m를 초과하는 경우에는 작업발판의 폭을 40cm 이상으로 할 것

117 지하수위 상승으로 포화된 사질토 지반의 액상화 현상을 방지하기 위한 가장 직접적이고 효과적인 대책은?

① well point 공법 적용
② 동다짐 공법 적용
③ 입도가 불량한 재료를 입도가 양호한 재료로 치환
④ 밀도를 증가시켜 한계 간극비 이하로 상대밀도를 유지하는 방법 강구

해설 웰포인트 공법(well point method)

주로 모래질 지반에 유효한 배수공법의 하나이다. 웰포인트라는 양수관을 다수 박아 넣고, 상부를 연결하여 진공펌프와 와권(渦巻)펌프를 조합시킨 펌프에 의해 지하수를 강제 배수한다. 중력 배수가 유효하지 않은 경우에 널리 쓰이는 데, 1단의 양정이 7m 정도까지이므로 깊은 굴착에는 여러 단의 웰포인트가 필요하게 된다.

118 지하수위 측정에 사용되는 계측기는?

① load cell ② inclinometer
③ extensometer ④ piezometer

해설 계측기의 종류

㉮ 수위계(water level meter) : 지반 내 지하수위 변화를 측정
㉯ 간극수압계(piezometer) : 지하수의 수압을 측정
㉰ 하중계(load cell) : 버팀보(지주) 또는 어스앵커(earth anchor) 등의 실제 축하중 변화 상태를 측정
㉱ 지중경사계(inclinometer) : 흙막이벽의 수평변위(변형) 측정
㉲ 신장계(extensometer) : 인장시험편의 평행부의 표점거리에 생긴 길이의 변화, 즉 신장을 정밀하게 측정

119 산업안전보건법령에 따른 작업발판 일체형 거푸집에 해당되지 않는 것은?

① 갱폼(gang form)
② 슬립폼(slip form)
③ 유로폼(euro form)
④ 클라이밍폼(climbing form)

해설 작업발판 일체형 거푸집 종류

㉮ 갱폼(gang form)
㉯ 슬립폼(slip form)
㉰ 클라이밍폼(climbing form)
㉱ 터널 라이닝폼(tunnel lining form)
㉲ 그 밖에 거푸집과 작업발판이 일체로 제작된 거푸집 등

120 다음은 산업안전보건법령에 따른 화물자동차의 승강설비에 관한 사항이다. ( ) 안에 알맞은 내용으로 옳은 것은?

> 사업주는 바닥으로부터 짐 윗면까지의 높이가 ( ) 이상인 화물자동차에 짐을 싣는 작업 또는 내리는 작업을 하는 경우에는 근로자의 추가 위험을 방지하기 위하여 해당 작업에 종사하는 근로자가 바닥과 적재함의 짐 윗면 간을 안전하게 오르내리기 위한 설비를 설치하여야 한다.

① 2m ② 4m
③ 6m ④ 8m

해설 화물자동차 승강설비

사업주는 바닥으로부터 짐 윗면까지의 높이가 2m 이상인 화물자동차에 짐을 싣는 작업 또는 내리는 작업을 하는 경우에는 근로자의 추가 위험을 방지하기 위하여 해당 작업에 종사하는 근로자가 바닥과 적재함의 짐 윗면 간을 안전하게 오르내리기 위한 설비를 설치하여야 한다.

정답 117.① 118.④ 119.③ 120.①

CBT 복원문제 2024. 2. 15. 시행

제1회 산업안전기사 2024

≫ 제1과목 산업재해 예방 및 안전보건교육

01 다음 중 리더십 이론에서 성공적인 리더는 어떤 특성을 가지고 있는가를 연구하는 이론은?

① 특성 이론
② 행동 이론
③ 상황 적합성 이론
④ 수명 주기 이론

해설 ① 특성 이론 : 리더십 이론에서 성공적인 리더는 어떤 특성을 가지고 있는가를 연구하는 이론
② 행동 이론 : 인간은 자극에 따라 반응하는 존재로 보고, 학습이란 인간의 바람직한 행동의 변화를 일으키기 위해 적절한 자극과 그 반응을 강화시키는 것으로 이해하는 이론
③ 상황 적합성 이론 : 리더 및 부하의 행동적 특성, 과업과 집단구조, 조직체 요소를 중심으로 리더십 상황을 유형화하고 리더십 과정에서 이들 요소의 역할과 리더의 효과를 분석하려는 이론
④ 수명 주기 이론 : 지도자는 지도 받는 자의 성숙도에 따라 그것에 알맞은 형태의 리더십을 적용하여야 한다는 상황 이론

02 다음 중 O.J.T(On the Job Training)의 특징에 대한 설명으로 옳은 것은?

① 직장의 실정에 맞는 구체적이고 실제적인 지도 교육이 가능하다.
② 타 직장의 근로자와 지식이나 경험을 교류할 수 있다.
③ 외부의 전문가를 위촉하여 전문 교육을 실시할 수 있다.
④ 다수의 근로자에게 조직적 훈련이 가능하다.

해설 **O.J.T와 Off J.T의 특징**

㉮ O.J.T의 특징
㉠ 개개인에게 적합한 지도훈련이 가능하다.
㉡ 직장의 실정에 맞는 실체적 훈련을 할 수 있다.
㉢ 훈련에 필요한 업무의 계속성이 끊어지지 않는다.
㉣ 즉시 업무에 연결되는 관계로 신체와 관련이 있다.
㉤ 효과가 곧 업무에 나타나며, 훈련의 좋고 나쁨에 따라 개선이 용이하다.
㉥ 교육을 통한 훈련효과에 의해 상호 신뢰 이해도가 높아진다.

㉯ Off J.T의 특징
㉠ 다수의 근로자에게 조직적 훈련이 가능하다.
㉡ 훈련에만 전념하게 된다.
㉢ 특별설비기구를 이용할 수 있다.
㉣ 전문가를 강사로 초청할 수 있다.
㉤ 각 직장의 근로자가 많은 지식이나 경험을 교류할 수 있다.
㉥ 교육훈련 목표에 대해서 집단적 노력이 흐트러질 수도 있다.

03 다음 중 안전 교육의 기본 방향으로 가장 적합하지 않은 것은?

① 안전작업을 위한 교육
② 사고 사례 중심의 안전 교육
③ 생산활동 개선을 위한 교육
④ 안전의식 향상을 위한 교육

해설 **안전 교육의 기본 방향**

안전 교육은 인간 측면에 대한 사고 예방 수단의 하나인 동시에 안전한 인간 형성을 위한 항구적인 목표라고도 할 수 있다. 기업의 규모나 특성에 따라 안전 교육 방향을 설정하는 데는 차이가 있으나, 원칙적으로 환경적 · 기술적 · 인간적 측면에 기인하여 다음과 같은 기본 방향을 정하고 있다.

㉮ 사고 사례 중심의 안전 교육
㉯ 표준 안전작업을 위한 안전 교육
㉰ 안전의식 향상을 위한 안전 교육

01.① 02.① 03.③ 정답

04 상시 근로자수가 100명인 사업장에서 1일 8시간씩 연간 280일 근무하였을 때, 1명의 사망사고와 4건의 재해로 인하여 180일의 휴업일수가 발생하였다. 이 사업장의 종합재해지수는 약 얼마인가?

① 22.32 ② 27.59
③ 34.14 ④ 56.42

해설 종합재해지수 $= \sqrt{\text{빈도율} \times \text{강도율}}$

$$\text{빈도율} = \frac{(1+4)}{100 \times 8 \times 280} \times 10^6 = 22.32$$

$$\text{강도율} = \frac{7{,}500 + \left(180 \times \frac{280}{365}\right)}{100 \times 8 \times 280} \times 10^3 = 34.1$$

$\therefore$ 종합재해지수 $= \sqrt{22.32 \times 34.1} = 27.59$

05 다음 중 산업안전보건법상 사업 내 안전보건교육에 있어 관리감독자 정기 안전보건교육의 내용이 아닌 것은? (단, 산업안전보건법령 및 일반관리에 관한 사항은 제외한다.)

① 정리정돈 및 청소에 관한 사항
② 유해·위험작업환경 관리에 관한 사항
③ 표준 안전작업 방법 및 지도 요령에 관한 사항
④ 작업공정의 유해·위험과 재해예방대책에 관한 사항

해설 **관리감독자 정기 안전보건교육 내용**
㉮ 작업공정의 유해·위험과 재해예방대책에 관한 사항
㉯ 표준 안전작업 방법 및 지도 요령에 관한 사항
㉰ 관리감독자의 역할과 임무에 관한 사항
㉱ 산업보건 및 직업병 예방에 관한 사항
㉲ 유해·위험작업환경 관리에 관한 사항
㉳ 산업안전보건법령 및 산업재해보상보험 제도에 관한 사항
㉴ 직무스트레스 예방 및 관리에 관한 사항
㉵ 직장 내 괴롭힘, 고객의 폭언 등으로 인한 건강장해 예방 및 관리에 관한 사항
㉶ 산업안전 및 사고 예방에 관한 사항
㉷ 안전보건교육능력 배양에 관한 사항(현장 근로자와의 의사소통능력 향상, 강의능력 향상, 기타 안전보건교육능력 배양 등에 관한 사항)
※ 안전보건교육능력 배양 교육은 전체 관리감독자 교육시간의 1/3 이하에서 할 수 있다.

06 다음 중 학습전이의 조건과 가장 거리가 먼 것은?

① 학습자의 태도 요인
② 학습자의 지능 요인
③ 학습자료의 유사성 요인
④ 선행학습과 후행학습의 공간적 요인

해설 **학습전이의 조건**
㉮ 학습 정도의 요인 : 선행학습의 정도에 따라 전이의 기능 정도가 다르다.
㉯ 유사성의 요인 : 선행학습과 후행학습에 유사성이 있어야 한다는 것으로 자극의 유사성, 반응의 유사성, 원리의 유사성이 있다.
㉰ 시간적 간격의 요인 : 선행학습과 후행학습의 시간 간격에 따라 전이의 효과가 다르다.
㉱ 학습자의 지능 요인 : 학습자의 지능 정도에 따라 전이효과가 달라진다.
㉲ 학습자의 태도 요인 : 학습자의 주의력 및 능력, 특히 태도에 따라 전이의 정도가 다르다.

07 다음 중 교육 형태의 분류에 있어 가장 적절하지 않은 것은?

① 교육 의도에 따라 형식적 교육, 비형식적 교육
② 교육 성격에 따라 일반교육, 교양교육, 특수교육
③ 교육방법에 따라 가정교육, 학교교육, 사회교육
④ 교육 내용에 따라 실업교육, 직업교육, 고등교육

해설 **교육 형태의 분류**
㉮ 교육하고자 하는 의도에 의한 분류 : 형식적 교육, 비형식적 교육 또는 의도적 교육과 무의도적 교육
㉯ 교육 성격에 의한 분류 : 일반교육, 교양교육, 특수교육, 전문교육, 현직교육, 사범교육 등
㉰ 교육 방법에 의한 분류 : 시청각교육, 실습교육, 방송통신교육 등
㉱ 교육 내용에 의한 분류 : 인문교육, 실업교육, 직업교육, 초등교육, 중등교육, 고등교육 등
㉲ 교육 장소에 의한 분류 : 가정교육, 학교교육, 사회교육 등
㉳ 교육 대상에 의한 분류 : 유아교육, 아동교육, 성인교육 등
㉴ 교육 기간에 의한 분류 : 단기교육, 장기교육 등

 정답 04.② 05.① 06.④ 07.③

08 산업안전보건법령상 산업안전보건위원회의 구성원 중 사용자 위원에 해당되지 않는 것은? (단, 해당 위원이 사업장에 선임이 되어 있는 경우에 한한다.)

① 안전관리자
② 보건관리자
③ 산업보건의
④ 명예산업안전감독관

해설 산업안전보건위원회의 구성

근로자 · 사용자 동수로 구성한다.

㉮ 근로자 위원
- ㉠ 근로자 대표(근로자 과반수를 대표하는 자, 근로자 과반수로 조직된 노동조합의 대표자 또는 노동단체의 대표자)
- ㉡ 근로자 대표가 지명하는 1명 이상의 명예산업안전감독관(명예산업안전감독관이 위촉되어 있는 경우에 한함)
- ㉢ 근로자 대표가 지명하는 9명 이내의 당해 사업장의 근로자(명예산업안전감독관의 수를 제외한 수의 근로자를 말함)

㉯ 사용자 위원
- ㉠ 당해 사업장의 대표자(동일 사업 내에 지역을 달리 하는 사업장으로 그 사업장의 최고 책임자)
- ㉡ 안전관리자 1명(안전관리대행기관에 위탁한 사업장은 대행기관의 당해 사업장 담당자)
- ㉢ 보건관리자 1명(보건관리대행기관에 위탁한 사업장은 대행기관의 당해 사업장 담당자)
- ㉣ 산업보건의(선임되어 있는 경우에 한함)
- ㉤ 당해 사업장의 대표자가 지명하는 9명 이내의 당해 사업장 부서의 장

09 기술교육의 형태 중 존 듀이(J. Dewey)의 사고과정 5단계에 해당하지 않는 것은?

① 추론한다.
② 시사를 받는다.
③ 가설을 설정한다.
④ 가슴으로 생각한다.

해설 듀이의 사고과정 5단계

㉮ 1단계 : 시사를 받는다.
㉯ 2단계 : 머리로 생각한다.
㉰ 3단계 : 가설을 설정한다.
㉱ 4단계 : 추론한다.
㉲ 5단계 : 행동에 의해서 가설을 검토한다.

10 다음 중 재해 코스트 산정에 있어 시몬즈(R.H. Simonds) 방식에 의한 재해 코스트 산정법을 올바르게 나타낸 것은?

① 직접비 + 간접비
② 간접비 + 비보험 코스트
③ 보험 코스트 + 비보험 코스트
④ 보험 코스트 + 사업부 보상금 지급액

해설 시몬즈 방식의 재해 코스트 산정식

총 재해 Cost=보험 Cost + 비보험 Cost

비보험 코스트
=(휴업상해건수×A)+(통원상해건수×B)
+(응급조치건수×C)+(무상해사고건수×D)

여기서, A, B, C, D : 상해정도별 비보험 코스트의 평균치

11 다음 중 헤드십(Headship)의 특성으로 옳지 않은 것은?

① 권한의 근거는 공식적이다.
② 지휘의 형태는 권위주의적이다.
③ 상사와 부하와의 사회적 간격은 좁다.
④ 상사와 부하와의 관계는 지배적이다.

해설 헤드십과 리더십의 차이

개인의 상황 변수	헤드십	리더십
권한행사	임명된 헤드	선출된 리더
권한부여	위에서 위임	밑으로부터 동의
권한근거	법적 또는 공식적	개인능력
권한귀속	공식화된 규정에 의함.	집단 목표에 기여한 공로 인정
상관과 부하의 관계	지배적	개인적인 영향
책임귀속	상사	상사와 부하
부하와의 사회적 간격	넓음.	좁음.
지휘형태	권위주의적	민주주의적

08.④ 09.④ 10.③ 11.③ 정답

12 주로 관리감독자를 교육 대상자로 하며 직무에 관한 지식, 작업을 가르치는 능력, 작업방법을 개선하는 기능 등을 교육 내용으로 하는 기업 내 정형교육은?

① TWI(Training Within Industry)
② MTP(Management Training Program)
③ ATT(American Telephone Telegram)
④ ATP(Administration Training Program)

해설 **TWI(Training Within Industry)**
㉮ 교육 대상자 : 관리감독자
㉯ 교육 내용
㉠ JI(Job Instruction) : 작업지도 기법
㉡ JM(Job Method) : 작업개선 기법
㉢ JR(Job Relation) : 인간관계관리 기법(부하통솔 기법)
㉣ JS(Job Safety) : 작업안전 기법
㉰ 교육방법 : 한 클래스는 10명 정도, 교육방법은 토의법, 1일 2시간씩 5일에 걸쳐 10시간 정도 한다.

13 학습 지도의 형태 중 토의법에 해당되지 않는 것은?

① 패널 디스커션(Panel Discussion)
② 포럼(Forum)
③ 구안법(Project Method)
④ 버즈세션(Buzz Session)

해설 **토의식의 종류**
㉮ 포럼(Forum ; 공개토론회) : 새로운 자료나 교재를 제시하고 거기서의 문제점을 피교육자로 하여금 제기하게 하거나 의견을 여러 가지 방법으로 발표하게 하여 다시 깊이 파고들어 토의를 행하는 방법
㉯ 심포지엄(Symposium) : 몇 사람의 전문가에 의하여 과제에 관한 견해를 발표한 뒤 참가자로 하여금 의견이나 질문을 하게 하여 토의하는 방법
㉰ 패널 디스커션(Panel Discussion) : 패널멤버(교육과제에 정통한 전문가 4~5명)가 피교육자 앞에서 자유로이 토의하고 뒤에 피교육자 전원이 참가하여 사회자의 사회에 따라 토의하는 방법
㉱ 버즈세션(Buzz Session) : 6-6회의라고도 하며, 먼저 사회자와 기록계를 선출한 후 나머지 사람은 6명씩의 소집단으로 구분하고, 소집단별로 각각 사회자를 선발하여 6분씩 자유토의를 행하여 의견을 종합하는 방법

※ 구안법(Project Method) : 학생이 마음 속으로 생각하고 있는 것을 외부에 구체적으로 실현하고 형상화하기 위하여 스스로가 계획을 세워서 수행하는 학습활동으로 이루어지는 형태

14 직무적성검사의 특징이 아닌 것은?

① 재현성 ② 객관성
③ 타당성 ④ 표준화

해설 **직무적성검사의 특성**
㉮ 표준화
㉯ 객관성
㉰ 타당성
㉱ 신뢰성
㉲ 실용성

15 안전보건교육계획에 포함해야 할 사항이 아닌 것은?

① 교육의 종류 및 대상
② 교육의 과목 및 내용
③ 교육 장소 및 방법
④ 교육지도안

해설 **안전보건교육계획에 포함해야 할 사항**
㉮ 교육목표(첫째 과제) : 교육 및 훈련의 범위, 교육 보조자료의 준비 및 사용지침, 교육훈련의무와 책임관계 명시
㉯ 교육의 종류 및 교육대상
㉰ 교육의 과목 및 교육내용
㉱ 교육 기간 및 시간
㉲ 교육장소
㉳ 교육방법
㉴ 교육 담당자 및 강사
㉵ 소요예산 책정

16 산업안전보건법령상 ( ) 안에 들어갈 알맞은 기준은?

안전보건표지의 제작에 있어 안전보건표지 속의 그림 또는 부호의 크기는 안전보건표지의 크기와 비례하여야 하며, 안전보건표지 전체 규격의 ( ) 이상이 되어야 한다.

① 20% ② 30%
③ 40% ④ 50%

정답 12.① 13.③ 14.① 15.④ 16.②

해설 **안전보건표지의 제작기준**

㉮ 안전보건표지의 제작에 있어 안전보건표지 속의 그림 또는 부호의 크기는 안전보건표지의 크기와 비례하여야 하며, 안전보건표지 전체 규격의 30% 이상이 되어야 한다.
㉯ 안전보건표지 속의 그림 또는 부호의 바탕 색으로 사용되는 색은 전체 면적의 50% 이상이어야 한다.

17 산업안전보건법령상 안전보건표지의 종류 중 경고표지에 해당하지 않는 것은?

① 레이저광선 경고
② 급성독성물질 경고
③ 매달린 물체 경고
④ 차량통행 경고

해설 **경고표시의 기본모형 및 색채**

기본모형 및 색채	종 류
삼각형 예 (고압전기 경고) • 바탕은 노란색 • 기본모형 관련 부호 및 그림은 검은색	• 방사성물질 경고 • 고압전기 경고 • 매달린 물체 경고 • 고온 경고 • 저온 경고 • 몸균형 상실 경고 • 레이저광선 경고 • 위험장소 경고
다이아몬드형 예 (인화성물질 경고) • 바탕은 무색 • 기본모형은 빨간색 (검은색도 가능)	• 인화성물질 경고 • 산화성물질 경고 • 폭발성물질 경고 • 급성독성물질 경고 • 부식성물질 경고 • 발암성 · 변이원성 · 생식독성 · 전신독성 · 호흡기과민성 물질 경고

18 안전교육방법 중 구안법(project method)의 4단계의 순서로 옳은 것은?

① 목적결정 → 계획수립 → 활동 → 평가
② 계획수립 → 목적결정 → 활동 → 평가
③ 활동 → 계획수립 → 목적결정 → 평가
④ 평가 → 계획수립 → 목적결정 → 활동

해설 **구안법(project method)**

㉮ 정의
학습자 스스로가 계획을 세워서 수행하는 학습활동으로 이루어지는 교육형태이다.
㉯ 구안법의 단계
㉠ 1단계 : 목적
㉡ 2단계 : 계획
㉢ 3단계 : 수행
㉣ 4단계 : 평가
㉰ 특징
㉠ 동기부여가 충분하다.
㉡ 현실적인 학습방법이다.
㉢ 작업에 대하여 창조력이 생긴다.
㉣ 시간과 에너지가 많이 소비된다(단점).

개정 2023

19 산업안전보건법령상 사업 내 안전보건교육의 교육시간에 관한 설명으로 옳은 것은?

① 일용근로자의 작업내용 변경 시의 교육은 2시간 이상이다.
② 사무직에 종사하는 근로자의 정기교육은 매 반기 6시간 이상이다.
③ 일용근로자 및 기간제근로자를 제외한 근로자의 채용 시 교육은 4시간 이상이다.
④ 관리감독자의 정기교육은 연간 8시간 이상이다.

해설 **근로자 및 관리감독자 안전보건교육의 교육시간**

교육과정	교육대상		교육시간
정기교육	사무직 종사 근로자		매 반기 6시간 이상
	그 밖의 근로자	판매업무 종사 근로자	매 반기 6시간 이상
		판매업무 외의 근로자	매 반기 12시간 이상
	관리감독자		연간 16시간 이상
채용 시 교육	일용근로자 및 1주일 이하인 기간제근로자		1시간 이상
	1주일 초과 1개월 이하인 기간제근로자		4시간 이상
	그 밖의 근로자, 관리감독자		8시간 이상
작업내용 변경 시 교육	일용근로자 및 1주일 이하인 기간제근로자		1시간 이상
	그 밖의 근로자, 관리감독자		2시간 이상

20 보호구 안전인증 고시상 전로 또는 평로 등의 작업 시 사용하는 방열두건의 차광도 번호는?

① #2 ~ #3 ② #3 ~ #5
③ #6 ~ #8 ④ #9 ~ #11

해설 방열두건 사용 구분

차광도 번호	사용 구분
#2~#3	고로강판가열로, 조괴(造塊) 등의 작업
#3~#5	전로 또는 평로 등의 작업
#6~#8	전기로의 작업

» 제2과목 인간공학 및 위험성 평가·관리

21 다음 중 고장 형태와 영향 분석(FMEA)에 관한 설명으로 틀린 것은?

① 각 요소가 영향의 해석이 가능하기 때문에 동시에 2가지 이상의 요소가 고장 나는 경우에 적합하다.
② 해석 영역이 물체에 한정되기 때문에 인적 원인 해석이 곤란하다.
③ 양식이 간단하여 특별한 훈련 없이 해석이 가능하다.
④ 시스템 해석의 기법은 정성적, 귀납적 분석법 등에 사용한다.

해설 FMEA의 장점 및 단점
㉮ 장점 : 서식이 간단하고 비교적 적은 노력으로 특별한 훈련 없이 분석할 수 있다.
㉯ 단점 : 논리성이 부족하고 특히 각 요소 간의 영향을 분석하기 어렵기 때문에 동시에 두 가지 이상의 요소가 고장 날 경우에 분석이 곤란하며, 또한 요소가 물체로 한정되어 있기 때문에 인적 원인을 분석하는 데는 곤란이 있다.

22 개선의 ECRS 원칙에 해당하지 않는 것은?

① 제거(Eliminate)
② 결합(Combine)
③ 재조정(Rearrange)
④ 안전(Safety)

해설 작업 개선의 ECRS의 원칙
㉮ 제거(Eliminate)
㉯ 결합(Combine)
㉰ 재조정(Rearrange)
㉱ 단순화(Simplify)

23 그림과 같이 FTA로 분석된 시스템에서 현재 모든 기본사상에 대한 부품이 고장 난 상태이다. 부품 X_1부터 부품 X_5까지 순서대로 복구한다면 어느 부품을 수리 완료하는 순간부터 시스템은 정상 가동이 되겠는가?

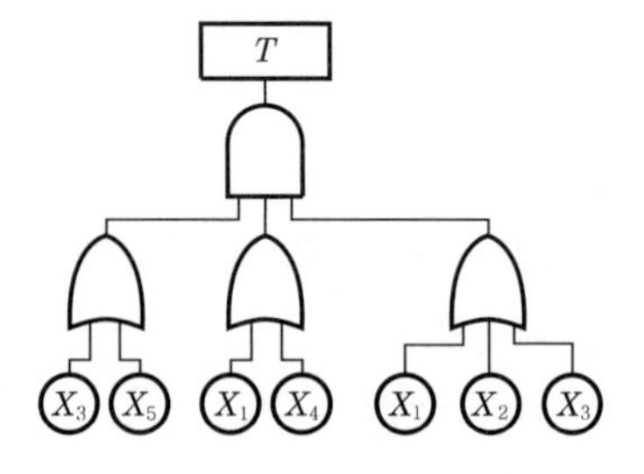

① X_1 ② X_2
③ X_3 ④ X_4

해설 부품 X_1부터 부품 X_5까지 순서대로 복구한다면 X_3이 복구되는 순간 시스템은 정상 가동이 된다. 이유는 상부는 AND 게이트, 하부는 OR 게이트로 연결되어 있으므로 OR 게이트는 1개 이상 입력되면 출력이 가능하므로 X_3, X_1, X_1만 복구되면 정상 가동된다.

24 다음 중 강한 음영 때문에 근로자의 눈 피로도가 큰 조명방법은?

① 간접 조명 ② 반간접 조명
③ 직접 조명 ④ 전반 조명

해설 직접 조명은 상방향으로 0~10%, 하방향으로 90~100% 빛이 향하므로 근로자의 눈 피로도가 큰 조명방식이다.

25 다음 중 인간공학 연구조사에 사용하는 기준의 구비조건과 가장 거리가 먼 것은?

① 적절성
② 무오염성
③ 다양성
④ 기준척도의 신뢰성

해설 인간공학 연구조사에 사용되는 체계 기준 및 인간 기준의 구비조건
㉮ 적절성 : 기준이 의도된 목적에 적당하다고 판단되는 정도를 말한다.

정답 21.① 22.④ 23.③ 24.③ 25.③

㉯ 무오염성 : 기준척도는 측정하고자 하는 변수 외의 다른 변수들의 영향을 받아서는 안 된다는 것
㉰ 기준척도의 신뢰성 : 척도의 신뢰성은 반복성(Repeatability)을 의미한다.

26 단순반응시간(Simple Reaction Time)이란 하나의 특정한 자극만이 발생할 수 있을 때 반응에 걸리는 시간으로서 흔히 실험에서와 같이 자극을 예상하고 있을 때이다. 자극을 예상하지 못할 경우 일반적으로 반응시간은 얼마 정도 증가되는가?

① 0.1초 ② 0.5초
③ 1.5초 ④ 2.0초

해설 **동작의 속도와 정확성**
㉮ 반응시간(Reaction Time) : 동작을 개시할 때까지의 총 시간을 말한다.
㉯ 단순반응시간(Simple Reaction Time) : 하나의 특정한 자극만이 발생할 수 있을 때 반응에 걸리는 시간으로 자극을 예상하고 있을 때, 반응시간은 0.15~0.2초 정도이다(특정 감각, 강도, 지속시간 등의 자극의 특성, 연령, 개인차 등에 따라 차이가 있음).
㉰ 자극이 가끔 일어나거나 예상하고 있지 않을 때, 반응시간은 약 0.1초가 증가된다.
㉱ 동작시간 : 신호에 따라서 동작을 시행하는 데 걸리는 시간 약 0.3초(조종 활동에서의 최소치)이다.
∴ 총 반응시간=단순반응시간+동작시간
=0.2+0.3=0.5초

27 다음 FT도에서 1~5사상의 발생확률이 모두 0.06일 경우 T사상의 발생확률은 약 얼마인가?

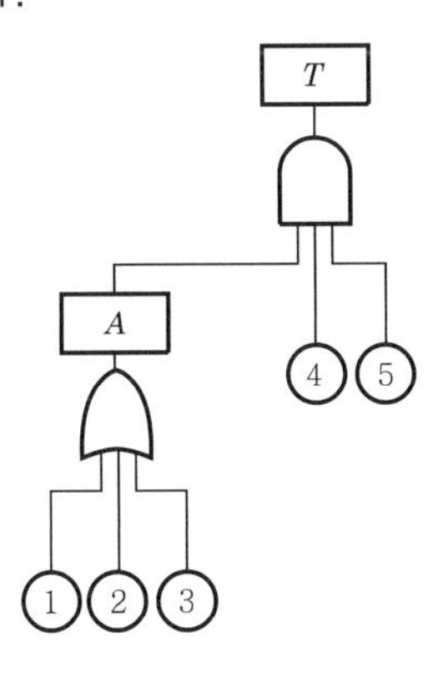

① 0.00036 ② 0.00061
③ 0.142625 ④ 0.2262

해설 $T=A\times④\times⑤$
$=[1-(1-①)(1-②)(1-③)]\times④\times⑤$
$=[1-(1-0.06)(1-0.06)(1-0.06)]\times0.06\times0.06$
$=0.00061$

28 다음 중 간헐적으로 페달을 조작할 때 다리에 걸리는 부하를 평가하기에 가장 적당한 측정변수는?

① 근전도
② 산소 소비량
③ 심장박동수
④ 에너지 소비량

해설 **근전도(EMG)**
근육활동 전위차의 기록(생리적 부담척도 중 국소적 근육활동의 척도)
㉮ 관절운동을 위해 근육이 수축할 때 전기적 신호를 검출
㉯ 간헐적인 페달을 조작할 때 다리에 걸리는 부하를 평가하는 측정변수

29 다음 중 인간공학에 있어 인체 측정의 목적으로 가장 올바른 것은?

① 안전관리를 위한 자료
② 인간공학적 설계를 위한 자료
③ 생산성 향상을 위한 자료
④ 사고 예방을 위한 자료

해설 **인체계측 방법**
인체계측은 인간공학적 설계를 위한 기초 자료를 얻기 위해서 실시한다.
㉮ 구조적 인체치수(Structural Body Dimension, 정적(靜的) 인체계측) : 표준(정적) 자세에서 움직이지 않는 피측정자를 인체계측기로 측정한 것이다.
㉯ 기능적 인체치수(Functional Body Dimension, 동적(動的) 인체계측) : 일반적으로 상지나 하지의 운동, 또는 체위의 움직임에 따른 상태에서 측정하는 것이다.

30 다음 중 의자를 설계하는 데 있어 적용할 수 있는 일반적인 인간공학적 원칙으로 가장 적절하지 않은 것은?

① 조절을 용이하게 한다.
② 요부 전만을 유지할 수 있도록 한다.
③ 등근육의 정적부하를 높이도록 한다.
④ 추간판에 가해지는 압력을 줄일 수 있도록 한다.

해설 **의자 설계의 일반 원리**
㉮ 디스크 압력을 줄인다.
㉯ 등근육의 정적부하 및 자세 고정을 줄인다.
㉰ 의자의 높이는 오금 높이와 같거나 낮아야 한다.
㉱ 좌면의 높이는 조절이 가능해야 한다.
㉲ 요추(요부)의 전만을 유도해야 한다(서 있을 때의 허리 S라인을 그대로 유지하는 것이 가장 좋다).

31 인간의 위치 동작에 있어 눈으로 보지 않고 손을 수평면상에서 움직이는 경우 짧은 거리는 지나치고, 긴 거리는 못 미치는 경향이 있는데, 이를 무엇이라고 하는가?

① 사정효과(Range Effect)
② 간격효과(Distance Effect)
③ 손동작 효과(Hand Action Effect)
④ 반응효과(Reaction Effect)

해설 **사정효과**
눈으로 보지 않고 손을 수평면 위에서 움직이는 경우에 짧은 거리는 지나치고, 긴 거리는 못 미치는 경향, 조작자는 작은 오차에는 과잉반응, 큰 오차에는 과소반응을 보이는 현상이다.

32 안전보건표지에서 경고표지는 삼각형, 안내표지는 사각형, 지시표지는 원형 등으로 부호가 고안되어 있다. 이처럼 부호가 이미 고안되어 이를 사용자가 배워야 하는 부호를 무엇이라 하는가?

① 묘사적 부호 ② 추상적 부호
③ 임의적 부호 ④ 사실적 부호

해설 **시각적 암호, 부호 및 기호의 유형**
㉮ 묘사적 부호 : 사물의 행동을 단순하고 정확하게 묘사하는 것
　예 위험표지판의 해골과 뼈, 도보표지판의 걷는 사람
㉯ 추상적 부호 : 전언(傳言)의 기본요소를 도시적으로 압축한 부호로서, 원 개념과는 약간의 유사성이 있을 뿐이다.
㉰ 임의적 부호 : 부호가 이미 고안되어 있으므로 이를 배워야 하는 부호
　예 교통표지판의 삼각형 – 주의, 원형 – 규제, 사각형 – 안내표시

33 위험 및 운전성 검토(HAZOP)에서 사용되는 가이드 워드 중에서 성질상의 감소를 의미하는 것은?

① Part of ② More less
③ No/Not ④ Other than

해설 **유인어(Guide Words)**
간단한 용어로서 창조적 사고를 유도하고 자극하여 이상을 발견하고, 의도를 한정하기 위해 사용된다. 즉, 다음과 같은 의미를 나타낸다.
㉮ No또는 Not : 설계의도의 완전한 부정
㉯ More 또는 Less : 양(압력, 반응, Flow, Rate, 온도 등)의 증가 또는 감소
㉰ As well as : 성질상의 증가(설계의도와 운전조건이 어떤 부가적인 행위와 함께 일어남)
㉱ Part of : 일부 변경, 성질상의 감소(어떤 의도는 성취되나, 어떤 의도는 성취되지 않음)
㉲ Reverse : 설계의도의 논리적인 역
㉳ Other than : 완전한 대체(통상 운전과 다르게 되는 상태)

34 결함수분석법에서 Path set에 관한 설명으로 맞는 것은?

① 시스템의 약점을 표현한 것이다.
② Top 사상을 발생시키는 조합이다.
③ 시스템이 고장 나지 않도록 하는 사상의 조합이다.
④ 시스템 고장을 유발시키는 필요불가결한 기본사상들의 집합이다.

해설 **패스셋과 미니멀 패스셋**
㉮ 패스셋(path sets) : 정상사상이 일어나지 않는 기본사상의 집합을 말한다.
㉯ 미니멀 패스셋(minimal path sets) : 필요한 최소한의 패스를 말한다(시스템의 신뢰성을 나타냄).

정답 30.③ 31.① 32.③ 33.① 34.③

35 A회사에서는 새로운 기계를 설계하면서 레버를 위로 올리면 압력이 올라가도록 하고, 오른쪽 스위치를 눌렀을 때 오른쪽 전등이 켜지도록 하였다면, 이것은 각각 어떤 유형의 양립성을 고려한 것인가?

① 레버 – 공간 양립성, 스위치 – 개념 양립성
② 레버 – 운동 양립성, 스위치 – 개념 양립성
③ 레버 – 개념 양립성, 스위치 – 운동 양립성
④ 레버 – 운동 양립성, 스위치 – 공간 양립성

해설 **양립성**
정보 입력 및 처리와 관련한 양립성은 인간의 기대와 모순되지 않는 자극들 간, 반응들 간 또는 자극반응조합의 관계를 말하는 것으로, 다음의 3가지가 있다.
㉮ 공간적 양립성 : 표시장치나 조종장치에서 물리적 형태나 공간적인 배치의 양립성
㉯ 운동 양립성 : 표시 및 조종장치, 체계반응에 대한 운동방향의 양립성
㉰ 개념적 양립성 : 사람들이 가지고 있는 개념적 연상(어떤 암호체계에서 청색이 정상을 나타내듯이)의 양립성

36 작업의 강도는 에너지대사율(RMR)에 따라 분류된다. 분류기준 중 중(中)작업(보통작업)의 에너지대사율은?

① 0~1RMR
② 2~4RMR
③ 4~7RMR
④ 7~9RMR

해설 **에너지대사율(RMR)에 따른 작업강도 분류**
㉮ 경작업 : 0~2
㉯ 중(中)작업 : 2~4
㉰ 중(重)작업 : 4~7
㉱ 초중(超中)작업 : 7 이상

37 휴먼에러(human error)의 요인을 심리적 요인과 물리적 요인으로 구분할 때, 심리적 요인에 해당하는 것은?

① 일이 너무 복잡한 경우
② 일의 생산성이 너무 강조될 경우
③ 동일 형상의 것이 나란히 있을 경우
④ 서두르거나 절박한 상황에 놓여 있을 경우

해설 휴먼에러의 심리적 요인에는 일에 대한 지식이 부족할 경우, 일을 할 의욕이 결여되어 있을 경우, 서두르거나 절박한 상황에 놓여 있을 경우, 어떠한 체험이 습관적으로 되어 있을 경우 등이 있다.
※ ①, ②, ③은 휴먼에러의 물리적 요인에 속한다.

38 산업안전보건기준에 관한 규칙상 작업장의 작업면에 따른 적정 조명수준은 초정밀작업에서 (ⓐ)lux 이상, 보통작업에서 (ⓑ)lux 이상이다. ( ) 안에 들어갈 내용은?

① ⓐ 650, ⓑ 150
② ⓐ 650, ⓑ 250
③ ⓐ 750, ⓑ 150
④ ⓐ 750, ⓑ 250

해설 **산업안전보건법상 작업면의 조명도**
㉮ 초정밀작업 : 750lux 이상
㉯ 정밀작업 : 300lux 이상
㉰ 보통작업 : 150lux 이상
㉱ 기타작업 : 75lux 이상

39 정신작업 부하를 측정하는 척도를 크게 4가지로 분류할 때 심박수의 변동, 뇌 전위, 동공반응 등 정보처리에 중추신경계 활동이 관여하고 그 활동이나 징후를 측정하는 것은?

① 주관적(subjective) 척도
② 생리적(physiological) 척도
③ 주임무(primary task) 척도
④ 부임무(secondary task) 척도

해설 정신작업 부하를 측정하는 척도 4가지 분류

㉮ 생리적 척도(physiological measure) : 정신적 작업부하의 생리적 척도는 정보처리에 중추신경계 활동이 관여하고, 그 활동이나 징후를 측정할 수 있다는 것이다. 생리적 척도로는 심박수의 변동, 뇌 전위, 동공반응, 호흡속도, 체액의 화학적 변화 등이 있다.

㉯ 주관적 척도(subjective measure) : 일부 연구자들은 정신적 작업부하의 개념에 가장 가까운 척도가 주관적 평가라고 주장한다. 평점 척도(rating scale)는 관리하기가 쉬우며, 사람들이 널리 받아들이는 것이다. 가장 오래 되었고, 타당하다고 검증된 작업부하의 주관적 척도로 Cooper-Harper 척도가 있는데, 원래는 비행기 조작특성을 평가하기 위해서 개발되었다. 또한 Sheridan과 Simpson(1979)은 시간 부하, 정신적 노력 부하, 정신적 스트레스의 3차원(multidimensional construct)을 사용하여 주관적 정신작업 부하를 정의하였다.

㉰ 제1(주)직무 척도(primary task measure) : 작업부하 측정을 위한 초기 시도에서는 직무분석 수법이 사용되었다. 제1직무 척도에서 작업부하는 직무수행에 필요한 시간을 직무수행에 쓸 수 있는 (허용되는) 시간으로 나눈 값으로 정의한다.

㉱ 제2(부)직무 척도(secondary task measure) : 정신적 작업부하에서 제2직무 척도를 사용한다는 것의 의미는 제1직무에서 사용하지 않은 예비용량(spare capacity)을 제2직무에서 이용한다는 것이다. 제1직무에서의 자원요구량이 클수록 제2직무의 자원이 적어지고, 따라서 성능이 나빠진다는 것이다.

40 시스템의 수명곡선(욕조곡선)에 있어서 디버깅(debugging)에 관한 설명으로 옳은 것은?

① 초기 고장의 결함을 찾아 고장률을 안정시키는 과정이다.
② 우발 고장의 결함을 찾아 고장률을 안정시키는 과정이다.
③ 마모 고장의 결함을 찾아 고장률을 안정시키는 과정이다.
④ 기계 결함을 발견하기 위해 동작시험을 하는 기간이다.

해설 ㉮ 디버깅(debugging) 기간 : 초기 고장의 결함을 찾아내어 고장률을 안정시키는 기간
㉯ 버닝(burning) 기간 : 어떤 부품을 조립하기 전에 특성을 안정화시키고 결함을 발견하기 위한 동작시험을 하는 기간

≫ 제3과목 기계·기구 및 설비 안전관리

41 다음 중 위험 기계의 구동에너지를 작업자가 차단할 수 있는 장치에 해당하는 것은?

① 급정지장치
② 감속장치
③ 위험방지장치
④ 방호설비

해설 **급정지장치**
위험 기계의 구동에너지를 작업자가 차단할 수 있는 장치이다.

42 다음 중 밀링작업의 안전조치에 대한 사항으로 적절하지 않은 것은?

① 절삭 중의 칩 제거는 칩 브레이크로 한다.
② 가공품을 측정할 때에는 기계를 정지시킨다.
③ 일감을 풀어내거나 고정할 때에는 기계를 정지시킨다.
④ 상하좌우 이송장치의 핸들은 사용 후 풀어놓는다.

해설 밀링작업 시 칩 제거는 기계를 정지시킨 후 브러시를 사용하여 제거한다.

43 크레인의 로프에 질량 2,000kg의 물건을 $10m/s^2$의 가속도로 감아올릴 때, 로프에 걸리는 총 하중은 약 몇 kN인가?

① 9.6 ② 19.6
③ 29.6 ④ 39.6

해설 총 하중 (w)=정하중 (w_1) + 동하중 (w_2)

$$w_2 = \frac{w_1}{g} \times a$$

여기서, g : 중력가속도
a : 가속도

$$w = 2{,}000 + \frac{2{,}000}{9.8} \times 10 = 4040.82\text{kg}_f$$

$$\therefore\ 4040.82\text{kg}_f \times \frac{9.8\text{N}}{1\text{kg}_f} \times \frac{1\text{kN}}{1{,}000\text{N}} = 39.6\text{kN}$$

 정답 40.① 41.① 42.① 43.④

44 다음 중 선반에서 절삭가공 시 발생하는 칩을 짧게 끊어지도록 공구에 설치되어 있는 방호장치의 일종인 칩 제거기구를 무엇이라 하는가?

① 칩브레이크
② 칩받침
③ 칩쉴드
④ 칩커터

해설 **칩브레이크**
칩이 끊어지지 않고 꼬불꼬불 나오게 되어 작업자의 팔이나 신체의 일부에 화상과 창상을 입을 수 있어 가공 시 발생되는 칩을 잘게 끊어주는 장치이다.

45 와이어 로프의 꼬임은 일반적으로 특수 로프를 제외하고는 보통 꼬임(Ordinary Lay)과 랭 꼬임(Lang's Lay)으로 분류할 수 있다. 다음 중 보통 꼬임에 관한 설명으로 틀린 것은?

① 킹크가 잘 생기지 않는다.
② 내마모성, 유연성, 저항성이 우수하다.
③ 로프의 변형이나 하중을 걸었을 때 저항성이 크다.
④ 스트랜드의 꼬임 방향과 로프의 꼬임 방향이 반대이다.

해설 **와이어 로프의 꼬임**
㉮ 보통 꼬임(Ordinary Lay)
㉠ 킹크가 잘 생기지 않는다.
㉡ 로프의 변형이나 하중을 걸었을 때 저항성이 크다.
㉢ 스트랜드의 꼬임 방향과 로프의 꼬임 방향이 반대이다.
㉣ 소성의 외부 길이가 짧아서 비교적 마모가 되기 쉽다.
㉯ 랭 꼬임(Lang's Lay)
㉠ 스트랜드의 꼬임 방향과 로프의 꼬임 방향이 동일한 것이다.
㉡ 보통 꼬임에 비하여 소선과 외부와의 접촉길이가 같다.
㉢ 내마모성, 유연성, 내피로성이 우수하다.
㉣ 꼬임이 풀기 쉬워 로프의 끝이 자유로이 회전하는 경우나 킹크가 생기기 쉬운 곳에는 적당하지 않다.

46 조작자의 신체부위가 위험한계 밖에 위치하도록 기계의 조작장치를 위험구역에서 일정 거리 이상 떨어지게 하는 방호장치를 무엇이라 하는가?

① 덮개형 방호장치
② 차단형 방호장치
③ 위치 제한형 방호장치
④ 접근 반응형 방호장치

해설 **프레스의 방호장치**
㉮ 위치 제한형 방호장치 : 양수조작식 방호장치
㉯ 접근 거부형 방호장치 : 수인식 방호장치, 손쳐내기식 방호장치
㉰ 접근 반응형 방호장치 : 광전자식(감응식) 방호장치

47 다음 중 정(Chisel)작업 시 안전수칙으로 적합하지 않은 것은?

① 반드시 보안경을 사용한다.
② 담금질한 재료는 정으로 작업하지 않는다.
③ 정작업에서 모서리 부분은 크기를 $3R$ 정도로 한다.
④ 철강재를 정으로 절단작업을 할 때 끝날 무렵에는 세게 때려 작업을 마무리한다.

해설 **정작업 시 안전수칙**
㉮ 정으로 자르기 시작할 때와 끝날 무렵에는 세게 치지 말 것
㉯ 반드시 보안경을 사용한다.
㉰ 담금질한 재료는 정으로 작업하지 않는다.
㉱ 정작업에서 모서리 부분은 크기를 $3R$ 정도로 한다.

48 산업용 로봇은 크게 입력정보 교시에 의한 분류와 동작 형태에 의한 분류로 나눌 수 있다. 다음 중 입력정보 교시에 의한 분류에 해당되는 것은?

① 관절 로봇
② 극좌표 로봇
③ 원통좌표 로봇
④ 수치제어 로봇

44.① 45.② 46.③ 47.④ 48.④ 정답

해설 **입력정보 교시에 의한 로봇의 종류**

종 류	기 능
매뉴얼 매니퓰레이션	인간이 조작하는 매니퓰레이터
지능 로봇	감각기능 및 인식기능에 의해 행동결정을 할 수 있는 로봇
감각제어 로봇	감각 정보를 가지고 동작의 제어를 행하는 로봇
플레이백 로봇	인간이 매니퓰레이터를 움직여서 미리 작업을 실시함으로써 그 작업의 순서, 위치 및 기타의 정보를 기억시켜 이를 재생함으로써 그 작업을 되풀이 할 수 있는 매니퓰레이터
수치제어 로봇	순서, 위치 기타의 정보를 수치에 의해 지령받은 작업을 할 수 있는 매니퓰레이터
적응제어 로봇	환경의 변화 등에 따라 제어 등의 특성을 필요로 하는 조건을 충족시키기 위하여 변화되는 적응제어 기능을 가지는 로봇
학습제어 로봇	학습제어 기능을 갖는 로봇으로 작업경험 등을 반영시켜 적절한 작업을 할 수 있는 로봇
고정 시퀀스 로봇	미리 설정된 순서와 조건 및 위치에 따라 동작의 각 단계를 차례로 거쳐 나가는 매니퓰레이터이며 설정정보의 변경을 쉽게 할 수 있는 로봇

49 다음 중 아세틸렌 용접장치에서 역화의 원인과 가장 거리가 먼 것은?

① 아세틸렌의 공급 과다
② 토치 성능의 부실
③ 압력조정기의 고장
④ 토치 팁에 이물질이 묻은 경우

해설 **아세틸렌 용접장치의 역화 원인**
㉮ 과열되었을 경우
㉯ 산소 공급이 과다할 경우
㉰ 압력조정기 고장
㉱ 토치의 성능이 좋지 않을 경우
㉲ 토치 팁에 이물질이 묻었을 경우

50 상용운전압력 이상으로 압력이 상승할 경우 보일러의 과열을 방지하기 위하여 버너의 연소를 차단하여 열원을 제거함으로써 정상 압력으로 유도하는 장치는?

① 압력방출장치
② 고저수위 조절장치
③ 압력제한스위치
④ 통풍제어스위치

해설 **보일러의 방호장치**
㉮ 압력제한스위치 : 상용운전압력 이상으로 압력이 상승할 경우, 보일러의 과열을 방지하기 위하여 최고 사용 압력과 상용압력 사이에서 보일러의 버너 연소를 차단하여 열원을 제거하여 정상 압력으로 유도하는 보일러의 방호장치
㉯ 압력방출장치 : 최고 사용 압력(증기압력) 이하에서 자동적으로 밸브가 열려서 증기를 외부로 분출시켜 증기 상승압력을 방지하는 장치
㉰ 고저수위 조절장치 : 보일러 내의 수위가 최저 또는 최고 한계에 도달하였을 경우, 자동적으로 경보를 발하는 도시에 단수 또는 급수에 의해 수위를 조절하는 장치

51 무부하 상태에서 지게차로 20km/h의 속도로 주행할 때 좌우 안정도는 몇 % 이내이어야 하는가?

① 37%　② 39%
③ 41%　④ 43%

해설 지게차의 주행 시 좌우 안정도
=15+1.1×최고 속도=15+1.1×20=37%

52 프레스의 방호장치에서 게이트 가드(Gate Guard)식 방호장치의 종류를 작동방식에 따라 분류할 때 해당되지 않는 것은?

① 경사식　② 하강식
③ 도립식　④ 횡슬라이드식

해설 **게이트 가드식 방호장치의 작동방식에 의한 분류**
㉮ 하강식
㉯ 도립식
㉰ 횡슬라이드식
㉱ 상승식

53 롤러기 급정지장치의 종류가 아닌 것은?

① 어깨 조작식　② 손 조작식
③ 복부 조작식　④ 무릎 조작식

 정답 49.① 50.③ 51.① 52.① 53.①

해설 롤러기 급정지장치의 종류 및 설치 위치

급정지장치의 종류	설치 위치
손조작 로프식	밑면에서 1.8m 이내
복부 조작식	밑면에서 0.8m 이상 1.1m 이내
무릎 조작식	밑면에서 0.4m 이상 0.6m 이내

54 다음 중 와전류 비파괴검사법의 특징과 가장 거리가 먼 것은?

① 관, 환봉 등의 제품에 대해 자동화 및 고속화된 검사가 가능하다.
② 검사대상 이외의 재료적 인자(투자율, 열처리, 온도 등)에 대한 영향이 적다.
③ 가는 선, 얇은 판의 경우도 검사가 가능하다.
④ 표면 아래 깊은 위치에 있는 결함은 검출이 곤란하다.

해설 검사대상 이외의 열처리, 온도 등 재료적 인자에 대한 영향이 크다.

55 연삭숫돌의 상부를 사용하는 것을 목적으로 하는 탁상용 연삭기에서 안전덮개의 노출 부위 각도는 몇 ° 이내이어야 하는가?

① 90° 이내
② 75° 이내
③ 60° 이내
④ 105° 이내

해설 탁상용 연삭기의 덮개
㉮ 덮개의 최대노출각도 : 90° 이내(원주의 1/4 이내)
㉯ 숫돌 주축에서 수평면 위로 이루는 원주각도 : 65° 이내
㉰ 수평면 이하에서 연삭할 경우 : 125°까지 증가
㉱ 숫돌의 상부 사용을 목적으로 할 경우 : 60° 이내

56 둥근톱 기계의 방호장치에서 분할날과 톱날 원주면과의 거리는 몇 mm 이내로 조정 · 유지할 수 있어야 하는가?

① 12 ② 14
③ 16 ④ 18

해설 분할날은 표준테이블면(승강테이블은 테이블을 최대로 내렸을 때의 면) 상 톱 후면 날의 2/3 이상을 덮고 톱날과의 간격이 12mm 이내가 되어야 한다.

57 컨베이어의 제작 및 안전기준상 작업구역 및 통행구역에 덮개, 울 등을 설치해야 하는 부위에 해당하지 않는 것은?

① 컨베이어의 동력전달 부분
② 컨베이어의 제동장치 부분
③ 호퍼, 슈트의 개구부 및 장력 유지장치
④ 컨베이어벨트, 풀리, 롤러, 체인, 스프로킷, 스크류 등

해설 컨베이어의 제작 및 안전기준상 작업구역 및 통행구역에 덮개, 울 등을 설치해야 하는 부위는 다음과 같이 3곳이 있다.
㉮ 컨베이어의 동력전달 부분
㉯ 호퍼, 슈트의 개구부 및 장력 유지장치
㉰ 컨베이어벨트, 풀리, 롤러, 체인, 스프로킷, 스크류 등

58 보일러에서 프라이밍(priming)과 포밍(forming)의 발생 원인으로 가장 거리가 먼 것은?

① 역화가 발생되었을 경우
② 기계적 결함이 있을 경우
③ 보일러가 과부하로 사용될 경우
④ 보일러수에 불순물이 많이 포함되었을 경우

해설 보일러 발생증기의 이상현상
㉮ 프라이밍(비수공발) : 보일러의 급격한 부하, 급격한 압력강하, 고수위 등에 의해 물방울 또는 물거품이 수면 위로 튀어 올라 관 밖으로 운반되는 현상
㉯ 포밍(거품의 발생) : 관수 중의 용존 고형물, 유지분에 의해 수면 위에 거품이 발생하고 심하면 보일러 밖으로 흘러넘치는 현상

54.② 55.③ 56.① 57.② 58.① 정답

59 산업안전보건법령상 금속의 용접, 용단에 사용하는 가스 용기를 취급할 때 유의사항으로 틀린 것은?

① 밸브의 개폐는 서서히 할 것
② 운반하는 경우에는 캡을 벗길 것
③ 용기의 온도는 40℃ 이하로 유지할 것
④ 통풍이나 환기가 불충분한 장소에는 설치하지 말 것

해설 **가스 등의 용기를 취급하는 경우 준수사항**
㉮ 다음의 어느 하나에 해당하는 장소에서 사용하거나 해당 장소에 설치 · 저장 또는 방치하지 않도록 할 것
㉠ 통풍이나 환기가 불충분한 장소
㉡ 화기를 사용하는 장소 및 그 부근
㉢ 위험물 또는 인화성 액체를 취급하는 장소 및 그 부근
㉯ 용기의 온도를 40℃ 이하로 유지할 것
㉰ 전도의 위험이 없도록 할 것
㉱ 충격을 가하지 않도록 할 것
㉲ 운반하는 경우에는 캡을 씌울 것
㉳ 사용하는 경우에는 용기의 마개에 부착되어 있는 유류 및 먼지를 제거할 것
㉴ 밸브의 개폐는 서서히 할 것
㉵ 사용 전 또는 사용 중인 용기와 그 밖의 용기를 명확히 구별하여 보관할 것
㉶ 용해 아세틸렌의 용기는 세워둘 것
㉷ 용기의 부식 · 마모 또는 변형상태를 점검한 후 사용할 것

60 방호장치 안전인증 고시에 따라 프레스 및 전단기에 사용되는 광전자식 방호장치의 일반구조에 대한 설명으로 가장 적절하지 않은 것은?

① 정상동작표시램프는 녹색, 위험표시램프는 붉은색으로 하며, 근로자가 쉽게 볼 수 있는 곳에 설치해야 한다.
② 슬라이드 하강 중 정전 또는 방호장치의 이상 시에 정지할 수 있는 구조이어야 한다.
③ 방호장치는 릴레이, 리미트 스위치 등의 전기부품의 고장, 전원전압의 변동 및 정전에 의해 슬라이드가 불시에 동작하지 않아야 하며, 사용전원전압의 ±(100분의 10)의 변동에 대하여 정상으로 작동되어야 한다.
④ 방호장치의 감지기능은 규정한 검출영역 전체에 걸쳐 유효하여야 한다(다만, 블랭킹 기능이 있는 경우 그렇지 않다).

해설 **광전자식 방호장치의 일반구조**
①, ②, ④ 이외에 다음 사항이 있다.
㉮ 방호장치는 릴레이, 리미트 스위치 등의 전기부품의 고장, 전원전압의 변동 및 정전에 의해 슬라이드가 불시에 동작하지 않아야 하며, 사용전원전압의 ±(100분의 20)의 변동에 대하여 정상으로 작동되어야 한다.
㉯ 방호장치의 정상작동 중에 감지가 이루어지거나 공급전원이 중단되는 경우 적어도 두 개 이상의 독립된 출력신호 개폐장치가 꺼진 상태로 돼야 한다.
㉰ 방호장치에 제어기(Controller)가 포함되는 경우에는 이를 연결한 상태에서 모든 시험을 한다.
㉱ 방호장치를 무효화하는 기능이 있어서는 안 된다.

≫ 제4과목 전기설비 안전관리

61 전기화재의 원인이 아닌 것은?

① 단락 및 과부하
② 절연불량
③ 기구의 구조불량
④ 누전

해설 전기화재를 분석해 보면 단락, 누전, 과전류, 스파크, 접촉부의 과열, 절연 열화에 의한 발열, 지락, 낙뢰, 정전기 스파크 접속불량 등이 그 발생 원인이다.

62 인체의 전기저항을 최악의 상태라고 가정하여 500Ω으로 하는 경우 심실세동을 일으킬 수 있는 에너지는 얼마 정도인가? (단, 심실세동 전류 $I=\frac{165}{\sqrt{T}}$ mA로 한다.)

① 6.5~17.0J
② 2.5~3.0J
③ 650~1,700mJ
④ 250~300mJ

 정답 59.② 60.③ 61.③ 62.①

해설 $I = \frac{116 \sim 185}{\sqrt{T}}$

여기서, I : 심실세동 전류[mA]

T : 통전시간[s]

㉮ $W = I^2RT = \left(\frac{116}{\sqrt{T}} \times 10^{-3}\right)^2 \times 500 \times T$

$= 6.728\,\text{W} \cdot \text{S} = 6.728\,\text{J}$

㉯ $W = I^2RT = \left(\frac{185}{\sqrt{T}} \times 10^{-3}\right)^2 \times 500 \times T$

$= 17.1125\,\text{W} \cdot \text{S} = 17.1125\,\text{J}$

63 금속관의 방폭형 부속품 설명으로 틀린 것은?

① 아연 도금을 한 위에 투명한 도료를 칠하거나 녹스는 것을 방지한 강 또는 가단 주철일 것
② 안쪽면 및 끝부분은 전선의 피복을 손상하지 않도록 매끈한 것일 것
③ 전선관의 접속 부분의 나사는 5턱 이상 완전히 나사 결합이 될 수 있는 길이일 것
④ 접합면 중 나사의 접합은 유입방폭구조의 폭발압력 시험에 적합할 것

해설 접합면 중 나사의 결합 부분은 "일반용 전기기기의 방폭구조 통칙"의 "나사끼움부"에 적합한 것일 것

64 다음 분진의 종류 중 폭연성 분진에 해당하는 것은?

① 소맥분 ② 철
③ 코크스 ④ 알루미늄

해설 **분진의 종류**

㉮ 비도전성 분진 : 곡물분진(밀, 옥수수, 설탕, 코코아, 쌀겨)
㉯ 도전성 분진 : 석탄, 코크스, 카본블랙
㉰ 폭연성 분진 : 마그네슘, 알루미늄

65 다음 중 감전 재해자가 발생하였을 때 취하여야 할 최우선 조치는? (단, 감전자가 질식상태라 가정한다.)

① 우선 병원으로 이동시킨다.
② 의사의 왕진을 요청한다.
③ 심폐소생술을 실시한다.
④ 부상 부위를 치료한다.

해설 **감전사고 발생 후의 처리순서**

㉮ 스위치를 끄고 구출자 본인의 방호조치 후 신속하게 피해자를 구출할 것
㉯ 즉시 인공호흡을 실시할 것
㉰ 생명 소생 후 병원에 후송할 것

66 전기설비 내부에서 발생한 폭발이 설비 주변에 존재하는 가연성 물질에 파급되지 않도록 한 구조는?

① 압력방폭구조
② 내압방폭구조
③ 안전증방폭구조
④ 유입방폭구조

해설 **내압(耐壓)방폭구조(Flame Proof "d")**

용기 내부로 스며든 폭발성 가스에 의한 내부 폭발이 일어날 경우 용기가 발압력에 견디고, 또한 외부의 폭발성 분위기로 불꽃전파를 방지하도록 한 방폭구조

㉮ 내부에서 폭발할 경우 그 압력에 견뎌야 한다.
㉯ 폭발 화염이 외부로 노출되지 않아야 한다.
㉰ 폭발 시 외함의 표면온도가 주변의 가연성 가스에 점화되지 않아야 한다.
㉱ 가장 많이 사용하고 있는 방폭기기이다.
㉲ 기기의 케이스는 전폐구조로 하여, 용기 내부에서 폭발성 가스 및 증기가 폭발하였을 때 용기가 그 압력에 견디어야 하며, 접합면, 개구부 등을 통하여 외부의 폭발성 가스에 인화될 우려가 없도록 한 구조이다.

67 누전경보기는 사용 전압이 600V 이하인 경계전로의 누설전류를 검출하여 당해 소방대상물의 관계자에게 경보를 발하는 설비를 말한다. 다음 중 누전경보기의 구성으로 옳은 것은?

① 감지기－발신기
② 변류기－수신부
③ 중계기－감지기
④ 차단기－증폭기

63.④ 64.④ 65.③ 66.② 67.② 정답

해설 누전경보기의 구성요소
㉮ 변류기 : 누전전류의 검출(수신부)
㉯ 수신기 : 증폭기
㉰ 차단 릴레이 : 주전원 차단
㉱ 음향장치 및 표시등 : 경보음 및 점등

68 다음은 어떤 방전에 대한 설명인가?

> 대전이 큰 엷은 층상의 부도체를 박리할 때 또는 엷은 층상의 대전된 부도체의 뒷면에 밀접한 접지체가 있을 때 표면에 연한 복수의 수지상 발광을 수반하여 발생하는 방전

① 코로나 방전
② 뇌상방전
③ 연면방전
④ 불꽃방전

해설 연면방전
연면방전은 부도체의 표면을 따라서 발생하는 방전으로 별표 마크를 가지는 나뭇가지 형태의 발광을 수반하는 방전(큰 출력의 도전용 벨트, 항공기의 플라스틱제 창 등 주로 기계적 마찰에 의하여 큰 표면에 높은 전하밀도를 조성시킬 때 발생하며 액체 또는 고체 절연체와 기계 사이의 경계에 따른 방전으로 부도체의 대전량이 극히 큰 경우와 대전된 부도체의 표면 가까이에 접지체가 있는 경우 발생하기 쉽고 방전에너지가 큰 방전으로서 불꽃방전과 더불어 착화원 및 전격을 일으킬 확률이 대단히 큼)

69 피뢰기가 갖추어야 할 이상적인 성능 중 잘못된 것은?

① 제한전압이 낮아야 한다.
② 반복동작이 가능하여야 한다.
③ 충격방전 개시전압이 높아야 한다.
④ 뇌전류의 방전능력이 크고, 속류의 차단이 확실하여야 한다.

해설 피뢰기의 성능
㉮ 반복작동이 가능할 것
㉯ 구조가 견고하며, 특성이 변화하지 않을 것
㉰ 점검, 보수가 간단할 것
㉱ 충격방전 개시전압과 제한전압이 낮을 것(피뢰기의 충격방전 개시전압=공칭전압×4.5배)
㉲ 뇌전류의 방전능력이 크고, 속류의 차단이 확실하게 될 것

70 전압이 동일한 경우 교류가 직류보다 위험한 이유를 가장 잘 설명한 것은?

① 교류의 경우 전압의 극성 변화가 있기 때문이다.
② 교류는 감전 시 화상을 입히기 때문이다.
③ 교류는 감전 시 수축을 일으킨다.
④ 직류는 교류보다 사용빈도가 낮기 때문이다.

해설 교류가 직류보다 위험한 이유
㉮ 직류 : 전압의 극성과 전류가 일정하다.
㉯ 교류 : 전압이 1초에 60회(60Hz) 바뀌므로 +220V와 −220V로 전압의 극성 변화가 있어 인체에는 440V의 전기가 충격하므로 위험하다.

71 스파크 화재의 방지책이 아닌 것은?

① 개폐기를 불연성 외함 내에 내장시키거나 통형 퓨즈를 사용할 것
② 접지 부분의 산화, 변형, 퓨즈의 나사풀림 등으로 인한 접촉저항이 증가되는 것을 방지할 것
③ 가연성 증기, 분진 등 위험한 물질이 있는 곳에는 방폭형 개폐기를 사용할 것
④ 유입개폐기는 절연유의 비중 정도, 배선에 주의하고 주위에는 내수벽을 설치할 것

해설 스파크 화재의 방지책
㉮ 개폐기를 불연성의 외함 내에 내장시키거나 통형 퓨즈를 사용할 것
㉯ 가연성 증기, 분진 등의 위험성 물질이 있는 곳은 방폭형 개폐기를 사용할 것
㉰ 유입개폐기는 절연유의 열화 정도, 유량에 유의하고 주위에는 내화벽을 설치할 것
㉱ 접촉 부분의 산화, 변형, 퓨즈의 나사풀림 등으로 인하여 접촉저항이 증가되는 것을 방지할 것

 정답 68.③ 69.③ 70.① 71.④

72 전기작업에서 안전을 위한 일반사항이 아닌 것은?

① 전로의 충전 여부 시험은 검전기를 사용한다.
② 단로기의 개폐는 차단기의 차단 여부를 확인한 후에 한다.
③ 전선을 연결할 때 전원 쪽을 먼저 연결하고, 다른 전선을 연결한다.
④ 첨가전화선에는 사전에 접지 후 작업을 하며 끝난 후 반드시 제거해야 한다.

해설 전선을 연결할 때 다른 전선을 먼저 연결하고, 전원 쪽을 나중에 연결한다.

73 피부의 전기저항 연구에 의하면 인체의 피부 중 1~2mm^2 정도의 적은 부분은 전기자극에 의해 신경이 이상적으로 흥분하여 다량의 피부지방이 분비되기 때문에 그 부분의 전기저항이 1/10 정도로 적어지는 피전점(皮電点)이 존재한다고 한다. 이러한 피전점이 존재하는 부분은?

① 머리 ② 손등
③ 손바닥 ④ 발바닥

해설 **피전점(皮電点)**
㉮ 피전점 : 인체의 피부 중 1~2mm^2 정도의 적은 부분이 전기자극에 의해서 신경이 이상적으로 흥분해 다량의 피지가 분비되어 그 부분의 전기저항이 1/10 정도로 작아지는 부분을 피전점이라 한다.
㉯ 피전점이 있는 부분 : 손등, 턱, 볼 등 인체저항이 특히 작아지는 부분

74 정상작동상태에서 폭발 가능성이 없으나 이상상태에서 짧은 시간 동안 폭발성 가스 또는 증기가 존재하는 지역에 사용 가능한 방폭구조를 나타내는 기호는?

① ib ② p
③ e ④ n

해설 **방폭구조의 기호**
㉮ 내압방폭구조 : d
㉯ 압력방폭구조 : p
㉰ 안전증방폭구조 : e
㉱ 본질안전방폭구조 : ia 또는 ib
㉲ 유입방폭구조 : o
㉳ 충전방폭구조 : q
㉴ 몰드방폭구조 : m
㉵ 비점화방폭구조 : n

75 심실세동전류란?

① 최소감지전류
② 치사적 전류
③ 고통한계전류
④ 마비한계전류

해설 **통전전류의 크기와 인체에 미치는 영향**
㉮ 최소감지전류 : 1mA 정도
㉯ 고통한계전류 : 7~8mA
㉰ 마비한계전류 : 10~15mA
㉱ 심실세동전류
$I(\text{mA}) = \frac{165}{\sqrt{T}}$ (T : 통전시간)

76 누전차단기의 설치가 필요한 것은?

① 이중절연구조의 전기기계 · 기구
② 비접지식 전로의 전기기계 · 기구
③ 절연대 위에서 사용하는 전기기계 · 기구
④ 도전성이 높은 장소의 전기기계 · 기구

해설 ㉮ 누전차단기를 설치해야 할 전기기계 · 기구
㉠ 대지전압이 150V를 초과하는 이동형 또는 휴대형 전기기계 · 기구
㉡ 물 등 도전성이 높은 액체가 있는 습윤장소에서 사용하는 저압(750V 이하 직류전압이나 600V 이하 교류전압)용 전기기계 · 기구
㉢ 철판 · 철골 위 등 도전성이 높은 장소에서 사용하는 이동형 또는 휴대형 전기기계 · 기구
㉣ 임시배선의 전로가 설치되는 장소에서 사용하는 이동형 또는 휴대형 전기기계 · 기구
㉯ 누전차단기를 생략할 수 있는 전기기계 · 기구
㉠ 「전기용품 및 생활용품 안전관리법」에 따른 이중절연구조 또는 이와 동등 이상으로 보호되는 전기기계 · 기구
㉡ 절연대 위 등과 같이 감전위험이 없는 장소에서 사용하는 전기기계 · 기구
㉢ 비접지방식의 전로

77 교류아크용접기에 전격방지기를 설치하는 요령 중 틀린 것은?

① 이완방지조치를 한다.
② 직각으로만 부착해야 한다.
③ 동작상태를 알기 쉬운 곳에서 설치한다.
④ 테스트 스위치는 조작이 용이한 곳에 위치시킨다.

해설 전격방지장치 부착편의 경사는 수직 또는 수평에 대하여 20°를 넘지 않은 상태로 한다.

78 단로기를 사용하는 주된 목적은?

① 과부하 차단
② 변성기의 개폐
③ 이상전압의 차단
④ 무부하 선로의 개폐

해설 단로기(DS ; Disconnecting Switch)는 무부하 회로의 개폐기이다.

79 속류를 차단할 수 있는 최고의 교류전압을 피뢰기의 정격전압이라고 하는데 이 값은 통상적으로 어떤 값으로 나타내고 있는가?

① 최대값 ② 평균값
③ 실효값 ④ 파고값

해설 피뢰기의 정격전압은 속류를 차단할 수 있는 최대 교류전압으로, 실효값으로 나타낸다.

80 교류 아크용접기의 사용에서 무부하 전압이 80V, 아크 전압 25V, 아크 전류 300A일 경우 효율은 약 몇 %인가? (단, 내부손실은 4kW이다.)

① 65.2 ② 70.5
③ 75.3 ④ 80.6

해설 $효율=\frac{아크출력}{소비전력}\times100$
아크출력=(아크전압×아크전류)
소비전력=(아크출력+내부손실)
$=\frac{25\times300}{(25\times300)+4,000}\times100$
=65.21%

≫ 제5과목 화학설비 안전관리

81 다음 중 위험물질에 대한 저장방법으로 적절하지 않은 것은?

① 탄화칼슘은 물속에 저장한다.
② 벤젠은 산화성 물질과 격리시킨다.
③ 금속나트륨은 석유 속에 저장한다.
④ 질산은 통풍이 잘 되는 곳에 보관하고 물기와의 접촉을 금지한다.

해설 탄화칼슘은 물속에 저장하면 물과 반응하여 아세틸렌가스를 발생시켜 위험하므로 불연성 가스로 봉입된 밀폐용기에 저장한다.

82 다음 중 아세틸렌을 용해 가스로 만들 때 사용되는 용제로 가장 적합한 것은?

① 아세톤 ② 메탄
③ 부탄 ④ 프로판

해설 아세틸렌은 압력을 가하게 되면 분해폭발을 일으키는 성질을 가지고 있으므로 다량의 아세틸렌을 안전하게 저장하기는 곤란하다. 1896년 프랑스인 클라우드(Claude)와 헷세(Hesse)들은 아세틸렌이 아세톤에 용해되는 성질을 이용해서 다량의 아세틸렌을 쉽게 저장하는 방법이 발명되었고, 이 방법에 의해서 저장하는 것을 용해아세틸렌이라고 한다.

83 공기 중에서 이황화탄소(CS_2)의 폭발한계는 하한값이 1.25vol%, 상한값이 44vol%이다. 이를 20℃ 대기압 하에서 mg/L의 단위로 환산하면 하한값과 상한값은 각각 약 얼마인가? (단, 이황화탄소의 분자량은 76.1이다.)

① 하한값 : 61, 상한값 : 640
② 하한값 : 39.6, 상한값 : 1393
③ 하한값 : 146, 상한값 : 860
④ 하한값 : 55.4, 상한값 : 1642

 정답 77.② 78.④ 79.③ 80.① 81.① 82.① 83.②

해설
㉮ 하한 $= \dfrac{1.25 \times 10{,}000 \times 76.1}{22.4 \times \dfrac{293}{273} \times 1{,}000} = 39.56\text{mg/L}$

㉯ 상한 $= \dfrac{44 \times 10{,}000 \times 76.1}{22.4 \times \dfrac{293}{273} \times 1{,}000} = 1392.79\text{mg/L}$

84 다음 중 화재감지기에 있어 열감지 방식이 아닌 것은?

① 정온식 ② 차동식
③ 보상식 ④ 광전식

해설 감지기의 종류
㉮ 열감지기 : 차동식, 정온식, 보상식
㉯ 연기감지기 : 이온화식, 광전식
㉰ 불꽃감지기

85 다음 중 가연성 가스이며, 독성 가스에 해당하는 것은?

① 수소 ② 프로판
③ 산소 ④ 일산화탄소

해설 ① 수소(H_2) : 가연성 가스(연소범위 : 4~75%)
② 프로판(C_3H_8) : 가연성 가스(연소범위 : 2.1~9.5%)
③ 산소(O_2) : 조연성 가스
④ 일산화탄소(CO) : 가연성 가스(연소범위 : 12.5~74%)+독성 가스

86 다음 중 제거소화에 해당하지 않는 것은?

① 튀김 기름이 인화되었을 때 싱싱한 야채를 넣는다.
② 가연성 기체의 분출화재 시 주밸브를 닫아서 연료 공급을 차단한다.
③ 금속화재의 경우 불활성 물질로 가연물을 덮어 미연소 부분과 분리한다.
④ 연료탱크를 냉각하여 가연성 가스의 발생속도를 작게 하여 연소를 억제한다.

해설 제거소화
가연물을 반응계에서 제거하든가 또는 반응계로 가연물의 공급을 정지시켜서 소화시키는 방법이다.
※ 튀김 기름이 인화되었을 때 싱싱한 야채를 넣는 것은 냉각소화 방법이다.

87 다음 중 가연성 가스가 밀폐된 용기 안에서 폭발할 때 최대폭발압력에 영향을 주는 인자로 볼 수 없는 것은?

① 가연성 가스의 농도
② 가연성 가스의 초기 온도
③ 가연성 가스의 유속
④ 가연성 가스의 초기 압력

해설 최대폭발압력(P_m)
최대폭발압력은 초기 압력(P_1), 가스 농도의 변화량($n_1 \rightarrow n_2$), 온도 변화($T_1 \rightarrow T_2$)에 비례하여 높아진다.

$$\therefore\ P_m = P_1 \times \frac{n_2}{n_1} \times \frac{T_2}{T_1}$$

88 가스를 화학적 특성에 따라 분류할 때 독성가스가 아닌 것은?

① 황화수소(H_2S)
② 시안화수소(HCN)
③ 이산화탄소(CO_2)
④ 산화에틸렌(C_2H_4O)

해설 이산화탄소(CO_2)는 불연성 · 무독성 가스로 허용농도는 5,000ppm이다.

89 공업용 용기의 몸체 도색으로 가스명과 도색명의 연결이 옳은 것은?

① 산소 – 청색
② 질소 – 백색
③ 수소 – 주황색
④ 아세틸렌 – 회색

해설 공업용 고압가스 용기의 도색
㉮ 액화탄산가스 : 청색
㉯ 산소 : 녹색
㉰ 수소 : 주황색
㉱ 아세틸렌 : 황색
㉲ 액화암모니아 : 백색
㉳ 액화염소 : 갈색
㉴ 액화석유가스(LPG) 및 기타 가스 : 회색

84.④ 85.④ 86.① 87.③ 88.③ 89.③ 정답

90 금속의 증기가 공기 중에서 응고되어 화학변화를 일으켜 고체의 미립자로 되어 공기 중에 부유하는 것을 의미하는 용어는?

① 흄(Fume)
② 분진(Dust)
③ 미스트(Mist)
④ 스모크(Smoke)

해설 ① 흄(Fume) : 금속의 증기가 공기 중에서 응고되어 화학변화를 일으켜 고체의 미립자로 되어 공기 중에 부유하는 것
② 분진(Dust) : 공기 중에 분산된 고체의 미립자
③ 미스트(Mist) : 공기 중에 분산된 액체의 미립자
④ 스모크(Smoke) : 유기물의 불완전 연소에 의하여 생긴 미립자

91 반응폭발에 영향을 미치는 요인 중 그 영향이 가장 적은 것은?

① 교반상태 ② 냉각시스템
③ 반응온도 ④ 반응생성물의 조성

해설 **반응폭발에 영향을 미치는 요인**
㉮ 온도
㉯ 교반상태
㉰ 냉각시스템
㉱ 압력

92 다음 중 산화반응에 해당하는 것을 모두 나타낸 것은?

ⓐ 철이 공기 중에서 녹이 슬었다.
ⓑ 솜이 공기 중에서 불에 탔다.

① ⓐ ② ⓑ
③ ⓐ, ⓑ ④ 없음.

해설 **산화반응**
물질이 산소(O_2)와 얻는 반응을 말한다.
㉮ 연소반응은 빛과 열을 발생시키는 산화반응이다.
㉯ 철이 공기 중에서 녹이 스는 반응은 산화반응이다.
$4Fe + 3O_2 \rightarrow 2Fe_2O_3$

93 다음 중 인화점이 가장 낮은 물질은?

① 등유 ② 아세톤
③ 이황화탄소 ④ 아세트산

해설 각 보기의 인화점은 다음과 같다.
① 등유 : 30~70℃
② 아세톤 : −18℃
③ 이황화탄소 : −30℃
④ 아세트산 : 41.7℃

94 위험물안전관리법령에서 정한 위험물의 유별 구분이 나머지 셋과 다른 하나는?

① 질산 ② 질산칼륨
③ 과염소산 ④ 과산화수소

해설 ㉮ 산화성 고체(제1류 위험물) : 아염소산염류, 염소산염류, 과염소산염류, 무기과산화물, 브롬산염류, 질산염류(질산칼륨, 질산나트륨, 질산암모늄 등), 요오드산염류, 과망간산염류, 중크롬산염류 등
㉯ 산화성 액체(제6류 위험물) : 과염소산, 과산화수소, 질산 등

95 수분을 함유하는 에탄올에서 순수한 에탄올을 얻기 위해 벤젠과 같은 물질을 첨가하여 수분을 제거하는 증류방법은?

① 공비증류 ② 추출증류
③ 가압증류 ④ 감압증류

해설 **공비증류**
공비혼합물 또는 끓는점이 비슷하여 분리하기 어려운 액체 혼합물의 성분을 완전히 분리하기 위해 쓰는 증류법으로, 수분을 함유하는 에탄올에서 순수한 에탄올을 얻기 위해 사용하는 대표적인 증류법이다. 예를 들면, 수분을 함유하는 에탄올은 공비혼합물을 만드는데, 단순한 증류로는 공비혼합물에 상당하는 에탄올밖에 얻지 못한다. 그러나 벤젠이나 트라이클로로에틸렌을 첨가하여 3성분 공비혼합물을 만들어 수분을 제거하면 순수한 에탄올을 얻을 수 있다.

96 고체의 연소형태 중 증발연소에 속하는 것은?

① 나프탈렌 ② 목재
③ TNT ④ 목탄

 정답 90.① 91.④ 92.③ 93.③ 94.② 95.① 96.①

해설 **고체의 연소**

㉮ 분해연소 : 목재, 종이, 석탄, 플라스틱 등 고체 가연물의 열분해반응 시 생성된 가연성 가스가 공기와 혼합된 상태에서 연소하는 형태
㉯ 표면연소 : 고체 연료의 일반적인 연소형태로 코크스, 목탄, 금속분 등의 가연물 표면에서 산화반응하여 열과 빛을 내며 연소하는 형태(열분해반응이 없기 때문에 불꽃이 없음)
㉰ 증발연소 : 황, 나프탈렌, 파라핀 등의 가열 시 기체가 되어 공기와 혼합된 상태에서 연소하는 형태
㉱ 자기연소 : 가연성이면서 자체 내에 산소를 함유하고 있는 가연물[질산에스테류, 셀룰로이드류, 니트로화합물(TNT) 등]이 공기 중의 산소가 필요 없이 연소하는 형태

97 다음 중 파열판에 관한 설명으로 틀린 것은?

① 압력방출속도가 빠르다.
② 한 번 파열되면 재사용할 수 없다.
③ 한 번 부착한 후에는 교환할 필요가 없다.
④ 높은 점성의 슬러리나 부식성 유체에 적용할 수 있다.

해설 ③ 파열판은 한 번 사용한 후 교환하여야 한다.

98 다음 중 상온에서 물과 격렬히 반응하여 수소를 발생시키는 물질은?

① Au ② K
③ S ④ Ag

해설 **이온화 경향 순서**

㉮ Li>K>Ba>Ca>Na : 찬물, 더운물, 묽은산과 반응하여 H_2 발생
㉯ Mg>Al>Zn>Fe : 더운물, 묽은산과 반응하여 H_2 발생
㉰ Ni>Sn>Pb : 묽은산과 반응하여 H_2 발생

99 Li과 Na에 관한 설명으로 틀린 것은?

① 두 금속 모두 실온에서 자연발화의 위험성이 있으므로 알코올 속에 저장해야 한다.
② 두 금속은 물과 반응하여 수소기체를 발생한다.
③ Li은 비중값이 물보다 작다.
④ Na은 은백색의 무른 금속이다.

해설 **리튬의 특징**

㉮ Li은 실온에서는 산소와 반응하지 않지만 200℃로 가열하면 강한 백색 불꽃을 내며 연소한다.
㉯ 리튬은 물과 반응하여 수소기체를 발생한다.
㉰ Li은 비중값이 0.534로 물보다 작다.
㉱ Li은 은백색의 무른 금속이다.

100 고압가스 용기 파열사고의 주요 원인 중 하나는 용기의 내압력(耐壓力, capacity to resist pressure) 부족이다. 다음 중 내압력 부족의 원인으로 거리가 먼 것은?

① 용기 내벽의 부식 ② 강재의 피로
③ 과잉 충전 ④ 용접 불량

해설 ㉮ 용기의 내압력(耐壓力) 부족 원인
㉠ 강재의 피로
㉡ 용기 내벽의 부식
㉢ 용접 불량
㉯ 과잉 충전은 용기 내 압력의 상승 원인이다.

≫ 제6과목 건설공사 안전관리

101 터널공사 시 인화성 가스가 농도 이상으로 상승하는 것을 조기에 파악하기 위하여 설치하는 자동경보장치의 작업 시작 전 점검해야 할 사항이 아닌 것은?

① 계기의 이상 유무
② 발열 여부
③ 검지부의 이상 유무
④ 경보장치의 작동상태

해설 **자동경보장치의 작업 시작 전 점검 내용**

㉮ 계기의 이상 유무
㉯ 검지부의 이상 유무
㉰ 경보장치의 작동상태

102 이동식 비계를 조립하여 작업을 하는 경우에 작업발판의 최대 적재하중은 몇 kg을 초과하지 않도록 해야 하는가?

① 150kg ② 200kg
③ 250kg ④ 300kg

97.③ 98.② 99.① 100.③ 101.② 102.③ 정답

해설 이동식 비계의 작업발판의 최대 적재하중은 250kg을 초과하지 않도록 할 것

103 안전대를 보관하는 장소의 환경조건으로 옳지 않은 것은?

① 통풍이 잘 되며, 습기가 없는 곳
② 화기 등이 근처에 없는 곳
③ 부식성 물질이 없는 곳
④ 직사광선이 닿아 건조가 빠른 곳

해설 안전대를 보관하는 장소의 환경조건으로 ①, ②, ③항 이외에 직사광선이 닿지 않는 곳이 있다.

104 흙막이 지보공을 설치하였을 때 정기점검 사항에 해당되지 않는 것은?

① 검지부의 이상 유무
② 버팀대의 긴압의 정도
③ 침하의 정도
④ 부재의 손상, 변형, 부식, 변위 및 탈락의 유무와 상태

해설 **흙막이 지보공 점검사항**
㉮ 부재의 손상 · 변형 · 부식 · 변위 및 탈락의 유무와 상태
㉯ 버팀대의 긴압의 정도
㉰ 부재의 접속부 · 부착부 및 교차부의 상태
㉱ 침하의 정도

105 투하설비 설치와 관련된 다음 설명의 ( )에 적합한 것은?

> 사업주는 높이가 ( )m 이상인 장소로부터 물체를 투하하는 때에는 적당한 투하설비를 설치하거나 감시인을 배치하는 등 위험 방지를 위하여 필요한 조치를 하여야 한다.

① 1
② 2
③ 3
④ 4

해설 높이가 3m 이상인 장소로부터 물체를 투하하는 경우 적당한 투하설비를 설치하거나 감시인을 배치하는 등 위험을 방지하기 위하여 필요한 조치를 하여야 한다.

106 겨울철 공사 중인 건축물의 벽체 콘크리트 타설 시 거푸집이 터져서 콘크리트가 쏟아지는 사고가 발생하였다. 이 사고의 발생 원인으로 가장 타당한 것은?

① 콘크리트 타설속도가 빨랐다.
② 진동기를 사용하지 않았다.
③ 철근 사용량이 많았다.
④ 시멘트 사용량이 많았다.

해설 콘크리트 타설 시 타설속도가 빠르면 거푸집에 작용하는 측압이 커져서 거푸집이 터질 수 있다.

107 철골구조의 앵커볼트 매립과 관련된 사항 중 옳지 않은 것은?

① 기둥 중심은 기준선 및 인접기둥의 중심에서 3mm 이상 벗어나지 않을 것
② 앵커볼트는 매립 후에 수정하지 않도록 설치할 것
③ 베이스 플레이트의 하단은 기준 높이 및 인접기둥의 높이에서 3mm 이상 벗어나지 않을 것
④ 앵커볼트는 기둥 중심에서 2mm 이상 벗어나지 않을 것

해설 기둥 중심은 기준선 및 인접기둥의 중심에서 5mm 이상 벗어나지 않을 것

108 달비계 설치 시 와이어 로프를 사용할 때 사용 가능한 와이어 로프의 조건은?

① 지름의 감소가 공칭지름의 8%인 것
② 이음매가 없는 것
③ 심하게 변형되거나 부식된 것
④ 와이어 로프의 한 꼬임에서 끊어진 소선의 수가 10%인 것

정답 103.④ 104.① 105.③ 106.① 107.① 108.②

해설 달비계 설치 시 와이어 로프의 사용제한
㉮ 이음매가 있는 것
㉯ 와이어 로프의 한 꼬임에서 끊어진 소선(필러선 제외)의 수가 10% 이상(비전 로프의 경우에는 끊어진 소선의 수가 와이어 로프 호칭지름의 6배 길이 이내에서 4개 이상이거나 호칭지름의 30배 길이 이내에서 8개 이상)인 것
㉰ 지름의 감소가 공칭지름의 7%를 초과하는 것
㉱ 꼬인 것
㉲ 심하게 변형 또는 부식된 것
㉳ 열과 전기충격에 의해 손상된 것

109 물로 포화된 점토에 다지기를 하면 압축하중으로 지반이 침하하는데, 이로 인하여 간극수압이 높아져 물이 배출되면서 흙의 간극이 감소하는 현상을 무엇이라고 하는가?

① 액상화
② 압밀
③ 예민비
④ 동상현상

해설 ① 액상화 : 포화된 모래가 비배수(非排水) 상태로 변하여 전단응력을 받으면, 모래 속의 간극수압이 차례로 높아지면서 최종적으로는 액상상태가 된다. 이 같은 현상을 액상화 현상이라 하며, 모래의 이 같은 상태를 액상화 상태(Quick Sand)라 한다.
② 압밀 : 물로 포화된 점토에 다지기를 하면 압축하중으로 지반이 침하하는데, 이로 인하여 간극수압이 높아져 물이 배출되면서 흙의 간극이 감소하는 현상이다.
③ 예민비 : 교란시료의 강도에 대한 불교란된 시료의 강도의 비를 나타낸다. 따라서 예민비가 큰 흙은 교란되면 강도가 크게 감소한다.
④ 동상현상 : 대기의 온도가 0℃ 이하로 내려가면 흙 속의 공극수가 동결하여 흙 속에 얼음층(Ice Lens)이 형성되므로 체적이 팽창하여 지표면이 부풀어 오르는 현상이다.

110 비계에서 벽 고정을 하고 기둥과 기둥을 수평재나 가새로 연결하는 가장 큰 이유는?

① 작업자의 추락재해를 방지하기 위해
② 좌굴을 방지하기 위해
③ 인장파괴를 방지하기 위해
④ 해체를 용이하게 하기 위해

해설 비계의 좌굴 방지법
㉮ 비계에 벽 이음을 할 것
㉯ 비계기둥과 기둥을 수평재(띠장)나 가새로 연결할 것

111 가설통로를 설치하는 경우에 준수해야 할 기준으로 틀린 것은?

① 건설공사에 사용하는 높이 8m 이상인 비계다리에는 5m 이내마다 계단참을 설치할 것
② 수직갱에 가설된 통로의 길이가 15m 이상인 경우에는 10m 이내마다 계단참을 설치할 것
③ 경사가 15°를 초과하는 경우에는 미끄러지지 아니하는 구조로 할 것
④ 추락할 위험이 있는 장소에는 안전난간을 설치할 것

해설 가설통로의 설치기준
㉮ 견고한 구조로 할 것
㉯ 경사는 30° 이하로 할 것
㉰ 경사가 15°를 초과하는 경우에는 미끄러지지 아니하는 구조로 할 것
㉱ 추락할 위험이 있는 장소에는 안전난간을 설치할 것
㉲ 수직갱에 가설된 통로의 길이가 15m 이상인 경우에는 10m 이내마다 계단참을 설치할 것
㉳ 건설공사에 사용하는 높이 8m 이상인 비계다리에는 7m 이내마다 계단참을 설치할 것

112 콘크리트 타설작업의 안전대책으로 옳지 않은 것은?

① 작업 시작 전 거푸집 동바리 등의 변형, 변위 및 지반침하 유무를 점검한다.
② 작업 중 감시자를 배치하여 거푸집 동바리 등의 변형, 변위 유무를 확인한다.
③ 슬래브콘크리트 타설은 한쪽부터 순차적으로 타설하여 붕괴 재해를 방지해야 한다.
④ 설계도서상 콘크리트 양생기간을 준수하여 거푸집 동바리 등을 해체한다.

109.② 110.② 111.① 112.③ 정답

해설 **콘크리트의 타설작업 시 준수해야 할 사항**

㉮ 당일의 작업을 시작하기 전에 당해 작업에 관한 거푸집 동바리 등의 변형 · 변위 및 지반의 침하 유무 등을 점검하고 이상을 발견한 때에는 이를 보수할 것
㉯ 작업 중에는 거푸집 동바리 등의 변형 · 변위 및 침하 유무 등을 감시할 수 있는 감시자를 배치하여 이상을 발견한 때에는 작업을 중지시키고 근로자를 대피시킬 것
㉰ 콘크리트의 타설작업 시 거푸집 붕괴의 위험이 발생할 우려가 있는 때에는 충분한 보강조치를 할 것
㉱ 설계도서상의 콘크리트 양생기간을 준수하여 거푸집 동바리 등을 해체할 것
㉲ 콘크리트를 타설하는 경우에는 편심이 발생하지 않도록 골고루 분산하여 타설할 것

113 철골보 인양 시 준수해야 할 사항으로 옳지 않은 것은?

① 인양 와이어로프의 매달기 각도는 양변 60°를 기준으로 한다.
② 클램프로 부재를 체결할 때는 클램프의 정격용량 이상 매달지 않아야 한다.
③ 클램프는 부재를 수평으로 하는 한 곳의 위치에만 사용하여야 한다.
④ 인양 와이어로프는 후크의 중심에 걸어야 한다.

해설 클램프는 부재를 수평으로 하는 두 곳의 위치에 사용하여야 하며, 부재 양단방향은 등간격이어야 한다.

114 타워크레인을 자립고(自立高) 이상의 높이로 설치할 때 지지벽체가 없어 와이어로프로 지지하는 경우의 준수사항으로 옳지 않은 것은?

① 와이어로프를 고정하기 위한 전용 지지프레임을 사용할 것
② 와이어로프 설치각도는 수평면에서 60° 이내로 하되, 지지점은 4개소 이상으로 하고, 같은 각도로 설치할 것
③ 와이어로프와 그 고정부위는 충분한 강도와 장력을 갖도록 설치하되, 와이어로프를 클립 · 섀클(shackle) 등의 기구를 사용하여 고정하지 않도록 유의할 것
④ 와이어로프가 가공전선(架空電線)에 근접하지 않도록 할 것

해설 **타워크레인을 와이어로프로 지지하는 경우 준수사항**

㉮ 와이어로프를 고정하기 위한 전용 지지프레임을 사용할 것
㉯ 와이어로프 설치각도는 수평면에서 60도 이내로 하되, 지지점은 4개소 이상으로 하고, 같은 각도로 설치할 것
㉰ 와이어로프와 그 고정부위는 충분한 강도와 장력을 갖도록 설치하고, 와이어로프를 클립 · 섀클 등의 고정기구를 사용하여 견고하게 고정시켜 풀리지 아니하도록 하며, 사용 중에는 충분한 강도와 장력을 유지하도록 할 것
㉱ 와이어로프가 가공전선에 근접하지 않도록 할 것

115 말비계를 조립하여 사용하는 경우에 지주부재와 수평면의 기울기는 최대 몇 도 이하로 하여야 하는가?

① 30° ② 45°
③ 60° ④ 75°

해설 **말비계**

㉮ 지주부재(支柱部材)의 하단에는 미끄럼 방지장치를 하고, 근로자가 양측 끝부분에 올라서서 작업하지 않도록 할 것
㉯ 지주부재와 수평면의 기울기를 75° 이하로 하고, 지주부재와 지주부재 사이를 고정시키는 보조부재를 설치할 것
㉰ 말비계의 높이가 2m를 초과하는 경우에는 작업발판의 폭을 40cm 이상으로 할 것

116 온도가 하강함에 따라 토중수가 얼어 부피가 약 9% 정도 증대하게 됨으로써 지표면이 부풀어 오르는 현상은?

① 동상 현상 ② 연화 현상
③ 리칭 현상 ④ 액상화 현상

해설 ② 연화(frost boil) 현상 : 동결된 지반이 융해될 때 흙 속에 과잉의 수분이 존재하여 지반이 연약화되어 강도가 떨어지는 현상
③ 리칭 현상 : 해수에 퇴적된 점토가 담수에 의해 오랜 시간에 걸쳐 염분이 빠져나가 강도가 저하되는 현상
④ 액상화 현상 : 포화된 모래가 비배수(非排水) 상태로 변하여 전단응력을 받으면, 모래 속의 간극수압이 차례로 높아지면서 최종적으로는 액상 상태가 되는 현상[모래의 이 같은 상태를 액상화 상태(quick sand)라 한다]

 정답 113.③ 114.③ 115.④ 116.①

117 강관비계의 수직방향 벽이음 조립간격(m)으로 옳은 것은? (단, 틀비계이며, 높이가 5m 이상일 경우이다.)

① 2m ② 4m
③ 6m ④ 9m

해설 **비계의 벽이음에 대한 조립간격**

비계의 종류	조립간격	
	수직방향	수평방향
단관비계	5m	5m
틀비계 (높이 5m 미만은 제외)	6m	8m
통나무비계	5.5m	7.5m

118 취급 · 운반의 원칙으로 옳지 않은 것은?

① 연속운반을 할 것
② 생산을 최고로 하는 운반을 생각할 것
③ 운반작업을 집중하여 시킬 것
④ 곡선운반을 할 것

해설 **취급 · 운반의 5원칙**
㉮ 연속운반을 할 것
㉯ 직선운반을 할 것
㉰ 최대한 시간과 경비를 절약할 수 있는 운반방법을 고려할 것
㉱ 생산을 최고로 하는 운반을 생각할 것
㉲ 운반작업을 집중하여 시킬 것

119 흙의 투수계수에 영향을 주는 인자에 관한 설명으로 옳지 않은 것은?

① 포화도 : 포화도가 클수록 투수계수도 크다.
② 공극비 : 공극비가 클수록 투수계수는 작다.
③ 유체의 점성계수 : 점성계수가 클수록 투수계수는 작다.
④ 유체의 밀도 : 유체의 밀도가 클수록 투수계수는 크다.

해설 ② 공극비 : 공극비가 클수록 투수계수는 크다.

120 가설공사 표준안전 작업지침에 따른 통로발판을 설치하여 사용함에 있어 준수사항으로 옳지 않은 것은?

① 추락의 위험이 있는 곳에는 안전난간이나 철책을 설치하여야 한다.
② 작업발판의 최대폭은 1.6m 이내이어야 한다.
③ 비계발판의 구조에 따라 최대 적재하중을 정하고 이를 초과하지 않도록 하여야 한다.
④ 발판을 겹쳐 이음하는 경우 장선 위에서 이음을 하고 겹침길이는 10cm 이상으로 하여야 한다.

해설 통로발판을 설치하여 사용함에 있어서 다음 각 호의 사항을 준수하여야 한다.
㉮ 근로자가 작업 및 이동하기에 충분한 넓이가 확보되어야 한다.
㉯ 추락의 위험이 있는 곳에는 안전난간이나 철책을 설치하여야 한다.
㉰ 발판을 겹쳐 이음하는 경우 장선 위에서 이음을 하고 겹침길이는 20cm 이상으로 하여야 한다.
㉱ 발판 1개에 대한 지지물은 2개 이상이어야 한다.
㉲ 작업발판의 최대폭은 1.6m 이내이어야 한다.
㉳ 작업발판 위에는 돌출된 못, 옹이, 철선 등이 없어야 한다.
㉴ 비계발판의 구조에 따라 최대 적재하중을 정하고 이를 초과하지 않도록 하여야 한다.

2024 2024. 5. 9. 시행 CBT 복원문제 제2회 산업안전기사

≫ 제1과목 산업재해 예방 및 안전보건교육

01 다음 중 집단에서의 인간관계 메커니즘(Mechanism)과 가장 거리가 먼 것은?

① 동일화, 일체화
② 커뮤니케이션, 공감
③ 모방, 암시
④ 분열, 강박

해설 **인간관계의 메커니즘(Mechanism)**

㉮ 동일화(Identification) : 다른 사람의 행동양식이나 태도를 투입시키거나, 다른 사람 가운데서 자기와 비슷한 것을 발견하는 것
㉯ 투사(投射, Projection) : 자기 속의 억압된 것을 다른 사람의 것으로 생각하는 것(또는 투출)
㉰ 커뮤니케이션(Communication) : 갖가지 행동양식이나 기호를 매개로 하여 어떤 사람으로부터 다른 사람에게 전달되는 과정
※ 의사전달 매개체 : 언어, 표정, 손짓, 몸짓
㉱ 모방(Imitation) : 남의 행동이나 판단을 표본으로 하여 그것과 같거나 또는 그것에 가까운 행동 또는 판단을 취하려는 것
㉲ 암시(Suggestion) : 다른 사람으로부터의 판단이나 행동을 무비판적으로 논리적 · 사실적 근거 없이 받아들이는 것
㉳ 역할 학습 : 유희
㉴ 공감 : 동정과 구분, 직접 공감, 다인 공감(남의 생각이나 의견 및 감정 등에 대하여 자기도 그러하다고 느끼는 것)
㉵ 일체화 : 심리적으로 같게 되는 것

02 리더십 이론 중 관리 그리드 이론에 있어 대표적인 유형의 설명이 잘못 연결된 것은?

① (1.1) : 무관심형 ② (3.3) : 타협형
③ (9.1) : 과업형 ④ (1.9) : 인기형

해설 **관리 그리드 이론의 대표적인 유형**

㉮ 무관심형(Impoverished : 1.1형) : 생산과 인간에 대한 관심이 모두 낮은 형태. 리더는 자기 자신의 직분 유지에 필요한 최소한의 노력만을 투입한다.
㉯ 인기형(Country Club : 1.9형) : 인간에 대한 관심은 대단히 높으나, 생산에 대한 관심이 극히 낮은 형. 리더는 어떤 방향에서 구성원끼리의 원만한 관계 및 친밀한 분위기 조성에 주력한다.
㉰ 과업형(Taskor Authority–Obedience : 9.1형) : 생산에 대한 관심은 매우 높지만, 인간에 대한 관심이 극히 낮은 형. 리더는 일의 효율을 높이기 위해 인간적 요소를 최소화하도록 작업조건을 정비하는 등 과업상의 능력을 우선으로 생각한다.
㉱ 팀형(Team : 9.9형) : 인간과 과업에 대한 관심이 모두 매우 높은 형. 리더는 상호의존 관계와 조직의 공동 목표를 강조하고 상호 신뢰적 관계에서 구성원들의 몰입을 통하여 과업을 달성한다.
㉲ 중용형(Middle of the Road or Organization Man : 5.5형) : 인간과 과업에 적당한 관심을 갖는 형. 리더는 과업 능률과 인간적 요소를 절충하여 적절한 수준의 성과를 지향한다.

03 다음 중 산업재해 발생 시 조치 순서로 가장 적절한 것은?

① 긴급 처리 → 재해 조사 → 원인 결정 → 대책 수립 → 실시 계획 → 실시 → 평가
② 긴급 처리 → 원인 결정 → 재해 조사 → 대책 수립 → 실시 → 평가
③ 긴급 처리 → 재해 조사 → 원인 결정 → 실시 계획 → 실시 → 대책 수립 → 평가
④ 긴급 처리 → 실시 계획 → 재해 조사 → 대책 수립 → 평가 → 실시

해설 **산업재해 발생 시 조치 순서**

재해 발생 → 긴급 처리 → 재해 조사 → 원인 결정(강구) → 대책 수립 → 실시 계획 → 실시 → 평가

 정답 01.④ 02.② 03.①

04 산업안전보건법령상 안전보건관리 책임자 등의 안전보건교육시간 기준으로 틀린 것은?

① 보건관리자의 보수교육 : 24시간 이상
② 안전관리자의 신규교육 : 34시간 이상
③ 안전보건관리 책임자의 보수교육 : 6시간 이상
④ 건설재해예방 전문지도기관 종사자의 신규교육 : 24시간 이상

해설 **안전보건관리 책임자 등에 대한 교육**

교육대상	교육시간	
	신 규	보 수
안전보건관리 책임자	6시간 이상	6시간 이상
안전관리자, 안전관리전문기관의 종사자	34시간 이상	24시간 이상
보건관리자, 보건관리전문기관의 종사자	34시간 이상	24시간 이상
건설재해예방 전문지도기관 종사자	34시간 이상	24시간 이상
석면조사기관의 종사자	34시간 이상	24시간 이상
안전보건관리담당자	–	8시간 이상
안전검사기관, 자율안전검사기관의 종사자	34시간 이상	24시간 이상

05 새로운 자료나 교재를 제시하고, 문제점을 피교육자로 하여금 제기하도록 하거나 의견을 여러 가지 방법으로 발표하게 하여 청중과 토론자 간 활발한 의견 개진과 합의를 도출해가는 토의방법은?

① 포럼(Forum)
② 심포지엄(Symposium)
③ 자유토의(Free Discussion)
④ 패널 디스커션(Panel Discussion)

해설 ① 포럼 : 새로운 자료나 교재를 제시하고, 거기에서의 문제점을 피교육자로 하여금 제기하게 하거나, 의견을 여러 가지 방법으로 발표하게 하고 다시 깊이 파고들어서 토의를 행하는 방법
② 심포지엄 : 몇 사람의 전문가에 의하여 과제에 관한 견해를 발표한 뒤에 참가자로 하여금 의견이나 질문을 하게 하여 토의하는 방법
③ 자유토의법 : 참가자는 고정적인 규칙이나 리더에게 얽매이지 않고 자유로이 의견이나 태도를 표명하며, 지식이나 정보를 상호 제공, 교환함으로써 참가자 상호간의 의견이나 견해의 차이를 상호작용으로 조정하여 집단으로 의견을 요약해 나가는 방법
④ 패널 디스커션 : 패널 멤버(교육과제에 정통한 전문가 4~5명)가 피교육자 앞에서 자유로이 토의를 하고, 뒤에 피교육자 전원이 참가하여 사회자의 사회에 따라 토의하는 방법

06 다음 설명에 해당하는 위험예지 훈련법은?

- 현장에서 그때 그 장소의 상황에 즉응하여 실시한다.
- 10명 이하의 소수가 적합하며, 시간은 10분 정도가 바람직하다.
- 사전에 주제를 정하고 자료 등을 준비한다.
- 결론은 가급적 서두르지 않는다.

① 삼각 위험예지 훈련
② 시나리오 역할연기 훈련
③ Tool Box Meeting
④ 원포인트 위험예지 훈련

해설 ① 삼각 위험예지 훈련 : 보다 빠르고, 보다 간편하게 명실공히 전원 참여로 말하거나 쓰는 것이 미숙한 작업자를 위하여 개발한 것이다.
② 시나리오 역할연기 훈련 : 작업 전 5분간 미팅의 시나리오를 작성하여 멤버가 그 시나리오에 의하여 역할연기를 함으로써 체험학습하는 기법이다.
③ TBM(Tool Box Meeting) : 5~7명 정도의 인원이 직장, 현장, 공구상자 등의 근처에서 작업 시작 전 5~15분, 작업종료 시 3~5분 정도의 짧은 시간 동안에 행하는 미팅을 말한다.
④ 원포인트 위험예지 훈련 : 흑판이나 용지를 사용하지 않고 또한 삼각 위험예지 훈련 같이 기호나 메모를 사용하지 않고 구두로 실시한다.

07 안전보건교육의 단계별 교육과정 중 근로자가 지켜야 할 규정의 숙지를 위한 교육에 해당하는 것은?

① 지식교육 ② 태도교육
③ 문제해결교육 ④ 기능교육

해설 **안전교육의 3단계**
㉮ 1단계 – 지식교육 : 안전의식 향상, 안전규정 숙지, 기능교육 및 태도교육에 필요한 기초 지식 주입
㉯ 2단계 – 기능교육 : 전문적 기술 및 안전기술 기능, 점검 · 검사 · 정비 등에 관한 기능 습득
㉰ 3단계 – 태도교육 : 작업동작 및 표준작업방법 습관화, 점검 · 검사 요령의 정확화 및 습관화

04.④ 05.① 06.③ 07.① 정답

08 산업안전보건법령상 안전보건표지에 있어 경고표지의 종류 중 기본 모형이 다른 것은?

① 매달린 물체 경고
② 폭발성 물질 경고
③ 고압전기 경고
④ 방사성 물질 경고

해설 경고표지의 기본 모형 및 색채

기본 모형	색 채	종 류
삼각형 예	• 바탕은 노란색 • 기본 모형 관련 부호 및 그림은 검은색	1. 방사성 물질 경고 2. 고압전기 경고 3. 매달린 물체 경고 4. 고온 경고 5. 저온 경고 6. 몸 균형 상실 경고 7. 레이저 광선 경고 8. 위험장소 경고
다이아몬드형 예	• 바탕은 무색 • 기본 모형은 빨간색 (검은색도 가능)	1. 인화성 물질 경고 2. 산화성 물질 경고 3. 폭발성 물질 경고 4. 급성독성 물질 경고 5. 부식성 물질 경고 6. 발암성 · 변이원성 · 생식독성 · 전신독성 · 호흡기 과민성 물질 경고

09 다음 중 Line-Staff형 안전조직에 관한 설명으로 가장 옳은 것은?

① 생산 부분의 책임이 막중하다.
② 명령계통과 조언 권고적 참여가 혼동되기 쉽다.
③ 안전지시나 조치가 철저하고, 실시가 빠르다.
④ 생산 부분에는 안전에 대한 책임과 권한이 없다.

해설 라인-스태프형의 복합형(직계-참모 조직)

㉮ 개요
㉠ 라인형과 스태프형의 장점을 취한 절충식 조직 형태이다.
㉡ 안전업무를 전문으로 담당하는 스태프 부분을 두는 한편, 생산라인의 각 층에도 겸임 또는 전임 안전 담당자를 두고 안전대책은 스태프 부분에서 기획하고, 이를 라인을 통하여 실시하도록 한 조직방식이다.
㉢ 안전 스태프는 안전에 관한 기획 · 입안 · 조사 · 검토 및 연구를 행한다.
㉣ 라인의 관리 · 감독자에게도 안전에 관한 책임과 권한이 부여된다.
㉤ 대규모 사업장(1,000명 이상)에 적합하다.

㉯ 장점
㉠ 안전 전문가에 의해 입안된 것을 경영자의 지침으로 명령하여 실시하게 함으로써 정확하고 신속하다.
㉡ 안전입안계획 평가조사는 스태프에서 실천되고, 생산기술의 안전대책은 라인에서 실천된다.
㉢ 안전활동이 생산과 떨어지지 않으므로 운용이 적절하면 이상적이다.
㉣ 조직원 전원을 자율적으로 안전활동에 참여시킬 수 있다.

㉰ 단점
㉠ 명령계통과 조언 권고적 참여가 혼동되기 쉽다.
㉡ 스태프의 월권행위 우려가 있다.
㉢ 라인이 스태프에 의존하거나 활용하지 않는 경우도 있다.

10 다음 중 학습 목적을 세분하여 구체적으로 결정한 것을 무엇이라 하는가?

① 주제
② 학습 목표
③ 학습 정도
④ 학습 성과

해설 학습 목적의 3요소

㉮ 목표(Goal) : 학습 목적의 핵심으로 학습을 통하여 달성하려는 지표를 말한다.
㉯ 주제(Subject) : 목표 달성을 위한 테마(Theme)를 의미한다.
㉰ 학습 정도(Level of Learning) : 학습 범위와 내용의 정도를 말하며, 다음과 같은 단계에 의해 이루어진다.
㉠ 인지(to acquaint) : ~을 인지해야 한다.
㉡ 지각(to know) : ~을 알아야 한다.
㉢ 이해(to understand) : ~을 이해해야 한다.
㉣ 적용(to apply) : ~을 ~에 적용할 줄 알아야 한다.

 정답 08.② 09.② 10.④

11 다음 중 산업안전보건법령상 안전보건표지의 색채의 색도 기준이 잘못 연결된 것은? (단, 색도 기준은 KS에 따른 색의 3속성에 의한 표시방법에 따른다.)

① 빨간색 − 7.5R 4/14
② 노란색 − 5Y 8.5/12
③ 파란색 − 2.5PB 4/10
④ 흰색 − N0.5

해설 안전보건표지의 색도 기준 · 용도 · 사용 예

색 채	색도 기준	용 도	사용 예
빨간색	7.5R 4/14	금지	정지신호, 소화설비 및 그 장소, 유해행위의 금지
		경고	화학물질 취급장소에서의 유해 · 위험경고
노란색	5Y 8.5/12	경고	화학물질 취급장소에서의 유해 · 위험경고, 이외의 위험경고, 주의표지 또는 기계방호물
파란색	2.5PB 4/10	지시	특정 행위의 지시 및 사실의 고지
녹색	2.5G 4/10	안내	비상구 및 피난소, 사람 또는 차량의 통행표지
흰색	N9.5	−	파란색 또는 녹색에 대한 보조색
검은색	N0.5	−	문자 및 빨간색 또는 노란색에 대한 보조색

12 바람직한 안전교육을 진행시키기 위한 4단계 가운데 피교육자로 하여금 작업습관의 확립과 토론을 통한 공감을 가지도록 하는 단계는?

① 도입 ② 제시
③ 적용 ④ 확인

해설 교육법의 4단계
㉮ 제1단계 − 도입(준비) : 배우고자 하는 마음가짐을 일으키도록 도입한다.
㉯ 제2단계 − 제시(설명) : 상대의 능력에 따라 교육하고 내용을 확실하게 이해시키고 납득시켜 다시 기능으로서 습득시킨다.
㉰ 제3단계 − 적용(응용) : 이해시킨 내용을 구체적인 문제 또는 실제 문제로 활용시키거나 응용시킨다(작업습관을 확립하는 단계).
㉱ 제4단계 − 확인(총괄) : 교육 내용을 정확하게 이해하고 습득하였는지의 여부를 확인한다.

13 무재해운동의 3원칙이 아닌 것은?

① 무의 원칙
② 참가의 원칙
③ 대책 선정의 원칙
④ 선취의 원칙

해설 무재해운동 이념 3원칙
㉮ 무의 원칙 : 모든 잠재적 위험요인을 사전에 발견 · 파악 · 해결함으로써 근원적으로 산업재해를 없애자는 것이다.
㉯ 참가의 원칙 : 참가란 작업에 따르는 잠재적인 위험요인을 발견 · 해결하기 위하여 전원이 협력하여 각각의 입장에서 문제해결 행동을 실천하는 것이다.
㉰ 선취해결의 원칙 : 무재해운동에 있어서 선취란 궁극의 목표로서 무재해 · 무질병의 직장을 실현하기 위하여 행동하기 전에 일체의 직장 내에서 위험요인을 발견 · 파악 · 해결하여 재해를 예방하거나 방지하는 것을 말한다.

14 교육훈련의 4단계를 바르게 나열한 것은?

① 도입 → 적용 → 제시 → 확인
② 도입 → 확인 → 제시 → 적용
③ 적용 → 제시 → 도입 → 확인
④ 도입 → 제시 → 적용 → 확인

해설 교육법의 4단계
㉮ 제1단계 − 도입(준비) : 배우고자 하는 마음가짐을 일으키도록 도입한다.
㉯ 제2단계 − 제시(설명) : 상대의 능력에 따라 교육하고 내용을 확실하게 이해시키고 납득시켜 다시 기능으로서 습득한다.
㉰ 제3단계 − 적용(응용) : 이해시킨 내용을 구체적인 문제 또는 실제 문제로 활용 · 응용시킨다.
㉱ 제4단계 − 확인(총괄) : 교육내용을 정확하게 이해하고 습득하였는지의 여부를 확인한다.

15 6~12명의 구성원으로 타인의 비판 없이 자유로운 토론을 통하여 다량의 독창적인 아이디어를 이끌어내고, 대안적 해결안을 찾기 위한 집단적 사고기법은?

① Role playing
② Brain storming
③ Action playing
④ Fish Bowl playing

해설 브레인 스토밍(Brain Storming ; BS)의 4원칙

㉮ 비평금지 : '좋다, 나쁘다'라고 비평하지 않는다.
㉯ 자유분방 : 마음대로 편안히 발언한다.
㉰ 대량발언 : 무엇이든지 좋으니 많이 발언한다.
㉱ 수정발언 : 타인의 아이디어에 수정하거나 덧붙여 말해도 좋다.

16 안전보건교육 단계에 해당하지 않는 것은?

① 지식교육　② 기초교육
③ 태도교육　④ 기능교육

해설 안전보건교육의 단계별 교육내용

㉮ 지식교육(제1단계)
　㉠ 안전의식 향상 및 안전에 대한 책임감 주입
　㉡ 안전규정 숙지를 위한 교육
　㉢ 기능 · 태도교육에 필요한 기초지식 주입
㉯ 기능교육(제2단계)
　㉠ 전문적 기술 및 안전기술 기능
　㉡ 안전장치(방호장치) 관리 기능
　㉢ 점검, 검사, 정비에 관한 기능
㉰ 태도교육(제3단계)
　㉠ 작업동작 및 표준작업방법의 습관화
　㉡ 공구 · 보호구 등의 관리 및 취급태도의 확립
　㉢ 작업 전후 점검과 검사요령의 정확화 및 습관화
　㉣ 작업지시 · 전달 · 확인 등에서 언어 · 태도의 정확화 및 습관화

17 Y · G 성격검사에서 "안전, 적응, 적극형"에 해당하는 형의 종류는?

① A형
② B형
③ C형
④ D형

해설 Y · G 성격검사(Guilford)

성격 유형	특 징
A형(평균형)	조화적, 적응적
B형(우편형)	정서 불안정, 활동적, 외향적(불안전, 부적응, 적극형)
C형(좌편형)	안정, 소극형(소극적, 온순, 안정, 내향적, 비활동)
D형(우하형)	안정, 적응, 적극형(정서 안정, 활동적, 대인관계 양호, 사회 적응)
E형(좌하형)	불안정, 부적응, 수동형(D형과 반대)

18 위치, 순서, 패턴, 형상, 기억오류 등 외부적 요인에 의해 나타나는 것은?

① 메트로놈　② 리스크 테이킹
③ 부주의　④ 착오

해설 ① 메트로놈(metronome) : 악곡의 박절(拍節)을 측정하거나 템포를 나타내는 기구이다.
② 리스크 테이킹(risk taking) : 위험을 감지하여 위험의 크기를 평가하는 것을 위험지각(risk perception) 또는 위험인지(risk cognition)라 하며 위험을 지각한 후에 행동하는 것을 위험감행(risk taking)이라 한다.
③ 부주의 : 정신은 있으나 어떤 물적인 면에 집중하지 않거나 집중하지 못하는 심리적인 상태를 말한다.
④ 착오 : 위치, 순서, 패턴, 형상, 기억오류 등 외부적 요인에 의해 나타나는 것

19 참가자에게 일정한 역할을 주어 실제적으로 연기를 시켜봄으로써 자기의 역할을 보다 확실히 인식할 수 있도록 체험학습을 시키는 교육방법은?

① Symposium　② Brainstorming
③ Role playing　④ Fish bowl playing

해설 역할연기법(role playing)

참가자에게 어떤 역할을 주어서 실제로 시켜봄으로써 훈련이나 평가에 사용하는 교육기법으로, 절충능력이나 협조성을 높여서 태도의 변용에도 도움을 준다.

20 재해원인을 직접원인과 간접원인으로 분류할 때 직접원인에 해당하는 것은?

① 물적 원인　② 교육적 원인
③ 정신적 원인　④ 관리적 원인

해설 재해원인의 연쇄관계

㉮ 간접원인 : 재해의 가장 깊은 곳에 존재하는 재해원인
　㉠ 기초원인 : 학교 교육적 원인, 관리적 원인
　㉡ 2차 원인 : 신체적 원인, 정신적 원인, 안전교육적 원인, 기술적 원인
㉯ 직접원인(1차 원인) : 시간적으로 사고발생에 가장 가까운 시점의 재해원인
　㉠ 물적 원인 : 불안전한 상태(설비 및 환경 등의 불량)
　㉡ 인적 원인 : 불안전한 행동

 정답 16.② 17.④ 18.④ 19.③ 20.①

≫ 제2과목 인간공학 및 위험성 평가 관리

21 다음 중 Path Set에 관한 설명으로 옳은 것은?

① 시스템의 약점을 표현한 것이다.
② Top 사상을 발생시키는 조합이다.
③ 시스템이 고장 나지 않도록 하는 사상의 조합이다.
④ 일반적으로 Fussell Algorithm을 이용한다.

해설 **패스와 미니멀 패스**
㉮ 패스(Path) : 그 속에 포함되는 기본 사상이 일어나지 않을 때에 나타나지 않는 기본 사상의 집합으로서, 미니멀 패스(Minimal Path Sets)는 최소로 필요한 것이다.
㉯ 미니멀 패스 : 어떤 고장이나 패스를 일으키지 않으면 재해가 일어나지 않는다는 것, 즉 시스템의 신뢰성을 나타낸다. 다시 말하면 미니멀 패스는 시스템의 기능을 살리는 요인의 집합이라고 할 수 있다.

22 다음 중 시스템 신뢰도에 관한 설명으로 옳지 않은 것은?

① 시스템의 성공적 퍼포먼스를 확률로 나타낸 것이다.
② 각 부품이 동일한 신뢰도를 가질 경우 직렬구조의 신뢰도는 병렬구조에 비해 신뢰도가 낮다.
③ 시스템의 병렬구조는 시스템의 어느 한 부품이 고장 나면 시스템이 고장 나는 구조이다.
④ n 중 k구조는 n개의 부품으로 구성된 시스템에서 k개 이상의 부품이 작동하면 시스템이 정상적으로 가동되는 구조이다.

해설 시스템의 직렬구조는 시스템의 어느 한 부품이 고장 나면 시스템이 고장 나는 구조이다.

23 다음 중 인식과 자극의 정보처리 과정에서 3단계에 속하지 않는 것은?

① 인지단계
② 반응단계
③ 행동단계
④ 인식단계

해설 **인식과 자극의 정보처리 과정 3단계**
㉮ 1단계 : 인지단계
㉯ 2단계 : 인식단계
㉰ 3단계 : 행동단계

24 시스템 안전 프로그램에 있어 시스템의 수명주기를 일반적으로 5단계로 구분할 수 있는데, 다음 중 시스템 수명주기의 단계에 해당하지 않는 것은?

① 구상단계 ② 생산단계
③ 운전단계 ④ 분석단계

해설 **시스템 수명주기의 단계**
㉮ 1단계 : 구상단계
㉯ 2단계 : 정의단계
㉰ 3단계 : 개발단계
㉱ 4단계 : 생산단계
㉲ 5단계 : 운전단계

25 다음 중 Layout의 원칙으로 가장 올바른 것은?

① 운반작업을 수작업화한다.
② 중간중간에 중복 부분을 만든다.
③ 인간이나 기계의 흐름을 라인화한다.
④ 사람이나 물건의 이동거리를 단축하기 위해 기계 배치를 분산화한다.

해설 **Layout의 원칙**
㉮ 인간과 기계의 흐름을 라인화한다.
㉯ 운반작업을 기계화한다(운반기계 활용 및 기계활동의 집중화).
㉰ 중복 부분을 제거한다(돌거나 되돌아 나오는 부분 제거).
㉱ 이동거리를 단축하고 기계 배치를 집중화한다.

21.③ 22.③ 23.② 24.④ 25.③ 정답

26 다음 중 산업안전보건법에 따른 유해 · 위험방지계획서 제출 대상 사업은 기계 및 가구를 제외한 금속가공제품 제조업으로서 전기 계약 용량이 얼마 이상인 사업을 말하는가?

① 50kW ② 100kW
③ 200kW ④ 300kW

해설 유해 · 위험방지계획서 제출 대상 사업장으로 다음의 어느 하나에 해당하는 사업으로서 전기 계약 용량이 300kW 이상인 사업을 말한다.
㉮ 금속가공제품(기계 및 기구는 제외) 제조업
㉯ 비금속 광물제품 제조업
㉰ 기타 기계 및 장비 제조업
㉱ 자동차 및 트레일러 제조업
㉲ 식료품 제조업
㉳ 고무제품 및 플라스틱 제품 제조업
㉴ 목재 및 나무제품 제조업
㉵ 기타 제품 제조업
㉶ 1차 금속 제조업
㉷ 가구 제조업
㉸ 화학물질 및 화학제품 제조업
㉹ 반도체 제조업
㉺ 전자부품 제조업

27 다음 중 FTA에서 사용되는 Minimal Cut Set에 관한 설명으로 틀린 것은?

① 사고에 대한 시스템의 약점을 표현한다.
② 정상사상(Top Event)을 일으키는 최소한의 집합이다.
③ 시스템에 고장이 발생하지 않도록 하는 모든 사상의 집합이다.
④ 일반적으로 Fussell Algorithm을 이용한다.

해설 **컷셋과 패스셋**
㉮ 컷셋(Cut Set) : '컷'이란 그 속에 포함되어 있는 모든 기본사상(여기서는 통상사상 · 생략결함사상 등을 포함한 기본사상)이 일어났을 때에 정상사상을 일으키는 기본사상의 집합을 말한다.
㉯ 패스셋(Path Set) : '패스'란 그 속에 포함되는 기본사상이 일어나지 않을 때에 처음으로 정상사상이 일어나지 않는 기본사상의 집합을 말한다.

28 FT도 작성에 사용되는 사상 중 시스템의 정상적인 가동상태에서 일어날 것이 기대되는 사상은?

① 통상사상 ② 기본사상
③ 생략사상 ④ 결함사상

해설 ① 통상사상 : 결함사상이 아닌 발생이 예상되는 사상(정상적인 가동상태에서 발생이 기대되는 사상)을 나타낸다.
② 기본사상 : 더 이상 해석할 필요가 없는 기본적인 기계 결함 또는 작업자의 오동작을 나타낸다.
③ 생략사상 : 사상과 원인과의 관계를 알 수 없거나 또는 필요한 정보를 얻을 수 없기 때문에 더 이상 전개할 수 없는 최후적 사상을 나타낸다.
④ 결함사상 : 해석하고자 하는 정상사상과 중간사상을 나타낸다.

29 다음 중 작동 중인 전자레인지의 문을 열면 작동이 자동으로 멈추는 기능과 가장 관련이 깊은 오류 방지 기능은?

① Lock－in ② Lock－out
③ Inter－lock ④ Shift－lock

해설 **인터록(Inter－lock)**
㉮ 기기의 오동작 방지 또는 안전을 위해 관련 장치 간에 전기적 또는 기계적으로 연락을 취하게 되는 시스템이다.
㉯ 조합하거나 연동시키는 것을 말하며, 보통 동기신호를 발진회로에 넣어서 동기를 취하는 것을 말한다.

30 다음 중 인간 에러(Human Error)에 관한 설명으로 틀린 것은?

① Omission Error : 필요한 작업 또는 절차를 수행하지 않는 데 기인한 에러
② Commission Error : 필요한 작업 또는 절차의 수행 지연으로 인한 에러
③ Extraneous Error : 불필요한 작업 또는 절차를 수행함으로써 기인한 에러
④ Sequential Error : 필요한 작업 또는 절차의 순서 착오로 인한 에러

 정답 26.④ 27.③ 28.① 29.③ 30.②

해설 **인간 에러(Human Error)의 심리적인 분류(Swain)**

㉮ 생략적 에러(Omission Error) : 필요한 직무(Task) 또는 절차를 수행하지 않는 데 기인한 과오(Error)
㉯ 시간적 에러(Time Error) : 필요한 직무 또는 절차의 수행 지연으로 인한 과오
㉰ 수행적 에러(Commission Error) : 필요한 직무 또는 절차의 불확실한 수행으로 인한 과오
㉱ 순서적 에러(Sequential Error) : 필요한 직무 또는 절차의 순서 착오로 인한 과오
㉲ 불필요한 에러(Extraneous Error) : 불필요한 직무 또는 절차를 수행함으로 인한 과오

31 인체계측 중 운전 또는 워드작업과 같이 인체의 각 부분이 서로 조화를 이루며 움직이는 자세에서의 인체치수를 측정하는 것을 무엇이라 하는가?

① 구조적 치수
② 정적 치수
③ 외곽 치수
④ 기능적 치수

해설 **인체계측의 방법**

㉮ 구조적 치수(정적 인체계측)
 ㉠ 체위를 정지한 상태에서의 기본자세(선 자세, 앉은 자세 등)에 관한 신체 각 부를 계측하는 것이다.
 ㉡ 여러 가지 설계의 표준이 되는 기초적 치수를 결정하는 데 그 목적이 있다.
㉯ 기능적 치수(동적 인체계측)
 ㉠ 상지나 하지의 운동이나 체위의 움직임에 따른 상태에서 계측하는 것이다.
 ㉡ 설계의 작업, 생활조건에 밀접한 관계를 갖는 현실성 있는 인체치수를 구하는 것이다.

32 다음 중 소음에 대한 대책으로 가장 적합하지 않은 것은?

① 소음원의 통제 ② 소음의 격리
③ 소음의 분배 ④ 적절한 배치

해설 **소음대책**

㉮ 소음원의 제거(가장 적극적 대책)
㉯ 소음원의 통제
㉰ 소음의 격리
㉱ 적절한 배치(Layout)
㉲ 차폐장치 및 흡음재료 사용
㉳ 음향처리제 사용
㉴ 방음보호구 사용
㉵ BGM(Back Ground Music)

33 시스템 안전분석방법 중 예비위험분석(PHA) 단계에서 식별하는 4가지 범주에 속하지 않는 것은?

① 위기 상태 ② 무시가능 상태
③ 파국적 상태 ④ 예비조처 상태

해설 **예비위험분석(PHA)에서 식별하는 4가지의 범주(Category)**

㉮ 파국적(Catastrophic)
㉯ 중대(Critical)
㉰ 한계적(Marginal)
㉱ 무시가능(Negligible)

34 다음 중 결합수분석법(FTA)에서의 미니멀 컷셋과 미니멀 패스셋에 관한 설명으로 맞는 것은?

① 미니멀 컷셋은 시스템의 신뢰성을 표시하는 것이다.
② 미니멀 패스셋은 시스템의 위험성을 표시하는 것이다.
③ 미니멀 패스셋은 시스템의 고장을 발생시키는 최소의 패스셋이다.
④ 미니멀 컷셋은 정상사상(top event)을 일으키기 위한 최소한의 컷셋이다.

해설 ㉮ 컷셋과 미니멀 컷셋
 ㉠ 컷셋(cut sets) : 정상사상을 일으키는 기본사상(통상사상, 생략사상 포함)의 집합을 컷이라 한다.
 ㉡ 미니멀 컷셋(minimal cut sets) : 정상사상을 일으키기 위해 필요한 최소한의 컷을 말한다(시스템의 위험성을 나타냄).
㉯ 패스셋과 미니멀 패스셋
 ㉠ 패스셋(path sets) : 정상사상이 일어나지 않는 기본사상의 집합을 말한다.
 ㉡ 미니멀 패스셋(minimal path sets) : 필요한 최소한의 패스를 말한다(시스템의 신뢰성을 나타냄).

35 인간이 기계와 비교하여 정보처리 및 결정의 측면에서 상대적으로 우수한 것은? (단, 인공지능은 제외한다.)

① 연역적 추리
② 정량적 정보처리
③ 관찰을 통한 일반화
④ 정보의 신속한 보관

해설 **정보처리 및 의사결정**

㉮ 인간이 갖는 기계보다 우수한 기능
  ㉠ 보관되어 있는 적절한 정보를 회수(상기)
  ㉡ 다양한 경험을 토대로 의사결정
  ㉢ 어떤 운용방법이 실패할 경우, 다른 방법 선택
  ㉣ 원칙을 적용하여 다양한 문제를 해결
  ㉤ 관찰을 통해서 일반화하여 귀납적으로 추리
  ㉥ 주관적으로 추산하고 평가
  ㉦ 문제해결에 있어서 독창력을 발휘
㉯ 기계가 갖는 인간보다 우수한 기능
  ㉠ 암호화된 정보를 신속 · 정확하게 회수
  ㉡ 연역적으로 추리
  ㉢ 입력신호에 대해 신속하고 일관성 있는 반응
  ㉣ 명시된 프로그램에 따라 정량적인 정보처리
  ㉤ 물리적인 양을 계수하거나 측정

36 양립성의 종류에 포함되지 않는 것은?

① 공간 양립성
② 형태 양립성
③ 개념 양립성
④ 운동 양립성

해설 **양립성**

정보 입력 및 처리와 관련한 양립성은 인간의 기대와 모순되지 않는 자극들 간, 반응들 간 또는 자극-반응 조합의 관계를 말하는 것으로, 다음의 3가지가 있다.

㉮ 공간 양립성 : 표시장치나 조종장치에서 물리적 형태나 공간적 배치의 양립성
㉯ 운동 양립성 : 표시 및 조종 장치, 체계반응에 대한 운동방향의 양립성
㉰ 개념 양립성 : 사람들이 가지고 있는 개념적 연상(어떤 암호체계에서 청색이 정상을 나타내듯이)의 양립성

37 손이나 특정 신체부위에 발생하는 누적손상장애(CTD)의 발생인자가 아닌 것은?

① 무리한 힘
② 다습한 환경
③ 장시간의 진동
④ 반복도가 높은 작업

해설 **누적손상장애(CTD)의 발생요인**

㉮ 무리한 힘의 사용
㉯ 진동 및 온도(저온)
㉰ 반복도가 높은 작업
㉱ 부적절한 작업자세
㉲ 날카로운 면과 신체 접촉

38 산업안전보건법령상 유해위험방지계획서의 심사 결과에 따른 구분 · 판정의 종류에 해당하지 않는 것은?

① 보류　② 부적정
③ 적정　④ 조건부 적정

해설 **유해위험방지계획서의 심사 결과 구분**

㉮ 적정 : 근로자의 안전과 보건을 위하여 필요한 조치가 구체적으로 확보되었다고 인정되는 경우
㉯ 조건부 적정 : 근로자의 안전과 보건을 확보하기 위하여 일부 개선이 필요하다고 인정되는 경우
㉰ 부적정 : 기계 · 설비 또는 건설물이 심사기준에 위반되어 공사 착공 시 중대한 위험 발생의 우려가 있거나 계획에 근본적 결함이 있다고 인정되는 경우

39 불(Boole)대수의 정리를 나타낸 관계식으로 틀린 것은?

① $A \cdot A = A$　② $A + \overline{A} = 0$
③ $A + AB = A$　④ $A + A = A$

해설 **불대수의 정리**

㉮ $A + \overline{A} = 1$
㉯ $A \cdot A = A$
㉰ $A + AB = A$
㉱ $A + A = A$
㉲ $A(A + B) = A$

정답 35.③ 36.② 37.② 38.① 39.②

40 인간공학에 대한 설명으로 틀린 것은?

① 인간–기계 시스템의 안전성, 편리성, 효율성을 높인다.
② 인간을 작업과 기계에 맞추는 설계 철학이 바탕이 된다.
③ 인간이 사용하는 물건, 설비, 환경의 설계에 적용된다.
④ 인간의 생리적, 심리적인 면에서의 특성이나 한계점을 고려한다.

해설 인간공학이란 작업과 기계를 인간에게 맞도록 연구하는 과학으로, 인간의 특성과 한계 능력을 분석 · 평가하여 이를 복잡한 체계의 설계에 응용하여 효율을 최대로 활용할 수 있도록 하는 학문 분야이다.

» 제3과목 기계·기구 및 설비 안전관리

41 기계 · 설비가 이상이 있을 때 기계를 급정지시키거나 방호장치가 작동되도록 하는 것과 전기회로를 개선하여 오동작으로 방지하거나 별도의 완전한 회로에 의해 정상 기능을 찾을 수 있도록 하는 것은?

① 구조 부분 안전화 ② 기능적 안전화
③ 보전작업 안전화 ④ 외관상 안전화

해설 **기능적 안전화**
㉮ 적극적 대책 : Fail Safe, 회로를 개선하여 오동작을 방지하거나 별도의 완전한 회로에 의하여 정상 기능을 찾도록 한다.
㉯ 소극적 대책 : 이상이 있을 때 기계를 급정지시키거나 방호장치가 작동되도록 하는 것이다.

42 다음 중 안전계수를 나타내는 식으로 옳은 것은?

① $\frac{\text{허용응력}}{\text{기초강도}}$ ② $\frac{\text{최대설계응력}}{\text{극한강도}}$
③ $\frac{\text{안전하중}}{\text{파단하중}}$ ④ $\frac{\text{파괴하중}}{\text{최대사용하중}}$

해설 $\text{안전율} = \frac{\text{극한강도}}{\text{허용응력}} = \frac{\text{인장강도}}{\text{정격응력}} = \frac{\text{파괴하중}}{\text{사용하중}}$

43 지게차의 중량이 8kN, 화물 중량이 2kN, 앞바퀴에서 화물의 무게중심까지의 최단거리가 0.5m이면 지게차가 안정되기 위한 앞바퀴에서 지게차의 무게중심까지의 거리는 최소 몇 m 이상이어야 하는가?

① 0.450
② 0.325
③ 0.225
④ 0.125

해설 **안전성을 유지하기 위한 조건**
$W \cdot a < G \cdot b$
여기서, W : 하물 중량(kg)
G : 차량 자체의 중량(kg)
a : 앞바퀴부터 하물 중심까지의 거리
b : 앞바퀴에서부터 차 중심까지의 거리(m)
$2\text{kN} \times 0.5 < 8\text{kN} \times X$
$\therefore X = 0.125\text{m}$ 초과

44 산업안전보건법령에 따라 산업용 로봇을 운전하는 경우에 근로자가 로봇에 부딪칠 위험이 있을 때에는 안전매트 및 높이 얼마 이상의 방책을 설치하는 등 위험을 방지하기 위하여 필요한 조치를 하여야 하는가?

① 1.0m 이상
② 1.5m 이상
③ 1.8m 이상
④ 2.5m 이상

해설 산업용 로봇을 운전하는 경우에 근로자가 로봇에 부딪칠 위험이 있을 때에는 안전매트 및 높이 1.8m 이상의 방책을 설치하는 등 위험을 방지하기 위하여 필요한 조치를 하여야 한다.

45 다음 중 셰이퍼(Shaper)의 안전장치로 볼 수 없는 것은?

① 방책 ② 칩받이
③ 칸막이 ④ 잠금장치

해설 **셰이퍼(Shaper)의 안전장치**
㉮ 방책
㉯ 칩받이
㉰ 칸막이

40.② 41.② 42.④ 43.④ 44.③ 45.④ 정답

46 다음 중 산업용 로봇에 의한 작업 시 안전조치 사항으로 적절하지 않은 것은?

① 근로자가 로봇에 부딪칠 위험이 있을 때에는 안전매트 및 1.8m 이상의 안전방책을 설치하여야 한다.
② 작업을 하고 있는 동안 로봇의 기동스위치 등은 작업에 종사하고 있는 근로자가 아닌 사람이 그 스위치 등을 조작할 수 없도록 필요한 조치를 한다.
③ 로봇의 조작방법 및 순서, 작업 중 매니퓰레이터의 속도 등에 관한 지침에 따라 작업을 하여야 한다.
④ 작업에 종사하는 근로자가 이상을 발견하면, 관리감독자에게 우선 보고하고 지시에 따라 로봇의 운전을 정지시킨다.

해설 작업에 종사하고 있는 근로자 또는 그 근로자를 감시하는 사람은 이상을 발견하면 즉시 로봇의 운전을 정지시키기 위한 조치를 할 것

47 다음 중 자동화 설비를 사용하고자 할 때 기능의 안전화를 위하여 검토할 사항과 가장 거리가 먼 것은?

① 부품 변형에 의한 오동작
② 사용압력 변동 시의 오동작
③ 전압강하 및 정전에 따른 오동작
④ 단락 또는 스위치 고장 시의 오동작

해설 ㉮ 자동화 설비 사용 시 기능의 안전화를 위하여 적절한 조치가 필요한 이상상태
㉠ 전압의 강하
㉡ 정전 시 오동작
㉢ 단락 스위치나 릴레이 고장 시 오동작 사용압력 고장 시 오동작
㉣ 밸브 계통의 고장에 의한 오동작 등
㉯ 기능상의 안전화 방법
㉠ 소극적 대책 : 이상발생 시 정지, 안전장치 작동
㉡ 적극적 대책 : 회로 개선으로 인한 오동작 방지, Fail Safe

48 산업안전보건법령상 비파괴검사를 해서 결함 유무를 확인하여야 하는 고속 회전체의 기준으로 옳은 것은?

① 회전축의 중량이 100kg을 초과하고, 원주속도가 초당 120m 이상인 고속 회전체
② 회전축의 중량이 500kg을 초과하고, 원주속도가 초당 100m 이상인 고속 회전체
③ 회전축의 중량이 1t을 초과하고, 원주속도가 초당 120m 이상인 고속 회전체
④ 회전축의 중량이 3t을 초과하고, 원주속도가 초당 100m 이상인 고속 회전체

해설 ㉮ 비파괴검사의 실시 : 고속 회전체(회전축의 중량이 1톤을 초과하고, 원주속도가 120m/sec 이상인 것에 한함)의 회전시험을 할 때에는 미리 회전축의 재질 및 형상 등에 상응하는 종류의 비파괴검사를 실시하여 결함 유무를 확인하여야 한다.
㉯ 고속 회전체의 회전시험 중의 위험방지 : 고속 회전체(원주속도가 25m/sec를 초과하는 것에 한함)의 회전시험을 할 때에는 고속 회전체의 파괴로 인한 위험을 방지하기 위한 전용의 견고한 시설물을 내부 또는 견고한 장벽 등으로 격리된 장소에서 실시하여야 한다.

49 다음 중 재료이송방법의 자동화에 있어 송급배출장치가 아닌 것은?

① 다이얼 피더
② 슈트
③ 에어분사장치
④ 푸셔 피더

해설 **송급배출장치**
㉮ 1차 가공용 송급장치 : 롤 피더
㉯ 2차 가공용 송급장치 : 슈트, 푸셔 피더, 다이얼 피더, 트랜스퍼 피더 등
※ 에어분사장치 : 칩 등 이물질을 청소하는 장치

50 크레인에서 권과방지장치 달기구 윗면이 권상장치의 아랫면과 접촉할 우려가 있는 경우에는 몇 cm 이상 간격이 되도록 조정하여야 하는가?

① 25
② 30
③ 35
④ 40

 정답 46.④ 47.① 48.③ 49.③ 50.①

해설 **방호장치의 조정**

크레인 및 이동식 크레인의 양중기에 대한 권과방지장치는 훅, 버킷 등 달기구의 윗면(그 달기구에 권상용 도르래가 설치된 경우에는 권상용 도르래의 윗면)이 드럼, 상부 도르래, 트롤리프레임 등 권상장치의 아랫면과 접촉할 우려가 있는 경우에 그 간격이 0.25m 이상(직동식 권과방지장치는 0.05m 이상)이 되도록 조정할 것

51 비파괴 검사방법 중 육안으로 결함을 검출하는 시험법은?

① 방사선투과시험
② 와류탐상시험
③ 초음파탐상시험
④ 자분탐상시험

해설 ① 방사선투과시험 : X선, γ선 등의 방사선을 물체에 방사하고, 투과 후의 방사선의 강도의 변화 상태, 즉 투과상(透過像)에 의하여 결함의 유무를 조사하는 검사이다.
② 와류탐상시험 : 코일을 이용하여 도체에 시간적으로 변화하는 자계(교류 등)를 걸어, 도체에 발생한 와전류가 결함 등에 의해 변화하는 것을 이용하여 결함을 검출하는 비파괴 시험방법이다.
③ 초음파탐상시험 : 초음파를 피검사체에 보내 그 음향적 성질을 이용하여 결함의 유무를 조사하는 검사를 말하는데, 이것은 초음파가 물체 속에 전달되었을 때 결함 등 불균일한 곳이 있으면 반사하는 성질을 이용한 것이다.
④ 자분탐상시험 : 시험체를 자화시켰을 경우 표면 또는 표면 부위에 자속을 막는 결함이 존재할 경우 그 곳에서부터 자장이 누설되며, 결함의 양측에 자극이 형성되어 결함 부분이 작은 자석이 있는 것과 같은 효과를 띠게 되어 공간에 자장을 형성한다. 그 공간에 자분을 뿌리면 자분가루들이 자화되어 자극을 갖고 결함부위에 달라붙게 된다. 자분이 밀집되어 있는 모양을 육안으로 보고 시험체의 결손부위와 크기를 측정한다.

52 보일러 발생증기가 불안정하게 되는 현상이 아닌 것은?

① 캐리오버(Carry Over)
② 프라이밍(Priming)
③ 절탄기(Economizer)
④ 포밍(Forming)

해설 **보일러 발생증기의 이상현상**

㉮ 프라이밍 : 보일러 부하의 급변으로 수위가 급상승하여 증기와 분리되지 않고 수면에서 물방울이 심하게 튀어 올라 올바른 수위를 판단하지 못하는 현상
㉯ 포밍 : 유지분이나 부유물 등에 의하여 보일러수의 비등과 함께 수면부에 거품을 발생시키는 현상
㉰ 캐리오버 : 보일러수 중에 용해 또는 현탁되어 있던 불순물로 인해 보일러수가 비등해 증기와 함께 혼합된 상태로 보일러 본체 밖으로 나오는 현상

※ ③의 절탄기(Economizer)는 급수를 예열하는 장치로 폐열회수장치에 속한다.

53 기계 고장률의 기본모형이 아닌 것은?

① 초기 고장　② 우발 고장
③ 마모 고장　④ 수시 고장

해설 **고장률의 유형(욕조곡선에서의 고장 형태)**

㉮ 초기 고장 : 고장률 감소시기(Decreasing Failure Rate ; DFR) : 사용 개시 후 비교적 이른 시기에 설계, 제작상의 결함, 사용 환경의 부적합 등에 의해 발생하는 고장이다. 기계설비의 시운전 및 초기운전 중 가장 높은 고장률을 나타내고 그 고장률이 차츰 감소한다.
㉯ 우발 고장 : 고장률 일정시기(Constant Failure Rate ; CFR) : 초기 고장과 마모 고장 사이의 마모, 누출, 변형, 크랙 등으로 인하여 우발적으로 발생하는 고장이다. 고장률이 일정한 이 기간은 고장시간, 원인(고장 타입)이 랜덤해서 예방보전(PM)은 무의미하며, 고장률이 가장 낮다. 정기점검이나 특별점검을 통해서 예방할 수 있다.
㉰ 마모 고장 : 고장률 증가시기(Increasing Failure Rate ; IFR) : 점차 고장률이 상승하는 형으로 볼베어링 또는 기어 등 기계적 요소나 부품의 마모, 사람의 노화현상에 의해 어떤 시점에 집중적으로 고장이 발생하는 시기이다.

54 숫돌지름이 60cm인 경우 숫돌 고정장치인 평형 플랜지 지름은 몇 cm 이상이어야 하는가?

① 10cm　② 20cm
③ 30cm　④ 60cm

해설

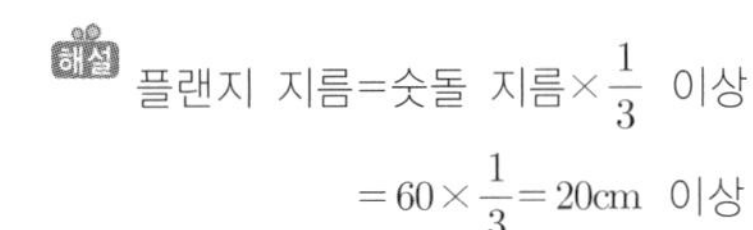

$$\text{플랜지 지름} = \text{숫돌 지름} \times \frac{1}{3} \text{ 이상}$$
$$= 60 \times \frac{1}{3} = 20\text{cm 이상}$$

55 사람이 작업하는 기계장치에서 작업자가 실수를 하거나 오조작을 하여도 안전하게 유지되도록 하는 안전설계방법은?

① Fail safe
② 다중계화
③ Fool proof
④ Back up

해설 **풀 프루프(fool proof)**
사람이 기계 · 설비 등의 취급을 잘못해도 그것이 바로 사고나 재해와 연결되지 않도록 하는 기능이다. 즉, 사람의 착오나 미스 등으로 발생되는 휴먼에러(human error)를 방지하기 위한 것이다.

56 질량이 100kg인 물체를 그림과 같이 길이가 같은 2개의 와이어로프로 매달아 옮기고자 할 때 와이어로프 T_a에 걸리는 장력은 약 몇 N인가?

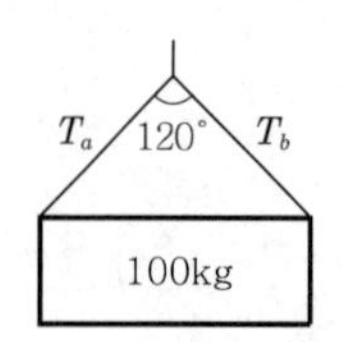

① 200 ② 400
③ 490 ④ 980

$$T=\frac{\frac{w}{2}}{\cos\frac{\theta}{2}}=\frac{\frac{100}{2}}{\cos\frac{120}{2}}=\frac{50}{\cos 60}\fallingdotseq 100\text{kg}_f$$

1kgf = 9.8N

∴ 100×9.8 = 980N

57 산업안전보건법령상 프레스의 작업시작 전 점검사항이 아닌 것은?

① 금형 및 고정볼트의 상태
② 방호장치의 기능
③ 전단기의 칼날 및 테이블의 상태
④ 트롤리(trolley)가 횡행하는 레일의 상태

해설 **프레스 등(프레스 또는 전단기)의 작업시작 전 점검항목**
㉮ 클러치 및 브레이크의 기능
㉯ 크랭크축, 플라이휠, 슬라이드, 연결봉 및 연결나사 볼의 풀림 유무
㉰ 1행정 1정지기구, 급정지장치 및 비상정지장치의 기능
㉱ 슬라이드 또는 칼날에 의한 위험방지기구의 기능
㉲ 프레스의 금형 및 고정볼트의 상태
㉳ 방호장치의 기능
㉴ 전단기의 칼날 및 테이블의 상태

58 허용응력이 1kN/mm^2이고, 단면적이 2mm^2인 강판의 극한하중이 4,000N이라면 안전율은 얼마인가?

① 2 ② 4
③ 5 ④ 50

해설

$$\text{안전율}=\frac{\text{극한 하중}}{\text{허용응력}}=\frac{4{,}000\text{N}}{1\text{kN/mm}^2\times 2\text{mm}^2\times\frac{1{,}000\text{N}}{1\text{kN}}}=2$$

59 선반작업에 대한 안전수칙으로 가장 적절하지 않은 것은?

① 선반의 바이트는 끝을 짧게 장치한다.
② 작업 중에는 면장갑을 착용하지 않도록 한다.
③ 작업이 끝난 후 절삭 칩의 제거는 반드시 브러시 등의 도구를 사용한다.
④ 작업 중 일감의 치수 측정 시 기계 운전상태를 저속으로 하고 측정한다.

해설 **선반작업 시 안전작업수칙**
㉮ 공작물의 길이가 직경의 12배 이상으로 가늘고 길 때는 방진구(공작물의 고정에 사용)를 사용하여 진동을 막을 것
㉯ 치수를 측정할 경우에는 반드시 운전을 정지한 후 측정한다.
㉰ 칩이나 부스러기를 제거할 때는 반드시 브러시를 사용할 것
㉱ 작업 중 절삭 칩이 눈에 들어가지 않도록 보안경을 착용하고, 장갑을 착용하지 않을 것
㉲ 시동 전에 심압대가 잘 죄어져 있는가를 확인할 것

 정답 55.③ 56.④ 57.④ 58.① 59.④

㉥ 선반기계를 정지시켜야 할 경우
 ㉠ 치수를 측정할 경우
 ㉡ 백기어(back gear)를 넣거나 풀 경우
 ㉢ 주축을 변속할 경우
 ㉣ 기계에 주유 및 청소를 할 경우
㉦ 바이트는 가급적 짧게 설치하여 진동이나 휨을 막을 것
㉧ 회전부에 손을 대지 않을 것
㉨ 선반의 베드 위에 공구를 놓지 않을 것
㉩ 일감의 센터 구멍과 센터는 반드시 일치시킬 것
㉪ 공작물의 설치가 끝나면 척에서 렌치류는 제거시킬 것
㉫ 상의 옷자락은 안으로 넣고, 소맷자락을 묶을 때는 끈을 사용하지 않을 것

60 산업안전보건법령상 강렬한 소음작업에서 데시벨에 따른 노출시간으로 적합하지 않은 것은?

① 100데시벨 이상의 소음이 1일 2시간 이상 발생하는 작업
② 110데시벨 이상의 소음이 1일 30분 이상 발생하는 작업
③ 115데시벨 이상의 소음이 1일 15분 이상 발생하는 작업
④ 120데시벨 이상의 소음이 1일 7분 이상 발생하는 작업

해설 **강렬한 소음작업**
㉮ 90dB 이상의 소음이 1일 8시간 이상 발생하는 작업
㉯ 95dB 이상의 소음이 1일 4시간 이상 발생하는 작업
㉰ 100dB 이상의 소음이 1일 2시간 이상 발생하는 작업
㉱ 105dB 이상의 소음이 1일 1시간 이상 발생하는 작업
㉲ 110dB 이상의 소음이 1일 30분 이상 발생하는 작업
㉳ 115dB 이상의 소음이 1일 15분 이상 발생하는 작업

≫제4과목 전기설비 안전관리

61 누전화재경보기에 사용하는 변류기에 대한 설명으로 잘못된 것은?

① 옥외 전로에는 옥외형을 설치
② 점검이 용이한 옥외 인입선의 부하측에 설치
③ 건물의 구조상 부득이하여 인입구에 근접한 옥내에 설치
④ 수신부에 있는 스위치 1차측에 설치

해설 **누전화재경보기의 변류기 설치기준**
㉮ 특정 소방대상물의 형태, 인입선의 시설방법 등에 따라 옥외 인입선의 제1지점의 부하측 또는 제2종 접지선측의 점검이 쉬운 위치에 설치할 것
㉯ 인입선의 형태 또는 특정 소방대상물의 구조상 부득이한 경우에는 인입구에 근접한 옥내에 설치할 수 있다.
㉰ 옥외 전로에는 옥외형을 설치할 것

62 어떤 부도체에서 정전용량이 10pF이고, 전압이 5,000V일 때 전하량은?

① 2×10^{-14}C ② 2×10^{-8}C
③ 5×10^{-8}C ④ 5×10^{-2}C

해설 전하량(Q)=정전용량(C)×전압(V)
$= 10\times10^{-12}\times5{,}000=5\times10^{-8}$C

63 누전차단기를 설치하지 않아도 되는 장소는?

① 기계·기구를 건조한 곳에 시설하는 경우
② 파이프 라인 등의 발열장치의 시설에 공급하는 전로의 경우
③ 대지전압 150V 이하인 기계·기구를 물기가 있는 장소에 시설하는 경우
④ 콘크리트에 직접 매설하여 시설하는 케이블의 임시 배선 전원의 경우

해설 **누전차단기 설치 제외 대상**
㉮ 이중절연구조 또는 이와 동등 이상으로 보호되는 전기 기계·기구
㉯ 절연대 위 등과 같이 감전위험이 없는 장소에서 사용하는 전기 기계·기구
㉰ 비접지 방식의 전로
※ 기계·기구를 건조한 곳에 시설하는 경우는 감전위험이 없는 장소에 속하므로 생략 가능하다.

60.④ 61.④ 62.③ 63.① 정답

64 다음 설명과 가장 관계가 깊은 것은?

- 파이프 속에 저항이 높은 액체가 흐를 때 발생된다.
- 액체의 흐름이 정전기 발생에 영향을 준다.

① 충돌대전
② 박리대전
③ 유동대전
④ 분출대전

해설 각종 대전현상
㉮ 마찰대전 : 최소 에너지에 의해 자유전자가 방출 · 흡입되면서 정전기 발생
㉯ 유동대전
㉠ 관벽과 액체 사이에서 발생
㉡ 액체의 유동속도가 정전기 발생에 영향을 줌.
㉢ 배관 내의 유체에 대한 제한유속, 유속 1m/s 이하로 제한(가솔린이나 벤젠)
㉰ 박리대전
밀착되었던 두 물체가 떨어질 때 기계적 에너지에 의해서 자유전자가 이동됨으로써 정전기가 발생하며, 보통 마찰대전보다 큰 정전기가 발생한다.
㉱ 충돌대전
물체의 입자 상호간의 충돌, 물체의 입자와 다른 고체의 충돌, 급속한 분리 · 접촉현상이 일어나서 정전기가 발생한다.
㉲ 분출대전
기체 · 액체 및 분체류가 단면적이 작은 분출구를 통과할 때 물체와 분출관과의 마찰에 의해서 정전기가 발생한다. 이때 분출되는 물질의 구성입자들 사이의 충돌에 의해 발생되는 정전기도 많다.
㉳ 기타 대전 : 파괴대전, 교반 및 침강대전, 비말대전 등이 있다.

65 방폭구조와 기호의 연결이 옳지 않은 것은?

① 압력방폭구조 : p
② 내압방폭구조 : d
③ 안전증방폭구조 : s
④ 본질안전방폭구조 : ia 또는 ib

해설 위험장소의 방폭구조 선정

가스 폭발 위험장소의 분류	방폭구조 전기기계 · 기구의 선정기준
0종 장소	본질안전방폭구조(ia), 그 밖에 관련 공인 인증기관이 0종 장소에서 사용이 가능한 방폭구조로 인증한 방폭구조
1종 장소	내압방폭구조(d), 압력방폭구조(p), 충전방폭구조(q), 유입방폭구조(o), 안전증방폭구조(e), 본질안전방폭구조(ia, ib), 몰드방폭구조(m), 그 밖에 관련 공인 인증기관이 1종 장소에서 사용이 가능한 방폭구조로 인증한 방폭구조
2종 장소	0종 장소 및 1종 장소에 사용 가능한 방폭구조 비점화방폭구조(n), 그 밖에 2종 장소에서 사용하도록 특별히 고안된 비방폭형 구조

66 다음 중 불꽃(Spark) 방전의 발생 시 공기 중에 생성되는 물질은?

① O_2　② O_3
③ H_2　④ C

해설 스파크(Spark) 방전(불꽃방전)
㉮ 전위차가 있는 2개의 대전체가 특정 거리에 근접하게 되면 등전위가 되기 위하여 전하가 절연공간을 깨고 순간적으로 흘러가면서 빛과 열을 발생하는 현상이다.
㉯ 스파크 방전 시 공기 중에 오존(O_3)이 생성되어 인화성 물질에 인화되거나 분진폭발을 일으킬 수 있다.

67 전동기계 · 기구에 설치하는 작업자의 감전방지용 누전차단기의 ⓐ 정격 감도 전류(mA) 및 ⓑ 동작시간(초)의 최댓값은?

① ⓐ 10, ⓑ 0.03
② ⓐ 20, ⓑ 0.01
③ ⓐ 30, ⓑ 0.03
④ ⓐ 50, ⓑ 0.1

해설 감전방지용 누전차단기
㉮ 정격 감도 전류 : 30mA 이하
㉯ 동작시간 : 0.03초 이내

 정답 64.③ 65.③ 66.② 67.③

68 자동전격방지장치에 대한 설명으로 올바른 것은?

① 아크 발생이 중단된 후 약 1초 이내에 출력 측 무부하 전압을 자동적으로 10V 이하로 강하시킨다.
② 용접 시에 용접기 2차 측의 부하전압을 무부하 전압으로 변경시킨다.
③ 용접봉을 모재에 접촉할 때 용접기 2차 측은 폐회로가 되며, 이때 흐르는 전류를 감지한다.
④ SCR 등의 개폐용 반도체 소자를 이용한 유접점 방식이 많이 사용되고 있다.

해설 **자동전격방지장치**
교류 아크 용접기에는 무부하일 때에 2차 측 홀더와 어스에 약 85~95V의 높은 전압이 걸리기 때문에 작업자에 대한 위험도가 크다. 그러므로 용접기가 아크 발생을 중단시킬 때로부터 1초 이내에 해당 용접기의 2차 무부하 전압을 안전전압 25V 이하로 내려줄 수 있는 전기적 방호장치인 자동전격방지장치가 필요하다.

해설 ㉮ 자동전격방지장치의 구성
㉠ 감지부 : 용접상태와 용접휴지(休止) 상태를 감지
㉡ 신호증폭부 : 감지신호를 제어부에 보내는 역할
㉢ 제어부 및 주제어장치 : 증폭된 신호를 받아서 주제어장치를 개폐하도록 제어
㉯ 용접을 행하기 위하여 용접봉을 모재에 접촉시키면 용접기 2차 측은 하나의 폐회로가 되면서 전류가 흐른다.
㉰ 제어부에 인가되어 주접점을 구동시키는 데 필요한 전압
㉠ 전격방지장치가 접점방식일 경우 : 마그네트 스위치 내의 구동 코일 전압
㉡ 전격방지장치가 무접점일 경우 : SCR이나 TRIAC의 게이트 전압

69 다음은 어떤 방폭구조에 대한 설명인가?

> 전기기구의 권선, 에어갭, 접점부, 단자부 등과 같이 정상적인 운전 중에 불꽃, 아크 또는 과열이 생겨서는 안 될 부분에 대하여 이를 방지하거나 온도 상승을 제한하기 위하여 전기기기의 안전도를 증가시킨 구조이다.

① 압력방폭구조 ② 유입방폭구조
③ 안전증방폭구조 ④ 본질안전방폭구조

해설 ① 압력방폭구조 : 용기의 내부에 보호기체(Protective Gas)를 송입하고 그 압력을 용기의 외부압력보다 높게 유지함으로써, 주위의 폭발성 분위기가 용기 내부로 유입하지 못하도록 한 방폭구조
② 유입방폭구조 : 전기기기 중 아크 또는 스파크 등을 발생시켜 폭발성 가스에 점화할 우려가 있는 부분을 유중에 넣어 유체의 표면에 있는 폭발성 가스에 인화될 우려가 없도록 한 방폭구조
③ 안전증방폭구조 : 정상운전 중에 아크 혹은 스파크를 일으키지 않는 전기기기에 적용하는 방식으로, 아크나 스파크 혹은 고온부를 발생시키지 않도록 전기적, 기계적, 온도적으로 안전도를 높이는 방폭구조
④ 본질안전방폭구조 : 정상 시 및 사고 시(지락 · 단락 · 단선 등)에 발생하는 전기불꽃 · 아크 · 과열로 생기는 열에너지에 의해 폭발성 가스 또는 증기에도 착화되지 않는 것이 시험 · 확인된 구조

70 전기설비 사용 장소의 폭발 위험성에 대한 위험 장소 판정 시의 기준과 가장 관계가 먼 것은?

① 위험가스의 현존 가능성
② 통풍의 정도
③ 습도의 정도
④ 위험가스의 특성

해설 **위험 장소의 판정기준**
㉮ 위험증기의 양
㉯ 위험가스의 현존 가능성
㉰ 가스의 특성(공기와의 비중차)
㉱ 통풍의 정도
㉲ 작업자에 의한 영향

71 제전기의 제전효과에 영향을 미치는 요인으로 볼 수 없는 것은?

① 제전기의 이온 생성능력
② 전원의 극성 및 전선의 길이
③ 대전물체의 대전전위 및 대전분포
④ 제전기의 설치위치 및 설치각도

해설 제전효과에 영향을 미치는 요인

㉮ 제전기의 이온 생성능력(전류에 나타나는 단위시간당 이온 생성능력)
㉯ 대전물체의 대전상태(대전전위 및 대전분포)
㉰ 제전기의 설치위치, 설치각도 및 설치거리
㉱ 대전물체의 형상 및 이동속도
㉲ 근접 접지체의 위치, 형상, 크기
㉳ 제전기를 설치한 환경의 상대습도, 기온
㉴ 대전물체와 제전기와의 사이의 기류 속도

72 3상 3선식 전선로의 보수를 위하여 정전작업을 할 때 취하여야 할 기본적인 조치는?

① 1선을 접지한다.
② 2선을 단락접지한다.
③ 3선을 단락접지한다.
④ 접지를 하지 않는다.

해설 3상 3선식 전선로 보수를 위해 정전작업을 할 경우에는 3선을 단락접지할 것

73 전기작업 안전의 기본대책에 해당되지 않는 것은?

① 취급자의 자세
② 전기설비의 품질 향상
③ 전기시설의 안전관리 확립
④ 유지보수를 위한 부품 재사용

해설 전기작업 안전의 기본대책

㉮ 전기설비의 품질 향상 : 전기설비의 품질이 기술기준에 적합하고 신뢰성 및 안전성이 높을 것
㉯ 전기시설의 안전관리 확립 : 시설의 운용 및 보수의 적정화를 꾀한다.
㉰ 취급자의 자세 : 취급자의 관심도를 높이고 안전작업을 위한 작업 지원을 확립한다.

74 대전의 완화를 나타내는 데 필요한 인자인 시정수는 최초의 전하가 약 몇 %까지 완화되는 시간을 말하는가?

① 20 ② 37
③ 45 ④ 50

해설 정전기의 완화

㉮ 절연체에 발생한 정전기가 축적 · 소멸 과정에 의해 처음 값의 36.8%로 감소하는 시간을 시정수 또는 완화시간이라 한다.
㉯ 완화시간은 영전위소요시간의 1/4~1/5 정도이다.

75 감전사고로 인한 전격사의 메커니즘으로 가장 거리가 먼 것은?

① 흉부수축에 의한 질식
② 심실세동에 의한 혈액순환기능의 상실
③ 내장파열에 의한 소화기계통의 기능 상실
④ 호흡중추신경 마비에 따른 호흡기능 상실

해설 전격현상의 3가지 메커니즘

㉮ 심장부에 전류가 흐름으로써 심실세동이 발생하여 혈액순환기능이 상실되어 일어난 것
㉯ 뇌의 호흡중추신경에 전류가 흐름으로써 호흡기능이 정지되어 일어난 것
㉰ 흉부에 전류가 흐름으로써 흉부수축에 의한 질식으로 일어난 것

76 과전류에 의해 전선의 허용전류보다 큰 전류가 흐르는 경우 절연물이 화구가 없더라도 자연적으로 발화하고 심선이 용단되는 발화단계의 전선 전류밀도(A/mm^2)는?

① 10~20
② 30~50
③ 60~120
④ 130~200

해설 과전류에 의한 전선의 발화단계

㉮ 인화단계(허용전류의 3배 정도 흐를 경우) : 전류밀도 40~43A/mm^2
㉯ 착화단계(허용전류의 3배 이상 흐를 경우) : 전류밀도 43~60A/mm^2
㉰ 발화단계 : 전류밀도 60~120A/mm^2
　㉠ 발화 후 용융되는 단계 : 전류밀도 60~75A/mm^2
　㉡ 용융되면서 스스로 발화하는 단계 : 전류밀도 75~120A/mm^2
㉱ 용단단계(전선이 용단되며 폭발하는 단계) : 전류밀도 120A/mm^2 이상

정답 72.③ 73.④ 74.② 75.③ 76.③

77 인체의 표면적이 $0.5m^2$이고 정전용량은 $0.02pF/cm^2$이다. 3,300V의 전압이 인가되어 있는 전선에 접근하여 작업을 할 때 인체에 축적되는 정전기에너지(J)는?

① 5.445×10^{-2}
② 5.445×10^{-4}
③ 2.723×10^{-2}
④ 2.723×10^{-4}

해설 $E=\frac{1}{2}CV^2$

이때, $C=\frac{0.02}{0.01^2}\times0.5=100\text{pF}$

$W=\frac{1}{2}CV^2$

$=\frac{1}{2}\times(100\times10^{-12})\times(3,300)^2$

$=5.445\times10^{-4}\text{J}$

78 인체저항에 대한 설명으로 옳지 않은 것은 어느 것인가?

① 인체저항은 접촉면적에 따라 변한다.
② 피부저항은 물에 젖어 있는 경우 건조 시의 약 1/12로 저하된다.
③ 인체저항은 한 개의 단일 저항체로 보아 최악의 상태를 적용한다.
④ 인체에 전압이 인가되면 체내로 전류가 흐르게 되어 전격의 정도를 결정한다.

해설 건조한 피부의 전기저항 : 약 2,500Ω
㉮ 피부에 땀이 났을 경우 : 1/12~1/20 정도로 감소
㉯ 피부가 물에 젖어 있을 경우 : 1/25 정도로 감소

79 절연물의 절연계급을 최고허용온도가 낮은 온도에서 높은 온도 순으로 배치한 것은?

① Y종 → A종 → E종 → B종
② A종 → B종 → E종 → Y종
③ Y종 → E종 → B종 → A종
④ B종 → Y종 → A종 → E종

해설 **절연물의 종별 최고허용온도**
㉮ Y종 : 90℃
㉯ A종 : 105℃
㉰ E종 : 120℃
㉱ B종 : 130℃
㉲ F종 : 155℃
㉳ H종 : 180℃
㉴ C종 : 180℃ 이상

80 다음 설명이 나타내는 현상은?

> 전압이 인가된 이극도체 간의 고체 절연물 표면에 이물질이 부착되면 미소방전이 일어난다. 이 미소방전이 반복되면서 절연물 표면에 도전성 통로가 형성되는 현상이다.

① 흑연화현상
② 트래킹현상
③ 반단선현상
④ 절연이동현상

해설 **트래킹현상**
절연물 표면이 염분, 분진, 수분, 화학약품 분위기 등에 의해 오염, 손상을 입은 상태에서 전압이 인가되면 연면 전류가 흘러서 섬광(scintillation)을 일으키고 표면에 트래킹(탄화도전경로)이 형성되는 현상

» 제5과목 화학설비 안전관리

81 다음 중 분말소화약제로 가장 적절한 것은?

① 사염화탄소
② 브롬화메탄
③ 수산화암모늄
④ 제1인산암모늄

해설 **분말소화약제의 종류**
㉮ 제1종 분말 : 탄산수소나트륨
㉯ 제2종 분말 : 탄산수소칼륨
㉰ 제3종 분말 : 제1인산암모늄
㉱ 제4종 분말 : 탄산수소칼륨+요소

82 5% NaOH 수용액과 10% NaOH 수용액을 반응기에 혼합하여 6%, 100kg의 NaOH 수용액을 만들려면 각각 몇 kg의 NaOH 수용액이 필요한가?

① 5% NaOH 수용액 : 33.3kg, 10% NaOH 수용액 : 66.7kg
② 5% NaOH 수용액 : 50kg, 10% NaOH 수용액 : 50kg
③ 5% NaOH 수용액 : 66.7kg, 10% NaOH 수용액 : 33.3kg
④ 5% NaOH 수용액 : 80kg, 10% NaOH 수용액 : 20kg

해설 5% NaOH 수용액을 X(kg),
10% NaOH 수용액을 Y(kg)이라 하면,
$0.05X+0.1Y=0.06\times100$ …… ㉮식
$X+Y=100$
$Y=100-X$ …… ㉯식
㉯식을 ㉮식에 대입하면,
$0.05X+0.1(100-X)=0.06\times100$
$X=80\text{kg}$, $Y=20\text{kg}$이 된다.

83 다음 중 가연성 물질과 산화성 고체가 혼합하고 있을 때 연소에 미치는 현상으로 옳은 것은?

① 착화온도(발화점)가 높아진다.
② 최소 점화에너지가 감소하며, 폭발의 위험성이 증가한다.
③ 가스나 가연성 증기의 경우 공기 혼합보다 연소 범위가 축소된다.
④ 공기 중에서보다 산화작용이 약하게 발생하여 화염온도가 감소하며, 연소속도가 늦어진다.

해설 산화성 고체는 반응성이 풍부하여 가열, 타격, 충격, 마찰 등에 의해 분해해서 산소를 방출하기 쉽고 가연물과 혼합하면 점화에너지가 감소하며, 폭발의 위험성이 증가하여 격렬하게 연소하고 경우에 따라서는 폭발한다.

84 다음 중 산업안전보건법령상 위험물질의 종류에 있어 인화성 가스에 해당하지 않는 것은?

① 수소　② 부탄
③ 에틸렌　④ 암모니아

해설 인화성 가스의 종류에는 수소, 아세틸렌, 에틸렌, 메탄, 에탄, 프로판, 부탄이 있다.

85 다음 중 소염거리(Quenching Distance) 또는 소염 직경(Quenching Diameter)을 이용한 것과 가장 거리가 먼 것은?

① 화염방지기　② 역화방지기
③ 안전밸브　④ 방폭전기기기

해설 **안전간극 및 소염거리**
㉮ 방폭기기에 설치하는 화염을 통과시키지 않는 작은 간극을 안전간극(Safe Gap)이라 하며, 안전간극의 치수를 소염거리(인화가 일어나지 않게 되는 최대 거리) 또는 화염의 전파를 저지할 수 있는 관경을 나타내는 소염 직경이라고도 한다.
㉯ 소염거리의 값을 소염 직경 값의 약 0.66배 정도이며 이들 양자의 값은 화염방지기(Flame Arrester), 방폭전기기기, 역화방지기 등의 안전간격 등의 설계에 많이 이용된다.

86 다음 중 반응기의 구조방식에 의한 분류에 해당하는 것은?

① 유동층형 반응기
② 연속식 반응기
③ 반회분식 반응기
④ 회분식 균일상 반응기

해설 **반응기의 분류**
㉮ 조작방식에 의한 분류
㉠ 회분식 반응기
㉡ 반회분식 반응기
㉢ 연속식 반응기
㉯ 구조방식에 의한 분류
㉠ 교반조형 반응기
㉡ 관형 반응기
㉢ 탑형 반응기
㉣ 유동층형 반응기

 정답 82.④ 83.② 84.④ 85.③ 86.①

87 다음 중 온도가 증가함에 따라 열전도도가 감소하는 물질은?

① 에탄 ② 프로판
③ 공기 ④ 메틸알코올

해설 대부분의 물질은 온도가 증가함에 따라 열전도도가 증가하는데, 메틸알코올(CH_3OH)은 열전도도가 감소한다.

88 폭굉현상은 혼합물질에만 한정되는 것이 아니고, 순수물질에 있어서도 그 분해열이 폭굉을 일으키는 경우가 있다. 다음 중 고압하에서 폭굉을 일으키는 순수물질은?

① 오존 ② 아세톤
③ 아세틸렌 ④ 아조메탄

해설 아세틸렌(C_2H_2)은 산소 또는 공기가 없어도 고압하에서 분해폭발을, 공기 중에서 산화폭발을, 구리와 반응하여 화합폭발을 일으키며 고압하에서 폭굉을 일으키기도 한다.

89 특수화학설비를 설치할 때 내부의 이상상태를 조기에 파악하기 위하여 필요한 계측장치로 가장 거리가 먼 것은?

① 압력계 ② 유량계
③ 온도계 ④ 습도계

해설 특수화학설비를 설치하는 경우에는 내부의 이상상태를 조기에 파악하기 위하여 필요한 온도계, 유량계, 압력계 등의 계측장치를 설치하여야 한다.

90 다음 중 이상반응 또는 폭발로 인하여 발생되는 압력의 방출장치가 아닌 것은?

① 파열판
② 폭압방산공
③ 화염방지기
④ 가용합금 안전밸브

해설 **압력방출장치**
압력을 방출하여 용기 및 탱크 등의 폭발을 방지하는 안전장치이다.
㉮ 안전밸브 : 파열판식, 스프링식, 중추식 등
㉯ 폭압방산공(폭발 후)
㉰ 가용합금 안전밸브
※ 화염방지기 : 인화성 액체 및 인화성 가스를 저장 · 취급하는 화학설비로부터 증기 또는 가스를 방출하는 때에는 외부로부터의 화염을 방지하기 위하여 그 설비 상단에 설치

91 다량의 황산이 가연물과 혼합되어 화재가 발생하였을 경우의 소화방법으로 적절하지 않은 방법은?

① 건조분말로 질식소화를 한다.
② 회로 덮어 질식소화를 한다.
③ 마른모래로 덮어 질식소화를 한다.
④ 물을 뿌려 냉각소화 및 질식소화를 한다.

해설 황산(H_2SO_4)에 물을 뿌리면 물과 반응하여 심하게 발열하므로 소화방법으로 부적당하다.

92 단위공정시설 및 설비로부터 다른 단위공정시설 및 설비 사이의 안전거리는 설비의 바깥면부터 얼마 이상이 되어야 하는가?

① 5m ② 10m
③ 15m ④ 20m

해설 **화학설비 및 시설의 안전거리**
㉮ 단위공정시설 및 설비로부터 다른 단위공정시설 및 설비의 사이 : 설비의 외면으로부터 10m 이상
㉯ 플레어스택으로부터 단위공정시설 및 설비, 위험물질 저장탱크 또는 위험물질 하역설비의 사이 : 플레어스택으로부터 반경 20m 이상. 다만, 공정시설 등이 불연재료 시공된 지붕 아래 설치된 경우에는 그러하지 아니하다.
㉰ 위험물질 저장탱크로부터 단위공정시설 및 설비, 보일러 또는 가열로의 사이 : 저장탱크의 외면으로부터 20m 이상. 다만, 저장탱크에 방호벽, 원격조정 소화설비 또는 살수설비를 설치한 경우에는 그러하지 않다.
㉱ 사무실 · 연구실 · 실험실 · 정비실 또는 식당으로부터 단위공정시설 및 설비, 위험물질 저장탱크, 위험물질 하역설비, 보일러 또는 가열로의 사이 : 사무실 등의 외면으로부터 20m 이상. 다만, 난방용 보일러인 경우 또는 사무실 등의 벽을 방호구조로 설치한 경우에는 그러하지 아니하다.

87.④ 88.③ 89.④ 90.③ 91.④ 92.② 정답

93 다음 중 C급 화재에 해당하는 것은?

① 금속화재 ② 전기화재
③ 일반화재 ④ 유류화재

해설 **화재의 종류**
㉮ A급 화재 : 일반화재
㉯ B급 화재 : 유류화재
㉰ C급 화재 : 전기화재
㉱ D급 화재 : 금속화재
㉲ K급 화재 : 주방화재

94 다음 중 압축기 운전 시 토출압력이 갑자기 증가하는 이유로 가장 적절한 것은?

① 윤활유의 과다
② 피스톤 링의 가스 누설
③ 토출관 내에 저항 발생
④ 저장조 내 가스압의 감소

해설 압축기의 토출압력은 토출관 내에 저항이 발생함으로써 증가한다.

95 다음 중 인화점이 가장 낮은 물질은?

① CS_2 ② C_2H_5OH
③ CH_3COCH_3 ④ $CH_3COOC_2H_5$

해설 각 보기의 인화점은 다음과 같다.
① 이황화탄소(CS_2) : −30℃
② 에틸알코올(C_2H_5OH) : 13℃
③ 아세톤(CH_3COCH_3) : −18℃
④ 에틸아세테이트($CH_3COOC_2H_5$) : −4℃

96 Burgess−Wheeler의 법칙에 따르면 서로 유사한 탄화수소계의 가스에서 폭발하한계의 농도(vol%)와 연소열(kcal/mol)의 곱의 값은 약 얼마 정도인가?

① 1,100 ② 2,800
③ 3,200 ④ 3,800

해설 **Burgess−Wheeler의 법칙**
폭발하한계의 농도 X(vol%)와 그 연소열 Q(kcal/mol)의 곱은 일정하게 된다는 법칙으로, 포화탄화수소계의 가스에서 X(vol%)$\times Q$=1,100이 된다.

97 다음 중 메타인산(HPO_3)에 의한 소화효과를 가진 분말소화약제의 종류는?

① 제1종 분말소화약제
② 제2종 분말소화약제
③ 제3종 분말소화약제
④ 제4종 분말소화약제

해설 **분말소화약제의 종류**
㉮ 제1종 분말소화약제 : 중탄산나트륨($NaHCO_3$)으로 열분해 시 물과 이산화탄소가 발생한다.
㉯ 제2종 분말소화약제 : 중탄산칼륨($KHCO_3$)으로 열분해 시 물과 이산화탄소가 발생한다.
㉰ 제3종 분말소화약제 : 인산암모늄($NH_4H_2PO_3$)으로 열분해 시 메타인산과 물이 발생한다.
㉱ 제4종 분말소화약제 : 중탄산칼륨($KHCO_3$) + 요소[$(NH_2)_2CO$]

98 다음 물질 중 공기에서 폭발 상한계 값이 가장 큰 것은?

① 사이클로헥산
② 산화에틸렌
③ 수소
④ 이황화탄소

해설 각 보기의 폭발한계는 다음과 같다.
① 사이클론헥산(C_6H_{12}) : 1.26~7.75vol%
② 산화에틸렌(C_6H_4O) : 3.0~80vol%
③ 수소(H_2) : 4.0~75vol%
④ 이황화탄소(CS_2) : 1.25~50vol%

99 위험물안전관리법령상 제1류 위험물에 해당하는 것은?

① 과염소산나트륨
② 과염소산
③ 과산화수소
④ 과산화벤조일

해설 ① 과염소산나트륨 : 제1류 위험물
② 과염소산 : 제6류 위험물
③ 과산화수소 : 제6류 위험물
④ 과산화벤조일 : 제5류 위험물

정답 93.② 94.③ 95.① 96.① 97.③ 98.② 99.①

100 산업안전보건법에서 정한 위험물질을 기준량 이상 제조하거나 취급하는 화학설비로서 내부의 이상상태를 조기에 파악하기 위하여 필요한 온도계 · 유량계 · 압력계 등의 계측장치를 설치하여야 하는 대상이 아닌 것은?

① 가열로 또는 가열기
② 증류 · 정류 · 증발 · 추출 등 분리를 하는 장치
③ 반응폭주 등 이상 화학반응에 의하여 위험물질이 발생할 우려가 있는 설비
④ 흡열반응이 일어나는 반응장치

해설 **특수화학설비의 종류**
㉮ 가열로 또는 가열기
㉯ 증류 · 정류 · 증발 · 추출 등 분리를 하는 장치
㉰ 반응폭주 등 이상화학반응에 의하여 위험물질이 발생할 우려가 있는 설비
㉱ 온도가 350℃ 이상이거나 게이지압력이 980kPa 이상인 상태에서 운전되는 설비
㉲ 가열시켜주는 물질의 온도가 가열되는 위험물질의 분해온도 또는 발화점보다 높은 상태에서 운전되는 설비
㉳ 발열반응이 일어나는 반응장치

≫ 제6과목 건설공사 안전관리

101 토질시험 중 연약한 점토지반의 점착력을 판별하기 위하여 실시하는 현장시험은?

① 베인 테스트(Vane Test)
② 표준관입시험(SPT)
③ 하중재하시험
④ 삼축압축시험

해설 **현장의 토질시험방법**
㉮ 표준관입시험 : 사질지반의 상대밀도 등 토질조사 시 신뢰성이 높다. 63.5kg의 추를 76cm 정도의 높이에서 떨어뜨려 30cm 관입시킬 때의 타격횟수(N)를 측정하여 흙의 경·연 정도를 판정하는 시험
㉯ 베인시험 : 연한 점토질 시험에 주로 쓰이는 방법으로 4개의 날개가 달린 베인 테스터를 지반에 때려 박고 회전시켜 저항 모멘트를 측정하고 전단강도를 산출하는 시험
㉰ 평판재하시험 : 지반의 지내력을 알아보기 위한 방법

102 차량계 건설기계를 사용하여 작업을 하는 때에 작업계획에 포함되지 않아도 되는 사항은?

① 사용하는 차량계 건설기계의 종류 및 성능
② 차량계 건설기계의 운행 경로
③ 차량계 건설기계에 의한 작업방법
④ 차량계 건설기계 사용 시 유도자 배치 위치

해설 **차량계 건설기계의 작업계획 내용**
㉮ 사용하는 차량계 건설기계의 종류 및 성능
㉯ 차량계 건설기계의 운행 경로
㉰ 차량계 건설기계에 의한 작업방법

103 수중굴착공사에 가장 적합한 건설기계는?

① 파워셔블
② 스크레이퍼
③ 불도저
④ 클램셸

해설 **클램셸(Clamshell)**
버킷의 유압호스를 클램셸 장치의 실린더에 연결하여 작동시키며 건축 구조물의 기초 등 정해진 범위의 깊은 굴착, 수중굴착 및 호퍼작업에 적합하다.

104 해체용 장비로서 작은 부재의 파쇄에 유리하고 소음, 진동 및 분진이 발생되므로 작업원은 보호구를 착용하여야 하고 특히 작업원의 작업시간을 제한하여야 하는 장비는?

① 천공기 ② 쇄석기
③ 철재 해머 ④ 핸드 브레이커

해설 핸드 브레이커 공법은 광범위한 작업이 가능하고, 좁은 장소나 작은 구조물 파쇄에 유리하며, 진동은 작지만 근로자에게 방진마스크나 보안경 등의 보호구가 필요하고, 소음이 크고 분진 발생에 주의를 요한다.

105 지반조건에 따른 지반개량공법 중 점성토 개량공법과 가장 거리가 먼 것은 어느 것인가?

① 바이브로 플로테이션 공법
② 치환공법
③ 압밀공법
④ 생석회 말뚝 공법

해설 **점토지반 개량공법**
㉮ 생석회 공법
㉯ 페이퍼 드레인 머신 공법
㉰ 샌드 드레인 공법
㉱ 치환공법
㉲ 압밀공법
㉳ 여성토(Preloading) 공법

106 철륜 표면에 다수의 돌기를 붙여 접지면적을 작게 하여 접지압을 증가시킨 롤러로서 깊은 다짐이나 고함수비 지반의 다짐에 많이 이용되는 롤러는?

① 머캐덤 롤러 ② 탠덤 롤러
③ 탬핑 롤러 ④ 타이어 롤러

해설 ① 머캐덤 롤러 : 3륜차의 형식으로 쇠바퀴 롤러가 배치된 기계로서 중량 6~18톤 정도이며, 부순돌이나 자갈길의 1차 전압(轉壓) 및 마감 전압에 사용된다. 아스팔트 포장의 초기 전압에도 이용된다.
② 탠덤 롤러 : 전륜, 후륜 각 1개의 철륜을 가진 롤러를 2축 탠덤 롤러 또는 단순히 탠덤 롤러라 하며, 3륜을 따라 나열한 것을 3축 탠덤 롤러라 하며 점성토나 자갈, 쇄석의 다짐, 아스팔트 포장의 마무리 전압(轉壓) 작업에 적합하다.
③ 탬핑 롤러 : 드럼에 다수의 돌기를 붙여 흙의 깊은 위치를 다지는 기계. 트랙터에 견인되며 돌기에는 여러 가지 종류가 있고 건조한 점토나 실트 혼합토의 다짐에 적합하다.
④ 타이어 롤러 : 고무 타이어에 의해 흙을 다지는 롤러로, 자주식과 피견인식이 있다. 토질에 따라서 밸러스트나 타이어 공기압의 조정이 가능하여 점성토의 다짐에도 사용할 수 있으며, 또한 아스팔트 합재에 의한 포장 전압(轉壓)에도 사용된다.

107 강풍 시 타워크레인의 작업제한과 관련된 사항으로 타워크레인의 운전작업을 중지해야 하는 순간풍속 기준으로 옳은 것은?

① 순간풍속이 매 초당 10m 초과
② 순간풍속이 매 초당 15m 초과
③ 순간풍속이 매 초당 20m 초과
④ 순간풍속이 매 초당 25m 초과

해설 **강풍 시 타워크레인의 작업제한**
㉮ 순간풍속이 10m/sec를 초과하는 경우 : 타워크레인의 설치 · 수리 · 점검 또는 해체작업을 중지할 것
㉯ 순간풍속이 15m/sec를 초과하는 경우 : 타워크레인의 운전작업을 중지할 것

108 말뚝을 절단할 때 내부응력에 가장 큰 영향을 받는 말뚝은?

① 나무말뚝 ② PC 말뚝
③ 강말뚝 ④ RC 말뚝

해설 **PC 말뚝(Prestressed Concrete)**
PC 강선을 미리 인장하여 주위에 콘크리트를 부어 넣는 방식과 콘크리트에 구멍을 뚫어 놓고 굳은 후 PC 강선을 넣어 인장하는 방식이 있는데, 말뚝을 절단하면 PC 강선이 절단되어 내부응력을 상실한다.

109 다음 중 지하수위를 저하시키는 공법은?

① 동결공법
② 웰 포인트 공법
③ 뉴매틱 케이슨 공법
④ 치환공법

해설 **웰 포인트 공법(Well Point Method)**
투수성이 좋은 사질지반에 사용되는 강제탈수공법이다.

110 가설통로를 설치하는 경우 경사는 최대 몇 도 이하로 하여야 하는가?

① 20 ② 25
③ 30 ④ 35

 정답 105.① 106.③ 107.② 108.② 109.② 110.③

해설 가설통로 설치 시 준수사항
㉮ 견고한 구조로 할 것
㉯ 경사는 30° 이하로 할 것(다만, 계단을 설치하거나 높이 2m 미만의 가설통로로서 튼튼한 손잡이를 설치한 때에는 그러하지 아니하다)
㉰ 경사가 15°를 초과하는 때에는 미끄러지지 않는 구조로 할 것
㉱ 추락의 위험이 있는 장소에는 안전난간을 설치할 것(작업상 부득이한 때에는 필요한 부분에 한하여 임시로 이를 해체할 수 있다)
㉲ 수직갱에 가설된 통로의 길이가 15m 이상인 때에는 10m 이내마다 계단참을 설치할 것
㉳ 건설공사에서 사용하는 높이 8m 이상인 비계다리에는 7m 이내마다 계단을 설치할 것

111 철골작업을 중지하여야 하는 기준으로 옳은 것은?

① 1시간당 강설량이 1cm 이상인 경우
② 풍속이 초당 15m 이상인 경우
③ 진도 3 이상의 지진이 발생한 경우
④ 1시간당 강우량이 1cm 이상인 경우

해설 철골작업을 중지해야 하는 기상조건
㉮ 풍속이 10m/sec 이상인 경우
㉯ 강우량이 1mm/hr 이상인 경우
㉰ 강설량이 1cm/hr 이상인 경우

112 흙막이벽의 근입깊이를 깊게 하고, 전면의 굴착 부분을 남겨두어 흙의 중량으로 대항하게 하거나, 굴착 예정 부분의 일부를 미리 굴착하여 기초콘크리트를 타설하는 등의 대책과 가장 관계 깊은 것은?

① 히빙 현상이 있을 때
② 파이핑 현상이 있을 때
③ 지하수위가 높을 때
④ 굴착깊이가 깊을 때

해설 히빙(Heaving)
히빙이란 굴착이 진행됨에 따라 흙막이벽 뒤쪽 흙의 중량과 상부 재하하중이 굴착부 바닥의 지지력 이상이 되면 흙막이벽 근입(根入) 부분의 지반 이동이 발생하여 굴착부 저면이 솟아오르는 현상이다. 이 현상이 발생하면 흙막이벽의 근입 부분이 파괴되면서 흙막이벽 전체가 붕괴하는 경우가 많다.

113 토질시험 중 액체상태의 흙이 건조되어 가면서 액성, 소성, 반고체, 고체상태의 경계선과 관련된 시험의 명칭은?

① 아터버그 한계시험
② 압밀시험
③ 삼축압축시험
④ 투수시험

해설 아터버그 한계(Atterberg Limits)
함수량의 변화에 따라 축축한 상태로부터 건조되어 가는 사이에 일어나는 4개의 과정(액성 · 소성 · 반고체 · 고체) 각각의 상태로 변화하는 한계

114 거푸집동바리 등을 조립 또는 해체하는 작업 시 준수사항으로 옳지 않은 것은?

① 재료, 기구 또는 공구 등을 올리거나 내리는 경우에는 근로자로 하여금 달줄 · 달포대 등의 사용을 금하도록 할 것
② 낙하 · 충격에 의한 돌발적 재해를 방지하기 위하여 버팀목을 설치하고 거푸집동바리 등을 인양장비에 매단 후에 작업을 하도록 하는 등 필요한 조치를 할 것
③ 비, 눈, 그 밖의 기상상태의 불안정으로 날씨가 몹시 나쁜 경우에는 그 작업을 중지할 것
④ 해당 작업을 하는 구역에는 관계 근로자가 아닌 사람의 출입을 금지할 것

해설 ① 재료, 기구 또는 공구 등을 올리거나 내리는 경우에는 근로자로 하여금 달줄 또는 달포대 등을 사용하도록 할 것

115 추락의 위험이 있는 개구부에 대한 방호조치와 거리가 먼 것은?

① 안전난간, 울타리, 수직형 추락방호망 등으로 방호조치를 한다.
② 충분한 강도를 가진 구조의 덮개를 뒤집히거나 떨어지지 않도록 설치한다.
③ 어두운 장소에서도 식별이 가능한 개구부 주의표지를 부착한다.
④ 폭 30cm 이상의 발판을 설치한다.

111.① 112.① 113.① 114.① 115.④ 정답

해설 **개구부 등의 방호조치**

㉮ 작업발판 및 통로의 끝이나 개구부로서 근로자가 추락할 위험이 있는 장소에는 안전난간, 울타리, 수직형 추락방호망 또는 덮개 등("난간 등")의 방호조치를 충분한 강도를 가진 구조로 튼튼하게 설치하여야 하며, 덮개를 설치하는 경우에는 뒤집히거나 떨어지지 않도록 설치하여야 한다. 이 경우 어두운 장소에서도 알아볼 수 있도록 개구부임을 표시하여야 한다.

㉯ 난간 등을 설치하는 것이 매우 곤란하거나 작업의 필요상 임시로 난간 등을 해체하여야 하는 경우 기준에 맞는 추락방호망을 설치하여야 한다. 다만, 추락방호망을 설치하기 곤란한 경우에는 근로자에게 안전대를 착용하도록 하는 등 추락할 위험을 방지하기 위하여 필요한 조치를 하여야 한다.

116 부두 등의 하역작업장에서 부두 또는 안벽의 선에 따라 통로를 설치하는 경우, 최소폭의 기준은?

① 90cm 이상　② 75cm 이상
③ 60cm 이상　④ 45cm 이상

해설 **하역작업장의 조치기준**

부두·안벽 등 하역작업을 하는 장소에 다음의 조치를 하여야 한다.

㉮ 작업장 및 통로의 위험한 부분에는 안전하게 작업할 수 있는 조명을 유지할 것
㉯ 부두 또는 안벽의 선을 따라 통로를 설치하는 경우에는 폭을 90cm 이상으로 할 것
㉰ 육상에서의 통로 및 작업장소로서 다리 또는 선거(船渠) 갑문(閘門)을 넘는 보도(步道) 등의 위험한 부분에는 안전난간 또는 울타리 등을 설치할 것

117 작업장에 계단 및 계단참을 설치하는 경우 매 제곱미터당 최소 몇 킬로그램 이상의 하중에 견딜 수 있는 강도를 가진 구조로 설치하여야 하는가?

① 300kg　② 400kg
③ 500kg　④ 600kg

해설 계단 및 계단참을 설치하는 경우 매 m^2당 500kg 이상의 하중에 견딜 수 있는 강도를 가진 구조로 설치하여야 하며, 안전율은 4 이상으로 하여야 한다.

118 건설현장에서 작업 중 물체가 떨어지거나 날아올 우려가 있는 경우에 대한 안전조치에 해당하지 않는 것은?

① 수직보호망 설치
② 방호선반 설치
③ 울타리 설치
④ 낙하물 방지망 설치

해설 **물체의 낙하·비래에 대한 위험방지 조치사항**

㉮ 낙하물 방지망, 수직보호망 또는 방호선반의 설치
㉯ 출입금지구역의 설정
㉰ 안전모 등 보호구의 착용

119 공사 진척에 따른 공정률이 다음과 같을 때 안전관리비 사용기준으로 옳은 것은? (단, 공정률은 기성공정률을 기준으로 함)

공정률 : 70% 이상, 90% 미만

① 50% 이상
② 60% 이상
③ 70% 이상
④ 80% 이상

해설 **공사 진척에 따른 안전관리비 사용기준**

공정률	50% 이상 ~70% 미만	70% 이상 ~90% 미만	90% 이상 ~100%
사용기준	50% 이상	70% 이상	90% 이상

120 토사붕괴에 따른 재해를 방지하기 위한 흙막이 지보공 부재로 옳지 않은 것은?

① 흙막이판　② 말뚝
③ 턴버클　④ 띠장

해설 **턴버클(Turn Buckle)**

인장재(줄)를 팽팽히 당겨 조이는 나사 있는 탕개쇠로 거푸집 연결 시 철선을 조이는 데 사용하는 긴장용 철물

정답 116.① 117.③ 118.③ 119.③ 120.③

CBT 복원문제 2024. 7. 5. 시행

제3회 산업안전기사 2024

» 제1과목 산업재해 예방 및 안전보건교육

01 산업안전보건법상 안전보건표지의 종류 중 관계자 외 출입금지표지에 해당하는 것을 고르면?

① 안전모 착용
② 석면 취급 및 해체 · 제거
③ 폭발성 물질 경고
④ 방사성 물질 경고

해설 **관계자 외 출입금지표지**
㉮ 석면 취급 및 해체 · 제거
㉯ 허가 대상 유해물질 취급
㉰ 금지유해물질 취급

개정 2023

02 산업안전보건법상 사업 내 산업안전보건 관련 교육과정별 교육시간이 잘못 연결된 것은?

① 일용근로자의 채용 시의 교육 : 2시간 이상
② 일용근로자의 작업내용 변경 시의 교육 : 1시간 이상
③ 사무직 종사 근로자의 정기 교육 : 매 반기 6시간 이상
④ 관리 감독자의 정기 교육 : 연간 16시간 이상

해설 일용근로자의 채용 시의 교육은 1시간 이상 실시한다.

03 산업안전보건법에 따라 안전보건 개선계획의 수립 · 시정 명령을 받은 사업주는 고용노동부장관이 정하는 바에 따라 안전보건 개선 계획서를 작성하여 그 명령을 받은 날부터 며칠 이내에 관할 지방 고용노동관서의 장에게 제출하여야 하는가?

① 15일 ② 30일
③ 45일 ④ 60일

해설 안전보건 개선계획의 수립 · 시정 명령을 받은 사업주는 고용노동부장관이 정하는 바에 따라 안전보건 개선 계획서를 작성하여 그 명령을 받은 날부터 60일 이내에 관할 지방 고용노동관서의 장에게 제출하여야 한다.

04 다음 중 안전교육의 원칙과 가장 거리가 먼 것은?

① 피교육자 입장에서 교육한다.
② 동기부여를 위주로 한 교육을 실시한다.
③ 오감을 통한 기능적인 이해를 돕도록 한다.
④ 어려운 것부터 쉬운 것을 중심으로 실시하여 이해를 돕는다.

해설 **교육지도의 8원칙**
㉮ 상대의 입장에서 교육(학습자 중심 교육)
㉯ 동기부여
㉰ 쉬운 부분에서 어려운 부분으로 진행
㉱ 5감을 활용
㉲ 한 번에 하나씩 교육
㉳ 반복 교육
㉴ 인상의 강화
㉵ 기능적인 이해

05 산업안전보건법령상 잠함(潛函) 또는 잠수작업 등 높은 기압에서 하는 작업에 종사하는 근로자의 근로제한시간으로 옳은 것은?

① 1일 6시간, 1주 34시간 초과 금지
② 1일 6시간, 1주 36시간 초과 금지
③ 1일 8시간, 1주 40시간 초과 금지
④ 1일 8시간, 1주 44시간 초과 금지

해설 근로시간이 제한되는 작업은 잠함 또는 잠수작업 등 높은 기압에서 하는 작업으로, 근로자에게는 1일 6시간, 1주 34시간을 초과하여 근로하게 해서는 안 된다.

01.② 02.① 03.④ 04.④ 05.① 정답

06 제일선의 감독자를 교육 대상으로 하고, 작업을 지도하는 방법, 작업개선방법 등의 주요 내용을 다루는 기업 내 교육방법은?

① TWI ② MTP
③ ATT ④ CCS

해설 ① TWI(Training Within Industry)
㉠ 교육 대상 : 감독자
㉡ 교육 내용
• JI(Job Instruction) : 작업지도기법
• JM(Job Method) : 작업개선기법
• JR(Job Relation) : 인간관계관리기법 (부하통솔기법)
• JS(Job Safety) : 작업안전기법
㉢ 교육방법 : 한 클래스는 10명 정도, 교육방법은 토의법, 1일 2시간씩 5일에 걸쳐 10시간 정도 행한다.
② MTP : 관리자 훈련, 부장, 과장, 계장 등 중간 관리층을 대상으로 하는 관리자 훈련을 말한다.
③ ATT : 미국 전신 전화 회사가 만든 것으로 직급 상하를 떠나 부하직원이 상사에 지도원이 될 수 있다.
④ CCS : 정책의 수립, 조직, 통제 및 운영으로 되어 있으며, 강의법에 토의법이 가미된 것이다.

07 다음 중 참가자에 일정한 역할을 주어 실제적으로 연기를 시켜봄으로써 자기의 역할을 보다 확실히 인식할 수 있도록 체험학습을 시키는 교육방법은?

① Role Playing
② Brain-Storming
③ Action Playing
④ Fish Bowl Playing

해설 ㉮ 역할 연기법(Role Playing) : 참석자에게 어떤 역할을 주어서 실제로 시켜봄으로써 훈련이나 평가에 사용하는 교육기법으로, 절충능력이나 협조성을 높여 태도의 변용에도 도움을 준다.
㉯ 스토밍(Storming) : 회오리 바람을 일으킨다는 의미로, 브레인스토밍은 리더, 기록자 외에 10명 이내의 참가자(Stormer)들이 기존의 관념에 사로잡히지 않고 자유로운 발상으로 아이디어나 의견을 내는 것이다.

08 다음 중 정기점검에 관한 설명으로 가장 적합한 것은?

① 안전강조기간, 방화점검기간에 실시하는 점검
② 사고 발생 이후 곧바로 외부 전문가에 의하여 실시하는 점검
③ 작업자에 의해 매일 작업 전, 중, 후에 해당 작업설비에 대하여 수시로 실시하는 점검
④ 기계, 기구, 시설 등에 대하여 주, 월 또는 분기 등 지정된 날짜에 실시하는 점검

해설 **안전점검의 종류(점검시기에 의한 구분)**
㉮ 일상점검(수시점검) : 작업 담당자, 해당 관리감독자가 맡고 있는 공정의 설비, 기계, 공구 등을 매일 작업 시작 전이나 사용 전 또는 작업 중, 작업 종료 후에 수시로 실시하는 점검이다.
㉯ 정기점검(계획점검) : 일정 기간마다 정기적으로 실시하는 점검을 말하며, 일반적으로 매주 · 1개월 · 6개월 · 1년 · 2년 등의 주기로 담당 분야별로 작업 책임자가 기계설비의 안전상 중요 부분의 피로 · 마모 · 손상 · 부식 등 장치의 변화 유무 등을 점검한다.
㉰ 특별점검 : 기계, 기구 또는 설비를 신설 및 변경하거나 고장에 의한 수리 등을 할 경우에 행하는 부정기적 점검을 말하며, 일정 규모 이상의 강풍, 폭우, 지진 등의 기상이변이 있은 후에 실시하는 점검과 안전강조기간, 방화주간에 실시하는 점검도 이에 해당된다.
㉱ 임시점검 : 정기점검을 실시한 후 차기 점검일 이전에 트러블이나 고장 등의 직후에 임시로 실시하는 점검의 형태를 말하며, 기계 · 기구 또는 설비의 이상이 발견되었을 때에 임시로 실시하는 점검을 말한다.

09 안전관리를 "안전은 ( )을(를) 제어하는 기술"이라 정의할 때, 다음 중 ( )에 들어갈 용어로 예방 관리적 차원과 가장 가까운 용어는?

① 위험 ② 사고
③ 재해 ④ 상해

해설 안전관리는 사고 및 상해 · 재해를 방지하기 위해 위험을 제어하는 기술이다.

 정답 06.① 07.① 08.④ 09.①

10 다음 중 맥그리거(Douglas McGregor)의 X이론과 Y이론에 관한 관리 처방으로 가장 적절한 것은?

① 목표에 의한 관리는 Y이론의 관리 처방에 해당된다.
② 직무의 확장은 X이론의 관리 처방에 해당된다.
③ 상부책임제도의 강화는 Y이론의 관리 처방에 해당된다.
④ 분권화 및 권한의 위임은 X이론의 관리 처방에 해당된다.

해설 ㉮ X이론의 관리 처방(관리전략)
㉠ 경제적 보상체제의 강화
㉡ 권위주의적 리더십의 확립
㉢ 면밀한 감독과 엄격한 통제
㉣ 상부책임제도의 강화
㉤ 조직구조의 고층성
㉯ Y이론의 관리 처방(통합의 원리)
㉠ 민주적 리더십의 확립
㉡ 분권화와 권한의 위임
㉢ 목표에 의한 관리
㉣ 직무 확장
㉤ 비공식적 조직의 활용
㉥ 자체평가제도의 활성화
㉦ 조직구조의 평면화

11 다음 중 교육심리학의 학습이론에 관한 설명으로 옳은 것은?

① 파블로프(Pavlov)의 조건반사설은 맹목적 시행을 반복하는 가운데 자극과 반응이 결합하여 행동하는 것이다.
② 레빈(Lewin)의 장설은 후천적으로 얻게 되는 반사작용으로 행동을 발생시킨다는 것이다.
③ 톨만(Tolman)의 기호형태설은 학습자의 머릿속에 인지적 지도 같은 인지구조를 바탕으로 학습하려는 것이다.
④ 손다이크(Thorndike)의 시행착오설은 내적, 외적의 전체 구조를 새로운 시점에서 파악하여 행동하는 것이다.

해설 ① 파블로프의 조건반사설 : 개의 소화생리를 연구하는 과정에서 개가 음식과는 상관없는 자신의 발자국 소리나 밥그릇을 보고 침을 흘리는 현상을 통해 고전적 조건화를 설명했다.
② 레빈의 장설 : 한 사람의 전체적인 생활공간을 뜻하는 것으로써 생활공간 중의 개인은 수동적으로만 환경의 영향을 받는 것이 아니라 환경을 개인의 요구에 의하여 심리적으로 한정한다. 따라서 행동은 생활공간의 향수이다.
③ 톨만의 기호형태설 : 학습자의 머릿속에 인지적 지도 같은 인지구조를 바탕으로 학습하려는 것이다.
④ 손다이크의 시행착오설 : 동물지능이라는 일반 주제에 관한 실험증거를 얻고자 문제상자라고 하는 실험장치를 사용하여 고양이가 어떻게 자신을 가두어 놓은 상자로부터 탈출할 수 있는가를 밝혔다.

12 교육의 형태에 있어 존 듀이(Dewey)가 주장하는 대표적인 형식적 교육은?

① 가정 안전교육
② 사회 안전교육
③ 학교 안전교육
④ 부모 안전교육

해설 ㉮ 형식적 교육 : 학교 안전교육
㉯ 비형식적 교육 : 가정 안전교육, 부모 안전교육, 사회 안전교육 등

13 인간의 동작특성 중 판단과정의 착오요인이 아닌 것은?

① 합리화 ② 정서 불안정
③ 작업조건 불량 ④ 정보 부족

해설 **착오요인(대뇌의 휴먼에러)**
㉮ 인지과정 착오
㉠ 생리, 심리적 능력의 한계
㉡ 정보량 저장능력의 한계
㉢ 감각차단현상(단조로운 업무, 반복작업 시 발생)
㉣ 정서 불안정(공포, 불안, 불만)
㉯ 판단과정 착오
㉠ 능력 부족
㉡ 정보 부족
㉢ 자기 합리화
㉣ 환경조건의 불비
㉰ 조치과정 착오

14 안전점검표(check list)에 포함되어야 할 사항이 아닌 것은?

① 점검대상 ② 판정기준
③ 점검방법 ④ 조치결과

해설 **안전점검표에 포함되어야 할 사항**
㉮ 점검대상 및 점검항목(점검내용 : 마모, 균열, 부식, 파손, 변형 등)
㉯ 점검사항(점검부분, 점검개소)
㉰ 점검방법(육안점검, 기능점검, 기기점검, 정밀점검)
㉱ 판정기준 및 판정(안전검사기준, KS기준 등)
㉲ 시정사항 및 시정확인(조치사항)

15 재해의 발생형태 중 다음 그림이 나타내는 것은?

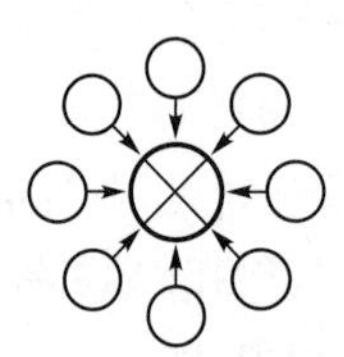

① 1단순연쇄형 ② 2복합연쇄형
③ 단순자극형 ④ 복합형

해설 **재해의 발생형태**
㉮ 1단순연쇄형

㉯ 2복합연쇄형

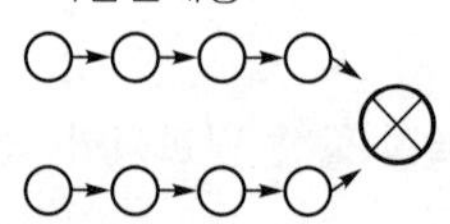

㉰ 단순자극형(집중형)

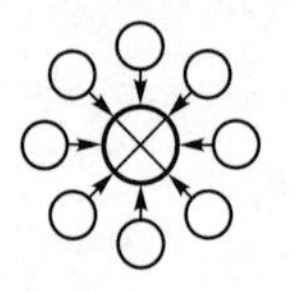

㉱ 복합형

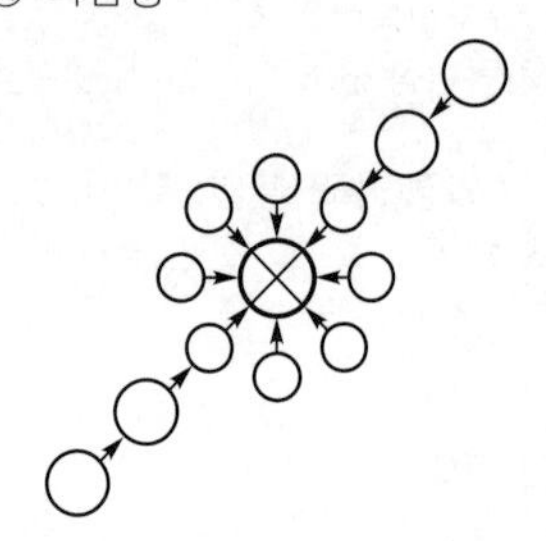

16 안전점검의 종류 중 태풍이나 폭우 등의 천재지변이 발생한 후에 실시하는 기계 · 기구 및 설비 등에 대한 점검의 명칭은?

① 정기점검 ② 수시점검
③ 특별점검 ④ 임시점검

해설 **안전점검의 종류(점검시기에 의한 구분)**
㉮ 일상점검(수시점검)
작업담당자, 해당 관리감독자가 맡고 있는 공정의 설비, 기계, 공구 등을 매일 작업시작 전이나 사용 전 · 작업 중 · 작업 종료 후에 수시로 실시하는 점검이다.
㉯ 정기점검(계획점검)
일정 기간마다 정기적으로 실시하는 점검을 말하며, 일반적으로 매주 · 1개월 · 6개월 · 1년 · 2년 등의 주기로 담당 분야별로 작업책임자가 기계설비의 안전상 중요 부분의 피로 · 마모 · 손상 · 부식 등 장치의 변화 유무 등을 점검한다.
㉰ 특별점검
기계 · 기구 또는 설비를 신설 및 변경하거나 고장에 의한 수리 등을 할 경우에 행하는 부정기적 점검을 말하며, 일정 규모 이상의 강풍, 폭우, 지진 등의 기상이변이 있은 후에 실시하는 점검과 안전강조기간, 방화주간에 실시하는 점검도 이에 해당된다.
㉱ 임시점검
정기점검을 실시한 후 차기 점검일 이전에, 문제나 고장 등의 직후에 임시로 실시하는 점검의 형태를 말하며, 기계 · 기구 또는 설비의 이상이 발견되었을 때에 임시로 실시한다.

17 작업을 하고 있을 때 긴급 이상상태 또는 돌발사태가 되면 순간적으로 긴장하게 되어 판단능력의 둔화 또는 정지상태가 되는 것은?

① 의식의 우회
② 의식의 과잉
③ 의식의 단절
④ 의식의 수준저하

해설 **부주의 현상**
㉮ 의식의 단절 : 지속적인 의식의 흐름에 단절이 생기고 공백의 상태가 나타나는 것으로, 특수한 질병이 있는 경우에 나타난다.
㉯ 의식의 우회 : 의식의 흐름이 옆으로 빗나가 발생하는 경우이다.
㉰ 의식의 수준저하 : 혼미한 정신상태에서 심신이 피로한 경우나 단조로운 반복작업 시 일어나기 쉽다.
㉱ 의식의 과잉 : 지나친 의욕에 의해서 생기는 부주의 현상으로, 긴급사태 시 순간적으로 긴장이 한 방향으로만 쏠리게 되는 경우이다.

 정답 14.④ 15.③ 16.③ 17.②

18 학습지도의 형태 중 다음 토의법 유형에 대한 설명으로 옳은 것은?

> 6-6회의라고 하며, 6명씩 소집단으로 구분하고, 집단별로 각각의 사회자를 선발하여 6분씩 자유토의를 행하여 의견을 종합하는 방법

① 버즈세션(buzz session)
② 포럼(forum)
③ 심포지엄(symposium)
④ 패널 디스커션(panel discussion)

해설 **토의식의 종류**
㉮ 포럼(forum, 공개토론회) : 새로운 자료나 교재를 제시하고 거기서의 문제점을 피교육자로 하여금 제기하도록 하거나 의견을 여러 가지 방법으로 발표하게 하여 다시 깊이 파고들어 토의를 행하는 방법
㉯ 심포지엄(symposium) : 몇 사람의 전문가에 의하여 과제에 관한 견해를 발표한 뒤 참가자로 하여금 의견이나 질문을 하게 하여 토의하는 방법
㉰ 패널 디스커션(panel discussion) : 패널 멤버(교육과제에 정통한 전문가 4~5명)가 피교육자 앞에서 자유로이 토의하고 뒤에 피교육자 전원이 참가하여 사회자의 사회에 따라 토의하는 방법
㉱ 버즈세션(buzz session) : 6-6회의라고도 하며, 먼저 사회자와 기록계를 선출한 후 나머지 사람을 6명씩 소집단으로 구분하고, 소집단별로 각각 사회자를 선발하여 6분씩 자유토의를 행하여 의견을 종합하는 방법

19 하인리히의 재해구성비율 "1 : 29 : 300"에서 "29"에 해당되는 사고발생비율은?

① 8.8% ② 9.8%
③ 10.8% ④ 11.8%

해설 하인리히의 1 : 29 : 300의 원칙에서, 1은 사망 또는 중상, 29는 경상, 300은 무상해사고를 의미하며, 300건의 무상해재해의 원인을 제거하여 1건의 사망 또는 중상, 29건의 경상을 막아보자는 의미이다.

사고발생비율 $= \frac{29}{330} \times 100 = 8.79\%$

20 하인리히의 사고예방원리 5단계 중 교육 및 훈련의 개선, 인사조정, 안전관리규정 및 수칙의 개선 등을 행하는 단계는?

① 사실의 발견 ② 분석 평가
③ 시정방법의 선정 ④ 시정책의 적용

해설 **사고예방대책의 기본원리 5단계**
㉮ 1단계 – 안전관리조직
㉯ 2단계 – 현상파악(사실의 발견) : 각종 사고 및 안전활동의 기록 검토, 작업분석, 안전점검 및 안전진단, 사고조사, 안전회의 및 토의, 종업원의 건의 및 여론조사 등에 의하여 불안전 요소를 발견한다.
㉰ 3단계 – 사고 분석평가 : 사고 보고서 및 현장 조사, 사고기록, 인적 · 물적 조건의 분석, 작업공정의 분석, 교육과 훈련의 분석 등을 통하여 사고의 직접 및 간접 원인을 규명한다.
㉱ 4단계 – 대책(시정방법)의 선정 : 기술의 개선, 인사조정, 교육 및 훈련의 개선, 안전행정의 개선, 규정 및 수칙의 개선, 확인 및 통제체제 개선 등의 효과적인 개선 방법을 선정한다.
㉲ 5단계 – 목표 달성(시정책의 적용) : 시정책은 3E, 즉 기술(Engineering) · 교육(Education) · 독려(Enforcement)를 완성함으로써 이루어진다.

» 제2과목 인간공학 및 위험성 평가 관리

21 발생확률이 각각 0.05, 0.08인 두 결함사상이 AND 조합으로 연결된 시스템을 FTA로 분석하였을 때 이 시스템의 신뢰도는 약 얼마인가?

① 0.004 ② 0.126
③ 0.874 ④ 0.996

해설 신뢰도 = 1 – 고장발생확률
$= 1 - (0.05 \times 0.08) = 0.996$

22 다음 중 신체 동작의 유형에 관한 설명으로 틀린 것은?

① 내선(Medial Rotation) : 몸의 중심선으로의 회전
② 외전(Abduction) : 몸의 중심선으로의 이동
③ 굴곡(Flexion) : 신체 부위 간의 각도의 감소
④ 신전(Extension) : 신체 부위 간의 각도의 증가

해설 외전은 몸의 중심으로부터 이동하는 동작을 말한다.

23 다음 설명 중 해당하는 용어를 올바르게 나타낸 것은?

> ⓐ 요구된 기능을 실행하고자 하여도 필요한 물건, 정보, 에너지 등의 공급이 없기 때문에 작업자가 움직이려고 해도 움직일 수 없으므로 발생하는 과오
> ⓑ 작업자 자신으로부터 발생한 과오

① ⓐ Secondary Error, ⓑ Command Error
② ⓐ Command Error, ⓑ Primary Error
③ ⓐ Primary Error, ⓑ Secondary Error
④ ⓐ Command Error, ⓑ Secondary Error

해설 **인간 과오(Human Error)의 분류**

㉮ 원인의 수준(Level)적 분류
- ㉠ 1차 에러(Primary Error) : 작업자 자신으로부터 발생한 과오
- ㉡ 2차 에러(Secondary Error) : 작업형태나 작업조건 중에서 다른 문제가 생김으로써 그 때문에 필요한 사항을 실행할 수 없는 과오나 어떤 결함으로부터 파생하여 발생하는 과오
- ㉢ 지시 에러(Command Error) : 요구된 기능을 실행하고자 하여도 필요한 물건, 정보, 에너지 등의 공급이 없기 때문에 작업자가 움직이려고 해도 움직일 수 없으므로 발생하는 과오

㉯ 심리적인 분류(Swain) : 과오(Error)의 원인을 불확정, 시간 지연, 순서 착오의 3가지로 나누어서 분류한다.
- ㉠ 생략적 에러(Omission Error) : 필요한 직무(Task) 또는 절차를 수행하지 않는 데 기인한 과오(Error)
- ㉡ 시간적 에러(Time Error) : 필요한 직무 또는 절차의 수행 지연으로 인한 과오
- ㉢ 수행적 에러(Commission Error) : 필요한 직무 또는 절차의 불확실한 수행으로 인한 과오
- ㉣ 순서적 에러(Sequential Error) : 필요한 직무 또는 절차의 순서 착오로 인한 과오
- ㉤ 불필요한 에러(Extraneous Error) : 불필요한 직무 또는 절차를 수행함으로 인한 과오

24 다음 중 청각적 표시장치보다 시각적 표시장치를 이용하는 경우가 더 유리한 경우는?

① 메시지가 간단한 경우
② 메시지가 추후에 재참조되지 않는 경우
③ 직무상 수신자가 자주 움직이는 경우
④ 메시지가 즉각적인 행동을 요구하지 않는 경우

해설 **청각장치와 시각장치의 선택**

㉮ 청각장치 사용
- ㉠ 전언이 간단하고 짧을 때
- ㉡ 전언이 후에 재참조되지 않을 때
- ㉢ 전언이 시간적인 사상을 다룰 때
- ㉣ 전언이 즉각적인 행동을 요구할 때
- ㉤ 수신자의 시각계통이 과부하 상태일 때
- ㉥ 수신장소가 너무 밝거나 암조응 유지가 필요할 때
- ㉦ 직무상 수신자가 자주 움직이는 경우

㉯ 시각장치 사용
- ㉠ 전언이 복잡하고 길 때
- ㉡ 전언이 후에 재참조될 경우
- ㉢ 전언이 공간적인 위치를 다룰 때
- ㉣ 전언이 즉각적인 행동을 요구하지 않는다.
- ㉤ 수신자의 청각계통이 과부하 상태일 때
- ㉥ 수신장소가 너무 시끄러울 때
- ㉦ 직무상 수신자가 한 곳에 머무르는 경우

25 한 화학공장에는 24개의 공정제어회로가 있으며, 4,000시간의 공정 가동 중 이 회로에는 14번의 고장이 발생하였고 고장이 발생하였을 때마다 회로는 즉시 교체되었다. 이 회로의 평균 고장시간(MTTF)은 약 얼마인가?

① 6,857시간
② 7,571시간
③ 8,240시간
④ 9,800시간

해설

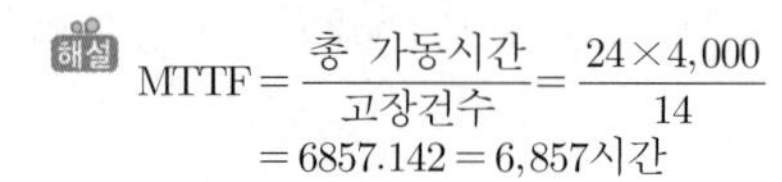

$$\text{MTTF} = \frac{\text{총 가동시간}}{\text{고장건수}} = \frac{24 \times 4{,}000}{14} = 6857.142 = 6{,}857\text{시간}$$

 정답 23.② 24.④ 25.①

26 다음 중 점멸융합주파수에 대한 설명으로 옳은 것은?

① 암조응 시에는 주파수가 증가한다.
② 정신적으로 피로하면 주파수 값이 내려간다.
③ 휘도가 동일한 색은 주파수 값에 영향을 준다.
④ 주파수는 조명강도의 대수치에 선형적으로 반비례한다.

해설 ㉮ 점멸융합주파수 : 시각 또는 청각 등의 계속되는 자극들이 점멸하는 것같이 보이지 않고 연속적으로 느껴지는 주파수(30Hz)이다. 피질의 기능으로 중추신경계의 피로, 즉 정신피로의 척도로 사용된다.
㉯ 시각적 점멸융합주파수(VFF)에 영향을 주는 변수
㉠ VFF는 조명강도의 대수치에 선형적으로 비례한다.
㉡ 시표와 부면의 휘도가 같을 때에 VFF는 최대로 된다.
㉢ 휘도만 같으면 색은 VFF에 영향을 주지 않는다.
㉣ 암조응 때는 VFF에 영향을 주지 않는다.
㉤ VFF는 사람들 간에는 큰 차이가 있으나, 개인의 경우 일관성이 있다.
㉥ 연습의 효과는 아주 적다.
㉦ 정신적으로 피로하면 주파수 값은 내려간다.

27 다음 중 인간의 과오(Human Error)를 정량적으로 평가하고 분석하는 데 사용하는 기법으로 가장 적절한 것은?

① THERP ② FMEA
③ CA ④ FMECA

해설 ① THERP(인간 과오율 예측기법) : 인간의 과오(Human Error)를 정량적으로 평가하기 위하여 개발된 기법
② FMEA(고정형과 영향분석) : 시스템 안전분석에 이용되는 전형적인 정성적 · 귀납적 분석방법으로, 시스템에 영향을 미치는 전체 요소의 고장을 형별로 분석하여 그 영향을 검토하는 것이다(각 요소의 1형식 고장이 시스템의 1영향에 대응한다).
③ CA(치명도 분석) : 고장이 직접 시스템의 손실과 사상에 연결되는 높은 위험도(Criticality)를 가진 요소나 고장의 형태에 따른 분석법을 말한다.
④ FMECA : FMEA와 CA를 병용하는 방법

28 조사 연구자가 특정한 연구를 수행하기 위해서는 어떤 상황에서 실시할 것인가를 선택하여야 한다. 즉, 실험실 환경에서도 가능하고, 실제 현장 연구도 가능한데 다음 중 현장 연구를 수행했을 경우 장점으로 가장 적절한 것은?

① 비용절감
② 정확한 자료수집 가능
③ 일반화 가능
④ 실험조건의 조절 용이

해설 **실험실 연구와 현장 연구**
㉮ 실험실 연구의 장점
㉠ 비용절감
㉡ 자료의 정확성
㉢ 실험조건 조절 용이
㉣ 피실험자의 안전성
㉯ 현장 연구의 장점
㉠ 사실성
㉡ 현실적인 작업변수 설정 가능(변수관리)
㉢ 일반화가 가능

29 다음 중 인간공학의 목표와 가장 거리가 먼 것은?

① 에러 감소
② 생산성 증대
③ 안전성 향상
④ 신체 건강 증진

해설 **인간공학의 목표**
㉮ 안전성 향상과 에러 감소로 인한 사고 방지
㉯ 기계 조작의 능률성과 생산성 향상
㉰ 쾌적성

26.② 27.① 28.③ 29.④ 정답

30 다음 중 일반적인 화학설비에 대한 안전성 평가(Safety Assessment) 절차에 있어 안전대책 단계에 해당되지 않는 것은?

① 보전 ② 설비대책
③ 위험도 평가 ④ 관리적 대책

해설 **안전성 평가의 기본원칙 6단계**
㉮ 제1단계 : 관계 자료의 정비 검토
㉯ 제2단계 : 정성적 평가
㉰ 제3단계 : 정량적 평가
㉱ 제4단계 : 안전대책
㉠ 설비대책 : 안전장치 및 방재장치에 대한 대책
㉡ 관리대책 : 인원배치, 교육훈련 및 보전에 관한 대책
㉲ 제5단계 : 재해정보에 의한 재평가
㉳ 제6단계 : FTA에 의한 재평가

31 다음 중 실효온도(Effective Temperature)에 대한 설명으로 틀린 것은?

① 체온계로 입 안의 온도를 측정하여 기준으로 한다.
② 실제로 감각되는 온도로서 실감온도라고 한다.
③ 온도, 습도 및 공기 유동이 인체에 미치는 열효과를 나타낸 것이다.
④ 상대습도 100%일 때의 건구온도에서 느끼는 것과 동일한 온감이다.

해설 실효온도는 체온계로 피부온도를 측정하여 기준으로 한다.

32 인간-기계 시스템에서 시스템의 설계를 다음과 같이 구분할 때 제3단계인 기본설계에 해당되지 않는 것은?

- 1단계 : 시스템의 목표와 성능 명세 결정
- 2단계 : 시스템의 정의
- 3단계 : 기본설계
- 4단계 : 인터페이스 설계
- 5단계 : 보조물 설계
- 6단계 : 시험 및 평가

① 화면설계 ② 작업설계
③ 직무분석 ④ 기능할당

해설 **기본설계(제3단계)**
㉮ 인간, 하드웨어 및 소프트웨어에 대한 기능할당
㉯ 작업설계(직무설계)
㉰ 과업분석(직무분석)
㉱ 인간 퍼포먼스(Performance) 요건

33 FT도에 사용하는 기호에서 3개의 입력현상 중 임의의 시간에 2개가 발생하면 출력이 생기는 기호의 명칭은?

① 억제 게이트
② 조합 AND 게이트
③ 배타적 OR 게이트
④ 우선적 AND 게이트

해설 **수정기호(조건)**
㉮ 우선적 AND Gate : 입력사상 가운데 어느 사상이 다른 사상보다 먼저 일어났을 때에 출력사상이 생긴다.
㉯ 짜맞춤(조합) AND Gate : 3개 이상의 입력사상 가운데 어느 것이든 2개가 일어나면 출력사상이 생긴다.
㉰ 위험지속기호 : 결함수에서 입력사상이 생기고 일정한 시간이 지속될 때에 출력이 생기고, 만약에 그 시간이 지속되지 않으면 출력이 생기지 않는 기호
㉱ 배타적 OR Gate : 결함수의 OR 게이트이지만, 2개나 그 이상의 입력이 동시에 존재하는 경우에는 출력이 생기지 않는 게이트

34 FTA에서 사용하는 다음 사상기호에 대한 설명으로 맞는 것은?

① 시스템 분석에서 좀더 발전시켜야 하는 사상
② 시스템의 정상적인 가동상태에서 일어날 것이 기대되는 사상
③ 불충분한 자료로 결론을 내릴 수 없어 더 이상 전개할 수 없는 사상
④ 주어진 시스템의 기본사상으로 고장원인이 분석되었기 때문에 더 이상 분석할 필요가 없는 사상

 정답 30.③ 31.① 32.① 33.② 34.③

해설 **생략사상(추적 가능한 최후사상)**
사상과 원인과의 관계를 충분히 알 수 없거나 또는 필요한 정보를 얻을 수 없기 때문에 이것 이상 전개할 수 없는 최후적 사상을 나타낼 때 사용한다(말단사상).

35 음향기기 부품 생산공장에서 안전업무를 담당하는 OOO대리는 공장 내부에 경보등을 설치하는 과정에서 도움이 될 만한 몇 가지 지식을 적용하고자 한다. 적용 지식 중 맞는 것은?

① 신호 대 배경의 휘도대비가 작을 때는 백색 신호가 효과적이다.
② 광원의 노출시간이 1초보다 작으면 광속 발산도는 작아야 한다.
③ 표적의 크기가 커짐에 따라 광도의 역치가 안정되는 노출시간은 증가한다.
④ 배경광 중 점멸 잡음광의 비율이 10% 이상이면 점멸등은 사용하지 않는 것이 좋다.

해설 **경보등 설치 시 고려사항**
㉮ 신호 대 배경의 휘도대비가 작을 때는 효과척도가 빠른 적색 신호가 효과적이다.
㉯ 광원의 노출시간이 1초보다 작으면 광속발산도는 커야 한다.
㉰ 표적의 크기가 커짐에 따라 광도의 역치가 안정되는 노출시간은 감소한다.
㉱ 배경광 중 점멸 잡음광의 비율이 10% 이상이면 점멸등은 사용하지 않는 것이 좋다.

36 조종-반응비(Control-Response Ratio, C/R비)에 대한 설명 중 틀린 것은?

① 조종장치와 표시장치의 이동거리 비율을 의미한다.
② C/R비가 클수록 조종장치는 민감하다.
③ 최적 C/R비는 조정시간과 이동시간의 교점이다.
④ 이동시간과 조정시간을 감안하여 최적 C/R비를 구할 수 있다.

해설 C/R비(또는 C/D비)가 작을수록 이동시간은 짧고, 조종은 어려워서 민감한 조정장치이다.

37 인체계측자료의 응용원칙이 아닌 것은?

① 기존 동일 제품을 기준으로 한 설계
② 최대치수와 최소치수를 기준으로 한 설계
③ 조절범위를 기준으로 한 설계
④ 평균치를 기준으로 한 설계

해설 **인간계측자료의 응용원칙**
㉮ 최대치수와 최소치수 : 최대치수 또는 최소치수를 기준으로 하여 설계한다(극단에 속하는 사람을 위한 설계).
㉯ 조절범위(조절식) : 체격이 다른 여러 사람에게 맞도록 만드는 것이다(조정할 수 있도록 범위를 두는 설계).
㉰ 평균치 기준 : 최대치수나 최소치수, 조절식으로 하기가 곤란할 때 평균치를 기준으로 하여 설계한다(평균적인 사람을 위한 설계).

38 "표시장치와 이에 대응하는 조종장치 간의 위치 또는 배열이 인간의 기대와 모순되지 않아야 한다."는 인간공학적 설계원리와 가장 관계가 깊은 것은?

① 개념양립성
② 운동양립성
③ 문화양립성
④ 공간양립성

해설 **양립성(compatibility)**
정보입력 및 처리와 관련한 양립성은 인간의 기대와 모순되지 않는 자극들 간, 반응들 간 또는 자극반응조합의 관계를 말하는 것으로, 다음의 3가지가 있다.
㉮ 공간적 양립성 : 표시장치와 조종장치에서 물리적 형태나 공간적인 배치의 양립성
㉯ 운동 양립성 : 표시 및 조종장치, 체계반응에 대한 운동방향의 양립성
㉰ 개념적 양립성 : 사람들이 가지고 있는 개념적 연상(어떤 암호체계에서 청색이 정상을 나타내듯이)의 양립성

35.④ 36.② 37.① 38.④ **정답**

39 Chapanis가 정의한 위험의 확률수준과 그에 따른 위험발생률로 옳은 것은?

① 전혀 발생하지 않는(impossible) 발생빈도 : 10^{-8}/day
② 극히 발생할 것 같지 않은(extremely unlikely) 발생빈도 : 10^{-7}/day
③ 거의 발생하지 않는(remote) 발생빈도 : 10^{-6}/day
④ 가끔 발생하는(occasional) 발생빈도 : 10^{-5}/day

해설 **확률수준과 그에 따른 위험발생률**

확률수준	위험발생률
자주 발생하는(frequent) 발생빈도	10^{-2}/day
보통 발생하는 (reasonably probable) 발생빈도	10^{-3}/day
가끔 발생하는(occasional) 발생빈도	10^{-4}/day
거의 발생하지 않는(remote) 발생빈도	10^{-5}/day
극히 발생하지 않을 것 같은 (extremely unlikely) 발생빈도	10^{-6}/day
발생이 불가능한(impossible) 발생빈도	10^{-8}/day

40 근골격계질환 작업분석 및 평가 방법인 OWAS의 평가요소를 모두 고른 것은?

ⓐ 상지 ⓑ 무게(하중)
ⓒ 하지 ⓓ 허리

① ⓐ, ⓑ
② ⓐ, ⓒ, ⓓ
③ ⓑ, ⓒ, ⓓ
④ ⓐ, ⓑ, ⓒ, ⓓ

해설 OWAS는 철강업에서 작업자들의 부적절한 작업자세를 정의하고 평가하기 위해 개발한 대표적인 작업자세 평가기법으로, OWAS의 평가요소에는 허리, 팔(상지), 다리(하지), 하중이 있다.

≫ 제3과목 기계·기구 및 설비 안전관리

41 다음 그림과 같은 연삭기 덮개의 용도로 가장 적절한 것은?

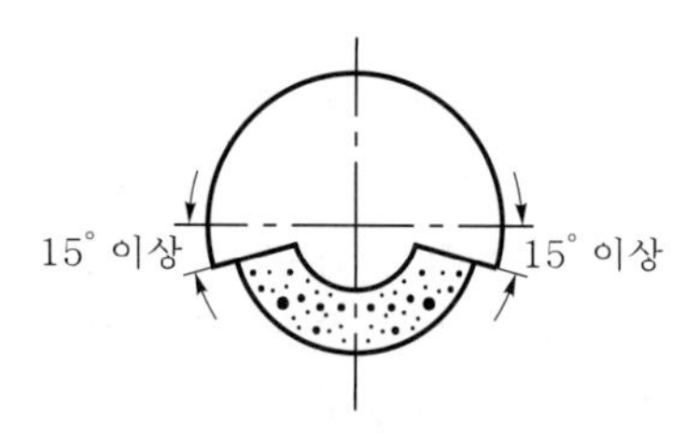

① 원통 연삭기, 센터리스 연삭기
② 휴대용 연삭기, 스윙 연삭기
③ 공구 연삭기, 만능 연삭기
④ 평면 연삭기, 절단 연삭기

해설 **연삭기 덮개의 설치방법**

㉮ 탁상용 연삭기의 노출각도는 90° 이내로 하되, 숫돌의 주축에서 수평면 이하의 부문에서 연삭해야 할 경우에는 노출각도를 125°까지 증가시킬 수 있다.
㉯ 연삭숫돌의 상부를 사용하는 것을 목적으로 하는 연삭기의 노출각도는 60° 이내로 한다.
㉰ 휴대용 연삭기의 노출각도는 180° 이내로 한다.
㉱ 원통형 연삭기의 노출각도는 180°로 하되, 숫돌의 주축에서 수평면 위로 이루는 원주각도는 65°가 되지 않도록 해야 한다.
㉲ 절단 및 평면 연삭기의 노출각도는 150°로 하되, 숫돌의 주축에서 수평면 밑으로 이루는 덮개의 각도는 15°가 되도록 해야 한다.

42 다음 중 산업안전보건법상 승강기의 종류에 해당하지 않는 것은?

① 승객용 엘리베이터
② 리프트
③ 에스컬레이터
④ 화물용 엘리베이터

해설 **승강기의 종류**

승강기란 건축물이나 고정된 시설물에 설치되어 일정한 경로에 따라 사람이나 화물을 승강장으로 옮기는 데 사용되는 설비로서 다음의 것을 말한다.
㉮ 승객용 엘리베이터 : 사람의 운송에 적합하게 제조·설치된 엘리베이터

 정답 39.① 40.④ 41.④ 42.②

㉯ 승객화물용 엘리베이터 : 람의 운송과 화물 운반을 겸용하는 데 적합하게 제조 · 설치된 엘리베이터
㉰ 화물용 엘리베이터 : 화물 운반에 적합하게 제조 · 설치된 엘리베이터로서 조작자 또는 화물취급자 1명은 탑승할 수 있는 것(적재용량이 300kg 미만인 것은 제외한다)
㉱ 소형화물용 엘리베이터: 음식물이나 서적 등 소형 화물의 운반에 적합하게 제조 · 설치된 엘리베이터로서 사람의 탑승이 금지된 것
㉲ 에스컬레이터 : 일정한 경사로 또는 수평로를 따라 위 · 아래 또는 옆으로 움직이는 디딤판을 통해 사람이나 화물을 승강장으로 운송시키는 설비

43 롤러기의 물림점(Nip Point)의 가드 개구부의 간격이 15mm일 때 가드와 위험점 간의 거리는 몇 mm인가? (단, 위험점이 전동체는 아니다.)

① 15 ② 30
③ 60 ④ 90

해설 **롤러기 개구 간격**
$Y=6+0.15X$
$X=\frac{Y-6}{0.15}=\frac{15-6}{0.15}=60\text{mm}$

44 원동기, 풀리, 기어 등 근로자에게 위험을 미칠 우려가 있는 부위에 설치하는 위험방지장치가 아닌 것은?

① 덮개
② 슬리브
③ 건널다리
④ 램

해설 기계의 원동기 · 회전축 · 기어 · 풀리 · 플라이휠 · 벨트 및 체인 등 근로자가 위험에 처할 우려가 있는 부위에 덮개 · 울 · 슬리브 및 건널다리 등을 설치하여야 한다.

45 다음 중 선반에서 작용하는 칩브레이커(Chip Breaker)의 종류에 속하지 않는 것은?

① 연삭형 ② 클램프형
③ 쐐기형 ④ 자동 조정식

해설 **칩브레이커**
㉮ 개요 : 길게 형성되는 절삭칩을 바이트를 사용하며 절단해주는 장치
㉯ 칩브레이커의 종류 : 연삭형, 클램프형, 자동조정식 등

46 동력 프레스기 중 Hand in die 방식의 프레스기에서 사용하는 방호대책에 해당하는 것은?

① 가드식 방호장치
② 전용 프레스의 도입
③ 자동 프레스의 도입
④ 안전울을 부착한 프레스

해설 ㉮ No−hand in die 방식 : 작업자의 손을 금형 사이에 집어넣을 필요가 없도록 하는 본질적 안전화 추진대책으로 손을 집어넣을 수 없는 방식과 손을 집어넣으면 들어가지만 집어넣을 필요가 없는 방식이 있다.
㉠ 안전울 부착 프레스
㉡ 안전금형 부착 프레스
㉢ 전용 프레스 도입
㉣ 자동 프레스 도입
㉯ Hand−in die 방식 : 작업자의 손이 금형 사이로 들어가야만 되는 방식으로 방호장치를 설치하여야 한다.
㉠ 프레스기의 종류, 압력 능력, 매분 행정수, 행정의 길이 및 작업방법에 상응하는 방호장치 : 가드식 방호장치, 손쳐내기식 방호장치, 수인식 방호장치
㉡ 프레스기의 정지 성능에 상응하는 방호장치 : 양수조작식 방호장치, 감응식 방호장치

47 다음 중 리프트의 안전장치로 활용하는 것은?

① 그리드(Grid)
② 아이들러(Idler)
③ 스크레이퍼(Scraper)
④ 리밋 스위치(Limit Switch)

해설 리프트의 방호장치로는 권과방지장치, 과부하방지장치, 비상정지장치 등을 설치한다.
리밋 스위치를 활용한 방호장치로는 권과방지장치, 과부하방지장치, 과전류차단장치, 압력제한장치, 이동식 덮개, 게이트 가드(Gate Guard) 등이 있다.

43.③ 44.④ 45.③ 46.① 47.④ 정답

48 다음 중 설비의 일반적인 고장 형태에 있어 마모 고장과 가장 거리가 먼 것은?

① 부품, 부재의 마모
② 열화에 생기는 고장
③ 부품, 부재의 반복피로
④ 순간적 외력에 의한 파손

해설 **고장 형태**
㉮ 초기 고장 : 고장률 감소시기(Decreasing Failure Rate ; DFR) : 사용 개시 후 비교적 이른 시기에 설계 · 제작상의 결함, 사용 환경의 부적합 등에 의해 발생하는 고장이다. 기계설비의 시운전 및 초기 운전 중 가장 높은 고장률을 나타내고 그 고장률이 차츰 감소한다.
㉯ 우발 고장 : 고장률 일정시기(Constant Failure Rate ; CFR) : 초기 고장과 마모 고장 사이의 마모, 누출, 변형, 크랙 등으로 인하여 우발적으로 발생하는 고장이다. 고장률이 일정한 이 기간은 고장시간, 원인(고장 타입)이 랜덤해서 예방보전(PM)은 무의미하며 고장률이 가장 낮다. 정기점검이나 특별점검을 통해서 예방할 수 있다.
㉰ 마모 고장 : 고장률 증가시기(Increasing Failure Rate ; IFR) : 점차 고장률이 상승하는 형으로 볼베어링 또는 기어 등 기계적 요소나 부품의 마모, 사람의 노화현상에 의해 어떤 시점에 집중적으로 고장이 발생하는 시기

49 회전축이나 베어링 등이 마모 등으로 변형되거나 회전의 불균형에 의하여 발생하는 진동을 무엇이라고 하는가?

① 단속진동 ② 정상진동
③ 충격진동 ④ 우연진동

해설 **정상진동**
회전축이나 베어링 등이 마모 등으로 변형되거나 회전의 불균형에 의하여 발생하는 진동이다.

50 다음 중 목재 가공용 둥근톱에서 반발방지를 방호하기 위한 분할날의 설치조건이 아닌 것은?

① 톱날과의 간격은 12mm 이내
② 톱날 후면날의 2/3 이상 방호
③ 분할날 두께는 둥근톱 두께의 1.1배 이상
④ 덮개 하단과 가공재 상면과의 간격은 15mm 이내로 조정

해설 **분할날의 설치조건**
㉮ 분할날은 톱의 후면 톱날에 근접 · 설치되어 갈라진 가공재의 홈에 먹혀 들어가고 가공재의 모든 두께에 걸쳐 쐐기작용을 하는 것으로 가공재가 톱에 밀착되는 것을 방지하는 것이다.
㉯ 톱날 등 분할날에 대면하고 있는 부분 및 송급하는 가공재의 상면에서 덮개 하단까지의 간격이 8mm 이하가 되게 위치를 조정해 주어야 한다. 또한 덮개의 하단이 테이블면 위로 25mm 이상 높이로 올릴 수 있게 스토퍼를 설치한다.
㉰ 분할날은 표준 테이블면(승강 테이블은 테이블을 최대로 내렸을 때의 면)상의 톱의 후면날의 2/3 이상을 덮고 톱날과의 간격이 12mm 이내가 되어야 한다.
㉱ 분할날의 두께는 둥근톱 두께의 1.1배 이상이고, 톱날의 치진폭 이하로 해야 한다.
㉲ 분할날 설치부는 둥근톱날과 분할날과의 간격을 조절할 수 있는 기능을 가져야 한다.
㉳ 둥근톱 직경이 405mm를 넘는 목재 가공용 둥근톱 기계(자동송급장치를 보유한 둥근톱 기계를 제외한다)에 사용되는 반발예방장치는 반발방지 발톱 및 반발방지 롤러를 사용하여서는 안 되며, 반드시 분할날을 사용해야 한다.

51 다음 중 산업안전보건법령상 아세틸렌가스 용접장치에 관한 기준으로 틀린 것은?

① 전용의 발생기실을 옥외에 설치한 경우에는 그 개구부를 다른 건축물로부터 1.5m 이상 떨어지도록 하여야 한다.
② 아세틸렌 용접장치를 사용하여 금속의 용접 · 용단 또는 가열작업을 하는 경우에는 게이지 압력이 127kPa을 초과하는 압력의 아세틸렌을 발생시켜 사용해서는 아니 된다.
③ 전용의 발생기실을 설치하는 경우 벽은 불연성 재료로 하고, 철근콘크리트 또는 그 밖에 이와 동등하거나 그 이상의 강도를 가진 구조로 하여야 한다.
④ 전용의 발생기실은 건물의 최상층에 위치하여야 하며, 화기를 사용하는 설비로부터 1m를 초과하는 장소에 설치하여야 한다.

 정답 48.④ 49.② 50.④ 51.④

해설 **발생기실의 설치 장소**

㉮ 발생기는 전용의 발생기 실내에 설치할 것
㉯ 발생기실은 건물의 최상층에 위치하여야 하며, 화기 사용 설비로부터 3m를 초과하는 장소에 설치할 것
㉰ 발생기실을 옥외에 설치한 때는 그 개구부를 다른 건축물로부터 1.5m 이상 떨어지도록 할 것

52 금형의 안전화에 관한 설명으로 틀린 것은?

① 금형을 설치하는 프레스의 T홈 안길이는 설치 볼트 직경의 2배 이상으로 한다.
② 맞춤핀을 사용할 때에는 헐거움 끼워맞춤으로 하고, 이를 하형에 사용할 때에는 낙하 방지의 대책을 세워둔다.
③ 금형의 사이에 신체 일부가 들어가지 않도록 이동 스트리퍼와 다이의 간격은 8mm 이하로 한다.
④ 대형 금형에서 생크가 헐거워짐이 예상될 경우 생크만으로 상형을 슬라이드에 설치하는 것을 피하고 볼트 등을 사용하여 조인다.

해설 맞춤핀(Dowel Pin)은 헐겁지 않게 끼워 맞추고 금형 파손에 의한 위험 방지를 위해 맞춤핀 등은 낙하방지대책을 세운다.

53 이상온도, 이상기압, 과부하 등 기계의 부하가 안전 한계치를 초과하는 경우에 이를 감지하고 자동으로 안전상태가 되도록 조정하거나 기계의 작동을 중지시키는 방호장치는?

① 감지형 방호장치
② 접근거부형 방호장치
③ 위치제한형 방호장치
④ 접근반응형 방호장치

해설 ② 접근거부형 방호장치 : 작업자의 신체부위가 위험한계로 접근하였을 때 기계적인 작용에 의하여 접근을 못하도록 제지하는 것
예 수인식, 손쳐내기식 방호장치 등
③ 위치제한형 방호장치 : 작업자의 신체부위가 위험한계 밖에 있도록 기계의 조작장치를 위험한 작업점에서 안전거리 이상 떨어지게 하거나 조작장치를 양손으로 동시조작하게 함으로써 위험한계에 접근하는 것을 제한하는 것
예 양수조작식
④ 접근반응형 방호장치 : 작업자의 신체부위가 위험한계 또는 그 인접한 거리 내로 들어오면 이를 감지하여 그 즉시 기계의 동작을 정지시키고 경보 등을 발하는 것
예 프레스기의 감응식 방호장치 등

54 반복응력을 받게 되는 기계 구조부분의 설계에서 허용응력을 결정하기 위한 기초강도로 가장 적합한 것은?

① 항복점(yeild point)
② 극한 강도(ultimate strength)
③ 크리프 한도(creep limit)
④ 피로 한도(fatigue limit)

해설 **허용응력 결정 시 기초강도로서 고려되어야 할 경우**

㉮ 반복응력을 받는 경우 : 피로 한도
㉯ 고온에서 정하중을 받는 경우 : 크리프 강도
㉰ 상온에서 취성 재료가 정하중을 받는 경우 : 극한 강도
㉱ 상온에서 연성 재료가 정하중을 받는 경우 : 극한 강도 또는 항복점

55 양중기의 과부하장치에서 요구하는 일반적인 성능기준으로 틀린 것은?

① 과부하방지장치 작동 시 경보음과 경보램프가 작동되어야 하며 양중기는 작동이 되지 않아야 한다.
② 외함의 전선 접촉 부분은 고무 등으로 밀폐되어 물과 먼지 등이 들어가지 않도록 한다.
③ 과부하방지장치와 타 방호장치는 기능에 서로 장애를 주지 않도록 부착할 수 있는 구조이어야 한다.
④ 방호장치의 기능을 제거하더라도 양중기는 원활하게 작동시킬 수 있는 구조이어야 한다.

해설 양중기에서 방호장치인 과부하장치의 기능을 제거하면 양중기는 작동을 정지시킬 수 있는 구조이어야 한다.

52.② 53.① 54.④ 55.④ **정답**

56 산업안전보건법령에 따라 산업용 로봇의 작동범위에서 교시 등의 작업을 하는 경우 로봇에 의한 위험을 방지하기 위한 조치사항으로 틀린 것은?

① 2명 이상의 근로자에게 작업을 시킬 경우의 신호방법을 정한다.
② 작업 중의 매니퓰레이터 속도에 관한 지침을 정하고 그 지침에 따라 작업한다.
③ 작업을 하는 동안 다른 작업자가 작동시킬 수 없도록 기동스위치에 작업 중 표시를 한다.
④ 작업에 종사하고 있는 근로자가 이상을 발견하면 즉시 안전담당자에게 보고하고 계속해서 로봇을 운전한다.

해설 **산업용 로봇의 교시 등의 작업**
산업용 로봇의 작동범위에서 해당 로봇에 대하여 교시(敎示) 등[매니퓰레이터(manipulator)의 작동순서, 위치 · 속도의 설정 · 변경 또는 그 결과를 확인하는 것]의 작업을 하는 경우에는 해당 로봇의 예기치 못한 작동 또는 오조작에 의한 위험을 방지하기 위하여 다음의 조치를 하여야 한다. 다만, 로봇의 구동원을 차단하고 작업을 하는 경우에는 ㉯와 ㉰의 조치를 하지 아니할 수 있다.
㉮ 다음의 사항에 관한 지침을 정하고 그 지침에 따라 작업을 시킬 것
㉠ 로봇의 조작방법 및 순서
㉡ 작업 중 매니퓰레이터의 속도
㉢ 2명 이상의 근로자에게 작업을 시킬 경우의 신호방법
㉣ 이상을 발견한 경우의 조치
㉤ 이상을 발견하여 로봇의 운전을 정지시킨 후 이를 재가동시킬 경우의 조치
㉥ 그 밖에 로봇의 예기치 못한 작동 또는 오조작에 의한 위험을 방지하기 위하여 필요한 조치
㉯ 작업에 종사하고 있는 근로자 또는 그 근로자를 감시하는 사람은 이상을 발견하면 즉시 로봇의 운전을 정지시키기 위한 조치를 할 것
㉰ 작업을 하고 있는 동안 로봇의 기동스위치 등에 작업 중이라는 표시를 하는 등 작업에 종사하고 있는 근로자가 아닌 사람이 그 스위치 등을 조작할 수 없도록 필요한 조치를 할 것

57 다음 중 연삭숫돌의 파괴원인으로 거리가 먼 것은?

① 플랜지가 현저히 클 때
② 숫돌에 균열이 있을 때
③ 숫돌의 측면을 사용할 때
④ 숫돌의 치수, 특히 내경의 크기가 적당하지 않을 때

해설 **연삭기 숫돌의 파괴원인**
㉮ 숫돌의 회전속도가 빠를 때
㉯ 숫돌 자체에 균열이 있을 때
㉰ 숫돌에 과대한 충격을 가할 때
㉱ 숫돌의 측면을 사용하여 작업할 때
㉲ 숫돌의 불균형이나 베어링 마모에 의한 진동이 있을 때
㉳ 숫돌 반경 방향의 온도변화가 심할 때
㉴ 작업에 부적당한 숫돌을 사용할 때
㉵ 숫돌의 치수가 부적당할 때
㉶ 플랜지가 현저히 작을 때
$\left(\text{플랜지 직경}=\text{숫돌 직경}\times\frac{1}{3}\right)$

58 슬라이드 행정수가 100spm 이하이거나, 행정길이가 50mm 이상인 프레스에 설치해야 하는 방호장치방식은?

① 양수조작식
② 수인식
③ 가드식
④ 광전자식

해설 **수인식 및 손쳐내기식 방호장치**
분당 왕복수 120spm 이하, 슬라이드 행정길이 40mm 이상인 프레스에 사용 가능

59 지게차의 방호장치에 해당하는 것은?

① 버킷 ② 포크
③ 마스트 ④ 헤드가드

해설 **헤드가드(head guard)**
지게차 등 운전석 위쪽에서 물체의 낙하에 의한 위해를 방지하기 위해 머리 위에 설치한 덮개를 말한다.

60 보기와 같은 기계요소가 단독으로 발생시키는 위험점은?

밀링커터, 둥근톱날

① 협착점 ② 끼임점
③ 절단점 ④ 물림점

 정답 56.④ 57.① 58.② 59.④ 60.③

해설 위험점의 종류

㉮ 협착점(Squeeze-Point) : 왕복운동을 하는 동작 부분과 움직임이 없는 고정 부분 사이에 형성되는 위험점
예 프레스, 절단기, 성형기, 굽힘기계

㉯ 끼임점(Shear-Point) : 회전운동을 하는 동작 부분과 움직임이 없는 고정 부분 사이에 형성되는 위험점
예 프레임 암의 요동운동을 하는 기계 부분, 교반기의 날개와 하우징, 연삭숫돌의 작업대

㉰ 절단점(Cutting-Point) : 회전하는 기계의 운동 부분과 기계 자체와의 위험이 형성되는 위험점
예 밀링의 커터, 목재 가공용 둥근톱이나 띠톱의 톱날 등

㉱ 물림점(Nip-Point) : 회전하는 두 회전체에 말려 들어가는 위험점으로, 두 회전체는 서로 반대방향으로 맞물려 회전해야 한다.
예 롤러와 롤러의 물림, 기어와 기어의 물림 등

㉲ 접선 물림점(Tangential Nip-Point) : 회전하는 부분의 접선방향으로 물려 들어가 위험이 존재하는 점
예 V벨트와 풀리, 체인과 스프로킷, 랙과 피니언 등

㉳ 회전 말림점(Trapping-Point) : 회전하는 물체의 길이, 굵기, 속도 등의 불규칙 부위와 돌기회전 부위에 의해 머리카락, 장갑 및 작업복 등이 말려들 위험이 형성되는 점
예 축, 커플링, 회전하는 공구(드릴 등) 등

» 제4과목 전기설비 안전관리

61 감전사고 방지대책으로 옳지 않은 것은?

① 설비의 필요한 부분에 보호접지 실시
② 노출된 충전부에 통전망 설치
③ 안전전압 이하의 전기기기 사용
④ 전기기기 및 설비의 정비

해설 감전사고 방지대책

㉮ 설비의 필요한 부분에 보호접지 실시
㉯ 노출된 충전부에 방호망 설치
㉰ 안전전압 이하의 전기기기 사용
㉱ 전기기기 및 설비의 정비
㉲ 누전차단기의 설치
㉳ 전기기기에 위험 표시

62 200A의 전류가 흐르는 단상 전로의 한 선에서 누전되는 최소 전류는 몇 A인가?

① 0.1　② 0.2
③ 1　④ 2

해설 허용누설전류=최대 공급전류$\times \frac{1}{2,000}$

$= \frac{200}{2,000} = 0.1\text{A}$

63 일반적인 전기화재의 원인과 직접 관계되지 않는 것은?

① 과전류　② 애자의 오손
③ 정전기 스파크　④ 합선(단락)

해설 전기화재를 분석해 보면 합선(단락), 누전, 과전류, 스파크, 접촉부의 과열, 절연열화에 의한 발열, 지락, 낙뢰, 정전기 스파크 접속 불량 등이 그 발생원인이다.

64 개폐조작의 순서에 있어서 그림의 기구 번호의 경우 차단순서와 투입순서가 안전수칙에 적합한 것은?

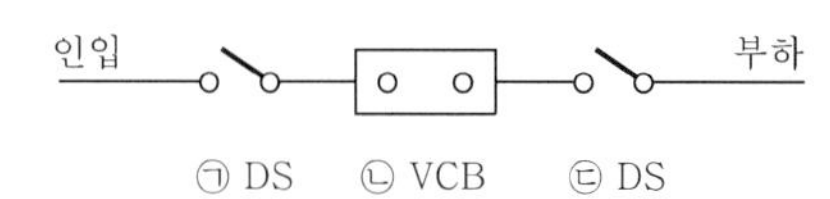

① 차단 ㉠→㉡→㉢, 투입 ㉠→㉡→㉢
② 차단 ㉡→㉢→㉠, 투입 ㉡→㉠→㉢
③ 차단 ㉢→㉡→㉠, 투입 ㉢→㉡→㉠
④ 차단 ㉡→㉢→㉠, 투입 ㉢→㉠→㉡

해설 단로기 및 차단기의 투입과 개방 시의 조작순서

전원 개방 시에는 차단기를 개방한 다음에 단로기를 개방하고, 전원 투입 시는 단로기를 투입한 다음에 차단기를 투입한다.

65 인체의 전기저항을 500Ω이라 한다면 심실세동을 일으키는 위험에너지는 몇 J인가? (단, 달지엘(Dalziel) 주장 통전시간은 1초, 체중은 60kg 정도이다.)

① 13.2　② 13.4
③ 13.6　④ 14.6

해설 $W = I^2RT$

$= \left(\frac{165}{\sqrt{T}} \times 10^{-3}\right)^2 \times 500 \times T = 13.6\text{J}$

66 작업자가 교류전압 7,000V 이하의 전로에 활선 근접작업 시 감전사고 방지를 위한 절연용 보호구는?

① 고무 절연관 ② 절연시트
③ 절연커버 ④ 절연안전모

해설 **절연용 보호구**
절연안전모, 절연장갑, 절연용 안전화, 절연복 등

67 통전 중의 전력기기나 배선의 부근에서 일어나는 화재를 소화할 때 주수(注水)하는 방법으로 옳지 않은 것은?

① 화염이 일어나지 못하도록 물기둥인 상태로 주수
② 낙하를 시작해서 퍼지는 상태로 주수
③ 방출과 동시에 퍼지는 상태로 주수
④ 계면활성제를 섞은 물이 방출과 동시에 퍼지는 상태로 주수

해설 전기화재에 봉상(물기둥)주수하면 감전의 위험이 있어 사용금지하며, 퍼지는 상태(분무주수)는 질식소화 효과가 있어 사용이 가능하다.

68 다음 중 정전기 발생에 영향을 주는 요인이 아닌 것은?

① 물체의 분리속도 ② 물체의 특성
③ 물체의 접촉시간 ④ 물체의 표면상태

해설 **정전기 발생에 영향을 주는 조건**
㉮ 물체의 특성
㉠ 정전기의 발생은 접촉·분리하는 두 가지 물체의 상호 특성에 의하여 지배되며, 한 가지 물체만의 특성에는 전혀 영향을 받지 않는다.
㉡ 대전량은 접촉이나 분리는 두 가지 물체가 대전서열 내에서 가까운 위치에 있으면 적고, 먼 위치에 있을수록 대전량이 큰 경향이 있다.
㉢ 물체가 불순물을 포함하고 있으면 이 불순물로 인해 정전기 발생량은 커진다.
㉯ 물체의 표면상태
㉠ 물체의 표면이 원활하면 발생이 적어진다.
㉡ 물체 표면이 수분이나 기름 등에 의해 오염되었을 때에는 산화·부식에 의해 정전기가 크게 발생한다.
㉰ 물체의 분리력
㉠ 처음 접촉·분리가 일어날 때에 정전기 발생이 최대가 되며, 이후 접촉·분리가 반복됨에 따라 발생량도 점차 감소한다.
㉡ 접촉·분리가 처음으로 일어났을 때, 재해 발생확률도 최대로 나타난다.
㉱ 접촉면적 및 압력
㉠ 접촉면적이 클수록 발생량이 크다.
㉡ 접촉압력이 증가하면 접촉면적과 함께 정전기 발생량도 증가한다.
㉲ 분리속도
㉠ 분리과정에서는 전하의 완화시간에 따라 정전기 발생량이 좌우되며, 전하 완화시간이 길면 전하 분리에 주는 에너지도 커져서 발생량이 증가한다.
㉡ 분리속도가 빠를수록 정전기의 발생량은 커지게 된다.

69 내압방폭구조에서 안전간극(Safe Gap)을 적게 하는 이유로 가장 알맞은 것은?

① 최소 점화에너지를 높게 하기 위해
② 폭발화염이 외부로 전파되지 않도록 하기 위해
③ 폭발압력에 견디고 파손되지 않도록 하기 위해
④ 쥐가 침입해서 전선 등을 갉아먹지 않도록 하기 위해

해설 **안전간극(Safe Gap)**
폭발화염이 내부에서 외부로 전파되지 않는 최대 틈새로 가스의 종류에 따라 다르다.

70 절연열화가 진행되어 누설전류가 증가하면 여러 가지 사고를 유발하게 되는 경우로서 거리가 먼 것은?

① 감전사고
② 누전화재
③ 정전기 증가
④ 아크 지락에 의한 기기의 손상

해설 **절연열화**
전기적으로 절연된 물질 상호간에 전기저항이 감소하여 많은 전류가 흐르게 되는 현상
※ 절연열화에 의한 전기재해 : 감전사고, 전기화재, 기기 손상 등

 정답 67.① 68.③ 69.② 70.③

71 정전기 발생 현상의 분류에 해당되지 않는 것은?

① 유체대전 ② 마찰대전
③ 박리대전 ④ 유동대전

해설 정전기 발생 현상의 분류

㉮ 마찰대전
㉯ 유동대전
㉰ 박리대전
㉱ 분출대전
㉲ 충돌대전
㉳ 파괴대전
㉴ 비말대전
㉵ 교반대전
㉶ 침강대전

72 통전경로별 위험도를 나타낼 경우 위험도가 큰 순서대로 나열한 것은?

ⓐ 왼손-오른손 ⓑ 왼손-등
ⓒ 양손-양발 ⓓ 오른손-가슴

① ⓐ-ⓒ-ⓑ-ⓓ ② ⓐ-ⓓ-ⓒ-ⓑ
③ ⓓ-ⓒ-ⓑ-ⓐ ④ ⓓ-ⓐ-ⓒ-ⓑ

해설 통전경로별 위험도

통전경로	위험도
왼손-가슴	1.5
오른손-가슴	1.3
왼손-한발 또는 양발	1.0
양손-양발	1.0
오른손-한발 또는 양발	0.8
왼손-등	0.7
한손 또는 양손-앉아 있는 거리	0.7
왼손-오른손	0.4
오른손-등	0.3

73 대지를 접지로 이용하는 이유 중 가장 옳은 것은?

① 대지는 토양의 주성분이 규소(SiO_2)이므로 저항이 영(0)에 가깝다.
② 대지는 토양의 주성분이 산화알루미늄(Al_2O_3)이므로 저항이 영(0)에 가깝다.
③ 대지는 철분을 많이 포함하고 있기 때문에 전류를 잘 흘릴 수 있다.
④ 대지는 넓어서 무수한 전류통로가 있기 때문에 저항이 영(0)에 가깝다.

해설 접지

㉮ 대지는 넓어서 무수한 전류통로가 있기 때문에 다수의 저항을 병렬로 접속한 것과 같아서 대지의 저항이 크게 저하하기 때문에 대지를 접지로 이용한다.
㉯ 대지는 전기가 잘 통하는 도전체이지만 토양의 주성분인 규소(SiO_2)와 산화알루미늄(Al_2O_3)은 절연물이기 때문에 토양이 완전히 건조되어 있으면 전기가 통하지 않는다.

74 교류아크용접기의 자동전격방지장치는 아크 발생이 중단된 후 출력 측 무부하전압을 1초 이내에 몇 V 이하로 저하시켜야 하는가?

① 25~30 ② 35~50
③ 55~75 ④ 80~100

해설
㉮ 자동전격방지장치의 성능
　㉠ 아크 발생을 정지시킬 때 주접점이 개로될 때까지의 시간(자동시간)은 1초 이내일 것
　㉡ 2차 무부하전압은 25V 이내일 것
㉯ 자동전격방지장치의 기능 : 용접작업 중단 직후부터 다음 아크가 발생할 때까지 유지할 것

75 인체통전으로 인한 전격(electric shock)의 정도를 정함에 있어 그 인자로서 가장 거리가 먼 것은?

① 전압의 크기 ② 통전시간
③ 전류의 크기 ④ 통전경로

해설 전격의 위험도 결정조건

㉮ 1차적 감전위험요인 : 통전전류의 크기, 통전경로, 통전시간, 전원의 종류, 주파수 및 파형, 전격인가위상
㉯ 2차적 감전위험요인 : 인체의 조건(저항), 전압, 계절

71.① 72.③ 73.④ 74.① 75.① **정답**

76 기중차단기의 기호로 옳은 것은?

① VCB ② MCCB
③ OCB ④ ACB

해설 ① VCB(진공차단기) : 진공 속에서 전극을 개폐하여 소호한 차단기
② MCCB(배선용 차단기) : 과부하전류나 단락 시에 자동으로 작동하여 과전류를 차단하는 차단기
③ OCB(유입차단기) : 절연유를 넣어 유중에서 개폐하는 차단기
④ ACB(기중차단기) : 대기 중에서 아크를 길게 하여 소호실에 의해 냉각 · 차단하는 차단기

77 피뢰침의 제한전압이 800kV, 충격절연강도가 1,000kV라 할 때, 보호여유도는 몇 %인가?

① 25 ② 33
③ 47 ④ 63

해설
$$보호여유도=\frac{충격절연강도-제한전압}{제한전압}\times 100$$
$$=\frac{1{,}000-800}{800}\times 100=25\%$$

78 인체의 손과 발 사이에 과도전류를 인가한 경우에 파두장 700μs에 따른 전류파고치의 최대값은 약 몇 mA 이하인가?

① 4 ② 40
③ 400 ④ 800

해설 **과도전류에 대한 감지전류**

전압파형(μs)	전류파고치(mA)
7×100	40 이하
5×65	60 이하
2×30	90 이하

79 다른 두 물체가 접촉할 때 접촉 전위차가 발생하는 원인으로 옳은 것은?

① 두 물체의 온도차
② 두 물체의 습도차
③ 두 물체의 밀도차
④ 두 물체의 일함수차

해설 두 물체의 일함수 차이에 의해 극성이 변하여 전위차가 발생한다. 일함수란 물질내부의 자유전자를 외부로 방출하는데 필요한 최소에너지를 말한다.

80 설비의 이상현상에 나타나는 아크(Arc)의 종류가 아닌 것은?

① 단락에 의한 아크
② 지락에 의한 아크
③ 차단기에서의 아크
④ 전선저항에 의한 아크

해설 설비의 이상현상에 나타나는 아크(Arc)의 종류는 단락에 의한 아크, 지락에 의한 아크, 차단기에서의 아크 등이 있으며, 전선저항은 아크를 발생시키지 않고 열을 발생시킨다.

≫ 제5과목 화학설비 안전관리

81 인화점에 대한 설명으로 틀린 것은?

① 가연성 액체의 발화와 관계가 있다.
② 반드시 점화원의 존재와 관련된다.
③ 연소가 지속적으로 확산될 수 있는 최저 온도이다.
④ 연료의 조성, 점도, 비중에 따라 달라진다.

해설 연소가 지속적으로 확산될 수 있는 최저 온도는 연소점이다.

82 폭발한계와 완전연소 조성 관계인 Jones 식을 이용한 부탄(C_4H_{10})의 폭발 하한계는 약 얼마인가? (단, 공기 중 산소의 농도는 21%로 가정한다.)

① 1.4%v/v ② 1.7%v/v
③ 2.0%v/v ④ 2.3%v/v

해설 ㉮ $C_nH_mO_\lambda Cl_f$ 분자식에서는 다음과 같은 식으로도 계산된다.
$$C_{st}=\frac{100}{1+4.773\left(n+\frac{m-f-2\lambda}{4}\right)}(\%)$$

 정답 76.④ 77.① 78.② 79.④ 80.④ 81.③ 82.②

여기서, n : 탄소의 원자수
m : 수소의 원자수
f : 할로겐의 원자수
λ : 산소의 원자수
부탄(C_4H_{10})의

$$C_{st} = \frac{100}{1+4.773\left(4+\frac{10}{4}\right)} = 3.12\%$$

㈏ Jones는 폭발 하한값(L)은 양론 농도(C_{st})의 약 55%로 추정한다.
폭발 범위 하한$= C_{st} \times 0.55$
$= 3.12 \times 0.55 = 1.7\%$v/v

83 다음 중 산업안전보건법에 따라 안지름 150mm 이상의 압력용기, 정변위 압축기 등에 대해서 과압에 따른 폭발을 방지하기 위하여 설치하여야 하는 방호장치는?

① 역화방지기
② 안전밸브
③ 감지기
④ 체크밸브

해설 **안전밸브 등의 설치**
아래의 경우 어느 하나에 해당하는 설비에 대해서는 과압에 따른 폭발을 방지하기 위하여 폭발 방지 성능과 규격을 갖춘 안전밸브 또는 파열판을 설치하여야 한다. 다만, 안전밸브 등에 상응하는 방호장치를 설치한 경우에는 그러하지 아니하다.
㉮ 압력용기(안지름이 150mm 이하인 압력용기는 제외하며, 압력용기 중 관형 열교환기의 경우에는 관의 파열로 인하여 상승한 압력이 압력용기의 최고 사용 압력을 초과할 우려가 있는 경우만 해당한다)
㉯ 정변위 압축기
㉰ 정변위 펌프(토출축에 차단밸브가 설치된 것만 해당한다)
㉱ 배관(2개 이상의 밸브에 의하여 차단되어 대기온도에서 액체의 열팽창에 의하여 파열될 우려가 있는 것으로 한정한다)
㉲ 그 밖의 화학설비 및 그 부속설비로서 해당 설비의 최고 사용 압력을 초과할 우려가 있는 것

84 다음 중 폭발 하한계(vol%) 값의 크기가 작은 것부터 큰 순서대로 올바르게 나열한 것은?

① $H_2 < CS_2 < C_2H_2 < CH_4$
② $CH_4 < H_2 < C_2H_2 < CS_2$
③ $H_2 < CS_2 < CH_4 < C_2H_2$
④ $CS_2 < C_2H_2 < H_2 < CH_4$

해설 문제에서 보기에 주어진 가스의 연소범위는 다음 표와 같다.

가 스	하한계(%)	상한계(%)
CS_2	1.2	44
C_2H_2	2.5	81
H_2	4.0	75.0
CH_4	5.0	15

85 다음 중 대기압상의 공기 · 아세틸렌 혼합가스의 최소 발화에너지(MIE)에 관한 설명으로 옳은 것은?

① 압력이 클수록 MIE는 증가한다.
② 불활성 물질의 증가는 MIE를 감소시킨다.
③ 대기압상의 공기 · 아세틸렌 혼합가스의 경우는 약 9%에서 최댓값을 나타낸다.
④ 일반적으로 화학양론농도보다도 조금 높은 농도일 때에 최솟값이 된다.

해설 **최소 발화에너지(MIE ; Minimum Ignition Energy)**
㉮ 온도와 압력이 클수록 MIE는 감소한다.
㉯ 연소속도가 큰 혼합기체일수록 MIE는 작다(MIE는 연소속도에 반비례한다).
㉰ 열전도율과 화염온도가 낮은 것일수록 MIE는 작다(MIE는 소염거리와 화염온도에 비례한다).
㉱ 불활성 가스를 첨가시키면 MIE는 증가한다.
㉲ MIE는 화학양론농도(C_{st})보다 약간 높은 농도일 때 최솟값이 된다.
㉳ 일반적으로 분진의 최소 발화에너지는 가연성 가스보다 큰 에너지 준위를 가진다.

86 다음 중 폭발 방호(Explosion Protection) 대책과 가장 거리가 먼 것은?

① 불활성화(Inerting)
② 억제(Suppression)
③ 방산(Venting)
④ 봉쇄(Containment)

83.② 84.④ 85.④ 86.① 정답

해설 **폭발의 방호**

㉮ 폭발 봉쇄 : 유독성 물질이나 공기 중에서 방출되어서는 안 되는 물질의 폭발 시 안전밸브나 파열판을 통하여 다른 탱크나 저장소 등으로 보내어 압력을 완화시켜서 파열을 방지하는 방법
㉯ 폭발 억제 : 압력이 상승하였을 때 폭발억제장치가 작동하여 고압 불활성 가스가 담겨 있는 소화기가 터져서 증기, 가스, 분진폭발 등의 폭발을 진압하여 큰 파괴적인 폭발압력이 되지 않도록 하는 방법
㉰ 폭발 방산 : 안전밸브나 파열판 등에 의해 탱크 내의 기체를 밖으로 방출시켜 압력을 정상화시키는 방법

87 다음 중 관의 지름을 변경하고자 할 때 필요한 관 부속품은?

① Reducer ② Elbow
③ Plug ④ Valve

해설 ① Reducer : 지름이 서로 다른 관을 접속하는 데 사용하는 관 이음쇠
② Elbow : 관의 방향을 변경할 때 이용되는 관이음
③ Plug : 관 끝 또는 구멍을 막는 데 사용하는 나사붙이 마개
④ Valve : 관 속을 흐르는 기체 또는 액체의 유입, 유출 및 이를 조절하는 장치 또는 부품의 총칭

88 다음 중 고압가스용 기기재료로 구리를 사용하여도 안전한 것은?

① O_2 ② C_2H_2
③ NH_3 ④ H_2S

해설 C_2H_2(아세틸렌), NH_3(암모니아), H_2S(황화수소) 등은 구리(Cu)나 구리를 포함한 합금과 폭발성 물질을 만들거나 심한 부식성을 나타낸다.

89 화재 시 발생하는 유해가스 중 가장 독성이 큰 것은?

① CO ② $COCl_2$
③ NH_3 ④ HCN

해설 **독성가스의 허용농도**

㉮ $COCl_2$(포스겐) : 0.1ppm
㉯ HCN(시안화수소) : 10ppm
㉰ CO(일산화탄소) : 50ppm
㉱ NH_3(암모니아) : 25ppm

90 다음 중 폭발 범위에 관한 설명으로 틀린 것은?

① 상한값과 하한값이 존재한다.
② 온도에 비례하지만 압력과는 무관하다.
③ 가연성 가스의 종류에 따라 각각 다른 값을 갖는다.
④ 공기와 혼합된 가연성 가스의 체적 농도로 나타낸다.

해설 **폭발 범위에 영향을 주는 요인**

㉮ 온도 : 폭발 하한은 100℃ 증가할 때마다 25℃에서의 값의 8%가 감소하며, 폭발 상한은 8%가 증가한다.
㉯ 압력 : 폭발 하한값에는 아주 경미한 영향을 미치나, 폭발 상한값은 크게 영향을 받는다. 일반적으로 가스압력이 높아질수록 폭발 범위는 넓어진다.
㉰ 산소 : 폭발 하한값은 공기 중에서나 산소 중에서나 변함이 없으나, 상한값은 산소의 농도가 증가하면 현저히 상승한다.

91 폭발에 관한 용어 중 "BLEVE"가 의미하는 것은?

① 고농도의 분진폭발
② 저농도의 분해폭발
③ 개방계 증기운 폭발
④ 비등액 팽창증기 폭발

해설 ㉮ BLEVE(Boiling Liquid Expanding Vapor Explosion, 비등액 팽창 증기폭발) : 비등상태의 액화가스가 기화하여 팽창하고 폭발하는 현상이다.
㉯ UVCE(Unconfined Vapor Cloud Explosion, 개방계 증기운 폭발) : 과열로 압축된 액체가스 용기가 파열될 때 다량의 가연성 증기의 급격한 방출로 대기 중에 구름 형태로 모여 바람·대류 등의 영향으로 움직이다가 점화원에 의하여 순간적으로 폭발하는 현상이다.

 정답 87.① 88.① 89.② 90.② 91.④

92 다음 중 분진의 폭발 위험성을 증대시키는 조건에 해당하는 것은?

① 분진의 발열량이 작을수록
② 분위기 중 산소 농도가 작을수록
③ 분진 내의 수분 농도가 작을수록
④ 표면적이 입자 체적에 비교하여 작을수록

해설 **분진의 폭발 위험성을 증대시키는 조건**
㉮ 분진의 발열량이 클수록
㉯ 분위기 중 산소 농도가 클수록
㉰ 표면적이 입자 체적에 비교하여 클수록
㉱ 분진 내의 수분 농도가 작을수록

93 산업안전보건법령상 특수화학설비 설치 시 반드시 필요한 장치가 아닌 것은?

① 원재료 공급의 긴급차단장치
② 즉시 사용할 수 있는 예비 동력원
③ 화재 시 긴급대응을 위한 물분무소화장치
④ 온도계 · 유량계 · 압력계 등의 계측장치

해설 **특수화학설비 설치 시 필요한 장치**
㉮ 특수화학설비 설치 시 내부의 이상상태를 조기에 파악하기 위해 설치하는 장치
　㉠ 계측장치 : 온도계, 유량계, 압력계 등 설치
　㉡ 자동경보장치 설치(자동경보장치 설치 곤란 시는 감시인 배치)
㉯ 특수화학설비 설치 시 이상상태의 발생에 따른 폭발, 화재 또는 위험물의 누출 방지를 위해 설치하는 장치
　㉠ 원재료 공급의 긴급차단장치
　㉡ 제품 등의 긴급방출장치
　㉢ 불활성 가스의 주입 또는 냉각용수 등의 공급을 위한 장치 등 설치
㉰ 예비 동력원 : 특수화학설비에 사용하는 동력원의 이상에 의한 폭발화재를 방지하기 위하여 즉시 사용할 수 있는 예비 동력원을 갖추어 둘 것

94 다음 중 왕복펌프에 속하지 않는 것은?

① 피스톤펌프
② 플랜저펌프
③ 기어펌프
④ 격막펌프

해설 ㉮ 왕복펌프 : 피스톤펌프, 플랜저펌프, 격막펌프 등
㉯ 회전펌프 : 기어펌프, 베인펌프 등
㉰ 원심펌프 : 볼류트펌프, 터빈펌프 등

95 다음 중 가연성 물질과 산화성 고체가 혼합하고 있을 때 연소에 미치는 현상으로 옳은 것은?

① 착화온도(발화점)가 높아진다.
② 최소점화에너지가 감소하며, 폭발의 위험성이 증가한다.
③ 가스나 가연성 증기의 경우 공기혼합보다 연소범위가 축소된다.
④ 공기 중에서보다 산화작용이 약하게 발생하여 화염온도가 감소하며 연소속도가 늦어진다.

해설 **가연성 물질과 산화성 고체가 혼합하고 있을 때 연소에 미치는 현상**
㉮ 착화온도(발화점)가 낮아진다.
㉯ 최소점화에너지가 감소하며, 폭발의 위험성이 증가한다.
㉰ 가스나 가연성 증기의 경우 공기혼합보다 연소범위가 증대된다.
㉱ 공기 중에서보다 산화작용이 강하게 발생하여 화염온도가 증가하며 연소속도가 빨라진다.

96 분진폭발의 특징으로 옳은 것은?

① 연소속도가 가스폭발보다 크다.
② 완전연소로 가스중독의 위험이 작다.
③ 화염의 파급속도보다 압력의 파급속도가 크다.
④ 가스폭발보다 연소시간은 짧고 발생에너지는 작다.

해설 **분진폭발의 특징**
㉮ 연소속도나 폭발압력은 가스폭발에 비교하여 작지만, 연소시간이 길고 발생에너지가 크기 때문에 파괴력과 그을음이 크다.
㉯ 최초의 부분적인 폭발에 의해 폭풍이 주위 분진을 날려 2차 · 3차의 폭발로 파급하면서 피해가 커진다.
㉰ 불완전연소를 일으키기 쉽기 때문에 연소 후 일산화탄소가 다량으로 존재하므로 가스중독의 위험이 있다.
㉱ 화염의 파급속도보다 압력의 파급속도가 크다.

92.③ 93.③ 94.③ 95.② 96.③ 정답

97 폭발방호대책 중 이상 또는 과잉 압력에 대한 안전장치로 볼 수 없는 것은?

① 안전밸브(safety valve)
② 릴리프밸브(relief valve)
③ 파열판(bursting disk)
④ 플레임어레스터(flame arrester)

해설 **화염방지기(flame arrester)**
비교적 저압 또는 상압에서 가연성 증기를 발생하는 유류를 저장하는 탱크에서 외부에 그 증기를 방출하거나 탱크 내에 외기를 흡입하는 부분에 설치하는 안전장치로, 화염의 차단을 목적으로 한 것이다.

98 [보기]의 물질을 폭발범위가 넓은 것부터 좁은 순서로 바르게 배열한 것은?

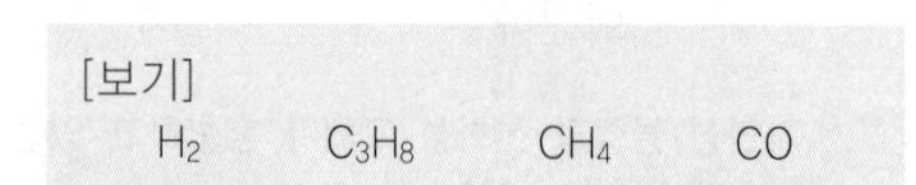
[보기]
H_2 C_3H_8 CH_4 CO

① $CO > H_2 > C_3H_8 > CH_4$
② $H_2 > CO > CH_4 > C_3H_8$
③ $C_3H_8 > CO > CH_4 > H_2$
④ $CH_4 > H_2 > CO > C_3H_8$

해설 각 [보기] 물질의 폭발범위(폭발한계)는 다음과 같다.
㉮ H_2(수소) : 4.0~75vol%
㉯ C_3H_8(프로판) : 2.2~9.5vol%
㉰ CH_4(메탄) : 5.3~14vol%
㉱ CO(일산화탄소) : 12.5~75vol%

99 산업안전보건기준에 관한 규칙에서 정한 위험물질의 종류에서 "물반응성 물질 및 인화성 고체"에 해당하는 것은?

① 질산에스테르류
② 니트로화합물
③ 칼륨 · 나트륨
④ 니트로소화합물

해설 **물반응성 물질 및 인화성 고체**
㉮ 리튬
㉯ 칼륨 · 나트륨
㉰ 황
㉱ 황린
㉲ 황화인 · 적린
㉳ 셀룰로이드류
㉴ 알킬알루미늄 · 알킬리튬
㉵ 마그네슘분말
㉶ 금속분말(마그네슘분말 제외)
㉷ 알칼리금속(리튬 · 칼륨 및 나트륨 제외)
㉸ 유기금속화합물(알킬알루미늄 및 알킬리튬 제외)
㉹ 금속의 수소화물
㉺ 금속의 인화물
㉻ 칼슘탄화물 · 알루미늄탄화물

100 열교환탱크 외부를 두께 0.2m의 단열재(열전도율=0.037kcal/m · h · ℃)로 보온하였더니 단열재 내면은 40℃, 외면은 20℃이었다. 면적 $1m^2$당 1시간에 손실되는 열량(kcal)은?

① 0.0037 ② 0.037
③ 1.37 ④ 3.7

해설
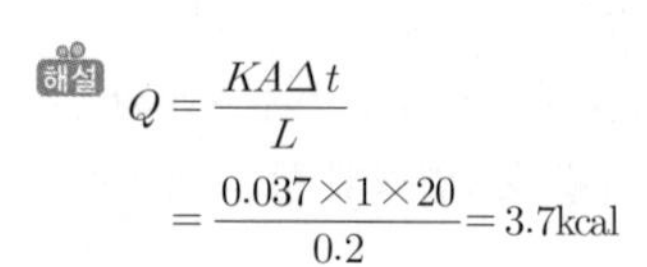
$$Q = \frac{KA\Delta t}{L} = \frac{0.037 \times 1 \times 20}{0.2} = 3.7\text{kcal}$$

» 제6과목 건설공사 안전관리

101 다음은 달비계 또는 높이 5m 이상의 비계를 조립 · 해체하거나 변경하는 작업을 하는 경우에 대한 내용이다. ( )에 알맞은 숫자는?

비계 재료의 연결 · 해체 작업을 하는 경우에는 폭 ( )cm 이상의 발판을 설치하고 근로자로 하여금 안전대를 사용하도록 하는 등 추락을 방지하기 위한 조치를 할 것

① 15 ② 20
③ 25 ④ 30

해설 비계 재료의 연결 · 해체 작업을 하는 경우에는 폭 20cm 이상의 발판을 설치하고 근로자로 하여금 안전대를 사용하도록 하는 등 추락을 방지하기 위한 조치를 할 것

 정답 97.④ 98.② 99.③ 100.④ 101.②

102 작업장으로 통하는 장소 또는 작업장 내에 근로자가 사용할 통로 설치에 대한 준수사항 중 다음 ( ) 안에 알맞은 숫자는?

- 통로의 주요 부분에는 통로 표시를 하고, 근로자가 안전하게 통행할 수 있도록 하여야 한다.
- 통로면으로부터 높이 ( )m 이내에는 장애물이 없도록 하여야 한다.

① 2 ② 3
③ 4 ④ 5

해설 통로면으로부터 높이 2m 이내에는 장애물이 없도록 한다.

103 히빙(Heaving) 현상 방지대책으로 옳지 않은 것은?

① 흙막이 벽체의 근입 깊이를 깊게 한다.
② 흙막이 벽체 배면의 지반을 개량하여 흙의 전단강도를 높인다.
③ 부풀어 솟아오르는 바닥면의 토사를 제거한다.
④ 소단을 두면서 굴착한다.

해설 **히빙(Heaving)**
히빙이란 굴착이 진행됨에 따라 흙막이벽 뒤쪽 흙의 중량이 굴착부 바닥의 지지력 이상이 되면 흙막이벽 근입(根入) 부분의 지반 이동이 발생하여 굴착부 저면이 솟아오르는 현상이다. 이 현상이 발생하면 흙막이벽의 근입 부분이 파괴되면서 흙막이벽 전체가 붕괴되는 경우가 많다.
㉮ 지반조건 : 연약성 점토지반인 경우
㉯ 현상 : 지보공 파괴, 배면 토사 붕괴, 굴착 저면의 솟아오름
㉰ 대책
㉠ 굴착 주변의 상재하중을 제거한다.
㉡ 시트 파일(Sheet Pile) 등의 근입심도를 검토한다.
㉢ 1.3m 이하 굴착 시에는 버팀대(Strut)를 설치한다.
㉣ 버팀대, 브래킷, 흙막이를 점검한다.
㉤ 굴착 주변을 웰 포인트(Well Point) 공법과 병행한다.
㉥ 굴착방식을 개선(Island Cut 공법 등)한다.

104 유해·위험방지계획서의 첨부서류에 해당되지 않는 항목은?

① 공사 개요서
② 재해 발생 위험 시 연락 및 대피방법
③ 산업안전보건관리비 사용 계획
④ 안전보건건강진단 실시 계획

해설 **건설공사 시 유해·위험방지계획서의 첨부서류**
㉮ 공사 개요서
㉯ 공사 현장의 주변 현황 및 주변과의 관계를 나타내는 도면
㉰ 건설물, 사용 기계설비 등의 배치를 나타내는 도면
㉱ 전체 공정표
㉲ 산업안전보건관리비 사용 계획
㉳ 안전관리 조직표
㉴ 재해 발생 위험 시 연락 및 대피방법

105 토석 붕괴의 원인 중 외적 원인에 해당되지 않는 것은?

① 토석의 강도 저하
② 작업진동 및 반복하중의 증가
③ 사면, 법면의 경사 및 기울기의 증가
④ 절토 및 성토 높이의 증가

해설 **토석 붕괴의 원인**
㉮ 외적 원인
㉠ 사면, 법면의 경사 및 기울기의 증가
㉡ 절토 및 성토 높이의 증가
㉢ 공사에 의한 진동 및 반복하중의 증가
㉣ 지표수 및 지하수의 침투에 의한 토사 중량의 증가
㉤ 지진, 차량, 구조물의 하중작용
㉥ 토사 및 암석의 혼합층 두께
㉯ 내적 원인
㉠ 절토 사면의 토질·암질
㉡ 성토 사면의 토질 구성 및 분포
㉢ 토석의 강도 저하

106 연약지반의 침하로 인한 문제를 예방하기 위한 점토질 지반의 개량공법에 해당되지 않는 것은?

① 생석회 말뚝공법
② 페이퍼 드레인 공법
③ 진동다짐 공법
④ 샌드 드레인 공법

102.① 103.③ 104.④ 105.① 106.③ 정답

해설 **점토지반의 지반개량공법**

㉮ 생석회 공법
㉯ 페이퍼 드레인 머신 공법
㉰ 샌드 드레인 공법
㉱ 치환공법
㉲ 압밀공법
㉳ 여성토(Preloading) 공법 및 조립 등의 작업에만 사용할 수 있다.

107 흙막이 가시설 공사 시 사용되는 각 계측기의 설치 목적으로 옳지 않은 것은?

① 지표침하계 – 지표면 침하량 측정
② 수위계 – 지반 내 지하수위의 변화 측정
③ 하중계 – 상부 적재하중 변화 측정
④ 지중경사계 – 지중의 수평 변위량 측정

해설 ① 지표침하계 : 토류벽 배면에 설치하여 지표면의 침하량 절대치의 변화를 측정
② 지하수위계 : 토류벽 배면지반에 설치하여 지하수의 변화를 측정
③ 하중계(Load Cell) : 버팀보(지주) 또는 어스앵커(Earth Anchor) 등의 실제 축하중 변화 상태를 측정
④ 지중경사계 – 지중의 수평 변위량 측정

108 흙의 특성으로 옳지 않은 것은?

① 흙은 선형재료이며, 응력 – 변형률 관계가 일정하게 정의된다.
② 흙의 성질은 본질적으로 비균질, 비등방성이다.
③ 흙의 거동은 연약지반에 하중이 작용하면 시간의 변화에 따라 압밀침하가 발생한다.
④ 점토 대상이 되는 흙은 지표면 밑에 있기 때문에 지반의 구성과 공학적 성질은 시추를 통해서 자세히 판명된다.

해설 흙은 비탄성체이므로 선형재료가 아니다.

109 항타기 또는 항발기의 권상장치 드럼축과 권상장치로부터 첫 번째 도르래의 축 간의 거리는 권상장치 드럼폭의 몇 배 이상으로 하여야 하는가?

① 5배 ② 8배
③ 10배 ④ 15배

해설 **도르래의 부착 등**

㉮ 항타기 또는 항발기의 권상장치의 드럼축과 권상장치로부터 첫 번째 도르래의 축과의 거리를 권상장치 드럼폭의 15배 이상으로 하여야 한다.
㉯ 도르래 권상장치의 드럼의 중심을 지나야 하며, 축과 수직면상에 있어야 한다.

※ 위 규정은 항타기 또는 항발기의 구조상 권상용 와이어 로프가 꼬일 우려가 없는 때에는 이를 적용하지 아니한다.

110 안전난간대에 폭목(Toe Board)을 대는 이유는?

① 작업자의 손을 보호하기 위하여
② 작업자의 작업능률을 높이기 위하여
③ 안전난간대의 강도를 높이기 위하여
④ 공구 등 물체가 작업발판에서 지상으로 낙하되지 않도록 하기 위하여

해설 **폭목(Toe Board, 발끝막이판)**

공구 등 물체가 작업발판에서 지상으로 낙하되지 않도록 하기 위하여 높이 10cm 이상 높이로 설치한다.

111 터널공사에서 발파작업 시 안전대책으로 틀린 것은?

① 발파 전 도화선 연결상태, 저항치 조사 등의 목적으로 도통시험 실시 및 발파기의 작동상태를 사전에 점검
② 동력선은 발원점으로부터 최소 15m 이상 후방으로 옮길 것
③ 지질, 암의 절리 등에 따라 화약량 검토 및 시방기준과 대비하여 안전조치 실시
④ 발파용 점화회선은 타동력선 및 조명회선과 한 곳으로 통합하여 관리

해설 발파용 점화회선은 타동력선 및 조명회선과 분리하여 관리한다.

 정답 107.③ 108.① 109.④ 110.④ 111.④

112 달비계(곤돌라의 달비계는 제외)의 최대 적재하중을 정할 때 사용하는 안전계수의 기준으로 옳은 것은?

① 달기체인의 안전계수는 10 이상
② 달기강대와 달비계의 하부 및 상부 지점의 안전계수는 목재의 경우 2.5 이상
③ 달기와이어로프의 안전계수는 5 이상
④ 달기강선의 안전계수는 10 이상

해설 달비계(곤돌라의 달비계는 제외)를 작업발판으로 사용할 때 최대적재하중을 정함에 있어서의 안전계수는 다음과 같다.

$$안전계수 = \frac{절단하중}{최대사용하중}$$

㉮ 달기와이어로프 및 달기강선의 안전계수 : 10 이상
㉯ 달기체인 및 달기훅의 안전계수 : 5 이상
㉰ 달기강대와 달비계의 하부 및 상부 지점의 안전계수
　㉠ 강재의 경우 2.5 이상
　㉡ 목재의 경우 5 이상

113 유해위험방지계획서를 제출해야 할 대상 공사의 조건으로 옳지 않은 것은?

① 터널 건설 등의 공사
② 최대지간길이가 50m 이상인 다리의 건설 등 공사
③ 다목적댐·발전용댐 및 저수용량 2천만톤 이상의 용수 전용댐, 지방상수도 전용댐 건설 등의 공사
④ 깊이가 5m 이상인 굴착공사

해설 **건설업 중 유해위험방지계획서 제출대상 사업장**
㉮ 다음의 어느 하나에 해당하는 건축물 또는 시설 등의 건설·개조 또는 해체 공사
　㉠ 지상높이가 31m 이상인 건축물 또는 인공구조물
　㉡ 연면적 3만m^2 이상인 건축물
　㉢ 연면적 5천m^2 이상인 시설로서 다음의 어느 하나에 해당하는 시설
　　– 문화 및 집회시설(전시장 및 동물원·식물원은 제외)
　　– 판매시설, 운수시설(고속철도의 역사 및 집배송시설은 제외)
　　– 종교시설
　　– 의료시설 중 종합병원
　　– 숙박시설 중 관광숙박시설
　　– 지하도상가
　　– 냉동·냉장 창고시설
㉯ 연면적 5천m^2 이상의 냉동·냉장 창고시설의 설비공사 및 단열공사
㉰ 최대지간길이(다리의 기둥과 기둥의 중심 사이의 거리)가 50m 이상인 다리의 건설 등 공사
㉱ 터널의 건설 등 공사
㉲ 다목적댐·발전용 댐 및 저수용량 2천만톤 이상의 용수 전용댐·지방상수도 전용댐 건설 등 공사
㉳ 깊이 10m 이상인 굴착공사

114 로드(rod)·유압 잭(jack) 등을 이용하여 거푸집을 연속적으로 이동시키면서 콘크리트를 타설할 때 사용되는 것으로 silo 공사 등에 적합한 거푸집은?

① 메탈폼
② 슬라이딩폼
③ 워플폼
④ 페코빔

해설 **슬라이딩 폼(sliding form)**
원형 철판 거푸집을 요크(york)로 서서히 끌어올리면서 연속적으로 콘크리트를 타설하는 수직활동 거푸집으로, 사일로, 굴뚝 등에 사용한다.

115 터널 지보공을 조립하거나 변경하는 경우에 조치하여야 하는 사항으로 옳지 않은 것은?

① 목재의 터널 지보공은 그 터널 지보공의 각 부재에 작용하는 긴압 정도를 체크하여 그 정도가 최대한 차이나도록 한다.
② 강(鋼)아치 지보공의 조립은 연결볼트 및 띠장 등을 사용하여 주재 상호간을 튼튼하게 연결할 것
③ 기둥에는 침하를 방지하기 위하여 받침목을 사용하는 등의 조치를 할 것
④ 주재(主材)를 구성하는 1세트의 부재는 동일 평면 내에 배치할 것

112.④ 113.④ 114.② 115.① 정답

해설 **터널 지보공의 조립 또는 변경 시 조치**

㉮ 주재(主材)를 구성하는 1세트의 부재는 동일 평면 내에 배치할 것
㉯ 목재의 터널 지보공은 그 터널 지보공의 각 부재의 긴압 정도가 균등하게 되도록 할 것
㉰ 기둥에는 침하를 방지하기 위하여 받침목을 사용하는 등의 조치를 할 것
㉱ 강(鋼)아치 지보공의 조립은 다음의 사항을 따를 것
 ㉠ 조립간격은 조립도에 따를 것
 ㉡ 주재가 아치작용을 충분히 할 수 있도록 쐐기를 박는 등 필요한 조치를 할 것
 ㉢ 연결볼트 및 띠장 등을 사용하여 주재 상호간을 튼튼하게 연결할 것
 ㉣ 터널 등의 출입구 부분에는 받침대를 설치할 것
 ㉤ 낙하물이 근로자에게 위험을 미칠 우려가 있는 경우에는 널판 등을 설치할 것
㉲ 목재 지주식 지보공은 다음의 사항을 따를 것
 ㉠ 주기둥은 변위를 방지하기 위하여 쐐기 등을 사용하여 지반에 고정시킬 것
 ㉡ 양끝에는 받침대를 설치할 것
 ㉢ 터널 등의 목재 지주식 지보공에 세로방향의 하중이 걸림으로써 넘어지거나 비틀어질 우려가 있는 경우에는 양끝 외의 부분에도 받침대를 설치할 것
 ㉣ 부재의 접속부는 꺾쇠 등으로 고정시킬 것
㉳ 강아치 지보공 및 목재 지주식 지보공 외의 터널 지보공에 대해서는 터널 등의 출입구 부분에 받침대를 설치할 것

116 굴착기계의 운행 시 안전대책으로 옳지 않은 것은?

① 버킷에 사람의 탑승을 허용해서는 안 된다.
② 운전반경 내에 사람이 있을 때 회전은 10rpm 정도의 느린 속도로 하여야 한다.
③ 장비의 주차 시 경사지나 굴착작업장으로부터 충분히 이격시켜 주차한다.
④ 전선이나 구조물 등에 인접하여 붐을 선회해야 할 작업에는 사전에 회전반경, 높이제한 등 방호조치를 강구한다.

해설 ② 운전반경 내에 사람이 있을 때는 운전을 중지하여야 한다.

117 굴착공사에서 비탈면 또는 비탈면 하단을 성토하여 붕괴를 방지하는 공법은?

① 배수공
② 배토공
③ 공작물에 의한 방지공
④ 압성토공

해설 ④ 압성토공 : 산사태가 우려되는 자연사면의 하단부에 토사를 성토하여 활동력을 감소시켜 주는 공법

118 항타기 또는 항발기의 권상용 와이어로프의 절단하중이 100ton일 때 와이어로프에 걸리는 최대하중을 얼마까지 할 수 있는가?

① 20ton ② 33.3ton
③ 40ton ④ 50ton

해설 항타기 · 항발기의 권상용 와이어로프의 안전계수 : 5 이상

$$\text{안전계수} = \frac{\text{절단하중}}{\text{최대사용하중}}$$

$$\therefore \text{최대사용하중} = \frac{\text{절단하중}}{\text{안전계수}} = \frac{100}{5} = 20$$

119 지하수위 상승으로 포화된 사질토 지반의 액상화 현상을 방지하기 위한 가장 직접적이고 효과적인 대책은?

① Well point 공법 적용
② 동다짐 공법 적용
③ 입도가 불량한 재료를 입도가 양호한 재료로 치환
④ 밀도를 증가시켜 한계 간극비 이하로 상대밀도를 유지하는 방법 강구

해설 **웰포인트 공법(well point method)**
주로 모래질 지반에 유효한 배수공법의 하나이다. 웰포인트라는 양수관을 다수 박아 넣고, 상부를 연결하여 진공펌프와 와권(渦卷)펌프를 조합시킨 펌프에 의해 지하수를 강제 배수한다. 중력 배수가 유효하지 않은 경우에 널리 쓰이는데, 1단의 양정이 7m 정도까지이므로 깊은 굴착에는 여러 단의 웰포인트가 필요하게 된다.

 정답 116.② 117.④ 118.① 119.①

산업안전기사
기출문제집
필기

계산문제 공략집

강윤진 지음

BM (주)도서출판 성안당

도서 A/S 안내

성안당에서 발행하는 모든 도서는 저자와 출판사, 그리고 독자가 함께 만들어 나갑니다.

좋은 책을 펴내기 위해 많은 노력을 기울이고 있습니다. 혹시라도 내용상의 오류나 오탈자 등이 발견되면 "좋은 책은 나라의 보배"로서 우리 모두가 함께 만들어 간다는 마음으로 연락주시기 바랍니다. 수정 보완하여 더 나은 책이 되도록 최선을 다하겠습니다.

성안당은 늘 독자 여러분들의 소중한 의견을 기다리고 있습니다. 좋은 의견을 보내주시는 분께는 성안당 쇼핑몰의 포인트(3,000포인트)를 적립해 드립니다.

잘못 만들어진 책이나 부록 등이 파손된 경우에는 교환해 드립니다.

본서 기획자 e-mail : coh@cyber.co.kr(최옥현)

홈페이지 : http://www.cyber.co.kr

전화 : 031) 950-6300

차 례

CONTENTS

| 계산문제 공략집 |

산업안전기사 기출문제집

계산문제 공략집

"계산문제 공략집"에서는 계산문제를 효과적으로 학습할 수 있도록
계산문제를 푸는 데 필요한 공식들을 모아서 정리하여 암기 효율을 높였으며,
공식마다 주로 출제되는 문제유형을 수록하고 풀이방법을 제시하여
출제유형을 익히면서 문제 적용 연습을 할 수 있도록 하였습니다.

계산문제 공략집

FORMULA 01 연천인율과 도수율

1 연천인율

1년 동안 근로자 1,000명당 발생하는 사상자수(재해자수)

$$연천인율=\frac{연간\ 사상자수}{연평균\ 근로자수}\times 1,000$$

문제유형

400명의 근로자가 있는 사업장에서 연간 3명의 사상자가 발생하였다고 한다. 이때 이 사업장의 연천인율은 얼마인가?

$$\frac{3}{400}\times 1,000=7.5$$

2 도수율(빈도율)

연 근로시간 합계 100만시간당 발생하는 재해건수

$$도수율(FR)=\frac{연간\ 재해발생건수}{연간\ 총근로시간수}\times 10^6$$

문제유형 1

A공장의 근로자수는 440명이고, 1일 근로시간이 7시간 30분, 연간 총근로일수는 300일, 평균 출근율이 95%, 총잔업시간이 1,000시간, 지각 및 조퇴 시간이 500시간이라고 한다. 연간 발생한 재해가 휴업재해 4건, 불휴재해 6건일 때, A공장의 도수율은?

$$\frac{10}{[(440\times 300\times 7.5)\times 0.95]+(1,000-500)}\times 10^6=10.63$$

문제유형 2

종업원 1,000명이 근무하는 어느 공장의 도수율이 10.0일 경우, 이 공장에서 연간 발생한 재해건수는 얼마인가?

$$10 = \frac{x}{1{,}000 \times 2{,}400} \times 10^6$$

$$\therefore x = 24$$

문제유형 3

A기업에서 1, 000명의 노동자가 1주 동안 48시간, 연간 50주를 노동하는데, 1년에 80건의 재해가 발생하였다. 이 가운데 노동자들이 질병 등 기타 이유로 인하여 총근로시간 중 5%를 결근하였다면, 이 기업의 도수율은?

$$\frac{80}{1{,}000 \times 48 \times 50 \times 0.95} \times 10^6 = 35.08$$

문제유형 4

500인의 상시근로자를 두고 있는 사업장에서 1년간 25건의 재해가 발생하였다면, 도수율은 얼마인가?

$$\frac{25}{500 \times 2{,}400} \times 10^6 = 20.833$$

3 연천인율과 도수율의 관계

- 연천인율＝도수율×2.4
- $\text{도수율} = \dfrac{\text{연천인율}}{2.4}$

문제유형 1

도수율이 11.65인 사업장의 연천인율은?

연천인율＝도수율×2.4＝11.65×2.4＝27.96

문제유형 2

연천인율이 45인 사업장의 도수율은?

$$\text{도수율} = \frac{\text{연천인율}}{2.4} = \frac{45}{2.4} = 18.75$$

FORMULA 02 강도율

연 근로시간 합계 1,000시간당 재해로 인한 근로손실일수(산재로 인한 근로손실의 정도)

$$강도율(SR)=\frac{총근로손실일수}{연간\ 총근로시간수}\times 1,000$$

$$이때,\ 근로손실일수=장애등급별\ 손실일수+휴업일수\times\frac{연\ 근로일수}{365}$$

〈장애등급별 근로손실일수〉

장애등급	사망	1~3	4	5	6	7	8	9	10	11	12	13	14
근로손실일수	7,500	7,500	5,500	4,000	3,000	2,200	1,500	1,000	600	400	200	100	50

문제유형 1

근로자수는 300명이고, 연간 총근로시간수가 48시간×50주이며, 연간 재해건수는 200건일 때, 이 사업장의 강도율은? (단, 연 근로손실일수는 800일로 한다.)

$$\frac{800}{300\times 48\times 50}\times 1,000=1.11$$

문제유형 2

어떤 사업장에서 상시근로자 1,000명이 작업 중에 2명의 사망자와 의사 진단에 의한 휴업일수 90일의 손실을 가져온 경우, 강도율은 얼마인가? (단, 1일 8시간, 연 300일 근무한 것으로 본다.)

$$\frac{(2\times 7,500)+\left(90\times\frac{300}{365}\right)}{1,000\times 2,400}\times 1,000=6.28$$

문제유형 3

1일 근무시간이 9시간이고 지난 한 해 동안의 근무일이 300일인 A사업장의 재해건수는 24건, 의사 진단에 의한 총휴업일수는 3,650일이었다. 이 사업장의 강도율은? (단, 사업장의 평균 근로자수는 450명이다.)

$$\frac{3,650\times\frac{300}{365}}{450\times 9\times 300}\times 1,000=2.47$$

FORMULA 03 환산도수율과 환산강도율

1 환산도수율

한 근로자가 평생 근로하는 시간을 10만시간(10^5시간)으로 보고, 평생(10만시간) 동안 입을 수 있는 재해건수

$$\text{환산도수율}(F)=\frac{\text{재해건수}}{\text{연간 총근로시간수}}\times\text{평생 근로시간수}(10^5)$$
$$=\frac{\text{도수율}}{10}$$

문제유형

연평균 600명의 근로자가 작업하는 사업장에서 연간 45명의 재해자가 발생하였다. 만약 한 작업자가 이 사업장에서 평생 작업을 한다면, 약 몇 건의 재해를 당하겠는가? (단, 1인당 평생 근로시간은 100,000시간으로 한다.)

$$\frac{45}{600\times 2{,}400+(600\times 100)}\times 10^5=3$$

2 환산강도율

한 근로자가 평생 근로하는 시간을 10만시간(10^5시간)으로 보고, 평생(10만시간) 동안 재해로 인하여 발생하는 근로손실일수

$$\text{환산강도율}(S)=\frac{\text{근로손실일수}}{\text{연간 총근로시간수}}\times\text{평생 근로시간수}(10^5)$$
$$=\text{강도율}\times 100$$

※ $\frac{S}{F}$=재해 1건당의 근로손실일수

문제유형

도수율이 24.5이고, 강도율이 1.15인 사업장이 있다. 이 사업장에 한 근로자가 입사하여 퇴직할 때까지 며칠의 근로손실일수가 발생하겠는가?

$1.15\times 100=115$일

FORMULA 04 종합재해지수

개별적으로 사용하기보다는 재해빈도의 다소와 정도의 강약을 종합하여 나타낸 지수

※ 도수율 · 강도율은 기업 내의 안전성적을 나타낸다.

$$종합재해지수(\mathrm{FSI}) = \sqrt{도수율(FR) \times 강도율(SR)}$$

문제유형 1

A사업장의 강도율이 2.5이고, 연간 재해발생건수가 12건, 연간 총근로시간수가 120만시간일 때, 이 사업장의 종합재해지수는 약 얼마인가?

$$도수율 = \frac{연간\ 재해발생건수}{연간\ 총근로시간수} \times 10^6 = \frac{12}{1.2 \times 10^6} \times 10^6 = 10$$

$$\therefore\ 종합재해지수 = \sqrt{도수율 \times 강도율} = \sqrt{10 \times 2.5} = 5.0$$

문제유형 2

상시 100명이 작업하는 공장에서 1일 8시간씩 연 300일을 근로한다고 한다. 이 공장에서 사망자 1명과 4급 장애등급 1명이 발생하였고, 4건의 휴업재해에 의하여 180일을 휴업하였다면, 이 공장의 종합재해지수는?

$$도수율 = \frac{6}{100 \times 8 \times 300} \times 10^6 = 25$$

$$강도율 = \frac{7{,}500 + 5{,}500 + \left(180 \times \frac{300}{365}\right)}{100 \times 8 \times 300} \times 10^3 = 54.78$$

$$\therefore\ 종합재해지수 = \sqrt{도수율 \times 강도율} = \sqrt{25 \times 54.78} = 37$$

FORMULA 05 Safe-T-Score

$$\text{Safe-T-Score} = \frac{\text{현재 도수율} - \text{과거 도수율}}{\sqrt{\dfrac{\text{과거 도수율}}{\text{총근로시간수(현재)}} \times 10^6}}$$

[판정] • +2.00 이상 : 과거보다 심각하게 나빠짐
• +2.00 ~ −2.00인 경우 : 과거와 별 차이가 없음
• −2.00 이하 : 과거보다 좋아짐

문제유형

다음 [보기]는 안전에 관한 심각성 여부를 기준연도에 대한 현재를 비교하여 표시하는 통계방식으로 이용되는 Safe-T-Score의 정의이다. 괄호 안에 알맞은 용어를 쓰시오.

[보기] $\text{Safe-T-Score} = \dfrac{(\quad ① \quad) - (\quad ② \quad)}{\sqrt{\dfrac{(\quad ③ \quad)}{\text{총근로시간수}} \times 10^6}}$

✎ ① 현재 도수율, ② 과거 도수율, ③ 과거 도수율

FORMULA 06 건설업의 환산재해율

$$\text{건설업의 환산재해율} = \frac{\text{환산재해자수}}{\text{상시근로자수}} \times 100$$

$$\text{이때, 상시근로자수} = \frac{\text{국내공사 연간 실적액} \times \text{노무비율}}{\text{건설업 월평균 임금} \times 12}$$

문제유형

연간 국내공사 실적액이 50억원이고, 건설업 평균 임금이 250만원일 경우, 노무비율이 0.06인 사업장에서 산출한 상시근로자수는?

✎ $\dfrac{5{,}000{,}000{,}000 \times 0.06}{2{,}500{,}000 \times 12} = 10\text{명}$

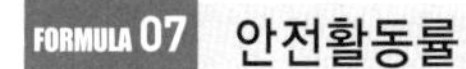

FORMULA 07 안전활동률

$$\text{안전활동률} = \frac{\text{안전활동건수}}{\text{근로시간수} \times \text{평균 근로자수}} \times 10^6$$

※ 안전활동건수에는 실시한 안전개선권고수, 안전조치할 불안전작업수, 불안전행동 적발건수, 불안전한 물리적 지적건수, 안전회의건수, 안전홍보(PR)건수 등이 포함된다.

문제유형

1,000명이 근무하고 있는 어떤 사업장에서는 전년도에 3건의 산업재해가 발생했다고 한다. 이에 따라 이 사업장에서는 안전관리부서 주관으로 5개월에 거쳐 불안전행동 발견 조치건수 20건, 안전제안건수 8건, 안전홍보건수 10건, 안전회의건수 7건 등의 안전활동을 전개하였다. 이 사업장의 안전활동률은 얼마인가? (단, 1일 8시간, 월 25일 근무하였다.)

$$\frac{(20+8+10+7)}{(1{,}000 \times 5 \times 25 \times 8)} \times 10^6 = 45$$

FORMULA 08 재해구성비율

1 하인리히의 재해구성비율

중상 · 사망(1) : 경상(29) : 무상해사고(300)

문제유형

어느 사업장에서 연간 총 660명의 재해자가 발생하였다. 이때 하인리히의 재해구성비율에 의하면 경상 재해자는 몇 명으로 추정되는가?

$$\text{경상 재해자수} = 660 \times \frac{29}{330} = 58\text{명}$$

2 버드의 재해구성비율

중상 · 폐질(1) : 경상(10) : 무상해사고(30) : 무상해 · 무사고 고장(600)

문제유형

버드의 재해분포에 따르면 20건의 경상(물적 · 인적 상해) 사고가 발생하였을 때 무상해 · 무사고(위험순간) 고장은 몇 건이 발생하겠는가?

$$\text{경상} : \text{무상해} \cdot \text{무사고} = 10 : 600 = 20 : x$$

$$\therefore\ x = \frac{600 \times 20}{10} = 1{,}200\text{건}$$

FORMULA 09 재해손실비용

1 하인리히의 재해손실비용

재해손실비용=직접비+간접비
이때, 직접비 : 간접비=1 : 4

여기서, 직접비(direct cost) : 산재보상비
간접비(indirect cost) : 생산손실, 물적손실, 인적손실

※ 1 : 4의 원칙을 이용하여 보험비가 X원일 경우의 재해손실비용을 구하면, $X\times5=5X$

2 시몬즈의 재해손실비용

재해손실비용=산재보험 코스트+비보험 코스트
이때, 비보험 코스트=(휴업상해건수×A)+(통원상해건수×B)+(응급조치건수×C)+(무상해사고건수×D)

여기서, A, B, C, D : 상해정도별 비보험 코스트의 평균액

※ 시몬즈 방식에서 별도로 계산 삽입하여야 하는 재해 : 사망, 영구 전노동불능 재해

문제유형

H기업의 지난 연도 산재보상금은 7,650,000원이었으며 산재보험료는 9,000,000원이었다. 또한, 휴업상해건수는 10건, 통원상해건수는 6건, 응급조치상해건수는 3건, 무상해건수는 1건이었으며, 각각의 평균비용이 다음 [보기]와 같은 경우, 다음 물음에 각각 답하시오.

[보기] 휴업상해 400,000원, 통원상해 190,000원, 구급조치상해 100,000원, 무상해 100,000원

(1) 하인리히 방식과 시몬즈 방식에 의한 재해손실비용은?

- 하인리히 방식에 의한 재해손실비용
  =5×7,650,000=38,250,000원
- 시몬즈 방식에 의한 재해손실비용
  =9,000,000+(400,000×10)+(190,000×6)+(100,000×3)+(100,000×1)=14,540,000원

(2) 두 방식에 따른 재해손실비용의 차이는?

38,250,000원−14,540,000원=23,710,000원

FORMULA 10 안전모의 내수성 시험

$$질량증가율(\%)=\frac{물에\ 담근\ 후의\ 질량-물에\ 담그기\ 전의\ 질량}{물에\ 담그기\ 전의\ 질량}\times 100$$

※ AE · ABE종 안전모는 질량증가율이 1% 미만이어야 한다.

문제유형

ABE종 안전모에 대하여 내수성 시험을 할 때 물에 담그기 전의 질량이 400g, 물에 담근 후의 질량이 410g이었다. 이때 질량증가율을 구하고, 합격 여부를 판단하시오.

$$질량증가율=\frac{410-400}{400}\times 100=2.5\%$$

질량증가율이 2.5%이므로, 불합격이다.

FORMULA 11 방독마스크의 파과시간

$$파과시간=\frac{표준유효시간\times 시험가스\ 농도}{사용하는\ 작업장의\ 공기\ 중\ 유해가스\ 농도}$$

※ 파과시간=유효시간=교체시간

문제유형

사염화탄소 농도 0.2%, 사용하는 흡수관의 제품 (흡수)능력이 사염화탄소 0.5%에 대해 100분으로 할 때 방독마스크의 교체시간(파과시간)은?

$$\frac{100\times 0.5}{0.2}=250분$$

FORMULA 12 휴식시간

$$R = \frac{60(E-4)}{E-1.5}$$

여기서, R : 휴식시간(분)
E : 작업 시의 평균 에너지소비량(kcal/분)
60 : 총작업시간(분)
4 : 기초대사를 포함한 에너지 상한(kcal/분)
1.5 : 휴식시간 중의 에너지소비량(kcal/분)

문제유형

휴식 중 에너지소비량은 1.5kcal/min, 어떤 작업의 평균 에너지소비량이 6kcal/min이라고 할 때, 60분간 총작업시간 내에 포함되어야 하는 휴식시간은 약 몇 분인가? (단, 기초대사를 포함한 작업에 대한 평균 에너지소비량의 상한은 5kcal/min이다.)

✎ $\frac{60 \times (6-5)}{6-1.5} = 13.3$분

FORMULA 13 인간과 기계의 신뢰도

1 인간-기계 체계의 신뢰도

$$R_S = R_H \cdot R_E$$

여기서, R_S : 인간-기계 체계로서의 신뢰도
R_H : 인간의 신뢰도
R_E : 기계의 신뢰도

문제유형

인간이 기계를 조종하여 임무를 수행해야 하는 인간-기계 체계가 있다. 이 체계의 신뢰도가 0.8 이상이어야 하고, 인간의 신뢰도는 0.9라고 하면, 기계의 신뢰도는 약 얼마 이상이어야 하는가?

✎ $R_S = R_H \cdot R_E$

$0.8 = 0.9 \times R_E$

$\therefore R_E = 0.89$

2 설비의 신뢰도

- 직렬연결 : $R_S = R_1 \cdot R_2 \cdot R_3 \cdots R_n = \prod_{i=1}^{n} R_i$
- 병렬연결 : $R_S = 1-(1-R_1)(1-R_2)\cdots(1-R_n) = 1-\prod_{i=1}^{n}(1-R_i)$
- 요소의 병렬 : $R_S = \prod_{i=1}^{n}\left[1-(1-R_i)^m\right]$
- 시스템의 병렬 : $R_S = 1-\left(1-\prod_{i=1}^{n}R_i\right)^m$

문제유형 1

다음 [보기]의 그림과 같은 설비의 신뢰도에 대한 공식을 쓰시오.

[보기]

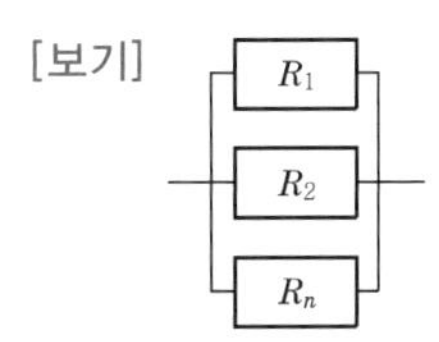

✎ [보기]의 그림은 병렬연결을 나타낸다.

$$\therefore R_S = 1-(1-R_1)(1-R_2)\cdots(1-R_n) = 1-\prod_{i=1}^{n}(1-R_i)$$

문제유형 2

다음 [보기] 시스템의 신뢰도를 구하면?

[보기]

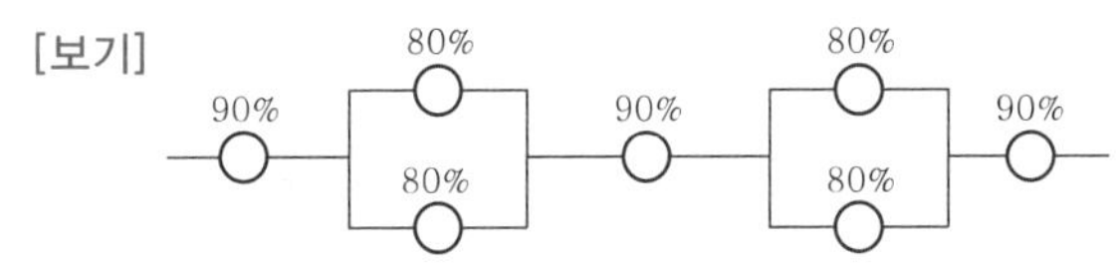

✎ $R_S = 0.9\times[1-(1-0.8)(1-0.8)]\times 0.9\times[1-(1-0.8)(1-0.8)]\times 0.9 = 0.671 ≒ 67\%$

문제유형 3

다음 [보기] 그림과 같은 시스템의 신뢰도는 약 얼마인가? (단, A와 B의 신뢰도는 0.9이고, C, D, E의 신뢰도는 모두 0.8이다.)

[보기]

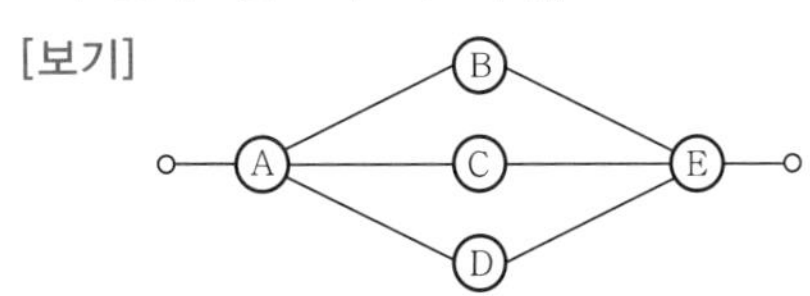

✎ $R_S = 0.9\times[1-(1-0.9)(1-0.8)(1-0.8)]\times 0.8 = 0.717 = 71.7\%$

FORMULA 14 신뢰도와 고장률 및 시스템의 수명

1 신뢰도와 불신뢰도

- 신뢰도 $R(t) = e^{-\lambda t} = e^{-\frac{t}{\text{MTBF}}} = e^{-\frac{t}{t_0}}$
- 불신뢰도 $F(t) = 1 - R(t)$

여기서, λ : 고장률, t : 사용시간, t_0 : 평균 수명

문제유형 1

어떤 전자회로에 4개의 트랜지스터와 20개의 저항이 직렬로 연결되어 있다. 이러한 부품들이 정상운용 상태에서 다음 [보기]와 같은 고장률을 가질 때 이 회로의 신뢰도는?

[보기] • 트랜지스터 : 0.00001/시간
• 저항 : 0.000001/시간

✎ 각 부품들은 고장률이 시간에 일정하므로 지수분포를 가지며, 직렬연결이므로 신뢰도 $R(t)$는 다음과 같이 구한다.

신뢰도 $R(t) = e^{-\lambda t} = e^{-(0.00001 \times 4 + 0.000001 \times 20) \times t} = e^{-0.00006t}$

문제유형 2

어떤 부품은 고장까지의 평균 시간이 1,000시간이며, 지수분포를 따르고 있다. 이 부품을 1,000시간 작동시킨 경우의 신뢰도는?

✎ $R(t) = e^{-\left(\frac{1,000}{1,000}\right)} = e^{-1} = 0.3678$

문제유형 3

자동차 엔진의 수명이 지수분포를 따르는 경우, 신뢰도를 95%로 유지시키면서 8,000시간을 사용하기에 적합한 고장률은 약 얼마인가?

✎ $R(t) = e^{-\lambda t}$

양변에 ln을 취하면

$\ln R(t) = -\lambda t$

$\lambda = -\frac{\ln R(t)}{t}$

$\therefore\ \lambda = -\frac{\ln 0.95}{8,000} = 6.4 \times 10^{-6}$건/시간

2 고장률과 가용도

- 고장률 $\lambda = \frac{r}{T}$
- 평균수명 $\text{MTTF} = \frac{1}{\lambda} = \frac{T}{r}$
- 평균수리시간 $\text{MTTR} = \frac{\text{총수리시간}}{\text{그 기간의 수리횟수}}$
- 평균고장간격 $\text{MTBF} = \text{MTTF} + \text{MTTR}$
- 가용도 $A = \frac{\text{MTTF}}{\text{MTTF}+\text{MTTR}} = \frac{\text{MTTF}}{\text{MTBF}}$ 또는 $A = \frac{\text{MTBF}}{\text{MTBF}+\text{MTTR}}$

여기서, λ : 현재 고장률, r : 기간 중 총고장건수, T : 총동작시간

문제유형 1

어느 부품 15,000개를 1만시간 가동 중에 15개의 불량품이 발생하였다면, 평균고장시간(MTBF)은?

$$\text{MTBF} = \frac{T}{r} = \frac{15{,}000 \times 10{,}000}{15} = 1 \times 10^7 \text{시간/건}$$

문제유형 2

한 대의 기계를 10시간 가동하는 동안 4회의 고장이 발생하였고, 이때의 고장수리시간이 다음 [보기] 표와 같을 때 MTTR(Mean Time To Repair)은 얼마인가?

[보기]

가동시간(시간)	수리시간(시간)
$T_1=2.7$	$T_a=0.1$
$T_2=1.8$	$T_b=0.2$
$T_3=1.5$	$T_c=0.3$
$T_4=2.3$	$T_d=0.3$

$$\text{MTTR} = \frac{\text{총수리시간}}{\text{수리횟수}} = \frac{0.1+0.2+0.3+0.3}{4} = 0.225\text{시간/회}$$

문제유형 3

수리가 가능한 어떤 기계의 가용도(availability)는 0.9이고, 평균수리시간(MTTR)이 2시간일 때, 이 기계의 평균수명(MTBF)은?

$$A = \frac{\text{MTBF}}{\text{MTBF}+\text{MTTR}}$$

$$0.9 = \frac{\text{MTBF}}{\text{MTBF}+2}$$

$$\therefore \text{MTBF} = \frac{1.8}{1-0.9} = 18\text{시간}$$

3 시스템의 수명

- 병렬 시스템의 수명 $= \text{MTTF}\left(1+\frac{1}{2}+\cdots+\frac{1}{n}\right)$
- 직렬 시스템의 수명 $= \text{MTTF}\times\frac{1}{n}$

문제유형 1

평균고장시간(MTTF)이 6×10^5시간인 요소 3개가 병렬계를 이루었을 때 계(system)의 수명은 몇 시간인가?

$$\text{MTTF}\left(1+\frac{1}{2}+\cdots+\frac{1}{n}\right)=6\times10^5\times\left(1+\frac{1}{2}+\frac{1}{3}\right)=11\times10^5\text{시간}$$

문제유형 2

평균고장시간이 4×10^8시간인 요소 4개가 직렬체계를 이루었을 때, 이 체계의 수명은 몇 시간인가?

$$\text{MTTF}\times\frac{1}{n}=4\times10^8\times\frac{1}{4}=1\times10^8\text{시간}$$

FORMULA 15 산소 소비량과 소비에너지

산소 소비량(L/분) = 흡기량(L/분) × 21% − 배기량(L/분) × O_2(%)

이때, 흡기량 × 79% = 배기량 × N_2(%)

$$\text{흡기량}=\text{배기량}\times\frac{100-O_2(\%)-CO_2(\%)}{79}$$

※ 흡기 질소량 = 배기 질소량

소비에너지(kcal/분) = 산소 소비량(L/분) × 5kcal/L

문제유형

어떤 작업자의 배기량을 더글라스 배낭을 사용하여 6분간 수집한 후 가스미터에 의하여 측정한 배기량은 108L였고, 표본을 취하여 가스분석기로 성분을 조사하니 O_2는 16%, CO_2는 4%이었다. 이때 분당 산소 소비량과 소비에너지는 각각 얼마인가?

$$\text{분당 배기량}=\frac{108}{6}=18\text{L/분}$$

$$\text{흡기량}=18\times\frac{(100-16-4)}{79}=18.23\text{L/분}$$

$$\therefore \text{분당 산소 소비량}=(18.23\times21\%)-(18\times16\%)=0.948\text{L/분}$$

$$\text{소비에너지}=0.948\times5=4.74\text{kcal/분}$$

FORMULA 16 에너지대사율

$$\text{에너지대사율(RMR)} = \frac{\text{작업대사량}}{\text{기초대사량}} = \frac{\text{작업 시 소비에너지} - \text{안정 시 소비에너지}}{\text{기초대사량}}$$

문제유형

기초대사량 7,000kg/day, 작업 시 소비에너지 20,000kg/day, 안정 시 소비에너지 6,000kg/day일 때의 RMR은?

$$\text{RMR} = \frac{20{,}000 - 6{,}000}{7{,}000} = 2$$

FORMULA 17 통제표시비

1 통제표시비(C/D비)

$$\text{C/D비} = \frac{X}{Y}$$

여기서, X : 통제기기의 변위량(거리나 회전수), Y : 표시기기 지침의 변위량(거리나 각도)

문제유형

제어장치의 변위를 3cm 움직였을 때, 표시계의 지침이 5cm 움직였다면, 이 기기의 통제표시비(C/D비)는 얼마인가?

$$\text{통제표시비} = \frac{X}{Y} = \frac{3}{5} = 0.6$$

2 조종구에서의 C/D비

$$\text{조종구에서의 C/D비} = \frac{(a/360) \times 2\pi L}{\text{표시장치의 이동거리}}$$

여기서, a : 조종장치가 움직인 각도, L : 통제기기의 회전반경(지레의 길이)

문제유형

반경 10cm의 조종구를 30° 움직일 때 활자가 1cm 이동한다면, 이때의 통제표시비는?

$$\text{C/D비} = \frac{(30/360) \times 2 \times 3.14 \times 10}{1} = 5.23$$

FORMULA 18 정보량의 측정

실현가능성이 같은 n개의 대안이 있을 때의 총정보량(H)

$$H = \log_2 n$$

이때, 나올 수 있는 대안이 2개뿐이고, 가능성이 동일하다면,

$$H = \log_2 \frac{1}{p}$$

대안의 실현확률이 동일하지 않은 경우 한 사건이 가진 정보(H_i)

$$H_i = \log_2 \frac{1}{p_i}$$

여기서, H_i : 사건 i에 관계되는 정보량, p_i : 그 사건의 실현확률

실현확률이 다른 일련의 사건이 가지는 평균 정보량(H_a)

$$H_a = \sum_{i=1}^{N} p_i \log_2 \frac{1}{p_i}$$

문제유형 1

빨강, 노랑, 파랑의 3가지 색으로 구성된 교통신호등이 있다. 신호등은 항상 3가지 색 중 하나가 켜지도록 되어 있다. 1시간 동안 조사한 결과, 파란등은 총 30분 동안, 빨간등과 노란등은 각각 총 15분 동안 켜진 것으로 나타났다면, 이 신호등의 총정보량은 몇 bit인가?

✎ 각 대안의 실현확률(p)은 다음과 같다.

- $p_{파란등} = \frac{30}{60} = 0.5$
- $p_{빨간등}$과 $p_{노란등} = \frac{15}{60} = 0.25$

각 대안에 대한 정보량(h)은 다음과 같다.

- $h_{파란등} = \log_2\left(\frac{1}{0.5}\right) = 1\text{bit}$
- $h_{빨간등}$과 $h_{노란등} = \log_2\left(\frac{1}{0.25}\right) = 2\text{bit}$

총정보량(H)을 추산하기 위해서는 각 대안으로부터 얻은 정보량에 각각의 실현확률을 곱하여 가중치를 구한다.

$\therefore\ H = (0.5 \times 1) + (0.25 \times 2) + (0.25 \times 2) = 1.5\text{bit}$

문제유형 2

적군의 침입이 육로나 해상으로 공격해 올 확률이 각각 0.9와 0.1일 때, 이로부터 기대할 수 있는 평균 정보량은?

$H_{육} = \log_2 \frac{1}{0.9} = \log_2 1.11 = 0.15\text{bit}$(예상 가능)

$H_{해} = \log_2 \frac{1}{0.1} = \log_2 10 = 3.32\text{bit}$(기대하지 못함)

따라서, $H = p_{육} \times H_{육} + p_{해} \times H_{해} = 0.9 \times 0.15 + 0.1 \times 3.32 = 0.47\text{bit}$

문제유형 3

자극과 반응의 실험에서 자극 A가 나타날 경우 1로 반응하고, 자극 B가 나타날 경우 2로 반응하는 것으로 하고, 100회 반복하여 다음 [보기] 표와 같은 결과를 얻었다. 제대로 전달된 정보량을 계산하면 약 얼마인가?

[보기]

자극 \ 반응	1	2
A	50	–
B	10	40

$H_{(1)} = 0.5\log_2\left(\frac{1}{0.5}\right) + 0.5\log_2\left(\frac{1}{0.5}\right) = 1$

$H_{(2)} = 0.6\log_2\left(\frac{1}{0.6}\right) + 0.4\log_2\left(\frac{1}{0.4}\right) = 0.97$

$H_{(1,\ 2)} = 0.5\log_2\left(\frac{1}{0.5}\right) + 0.1\log_2\left(\frac{1}{0.1}\right) + 0.4\log_2\left(\frac{1}{0.4}\right) = 1.36$

$\therefore$ 전달 정보량 $T_{(1,\ 2)} = H_{(1)} + H_{(2)} - H_{(1,\ 2)} = 1 + 0.97 - 1.36 = 0.61$

FORMULA 19 옥스퍼드(Oxford) 지수

$$WD = 0.85W + 0.15D$$

여기서, WD : 옥스퍼드 지수, W : 습구온도, D : 건구온도

문제유형

건구온도가 30℃이고, 습구온도가 35℃일 때의 옥스퍼드 지수는?

$(0.85 \times 35) + (0.15 \times 30) = 34.25$℃

FORMULA 20 조도와 반사율 및 굴절률

1 조도

$$조도 = \frac{광도}{(거리)^2}$$

문제유형

4m 거리에서의 조도가 60lux라면, 2m에서의 조도는?

$$조도 = \frac{60 \times 4^2}{2^2} = 240\,lux$$

2 반사율과 대비

- $반사율(\%) = \frac{광속발산도}{소요조명} \times 100$
- $대비(\%) = \frac{L_b - L_t}{L_b} \times 100$

여기서, L_b : 배경의 광속발산도, L_t : 표적의 광속발산도

문제유형 1

반사율이 85%, 글자의 밝기가 400cd/m^{2}인 VDT화면에 350lux의 조명이 있다면 대비는 약 얼마인가?

$$반사율(\%) = \frac{광속발산도}{소요조명} \times 100 = \frac{cd/m^2 \times x}{lux}$$

$$배경의\ 광속발산도\ L_b = \frac{반사율 \times 소요조명}{\pi} = \frac{0.85 \times 350}{3.14} = 94.75\,cd/m^2$$

$$표적의\ 광속발산도\ L_t = 400 + 94.75 = 494.75\,cd/m^2$$

$$\therefore\ 대비(\%) = \frac{L_b - L_t}{L_b} \times 100 = \frac{94.75 - 494.75}{94.75} \times 100 = -4.22\%$$

문제유형 2

반사율이 60%인 작업 대상물에 대하여 근로자가 검사작업을 수행할 때 휘도(luminance)가 90fL이라면 이 작업에서의 소요조명(fC)은?

$$반사율 = \frac{광속발산도(fL)}{소요조명(fC)} \times 100$$

$$60 = \frac{90}{소요조명} \times 100$$

$$\therefore\ 소요조명 = 150\,fC$$

3 렌즈의 굴절률

$$렌즈(눈)의\ 굴절률 = \frac{1}{초점거리}$$

문제유형

4m 또는 그보다 먼 물체만을 잘 볼 수 있는 원시안경은 몇 D인가? (단, 명시거리는 25cm로 한다.)

먼저 4m 초점거리를 ∞로 환원하는 데에는 $-\frac{1}{4\text{m}} = -0.25\text{D}$가 필요하고,

초점을 다시 25cm로 가져오기 위해서는 $\frac{1}{0.25\text{m}} = 4\text{D}$가 필요하므로,

조합 굴절률 $= -0.25 + 4 = 3.75\text{D}$의 안경이 필요하다.

FORMULA 21 소음

1 음압수준과 음의 강도

- 음압수준(SPL) : $\text{dB 수준} = 20\log_{10}\left(\frac{P_1}{P_0}\right)$
- 음의 강도수준(SIL) : $\text{dB 수준} = 10\log_{10}\left(\frac{I_1}{I_0}\right)$
- 거리에 따른 음의 강도 변화 : $\text{dB}_2 = \text{dB}_1 - 20\log\left(\frac{d_2}{d_1}\right)$

여기서, P_1 : 측정하려는 음압, P_0 : 기준음압($2\times10^{-5}\text{N/m}^2$: 1,000Hz에서의 최소가청치)
I_1 : 측정음의 강도, I_0 : 기준음의 강도(10^{-12}watt/m^2 : 최소가청치)

문제유형

소음이 심한 기계로부터 10m 떨어진 곳의 음압수준이 140dB이라면, 이 기계로부터 100m 떨어진 곳의 음압수준은?

$$\text{dB}_2 = \text{dB}_1 - 20\log\left(\frac{d_2}{d_1}\right) = 140 - 20\log\left(\frac{100}{10}\right) = 120\text{dB}$$

2 음량(sone)과 음량수준(phon)의 관계

$$\text{sone치}=2^{\frac{(\text{phon치}-40)}{10}}$$

문제유형

어떤 소리가 1,000Hz, 60dB인 음과 같은 높이임에도 4배 더 크게 들린다면, 이 소리의 음압수준은?

✎ 주파수가 1,000Hz이고, 음압수준이 60dB인 소리의 크기는 60phon이다.

60phon의 sone치 $=2^{\frac{60-40}{10}}=4\text{sone}$

4sone의 4배는 16sone이므로, $16\text{sone}=2^{\frac{X-40}{10}}$

양변에 log를 취하면 $\log 16=\frac{X-40}{10}\times\log 2$

$\therefore\ X=10\times\frac{\log 16}{\log 2}+40=80\text{phon}(=80\text{dB})$

3 소음노출지수

$$\text{소음노출지수}=\left(\Sigma\frac{\text{실제 노출시간}}{\text{최대허용시간}}\right)\times 100$$

문제유형 1

실내 작업장에서 8시간 작업 시 소음측정 결과 85dB[A] 2시간, 90dB[A] 4시간, 94dB[A] 2시간일 때 소음노출수준(%)을 구하고, 소음노출기준 초과 여부를 쓰시오.

✎ $\text{소음노출수준}=\frac{2}{16}+\frac{4}{8}+\frac{2}{4}=112.5\%$

따라서, 소음노출수준이 100%를 상회하기 때문에 소음노출기준을 초과한다.

문제유형 2

3개 공정의 소음수준 측정 결과 1공정은 100dB에서 1시간, 2공정은 95dB에서 1시간, 3공정은 90dB에서 1시간이 소요될 때 총소음량(TND)과 소음설계의 적합성을 판정하시오. (단, 90dB에 8시간 노출될 때를 허용기준으로 하며, 5dB 증가할 때 허용시간은 1/2로 감소되는 법칙을 적용한다.)

✎ $\text{총소음량}=\text{부분투여}\left(\frac{\text{실제 노출시간}}{\text{최대허용시간}}\right)\text{의 합}$

허용 소음노출시간

음압수준(dB)	90	95	100	105	110	115	120
허용시간(hr)	8	4	2	1	0.5	0.25	0.125

$\therefore\ \text{TND(총소음량)}=\frac{1}{2}+\frac{1}{4}+\frac{1}{8}=0.88(\text{적합})$

FORMULA 22 인간오류확률

$$\text{인간오류확률(HEP)} = \frac{\text{실수의 수}}{\text{실수 발생 전체 기회수}} = \frac{\text{실제 인간의 오류횟수}}{\text{전체 오류기회의 횟수}}$$

문제유형

검사공정의 작업자가 제품의 완성도에 대한 검사를 하고 있다. 10,000개의 제품에 대한 검사를 실시하여 200개의 부적합품(불량품)을 발견하였으나, 이 로트(lot)에는 실제로 500개의 부적합품(불량품)이 있었다면, 이때의 인간오류확률(Human Error Probability)은?

✎ $\frac{\text{실제 인간의 오류횟수}}{\text{전체 오류기회의 횟수}} = \frac{300}{10,000} = 0.03$

FORMULA 23 FT도의 고장발생확률

- 논리적(곱)의 확률 : $q(A \cdot B \cdot C \cdots N) = q_A \cdot q_B \cdot q_C \cdots q_n$
- 논리화(합)의 확률 : $q(A+B+C+ \cdots +N) = 1-(1-q_A)(1-q_B)(1-q_C)\cdots(1-q_n)$

문제유형 1

[보기]와 같은 G_1의 도표에서 A의 발생확률이 0.1, B의 발생확률이 0.2일 경우, G_1의 발생확률은?

[보기]

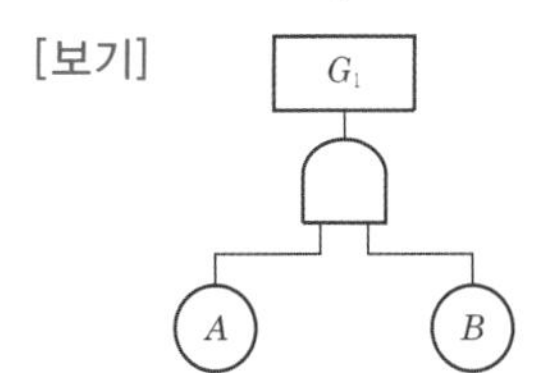

✎ $G_1 = A \times B = 0.1 \times 0.2 = 0.02$

문제유형 2

[보기]와 같은 G_2의 도표에서 A의 발생확률이 0.1, B의 발생확률이 0.2일 경우 G_2의 발생확률은?

[보기]

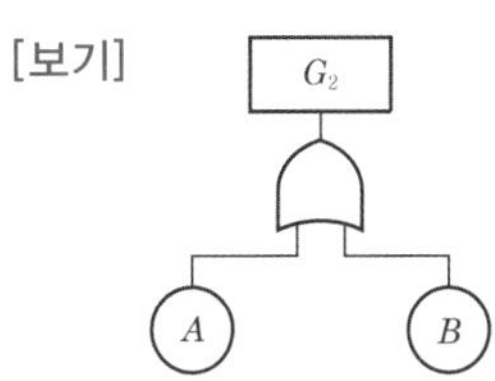

✎ $G_2 = 1-(1-0.1)(1-0.2) = 0.28$

문제유형 3

다음 [보기]와 같은 FT(Fault Tree)도가 있을 때 G_1의 발생확률은? (단, 발생확률은 ①이 0.3, ②는 0.4, ③은 0.3, ④는 0.5이다.)

[보기]

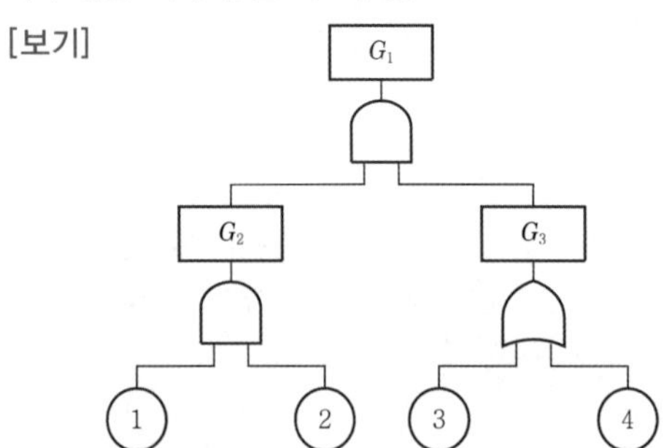

$G_1 = G_2 \times G_3$

$= (0.3 \times 0.4) \times 1 - (1 - 0.3)(1 - 0.5)$

$= 0.078$

문제유형 4

결함수 분석에서 다음 [보기] 그림의 정상사상 발생확률을 구하면?

[보기]

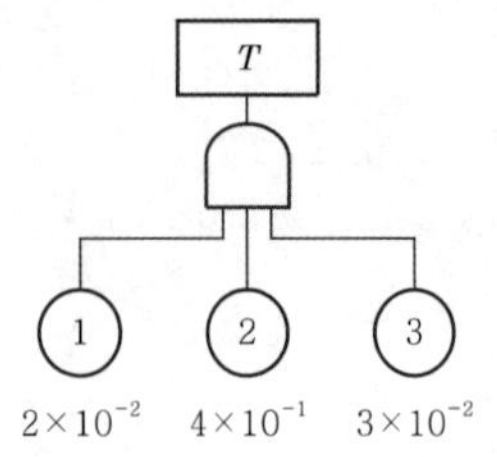

$T =$ ①×②×③

$= (2 \times 10^{-2}) \times (4 \times 10^{-1}) \times (3 \times 10^{-2})$

$= 2.4 \times 10^{-4}$

FORMULA 24 안전율(안전계수)

$$안전율(안전계수)=\frac{기초강도(인장강도)}{허용응력}=\frac{극한강도(극한하중)}{최대설계응력}=\frac{파괴하중}{최대사용하중}=\frac{파단하중}{안전하중}$$

문제유형 1

인장강도가 35kg/mm²인 강판의 안전율이 4라면, 허용응력은 몇 kg/mm²인가?

$$허용응력=\frac{인장강도}{안전율}=\frac{35}{4}=8.75\mathrm{kg/mm^2}$$

문제유형 2

허용응력 100kgf/mm², 단면적 2mm²인 강판의 극한하중이 400kgf일 경우, 안전율은?

$$안전율=\frac{극한하중}{허용응력\times 단면적}=\frac{400}{100\times 2}=2$$

문제유형 3

단면적이 1,800mm²인 알루미늄봉의 파괴강도는 70MPa이다. 안전율을 2로 하였을 때 봉에 가해질 수 있는 최대하중은?

$$안전율=\frac{파괴강도}{최대(사용)하중},\ 최대하중=\frac{파괴강도}{안전율}=\frac{70\mathrm{MPa}}{2}=35\mathrm{MPa}$$

$$35\mathrm{MPa}\times\frac{10^6\mathrm{N/m^2}}{1\mathrm{MPa}}\times\frac{1\mathrm{kN}}{1{,}000\mathrm{N}}\times\frac{1\mathrm{m^2}}{1{,}000^2\mathrm{mm^2}}\times 1{,}800\mathrm{mm^2}=63\mathrm{kN}$$

FORMULA 25 압축강도

$$압축강도(\mathrm{kg/cm^2})=\frac{하중}{단면적}$$

문제유형 1

단면이 10cm×10cm이고 길이가 50cm인 각봉의 압축력이 1,000kg일 때의 압축강도는?

$$압축강도=\frac{하중}{단면적}=\frac{1{,}000}{10\times 10}=10\mathrm{kg/cm^2}$$

문제유형 2

지름이 15cm이고, 높이가 30cm인 원기둥 콘크리트 공시체에 대해 압축강도시험을 한 결과 460kN에 파괴되었다. 이때 콘크리트 압축강도는?

$$압축강도=\frac{파괴하중}{단면적}=\frac{460\mathrm{kN}}{\left(\frac{\pi}{4}\times 0.15^2\right)\mathrm{m^2}}=26{,}043\mathrm{kN/m^2}\fallingdotseq 26\mathrm{MPa}$$

FORMULA 26 롤러 가드의 설치위치

- $X < 160$mm 일 경우, $Y = 6 + 0.15X$
- $X \geq 160$mm 일 경우, $Y = 30$mm

여기서, X : 위험점에서 가드까지의 거리(안전거리, mm)
Y : 가드 개구부의 최대간격(안전간격, mm)

문제유형

롤러의 맞물림점 전방에 개구부의 간격을 30mm로 하여 가드를 설치하고자 한다. 가드의 설치위치는 맞물림점에서 적어도 얼마의 간격을 유지하여야 하는가?

$30 = 6 + 0.15X$

$\therefore X = 160$mm

FORMULA 27 목재가공용 둥근톱의 분할날

1 분할날의 길이

$$\text{분할날의 길이} = \pi D \times \frac{1}{4} \times \frac{2}{3} = \pi D \times \frac{1}{6}$$

문제유형

목재가공용 둥근톱의 톱날 지름이 500mm일 경우, 분할날의 최소길이는 약 몇 mm인가?

$\pi D \times \frac{1}{4} \times \frac{2}{3} = 3.14 \times 500 \times \frac{1}{4} \times \frac{2}{3} = 261.67$mm

2 분할날의 두께

분할날의 두께(t)=톱날 두께(t_1)의 1.1배 이상, 톱날의 치진폭(b) 이하

문제유형

두께가 2mm이고, 치진폭이 2.5mm인 목재가공용 둥근톱에서 반발예방장치 분할날의 두께(t)는?

$1.1t_1 \leq t < b$

$1.1 \times 2 \leq t < 2.5$

$\therefore 2.2\text{mm} \leq t < 2.5\text{mm}$

FORMULA 28 프레스의 안전거리

1 양수기동(조작)식 프레스의 안전거리

$$D \geq 1.6\,T_m$$

$$이때,\ T_m = \left(\frac{1}{2} + \frac{1}{\text{클러치 물림 개소수}}\right) \times \frac{60{,}000}{\text{spm(매분 행정수)}}$$

여기서, D : 안전거리(mm)

T_m : 누름버튼을 누른 때부터 사용하는 프레스의 슬라이드가 하사점에 도달할 때까지의 소요 최대시간(ms)

문제유형 1

SPM(Stroke Per Minute)이 100인 프레스에서 클러치 물림 개소수가 4인 경우, 양수조작식 방호장치의 안전거리는 얼마이상이어야 하는가?

$$T_m = \left(\frac{1}{2} + \frac{1}{\text{클러치 물림 개소수}}\right) \times \frac{60{,}000}{\text{매분 행정수}}$$

$$\therefore\ D = 1.6\,T_m = 1.6 \times \left(\frac{1}{2} + \frac{1}{4}\right) \times \frac{60{,}000}{100} = 720\,\text{mm}$$

문제유형 2

완전 회전식 클러치 기구가 있는 프레스의 양수기동식 방호장치에서 누름버튼을 누를 때부터 사용하는 프레스의 슬라이드가 하사점에 도달할 때까지의 소요 최대시간이 0.15초이면, 안전거리는 몇 mm 이상이어야 하는가?

안전거리$=160\times$프레스 작동 후 작업점까지의 도달시간(초)

$=160\times0.15=24\text{cm}=240\text{mm}$ 이상

2 감응식(광전자식) 프레스의 안전거리

$$D \geq 1.6(T_l + T_s)$$

여기서, D : 안전거리(mm)

T_l : 누름버튼에서 손을 떼는 순간부터 급정지기구가 작동 개시할 때까지의 시간(ms)

T_s : 급정지기구가 작동을 개시할 때부터 슬라이드가 정지할 때까지의 시간(ms)

$T_l + T_s$: 최대정지시간(ms)

문제유형

광전자식 방호장치의 광선에 신체의 일부가 감지된 후로부터 급정지기구의 작동을 개시하기까지의 시간이 40ms이고, 광축의 최소설치거리(안전거리)가 200mm일 때, 급정지기구가 작동을 개시한 때로부터 프레스기의 슬라이드가 정지될 때까지의 시간은 약 몇 ms인가?

$200 = 1.6(40 + T_S)$

$\therefore\ T_S = 85\text{ms}$

FORMULA 29 롤러기의 회전 · 정지와 연삭기의 플랜지

1 숫돌의 회전속도

$$V=\pi DN(\text{mm/min})=\frac{\pi DN}{1,000}(\text{m/min})$$

여기서, V : 회전속도(m/min), D : 숫돌 지름(mm), N : 회전수(rpm)

2 롤러기의 급정지거리 기준

- 앞면 롤의 회전(표면)속도가 30m/min 미만일 경우, 원주(πD)의 $\frac{1}{3}$ 이내
- 앞면 롤의 회전(표면)속도가 30m/min 이상일 경우, 원주(πD)의 $\frac{1}{2.5}$ 이내

문제유형 1

연삭숫돌의 지름이 20cm이고, 원주속도가 250m/min일 때, 연삭숫돌의 회전수는 약 몇 rpm인가?

$V=\frac{\pi DN}{1,000}$ 에서, $N=\frac{V\times 1,000}{\pi D}$

$\therefore N=\frac{250\times 1,000}{3.14\times 200}=398\text{rpm}$

문제유형 2

롤러기 앞면 롤의 지름이 300mm, 분당 회전수가 30회일 경우 허용되는 급정지장치의 급정지거리는 약 몇 mm 이내이어야 하는가?

$V=\frac{\pi DN}{1,000}=\frac{3.14\times 300\times 30}{1,000}=28.26\text{m/min}$

회전속도가 30m/min 미만이므로, 급정지거리는 $\pi D\times\frac{1}{3}$ 식을 이용하여 계산한다.

$\therefore 3.14\times 300\times\frac{1}{3}=314\text{mm}$ 이내

3 플랜지의 지름

$$\text{플랜지의 지름}=\text{연삭숫돌}\times\frac{1}{3}$$

문제유형

연삭기 숫돌의 지름이 300mm일 경우 평형 플랜지의 지름은 몇 mm 이상으로 해야 하는가?

$300\times\frac{1}{3}=100\text{mm}$ 이상

FORMULA 30 와이어로프에 걸리는 하중

• 와이어로프에 걸리는 총하중(W)=정하중(W_1)+동하중(W_2)

이때, 동하중 $W_2 = \dfrac{W_1}{g} \times a$

• 슬링 와이어로프 한 가닥에 걸리는 하중 $= \dfrac{\text{화물의 무게}}{2} \div \cos\dfrac{\theta}{2}$

$= \dfrac{\text{화물의 무게}}{\text{로프의 수}} \div \dfrac{\cos\text{로프의 각도}}{2}$

여기서, g : 중력가속도(9.8m/s^2), a : 가속도(m/s^2)

문제유형 1

[보기]의 그림과 같이 50kN의 중량물을 와이어로프를 이용하여 상부에 60°의 각도가 되도록 들어올릴 때, 로프 하나에 걸리는 하중(T)은 약 몇 kN인가?

[보기]

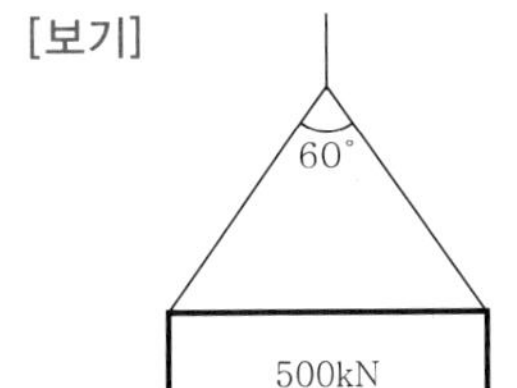

$$T = \frac{\frac{w}{2}}{\cos\frac{\theta}{2}} = \frac{\frac{50}{2}}{\cos\frac{60}{2}} = \frac{25}{\cos 30} ≒ 28.87\text{kN}$$

문제유형 2

크레인 작업 시 와이어로프에 4ton의 중량을 걸어 2m/s^{2}의 가속도로 감아올릴 때, 로프에 걸리는 총하중은?

$$W = W_1 + W_2$$
$$= W_1 + \left(W_1 \times \frac{a}{9.8}\right)$$
$$= 4{,}000\text{kgf} + \left(4{,}000\text{kgf} \times \frac{2}{9.8}\right)$$
$$≒ 4{,}816\text{kgf} \times 9.8\text{N/kgf}$$
$$= 47{,}196.8\text{N}$$

FORMULA 31 지게차의 안정기준

1 지게차의 안정조건

$$W \times a \leq G \times b \ \Rightarrow \ M_1 \leq M_2$$

여기서,
W : 화물 중심에서의 화물 중량(kgf)
G : 지게차 중심에서의 지게차 중량(kgf)
a : 앞바퀴에서 화물 중심까지의 최단거리(cm)
b : 앞바퀴에서 지게차 중심까지의 최단거리(cm)

M_1 : $W \times a$ ·························· 화물의 모멘트
M_2 : $G \times b$ ·························· 지게차의 모멘트

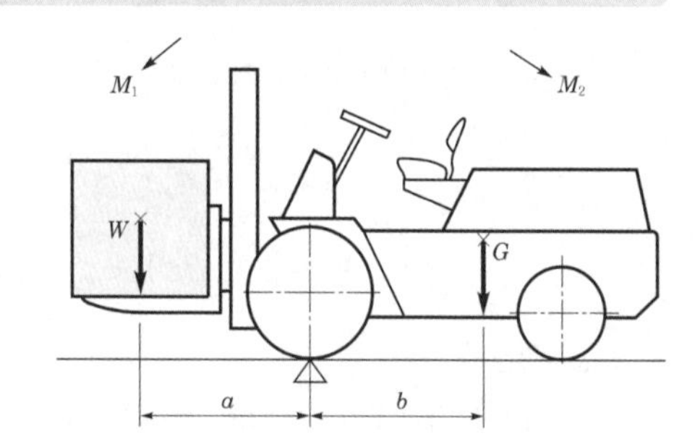

문제유형

화물의 중량이 200kgf, 지게차의 중량이 400kgf, 앞바퀴에서 화물 무게중심까지의 최단거리가 1m일 때 지게차 무게중심까지의 최단거리는 최소 몇 m를 초과해야 하는가?

✎ 안전성을 유지하기 위한 조건 : $W \times a < G \times b$
$200\text{kgf} \times 1 < 400\text{kgf} \times X$
$\therefore \ X = 0.5\text{m}$ 초과

2 지게차의 안정도

$$\text{안정도}(\%) = \frac{h}{l} \times 100$$

문제유형

지게차의 부하상태에서 수평거리가 12m이고, 수직높이가 1.5m인 오르막길을 주행할 때, 이 지게차의 안정도는?

✎ $\text{안정도} = \frac{h}{l} \times 100 = \frac{1.5}{12} \times 100 = 12.5\%$

FORMULA 32 심실세동전류와 허용접촉전압

1 심실세동전류

- 심실세동전류 : $I=\frac{165}{\sqrt{T}}[\text{mA}]=\frac{0.165}{\sqrt{T}}[\text{A}]$
- 심실세동을 일으키는 위험한계에너지 : $W=I^2RT$ 〈줄의 법칙〉

여기서, I : 심실세동전류[mA], T : 통전시간[s], W : 전기에너지[J], R : 인체의 전기저항[Ω]

문제유형 1

인체의 전기저항을 5,000Ω이라고 한다면, 심실세동을 일으키는 위험한계에너지는 몇 줄(J) 인가? (단, 통전시간은 1초로 한다.)

$$W=I^2RT=\left(\frac{165}{\sqrt{T}}\times10^{-3}\right)^2\times5{,}000\times T=136\text{J}$$

문제유형 2

인체의 저항이 500Ω일 때, 심실세동을 일으키는 정현파 교류의 안전한계는 몇 줄(J)인가? (단, 시간은 1초이다.)

$$I=\frac{116\sim185}{\sqrt{T}}\Rightarrow$$

- $W=I^2RT=\left(\frac{116}{\sqrt{T}}\times10^{-3}\right)^2\times500\times T=6.728\text{Ws}=6.728\text{J}$
- $W=I^2RT=\left(\frac{185}{\sqrt{T}}\times10^{-3}\right)^2\times500\times T=17.1125\text{Ws}=17.1125\text{J}$

∴ 6.728~17.1125J

2 허용접촉전압

$$E=\left(R_b+\frac{3R_s}{2}\right)\times I_k$$

여기서, E : 허용접촉전압, R_b : 인체의 저항률[Ω], R_s : 지표 상층 저항률[Ω·m]

I_k : 심실세동전류 $\left(=\frac{0.165}{\sqrt{T}}[\text{A}]\right)$

문제유형

어느 변전소에 고장전류가 유입되었을 때 도전성 구조물과 그 부근 지표상 점 사이(약 1m)의 허용접촉전압은? (단, 심실세동전류$=\frac{0.165}{\sqrt{t}}$[A], 인체의 저항=1,000Ω, 지표면의 저항률=150Ω·m, 통전시간=1초)

$$E=\left(R_b+\frac{3R_s}{2}\right)\times I_k=\left(1{,}000+\frac{3\times150}{2}\right)\times\frac{0.165}{\sqrt{1}}=202\text{V}$$

FORMULA 33 승강기 균형추의 질량

균형추의 질량 = 빈 카(car)의 자중(카만의 무게) + (정격적재하중×오버밸런스율)

문제유형

승강기에 있어서 카(car)만의 무게가 3,000kg, 정격적재하중이 2,000kg, 오버밸런스율이 40%일 때 평형추의 무게(kg)는 얼마로 하면 되는가?

균형추의 질량=빈 카의 자중(카만의 무게)+(정격적재하중×오버밸런스율)
=3,000+(2,000×0.4)=3,800kg

FORMULA 34 3상 유도전동기에 흐르는 전력

$$P=\sqrt{3}\,V\cdot I\cdot \cos\theta\cdot\eta$$

여기서, P : 전력[W], V : 전압[V], I : 전류[A], η : 역률

문제유형

50kW, 60Hz의 3상 유도전동기가 380V의 전원에 접속된 경우, 흐르는 전류는 약 몇 A인가? (단, 역률은 80%이다.)

$P=\sqrt{3}\,V\cdot I\cdot\cos\theta\cdot\eta$

$$\therefore I=\frac{P}{\sqrt{3}\cdot V\cdot\cos\theta\cdot\eta}=\frac{50\times10^3}{\sqrt{3}\times380\times0.8}=94.96\text{A}$$

FORMULA 35 피뢰기의 보호여유도

$$\text{보호여유도}(\%)=\frac{\text{충격절연강도}-\text{제한전압}}{\text{제한전압}}\times100$$

문제유형

피뢰기의 여유도가 33%, 충격절연강도가 1,000kV라고 할 때, 피뢰기의 제한전압은 약 몇 kV인가?

$$33=\frac{1{,}000-X}{X}\times100$$

$\therefore X=751.87\text{kV}$

FORMULA 36 교류아크용접기의 허용사용률과 효율

1 허용사용률

$$허용사용률(\%) = 정격사용률 \times \left(\frac{2차\ 정격전류}{실제\ 용접전류}\right)^2$$

문제유형

다음 [보기]의 조건과 같은 경우 교류아크용접기의 허용사용률(%)은?

[보기] • 정격사용률=10%
• 2차 정격전류=500A
• 교류아크용접기의 사용전류=250A

$$허용사용률 = 10 \times \left(\frac{500}{250}\right)^2 = 40\%$$

2 효율

$$효율(\%) = \frac{아크\ 출력}{소비전력} \times 100$$

이때, 아크 출력=아크 전압×아크 전류
소비전력(kW)=아크 출력+내부 손실

문제유형

교류아크용접기의 사용에서 무부하전압이 80V, 아크전압이 25V, 아크전류가 300A일 경우 효율은 약 몇 %인가? (단, 내부손실은 4kW이다.)

소비전력(W)=아크 출력+내부손실=(25×300)+4,000=11,500W
아크 출력=아크 전압×아크 전류=25×300=7,500

$$\therefore 효율 = \frac{7,500}{11,500} \times 100 = 65.22\%$$

FORMULA 37 옴의 법칙과 허용누설전류

1 옴의 법칙

$$I=\frac{V}{R},\ V=IR,\ R=\frac{V}{I}$$

여기서, I : 전류[A], V : 전압[V], R : 저항[Ω]

문제유형

인체가 직접 전로에 접촉 시 접촉저항이 500Ω이라면, 100V 전압에서 인체에 통과하는 전류는?

✎ $I=\frac{V}{R}=\frac{100}{500}=0.2\text{A}$

2 허용누설전류

- 허용누설전류 = 최대공급전류 × $\frac{1}{2,000}$
- 절연저항의 최소값 = $\frac{\text{전압}}{\text{허용누설전류의 최대값}}$

문제유형

200A의 전류가 흐르는 단상전로의 한 선에서 누전되는 최소전류(mA)의 기준은?

✎ 허용누설전류 = $\frac{200}{2,000}=0.1\text{A}=100\text{mA}$

FORMULA 38 정전기에너지와 쿨롱의 법칙

1 정전기에너지

$$E=\frac{1}{2}QV=\frac{1}{2}CV^2=\frac{1}{2}\frac{Q^2}{C}\text{[J]}$$

$$\therefore Q=CV$$

여기서, E : 정전기(정전)에너지[J], C : 도체의 정전용량[F], V : 대전 전위[V], Q : 대전 전하량[C]

문제유형 1

정전용량 C=20μF이고, 방전 시 전압 V=2kV일 때 정전에너지는 몇 J인가?

$$E=\frac{1}{2}\times(20\times10^{-6})\times(2{,}000)^2=40\text{J}$$

문제유형 2

최소착화에너지가 0.26mJ인 프로판가스에 정전용량이 100pF인 대전물체로부터 정전기 방전에 의하여 착화할 수 있는 전압은 약 몇 V 정도인가?

$$E=\frac{1}{2}CV^2$$

$$V=\sqrt{\frac{2E}{C}}=\sqrt{\frac{2\times0.26\times10^{-3}}{100\times10^{-12}}}=2280.35\text{V}$$

여기서, E : 착화에너지(0.26×10^{-3}J), C : 정전용량(100×10^{-12}F)

문제유형 3

인체저항이 5,000Ω이고, 전류 3mA가 흘렀다. 인체의 정전용량이 0.1μF이라면, 인체에 대전된 정전하는 몇 μC인가?

정전하 $Q=CV$

이때, $V=I\times R=(3\times10^{-3})\times5{,}000=15\text{V}$

$\therefore\ Q=(0.1\times10^{-6})\times15\times10^{-6}=1.5\text{C}=1.5\mu\text{C}$

2 쿨롱의 법칙

$$F[\text{N}]=k\frac{Q_1Q_2}{d^2}$$

여기서, F : 작용하는 힘[N], Q : 전하량[C], d : 거리[m]

k : 상수$\left[=\frac{1}{4\pi\varepsilon}\right.$, 이때, ε : 유전율$\left.(8.55\times10^{-12})\right]$

문제유형 1

1C을 갖는 2개의 전하가 공기 중에서 1m의 거리에 있을 때, 이들 사이에 작용하는 정전력은?

$$F=\frac{Q_1\times Q_2}{4\times\pi\times\varepsilon\times d^2}=\frac{1\times1}{4\times\pi\times8.55\times10^{-12}\times1}=9\times10^9$$

문제유형 2

지구를 고립한 지구도체라 생각하고 1C의 전하가 대전되었다면 지구 표면의 전위는 대략 몇 V인가? (단, 지구의 반경은 6,367km이다.)

$$V=\frac{Q}{4\times\pi\times\varepsilon\times d}=\frac{1}{4\times\pi\times10^{-12}\times6{,}367\times1{,}000}=1{,}414\text{V}$$

FORMULA 39 제2종 접지공사의 접지저항

$$\text{제2종 접지저항}[\Omega]=\frac{150}{\text{1선 지락전류}}$$

$$\text{이때, 지락전류 } I[\mathrm{A}]=\frac{V}{R_2+R_3}$$

문제유형

변압기의 중성점을 제2종 접지한 수전전압 22.9kV, 사용전압 220V인 공장에서 외함을 제3종 접지공사를 한 전동기가 운전 중에 누전되었을 경우에 작업자가 접촉될 수 있는 최소전압은 약 몇 V인가? (단, 1선 지락전류가 10A, 제3종 접지저항이 30Ω, 인체저항이 10,000Ω이다.)

$$\text{제2종 접지저항}=\frac{150}{\text{1선 지락전류}}=\frac{150}{10}=15\Omega,\ \text{지락전류 } I=\frac{V}{R_2+R_3}=\frac{220}{15+30}=4.89\mathrm{A}$$

$I=\frac{V_1}{R_3}$에서 외함에 제3종 접지공사를 한 경우의 전압 $V_1=IR_3=4.89\times30=146.7\mathrm{V}$

FORMULA 40 폭발의 위험

1 르-샤틀리에(Le-Chatelier)의 법칙

$$L=\frac{100}{\frac{V_1}{L_1}+\frac{V_2}{L_2}+\frac{V_3}{L_3}+\cdots+\frac{V_n}{L_n}}$$

여기서, L_n : 각 성분가스의 폭발한계(%), V_n : 각 성분가스의 혼합비(%)

문제유형 1

메탄 50vol%, 에탄 30vol%, 프로판 20vol%인 혼합가스의 공기 중 폭발하한계는? (단, 메탄, 에탄, 프로판의 폭발하한계는 각각 5.0vol%, 3.0vol%, 2.1vol%이다.)

$$L=\frac{100}{\frac{V_1}{L_1}+\frac{V_2}{L_2}+\frac{V_3}{L_3}}=\frac{100}{\frac{50}{5}+\frac{30}{3}+\frac{20}{2.1}}=3.38\,\mathrm{vol\%}$$

문제유형 2

헥산 1vol%, 메탄 2vol%, 에틸렌 2vol%, 공기 95vol%로 된 혼합가스의 폭발하한계값(vol%)은? (단, 헥산, 메탄, 에틸렌의 폭발하한계값은 각각 1.1vol%, 5.0vol%, 2.7vol%이다.)

$$L=\frac{V_1+V_2+V_3}{\frac{V_1}{L_1}+\frac{V_2}{L_2}+\frac{V_3}{L_3}}=\frac{1+2+2}{\frac{1}{1.1}+\frac{2}{5.0}+\frac{2}{2.7}}=2.44\,\mathrm{vol\%}$$

2 공기 중의 양론농도

$$C_{st}=\frac{100}{1+4.773\left(n+\frac{m-f-2\lambda}{4}\right)}$$

여기서, n : 탄소의 원자수, m : 수소의 원자수, f : 할로겐의 원자수, λ : 산소의 원자수

문제유형 1

메탄(CH_2) 70vol%, 부탄(C_4H_{10}) 30vol%인 혼합가스의 25℃, 대기압하에서의 공기 중 폭발하한계(vol%)는 약 얼마인가? (단, 각 물질의 폭발하한계는 다음 [보기]의 식을 이용하여 추정 · 계산한다.)

[보기] $C_{st}=\frac{1}{1+4.77\times O_2}\times 100$, $L_{25}\fallingdotseq 0.55C_{st}$

- 메탄(CH_4)의 연소반응식 : $CH_4+2O_2 \rightarrow CO_2+2H_2O$

  $C_{st}(\text{양론농도})=\frac{1}{1+4.77\times O_2}\times 100=\frac{1}{1+(4.77\times 2)}\times 100=9.49\text{vol\%}$

  $L_{25}(\text{폭발하한계})=0.55\times C_{st}=0.55\times 9.49=5.22\text{vol\%}$

- 부탄(C_4H_{10})의 연소반응식 : $C_4H_{10}+6.5O_2 \rightarrow 4CO_2+5H_2O$

  $C_{st}=\frac{1}{1+4.77\times O_2}\times 100=\frac{1}{1+(4.77\times 6.5)}\times 100=3.12\text{vol\%}$

  $L_{25}=0.55\times C_{st}=0.55\times 3.12=1.72\text{vol\%}$

∴ 혼합가스의 폭발하한계 $L=\frac{V_1+V_2}{\frac{V_1}{L_1}+\frac{V_2}{L_2}}=\frac{70+30}{\frac{70}{5.22}+\frac{30}{1.72}}=3.24\text{vol\%}$

문제유형 2

벤젠(C_6H_6)의 공기 중 폭발하한계는 약 몇 vol%인가?

공기 중의 양론농도(C_{st})와 폭발한계의 관계

- 유기화합물의 폭발하한값(L)은 양론농도(C_{st})의 약 55%로 추정한다.
- 폭발상한값(U)은 양론농도의 약 3.5배 정도가 된다.

$$C_{st}=\frac{100}{1+4.773\left(n+\frac{m-f-2\lambda}{4}\right)}=\frac{100}{1+4.773\left(n+\frac{m-f-2\lambda}{4}\right)}=\frac{100}{1+4.773\left(6+\frac{6}{4}\right)}=2.72\%$$

∴ 하한농도=2.72×0.55=1.496%

문제유형 3

메탄이 공기 중에서 연소될 때의 이론혼합비(화학양론조성)는 약 몇 vol%인가?

$$C_{st}=\frac{100}{1+4.773\left(n+\frac{m}{4}\right)}=\frac{100}{1+4.773\times\left(1+\frac{4}{4}\right)}=9.48\text{vol\%}$$

3 위험도

$$위험도(H)=\frac{폭발상한계(U)-폭발하한계(L)}{폭발하한계(L)}$$

※ 폭발하한계가 낮을수록 위험하다.

문제유형

가연성 가스 A의 연소범위를 2.2~9.5vol%라고 할 때, 가스 A의 위험도는 약 얼마인가?

✎ $H=\frac{9.5-2.2}{2.2}=3.32$

FORMULA 41 최소산소농도와 이론공기량

1 최소산소농도(MOC)

$$MOC=\frac{산소\ 몰수}{연료\ 몰수}\times 연소하한$$

문제유형

프로판(C_3H_8)의 연소하한계가 2.2vol%일 때, 연소를 위한 최소산소농도(MOC)는 몇 vol%인가?

✎ 프로판(C_3H_8)의 연소반응식 : $C_3H_8+5O_2 \rightarrow 3CO_2+4H_2O$

$\therefore\ MOC=\frac{산소\ 몰수}{연료\ 몰수}\times 연소하한=\frac{5}{1}\times 2.2=11\text{vol\%}$

2 이론공기량

$$이론공기량=산소량\times\frac{100}{20}$$

문제유형

프로판가스 $1m^3$를 완전 연소시키는 데 필요한 이론공기량은 몇 m^3인가? (단, 공기 중의 산소 농도는 20vol%이다.)

✎ 프로판(C_3H_8)의 연소반응식 : $C_3H_8+5O_2 \rightarrow 3CO_2+4H_2O$

$\therefore\ 이론공기량=산소량\times\frac{100}{20}=5m^3\times\frac{100}{20}=25m^3$

FORMULA 42 플래시율

$$\text{플래시(flash)율} = \frac{\text{가압 후 물의 엔탈피} - \text{대기압하에서 물의 엔탈피(kcal/kg)}}{\text{물의 기화열(kcal/kg)}}$$

문제유형

대기압에서 물의 엔탈피가 1kcal/kg이었던 것이 가압하여 1.45kcal/kg을 나타내었을 경우, Flash율은? (단, 물의 기화열은 540cal/g이라고 가정한다.)

$$\text{Flash율} = \frac{(1.45-1)\text{kcal/kg}}{540\text{kcal/kg}} = 0.00083(8.3 \times 10^{-4})$$

FORMULA 43 유량과 연속방정식

- 유량 $Q = A \times V = \frac{\pi}{4} d^2 V$
- 유속 $V = \sqrt{2gH}$
- 연속방정식에서의 유량 $Q = A_1 V_1 = A_2 V_2$

여기서, Q : 유량(m^3/s), A : 면적(m^2), V : 유속(m/s), d : 지름(m)
g : 중력가속도(m^2/s), H : 물의 높이(m)

문제유형 1

직경 2m의 소방수조 탱크에 물이 4m 깊이로 채워져 있고, 바닥에 직경 10cm의 노즐이 연결되어 있을 때, 이 노즐을 통하여 흘러나오는 물의 부피유속은 몇 m^3/s인가?

$V = \sqrt{2gH}$ 이므로,

$$Q = \frac{\pi}{4} d^2 V = \frac{\pi}{4} d^2 \sqrt{2gH}$$

$$\therefore\ Q = \frac{\pi}{4} \times 0.12 \times \sqrt{2 \times 9.8 \times 4} = 0.0695\,m^3/s$$

문제유형 2

소방수조에 물을 채워 지름 5cm의 파이프를 통하여 10m/s의 유속으로 흐르게 하고, 지름 2cm의 노즐을 통하여 소화할 경우 노즐의 유속은? (단, 탱크 내외의 압력은 같다.)

$$Q = A_1 V_1 = A_2 V_2 = \frac{\pi}{4} \times 5^2 \times 10 = \frac{\pi}{4} \times 2^2 \times V_2$$

$$\therefore\ V_2 = 62.5\,m/s$$

FORMULA 44 이상기체 상태방정식

$$PV=\frac{W}{M}RT$$

여기서, P : 절대압력(atm)
V : 부피(L)
W : 질량(g)
M : 분자량
R : 기체상수(0.082atm · L/mol · K)
T : 절대온도(K)

문제유형 1

할론 1301 소화약제 1kg을 15℃에서 대기 중으로 방출할 경우, 부피로 환산하면 얼마인가? (단, 할론 1301의 분자량 : 149)

$PV=\frac{W}{M}RT$

$1\times x=\frac{1,000}{149}\times 0.082\times(273+15)$

$\therefore\ x=158.49\text{L}$

문제유형 2

공기 중 A가스의 폭발하한계는 2.2vol%이다. 이 폭발하한계값을 기준으로 하여 표준상태에서의 A가스와 공기의 혼합기체 1m^3에 함유되어 있는 A가스의 질량을 구하면 약 몇 g인가? (단, A가스의 분자량은 26이다.)

혼합공기 중 A가스의 함량=1,000L×0.022=22L
기체 1몰이 차지하는 부피는 22.4L이므로,

$\frac{22\text{L}}{22.4\text{L}}=0.9821428571$몰

∴ A가스의 질량=0.982142857×26=25.54g

FORMULA 45 가스 용기의 충진량

$$G = \frac{V}{C}$$

여기서, G : 용기의 충진량(kg)
V : 용기의 내용적(L)
C : 가스정수

문제유형

액화 프로판 310kg을 내용적 50L의 용기에 충전할 때 필요한 소요 용기의 수는 몇 개인가? (단, 액화 프로판의 가스정수는 2.35이다.)

$G = \frac{V}{C} = \frac{50}{2.35} = 21.28\text{kg}$

$\therefore$ 소요 용기 개수 $= \frac{310}{21.28} = 14.57 ≒ 15$개

FORMULA 46 단열압축

$$\frac{T_2}{T_1} = \left(\frac{P_2}{P_1}\right)^{\frac{K-1}{K}}$$

여기서, T_1 : 압축 전 온도, T_2 : 압축 후 온도
P_1 : 압축 전 압력, P_2 : 압축 후 압력
K : 비열비

문제유형

20℃, 1기압의 공기를 5기압으로 단열압축하면 공기의 온도는 약 몇 ℃가 되겠는가? (단, 공기의 비열비는 1.4이다.)

$T_2 = T_1 \times \left(\frac{P_2}{P_1}\right)^{\frac{K-1}{K}}$

$= (273+20) \times \left(\frac{5}{1}\right)^{\frac{1.4-1}{1.4}}$

$= 464.06\text{K} = 191.06℃$

FORMULA 47 수산화나트륨 수용액의 질량

※ 해당 내용은 아래의 문제유형으로 풀이과정을 정리하세요.

문제유형

8% NaOH 수용액과 5% NaOH 수용액을 반응기에 혼합하여 7% 100kg의 NaOH 수용액을 만들려면 각각 약 몇 kg의 NaOH 수용액이 필요한가?

✎ 8% NaOH 수용액 질량 : W_1(kg)

5% NaOH 수용액 질량 : W_2(kg)

위와 같이 두면, 다음 식이 성립된다.

$W_1 + W_2 = 100\text{kg}$ ································ ⓐ

$0.08W_1 + 0.05W_2 = 100 \times 0.07$ ·········· ⓑ

ⓐ에서 $W_2 = 100 - W_1$이 되므로, 이 식을 ⓑ에 대입하면,

$0.08W_1 + 0.05(100 - W_1) = 7$

$0.08W_1 + (0.05 \times 100) - 0.05W_1 = 7$

$0.08W_1 - 0.05W_1 = 7 - (0.05 \times 100)$

$\therefore\ W_1 = \dfrac{2}{0.03} = 66.7\text{kg}$

$W_2 = 100 - 66.7 = 33.3\text{kg}$

FORMULA 48 송풍기의 상사법칙

- 송풍량 : $Q_2 = \dfrac{N_2}{N_1} \times \left(\dfrac{D_2}{D_1}\right)^3 \times Q_1 \Rightarrow$ {회전수 변화의 1승에 비례, 지름 변화의 3승에 비례}
- 정압(전양정) : $H_2 = \left(\dfrac{N_2}{N_1}\right)^2 \times \left(\dfrac{D_2}{D_1}\right)^2 \times H_1 \Rightarrow$ {회전수 변화의 2승에 비례, 지름 변화의 2승에 비례}
- 축동력 : $P_2 = \left(\dfrac{N_2}{N_1}\right)^3 \times \left(\dfrac{D_2}{D_1}\right)^5 \times P_1 \Rightarrow$ {회전수 변화의 3승에 비례, 지름 변화의 5승에 비례}

문제유형

송풍기의 회전차 속도가 1,300rpm일 때 송풍량이 분당 300m^3였다. 송풍량을 분당 400m^3로 증가시키고자 한다면 송풍기의 회전차 속도는 약 몇 rpm으로 하여야 하는가?

✎ 상사법칙에 의해 송풍량은 회전수 변화량의 1승에 비례한다.

$\dfrac{Q_2}{Q_1} = \dfrac{N_2}{N_1},\ \dfrac{400}{300} = \dfrac{N_2}{1,300}$

$\therefore\ N_2 = 1733.33\text{rpm}$

FORMULA 49 건설업의 산업안전보건관리비 계상기준

발주자가 도급계약 체결을 위한 원가계산에 의한 예정가격을 작성하거나, 자기공사자가 건설공사 사업 계획을 수립할 때에는 다음에 따라 산정한 금액 이상의 산업안전보건관리비를 계상하여야 한다. 다만, 발주자가 재료를 제공하거나 일부 물품이 완제품의 형태로 제작·납품되는 경우에는 해당 재료비 또는 완제품 가액을 대상액에 포함하여 산출한 산업안전보건관리비와 해당 재료비 또는 완제품 가액을 대상액에서 제외하고 산출한 산업안전보건관리비의 1.2배에 해당하는 값을 비교하여 그 중 작은 값 이상의 금액으로 계상한다.

- 대상액이 5억원 미만 또는 50억원 이상인 경우 : 대상액에 아래 〈계상기준표〉에서 정한 비율을 곱한 금액
- 대상액이 5억원 이상 50억원 미만인 경우 : 대상액에 아래 〈계상기준표〉에서 정한 비율(X)을 곱한 금액에 기초액(C)을 합한 금액
- 대상액이 명확하지 않은 경우 : 도급계약 또는 자체사업계획상 책정된 총공사금액의 10분의 7에 해당하는 금액을 대상액으로 하고, ① 및 ②에서 정한 기준에 따라 계상

〈공사종류 및 산업규모별 안전관리비 계상기준표〉

공사 종류 \ 대상액	대상액 5억원 미만인 경우 적용비율	대상액 5억원 이상 50억원 미만		대상액 50억원 이상인 경우 적용비율	보건관리자 선임대상 건설공사의 적용비율
		적용비율(X)	기초액(C)		
건축공사	2.93%	1.86%	5,349,000원	1.97%	2.15%
토목공사	3.09%	1.99%	5,499,000원	2.10%	2.29%
중건설공사	3.43%	2.35%	5,400,000원	2.44%	2.66%
특수건설공사	1.85%	1.20%	3,250,000원	1.27%	1.38%

문제유형

사급자재비가 30억, 직접노무비가 35억, 관급자재비가 20억인 빌딩 신축공사를 할 경우 계상해야 할 산업안전보건관리비는? (단, 공사 종류는 건축공사이다.)

㉮ 관급자재비(재료비)를 포함하여 산출한 산업안전보건관리비
(30억+35억+20억)×1.97%=167,450,000원

㉯ 관급자재비(재료비)를 제외하고 산출한 산업안전보건관리비의 1.2배
(30억+35억)×1.97%×1.2=153,660,000원

㉰ ㉮와 ㉯를 비교하여 작은 값으로 계상 : 153,660,000원

FORMULA 50 지면으로부터 안전대 고정점까지의 높이

지면으로부터 안전대 고정점까지의 높이(H)=로프 길이+늘어난 로프 길이+신장$\times \frac{1}{2}$

문제유형

로프 길이 2m의 안전대를 착용한 근로자가 추락으로 인하여 부상을 당하지 않기 위한 지면으로부터 안전대 고정점까지의 높이(H) 기준은? (단, 로프의 신율은 30%, 근로자의 신장은 180cm이다.)

$$H = 200 + (200 \times 0.3) + \left(180 \times \frac{1}{2}\right)$$
$$= 350\text{cm}$$